THIS IS SWITZER-LAND

THIS IS SWITZERLAND

초판 1쇄 발행 2024년 3월 15일
초판 2쇄 발행 2024년 10월 10일

지은이 심상은

발행인 박성아
편집 김현신
디자인 & 지도 일러스트 the Cube
경영 기획·제작 총괄 홍사여리
마케팅·영업 총괄 유양현

펴낸 곳 테라(TERRA)
주소 03925 서울시 마포구 월드컵북로 400, 서울경제진흥원 2층(상암동)
전화 02 332 6976
팩스 02 332 6978
이메일 travel@terrabooks.co.kr
인스타그램 terrabooks
등록 제2009-000244호
ISBN 979-11-92767-14-7 13980
값 21,000원

글·사진 심상은

TERRA

PROLOGUE

프롤로그

보라색 꽃들이 수백 년 된 돌담 위로 흐드러지게 피어 있던 4월의 어느 봄날, 나는 스위스 서쪽 쥐라산맥 기슭의 작은 마을, 생또뱅(St Aubin)에 도착했다. 난생처음 마주한 풍경을 '우리 동네'라고 부르게 된, 참 낯설면서도 묘하게 설렜던 18년 전 그날, 생또뱅은 내 제2의 고향이 되었다.

그러나 그곳에서 이민자로 학업과 취업, 결혼 등 인생의 중요한 이벤트들을 겪으며 보낸 현실은 어릴 적 <알프스의 소녀 하이디>를 보며 상상해온 지상낙원과는 많이 달랐다. 언어와 문화, 생각의 차이로 생겨난 수많은 난관 탓에 스위스인 남편이라는 치트키가 있음에도 매일 꽃길만 걷는 삶은 아니었다. 가끔은 다 던져버리고 훌쩍 도망쳐버리고 싶었을 때, 나를 진정시켜 준 것은 다름 아닌 스위스의 대자연이었다. 마음이 힘들 때마다 나는 대자연 속으로 무작정 걸어들어갔고, 스위스의 아름다운 산과 들판은 나를 그야말로 '어머니의 품'처럼 따뜻하게 감싸안아 주었다.

스위스의 놀라운 치유 능력을 몸소 경험했던 나는 이 책에 스위스의 하이킹 코스를 그 어떤 가이드북보다 자세하게 소개했다. 마음의 휴식이 필요한 독자들이 이 책을 통해 나처럼 행복한 경험을 할 수 있도록 돕고 싶었다. 스위스의 하이킹 코스는 산악교통을 이용해 정상에 올라간 다음 걸어 내려오는 게 대부분이어서 누구나 어렵지 않게 웅장한 대자연의 품에 안길 수 있다. 편안한 신발과 한 시간 이상 걸을 수 있는 체력만 가졌다면 남녀노소 누구나 즐길 수 있는 코스들만 엄선해서 수록했으니, 짧은 일정이어도 한 코스 정도는 꼭 걸어봤으면 좋겠다. <알프스의 소녀 하이디>의 아픈 클라라가 스위스의 자연을 체험하고 휠체어를 박차고 일어났듯이 독자 여러분도 여행을 마칠 즈음엔 모든 근심을 날려버리고 홀가분하게 집으로 돌아갈 수 있기를 바란다.

대자연과 더불어 스위스의 또 한 가지 자랑거리는 그림같이 예쁜 중세 도시들이다. 이 책에는 스위스를 처음 방문하는 여행자들에게 추천하는 인기 도시들을 자세하고 친절하게 소개했을 뿐 아니라 베테랑 여행자들이 아끼는 숨은 소도시들도 놓치지 않고 듬뿍 담았다. 너무 깜찍하게 생겨서 동화 속으로 들어온 건 아닐까 두 눈을 비비게 하는 작은 마을을 산책하거나 소도시 카페 테라스에 앉아 커피 향을 음미하고 있노라면, 온갖 부정적인 감정은 저편으로 사라지고 밝고 긍정적인 기운만 가득해짐을 경험할 수 있을 것이다. 그리고 그런 때 여유롭게 책을 펼쳐서 읽어볼 수 있도록 각 동네에 얽힌 설화나 역사, 문화에 대한 내용도 최대한 쉽고 재미있게 담아보려 노력했다.

스위스 여행에 유용한 정보를 최대한 꼼꼼히 담아내느라 휴대하기 좋게 작고 가벼운 책을 만들겠다던 첫 목표와는 멀어졌지만, 그 무게감만큼 이 책이 여러분의 스위스 여행을 성공적으로 이끌어줄 거라는 점은 자신한다. 여러분 인생의 휴식 같은 여정 한구석에 이 책이 놓여 있을 수 있다면, 끝나지 않을 것만 같았던 3년 8개월의 기나긴 집필 기간이 더없이 보람찰 것 같다.

- 2024년 1월, 3일째 정전 중인 보라카이 숙소의 창가에 앉아 땀을 뻘뻘 흘리면서
심상은 드림

Thanks to.
코로나 암흑기를 무사히 넘기고 여행하며 일하는 삶으로 순탄히 복귀하게 해주신 하나님, 바쁜 일정 속에서도 놀랍도록 꼼꼼하게 책을 만들어 감동 주신 테라 출판사 여러분, 늘 떠돌아다니는 제게 마음의 고향이 되어주는 부모님과 동생, 친구들, 새 책 언제 나오냐고 SNS와 이메일로 계속 물어보고 응원해주신 독자님들, 그리고 지금 이 책을 손에 쥐고 계신 모든 분께 진심으로 감사드립니다. 마지막으로 이제 그만 떠돌고 싶고 열대지방은 특히 싫다는데도 자꾸만 열대지방으로 일정 짜는 마누라를 묵묵히 따라와 주는, 세상에서 제일 착하고 다정한 나의 남편에게 이 책을 바칩니다.

블로그 lucki.kr
인스타그램 @nomadslunakiki

About <THIS IS SWITZERLAND>

<디스 이즈 스위스>를 소개합니다.

알쏭달쏭한 스위스 여행의 궁금증을 한 번에 해결해줄 FAQ

스위스로 떠나는 초보 여행자들이 가장 궁금해하는 질문만 앞부분에 따로 모은 FAQ! 스위스 여행 전 꼭 알아야 할 핵심 정보만 간결하게 정리해 독자들의 궁금증을 말끔하게 해소해드립니다.

현지인 저자가 직접 경험하고 쓴 스위스 여행 에티켓

스위스에서 오랫동안 생활한 저자가 알려주는 스위스 여행 실전 에티켓! 현지 문화에 익숙하지 않은 여행자들이 어려움 없이 여행할 수 있도록 도왔습니다.

계획 1도 없이 떠나도 좋아! 완벽한 추천 일정

장소별 평균 소요 시간은 물론, 이동시간까지 꼼꼼히 계산한 스위스 추천 코스 8가지! 어디부터 어떻게 가야 할 지 감이 오지 않는 초보 여행자들에게 자신 있게 권합니다.

이동하기 쉬운 동선으로 묶은 도시별 추천 일정

도시마다 꼭 가봐야 할 명소를 가까운 순서대로 묶어 반나절에서 하루 일정이면 돌아볼 수 있도록 구성했고, 그중 특히 중요한 볼거리는 별표를 표시해 독자들이 우선순위를 정하기 쉽게 만들었습니다.

더 이상의 방황은 없다! 한눈에 쏙 들어오는 친절한 교통 정보

교통 정보는 이 책에서 가장 심혈을 기울인 부분 중 하나입니다. 기차, 버스, 트램, 자동차, 자전거 등 최신 스위스 여행 트렌드에 맞춘 다양한 교통편 정보를 알기 쉬운 도표와 사진과 함께 소개했습니다.

스위스 가이드북의 끝판왕! 안심되는 현지 실용 정보

주요 기차역의 관광안내소부터 화장실, 코인 로커, 짐 배송 서비스, 분실물 보관소, 자전거 대여소 위치와 무료 와이파이 정보까지! 여행자의 시간을 최대한 아껴주는 실용 정보로 꽉 채웠습니다.

아는 만큼 보인다! 재미있고 풍부한 읽을거리

명소에 얽힌 재미있고 풍부한 이야깃거리를 곳곳에 실어 '읽는 즐거움'을 더했습니다. 비행기나 기차로 이동할 때 등 언제 어디서든 가볍게 펼쳐보세요.

누구나 쉽게 즐기는 스위스 하이킹 코스 최다 정보 수록

국내 스위스 가이드북 중 가장 많은 하이킹 코스 정보를 소개한 <디스 이즈 스위스>! 본책은 물론이고 휴대용 맵북에까지 모든 하이킹 코스의 지도와 고저 차 표시 그래프를 상세히 실었습니다.

스위스 현지인이 강력하게 추천하는 '찐' 맛집 대방출

현지인이 즐겨 가는 가성비 맛집부터 실패 확률 0%의 고급 레스토랑까지, 현지인 저자가 지인 추천과 취재로 선별한 보석 같은 '찐' 맛집을 소개했습니다.

HOW TO USE

<디스 이즈 스위스>를 효율적으로 읽는 방법

- 요금 및 운영시간, 스케줄 등의 정보는 시즌과 요일 또는 현지 사정에 따라 바뀔 수 있으니, 방문 전 홈페이지 또는 현지에서 다시 한 번 확인하기를 권합니다.

- 교통 및 도보 소요 시간은 정상 노선을 운행하는 평일 시간대 최단 거리 기준이며, 현지 사정에 따라 다를 수 있습니다.

- 하이킹 소요 시간은 보통 체력을 가진 성인 기준으로, 중간에 기념 촬영을 하거나 물을 마시며 쉬어가는 시간까지 고려한 것입니다.

- 호텔 요금은 중수기(4~6월, 9~10월) 평일 기준입니다.

- 외래어 표기는 현지 발음과 확연히 차이가 나는 경우를 제외하고 대부분 국립국어원의 외래어 표기법에 따랐고, 우리에게 익숙하거나 이미 굳어진 지명과 인명, 관광지명, 상호 및 상품명 등은 관용적 표현을 사용함으로써 독자의 이해와 인터넷 검색을 도왔습니다.

- 관광지 및 대중교통 연령 기준은 다음과 같습니다.
  성인: 16세 이상의 학생증 미소지자 / **학생**: 16~25세 학생증 소지자 /
  어린이: 6~15세 / **영유아(어린이)**: 0~5세(대부분 대중교통 및 관광지 입장료 무료) /
  경로: 여성 64세 이상, 남성 65세 이상(경로 요금 언급이 없는 경우 매표소에 직접 문의)
  *어린이와 영유아, 학생도 나이를 증명할 수 있는 신분증(여권, 학생증, 스위스 트래블 패스 패밀리 카드 등) 제시 필요

- 스위스에서는 우리나라와 마찬가지로 생일을 기준으로 계산하는 '만 나이'를 사용하고 있습니다. 이 책에 수록된 나이 기준은 모두 만 나이입니다.

- 이 책에서 **GOOGLE MAPS**는 온라인 지도 서비스인 구글맵(google.co.kr/maps)의 검색 키워드를 의미합니다. 구글맵에서 장소를 찾을 때 그 장소의 현지어명(일부 유명 관광지는 한국어)과 도시명을 입력하면 쉽게 검색할 수 있으므로 이 책에서는 구글맵에서 제공하는 '플러스 코드(Plus Code)'로 표기했습니다. 플러스 코드는 '9GHR+74 취리히'와 같이 알파벳(대소문자 구분 없음)과 숫자, '+' 기호, 도시명으로 이루어졌습니다. 현재 내 위치가 있는 도시에서 장소를 검색할 경우 도시명은 생략해도 됩니다.

- 음식점마다 이름 앞에 가격대를 나타내는 아이콘($ 저가, $$ 보통, $$$ 고가)을 표시했습니다.

- **MAP ❶~㉕**는 맵북(별책부록)의 지도 번호를 의미합니다.

- 하이킹 코스의 'info'에 있는 QR코드를 스캔하면 하이킹 공식 웹사이트로 연결됩니다.

- 스위스의 하이킹 코스는 안전 펜스나 계단이 없는 경우가 대부분이어서 스스로 주의해야 합니다. 또한 유명한 코스라도 인적이 매우 드문 편이니, 반드시 충분한 물과 간단한 간식을 준비하고 2인 이상 동행할 것을 권장합니다. 스마트폰 데이터 수신이 안 될 때를 대비해 오프라인 지도를 휴대하기 바랍니다.

Contents

014 **SWITZERLAND OVERVIEW**

018 스위스의 사계절

020 스위스 주요 도시의 월평균 기온 & 강수량/강설량

023 여행자가 가장 궁금해하는 16가지 유용한 정보와 알짜 여행 팁을 한자리에! **FAQ 16**

044 **BEST COURSE**

BEST ATTRACTIONS

054 자신 있게 소개하는 **스위스 추천 명소 BEST 20**

067 내딛는 걸음마다 행복 가득, **스위스 하이킹 코스 BEST 5**

071 **SPECIAL PAGE** 이것만 기억해요, 스위스 하이킹 꿀팁 모음

072 **SPECIAL PAGE** 바깥은 꽃물결, 스위스의 야생화

074 죽기 전에 꼭 타봐야 할 **특급열차·산악열차·유람선·케이블카·곤돌라 BEST 18**

TRAINS & RAIL PASSES

085 여행의 감성을 완성하는 **스위스 기차 여행의 모든 것**

086 1 알고 가면 착착착! **스위스 기차 여행 A to Z**

090 2 여행경비 팍팍 줄여주는 **스위스 교통 패스 총정리**

100 3 매 순간이 감동 그 자체! **파노라마 특급열차 & 특급버스**

GOURMET & SHOPPING

112 **스위스 음식 & 쇼핑 탐구일기**

114 이건 꼭 먹기로 약속! **스위스의 지역별 음식**

116 **스위스 음식 탐구일기**

퐁뒤 I 라클레트 I 치즈 I 술 I 초콜릿

128 **스위스 쇼핑 탐구일기**

스위스 대표 브랜드 I 스위스 전통 기념품 I 슈퍼마켓 추천 간식 & 음료

ABOUT SWITZERLAND

135 이 정도는 알고 가자! **스위스 잡학사전**

ZÜRICH & BASEL REGION

취리히 & 바젤 지역

143 취리히 ZÜRICH

154 DAY TRIP 스위스의 트렌드세터, **취리히 웨스트**

162 DAY TRIP 취리히에서 살짝 다녀오는 근교 나들이
라인 폭포 I 뵈르트성 I 라우펜성 I 라인 폭포 유람선

164 FESTIVALS 취리히 대표 축제

165 바젤 BASEL

180 DAY TRIP 바젤에서 프랑스 알자스 다녀오기
콜마르 I 뮐루즈 I 스트라스부르

182 DAY TRIP 바젤에서 독일 다녀오기
유로파 파크 I 프라이부르크

183 FESTIVALS 바젤 대표 축제

184 #PLUS AREA **슈타인 암 라인**

REGION VIERWALD-STÄTTERSEE

루체른 호수 (피어발트슈태터 호수) 지역

189 루체른 LUZERN

208 DAY TRIP 루체른에서 살짝 다녀오는 근교 나들이
뤼틀리 I 플뤼엘렌 I 알트도르프 I 브루넨 I 슈비츠

213 FESTIVALS 루체른 대표 축제

214 #MOUNTAIN VIEWS 루체른 호수(피어발트슈태터 호수) 지역

218 1 유럽 최초의 산악열차 산들의 여왕, **리기**

220 #HIKING 쉽게 즐기는 중부 스위스 최고의 풍경,
리기 클래식+빌트슈톡클리 트레일

222 2 용의 전설이 깃든 험준한 봉우리, **필라투스**

226 #HIKING 알프스 야생화 사이로 걷는 탐스러운 길, **꽃길**

227 #HIKING 필라투스를 완벽하게 감상하는 방법, **크림젠카펠**

228 3 세계 최초의 회전 케이블카로 오르는 고봉, **티틀리스**

234 4 세계 최초의 오픈 케이블카를 타볼까? **슈탄저호른**

BERNER OBERLAND

베르너 오버란트 지역

237 인터라켄 **INTERLAKEN**

250 **DAY TRIP** 인터라켄에서 살짝 다녀오는 근교 나들이
성 베아투스 종유굴 | 블라우 호수 | 아델보덴 캄브리안 호텔 | 외쉬넨 호수

253 **그린델발트 GRINDELWALD**

261 **라우터브루넨 LAUTERBRUNNEN**

265 **#HIKING** 누구든지 가볍게 도전! **트뤼멜바흐 폭포 하이킹**

268 **#MOUNTAIN VIEWS** 스위스의 여행의 로망, **융프라우 지역**

274 **1** '탑 오브 유럽' 유럽의 지붕, **융프라우요흐**

282 **#HIKING** 딱 한 코스만 걷는다면 여기! **융프라우 아이거 워크**

284 **#HIKING** 여름에 즐기는 눈길 하이킹, **묀히스요흐 산장 하이킹**

285 **#HIKING** 아이거 북벽을 감상하며 걷는 코스, **아이거 트레일**

286 **#HIKING** 심장이 쫄깃! 계곡 따라 보는 아찔한 풍경,
아이거글레처-벵엔알프 트레일

288 **2** 탑 오브 어드벤처! 가장 신나는 알프스, **피르스트**

292 **#HIKING** 한국인 여행자의 하이킹 0순위, **바흐알프 호수**

293 **#HIKING** 마니아를 위한 16km 중거리 하이킹, **피르스트-쉬니게 플라테**

294 **3** 영원한 007의 산, **쉴트호른**

298 **4** 내가 바로 융프라우 지역의 중심! **멘리헨**

300 **#HIKING** 남녀노소 가볍게 걸을 수 있는 코스, **로열 워크**

301 **#HIKING** 가족 하이킹으로 추천! 쉽고 예쁜 길, **파노라마 트레일**

302 **5** 꽃 속에 파묻혀 하이킹을 즐겨요, **쉬니게 플라테**

304 **#HIKING** 쉬니게 플라테의 매력 맛보기, **파노라마 길 오버베르크호른**

305 **#HIKING** 본격적인 쉬니게 플라테 탐방, **파노라마 길 루히어호른**

306 **6** 융프라우와 툰 호수 산양을 함께 볼 수 있는 곳, **니더호른**

308 **#HIKING** 알프스에서 기대하는 모든 풍경, **니더호른 산양 하이킹**

310 **#PLUS AREA 툰**

316 **#PLUS AREA 브리엔츠**

322 **#HIKING** 공룡 능선 같은 산세가 아름다워라,
브리엔츠 로트호른 플란알프 트레일

323 **DAY TRIP** 브리엔츠에서 살짝 다녀오는 근교 나들이
발렌베르크 민속촌

324 **DAY TRIP** 드라마 속 아름다운 풍경들, <사랑의 불시착> 촬영지 탐방
이젤트발트 | 지그리스빌 파노라마 브리지 | 그랜드호텔 기스바흐 | 룽언(룽게른)

BERN & FRIBOURG REGION
베른 & 프리부르 지역

329 베른 BERN
347 DAY TRIP 베른에서 살짝 다녀오는 근교 나들이 구어텐 I 에멘탈 치즈 농장
348 FESTIVALS 베른 대표 축제

349 프리부르(프라이부르크) FRIBOURG(FREIBURG)
358 DAY TRIP 프리부르에서 살짝 다녀오는 근교 나들이 오고섬
359 #PLUS AREA 졸로투른

VALAIS
발레 지역

367 체르마트 ZERMATT

378 #MOUNTAIN VIEWS 알프스의 여왕, 마터호른 지역
382 1 거대한 빙하와 마터호른을 보러 가자, 고르너그라트
385 #HIKING 마터호른을 가장 멋지게 보는 방법, 리펠 호수 길
387 #HIKING 마크 트웨인이 한눈에 반한 길, 마크 트웨인의 길
388 2 38개의 고봉이 파노라마로 펼쳐진다! 로트호른
390 #HIKING 스위스를 대표하는 하이킹 코스, 5개 호수의 길
392 3 유럽에서 가장 높은 케이블카역, 마터호른 글레이셔 파라다이스
394 #HIKING 외계행성 같은 마터호른의 진짜 모습, 마터호른 글레이셔 트레일
396 #PLUS AREA 사스 페
401 #PLUS AREA 로이커 바트
404 #PLUS AREA 알레치 아레나
409 #HIKING 알레치 빙하를 가까이에서 보는 방법, 알레치 빙하 파노라마길

RÉGION DU LÉMAN
레만 호수 지역

411 제네바(주네브) GENÈVE
433 DAY TRIP 제네바의 작은 이탈리아, 카루주
434 DAY TRIP 제네바에서 살짝 다녀오는 프랑스 나들이 몽블랑 I 안시 I 이부아르
436 FESTIVALS 제네바 대표 축제

437 로잔 LAUSANNE
453 DAY TRIP 로잔에서 살짝 다녀오는 근교 나들이 소바블랭 호수와 타워 I 모르주

454 DAY TRIP 로잔에서 살짝 다녀오는 프랑스 당일 여행 **에비앙 레 뱅**
455 FESTIVALS 로잔 대표 축제
456 #PLUS AREA **몽트뢰**
461 FESTIVALS 몽트뢰 대표 축제
462 DAY TRIP 몽트뢰에서 살짝 다녀오는 근교 나들이 **로셰 드 네**
463 DAY TRIP 칙칙폭폭~ 테마가 있는 스위스 기차 여행 **초콜릿과 치즈 열차 | 치즈 열차**
464 #PLUS AREA **브베**
470 DAY TRIP 유네스코 세계유산에 등재된 알프스 포도밭, **라보 테라스**
476 #PLUS AREA **그뤼에르**
481 DAY TRIP 그뤼에르에서 살짝 다녀오는 근교 나들이 **까이에 초콜릿 공장 | 그뤼에르 온천(레 뱅 드 라 그뤼에르)**
482 #HIKING 그뤼에르 지역을 즐기는 완벽한 방법, **초콜릿과 치즈 트레일**(조뉴 계곡 그뤼에르 길)
484 #PLUS AREA **샤토-데**

JURA & TROIS LACS

쥐라산맥과 3개의 호수 지역

489 뇌샤텔 NEUCHÂTEL
506 DAY TRIP 뇌샤텔에서 살짝 다녀오는 근교 나들이 **크뢰 뒤 방 & 야생 산양 관찰 | 테트 드 랑 수선화 자생지**
507 FESTIVALS 뇌샤텔 대표 축제
509 #PLUS AREA **빌/비엔**
515 DAY TRIP 빌/비엔에서 살짝 다녀오는 근교 나들이 **생-피에르섬 | 라 뇌빌과 르 렁드롱**
516 #PLUS AREA **라 쇼드퐁**
521 DAY TRIP 라 쇼드퐁에서 살짝 다녀오는 근교 나들이 **카미유 블록 초콜릿 공장**
522 #PLUS AREA **무어텐/모라**
527 #PLUS AREA **모티에**
531 #HIKING 비밀의 압생트 샘물 하이킹, **퐁텐 아 루이**

GRAUBÜNDEN

그라우뷘덴 지역

533 생 모리츠(장크트 모리츠) ST. MORITZ
548 DAY TRIP 생 모리츠에서 살짝 다녀오는 근교 나들이 **디아볼레차**
549 FESTIVALS 생 모리츠 대표 축제
550 #HIKING 다정하게 걷는 스위스 동화 트레킹, **하이디의 꽃길+우슬리의 종소리 길**

552 #PLUS AREA **쿠어**

558 DAY TRIP 발걸음도 사뿐사뿐, 하이디 마을 여행
마이엔펠트 | 하이디 마을(하이디도르프) | 바트 라가츠

564 #PLUS AREA **슈쿠올**

568 DAY TRIP 슈쿠올에서 살짝 다녀오는 근교 나들이
체르네츠 | 스위스 국립공원

571 #PLUS AREA **실스 마리아**

576 #PLUS AREA **솔리오**

ST. GALLEN-BODENSEE

장크트 갈렌-보덴 호수 지역

581 장크트 갈렌 ST. GALLEN

593 FESTIVALS 장크트 갈렌 대표 축제

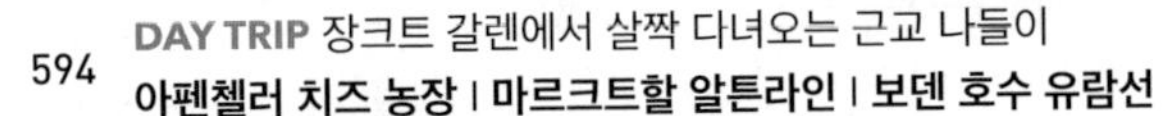

594 DAY TRIP 장크트 갈렌에서 살짝 다녀오는 근교 나들이
아펜첼러 치즈 농장 | 마르크트할 알튼라인 | 보덴 호수 유람선

596 #PLUS AREA **아펜첼**

604 FESTIVALS 아펜첼 대표 축제

605 #HIKING 맨발의 청춘 다 모여! **맨발 하이킹**

606 #HIKING 죽기 전에 꼭 가봐야 할 절벽 위 산장,
애셔 가스트하우스 암 베르크, 빌트키르힐리 동굴 하이킹

TICINO

티치노 지역

609 루가노 LUGANO

623 FESTIVALS 루가노 대표 축제

624 DAY TRIP 유람선 타고 루가노 호수 마을 여행
간드리아 | 모르코테 | 멜리데

628 #PLUS AREA **벨린초나**

634 #PLUS AREA **로카르노**

638 DAY TRIP 로카르노에서 살짝 다녀오는 근교 나들이
카르다다 & 치메타 | 첸토발리 & 도모도솔라

640 DAY TRIP 알프스 계곡 따라 중세 산골 마을 여행
베르차스카 계곡 | 마지아 계곡

644 #PLUS AREA 아스코나

650 **스위스의 숙소**

667 **INDEX**

SWITZERLAND Overview

젖소들이 풀을 뜯는 초록 들판과 새하얀 만년설이 빛나는 알프스를 달리는 산악열차,
아담한 중세 마을 노천카페에서 요들송을 들으며 맛보는 달콤한 수제 초콜릿, 동화 같은 분위기의 샬레에 앉아
오손도손 찍어 먹는 치즈 퐁뒤까지! 설렘 가득한 스위스의 주요 여행지들을 살펴보자.

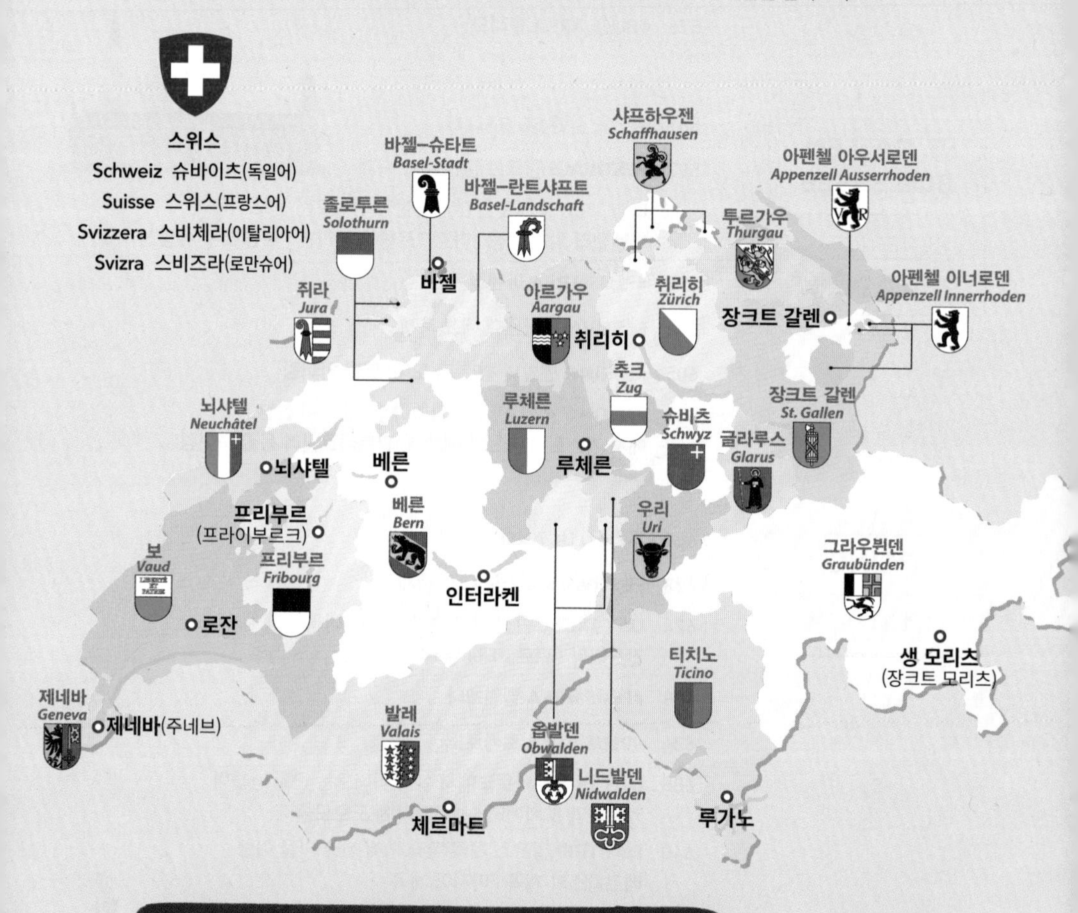

26개의 칸톤이 모인 스위스 연방 요모조모

스위스는 총 26개의 칸톤(주 또는 도를 의미)으로 구성돼 있다. 언어와 문화가 서로 다른 도시와 마을들이 주변 강대국들에 대항하기 위해 합심해 나라를 세웠다 보니 스위스에선 칸톤별 문화를 존중하고 자치권도 잘 보장한다. 각 칸톤은 독립된 입법권, 행정권을 가지고 있어 투표 방식이나 세금 등이 제각각이다. 주민들은 자기 칸톤에 대한 자부심이 강해서 곳곳에 칸톤기를 걸며, 과자나 기념품에도 자신들의 문장을 넣는다. 스위스 국기는 국명이 유래한 슈비츠(Schwyz)주의 칸톤기를 약간 변형한 것이다.

취리히 Zürich

스위스 제1의 도시. 2000년 역사를 지닌 스위스의 경제, 상업 중심지다. 아름다운 취리히 호수와 리마트강 주위로 잘 보존된 중세 시대 건물들이 트렌디한 쇼핑가와 완벽하게 조화를 이룬다. 143p

베른 Bern

연방 의사당이 있는 스위스의 수도. 구시가 전체가 유네스코 세계유산으로 지정됐을 정도로 귀족적인 중세 시대 모습을 잘 간직하고 있다. 무려 6km에 달하는 활기찬 쇼핑 거리도 볼거리. 329p

로잔 Lausanne

국제올림픽위원회(IOC) 본부가 있는 올림픽의 수도이자, 문화와 미식의 도시. 발레주 알프스로 가는 길목이고 음식, 쇼핑, 공연, 나이트 라이프를 두루 즐길 수 있어서 젊은층에게 인기가 높다. 437p

바젤 Basel

스위스, 프랑스, 독일 3국이 맞닿아 있어 다채로운 문화를 지닌 도시. 스위스에서 시작해 독일을 거쳐 북해로 이어지는 라인강 물류의 기착점이다. 세계 최대 규모의 아트 페어가 열리는 '예술의 도시'이기도 하다. 165p

프리부르(프라이부르크) Fribourg(Freiburg)

프랑스어권과 독일어권의 경계에 있는 작은 도시. 구시가는 유럽에서도 손꼽힐 정도로 옛 모습을 잘 보존하고 있다. 키네틱 아트의 거장, 장 팅겔리의 고향이기도 하다. 349p

뇌샤텔 Neuchâtel

프랑스의 느긋함과 스위스 대자연의 웅장함이 만난 서부의 숨은 진주다. 부드러운 곡선의 쥐라산맥과 에메랄드빛 뇌샤텔 호수를 끼고 있는 평화로운 호반 도시이자 스위스 시계 산업의 중심지. 489p

루체른 Luzern

티틀리스, 필라투스, 리기 등의 중부 알프스로 가는 관문. 스위스 연방의 건국지인 피어발트슈태터 호수(루체른 호수)를 끼고 있는, 스위스에서 가장 아름다운 도시로 손꼽힌다. 189p

체르마트 Zermatt

스위스가 자랑하는 해발 4478m의 멋진 산봉우리, 마터호른으로 가는 베이스캠프 겸 산악 휴양지. 스위스와 이탈리아 국경 지대에 자리 잡고 있다. 367p

생 모리츠 St. Moritz

19세기부터 유럽 왕실과 부호들을 불러 모은 스키 휴양지. 청정한 대자연에서 휴식을 취하고, 설질이 훌륭한 슬로프에서 동계 스포츠를 즐겨보자. 533p

인터라켄 Interlaken

융프라우 지역으로 가는 산악열차의 발착지. 호수와 산악지대 여행을 모두 즐길 수 있는 스위스 여행의 중심지이자 다양한 가격대의 숙소가 모인 거점 도시다. 237p

제네바(주네브) Genève

소득 수준 세계 1위! 탄탄한 사회복지 체제와 온화한 기후, 수려한 자연환경을 갖춘 살기 좋은 도시. UN 본부, WHO 등 세계를 이끄는 국제기구가 모여 있어 '세계 평화의 수도'란 애칭으로 불린다. 411p

장크트 갈렌 St. Gallen

중세 시대부터 교육, 문화, 예술의 보고였던 도시. '세상에서 제일 아름다운 지식 창고'라 불리는 수도원 도서관이 있으며, 귀여운 아펜첼 마을과 세련된 보덴 호수 마을들로 가는 길목에 있다. 581p

루가노 Lugano

알프스 이남에 자리한 '스위스의 양지'. 스위스에서 일조량이 가장 많고 호숫가에 소철나무가 늘어선 이국적인 분위기의 인기 휴양지다. 도시 전반에 이탈리아 문화가 스며 있다. 609p

우리나라에서 스위스까지 비행시간

인천 → 취리히 13시간 30분~(직항)
16시간~(1회 경유 시)

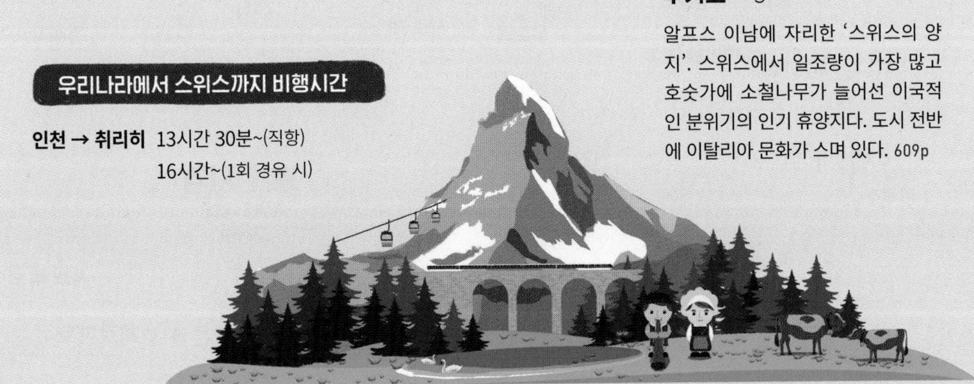

스위스의 지역 구분법

우리나라에 호서 지방, 영남 지방 등이 있듯이 스위스도 지형이나 문화권에 따라 지역이 나뉜다. 이는 행정 구역상의 칸톤보다 큰 개념으로, 스위스에선 보통 관광 구역을 지역에 따라 분류한다. 일례로 베른주는 지형에 따라 융프라우 지역을 포함한 고지대를 베르너 오버란트 지역이라 따로 분류하며, 발레 지역이나 티치노 지역, 그라우뷘덴 지역은 주(칸톤) 자체를 하나의 지역으로 분류한다.

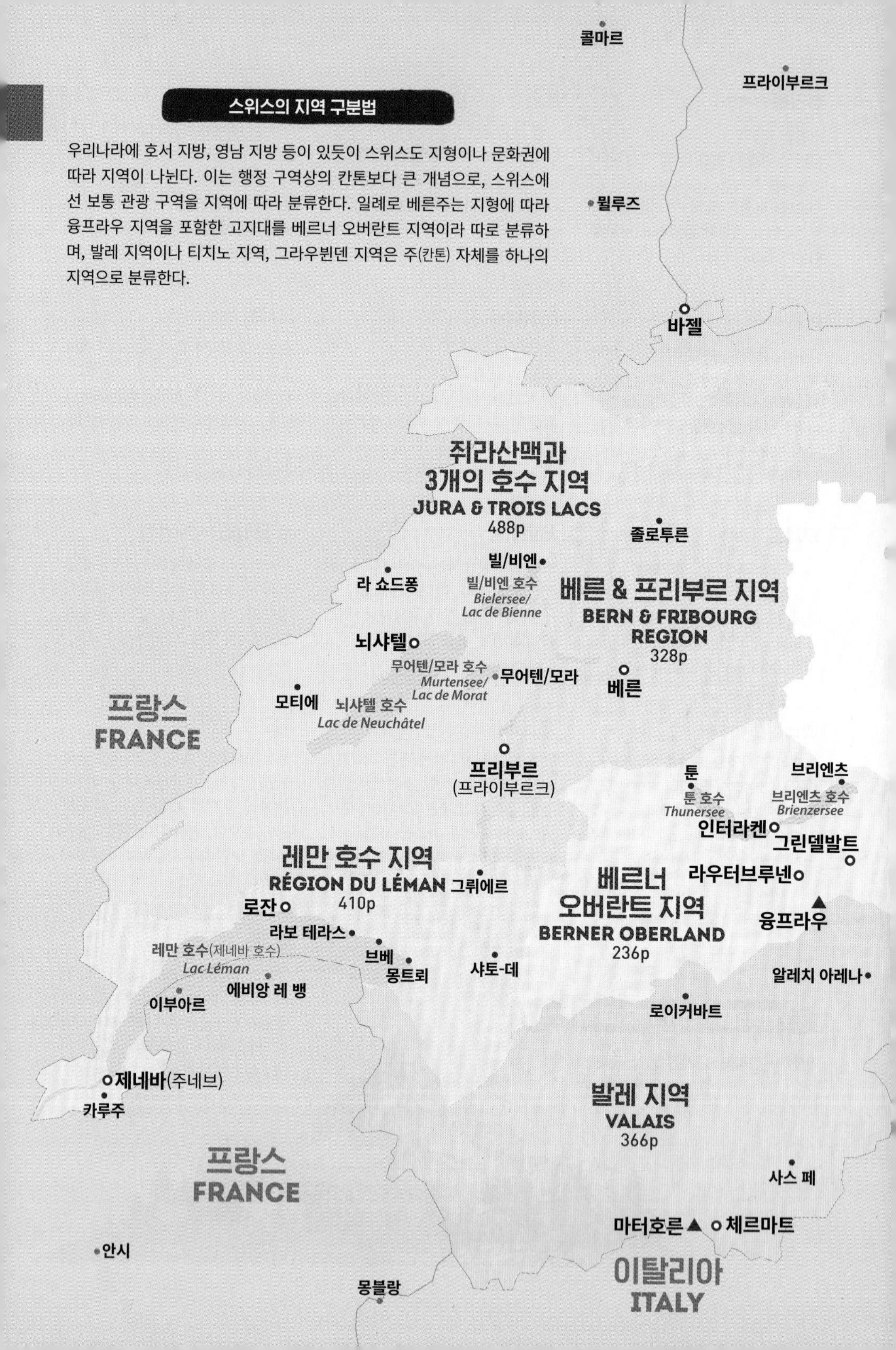

콜마르
프라이부르크
뮐루즈
바젤

취라산맥과
3개의 호수 지역
JURA & TROIS LACS
488p

졸로투른
빌/비엔
라 쇼드퐁
빌/비엔 호수
Bielersee/
Lac de Bienne

베른 & 프리부르 지역
BERN & FRIBOURG
REGION
328p

뇌샤텔
무어텐/모라 호수
Murtensee/
Lac de Morat
무어텐/모라
베른
모티에
뇌샤텔 호수
Lac de Neuchâtel

프랑스
FRANCE

프리부르
(프라이부르크)

툰
툰 호수
Thunersee
브리엔츠
브리엔츠 호수
Brienzersee
인터라켄
그린델발트

레만 호수 지역
RÉGION DU LÉMAN
410p
그뤼에르

베르너
오버란트 지역
BERNER OBERLAND
236p

라우터브루넨
융프라우
로잔
라보 테라스
브베
레만 호수(제네바 호수)
Lac Léman
몽트뢰
샤토-데
에비앙 레 뱅
이부아르
알레치 아레나
로이커바트

제네바(주네브)
카루주

발레 지역
VALAIS
366p

프랑스
FRANCE

사스 페
마터호른
체르마트
안시
이탈리아
ITALY
몽블랑

독일
GERMANY

샤프하우젠
라인 폭포
슈타인 암 라인
콘스탄스 호수(보덴호수)
Bodensee
로만스호른

취리히 & 바젤 지역
ZÜRICH & BASEL REGION
142p

로어샤흐
장크트 갈렌

장크트 갈렌-
보덴 호수 지역
ST. GALLEN-
BODENSEE
580p

아펜첼
취리히
취리히 호수
Zürichsee

오스트리아
AUSTRIA

추크 호수
Zugersee
발렌호수
Walensee

리히텐슈타인
LIECHTENSTEIN

루체른
리기
루체른 호수(피어발트슈태터 호수)
Vierwaldstättersee
필라투스
슈탄저호른
바트 라가츠
마이엔펠트

루체른 호수
(피어발트슈태터 호수) 지역
REGION VIERWALDSTÄTTERSEE
188p

쿠어
슈쿠올
티틀리스

그라우뷘덴 지역
GRAUBÜNDEN
532p

체르네츠
스위스 국립공원

생 모리츠
(장크트 모리츠)
실스 마리아
디아볼레차
솔리오

티치노 지역
TICINO
608p

마지아 계곡
베르차스카 계곡
로카르노
벨린초나
아스코나
마조레 호수
Lago Maggiore
도모도솔라

이탈리아
ITALY

루가노
간드리아
루가노 호수
Lago di Lugano
멜리데
모르코테

스위스의 사계절

스위스도 우리나라와 마찬가지로 사계절이 있다. 알프스 산 위는 해발고도가 높아서 항상 기온이 낮지만 일반 도시들은 6~9월 초까지 평균 25°C 정도다. 최근엔 지구온난화 때문에 37~38°C에 육박할 때도 있다.

봄(4~6월), 가을(9~10월)

도시 평균 기온 10~15℃

비가 자주 내리는 시기. 대부분 가벼운 부슬비여서 현지인들은 우산을 잘 쓰고 다니지 않는다. 하루에도 여러 번 해가 나왔다 비가 내리는 일이 반복되니 얇은 옷을 여러 겹 덧입거나 바람막이 점퍼를 준비하고 선글라스와 우산도 챙긴다.

여름(7~8월)

도시 평균 기온 20~30℃

30°C가 넘는 날이 많지만 습하지 않고 건조해서 한여름에도 그늘은 시원하다. 햇볕이 강해서 선크림은 필수. 비가 오면 도심 기온이 15°C 정도로 뚝 떨어지기도 하는데, 체르마트나 생 모리츠 같은 알프스 고지대 마을은 여름에도 대부분 바람막이 점퍼나 봄·가을용 겉옷이 필요하다. 마터호른이나 융프라우, 티틀리스 등 만년설이 있는 곳 역시 방한복을 챙겨가야 한다.

겨울(11~3월)

도시 평균 기온 -2~8℃

우리나라보다 겨울이 길지만 도심은 생각보다 춥지 않다. 어쩌다 춥더라도 -5°C 이하로 떨어지는 날은 드물고 대부분 영상을 유지하며, 산간 지방과 달리 눈도 잘 내리지 않는다. 단, 큰 도시들은 대개 호숫가에 자리 잡은 탓에 안개나 낮은 구름이 자주 낀다. 이 때문에 도시에 있을 땐 날이 흐려도 높은 산 위로 올라가면 구름이 발아래로 깔려서 맑은 경우가 있다. 산 위는 항상 기온이 낮고 바람이 많이 부니 따뜻한 옷을 준비하자. 겨울엔 햇살이 흰 눈에 반사돼 피부가 많이 타기 때문에 선크림도 필수다.

스위스 주요 도시의

월평균 기온 & 강수량/강설량

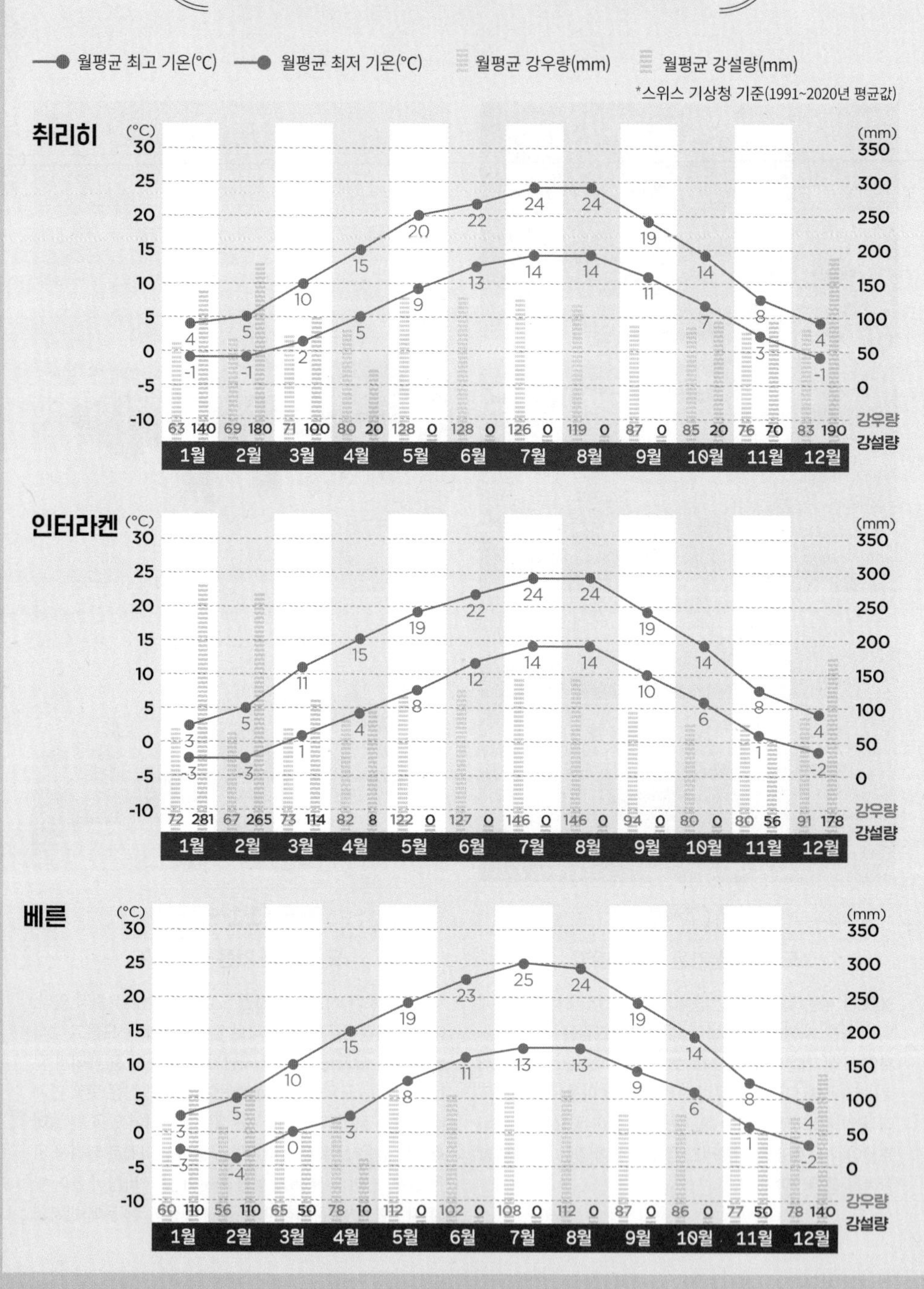

아래 기상 그래프는 월평균 기준으로, 7~8월에는 40°C 가까이 오르는 날도 있고 한겨울에는 -10°C 이하로 내려가는 날도 있으므로 방문 시기에 맞춰 스위스 기상청 등에서 날씨를 알아보고 옷을 준비한다.

WEB 스위스 기상청 www.meteoswiss.admin.ch

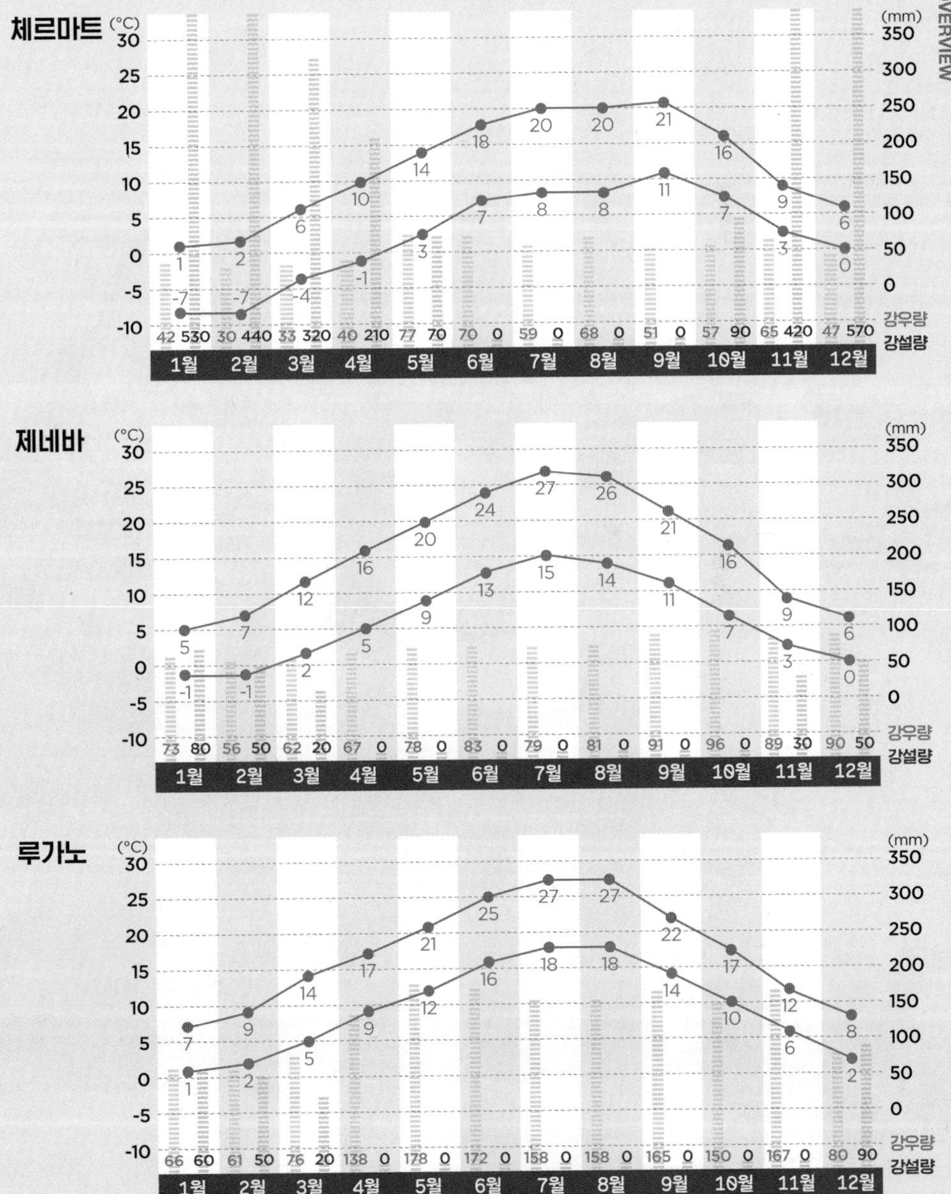

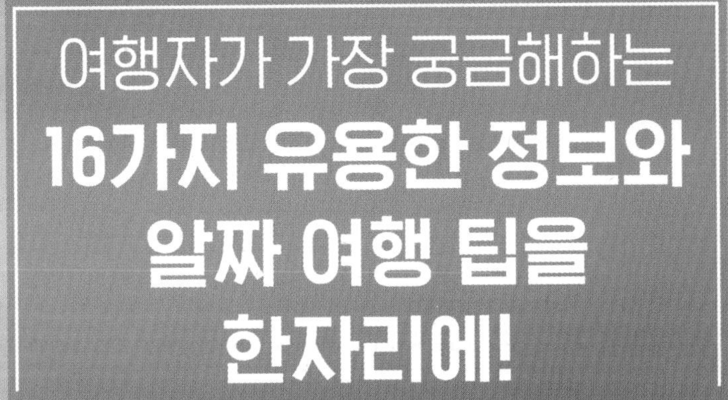

여행자가 가장 궁금해하는 16가지 유용한 정보와 알짜 여행 팁을 한자리에!

FAQ 16

FAQ 01

스위스는 물가가 높다던데, 하루 예산은 얼마나 필요한가요?

◆ 해외여행 만족도 1위, 물가도 1위

스위스 물가는 세계 최고 수준이다. 취리히와 제네바는 영국의 이코노미스트 인텔리전스 유닛이 발표하는 '10대 고물가 도시'에 꾸준히 이름을 올리고 있고, 여행자 물가의 기준이라 할 수 있는 빅맥 지수와 스타벅스 지수에서도 스위스는 압도적인 1위를 차지한다. 전 세계 물가가 치솟는 엔데믹 시기에 유로존보다 현저히 낮은 물가 상승률을 유지하고, 2024년엔 공산품에 대한 수입 관세를 폐지하는 등 높은 물가를 끌어내리기 위한 스위스 정부의 노력에도 불구하고 스위스 프랑이 강세를 유지하고 있어 여행자들의 체감 물가는 여전히 세계 최고 수준이다. 현지 물가와 여행 경비는 여행 지역과 시기, 인원수에 따라 달라질 수 있으므로 아래의 정보는 참고로만 활용하자.

◆ 스위스 VS 한국 물가 비교(2024년 9월 환율 기준, 1CHF=1580원)

맥도날드 빅맥 세트
13.80CHF(약 2만1800원)
한국 6900원

스타벅스 카페라테(Tall)
7.20CHF(약 1만1380원)
한국 5000원

브랜드 생수(500ml)
0.70CHF(약 1100원)
한국 1000원

하이네켄 맥주(1캔, 500ml)
2.30CHF(약 3630원)
한국 3000원

담배(말보로, 1갑)
9CHF(약 1만4220원)
한국 4500원

일반 음식점(단품 메뉴)
28CHF(약 4만4240원)
한국 1만2000원

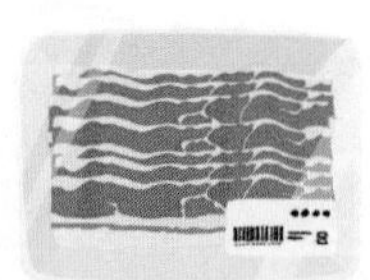

슈퍼마켓 생삼겹살(100g)
1.80CHF(약 2840원)
한국 3000원

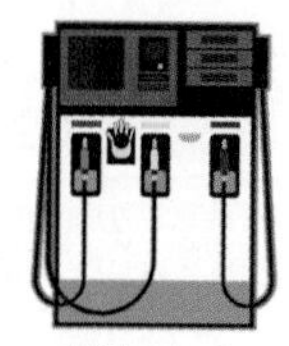

휘발유(1L)
1.93CHF(약 3050원)
한국 1600원

대중교통(시내버스)
취리히: 4.60CHF(약 7270원)
서울: 1500원

택시비(평일 낮 기준)
취리히: 기본 4CHF(약 6320원),
2.60CHF(약 4110원)/km
서울: 기본 4800원, 760원/km

◆ 2인이 함께 여행할 경우 호텔 여행자의 1일 최소 비용은?

1개 도시 여행: 1인 160CHF~

조식을 포함한 3성급 호텔 더블룸에 머물면서 1끼는 빵집 또는 슈퍼마켓, 1끼는 일반 레스토랑을 이용하고, 시내 교통 1일권과 대표 명소 2곳의 입장료를 포함한다. 대부분 도시의 시내 교통수단은 지역 내 호텔 숙박 시 무료로 이용할 수 있다. 단, 숙박료가 비싼 제네바와 취리히는 성수기가 아니라도 1일 40CHF은 추가된다.

여러 도시 여행: 1인 190CHF~

하루에 도시 내 여행 및 도시 간 이동이 발생하는 경우 교통비는 거리에 따라 달라지는데, 대부분 스위스 트래블 패스를 구매하는 것이 경제적이다. 스위스 트래블 패스 4일권 기준으로 교통비는 1일 70CHF 정도. 박물관, 미술관도 대부분 스위스 트래블 패스로 무료입장할 수 있다. 숙식비는 1개 도시 여행과 같다.

산악 지역 여행: 1인 220CHF~

도시 간 이동이 발생하고 그날 일정이 산악 여행지라면 산에 따라 드는 비용이 천차만별이다. 명소 입장료 대신 산악교통비가 최소 20CHF에서 최대 150CHF(융프라우 기준)까지 나올 것을 예상해야 한다. 그 외에는 여러 도시 여행과 같다.

✚ 여행 타입별 하루 예산표(1인 기준)

1일 1인 기준 (산악교통비 제외)	알뜰형 110~214CHF	호텔형 180~284CHF	럭셔리형 최소 310~457CHF
숙박비	**1일 50CHF** 호스텔 다인실/민박	**1일 100CHF** 3성급 호텔 더블룸	**1일 150CHF~** 4성급 이상 호텔 더블룸

식사비	**1일 40CHF** 아침 숙소 제공 점심 슈퍼마켓, 베이커리 간편식 저녁 일반 레스토랑 단품 메뉴	**1일 60CHF** 아침 숙소 제공 점심 일반 레스토랑 단품 메뉴 저녁 일반 레스토랑 단품 메뉴	**1일 140CHF** 아침 숙소 제공 점심 일반 레스토랑 단품 메뉴 저녁 고급 레스토랑 3코스 메뉴

입장료	**1일 0~30CHF** 박물관, 미술관, 유적지 등 2곳 방문 기준/스위스 트래블 패스 소지자는 대부분 박물관·미술관 무료입장		

시내 교통비	**1일 0~13CHF**(1일권 기준) 도시에 따라 숙소에서 1일권 무료 제공, 스위스 트래블 패스 소지자는 시내 교통비 무료		
부식비, 잡비	20CHF		
도시 간 이동 교통비	스위스 트래블 패스 2등석 4일권 기준 **1일 74CHF**		스위스 트래블 패스 1등석 4일권 기준 **1일 117CHF**
산악교통비	20~150CHF		

*호텔은 더블룸 가격을 반으로 나눠 1인 비용을 산출한 것이다. 따라서 혼자 여행한다면 싱글룸 투숙비가 1.5배 정도로 올라간다.

◆ 똑똑한 실천! 스위스 여행 경비 절약 방법

슈퍼마켓에서 장 보기

스위스의 외식비는 매우 비싸지만 슈퍼마켓 물가는 우리나라와 비슷하다. 스위스 사람들이 주식으로 먹는 생파스타와 치즈가 특히 저렴하고 닭다리, 닭날개, 삼겹살 등 지방이 섞인 육류 부위 또한 스위스 사람들이 선호하지 않아서 우리나라보다 저렴하다. 그밖에 주류, 초콜릿, 수입 과일(레드망고, 블루베리, 체리 등)도 저렴한 편. 특히 슈퍼마켓 체인 데네(Dener)의 야채와 과일값이 싼 편이다.

백화점, 쇼핑몰 푸드코트 활용하기

스위스 여행 중 가장 부담되는 것은 식비다. 가성비 높은 해결책은 마노르(Manor), 코옵 시티(Coop City), 미그로스(MMM Migros) 같은 백화점이나 쇼핑몰에 있는 푸드코트. 패스트푸드점 햄버거 세트와 비슷한 가격인 데다 음식 수준도 일반 식당에서 먹는 것처럼 신선하고 맛있다.

미그로스

깨끗한 공짜 물 마시기

알프스가 수원인 스위스 수돗물은 수질이 깨끗해서 그대로 마실 수 있다. 길가 분수대에서 나오는 지하수도 마찬가지여서 스위스 사람들은 생수병을 갖고 다니며 분수대 물을 받아 마시곤 한다. 분수대는 수질 검사가 엄격하며, 마실 수 없는 경우 프랑스어로 'Non Potable(농 포타블르)' 또는 독일어로 'Kein Trinkwasser(카인 트링크바서)'라고 쓰여 있다. 아무 표시가 없거나 'Sante(상테: 건강)'가 쓰여 있다면 그대로 마셔도 된다. 식당에서도 병에 든 생수 대신 수돗물(영어: 탭 워터 Tab Water, 프랑스어: 오 뒤 호비네 Eau du Robinet, 독일어: 라이퉁스바서 Leitungswasser)을 요청하면 무료다.

분수대에 붙어 있는 음용 가능한 수질 표시

무료 화장실 이용하기

물가 비싼 스위스에선 기차역 화장실 이용료도 2CHF(샤워 시 12CHF) 정도로 비싸다. 따라서 웬만하면 기차에서 내리기 전, 차내 화장실을 이용하는 것이 좋다. 도심에선 글로뷔스(Globus), 마노르 백화점이나 코옵 시티 쇼핑몰의 무료 화장실을 이용할 수 있다. 도심이나 호숫가에 가끔 공중화장실이 있지만 그리 깨끗하지 않다. 만약 카페나 레스토랑 앞에 'Friendly Toilet(프렌들리 토일렛)'이란 스티커가 붙어 있다면 화장실을 무료 개방하는 반가운 곳. 깨끗하게 이용하고 나오자.

무료 개방 화장실 스티커

무료 바비큐장 이용하기

공원, 호숫가, 산길, 산악 전망대 등에 무료 바비큐장이 있다. 그릴은 물론 장작까지 마련된 곳이 있는가 하면 불자리만 있는 곳도 있는데, 불자리만 있는 곳에서 바비큐를 하려면 숯을 미리 사 오거나 주변의 마른 나뭇가지를 모아서 불을 피워야 한다. 숯은 슈퍼마켓에서 봄부터 가을까지 쉽게 살 수 있고, 대형 슈퍼마켓 코옵(Coop)에선 고추장이나 쌈장도 판매한다. 가끔 구이용 삼겹살을 팔 때가 있는데, 프랑스어권 지역에선 '푸아트린 드 포흐(Poitrine de Porc)', 독일어권 지역에선 '슈바인보흐(Schweinebauch)'라고 말하면 삼겹살 부위를 준다.

+ MORE +

바비큐 후 뒷정리는 기본

바비큐장 이용 후엔 반드시 물을 여러 번 부어 불씨를 완벽하게 제거해야 한다. 근처에 쓰레기통이 없다면 쓰레기를 전부 되가져와 숙소에서 처리하자.

무료 바비큐장

세금 환급받기

면세 가능한 상점에서 300CHF 이상 구매 시 8% 정도의 부가가치세를 환급받을 수 있다. 유럽연합에 속해 있지 않은 탓에 스위스에서 산 물건만 가능하고, 스위스 국외 거주자여야 하며, 30일 이내에 스위스 밖으로 물건을 반출해야 한다.

■ 환급받는 방법

❶ 면세품 구매 시 구매 장소에서 글로벌 리펀드 서류를 요청한다.
❷ 공항 세관에서 면세품을 보여주고 리펀드 서류에 도장을 받는다. 면세품을 보여주지 못하면 세금 환급이 안 되는 경우도 있으니 면세품은 위탁 수하물이 아닌 기내용 수하물에 넣어 간다.
❸ 공항 환급 사무소인 글로벌 블루(Global Blue Office)로 가서 도장이 찍힌 글로벌 리펀드 서류와 여권을 보여주면 본인 명의의 신용카드 또는 현금으로 환급받을 수 있다.

무료 와이파이 이용하기

스위스 내 80여 개 SBB 기차역에서 무료 와이파이 서비스를 제공한다. 스마트폰 와이파이 설정에서 'SBB-FREE'를 선택하면 자동으로 열리는 인터넷 창에 +82를 포함한 스마트폰 번호를 적고 문자로 전송받은 코드를 입력(스위스 연방 철도 회원은 SwissPass로 로그인) 후 최초 1회만 접속하면 12개월간 'SBB-FREE'가 설치된 모든 역에서 자동으로 연결된다. 단, 총 이용 시간이 1시간을 초과할 경우 2시간을 기다려야 다시 사용할 수 있다. 그 외 주요 공항과 대부분의 알프스 산악 전망대, 맥도날드, 스타벅스 등에서도 무료 와이파이 서비스를 제공한다.

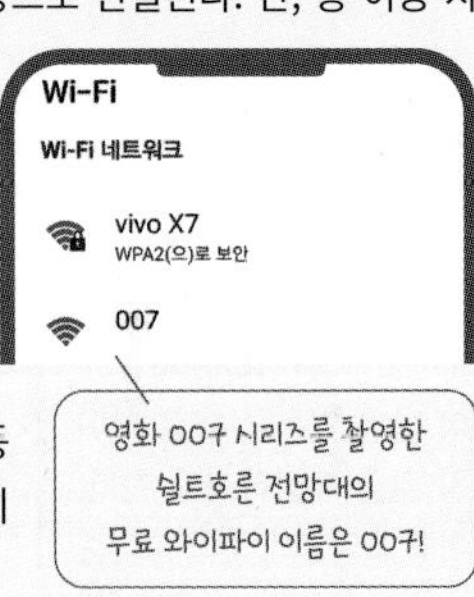

영화 007 시리즈를 촬영한 쉴트호른 전망대의 무료 와이파이 이름은 007!

게스트 카드 만들기

제네바, 베른, 바젤 등 많은 도시에서 자체적으로 발행하는 일종의 교통 패스로, 숙박업 등록을 한 정식 숙박업소(호텔, 호스텔, 캠핑장, 민박 등)에 1박 이상 투숙할 경우 체크인하는 날부터 체크아웃하는 날까지 숙박하는 도시의 대중교통(기차 2등석 포함)을 무료로 이용할 수 있다. 시내뿐 아니라 그 도시에 속한 공항을 오가는 교통도 포함되며, 이웃 마을 대중교통과 산악열차까지 무료인 경우도 있다. 숙박 첫날은 숙소 예약 사이트에서 출력하거나 이메일로 전송받은 예약 확인서를 검표원에게 보여주면 숙소까지 교통비가 무료다. 숙소 예약 시 등록한 이메일로 전송받거나 앱에 등록해 사용하는 디지털 카드, 숙소에 체크인할 때 데스크에서 받아 사용하는 실물 패스 등 카드의 형태와 발급 방법, 명칭은 도시마다 조금씩 다르다. 자세한 내용은 각 도시 참고.

국제학생증 발급하기

융프라우 철도, 유스호스텔, 관광지, 투어 등 학생증을 제시하면 할인받을 수 있는 곳이 많다. 재학 중인 학교(발급 제휴 학교인 경우) 또는 인터넷 홈페이지(isic.co.kr)에 신청한다.

\+ MORE +

귀국 시 주의! 면세 한도

출국 시 면세점 구매 한도는 폐지됐지만 귀국 시 1인당 면세 가능한 한도는 US$800이다. 따라서 국내 반입할 물건을 US$800 이상 구매했거나 선물 받았다면 입국 시 반드시 세관에 신고해야 한다. 자진 신고하면 20만 원 한도로 30%의 세금 감면 혜택이 있지만 신고하지 않고 적발되면 40%(반복적 미이행자는 60%)의 가산세가 붙는다.

■ 면세 범위(1인당)

휴대품 전체 US$800, 담배 200개비, 향수 60ml,
주류 2병(전체 용량 2L 이하, 총액 US$400 이하)

*농림축산물이나 한약재 등은 10만 원 이하로 한정되고, 품목별로 수량 또는 중량에 제한이 있다.

*입국장 면세점에서 구매한 물건 중 내국 물품은 면세 범위에서 우선 공제된다.

스위스에선 흥정 노노!

스위스에선 일반 상점은 물론 재래시장까지 모두 정가제여서 가격을 흥정하거나 덤을 요구하는 문화가 없다. 대신 시장, 특히 야채 가게에서 기분 좋은 인사나 미소를 건네면 가끔 인심 좋은 주인들이 덤을 얹기도 한다.

FAQ 02

산악교통 휴지기가 있다던데, 스위스 여행은 언제 가면 좋을까요?

◆ 스위스 여행 성수기는 여름과 겨울

스위스는 대자연을 만끽할 수 있는 여름과 겨울 스포츠를 즐길 수 있는 겨울에 가장 많은 관광객이 방문한다. 특히 알프스의 아름다움을 제대로 느껴보고 싶다면 5월 말~10월 말이 여행 최적기. 반면 궂은날이 많은 봄·가을은 비수기로, 4월~5월 중순과 11월~12월 초는 대부분의 산악교통이 휴지기에 들어간다. 봄철엔 산에 눈이 녹아 눈사태의 위험이 있고, 가을엔 꽃은 다 지고 눈은 충분히 내리지 않아 산 위가 황량하다. 그러나 이 때문에 여행을 포기할 필요는 없다. 이 시기에도 맑은 날이 중간중간 끼이 있고, 저지대의 알프스 산기슭에서 봄꽃이나 가을 단풍을 충분히 볼 수 있다.

◆ 인기 관광지는 연중무휴!

전 세계 관광객이 찾는 융프라우요흐, 고르너그라트, 마터호른 글레이셔 파라다이스, 리기, 필라투스로 가는 산악교통은 연중무휴로 운행한다. 따라서 봄·가을 여행 시엔 주요 산봉우리 외 고산지대는 일정에서 빼고, 알프스 저지대 마을들과 일반 도시, 소도시 등을 일정에 넣자. 산악교통 휴지기엔 하이킹으로 올라가는 방법도 있지만 그다지 추천하지 않는다. 주변 풍경이 황량하기도 하고 궂은날이 많아서 위험할 수 있다.

◆ 한여름에도 봄·가을용 겉옷은 필수

스위스에도 사계절이 있어서 산 아랫마을과 도시는 여름에 30°C가 훌쩍 넘는다. 특히 최근엔 6월 말에도 35°C까지 곧잘 오른다. 따라서 화창한 여름날엔 알프스 산 위에 자리한 마을에서도 반팔 옷을 입고 다닐 수 있다. 그러나 구름이 끼거나 비가 오면 기온이 10°C 전후까지 떨어져 봄·가을용 겉옷이 필요하며, 만년설이 있는 산꼭대기까지 올라간다면 그날 날씨에 따라 겉옷을 준비해야 한다. 햇볕이 쨍한 여름날이라면 봄·가을용 겉옷만으로도 충분하지만 구름이 끼었거나 비가 온다면 경량 패딩이 필요하다.

: WRITER'S PICK :

6월엔 눈더미 조심!

5~6월엔 산 위에 아직 눈이 남아 있는 상태로 하이킹 길을 개장하기도 한다. 이때 초여름에 눈을 본다는 들뜬 기분에 눈 위에 함부로 올라가면 절대 안 된다. 위에서 볼 땐 언덕같이 보여도, 눈이 녹기 시작한 밑부분은 커다란 동굴이 형성돼 있어서 빠질 수 있기 때문. 운이 좋아 눈 동굴 바닥이 단단해도 붙잡을 것이 없어 나오기가 어려운데, 보통은 눈 녹은 물이 바닥에 세차게 흐르기 때문에 떨어지면 대책이 없다.

교통 패스 종류가 너무 많아 헷갈려요. 어떤 것을 구매해야 할까요?

◆ 스위스 여행이 처음이라면, 스위스 트래블 패스

스위스 여행이 처음이라면 자신의 여행 일정에 맞는 날짜의 스위스 트래블 패스를 구매하는 게 제일 좋다. 스위스에 처음 가면 예쁜 도시도 보고 싶고 알프스도 오르고 싶기 때문에 이곳저곳 이동이 많은데, 매일 기차로 이동하면서 시내 대중교통과 박물관 등을 무료로 이용·방문하고 산악교통수단을 50% 할인받으면 스위스 트래블 패스의 본전을 뽑을 수 있다.

◆ 연속권 vs 비연속권, 뭐가 좋을까?

스위스 트래블 패스는 3·4·6·8·15일 연속권만 있기 때문에 여행 기간이 5일, 7일, 9~14일인 여행자들은 비연속권인 스위스 트래블 패스 플렉스를 사야할 지 고민하곤 한다. 그런데 한곳에만 머물며 도보로만 이동하고 산봉우리나 박물관에도 가지 않는다면 모를까, 버스라도 몇 번 탄다면 연속권을 구매하는 것이 이득이다. 내 여행 기간보다 긴 연속권의 가격과 여행 기간보다 짧은 비연속권의 가격 차이(13~44CHF)는 무료입장 혜택이 있는 박물관을 1~2곳만 가도 만회할 수 있는 금액이다. 즉, 연속권과 비연속권 날짜 사용 범위의 중간에 걸리는 날에 한 번이라도 대중교통을 이용하고 박물관을 방문한다면 내 여행 기간보다 긴 연속 패스를 가지고 있는 것이 유리하다. 따라서 5일 여행자는 스위스 트래블 패스 연속권 6일권을, 7일 여행자는 8일권을, 9일 이상 여행자는 15일권을 구매할 것을 추천한다.

◆ 복잡한 스위스 교통 패스의 세계

스위스의 교통 패스는 무척 다양하다. 위에 추천한 스위스 트래블 패스 같은 전국 통합 패스와 더불어 융프라우 VIP 패스, 베르너 오버란트 패스, 텔 패스 등 지역 패스들이 있고, 여기에 반액 할인 카드, 슈퍼 세이버 티켓, 세이버 데이 패스 등 이름도 비슷한 패스들이 머리를 복잡하게 한다. 따라서 책에 소개한 패스들을 찬찬히 살펴보고 내 일정과 취향에 맞는 패스는 무엇인지 알아보자. 자세한 패스 소개는 090p 참고.

: WRITER'S PICK :

월요일엔 자연 또는 다른 도시로!

월요일엔 대부분의 박물관과 미술관이 문을 닫는다. 따라서 스위스 트래블 패스 사용자는 이날에 맞춰 산악열차와 케이블카, 유람선 등을 타고 대자연을 만끽하거나 다른 도시로의 이동을 고려해보는 것이 좋다.

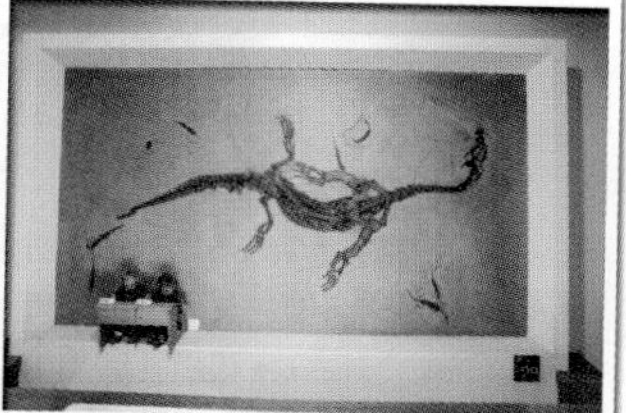

스위스 트래블 패스 소지자는 핵이득! 무료 이용할 수 있는 루체른의 빙하 공원

세계 최초의 오픈 케이블카 카브리오도 스위스 트래블 패스는 무료!

FAQ 04

렌터카 vs 기차, 어떤 것이 좋을까요?

◆ 스위스에선 뭐니 뭐니 해도 기차 여행

최근엔 렌터카 여행도 늘어나는 추세지만 스위스 여행의 백미는 역시 기차 여행이다. 스위스 철도망은 산골 마을까지 스위스 구석구석을 연결하고 있어 운전에 신경 쓰지 않고 스위스 대자연의 환상적인 풍경을 편안히 감상할 수 있다. 아쉬운 점이라면 기차 요금이 비싼 것이지만 렌터카 사정도 마찬가지다. 스위스는 렌트비, 주유비(1L 1.85CHF), 주차비(대도시 기준 1시간 3~8CHF)가 만만치 않다. 여기에 알프스 산봉우리에 올라갈 때 구매하는 1인당 반액 할인 카드 구매 비용까지 고려하면 3인 이상이 함께 다니더라도 렌터카보다 대중교통 패스로 여행하는 것이 더 저렴할 수 있다. 스위스에서 렌터카는 여행의 자유도를 높여주는 수단일 뿐 여행 경비를 절감해주지 않는다는 점을 기억하자.

FAQ 05

날씨가 변화무쌍한 알프스, 흐린 날 산악 전망대에 올라가도 될까요?

◆ 웹캠 확인하고 결정하기

스위스는 대부분의 산봉우리에 웹캠을 설치해 기상 상황을 알려주니 해당 지역의 공식 홈페이지에서 실시간으로 날씨를 확인한 뒤 산에 오르자. 정상에 짙은 구름이 끼었거나 비가 오고 있다면 되도록 일정을 변경한다. 비싼 산악교통비를 들였는데 궂은 날씨 탓에 아무것도 못 보고 올 확률이 높다. 웹캠뿐 아니라 스위스 기상청 홈페이지 또는 앱을 이용해 그날의 날씨를 시간별로 확인하고, 계속 날씨가 궂을 것 같다면 과감히 포기하고 다른 여행지로 대체하자.

일기예보에선 구름이 많다고 하지만 웹캠으로 본 정상부의 날씨가 화창하다면 올라가도 좋다. 특히 겨울에는 산 아래가 흐려도 구름 위에 있는 산꼭대기는 화창한 경우가 많다. 이땐 평생 기억에 남을 환상적인 운해를 볼 수 있다.

만년설과 운해로 둘러싸인 알프스의 환상적인 풍경

➜ 스위스 기상청

meteoswiss.admin.ch

➜ 실시간 웹캠

- **융프라우 지역** jungfrau.ch/en-gb/live/webcams/
- **마터호른 지역** zermatt.ch/en/Webcams
- **티틀리스** titlis.ch/en/live/webcams
- **리기** rigi.ch/en/inform/webcams
- **필라투스** pilatus.ch/pilatus-live-webcam-offene-anlagen-wetter

FAQ 06

아침부터 비가 부슬부슬, 대체 여행지로 어디가 좋을까요?

◆ 비 오는 날 가기 좋은 실내 여행지

도시	추천 여행지	가까운 도시
브록	까이에 초콜릿 공장(481p)	그뤼에르, 몽트뢰
취리히	스위스 국립박물관(148p), 린트 초콜릿 본사(153p)	
쿠틀라리	카미유 블록 초콜릿 공장(521p)	라 쇼드퐁, 뇌샤텔
몽트뢰	시옹성(458p)	로잔, 브베
루체른	교통 박물관(198p)	
장크트 갈렌	수도원 도서관(585p)	

취리히 린트 초콜릿 본사. 궂은날에 달콤한 초콜릿으로 기분 전환!

◆ 부슬비를 맞아도 괜찮다면

도시	추천 여행지	가까운 도시
샤프하우젠	라인 폭포(162p)	취리히
라우터브루넨	트뤼멜바흐 폭포(264p)	인터라켄
베아튼베르그	성 베아투스 종유굴(250p)	인터라켄
그린델발트	글레처 협곡(257p)	인터라켄
체르마트	고르너 협곡(371p)	
로이커바트	로이커바트 온천(402p)	체르마트, 몽트뢰

*성 베아투스 종유굴과 글레처 협곡, 고르너 협곡은 폭우 시 통행이 금지되니 당일 오전 홈페이지에서 확인 후 방문한다.

◆ 비가 와도 알프스 산간 지역에 머물고 싶다면

그린델발트(253p)와 라우터브루넨(261p)은 비 오는 날 마을에 머물며 카페나 레스토랑에서 풍경을 즐기기 좋다. 하지만 산봉우리에 올라가는 것은 위험하고 풍경도 좋지 않아서 추천하지 않는다.

◆ 그 외 비 오는 날 추천 여행지

무료 개방된 각 도시의 대성당, 스위스 트래블 패스 소지 시 무료입장할 수 있는 박물관과 미술관도 비 오는 날 들르기 좋다. 특히 스위스의 박물관과 미술관은 건축미가 뛰어나고 소장품의 수준이 매우 높아서 가볼 만하다.

비 오는 날의 그린델발트

FAQ

07

TV에서 보니 밤 10시에도 환하던데, 스위스에도 백야가 있나요?

◆ 스위스엔 백야가 없다

TV 예능 프로그램 등에 스위스가 소개된 뒤로 많은 사람이 궁금해하는 것이 스위스에 백야가 있냐는 것이다. 밤 10시에도 주변이 비교적 환했던 탓인데, 결론을 말하자면 스위스엔 백야가 없다. 다만 우리나라보다 위도가 높아서 여름철 해가 조금 더 길고 서머타임까지 시행해 밤 10시에도 해가 떠 있었던 것. 해가 길다 해도 밤 10시 반(서머타임 미적용 시 9시 반) 정도면 완전히 어두워지며, 6~7월을 제외한 달은 우리나라와 일몰 시각이 비슷하다.

8월 1일 9시 30분경 뇌샤텔

6월 17일 9시 30분경 체르마트.
산간 지대는 30분 정도 해가 일찍 진다.

FAQ

08

해외 렌터카 여행이 처음이라 걱정입니다. 괜찮을까요?

◆ 스위스 렌터카 여행은 생각보다 안전하고 편하다

스위스 사람들은 운전을 점잖게 하고 교통 법규를 잘 준수하기 때문에 운전하기 어렵지 않다. 산을 오르내리는 구불구불한 고갯길이 많지만 강원도 산길을 몇 번 주행해 봤다면 크게 걱정할 구간은 없다. 스위스는 작은 산골 마을까지도 도로 정비 예산을 많이 투자해 어딜 가든 도로 상태가 상당히 좋은 편이다.

렌터카 선택 시 주의할 점은 자동변속기 차량인지 확인해야 한다는 것이다. 스위스는 수동변속기 차량과 자동변속기 차량을 두루 사용하기 때문에 수동 운전에 익숙하지 않다면 예약할 때 반드시 자동변속기를 선택사항에서 체크한다. 우리나라와 다른 교통 법규 몇 가지도 알아두면 여행할 때 도움이 된다. 대부분 안전 운전과 보행자 보호를 위한 규정이므로 조금만 주의하면 금세 적응할 수 있다.

고속도로 통행권을 구매할 수 있는 국경 검문소

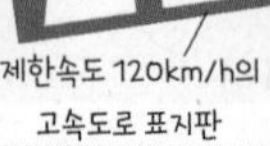

제한속도 120km/h의 고속도로 표지판

제한속도 100km/h의 준고속도로 표지판

◆ 반드시 알아야 할 스위스 교통 법규

Rule 1 스위스 고속도로에는 톨게이트가 없고, **고속도로 통행권(40CHF)을 사전 구매해 차 앞 유리에 부착**해야 한다. 통행권의 유효 기간은 다음 해 1월 31일(12월에 구매한 경우 2년 후 1월 31일)까지다. 스위스 내 렌터카에는 부착돼 있으나, 타 유럽 국가에서 렌트해서 들어올 경우 국경 검문소에서 구매해 부착한다.

Rule 2 **고속도로 표지판은 초록색, 일반 국도 표지판은 파란색**으로, 우리나라와 반대다.

Rule 3 반대 차선과 도로가 구분돼 있는 **고속도로의 제한속도는 120km/h**이며, 그렇지 않은 **준고속도로는 100km/h**이다. 두 고속도로는 표지판의 모양도 다르다.

Rule 4 **아무 표시가 없는 경우 제한속도는 시골길에서 80km/h, 도시와 마을에서 50km/h**다. 로잔시는 22:00~다음 날 06:00에 전 지역 제한속도를 30km/h로 하향한다. 도시 및 마을에서 제한속도를 10km/h 초과하면 벌금 120CHF.

Rule 5 **오른쪽 추월은 금지**다. 스위스에선 아무도 오른쪽으로 추월하지 않기 때문에 벌금 250CHF을 무는 것은 둘째 치고 타 운전자를 놀라게 해 상당히 위험할 수 있다.

Rule 6 **우회전 화살표 신호가 켜졌을 때 우회전**한다. 빨간불일 땐 갈 수 없다.

Rule 7 **신호등이 없는 교차로에선 오른쪽 차량에 우선권**이 있다. 이때 **자전거도 포함**된다.

Rule 8 **전조등은** 낮이고 밤이고 **항상 켜둔다.** 위반 시 벌금 40CHF.

Rule 9 **원형 교차로에선 교차로에 먼저 진입한 왼쪽 차량에 우선권**이 있다. 왼쪽에서 교차로에 진입하는 차량이 연이어 들어올 경우 이들을 모두 보낸 뒤 교차로에 진입해야 한다. 왼쪽 진입로로 들어오는 차량과 동시에 진입로에 도착했다면 왼쪽 차량이 먼저 들어와 지나갈 때까지 기다린다. **원형 교차로에서 나갈 때도 방향 지시등(깜빡이)**을 켜서 교차로를 나간다는 것을 표시해야 한다.

Rule 10 **기차 건널목에서** 기차가 지나가기를 기다릴 땐 **시동을 꺼둔다.**

Rule 11 **파란색 주차선이 그어진 주차 공간은 월~토요일 08:00~18:00에 1시간 무료**지만 반드시 **파란색 주차 디스크에 주차 시작 시각을 표시해 차 앞 유리 안쪽에 올려둬야 한다.** 주차 디스크는 렌터카 업체 또는 경찰서 등에서 무료로 받을 수 있다. 이를 생략하고 파란색 주차선에 주차하면 벌금이 부과된다. 그 외 시간과 일요일·공휴일은 시간제한 없이 무료로 주차할 수 있다. 노란색 주차선은 개인 주차 공간으로 외부인은 이용할 수 없고, 흰색 주차선은 유료 주차 공간이다.

Rule 12 일촉즉발의 위기 상황 또는 산길에서 급커브길을 돌 때가 아니면 **경적을 울리는 것은 금지**다. 앞 차량이나 자전거 속도가 느리거나, 느리게 걷는 보행자에게 비키라고 경적을 울리면 안 된다. 상대방에게 욕을 먹거나 근처에 경찰이 있다면 벌금이 부과될 수 있다.

Rule 13 **신호등 없는 횡단보도에서 보행자가 횡단보도 근처로 다가오면 무조건 멈춰야 한다**. 보행자가 횡단보도에 아직 진입하지 않았더라도 보행자에게 우선권이 있다.

Rule 14 **앞뒤 전 좌석 안전벨트 착용이 의무**다. 위반 시 벌금 60CHF.

Rule 15 **휴대전화를 손에 들고 통화하는 것은 금지**다. 벌금 100CHF. 단, 핸즈프리 통화는 가능하다.

Rule 16 **신장 150cm 이하의 12세 미만 아동은 유아 시트를 장착**해 탑승해야 한다.

Rule 17 오토 캠핑장이나 사유지에 허가를 받은 경우를 제외하고 **밤에 차에서 지내는 것은 금지**다. 공용 주차장도 예외 없이 적용된다.

주차 요금 정산기

셀프 주차 요금 정산기 위치 표시 사인

FAQ 09

산에 올랐더니 두통이 나고 메스꺼워요. 고산병이 발생하면 어떻게 하나요?

◆ 알프스에서 흔히 발생하는 고산병

고산병은 해발 2000m 이상 올랐을 때 누구에게나 발생할 수 있다. 스위스의 고봉들은 대부분 3000m가 넘기 때문에 고산병이 발생해도 이상하지 않다. 고산병 증상은 두통, 메스꺼움, 시야 흐려짐, 호흡 곤란이 있는데, 타이레놀을 복용하거나 물을 많이 마시고 잠시 누워서 쉬면 나아지기도 한다. 그런데도 증상이 지속된다면 현재 위치보다 500m 이상 낮은 저지대로 즉각 이동하는 방법밖에 없다.

◆ 중간역에 들러 쉬엄쉬엄 올라가자

고산병은 산 아래서 고지대까지 곧바로 올라갈수록 잘 발생한다. 따라서 산소가 적은 공기에 몸이 적응할 수 있도록 중간 환승역에서 30분 이상 머물다 올라가는 것도 좋은 방법이다. 고산병이 발생했을 땐 산악교통수단으로 쉽게 내려올 수 있으니 안데스나 히말라야처럼 산소통까지 준비할 필요는 없다. 천천히 걷기, 물 많이 마시기, 체온 유지, 배낭 무게 줄이기, 조금씩 나눠먹기도 고산병을 예방하거나 증상을 완화하기 위해 권장되는 요령 중 하나다.

스위스에서 가장 높은 전망대인
마터호른 글레이셔 파라다이스 전망대(3883m)

꿈꿔왔던 유럽 백패킹, 알프스에서 와일드 캠핑할 수 있나요?

◆ 캠핑은 되도록 캠핑장에서

알프스 백패킹(와일드 캠핑)은 많은 모험가의 로망이지만 스위스에선 일부 경우를 제외하고 백패킹을 금지한다. 그 대신 알프스 산속과 들판, 호숫가 등에 멋진 캠핑장이 있으니 그곳에서 캠핑을 즐기자. 캠핑장 외 장소에서 텐트를 치고 싶다면 미리 해당 지역 관광안내소에 문의해 캠핑 가능 지역을 꼭 확인할 것. 금지 구역에서 캠핑하다 레인저(현장 관리 직원)에게 발각되면 1000CHF 정도의 벌금을 물 수 있다.

◆ 고산지대에서 백패킹 시 주의 사항

- 트리 라인(나무가 자랄 수 있는 한계 높이의 고산지대) 이상에선 텐트를 치고 하룻밤 머물 수 있다. 트리 라인은 보통 해발 2000~2500m에 위치하지만 그 이상인 곳도 있다. 단, 주변이 숲이거나 나무가 많다면 캠핑할 수 없다.
- 트리 라인 이상의 나무가 없는 곳이어도 이틀 이상 머물려면 낮에 텐트를 걷었다가 저녁에 다시 쳐서 텐트 친 자리의 식물이 죽지 않게 하고, 인간의 체취가 남아 야생동물들이 불편함을 느끼지 않게 해야 한다.
- 트리 라인 이상이어도 자연 보전 구역, 동물 보호 구역, 사냥 금지 구역, 국립공원, 주립공원, 계곡 주변, 상습 침수 지역, 늪 주변, 방목지, 마을 주변, 산장 주변, 산악 호텔 주변, 케이블카역 또는 산악열차역 주변 등은 캠핑 금지다.
- 와일드 캠핑 시 모닥불은 금지다. 특히 산불 방지 기간에 불을 피웠다가 걸리면 벌금 1만CHF(한화 1300~1500만 원)을 부과한다.
- 배설물은 땅을 파서 묻어야 한다.
- 큰 소음을 내거나 음악을 틀어 야생동물의 서식을 방해하면 안 된다.

: WRITER'S PICK :

목장 울타리 조심!

시골 마을을 여행하거나 하이킹 도중에 간혹 목장 울타리를 지나야 할 때가 있다. 보통 줄로 연결된 목장 울타리는 소들이 나가지 못하도록 약한 전기가 흐르니 주의! 울타리 한쪽은 사람이 열 수 있도록 고리로 연결돼 있는데, 여기는 전기가 흐르지 않는다. 울타리를 열고 나오면 반드시 고리를 다시 걸어 놓자.

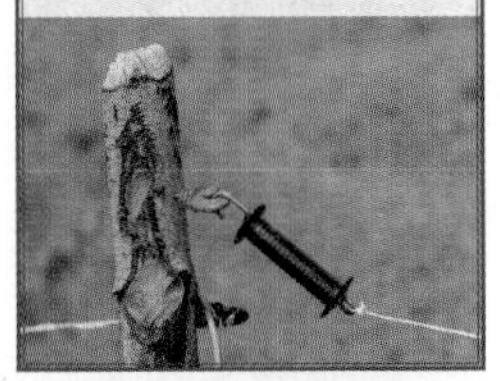

캠핑장도 백패킹 못지않게
한적하고 멋진 풍경이 한가득!

FAQ 11

유럽 장기 여행을 계획하고 있습니다. 스위스에 머물 수 있는 기간은 얼마인가요?

◆ 스위스도 셍겐 조약 가입국이다

스위스는 자국민들이 유럽 국가들을 비자 없이 자유롭게 여행할 수 있도록 2005년 셍겐 조약(Schengen Agreement)에 가입했다. 우리나라도 이 조약 덕분에 스위스에 무비자로 최대 90일간 체류할 수 있다. 단, 90일은 스위스 출국일 전 180일 이내의 모든 셍겐 조약 가입국의 체류 기간을 통틀어 산정하는 것이기 때문에 유럽 장기 여행자는 계산을 잘 해야 한다. 입국 시 셍겐 조약을 위반하지 않았어도, 스위스에 길게 머물러 출국 시 조약에서 허용한 날짜를 넘기면 단속 대상이 되기 때문. 여권 유효 기간도 스위스 출국일 기준으로 3개월 이상 남아 있어야 한다. 스위스에 90일 이상 체류해야 할 경우 필요한 비자 발급은 주한 스위스 대사관에 전화(02-739-9511) 문의한다.

➔ 셍겐 조약 가입국 체류 기간 계산하기

몇몇 국가는 우리나라와의 양자비자면제협정을 중시해서 셍겐 조약에서 허용하는 90일과 별도로 맺은 협정 기간(30, 90, 180일 등 국가마다 다름)만큼 머물 수 있으나, 스위스는 셍겐 조약을 우선한다. 따라서 양자비자면제협정을 우선하는 셍겐 국가에서 90일을 머물고 스위스로 오면 이미 90일을 초과한 탓에 입국이 거부된다. 반대로 스위스에서 셍겐 조약이 허용하는 90일을 다 소진했더라도 양자비자면제협정을 우선하는 셍겐 국가로 출국하면 양자협정이 맺어진 기간만큼 체류가 가능하다. 그러나 이 기간 또한 수시로 바뀌거나 입국 심사관에 따라 다르게 적용할 수 있으니 유럽 내 장기 여행 계획이 있다면 반드시 미리 현지 한국 대사관이나 출입국관리소에 양자비자면제협정 우선적용 사항을 확인하고 가자.

WEB 외교부: 0404.go.kr/consulate/visa_treaty.jsp
체류 기간 계산기: ec.europa.eu/home-affairs/content/visa-calculator_en

➔ 유럽 내 셍겐 조약 비가입국 체류 사실 증명 방법

셍겐 조약 가입국에 머물렀다가 유럽 내 비가입국으로 출국, 일정 기간이 지나서 다시 셍겐 가입국으로 입국하는 경우가 있다. 이때 실제 셍겐 가입국들의 전체 체류 기간이 지난 180일 동안 90일을 초과하지 않았더라도, 중간에 비가입국에서 체류했다는 사실을 서류로 입증하지 못하고 유럽 전체 체류일이 90일 이상 경우엔 셍겐 국가 내 입국이 거부될 수 있다. 유럽 내 이동 시엔 여권에 출입국 날짜가 찍힌 도장을 찍어주지 않는 경우가 많으니 호텔 숙박증이나 교통 패스 영수증, 신용카드 영수증 등 셍겐 비가입에서 머물렀다는 증빙 자료를 보관해두자.

◆ 여행자의 가장 큰 걱정거리, 입국 심사

영어에 자신 없는 여행자가 가장 염려하는 부분은 바로 까다로운 입국 심사다. 하지만 스위스에서는 전혀 걱정할 필요가 없다. 별다른 질문 없이 여권만 확인하고 바로 도장을 찍어주는 경우가 대부분이기 때문이다. 하지만 간혹 체류 목적(Why), 방문 장소(Where), 체류 기간(How long), 소지 금액(How much), 출국 비행기표 등을 물어볼 수 있으니 간단한 영어 대답을 준비해가자.

: WRITER'S PICK :

셍겐 조약 가입국
(2024년 9월 기준)

총 29개국(가나다 순)-그리스, 네덜란드, 노르웨이, 덴마크, 독일, 라트비아, 루마니아, 룩셈부르크, 리투아니아, 리히텐슈타인, 몰타, 벨기에, 불가리아, 스웨덴, 스위스, 스페인, 슬로바키아, 슬로베니아, 아이슬란드, 에스토니아, 오스트리아, 이탈리아, 체코, 크로아티아, 포르투갈, 폴란드, 프랑스, 핀란드, 헝가리

*바티칸, 모나코, 산 마리노는 셍겐 조약 가입국은 아니지만 사실상 같은 효과를 갖는다.

: WRITER'S PICK :

양자비자면제협정을 우선하는 셍겐 조약 가입국(2024년 9월 기준)

총 14개국(가나다 순)-네덜란드, 노르웨이, 덴마크, 독일, 루마니아, 리투아니아, 몰타, 벨기에, 스웨덴, 아이슬란드, 오스트리아, 이탈리아, 체코, 폴란드

*스위스 입출국 전후 180일간 그리스·네델란드·룩셈부르크·벨기에·오스트리아·크로아티아·헝가리 중 하나 이상의 국가에 체류하는 경우 외교부 안내 페이지 참고

➡ 취리히공항 입국하기

❶ 취리히국제공항 도착
'Ausgang/Exit(출구)' 표시를 따라간다.
⬇
❷ 셔틀트레인 탑승
셔틀트레인을 타고 입국 심사장으로 향한다.
⬇
❸ 입국 심사
스위스 및 EU 국가, 기타 국가(All passport)로 나뉜다. 한국인은 기타 국가에 줄 선다.
⬇
❹ 면세 쇼핑
스위스 공항에는 입국장 면세점이 있다. 항공권을 제시하고 면세품을 구매한다.
⬇
❺ 수하물 찾기
탑승 비행기 편명이 적힌 컨베이어 벨트에서 짐을 찾는다.
⬇
❻ 세관 신고
기내에서 나눠준 세관 신고서를 작성해 제출한다.
간혹 무작위로 가방을 열어보기도 한다.

❼ 기차역
건물 밖으로 나와 길을 건넌 후 'Bahn/Train' 표지판을 따라 기차역이 있는 건물(Airport Center) 지하로 내려간다.

봄에 취리히공항으로 도착한다면 유채밭을 이용한 빅토리녹스 광고 아트도 찰칵!

CH 06.09.17 24 ZÜRICH A 575

솅겐 조약 가입국의 입국 도장

➡ 제네바공항 입국하기

❶ 제네바국제공항 도착
'Sorti/Exit(출구)' 표시를 따라간다.
⬇
❷ 입국 심사
한국인은 기타 국가(All passport)에 줄 선다. 제네바에선 유럽 국가를 거쳐 들어오는 경우 입국 심사가 없을 때가 많다. 입국 도장을 받고 싶다면 별도 요청한다.
⬇
❸ 면세 쇼핑
필요한 경우 입국장 면세점에서 항공권을 제시하고 면세품을 구매한다.
⬇
❹ 수하물 찾기
탑승 비행기 편명이 적힌 컨베이어 벨트에서 짐을 찾는다.
⬇
❺ 세관 신고
기내에서 나눠준 세관 신고서를 작성해 제출한다.
간혹 무작위로 선택해 가방을 열어보기도 한다.
⬇
❻ 기차역
입국 게이트로 들어서면 바로 기차역과 이어진다.

제네바공항

: WRITER'S PICK :

스위스 면세 한도

■ **술**
알코올 농도 18% 이상 1L,
알코올 농도 18% 미만 5L
■ **담배** 250개비
■ **육류 가공품** 1kg
■ **기타 물품**
합계 금액 300CHF

현지 심카드 구매

공항 1층에 Swisscom, Salt 등의 통신사가 입점해 있다. 필요하다면 이곳에서 현지 선불 데이터 심카드를 구매할 수 있다.

+ MORE +

2025년부터 스위스 입국이 깐깐해진다

현재 대한민국 국민은 스위스 입국 시 여행 기간이 90일을 넘지 않으면 비자(VISA)가 필요 없다. 그러나 2025년부터 EU 국가와 스위스에 전자여행인증제도인 ETIAS(유럽 여행 정보 및 승인 시스템)가 도입될 예정이니 이후 출국 예정이라면 시행 여부를 확인해야 한다. ETIAS는 온라인으로 미리 여행 허가를 받는 개념으로, 비자는 아니지만 반드시 사전 신청해야 입국할 수 있다. ETIAS 승인을 받으면 3년간 기존과 동일한 조건(솅겐 조약, 180일 중 90일 이내)으로 스위스를 자유롭게 드나들 수 있다.

WEB travel-europe.europa.eu/etias_en

FAQ 12

스위스에서 유로화를 사용해도 되나요? 해외 사용 시 유리한 신용카드와 체크카드를 추천해주세요.

◆ 스위스 프랑을 준비해간다

스위스는 EU에 가입하지 않은 중립국이어서 유로화가 아닌 스위스 프랑(CHF 또는 Sfr)을 쓴다. 유명 관광지에선 유로화를 쓸 수 있지만 환율이 좋지 않으며, 관광지가 아닌 곳에서는 유로를 쓸 수 없기 때문에 스위스 프랑을 준비하는 것이 편리하다. 식당이나 상점 이용 시 대부분 신용카드를 사용할 수 있지만 소규모 상점은 10CHF 이상만 신용카드를 받기도 하고 산악지대의 작은 레스토랑이나 카페는 현금 결제만 되는 곳도 있기 때문에 약간의 현금은 필요하다.

스위스 프랑의 지폐 단위는 10·20·50·100·200·1000CHF이다. 이 중 1000CHF은 한화로 약 150만 원에 육박해 스위스에서도 활용도가 떨어지니 50~200CHF 단위의 지폐를 적절히 환전해 가자. 동전 단위는 5·10·20상팀(Centime, C), 1/2·1·2·5프랑이다. 상팀은 독일어로 라펜(Rappen), 이탈리아어로 센테시모(Centesimo)라 하며, 100상팀은 1프랑(스위스 프랑)에 해당한다. 귀국 후에 동전은 환전할 수 없으니 현지에서 다 사용하고 오자.

➔ 인터넷, 모바일 환전

환전 수수료 우대를 가장 많이 받을 수 있고, 원하는 은행 지점이나 공항에서 출국 당일날까지 찾을 수 있다. 단, 공항 수령 시엔 보안검색대 통과 전 일반 구역에 있는 환전소에서만 가능하니 주의한다.

➔ 은행 환전

인터넷에서 환율 우대 쿠폰을 다운받아서 휴대전화에 담아가면 약간의 수수료 우대를 받을 수 있다. 신분증 지참 필수.

➔ 공항 환전

환전을 미리 해두지 못했을 때 이용하기 편리하지만 수수료 우대가 없고 시중 은행보다 비싼 환율이 적용된다. 보안검색대 통과 전 일반 구역에서 환전해야 은행 출금 환전이 가능하다. 출국 수속을 끝내고 면세 구역으로 진입하면 현금카드로 출금할 수 있는 곳이 없기 때문에 소지 중인 현금으로만 환전할 수 있다.

➔ 토스 환전

토스뱅크를 이용하면 당일 환전이 가능하며, 선택한 수령 지점의 영업시간 내에 신청한 경우 당일 수령도 가능하다. 단, 영업점 외화 재고에 따라 외화 권종의 제한이 있을 수 있다.

OPEN 일반 영업소: 09:00~16:00/인천공항 환전소: 06:00~21:00(토·일·공휴일 06:30~20:30)

➔ 현지 환전

현지 환전 시엔 환전소나 호텔보다 은행 환전율이 좋은 편이다. 원화 환전은 불가능하고, 달러나 유로 등만 가능하다.

◆ 신용카드·체크카드는 꼭 챙겨가자

도시의 대부분 상점에서 비자나 마스터 카드를 사용할 수 있다. 약간의 수수료가 붙지만 고액의 현금을 소지하지 않아도 돼 안전하다. 단, 몇몇 상점에서는 10CHF 이상의 금액에만 신용카드를 사용할 수 있으며, 상점 규모가 작거나 알프스산 위에 있는 곳이라면 신용카드 사용이 불가능한 경우도 있어 약간의 현금은 꼭 지참해야 한다.

◆ 신용카드·체크카드 사용 시 주의사항

신용카드와 체크카드는 'VISA', 'Master' 등 해외 결제가 가능한 것으로 준비하자. 혹시 모를 오류에 대비해 서로 다른 종류의 카드를 준비하면 좋다. 해외에서 결제할 경우 '해외 원화 결제 사전 차단 서비스'를 미리 신청하는 것도 요령이다. 원화로 결제되면 환전 비용이 이중으로 발생해 카드사에 따라 2% 안팎의 수수료가 부과된다.
대부분의 가맹점에서는 별도의 본인 확인 절차 없이 신용 카드 결제가 가능하지만 만약을 위해 ❶ 카드 뒷면에 서명을 해두고(종이 영수증에 서명을 한다면 카드 뒷면의 서명과 같아야 한다), ❷ 여권과 카드의 영문 이름이 같은지 확인하고, ❸ 국제카드인지 확인해두자.

◆ 여행 기간이 길면 체크카드가 유리

장기 여행을 계획한다면 출국 전 국제현금카드 기능을 탑재한 체크카드를 발급해 그때그때 현지 ATM에서 스위스 프랑을 찾아 쓰는 방법을 추천한다. 스위스의 모든 도시에서 체크카드 이용 가능한 ATM을 쉽게 발견할 수 있다. ATM 운영사에 따라 현금 인출 수수료가 면제되는 것도 있으니 잘 비교해보고 선택하자.

> **: WRITER'S PICK :**
> **컨택리스 카드**
> 유럽에서는 식당이나 상점에서 카드 결제 시 IC 칩을 리더기에 꽂는 방식보다 컨택리스 단말기에 탭하는 것만으로 결제가 진행되는 비접촉식 컨택리스 카드(Contactless Card)를 많이 사용한다. 따라서 와이파이 마크가 있는 컨택리스 신용·체크 카드를 소지하고 있다면 더욱 편리하게 이용할 수 있다. 컨택리스 카드가 없다면 기존대로 IC 칩이나 마그네틱으로 결제하면 된다.

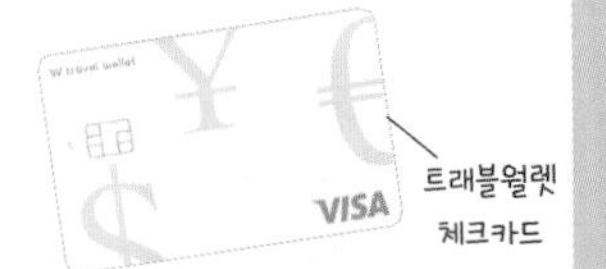

트래블월렛 체크카드

➡ 해외에서 쓰기 좋은 인기 체크카드 비교 (2024년 9월 기준)

구분	**KEB하나 트래블로그**(하나머니 선불식 충전 카드)	**트래블월렛**(선불식 충전 카드)
연회비	면제(신용카드는 2만 원)	면제
브랜드	Master/UnionPay	VISA
환전 수수료	면제(스위스 프랑)	약 0.7%(스위스 프랑)
ATM 출금 수수료	면제	US$500 이하 면제(US$500 초과 시 수수료 2%)
ATM 출금 한도	1회 US$1000, 1일 US$6000, 1달 US$1만	1회 US$400, 1일 US$1000, 1달 US$2000
가맹점 이용 수수료	면제	면제
주요 혜택	스위스 프랑, 유로 포함 26개 외화를 충전·환전 시 실시간 환율 적용, 100% 환율 우대. 국내 가맹점 결제 시 0.3% 하나머니 적립	스위스 프랑, 유로 포함 45개 외화를 충전 시 실시간 환율 적용, 달러·유로·엔화 환전 수수료 무료, 그 외 국가 0.5~2.5% 수수료 부과
최대 충전 한도	총 외화 200만 원	총 외화 200만 원
원화로 재환전 시	송금 받을 때 환율+수수료 1%	현찰 팔 때 환율 적용, 수수료 무료

트래블로그 체크카드

*이외에도 여러 은행이 수수료 할인 혜택과 부가 서비스를 제공하고 있으니 카드 발급 시 참고하자.
*체크카드는 국내에서 사용 시 다양한 혜택을 주는 등 은행마다 차별화한 서비스가 많으니 꼼꼼하게 비교한 후 발급받자.
*ATM 출금 시 현지 ATM 운영사에서 청구하는 수수료는 부과될 수 있다(운영사마다 다름).

FAQ 13

스위스에서 얼음이 든 차가운 음료를 마시려면 어떻게 해야 하나요?

◆ 스위스엔 '아아'(아이스 아메리카노)가 없다

스위스의 여름은 의외로 덥다. 한낮의 도시 기온은 30°C 안팎, 포도밭이나 호수 한가운데는 이상 기후 탓에 37°C까지 치솟는다. 평소엔 우리나라보다 건조해서 참을 만하지만 가끔 습도가 높은 날엔 얼음 동동 띄운 시원한 음료 한잔이 절실하다. 하지만 스위스에선 스타벅스를 제외한 카페와 바, 일반 식당, 심지어 맥도날드에서조차 얼음을 넣은 차가운 음료를 팔지 않는다. 가끔 일반 카페에서 파는 아이스커피는 카페라테에 바닐라 아이스크림을 얹어 내오는 것이니 주의.

특히 스위스 사람들은 커피를 차갑게 마시지 않는다. 에스프레소에 물을 섞은 아메리카노는 '양말 빤 국물'이라고까지 표현하며 격렬하게 싫어한다. 별도로 요청하면 커피에 얼음(무료)을 넣어주기도 하지만 가끔 얼음이 준비돼 있지 않은 곳도 있다.

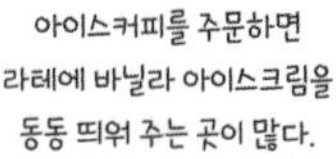

➔ 아메리카노 셀프 제조하기

만약 카페에 아메리카노가 없다면 직접 만드는 방법도 있다. 에스프레소를 한 잔 시킨 다음 얼음물 한잔을 부탁하면 얼음을 띄운 수돗물을 줄 것이다. 그 물을 조금 따라내거나 마신 후 에스프레소를 부으면 아메리카노가 된다. 참고로 스위스의 수돗물은 소독약 냄새가 나지 않고, 음용하는 식수로 적합하다.

FAQ 14

공공장소에서 흡연해도 되나요? 술, 담배는 몇 살부터 허용되나요?

◆ 실내는 전부 금연, 음주·흡연은 16세부터

펍과 바를 포함해 레스토랑, 기차역, 사무실, 기차, 버스 등 실내에선 전부 금연이다. 별도의 흡연실이나 레스토랑 야외 테라스, 노천카페, 야외 버스 정류장 등은 흡연이 가능하다.

스위스는 술과 담배 허용 연령이 상당히 낮다. 맥주, 와인, 사이더(사과 발효 맥주)는 16세부터, 그 외 모든 술(알코올 도수가 높은 증류주와 샴페인, 위스키 등 포함)은 18세부터 허용된다. 흡연 허용 연령도 16세부터여서 고등학생들이 학교 건물 밖에서 흡연하는 모습을 종종 볼 수 있다. 한국인으로서는 놀라운 풍경이다.

FAQ 15

스위스에도 24시간 편의점이 있나요? 슈퍼마켓은 몇 시까지 영업하나요?

◆ 저녁 시간과 일요일엔 거의 모든 상점이 문을 닫는다

유럽의 많은 나라에서는 24시간은커녕 일주일 내내 문 여는 상점을 찾기가 쉽지 않다. 특히 국민 복지를 중시하는 스위스에선 저녁 시간(보통 평일 18:00 이후, 토요일 17:00 이후)과 일요일에 거의 모든 상점이 문을 닫는다. 저녁엔 누구나 쉬어야 하고 일요일은 가족과 함께 보내야 한다는 취지에서다. 일부 레스토랑이나 클럽 등 특수 업종을 제외하면 별도 허가를 받지 않는 한 저녁과 일요일에 영업하지 않는데, 특히 일요일엔 기차역 슈퍼마켓 또는 편의점을 제외한 모든 상점이 문을 닫기 때문에 필요한 식재료나 생필품이 있다면 전날 미리 구매해야 한다. 오전 10시가 넘어야 문 여는 곳도 많은데, 기차역에 있는 상점들은 그보다 일찍 열고 늦게 닫으며, 대도시의 슈퍼마켓은 오후 7시까지 영업하기도 한다. 월요일 오전엔 영업하지 않는 곳도 있다.

➔ 시내 상점 및 슈퍼마켓 운영 시간

월~수·금요일 09:00~18:30 **목요일** 09:00~20:00
토요일 09:00~17:00 **일요일** 휴무

*상점에 따라 12:00~14:00에 1시간 정도 문을 닫기도 한다.
*가게·도시마다 조금씩 다르다.

: WRITER'S PICK :

쉬는 날엔 자연으로!

저녁 시간과 일요일뿐 아니라 공휴일에도 슈퍼마켓과 식당 등 도시의 대부분 상점이 문을 닫는다. 이럴 땐 공휴일에도 운행하는 산악열차와 케이블카를 타고 자연으로 떠나보자. 공휴일 외에 5월 1일 노동절이나 오순절(부활절로부터 50일 후 월요일, 매년 바뀜) 또한 칸톤에 따라 쉬지 않는 곳도 있으니 미리 홈페이지에서 운영시간을 확인하자.

◆ 식당은 더 오래, 더 빨리 문 닫는 곳이 많다

식당은 일요일뿐 아니라 월요일에도 문 닫는 곳이 많다. 관광지를 제외한 도심에선 영업 종료 시간도 칼 같이 지킨다. 카페는 대부분 오후 6시 정도면 문 닫고, 식당은 영업 종료 시간 1시간 전이나 30분 전쯤 주문을 마감한다. 초과 수당이 없으면 초과 근무를 하지 않는 것을 당연시하므로 종업원이 영업 종료 시간이 됐으니 나가달라고 요청해도 그러려니 하고 받아들이자.

음식점에서 팁을 꼭 줘야 하나요?

◆ 스위스에서 팁은 필수가 아니다

음식점에서 식사 후 계산은 카운터가 아닌 테이블에서 한다. 이때 종업원에게 팁을 줘야 할지 고민하게 되는데, 스위스는 팁이 필수가 아니다. 고급 음식점의 식사비와 호텔 숙박비엔 15%의 봉사료가 이미 포함돼 있고, 일반 음식점이라면 친절한 서비스에 감사 표시를 하고 싶을 때만 팁을 주면 된다. 금액도 딱히 정해져 있지 않은데, 보통 금액대가 낮으면 소수점 아래를 올림해서 주고, 적당히 가격대가 있는 곳이라면 1의 자리를 반올림해 팁을 준다. 단, 호텔에서 짐을 들어주는 포터에게는 1~2CHF의 팁을 주는 것이 일반적이다.

01
음식점에서 재촉하지 않아요

스위스 식당은 음식 서빙에 걸리는 시간이 30분은 기본일 정도로 느리다. 애피타이저, 샐러드, 메인, 디저트까지 코스로 주문한다면 메뉴가 나오는 중간중간 뜸 들이는 시간이 길기 때문에 식사 시간을 2시간 정도 예상해야 한다. 고급 음식점일수록 서빙이 늦어진다고 보면 되는데, 외식비가 비싼 스위스에선 일행과 담소를 나누고 레스토랑 분위기를 즐기는 것을 중요시하기 때문이다. 따라서 스위스 식당에서 음식이 빨리 나오길 재촉했다간 굉장히 참을성이 없는 성격으로 여겨진다. 오히려 식당 주인이 기분 나빠하며 화를 내는 경우가 있을 정도. 단, 기차 시간 등으로 음식을 빨리 받아야 할 경우엔 주문 시 미리 이야기하자. 조금 빨리 주려고 노력하거나, 불가능할 경우 미리 알려준다.

02
가방은 항상 내 곁에

레스토랑을 비롯해 공간이 좁은 식당에선 가끔 가방을 바닥에 내려놓아야 하는 경우가 있다. 이때 테이블 사이를 지나는 사람이 가방에 걸리지 않도록 테이블이나 의자 밑에 둬야 한다. 복도에 지나는 사람이 피해 가야 하도록 가방을 내려놓으면 배려가 없고 무례한 사람이라고 생각한다.

03
코리안 타임 말고 스위스 타임

현지인에게 초대를 받았다면 5분 정도 늦게 가는 것이 미덕이다. 그렇다고 10분 이상 늦으면 실례이며, 10분 이상 일찍 가는 것도 아직 준비가 안 된 상황에 들이닥치는 격일 수 있어 실례다.

04
눈을 보고 말해요

스위스를 비롯한 서구 문화권에선 이야기할 때 상대방의 눈을 바라봐야 한다. 눈을 마주치지 않으면 뭔가 숨기는 것이 있다고 생각한다. 그러니 상대방이 이야기할 때 내 눈을 지그시 바라본다고 해서 다 나한테 반한 것은 아니다. 그저 습관인 경우가 많다.

05
현지인처럼 건배하는 법

스위스에서 술잔을 마주치며 건배할 땐 다 함께 잔을 부딪히는 것이 아니라 모든 사람과 일대일로 잔을 부딪혀야 한다. 인원이 많을 땐 상당히 귀찮지만 이들의 문화이니 이해하고 일일히 부딪혀준다. 이때 잔 말고 상대방의 눈을 바라볼 것. 유럽에서 건배는 중세 시대에 서로의 잔에 독을 탔는지 확인하기 위해 생겨난 문화로, 잔을 부딪혀 서로의 술이 섞이게 하고 눈을 똑바로 바라보며 결백을 증명해야 했다. 이제는 술이 섞일 정도로 잔을 세게 부딪힐 필요는 없지만 눈은 꼭 마주 봐야 한다.

06
'후루룩 쩝쩝'은 안 돼요

타인과 식사할 땐 항상 입을 다물고 오물오물 씹어야 한다. 입을 벌린 채 쩝쩝 소리를 내면 대부분 스위스 사람들이 매우 불편하게 느낀다. 그릇째 들고 먹는 것도 금물. 특히 뜨거운 국물을 먹을 때 후루룩 소리를 내면 따가운 시선을 한 몸에 받을 수 있다.

07
감사 인사하는 습관 만들기

초대받은 집은 물론 식당이라 할지라도 주문한 음식이나 음료를 받을 땐 '땡큐'라고 감사 인사를 꼭 한다. 스위스 사람들은 어릴 때부터 감사 인사를 하도록 교육받았기 때문에 무의식 중에도 항상 땡큐가 나온다. 따라서 감사 인사를 하지 않으면 대놓고 이야기는 안 해도 상당히 예의 없다고 생각한다.

08
길을 물을 땐 인사 먼저

스위스에서 길을 물을 땐 일단 "실례합니다(Excuse me)" 또는 "안녕하세요(Hello)"란 인사말을 건넨 다음 본론을 시작해야 한다. 상대방의 대답을 듣고 나면 반드시 감사 인사도 잊지 말자.

09
콧물은 시원하게 킁!

아시아권 문화에선 남 앞에서 코를 푸는 일을 부끄럽게 여기지만 유럽에선 오히려 코를 훌쩍거리는 행위를 더럽게 생각하고 시원하게 풀어버리는 일을 당연하게 여긴다. 여행 중에 감기에 걸려 코가 막혔다면 과감하게 풀어버리자. 길 한가운데서 요란하게 풀어도 아무도 이상하게 여기지 않는다.

10
초상권을 지켜주세요

스위스 사람들은 초상권에 상당히 민감하기 때문에 사진이나 영상 촬영 전 반드시 물어봐야 한다. 특히 어린아이 사진은 각종 범죄에 연루될 수 있다고 우려하니 반드시 부모의 동의를 얻어야 한다.

11
'쓰담쓰담'은 마음으로만!

유럽에선 머리를 쓰다듬는 문화가 없다. 특히 머리뼈가 다 자라지 않은 아기 머리를 만지는 행위, 아기를 안고 흔드는 행위 등은 두뇌 성장에 나쁜 영향을 끼친다고 탐탁지 않아 하니 주의한다.

12
교회, 성당에선 플래시 끄기

유명한 교회나 성당엔 플래시를 터트리지 말라고 쓰여 있지만 작고 관광 명소가 아닌 곳들은 안내판이 없다. 하지만 규모에 관계없이 종교 시설에선 플래시를 끄는 게 매너. 대화도 소곤소곤 나눈다.

13
밤 10시 이후엔 소음 금지

남에게 피해를 주기 싫어하는 스위스 사람들은 평일 밤 10시 이후엔 물소리 때문에 샤워하지 않는 것이 불문율이다. 관광지 호텔에선 상관없겠지만 일반 주택이라면 밤 10시 이후 소음에 주의하자. 소음이 심할 땐 항의하는 이웃이나 경찰이 찾아오기도 한다. 단, 금요일이나 토요일은 밤 12시 정도까지 허용하는 분위기. 일요일은 청소기나 세탁기를 돌리지 않는 것이 이웃에 대한 예의다.

14
경적을 울리면 공공의 적

스위스에서 렌터카 여행을 할 때 주의할 것이 경적이다. 스위스는 웬만큼 위험한 상황이 아니라면 경적을 울리지 않는다. 행인이 나무늘보 같은 속도로 마을 길 한가운데를 걸어가거나, 자전거가 지겹도록 진행을 방해해도 조심스럽게 뒤따라갈 수밖에 없다. 경적을 울리면 외국어로 욕을 먹거나, 경찰이 있다면 딱지를 떼일 수도 있다. 도로에서도 일촉즉발의 상황이 아니라면 경적 금지다.

스위스 추천 코스

난생처음 떠나는 스위스 여행, 어디를 어떻게 가야 할 지 감이 잡히지 않는다면 다음의 추천 코스를 참고해보자. 스위스를 처음 가는 사람들을 위한 기간별 대표 여행지를 조합한 추천 코스를 소개했다. 하지만 이 책에는 추천 코스에 미처 넣지 못한 주옥같은 여행지가 많이 나오니 끝까지 읽어 보면서 나만의 코스를 만들어보길 권한다.

알짜배기 핵심 명소만 콕콕

스위스 맛보기 여행 3박 4일

스위스에 처음 방문하는 사람을 위한 3박 4일 코스다. 스위스는 대한민국의 절반도 안 되는 작은 크기지만 알프스를 사이에 두고 다양한 문화가 섞여 있어 구석구석 볼거리가 많다. 아래 코스는 대표 명소 위주로 둘러보는 것이니 매력적인 소도시 방문은 다음 기회를 이용하자.

비행기로 입출국 시

1 취리히 입출국

1일	취리히 → 루체른
오전	취리히 입국 후 시내로 이동(15분), 스위스 제1의 도시 취히리 구시가 or 핫플레이스 취리히 웨스트 관광
오후	스위스의 중심 루체른으로 이동 후 관광
루체른 숙박	

2일	루체른 → 인터라켄 ⇌ 필라투스 or 리기
종일	유람선+산악열차로 필라투스 or 리기 관광 & 하이킹 tip. 하이킹하면 1곳, 전망대만 보고 내려오면 2곳 가능
저녁	2개의 호수 마을 인터라켄으로 이동
인터라켄 숙박	

3일	인터라켄 ⇌ 융프라우요흐
종일	유럽의 지붕 융프라우요흐로 이동 융프라우 전망대 관광 & 하이킹
저녁	인터라켄으로 이동
인터라켄 숙박	

4일	인터라켄 → 베른 → 취리히
오전	스위스의 수도 베른으로 이동, 베른 구시가 관광
오후	취리히공항으로 이동 후 출국

2 제네바 입출국

1일	제네바 → 몽트뢰
오전	제네바 입국 후 시내로 이동(10분) 세계에서 가장 살기 좋은 도시 제네바 구시가 관광
오후	로맨틱한 도시 몽트뢰로 이동 후 관광
몽트뢰 숙박	

2일	몽트뢰 ⇌ 그뤼에르/브록 → 체르마트
종일	골든패스라인 초콜릿 열차 패키지로 브록 초콜릿 공장, 그뤼에르 마을, 치즈 공방 다녀오기
저녁	마터호른 여행의 거점 체르마트로 이동
체르마트 숙박	

3일	체르마트 ⇌ 마터호른 전망대
종일	고르너그라트 or 로트호른 or 마터호른 글레이셔 파라다이스 관광 tip. 하이킹하면 1곳, 전망대만 보고 내려오면 2곳 가능
체르마트 숙박	

4일	체르마트 → 브베 or 로잔 → 제네바
오전	option 1. 레만 호수의 진주, 브베로 이동 후 관광 option 2. 젊음의 도시, 로잔으로! 관광 & 쇼핑
오후	제네바공항으로 이동 후 출국

*이동 시간은 기차 기준

: WRITER'S PICK :

나만의 코스 짜기

책에 소개한 추천 코스는 유명 관광지 위주로 구성한 것이다. 각자의 취향에 따라 관광객으로 가득한 몇 곳은 과감하게 빼버리고 인근의 동화 같은 소도시와 평화로운 시골 마을들로 대체해서 나만의 감성이 담긴 여행을 만들어봐도 좋겠다.

바젤
2시간~
취리히
40분~
1시간~
루체른
리기
필라투스
베른
55분~
1시간 50분~
인터라켄
1시간 40분~
융프라우요흐
그뤼에르/브록
로잔
3시간~
브베
40분~
몽트뢰
2시간 40분~
1시간 10분~
1시간~
2시간 30분~
2시간 40분~
제네바(주네브)
체르마트
마터호른 전망대
루가노

기차로 입출국 시

3 바젤 입국, 루가노 출국

1일	바젤 → 인터라켄
오전	세련된 도시 바젤 입국 후 관광
오후	인터라켄으로 이동 후 관광
인터라켄 숙박	

2일	인터라켄 ⇌ 융프라우요흐
종일	유럽의 지붕 융프라우요흐로 이동 융프라우 전망대 관광 & 하이킹 후 인터라켄으로!
인터라켄 숙박	

3일	인터라켄 → 루체른 ⇌ 필라투스 or 리기
종일	루체른으로 이동, 유람선+산악열차로 필라투스 or 리기 관광 & 하이킹(하이킹하면 1곳, 전망대만 보고 내려오면 2곳 가능)
루체른 숙박	

4일	루체른 → 루가노
오전	루가노로 이동
오후	지중해풍 도시 루가노 관광 후 출국

루체른
루가노

BEST COURSE 2

본격 스위스 여행 6박 7일

스위스 여행의 로망 실현

6박 7일 정도면 파노라마 특급열차를 추가하거나, 알프스 구석구석을 여유롭게 탐닉하거나, 만년설 봉우리들에 둘러싸여 온천을 즐기는 등 평소 꿈꿔왔던 스위스 여행의 로망을 실현해볼 수 있다. 가장 일반적인 코스와 스위스의 특색을 살린 테마 코스를 소개한다.

*이동 시간은 기차 기준

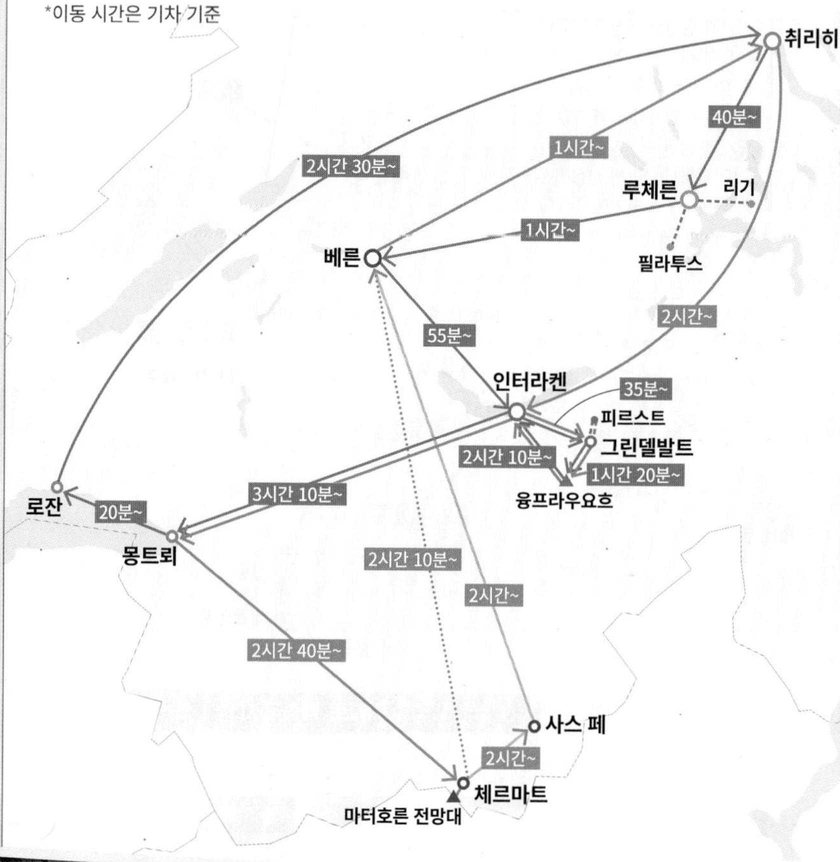

기품 있는 도시, 베른

스위스의 백미는 하이킹, 하이킹의 백미는 쉬는 시간! 피르스트

같은 스위스, 다른 느낌!

1 아기자기한 도시 여행과 예쁜 알프스 여행

1일	취리히 → 루체른
오전	취리히 입국 후 시내로 이동(15분), 취히리 구시가 or 취리히 웨스트 관광
오후	스위스의 중심 루체른으로 이동 후 관광
루체른 숙박	

2일	루체른 ⇄ 필라투스 or 리기
종일	유람선+산악열차로 필라투스 or 리기 관광 & 하이킹 tip. 하이킹하면 1곳, 전망대만 보고 내려오면 2곳 가능
루체른 숙박	

3일	루체른 → 베른 → 인터라켄 → 그린델발트
오전	스위스의 수도 베른으로 이동 후 구시가 관광
오후	인터라켄을 거쳐 그린델발트로 이동, 초록빛 알프스 마을 그린델발트 관광
그린델발트 숙박	

4일	그린델발트 ⇄ 피르스트 & 글레처 협곡
오전	피르스트 관광 & 바흐알프제 하이킹
오후	글레처 협곡 관광
그린델발트 숙박	

5일	그린델발트 → 융프라우요흐 → 인터라켄
종일	유럽의 지붕 융프라우 전망대 관광 & 하이킹
저녁	라우터브루넨 거쳐 인터라켄으로 이동
인터라켄 숙박	

6일	인터라켄 → 몽트뢰
오전	골든패스라인으로 츠바이지멘을 거쳐 몽트뢰로 이동
오후	로맨틱한 도시 몽트뢰 & 시옹성 관광
몽트뢰 숙박	

7일	몽트뢰 → 로잔 → 취리히
오전	젊음의 도시 로잔으로 이동, 구시가 관광 or 플롱 쇼핑
오후	취리히공항으로 이동 후 출국

걷기는 나의 즐거움, 알프스 하이킹 홀릭

2 스위스 여행의 백미, 알프스 하이킹

1일	취리히 → 인터라켄
오전	취리히 입국 후 시내로 이동(15분), 취히리 구시가 or 취리히 웨스트 관광
오후	2개의 호수 마을 인터라켄으로 이동 후 관광
인터라켄 숙박	

2일	인터라켄 → 그린델발트 ⇄ 피르스트
오전	초록빛 알프스 마을 그린델발트로 이동 피르스트 관광 & 바흐알프제 하이킹
오후	글레처 협곡 관광
그린델발트 숙박	

3일	그린델발트 → 융프라우요흐 → 인터라켄
종일	유럽의 지붕 융프라우 전망대 관광 & 하이킹
저녁	인터라켄으로 이동
인터라켄 숙박	

4일	인터라켄 → 몽트뢰
오전	골든패스라인으로 츠바이지멘을 거쳐 몽트뢰로 이동
오후	로맨틱한 도시 몽트뢰 & 시옹성 관광
몽트뢰 숙박	

5일	몽트뢰 → 체르마트 ⇄ 마터호른 전망대
오전	마터호른 여행의 거점 마을 체르마트로 이동
오후	고르너그라트 or 로트호른 관광 & 하이킹
체르마트 숙박	

6일	체르마트 ⇄ 마터호른 전망대 or 체르마트 → 사스 페
종일	option 1. 빙하 위를 나는 마터호른 글레이셔 파라다이스 관광 & 하이킹, 체르마트 숙박
	option 2. 가장 높은 회전 전망대 알라린 & 빙하 구경, 깜찍한 마르모트와 하이킹, 사스 페 숙박

7일	체르마트 or 사스 페 → 베른 → 취리히
오전	베른으로 이동
오후	스위스의 수도 베른 구시가 관광
저녁	취리히공항으로 이동 후 출국

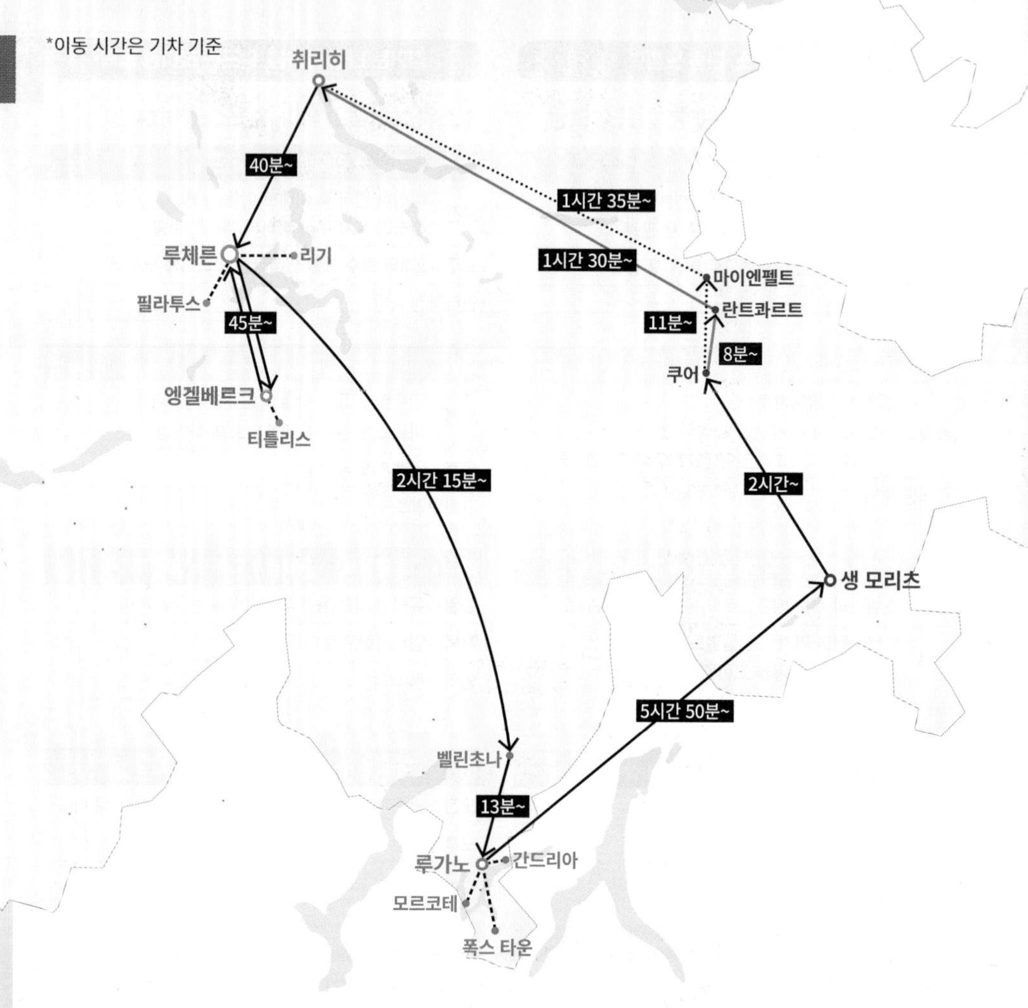

*이동 시간은 기차 기준
취리히
40분~
1시간 35분~
1시간 30분~
루체른
리기
필라투스
45분~
엥겔베르크
티틀리스
마이엔펠트
란트콰르트
11분~
8분~
쿠어
2시간 15분~
2시간~
생 모리츠
5시간 50분~
벨린초나
13분~
루가노
간드리아
모르코테
폭스 타운

티틀리스에서 눈썰매 타기
마이엔펠트에서 하이디 찾기

놓칠 수 없는 여름 한정! 타임머신 없이 계절 넘나들기

3 한 번에 겨울부터 봄, 여름까지! 남들과 다르게 스위스를 즐기고 싶은 당신을 위한 코스

1일	취리히 → 루체른
오전	취리히 입국 후 시내로 이동(15분), 스위스 제1의 도시 취히리 구시가 or 핫플레이스 취리히 웨스트 관광
오후	스위스의 중심 루체른으로 이동 후 관광
루체른 숙박	

2일	루체른 ⇌ 필라투스 or 리기 → 엥겔베르크
종일	유람선+산악열차로 필라투스 or 리기 관광 & 하이킹 **tip.** 하이킹하면 1곳, 전망대만 보고 내려오면 2곳 가능
저녁	천사의 마을 엥겔베르크로 이동
엥겔베르크 숙박	

3일	엥겔베르크 ⇌ 티틀리스 → 루체른
종일	티틀리스 관광 & 트륍제 하이킹
저녁	루체른으로 이동
루체른 숙박	

4일	루체른 → 벨린초나 → 루가노
오전	벨린초나로 이동
오후	벨린초나 3개의 요새 관광
저녁	지중해풍 도시 루가노로 이동
루가노 숙박	

5일	루가노 ⇌ 루가노 근교
오전	루가노 관광
오후	간드리아, 모르코테 등 인근 마을 유람선 관광 or 폭스 타운 아웃렛 쇼핑
루가노 숙박	

6일	루가노 → 생 모리츠
종일	베르니나 익스프레스로 이탈리아 티라노를 거쳐 생 모리츠로 이동 겨울 스포츠 성지 생 모리츠 관광 or 생 모리츠 바트 온천욕
생 모리츠 숙박	

7일	생 모리츠 → 쿠어 → 마이엔펠트 or 란트콰르트 → 취리히
오전	빙하특급열차로 쿠어로 이동
오후 & 저녁	**option 1.** 마이엔펠트로 이동 후 하이디 마을 관광, 취리히공항으로 이동 후 출국
	option 2. 란트콰르트에서 아웃렛 쇼핑, 취리히공항으로 이동 후 출국

루가노에서 수영하기

파노라마 특급열차 9박 10일

무한으로 달리는 환상 특급!

기차 여행의 나라, 스위스. 그 낭만의 절정은 파노라마 특급열차에서 맛볼 수 있다. 4대 파노라마 특급열차를 모두 이용해 빙하와 호수 여행, 온천 여행, 쇼핑까지, 스위스 클리어!

1일	제네바 → 몽트뢰
오전	제네바 입국 후 몽트뢰로 이동
오후	로맨틱한 도시 몽트뢰 & 시옹성 관광
몽트뢰 숙박	

2일	몽트뢰 ⇌ 그뤼에르/브록 → 체르마트
종일	골든패스라인 초콜릿 열차 패키지로 브록 초콜릿 공장, 그뤼에르 마을, 치즈 공방 다녀오기
저녁	마터호른 여행의 거점 마을 체르마트로!
체르마트 숙박	

3일	체르마트 ⇌ 마터호른 전망대
종일	고르너그라트 or 로트호른 or 마터호른 글레이셔 파라다이스 관광 & 하이킹 **tip.** 하이킹하면 1곳, 전망대만 보고 내려오면 2곳 가능
체르마트 숙박	

4일	체르마트 → 생 모리츠
종일	빙하특급열차로 생 모리츠 이동
저녁	겨울 스포츠 성지 생 모리츠 바트 온천욕
생 모리츠 숙박	

5일	생 모리츠 → 루가노
종일	베르니나 익스프레스로 이탈리아 티라노를 거쳐 지중해풍 도시 루가노 이동
루가노 숙박	

6일	루가노 ⇌ 루가노 근교
오전	루가노 관광
오후	간드리아, 모르코테 등 인근 마을 유람선 관광 or 폭스 타운 아웃렛 쇼핑
루가노 숙박	

7일	루가노 → 루체른
오전	고트하르트 익스프레스로 루체른 이동
오후	스위스의 중심 루체른 관광
루체른 숙박	

8일	루체른 ⇌ 필라투스 or 리기
종일	유람선+산악열차로 필라투스 or 리기 관광 & 하이킹 **tip.** 하이킹하면 1곳, 전망대만 보고 내려오면 2곳 가능
루체른 숙박	

9일	루체른 → 인터라켄 ⇌ 융프라우요흐
종일	인터라켄을 거쳐 융프라우요흐로 이동 유럽의 지붕 융프라우 전망대 관광
저녁	인터라켄으로 이동
인터라켄 숙박	

10일	인터라켄 → 베른 → 제네바
오전	스위스의 수도 베른으로 이동 후 베른 구시가 관광
오후	제네바공항으로 이동 후 출국

몽트뢰

스위스 파노라마 특급열차

*이동 시간은 기차 기준

제네바
1시간~
몽트뢰
그뤼에르/브록
2시간 40분~
체르마트
마터호른 전망대
8시간~
생 모리츠
5시간 50분~
루가노
간드리아
모르코테
폭스 타운
5시간 30분~
루체른
리기
필라투스
1시간 50분~
인터라켄
2시간 15분~
융프라우요흐
55분~
베른
2시간~

베르니나 익스프레스

BEST COURSE 4

스위스 완전 정복 13박 14일

평생 후회없는 여행을 만들어줄

단 한 곳을 보더라도 제대로 보고 싶은 사람을 위한 추천 코스다. 2주 정도면 스위스의 고색창연한 도시들과 대자연을 파노라마 특급열차로 넘나들며, 대표 관광지는 물론 한적하고 매력 있는 소도시 몇 곳까지 구경할 수 있다.

1일	취리히
오전	취리히 입국 후 시내로 이동(15분)
오후	취히리 구시가 or 핫플레이스 취리히 웨스트 관광
취리히 숙박	

2일	취리히 ⇄ 라인 폭포 → 베른
오전	유럽 최대 규모의 라인 폭포 다녀오기!
오후	스위스의 수도 베른 이동, 구시가 관광
베른 숙박	

3일	베른 → 인터라켄 → 그린델발트
종일	인터라켄을 거쳐 그린델발트로 이동 피르스트 관광 & 바흐알프제 하이킹
그린델발트 숙박	

4일	그린델발트 → 융프라우요흐 → 인터라켄
종일	유럽의 지붕 융프라우요흐로 이동 융프라우 전망대 관광 & 하이킹
저녁	인터라켄으로 이동
인터라켄 숙박	

5일	인터라켄 → 제네바
오전	베른을 거쳐 제네바로 이동
오후	제네바 구시가 관광
제네바 숙박	

6일	제네바 → 쉐브르-빌라주 → 몽트뢰
오전	쉐브르-빌라주로 이동 후 라보 하이킹 또는 라보 파노라믹 미니 기차
오후	몽트뢰 이동 후 몽트뢰 & 시옹성 관광
몽트뢰 숙박	

7일	몽트뢰 ⇄ 그뤼에르/브록 → 체르마트
종일	골든패스라인 초콜릿 열차 패키지로 브록 & 그뤼에르 다녀오기
저녁	마터호른 여행의 거점 체르마트로 이동
체르마트 숙박	

8일	체르마트 ⇄ 마터호른 지역
종일	고르너그라트 or 로트호른 or 마터호른 글레이셔 파라다이스 관광 & 하이킹 **tip.** 하이킹하면 1곳, 전망대만 보면 2곳
체르마트 숙박	

9일	체르마트 → 생 모리츠
종일	빙하특급열차로 생 모리츠 이동
저녁	겨울 스포츠 성지 생 모리츠 바트 온천욕
생 모리츠 숙박	

10일	생 모리츠 → 루가노
종일	베르니나 익스프레스로 이탈리아 티라노를 거쳐 지중해풍 도시 루가노 이동
루가노 숙박	

11일	루가노 ⇄ 루가노 근교
오전	루가노 관광
오후	간드리아, 모르코테 등 인근 마을 유람선 관광 or 폭스 타운 아웃렛 쇼핑
루가노 숙박	

12일	루가노 → 루체른
오전	고트하르트 익스프레스로 루체른 이동
오후	스위스의 중심 루체른 관광
루체른 숙박	

13일	루체른 ⇄ 필라투스 or 리기
종일	유람선+산악열차로 필라투스 or 리기 관광 & 하이킹 **tip.** 하이킹하면 1곳, 전망대만 보면 2곳
루체른 숙박	

14일	루체른 → 바젤 → 취리히
오전	세련된 도시 바젤로 이동 후 관광
오후	취리히공항으로 이동 후 출국

*이동 시간은 기차 기준

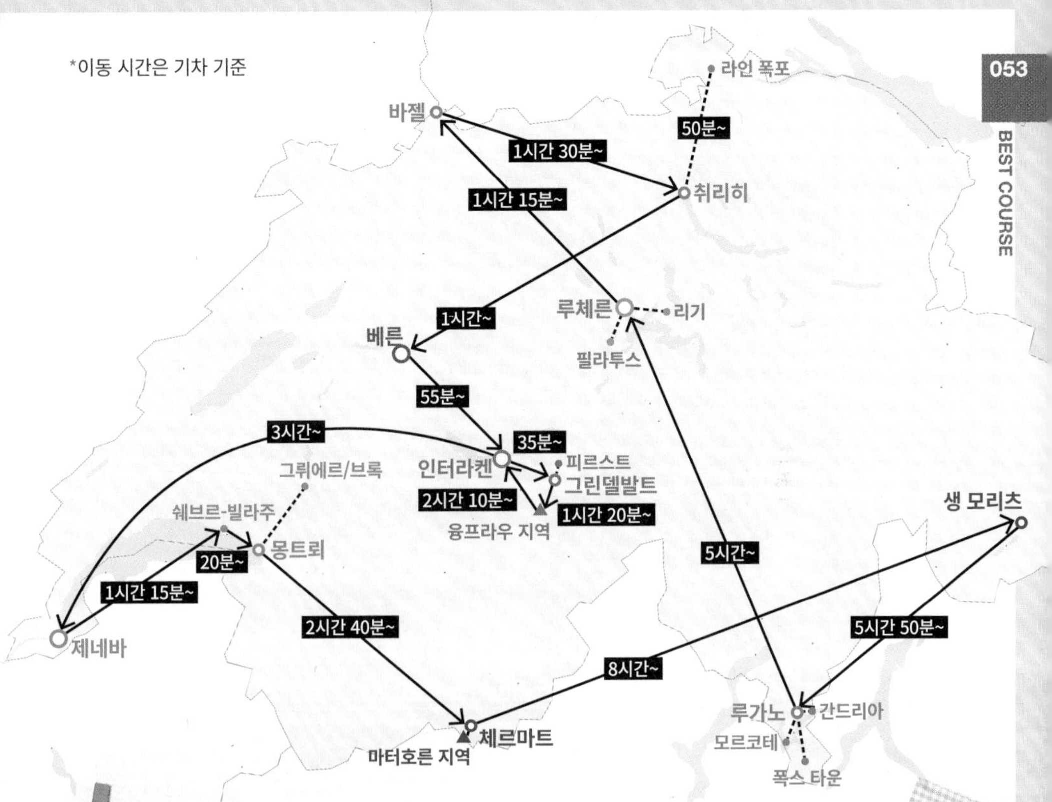

라인 폭포
바젤
50분~
1시간 30분~
1시간 15분~
취리히
루체른
리기
필라투스
1시간~
베른
55분~
3시간~
35분~
인터라켄
피르스트
그린델발트
그뤼에르/브록
2시간 10분~
1시간 20분~
융프라우 지역
생 모리츠
쉐브르-빌라주
몽트뢰
20분~
5시간~
1시간 15분~
2시간 40분~
5시간 50분~
제네바
8시간~
루가노
간드리아
모르코테
체르마트
마터호른 지역
폭스 타운

라보 파노라믹 미니 기차

엄청난 수량의 라인 폭포

하이킹 중 종종 만나는 스위스의 소들

자신 있게 소개하는
스위스 추천 명소
Best 20
Best Attractions
20

01 마터호른 Matterhorn

스위스의 상징, 스위스인의 자랑!
세상에서 사진이 가장 많이 찍혔다는 산 378p

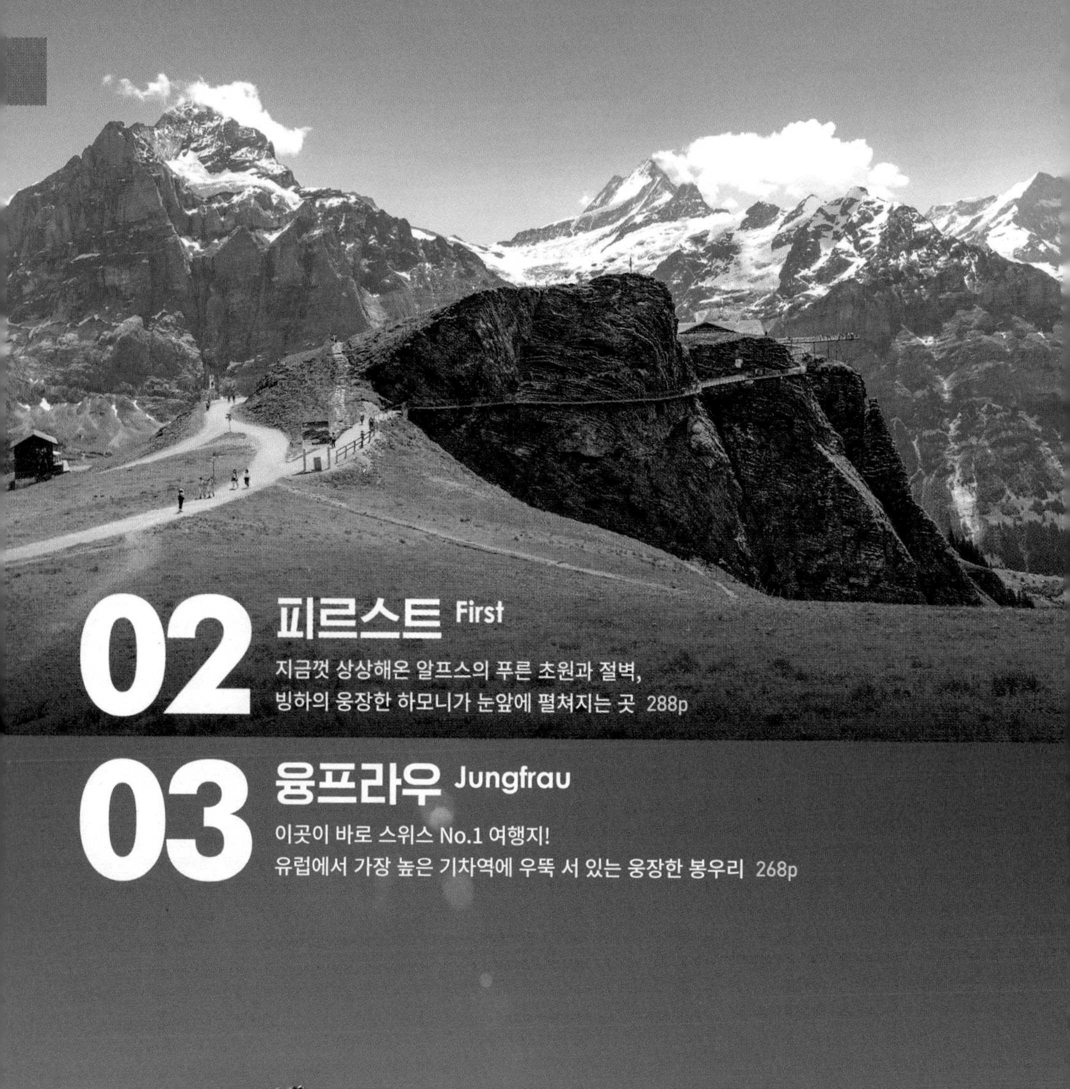

02 피르스트 First

지금껏 상상해온 알프스의 푸른 초원과 절벽,
빙하의 웅장한 하모니가 눈앞에 펼쳐지는 곳 288p

03 융프라우 Jungfrau

이곳이 바로 스위스 No.1 여행지!
유럽에서 가장 높은 기차역에 우뚝 서 있는 웅장한 봉우리 268p

04 루체른 Luzern

로맨틱하고 신나는 스위스 최고의 관광 도시

189p

05 리기 Rigi

'산들의 여왕'이라 불리는 산. 스위스 트래블 패스로
추가 요금 없이 올라갈 수 있는 자애로운 여왕 218p

06 베른 Bern

고풍스러운 중세 구시가 전체가 유네스코 세계유산에 등재된 스위스의 수도 329p

07 티틀리스 Titlis

세계 최초의 360° 회전 케이블카를 타고 만나는 중부 알프스의 숨은 거인 228p

08 몽트뢰 Montreux

야자수가 길게 늘어선 푸른 호수 위,
재즈가 흐르는 낭만 도시 456p

09 브베 Vevey

부드럽고 달콤한 밀크초콜릿의 탄생지!
찰리 채플린이 여생을 보낸 호숫가의 파라다이스 464p

10 프리부르 Fribourg

옛것과 새것의 절묘한 조화.
틀을 깨는 팅겔리의 기괴한 예술 작품들이 자리한 도시 349p

11

무어텐 Murten

완벽하게 보존된 요새 안 작은 마을. 동화 속으로 산책을 떠나볼까? 522p

12

아펜첼 Appenzell

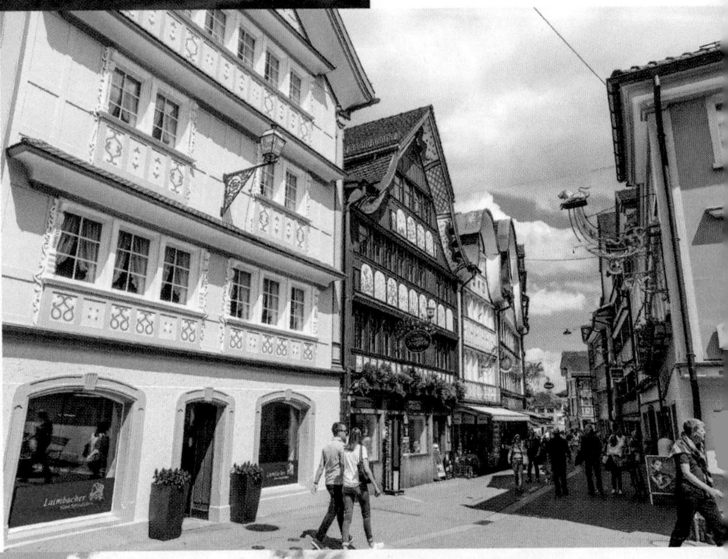

초록 동산과 어우러진 작은 마을. 어딘지 호비튼을 닮았다. 나만의 힐링 여행지를 찾는다면 이곳이 정답. 596p

13

슈타인 암 라인 Stein am Rhein

화려한 벽화를 품은 보석 같은 마을. 보존 상태가 뛰어나 스위스 유산협회가 선정한 바커상을 첫 번째로 수상한 곳. 184p

14 솔리오 Soglio

세상과 단절해 은둔하고 싶은 여행자를 위한 곳. 이탈리아 국경 근처에 있는 이 작은 마을은 말로 형용할 수 없이 멋진 풍경을 가졌다. 19세기 이탈리아 화가 세간티니가 '천국으로 가는 계단'이라고 칭송한 마을로 시간여행을 떠나보자. 576p

15 라베르테초 Lavertezzo

초록색 투명한 물빛이 아름다운 베르자스카 계곡의 산골마을. 스위스 이탈리아어권 알프스 산간 지역 특유의 돌집과 멋들어진 돌다리가 수백 년 전 모습 그대로다. 여름철 차가운 빙하수에 몸을 담그면 북극으로 순간 이동! 640p

16 실스 마리아 Sils Maria

셀럽들이 조용히 휴식하고 싶을 때 찾는 스위스 동부의 작은 마을. 영화 <클라우즈 오브 실스 마리아>의 배경지로도 알려졌다. 거울처럼 맑고 투명한 호수를 산책하고 귀여운 카페에서 커피 한잔을 즐기다 보면 할리우드 스타와 마주칠지도. 571p

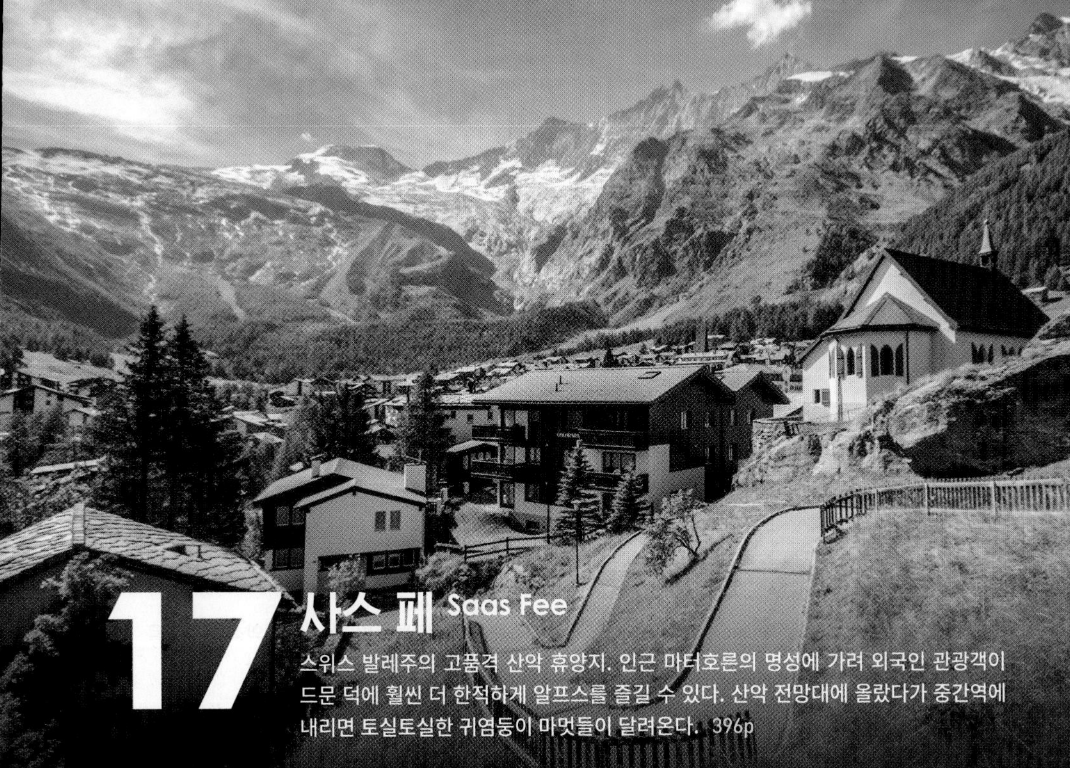

17 사스 페 Saas Fee

스위스 발레주의 고품격 산악 휴양지. 인근 마터호른의 명성에 가려 외국인 관광객이 드문 덕에 훨씬 더 한적하게 알프스를 즐길 수 있다. 산악 전망대에 올랐다가 중간역에 내리면 토실토실한 귀염둥이 마멋들이 달려온다. 396p

18 졸로투른 Solothurn

화려함과 여유로움을 함께 느낄 수 있는 작은 도시. 우아한 바로크 양식 성당들을 감상하고 탁 트인 전망의 아아레강변 와인 바에 앉아 '물멍'을 해보자. 유럽 소도시 여행의 진정한 매력을 알게 될 것이다. 359p

19 아스코나 Ascona

지중해를 닮은 호수와 미식, 재즈가 어우러진 예술 마을. 20세기 초 유럽 예술가들과 히피들이 공동체를 만들고 유토피아를 꿈꾸기도 했다. 감칠맛 나는 이탈리안 요리를 즐기며 낭만과 자유를 만끽해보자. 644p

20 슈쿠올 Scuol

현지인도 잘 모르는 스위스 동부의 온천 여행지. 신비로운 분위기가 감도는 화이트 톤의 마을을 거닐다 보면 어디선가 간달프가 나타날 것만 같다. 마을 곳곳에서 퐁퐁 샘솟는 약수를 맛보고 한여름에도 서늘한 고산지대의 온천에서 피로를 풀어보자. 564p

01 5개 호수의 길 5-Seenweg

스위스에서 단 한 차례만 하이킹한다면 단연 이 코스다.
꽃길, 물길, 흙길을 번갈아 가며 각기 다른 빛깔의 5개 호수들을 거치는 동안
수면에 영롱하게 비치는 마터호른 봉우리를 원 없이 감상할 수 있다.
중간중간 나무 그늘에서 까만 얼굴의 양들을 만나는 것도 이 길의 묘미. 390p

내딛는 걸음마다 행복 가득

스위스 하이킹 코스 Best 5

Best Trails 05

02 바흐알프 호수 Bachalpsee

우리나라 여행자들에게 가장 인기 있는 하이킹 코스. 영화 <사운드 오브 뮤직>에서 본 듯한 초록 들판과 깎아지른 절벽, 거울같이 맑은 바흐알프 호수에 우아하게 반영된 슈렉호른 봉우리를 보고 있노라면 여기가 진정 낙원인가 싶다.
길이 평탄해 남녀노소 부담 없이 즐길 수 있다. 292p

인터라켄

03 융프라우 아이거 워크 Jungfrau Eiger Walk

인생 최고의 풍경들과 마주하는 코스. 머리 위로 쏟아질 듯한 아이거 빙하와 초록 잔디 넘어 환하게 빛나는 융프라우, 그 끝에 걸린 구름 풍경이 환상적이다. 빙하수가 모여 새파랗게 빛나는 인공 호수 옆 벤치에 앉아 빙하수 족욕을 즐겨보자. 1시간밖에 걸리지 않아서 부담도 없다. 282p

인터라켄

+ MORE +

하이킹 & 잔디밭 피크닉 후 주의할 점

잔디밭에서 시간을 보냈거나 동물과 접촉하고 나면, 옷을 잘 털고 노출 부위를 훑어보면서 진드기에게 물리지 않았는지 살펴보자. 만약 물렸다면 진드기의 머리 부분을 핀셋으로 누르고 부드럽게 돌리면서 완전히 제거해야 한다. 몸통만 잡고 당기면 머리가 남게 되는데, 이때 입이 벌어지면서 바이러스나 세균이 몸에 침입할 수 있다. 대부분 진드기만 잘 제거하면 별문제 없지만 물린 부위의 색이 변하거나 부어오르고 5~14일 사이에 근육통, 두통, 발열 등의 증상이 나타난다면 의료 기관을 찾아가 적절한 치료를 받아야 한다. 초기 증상이 감기와 비슷하니 의심되면 일단 전문 의료인의 도움을 받자.

04 스위스 라보 와인 루트 Terrasses de Lavaux

중세 시대 산비탈에 조성한 포도밭 사이를 걷는 코스. 푸른 레만 호수와 하얀 알프스 고봉들, 초록 포도밭이 빚어내는 하모니를 감상하고 시원한 화이트 와인 테이스팅으로 마무리한다. 추천 코스 중 유일하게 알프스 산 위를 걷지 않는 포장도로라서 가족 여행객이 걷기 좋다. 470p

05 니더호른 산양 하이킹 Niederhorn Ibex Trail

산등성이를 걷는 릿지 하이킹. 뿔을 부딪치며 장난치는 야생 산양, 4000m급 고봉들, 빙하 호수, 아찔한 절벽 길, 야생화 꽃길, 푸른 초원, 귀여운 샬레들이 모여 있는 산골 마을 등 알프스 하면 떠오르는 모든 것을 볼 수 있다.
308p

이것만 기억해요

스위스 하이킹 꿀팁 모음

WEB 스위스 하이킹 정보 switzerlandmobility.ch

TIP 1 스위스 알프스가 하이킹하기 좋은 이유

멋진 지역일수록 남녀노소 누구나 볼 수 있게 길을 쉽게 낸 것이 스위스 알프스의 특징이다. 전문가 코스도 많지만 유명하고 아름다운 코스들은 대부분 정상까지 케이블카나 산악열차를 타고 올라간 후 잘 표시된 산길을 내려오게끔 만들어져 있어서 산악 경험이 없는 사람도 충분히 즐길 수 있다.

TIP 2 하이킹, 언제가 가장 좋을까?

비교적 날씨가 맑은 5월 중순~9월 중순이 최적기이다. 그러나 산 위의 날씨는 급격히 변하기도 하니 늘 일기예보를 주시해야 한다. 보통 산 위는 낮 12시 전까지 화창하고 그 후 서서히 구름이 끼면서 흐려지거나, 산 중턱은 맑아도 정상에 구름이 끼어 봉우리 끝이 보이지 않는 때가 많다. 따라서 정상에 가려거든 아침 일찍 다녀오자.

오후에 산봉우리 정상 부근으로 구름이 몰려오고 있다.

TIP 3 지도와 표지판 활용하기

하이킹 시엔 스마트폰 수신이 안 될 때가 종종 있으니 오프라인 지도를 다운받거나 인쇄해서 준비한다. 관광안내소에선 간단하고 유용한 지도를 무료 제공하며, 매우 정교하게 길을 표시한 지도도 판매한다. 스위스는 알프스 구석구석까지 하이킹 길 표지판이 잘돼 있으니 길을 잃지 않도록 눈여겨보자. 색상별 표지판의 의미는 다음과 같다.

❶ 일반 산책로. 남녀노소 쉽게 걸을 수 있어서 가족 여행객에게 추천한다.

❷ 등산로. 코스마다 난이도(상·중·하)가 다르지만 어떤 코스든 산악가가 아닌 일반인도 갈 만한 수준이다. 단, 비포장 산길이 섞여 있거나 가파른 구간이 있으며, 밧줄이나 체인 등을 잡고 가는 '난이도 중' 이상의 구간도 있다. 스위스의 등산로는 펜스나 계단 등 안전 설비 없이 자연 상태에 길만 낸 것이니 스스로 조심해야 한다. 전문 장비는 없어도 되지만 튼튼한 신발과 일정 수준의 체력이 필요하며, 갑작스러운 날씨 변화와 산에서 발생할 수 있는 위험에 대비해야 한다.

❸ 전문 산악가를 위한 알파인 등산로. 일부 코스는 암벽 등반을 하거나 빙하를 지나며, 길 표시가 잘 보이지 않을 때도 있다. 나침반, 로프, 아이젠, 아이스바일, 헬멧 등 전문 장비가 필수다.

❹ 겨울 하이킹 길. 특별한 장비 없이도 갈 수 있지만 대부분 눈 위를 걸을 수 있도록 고안된 스노슈(Snow Shoe)나 크로스 컨트리 스키를 착용하고 걷는다. 스위스는 부드러운 눈이 깊게 쌓여 있는 경우가 많아서 아이젠보다 스노슈가 훨씬 걷기 편하다.

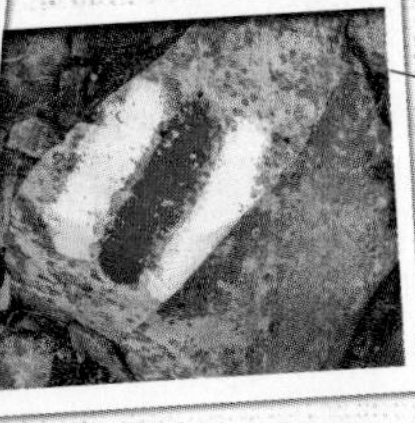

표지판을 세우는 대신 바위나 나무, 돌에 표식을 그리기도 한다.

바깥은 꽃물결
스위스의 야생화

봄부터 가을까지 스위스의 산과 들은 수많은 야생화로 뒤덮인다. 다음은 스위스 여행 중 볼 수 있는 대표 야생화다.

* 꽃 원어 이름은 영문명 / 학명

노란 야생 수선화

초원 범꼬리

덩굴별꽃
Bladder Campion / Silene Vulgaris

스위스 전역에서 6~10월에 흔히 볼 수 있는 꽃. 주머니처럼 생긴 것이 특징이며, 일부 지중해 국가에서는 싹을 샐러드로 먹는다. 우리나라의 덩굴별꽃(Silene baccifera)과 사촌지간.

에델바이스
Edelweiss / Leontopodium Alpinum

7~8월에 피는 스위스의 국화. 해발 1800~3000m 이상 고산지대 돌 틈에 서식하는데, 야생 에델바이스를 보기는 생각보다 어렵다. 복통이나 호흡기 질환에 약재로도 사용된다.

글로브 꽃
Globeflower / Trollius Europaeus

5~8월 사이 알프스 곳곳에서 볼 수 있는 꽃. 특히 초여름날 융프라우로 올라가는 길목인 클라이네 샤이덱과 피르스트 전망대 근처에 흐드러지게 핀다.

봄 크로커스
Spring Crocus / Crocus Vernus

알프스와 쥐라산맥 전역에 자생하는 봄의 전령. 고도에 따라 봄이 오는 시기가 달라 3월 말~5월 초쯤 2~3주간 피어나는데, 가끔 눈을 뚫고 올라오기도 한다. 4월 중순경 벵엔 근처에서 많이 볼 수 있다.

고산 아네모네
Alpine Anemone / Pulsatilla Alpina

'알파인 할미꽃'이라고도 불리는 꽃. 봄부터 여름까지 고산지대에서 볼 수 있다. 꽃이 지면 복슬복슬한 긴 털이 달린 특이한 종자가 달린다.

핌피넬라
Burnet Saxifrage / Pimpinella Saxifraga

높이 30~60m가량의 키 큰 식물. 6~9월 스위스를 비롯한 유럽 전역의 들판에서 볼 수 있다. 우리나라의 참나물과 사촌지간으로, 옛날엔 뿌리나 잎을 말려 가루를 내 상처 치료용으로 사용했다.

봄 용담
Spring Gentian / Getiana Verna

해발 1000~2600m의 알프스와 쥐라 산맥에서 4~6월에 피는 난쟁이 꽃. 필라투스 전망대에서 채플로 이어지는 하이킹 길에서 종종 볼 수 있다. 우리나라의 용담과 사촌지간.

초원 범꼬리
Meadow Bistort / Bistorta Officinalis

7~8월 알프스 들판을 연분홍색으로 물들이며 청초한 여름 풍경에 일조한다. 주로 저지대와 중간 지대 사이에 피며, 실스 마리아, 다보스 등지에서 많이 볼 수 있다.

알펜로즈
Alpen rose / Rhododendron Ferrugineum

'아름다운 베르네' 노래 가사에 등장하는 꽃. 작은 철쭉처럼 생긴 진달래과 꽃으로, 7~8월 개화한다. 멘리헨~클라이네 샤이덱 하이킹 길 산비탈에서 많이 볼 수 있다.

고산 바위 재스민
Alpine Rock Jasmine / Androsace Alpina

해발 4000m의 고산지대에 피는 몇 안 되는 꽃. 황량한 빙하 주변 돌길에 분홍색 또는 흰색의 작은 꽃을 피운다. 7~8월의 짧은 기간 마터호른 글레이셔 파라다이스, 쉴트호른 전망대 등에서 종종 볼 수 있다.

흰 야생 수선화
White Daffodil / Narcissus Radiiflorus

4~5월 몽트뢰 인근 알프스 지역을 하얗게 뒤덮어 '5월의 눈'이라고 불린다. 약 2주만 꽃을 피우니 몽트뢰-브베 관광청의 웹캠(montreuxriviera.com)으로 개화 상태를 확인하자. 보호 식물이므로 꺾거나 밟으면 안 된다.

노란 야생 수선화
Wild Daffodil / Narcissus Pseudonarcissus

쥐라산맥에 분포하는 꽃. 4~5월 뇌샤텔주 테트 드 랑에서 봉우리들이 노랗게 물든 것을 볼 수 있다. 개화 상황은 웹캡(tete-de-ran.roundshot.com)에서 확인. 보호 구역이니 꽃이 상하지 않도록 주의한다.

무늬 꽃다지
Rock Cress / Aubrieta Cultorum

4월 중순경 스위스 소도시나 마을 또는 시골길 돌벽에 보라색 폭포처럼 쏟아져 내리며 자란다. 포도밭 주변 돌담에서 많이 볼 수 있다.

사프란 크로커스
Saffron Crocus / Crocus Sativus

9~10월에 피는 가을 크로커스. 향이 독특한 암술이 길게 자라나는데, 이것이 바로 고급 향신료로 유명한 사프란이다. 발레주 론 계곡 주변에서 많이 볼 수 있다. 채취 금지.

미나리아재비
Buttercup / Ranunculus Acris

스위스 들판 곳곳에서 5~10월 볼 수 있다. 반짝반짝 윤기나는 짙은 노란색의 꽃잎을 가졌다. 아기 미나리아재비, 산 미나리아재비, 초원 미나리아재비 등 여러 종이 두루 서식한다.

노루귀
Liverleaf / Hepatica Nobilis

2~3월 알프스 저지대와 쥐라산맥에 봄을 알린다. 우리나라의 노루귀와는 달리 꽃잎이 6개이고 연보라색이다. 뇌샤텔 지역 쥐라산맥 일대에 발 디딜 틈이 없을 만큼 핀다.

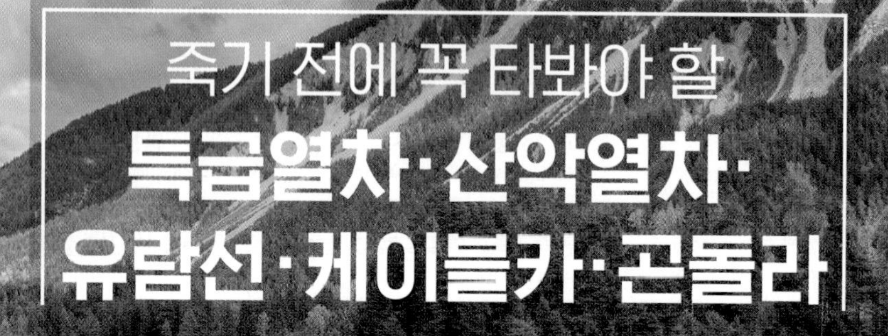

Best 18

매 순간이 감동 그 자체!

파노라마 특급열차 & 특급버스 Best 5

스위스의 가장 멋진 풍경들을 코스로 묶은 파노라마 특급열차. 낭만적인 기차 여행의 절정을 맛보고 싶다면 꼭 한 번 이용해보자. 일부 구간은 버스나 유람선과 조합해 운행한다. 자세한 내용은 100p 참고.

골든패스라인
Golden Pass Line

융프라우로 가는 거점 도시 인터라켄과 로맨틱한 도시 몽트뢰, 스위스 중부의 고급스러운 도시 루체른 등 스위스의 내로라하는 관광지를 거쳐 가는 황금 노선이다. 1일 운행 편이 여러 대이고 좌석 예약을 해둔 것이 아니라면 승하차도 자유로우니 중간에 예쁜 마을이 눈에 띈다면 내려서 구경하고 다음 열차로 여정을 이어가자. 성수기 예약 권장. 102p

가장 유명한 란트바서 비아둑트. 빙하특급열차와 베르니나 익스프레스가 지나간다.

빙하특급열차
Glacier Express

1926년부터 운행한, 세상에서 가장 느린 특급열차. 특급(Express)이란 이름이 무색하게 평균 38km/h로 느릿느릿 달리지만 기차에 오르자마자 탑승자들의 만족도는 최고치에 달한다. 스위스의 상징 마터호른이 있는 체르마트부터 겨울 스포츠 성지 생 모리츠까지 장장 8시간 동안 스위스 알프스의 중심을 관통한다. 예약 필수. 106p

모르테라취(Morteratsch) 빙하 앞을 지나는 베르니나 익스프레스

베르니나 익스프레스
Bernina Express

스위스 여행 중 딱 한 번만 파노라마 특급열차를 이용한다면 이 열차를 추천한다. 알프스를 종단해 이탈리아로 들어가는 내내 놀라움과 감동이 이어진다. 스위스에서 가장 오래된 도시인 쿠어에서 생 모리츠를 거쳐 이탈리아의 티라노까지 연결한다. 지명도는 빙하특급열차보다 떨어지지만 풍경은 그 이상. 예약 필수. 108p

고트하르트 파노라마 익스프레스
Gotthard Panorama Express

스위스 건국 설화 속 영웅 빌헬름 텔의 이야기가 깃든 중앙 스위스와 이탈리아 분위기가 물씬 풍기는 티치노를 연결하는 종단 열차(구 빌헬름 텔 익스프레스). 다른 특급열차와 달리 유람선까지 묶어서 즐길 수 있다는 점이 가장 큰 매력이다. 세계에서 가장 긴 철도 터널인 고트하르트 철도 터널(57.1km)을 지난다. 예약 필수. 110p

팜 익스프레스 버스
Palm Express

웅장한 빙하를 보며 아침을 맞이하고 지중해풍 호숫가의 야자수 그늘에서 오후를 보내는 극과 극의 하루를 즐길 수 있다. 기차가 닿지 않는 구석구석까지 연결하는 노란색 포스트 버스(대형 시외버스) 중에서도 단연 빛나는 코스. 스키 휴양지 생 모리츠와 스위스의 작은 이탈리아 루가노를 연결한다. 예약 필수. 111p

스위스를 관광 대국으로 만든 1등 공신

꼭 타봐야 할 산악열차 Best 5

험난한 알프스 구석구석까지 철로를 놓은 옛 스위스인 덕분에 여행자들은 최고의 전망을 힘들이지 않고 구경할 수 있게 됐다. 험준한 산악지형을 오르내리며 거대한 알프스 봉우리들로 여행자들을 실어나르는 산악열차를 타고 환상적인 알프스의 파노라마를 즐기자.

고르너그라트 Gornergrat

스위스의 상징 마터호른을 가장 잘 볼 수 있는 곳까지 데려다주는 산악열차. 스위스에서 가장 높은 봉우리인 몬테 로사와 손에 잡힐 듯 가까이 보이는 거대한 고르너 빙하는 덤! 382p

융프라우요흐 Jungfraujoch

유럽에서 가장 높은 기차역으로! 승천하는 용처럼 암벽 속 터널을 넘나들며 감상하는 웅장한 아이거 빙하와 순백의 융프라우, 유럽에서 가장 긴 빙하인 알레치까지. 말이 필요 없는 스위스의 대표 산악열차. 274p

필라투스 Pilatus

경사도가 무려 48%(약 27°). 세계에서 가장 가파른 철로를 달려 용의 전설이 깃든 돌산으로! 운이 좋다면 천 길 낭떠러지를 동네 잔디밭처럼 돌아다니는 아이벡스(야생 산양)도 볼 수 있다. 222p

계단식 좌석이라 탑승자는 경사도를 크게 느끼지 못한다.

리기 Rigi

유럽에서 가장 오래된 톱니바퀴 열차를 타고 산들의 여왕 리기와 13개의 호수를 만나러 가자. 스위스 트래블 패스가 있으면 무료라서 더 좋다. 218p

브리엔츠 로트호른 Brienz Rothorn

칙칙폭폭, 세계에 몇 개 남지 않은 증기 기관 산악열차를 타고 판타지 영화 속으로 떠나보자. 웅장한 공룡 능선, 위에서 보면 더욱 신비로운 물빛의 브리엔츠 호수, 몽환적인 풍경으로 가득한 베르너 오버란트의 숨은 진주. 318p

신비로운 호수 탐험

꼭 타봐야 할 유람선 Best 5

웅장한 산과 함께 스위스를 더욱 빛내는 것은 바로 전국의 수많은 호수.
바다처럼 넓은 스위스의 호수들은 석회질과 미네랄이 풍부한 빙하수가 섞여 있어 신비로운 푸른빛을 띤다.
그러니 스위스에 간다면 유람선 한 코스 정도는 꼭 타보자. 스위스 트래블 패스가 있다면 대부분 유람선이 무료다.

이젤트발트 마을

브리엔츠 호수 유람선 Brienzersee

대부분 여행자가 거점으로 삼는 인터라켄에서 출발해 브리엔츠를 연결한다. 인터라켄은 '호수 사이'라는 뜻으로, 양쪽에 2개의 호수를 끼고 있다. 그중 상류 쪽이 브리엔츠 호수고 하류 쪽이 툰 호수인데, 상류에 빙하수가 더 많이 섞여 있어 물빛이 더욱 몽환적이다. 브리엔츠 호수는 드라마 <사랑의 불시착>에 나왔던 이젤트발트 마을과 산악 증기기관차를 탈 수 있는 브리엔츠 마을 등과 맞닿아 있다. 243p

유네스코 세계유산에 등재된
라보지구 포도밭에서 바라본 레만 호수

레만 호수 유람선 Lac Léman

넓디넓은 레만 호수(제네바 호수)에서 유람선을 타고 국경을 자유로이 넘나드는 유럽 여행의 매력을 느껴보자. 추천 코스는 스위스 제네바~프랑스 이부아르 또는 스위스 로잔~프랑스 에비앙. 이부아르는 프랑스에서 가장 예쁜 마을 중 하나고, 에비앙은 생수 에비앙의 원천이 솟는 온천 마을이다. 가는 길에 유네스코 세계유산에 등재된 라보 지구의 방대한 포도밭과 레만 호수 위로 영롱하게 빛나는 알프스도 감상할 수 있다. 435p, 454p

배에서 바라본 풍경(바우엔 마을)

루체른 호수 유람선
Vierwaldstättersee

중부 스위스의 매력을 한껏 느낄 수 있는 구간. 4개의 칸톤을 거치는 거대한 루체른 호수를 가른다. 전 구간을 이동하면 약 3시간이나 걸리니 하이라이트 구간인 브루넨~플뤼엘렌을 추천. 루체른에서 빅토리녹스의 탄생지인 브루넨까지 기차로 50분, 브루넨에서 스위스 건국의 혼이 깃든 뤼틀리를 거쳐 플뤼엘렌까지 유람선을 이용한다. 약 1시간 소요되는데, 플뤼엘렌과 가까워질수록 빙하수가 많이 섞여 있어 같은 루체른 호수라는 것이 믿기지 않을 만큼 물빛이 신비롭다. 208p

뇌샤텔 호수 유람선 Lac de Neuchâtel

평화로운 스위스 서부를 체험하는 코스. 다양한 코스가 있지만 그중 스위스 영토에 속한 호수 중 가장 큰 뇌샤텔 호수와 그 옆의 작은 무어텐 호수를 동시에 즐길 수 있는 뇌샤텔~무어텐(모라) 코스를 추천한다. 계절에 따라 오리들의 군무나 초원에서 풀을 뜯는 젖소, 다양한 농장 동물을 볼 수 있다. 저녁 무렵엔 수달이 출몰하기도. 호수에서 바라보는 무어텐 마을이 동화처럼 아름답다. 498p

유람선에서 보는 동화 같은 소도시, 무어텐

라인 폭포 유람선 Rheinfall

유럽에서 가장 큰 폭포인 라인 폭포 아래를 유람선으로 돌아보는 박진감 넘치는 코스. 폭포 가까이 다가갈수록 엄청난 수량에 심장이 요동친다. 라인 폭포 중간의 바위 전망대까지만 가는 짧은 코스와 라인강까지 둘러보는 30분짜리 코스가 있다. 스위스 트래블 패스 무료 구간에 포함되지 않지만 가격은 그리 비싸지 않다. 샤프하우젠주와 취리히주 경계 지점에 있다. 163p

라인 폭포와 라우펜성

세계 최초, 유럽 최고

꼭 타봐야 할 케이블카 & 곤돌라 Best 3

스위스의 멋진 봉우리와 전망대는 대개 케이블카로 연결돼 있다. 국토의 70%가 산지인 데다 그중 대부분이 험준한 알프스이다 보니 지역 간 교류를 위한 각종 산악교통수단 개발은 선택이 아닌 필수. 이 덕분에 스위스엔 '세계 최초'란 수식어가 달린 최첨단 기술의 케이블카가 많다.

티틀리스 로테어 Titlis Rotair

엥겔베르크와 곤돌라로 연결되는 슈탄트에서 티틀리스로 올라가는 세계 최초의 회전 케이블카. 올라가는 내내 360°로 천천히 회전해 동서남북을 감상할 수 있다. 1992년 건설한 것으로, 현재도 회전 케이블카는 전 세계에 3개뿐이다. 228p

슈탄저호른 카브리오 Stanserhorn CabriO

슈탄스에서 슈탄저호른으로 올라가는 세계 최초이자 세계 유일의 2층짜리 오픈 케이블카. 2층은 천장과 창문이 없는 테라스형 데크로 돼 있어서 유리창에 비친 빛 반사 없이 360° 전망을 감상할 수 있다. 234p

마터호른 글레이셔 라이드 2

Matterhorn Glacier Ride II

2023년 7월 운행을 시작한 최신 곤돌라. 유럽에서 가장 높은 곤돌라·케이블카역인 마터호른 글레이셔 파라다이스에서 바닥이 투명한 크리스털 곤돌라를 타고 옆나라 이탈리아까지 놀러 갈 수 있다. 혹시 모를 검사에 대비해 여권 소지 필수. 마터호른 알파인 크로싱(Matterhorn Alpine Crossing)이라고도 불린다. 393p

바닥이 투명한 크리스털 곤돌라
©Zermatt Bergbahnen AG

: WRITER'S PICK :

케이블카와 곤돌라의 차이

많은 사람이 케이블카와 곤돌라를 혼동한다. 둘 다 허공에 케이블을 이어 작은 캐빈을 매달아 이동하는 교통수단이란 공통점이 있지만 작동 원리와 운영 방식에 차이점이 있다.

■ 케이블카 Cable Car

남산 케이블카를 생각하면 된다. 일반적인 곤돌라보다 규모가 훨씬 크며, 상부역과 하부역에 차량이 하나씩 대기하고 있다가 동시에 출발해 이동 시 중간에 한 번 교차한다. 상부역과 하부역에 차량 전체가 멈춰서 승객이 모두 탑승하면 움직이는 시스템으로, 30분 간격 또는 1시간 간격 등으로 출발 시각이 정해져 있다.

케이블카는 한 대씩 외롭게 매달려 있다.

출발 시각까지 승강장에 대기하기 때문에 여유롭게 탑승할 수 있다.

■ 곤돌라 Gondola

우리나라의 스키장에서 볼 수 있는 교통수단. 케이블카보다 규모가 작으며, 스키 리프트와 마찬가지로 끊임없이 순환하기 때문에 캐빈이 완전히 멈추지 않은 상태에서 승하차한다. 출발과 도착 시각이 정해져 있지 않고 줄을 서서 계속 올라타기 때문에 케이블카보다 탑승객 순환이 빠르다. 케이블카보다 운행 구간이 긴 편이다.

곤돌라는 주렁주렁 여러 대가 매달려 있다.

움직이는 상태에서 문이 여닫히니 박자를 잘 맞춰 탑승해야 한다. 은근히 긴장되는 순간.

여행의 감성을 완성하는 스위스 기차 여행의 모든 것

Trains & Rail Passes

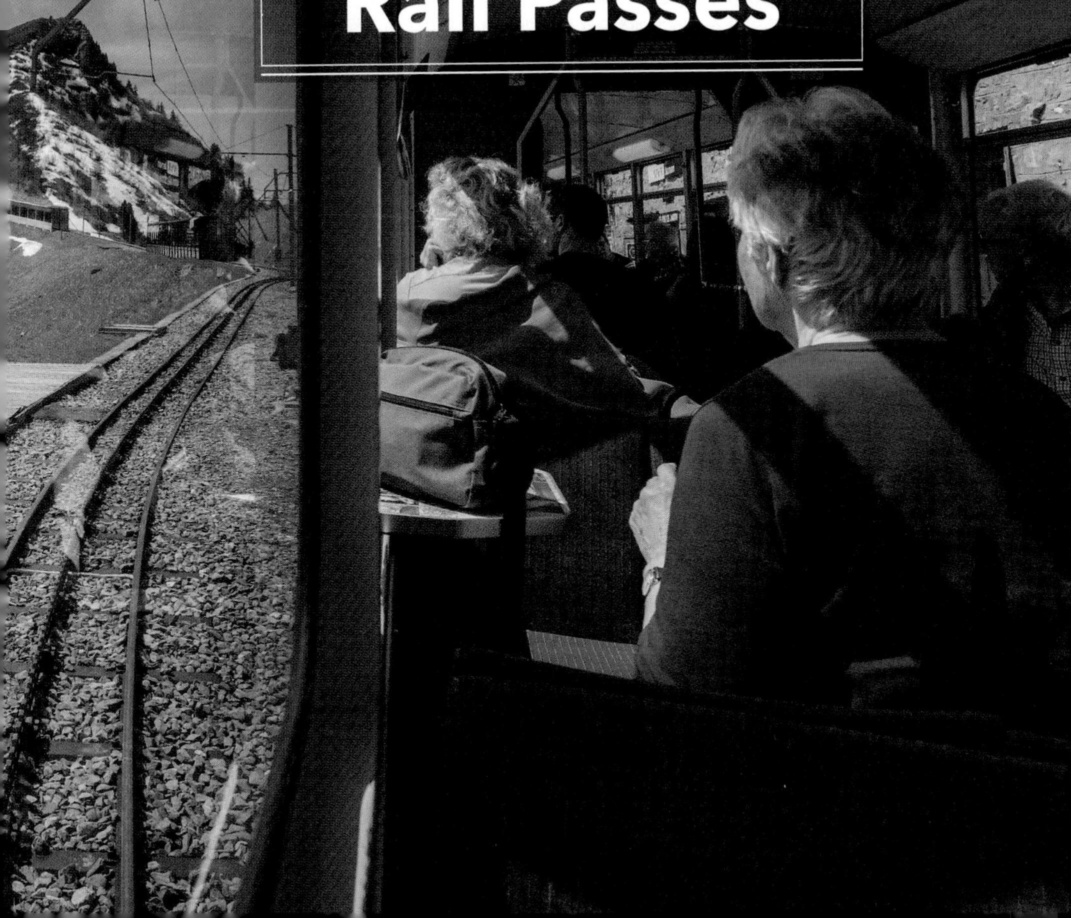

국토의 70%가 산지인 스위스는 지형적 단점을 극복하기 위해 도시와 마을은 물론 산간 지방의 작은 마을까지 무려 3778km에 달하는 철로를 연결했다. 기차와 전국의 시내버스, 트램, 포스트버스(시외버스), 푸니쿨라, 산악열차 등은 분 단위로 정확하게 시간표가 연계돼 있어서 여행하기에도 매우 편리하다. 산악열차는 대부분 사철이며, 도시와 마을을 잇는 일반 철도는 대부분 스위스 연방 철도라 불리는 국철이다. 스위스 연방 철도는 스위스의 공용어 4가지 중 3가지를 이용한 약자 SBB(독일어), CFF(프랑스어), FFS(이탈리아어)로 표기한다.

스위스의 기차 종류

일반 열차
Train

우리나라에서도 흔히 볼 수 있는 형태의 열차. 일반 철로를 따라 평지 또는 경사가 완만한 산악지대를 달리는 열차로, 스위스 연방 철도에서 통합 운영한다. 스위스 국내 지역 열차로는 고속열차 ICN(InterCity Neigezug: 인터시티 나이게추크), 주요 도시 간 빠른 열차 IC(InterCity: 인터시티)·IR(InterRegio: 인터레기오), 도시와 마을 전역을 연결하는 지역 열차 RE(RegioExpress: 레기오익스프레스)·R(Regio: 레기오)·S(S-Bahn: 에스반) 등이 있고, 열차 종류와 상관없이 똑같은 경로로 이동한다면 요금이 같다. 일부 지역 열차는 민영 철도이지만 연방 철도와 체계적으로 연계돼 있어 이용자는 별 차이를 느끼지 못한다.

스위스행 국제노선으로는 장거리 국제열차 EC(EuroCity: 유로시티), 독일의 고속열차 ICE(IntercityExpress: 인터시티익스프레스)·ECE(EuroCityExpress: 유로시티익스프레스), 프랑스의 고속열차 TGV Lyria(테제베 리리아), 오스트리아의 RJX(Railjet Express: 레일젯 익스프레스)·RJ(Railjet: 레일젯) 등이 있다. 이들 열차의 스위스 내 이동 구간 요금은 스위스 기차와 똑같이 적용된다. 또한 국제선 야간열차를 제외하고 스위스 내에서만 이동할 경우 예약 없이 이용할 수 있다.

★
패스 사용
스위스 트래블 패스와 세이버 데이 패스로 추가 요금 없이 이용할 수 있다. 국제열차인 EC, ICE, TGV Lyria, RJX 등의 스위스 내 이동 구간도 마찬가지다.

베르니나 익스프레스, 빙하특급열차 같은 관광 특급열차는 산악지대를 달리지만 산악열차로 분류하지 않는다.

트램
Tram

평평한 철로를 따라 도심을 달리는 작은 열차. 시내버스와 비슷한 느낌의 시내 교통수단이다.

★
패스 사용
스위스 트래블 패스와 세이버 데이 패스로 추가 요금 없이 이용할 수 있다.

일반 도로를 주행해 자동차나 보행자와 공간을 공유한다.

푸니쿨라
Funicular

도시와 산악지대를 오가는 작은 열차. 경사진 철로 사이에 케이블을 연결해 차체를 잡아당기면서 오르내리기 때문에 케이블카와 작동 원리가 같고 이동 거리도 길지 않다. 차량 1대는 하부 역에, 다른 1대는 상부 역에 있다가 동시에 출발해 중간에서 교차한다. 푸니쿨라의 어원은 '케이블/로프'란 뜻의 라틴어 푸니쿨루스(Funiculus)에서 온 것으로, 지역에 따라 케이블카나 로프웨이라 부르기도 한다.

★
패스 사용
대부분 민영이어서 스위스 트래블 패스와 세이버 데이 패스로 50% 할인되는 곳도 있고 안 되는 곳도 있다.

산악열차
Cogwheel Railway

산악지대를 오르내리는 열차. 철로 가운데 톱니가 있어서 톱니바퀴 열차라고도 부른다. 경사가 낮은 구간에선 일반 열차처럼 빨리 달리고 경사가 높은 구간에선 차체에 톱니를 걸고 올라가기 때문에 속도가 느리다. 톱니를 거는 구간에선 롤러코스터를 타고 올라갈 때처럼 톱니 거는 소리가 탁탁 들린다.

★
패스 사용
대부분 민영이지만 관광 목적으로 운영해서 스위스 트래블 패스로 50%(융프라우요흐는 25%) 할인된다. 열차가 산악지대를 달려도 톱니바퀴 열차가 아닌 일반 열차는 패스로 추가 요금 없이 탈 수 있다.

직접 타보고 쓴 스위스 기차 이용 방법

티켓 구매

- 티켓은 역 자동판매기나 창구, 스위스 연방 철도 앱(SBB Mobile) 또는 홈페이지(sbb.ch /en)에서 탑승 전에 구매한다.

티켓 자동판매기

티켓 유효기간

- 슈퍼 세이버 티켓(사전 구매 시간 지정 할인권)이 아니라면 탑승 시각이 정해져 있지 않다. 따라서 승차하기로 한 날 아무 때나 탑승할 수 있다.
- 편도권 구매 시 중간에 내려 볼일을 본 후 같은 노선의 다음 열차를 타고 목적지까지 가도 된다. 단, 반대 방향으로 가거나 지나간 구간을 다시 갈 수 없다.
- 왕복권 구매 시 전체 여정이 115km 미만이면 당일에 왕복해야 하고, 116km 이상이면 10일 이내 돌아오면 된다. 이동 거리를 모를 땐 창구에 문의하자.

승차

- 우리나라의 KTX와 마찬가지로 개찰구가 따로 없다. 티켓을 소지하거나 휴대전화에 저장한 후 탑승하며, 차내 검표는 할 때도 있고 안 할 때도 있다. 단, 무임승차 발각 시 벌금은 150CHF. 기차 외 다른 대중교통수단도 마찬가지다.
- 기차와 지하철, 버스 문은 전부 수동이다. 기차가 역에 도착했더라도 승객이 문 안쪽과 바깥쪽에 있는 버튼을 눌러야 문이 열린다.

기차 내 식사

- 기차 식당 칸을 이용할 땐 카운터가 아닌 테이블에서 주문한다.
- 식당칸을 제외한 객차 내에서 외부에서 가져온 간식을 먹거나 음료, 주류를 마셔도 된다. 좌석마다 작은 테이블이 딸려 있다.

편의 시설

- 대부분의 열차에 전기 콘센트가 있다. 차종에 따라 창문 옆 또는 창가와 복도 좌석 등받이 사이 하단에 위치한다. 단, 우리나라와 코드 타입이 달라서 변환 어댑터가 필요하다.
- 기차 안 화장실은 무료, 역에 있는 화장실은 유료다.

좌석 예약

- 스위스의 일반 열차는 좌석이 지정돼 있지 않아서 1등석, 2등석만 구분해 빈자리에 앉는다. 역 창구에서 추가 요금을 내면 좌석을 예약할 수 있지만 인구가 적은 스위스에선 출퇴근 시간을 제외하고 대부분 빈자리가 있어서 예약하지 않아도 된다. 단, 성수기인 7~8월에 바젤~루체른·루체른~루가노 구간, 융프라우요흐행 산악열차는 좌석 예약을 권장한다.
- 파노라마 특급열차는 좌석 예약이 필수이며, 예약비가 발생한다. 파노라마 특급열차를 무료로 이용 가능한 스위스 트래블 패스 소지자도 좌석 예약 필수(예약비 발생).

기타

- 기차는 분 단위로 정확하게 출발·도착하니 5~10분 전에 가서 대기해도 된다. 연착 정보 또한 분 단위로 전광판에 표시돼 환승 시간을 계산하기 편리하다.
- 창문에 손가락을 입에 댄 그림이 그려진 객차는 사일런트 객차다. 스마트 기기로 영상 시청 시 이어폰을 이용하며, 통화하거나 아이 동반 또는 일행과 담소를 나눌 그룹은 옆 객차로 이동하는 배려가 필요하다.
- 차내는 전부 금연이다.

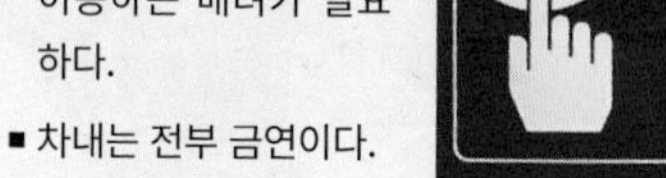

몸도 마음도 가볍게, 짐 배송 서비스

스위스 연방 철도는 짐을 가지고 여행하는 사람들의 편의를 위해 짐 배송 서비스를 제공한다. 무거운 캐리어는 물론 자전거, 스키, 스노보드 같은 스포츠 장비를 갖고 여행할 때 유용하다. 역에서 맡기거나 찾을 수 있고, 주소지로 수거 또는 배송 요청도 가능. 역에서 맡기거나 짐을 찾는 경우 배송까지 이틀이 걸린다. 일부 지역은 주소지로 수거·배송을 모두 신청할 경우 배송비에 익스프레스 비용 30CHF을 추가 지불하면 당일 배송도 가능하다.

WEB sbb.ch/en/tickets-offers/reservation-luggage/luggage-registration.html

- 짐 1개당 최대 무게: 25kg
- 짐이 이동하는 구간에 유효한 티켓 또는 스위스 트래블 패스, 반액 할인 카드 등을 소지한 경우에만 서비스 신청 가능
- 짐에 이름, 주소, 휴대전화 번호 기재 필수
- 자전거는 배송 불가 지역이 일부 있다. 홈페이지에서 확인
- 역에서 직접 신청하거나 홈페이지, 전화 예약도 가능하다.

WEB commerce.sbb.ch/en/luggage.html
TEL 0848 44 66 88(0.08CHF/min)

✚ 요금 및 운영 시간(짐 1개당 가격)

	기차역 → 기차역	주소지 → 기차역	기차역 → 주소지	주소지 → 주소지
기본배송료	0	30CHF	30CHF	43CHF
여행가방	12CHF	12CHF	12CHF	12CHF
자전거	20CHF	20CHF	20CHF	20CHF
전기자전거	30CHF	30CHF	30CHF	30CHF
발송 시간	기차역 수하물 센터 운영시간	발송 이틀 전 20:00까지 신청. 수거는 08:00~20:00	기차역 수하물 센터 운영시간	발송 이틀 전 20:00까지 신청. 수거는 08:00~20:00
수취 시간	기차역 수하물 센터 운영시간	발송 후 이틀 뒤 09:00 이후 기차역 수하물 센터 운영시간 내	발송 후 이틀 뒤 08:00~20:00	
추가 요금	짐 도착 후 4일간 무료 보관, 이후 1일 5CHF 추가		- 시간 외 수거(배송) 신청 시 15CHF(07:00~23:00) - 카 프리 마을 30CHF - 주소지 → 주소지의 익스프레스 당일 배송 요청 시 30CHF(수거: 06:00~09:00/배송: 18:00~23:00)	
기타			배송 불가 지역: 리기 쿨름, 리기 칼트바트, 벵엔알프, 김멜발트 등	

*카 프리(Car Free) 마을: 체르마트, 사스 페, 뮈렌, 벵엔, 슈토스, 피에셔알프, 베트머알프, 리더알프 등

*기차역 수하물 센터 운영시간 확인: gepaeckshop.sbb.ch/deadlinecalculator/regularluggage?culturename=en

*익스프레스 당일 배송 가능 지역 확인:
sbb.ch/en/station-services/before-your-journey/luggage/luggage/door-to-door/locations-express.html

여행경비 팍팍 줄여주는 스위스 교통 패스 총정리

도시간 이동은 물론 도시와 산간지대를 연결하는 스위스의 교통수단은 대부분 기차다. 기차는 버스, 푸니쿨라 등과 연계돼 있어 어딜 가든 편리하지만 비용이 만만치 않다. 따라서 기차는 물론 시내버스, 트램, 유람선까지 무제한 탈 수 있고 박물관·미술관 무료입장도 가능한 스위스 교통 패스 구매는 선택이 아닌 필수다.

스위스 교통 패스 공통 사항

패스 개시

모든 패스는 별도의 개시 절차가 없다. 온라인으로 패스 구매 시 사용 개시일을 입력한 다음, 해당일 내 원하는 시간에 티켓을 소지하고 열차의 빈자리에 탑승한다. 일부 특급열차를 제외하고 좌석 예약도 필요 없다.

패스 형태

QR코드 형태다. 이메일로 전송받아 출력하거나, 모바일 기기에 저장해 사용한다. 애플 지갑이나 스위스 연방 철도 앱에 저장해 두고 사용하면 편리한데, 스위스 연방 철도 홈페이지나 앱에서 회원 가입(무료) 후 구매하면 계정에 자동으로 등록된다. 다른 인터넷 사이트나 오프라인에서 구매했다면 연방 철도 앱에서 회원 가입 후 패스 번호를 직접 등록해 사용한다.

일반 열차 좌석 예약

좌석 예약이 의무는 아니지만 원하면 할 수 있다(수수료 발생). 극성수기인 7~8월 바젤~루체른, 루체른~루가노, 산악열차 클라이네샤이덱~융프라우요흐 구간은 예약을 권장하나, 그 외엔 예약하지 않아도 된다. 예약은 스위스 연방 철도 홈페이지 또는 앱, 기차역 티켓 창구에서 할 수 있다. 특급열차와 마찬가지로 패스 개시일 이전에도 결제 시 소지 중인 패스를 선택하면 좌석 예약 수수료만 청구된다.

특급열차 좌석 예약

패스 소지 시 무료인 파노라마 특급열차는 예외적으로 좌석 예약이 필수(골든패스 라인 1·2등석 일반 객실은 제외)이며, 패스 소지 여부와 관계없이 좌석 예약 수수료가 추가로 발생한다. 좌석 예약은 티켓 개시일 전이라도 각 특급열차 홈페이지에서 할 수 있다. 결제 단계에서 소지 중인 패스를 선택하면 승차비가 감면되고 좌석 예약 수수료만 청구된다. 차내 검표 시 패스와 좌석 예약 내역을 함께 보여준다.

스위스 5대 패스의 주요 혜택 비교

	스위스 트래블 패스	스위스 트래블 패스 플렉스	스위스 반액 할인 카드	세이버 데이 패스, 프렌즈 데이 패스 유스
기간	일정 기간동안 연속 사용	한 달 내 필요한 날짜만 사용	한 달간 연속 사용	1일간 사용
대중교통	무제한 이용	무제한 이용	50% 할인	무제한 이용
산악교통	대부분 50% 할인	대부분 50% 할인	대부분 50% 할인	혜택 없음
박물관·미술관	대부분 무료입장	대부분 무료입장	혜택 없음	혜택 없음

고민 끝! 스위스 여행 최강의 패스

SWISS TRAVEL PASS

스위스 트래블 패스
(연속권)

여행 준비로 고민하고 싶지 않을 때 추천하는 패스. 스위스 전국의 일반 열차, 특급열차, 버스, 트램, 유람선을 무제한 이용할 수 있고, 대부분의 산악교통수단은 50% 할인된다. 또 500곳 이상의 박물관과 미술관, 고성에 무료입장할 수 있다.
패스 개시일부터 날짜를 연속으로 사용하며, 스위스 국외에 주소지가 있는 사람만 구매할 수 있다.

◆ 스위스 패스 X, 스위스 트래블 패스 O

외국인 관광객 전용 교통 패스인 스위스 트래블 패스는 예전에 스위스 패스로 불렸으나, 2015년 스위스 연방 철도 회원 카드 명칭을 스위스 패스로 정하면서 '스위스 트래블 패스'로 이름이 바뀌었다.

◆ 구매 방법

온라인에서만 구매할 수 있다. 아래의 스위스 트래블 패스 홈페이지(한국어)에서 구매하고, 이메일로 QR코드 형식의 티켓을 전송받는다.

WEB 스위스 철도 패스 공식 매표소: swissrailways.com/ko

◆ 사용 방법

휴대전화에 QR코드를 저장해 사용하고, 만일에 대비해 프린터로 출력해 소지한다. 스위스 연방 철도 앱에서 회원 가입 후 계정에 패스 번호를 입력해두고 사용하면 편리하다. 패스는 별도의 개시 절차 없이 예약 시 입력한 개시일부터 이용하면 된다. 차내 검표 시 QR코드와 여권을 함께 제시하는 것이 원칙이지만 보통은 QR코드만 보여주면 된다. 그래도 혹시 모를 상황에 대비해 여권도 항상 챙기자.
스마트폰 미소지자의 경우 배송비를 지불하면 집으로 종이 티켓을 보내준다. 단, 종이 티켓은 분실 또는 도난 시 재발급되지 않으니 주의한다. 한국으로 배송 시 20~50CHF, 스위스로 배송 시 6~20CHF.

◆ 종류 & 가격

*2024년 기준, 통화 CHF

구분	성인		유스(16~24세)		패밀리 카드 미발급 아동(6~15세)	
	1등석	2등석	1등석	2등석	1등석	2등석
3일 연속	389	244	274	172	194.5	122
4일 연속	469	295	330	209	234.5	147.5
6일 연속	602	379	424	268	301	189.5
8일 연속	665	419	469	297	332.5	209.5
15일 연속	723	459	512	328	361.5	229.5

◆ **혜택**

❶ 지정 이용일 05:00부터 다음 날 05:00까지 산악교통수단을 제외한 스위스의 모든 일반 열차, 특급열차, 버스, 트램, 유람선, 포스트 버스 등 대중교통을 무제한 이용할 수 있다. 단, 디너 크루즈 등 식음료가 포함된 코스는 제외(할인 가능).

❷ 예약이 필요 없으며, 패스 소지자는 패스 이용 기간 내 원하는 시간에 기차를 탈 수 있다. 단, 파노라마 특급열차 이용 시 좌석 예약 필수(좌석 예약 수수료 별도).

❸ 산악열차와 케이블카는 최대 50%(융프라우요흐는 25%) 할인된다. 산악 전망대 중 리기, 슈토스, 슈탄저호른으로 가는 산악교통은 무료(2024년 기준).

❹ 스위스 국립박물관, 시옹성, 아인슈타인 박물관, 그뤼에르성, 코르뷔지에 파빌리온, 그란데 카스텔 등 입장료가 10CHF 이상인 500여 곳의 박물관, 미술관, 고성 등에 무료입장할 수 있다.

❺ 6~16세는 스위스 트래블 패스를 소지한 부모 중 1명과 함께 여행 시 패밀리 카드를 무료 발급받아 대중교통을 무제한 이용할 수 있다. 패스를 구매할 때 6~15세 인원수(최대 5인)를 체크해 발급받는다. 한국에서 미처 발급하지 못했다면 스위스 도착 후 기차역 창구에서 발급받는다. 참고로 0~5세는 모든 대중교통이 무료다. 발급 시 별도 서류는 필요하지 않으며, 부모 중 1명과 패밀리 카드를 발급받는 자녀의 여권을 제시하면 된다(친족이나 조부모는 해당 안 됨).

+ MORE +

무료 취소 옵션

공식 홈페이지에서 구매할 경우 12CHF을 추가로 내면 사용일 하루 전까지 무료 취소할 수 있다. 여행 계획이 바뀌지 않는 것이 가장 경제적이겠으나, 피치 못할 상황을 대비해 무료 취소 옵션을 선택하는 것도 좋은 방법. 구매 후엔 날짜를 변경할 수 없어서 취소하고 재구매해야하기 때문이다. 무료 취소 옵션을 선택하지 않고 취소할 경우 4일 전까지 수수료 60CHF, 1~3일 전까지 수수료 60CHF+티켓 가격 30%가 위약금으로 부과된다. 이 옵션은 공식 홈페이지에서 구매할 경우에만 이용할 수 있다. 결제 페이지 맨 아래에 체크 박스가 있다.

SWISS TRAVEL PASS FLEX
스위스 트래블 패스 플렉스(비연속권)

스위스 트래블 패스(연속권)와 혜택은 같지만 날짜를 연이어 사용하지 않고
한 달 내에 필요한 날짜만 선택해 비연속적으로 사용하는 패스다.
패스의 1일 유효 기간은 해당일 00:00부터 다음 날 05:00까지다.

◆ 사용 방법

탑승 전까지 아래 홈페이지에서 이용 날짜를 선택해 1일 티켓(QR코드)을 발급받는다. 당일 발급도 가능하며, 이용일 하루 전까지 날짜를 무제한 변경할 수 있다(티켓 발급 후 당일 취소는 불가능). 티켓을 출력하거나 연방 철도 앱 또는 애플 지갑에 저장해서 사용하는 것도 가능.

WEB activateyourpass.com

◆ 활용 팁

도시 간 이동할 땐 스위스 트래블 패스 플렉스를, 한 도시에 머물 땐 해당 도시의 투숙 호텔에서 발급받은 무료 교통카드(게스트 카드, 027p)를, 산악 지역에서 머물 땐 일반 교통수단뿐 아니라 산악열차나 케이블카까지 무료인 지역 패스(융프라우 VIP 패스, 베르너 오버란트 패스, 텔 패스 등)를 이용하는 것이 경제적일 수 있다.

◆ 종류 & 가격

*2024년 기준, 통화 CHF

구분	성인		유스(16~24세)		패밀리 카드 미발급 아동(6~15세)	
	1등석	2등석	1등석	2등석	1등석	2등석
3일	445	279	314	197	222.5	138.5
4일	539	339	379	240	257	268.5
6일	644	405	454	287	305	202.5
8일	697	439	492	311	324.5	228.5
15일	755	472	535	342	353	236

알뜰 여행자를 위한 경비 절약 패스

SWISS HALF FARE CARD
스위스 반액 할인 카드

한 달간 기차, 버스, 트램, 유람선, 푸니쿨라, 산악열차, 케이블카 등
대부분의 교통수단(융프라우 포함)을 50% 할인된 요금으로 이용할 수 있다.
박물관, 미술관 등 관광지 무료입장 혜택은 없다.
스위스 트래블 패스와 마찬가지로 6~15세는 반액 할인 카드를 소지한 부모 중 1명과
함께 여행 시 패밀리 카드를 무료 발급받아 대중교통을 무제한 이용할 수 있다.

◆ 구매 방법

스위스 철도 패스 공식 매표소(swissrailways.com/ko)에서 온라인 사전 구매 후 각 교통수단을 이용할 때마다 50% 할인된 개별 탑승권을 구매한다.

◆ 가격

16세 이상 120CHF

◆ 활용 팁

스위스 트래블 패스 플렉스와 함께 갖고 다니면서 패스 사용일을 차감하지 않는 날에 산악교통 또는 단거리 여행 구간을 50% 할인받거나, 렌터카 여행을 하며 산악교통 또는 유람선 등을 이용할 때 유용하다. 단, 일부 단거리 구간은 최단 거리 요금제에 의해 할인율이 50%에 미치지 않을 수 있다.

SAVER DAY PASS
세이버 데이 패스

스위스 전국의 대중교통을 1일간 무제한 이용할 수 있는 패스다. 스위스 트래블 패스처럼 박물관, 미술관 무료입장 및 산악교통 50% 할인 혜택은 없지만 가격이 더 저렴하다. 온라인 사전 구매만 가능하고 일찍 살수록 저렴하다. 따라서 박물관과 미술관 방문 계획이 없고 패스를 미리 구매할 수 있는 부지런한 여행자에게 유용한 패스다. 원하는 날짜만 1일 단위로 구매할 수 있다는 점에서 비연속권인 스위스 트래블 패스 플렉스와 비슷하지만, 구매 시 이용 날짜를 지정하기 때문에 도착 후 현지 날씨나 상황에 따라 일정을 변경할 수 없다는 단점이 있다.

◆ 구매 방법

스위스 연방 철도 홈페이지나 앱에서 사전 구매해야 하는 온라인 전용 패스다. 1일 단위로만 판매하고, 6개월~1일 전까지 구매할 수 있다. 구매 날짜에 따라 할인율이 달라서 일찍 살수록 이득이다. 반액 할인 카드 소지자는 최저가가 29CHF부터 시작하니 일찍 구매하면 스위스 트래블 패스보다 저렴하다. 단, 수량이 한정돼 있어 여행일이 가까우면 매진될 수 있으며, 구매 후 환불은 불가하다.

◆ 사용 방법

스위스 트래블 패스와 같다. QR코드 형태이며, 실물 티켓은 없다.

◆ 혜택

❶ 지정일 05:00부터 다음 날 05:00까지 산악교통수단을 제외한 스위스의 모든 일반열차, 특급열차, 버스, 트램, 유람선, 포스트 버스 등 대중교통을 무제한 이용할 수 있다. 단, 디너 크루즈 등 식음료가 포함된 코스는 제외된다(할인 가능).

❷ 예약할 필요 없이 패스를 소지하고 이용기간 중 원하는 시간에 탑승한다. 단, 파노라마 특급열차 이용 시 좌석 예약 필수(예약 수수료 별도).

❸ 스위스 트래블 패스와 달리 산악교통 할인 혜택은 없지만 무료로 올라갈 수 있는 산악 전망대 수가 약간 더 많다. 리기, 슈토스, 슈탄저호른, 로쉐드 네, 리더알프, 베트머알프, 피에셔알프로 가는 산악교통 무료(2024년 기준).

+ MORE +

세이버 데이 패스가 스위스 트래블 패스보다 이득인 경우

세이버 데이 패스를 미리 최저가로 구매하고, 박물관과 미술관을 관람하지 않는다면 스위스 트래블 패스보다 이득일 수 있다.

*세이버 데이 패스는 구매 시점에 따라 다름, 2024년 2등석 기준, 통화 CHF

	스위스 트래블 패스		세이버 데이 패스
	성인	유스	
1일	-	-	52
2일	-	-	52 x 2=104
3일	244	172	29 x 3+120(반액 할인 카드)=207
4일	295	209	29 x 4+120(반액 할인 카드)=236
5일	-	-	29 x 5+120(반액 할인 카드)=265
6일	379	268	29 x 6+120(반액 할인 카드)=323
7일	-	-	29 x 7+120(반액 할인 카드)=323
8일	419	297	29 x 8+120(반액 할인 카드)=352
9일	-	-	29 x 9+120(반액 할인 카드)=381
10일	-	-	29 x 10+120(반액 할인 카드)=410
11일	-	-	29 x 11+120(반액 할인 카드)=439
12일	-	-	29 x 12+120(반액 할인 카드)=468
13일	-	-	29 x 13+120(반액 할인 가드)=497
14일	-	-	29 x 14+120(반액 할인 카드)=526
15일	459	328	29 x 15+120(반액 할인 카드)=555

- 이와 같이 25세 이상 성인은 스위스 트래블 패스 15일 연속권과 비교했을 때 11일째까지는 세이버 데이 패스가 더 저렴하다. 그러나 12일 이상 여행자는 본인의 여행 일정보다 패스 기간이 더 길더라도 스위스 트래블 패스 연속권 15일권을 사는 것이 더 경제적이다.
- 도시보다 산악 전망대 위주로 방문한다면 산악 전망대도 무료인 지역 패스와 조합하는 것이 더 이득일 수 있다. '세이버 데이 패스+반액 할인 카드+할인된 산악열차·케이블카 요금' vs '세이버 데이 패스+지역 패스'의 경우로 나누어 계산한 후 비교해보자.

◆ 활용 팁

❶ 최저가를 노린다면 6개월 전 자정

세이버 데이 패스는 6개월 전부터 판매를 시작한다. 따라서 스위스 시간 기준 6개월 전 자정에 패스를 구매하면 확실하게 최저가로 구매할 수 있다. 단, 우리나라와의 시차가 8시간에서 7시간으로 1시간 앞당겨지는 서머타임 기간(3월 마지막 주 일요일~10월 마지막 주 일요일)에 주의한다.

❷ 스위스 반액 할인 카드도 함께 구매

융프라우 같은 인기 산악교통을 2회 이상 이용한다면 스위스 반액 할인 카드(120CHF)를 함께 구매해 산악교통수단을 50% 할인받는 것이 더 경제적이다. 반액 할인 카드를 사면 스위스 트래블 패스와 동일하게 패밀리 카드를 발급받을 수 있기 때문에 6~15세는 부모가 구매한 티켓 구간을 무료 이용할 수 있다는 장점도 있다.

◆ 가격

*구매 시점에 따라 다름, 2024년 기준, 통화 CHF

구분	16세 이상 반액 할인 카드 소지자	16세 이상 반액 할인 카드 미소지자	6~15세	반려동물	자전거
1등석	49~128	88~199	33	25	자전거 탑재 불가
2등석	29~78	52~119	19	25	15

➧ 스위스 연방 철도 홈페이지에서 구매하기

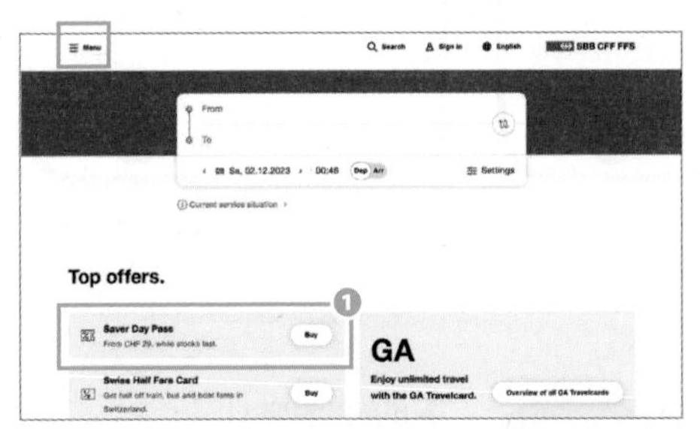

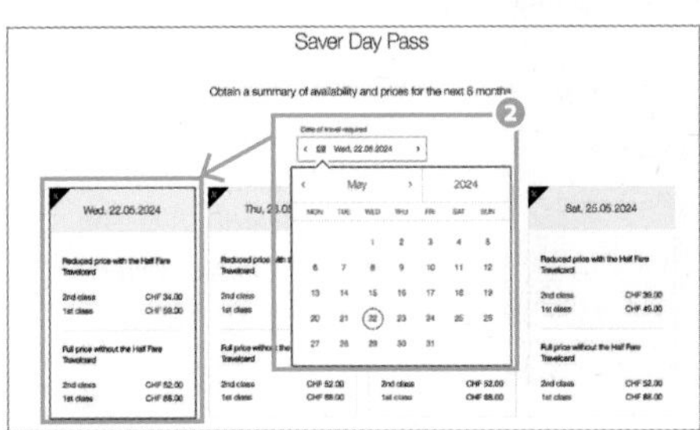

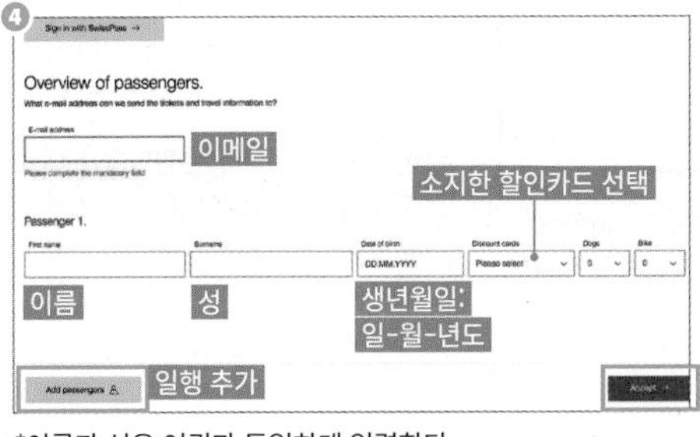

*이름과 성은 여권과 동일하게 입력한다.

❶ 여기서는 비회원으로 진행하는 방법을 소개한다. 스위스 연방 철도 홈페이지(sbb.ch/en)에 접속해 'Saver Day Pass'를 클릭한다. 첫 화면에 없을 경우 왼쪽 상단의 'Menu'를 클릭한 후 다음을 차례로 선택한다.
Tickets & offers → Tickets 하위의 Day Passes → Saver Day Pass → Purchase online

❷ 날짜 선택 후 원하는 객실 등급 및 반액 할인 카드 소지 여부에 따른 가격을 확인하고 해당 박스를 클릭한다.

❸ 'Continue as a guest'를 클릭한다(회원 가입 후 구매한다면 'Sign in with SwissPass'을 눌러 로그인한다).

❹ 'Process passengers reductions'를 눌러 다음 화면에서 티켓 사용자 정보 및 반액 할인 카드 소지 여부를 입력한다. 이때 티켓을 받을 이메일 주소를 정확히 적은 후 'Accept'를 클릭한다. 일행을 추가하려면 'Add passenger'를 누르고 티켓 사용자 정보를 입력한다.

❺ 구매한 티켓 내역을 확인한 후 'To the checkout'을 눌러 결제를 진행한다.

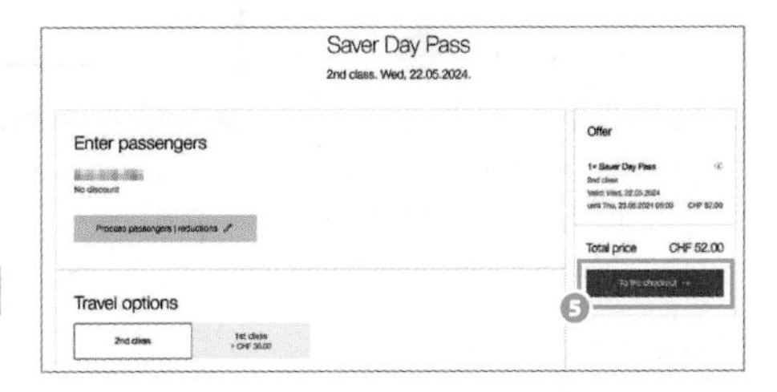

➔ 스위스 연방 철도 앱에서 구매하기

❶ 연방 철도 앱(SBB Mobile)을 다운받아 실행 후 회원 가입하고 로그인한다. 회원으로 진행하면 계정에 티켓이 바로 저장돼 편리하다.

❷ 하단의 6개 아이콘 탭 중 5번째 집 모양 아이콘을 터치 후 ❸ 'Saver Day pass'를 선택한다.

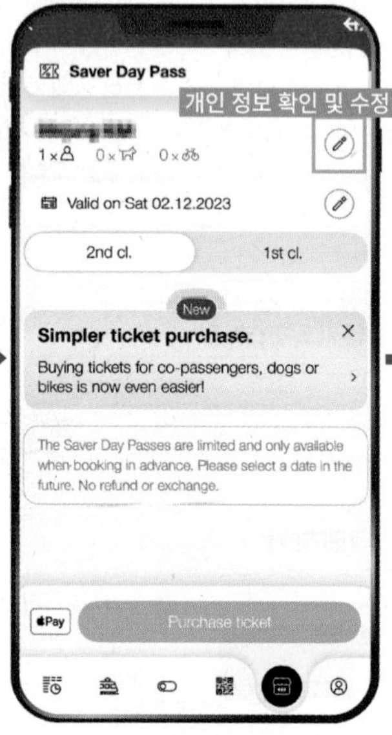

❹ 로그인 정보가 입력되어 나온다. 연필 모양 아이콘을 터치해 트래블 카드, 일행 등의 정보를 수정, 추가한 후 'Accept'를 선택한다.

❺ 날짜 옆에 있는 연필 모양 아이콘을 터치해 사용 날짜를 선택한다. 완료 후 'Accept'를 선택한다.

❻ 최종 확인 후 하단의 'Purchase ticket for CHF XXX'를 선택해 결제한다. 아이폰과 애플페이 사용자는 애플페이로 자동 연결되니 주의! 변경하려면 애플페이 아이콘을 터치해 7번으로 넘어간다.

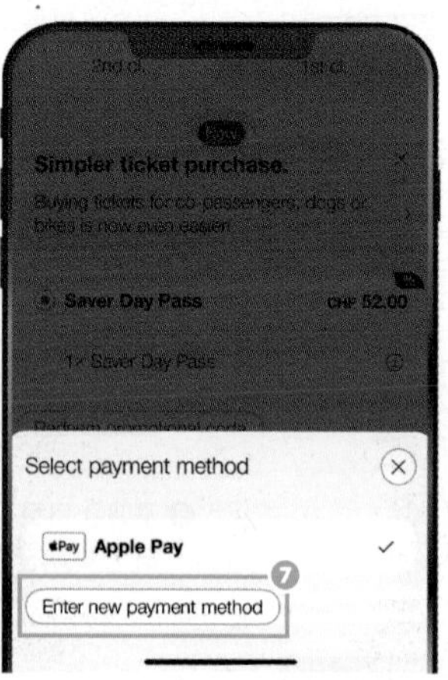

❼ 'Enter new payment method'를 선택해 원하는 방법으로 결제를 진행한다.

➔ 비회원 진행 시

❹번 단계: 'Passenger 1'을 선택해 이름(First name), 성(Surname), 생년월일(Date of birth)을 입력하고, 반액 할인 카드를 구매했다면 'Half Fare Travelcard(1/2)'를 선택, 그렇지 않은 경우엔 'No travelcard'를 선택하고 'Save'를 터치한다.

❺번 단계: 날짜 선택 후 'Purchase ticket for CHF xxx'를 선택한다.

❻번 단계: 'Buy as guest' 창이 뜨면 선택한다.

❼번 단계: 이름과 생년월일을 제대로 기재했는지 확인하고 이메일 주소를 입력한다. 비회원으로 진행하면 티켓을 이메일로 받기 때문에 정확하게 입력해야 한다.

친구와 여럿이 함께 여행할 땐

FRIENDS DAY PASS FOR YOUTH
프렌즈 데이 패스 유스

25세 미만의 2~4인 그룹 여행자를 위한 1일 무제한 대중교통 패스. 2023년 6월 출시됐다. 인원수에 관계없이 가격이 같아서 최대 인원인 4명이 함께 2등석으로 여행할 경우 1일 교통 패스를 1인당 20CHF에 구매하는 셈. 1등석 이용 시엔 1인당 30CHF으로 더욱 파격적이다. 따라서 25세 미만 4인 여행 시 지역 패스와 조합해 활용하면 가장 경제적일 수 있다.

◆ 구매 방법

사전 구매해야 하는 세이버 데이 패스와 달리 스위스 연방철도 홈페이지 또는 앱, 기차역 티켓 자동판매기, 역 창구 등에서 필요한 날 자유롭게 구매할 수 있다.

◆ 사용 방법

온라인 구매 시 QR코드, 오프라인 구매 시 실물 티켓을 받아서 사용한다.

◆ 혜택

이용 범위는 세이버 데이 패스와 같다. 일반 열차, 특급열차, 버스, 트램, 유람선, 일부 산악교통을 1일간 무제한 이용할 수 있다. 산악교통 할인이나 박물관 무료입장 혜택은 없다.

◆ 가격

그룹당 2등석 80CHF, 1등석 120CHF

한 곳에서 오래 머물며 전망대 갈 땐

REGIONAL PASSES
지역 패스

스위스 트래블 패스는 산악 전망대 3곳(리기, 슈탄저호른, 슈토스, 2024년 기준)을 제외하면 산악교통수단이 50%(융프라우요흐 25%)만 할인돼 산악 지역 여행 시 큰 힘을 발휘하지 못한다. 알프스가 여행의 주목적지라면 스위스 트래블 패스는 도시 간 이동이 있는 날만 사용하고, 산악 지역에 있는 동안은 해당 지역의 지역 패스를 이용해보자.

◆ 혜택

지역 내 기차, 버스, 트램 등 대중교통은 물론 유람선, 산악열차, 케이블카, 푸니쿨라 같은 산악교통까지 무제한 탑승할 수 있다. 해당 지역에서 머무르는 기간과 올라가는 봉우리 수에 따라 할인 폭이 다르니 '스위스 트래블 패스만 구매', '스위스 트래블 패스 플렉스+지역 패스 구매', '세이버 데이 패스+지역 패스 구매' 시 드는 비용을 잘 따져보자.

◆ 종류

❶ 융프라우 VIP 패스
쉴트호른을 제외한 융프라우 지역 산악 전망대(융프라우요흐, 피르스트, 쉬니케 플라테, 하더쿨름, 뮈렌, 멘리헨)에 추가 요금 없이 무제한 오를 수 있고, 여름엔 툰 & 브리엔츠 호수 유람선도 이용할 수 있다. 베른~인터라켄 베스트 구간 2등석 열차 및 그린델발트 내 버스도 이용 가능(단, 융프라우요흐는 1회만 왕복 가능, 자세한 내용은 276p 참고).

❷ 베르너 오버란트 패스
융프라우(25% 할인)와 쉴트호른(50% 할인)을 제외한 베르너 오버란트 지역 내 모든 교통수단이 무료다. 산악 전망대(피르스트, 쉬니케 플라테, 하더쿨름, 뮈렌, 멘리헨, 니더호른, 로트호른 등)와 툰 & 브리엔츠 호수 유람선 이용, 블라우제, 외쉬넨 호수, 아델보덴, 베른, 루체른, 툰, 브리엔츠, 브리크 등 인근 지역까지 기차 또는 버스를 무제한 이용할 수 있다. 루체른 지역의 티틀리스까지 50% 할인. 자세한 내용은 276p 참고.

❸ 텔 패스
루체른 호수 인근의 모든 교통수단을 무제한 이용할 수 있다. 티틀리스, 리기, 필라투스, 슈탄저호른, 슈토스, 브리엔츠 로트호른 등 산악 전망대를 포함해 시내 교통, 유람선 등도 포함한다. 자세한 내용은 192p 참고.

패스 없이 여행할 때

SUPERSAVER TICKET

슈퍼 세이버 티켓

패스 없이 개별 티켓을 끊어 도시 간 이동을 계획한다면 슈퍼 세이버 티켓을 이용해보자. 스위스 연방 철도 홈페이지나 앱에서 사전 구매 시 날짜와 시간에 따라 할당된 수량을 20~70% 할인가로 판매하는 시스템이다.
구매할 때 사용일과 시각을 지정해야 하니 탑승 계획을 미리 세울 수 있다면 여행 경비를 상당히 아낄 수 있다. 티켓은 이메일을 통해 QR코드로 전송받을 수 있으며, 연방 철도 홈페이지나 앱에서 회원 가입 후 구매하면 계정에 자동 등록돼 편리하게 사용할 수 있다.

WEB sbb.ch/en **APP** SBB Mobile

➔ 스위스 연방 철도 앱에서 구매하기

*스위스 연방 철도 앱을 통해 버스 티켓도 구매할 수 있다. 구매 방법은 기차 티켓과 동일. 단, 버스에는 슈퍼 세이버 티켓이 없다.

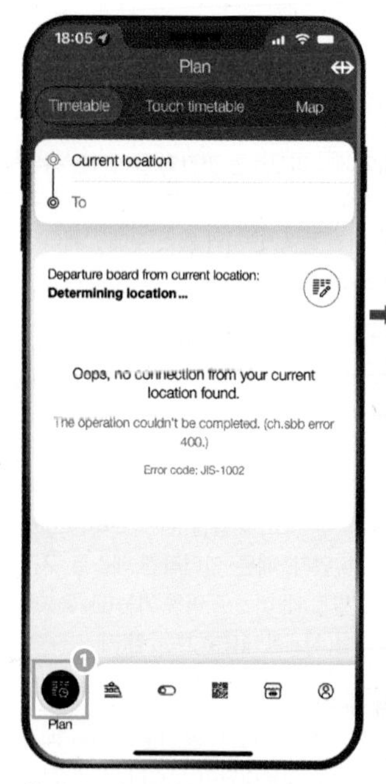

❶ 아래 6개의 아이콘 탭 중 첫 번째 시계 모양 아이콘을 터치한다.

❷ 출발지와 목적지를 입력한다. 알파벳 몇 자를 입력하면 나오는 역 목록에서 선택한다.

❸ 출발 시각을 입력하면 아래에 기차 목록이 나온다. 오른쪽 도착 시간 위에 %가 표시된 것이 슈퍼 세이버 티켓이 남아 있는 시간대다. 원하는 시간대를 선택한다.

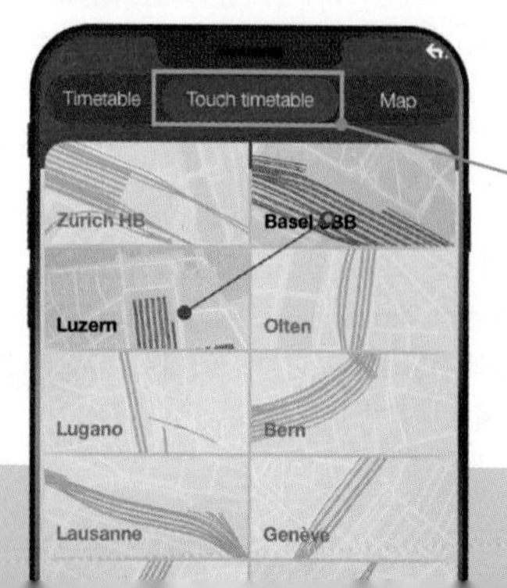

❶번 화면에서 상단의 'Touch timetable'을 선택하면 대도시의 역 목록이 그림으로 나오는데, 드래그해서 역을 선택하는 방식이다. 여기서 하단의 'edit'를 선택하면 역을 추가하거나 사진을 도시 목록에 올릴 수도 있다.
일정에 포함된 도시들을 미리 등록해 두면 편하게 사용할 수 있으니 참고한다.

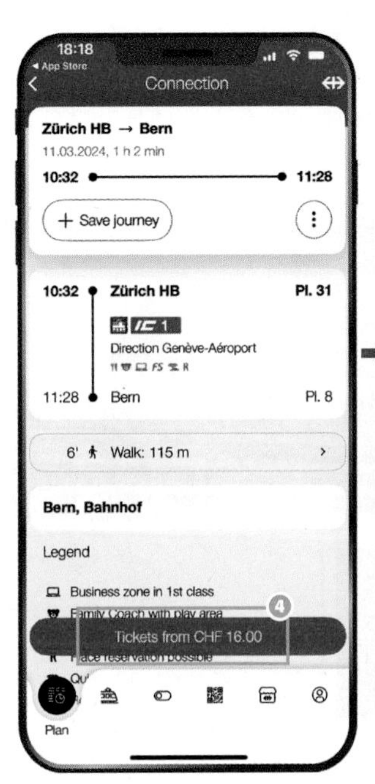

❹ 할인 표시가 있는 시간을 클릭하면 자세한 정보가 표시된다. 하단의 'Ticket from CHF XXX'라고 적힌 빨간 버튼을 선택한다. 로그인 상태라면 트래블 카드 유무를 선택하는 화면으로 넘어간다. 선택 완료 후 'View offers'를 터치한다.

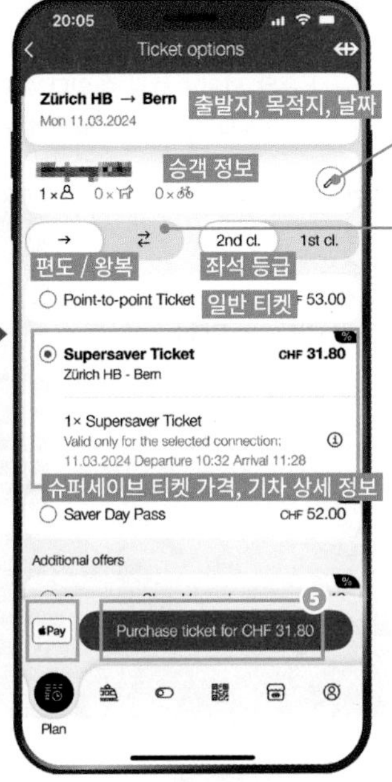

❺ 일정, 승객명, 편도/왕복, 좌석 등급, 티켓 종류 등을 확인하고 하단의 'Purchase ticket for CHF XXX'를 선택해 결제한다. 애플페이 사용자라면 애플페이로 자동 연결되니 주의! 변경하려면 애플페이 아이콘을 터치해 결제 수단을 변경한 후 진행한다.

승객 정보를 수정하거나 일행을 추가하려면 선택 후 입력한다.

왕복 선택 시 슈퍼세이브 티켓 대신 'Saver Day Pass'가 옵션으로 뜬다. 가격은 편도로 각각 구매할 때의 슈퍼세이버 티켓보다 약간 더 비싸지만 기차뿐 아니라 시내버스, 트램, 유람선도 함께 이용할 수 있어서 일정과 여행 목적에 따라 더 저렴할 수 있다.

+ MORE +

티켓 종류

'Point-to-point Ticket'은 일반 티켓으로, 해당일 내 원하는 시간대에 한 번 사용할 수 있다. 할인 티켓인 슈퍼세이버 티켓(Supersaver Ticket)은 지정 시간에만 한 번 사용할 수 있다. 교환·환불 불가.

➔ 비회원 진행 시

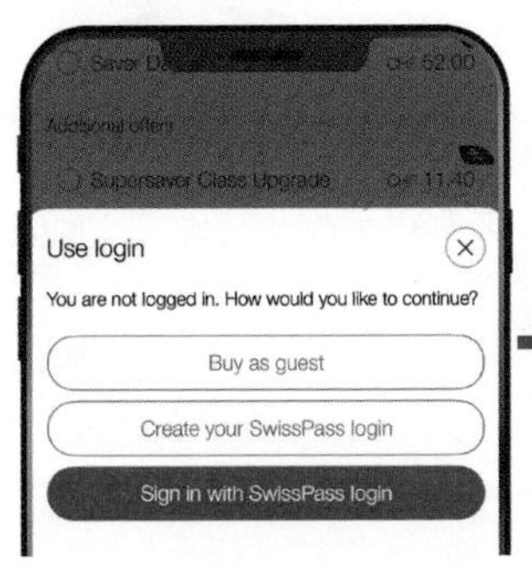

❹번 단계에서 로그인하지 않고 진행할 경우 나오는 화면에서 'Buy as guest'를 선택한다. 회원 가입하려면 'Create your SwissPass login'을 선택한다.

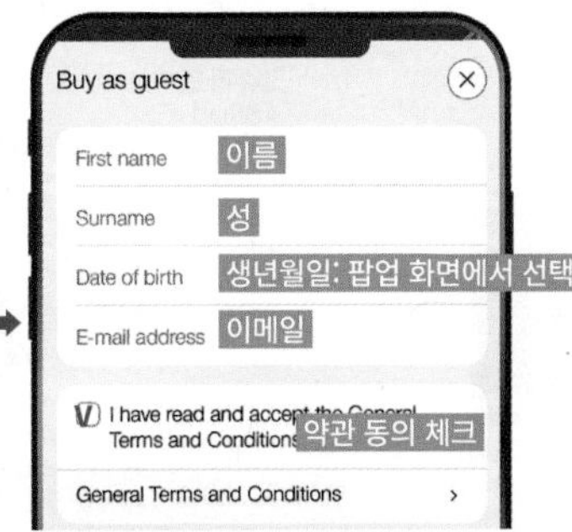

이름과 성, 생년월일, 이메일을 입력하고 약관 동의에 체크한 후 하단의 'Select payment method'를 선택해 결제를 진행한다.

PANORAMA EXPRESS

파노라마 특급열차 & 특급버스

매 순간이 감동 그 자체!

파노라마 특급열차는 커다란 창을 통해 스위스의 감동적인 풍경을 느긋하게 감상하며 목적지까지 갈 수 있는 최고의 여행 수단이다. 경치를 잘 볼 수 있도록 특별 제작한 기차를 운행하기도 하며, 구간에 따라 식사나 퐁뒤, 와인도 즐길 수 있다. 지역별 파노라마 특급열차나 특급버스의 종류는 매우 다양한데, 그중 '5대 파노라마 라인'을 소개한다.

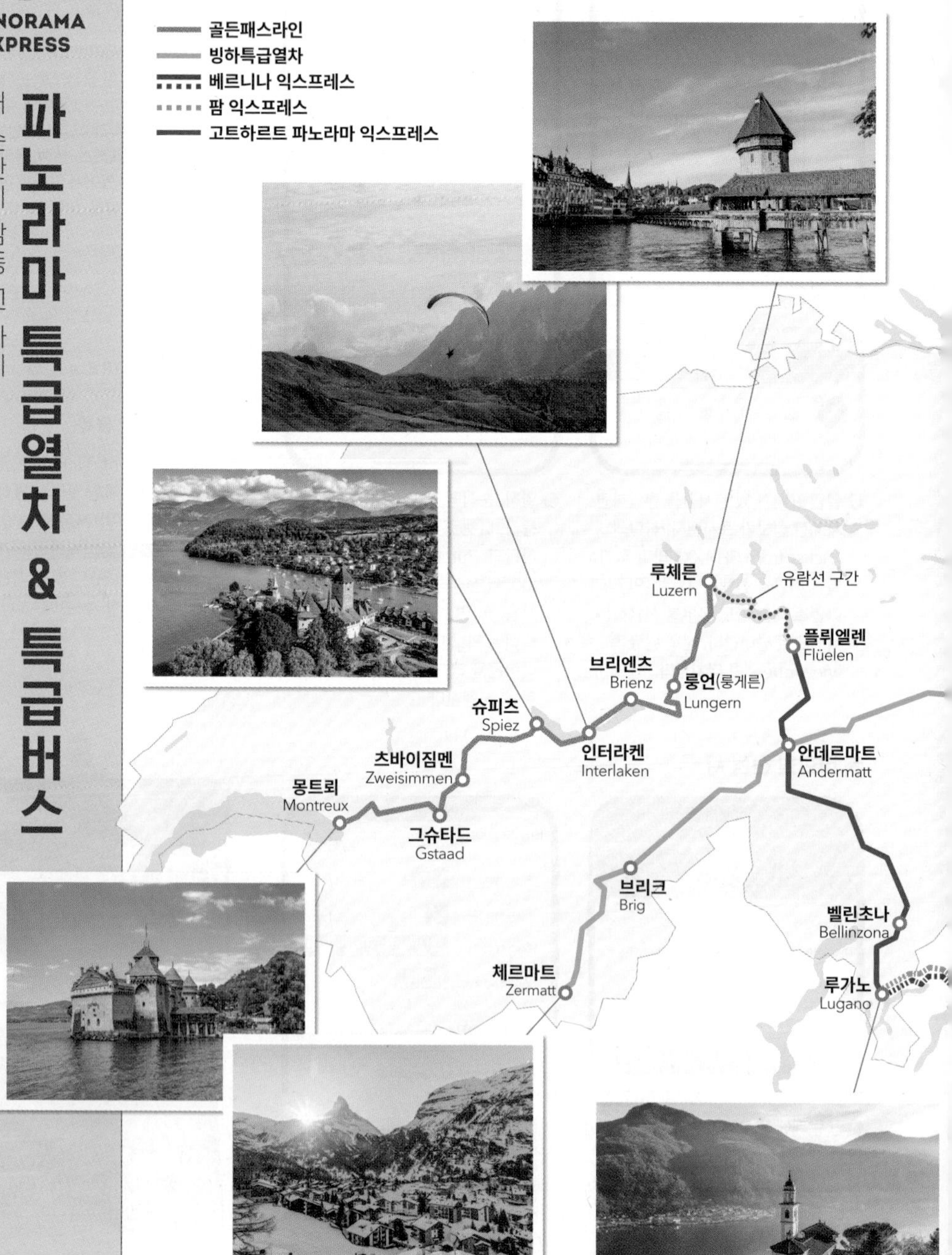

파노라마 특급열차 & 특급버스 공통 사항

❶ 스위스 트래블 패스, 스위스 트래블 패스 플렉스(패스 사용일에 한함), 세이버 데이 패스, 프렌즈 데이 패스 유스 소지자는 모든 파노라마 특급열차와 특급버스가 무료다. 단, 골든패스라인 1·2등석 일반 객실을 제외한 모든 특급열차와 특급버스는 좌석 예약이 필수다(예약비 별도). 또한 골든패스라인도 7~8월 성수기에는 좌석 예약을 권장한다.

❷ 유레일 패스 소지자는 기차 구간 무료, 유람선 구간 50% 할인 혜택이 있다. 단, 기차 구간은 좌석 예약 필수(예약비 별도).

❸ 스위스 반액 할인 카드 소지자는 50% 할인된다.

❹ 6~15세는 패밀리 카드 소지 시 무료, 패밀리 카드가 없다면 50% 할인된다. 좌석 예약 필수(예약비 별도).

❺ 0~5세는 무료지만 부모가 안고 타지 않고 별도 좌석을 이용한다면 좌석을 예약해야 한다. 단, 빙하특급열차의 엑설런스 클래스는 0~5세도 무조건 좌석 예약 필수(특급버스를 제외하고 예약비 별도).

❻ 빙하특급열차를 제외하고 반려견을 동반할 수 있다. 30cm 이하 소형견 무료(바구니나 이동장 필수, 이동장에서 꺼낼 시 일반 반려견 요금 적용), 30cm 이상 유료(성인 2등석 요금의 50%, 반려견 1일 패스 25CHF).

❼ 전 구간을 이용하지 않고 중간역에서 승차해 일부 구간만 이용해도 된다.

❽ 창문이 천장까지 이어져 탁 트인 풍경을 볼 수 있는 대신 햇볕이 강렬하니 여름철엔 모자나 선크림 등을 준비한다.

인기 명소를 섭렵하는 황금 노선

골든패스라인 Golden Pass Line

◆ 코스

❶ **골든패스 익스프레스** 몽트뢰 ⇄ 샤토-데 ⇄ 그슈타드 ⇄ 츠바이짐멘 ⇄ 슈피츠 ⇄ 인터라켄(환승)
❷ **골든패스 파노라마 & 골든패스 벨 에포크** 몽트뢰 ⇄ 샤토-데 ⇄ 그슈타드 ⇄ 츠바이짐멘(환승)
❸ **일반 열차** 츠바이짐멘 ⇄ 슈피츠(환승) ⇄ 인터라켄(환승)
❹ **루체른-인터라켄 익스프레스** 인터라켄 ⇄ 브리엔츠 ⇄ 룽언(룽게른) ⇄ 루체른

◆ 주요 역과 볼거리

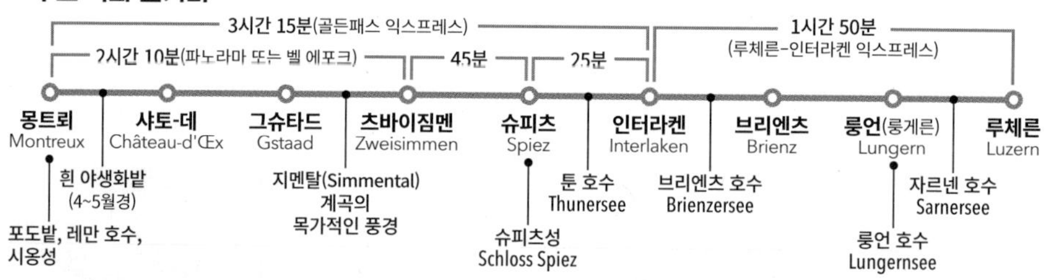

우리나라 여행자들이 선호하는 루체른과 인터라켄을 지나는 특급열차다. 독일어권과 프랑스어권을 넘나들며 스위스에서 가장 아름다운 도시로 꼽히는 루체른, 융프라우 관광의 거점인 인터라켄, 포도밭이 펼쳐지는 몽트뢰 등을 두루 거친다.
골든패스라인은 위 코스의 ❷~❹에 이르는 3개 구간으로 이루어져 있고, 구간마다 열차 종류도 다르다. 2023년 6월에 신형 열차 골든패스 익스프레스가 추가 도입돼 ❶과 ❹ 2개 열차만으로 전체 구간을 여행할 수 있게 됐다.
골든패스라인은 열차 종류가 다양하고 1일 운행 편수도 여러 대이기 때문에 예약이 필수가 아니며(VIP석은 예약 필수), 승하차도 자유롭다. 추가 요금을 내면 좌석 예약을 할 수 있지만 예약 없이 티켓만 구매해 빈자리에 앉아도 된다. 단, 7~8월 성수기에는 좌석 예약을 권장한다. 예약한 경우 선택한 시간의 열차만 탑승할 수 있기 때문에 임의로 중간에 내려 구경하고 다음 열차를 타면 좌석 예약은 무효 처리되니 주의한다. 중간역에 하차할 계획이 있다면 구간별로 좌석을 예약하자.

◆ 하이라이트

골든패스라인의 하이라이트는 유네스코 세계유산에 등재된 라보 지구의 방대한 포도밭(470p)과 고급스러운 매력의 레만 호수(몽트뢰), 지멘탈 계곡, 평화롭게 풀을 뜯는 젖소들, 들판을 하얗게 뒤덮은 5월의 수선화, 빙하수가 섞여 물빛이 아름다운 툰 호수와 브리엔츠 호수, 룽언 호수 등이다.

\+ MORE +

중간역 추천 명소

시간 여유가 있다면 중간역에 내려보자. 국제 열기구 축제로 유명한 샤토-데와 할리우드 스타들에게 인기 높은 스키 휴양지 그슈타드, 동화 속에서 튀어나온 듯한 성이 있는 슈피츠, 증기기관 산악열차를 탈 수 있는 브리엔츠, 드라마 <사랑의 불시착> 촬영지인 룽언이 볼만하다. 전체 구간 중 슈피츠~인터라켄 또는 인터라켄~브리엔츠는 유람선으로 대체하는 것도 이 지역을 두루 즐기는 좋은 방법이다.

Route 1

몽트뢰 ⇄ 인터라켄 오스트역, 총 3시간 15분

골든패스 익스프레스

GoldenPass Express

몽트뢰에서 인터라켄까지 환승 없이 연결하는 신형 열차. 이전엔 철도의 궤간과 전압이 달라지는 기술적 이유로 츠바이짐멘에서 열차를 갈아타야 했는데, 최첨단 기술을 도입한 골든패스 익스프레스의 탄생으로 이제 한 번에 갈 수 있게 됐다.

모든 등급이 창문이 천장까지 이어진 파노라마 객차여서 전망이 탁월하며, 좌석에서 아페로(와인, 치즈, 하몽 등)를 주문해 즐길 수 있다. 아페로는 현장에서 바로 주문할 수 있지만 재료가 떨어졌을 때를 대비해 홈페이지에서 예약해두는 것이 좋다.

열차 맨 앞칸에 있는 9석짜리 프리스티지석은 전 좌석 순방향으로, 타 객실보다 40cm 정도 좌석을 높게 설치해 전망을 더욱 시원하게 감상할 수 있다. 또한 창문의 빛 반사를 최소화해 사진과 영상 촬영이 용이하며, 캐비어와 샴페인 등 주문할 수 있는 아페로의 종류도 더 많다. 1등석 패스·티켓 소지자만 이용 가능. 예약 필수.

★

골든패스 익스프레스 운행 정보

SCHEDULE 1일 4회 운행(몽트뢰 출발 07:35, 09:35, 12:35, 14:35 / 인터라켄 출발 09:08, 11:08, 14:08, 16:08)

PRICE **몽트뢰 ⇄ 인터라켄**
1등석 편도 96CHF, 2등석 편도 59CHF/
스위스 트래블 패스·세이버 데이 패스 소지자 무료
좌석 예약 수수료:
1·2등석 20CHF, 프리스티지석 49CHF(1등석 패스·티켓 소지자만 이용 가능, 예약 필수)

WEB 예약: gpx.swiss/en, 스위스 주요 기차역
식음료: gpx.swiss/en/pages/catering(탑승일 1일 전까지 예약 가능)

지멘탈 계곡의 목가적인 풍경

지중해성 기후로 종려나무와 설산을 함께 볼 수 있는 몽트뢰

툰 호수와 슈피츠성

골든패스 파노라마©MOB

Route 2

몽트뢰 ⇄ 츠바이짐멘, 총 3시간 30분

골든패스 파노라마 & 골든패스 벨 에포크

GoldenPass Panoramic & GoldenPass Belle-Epoque

제일 먼저 골든패스라인을 운행한 노선. 1979년 세계 최초로 천장까지 창문이 이어진 관광 열차를 선보였다. 매시간 1대 운행하는 골든패스 파노라마(구형)와 1일 2회 운행하는 골든패스 벨 에포크 2가지 디자인의 열차를 운영한다. 골든패스 파노라마 열차는 전 객차가 창문이 천장까지 이어져 있으며, 1등석 맨 앞 객차는 앞 창문을 통해 전망을 볼 수 있는 VIP 좌석(1등석 패스·티켓 소지자만 이용 가능, 좌석 예약 필수)이다. 벨 에포크 열차는 1·2등석 모두 내부가 19세기 열차처럼 나무 재질로 돼 있는데, 특히 1등석은 귀족의 저택처럼 꾸며져 영화 <오리엔트 특급 살인>의 한 장면을 떠올리게 한다. VIP석을 제외하면 예약 필수는 아니지만 7~8월 성수기엔 예약을 권장한다.
두 열차 모두 츠바이짐멘까지만 운행하니 인터라켄으로 가려면 츠바이짐멘에서 일반 열차 또는 골든패스 익스프레스로 환승한다.

★

골든패스 파노라마 & 골든패스 벨 에포크 운행 정보

SCHEDULE 몽트뢰 출발 기준 골든패스 파노라마 07:50~17:50/1시간에 1대 운행, 골든패스 벨 에포크 09:50·14:50

PRICE **몽트뢰 ⇄ 츠바이짐멘**
1등석 편도 58CHF, 2등석 편도 33CHF/
스위스 트래블 패스·세이버 데이 패스 소지자 무료
좌석 예약 수수료: 1·2등석 10CHF, VIP석 15CHF
(1등석 패스·티켓 소지자만 이용 가능, 예약 필수)

WEB 예약: journey.mob.ch/en/routing, 스위스 주요 기차역

+ MORE +

몽트뢰에서 출발하는 1day 기차여행 패키지 골든패스 구르메 열차 Goldenpass Gourmet Train

■ 초콜릿과 치즈 열차
Le Train du Chocolat et Fromage(463p)

남녀노소 모두 함께 즐길 수 있는 테마 열차. 스위스 대표 치즈 그뤼에르의 원산지인 그뤼에르 마을과 옆 마을 브록의 까이에 초콜릿 공장까지 둘러볼 수 있다. 5~9월 벨 에포크 열차로 운행한다.

*2024년은 몽보봉-브록 구간을 버스로 대체 운행 예정

까이에 초콜릿 공장

■ 치즈 열차
Train du Fromage(463p)

몽트뢰에서 출발해 열기구 축제로 유명한 샤토-데에서 전통 방식의 치즈 제조 공정을 견학하고 퐁뒤로 점심을 먹는 코스다. 2~10월 벨 에포크 또는 파노라마 열차로 운행한다.

전통 방식의 치즈 제조 견학

골든패스 벨 에포크©MOB

벨 에포크 풍 열차 내부 © Goldenpass

치즈 열차 ©Goldenpass

치즈 열차의 백미, 샬레 퐁뒤 레스토랑

초콜릿과 치즈 열차 ©Goldenpass

Route 3

인터라켄 오스트 ⇄ 브리엔츠 ⇄ 룽언(룽게른) ⇄ 루체른, 1시간 50분

루체른-인터라켄 익스프레스

Luzern–Interlaken Express

스위스에서 가장 인기 있는 여행지인 인터라켄과 루체른을 연결하는 코스. 이동 중 다양한 강과 폭포, 5개의 아름다운 호수를 지난다. 특히 드라마 <사랑의 불시착>의 마지막 장면 촬영지인 룽언(룽게른)을 지나갈 땐 믿기지 않을 만큼 신비로운 물빛을 감상할 수 있으니 잠시 내려서 구경하고 다음 열차를 타고 갈 것을 추천. 전 객차가 천장까지 창문이 이어진 파노라마 객차이며, 식당칸에서 식음료를 즐길 수 있다(예약 불필요, 일부 시간에는 운영 안함). 브뤼니히 패스(Brünig Pass, 브리엔츠~룽언 구간)를 오를 땐 톱니바퀴 구동으로 전환되는 산악열차의 한 종류로 운행하지만 교통 패스를 소지했다면 추가 요금이 발생하지 않는다. 좌석 예약도 가능한데, 7~8월 성수기 외에는 굳이 필요하지 않다.

★

루체른-인터라켄 익스프레스 운행 정보

SCHEDULE 루체른 출발 06:06~21:06, 인터라켄 오스트역 출발 07:04~20:04/
1시간에 1대 운행/
식당칸: 루체른 출발 07:06~17:06(11~4월 08:06~15:06),
인터라켄 오스트역 출발 09:04~19:04(11~4월 10:04~15:04)

PRICE **인터라켄 오스트역 ⇄ 루체른** 1등석 편도 58CHF, 2등석 편도 33CHF/
스위스 트래블 패스·세이버 데이 패스·텔 패스 소지자 무료
좌석 예약 수수료: 1·2등석 12~16CHF(계절별로 다름)

WEB shop.luzern.com/en/routing/zentralbahn, 스위스 주요 기차역

룽언 호수

지루할 틈 없는 8시간의 대장정

빙하특급열차 Glacier Express

◆ 코스

체르마트 ⇄ 브리크 ⇄ 안데르마트 ⇄ 쿠어 ⇄ 생 모리츠,
총 8시간

◆ 주요 역과 볼거리

오버알프 고개 Oberalppass
라인 협곡 Rheinschlucht
솔리스 비아둑트 Soliser Viadukt
란트바서 비아둑트 Landwasser Viadukt
나선형 터널

체르마트 Zermatt — **브리크** Brig — **안데르마트** Andermatt — Disentis — **쿠어** Chur — Tiefencastel — Filisur — Samedan — **생 모리츠** St. Moritz

추천 구간 2(2시간 30분): 안데르마트 ~ 쿠어
추천 구간 1(2시간): 쿠어 ~ 생 모리츠

1·2등석 모두 창문이 천장까지 이어지는 고급 특급열차다. 체르마트부터 생 모리츠까지 291km의 거리를 시속 38km의 느린 속도로 8시간이나 이동하는데, 약 1500m의 고도 차를 오르내리며 인간의 손이 닿지 않은 알프스 중심부의 수려한 풍경을 볼 수 있어서 지루할 틈이 없다. 요금은 비싸지만 스위스 교통 패스가 있다면 좌석 예약 수수료만 내고 이용할 수 있어서 안 타면 손해다.

만년설이 쌓인 봉우리들과 푸른 빙하수가 박력 있게 흐르는 협곡들을 감상하며 3코스 식사를 즐길 수 있는 것도 장점. 식사는 예약이 권장되지만 현장 주문도 할 수 있다. 음식은 자리로 가져다 준다. 개인적으로 음식을 준비해 가도 무방하다. 단, 위생 문제로 스위스 기차 중 유일하게 반려견 동반불가. 전 좌석 예약 필수다.

1등석은 2등석보다 의자 쿠션이 좋고 좌석 간격이 더 넓어서 1줄에 3개의 좌석이 배치된다(2등석은 1줄 4석). 최상위 좌석인 엑설런스 클래스는 전 좌석 1인 창가석이고, 와인을 곁들인 5코스 메뉴, 웰컴 드링크, 샴페인, 커피, 차, 스낵을 제공한다. 체크인할 때도 특별 데스크에서 따로 받고 수하물도 별도 보관해준다. 1등석 패스·티켓 소지자만 좌석 예약 수수료를 내고 예약 가능하다.

★

빙하특급열차 운행 정보

SCHEDULE 5월 초~10월 중순 1일 3~4회 운행, 12월 초~5월 초 1일 2회 운행(구간별로 다름)/10월 중순~12월 초 휴무/출발 시간은 계절별로 다르니 홈페이지 참고

PRICE **체르마트 ⇄ 생 모리츠**
1등석 편도 272CHF, 2등석 편도 159CHF/
스위스 트래블 패스·세이버 데이 패스·유레일 패스 소지자 무료 /
구간별 요금은 홈페이지(glacierexpress.ch/en/travel-planning/prices) 참고/
식사 주문 시 단품 28CHF~, 디저트 9CHF~, 음료 6CHF~, 오늘의 메뉴 36CHF, 2코스 42CHF, 3코스 49CHF, 4코스 54CHF/
좌석 예약 수수료:
1·2 등석 49CHF(일부 구간만 이용 시 44CHF)/엑설런스 클래스 470CHF(1등석 패스·티켓 소지자만 예약 가능)/
전 좌석 지정좌석제로 스위스 트래블 패스 소지자 포함 모든 좌석 예약 필수(출발일 90일 이전부터 예약 가능)/
좌석을 차지 하지 않는 0~5세는 1·2등석 무료, 엑설런스 클래스는 예약 필수

WEB glacierexpress.ch/en, 스위스 주요 기차역
식음료: glacierexpress.ch/en(탑승일 1일 전까지 예약)

기차 안에서 바라본 비아둑트(고가다리)

솔리스 비아둑트

◆ 하이라이트

스위스는 산속에 터널을 수없이 뚫어놓은 탓에 구멍이 뻥뻥 뚫린 에멘탈 치즈를 닮았다고들 한다. 빙하특급열차는 이를 증명이라도 하듯이 무려 91개의 터널을 지난다. 수많은 계곡과 수직 절벽을 잇는 다리도 291개나 건너는데, 그중엔 거대한 아치형 석조 고가다리 중 가장 유명한 란트바서 비아둑트와 솔리스 비아둑트도 있다. 철도 기술의 집약체로 인정받아 유네스코 세계유산에 등재된 알불라 구간(쿠어~생 모리츠)과 겨울철에 특히 멋진 해발 2033m의 오버알프 고개까지 넘나들며 감동적인 풍경을 선보인다.

+ MORE +

짤막한 추천 코스, 쿠어~생 모리츠 구간

빙하특급열차는 모든 구간이 멋지지만 8시간을 전부 이용할 시간 여유가 없다면 쿠어~생 모리츠 구간만 이용해보자. 알불라 구간을 포함해 인터넷에서 '빙하특급'을 검색하면 가장 많이 나오는 대표 풍경이 대부분 이 구간에 속한다. 이 지역은 험난한 지형을 극복한 스위스 철도 기술의 집약체로, 유네스코 세계유산에 등재됐다.

가장 유명한 란트바서 비아둑트 구간

'스위스의 그랜드 캐니언'이라 불리는 라인 협곡

죽기 전에 꼭 타야 할 환상 열차

베르니나 익스프레스 Bernina Express

◆ 코스

❶ 쿠어 ⇄ 티라노, 4시간 20분
❷ 생 모리츠 ⇄ 티라노, 2시간 10분
❸ 티라노 ⇄ 루가노(버스 구간), 3시간 10분

*이탈리아 국경을 넘으므로 여권 소지 필수

◆ 주요 역과 볼거리

스위스 동부와 이탈리아를 잇는 노선. 해발 584~2253m를 넘나들며 압도적인 풍광을 선보인다. 유네스코 세계유산에 등재된 알불라~베르니나 구간을 전부 포함하고, 나선형 터널로 유명한 베르귄~프레다 구간, 절벽 사이를 이어 암벽 속으로 진입하는 아치형 석조 고가다리 란트바서 비아둑트, 전 세계 사진가들을 불러 모으는 브루지오 원형 비아둑트, 야성미 넘치는 비앙코 빙하 호수, 이탈리아 미식 체험까지, 인생에 한 번쯤 경험해볼 만한 오감 만족 코스로 꽉꽉 채웠다. 1·2등석 모두 창문이 천장까지 이어지는 파노라마 객차로, 1등석은 1줄에 3개, 2등석은 4개의 좌석이 배치된다. 전 좌석 예약 필수.

*베르니나 익스프레스와 빙하특급열차의 디센티스~생 모리츠 구간은 스위스 3대 철도 회사이자 사철 회사 중 가장 큰 네트워크를 보유한 래티셰 반(Rhätische Bahn, RhB)이 운영한다. 자세한 내용은 535p 참고.

★
베르니나 익스프레스 운행 정보

SCHEDULE **쿠어 ⇄ 티라노**: 5월 중순~10월 말 1일 2회 운행, 10월 말~5월 중순 1일 1회 운행/
생 모리츠 ⇄ 티라노: 5월 중순~10월 말 1일 3회 운행, 10월 말~5월 중순 1일 1회 운행 (12월 중순~3월 말은 금~일요일만 운행)/
티라노 ⇄ 루가노(버스 구간): 1일 2회 운행(2월 중순~3월 말, 10월 말~11월 말은 목~일요일만 운행)

PRICE **쿠어 ⇄ 티라노**: 1등석 편도 113CHF, 2등석 편도 66CHF/
생 모리츠 ⇄ 티라노: 1등석 편도 57CHF, 2등석 편도 33CHF/
티라노 ⇄ 루가노(버스 구간) : 편도 41CHF(2등석만 있음)/
스위스 트래블 패스·세이버 데이 패스·유레일 패스 소지자 무료
좌석 예약 수수료:
생 모리츠-티라노: 28CHF/
쿠어-티라노: 32CHF(5~10월 36CHF)/
티라노-루가노: 14CHF(5~10월 16CHF)/
스위스 교통 패스 소지자를 포함한 모든 승객 좌석 예약 필수

WEB 예약: tickets.rhb.ch/en, 스위스 주요 기차역

빙하특급열차와 베르니나 익스프레스의 기·종점, 생 모리츠

'스위스 속 이탈리아' 루가노

◆ 하이라이트

빙하특급열차의 가장 큰 볼거리인 알불라 구간이 모두 속해 있다. 생 모리츠 부근을 지나면 모르테라취 빙하로 시작해 전체 여정 중 가장 높은 지점(2253m)까지 천천히 올라가면서 말로 표현할 수 없을 만큼 신비로운 야생의 풍경이 눈앞에 펼쳐진다. 열차가 우윳빛 비앙코 호수에 바짝 붙어 달릴 때 풍경은 절정에 달한다.

호수를 지나면 불과 5km 정도의 거리를 달리는 동안 1000m 높이를 단번에 내려오게 된다. 좌석 손잡이를 꽉 움켜쥐며 알프스의 엄청난 높이를 실감하는 순간이다. 포스키아보 호수의 청량한 풍광을 바라보며 마음의 안정을 취하고 나면, 전체 여정 중 가장 유명한 사진 촬영 포인트인 브루지오 원형 비아둑트를 지날 차례다. 고지대에서 저지대로 급격하게 지형이 낮아지는 부분의 경사도를 줄이기 위해 나선형 철도가 뱅글뱅글 놓여 있는 모습이 마치 놀이기구 같다. 마지막으로 온화한 지중해풍 도시 티라노가 모습을 드러내면 허기진 배를 채울 일만 남는다.

+ MORE +

식사는 티라노에서

베르니나 익스프레스는 식당칸이 따로 없고 음료나 와인, 맥주, 치즈, 말린 고기 등 가벼운 먹거리만 좌석에서 주문할 수 있다. 이탈리아의 티라노에 도착하면 스위스보다 저렴한 값으로 맛있는 식사를 즐길 수 있다.

'하얀 호수'라는 뜻을 가진 우유빛 비앙코 호수의 여름

블랙 아이스가 형성돼 검게 보이는 비앙코 호수의 겨울

알프스에서 최대 크기를 자랑하는 모르테라취 빙하

이탈리아 티라노 풍경

유네스코 세계유산의 일부인 브루지오 원형 비아둑트

기차도 타고, 유람선도 타고

고트하르트 파노라마 익스프레스 Gotthard Panorama Express

◆ 코스

❶ **유람선 구간** 루체른(Luzern) ⇄ 베기스(Weggis) ⇄ 피츠나우(Vitznau) ⇄ 브루넨(Brunnen) ⇄ 뤼틀리(Rütli) ⇄ 플뤼엘렌(Flüelen)

❷ **열차 구간** 플뤼엘렌(Flüelen) ⇄ 벨린초나(Bellinzona) ⇄ 루가노(Lugano)

❶ + ❷ 총 5시간 30분

구 빌헬름 텔 익스프레스로, 스위스의 건국 영웅 빌헬름 텔의 전설이 깃든 루체른 호수에서 시작해 세계에서 가장 긴 철도 터널이 있는 고트하르트 패스(고개)를 지나 야자수 아래 남국의 정취를 품은 루가노까지 여행하는 코스다. 기차뿐 아니라 유람선까지 즐길 수 있어서 더욱 매력적이다. 루체른~플뤼엘렌 구간은 벨에포크 풍 증기선, 플뤼엘렌~루가노 구간은 2017년 업그레이드된 파노라마 특급열차로 운행한다. 유람선 구간은 예약하지 않아도 된다. 선내 레스토랑에서 식사할 경우 성수기에는 테이블 예약 권장.
열차 구간은 객실 창문이 둥그런 천장까지 넓게 이어지고 1줄에 3개의 좌석이 배치되는 1등석만 운행하므로 2등석 패스·티켓 소지자는 1등석으로 구간 업그레이드 비용을 내야 한다. 좌석 예약 필수.

◆ 하이라이트

- **유람선 구간** 빌헬름 텔 설화에 등장하는 텔 예배당(210p)과 스위스 건국지 뤼틀리(209p) 등을 지난다. 플뤼엘렌(210p)에 가까이 갈수록 점점 빙하수가 많이 섞여 호수 색이 푸른빛으로 변하는 모습을 감상하자.
- **열차 구간** 바센 마을 근처의 터널을 지날 때마다 같은 교회가 다른 각도로 3번 등장한다. 푸른빛이 감도는 알프스 풍경이 점점 노란빛의 남부 유럽 풍경으로 변하는 과정을 보는 것도 흥미롭다.

★

고트하르트 파노라마 익스프레스 운행 정보

SCHEDULE 4월 말~10월 말 화~일요일 1일 1회 운행/
루체른 출발: 11:12, 루가노 출발: 09:18/그 외 기간 휴무

PRICE 편도 164CHF/ 스위스 트래블 패스·세이버 데이 패스 1등석 소지자 전 구간 무료, 2등석 소지자 편도 31.50CHF
유레일 패스 1등석 소지자 41CHF, 2등석 소지자 75CHF
텔 패스 소지자 82CHF
좌석 예약 수수료: 24CHF/스위스 트래블 패스 소지자를 포함한 모든 승객 좌석 예약 필수(열차만)

WEB 예약: gotthard-panorama-express.ch/en,
스위스 주요 기차역

기차로 환승하게 되는 평화로운 플뤼엘렌 마을

터널로 진입하는 고트하르트 패스 구간

증기선을 타고 루체른 호수를 따라 이어지는 유람선 구간

팜 익스프레스 Palm Express

◆ 코스

생 모리츠(St. Moritz) ⇄ 실스 마리아(Sils Maria) ⇄ 키아벤나(Chiavenna, 이탈리아) ⇄ 코모 호수(Lago di Como, 이탈리아) ⇄ 간드리아(Gandria) ⇄ 루가노(Lugano), 4시간 10분

*이탈리아 국경을 넘으므로 여권 소지 필수

고급 스키 휴양지인 생 모리츠와 이탈리아 루가노를 연결하는 노란색 포스트 버스(시외버스)다. 구간에 속한 모든 마을의 정류장에 정차하기 때문에 반드시 생 모리츠나 루가노에서 탑승하지 않아도 된다. 숙소가 실스 마리아나 간드리아 등 목적지 인근 마을이라면 숙소에서 가까운 버스 정류장을 찾아보자. 이탈리아 국경을 넘어 키아벤나 마을에 도착하면 20분간의 자유시간이 주어진다. 2등석만 있고, 전 좌석 예약 필수.

◆ 하이라이트

4000m급 고봉들에 둘러싸인 생 모리츠에서 출발, 청순한 실스 호수와 엥가딘 지방의 예쁜 마을들을 지나 말로야 패스로 내려간다. 생 모리츠에선 고지대라는 느낌이 잘 들지 않는데, 구불구불한 말로야 패스에 진입해 1500m 높이를 쭉쭉 내려오다 보면 그제야 여태 얼마나 높은 고지대에 있었는지 실감하게 된다. 이때부터 마을 집들은 납작한 회색 돌기와를 투박하게 얹어 놓은 이탈리아 알프스 국경 지대 스타일로 바뀐다.
이탈리아 국경을 넘으면 커다란 3개의 봉우리로 둘러싸인 키아벤나 마을에서 자유시간(20분)이 주어진다. 스위스보다 저렴한 이탈리아 커피를 마시고 스트레칭을 한 후 다시 버스를 타고 북이탈리아의 지중해, 코모 호수로 가자. 이탈리아에서 3번째로 큰 코모 호수 일대는 기후가 온화하고 활기찬 분위기여서 은퇴 후 살고 싶은 곳으로 손꼽힌다. 코모 호수를 지나 다시 스위스로 들어간 후 종려나무가 곳곳에 심어진 루가노 호수가 보이기 시작하면 여정이 끝난다.

★
팜 익스프레스 운행 정보

SCHEDULE 1일 1회 운행(10월 중순~12월 말, 1월 초~6월 중순은 금~일요일만 운행)/생 모리츠 출발 10:15, 루가노 출발 15:31

PRICE 편도 92CHF/ **스위스 트래블 패스·세이버 데이 패스 소지자 무료** / **좌석 예약 수수료**: 무료(예약 필수, 출발일 08:30 전까지 가능)

WEB 예약: postauto.ch/en/excursion-tips/palm-express, 그라우뷘덴주, 티치노주 주요 기차역 창구

말로야 패스(Maloja Pass)

청량한 풍경과 맑은 물빛으로 유명한 코모 호수

루가노 호수

스위스 음식 & 쇼핑 탐구일기

Gourmet & Shopping

TRATTORIA
HENNIEZ

이건 꼭 먹기로 약속!

스위스의 지역별 음식

스위스는 산과 호수로 지역이 분리돼 있고 독일, 프랑스, 이탈리아에 속했던 주들이 연합해 만들어진 나라여서 향토 요리가 잘 발달했다. 알프스 산간 지역은 치즈 요리, 취리히나 바젤 등의 독일어권은 소시지와 감자 요리, 제네바를 중심으로 한 프랑스어권에선 레만 호수의 명물 송어 요리와 육류 요리, 남부의 이탈리아어권에서는 리조토와 폴렌타 등이 대표적이다.

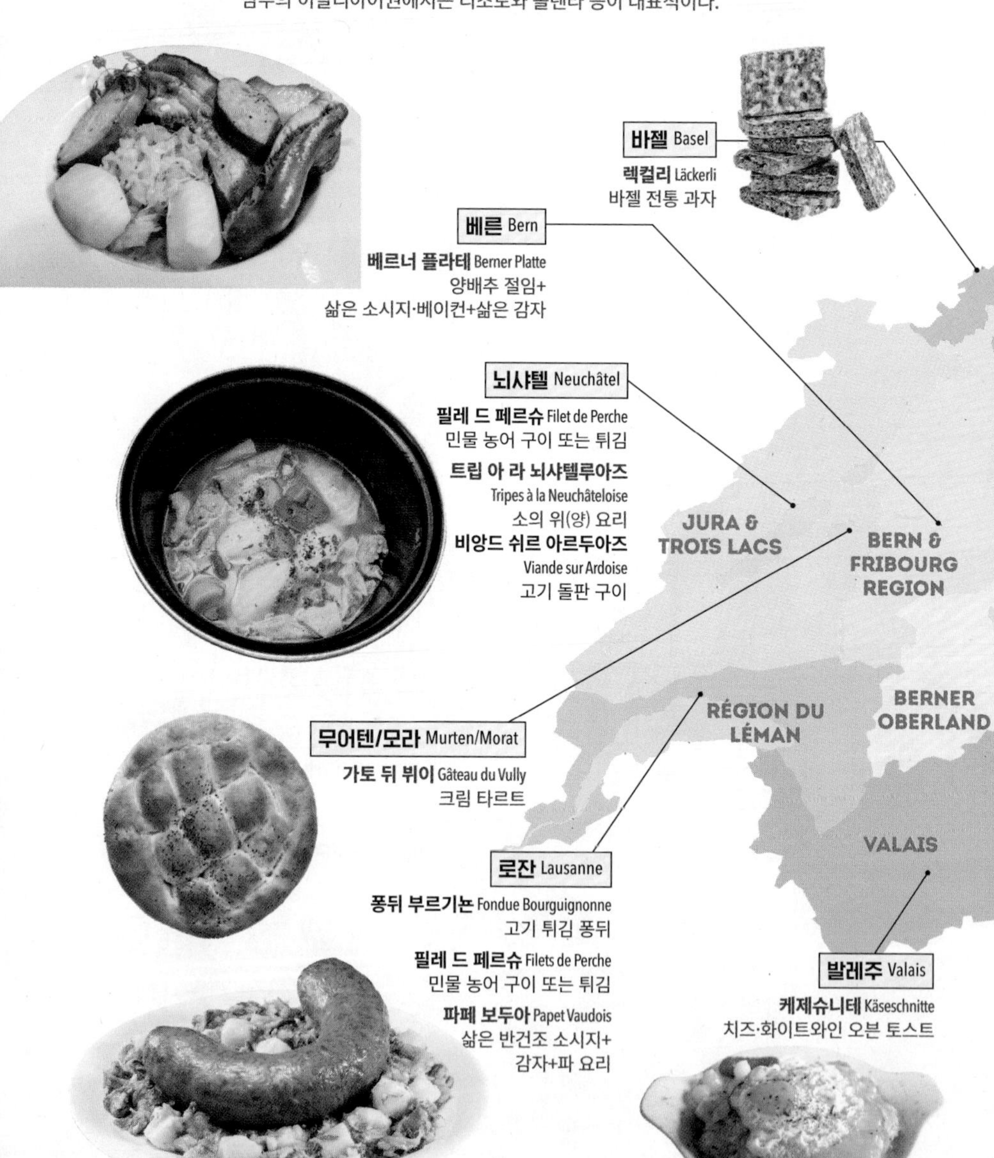

스위스 전역

퐁뒤 Fondue 116p **라클레트** Raclette 120p

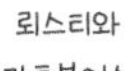

뢰스티와 브라트부어스트

뢰스티 Rösti
얇게 채 썬 감자를 프라이팬에 구운 감자전

브라트부어스트 Bratwurst
송아지 고기로 만든 흰 소시지

조프/트레스 Zoph / Tresse
땋은 머리 모양처럼 생긴 빵

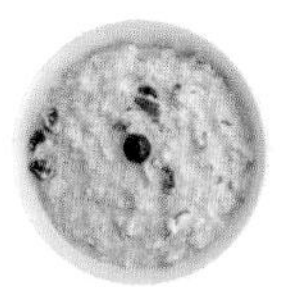
비르셰뮤즐리 Birchermüesli
스위스식 시리얼

비앙드 세쉐/트로켄플라이쉬 Viande Séchée / Trockenfleisch
말린 고기

앨플러 마그로넨 Älplermagronen
치즈 마카로니와 사과 콤포트

ZÜRICH & BASEL REGION

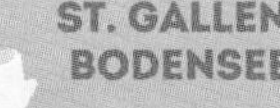

GRAUBÜNDEN

TICINO

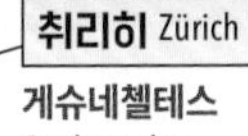
취리히 Zürich

게슈네첼테스 Geschnetzeltes
송아지 고기 스튜

아펜첼 Appenzell

아펜첼 맥주 Appenzeller Bier

비버 Appenzeller Biber
생강빵

루체른 Luzern

취글리파스테테 Chügelipastete
원통형 빵 안에 담은 고기 스튜

루가노 Lugano

폴렌타 Polenta 옥수숫가루죽

포르치니 리조토 Porcini Risotto

브라사토 Brasato 이탈리아식 장조림

아마레티 Amaretti 이탈리아식 마카롱

가조사 Gazosa 레몬 맛 탄산수

생 모리츠 St. Moritz

카푼스 Capuns
스위스식 파스타(슈패츨) 롤

누스토르테 Nusstorte
호두 파이

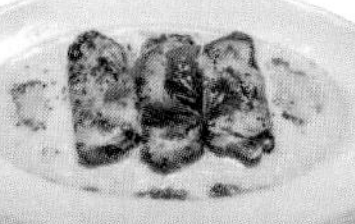

스위스 음식 탐구일기

스위스가 쓴 가장 큰 오명은 대표 음식이 치즈밖에 없다는 것이 아닐지. 흔히 '스위스 음식=퐁뒤'로 알려져 있지만
사실 퐁뒤는 겨울에 2~3번 정도 여럿이 모였을 때 먹는 음식일 뿐 스위스인의 주식이 아니다.
독일, 프랑스, 이탈리아, 알프스 산악지대의 다양한 문화가 섞인 스위스의 다채로운 미식을 알아보자.

FONDUE

퐁뒤

명실공히 스위스 대표 음식

프랑스어로 '녹았다'는 뜻의 퐁뒤는 여럿이 둘러앉은 테이블 가운데 휴대용 불판을 놓은 후 약불에 올린 냄비에 치즈를 녹여가며 먹는 음식이다. 겨울철 친목을 다지기 위해 먹는 특별식인데, 발효 치즈 맛이 강하고 짜기 때문에 한국인 입맛에는 호불호가 갈린다. 퐁뒤는 보통 그뤼에르 시스를 베이스로 에멘탈이나 바쉴랭 프리부주아를 섞고 화이트 와인과 키르슈(체리 술)를 첨가해 만든다.

퐁뒤의 종류

퐁뒤는 본래 치즈 퐁뒤만을 의미하는 단어였지만 워낙 유명해진 지금은 테이블 가운데 냄비를 놓고 무언가를 기다란 포크로 찍어 익혀 먹는 것을 다 퐁뒤라 부른다. 발상지에 대한 의견이 분분하지만 그뤼에르와 프리부르 등 스위스 프랑스어권 서부 알프스 지역에서 먹기 시작했다는 의견이 지배적이다. 스위스에서 유명한 퐁뒤는 크게 4가지가 있다.

1 치즈 퐁뒤
Fondue

➡ 스위스 전역

일반적인 의미의 퐁뒤. 본래 그뤼에르 치즈와 바쉴랭 프리부주아 치즈 또는 에멘탈 치즈, 화이트 와인, 키르슈(체리술) 등을 섞어 천천히 녹인 것인데, 요즘 퐁뒤 전문점에 가면 한층 다양한 재료를 첨가한 퐁뒤가 있다. 기본 퐁뒤를 이미 먹어봤다면 마늘이나 토마토 조각 또는 고춧가루(!)를 넣고 끓인 것도 추천.

다같이 둘러앉아 먹기 좋은 퐁뒤

2 퐁뒤 쉬누아즈
Fondue Chinoise

➡ 스위스 전역

스위스식 샤브샤브. 중국에서 온 음식이 변형된 것이어서 이름도 '중국 퐁뒤'다. 얇게 저민 고기를 포크에 감아 야채 끓인 국물에 넣고 익힌 후, 마요네즈나 아일랜드 드레싱 등에 찍어 먹는다. 12월 31일이면 가정에서 만들어 먹는 스위스 새해 음식이며, 전통 음식점에선 사계절 맛볼 수 있다. 포크로 찍어 먹는다 해서 퐁뒤라 부르지만 녹여 먹는 식재료는 없다.

3 퐁뒤 부기뇬
Fondue Bourguignonne

➡ 레만 호수 지역, 뇌샤텔 지역, 유명 관광지

'고기 퐁뒤'란 별명으로 불린다. 테이블 가운데 기름이 담긴 작은 냄비를 놓고 끓인 후, 쇠꼬챙이에 소고기, 돼지고기, 닭고기, 말고기, 토끼 고기 조각을 끼워 튀겨내 여러 가지 소스를 곁들여 먹는다. 역시 녹는 재료가 없지만 포크로 찍어 먹는다 해서 퐁뒤라 부른다.

4 초콜릿 퐁뒤
Fondue au chocolate

➡ 스위스 전역

초콜릿과 퐁뒤가 만나 탄생한 스위스 국민 디저트. 티 라이트(납작한 초)로 작은 사기그릇에 든 초콜릿을 녹인 후, 긴 포크에 딸기나 바나나 등을 찍어 초콜릿을 묻혀 먹는다. 음식점보다는 가정에서 주로 먹는데, 초콜릿 전문 카페에서도 간혹 맛볼 수 있다.

퐁뒤, 직접 해 먹어볼까?

주방 기구가 있는 숙소엔 비품으로 퐁뒤 도구가 준비된 곳이 많아서 퐁뒤를 직접 해 먹을 수 있다. 음식점보다 훨씬 저렴할 뿐만 아니라 재미있는 추억도 쌓을 수 있다. 슈퍼마켓에 가면 제르베(Gerber), 베티 보시(Betty Bossi), 에미(Emmi) 같은 브랜드에서 나온 퐁뒤 팩을 판매한다. 만약 숙소에 퐁뒤 도구가 없다면 1인분씩 소포장된 전자레인지용 퐁뒤를 구매하자. 퐁뒤 팩 말고 치즈 가게에서 치즈를 사다 정식으로 만들어 보고 싶다면 다음을 따라하면 된다.

◆ 재료(4인분)

❶ 그뤼에르 치즈 400g
❷ 에멘탈 치즈 200g(or 바쉴랭 프리부주아 치즈 400g)
❸ 화이트 와인 3dl
❹ 키르슈(체리 술) 5cl
❺ 마이즈나(옥수수 전분) 2티스푼
❻ 빵 페이장(Pain Paysan: 시골 빵) 또는 바게트 한 덩이(약 400g)
❼ 마늘 1~2쪽
❽ 후추 약간

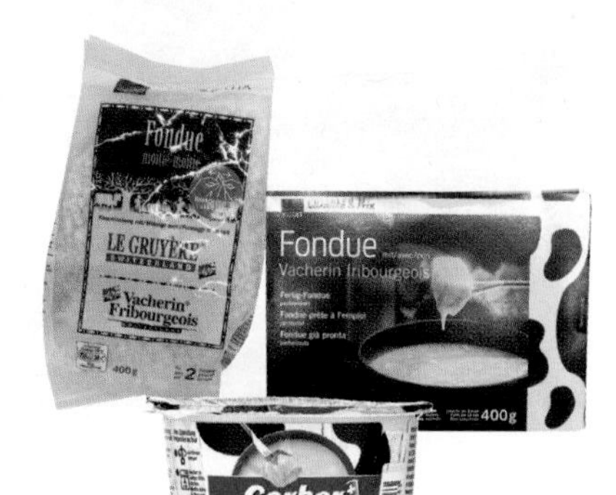

재료를 이미 섞어 놓은 제품도 다양하게 판매한다. 녹여서 먹기만 하면 돼서 편리하다.

◆ 만드는 법

❶ 빵은 겉이 살짝 마르도록 종이봉투에 싸서 반나절 정도 둔다. 그래야 치즈에 빵을 찍을 때 냄비에 퐁당 빠지지 않는다.
❷ 빵을 가로·세로·높이 3cm 정도 큐브로 잘라 그릇에 담아 둔다.
❸ 치즈가 덩어리째라면 잘게 부순다(이미 부숴 놓은 퐁뒤용 치즈도 있다).
❹ 마늘을 슬라이스한다.
❺ 후추를 제외한 재료를 전부 냄비에 섞고 중불로 저으면서 녹인다. 이때 나무 주걱을 사용해 8자 모양으로 젓는 것이 포인트.
❻ 치즈가 어느정도 녹았다면 약불로 바꿔 완전히 녹인다.
❼ 치즈가 완전히 녹았다면 빵을 긴 포크에 찍어 치즈에 담근 다음, 치즈가 듬뿍 묻도록 휘휘 저어서 먹는다. 이때 약불로 계속 켜 놓아야 치즈가 굳지 않는다.
❽ 치즈가 묻은 빵에 후추를 살짝 뿌려 먹기도 한다.

퐁뒤 기구가 없다면 전자레인지에 녹일 수 있게 용기에 담은 1인용 퐁뒤도 있다. 숙소에서 간단하게나마 퐁뒤를 맛보고 싶은 1인 여행자에게 추천.

+ MORE +

퐁뒤 벌칙 게임

퐁뒤를 먹을 땐 치즈에 빵을 찍으려다 냄비 속에 퐁당 빠뜨리는 실수를 가끔 저지른다. 스위스 사람들은 이럴 때 남들보다 먹는 순서를 한 번 쉬어가는 유쾌한 놀이를 하기도 한다.

스위스 식당의 종류

스위스는 3개의 언어권이 섞여 있다 보니 음식점을 지칭하는 표현도 매우 다양하다. 참고로 스위스 요리는 독일어로 슈바이처 퀴헤(Schweizer Küche), 프랑스어로 퀴진 스위스(Cuisine Suisse), 이탈리아어로 쿠치나 스비체라(Cucina Svizzera), 로망슈어로 쿠슈나 스비즈라(Cuschina Svizra)라고 한다.

1 일반음식점

□ 독일어·프랑스어: 레스토랑 Restaurant
이탈리아어: 리스토란테 Ristorante

일반적인 음식점. 저렴한 곳부터 고급음식점까지 두루 사용되는 명칭이다.

2 중·고급 음식점

□ 독일어: 슈투베/슈튜블리 Stube/Stübli
프랑스어: 브라스리 Brasserie
이탈리아어: 오스테리아 Osteria
로망슈어: 스티바 Stiva

일반적인 유럽 음식 및 스위스 전통 음식을 제공한다. 보통 음식 가격의 중간 이상이다.

3 향토음식점

□ 독일어: 켈러 Keller
이탈리아어: 그로토 Grotto

'저장고'란 뜻. 현지 와인과 향토요리를 맛볼 수 있다.

4 와인바

□ 프랑스어: 카보 Cavaux

켈러와 같은 뜻이지만 해당 지역의 와인과 가벼운 치즈, 말린 고기 등만 있고 따뜻한 음식은 제공하지 않는 곳이 많다.

5 기타

□ 카페 Café

일반적인 커피를 판매하는 곳이란 뜻 외에 프랑스어권에서 '가볍게 식사할 수 있는 음식점'을 지칭할 때가 많다.

□ 카페테리아 Cafeteria

셀프서비스 음식점을 말한다. 전 지역 공통.

GOURMET 2 RACLETTE

라클레트

감자와 치즈가 찰떡궁합

퐁뒤와 함께 양대 산맥을 이루는 스위스 대표 음식. '긁는다'란 뜻의 라클레트는 커다란 원통형 라클레트 치즈를 반으로 잘라 대형 전열기로 절단면을 녹인 후, 전용 도구로 긁어 삶은 감자 위에 부어 먹는 요리다. 가정에선 보통 손바닥만 하게 자른 사각형 치즈를 사용한다. 꼬니숑 오이 피클, 양파 발사믹 절임 등을 잘게 다져 치즈, 감자와 섞어 먹기도 하며, 해외의 스위스 레스토랑에선 현지와 달리 야채나 고기를 함께 내기도 한다. 퐁뒤와 마찬가지로 겨울철에 여럿이 모여 먹는 특별식이다. 퐁뒤보다 특유의 향과 느끼함이 덜해서 우리 입맛에 잘 맞는다.

큰 치즈를 통째로 절단면부터 녹이는 전통적인 방법

납작한 칼 같은 것으로 긁어내는 동작을 라클레트라고 한다.

+ MORE +

음료는 따뜻하게 마셔요

퐁뒤나 라클레트 같은 치즈 요리를 다량 섭취할 땐 화이트 와인이나 따뜻한 차를 곁들이자. 차가운 음료를 마시면 뱃속에서 치즈가 굳어 소화가 잘되지 않을 수 있기 때문이다.

곰손도 할 수 있는 라클레트 만들기

라클레트 치즈만 구할 수 있다면 누구나 쉽게 만들 수 있다. 가정용 라클레트 도구가 없다면 작은 프라이팬도 OK. 단, 반경성 치즈인 라클레트 치즈는 일반 치즈와 맛 자체가 다르기 때문에 다른 치즈로는 대체 불가하다. 라클레트 치즈는 스위스 슈퍼마켓에서 우리나라의 1/3 가격에 판매한다.

◆ 재료(4인분)

❶ 조림용 감자 1kg
❷ 라클레트 치즈 1kg
❸ 발사믹식초 미니 양파 피클(선택)
❹ 영 콘 피클(선택)
❺ 코니숑(달지 않은 미니 오이 피클, 선택)
❻ 베이컨(선택)
❼ 후추

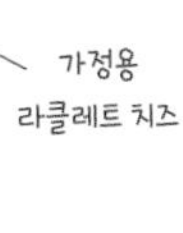

가정용 라클레트 치즈

◆ 만드는 법

❶ 감자를 삶아 그릇에 담아 둔다.
❷ 0.5~0.7cm 정도 슬라이스한 라클레트 치즈를 라클레트 툴(또는 작은 프라이팬)에 넣고 녹인다.
❸ 삶은 감자를 접시에 먹기 좋게 포크로 눌러 부수고, 피클, 구운 베이컨 등을 잘게 잘라 섞는다.
❹ 4분 정도 지나 치즈가 녹으면 감자 위에 치즈를 부어 먹는다.

가정이나 작은 레스토랑에서는 치즈 표면이 그을리도록 불판 아래 넣는다.

감자 위에 치즈를 부어서 먹는다.

치즈
자타공인 세계 최고의 치즈

강우량이 풍부해 풀이 잘 자라는 스위스는 초지 개발에 힘써 낙농업을 발전시켰다. 산 좋고 물 좋은 알프스 초원에서 키운 젖소에서 나온 우유와 치즈가 맛있는 건 당연지사. 2년에 한 번씩 열리는 세계 치즈 대회에서 언제나 1~3위를 석권하며 세계인의 입맛을 사로잡은 스위스 치즈를 알아보자.

깐깐하게 만드는 스위스 4대 치즈

스위스의 지역별 치즈는 원산지와 전통 방식의 제조법 등 국가에서 지정한 기준을 철저히 지켰다는 인증 마크 AOC(Appellation d'Origine Contrôlée), AOP(Appellation d'Origine Protégée)를 받지 못하면 아무리 맛이 똑같다 할지라도 해당 이름을 붙여 판매할 수 없다. 엄격한 기준으로 생산하는 스위스 대표 치즈 4가지는 다음과 같다.

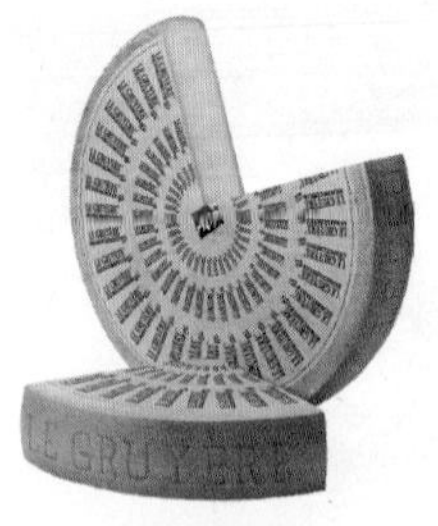

1 그뤼에르
Gruyère

수백 가지가 넘는 스위스 치즈 중 소비량이 가장 많은 국민 치즈. 짭짤하고 구수해서 덩어리째 잘라 파스타나 빵, 샌드위치에 넣어 먹거나 퐁뒤의 주재료로 사용한다. 탄생지는 그뤼에르이지만 인근 마을에서도 전통 방식으로 제조한다. 우리나라의 1/3 가격에 살 수 있다.

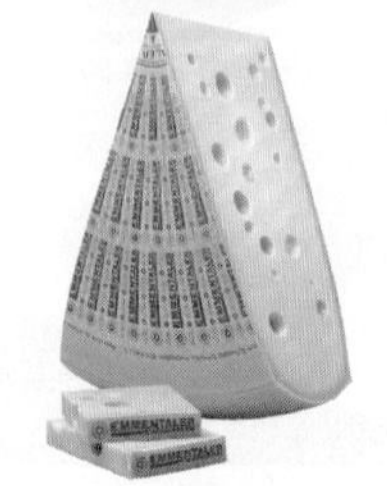

2 에멘탈
Emmentaler

구멍이 뻥뻥 뚫린 모양이 특징인 치즈. 자국 소비량은 그뤼에르의 절반밖에 안 되지만 해외에선 '스위스 치즈'로 불리며 유난히 사랑받는다. 베른 근처의 산간 마을 에멘탈에서 처음 만들어졌으며, 짠맛이 덜하고 고소해 샌드위치 등에 넣어 먹기 좋다. 그뤼에르와 섞어 퐁뒤를 만들기도 한다.

3 아펜첼
Appenzeller

다른 대표 치즈들보다 향과 맛이 강하다. 약간 톡 쏘는 듯한 맛이 나는 이유는 숙성 과정에서 일반 소금물이 아니라 허브가 섞인 소금물을 뿌리기 때문이다. 허브 배합 방식은 아펜첼 마을의 장인들에게만 비밀리에 전수된다.

4 테트 드 무안
Tête de Moine

'수도승의 머리'란 재밌는 이름을 가진 치즈. 물레처럼 생긴 기구인 지롤(Girolle)에 치즈를 끼워 칼날이 달린 손잡이를 돌려 깎아서 먹는다. 이때 깎인 치즈의 위 표면이 중세 시대 수도승의 머리와 비슷하대서 붙은 이름이다. 얇고 쭈글쭈글한 꽃 모양 치즈는 파티 음식 플레이팅 재료로 인기. 그뤼에르와 에멘탈의 중간 정도 되는 경성 치즈로, 쥐라 지역 10여 곳의 공방에서만 만든다. 슈퍼마켓에선 꽃 모양으로 깎아낸 제품을 판매한다.

인기 만점 연성 치즈 2가지

위에 소개한 4대 치즈는 모두 단단한 식감의 경성 치즈이지만 부드러운 식감의 연성 치즈도 스위스 가정집에선 매우 사랑받는다. 그중에서 가장 인기 있는 2가지는 다음과 같다.

1 바슈랭 몽도르
Vacherin Mont-d'Or

전나무 그릇에 담아 먹는 보주 지역 전통 치즈. 겨울철 우유가 부족했던 시절 가을에서 봄까지만 만들던 치즈였는데, 지금도 전통을 따라 9~4월에만 생산한다. 식감이 무척 부드러워서 숟가락으로 그냥 떠먹어도 되지만 오븐에 구워 먹으면 훨씬 더 맛있다. 그릇 바닥을 알루미늄 포일로 감싸고 치즈에 구멍을 낸 다음, 화이트 와인을 살짝 부어 오븐에 넣고 표면이 보글보글 끓을 때까지 5~10분 굽는다. 퐁뒤 치즈와 비슷하지만 그보다 훨씬 부드럽고 향도 무난해서 우리 입맛에 잘 맞는다. 보통 삶은 감자를 찍어 먹는다.

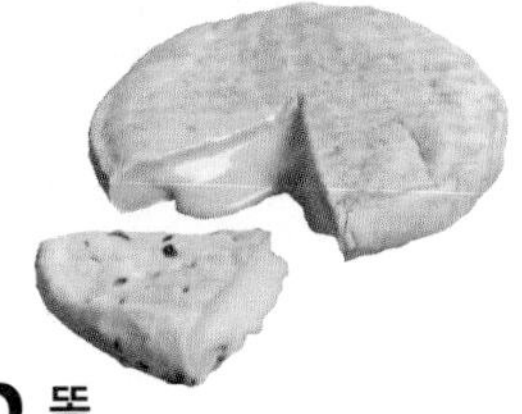

2 똠
Tomme

스위스 서부와 프랑스 알프스 지역에서만 생산되는 치즈. 까망베르와 비슷하게 생겼지만 그보다 납작하고 훨씬 부드럽다. 상온에 뒀던 치즈의 절반을 자르면 안쪽 치즈가 흘러나올 만큼 부드럽다. 큐민이나 트러플, 파프리카, 호두 등을 가미한 다양한 종류가 있지만 일단 풍부한 우유 맛을 느낄 수 있는 플레인 오리지널부터 맛보자. 진한 향을 좋아하지 않는다면 구매 후 되도록 빨리 먹는 것이 관건. 처음엔 순한 맛에 냄새도 별로 안 나는데, 냉장고에서도 발효가 진행돼 향이 점점 강해진다.

+ MORE +

바슈랭 프리부르주아
Vacherin Fribourgeois

바슈랭 몽도르는 퐁뒤의 원료인 바슈랭 프리부르주아와 헷갈릴 수 있는데, 둘은 서로 다른 치즈다.프리부르주에서 생산하는 바슈랭 프리부르주아는 비교적 단단한 반경성 치즈다.

오븐에 구운 바슈랭 몽도르

다양한 맛의 똠 치즈

GOURMET 4

WINE & SPIRITS

술

물이 좋으니 술도 술술~

알프스의 깨끗한 물과 재료로 만든 스위스의 술은 맛이 없으려야 없을 수 없다. 국토 대부분이 산간 지대라는 지형적 단점을 극복하고 방대한 포도밭을 만든 스위스는 다양하고 품질 좋은 와인을 생산한다.

해외에선 없어서 못 마신답니다

스위스 와인

스위스에 가면 놀라는 이유 중 하나가 전국 곳곳에서 볼 수 있는 광대한 포도밭들이다. 평소 우리나라에서 스위스 와인을 맛볼 기회가 없었던 우리에겐 매우 의외의 풍경이다. 1년에 1인당 46병을 마실 정도로 와인 소비량이 어마어마한 스위스는 생산한 와인의 대부분을 자국에서 소비해버리기 때문에 수출하는 일이 드물다. 그러니 와인에 관심이 있다면 스위스 여행 중 와인 시음을 놓치지 말자.

1 화이트 와인 White Wine

제네바 호수 지역이 원산지인 샤슬라(Chasselas) 품종으로 만든 것이 일반적이다. 발레주의 팡당(Fendant)이나 방대한 포도밭으로 유네스코 세계유산에 등재된 라보 지구의 데잘레(Déyaley), 칼라맹(Calamin)에서 샤슬라 품종의 화이트 와인을 생산한다. 이외에 발레주의 실바너(Sylvaner) 품종으로 만든 요하니스베르크(Johannisberg)도 유명하다.

2 레드 와인 Red Wine

티치노주의 메를로(Merlot), 제네바주의 가메(Gamay), 뇌샤텔주의 피노 누아(Pinot Noir) 품종의 와인들이 유명하다. 특히 티치노주에선 와인을 막걸리처럼 사발에 마시는 독특한 경험을 할 수 있다.

다양한 스위스 와인들

3 로제 와인 Rosé Wine

맛은 화이트 와인에 가깝지만 레드 품종으로 만들어 옅은 분홍색이 도는 로제 와인도 소량 생산한다. 피노 누아 품종으로 만드는 오이 드 페르드리(Oeil de Perdrix)가 가장 유명하다.

4 무 드 레쟁 Moût de raisin

9~10월 포도 수확 시기에만 마실 수 있다. 포도주를 만들기 위해 짜낸 과즙으로, 포도 주스라곤 해도 발효가 매우 빨라서 약간의 알코올 성분이 포함돼 있다. 보통 레스토랑에서 시즌 음료로 판매하며, 마을의 작은 유기농 상점에서 병에 담아 팔기도 한다.

5 농 필트레 Non-Filtré

발효 후 포도 찌꺼기를 걸러내지 않은 화이트 와인. 포도 향이 더 욱 진하다. 1·2월 뇌샤텔주에서 소량 생산하기 때문에 뇌샤텔주의 레스토랑이나 주류 전문점에서만 구매할 수 있다.

농 필트레는 찌꺼기를 걸러내지 않아 색이 탁한 것이 특징이다.

이름하여 악마의 술

압생트 Absinthe

쓴 쑥의 일부 성분이 환각을 일으킨다고 알려진 탓에 오랜 세월 '악마의 술'로 불렸다. 스위스 서쪽 발 드 트라베르 지역에서 탄생했으며, 반 고흐가 이 술에 중독돼 귀를 잘랐다고 알려져 더 유명해졌다. 종교인들에겐 악마의 술, 애주가들에겐 '초록 요정'이라 불리면서 100년 넘게 금지됐었다가 2005년 합법화했다. 현재는 유해 성분들을 제거하고 생산되어 스위스의 어떤 바에서든지 흔하게 볼 수 있다. 초록색 또는 갈색의 투명한 술을 물에 타서 마시는데, 물과 닿는 순간 하얗고 불투명하게 변한다. 맛은 아니스를 주원료로 해서 그리스의 우조, 터키의 라키 등과 비슷하다.

바에서 흔히 볼 수 있는 압생트

악마의 술로 금지됐던 시절 포스터

물을 섞은 후의 압생트

독일 못지않은 홉의 맛!

맥주

독일과 국경을 맞대고 있는 스위스에서는 독일인만큼 맥주를 즐겨 마시고 그 종류도 다양하다. 음식점에선 브랜드 생수 한 병보다 생맥주 한 컵이 더 저렴할 정도. 전국에 맥주 양조장 겸 펍도 엄청나게 많이 있으니 현지 수제 맥주를 꼭 맛보자.

■ 바에서 쉽게 맛보는 스위스 맥주

취리히 펠트슐로스헨 Feldschlösschen
제네바(주네브) 카디날 Cardinal
루체른 텔 Tell
이베르동 복서 올드 Boxer Old

■ 지역 한정 맥주

루체른 아이흐호프 Eichhof
리기산 근처 리기 골드 Rigi Gold
바젤 운저 비에르 나투르블론드 Unser Bier Naturblond
인터라켄 루겐브로이 Rugenbräu
아펜첼 로허 폴몬트 Locher Vollmond & 칼비누스 Calvinus
고트하르트 근처 장크트 고트하르트 St Gotthard

인터라켄의 루겐브라우

초콜릿

스위스 초콜릿은 사랑입니다 ♡

스위스는 세계에서 초콜릿을 가장 많이 생산하는 나라 중 하나다. 지금은 초콜릿의 기본이 된 밀크초콜릿도 스위스에서 탄생했다는 사실. 유명 초콜릿 브랜드인 린트(Lindt), 네슬레(Nestlé), 마터호른 봉우리 모양의 토블론(Toblerone) 초콜릿도 모두 스위스 출신이다.

스위스에서 꼭 먹어야 할 초콜릿

슈퍼마켓에 가면 해외 각국으로 수출하는 인기 초콜릿 브랜드 말고 스위스 내에서만 판매하는 것이 있다. 해외에선 찾아보기 어려운 스위스 초콜릿 브랜드는 다음과 같다.

크레망

1 까이에 Cailler

1819년 스위스 최초의 초콜릿 공장을 세운 프랑수아-루이 까이에의 이름을 딴 브랜드. 이전까지 장인들에 의해 소량 생산하던 초콜릿을 공장 자동화를 통해 최초로 대량 생산했다. 현재는 네슬레에 합병됐지만 여전히 마니아 층이 두꺼워서 까이에 라인은 그대로 생산한다. 초콜릿 열차로 방문하는 브록의 초콜릿 공장도 까이에 공장이다. 쉽게 잊히지 않는 진한 향기가 매력적이며, 추천 제품은 기본 다크초콜릿인 크레망(Crémant), 1898년부터 생산된 효자 상품인 헤이즐넛 밀크초콜릿이다.

프랄린 맛의 디저트

헤이즐넛

2 라귀자
Ragusa

20세기 초반 설립한 초콜릿 회사 카미 블록(Camille Bloch)의 대표 초콜릿. 까이에, 슈샤드, 린트, 네슬레, 토블론 등 19세기에 공장을 세운 경쟁 업체들의 후발주자로 뛰어들었지만 1942년 선보인 라귀자 초콜릿이 선풍적인 인기를 끌면서 스위스 현지인이 손가락에 꼽는 초콜릿으로 지금까지 사랑받는다. 라귀자는 프랄린 무스 초콜릿에 헤이즐넛을 듬뿍 넣고 밀크초콜릿 또는 다크 초콜릿으로 코팅한 것. 식감이 매우 부드럽다.

스위스 쇼핑 탐구일기

스위스에서 득템할 수 있는 인기 기념품과 쇼핑 팁이 궁금하다면 이 페이지를 찬찬히 읽어보자.
아무리 스위스 물가가 높다지만 당당하게 'Swiss Made'라고 적힌 몇몇 물건들은 우리나라에서 살 때보다
저렴한 것도 있다. 스위스 귀국 시 면세 한도는 027p 참고.

스위스 대표 브랜드

내가 바로 메이드 인 스위스!

작지만 강한 나라, 스위스. 부족한 천연자원을 극복하고자 발달한 각종 제조업과 꼼꼼한 국민성은 세계적으로 인정받은 질 좋은 제품들을 낳았다. 서로의 의견을 존중하는 다문화 국가인 점을 살려 톡톡 튀는 아이디어로 승부하는 제품들을 살펴보자.

스위스 군용칼
Swiss Army Knife

일명 '맥가이버 칼'로 불리는 다용도 칼. 빅토리녹스사가 1891년 스위스 군대에 납품한 것을 시작으로, 제2차 세계대전 때 미군들 사이에서 '스위스 군용칼'이란 별명을 얻으며 큰 인기를 끌었다. 2005년 경쟁사였던 벵거사가 빅토리녹스사에 합병되면서 지금은 빅토리녹스에서만 출시된다. 기본 칼 외 캠핑용, 원예용, 낚시용, 요리용, 모험가용 등 다양한 용도의 칼이 있으며, 보통 무료로 칼에 이름을 새겨준다. 대도시 직영점은 물론 쇼핑몰과 백화점에 매장이 있으며, 브루넨에 본사 아웃렛(211p)이 있다.

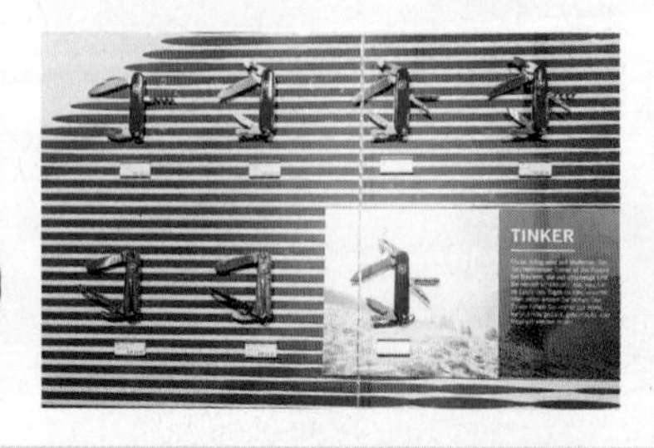

프라이탁
Freitag

그래픽 디자이너였던 프라이탁 형제가 창업한 업사이클링 가방 브랜드. 꽤 고가의 제품이지만 스위스 학생이라면 누구나 하나쯤 갖고 있을 정도로 젊은층에게 사랑받는다. 5년 이상 사용한 트럭 방수포와 안전벨트 등을 재활용해 만드는 가방은 재료의 모양과 색, 크기가 전부 다른 100% 수작업 제품이기 때문에 소비자는 세상에 단 하나뿐인 가방을 갖게 된다. 작은 크기의 가방도 20만 원이 훌쩍 넘지만 재질이 워낙 튼튼해서 오래 사용할 수 있다. 취리히 웨스트에 본점이 있다.

칼리다
Calida

스위스의 자연주의 언더웨어 및 홈웨어 브랜드. 1941년 창립 이래 천연 소재로 만든 고급 속옷이 인기를 끌었다. 1950년대에 선보인 무봉제 심리스 팬티와 특허 출원한 돌돌 말리지 않는 잠옷 허리밴드 등으로 유명하다. 현재도 면, 리넨은 물론 대나무 섬유나 다양한 천연 소재로 만든 홈웨어 라인을 보유하고 있다. 디자인이 심플하고 실용적인 것이 특징이다.

스위스 시계
Swiss Watches

스위스 제품 하면 가장 먼저 떠오르는 것은 역시 시계다. 제네바에 여러 브랜드숍이 몰려 있고 관광지에도 로드숍이나 키르호퍼 같은 시계 및 주얼리 통합 매장 등이 있다. 현지인들 사이에서 최고급 브랜드로 알려진 쇼파드나 파텍 필립을 비롯해 국내에 알려지지 않은 다양한 시계 브랜드가 있으니 제네바 콩페데라시옹 거리를 천천히 둘러보자. 우리나라 매장보다 저렴하다곤 할 수 없으나, 디자인 선택의 폭이 넓고 한정 제품 등을 구매할 수 있다. 300CHF 이상 구매 시 면세 가능.

마무트
Mammut

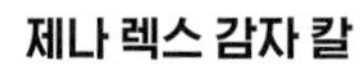

세계적인 등산 국가 스위스에서 1862년 탄생한 명품 아웃도어 브랜드. 보온성과 내구성이 뛰어나서 알프스 눈밭을 굴러도 끄떡없다. 세일 시즌과 면세 혜택을 잘 이용하면 만족스러운 가격에 구매할 수 있다. 등산을 좋아하시는 어르신들께는 최고의 선물.

제나 렉스 감자 칼
Zena Rex Potato Peeler

우리가 흔히 쓰는 가로 형태의 감자 칼은 1947년 스위스인 알프레드 네베체르짤이 발명했다. 칼날 옆에 감자 눈을 제거할 수 있는 작은 고리가 달린 것이 특징. 심플하고 가벼운 알루미늄 재질로, 출시하자마자 널리 알려져 다양한 모방품이 탄생했다. 원조 브랜드는 제나 렉스이지만 2021년 빅토리녹스사가 인수해 현재는 빅토리녹스 매장에서 만나볼 수 있다. 선물하기에 부담 없는 가격도 장점

지그
Sigg

100년 이상의 역사를 자랑하는 스위스 물병 브랜드. 뉴욕 현대미술관에 영구 전시돼 있을 정도로 심플하면서도 독특한 디자인을 자랑한다. 알루미늄 재질이라 가볍고 실용적인 제품. 스포츠를 좋아하는 지인에게 선물하기 그만이다.

우리나라에선 보통
카렌다쉬라고 발음하는데,
프랑스어 발음은
까렌다쉬에 더 가깝다.

까렌다쉬
Caran d'Ache

스위스의 고급 미술용품 브랜드. 1915년 창업해 연필, 만년필, 볼펜, 샤프펜슬, 색연필, 파스텔, 과슈, 잉크, 콩테 등 다양한 문구류와 미술용품을 생산한다. 1999년엔 다이아몬드를 장식한 만년필을 출시해 세상에서 가장 비싼 펜으로 기네스북에 오르기도 했다. 여러 제품 중 수채 색연필이 가장 유명하다.

스위스 화장품
Swiss Cosmetics

스위스는 시계 등의 정밀 산업과 함께 의료, 뷰티 화학 산업도 발달했다. 우리나라에 유통하는 최고급 필러 제품 대부분이 스위스 제품. 선물하기 좋은 뷰디 제품은 우리나라에서 인기 있는 고가 화장품 브랜드 라 프레리와 스위스 퍼펙션으로, 우리나라보다 아주 약간 저렴하다. 300CHF 이상 구매 시 면세 가능하니 구매 시 환급 신청서를 요청하자.

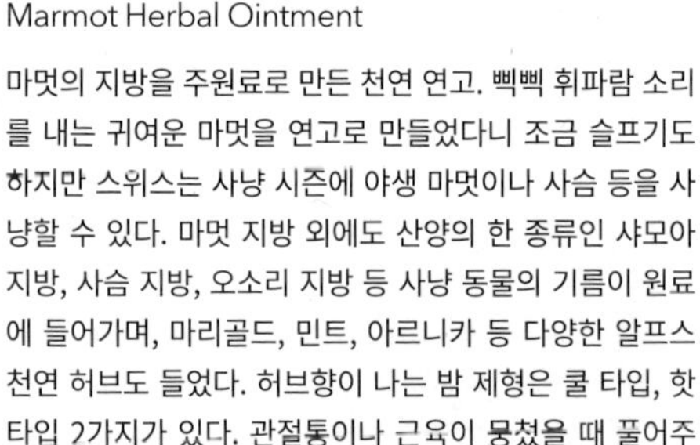
요일장 같은 곳에서 판매한다.

마멋 허브 연고
Marmot Herbal Ointment

마멋의 지방을 주원료로 만든 천연 연고. 삑삑 휘파람 소리를 내는 귀여운 마멋을 연고로 만들었다니 조금 슬프기도 하지만 스위스는 사냥 시즌에 야생 마멋이나 사슴 등을 사냥할 수 있다. 마멋 지방 외에도 산양의 한 종류인 샤모아 지방, 사슴 지방, 오소리 지방 등 사냥 동물의 기름이 원료에 들어가며, 마리골드, 민트, 아르니카 등 다양한 알프스 천연 허브도 들었다. 허브향이 나는 밤 제형은 쿨 타입, 핫 타입 2가지가 있다. 관절통이나 근육이 뭉쳤을 때 풀어주는 용도로 사용한다.

고수가 알려주는

스위스에서 쇼핑 경비 아끼는 방법

1 백화점 & 쇼핑몰 이용하기

기념품 쇼핑은 관광지 기념품점보다 도심의 백화점과 쇼핑몰을 추천한다. 초콜릿, 스위스 칼 등도 관광지보다 제품 선택의 폭이 넓고, 같은 브랜드라 할지라도 약간 더 저렴하다. 스위스의 대표 체인 쇼핑몰은 코옵 시티(Coop City), 엠엠엠 미그로스(MMM mgros), 백화점은 마노르(Manor), 글로뷔스(Globus)다.

2 슈퍼마켓 이용하기

스위스의 대표 슈퍼마켓 체인으로는 코옵(Coop, 매장 수 약 960개)과 미그로스(Migros, 매장 수 약 660개)가 있다. 주요 도시의 기차역이나 그 주변에 있는 매장은 매일 06:00~08:00경에 문을 열고, 20:00~22:00경에 닫는다. 슈퍼마켓 물가는 그리 높지 않으니 부담 없이 들러보자. 그 외 조금 더 저렴한 브랜드만 취급하며 소량·단일 포장제품이 많은 슈퍼마켓 체인 데너(Denner)도 있다.

3 캐주얼 브랜드 이용하기

스위스에 입점한 캐주얼 의류 브랜드는 별로 비싸지 않은 편이다. H&M, Zara 등 패스트패션 브랜드는 우리나라와 비슷하거나 세일 기간엔 더 저렴하기도 하며, 국내에 없는 디자인도 판매한다. 그 외 스위스 패션 브랜드 쉬코레(Chicorée), 탈리 베일(Tally Weijl), 벨기에 패션 브랜드 C&A, 독일 패션 브랜드 뉴요커(NewYorker) 등도 저렴하며, 50~70% 세일도 자주 한다.

체인 쇼핑몰 마노르

저렴한 캐주얼 브랜드 C&A

스위스 전통 기념품

스위스 느낌으로 집안 꾸미기

손재주가 좋고 꼼꼼한 스위스인들이 만든 아기자기한 공예품은 스위스를 기억할 기념품으로 제격이다. 지역마다 문화와 그에 따른 공예품이 달라서 취향별 선택의 폭도 넓다.

목공예품
Wood Crafts

낙농업 말곤 딱히 할 수 있는 게 없던 알프스 산간 지역 사람들은 주변에 널린 나무로 목공예품을 만들기 시작했다. 스위스인 특유의 섬세함과 성실함으로 완성된 목공예품이 유럽 관광객들 사이에서 인기를 끌자 전국에 목공예 장인들이 생겨났다. 기념품점 제일의 효자 상품은 단연 귀여운 젖소 조각품. 조금 더 유니크한 제품을 찾는다면 인터라켄의 우드페커 목공방(248p), 브리엔츠의 후클러 목공예 공방(321p) 등 장인의 공방을 방문해보자.

젖소 종
Cowbells

젖소들이 움직일 때마다 딸랑딸랑 울리는 종소리는 스위스 교외에서 흔히 듣는 평화의 소리다. 젖소 목에 거는 종의 종류는 주먹만 한 것부터 수십 킬로그램에 달하는 것까지 다양한데, 가끔 소 주인이 자기 소의 건강함을 과시한답시고 지나치게 커다란 종을 매달아 동물 애호가들의 빈축을 사기도 한다. 마터호른과 더불어 스위스를 상징하는 기념품으로, 작은 장식품이나 열쇠고리 등으로 다양하게 변형해 판매한다.

오르골
Music box

정밀 산업 강국 스위스에서 오르골은 시계 부속, 자동화 인형 등과 밀접한 관계를 맺고 예술과 결합해 발전해왔다. 소박한 나무 상자에 든 저렴한 제품부터 아름다운 음색을 자랑하는 고가의 작품까지 다양하다. 명품 오르골 브랜드 류즈(Reuge)의 제품은 대도시에 있는 기념품점 하이마트베르크(Heimatwerk)에서, 조뱅(Jobin)의 제품은 브리엔츠의 조뱅 박물관에서 구할 수 있다.

전통 의상
Swiss Traditional Costume

여러 지역이 모인 다문화 국가 스위스는 전통 의상 또한 다양하다. 26개의 칸톤(주)들의 전통 의상은 그 종류만 무려 700가지. 해외에 보편적으로 알려진 스위스 전통 의상은 18세기 것을 모델로 통합해 디자인한 것이다. 칸톤마다 기념품점에서 판매하는 전통 의상 디자인도 조금씩 다른데, 동화 속 옷차림 같아서 아이들에게 특히 잘 어울린다.

SHOPPING
3
SUPERMARKET

슈퍼마켓 추천 간식 & 음료

있을 때 쟁여볼까?

스위스 슈퍼마켓에선 해외에서 가격이 2~3배로 뛰는 'Swiss Made' 제품을 사거나, 스위스 내에서만 판매하는 제품들을 사는 게 이득이다. 슈퍼마켓 쇼핑에 나설 땐 아래 리스트를 참고하자.

뫼벤픽 아이스크림
Mövenpick Ice Cream

스위스 아이스크림 브랜드의 자존심. 1948년 레스토랑 사업으로 시작한 뫼뵌픽사가 레스토랑 공급용으로 만든 것으로, 신선한 우유와 천연 재료를 첨기한 자연주의 아이스크림이나. 2003년 네슬레사가 인수한 후로 네슬레사의 고급 아이스크림 서브 브랜드로 생산되고 있다. 슈퍼마켓이나 레스토랑에서 쉽게 맛볼 수 있다.

리벨라
Rivella

스위스의 대표 탄산음료. 에너지 음료와 박카스의 중간 정도 맛인 투명한 갈색 음료로, 전국 슈퍼마켓과 레스토랑에서 맛볼 수 있다. 치즈를 만들고 남은 유청에 탄산을 섞은 것인데, 맛이나 색깔만 봐서는 우유가 원료라고 짐작하기 어렵다. 당도가 높은 빨간색 라벨과 일반적인 파란색 라벨 등이 있다.

리무스
Rimuss

어린이용 무알코올 샴페인. 달콤한 포도 주스에 탄산을 가미한 것으로, 스위스인들은 식사나 파티 때 어린이들도 함께 건배할 수 있도록 와인잔에 이 음료를 따라준다. 100% 포도 주스를 이용하고 당도가 낮은 것도 있어서 어른 입맛에도 잘 맞는 편. 스위스 식사에 초대받았는데 술을 잘 마시지 못한다면 리무스 한 병을 갖고 가는 것도 좋은 방법이다.

캄블리
Kambly

스위스의 대표 과자 브랜드. 1910년 베른주 에멘탈 지역에서 탄생했다. 얇고 납작한 비스킷인 브렛츨리(Bretzeli)를 구워 팔던 작은 가게가 큰 인기를 끌면서 유명 과자 기업으로 성장했다. 브렛츨리를 비롯한 대표 상품은 아몬드 슬라이스가 고소한 버터플라이, 초콜릿과 캐러멜이 조화로운 만델캐러멜, 비스킷 위에 마터호른 모양 초콜릿을 올린 마터호른, 고래밥의 원조로 알려진 골드피시 등이다.

메르베이유
Merveille

스위스 프랑스어권 지역에서 즐겨 먹는 프랑스 전통 과자. 밀가루 반죽을 튀겨 아이싱 슈가를 뿌린 것으로, 타래과와 맛이 비슷하다. 프랑스에선 마름모꼴이나 사각형으로 두껍게 튀기지만 스위스에선 얇은 판 모양으로 튀겨 매우 바삭하다. 14세기 초 바젤에 첫 기록이 남아 있는데, 이미 그 이전에 프랑스에서 건너왔으리라 여겨진다. 겨울철 카니발 때 먹던 과자로, 늦가을부터 늦봄까지 대부분 슈퍼마켓에서 판다.

리콜라
Ricola

알프스산 허브 제품으로 유명한 브랜드. 아로마 오일, 화장품, 차, 비누, 소금 등 다양한 허브 제품이 있는데, 그중 가장 부담 없이 스위스 허브를 즐길 수 있는 제품은 리콜라 사탕이다. 16가지 유기농 허브를 원료로 만들기 때문에 목감기에 걸렸을 때 효과적이다.

스위스 초콜릿
Swiss Chocolate

초콜릿의 선택지가 스위스만큼 다양한 나라도 없을 것이다. 린트, 토블론, 까이에, 라귀자, 프레이 등 대표 브랜드부터 슈퍼마켓에서 파는 중소 브랜드 제품들까지 퀄리티가 무척 뛰어나다. 지역마다 손꼽히는 수제 초콜릿 가게의 본점과 분점도 많은데, 전투적으로 지점을 늘리는 래더라흐(Läderach)와 오랜 전통의 파바르제(Favarger), 슈프륑글리(Sprüngli) 등이 대표적이다. 수제 초콜릿은 보관 기간이 짧으니 선물용으론 슈퍼마켓 판매 제품을 추천.

초콜릿 퐁뒤 세트
Chocolate Fondue Sets

누구에게나 환영받는 스위스다운 아이템. 조그만 사기 냄비와 받침대, 초, 긴 포크, 개인 접시 등이 세트로 돼 있어 집에서도 초콜릿 퐁뒤를 간편히 즐길 수 있다. 주방용품점이나 팬시점, 백화점 그릇 코너 등에서 판매하고 가격도 부담 없다. 두툼한 스위스 초콜릿 한 덩어리와 함께 선물하면 센스 만점.

스위스 와인
Swiss Wine

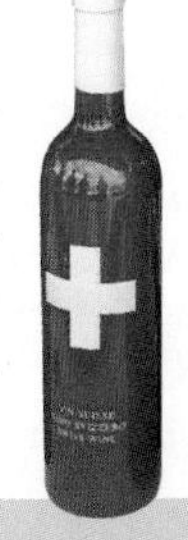

스위스 와인은 전체 생산량의 2%가량만 수출하기 때문에 해외에서 매우 귀한 대접을 받는다. 특히 라보 지역산 샤슬라 화이트 와인은 와인 마니아에게 둘도 없는 선물. 구매 시 주류 면세 범위(1병당 1L 이하, US$400 이하, 총 2병 이하)에 주의하자.

이 정도는 알고 가자!

스위스 잡학사전

About Switzerland

전압 및 플러그:
변환 어댑터 챙기기

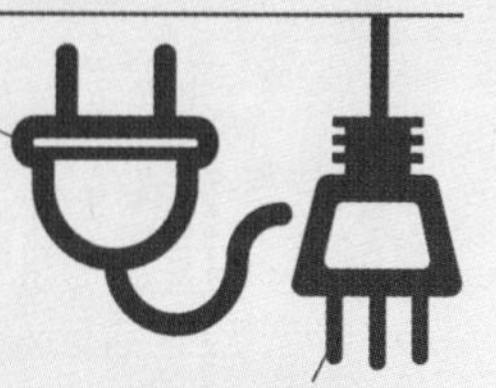

220V 50Hz

전압은 220V, 50Hz로 우리나라 가전제품과 호환된다. 플러그는 C타입과 J타입 2가지를 사용한다. C타입(직경 4mm)은 얼핏 우리나라의 F타입 플러그(직경 4.8mm)와 비슷해 보이지만 굵기가 더 가늘어서 우리나라 제품은 어댑터 없이 스위스 콘센트에 들어가지 않는다. 반대로 C타입의 스위스 제품은 우리나라 콘센트에 살짝 헐렁해도 어댑터 없이 들어간다(J타입 제외). 지역 기차를 제외하고 도시 간 이동이 가능한 기차에도 전원 플러그가 있는데, 우리나라 제품은 어댑터가 필요하다.

스위스 콘센트. 구멍이 살짝 가늘어서 우리나라 제품은 들어가지 않는다.

시차:
아침형 인간으로 거듭나기

-7 시간

스위스는 서머타임을 시행해서 우리보다 여름철(3월 마지막 일요일~10월 마지막 일요일)엔 7시간, 겨울철(10월 말~3월 말)엔 8시간 늦다. 덕분에 스위스에 도착하면 초저녁부터 졸리고 꼭두새벽에 일어나게 된다.

통화 & 환율:
유로 아니고 스위스 프랑

1CHF≒ **1580**원

(2024년 9월 현재 매매기준율)

통화의 단위는 스위스 프랑(Swiss Franc)이며, CHF 또는 Sfr로 표시한다.

스위스의 공휴일

새해 연휴	1월 1~2일
부활절 연휴	3월 또는 4월 금요일과 월요일(매년 바뀜)
예수 승천일	부활절로부터 40일 후 목요일(매년 바뀜)
건국 기념일	8월 1일
크리스마스 연휴	12월 25~26일

*칸톤에 따라 추가 공휴일이 있다.

도량형 단위:
우리나라와 동일

미터(m), 그램(g), 리터(L)로 표기한다.

건물 층수 & 엘리베이터:
1층이 1층이 아닌 나라

스위스는 유럽의 많은 나라들처럼 1층이 우리나라에서의 2층이다. 바닥(0층)에서 한 층 올라갔다는 뜻이기 때문. 우리가 말하는 1층은 스위스에서 0이나 R 또는 G로 표시한다. 참고로 스위스의 엘리베이터 문은 자동이 아니고 직접 밀거나 당겨서 여닫는 방식이 많다. 엘리베이터가 도착했는데 문이 열리지 않는다면 조심스럽게 밀거나 당겨보자.

-1 0 1 2 3

날짜 표기:
우리나라의 역순

보통 일, 월, 연도순으로 표기하며, 간혹 월, 일, 연도순으로 표기하기도 한다.

2024년 10월 1일 =
01/10/2024

국가번호:
국제전화 코드

한국에서 전화하거나 스위스에서 한국 로밍폰 사용 시 반드시 입력한다.

41

인터넷:
유심, 이심, 포켓 와이파이

➡ 유심(심카드)
데이터 이용은 로밍보다 현지 선불 심카드를 구매하는 것이 더 저렴하다. 공항에 있는 솔트(Salt), 스위스컴(Swisscom), 선라이즈(Sunrise) 등의 통신사에서 선불 심카드를 구매할 수 있다.

➡ 이심
이심(eSIM)카드가 내장된 스마트폰을 갖고 있다면 스위스에서 데이터 사용이 가능한 이심카드를 구매하자. 별도의 심카드를 삽입하지 않고 QR코드 스캔만으로 설정이 가능해 편리하다. 본인의 스마트폰이 이심을 지원하는지 간단히 확인하려면 키패드에 *#06#을 입력해보자. EID(eSIM ID)와 2개의 IMEI(단말기고유식별번호)가 나온다면 이심 지원 기종이다.

➡ 포켓 와이파이
현지에서 한 회선으로 10명까지 공유할 수 있는 포켓 와이파이를 대여할 수 있다. 우리나라보다 대여료가 비싸지만 사전에 준비하지 못했을 때 유용하다. 취리히·제네바공항을 비롯해 관광안내소, 우체국 등에서 빌릴 수 있다. 사용 후엔 빌린 곳뿐 아니라 타 도시의 우체국이나 우체통, 관광안내소에도 반납할 수 있다.

WEB travelerswifi.com

유용한 스마트폰 앱 & 웹사이트

➡ iOS & 안드로이드 공통 앱

❶ 스위스 연방 철도 **SBB Mobile**(모든 교통편 티켓 판매)
❷ 하이킹 코스, 자전거 도로, 산악자전거 코스 지도 **Switzerland Mobility**
❸ 스위스 정부 공식 지도 **Swisstopo**
❹ 스위스 오프라인 지도 **Map of Switzerland offline**
❺ 스위스 기상청 일기예보 **Meteoswiss**
❻ 스위스 눈 예보 **Swiss Snow**
❼ 스위스 공원 앱 **Swiss Parks App**
❽ 스위스 국립공원 **Swiss National Park**

➡ iOS 전용 앱

❾ GPS 위치 추적 **GPS-Tracks**

➡ 웹사이트

- 스위스 관광청 myswitzerland.com/ko
- 스위스 연방 철도 sbb.ch/en

*일반 열차 외 산악열차, 파노라마 특급열차, 시내버스, 포스트 버스(시외버스), 곤돌라, 유람선 등 스위스 모든 대중교통의 운행 시간표와 요금 정보 확인, 스위스 트래블 패스가 없는 경우 구간권 탑승권 구매 가능

스위스를 뜻하는 5번째 국명

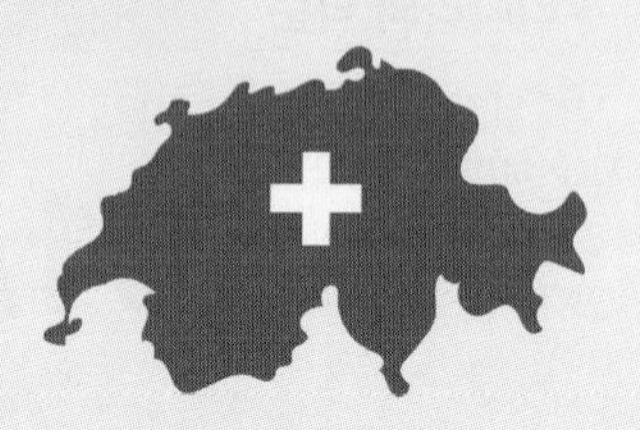

스위스는 4개의 공용어별 국명 외에 또 하나의 국명을 갖고 있다. 스위스란 명칭은 스위스가 최초로 건국된 슈비츠주(Schwyz)에서 따온 것인데, 나중에 연합한 주들로부터 불공평하다는 여론이 생기자 로마 시대 이전 이 지역에 이주했던 켈트족 헬베티(Helvetii)의 이름을 따서 '헬베티카 연방'을 뜻하는 콩포에데라쇼 헬베티카(Confoederatio Helvetica, CH)가 해결책으로 제시되었다. 이후 지금까지 스위스를 시적으로 표현할 때나 국가 코드, 홈페이지 주소 같이 약자로 표현할 때 이 명칭을 이용한다. 폰트 디자인 역사에 한 획을 그은 스위스의 대표 폰트, 헬베티카도 여기서 유래했다.

스위스의 약자는 S가 아닌 CH

스위스 여행 정보를 검색하다 보면 대부분 스위스의 홈페이지 주소가 .ch로 끝나는 것을 볼 수 있다. 이 밖에도 여권이나 자동차 번호판, 유럽 연합 마크, 화폐 단위 등 스위스의 공식적인 약자는 모두 CH. 스위스의 공용어별 국명은 전부 S로 시작하고, 영어 표기 또한 스위철랜드(Switzerland)인데도 스위스의 약자가 S가 아닌 CH인 이유는 바로 5번째 국명인 콩포에데라쇼 헬베티카의 약자가 CH이기 때문이다.

스위스 여권.
나라 이름이 4개 언어로
쓰여있다.

스위스의 공용어별 국명

- **독일어** 슈바이츠(Schweiz)
- **프랑스어** 스위스(Suisse)
- **이탈리아어** 스비체라(Svizzera)
- **로망슈어** 스비즈라(Svizra)

스위스의 수도는 나야 나!

스위스의 수도는 취리히도, 제네바도 아닌 베른이다. 1848년 현대적인 연방 정부가 생기면서 유구한 역사의 도시 베른이 수도로 지정됐고, 지금까지 이어져 오고 있다.

베른 연방 의사당

스위스의 국어는 스위스어가 아니다

스위스는 여러 개의 작은 도시와 지역들이 연합해 생겨났기 때문에 독일어(66%), 프랑스어(24%), 이탈리아어(9%), 로망슈어(1%) 총 4개의 공용어를 사용한다. 그렇다고 스위스 국민들이 전부 4개 국어를 구사하는 것은 아니고, 각자의 언어에 해당하는 지역을 벗어나면 같은 나라 사람일지라도 보통 영어로 대화한다. 덕분에 어딜 가나 영어가 비교적 잘 통하는 편. 또한, 지역별로 문화를 잘 보존하고 있기 때문에 외국인 관광객은 한 나라를 여행하면서 4개국어를 체험할 수 있다는 게 장점이다.

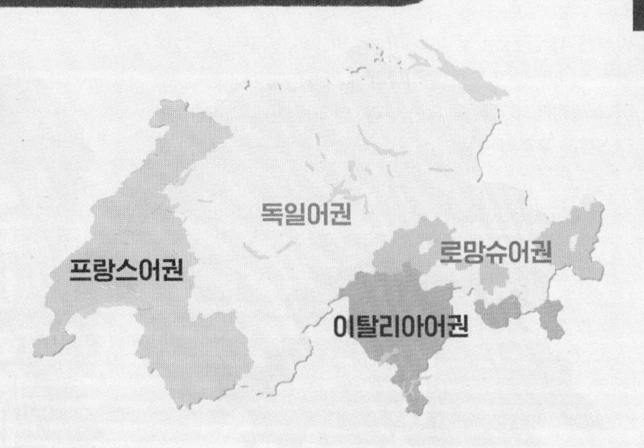

누구의 편도 아닌 영세중립국

제네바의 UN 유럽본부(팔레 데 나시옹)

바티칸의 스위스 용병

스위스는 13세기 신성로마제국의 합스부르크가가 과하게 세금을 부과하자 이에 대항한 3개의 주가 연합해 세운 나라다. 주변의 큰 세력들은 이들을 가만두지 않고 계속 침공했지만 놀랍게도 작은 스위스 연합은 승리를 이어갔고 가입 주까지 늘리면서 세력을 확장했다. 그러나 밀라노까지 진출하며 승승장구했던 스위스 연합은 결국 1515년 프랑스+베네치아 연합군에 대패했고, 이때부터 스위스는 평화를 갈망하는 국민의 염원을 수용해 중립 노선을 걷기로 한다. 그 후에도 몇 번의 침공과 내부 위기가 있었으나, 스위스는 1815년 비엔나 회의에서 중립을 공식화하고 지금에 이르렀다. 당시 스위스를 승리로 이끌었던 용맹한 군인들은 국가의 중립화 선언 후 현재까지 해외에는 바티칸 등 중립 지역에 용병으로만 파견되고 있으며, 어떤 국제 정치 노선에도 참여하지 않고 있다. 영화 <공동경비구역 JSA>에 나왔듯이 스위스군은 중립국감독위원회 자격으로 판문점에도 상주하고 있다.

합리적인 의무 복무제

주변 강대국들 사이에서 중립을 지키려면 국력이 강해야 하므로, 스위스도 우리나라처럼 의무 복무제를 시행한다. 모든 성인 남성은 주말을 제외하고 총 300일을 복무해야 하는데, 18세 이후부터 한 번에 300일을 연속 복무하거나, 처음 4개월을 복무한 후 이듬해부터 매년 3주씩 입대해 날짜를 채우는 방식 중에 선택할 수 있다. 매년 3주씩 나눠서 복무할 경우 직장인은 군대에 있는 3주 동안 80%의 월급을 지급받는다. 연속 복무해도 주말에는 집에서 쉴 수 있다.

작지만 살기 좋은 나라

면적은 41,285km²로 우리나라의 약 2/5, 인구는 2022년 기준 약 880만 명으로 우리나라의 약 1/6에 불과하다. 그러나 세계에서 가장 부유한 나라, 살기 좋은 나라 TOP10 리스트에 꾸준히 오른다.

41,285km²
약 **880**만 명

100,340km²
약 **5,170**만 명

알고 보면 유럽의 중심

스위스 사람들은 당당하게 스위스가 유럽의 중심이라고 말한다. 중립국이기에 유럽 연합에 가입돼 있진 않지만 중부 유럽이란 지리적 요건으로 보면 그리 틀린 말은 아니다. 스위스는 북쪽은 독일, 남쪽은 이탈리아, 서쪽은 프랑스, 동쪽은 오스트리아가 자리 잡고 있다. 참고로 주변 국가들에 둘러싸인 내륙 지방인 탓에 수산물 가격이 특히 비싸다.

IRELAND
UNITED KINGDOM
NETHERLANDS
POLAND
BELGIUM
GERMANY
LUXEMBOURG
CZECHIA
SLOVAKIA
LIECHTENSTEIN
FRANCE
AUSTRIA
HUNGARY
SWITZERLAND
SLOVENIA
CROATIA
PORTUGAL
ITALY
SPAIN

종교개혁의 중심지

종교개혁을 주도했던 기욤 파렐, 장 칼뱅, 테오도르 드 베즈, 존 녹스의 석상(제네바)

취리히의 츠빙글리, 제네바의 칼뱅을 주축으로 종교개혁을 주도한 스위스에서 종교 이야기를 빼놓을 수 없다. 역사적으로 보면 개신교가 우세할 것 같지만 20세기 들어 다시 로마 가톨릭이 자리를 잡아 현재는 가톨릭이 전체 인구의 42%, 개신교가 35%를 차지한다. 그러나 교회에 가지 않고 마음으로만 믿는 사람이 대부분. 작은 마을의 교회나 성당들은 출석 인원이 적어서 마을별로 돌아가며 예배나 미사를 연다. 무교는 12% 정도이며, 나머지 11%는 외국인이 많이 유입되면서 함께 들어온 이슬람교, 불교 등이다.

스위스 은행의 비밀금고

베른에 있는 국립 스위스 은행

스위스 은행과 비밀금고는 범죄 영화의 단골 소재다. 이름 없이 번호만으로 이루어진 스위스 은행의 비밀금고는 본인이 아니면 손댈 수 없고 어떤 이유로든 정보를 공개하지 않는다는 계좌 비밀주의를 고수해서 과거 전 세계의 검은돈이 몰려들었는데, 제2차 세계대전 때 사망한 나치나 유대인의 재산을 영구 보관한 것으로 악명을 떨치기도 했다.

그러나 이러한 검은돈과 돈세탁이 문제가 되면서 각국 정부와 국제기구에서 압력을 넣었고, 현재는 법이 개정돼 이전처럼 비밀 유지를 고수하지 않는다. 금융실명제가 도입되고 우리나라를 포함한 여러 나라들과 조세 계약도 맺었기 때문에 국세청에서 요청 시 스위스 은행은 계좌 정보를 공개해야 한다. 그리고 2018년부터는 EU와도 합의해 비밀주의를 폐지했다.

반려동물과 여행하기 좋은 나라

도시와 마을 곳곳에 설치된 반려동물 배설물 쓰레기통. 쓰레기통 옆에 비닐봉지도 준비돼 있다.

반려동물을 가족으로 인정하는 스위스에선 카페나 레스토랑 테라스석은 물론 대부분 호텔에도 반려견을 데리고 갈 수 있다. 또 야외 콘서트나 페스티벌, 박물관, 버스나 기차 이용 시엔 반려견도 어린이 요금을 내고 당당히 들어온다. 대신 반려견이 주변에 해를 끼치지 않도록 견주는 반드시 일정 시간 교육을 받아야 하며, 개들도 의무화된 산책에 익숙해 길에서 마주친 사람을 무작정 공격하지 않는다. 또한, 거리 곳곳에 반려동물 배설물 전용 쓰레기통과 비닐봉지가 있고, 반려견이 공공장소에서 실례를 하면 벌금을 무는 등 위생 관리도 철저히 한다.

또한 스위스엔 반려묘를 기르는 인구가 압도적으로 많다. 낮엔 바깥을 자유롭게 돌아다니게 놔두기 때문에 길에서 마주치는 고양이들도 대개 주인이 있다. 따라서 집주인과 한집에서 머무는 민박을 이용한다면 집주인보다 반려묘가 먼저 나와 반길 때가 많다. 반려묘들은 대부분 살갑지만 동물 알레르기가 있거나 동물이 있는 민박집을 원치 않는다면 미리 꼭 확인하자. 안내 문구가 없어도 스위스 민박집에는 고양이가 있는 경우가 다반사다.

정원에서 손님을 감시하는 고양이

여자 혼자 여행해도 안전한 나라

스위스의 치안은 타 유럽 국가보다 안전한 편이다. 취리히나 제네바 등 대도시나 관광객이 많은 지역에도 소매치기는 거의 없다. 하지만 만약의 경우에 대비해 현금과 귀중품은 가방 안쪽 깊숙이 보관하자. 로잔이나 제네바 등 프랑스 국경 지대는 집시들이 넘어와 소매치기한다는 소문도 있기 때문에 어느 정도 주의가 필요하다. 밤 문화도 부담 없이 즐길 수 있지만 마약류의 통제가 우리나라보다 느슨한 편이니 모르는 사람이 주는 음료는 받지 말자.

취리히 & 바젤 지역
Zürich & Basel Region

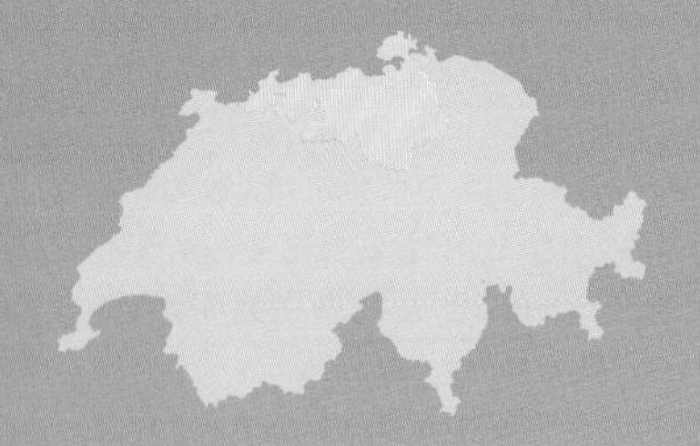

Zürich · Basel
Stein am Rhein

ZÜRICH

• 취리히 •

스위스 제1의 도시 취리히는 찬란한 중세 구시가 풍경을 고스란히 간직하고 있으면서도 글로벌 금융도시다운 세련된 디자인의 건물들이 우뚝 서 있고, 자유로운 영혼들의 핫플레이스까지 뒤섞여 있어서 무엇 하나로 규정할 수 없는 다채로운 매력을 발산한다. 바다만큼 커다란 취리히 호숫가에서 여유를 즐기고, 아인슈타인과 레닌이 즐겨 찾았던 카페에서 커피를 마신 후 옛 조선소나 공장을 개조한 취리히 웨스트의 클럽에서 밤을 불태우자. 20세기 초 세상을 뒤흔든 예술 운동 다다이즘의 발상지에서 내 취향에 맞는 박물관과 갤러리를 둘러보고, 샤갈의 장미창이 있는 우아한 성당에서 영혼의 휴식을 취하는 일도 빼놓을 수 없다. 쇼핑을 즐긴다면 스위스 최대 규모의 쇼핑몰과 쇼핑 스트리트에도 주목!

- **칸톤** 취리히 Zürich
- **언어** 독일어
- **해발고도** 408m

취리히 칸톤기

취리히 도시 문장기

Get in & Get out

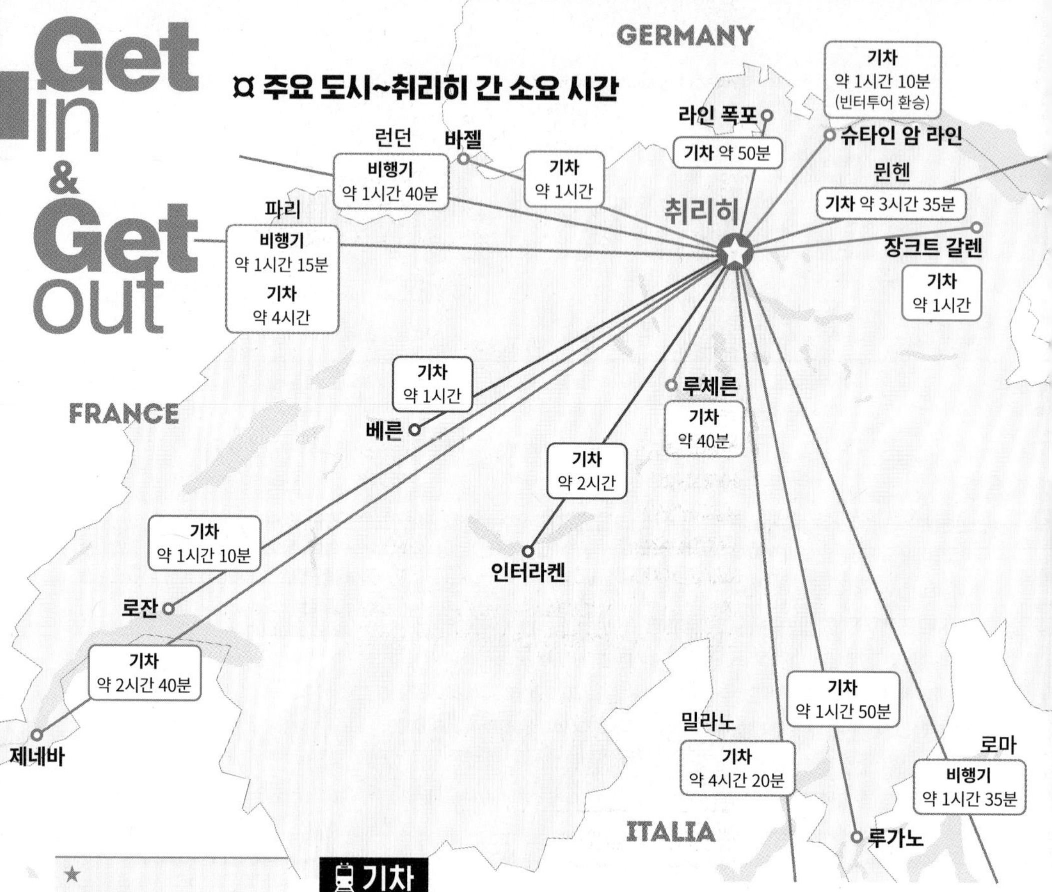

★

취리히 중앙역

GOOGLE MAPS 9GHR+44 취리히
ADD Bahnhofplatz, 8001 Zürich
TEL +41(0)51 222 27 11
WEB sbb.ch/en(기차 시간표 확인)

★

관광안내소

GOOGLE MAPS 9GHR+59 취리히
ACCESS 취리히 중앙역 1층
ADD Hauptbahnhof, 8001 Zürich
OPEN 5~10월 08:00~20:30 (일 08:30~18:30), 11~4월 08:30~19:00(일 09:00~18:00)
TEL +41(0)44 215 40 00
WEB zuerich.com

중앙역 공중에 매달려 있는 니키 드 생팔의 <천사>

기차

취리히 중앙역은 스위스 대중교통의 허브로, 스위스의 모든 대도시와 쉽게 연결된다. 주변 유럽 국가에서도 직행열차가 운행한다.

취리히 중앙역 Zürich HB(Hauptbahnhof)

스위스에서 가장 큰 역. 약 160개의 상점이 입점한 대형 쇼핑몰을 겸하며, 크리스마스 마켓(164p)을 비롯해 다양한 행사도 열린다. 티켓 창구에서 환전 가능. 1층에 관광안내소, 짐 배송 서비스, 분실물 보관소, 자전거 대여소 등이 있고, 지하에 화장실과 코인 로커가 있다. 무료 와이파이(SBB-FREE) 사용 가능.
역에서 시내와 구시가로 가려면 승강장을 등지고 오른쪽(3번 승강장 옆) 반호프 광장(Bahnhofplatz)으로, 스위스 국립박물관에 가려면 왼쪽(18번 승강장 옆)으로 나간다. 시간이 없어서 빠른 시간 내에 취리히 시내를 돌아보고 싶다면 반호프 광장 또는 반호프 거리에서 트램을 이용하는 것이 가장 편리하다. 기차역 정문에서 일직선으로 뻗어 있는 반호프 거리(Bahnhofstrasse, 161p)는 취리히의 메인 스트리트로, 쇼핑을 즐기며 길 끝까지 가면 취리히 호수와 뷔르클리 광장(149p)이 나온다.

취리히 중앙역 정문. 19세기 스위스의 정치가이자 사업가인 알프레드 에셔 동상이 반호프 거리를 지켜보고 있다.

비행기

스위스의 간판 국제공항인 취리히국제공항은 취리히 중심에서 북쪽으로 약 10km 떨어져 있다. 전 세계 주요 항공사는 물론, 유럽 내 저비용 항공사들도 대부분 취항하니 유럽 여러 나라를 여행할 계획이라면 사전 프로모션을 눈여겨보자. 유럽 내에서 이동할 경우 비행기가 기차보다 저렴할 때도 많다. 2024년 4월경 대한항공이 직항 노선을 재개하고, 5월경 스위스국제항공이 인천국제공항에 신규 취항할 예정이다.
취리히국제공항은 스위스 최대 규모의 공항답게 2개의 터미널로 이루어져 있다. 또한 비행기가 우아하게 이착륙하는 모습을 관찰할 수 있는 이착륙 전망대를 비롯해 입국장 면세점, 컨센션 센터, 코옵·미그로스 슈퍼마켓, 레스토랑, 대규모 쇼핑센터까지 갖춰 입국 후나 출국 전에 쇼핑을 하기에도 좋다. 자세한 입국 방법은 037p 참고.

★
취리히국제공항
Flughafen Zürich

GOOGLE MAPS FH62+M8 Kloten
WEB flughafen-zuerich.ch

- **이착륙 전망대**
  Observation Deck B

ADD 체크인 2 라운지 옆
OPEN 10:00~18:00(겨울철 ~17:00)
PRICE 5CHF, 10~15세 2CHF, 10세 미만 무료

공항에서 시내 가는 법

공항을 나오면 취리히 시내 및 스위스 전역으로 가는 기차역과 바로 연결된다. 취리히 시내까지 S-Bahn, IR, RE, IC 등의 열차로 약 10분 소요된다(2등석 7CHF, 1등석 11.60CHF). 그 외 베른, 제네바, 로잔, 인터라켄(오스트역), 장크트 갈렌 등 스위스 주요 도시까지 직행편이 운행하며, 독일 뮌헨까지 고속열차로 약 3시간 25분 소요된다. 티켓은 공항을 나와 'Bahn/Train' 표지판을 따라 기차 승강장(지하 2층)으로 내려가기 전 에스컬레이터 근처에 있는 자동판매기나 SBB 스마트폰 앱에서 구매한다. 스위스 트래블 패스를 소지하고 있고 도착일이 패스 개시일이라면 별다른 절차 없이 패스를 들고 열차에 탑승하면 된다. 열차 안에서 검표를 할 때도 있고, 안 할 때도 있다.
렌터카 이용 시 이동 거리는 약 10km이며, 15분 정도 소요된다. 택시 요금은 대략 50~60CHF. 취리히 내 호텔에서 무료 셔틀을 운영하는 곳도 많으니 사전에 문의하자.

취리히공항 기차역

★
취리히공항 무료 와이파이
'Zurich Airport' 네트워크 선택 후 자동으로 열리는 인터넷 창에 스마트폰 번호(+82 포함)를 입력하면 문자 메시지로 접속 코드를 전송해준다.

국제 고속버스

국제 고속버스를 이용하면 독일, 이탈리아, 프랑스, 스페인, 폴란드, 러시아, 크로아티아 등 유럽 여러 나라에서 비교적 저렴한 가격으로 오갈 수 있다.

★
중앙 버스 터미널
Sihlquai Bus Terminal

GOOGLE MAPS 9GJP+7V 취리히
ADD Bus-Parkplatz Sihlquai, Ausstellungsstrasse 15, 8005 Zürich
WEB **IC버스** int.bahn.de/en
플릭스버스 flixbus.com

차량

취리히 시내는 교통체증도 있고 주차료도 매우 높기 때문에 대중교통과 도보로 이동하는 게 편리하다. 불법 주차 단속도 엄격하니(벌금 40CHF~) 반드시 지정된 주차장을 이용할 것. 스위스 제1의 도시답게 타 도시와 고속도로로 잘 연결돼 있어서 도시 간 이동이 편리하다.

- **주요 도시에서 취리히까지 소요 시간**

베른	약 1시간 30분(125km/1번 고속도로, 32번 국도)
바젤	약 1시간 10분 소요(88km/1번, 3번 고속도로)
루체른	약 45분 소요(52km/2번, 3번, 4번, 14번 고속도로)
인터라켄	약 1시간 40분(120km/2번, 3번, 4번, 8번, 14번 고속도로)

★
공공 주차장
아래 홈페이지에서 취리히 시내 공공 주차장 위치와 빈자리를 확인할 수 있다.
WEB parkingzuerich.ch/parkhaeuser-liste

Get around & Travel tips

트램, 버스, 트롤리 버스

보행자와 트램만 다닐 수 있는 반호프 거리

취리히 시내의 주요 관광지는 전부 걸어 다닐 수 있어서 대중교통을 이용할 일이 별로 없다. 취리히 호숫가까지 바로 가거나 취리히 웨스트, 르 코르뷔지에 센터 등에 갈 때 트램이나 버스(또는 트롤리 버스)를 이용한다. 스위스의 도시는 구간(Zone)을 나누어 대중교통 요금을 적용하는데, 취리히의 볼거리는 모두 110 Zone에 속해 있다. 자동판매기나 운전기사에게 구매한 티켓으로 모든 대중교통 이용 가능. 티켓은 30분 내 4정거장 이용권(2.80CHF), 두 구역 1시간권(4.60CHF), 두 구역 24시간권(9.20CHF) 등이 있다. 스위스 트래블 패스 소지자는 무료.

★

트롤리 버스란?

버스의 일종. 트램처럼 차체 윗면을 전기선과 연결해 동력을 공급받지만 일반 버스처럼 바퀴가 있어서 지면에 레일은 필요하지 않다.

무료 자전거

복잡한 도시 취리히에서 자전거는 매우 효율적인 이동 수단이다. 역 앞 대여소에서 자전거를 무료로 대여할 수 있다. 신분증과 보증금(20CHF)을 맡기면 하루 종일 무제한 사용할 수 있고, 하루가 지나면 1일 대여료(10CHF)가 청구된다. 단, 전기 자전거는 유료다(1일 30CHF, 온라인 예약).

★

무료 자전거

GOOGLE MAPS 9GGP+Q5 취리히
ADD Kasernenstrasse 100, 8004 Zurich
OPEN 08:00~21:30
WEB zuerich.com/en/visit/sport/zurich-rollt
전기 자전거 예약: portal.wy.by/lessors/aoz#/home

공공 자전거

무료 자전거를 대여할 수 없을 경우엔 저렴한 공공 자전거를 이용할 수 있다. 공공 자전거 대여 앱인 퍼블리바이크(Publibike)를 다운받고 신용카드를 등록한 후 지도에 표시된 무인 스테이션으로 이동, 블루투스로 자전거 잠금을 해제하고 이용 후 가까운 스테이션에 셀프 반납한다.

★

공공 자전거

OPEN 24시간
WEB publibike.ch

: WRITER'S PICK :

취리히 카드 Zurich Card

대중교통 및 공공자전거, 취리시에 있는 모든 박물관, 리마트 호수의 짧은 구간 유람선 이용권까지 포함된 카드. 스위스 트래블 패스가 없고 박물관을 방문할 계획이 있다면 대중교통 패스 1일권보다 이득이다. 취리히 시티 가이드(Zürich City Guide) 앱으로만 구매 가능. 공공자전거 이용 시 카드 구매 후 받은 코드를 퍼블리바이크(PubliBike) 앱에 등록하여 사용한다.

PRICE 24시간권 29CHF, 6~15세 19CHF/72시간권 56CHF, 6~15세 37CHF
WEB zuerich.com/en/zurichcard

DAY PLANS

스위스 여행의 출발지이자 도착지인 취리히는 낮부터 밤까지 즐길거리가 다양하다. 여행 구역은 크게 역 주변 쇼핑, 구시가 관광 및 미식, 취리히 웨스트 쇼핑 및 밤 문화로 나뉜다. 아래 일정보다 더 짧게 둘러보고 싶으면 박물관과 리마트강 유람선은 생략하고, 취리히 웨스트나 구시가 중 하나만 선택한다.

추천 일정 ★는 머스트 스팟

취리히 중앙역

↓ 도보 2분

❶ **스위스 국립박물관** ★

↓ 도보 1분

❷ **리마트강 유람선**(여름에만 운항) ★

↓ 유람선 15분 또는 트램 11번 6분 (4정거장)

❸ **뷔르클리 광장**

↓ 도보 5분

❹ **성모 교회**(프라우뮌스터) ★

↓ 도보 3분

❺ **취리히 대성당**(그로스뮌스터) ★

↓ 도보 10분

❻ **린덴호프** ★

↓ 도보 15분+취리히 중앙역에서 기차 2분(1정거장)

취리히 웨스트 ★

리마트강 노을 풍경

취리히 웨스트

01 작지만 큰 나라 스위스의 모든 것
스위스 국립박물관
Landesmuseum Zürich

GOOGLE MAPS 9GHR+J6 취리히
ACCESS 중앙역 후문 건너편
ADD Museumstrasse 2, 8001 Zürich
OPEN 10:00~17:00(목 ~19:00)/
월요일 휴무
PRICE 13CHF, 16세 이하 무료/
스위스 트래블 패스 소지자 무료
WEB landesmuseum.ch

1898년에 개관한 국립박물관. 구관과 신관에 있는 50여 개 전시실에서 스위스의 역사·문화·예술·생활·정치·종교 관련 유물과 예술품을 볼 수 있다. 르네상스 양식의 거대한 성과 같은 구관은 도시 건축가인 구스타프 굴즈가 설계한 것으로, 건설 단계부터 수집품이 건물 규모를 넘어선다는 우려가 있어서 증축 문제로 100여 년간 씨름한 끝에 2016년에야 드디어 신관이 문을 열었다. 구관과 신관을 모두 둘러보려면 시간이 상당히 걸리므로 입구에 있는 지도를 보고 원하는 주제를 골라 관람 계획을 세운 후 움직여야 한다. 부대시설로 뮤지엄숍과 스위스 전통 음식을 판매하는 카페 겸 레스토랑이 있다. MAP ❶

+ MORE +

국립박물관·주요 상설 전시장

❶ 스위스의 역사 History of Switzerland
중세 후기부터 현대에 이르는 550여 년 스위스의 역사를 담았다. 주 연합에서 연방국가로의 여정을 시간적 경계를 넘나들며 고찰한다.

❷ 마법의 양탄자를 타고 역사 여행 A Magic Carpet Ride through History
4세 이상 어린이를 동반한 가족 대상 전시. '동양', '항해', '철도'가 주제인 3개 공간에서 아라비아 궁전, 대형 범선 갑판, 빈티지 열차 등을 실감 나게 체험한다.

❸ 컬렉션 The Collection
총 87만여 점의 국립박물관 소장품 중 스위스의 예술성과 장인 정신을 강조한 7000여 점의 작품을 공개한다.

❹ 심플리 취리히 Simply Zurich
선사 시대부터 현대에 이르는 취리히시와 주(칸톤)의 길고 복잡한 역사와 풍부한 문화 유산을 최첨단 기술을 접목한 영상과 조형물로 전시한다.

❺ 스위스 고고학 Archaeology in Switzerland
호수 정착민, 켈트족, 로마인, 알라마니 등 옛 스위스에 영향을 끼친 부족과 스위스 고유의 동식물 표본, 인류사에 얽힌 소장품 1400여 점을 전시한다.

❻ 스위스의 사상 Ideas of Switzerland
주마다 언어와 민족이 다른 스위스를 통합하는 데 공헌한 4명의 사상가(앙리 뒤낭, 장 자크 루소, 장 칼뱅, 피터만 에테르린)를 소개한다.

❶ 스위스의 역사의 전투 재현 미니어처

❺ 스위스 고고학

❻ 스위스의 생각의 종교개혁 중심인물

민속학관

02 느긋한 시티 구경은 유람선이 제일!
리마트강 유람선
Flussrundfahrt

취리히는 리마트강과 취리히 호수 2곳에서 유람선에 탑승할 수 있는데, 그중 시내를 가로지르며 구시가 풍경과 호수의 일부를 함께 감상할 수 있는 리마트강 유람선(영어로 River Cruise)의 인기가 더 높다. 국립박물관 앞 선착장(Landesmuseum)에서 출발해 리마트 선착장(Limmatquai), 스토어헨(Storchen), 취리히 호수와 만나는 뷔르클리 광장(Bürkliplatz)을 거쳐 장 팅겔리의 <유레카> 작품이 있는 중국 정원과 르 코르뷔지에 파빌리온이 있는 취리히호른(Zürichhorn)까지 갔다가 벨뷰 선착장(Bellevue)을 지나 다시 국립박물관 앞으로 돌아온다. 총 소요 시간은 55분. 취리히의 수호성인인 펠릭스와 레굴라, 취리히의 옛 로마 시대 이름을 딴 투리쿰 총 3대의 보트를 운항하는데, 천장이 전부 유리로 돼 있어서 어느 좌석에 앉더라도 풍경을 감상할 수 있다. 접이식 유모차 가능, 화장실 및 레스토랑 없음. MAP ❶

GOOGLE MAPS 9GHR+JJ 취리히
ACCESS 스위스 국립박물관 정문을 마주 보고 오른쪽 강가에 있는 선착장 출발
OPEN 4월~10월 셋째 주 10:50~17:20(7~8월 ~19:50)/30분 간격 운항/10월 셋째 주~3월 휴항
PRICE 1회 4.60CHF, 6~16세 3.20CHF(대중교통 두 구역 1시간권)/ 스위스 트래블 패스 소지자 무료
WEB zsg.ch/en

도시를 가로지르는 리마트강을 유유히 떠가는 유람선.
원하는 선착장에서 자유롭게 승하선할 수 있다.

: WRITER'S PICK :

국립박물관 하나 세우기 참 어렵네

대부분 국가에선 당연하게 하나씩 있는 국립박물관이건만, 연방국가인 스위스는 민족과 문화, 언어가 각기 다른 주들의 의견이 분분해 국립박물관을 세우는 데 무려 100년이 걸렸다. 당시 스위스는 이미 주마다 주립박물관을 보유하고 있었는데, 보수적인 성향의 주들은 지역 고유의 소장품을 다른 주에 보내는 일을 탐탁지 않아 했고, 이는 정치적인 대립으로까지 번지기도 했다. 1890년 국립박물관법이 제정된 후 베른, 루체른, 바젤 등과 경합을 벌이던 취리히가 국립박물관을 유치하게 되면서 스위스는 드디어 숙원인 국립박물관을 세우게 됐다.

03 취리히 시민들의 호숫가 쉼터
뷔르클리 광장
Bürkliplatz

호수 위의 백조들을 바라보며 여유를 즐기는 시민들의 도심 속 휴식처다. 리마트강이 취리히 호수와 연결되는 어귀에 있으며, 취리히 호수 유람선이 출발하는 선착장이 있다. 넓은 호반 광장에는 화요일과 금요일마다 지역 농산물과 각종 먹거리를 판매하는 요일장이 열리고, 5~11월 초 토요일에는 중고 물건과 수공예품을 판매하는 벼룩시장이 열린다. MAP ❶

GOOGLE MAPS 9G8R+JG 취리히
ACCESS 리마트강과 취리히 호수가 만나는 다리에서 호수를 마주 보고 오른쪽/취리히 중앙역에서 리마트강 유람선 15분 또는 트램 11번 4정거장, 6분

04 샤갈의 장미창이 있는 교회
성모 교회(프라우뮌스터)
Kirche Fraumünster

대성당과 함께 취리히에서 가장 눈에 띄는 랜드마크. 853년 독일의 루드비히왕이 세웠고, 시내 어디에서나 보이는 높다란 첨탑은 1732년에 건립됐다. 한때 이 성당의 수녀원은 취리히에 막강한 영향력을 행사했는데, 종교 개혁 이후 개신교 교회가 됐다. 가장 큰 볼거리는 1960~70년대에 샤갈이 성경 속 이야기를 아름답게 묘사한 5개의 창과 남측의 장미창이다. 그 밖에 북측 회랑에 있는 스위스의 화가 아우구스토 자코메티의 스테인드글라스와 5793개의 파이프를 가진 거대한 오르간이 볼 만하다. 실내 촬영 금지.

MAP ❶

GOOGLE MAPS 9G9R+VG 취리히
ACCESS 뷔르클리 광장에서 도보 5분/취리히 중앙역 앞에서 6·7·11·13·17번 트램 3정거장, 파라데플라츠(Paradeplatz) 하차 후 도보 3분
ADD Münsterhof 2, 8001 Zürich
OPEN 10:00~18:00(일 12:00~, 11~2월 ~17:00)
PRICE 5CHF
WEB fraumuenster.ch/en

+ MORE +

교회 안뜰 벽화에 얽힌 이야기

교회 안뜰에는 수사슴에 관한 2가지 설화가 담긴 프레스코 벽화가 있다. 저명한 지역 화가였던 폴 보드머가 1924~1934년에 그린 것으로, 첫 번째 설화는 루드비히왕의 두 딸과 수사슴 이야기다. 두 딸은 취리히 근처의 산 위에 살고 있었는데, 밤마다 뿔에 불이 켜진 수사슴이 찾아와 딸들을 이곳으로 데려왔다. 이후 성스러운 장소로 여겨진 이곳에 성당을 세웠다. 두 번째 설화는 루드비히왕의 할아버지인 샤를마뉴와 수사슴 이야기다. 어느 날 역시 뿔에 불이 켜진 수사슴이 샤를마뉴를 찾아와 로마인에게 참수당한 성인 펠릭스와 레굴라가 자기 머리를 들고 올라온 언덕 위로 인도했다. 샤를마뉴는 그들의 시신을 수습해 성당 지하에 안장했는데, 이후 그 두 성인은 취리히의 수호성인이 되었다는 이야기다.

샤갈의 스테인드글라스

실화를 남은 안뜰 회랑의 벽화

안뜰

대성당 첨탑에 올라 바라본 성모 교회와 취리히 풍경

성 베드로 교회가 보이는 풍경

05 스위스 독일어권 종교 개혁의 중심
취리히 대성당(그로스뮌스터)
Grossmünster

취리히 구시가 풍경의 상징인 2개의 둥근 첨탑이 인상적인 곳. 스위스 최대의 로마네스크 양식 교회로, 12세기에 가톨릭 성당으로 건축되었다가 16세기 종교개혁을 거치며 개신교 교회가 됐다. 츠빙글리와 불링거가 이끈 스위스 독일어권 지역 종교개혁의 중심지로, 내부는 단조롭지만 20세기를 대표한 당대 예술가들의 작품을 엿볼 수 있다. 스테인드글라스는 아우구스토 자코메티와 독일 현대미술 거장 시그마 폴케가, 청동 문은 독일의 조각가 오토 뮌히가 만들었다. 18세기에 추가된 2개의 첨탑에 오르면 화려한 시내 전경을 한눈에 내려다볼 수 있다. 실내 촬영 금지. MAP ❶

GOOGLE MAPS 9GCV+2J 취리히
ACCESS 성모 교회 맞은편 다리 건너 위치. 도보 3분/취리히 중앙역 앞에서 4번 트램 4정거장, 헬름하우스(Helmhaus) 하차/취리히 중앙역에서 도보 15분
ADD Zwingliplatz 7, 8001 Zürich
OPEN 10:00~18:00(11~2월 ~17:00)/일요일 예배 시간 입장 불가
PRICE 성당: 무료/첨탑: 4CHF
WEB grossmuenster.ch

+ MORE +

성 베드로 교회(장크트 페터) Kirche St. Peter

린덴호프와 성모 교회 사이에 있는 개신교 교회로, 유럽에서 가장 큰 직경 8.64m의 시계 문자판이 달린 종탑으로 유명하다. 8~9세기경 건립된 취리히 최초의 가톨릭 성당이었으나, 1706년 취리히에서 가장 먼저 화려한 장식을 모두 뜯어내고 개신교 교회로 사용됐다. 교회 앞에서 시작되는 아우구스티너 거리(Augustinergasse)에는 중세의 부유한 장인들이 재력과 개성을 과시하기 위해 꾸민 주택 등 찬란했던 과거의 흔적이 곳곳에 남아 있어 구경하면서 걷기 좋다. MAP ❶

GOOGLE MAPS 9GCR+F7 취리히
ACCESS 성모 교회와 린덴호프에서 각각 도보 2분
ADD St. Peterhofstatt 1, 8001 Zürich
OPEN 08:00~18:00(토 ~16:00, 일 11:00~17:00)
PRICE 무료 **WEB** st-peter-zh.ch

06 아름다운 구시가 뷰 포인트
린덴호프
Lindenhof

4세기 로마 시대의 요새가 있었던 곳이자 취리히가 1798년 스위스 연방 헌법에 서약한 곳이다. 지금은 리마트강을 중심으로 맞은편의 취리히 대성당과 취리히 대학의 모습이 한눈에 들어오는 뷰 포인트로 사랑받는다. 현지인들이 거대한 체스판에서 체스를 두거나 페탕크 게임을 즐기는 휴식 공간인데, 드라마 <사랑의 불시착> 인트로 장면에 나온 덕분에 외국인 관광객들에게 더욱 유명해졌다. MAP ❶

GOOGLE MAPS 9GFR+68 취리히
ACCESS 시청(Rathhaus) 맞은편의 다리를 건너 도보 5분, 오른쪽/취리히 대성당에서 도보 10분

페르난디드 호들러, <그날>(1907)

페르난디드 호들러, <무한을 향한 시선>(1916)

총 4층, 3000㎡ 규모다.

©Zürich Tourism

Option

07 세계적인 거장들의 작품 모음집 취리히 현대미술관

Kunsthaus Zürich

스위스를 대표하는 현대미술관. 알베르토 자코메티, 피카소, 모네, 샤갈, 반 고흐, 로댕 등 거장의 걸작은 물론, 피필로티 리스트, 피터 피슐리, 다비드 바이스 같은 유명 스위스 작가들의 작품을 전시한다. 노르웨이 외 지역에서 뭉크의 작품을 가장 많이 보유한 곳이기도 하다.
13세기부터 현재에 이르기까지 4000여 점의 회화 및 조각품과 더불어 9만 5천여 점의 판화와 드로잉을 소장하고 있으며, 이 중 1000여 점이 전시돼 있다. 판화와 그림은 빛과 온도의 영향으로 손상될 수 있기 때문에 리셉션에 요청 후 컬렉션실에서 열람할 수 있다. 영국 건축가 데이비드 치퍼필드가 디자인한 건물 자체도 예술이다. MAP ❶

GOOGLE MAPS 9GCX+8M 취리히
ACCESS 대성당에서 도보 10분/취리히 중앙역 앞에서 3번 트램 또는 31번 버스 5분
ADD Heimplatz 1, 8001 Zürich
OPEN 10:00~18:00(수·목 ~20:00)/월요일 휴무
PRICE 17세 이상 상설전 24CHF, 학생 17CHF/목요일 저녁(18:00~20:00) 10CHF/ 취리히 카드 소지자 18CHF /수요일 상설전 무료
WEB kunsthaus.ch

Option

08 축구 팬들의 행복 놀이터 FIFA 세계 축구 박물관

FIFA World Football Museum

1930년 우루과이 월드컵을 시작으로 4년에 한 번씩 전 세계를 들끓게 하는 FIFA 본부가 있는 취리히에 2016년 개관한 박물관이다. 오리지널 월드컵 트로피, 각국 선수들의 유니폼 등을 전시하며, 500여 개의 영상을 통해 축구의 역사를 보여준다. 간단한 축구 게임을 즐길 수 있는 게임존, 레스토랑, 맥주를 마시며 경기를 관람할 수 있는 스포츠 바, 카페, 기념품점 등 부대시설도 다양하다. MAP ❶

GOOGLE MAPS 9G7J+8M 취리히
ACCESS 취리히역에서 기차 2정거장, 브뤼클리 광장에서 5번 트램 2정거장, 반호프 엥에(Bahnhof Enge) 하차
ADD Seestrasse 27, 8002 Zürich
OPEN 10:00~18:00/월요일 휴무
PRICE 26CHF, 7~15세 15CHF, 학생·경로 20CHF/성인 2명 입장 시 7~15세 동반 어린이 4명까지 1인당 10CHF/ 스위스 트래블 패스 소지자 무료
WEB fifamuseum.com

©Heidi Weber - Centre le Corbusier

Option

09 르 코르뷔지에가 남긴 걸작 하나 르 코르뷔지에 파빌리온

Pavillon Le Corbusier

현대 건축의 아버지 르 코르뷔지에의 유작이자 그의 업적을 전시한 공간. 건축뿐 아니라 회화, 조형, 가구 디자인에도 능했던 그가 남긴 몇몇 작품도 감상할 수 있다. 설계 당시 코르뷔지에는 자신의 다른 건축물들처럼 콘크리트를 기본으로 하겠다고 발표했지만, 결국엔 오직 철근과 에나멜, 유리로만 이루어진 전혀 다른 결과물이 탄생했다. 비록 초기 계획과는 다를지라도, 화려하고 아름다운 파빌리온은 늘 새로운 건축을 지향했던 그의 철학과 일맥상통한다. MAP ❷

GOOGLE MAPS 9H42+C9 취리히
ACCESS 취리히 중앙역에서 4번 트램 9정거장, 회슈가세(Höschgasse) 하차 후 도보 5분
ADD Höschgasse 8, 8008 Zürich
OPEN 12:00~18:00(목 ~20:00)/월요일, 12~3월 휴무
PRICE 12CHF, 학생 8CHF/ 스위스 트래블 패스 소지자 무료
WEB pavillon-le-corbusier.ch

Option
10
먹어도 또 먹고 싶은 초콜릿 시식
린트 초콜릿 본사
Lindt Home of Chocolate

세련되고 고급스러운 방문자 센터를 운영하는 린트 본사. 초콜릿을 좋아한다면 놓칠 수 없는 곳이다. 초콜릿 제조 과정을 견학하고, 달콤한 린트 초콜릿을 무제한 시식할 수 있다. 특히 린트 초콜릿을 녹인 퐁뒤는 꼭 맛볼 것. 초콜릿을 직접 만드는 어린이 요리 교실도 운영하고 예쁜 카페도 있어서 가족 여행지로 완벽하다. 시간당 입장 인원이 정해져 있어서 홈페이지를 통해 반드시 예약해야 하며, 크리스마스 시즌에는 3주 이상 전에 예약하는 것이 좋다. MAP ❷

GOOGLE MAPS 8H92+7F Kilchberg
ACCESS 뷔르클리 광장(Bürkliplatz)에서 165번 버스 11정거장, 킬츠베르크 린트 & 슈프륑글리(Kilchberg, Lindt & Sprüngli) 하차 후 도보 3분/취리히 중앙역에서 기차 4정거장, 킬츠베르크역(Kilchberg) 하차 후 도보 10분
ADD Schokoladenplatz 1, Seestrasse 204, 8802 Kilchberg
OPEN 10:00~18:00
PRICE 10CHF/초콜릿 클래스 28CHF~(홈페이지 예약 시각 30분 내 입장)
WEB lindt-home-of-chocolate.com/en/

초콜릿 생산 과정과 역사를 알 수 있는 박물관 구역
린트 초콜릿 퐁뒤 무제한 시식!

©Museum für Gestaltung Zürich

Option
11
지금, 스위스 디자인을 배우러 갑니다
스위스 디자인 박물관
Museum für Gestaltung

세계 디자인을 선도하는 스위스 디자인에 대한 모든 것을 볼 수 있다. 취리히 예술대학 부속 박물관으로, 1875년 설립 이래 스위스 비주얼디자인과 산업디자인에 관련된 50만 개에 달하는 방대한 자료를 전시한다. 르 코르뷔지에의 거실 의자, 스위스의 감자 깎는 칼, 지그 물병, 헬베티카 폰트 발전사, 스위스의 편집디자인을 유명하게 만든 포스터 등 디자인 역사에 한 획을 그은 작품들을 한자리에서 볼 수 있다. 중앙역 근처에 있는 상설 전시관이 본관으로, 2018년 재단장해 카페와 기념품점 등도 갖췄다. 2014년 취리히 웨스트 지역에 오픈한 별관 토니 애리얼(Toni Areal)에는 특별 전시관이 있으며, 취리히 예술대학과 건물을 공유해 강연 등이 열리기도 한다. MAP ❷

GOOGLE MAPS 9GMP+48 취리히
ACCESS 취리히 중앙역에서 도보 8분
ADD 본관: Ausstellungsstrasse 60, 8031 Zürich/
별관: Pfingstweidstrasse 96, 8005 Zürich
OPEN 10:00~17:00(수 ~20:00)/월요일 휴무
PRICE 16세 이상 본관·별관 중 1곳 12CHF(2곳 모두 입장 15CHF)/
스위스 트래블 패스 소지자 무료
WEB museum-gestaltung.ch/en/

DAY TRIP

스위스의 트렌드세터

취리히 웨스트 Zürich West

취리히 웨스트는 1890년대 말 맥주 양조장과 조선소 등이 들어서며 전성기를 누렸지만 1980년대 이후 산업이 쇠퇴하기 시작하면서 빛을 잃었다. 황량했던 공장지대에 예술과 디자인의 숨결을 불어넣은 것은 2000년대 초반. 이후 각종 상업시설을 비롯해 취리히에서 가장 높은 프라임 타워까지 들어서면서 제2의 전성기를 누리고 있다. 도시 재생의 성공 사례로 손꼽히는 이 지역은 얼터너티브하고 자유분방한 매력을 지녀 취리히의 '작은 베를린'으로 불린다.

ACCESS 취리히 중앙역에서 기차 1정거장, 하트브뤼케역(Hardbrücke) 하차 후 바로

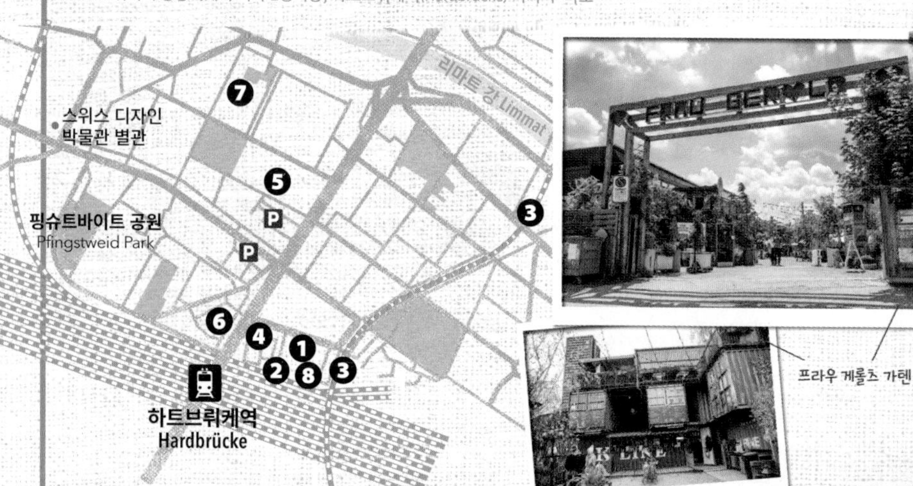

Point 1

트럭 방수포로 만든 가방이 초인기!

프라이탁 플래그십 스토어 FREITAG Flagship Store Zürich

젊은층에게 매우 인기 있는 스위스의 업사이클링 가방 브랜드. 디자인과 학생이었던 프라이탁 형제가 비 오는 날 시안 젖는 것이 싫어서 트럭 방수포, 안전벨트, 타이어 등을 재활용해 튼튼한 방수 가방을 만든 것이 그 시작이다. 한 가지 아쉬운 점은 100% 수공예품이어서 가격이 비싸다는 것. 본점이라고 특별히 저렴하진 않지만, 그 대신 한정판을 비롯해 우리나라에선 볼 수 없는 다양한 제품이 있다. 브랜드 아이덴티티에 걸맞게 재활용 컨테이너를 층층이 쌓아 올린 건물 디자인이 독특하며, 꼭대기로 올라가면 황량함 속에 오묘한 매력이 있는 취리히 웨스트를 한눈에 볼 수 있다.

GOOGLE MAPS 9GP9+7Q 취리히
ACCESS 하트브뤼케역에서 도보 4분
ADD Geroldstrasse 17, 8005 Zürich
OPEN 11:00~19:00(토 10:00~18:00)/일요일 휴무
WEB freitag.ch

Point 2

폐공장지대의 화려한 변신

프라우 게롤츠 가텐 Frau Gerolds Garten

'게롤츠 여사의 정원'이란 뜻을 가진 복합문화공간. 취리히 웨스트 공장지대를 감성적으로 바꾼 주역이다. 2012년 한시적인 이벤트로 열렸던 비어가든이 인기를 끌면서 지금은 상점과 갤러리, 레스토랑이 결합한 매력적인 장소로 자리 잡았다. 여름밤엔 수제 맥주를 마시며 담소를 나누기 그만이고, 겨울에는 따뜻한 벽난로 옆에서 퐁뒤를 먹을 수 있는 곳. 화창한 날이면 도심 정원에서 직접 재배한 제철 채소로 만든 점심을 즐기려는 사람들로 가득 찬다.

GOOGLE MAPS 9GP9+7P 취리히
ACCESS 프라이탁 플래그십 스토어 뒤
ADD Geroldstrasse 23, 8005 Zürich
OPEN 여름철: 11:00~24:00(일 12:00~22:00)/겨울철: 17:00~22:00(토 12:00~23:00, 일 12:00~21:30)
PRICE 식사 24CHF~, 퐁뒤 27CHF~, 맥주 6.5CHF~, 디저트 8.50CHF~
WEB fraugerold.ch

Point 3

다리 아래 펼쳐진 감성 공간

비아둑트 마켓 Markthalle im Viadukt

아치형 고가다리 아래 조성된 복합상업시설. 취리히 웨스트의 명물이다. 트렌디한 카페와 레스토랑, 상점, 갤러리, 아티스트들의 작업실 등 총 36개의 공간으로 다리 아래 빈 공간을 활용했다. 중앙에 있는 각종 먹거리를 판매하는 파머스 마켓에서 간단히 식사를 해결해기에도 좋고, 다양한 수공예 장신구, 의류, 가구 등을 취급하는 상점들을 구경만 해도 눈이 즐거워진다.

GOOGLE MAPS 9GQG+5J 취리히
ACCESS 프라이탁 플래그십 스토어에서 오른쪽으로 도보 4분
ADD Viaduktstrasse, 8005 Zürich
OPEN 09:00~20:00/일요일 휴무
WEB im-viadukt.ch

파머스 마켓

Point 4

분위기에 먼저 취하는 펍

춤 가울 Zum Gaul

하트브뤼케역에서 나와 제일 먼저 취리히 웨스트의 분위기를 엿볼 수 있는 야외 바 겸 캐주얼 레스토랑. 어수선하면서도 감각 있는 데코레이션이 돋보이는 실내에서 햄버거나 치킨에 맥주를 곁들이며 얼터너티브한 분위기를 즐겨보자. 가격도 무난하고 분위기도 활기찬 인기 명소다.

GOOGLE MAPS 9GP9+98 취리히
ACCESS 하트브뤼케역에서 도보 2분
ADD Geroldstrasse 35, 8005 Zürich
OPEN 09:30~24:00(토 11:00~)/일요일, 11~3월 휴무
PRICE 버거 또는 치킨 18CHF~, 맥주 5CHF~
WEB zumgaul.ch

라 살 ©Zürich Tourism/Elisabeth Real

조선소 말고 감성 충전소

쉬프바우 Schiffbau

옛 조선소가 복합문화공간으로 새롭게 태어났다. 겉모습은 여전히 조선소처럼 보이지만 내부엔 3개의 콘서트홀과 재즈 클럽, 레스토랑이 입점해 전혀 다른 분위기를 연출한다. 해산물 요리가 주력인 프렌치 이탈리안 레스토랑 라 살(La Salle)은 지역에서 소문이 자자한 맛집. 가격대는 메인 메뉴 기준 28CHF~. 재즈 클럽 무드(Mood)는 다양한 뮤지션들의 공연과 깊이 있는 선곡으로 재즈 마니아들을 감동하게 한다.

GOOGLE MAPS 9GQ9+FP 취리히
ACCESS 하트브뤼케역에서 도보 7분
ADD Schiffbaustrasse 4, 8005 Zürich
WEB schauspielhaus.ch

취리히 최고 높이에서 야경을

프라임 타워 클라우즈 Prime Tower Clouds

©Prime Tower

프라임 타워는 스위스에서 2번째로 높은 건물이다.

취리히에서 가장 높은 건물인 프라임 타워 최상층에 자리한 레스토랑. 취리히 웨스트와 인근 지역까지 막힘없이 내다보인다. 낮보다는 칵테일 한잔과 함께 불빛 반짝이는 야경을 즐길 수 있는 밤을 추천. 참고로 35층짜리 프라임 타워는 2011년 완공 이래 4년간 스위스에서 가장 높은 건물 타이틀도 갖고 있었다. 현재 스위스에서 가장 높은 건물은 바젤에 있는 41층짜리 로슈 타워(Roche Tower)다.

GOOGLE MAPS 9GP8+CV 취리히
ACCESS 하트브뤼케역에서 나오자마자 보이는 유일하게 높은 건물. 도보 2분
ADD Maagplatz 5, 8005 Zürich
OPEN 11:00~24:00(토 10:00~15:00, 16:00~24:00, 일 10:00~15:00, 16:00~23:00)
PRICE 메인 29CHF~, 디저트 13CHF~, 음료 5CHF~, 브런치(토·일) 65CHF
WEB clouds.ch

이벤트 홀로 재탄생한 제철소

펄스 5 Puls 5

제철소를 개조한 복합문화공간. 조선소를 개조한 쉬프바우처럼 다양하게 공간을 활용 중이다. 가운데 텅 빈 곳은 엑스포 등을 개최하는 이벤트 홀로, 평소에는 식당과 사무실, 헬스클럽 등을 운영한다. 행사 기간 외엔 특별히 볼거리가 없으니 제철소의 변신이 궁금하다면 들러보자.

GOOGLE MAPS 9GR9+75 취리히
ACCESS 쉬프바우 뒤
ADD Giessereistrasse 18, 8005 Zürich
OPEN 06:00~24:00
WEB puls5.ch

취리히 파티 피플, 하이파이브!

하이브 Hive

취리히 웨스트의 여러 클럽 중 사운드 시스템이 좋아서 인기 있는 곳. 하우스와 테크노 음악을 주로 튼다. 조명과 레이저가 난무하는 3개의 댄스 플로어가 있고, 위층에는 춤추다가 지치면 잠시 쉴 수 있는 라운지 바도 있다. 기회가 된다면 토요일에 열리는 정통 레이브 파티를 놓치지 말자. 목요일엔 19세부터, 토·일요일엔 여성은 21세, 남성은 23세부터 입장 가능하다. 여권 또는 신분증 지참 필수. 재미있고 특이한 복장은 괜찮지만 폭력성이 느껴지는 복장이나 홈리스·갱·록 가수 스타일의 복장과 모피 착용은 입장이 제한된다.

GOOGLE MAPS 9GMC+W3 취리히
ACCESS 프라이탁 플래그십 스토어를 등지고 오른쪽으로 도보 1분, 공중에 우산이 잔뜩 매달려 있는 곳
ADD Geroldstrasse 5, 8005 Zürich
OPEN 목 23:00~04:00, 금 23:00~07:00, 토 23:00~09:00/일~수요일 휴무
PRICE 입장료 15CHF~
WEB hiveclub.ch

하이브 앞

©Hive

Eating & Drinking

+ MORE +

취리히 먹킷리스트

게슈네첼테스 Geschnetzeltes

송아지 고기를 잘게 썰어 버터에 볶은 후 크림소스에 익힌 스튜. 염통, 콩팥 등을 넣기도 하니 재료를 미리 물어보자. 보통 뢰스티, 슈니첼, 밥과 함께 먹는다.

칼브스리벌리 Kalbsleberli

소금과 허브로 양념한 송아지 간 볶음. 보통 뢰스티와 함께 먹는다.

키르슈토르테 Kirschtorte

체리 술을 넣은 스펀지케이크. 취리히 옆 동네 추크에서 탄생한 것으로, 케이크 위에 버터크림을 덮고 머랭과 견과류를 얹어낸다.

미래의 노벨상 수상자와 파스타를!

$ 핫 파스타 Hot Pasta

취리히 대학 앞에 있어서 학생들이 즐겨 찾는 파스타집. 취리히 대학은 아인슈타인을 비롯해 노벨상 수상자를 23명이나 배출한 명문대이니, 어쩌면 미래의 노벨상 수상자와 한 공간에서 식사하게 될지도 모른다. 생면으로 조리해 식감이 좋고 재료 본연의 맛을 살린 파스타는 가격까지 무난해 인기가 높다. 언덕에 있기 때문에 취리히역에서 버스를 타거나 취리히 도심 위를 날아가는 폴리반 푸니쿨라로 가면 편리하다. 좌석이 많지는 않아서 예약하고 가는 게 좋다. MAP ❶

GOOGLE MAPS 9GHX+F5 취리히
ACCESS 취리히 중앙역에서 6·10번 트램을 타고 우니버지태트슈피탈(Universitätsspital) 하차 후 도보 3분, 총 10분/취리히 중앙역에서 다리를 건너 폴리반 푸니쿨라 탑승, 상부 승강장 하차 후 도보 3분, 총 10분
ADD Universitätstrasse 15, 8006 Zürich
OPEN 11:00~23:30/토·일요일 휴무
PRICE 샐러드 14 CHF~, 파스타 23 CHF~
WEB hotpasta.ch

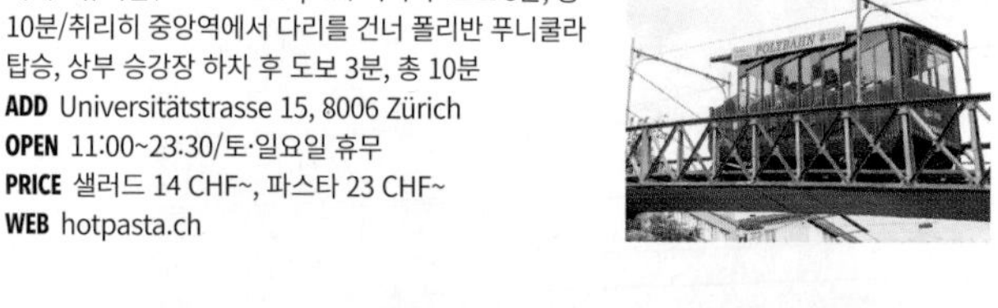

폴리반 푸니쿨라

분위기 좋은 취리히 전통 음식점

$$ 초이크하우스켈러 Zeughauskeller

취리히에서 매우 유명한 레스토랑 중 하나. 1487년 지은 무기고를 개조한 곳으로, 스위스 건국 신화의 주인공 빌헬름 텔의 석궁이 이곳에 보관돼 있었다는 전설이 있다. 한때 민간 소유의 주택으로도 사용됐었는데, 레스토랑으로 운영한 건 1926년부터. 취리히 전통 음식인 게슈네첼테스를 맛보고 싶다면 추천하는 곳이다. MAP ❶

GOOGLE MAPS 9GCQ+5X 취리히
ACCESS 성모 교회가 있는 광장 모퉁이
ADD Bahnhofstrasse 28A, 8001 Zürich
OPEN 11:30~23:00
PRICE 메인 32CHF~, 소세지 20CHF~, 디저트 7CHF~, 음료 3.20CHF~, 생맥주 5.20CHF~
WEB zeughauskeller.ch

©Fred Tschanz AG

아인슈타인의 카페인 충전소

카페 오데온 Café Odeon

커피와 더불어 역사를 마시는 카페. 1911년 처음 문을 연 이래 100여 년의 세월 동안 한 자리를 지켜오며 아인슈타인, 레닌, 무솔리니, 제임스 조이스 등 수많은 지식인과 화가, 소설가, 음악가, 정치가들의 아지트 역할을 했다. 몇 번의 리노베이션을 거쳤지만 아르누보 스타일의 인테리어를 고수해 현재도 그때 그 시절 분위기를 느낄 수 있다. 음료 외 브런치와 다양한 칵테일도 있다. 워낙 인기가 많다 보니 홈페이지를 통해 예약할 수도 있다. MAP ❶

GOOGLE MAPS 9G9W+43 취리히
ACCESS 리마트강과 취리히 호수가 만나는 다리에서 호수를 마주 보고 왼쪽으로 도보 2분
ADD Limmatquai 2, 8001 Zürich
OPEN 07:00~24:00(금 ~02:00, 토 09:00~02:00, 일 09:00~)
PRICE 브런치 20CHF~, 식사 23CHF~, 음료 5CHF~
WEB odeon.ch

세계 최초의 채식 레스토랑

하우스 힐틀 Haus Hiltl

1898년 문을 연 세계 최초의 채식 레스토랑. 기네스북에도 등록돼 있다. 인도, 태국, 터키 등 다양한 나라의 조리법을 도입해 채식에 대한 이미지를 확실하게 바꿔 줄 시즌별 메뉴를 선보인다. 접시에 담아 무게로 계산하는 뷔페 코너도 있으며, 식사뿐만 아니라 케이크나 타르트, 아이스크림, 주스, 맥주 등도 비건 제품이다. 구시가에 분점 3곳과 식료품점 1곳이 있다. 자세한 위치는 지도 참고. MAP ❶

GOOGLE MAPS 9GFP+8M 취리히
ACCESS 린덴호프에서 도보 5분
ADD Sihlstrasse 28, 8001 Zürich
OPEN 07:00~22:00(금 ~23:00, 토 08:00~23:00, 일 10:00~)
PRICE 뷔페 20CHF~(무게에 따라 다름), 음료 9CHF~
WEB hiltl.ch

200년 전통 초콜릿이 지닌 깊은 맛

초콜릿 카페 슈프륑글리 Confiserie Sprüngli

취리히에서 가장 유명한 초콜릿 카페 겸 레스토랑. 1836년 마켓플레이스에 연 초콜릿 가게가 귀족들 사이에서 입소문을 타기 시작해 1859년 파라데 광장(Paradeplatz)에 취리히 최초의 카페(커피하우스)를 오픈했다. 카페는 실내 금연인 데다 여성 혼자도 올 수 있는, 당시로선 매우 혁신적인 운영 방식으로 인기를 끌면서 카페 오데온과 함께 지식인들의 만남의 장소 역할을 했다.
이곳에선 파베, 트뤼프 등의 수제 초콜릿도 맛있지만, 고급스럽고 진한 초콜릿의 매력을 듬뿍 느낄 수 있는 핫초콜릿을 꼭 마셔보자. 점심시간엔 버거나 리조토 등의 식사도 제공한다. 비엔나, 뮌헨을 비롯해 스위스 곳곳에 30여 개의 분점이 있다. MAP ❶

GOOGLE MAPS 9G9Q+RM 취리히
ACCESS 성모 교회에서 강 반대 방향으로 도보 2분, 왼쪽 모퉁이에 위치
ADD Bahnhofstrasse 21, 8001 Zürich
OPEN 07:30~18:30(토 08:30~18:00)/일요일 휴무
PRICE 초콜릿 8 CHF~, 브런치 25CHF~(선데이 브런치 42CHF~), 식사 30CHF~, 디저트 14.50CHF~, 핫초콜릿 및 커피 5CHF~
WEB spruengli.ch

©Kronenhalle

거장들의 진품을 보유한 레스토랑

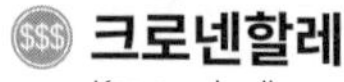

크로넨할레
Kronenhalle

피카소, 미로, 샤갈 등 유명 화가의 진품을 전시한 고급 레스토랑. 1924년 세워진 이래 많은 화가와 음악가, 배우, 작가가 단골로 드나들었는데, 그 중 몇몇이 현금 대신 지불한 작품들이 '밥값'을 제대로 하면서 이곳을 세계적으로 유명한 레스토랑으로 만들었다. 고급 레스토랑인 만큼 가격도 상당하지만 갤러리를 연상케 하는 우아한 분위기 속에서 취리히 전통 음식을 맛볼 수 있다. MAP ❶

GOOGLE MAPS 9G9W+28 취리히
ACCESS 카페 오데온 뒷건물 모퉁이
ADD Rämistrasse 4, 8001 Zürich
OPEN 12:00~24:00
PRICE 메인 60CHF~, 디저트 18CHF~
WEB kronenhalle.com

다다이즘 박물관

그 유명한 다다이즘이 탄생한 카페

카바레 볼테르
Cabaret Voltaire

정통 예술에 반기를 들었던 예술사조, 다다이즘이 생겨난 카페 겸 바. 다다이즘은 카페 주인 휴고 볼과 에미 헤닝이 인생을 논하다 처음 '다다'라는 표현을 쓰며 생겨난 예술사조로, 순식간에 세계 곳곳으로 퍼져 나갔다. 우리나라에서는 고한용이 조선 최초의 다다이스트로서 짧고 굵은 삶을 살았다. 낮에는 가볍게 커피나 맥주를 마시기 좋은 곳이고, 저녁에는 열정적인 퍼포먼스 공연이 펼쳐지는 칵테일 및 압생트 바로 돌변한다. 작은 다다이즘 전시장도 있고, 관련 서적도 판매한다. MAP ❶

GOOGLE MAPS 9GCV+MJ 취리히
ACCESS 그로스뮌스터 뒷골목으로 도보 2분
ADD Spiegelgasse 1, 8001 Zürich
OPEN 17:00~23:00(금·토 13:30~, 일 13:30~18:00)/월요일 휴무/
전시장: 17:00~20:00(금~일 13:30~18:00)
PRICE 음료 4CHF~, 케이크 7CHF~
WEB cabaretvoltaire.ch

©Kaufleuten

취리히의 밤을 신나게 즐겨봐요

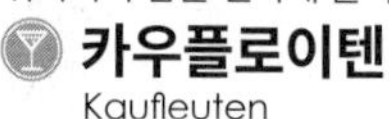

카우플로이텐
Kaufleuten

세계적인 DJ들이 파티를 주도하는 곳. 취리히에서 손꼽히는 대형 클럽이다. 언제 가도 1시간은 기다려야 할 정도로 인기가 많지만, 기다린 수고가 아깝지 않을 신나는 밤을 보낼 수 있다. 일행 중 여성의 비율이 높으면 조금 일찍 들어갈 수 있는 특권을 준다. 화요일은 힙합 및 R&B 파티가 열리고, 금요일과 토요일은 웨이브, 딥하우스, 라틴 뮤직 등 다양한 파티가 돌아가며 열린다. MAP ❶

GOOGLE MAPS 9GCP+MG 취리히
ACCESS 린덴호프에서 도보 5분
ADD Pelikanplatz 18, 8001 Zürich
OPEN 레스토랑: 11:30~14:00, 18:30~22:30(금 ~24:00, 토 12:30~24:00, 일 18:00~22:00)/클럽: 이벤트에 따라 다르므로 홈페이지 확인
PRICE 레스토랑: 식사 25CHF~/
클럽: 15CHF~(이벤트에 따라 다름)
WEB kaufleuten.ch

어딜 둘러봐도 갖고 싶은 것뿐

슈바이처 하이마트베르크 Schweizer Heimatwerk

고급스러운 스위스 정통 기념품점. 섬세한 젖소 조각품과 워낭(소의 목에 매다는 방울), 스위스 국기가 프린트된 티셔츠, 펠트 가방, 장난감, 주방용품 등 다양한 품목을 판매한다. 디자인도 세련되고 품질도 좋아서 구매욕을 불러일으키는 제품이 많은데, 가격대가 좀 높다. 드라마 <사랑의 불시착> 촬영지 중 한 곳이다. MAP ❶

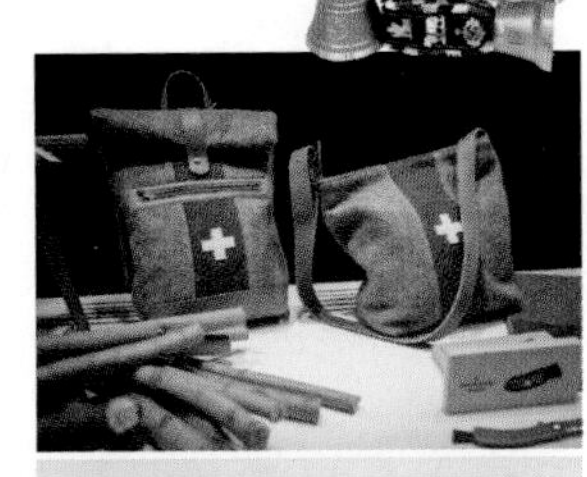

GOOGLE MAPS 9GFR+MP 취리히
ACCESS 루돌프 브룬교(Rudolf Brun Brücke) 서쪽 입구
ADD Uraniastrasse 1, 8001 Zürich
OPEN 10:00~19:00/일요일 휴무
PRICE 기념품 20CHF~
WEB heimatwerk.ch

원조 스위스 군용칼의 시작

빅토리녹스 플래그십 스토어 Victorinox Flagship Store Zürich

스위스 기념품의 대명사, 원조 군용칼 브랜드 빅토리녹스 매장은 스위스 전국 곳곳에 있지만 플래그십 스토어는 제네바와 취리히 단 2곳뿐이다. 다양한 색상의 작은 사이즈 포켓 나이프는 물론, 주방용품, 여행 가방, 배낭, 시계, 향수 등도 판매한다. 예약하면 매장에서 자신만의 칼을 직접 조립할 수 있고, 이름이나 문구를 새겨주기도 한다(재질에 따라 소요일 다름). MAP ❶

GOOGLE MAPS 9GFQ+JJ 취리히
ACCESS 루돌프 브룬교(Rudolf Brun Brücke)에서 서쪽으로 도보 4분
ADD Rennweg 58, 8001 Zürich
OPEN 10:00~19:00(토 ~18:00)/일요일 휴무
PRICE 스위스 군용칼 9CHF~, 가방 40CHF~, 시계 400CHF~
WEB victorinox.com/kr/ko

취리히 최대 쇼핑 거리는 이곳!

반호프 거리 Bahnhofstrasse

취리히 중앙역 정문으로 나오자마자 마주 보이는 큰길. 각종 명품 의류와 시계, 주얼리 브랜드 매장이 줄줄이 늘어선 스위스 최고의 쇼핑 거리로, 역부터 취리히 호수까지 1.4km가량 이어진다. 초콜릿이나 시가, 와인 등 기념품을 구매하기 좋은 곳. 보행자와 트램만 다닐 수 있어서 쾌적한 거리다. MAP ❶

ACCESS 취리히 중앙역 정문 앞에서 바로

내 맘에 쏙 드는 독특한 부티크 찾기

니더도르프 거리 Niederdorfstrasse

구시가 골목에 자리한 보행자 전용 쇼핑 거리. 작은 수공예품점이나 디자이너 부티크를 찾는 재미가 쏠쏠한 골목이다. 작은 상점이라고 가격이 더 저렴한 것은 아니지만, 유니크한 물건을 구매할 수 있다. 레스토랑과 카페도 몰려 있어서 분위기도 좋으니, 아이쇼핑만 하더라도 한 번쯤 들러보자. MAP ❶

ACCESS 취리히 중앙역 정문에서 도보 10분

DAY TRIP

취리히에서 살짝 다녀오는
근교 나들이

스위스에는 '유럽에서 가장'이라는 수식어가 붙는 명소가 많은데, 유럽에서 가장 큰 폭포 또한 취리히 근처에 있다.
폭포의 진가를 느껴보고 싶다면 알프스의 눈이 녹는 5~6월에 방문해보자.
취리히에서 기차로 갈 수 있어서 여행 첫날이나 마지막 날 방문하기 좋다.

유람선에서 바라본 라인 폭포와 라우펜성

Point 1
유럽에서 가장 큰 폭포
라인 폭포 Rheinfall

유럽에서 가장 큰 폭포. 스위스에서 시작해 독일, 네덜란드를 지나 북해로 이어지는 라인강의 상류, 취리히와 샤프하우젠 근처에 있다. 높이는 23m밖에 안 돼서 멀리서 보면 실망할 수 있지만 가까이 가면 그 진가를 알 수 있다. 폭 150m의 넓은 강줄기에서 초당 무려 60만L의 물이 쏟아져 내리는데, 등골에 식은 땀이 흐를 정도로 박력 넘친다. 폭포 양쪽 강변에 2개의 성이 있으며, 둘 다 작은 유람선으로 가볼 수 있다.

GOOGLE MAPS MJH8+65 Neuhausen am Rheinfall
ACCESS 취리히 중앙역에서 기차 50분. 노이하우젠라인팔역(Neuhausen Rheinfall) 하차 후 뵈르트성 방향으로 도보 3분(1시간에 1대 운행) 또는 슐로스라우펜암라인팔역(Schloss Laufen am Rheinfall) 하차 후 라우펜성 방향으로 도보 13분(1시간에 2대 운행)/취리히에서 자동차 40분(47km/1번, 4번 고속도로)/샤프하우젠에서 자동차 10분(3.7km/4번 국도)
WEB rheinfall.ch/en

라우펜성 꼭대기에서 본 폭포와 주변 풍경

라인 폭포 풍경 맛집

뵈르트성 Schlössli Wörth

괴테도 반했다는 전망을 가진 성. 라인 폭포를 조금 떨어진 각도에서 전체적으로 조망할 수 있다. 현재 레스토랑으로 운영하는데, 창밖으로 라인강과 폭포, 라우펜성의 조화로운 풍경을 한눈에 담을 수 있다. 특히 12월 31일 밤 새해 불꽃놀이와 함께 보는 폭포는 평생 잊지 못할 만큼 환상적이다. 성 왼쪽으로 라인강 유람선 선착장이 연결돼 있다.

GOOGLE MAPS MJH6+5Q Neuhausen am Rheinfall
ACCESS 노이하우젠라인팔역 하차 후 도보 8분
ADD Rheinfallquai 30, 8212 Neuhausen am Rheinfall
OPEN 11:30~14:30, 17:30~23:00(일 11:30~21:00)/월·화요일 휴무
PRICE 메인 50CHF~, 선데이 브런치 45CHF
WEB rheinfall-gastronomie.ch/genuss/restaurants/schloessli-woerth

손에 잡힐 듯한 폭포에 심쿵!

라우펜성 Schloss Laufen am Rheinfall

다양한 높낮이로 된 성 전망대에서 폭포를 무척 가까이 볼 수 있다. 양쪽 강변을 다 둘러볼 시간이 없다면 이곳으로 가자. 성안에는 성의 천 년 역사를 소개한 히스토라마 전시실과 어린이 놀이터, 고급 레스토랑 등이 있다. 성 아래 강변에서 전망대가 있는 꼭대기 층까지 야외 엘리베이터를 이용할 수 있어서 편리하다.

GOOGLE MAPS MJG8+Q2 Dachsen
ACCESS 슐로스라우펜암라인팔역 하차 후 도보 13분
ADD Rheinfallstrasse, 8447 Dachsen
OPEN 전망대: 1·12월 10:00~16:00, 2·3·11월 09:00~17:00, 6~8월 08:00~19:00, 4·5·9·10월 09:00~18:00)/
레스토랑: 11~3월 11:30~23:30(일 ~18:00, 월·화요일 휴무), 4~6월 09:00~23:30(월·화 ~18:00)
PRICE 5CHF, 6~15세 3CHF
WEB schlosslaufen.ch

배 타고 바라보면 박력이 2배

라인 폭포 유람선 Rhyfall Mändli

두 성을 연결하고 폭포 한가운데 있는 바위 전망대로 갈 수 있는 유람선. 폭포 아래까지 접근하거나 30분간 라인강을 관광하는 옵션도 있다. 긴 코스를 돌 여유가 없더라도 30분 코스로 다녀오는 바위 전망대만은 꼭 가보자. 파워풀한 폭포의 위력을 제대로 감상할 수 있다. 한국어 오디오 가이드 제공.

GOOGLE MAPS 뵈르트성쪽 선착장: MJH6+2H6 Neuhausen am Rheinfall/
라우펜성쪽 선착장: MJG7+PG8 Laufen-Uhwiesen
ACCESS 뵈르트성(Wörth) 또는 라우펜성(Laufen) 선착장
OPEN 4·10월 11:00~17:00, 5·9월 10:00~18:00, 6~8월 09:30~18:30/
11~3월 휴무
PRICE 성 간 이동(5분): 6CHF/폭포 주변 짧은 코스(15분): 8CHF/
폭포 주변 긴 코스+오디오 가이드(30분): 11CHF/바위 전망대(30분): 20CHF
WEB rhyfall-maendli.ch

유람선으로만 갈 수 있는
폭포 중간 전망대

새해 불꽃 축제
New Year's Eve

새해맞이는 뭐니 뭐니 해도 불꽃놀이. 12월 31일 오후 2시부터 취리히 호수 주변에 거리 음식점이 들어서고 크고 작은 콘서트가 열리기 시작한다. 자정에 다같이 카운트다운을 한 후 밤 12시 20분부터 15분간 불꽃놀이가 펼쳐지는데, 구시가와 대성당 첨탑 위로 솟아오르는 불꽃이 눈물겹게 아름답다. 불꽃은 유람선에서도 보인다. 밤샘 파티를 즐기는 사람이 많기 때문에 새벽 4시까지 기차와 버스가 운행한다.

WHERE 취리히 호숫가
OPEN 12월 31일 14:00~
WEB silvesterzauber.ch/en/programm

©Zürich Tourism/Mattias Nutt

젝세로이텐 봄맞이 축제
Sechseläuten

4월에 첫 꽃이 피기 시작하면 겨울을 모내고 봄을 맞이하는 축제가 열린다. 전통 복장을 한 이들의 퍼레이드와 겨울을 몰아내는 의미로 거대한 짚불 위에 눈사람 모양 인형 뵈크(Böögg)를 세워놓고 태우는 것이 공식 하이라이트. 뵈크의 머리가 굉음을 내며 폭발하면 겨울이 가고 봄이 찾아오는 것이다. 그리고 이를 구경하던 사람들이 소시지 꼬치를 들고 우르르 몰려와 남은 짚불에 구워 먹는 것이 비공식 하이라이트다.

WHERE 퍼레이드: 반호프 거리(Bahnhofstrasse)/짚불: 젝세로이텐 광장(Sechseläutenplatz)
OPEN 4월 첫째 또는 둘째 금~월
WEB sechselaeuten.ch

©Zürich Tourism/Siggi Bucher

취리히 축제
Züri Fäscht

스위스에서 열리는 가장 크고 화려한 축제. 1932년 제1회 취리히 모터쇼의 서브 이벤트로 개최한 것을 시작으로 1976년부터 3년에 한 번씩 열리는 축제가 됐다. 퍼레이드, 콘서트, 거리 음식, 불꽃놀이 등 모든 면에서 스케일이 크다. 여행 시기가 이때라면 놓치지 말아야 할 귀하디 귀한 축제다.

WHERE 리마트강 주변
OPEN 7월 첫째 토·일(3년 간격, 다음 축제는 2026년 예정)
WEB zuerifaescht.ch

스트리트 퍼레이드 Street Parade

1990년대부터 열린 세계 최대 규모의 테크노 댄스 파티. 리마트강부터 취리히 호수 주변까지 총 7개의 무대가 설치되고, 스타일리시한 옷차림으로 춤추는 사람들이 거리를 가득 메운다. 퍼레이드 행렬에 참가한 댄서나 가수, DJ뿐 아니라 일반인들의 독특한 옷차림만 구경하기에도 바쁜 날이다.

WHERE 리마트강과 취리히 호수 일대
OPEN 8월 둘째 토요일
WEB streetparade.com/en

크리스마스 마켓 Christkindlimarkt

크리스마스 시즌이면 취리히 곳곳에서 크리스마스 마켓이 열린다. 그중 가장 규모가 큰 것은 취리히 중앙역 안에서 열리는 실내 마켓과 취리히 호숫가 오페라 극장 앞에서 열리는 야외 마켓. 유명하기로는 실내 마켓이 제일이지만, 분위기로 따지자면 야외 마켓이 한 수 위다. 다양한 수공예품을 비롯해 뱅쇼, 소시지, 피자, 라클레트, 퐁뒤 등 다양한 거리 음식을 맛볼 수 있다. 참고로 이 기간엔 산타가 운전하는 시내 트램도 운행한다.

WHERE 취리히 오페라 극장 앞, 취리히 중앙역 내, 취리히 구시가 곳곳, 대성당 앞
OPEN 11월 말~12월 24일
WEB zuerich.com/en/visit/christmas-in-zurich

취리히 중앙역 내 크리스마스 마켓

오페라 극장 앞 크리스마스 마켓

BASEL

• 바젤 •

스위스, 프랑스, 독일이 만나는 국경에 자리해 3국의 특징이 어우러진 바젤은 파리지앵의 여유와 베를리너의 자유분방함, 스위스인의 깔끔함과 고급스러움을 동시에 품은 도시다. 독일, 네덜란드를 거쳐 북해로 이어지는 라인강의 상류이자 대형 무역선과 물류 열차의 기착점이기 때문에 바다는 없지만 항구 도시 분위기도 물씬 풍긴다.

다양한 문화권이 결합한 바젤에선 예술과 문화도 자연스럽게 발달했다. 세계적인 예술 박람회인 아트 바젤(Art Basel)을 비롯한 굵직한 문화 행사가 열리며, 스위스에서 박물관과 미술관이 가장 많은 도시이기도 하다. 거의 모든 박물관과 미술관에 무료입장할 수 있는 스위스 트래블 패스가 반짝반짝 빛을 발하는 순간. 따라서 바젤에 갈 땐 대부분 박물관이 휴관하는 월요일을 피하자.

- **칸톤** **바젤-슈타트** Basel-Stadt
- **언어** 독일어
- **해발고도** 261m

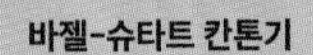

바젤-슈타트 칸톤기

바젤 도시 문장기

Get in & Get out

¤ 주요 도시~바젤 간 소요 시간

스트라스부르

프랑크푸르트 기차 약 2시간 40분

기차 약 1시간 20분

유로파 파크 기차+버스 약 1시간 30분

베를린 비행기 약 1시간 30분

런던 비행기 약 1시간 35분

콜마르 기차 약 45분

프라이부르크 기차 약 40분

GERMANY

뮐루즈 기차 약 25분

파리 비행기 약 1시간 기차 약 3시간 30분

바젤

기차 약 1시간 취리히

FRANCE

기차 약 1시간 베른

기차 약 1시간 루체른

기차 약 2시간 인터라켄

기차 약 3시간 15분 루가노

로마 비행기 약 1시간 45분

★

바젤역

GOOGLE MAPS GHXQ+2V 바젤
ADD Centralbahnstrasse 10, 4051 Basel
TEL +41 848 44 66 88
(스위스 연방 철도 통합 번호)
WEB sbb.ch/en(기차 시간표 확인)

★

관광안내소

GOOGLE MAPS HH3Q+MQ 바젤
ACCESS 바르퓌서 광장 내
ADD Steinenberg 14, 4051 Basel
OPEN 09:00~18:30
(토 ~17:00, 일 10:00~15:00)
TEL +41(0)61 268 68 68
WEB basel.com/en

기차

스위스, 독일, 프랑스 관할 구역이 따로 있다. 독일에서 출발한 기차는 바젤 북부에 있는 바젤바디셰역(Basel Badischer Bahnhof)으로 들어오며, 여기서 바젤 시내까지 버스나 트램으로 10분 정도 걸린다. 프랑스에서 들어오면 바젤 중앙역으로 들어와 바젤 시내까지 도보로 이동할 수 있다. 프랑스로 나갈 때가 조금 헷갈릴 수 있는데, 바젤 중앙역의 프랑스 철도회사 SNCF 구역인 30~35번 승강장으로 가면 된다. 프랑스(France)라고 크게 쓰여 있고 통관 구역도 분리돼 있다.

SCHWEIZ

프랑스에서 스위스로 들어올 때 기차역 출입국관리소

FRANCE

스위스에서 프랑스로 나갈 때 기차역 출입국관리소

바젤역 Bahnhof Basel

60여 개 상점이 있는 작은 쇼핑몰 겸 기차역. 티켓 창구에서 환전할 수 있으며, 지하에 화장실, 짐 배송 서비스, 코인 로커, 분실물 보관소, 자전거 대여소 등이 있다. 무료 와이파이(SBB-FREE) 사용 가능. 시내로 가는 버스와 트램은 역 정문에서 보이는 4개 정류장에서 출발한다. 유로 공항으로 가는 버스는 정문으로 나와 왼쪽으로 돌면 바로 보이는 정류장에서 탄다.

비행기

스위스, 프랑스, 독일이 공동 운영하는 바젤국제공항은 프랑스 영토에 있다. 공식 명칭은 유로에어포트(EuroAirport)지만 나라마다 이름이 달라서 스위스는 바젤공항, 프랑스는 뮐루즈(Mulhouse)공항, 독일은 프라이부르크(Freiburg im Breisgau)공항이라고 부른다. 유럽과 북미, 아프리카 등 세계 200여 개 도시를 연결하는 노선뿐 아니라 유럽 내 저비용 항공사가 많이 취항하므로 유럽 여러 나라를 저렴하게 여행할 때 유용하다. 프랑스 구역, 스위스 구역 등으로 공항이 나뉘어 있으니 바젤에 갈 예정이라면 스위스 방향으로 입국한다.

공항에서 바젤 시내까지는 자동차로 10분, 50번 공항버스로 20분이면 도착한다. 공항버스 요금은 6.60CHF, 반액 할인 카드 소지 시 4.20CHF, 스위스 트래블 패스 소지자 무료, 바젤 시내 숙박 예약 확인서 소지 시 무료(숙박 첫날). 택시 요금은 약 50CHF.

★
바젤국제공항(유로에어포트)
EuroAirport Basel-Mulhouse-Freiburg
GOOGLE MAPS HGWG+W9 셍루이
WEB euroairport.com

스위스 방향을 확인하고 입국장으로 간다.

차량

스위스 밖에서 차를 가지고 들어오려면 국경 검문소에서 고속도로 통행 스티커를 구매해 앞 유리에 부착해야 한다. 고속도로 통행권에 관한 자세한 내용은 033p 참고. 주차료는 중심지부터 외곽으로 갈수록 시간당 3CHF, 2CHF, 1CHF로 낮아진다. 관광지는 중심지에 있고 범위가 그리 넓지 않으니, 숙소에 차를 주차하고 시내에선 대중교통을 이용하는 것이 편리하고 경제적이다.

★
공공 주차장
아래 홈페이지에서 바젤 시내 공공 주차장 위치와 빈자리를 확인할 수 있다.
WEB basel.com/en/arrival-getting-around/parking

• 주요 도시에서 바젤까지 소요 시간

콜마르	약 45분(50km/프랑스 35번 고속도로)	루체른	약 1 시간 20분(100km/2번 고속도로)
프랑크푸르트	약 3 시간 20분(318km/독일 5번 고속도로)	베른	약 1시간 20 분(102km/1번, 2번 고속도로)
프라이부르크	약 1시간(70km/독일 5번 고속도로)	루가노	약 3시간 20분(270km/2번 고속도로)
취리히	약 1 시간(87km/3번 고속도로)	인터라켄	약 2시간(153km/6번, 2번 고속도로)

Get around & Travel tips

버스, 트램, 트롤리 버스

기차역부터 관광지가 모여 있는 구시가까지는 다소 거리가 있는 편이다. 따라서 일단 구시가까지 버스나 트램(3~4정거장)을 이용해 관광지로 이동한 후 걸어 다니는 것이 편리하다.

버스와 트램은 티켓을 공유하는데, 바젤역부터 시내는 10구역(Zone 10)에 속하므로 주요 관광지만 돌아본다면 1개 구역 내에서 쓸 수 있는 티켓을 사면 된다. 버스를 3회 이상 탄다면 1일권을 구매하는 것이 더 저렴하고 편리하다. 티켓은 30분 내 3정거장 이용권(2.60CHF), 1개 구역 1시간권(4.20CHF), 5개 구역 1일권(10.70CHF) 등이 있다. 바젤 카드나 스위스 트래블 패스 소지자는 시내 대중교통을 무료로 이용할 수 있다.

공공 자전거

바젤은 퍼블리바이크(Publibike)라는 자전거 대여 시스템을 운영한다. 공공 자전거 대여 앱인 퍼블리바이크(Publibike)를 다운받고 신용카드를 등록한 후 지도에 표시된 무인 스테이션으로 이동, 블루투스로 자전거 잠금을 해제하고 이용 후 가까운 스테이션에 셀프 반납한다.

WEB publibike.ch

바젤의 트램

DAY PLANS

아래 소개하는 코스는 바젤시에서 제시하는 5가지 추천 코스 중 꼭 둘러봐야 할 주요 명소만 쏙쏙 뽑은 것이다. 놓치기 아까운 박물관이 많아서 최소 하루는 필요하지만 시간 여유가 없다면 박물관을 전부 생략하고 반나절만에 둘러볼 수도 있다.

추천 일정 ★는 머스트 스팟, ★는 옵션

바젤역

↓ 2번 트램 5분+31·38번 버스 3분

❶ 팅겔리 박물관 ★

↓ 31·38번 버스 8분+도보 2분

❷ 미틀러교 ★

↓ 도보 5분

❸ 시청사 ★

↓ 도보 2분

❹ 마르크트 광장 ★

↓ 도보 7분

❺ 바젤 대성당 ★

↓ 도보 3분

❻ 바르퓌서 교회 바젤 역사 박물관

↓ 도보 3분

❼ 팅겔리 분수 ★

↓ 도보 3분

❽ 장난감 박물관 ★

↓ 도보 3분

*❼ → ❾ 바로 이동 시 도보 2분

❾ 바르퓌서 광장 ★

↓ 도보 8분

❿ 바젤 현대미술관 ★

↓도보 10분

⓫ 바젤 종이 박물관 ★

↓ 도보 6분+3번 트램 3분+8·10번 버스 2분

바젤역

*❾ → 바젤역 바로 이동 시 트램 6분

: WRITER'S PICK :

바젤 카드 Basel Card

바젤 시내 정식 숙박업소(호텔, 호스텔, 캠핑장, 민박 등)에 1박 이상 투숙하면 발급받을 수 있는 게스트 카드. 바젤 시내 모든 대중교통을 무료로 이용하고, 기차역 자전거 대여소에서 1일 20CHF에 전기자전거를 대여할 수 있다. 체크인 시 호텔에서 발급해 주는 실물 카드로, 숙박 첫날은 숙소 예약 사이트(에어비앤비 포함)에서 출력한 예약 확인서를 카드 대신 사용해 바젤공항에서 숙소까지 무료로 이동할 수 있다.

바젤시 공식 추천 코스

바젤시는 주요 관광지를 5구획으로 나눈 추천 코스를 제시하고 있다. 전부 마르크트 광장에서 시작해 각기 다른 테마로 바젤을 구경할 수 있는데, 코스별로 30분~1시간 30분가량 소요된다. 각 코스의 이름은 바젤의 역사와 관계된 유명인(에라스무스, 파라셀수스 등)의 이름을 붙였고, 색깔과 숫자로 구분한 길거리 표지판을 따라가면 된다. 홈페이지 또는 스마트폰 앱 'Basel City Guide'에서 자세한 지도를 볼 수 있다.

WEB basel.com/en/oldtownwalks

ist & Attract ions

<그로스 메타-막시-막시-위토피아>

01 키네틱 아트의 거장, 장 팅겔리와의 만남
팅겔리 박물관
Museum Tinguely

중심에서 조금 떨어져 있지만 시간 내서 가볼 만한 박물관. 장 팅겔리의 고향인 프리부르(Fribourg)에 있는 장 팅겔리-니키 드 생 팔 미술관보다 훨씬 규모가 큰 곳으로, 스위스 현대 건축의 거장 마리오 보타가 설계했다. 드넓은 정원에서부터 장 팅겔리가 제작한 기괴한 기계들의 움직임과 빛, 소리가 오감을 자극하는데, 어른이나 아이 할 것 없이 누구나 흥미롭게 감상할 수 있어서 가족 여행지로도 손색이 없다. 뛰어난 조형 예술가이자 장 팅겔리의 아내였던 니키 드 생팔의 작품들 역시 화려하고 대담한 색채로 눈길을 사로잡는다. MAP ❹

GOOGLE MAPS HJ56+JW 바젤
ACCESS 바젤역에서 2번 트램 4정거장, 베트슈타인플라츠(Wettsteinplatz)에서 31번 버스로 환승해 2정거장, 총 15분
ADD Paul Sacher-Anlage 1, 4002 Basel
OPEN 11:00~18:00(목 ~21:00)/일요일 휴무
PRICE 18CHF, 학생·경로 12CHF/
바젤 카드 소지자 50% 할인
스위스 트래블 패스 소지자 무료
WEB tinguely.ch/en

+ MORE +

대바젤 Grossbasel vs 소바젤 Kleinbasel

바젤은 강을 기준으로 구시가가 있는 대바젤과 건너편의 소바젤로 나뉜다. 미틀러교가 생기기 전까지 대바젤과 소바젤은 가톨릭 교구도 다르고 빈부격차도 심해서 사이가 매우 안 좋았다.
대바젤은 구시가를 잘 보존하며 옛 영광을 대변하고 있다. 한때 대바젤보다 경제력이 떨어졌던 소바젤은 메세 바젤 같은 현대적인 건축물과 쇼핑몰, 상점, 레스토랑 등이 들어서면서 최근 새롭게 떠오르고 있다.

02 바젤의 랜드마크인 13세기 다리
미틀러교
Mittlere Brücke

'중간 다리'라는 뜻의 미틀러교는 대성당과 더불어 바젤의 랜드마크다. 13세기에 준공한 오래된 다리로, 20세기 들어 트램 선로를 놓기 위해 개축했다. 600년간 이 근방의 유일한 다리였기 때문에 유럽 남부와 북부를 잇는 중요한 무역로이자 대바젤 지역과 소바젤 지역을 연결하는 역할을 도맡았다. MAP ❸

GOOGLE MAPS HH6Q+3V 바젤
ACCESS 바젤역에서 8번 트램 6정거장, 라인 거리(Rheingasse) 하차 또는 16번 트램 5정거장, 쉬플랜데(Schifflände) 하차/
팅켈리 박물관에서 31·38번 버스 4정거장, 클라라플라츠(Claraplatz) 하차
ADD Mittlere Brücke, 4000 Basel

사랑의 자물쇠가 빼곡히 걸려있는 다리 위 탑

03 여기가 바로 바젤의 중심!
바젤 시청사
Rathaus Basel-Stadt

바젤 구시가 여행의 중심지. 마르크트 광장에 도착하기 전 멀리서부터 눈길을 사로잡는 붉은 건물이 바로 바젤 시청이다. 붉은 벽에 그려진 아기자기한 프레스코화와 금빛 탑, 알록달록한 모자이크 지붕이 동화 같은 풍경을 완성한다. 중세시대부터 이곳에 시청건물이 자리잡고 있었지만 안쪽 건물은 14세기 대지진으로 붕괴되어 새로 지었고, 맨 앞의 건물은 1501년 바젤이 스위스 연합에 가입한 것을 기념해 지었다. 예술성 높은 아케이드와 선명한 색감의 프레스코화가 아름다운 안뜰은 자유롭게 둘러볼 수 있고, 내부는 토요일 가이드 투어로만 입장할 수 있다. MAP ❸

GOOGLE MAPS HH5Q+76 바젤
ACCESS 미틀러교에서 도보 5분/
바젤역에서 8·11·16번 트램 4정거장,
마르크트플라츠(Marktplatz) 하차
ADD Marktplatz 9, 4001 Basel
OPEN 내부 투어: 토 16:30~17:00(영어)/
15:30~16:00(독일어)
WEB staatskanzlei.bs.ch/rathaus.html

04 싱싱하고 빛깔 좋은 로컬 식재료 탐닉
마르크트 광장
Marktplatz

시청 앞 광장. '시장'이라는 뜻의 광장 이름에서 알 수 있듯 재래시장이 열린다. 장이 서는 날이면 인근 지역의 신선한 식재료와 다양한 음식을 판매하는 푸드트럭이 들어서 한 끼를 가볍게 해결할 수 있다. 예전엔 이곳에서 11월 말부터 크리스마스 마켓이 열렸지만 현재는 개최지가 바젤 대성당 앞과 바르퓌서 광장으로 바뀌었다.
MAP ❸

GOOGLE MAPS HH5Q+62 바젤
ACCESS 시청사 앞
ADD Marktplatz, 4001 Basel
OPEN 재래시장: 07:00~14:00(금·토 ~18:00)/공휴일 휴무

안뜰 회랑

팔츠 테라스에서 본 소바젤

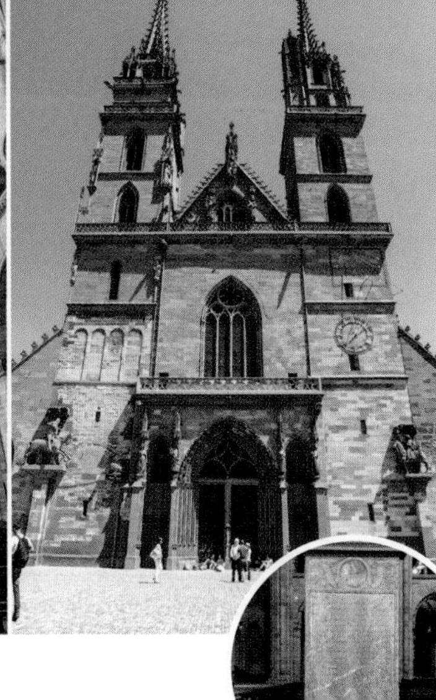
에라스무스의 묘

05 에라스무스의 묘가 있는 웅장한 성당
바젤 대성당
Basler Münster

바젤의 아름다운 도시 풍광을 완성하는 로마네스크-고딕 양식의 대성당. 11세기에 짓기 시작해 15세기에 완공했고, 종교개혁 이후 개신교 교회가 됐다. 2개의 높은 첨탑과 붉은 사암으로 지은 외벽, 바젤 지역 특유의 알록달록한 모자이크 지붕이 푸른 라인강과 완벽한 조화를 이룬다. 주변에 높은 건물이 없기 때문에 첨탑에 오르면 확 트인 시야로 저 멀리 프랑스, 독일 지역까지 내다보인다. 대성당의 북쪽 측랑에는 <우신예찬>을 쓴 중세 시대 신학자이자 인문주의자였던 에라스무스의 묘가 있다. 성당 뒤 전망 명소 팔츠(Pfalz) 테라스에서 라인강 건너 아름다운 소바젤(Kleinbasel)의 모습을 한눈에 담을 수 있으니 놓치지 말고 들러보자. MAP ❸

GOOGLE MAPS HH4R+GQ 바젤
ACCESS 시청사에서 도보 7분
ADD Münsterplatz 9, 4051 Basel
OPEN 여름철: 10:00~17:00(토 ~16:00, 일·공휴일 11:30~), 겨울철: 11:00~16:00(일·공휴일 11:30~)/1월 1일, 부활절 금요일, 12월 24일 휴무
PRICE 성당 무료/첨탑 5CHF
WEB baslermuenster.ch

르네상스 시대 지구본

대성당에서 옮겨온 보물들

06 바젤의 역사를 담은 교회 박물관
바르퓌서 교회 바젤 역사 박물관
Barfüsserkirche Historisches Museum Basel

천 년 도시 바젤의 문화, 예술, 민속, 경제 등을 전시한 역사 박물관. 14세기 초에 지은 교회 건물에 들어섰다는 점이 독특한데, 교회 이름인 바르퓌서는 '맨발인 자'라는 뜻. 맨발의 성인 프란체스코가 세운 수도회의 부속 성당이었다가 종교개혁이 진행중이던 1529년 정부 소유로 넘어간 후 소금 창고, 정신병원, 학교 등 다양한 용도로 사용됐다. 한때는 스위스 국립박물관을 이곳에 유치하려는 움직임도 있었으나, 박물관 위치로 취리히가 선정되자 1894년부터 역사 박물관으로 사용하기 시작했다. 르네상스 시대의 지구본과 중세 과학 및 약학 도구들, 바젤 대성당의 보물들도 이곳에 전시돼 있다. MAP ❸

GOOGLE MAPS HH3R+V2 바젤
ACCESS 바젤 대성당에서 도보 3분/바르퓌서 광장 앞
ADD Barfüsserplatz 7, 4051 Basel
OPEN 10:00~17:00/월요일 휴무
PRICE 15CHF, 6~18세 8CHF/
바젤 카드 소지자 50% 할인 스위스 트래블 패스 소지자 무료
WEB barfuesserkirche.ch

07 바젤을 상징하는 움직이는 분수대
팅겔리 분수
Tinguely Brunnen

대성당과 미틀러교에 이은 바젤의 3번째 랜드마크. 스위스 프리부르 출신 장 팅겔리를 빼놓고 바젤을 이야기할 수 없다. 원래 이름은 카니발 분수(Fasnachtsbrunnen)지만 보통 팅겔리 분수라 부른다. 바젤 대극장 앞 옛 극장을 허물 때 나온 무대장치들을 활용한 9개의 기괴한 분수들은 마치 배우들이 무대에서 연기하듯 움직이며 동시다발적으로 물을 뿜어댄다. 1977년 이후 한 번도 멈춘 적이 없는 기계들의 연기가 마음에 들었다면 장 팅겔리 박물관으로 가보자. 훨씬 더 거대한 기계들의 향연을 감상할 수 있다. MAP ❸

GOOGLE MAPS HH3R+F6 바젤
ACCESS 바르퓌서 교회 바젤 역사 박물관에서 도보 3분/시청사에서 도보 10분
ADD Klostergasse 7, 4051 Basel

08 디테일이 뛰어난 미니어처 컬렉션
장난감 박물관
Spielzeug Welten

우리를 동심의 세계로 데려다줄 미니어처 컬렉션을 볼 수 있다. 놀라운 디테일을 뽐내는 인형의 집은 중세와 근대 귀족의 집, 시골집, 이발소, 약국, 빵집, 시장 등등 소재도 다양하다. 대량의 테디베어 컬렉션도 볼거리. 1층 기념품 숍에서는 미니어처는 물론, 가방, 액세서리 등도 판매하니 독특한 기념품을 원한다면 방문해보자. 스마트폰으로만 촬영 가능. MAP ❸

GOOGLE MAPS HH3Q+HJ 바젤
ACCESS 팅겔리 분수에서 도보 3분/바르퓌서 광장에서 도보 1분
ADD Steinenvorstadt 1, 4051 Basel
OPEN 10:00~18:00/월요일 휴무
PRICE 16세 이상 7CHF/ 스위스 트래블 패스 소지자 무료
WEB spielzeug-welten-museum-basel.ch/en

09 바젤 시민들의 만남의 광장
바르퓌서 광장
Barfüsserplatz

마르크트 광장과 더불어 바젤 구시가의 중심 역할을 하는 광장. 8개의 트램 노선이 교차하는 교통의 허브이자 만남의 광장이다. 마르크트 광장이 시장이 열리는 가족적인 분위기라면 이곳은 트렌디한 펍과 상점들이 모여 있어서 조금 더 젊은 분위기다. 1월 중순~9월 말 둘째·넷째 수요일에는 대규모 벼룩시장(08:00~19:00)이 열리니, 중고품과 수공예품을 좋아한다면 이날을 놓치지 말자. MAP ❸

GOOGLE MAPS HH3Q+VR 바젤
ACCESS 바젤역에서 8·11·16번 트램 3정거장, 7분/팅겔리 분수에서 도보 2분
ADD Barfüsserplatz, 4051 Basel

10 스위스에서 가장 큰 현대미술관
바젤 시립 현대미술관
Kunstmuseum Basel

예술의 도시 바젤에선 현대미술관의 스케일도 남다르다. 2016년 대규모 보수 공사를 통해 압도적인 규모로 거듭난 현대미술관은 전 세계 유명 작가들의 작품이 다 모인 듯 엄청난 컬렉션을 자랑한다. 피카소, 반 고흐, 몬드리안, 앤디 워홀, 드가, 르누아르, 달리, 파울 클레, 고갱, 모네, 세잔, 모딜리아니, 뭉크, 한스 홀바인, 폴록, 칸딘스키, 마티스, 로댕 등등 나열하면 끝도 없을 거장들의 작품 4천 여점과 30여 만점의 인쇄물을 소장 중. 바젤에는 현대미술관(Kunstmuseum)이라는 이름을 가진 곳이 여러 곳 있으니, 지도를 잘 보고 본관(Hauptbau)과 신관(Neubau)이 있는 시립 현대미술관으로 찾아가자. MAP ❸

GOOGLE MAPS HH3V+JM 바젤
ACCESS 바르퓌서 광장에서 도보 8분
ADD St. Alban-Graben 16, 4010 Base
OPEN 10:00~18:00(수 ~20:00)/월요일 휴무
PRICE 16CHF, 학생·경로 8CHF/화~목 17:00~18:00(수 ~20:00) 및 첫째 일요일 무료/ 바젤 카드 소지자 50% 할인 스위스 트래블 패스 소지자 무료
WEB kunstmuseumbasel.ch/en

바젤 시립 현대미술관 본관

본관 길 건너편에 있는 신관

©Kunstmuseum Basel/Julian Salinas

한스 홀바인, <자화상>(1519)

파울 클레, <세네치오(곧 나이들)>(1922)

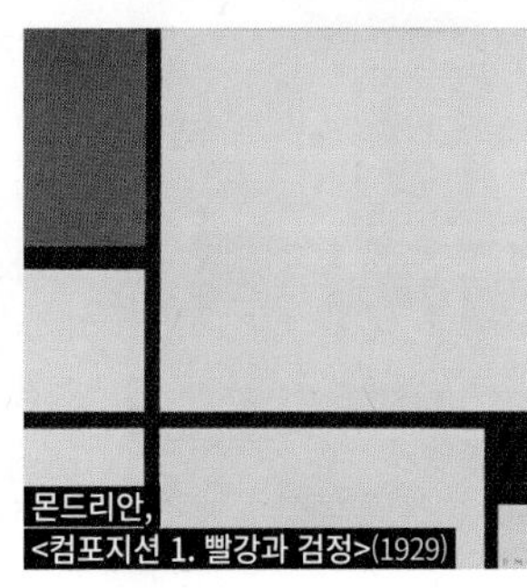
몬드리안, <컴포지션 1. 빨강과 검정>(1929)

수제 종이 만들기 시연

옛 인쇄기

마블링 체험

11 타이포그래피의 성지 바젤 종이 박물관 Basler Papiermühle

종이와 타이포그래피에 관해 다루는 박물관. 중세 시대 물레방앗간에 자리하고 있다. 수제 종이 공방을 겸하고 있어서 한지처럼 전통 방식으로 종이를 뜨는 과정을 살펴보고 직접 참여할 수 있으며, 종이가 책으로 만들어지는 과정을 전시한다. 바젤 스타일이 생겨날 만큼 타이포그래피의 성지인 바젤의 타이포그래피 역사도 살펴볼 수 있어서 시각디자인 전공자나 북아트에 관심 있는 사람이라면 놓칠 수 없는 곳. 다양한 수제 종이와 카드, 노트, 깃펜, 도장, 봉인 등을 판매하며, 종이 만들기, 마블링, 타자 치기 등의 체험이 입장료에 포함돼 있다. MAP ❸

GOOGLE MAPS HJ33+V9 바젤
ACCESS 바젤 현대미술관에서 라인강을 따라 도보 10분
ADD St. Alban-Tal 37, 4052 Basel
OPEN 11:00~17:00(토 13:00~)/월요일 휴무
PRICE 18CHF, 6~16세 10CHF/
바젤 카드 소지자 50% 할인 스위스 트래블 패스 소지자 무료
WEB papiermuseum.ch

Option 12 타박타박 산책하기 좋은 길 슈팔렌 문 Spalentor

알자스 지방의 옛 무역상들이 바젤에 왔을 때 통과한 성문. 바젤에 남아 있는 3개의 성문 중 가장 보존 상태가 좋고 아름다운 문으로, 정면에 아기 예수를 안고 있는 성모 마리아와 2명의 예언자가 조각돼 있다. 특별한 볼거리는 아니지만 바르퓌서 광장이나 마르크트 광장에서 문까지 예쁘장한 중세 골목길이 이어져 구석구석 상점들을 구경하며 걷는 소소한 재미를 느낄 수 있다. MAP ❸

GOOGLE MAPS HH5J+5H 바젤
ACCESS 바르퓌서 광장에서 트램 3번 3정거장, 3분/바르퓌서 광장에서 도보 10분

+ MORE +

배 타고 즐기는 바젤

■ **대성당 나룻배 로이** Münster Fähre, Leu

바젤 한가운데 흐르는 라인강을 건너는 무동력 나룻배. 노를 젓지 않고 양쪽 강변에 매어놓은 줄에 매달린 채 빠른 물살의 힘으로 라인강을 가로지른다. 총 4척으로 운행하는 나룻배는 선착장 4곳 중 아무 데서나 탈 수 있지만, 대성당 뒤 팔츠 테라스에서 보이는 로이(Leu)호가 가장 예쁜 전망을 자랑한다. 대성당에 간 김에 강을 건너갔다 오는 일정을 추천한다.

GOOGLE MAPS HH4V+R6 바젤 **ACCESS** 대성당 뒤
OPEN 4~9월: 09:00~20:00, 10월 09:00~19:00, 11~2월 11:00~17:00, 3월 11:00~18:00, 바젤 카니발 기간 11:00~24:00/수위가 높으면 휴항
PRICE 2CHF, 12~16세·반려견·자전거 1CHF, 11세 이하 0.80CHF
WEB faehri.ch

■ **라인강 유람선** Rheinschifffahrten

유람선을 타고 대성당과 성탑, 구시가가 한데 어우러진 그림 같은 풍경을 즐겨보자. 일반 관광 크루즈 외에도 브런치, 애프터눈 티, 선셋 크루즈 등 다양한 테마 크루즈가 있다. 운영 방식은 시즌별로 바뀐다.

GOOGLE MAPS HH5Q+X9 바젤
ACCESS 바젤 선착장
OPEN 4~10월 중순 금~일/11~3월 휴항
PRICE 일반 크루즈 16CHF, 브런치 59CHF, 애프터눈티 54CHF, 선셋 크루즈 12CHF/
바젤 카드·스위스 트래블 패스 소지자 50% 할인
WEB bpg.ch/en/home

©Fondation Beyeler

Option

13 차원이 다른 개인 소장 미술품
바이엘러 재단 미술관
Fondation Beyeler

세계적인 수준의 개인 컬렉션. 미술상 힐디 바이엘러와 어니스트 바이엘러의 소장품들이 1997년 바이엘러 재단 미술관이란 이름으로 대중에게 공개됐다. 약 250점의 고전과 현대 미술품을 전시하는데, 모네, 미로, 세잔, 반 고흐, 피카소, 리히텐슈타인, 베이컨 등 거장들의 작품은 물론, 알래스카, 오세아니아, 아프리카 부족의 예술품도 감상할 수 있다. 자연과 조화를 이룬 아름다운 건물 자체도 하나의 예술품으로, 파리의 퐁피두 센터를 설계한 이탈리아 건축가 렌조 피아노가 설계했다. MAP ❹

GOOGLE MAPS HMQ2+6C 리헨
ACCESS 바젤역에서 1번 트램 5정거장, 메세플라츠(Messeplatz) 하차 후 6번 트램 환승 11정거장, 총 30분
ADD Baselstrasse 101, 4125 Basel
OPEN 10:00~18:00(수 ~20:00, 금 ~21:00)
PRICE 25세 이상 25CHF, 화요일 20CHF/ 바젤 카드 소지자 50% 할인
WEB fondationbeyeler.ch/en/home

Option

14 거장들의 건축물과 스위스 가구 디자인
비트라 디자인 박물관
Vitra Design Museum

1950년 스위스에서 창업해 글로벌 가구 기업으로 성장한 비트라의 생산공장 겸 박물관. 바젤에서 버스로 30분 거리에 있는 독일과 스위스의 국경 도시 바일 암 라인(Weil am Rhein)에 있다. 가구뿐 아니라 산업디자인 전반과 건축까지 포괄한 대형 박물관은 캐나다 건축가 프랭크 게리가 설계한 본관을 시작으로 안도 다다오, 자하 하디드, 에바 지릭나, 세지마 카즈요 등 내로라하는 건축가들이 여러 건축물을 설계하여 세계 건축 기행의 성지가 됐다. 벨기에 설치미술가 카르스텐 휠러가 만든 30m 높이의 전망 타워 겸 미끄럼틀도 주목! 헤어초크와 드 뫼롱이 설계한 비트라하우스에서는 가구 생산 공정을 둘러보고 구매도 할 수 있다. 국경을 넘으니 여권 소지 필수. 독일이니 유로화도 챙기자. 스위스에서 출발 시 버스 티켓은 왕복권을 구매해 두자. MAP ❹

GOOGLE MAPS JJ29+MH Weil am Rhein
ACCESS 바젤역에서 1번 트램 7정거장, 바젤 바트(Basel Bad) 하차 후 55번 버스 환승 10정거장, 바일 암 라인 비트라(Weil am Rhein, Vitra) 하차, 총 35분/ 바젤역에서 8번 트램 18정거장, 종점(Weil am Rhein, Bahnhof/Zentrum)에서 하차 후 도보 15분/스위스 트래블 패스 적용 불가
ADD Charles-Eames-Straße 2, 79576 Weil am Rhein, Germany
OPEN 10:00~18:00
PRICE 12세 이상 12€, 학생 9€/건축 기행 가이드 투어 16€
WEB design-museum.de/en/

©Vitra Design Museum

비트라 박물관 본관

비트라하우스 쇼룸

럭키 화장실
Lucky Restroom

바젤 도심을 여행하다가 공중 화장실이 없다면 주변의 레스토랑이나 상점 문을 살펴보자. 이 빨간 마크가 있는 곳은 물건을 구매하거나 식음료를 주문하지 않아도 무료로 화장실을 개방한다.

저렴하고 맛있는 건 푸드코트에서

$ 마르크트 할 Markthalle

다양한 메뉴가 있는 푸드코트. 음식의 질도 괜찮고, 스위스치고는 부담 없는 가격대로 인근 직장인들의 점심을 책임진다. 라이브 음악을 연주하는 날도 있어서 퇴근 후 맥주 한잔하기도 제격. 생선 가게에서 생선을 고르면 바로 요리해주는 피쉬 & 모어(Fish & More), 커피와 다양한 케이크가 있는 핀크뮐러 카페(Finkmüller), 수준급 칵테일을 선보이는 힌츠 & 쿤츠 바(Hinz & Kunz Bar), 에티오피아 음식 전문점 아비시니아(Abyssinia) 등이 인기다. MAP 3

GOOGLE MAPS GHXP+MW 바젤
ACCESS 바젤역 정문을 등지고 왼쪽으로 도보 3분, 길 건너편
ADD Steinentorberg 20, 4051 Basel
OPEN 08:00~24:00(월 ~19:00, 금·토 ~02:00, 일 ~22:00)
PRICE 식사 15CHF~, 음료 및 주류 5CHF~
WEB altemarkthalle.ch

햄버거 한 입, 맥주 한 모금

$$ 한스 임 글뤽 Hans im Glück

햄버거와 맥주가 메인인 트렌디한 버거 펍. 하얀 자작나무로 아지자기하게 꾸민 공간이 마치 숲에 들어온 듯한 기분을 느끼게 한다. 맛있는 독일식 맥주와 고급 수제 버거가 있는 독일 체인으로, 바젤에서도 인기몰이를 하고 있다. MAP 3

GOOGLE MAPS HH3Q+GM 바젤
ACCESS 장난감 박물관 옆
ADD Steinenvorstadt 1a, 4001 Basel
OPEN 11:00~24:00(금·토 ~02:00)
PRICE 버거 14.80CHF~, 음료 7.50CHF~
WEB hansimglueck-burgergrill.de/burger-restaurant/basel-steinenvorstadt/

삼형제가 일으킨 채소 혁명

$$ 티비츠 tibits

스위스에서 제일 핫한 채식 레스토랑. 채식주의자들은 어딜 가도 선택이 제한적이라는 것이 불만이었던 프라이(Frei) 삼형제가 의기투합해 2000년 문을 열었다. 멕시코, 인도, 이집트 등 다양한 나라의 레시피를 활용한 계절 메뉴를 선보여서 꼭 채식주의자가 아니더라도 한 번쯤 가볼 만한 곳. 접시에 담아 무게에 따라 가격을 매기는 뷔페식이다. 바젤을 비롯해 스위스 독일어권 여러 대도시와 런던에도 분점이 있다. MAP ❸

GOOGLE MAPS HH3Q+2H 바젤
ACCESS 장난감 박물관에서 바르퓌서 광장 반대 방향으로 도보 2분
ADD Stänzlergasse 4, 4051 Basel
OPEN 08:30~22:30(금·토 ~23:00, 일 09:00~)
PRICE 100g당 샐러드 4.20CHF, 디저트 3.50CHF
WEB tibits.ch

©tibits

구시가점 메세 바젤점

국물 맛이 제대로인 일본 라멘집

$$ 나마멘 Namamen

국물 맛이 깔끔한 일본 라멘을 먹을 수 있다. 국물은 간장, 소금, 미소(된장), 매운 미소 중에 선택 가능. 라멘 외에 우동, 소바, 캘리포니아 롤, 군만두 등이 있으며, 추가 주문 반찬으로 김치도 있다. 구시가점과 메세 바젤점 2곳이 있다. MAP ❸

GOOGLE MAPS HH3R+FJ 바젤
ACCESS 팅겔리 분수에서 라인강 쪽으로 도보 2분
ADD Steinenberg 1, 4051 Basel
OPEN 11:00~21:00(금·토 ~22:00, 일 12:00~)
PRICE 라멘 18CHF~, 김밥 8.50CHF~, 김치 5.50CHF
WEB namamen.ch

바젤이 자랑하는 미슐랭 3스타

$$$ 슈발 블랑 Cheval Blanc

라인강 강변에 자리한 5성급 호텔 레 트루아 루아(Les Trois Rois)의 부속 레스토랑. 스위스에 3곳뿐인 미슐랭 3스타 레스토랑이자 세계 100대 레스토랑에 이름을 올린 곳이다. 샹들리에가 우아하게 반짝이는 고풍스러운 실내에서 바라보는 라인강 전망이 로맨틱하다. 프랑스 요리를 베이스로 지중해와 아시아의 풍미를 곁들인 레시피를 선보인다. MAP ❸

GOOGLE MAPS HH6Q+53 바젤
ACCESS 미틀러교 건너기 전, 왼쪽 강변에 위치
ADD Blumenrain 8, 4001 Basel
OPEN 12:00~14:00, 19:00~22:00/월·일요일 휴무
PRICE 2 에피타이저 코스 285CHF,
풀코스 320CHF, 수~금 점심 4코스 210CHF
WEB chevalblancbasel.com

©Cheval Blanc

©Läckerli Huus

달콤한 전통 과자 랙컬리 명당

랙컬리 후스
Läckerli Huus

바젤 전통 과자 랙컬리 상점 겸 카페. 랙컬리는 스위스 여러 마을에서 조금씩 다른 레시피로 만드는 진저브레드의 한 종류로, 꿀, 헤이즐넛, 아몬드, 오렌지 당절임, 레몬 껍질, 생강을 비롯한 다양한 향신료가 들어간다. 바젤식 랙컬리는 다른 데보다 조금 딱딱해서 호불호가 갈리는 편. 커피 한 잔과 함께 맛보면서 직접 판단해보자. 바젤에는 3개 지점(바젤역점은 테이크아웃 전문)이 있으며, 베른, 제네바, 루체른 등 인기 관광지에도 분점이 있다. MAP ❸

GOOGLE MAPS 바젤역점: GHWQ+G9 바젤/ 바르퓌서 광장점: HH4Q+7G 바젤/ 미틀러교점: HH6R+79 바젤
ACCESS 바젤역 1층/ 바르퓌서 광장 근처 게르버 거리/ 구시가에서 미틀러교 건너 오른편
ADD Im Bahnhof SBB/Gerbergasse 57/ Greifengasse 2
OPEN 09:00~18:30(토 ~18:00)/일요일 휴무 (바젤역점 연중무휴)
PRICE 랙컬리 상자 7CHF~
WEB laeckerli-huus.ch

19세기 성당 안에 카페가?!

카페-바 엘리자베스
Café-Bar Elisabethen

19세기에 지은 교회 안에 있는 카페. 카페와 동명인 엘리자베스 성당 안에 있으며, 차분한 분위기가 매력적이다. 테이블은 1~2층으로 나뉘어 있고, 매일 종류가 바뀌는 수제 타르트들이 특히 맛있다. 교회로 지은 건물이라 소리가 많이 울리니 소곤소곤 이야기하는 센스가 필요하다. 현금만 가능. MAP ❸

GOOGLE MAPS HH3R+3F 바젤
ACCESS 팅겔리 분수에서 도보 4분
ADD Elisabethenstrasse 14, 4051 Basel
OPEN 07:00~19:00(토·일 10:00~18:00)
PRICE 타르트 4.50CHF~, 커피 4.50CHF~
WEB cafebarelisabethen.com

컵케이크가 이렇게 맛있으면 반칙!

본 마망 바젤점
Bonne Maman Basel

잼으로 유명한 본 마망의 상점 겸 카페. 이곳에선 잼보다 컵케이크에 주력하는데, 깜찍한 인테리어로 꾸민 카페에서 달콤한 컵케이크와 커피 한 잔을 맛보고 있노라면 여기가 우리 집 앞이 아니라는 사실이 아쉬울 따름이다. 물론, 본 마망의 대표 상품인 다양한 종류의 과일잼도 판매한다.
MAP ❸

GOOGLE MAPS HH4Q+3J 바젤
ACCESS 마르크트 광장에서 도보 4분
ADD Gerbergasse 79, 4001 Basel
OPEN 08:30~18:30(토 ~18:00)/일요일 휴무
PRICE 컵케이크 5.90CHF~, 잼 6CHF~, 초코 스프레드 4CHF~, 허벌티 12CHF~
WEB bonnemaman.ch

바와 브런치 카페 그 어디쯤

쿠니 & 군데 Kuni & Gunde

커피와 주류, 간단한 식사를 즐길 수 있는 카페 & 바. 산뜻하고 모던한 인테리어에 원목이 주는 따뜻함까지 살렸다. 여러 가지 토핑을 듬뿍 올린 토스트가 시그니처 메뉴. 커피, 레모네이드, 차, 맥주, 칵테일, 와인 등 음료와 주류도 다양하다. 아침엔 커피, 점심엔 푸짐한 토핑이 올라간 토스트, 오후엔 차 한잔, 저녁엔 와인 한잔까지, 언제 오더라도 만족스럽다. MAP ③

GOOGLE MAPS HH5P+CJ 바젤
ACCESS 시청에서 도보 2분
ADD Schneidergasse 2, 4051 Basel
OPEN 11:00~23:00(월 ~22:00, 금·토 ~01:00)/일요일 휴무
PRICE 토스트 8.40CHF~, 음료 4.50CHF~
WEB kuni-gunde.ch

실패 없는 전망 맛집

바 루주 Bar Rouge

스위스에서 2번째로 높은 바젤 트레이드 센터 31층에 자리한 라운지 겸 클럽. 아트 바젤이 열리는 메세 바젤 옆에 있다. 2번째로 높다고 해도 32층에 불과하지만, 주변 건물들이 대부분 낮아서 바젤은 물론, 인근의 독일과 프랑스까지 시원하게 감상할 수 있다. 라운지에선 식사나 칵테일을 즐길 수 있고, 클럽은 바젤 최고의 주말 핫플레이스. 긴 대기도 감수할 만한 훌륭한 전망을 선보인다. 가장 멋진 전망 포인트는 클럽 안 화장실이다. MAP ③

GOOGLE MAPS HJ72+RQ 바젤
ACCESS 메세 바젤 옆 건물
ADD Messeplatz 10, 4058 Basel
OPEN 수 17:00~01:00, 목 17:00~02:00, 금·토 17:00~04:00, 일 17:00~23:00/월·화요일 휴무
PRICE 버진 칵테일 13CHF~, 일반 칵테일 15CHF~
WEB barrouge.ch

일 년 내내 크리스마스 기분

요한 바너 크리스마스 하우스 Johann Wanner Christmas House

사계절 크리스마스 장식품을 구매할 수 있는 상점. 입으로 불어 만든 크리스마스 유리볼과 손으로 직접 색칠한 장식품, 성탄 요람 인형 세트 등 다양한 장식품을 판매한다. 평소엔 일반 기념품도 함께 판매하지만 겨울철에는 크리스마스 관련 품목이 더욱 다양해진다. MAP ③

GOOGLE MAPS HH4P+WG 바젤
ACCESS 마르크트 광장에서 도보 2분
ADD Spalenberg 14, 4051 Basel
OPEN 09:00~18:30(토 ~17:00)/일요일 휴무
WEB johannwanner.ch

DAY TRIP

바젤에서

프랑스 알자스 다녀오기

바젤은 스위스, 프랑스, 독일 3국이 맞닿은 국경 도시이기에 다른 나라로 접근성이 좋다. 기차를 타고 이동하면 스위스 국내를 이동하는 것과 비슷한 시간을 들여 프랑스나 독일에 다녀올 수 있다. 특히 아기자기하고 예쁜 프랑스 알자스 지역과 가까우니 함께 연계해 일정을 짜보자.

라 프티트 브니스와 콜마르 쿠베르 시장

주목! 프랑스에서 가장 예쁜 마을

콜마르 Colmar

파스텔톤 건물들과 도심에 가득한 꽃, 수로에 떠 가는 작은 배들이 감성에 젖게 하는 곳. 프랑스에서 가장 아기자기한 마을로, 애니메이션 <하울의 움직이는 성>의 모티브가 되었다. 어떻게 찍어도 작품 사진이 나와서 바젤에서 알자스 지역의 한 도시만 다녀오고 싶다면 추천하는 곳이다. 가볼만한 곳으로는 1000년 역사를 가진 생 마르탱 대성당(Collégiale St-Martin), 작고 아담한 운하 라 프티트 브니즈(La Petite Venise), 최초의 르네상스 양식 건물인 메종 피스터(Maison Pfister), 신선한 식재료와 귀여운 상점들이 가득한 콜마르 쿠베르 시장(Marché Couvert Colmar), 자유의 여신상을 조각한 바르톨디 생가(Musée Bartholdi) 등이 있다.

GOOGLE MAPS 38CW+WP 콜마르
ACCESS 바젤역에서 TER 열차 43분
WEB france.fr/ko/alsace-lorraine/article/colmar

\+ MORE +

알자스 먹킷리스트

■ **플람퀴슈** Flammekueche

썬피자와 비슷한 음식. 얇은 도우에 사워크림, 치즈, 베이컨, 양파를 올려 화덕에 굽는다.

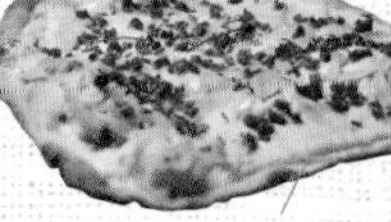

프랑스어로 타르트 플랑베 (Tarte Flambée)라고 한다.

■ **슈크루트** Choucroute

절인 양배추와 삶은 통베이컨, 소시지 등을 함께 먹는 전통 요리. 품질 좋기로 유명한 알자스 와인과 잘 어울린다.

노트르담 대성당

유럽 화해의 상징

스트라스부르 Strasbourg

유구한 역사와 건축 유산을 지닌 알자스 지역의 수도. 제네바, 뉴욕과 함께 국제기구의 본부가 자리한 곳이기도 하다. 우아한 구시가와 현대 건축물이 멋지게 조화를 이룬 문화 중심지이기에 볼거리도 먹거리도 많다. 유네스코 세계유산에 등재된 구시가 그랑딜(Grande-Ile)을 중심으로 빅토르 위고가 극찬한 노트르담 대성당(Cathédrale Notre Dame de Strasbourg), 운하가 흐르고 목조 주택들이 아름다운 프티트 프랑스(Petite France), 고풍스러운 바로크 건축물이자 예술박물관인 로한 궁전(Le Palais Rohan), 알자스 문화유산을 전시한 알자스 박물관(Musée alsacien) 등을 둘러보자.

GOOGLE MAPS HPPP+86 스트라스부르
ACCESS 바젤역에서 TER 열차 1시간 18분
WEB france.fr/ko/alsace-lorraine/article/strasbourg_city_of_inspiration
*스위스 연방 철도 홈페이지(sbb.ch) 및 앱에서 시간표 검색 및 티켓 구매 가능

프티 프랑스

3국의 특징이 골고루 섞인 알자스의 도시

뮐루즈 Mulhouse

바젤에서 기차로 23분이면 도착하는 알자스 지역의 마을. 14세기부터 자유 도시가 되어 독립공화국이었다가 프랑스 혁명 때 프랑스에 편입됐다. 섬유 산업이 발달한 곳인 만큼 다양한 의류 매장이 있고, 도심 곳곳에 아웃렛이 있어서 쇼핑하기 좋다. 굵직한 박물관이 많아서 가족 여행으로도 괜찮은 곳. 19세기 자동차와 최신 슈퍼카들이 가득한 자동차 박물관(Cité de l'Automobile)과 유럽 최대의 기차 박물관(Cité du Train)이 가볼 만하다. 시청-역사 박물관(Hôtel de Ville-Musée Historique)이 있는 구시가를 중심으로 아름다운 성 에티엔 교회(Temple Saint-Étienne)와 옷 가게가 모여 있다. 관광안내소에서 패스를 구매하면 대중교통과 박물관을 훨씬 저렴하게 이용할 수 있다.

GOOGLE MAPS P8RR+RX 뮐루즈
ACCESS 바젤역에서 TGV 열차 23분
WEB france.fr/ko/alsace-lorraine/article/31209

시청-역사 박물관
성 에티엔 교회

DAY TRIP

바젤에서

독일 다녀오기

바젤 근처의 독일과 프랑스에는 귀엽고 앙증맞은 여행지가 많다.
프랑스에 알자스 지역이 있다면 독일에는 동화에 등장한 배경지와 예쁜 놀이동산이 있다.
이동 시간도 스위스 중심부로 가는 것보다 짧으니 함께 묶어 여행 코스를 계획해보자.

프라이부르크 대성당과 구시가 풍경

슈바벤토어

독일 남부의 역동적인 친환경 도시

프라이부르크 Freiburg im Breisgau

'자유 도시'라는 뜻의 프라이부르크는 독일 남부 바덴 지역에 있는 인기 관광지다. 동화 <헨젤과 그레텔>의 배경지로, 아름답기로 소문난 검은 숲 초입에 자리 잡고 있다. 최근엔 태양광 발전과 에너지 절약형 주택들을 건설해 세계적인 친환경 녹색 도시로 손꼽히는 곳. 볼거리로는 압도적인 규모의 프라이부르크 대성당(Freiburger Münster), 재래시장이 열리는 대성당 광장(Münsterplatz), 구시가에 흐르는 조그마한 물길 배힐레(Bächle), 중세 시대 중요한 무역로 역할을 했던 성문 슈바벤토어(Schwabentor), 역사적인 상인회관 카우프하우스(Historisches Kaufhaus), 초현대적인 친환경 건물 대학 도서관(Universitätsbibliothek) 등이 있다.

GOOGLE MAPS XRXR+3R 프라이부르크
ACCESS 바젤에서 ICE 열차 40분
WEB visit.freiburg.de/en

유럽 테마파크의 양대 산맥 중 하나

유로파 파크 Europa-Park

파리 디즈니랜드와 함께 손꼽히는 유럽 최대 규모의 테마파크. 스위스에선 파리 디즈니랜드보다 가까워 스위스 어린이는 한 번씩 이곳을 거쳐 가며 자랐다고 한다. 유럽의 여러 나라를 테마로 만들었는데, 예쁘게 잘 꾸며 놓아 어른들도 구경하는 재미가 쏠쏠하다. 다양한 어트랙션 중 롤러코스터 실버스타는 한때 유럽에서 가장 속도가 빠르고 높이 올라가기로 유명했다. 시즌마다 테마를 달리한 각종 이벤트와 공연도 볼거리. 특히 핼러윈 시즌에 이곳에 가면 평생 볼 양의 호박을 한꺼번에 볼 수 있다. 우리나라의 놀이동산보다 대기 시간이 짧은 것도 장점이다.

GOOGLE MAPS 7P8C+CR Rust
ACCESS 바젤역에서 EC 열차를 타고 링스하임(Ringsheim) 하차 후 7231번 버스 환승, 총 1시간 30분
ADD Europa-Park-Straße 2, 77977 Rust
OPEN 09:00~18:00(11월 초~1월 초 11:00~19:00)/1월 초~3월 말 휴무
PRICE 12세 이상 57.50€, 4~11세 49€, 주차 8€
WEB europapark.de

핼러윈 시즌의 호박 장식. 거대한 진짜 호박이다.

바젤 카니발
Basler Fasnacht

유네스코 세계 무형 문화유산에 등록된, 스위스에서 가장 큰 카니발이다. 사순절의 시작을 알리는 재의 수요일 다음 월요일 새벽 4시, 모르겐슈트라이히(Morgenstreich)라 불리는 등불 행진으로 어두운 도시를 밝히며 축제가 시작된다. 축제는 3일간 거리 음식, 퍼레이드, 가장 행렬 등을 벌인 후 목요일 새벽 4시 구겐무직을 곁들인 행진과 함께 막을 내린다. 차분한 스위스인의 색다른 모습을 볼 수 있는 시기다.

WHERE 바젤 시내 일대
OPEN 2월 말 또는 3월 초(매년 다름, 홈페이지 확인)
WEB baslerfasnacht.info

바젤 크리스마스 마켓
Basler Weihnachtsmarkt

몽트뢰 크리스마스 마켓과 함께 스위스에서 가장 유명한 크리스마스 마켓. 대형 크리스마스트리와 추위를 녹일 수 있는 대형 텐트, 160여 개의 작은 샬레 상점이 들어선다. 크리스마스 장식과 수공예품을 비롯해 바젤의 전통 과자 랙컬리(Läckerli), 라클레트, 와플, 소시지 등 먹거리를 판매한다.

WHERE 바르퓌서 광장/대성당 앞 뮌스터 광장
OPEN 11월 22일경~12월 23일
WEB basel.com/en/events/christmas/christmas-market

+ MORE +

크리스마스 마켓의 꽃 뱅쇼Vinchaud

독일어로는 '글뤼바인(Glühwein)'이라고도 불리는 따뜻한 와인. 레드와인에 오렌지, 계피, 정향, 팔각, 흑설탕 등을 넣어 끓인 것으로, 추운 겨울에 몸을 녹이기에 그만이다. 우리나라에서는 알코올 성분을 다 날리고 판매하지만, 스위스의 뱅쇼는 낮은 온도에서 살짝 끓이기 때문에 알코올이 다량 남아 있다. 정종처럼 따뜻하게 데워진 술이라 취기가 빨리 오르니 주의!

아트 바젤
Art Basel

전 세계에서 열리는 아트 페어 중 가장 규모가 크다. 각국의 수준 높은 갤러리 200여 곳이 참여하고 4000여 명의 예술가의 작품을 전시한다. 티켓 구매 시 해당일의 바젤 시내 대중교통을 무료로 이용할 수 있다.

WHERE 바젤역에서 1·2번 트램 5정거장 8분, 메세플라츠(Messeplatz) 하차. 메세 바젤(Messe Basel) 건물 내
OPEN 6월 중순 약 4일
PRICE 13세 이상 1일권 67CHF(학생 54CHF), 전일권 230CHF,
VIP 1일권 150CHF, 3인 1일권 180CHF
(매년 가격 변동, 홈페이지 확인)
WEB artbasel.com

#Plus Area

프레스코화가 아름다운
라인강의 보석

슈타인 암 라인

STEIN AM RHEIN

'라인강의 돌'이란 뜻을 지닌 슈타인 암 라인은 돌 중에서도 반짝반짝 빛나는 보석 같은 마을이다. 시청사 거리를 중심으로 16세기의 목조 프레임 건물들이 늘어서 있는데, 화려한 프레스코화로 외벽을 섬세하게 치장한 건물들의 보존 상태가 뛰어나서 중세 시대로 시간여행을 떠난 기분이 든다. 1972년부터 매년 잘 보존된 마을을 선정하는 스위스 유산협회의 바커상(Wakker Prize)을 첫 번째로 수상한 곳. 스위스를 대표하는 그림엽서에도 빠지지 않는 예쁜 소도시다. 시간이 여유롭다면 이곳에서부터 라인강을 유람해 샤프하우젠까지 간 다음, 유럽에서 가장 큰 라인 폭포를 구경하는 일정도 추천한다.

- **칸톤** 샤프하우젠 Schaffhausen
- **언어** 독일어
- **해발고도** 401m

슈타인 암 라인 가는 방법

기차

취리히 → 1시간 5분(빈터투어 환승)
*샤프하우젠 환승 시 1시간 20분
샤프하우젠 → 24분

차량

취리히 → 50분(55km/1번 고속도로)
샤프하우젠 → 20분(18.6km/13번 국도)

배

샤프하우젠 → 약 2시간 **크로이츨링엔** → 약 2시간 30분
WEB urh.ch/en

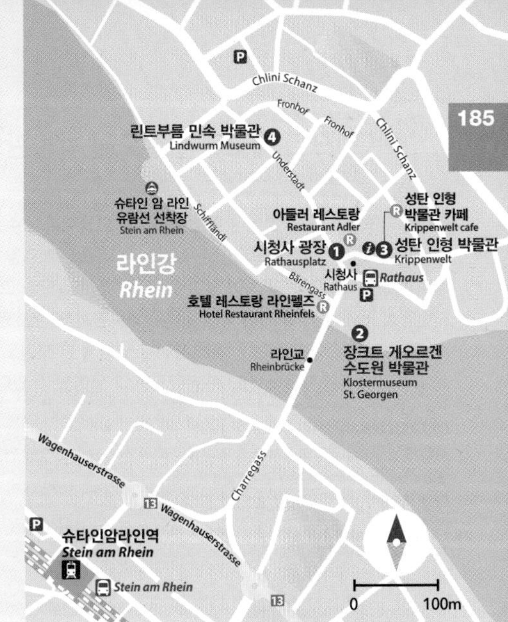

Tourist & Attractions

01 화려한 프레스코화로 장식한 중심가
시청사 광장 Rathausplatz

16세기 거상의 저택이었던 시청사를 중심으로 화려한 프레스코화와 출창(돌출된 창문)이 있는 귀족들의 저택이 늘어선 광장. 출창은 장크트 갈렌에서도 많이 볼 수 있는데, 귀족들은 돌출시킨 창문 모서리에 화려한 조각을 새겨 넣어 재력을 과시하곤 했다. 프레스코화는 대부분 1900년대 이후에 추가된 것. 가장 유명한 건물은 시청사 좌우에 각각 자리한 르네상스 양식의 하얀 독수리(Weisser Adler)와 바로크 양식의 붉은 황소(Roter Ochsen). 광장 건물들은 대부분 호텔이나 레스토랑으로 운영해 햇살 좋은 날이면 노천카페 풍경이 운치를 더한다. 구석구석 숨은 수공예품 공방이나 독특한 부티크들을 구경하는 일도 즐겁다. MAP 185p

GOOGLE MAPS MV55+PQ 슈타인 암 라인
ACCESS 슈타인암라인역에서 강 쪽으로 다리 건너 2번째 골목, 도보 10분/ 슈타인암라인역에서 7349번 버스 3분(30분 간격 운행)
ADD Rathausplatz, 8260 Stein am Rhein

★
관광안내소
GOOGLE MAPS MV55+PX 슈타인 암 라인
ADD Oberstadt 3, 8260 Stein am Rhein
OPEN 10:00~12:30, 13:30~16:00 /토·일·공휴일 휴무
TEL +41(0)52 632 40 32
WEB schaffhauserland.ch/en

붉은 황소 건물

02 고요한 중세 수도원으로 시간 여행
장크트 게오르겐 수도원 박물관
Klostermuseum St. Georgen

뾰족한 첨탑이 마을 풍경을 한층 동화적으로 만들어주는 수도원. 11세기 베네딕트 수도회가 설립했으며, 14~16세기에 대규모 개축을 거쳐 후기 고딕 양식과 초기 르네상스 양식이 섞여 있다. 중세 시대 모습 그대로 복원한 수도원장실과 예배당, 기숙사, 식당 등을 살펴보면서 옛 수도원 생활을 짐작할 수 있다. 강가로 향해 있는 안뜰과 꽃이 소담하게 핀 정원도 사랑스럽다. 작은 규모라 여유롭게 둘러봐도 30분 정도면 다 돌아볼 수 있다. MAP 185p

GOOGLE MAPS MV55+CW 슈타인 암 라인
ACCESS 슈타인암라인역에서 마을 방향으로 다리 건너 오른쪽 첨탑 건물
ADD Fischmarkt 3, 8260 Stein am Rhein
OPEN 11:00~18:00/월요일, 11~3월 휴무
PRICE 16세 이상 5CHF, 린트부름 박물관 통합권 7CHF/ 스위스 트래블 패스 소지자 무료
WEB klostersanktgeorgen.ch

03 전 세계 인형들이 벌이는 성탄 파티
성탄 인형 박물관
Krippenwelt

전 세계 80여 개국에서 수집한 성탄 인형 596 세트를 전시한 박물관. 인형들의 인종과 의상, 배경이 저마다 다른데, 한복 차림의 한국인으로 묘사한 예수와 성모마리아 인형도 있다. 그 밖에 코코넛, 산호, 파피루스, 영지버섯 등 지역 특산물로 만든 인형, 달걀 껍데기 또는 성냥갑 같은 작은 공간 안에 만들어 돋보기로 봐야 하는 인형 등 특이한 작품을 볼 수 있다. MAP 185p

GOOGLE MAPS MV56+Q2 슈타인 암 라인
ACCESS 시청사를 마주 보고 왼쪽 길로 도보 1분
ADD Oberstadt 5, 8260 Stein am Rhein
OPEN 10:00~17:00/월요일 휴무
PRICE 10CHF, 7~16세 7CHF/ 스위스 트래블 패스 소지자 무료
WEB krippenwelt-ag.ch

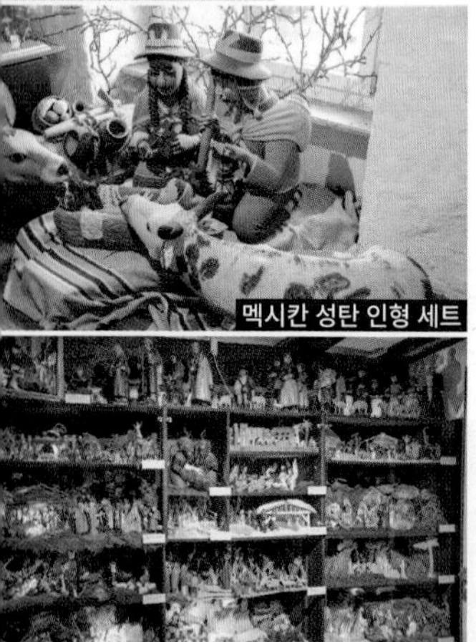
멕시칸 성탄 인형 세트

+ MORE +

유럽의 성탄 인형

유럽에서는 성탄절에 말구유에 뉜 아기 예수 주위에 마리아와 요셉, 3명의 동방 박사가 모인 모습을 묘사한 인형을 장식한다. 가장 낮은 곳에서 태어남을 상징하는 것이 말구유 요람이었기 때문에 유럽에서는 성탄 인형 세트를 요람(독일어로 크리펜Krippen, 프랑스어로 크레슈Crèche)이라고 부른다. 박물관 이름인 크리펜벨트는 '요람 세계'라는 뜻이다.

04 스위스 북쪽 마을 민속 박물관
린트부름 민속 박물관
Lindwurm Museum

19세기 이 지역 부르주아와 농민의 생활상을 전시한 박물관. 4층짜리 건물을 마치 집주인이 잠시 집을 비운 것처럼 구석구석 실감 나게 꾸며 놓았는데, 안뜰에는 닭도 돌아다닌다. 건물은 안뜰을 기준으로 앞뒤로 나뉘어 있고, 앞쪽에선 귀족의 삶을, 뒤쪽에선 농민의 삶을 엿볼 수 있다. 거실에서 자수 시연 이벤트가 가끔 열린다. MAP 185p

GOOGLE MAPS MV65+68 슈타인 암 라인
ACCESS 장크트 게오르겐 수도원 박물관에서 도보 4분
ADD Understadt 18, 8260 Stein am Rhein
OPEN 10:00~17:00/월요일, 11~2월 휴무
PRICE 5CHF, 6~16세 3CHF/ 스위스 트래블 패스 소지자 무료
WEB museum-lindwurm.ch

귀족의 거실

농기구 헛간

슈패츨레와 스테이크

페르슈(민물 농어) 구이

볼수록 빠져드는 벽화와 시내 풍경

$$ 아들러 레스토랑 Restaurant Adler

시청사 옆 하얀 독수리가 그려진 건물 1층에 자리한 레스토랑. 오랫동안 운영해온 유서 깊은 곳으로, 독수리 벽화는 1956년 스위스 그라우뷘덴주 출신 화가 알로이스 카리지에가 그렸다. 테라스석에서 스위스 전통 음식을 즐기면서 시내 풍경을 감상하기 좋은 곳. 저녁엔 늘 사람이 많아 예약을 권장한다. MAP 185p

GOOGLE MAPS MV55+QR 슈타인 암 라인 **ACCESS** 시청사를 등지고 오른쪽 건물
ADD Rathausplatz 2, 8260 Stein am Rhein
OPEN 09:30~23:00/화요일 휴무
PRICE 식사 25CHF~, 뢰스티 19CHF~, 치즈 퐁뒤 26.50CHF
WEB adler-steinamrhein.ch

민물고기가 일품! 프렌치 레스토랑

$$$ 호텔 레스토랑 라인펠즈 Hotel Restaurant Rheinfels

슈타인 암 라인에서 제일가는 민물고기 식당. 농어, 메기, 모캐(대구과의 담수어) 등을 프랑스식 조리법을 기반으로 구이, 찜, 튀김 등으로 요리한다. 고급 와인 리스트도 보유하고 있는데, 특히 직접 운영하는 포도 농장에서 피노 누아 품종으로 생산한 그레트하우스와인의 평이 좋다. 케이크나 아이스크림, 타르트 등 달콤한 디저트류만 주문해도 되니 라인강 전망이 아름다운 강변 테라스석에 앉아 여유를 즐겨보자. MAP 185p

GOOGLE MAPS MV55+GM 슈타인 암 라인
ACCESS 슈타인암라인역에서 마을 방향으로 다리를 건너자마자 왼쪽 모퉁이
ADD Rhigass 8, 8260 Stein am Rhein
OPEN 09:00~22:00/수·목요일(7·8월 제외), 1·2월 휴무
PRICE 생선 요리 33CHF~, 스테이크 34CHF~, 디저트 9CHF~, 와인 10CHF~
WEB rheinfels.ch

크리스마스 기분 내며 호로록

성탄 인형 박물관 카페 Krippenwelt cafe

성탄 인형 박물관 1층에 있는 카페. 온통 성탄 인형 세트로 장식돼 있다. 날씨가 좋다면 건물 뒤쪽으로 연결된 안뜰의 야외 테이블을 선점할 것. 타르트류의 디저트와 샌드위치, 오믈렛, 슈니첼 같은 브런치도 먹을 수 있다. 카운터 앞쪽은 크리스마스 장식을 판매하는 기념품점이다. MAP 185p

GOOGLE MAPS MV56+Q2 슈타인 암 라인
ACCESS 시청사를 마주 보고 왼쪽 길로 도보 1분
ADD Oberstadt 5, 8260 Stein am Rhein
OPEN 10:00~17:00/월요일 휴무
PRICE 음료 3.80CHF~, 디저트 6CHF~, 브런치 7.50CHF, 박물관 방문자 2CHF 할인
WEB krippenwelt-ag.ch

루체른 호수(피어발트슈태터 호수) 지역
Region Vierwaldstättersee

Luzern

Rigi · Pilatus · Titlis · Stanserhorn

LUZERN

• **루체른** [영어명 Lucerne] •

필라투스산 기슭, 스위스의 중심부인 루체른 호수 서쪽에 자리 잡은 교통의 요지이자 스위스 탄생지에서 가장 가까운 루체른은 정통 스위스다운 매력을 뽐내는 유럽 최고의 여행지로 19세기부터 명성을 떨쳤다. 푸른 빙하 호수를 감싼 알프스의 고봉들, 벽화로 장식한 중세 도시에 너울거리는 음악의 선율, 해 질 무렵 강변에 은은한 불빛을 뿌리며 낭만을 더하는 오래된 목조 다리까지, 스위스와 유럽 도시의 매력을 한꺼번에 즐길 수 있는 곳. 중세와 현대를 동시에 품은 루체른은 사계절 다양한 축제를 열며 전 세계 관광객을 불러 모은다. 스위스 트래블 패스 소지 시 무료로 올라갈 수 있는 산들이 전부 이 근처에 있어서 더욱 알차게 즐길 수 있는 지역이기도 하다.

- **칸톤** 루체른 Luzern
- **언어** 독일어
- **해발고도** 435m

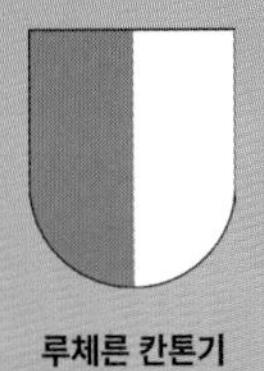
루체른 칸톤기

루체른 도시 문장기

Get in & Get out

¤ 주요 도시~루체른 간 소요 시간

바젤 — 기차 약 1시간 15분
취리히 — 기차 약 40분
베른 — 기차 약 1시간
인터라켄 — 기차 약 1시간 50분
제네바 — 기차 약 3시간 15분
루가노 — 기차 2시간 40분
슈비츠 — 기차 약 45분
뤼틀리 — 유람선 약 2시간 15분
플뤼엘렌 — 유람선 약 2시간 50분, 기차 약 1시간
일르도르프 — 기차 약 1시간

★
루체른역
GOOGLE MAPS 28X6+Q5 루체른
ADD Zentralstrasse 1, 6003 Luzern
TEL +41 848 44 66 88(스위스 연방 철도 통합번호)
WEB sbb.ch/en

★
관광안내소
GOOGLE MAPS 28X5+VR 루체른
ACCESS 루체른역 내
ADD Zentralstrasse 5
OPEN 08:30~17:00(토 09:00~16:00, 일 09:00~13:00)
TEL +41 41 227 17 17
WEB luzern.com/en/

기차

스위스의 중심부에 자리한 루체른은 교통의 요지여서 어디서든 접근하기 쉽다. 유럽 기차 여행 시 다른 나라들과 연계해 여행하기도 편리하다. 인터라켄을 지나 몽트뢰까지 이어지는 골든패스라인의 시작역이기도 하다.

루체른역 Luzern Bahnhof

루체른역은 시내 중심에 있고, 역 주변에 관광지와 숙소가 모여 있어서 루체른 여행의 시작점이라 할 수 있다. 1층에 인포메이션 센터와 코인 로커, 매표소 등이 있고, 지하에 유료 화장실(2CHF)과 샤워실이 있다. 무료 와이파이(SBB-FREE) 사용 가능. 지하는 약 70개 상점이 들어선 작은 쇼핑몰도 겸한다. 역 앞에 유람선 선착장과 버스 정류장이 있다. 참고로 1856년 완공한 구 루체른역은 1971년 화재로 소실돼 역 광장에 문만 남아 있는데, 옛 서울역(경성역)의 모델로 알려졌다.

구 루체른역 문

루체른 지역을 운행하는 첸트랄반(Zentralbahn)

차량

도시까지는 자동차로 접근하기 편리하지만 시내 중심가는 차량이 통제된 구간이 많다. 게다가 성수기에는 스위스에서 드물게 교통체증도 심해서 가까운 거리는 걷는 것이 빠르다. 구시가를 둘러볼 때는 주차장이나 호텔에 차를 두고 도보나 버스를 이용하자. 호텔 주차장은 유료일 때가 많고, 공공 주차장의 주차료는 보통 1시간에 3~4CHF, 이후 시간당 약 2CHF씩 과금된다. 일 단위로 이용할 경우 보통 첫 날은 24~60CHF, 둘째 날부터 15~24CHF다.

• 주요 도시에서 루체른까지 소요 시간

취리히공항	약 1시간 5분(67km/1번, 3번, 4번 고속도로, 14번 국도)
제네바공항	약 2시간 50분(263km/1번, 2번 고속도로, 25번 지방도로)
인터라켄	약 1시간 10분(68km/8번, 2번 고속도로)
루가노	약 2시간 10분(170km/2번 고속도로)
베른	1시간 10분(112km/1번, 2번 고속도로) *6번, 8번 고속도로 이용 시 경치가 좋음(약 1시간 50분, 124km)
바젤	약 1시간 10분(100km/2번 고속도로)

★
공공 주차장
WEB parking-luzern.ch/en

★
친절한 화장실 Friendly Toilet
루체른의 호텔이나 레스토랑, 카페, 바 중 문 앞에 'Friendly Toilet' 마크가 붙은 곳은 무료로 화장실을 개방하는 곳이니 여행 중 활용해보자.

Get around & Travel tips

버스, 트롤리 버스

루체른의 관광지는 대부분 도보로 이동할 수 있어서 대중교통을 이용할 일이 거의 없다. 루체른역에서 도보로 20분 거리에 있는 빈사의 사자상과 빙하 공원까지는 역 앞에서 버스를 타고 가도 되지만, 차가 종종 막히는 구간이라 걷는 것보다 빠르다고는 할 수 없다. 반면 교통 박물관과 바그너 박물관은 시내에서 멀리 떨어져 있어서 버스나 기차, 유람선, 공공 자전거 등을 이용해서 가야 한다. 루체른의 주요 관광지는 모두 10구역(Zone 10)에 속하며, 30분 내 6정거장 이용권(3CHF), 10구역 내 1시간권(2등석 4.80CHF), 10구역 내 1일권(2등석 9.60CHF) 등을 정류장의 자동판매기나 운전기사에게 구매할 수 있다. 스위스 트래블 패스, 텔 패스, 루체른 게스트 카드 소지자는 무료.

공공 자전거

루체른은 넥스트 바이크(Nextbike)라는 공공 자전거 대여 시스템을 운영한다. 앱을 다운받고 신용카드를 등록한 후 지도에 표시된 무인 스테이션으로 이동, 블루투스로 자전거 잠금을 해제하고 이용 후 가까운 스테이션에 셀프 반납한다. 24시간 이용 가능. 계정 1개당 최대 4대까지 대여할 수 있다. 자전거는 루체른뿐만 아니라 인근 마을에도 비치돼 있다.

★
공공 자전거
OPEN 24시간
WEB nextbike.ch/en

미니 기차

45분가량 소요되는 무정차 투어. 가는 길이 오르막인 무제크 성벽의 성탑 한 개도 거쳐 가니 체력을 아끼고 싶거나 노약자 동반 시 추천한다. 날씨가 쌀쌀할 땐 난방도 가동된다. 티켓은 기차에서 직접 구매(신용카드 이용 가능). 한국어 오디오 가이드 제공.

★
미니 기차
OPEN 3835+9G7 루체른
ACCESS 슈바넨 광장 (Schwanenplatz, 백조 광장)
OPEN 11:00~17:00(4월 중순~말·10월 중순~말 14:00~16:00, 5월·10월 초~중순 ~16:00)/11월~4월 초 휴무/1시간에 1대, 매시 정각 출발
PRICE 15CHF, 5~15세·학생·경로 5CHF, 4세 이하·반려견 무료
WEB citytrain.ch

루체른 지역 교통을 책임지는

텔 패스 Tell Pass

텔 패스는 인터라켄 및 인근 지역에서 사용 가능한 베르너 오버란트 패스와 함께 스위스를 대표하는 지역 교통 패스 중 하나다. 타지역 패스와 적절히 조합한다면 스위스 트래블 패스보다 경제적이니 적극 활용해보자.

텔 패스 활용 방법

루체른 호수 주변, 중부 스위스의 모든 버스와 기차, 유람선은 물론이고 산악열차와 케이블카까지 추가 요금 없이 이용할 수 있다. 스위스 드래블 패스는 50%만 할인되는 티틀리스, 필라투스, 브리엔츠 로트호른도 추가 요금이 없고, 리기, 슈탄저호른, 슈토스 등 루체른 호수 주변의 크고 작은 모든 산악교통을 스위스 트래블 패스와 마찬가지로 무료로 이용할 수 있다.

텔 패스가 있다면 루체른에서 인터라켄 오스트역까지도 무료로 이동할 수 있다. 따라서 여행하고자 하는 주 목적지가 인터라켄과 루체른 인근 마을들과 산악 지역이라면 산악교통 할인율이 50%인 스위스 트래블 패스를 구매하는 것보다 '베르너 오버란트 패스+텔 패스' 또는 '융프라우 VIP 패스+텔 패스'를 구매하는 것이 더 경제적일 수 있다. 취리히공항에서 루체른까지는 홈페이지에서 미리 슈퍼 세이버 티켓을 구매하면 경비를 더욱 아낄 수 있다(슈퍼 세이버 티켓 098p, 베르너 오버란트 패스 276p 참고). 텔 패스의 자세한 적용 구간 지도는 홈페이지에서 다운받을 수 있다.

구매 방법

스위스 공항이나 주요 기차역, 텔 패스 홈페이지, 스위스 연방 철도 홈페이지에서 당일 또는 사전 구매할 수 있다.

WEB tellpass.ch/en

● 텔 패스 요금

	겨울철(11~3월)	**여름철**(4~10월)
2일권	120CHF	190CHF
3일권	150CHF	230CHF
4일권	170CHF	250CHF
5일권	180CHF	270CHF
10일권	240CHF	340CHF

*2024년 2등석 기준, 매년 조금씩 상승, 스위스 트래블 패스·유레일 패스·반액 할인 카드 소지자 추가 할인 없음

*1등석으로 업그레이드하고 싶을 경우 탑승 시설마다 현장에서 추가 요금 결제

*날짜 비연속 사용 불가(예: 10일권 구매 시 10일 연속 사용만 가능)

: WRITER'S PICK :

가족 여행 시 특히 유용

성인 패스 소지자가 6~15세의 미성년자를 동반할 경우 30CHF만 내면 성인 패스와 동일 기간에 해당하는 어린이 패스가 추가로 나온다. 또한 5세 이하는 아예 무료라서 가족 여행 시 매우 유용하다. 이때 성인과 어린이가 꼭 가족 관계일 필요는 없다.

호텔 프로모션 활용하기

루체른 내 몇몇 호텔에서는 2박 이상 숙박 시 텔 패스 2일권을 무료로 제공하거나 3일 이상 숙박 시 2개의 패스를 1인 가격에 주는 등 다양한 프로모션을 진행한다. 텔 패스 홈페이지의 프로모션 참고.

+ MORE +

루체른 게스트 카드
Guest Card Lucerne

루체른의 정식 숙박업소에 투숙하면 게스트 카드를 발급받아 루체른 10구역 내 버스, 기차 2등석을 무제한 이용할 수 있다. 스위스 트래블 패스나 텔 패스 등의 교통 패스가 없다면 인근 산악 지역에서도 약간 할인받을 수 있으니 꼭 챙겨두자. 카드는 호텔에 도착해서 발급받거나 호텔 예약 시 미리 이메일로 전송받을 수 있다. 루체른역에서 호텔까지 이동할 때 이메일로 받은 QR 코드나 호텔 예약 확인서를 검표원에게 보여주면 교통비가 무료다.

WEB luzern.com/en/footernavigation/services/visitor-card-lucerne

DAY PLANS

루체른은 볼거리가 많아서 주요 명소만 둘러봐도 하루는 걸린다. 버스와 유람선 등을 적절히 이용해 효율적으로 이동하자.

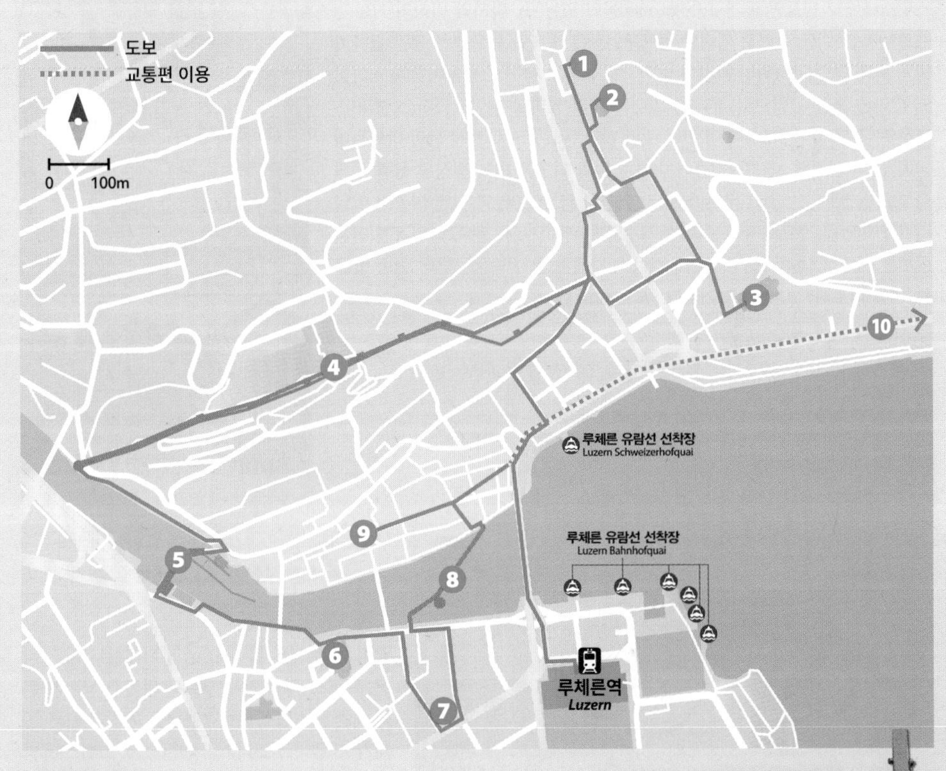

추천 일정

★는 머스트 스팟

루체른역

↓ 버스 5분 또는 도보 20분

❶ 빙하 공원

↓ 도보 2분

❷ 빈사의 사자상 ★

↓ 도보 8분

❸ 장크트 레오데가르 성당 ★

↓ 도보 15분

❹ 무제크 성벽 ★

↓ 도보 10분

❺ 슈프로이어교 ★

↓ 도보 6분

❻ 예수회 교회 ★

↓ 도보 5분

❼ 로젠가르트 미술관

↓ 도보 3분

❽ 카펠교 ★

↓ 도보 1분

❾ 루체른 구시가 ★

↓ 도보 5분+버스 5분 또는
도보 5분+유람선 10분+도보 3분

❿ 스위스 교통 박물관

↓ 버스 10분

루체른역

빈사의 사자상

슈프로이어교

01 스위스가 아열대 지방이었다고?!
빙하 공원
Gletschergarten

돌개구멍

민속 박물관(귀족의 집 재현 전시)

스위스 천연기념물인 돌개구멍(Pothole)들이 있는 곳. 마지막 빙하기(11만 년~1만8000년 전)에 형성된 거대한 돌개구멍들은 빙하가 녹으면서 생긴 급류가 만든 틈에 단단한 바위나 자갈이 들어가서 물살과 함께 소용돌이치며 커다랗게 깎아낸 둥근 구멍으로, 루체른 일대가 과거 빙하로 뒤덮였었다는 증거다. 가장 큰 것은 깊이 9.5m에 이르며, 구멍 안엔 동그랗고 예쁘게 깎인 바위들이 남아 있다. 신기한 사실은 지층에 야자수 잎과 파도에 의해 형성된 물결 무늬 화석도 발견됐다는 것. 따라서 빙하기 이전인 약 2000만년 전엔 이곳이 아열대 해변이었을 것으로 추측된다. 돌개구멍들 뒤쪽으로는 관측 타워가 있어서 루체른 시내를 내려다볼 수 있고, 건물 내부에는 빙하 박물관부터 민속 박물관, 거울 미로까지 다양한 볼거리가 있다. MAP ❺

GOOGLE MAPS 3856+H4 루체른
ACCESS 루체른역에서 1·19번 버스 4정거장, 베젬린라인(Wesemlinrain) 하차
ADD Denkmalstrasse 4a, 6006 Luzern
OPEN 10:00~18:00(11~3월 ~17:00)/1월 말경 하루 휴무
PRICE 22CHF, 학생 17CHF, 6~16세 12CHF/ 스위스 트래블 패스 소지자 무료
WEB gletschergarten.ch/en

02 용맹스러운 스위스 용병을 기리며
빈사의 사자상
Löwendenkmal

암벽 안에 새긴 길이 10m의 거대한 사자 조각상. 프랑스 혁명 당시 부르봉 왕가를 지키기 위해 파견된 스위스 용병 786명을 기리기 위해 19세기 초 덴마크 조각가가 만들었다. 스위스 용병들을 상징하는 사자는 가슴에 창이 꽂힌 채로 부르봉 왕조의 상징인 백합 문양이 새겨진 방패를 지키고 있는데, 별 기대 없이 찾아갔다가 사자의 처연한 눈빛을 보는 순간 가슴이 절로 먹먹해진다. 조각상에는 라틴어로 'Helvetiorum Fidei ac Virtuti(헬베티아(스위스인)의 충성스러움과 용맹함)'이라는 문구가 새겨져 있다. MAP ❺

GOOGLE MAPS 3856+99 루체른
ACCESS 빙하 공원 옆
ADD Denkmalstrasse 4, 6002 Luzern

: WRITER'S PICK :

스위스 용병과 부르봉 왕조

척박한 자연환경 때문에 먹을 것도, 일거리도 없었던 옛 스위스 사람들은 프랑스를 비롯한 여러 나라의 용병으로 일하면서 가족을 부양했다. 프랑스 혁명 당시 분노한 군중들이 튈르리궁으로 몰려왔을 때 국왕의 근위대마저 철수한 상황에서도 스위스 용병들은 끝까지 루이 16세와 마리 앙투아네트 곁을 지켰다. 왕도 군중들도 외국인 용병을 죽일 생각은 없어서 항복하고 떠나라 했지만 그들은 신용을 지키지 못하면 후손들이 더 이상 용병으로 일할 수 없어 먹고 살길이 막힌다는 이유로 전원 전사하면서까지 계약을 지켰다고 한다.

스위스에서 2번째로 큰 파이프오르간

03 멋진 시티 라인의 완성
장크트 레오데가르 성당
St. Leodegar im Hof

이 성당을 빼놓고 루체른의 아름다운 시가지 풍경을 논할 수 없다. 8세기부터 있던 수도원 자리에 세워진 고딕 양식의 가톨릭 성당으로, 17세기 일어난 화재로 대부분 무너져 새로 지었다. 2015년 보완한 것까지 합쳐 무려 7500개의 파이프를 가진 대형 오르간과 화재에도 꿋꿋이 살아남은 2개의 첨탑이 유명하다. 오르간은 티틀리스로 올라가는 길목에 자리한 엥겔베르크 수도원의 파이프오르간에 이어 스위스에서 2번째로 큰 것으로, 여름 성수기 낮에는 웅장한 연주를 들을 수 있다. MAP ❺

GOOGLE MAPS 3847+5F 루체른
ACCESS 빈사의 사자상에서 도보 8분
ADD St. Leodegarstrasse 6, 6006 Luzern
OPEN 07:00~19:00
WEB hofkirche.ch

04 여기가 루체른 풍경 맛집
무제크 성벽
Museggmauer

루체른 북쪽에 남아 있는 옛 성벽. 1386년 도시 방어를 목적으로 세운 성벽 중 일부로, 잘 보존된 9개의 망루 중 4개의 망루에 자유롭게 올라 탁 트인 전망의 도시와 로이스강과 필라투스 산봉우리까지 감상할 수 있다. 맨리탑(Männliturm), 바흐탑(Wachtturm), 지트탑(Zytturm), 쉬르머탑(Schirmerturm) 중 추천하는 곳은 강에서 가장 가까워서 전망이 뛰어난 맨리탑과 루체른에서 가장 오래된 시계가 있는 지트탑. 1535년에 만들어진 지트탑의 시계는 도시 내 다른 시계탑보다 1분 먼저 종을 울릴 수 있는 특권을 가졌다. 성벽으로 가는 길이 꽤 오르막이고 탑으로 오르는 계단도 돌과 나무로만 돼 있으니 편안한 신발은 필수. 휠체어나 유모차는 가져갈 수 없다. 보행자 전용 길이어서 차로는 갈 수 없다. MAP ❺

GOOGLE MAPS 맨리탑: 3832+C8 루체른/
지트탑: 3833+QR 루체른
ACCESS 장크트 레오데가르 성당에서 도보 15분
ADD Auf Musegg, 6004 Luzern
OPEN 08:00~19:00
PRICE 무료
WEB museggmauer.ch

성벽의 시작점인 놀리탑. 내부는 비공개다.

바흐탑

맨리탑 꼭대기에서 본 루체른 풍경

강에서 본 예수회 교회

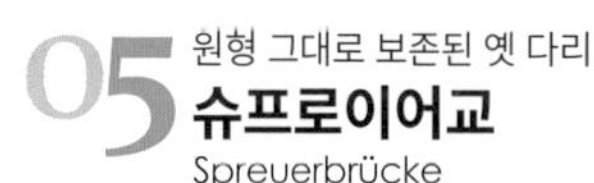

05 원형 그대로 보존된 옛 다리
슈프로이어교
Spreuerbrücke

로이스강에 놓인 지붕 덮인 목조 다리. 로이스강 다리로는 카펠교가 가장 유명하고 오래된 다리로 알려졌지만, 1993년 화재로 소실되고 대부분 재건된 다리이기 때문에 원형 그대로 보존된 가장 오래된 다리는 사실상 슈프로이어교라 할 수 있다. 13세기에 강 가운데 있던 물레방아와 연결하려고 지었다가 홍수로 무너져 15세기에 재건했으며, 카펠교처럼 지붕 아래 회화가 그려져 있다. '죽음의 댄스(Totentanz)'란 제목의 이 작품은 전염병으로 인한 죽음이 온 세상 어디에도 이르지 않은 곳이 없다는 내용으로, 총 67점 중 45점이 남아 있다.
슈프로이(Spreu)는 '밀 껍질'이란 뜻인데, 이 다리가 루체른에 놓인 다리 중에 가장 하류에 있어서 밀 껍질과 이파리 등을 버리도록 허락된 유일한 장소였기 때문에 붙은 이름이다. 현재는 로이스강에서 루체른 호수로 흘러드는 수량 조절 댐과 연결돼 있고, 하류쪽으로 4개의 다리가 더 놓여 있다. MAP ❺

GOOGLE MAPS 3822+PM 루체른
ACCESS 무제크 성벽 맨리탑에서 도보 10분

06 눈부시게 아름다운 로코코 교회
예수회 교회
Jesuitenkirche

종교개혁에 반발하여 17세기에 지은 스위스 최초의 바로크 양식 건축물. 매우 화려하고 밝은 내부가 인상적이다. 18세기에 아치형 천장을 재단장해 우아하고 장식적인 로코코 양식까지 더했다. 천장과 벽 장식은 흰색 회반죽과 분홍색 벽토로 만들었는데, 대리석 같아 보이는 부분도 전부 회반죽과 벽토다. 스위스 수호 성인인 클라우스 사제가 입었던 사제복을 보관하고 있다. MAP ❺

GOOGLE MAPS 3824+72 루체른
ACCESS 슈프로이어교에서 도보 6분
ADD Bahnhofstrasse 11A, 6003 Luzern
OPEN 06:30~18:30(월·목 09:30~)/
일요일 예배 시간 입장 불가
WEB jesuitenkirche-luzern.ch

©Rosengart Collection

07 피카소의 팬은 어서오세요
로젠가르트 미술관
Rosengart Collection

피카소의 친구이자 미술상이었던 지그프리드 로젠가르트와 그의 딸 안젤라의 수집품을 전시한다. 피카소의 작품이 전부 이곳에 와 있는 것은 아닐까 싶을 만큼 피카소의 작품이 많으며, 베른 출신 추상화가 파울 클레의 작품도 다수 소장하고 있다. 그 외에도 모네, 미로, 모딜리아니, 마티스, 세잔, 샤갈, 칸딘스키 등 19~20세기 유명 작가들의 작품을 감상할 수 있다. 내부는 촬영 금지. MAP ❺

GOOGLE MAPS 28X4+VW 루체른
ACCESS 예수회 교회에서 도보 5분
ADD Pilatusstrasse 10, 6003 Luzern
OPEN 10:00~18:00(11~3월 11:00~17:00)/카니발 축제 기간 휴무
PRICE 20CHF, 경로 18CHF, 7~16세·학생(30세까지) 10CHF/ 스위스 트래블 패스 소지자 무료
WEB rosengart.ch/en/

08 내가 바로 루체른의 상징!
카펠교
Kapellbrücke

유럽에서 가장 오래된 지붕 덮인 보행자용 목조다리. 스위스를 대표하는 사진에 빠짐없이 등장하는 루체른의 상징이다. 14세기에 구시가와 신시가를 연결하고 적의 침입을 방어하기 위해 건설했으나, 1993년 화재로 다리의 대부분이 소실되는 바람에 남은 일부만 살려 재건했다. 지붕 안쪽에서는 루체른의 역사를 그린 17세기 회화 작품들을 볼 수 있는데, 총 158점 중 화재로 2/3가량 소실되고 현재는 오리지널 47점, 복원품 30점이 남아 있다.

다리 중간에는 루체른을 둘러싼 성곽의 일부였던 바서투름(Wasserturm: 물의 탑) 탑이 있다. 카펠교보다 30년 앞서 지은 것으로, 석조 구조물인 덕분에 1993년 화재에도 지붕을 제외하고는 전부 원형 그대로 살아남았다. 감옥, 고문실, 보관실 등으로 쓰이다가 현재는 기념품점으로 운영한다.

MAP ❺

GOOGLE MAPS 3825+M2 루체른
ACCESS 로젠가르트 미술관에서 도보 3분/루체른역에서 도보 5분
ADD Kapellbrücke, 6002 Luzern

바서투름

히르셴 광장

코른마르크트 광장

바인마르크트 광장

09 걸을수록 빠져드는 골목 탐험
루체른 구시가
Altstadt Luzern

로이스강 북쪽, 역에서 카펠교를 건너 왼쪽으로 보이는 골목들이 루체른 구시가의 중심지다. 울퉁불퉁한 돌바닥과 동화 속 그림 같은 프레스코 벽화가 중세 유럽 분위기를 물씬 풍긴다. 루체른은 '광장의 도시'라고 할 만큼 작은 광장이 많은데, 코른마르크트 광장(Korn: 곡물, markt: 시장)과 바인마르크트 광장(Wein: 와인, markt: 시장), 히르셴 광장(Hirschen: 사슴의, platz: 광장)을 중심으로 다양한 상점과 노천카페, 레스토랑이 있다. 코른마르크트 광장에는 구 시청사와 시계탑이 있다. MAP ❺

GOOGLE MAPS 코른마르크트 광장: 3824+V9 루체른/바인마르크트 광장: 3823+QV 루체른/히르셴 광장: 3824+W2 루체른
ACCESS 로이스강 북쪽 카펠교에서 슈프로이어교 사이의 뒷골목들

10 자동차, 열차 마니아를 위한 초대형 박물관
스위스 교통 박물관
Verkehrshaus der Schweiz

산악열차, 곤돌라, 그리고 터널 뚫기의 선두 주자 스위스의 장기를 엿볼 수 있는 교통 박물관. 스위스는 이곳저곳을 뚫고 지나가는 터널이 워낙 많아서 나라 모양이 구멍 뻥뻥 뚫린 스위스 대표 치즈 에멘탈 모양을 닮았다고 할 정도. 이곳에선 스위스의 시대별 기차와 산악열차, 곤돌라, 자동차, 선박, 비행기 실물은 물론이고 무려 17km로 1882년 개통 당시에는 세계에서 가장 긴 터널이었던 고트하르트 터널 일부 모형까지 볼 수 있다. 이 밖에 기차나 헬리콥터 시뮬레이션 체험 공간, 아이맥스 영화관과 플라네타륨, 초콜릿 체험관, 스위스 현대미술가 한스 에르니 박물관까지 볼거리가 다양하다. 야외 전시장의 여객기 날개 아래 앉아 소시지와 맥주 한잔을 즐길 수 있는 브라스리도 있다. MAP ❻

GOOGLE MAPS 383P+G6 루체른
ACCESS 루체른역에서 6·8·24번 버스를 타고 6분, 페르케르스하우스(Verkehrshaus) 하차/루체른역에서 기차를 타고 7분, 페르케르스하우스역 하차/루체른 선착장에서 유람선을 타고 10분, 페르케르스하우스-리도(Verkehrshaus-Lido) 하차 후 도보 3분
ADD Haldenstrasse 44, 6006 Luzern
OPEN 10:00~18:00(겨울철 ~17:00)
PRICE 박물관: 35CHF, 학생 25CHF, 6~15세 15CHF/부대시설 통합권: 62CHF, 학생 46CHF, 6~15세 29CHF/ 스위스 트래블 패스 소지자 50% 할인
WEB verkehrshaus.ch/en/

Option
11 바그너가 사랑한 풍경 한 조각
바그너 박물관
Richard-Wagner-Museum

바그너는 이곳에서 니벨룽겐의 반지 시리즈 중 '지크프리트'를 작곡했다.

서양 음악사에 지대한 영향을 끼친 독일 작곡가 바그너의 저택. 리스트의 딸로 알려진 여인과의 불륜으로 평판이 추락한 바그너가 그의 열혈팬이었던 루드비히 왕의 배려로 독일을 떠나 1866년부터 약 6년간 지내던 곳이다. 드넓은 잔디밭과 푸른 호수가 어우러진 이곳에서라면 누구라도 예술가가 될 것 같다. 루체른에서 버스를 타고 가도 되지만 여름이라면 유람선을 추천. 선착장 근처에서 물놀이를 즐기느라 무아지경에 빠진 아이들이 평화로운 분위기를 더한다. 선착장에서 잔디밭 길을 따라 3분쯤 걸어가면 작고 아담한 바그너의 저택이 나온다. 바그너가 사용한 물건이나 관련 기념품 등을 가볍게 둘러본 후 박물관 앞 카페에 앉아 현지인들의 여유로운 삶 속에 스며들어 보자. MAP ❻

GOOGLE MAPS 28RH+XJ 루체른
ACCESS 루체른역에서 6·7·8번 버스를 타고 8분, 바르테크(Wartegg) 하차 후 도보 8분/루체른 선착장에서 유람선을 타고 11분, 트립쇼(Tribschen) 하차/교통 박물관 근처 선착장(Verkehrshaus-Lido)에서 유람선을 타고 9분, 트립쇼(Tribschen) 하차
ADD Richard-Wagner-Weg 27, 6005 Luzern
OPEN 박물관: 11:00~17:00(월요일, 12~4월 휴무)/
카페: 11:00~19:00(6~8월 10:00~21:00, 궂은날 및 10~3월 휴무)
PRICE 12CHF, 경로 10CHF, 10~15세·학생 5CHF/ 스위스 트래블 패스 소지자 무료
WEB richard-wagner-museum.ch/home-en-us/

Option 12

루체른 현대 문화의 중심

문화 컨벤션 센터

Kultur und Kongresszentrum Luzern

프랑스의 건축가 장 누벨이 디자인한 복합문화공간. 호숫가에 지은 아름답고 현대적인 건축물로, 세계적인 음향 시설을 자랑하는 콘서트홀과 폭넓은 작품을 감상할 수 있는 4층의 현대미술관(Kunstmuseum Luzern), 전망 좋은 레스토랑 등 다양한 시설이 모여 있다. 보통 줄여서 'KKL'이라고 부른다. MAP ❺

GOOGLE MAPS 3826+5J 루체른
ACCESS 루체른역을 등지고 오른쪽 건물
ADD Europaplatz 1, 6005 Luzern
OPEN 현대미술관: 11:00~18:00(수 ~19:00)/월요일 휴무
PRICE 현대미술관: 15CHF, 학생 6CHF, 15세 이하 무료/매달 첫째 일요일 무료/
루체른 게스트 카드 소지자 12CHF 스위스 트래블 패스 소지자 무료
WEB kkl-luzern.ch

Option

전설의 '용의 돌'을 보러 가자

루체른 자연사 박물관

Natur-Museum Luzern

알프스와 중부 스위스에 서식하는 동식물 표본과 이 지역에서 많이 나오는 수정과 화석 등을 전시한 박물관. 총 3층 규모에 지구과학 분야와 생물학 분야의 상설전으로 나뉘어 있다. 그중 눈여겨볼 것은 2층 돌 전시관에 있는 탁구공 크기의 '용의 돌'. 크고 작은 동굴이 많은 필라투스산에는 옛날에 용이 살았다는 전설이 있는데, 용의 돌은 그곳에서 발견한 무늬가 독특하고 둥그런 돌이다. 3층에서는 세계 각국에서 수집한 수천 마리의 곤충 표본을 볼 수 있다. MAP ❺

필라투스산에서 출토한 용의 돌

GOOGLE MAPS 3822+M9 루체른
ACCESS 슈프로이어교 남쪽 진입로 왼쪽
ADD Kasernenplatz 6, 6003 Luzern
OPEN 10:00~17:00/월요일 휴무
PRICE 10CHF, 경로·학생 8CHF, 6~16세 3CHF/
루체른 게스트 카드 소지자 8CHF 스위스 트래블 패스 소지자 무료
WEB naturmuseum.lu.ch

루체른에서 출토한 화석

루체른 인근 지역의 생태계

Option 14

루체른 역사가 여기 다 있네!

루체른 역사 박물관

Historisches Museum Luzern

옛 무기고를 개조한 3층짜리 역사 박물관. 루체른을 비롯해 스위스 곳곳의 역사를 다룰 뿐만 아니라 인근 지역에서 발견된 유물들과 사소한 생활용품까지 포함한 3000여 점을 전시한다. 골동품점이나 만물상 같은 분위기로, 워낙 빽빽하게 전시물이 들어차 있어서 하나하나 구경하다 보면 시간이 꽤 걸린다. MAP ❺

GOOGLE MAPS 3822+GJ 루체른
ACCESS 자연사 박물관에서 강을 마주 보고 오른쪽 2번째 건물
ADD Pfistergasse 24, 6003 Luzern
OPEN 10:00~17:00/1월 1일·2월 16일·2월 21일·12월 24~25일 휴무
PRICE 10CHF, 경로·학생 8CHF, 6~16세 5CHF/
루체른 게스트 카드 소지자 8CHF 스위스 트래블 패스 소지자 무료
WEB historischesmuseum.lu.ch

부르바키 파노라마 전시 포스터

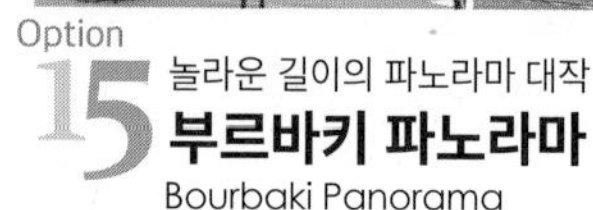

Option

15 놀라운 길이의 파노라마 대작
부르바키 파노라마
Bourbaki Panorama

길이가 무려 112m에 이르는 초대형 그림을 전시한 미술관. 19세기에는 원통형 건물 벽에 360°로 그림을 그리는 것이 유행이었는데, 에두아르 카스트르가 1881년에 그린 이 작품은 프랑코-프러시안 전쟁이 끝날 무렵(1871년) 피난처를 찾아 스위스로 왔던 8만7000명의 프랑스 군인들을 파노라마로 묘사했다. 음향 효과까지 더해져 매우 사실적인 느낌이다. 실내 촬영은 금지돼 있다. MAP ❺

GOOGLE MAPS 3846+QG 루체른
ACCESS 빈사의 사자상에서 도보 3분
ADD Löwenplatz 11, 6000 Luzern
OPEN 10:00~18:00(11~3월 ~17:00)
PRICE 15CHF, 학생 12CHF, 6~16세 7CHF/
스위스 트래블 패스 소지자 무료
WEB bourbakipanorama.ch/en/

Option

16 하마터면 지나칠 뻔한 도심의 숨은 보석
프란체스코회 성당
Franziskanerkirche

외관이 소박하고 규모도 작아서 그냥 지나치기 쉽지만 막상 들어가면 화려한 내부 장식에 감탄을 금치 못하는 곳. 13세기 후기 프란체스코 수도원 부속 교회로 지은 고딕 양식 건물로, 시대별 다양한 양식으로 내부를 재단장했다. 17세기 바로크 양식의 강당은 귀족적인 요소가 짙고, 인근 무제크 성벽 화약고 폭발 당시 그 압력으로 부서져 18세기에 재건한 창문은 후기 바로크 양식과 화려한 로코코 양식이 뒤섞였다. 예배 시간 외에는 자유롭게 무료 관람할 수 있으며, 가끔 소규모 클래식 공연도 열린다. MAP ❺

GOOGLE MAPS 28X3+V6 루체른
ACCESS 예수회 교회에서 도보 3분
ADD Franziskanerplatz 1, 6000 Luzern
OPEN 07:30~18:30/일요일 예배 시간 입장 불가
WEB kathluzern.ch

+ MORE +

루체른에서 가장 오래된 약국

프란체스코회 성당 앞 분수대에서 성당을 등지고 왼쪽 골목으로 들어가면 골목 끝 왼쪽 코너에 옛 주이테쉬 약국(Alte Suidtersche Apotheke)이 있다. 루체른에서 가장 오래된 약국으로, 1833년 개업 이래 인테리어를 거의 바꾸지 않아 외관과 내부 모두 매우 신비롭고 아름답다. 약보다는 고대 연금술사가 마법의 가루를 팔 것 같은 분위기다.

GOOGLE MAPS 3823+35 루체른 **ADD** Bahnhofstrasse 21, 6003 Luzern

매운 라면이 확 당길 때

$ 레스토랑 마시다 Restaurant Mashida

한식과 일식 전문 캐주얼 레스토랑. 불고기나 순두부찌개부터 초밥과 회까지 맛볼 수 있으며, 특히 라면의 평판이 좋다. 1층 테이크아웃점은 스위스 물가 대비 저렴한 편. 군만두, 잡채밥, 라면, 컵밥 등 간단한 먹거리를 판매한다. MAP ⑤

GOOGLE MAPS 3824+W5 루체른
ACCESS 바인마르크트(Weinmarkt) 광장에서 도보 1분
ADD Hirschenplatz 3, 6004 Luzern
OPEN 11:30~20:00
PRICE 라면 13CHF~, 대형 컵밥 16.90CHF~

+ MORE +

루체른 먹킷리스트

앨플러마그로넨
Älplermagronen

마카로니, 삶은 감자, 치즈, 크림을 넣고 볶다가 마지막에 구운 양파를 얹어 낸다. 스위스 중부 산간 지역의 대표적인 겨울철 음식.

루체르너 취겔리파스테테
Luzerner Chügelipastete

원통형 페이스트리 빵 컵 안에 화이트소스와 함께 익힌 고기와 버섯을 담아낸다. 프랑스어권에서는 '볼 오 방(Vol au Vent)'이라고도 한다.

하픈샤비스
Hafenchabis

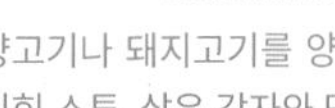
양고기나 돼지고기를 양배추와 함께 익힌 스튜. 삶은 감자와 먹는다.

슈퉁기스
Stunggis

돼지고기와 야채를 큼직하게 썰어 국물이 자작해질 때까지 조린 스튜.

스브린츠 치즈
Sbrinz

중부 스위스의 가장 기본적인 치즈. 지방을 제거하지 않는다.

비르넌베겐
Birnenweggen

말린 서양배가 들어 있는 빵. 맛이 단팥빵과 약간 비슷하다.

로채르너 래게트뢰플리
Lozärner Rägetröpfli

체리 브랜디를 첨가한 초콜릿이다.

차체슈트랙컬리
Chatzestreckerli

저민 아몬드를 꿀과 버무린 과자. 땅콩강정과 비슷한 맛이다.

텔 맥주
Tell

스위스 지역 라거 맥주. 레스토랑이나 슈퍼마켓에서 구매할 수 있다.

현지인들이 선택한 동네 파스타집

파스타라치 Pastarazzi

루체른에서 가장 인기 있는 파스타 맛집. 트렌디한 이탈리아풍 인테리어와 친절한 서비스가 돋보인다. 맛있고 가격도 부담 없는 수제 생파스타와 라비올리를 진열대에서 직접 보고 고를 수 있다. 파스타와 소스 종류를 고르면 조리사가 그 자리에서 조리해준다. 단, 테이블 수가 적어서 식사 시간대엔 테이크아웃해야 한다. MAP ⑤

GOOGLE MAPS 28X3+VX 루체른
ACCESS 예수회 교회에서 도보 1분
ADD Hirschengraben 13, 6003 Luzern
OPEN 11:00~14:30, 17:00~22:30(토 11:00~22:30)/일요일 휴무
PRICE 파스타 23CHF~, 음료 4.50CHF~
WEB pastarazzi.ch

수제 파스타

배가 빵빵해지는 코르돈 블루

카페 라 스위스 Café la Suisse

치즈 돈카츠와 비슷한 코르돈 블루(Cordon bleu)를 푸짐하게 맛볼 수 있다. 스위스 전통음식이 주메뉴인데, 둘이 하나를 시켜도 적지 않은 양이다. 식당보다는 바에 가까운 분위기로, 식사에 맥주 한잔을 곁들이는 현지인이 많이 찾는다. 단, 실내가 좁고 흡연이 가능해 남배 연기에 민감한 사람에겐 추천하지 않는다. MAP ⑤

GOOGLE MAPS 3835+64 루체른
ACCESS 카펠교 북쪽으로 나와 100m 직진 후 왼쪽 모퉁이, 도보 2분
ADD Gerbergasse 11, 6004 Luzern
OPEN 09:00~23:00(금·토 ~24:00)/일요일 휴무
PRICE 메인 25CHF~, 코르돈 블루 26.50CHF~, 디저트 10CHF~
WEB cafe-suisse-luzern.ch

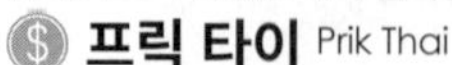

언제 가도 부담없는 태국 음식점

프릭 타이 Prik Thai

호숫가 한적한 곳에 있는 태국 음식점. 소박하지만 깔끔한 실내에서 무난한 태국 음식을 먹을 수 있다. 시내 중심의 번잡한 분위기를 피해 편안하게 아시안 메뉴를 즐기고 싶다면 추천. 테이크아웃 가능. MAP ⑤

GOOGLE MAPS 28X7+JC 루체른
ACCESS 루체른역 건물 오른쪽, KKL 뒤
ADD Inseliquai 8, 6005 Luzern
OPEN 11:00~22:00/일요일 휴무
PRICE 에피타이저 12.50CHF~ 커리 14CHF~

WEB prikthai.ch

맛있게 뚝딱하는 한식 한 그릇

$$ 코리아 타운 Korea Town

20년이 훌쩍 넘게 루체른에서 한국의 맛을 전해온 식당. 각종 찌개와 불고기, 제육볶음, 오징어볶음 등 단품 메뉴를 비롯해 코스 메뉴도 준비돼 있다. 가격대가 약간 높은 편이지만 양식에 지친 뱃속을 풀기에 이만한 곳이 없다. MAP 5

GOOGLE MAPS 28X5+23 루체른
ACCESS 로젠가르트 미술관에서 도보 5분
ADD Hirschmattstrasse 23, 6003 Luzern
OPEN 11:30~14:00, 17:30~23:00 (토 17:30~23:00)/일요일 휴무
PRICE 식사 32CHF~, 음료 4.50CHF~
WEB koreatown.ch

라에버리(송아지 간볶음)와 뢰스티

포토푀(핫팟)
스테이크와 시금치, 감자튀김

푸근푸근한 분위기의 전통 음식점

$$ 버츠하우스 갈리커 Wirtshaus Galliker

목제 인테리어가 푸근한 분위기의 가정식 레스토랑. 루체른 전통 음식 대부분과 인근 강에서 잡은 민물고기 요리를 맛볼 수 있다. 투박하면서도 푸짐한 음식들은 시골집에 초대받은 느낌. 현지인과 관광객 모두에게 인정받는 곳이지만 우리 입맛에는 조금 짤 수 있으니 주문 시 덜 짜게 해달라고 요청하자. MAP 5

GOOGLE MAPS 3822+98 루체른
ACCESS 주립 자연사 박물관에서 도보 2분
ADD Schützenstrasse 1, 6003 Luzern
OPEN 11:15~14:30, 18:00~24:30/일·월요일 휴무
PRICE 식사 26CHF~, 주류 5.50CHF~
WEB wirtshaus-galliker.ch

테라스 너머로 강물은 흐르고

$$ 피스턴 Pfistern

루체른을 비롯해 중부 스위스 전통 음식들을 판매하는 고급 레스토랑. 샬레 타입의 실내도 분위기가 좋지만 날이 춥지 않다면 테라스석을 추천한다. 강변에 자리 잡고 있어서 로맨틱한 로이스강 뷰가 펼쳐진다. 건물에 그려진 벽화도 아름답다. MAP 5

GOOGLE MAPS 3824+P8 루체른
ACCESS 루체른 시청(Rathaus)에서 도보 1분
ADD Kornmarkt 4, 6004 Luzern
OPEN 09:00~24:00(토 08:00~, 일 ~23:00)
PRICE 식사 27CHF~, 런치 23CHF~
WEB restaurant-pfistern.ch

브랏부어스트와 뢰스티
루체르너 취겔리파스테테

스위스 전통 공연과 식사 즐기기

$$$ 슈타트켈러 Stadtkeller

스위스 민요와 댄스 공연을 감상하며 전통 요리와 직접 만든 수제 맥주를 즐길 수 있다. 늘 사람이 가득해 축제장 같은 분위기. 긴 테이블에 모르는 사람들과 합석하는 방식이다. 공연 시간에 식사하려면 전화나 이메일 예약을 권장. 4~10월엔 전통 공연, 겨울철엔 록, 팝, 재즈 공연 등이 열린다. MAP ❺

GOOGLE MAPS 3834+5V 루체른
ACCESS 카펠교에서 도보 2분
ADD Sternenplatz 3, 6004 Luzern
OPEN 11:30~00:00(월·일요일 휴무)/
전통공연: 4~10월 19:30~21:30(11~3월 휴무)
PRICE 점심 23CHF~, 저녁 35CHF~, 맥주 6CHF~
WEB stadtkeller.ch, 예약: info@stadtkeller.ch

디저트 아이스크림

찬란한 호수 뷰의 프렌치 레스토랑

$$$ 레스토랑 슈바넨 Restaurant Schwanen

2층에 있어서 호수 전망이 더욱 아름다운 고급 레스토랑. 송아지 고기볶음, 파스타, 스테이크, 홍합, 타르타르소스를 곁들인 오징어구이, 스테이크 등 계절마다 바뀌는 프렌치 요리를 선보인다. 합리적인 가격으로 제공하는 점심 메뉴는 매주 바뀌며, 곱빼기로도 주문할 수 있다. 전망 좋은 창가 자리는 예약 권장. MAP ❺

GOOGLE MAPS 3835+7C 루체른
ACCESS 카펠교에서 도보 2분
ADD Schwanenplatz 4, 6004 Luzern
OPEN 08:00~19:30(토 07:00~18:30, 일 09:00~18:00)
PRICE 점심 28CHF(일반)/38CHF(곱빼기), 저녁 35CHF~
WEB cafedeville.ch

©Restaurant Schwanen

저택에서 경험하는 전통의 맛

$$$ 올드 스위스 하우스 Old Swiss House

150년 가까이 된 저택을 개조한 레스토랑. 구석구석 골동품으로 장식한 고풍스러운 분위기와 어울리는 스위스 전통 음식을 선보인다. 키아누 리브스나 로저 페데르 등 전 세계 셀럽들이 다녀간 인증 사진도 붙어 있다. 가격대가 높은 편. MAP ❺

GOOGLE MAPS 3846+WF 루체른
ACCESS 부르바키 파노라마 미술관 옆
ADD Löwenplatz 4, 6004 Luzern
OPEN 11:30~14:30, 18:00~23:00/월·일요일 휴무
PRICE 메인 50CHF~
WEB oldswisshouse.ch

©Old Swiss House

커리 소시지
채식 햄버거
©Seebistro LUZ

휴양지 분위기가 솔솔

제비스트로 루츠

Seebistro LUZ

선착장 옆에 있는 카페 겸 바. 음료와 가벼운 베이커리류, 핑거푸드를 선보이며, 계절마다 메뉴가 바뀐다. 휴양지 분위기가 나는 테라스석은 물 위에 있어서 발아래로 호수가 찰랑거린다. 겨울철엔 3면이 유리로 된 실내에서 따뜻한 커피를 마시며 호수를 가까이에서 감상할 수 있다. MAP ⑤

GOOGLE MAPS 3826+G6 루체른
ACCESS 루체른역 앞 선착장 오른쪽, 도보 2분
ADD Landungsbrücke 1, 6002 Luzern
OPEN 07:30~23:00(목~토 ~24:00, 일 ~22:00)
PRICE 샌드위치·베이커리 10CHF~, 수프 18CHF~, 퐁뒤 39CHF(2인 이상), 음료 5CHF~
WEB luzseebistro.ch

©Rathaus Brauerei

필라투스산 샘물로 빚은 수제 맥주

라트하우스 브라우어라이

Rathaus Brauerei

구 시청사(Rathaus) 옆에 자리 잡은 수제 맥줏집. 필라투스산의 샘물로 빚은 루체른표 맥주를 만드는 곳으로, 맥주 애호가라면 꼭 가봐야 할 곳이다. 기본 하우스 맥주는 과일 향이 살짝 나는 츠비켈비어(Zwickelbier). 계절마다 바뀌는 맥주 중엔 크리스마스 흑맥주도 있다. 스테이크나 립 등 식사 메뉴도 있지만 맥주의 친구는 역시 소시지나 슈니첼이다. MAP ⑤

GOOGLE MAPS 3824+QH 루체른
ACCESS 루체른 시청(Rathaus) 옆
ADD Unter der Egg 2, 6004 Luzern
OPEN 09:00~23:30(토 08:00~)
PRICE 수제 맥주 4.70CHF~, 식사 28CHF~
WEB rathausbrauerei.ch

©Suite Small Plates & Cocktails

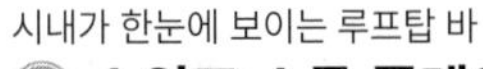
시내가 한눈에 보이는 루프탑 바

스위트 스몰 플레이트 & 칵테일

Suite Small Plates & Cocktails

루체른역 옆 모노폴 호텔에 딸린 루프탑 바. 루체른 트렌드세터들의 주말 파티 장소가 궁금하다면 이곳으로 가보자. 호수와 시내로 시야가 확 트인 환상적인 야경을 감상할 수 있다. 칵테일을 비롯해 가벼운 핑거 푸드를 맛볼 수 있다. MAP ⑤

GOOGLE MAPS 28X5+WH 루체른
ACCESS 루체른역 앞
ADD Pilatusstrasse 1, 6003 Luzern
OPEN 16:00~24:30(월 ~23:30, 목 ~01:00, 금 ~03:00, 토 14:00~03:00, 일 14:00~23:30)
PRICE 칵테일 16.50CHF~, 무알콜 칵테일 14CHF~, 핑거푸드 11CHF~
WEB suite-rooftop.ch

Shopping & Walking

©Victorinox

필라투스 예약부터 기념품 쇼핑까지

필라투스 숍 Pilatus Shop

스위스 기념품점 겸 필라투스행 티켓 판매소다. 스위스 트래블 패스가 없고 필라투스에 갈 예정이라면 이곳에서 미리 티켓을 사두면 편리하다. 산 정상 날씨를 실시간 웹캠으로 볼 수 있는 것도 장점. 기념품은 작은 소품부터 의류까지 다양하다. MAP ⑤

GOOGLE MAPS 3823+XX 루체른
ACCESS 바인마르크트(Weinmarkt) 광장에서 도보 1분
ADD Hirschenplatz 10, 6002 Luzern
OPEN 10:00~18:30(토 09:00~17:00)/ 일요일 휴무
WEB pilatus.ch

안 들어가곤 못 배기는 이곳

빅토리녹스 Victorinox

대표 상품인 스위스 군용칼 외에 시계부터 의류, 여행 가방까지 빅토리녹스의 다양한 제품을 살펴볼 수 있다. 실용적이면서도 감각 있는 디자인 제품이 많으니 구경 삼아 방문해보자. MAP ⑤

GOOGLE MAPS 3834+22 루체른
ACCESS 필라투스 숍 옆
ADD Hirschenplatz 12, 6004 Luzern
OPEN 09:30~18:30(토 09:00~17:00)/ 일요일 휴무
WEB victorinox.com

©Casagrande Souvenirs

온갖 스위스 기념품의 전당

카사그란데 기념품 Casagrande Souvenirs

스위스 느낌이 물씬 나는 정통 기념품 가게. 종 모양 열쇠고리, 냉장고 자석, 칼, 티셔츠, 모자, 시계 등 여행 기념품 하면 떠오르는 모든 것을 취급한다. 시내에 2곳의 매장이 있다. MAP ⑤

GOOGLE MAPS 빈사의 사자상 근처: 3856+36 루체른/카펠교 근처 3835+C4 루체른
ACCESS 빈사의 사자상에서 도보 1분/카펠교에서 도보 3분
ADD Denkmalstrasse 9/Grendelstrasse 6, 6004 Luzern
OPEN 09:00~18:30(토 09:00~18:00, 일 10:00~17:00)/11~3월 일요일 휴무
WEB casagrande.ch

©Max Chocolatier

반짝반짝 크리스털과 영롱한 도자기

오 자르 뒤 푸 Aux Arts du Feu

'불의 예술'이라는 뜻의 주방용품 전문점. 왕가에서 쓸 것만 같은 크리스털 와인잔이나 톡톡 튀는 색감의 도자기들이 시선을 사로잡는다. 유명 디자이너들의 센스 있는 소품이 많아서 기념품으로도 손색없다. MAP ⑤

GOOGLE MAPS 3835+HR 루체른
ACCESS 카펠교에서 도보 3분
ADD Schweizerhofquai 2, 6004 Luzern
OPEN 10:00~18:30(토 09:00~17:00)/일요일 휴무
WEB auxartsdufeu.ch

창업 스토리 덕에 감동이 2배!

막스 쇼콜라티에 Max Chocolatier

루체른에서 제일가는 초콜릿 가게. 2009년 문을 열어 역사가 짧음에도 인기 높은 이유는 창업 배경 때문이다. 다운증후군을 앓는 어린 막스는 초콜릿을 좋아해 초콜릿 가게를 여는 게 꿈이었다. 역시 초콜릿 마니아였던 막스의 아버지와 할아버지는 막스의 꿈을 이뤄주기 위해 전 세계를 여행하며 최고의 초콜릿 재료를 찾아 다녔고, 그 결과 세계 곳곳에서 엄선한 카카오, 견과류, 우유, 건과일, 술 등으로 만든 100% 수제 초콜릿 가게를 열었다. 지금은 세계 초콜릿 대회 2등을 수상한 초콜릿 장인을 비롯한 4명의 장인이 초콜릿을 만드는 루체른 제일의 초콜릿 가게로 자리매김했다. 초콜릿 속에 다양한 맛의 필링을 첨가한 트러플 류가 일품이다. MAP ⑤

GOOGLE MAPS 3846+32 루체른
ACCESS 부르바키 파노라마 미술관에서 도보 4분
ADD Hertensteinstrasse 7, 6004 Luzern
OPEN 10:00~18:30(토 09:00~17:00)/일요일 휴무
PRICE 트러플 모둠 상자 19 CHF~, 초콜릿바 13 CHF~
WEB maxchocolatier.com

DAY TRIP

루체른에서 살짝 다녀오는

근교 나들이

신비로운 푸른빛의 루체른 호수를 유람하면서 스위스 건국지와 빌헬름 텔 설화 속 무대를 둘러보자.
시간을 잘 맞추면 클래식한 분위기의 옛 증기선을 탈 수도 있다.

유람선에서 바라본 루체른

유람선 타고 이야기 속으로
스위스 건국지 여행 추천 코스

전 일정을 유람선으로 왕복할 수도 있지만 시간이 매우 많이 걸린다.
하루 일정으로는 아래와 같이 기차와 섞어 탈 것을 추천한다.
일정이 촉박하다면 유람선의 베스트 구간인 플뤼엘렌-뤼틀리 구간만 이용하고 나머지는 기차로 이동하거나, 몇 곳은 생략해도 좋다.
유람선 노선도와 루체른 호수 주변 지도는 217p 참고.

WEB lakelucerne.ch/en/

추천 코스 ①

루체른 → 유람선 2시간 10분 → 뤼틀리 → 유람선 40분 → 플뤼엘렌 → 401번 버스 7분 → 알트도르프 → 기차 15~20분 → 슈비츠 → 기차 45분 → 루체른

추천 코스 ②

루체른 → 493번 버스+403번 버스 50분 → 알트도르프 → 401번 버스 10분 → 플뤼엘렌 → 유람선 36분 → 뤼틀리 → 유람선 10분 → 브루넨 → 502·508번 버스 10분 → 슈비츠 → 508번 버스 5분+기차 45분 → 루체른

+ MORE +

루체른 호수와 스위스 건국

루체른 호수의 정식 명칭은 피어발트슈태터터 호수(Vierwaldstättersee)로, '4개의 숲이 맞닿은 호수'란 뜻이다. 이 호수를 중심으로 루체른, 운터발덴(현재 니드발덴과 옵발덴으로 분리), 슈비츠, 우리 4개의 칸톤이 접해 있었는데, 그중 루체른을 제외한 3개의 칸톤이 1291년 8월 1일 연합해 최초의 스위스가 탄생했다. 루체른은 나중에 이들과 연합하여 스위스의 4번째 칸톤이 됐다. 3개의 칸톤이 연합한 계기는 당시 오스트리아의 합스부르크 가문이 이 지역까지 세력을 확장하며 마을들을 억압하자 이에 대항하기 위해서였다. 이때 생겨난 설화가 바로 그 유명한 빌헬름 텔 이야기다.

하이랜드 소

뤼틀리 선착장

뤼틀리
Rütli

스위스가 탄생한 지점. 1291년 우리, 슈비츠, 운터발덴 3개 칸톤의 대표자 33명이 이곳 들판에 모여 건국 서약을 했다. 선착장에서 들판까지는 10분가량 흙길을 올라가야 하는데, 소들이 한가로이 풀을 뜯는 푸른 초지에 붉은 스위스 국기만 펄럭일 뿐 다른 볼거리는 전무하다. 여기에서 실용성과 자연과의 조화를 중시하는 스위스 사람들의 성향이 드러나는 듯하다. 애초에 나라를 세운 목적도 권력욕이나 영토 확장 때문이 아닌, 작은 마을들이 지배 세력에 대항해 살아남기 위함이었으니 어쩌면 당연한 모습일지도 모르겠다.

올라가는 길에 레스토랑이 하나 있지만 점심에만 운영하기 때문에 마실 물과 간식을 챙겨야 한다. 맑은 날 가면 푸른 호수와 들판이 아름다워 한없이 머물고 싶어지지만 날씨가 좋지 못하면 들인 시간과 노력에 비해 별로 와닿지 않을 수 있다.

GOOGLE MAPS XH9V+H6 Seelisberg
ACCESS 루체른: 유람선 2시간 10분/플뤼엘렌: 유람선 40분/브루넨: 유람선 10분
*유람선만 이용 가능

+ MORE +

빌헬름 텔 이야기

우리(Uri) 칸톤의 작은 마을 알트도르프에 부임한 합스부르크가의 관리는 마을 중심에 자기 모자를 걸어두고 지나는 이마다 절하게 했다. 이에 불복한 빌헬름 텔과 그의 아들이 체포되자, 텔이 석궁에 능하다는 것을 들은 관리는 텔 아들의 머리에 사과를 올려놓으며 단 한 발의 화살로 사과를 맞추면 둘 다 살려주고 그렇지 못하면 사형에 처하겠다고 한다. 명사수 텔은 당연히 성공했으나, 행여나 실패하면 관리를 쏴버리고 도주하려고 화살을 1개 더 준비한 것이 발각돼 결국 체포된다. 우여곡절 끝에 감옥에서 탈출한 텔은 화살로 관리를 쏘아 죽였고, 이것이 자유를 위한 투쟁의 발화점이 된다. 참고로 빌헬름 텔은 스위스 건국 정신을 대표하는 설화 속 영웅일 뿐 실존 인물은 아니다. 빌헬름 텔은 독일어 이름이며, 영어로 윌리엄 텔(William Tell), 프랑스어로 기욤 텔(Guillaume Tell), 이탈리아어로 굴리엘모 텔(Guglielmo Tell)이라 부른다.

알트도르프에 있는 빌헬름 텔 동상

플뤼엘렌
Flüelen

루체른 호숫가 마을 중 물빛이 제일 예쁜 곳. 알프스 고봉들과 가까워 빙하수가 섞인 호수는 주변과 확연히 다른 밝고 푸른 물빛을 띤다. 알트도르프로 가는 유람선을 타면 거쳐 가는 마을로, 여기서부터 뤼틀리 구간이 루체른 호수 유람선의 하이라이트라고 할 만큼 신비롭고 아름답다. 선착장 주변에 레스토랑 몇 개가 있다.

GOOGLE MAPS WJ2F+MP Flüelen
ACCESS 루체른: 유람선 2시간 50분 또는 기차 1시간/뤼틀리: 유람선 40분/알트도르프: 401번 버스 10분

유람선에서 바라본 플뤼엘렌 마을

알트도르프
Altdorf

사과와 석궁 사건이 발생했다고 설정된 시청 앞에 19세기 후반 스위스의 조각가 리차드 키슬링이 만든 동상 텔덴크말(Telldenkmal)이 있다. 동상 뒤에 있는 튀르믈리(Türmli) 탑은 작은 박물관으로, 꼭대기에 오르면 알트도르프의 아름다운 풍경을 감상할 수 있다. 텔덴크말에서 서쪽으로 마을 중심가를 따라 300m 내려가면 바로크 양식의 아름다운 예배당 장크트 마틴 교회(Pfarrkirche St. Martin)가 있다.

GOOGLE MAPS 텔덴크말: VJJV+PH 알트도르프/장크트 마틴 교회: VJMR+8R 알트도르프
ACCESS 루체른: 493번 버스+403번 버스 50분/기차 1시간+알트도르프 역에서 403·408·412번 버스 4분, 텔덴크말(Telldenkmal) 하차/플뤼엘렌: 401번 버스 7분
OPEN 장크트 마틴 교회: 07:30~19:30

텔덴크말

우리주 칸톤기

장크트 마틴 교회

+ MORE +

빌헬름 텔이 태어난 뷔르글렌 Bürglen

빌헬름 텔이 태어났다고 전해지는 산골 마을. 조그만 텔 박물관(Tell-Museum)과 소박한 텔 예배당(Tells-Kapelle: 납치당한 텔이 배에서 탈출해 폭군 게슬러를 암살하고 반란을 일으킨 장소에 지어졌다는 예배당)이 있다. 예배당 뒤뜰에서 보는 풍경이 아름답지만 워낙 작은 마을이어서 바쁜 시간을 쪼개어 왔다면 실망할 수 있다.

GOOGLE MAPS VMG7+35 Bürglen
ACCESS 플뤼엘렌 선착장: 408번 버스 25분/텔덴크말: 408번 버스 12분/각각 1시간에 1대 운행

텔 박물관

텔 예배당

빅토리녹스 직영 매장

브루넨
Brunnen

추천 코스 ❷를 선택할 경우 슈비츠에 들어가기 위해 유람선으로 도착하는 작은 마을이다. 1884년 군용칼 브랜드 빅토리녹스가 탄생한 곳이어서 이 일대를 포함한 루체른 호수 북동부 지역을 '스위스 나이프 밸리(Swiss Knife Valley)'라고 부른다. 2023년 새단장한 빅토리녹스 직영 매장에선 군용칼 구매뿐 아니라 전문가에게 칼 조립을 배우고 만들 수 있으며, 아웃도어용품이나 시계 등 빅토리녹스의 다양한 라인업과 지역 특산물도 둘러볼 수 있다. 칼 조립은 약 15분간 영어로 진행하며, 한 번에 1개씩만 조립 가능, 8세 이상 가능(전화 예약 필수).

GOOGLE MAPS 브루넨 선착장: XJV4+84 Ingenbohl
빅토리녹스 직영 매장: XJV4+Q5 Brunnen, Ingenbohl
ACCESS 뤼틀리: 유람선 10분 또는 508번 버스 10분/플뤼엘렌: 유람선 50분 또는 기차 10분/슈비츠: 508번 버스 10분/빅토리녹스 직영 매장은 브루넨 선착장을 등지고 마을 방향으로 도보 2분
ADD 빅토리녹스 직영 매장: Bahnhofstrasse 3, 6440 Brunnen SZ
OPEN 빅토리녹스 직영 매장: 09:00~18:00(금 ~18:30, 토 ~17:00)/일요일 휴무
PRICE 칼 조립: 스파르탄(Spartan) 35CHF, 클라이머(Climber) 47CHF
TEL 빅토리녹스 직영 매장: +41(0)41 825 60 20

슈비츠
Schwyz

스위스 최초 연맹 중의 하나였던 칸톤이자 스위스 국명의 기원이 된 곳이다. 스위스의 중요 문서가 보관된 박물관이나 아름다운 교회, 저택을 개조한 도서관 겸 박물관 등을 둘러볼 수 있다.

GOOGLE MAPS 2JGJ+HW 슈비츠
ACCESS 브루넨: 502·508번 버스 10분/루체른: 기차 45분/알트도르프: 기차 15~20분

스위스 건국 이념을 담은 작품들이 전시돼 있다.

Ⓐ 연방 고문서 박물관
Bundesbriefmuseum

스위스 건국의 기초가 된 뤼틀리 서약서를 비롯해 각종 중요한 문서와 역사적 기록을 보관한 박물관. 스위스에선 매우 중요한 곳이어서 방문할 만하다. 고문서 사진 촬영 불가.

GOOGLE MAPS 2JCX+Q7 슈비츠
ACCESS 슈비츠역에서 501·503·508 버스를 타고 슈비츠 젠트룸(Schwyz Zentrum) 하차, 왔던 길로 250m 되돌아와 오른쪽
ADD Bahnhofstrasse 20, 6430 Schwyz
OPEN 10:00~17:00/월요일 휴무
PRICE 5CHF, 학생·경로 2.50CHF
WEB bundesbrief.ch

B 장크트 마틴 교회
Kirche St. Martin

아름답고 화려한 바로크 양식의 교회. 8세기에 건축 후 지진이나 화재, 건물 확장 등의 이유로 7번이나 다시 지었다.

GOOGLE MAPS 2MC3+H9 슈비츠
ACCESS 연방 고문서 박물관에서 도보 7분
OPEN 07:30~19:30(일 08:30~)
ADD Herrengasse 1, 6430 Schwyz

C 이탈 레딩 박물관
Ital Reding-Hofstatt

중부 스위스 양식을 잘 반영한 저택. 3개 건물 중 1609년에 지은 메인 건물은 옛 귀족의 생활상을 볼 수 있는 박물관, 옛 농장 건물은 주립 도서관으로 사용되고 있다. 1287년 완공한 목조 건물 베들레헴 하우스는 스위스 탄생 이전에 지어서 역사적 가치가 높다.

GOOGLE MAPS 2MC4+M8 슈비츠
ACCESS 장크트 마틴 교회에서 도보 4분
ADD Rickenbachstrasse 24, 6430 Schwyz
OPEN 14:00~17:00(토·일 10:00~12:00, 14:00~17:00)/월요일, 11~4월 휴무

D 빅토리녹스 팩토리 스토어
Victorinox Factory Store

빅토리녹스 본사에 위치한 공장형 매장. 다양한 종류의 군용칼, 주방용 칼, 전문 요리사용 칼, 향수, 시계 및 여행용 액세서리 등을 구매할 수 있다.

GOOGLE MAPS 2J8X+FH Ibach
ACCESS 슈비츠 첸트룸(Schwyz Zentrum) 정류장에서 502·503·508·531·532 버스 7분
ADD Schmiedgasse 57, 6438 Ibach SZ
OPEN 08:00~12:00, 13:15~18:00(토 08:00~16:00)/일요일 휴무
WEB victorinox.com

베들레헴 하우스

루체른 파스나흐트
Luzerner Fasnacht

부활절 전 사순절에 6일 정도 열리는 대규모 축제. 메인 이벤트는 목요일과 월요일의 퍼레이드로, 목요일은 화려한 꽃차들이 행진하는 것이 특징이고, 월요일은 개구리 모양 수레가 이동하며 익살 넘치는 풍자 퍼레이드를 펼친다. 마지막 화요일은 금식 전야제(파스나흐트)로, 기괴한 가면을 쓴 군중들이 드럼 소리가 신나는 구겐무직에 맞춰 춤추며 행진한다.

WHERE 루체른 구시가 일대
OPEN 2월 초~3월 초(매년 다름, 홈페이지 확인)
WEB lfk.ch

©Luzerner Fasnacht

©Blue Balls Festival

블루 볼 페스티벌
Blue Balls Festival

매년 7월 말에 열리는 초대형 음악 축제. 스위스 독일어권에서 가장 중요한 음악 축제로, 록, 블루스, 펑크, 재즈, 팝 등 다양한 장르의 세계적인 뮤지션들이 출연한다.

WHERE 루체른 호반 산책로, KKL 문화 컨벤션 센터
OPEN 7월 말 9일간(매년 조금씩 다름, 홈페이지 확인)
PRICE 공연마다 다름
WEB blueballs.ch

루체른 도시 축제
Stadtfest Luzern

밴드 콘서트와 미디어 파사드 라이트 쇼, 거리 공연이 열리고 호숫가에서 불꽃놀이도 한다. 팝업 바와 음식 스탠드에서 먹고 마시며 편안하게 즐기는 축제로, 역사가 길진 않지만 매년 성장하고 있다.

WHERE KKL 문화 컨벤션 센터 주변 호숫가
OPEN 6~8월 중(매년 다름, 홈페이지 확인)
WEB luzernerfest.ch

©Luzerner Fest

©Lucerne Festival/Priska Ketterer

루체른 페스티벌
Lucerne Festival

1년에 2~3번 열리는 세계적 수준의 클래식 음악 축제. 부활절 기간에는 성가곡 콘서트, 8월 중순부터 9월 중순까지 한 달간은 클래식 교향곡 콘서트, 11월 말엔 가을맞이 피아노 콘서트가 열린다. 훌륭하기로 소문난 KKL의 음향 시설을 제대로 체험할 기회. 루체른 도시 축제와는 다른 축제다.

WHERE KKL(문화 컨벤션 센터) 콘서트홀
PRICE 공연마다 다름
WEB lucernefestival.ch/en

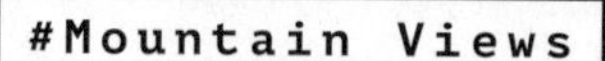

스위스의 중심, 스위스가 탄생한 곳

루체른 호수 (피어발트슈태터 호수) 지역

Region Vierwaldstättersee

스위스의 상징인 마터호른, 세계적으로 유명한 융프라우와 함께 스위스 3대 산악지대로 꼽히는 지역. 스위스가 탄생한 곳이자 지리적으로 스위스의 중심부에 위치해 중부 스위스라고도 부른다. 알프스 한가운데 생성된 거대한 빙하 호수들을 끼고 있어서 어떤 산봉우리에 올라도 짙푸른 호수와 맞은편의 웅장한 산봉우리들을 파노라마로 감상할 수 있는 곳. 매년 스위스 트래블 패스에 무료로 포함되는 산악교통들이 모두 이 지역에 있다는 것도 매력이다. 특히 알프스의 다른 산들에 비해 낮지만 전망이 아름다워 '산의 여왕'이라 불리는 리기는 우리나라 여행자들의 스위스 여행지 지역별 만족도 조사에서 늘 1~2위를 차지할 정도로 인기가 높다. 스위스 중부에서 가장 높은 티틀리스, 뛰어난 전망 덕분에 인기가 많은 필라투스, 세계 최초의 오픈 케이블카를 타고 정상까지 올라가는 슈탄저호른도 리기와 함께 명산으로 꼽힌다.

DAY PLANS

루체른 호수 주변 3대 명산을 두루 방문하고 시내도 적당히 구경하는 3일 기본 코스를 소개한다. 루체른 호수 지역은 산봉우리 주변에 쉽고 멋진 하이킹 코스가 많고 스위스 트래블 패스로 추가 요금 없이 오를 수 있는 산봉우리도 많으니 아래 일정을 참고해 본인의 취향과 일정에 따라 가감해보자.

DAY 1

❶ 루체른

↓ 유람선+도보+케이블카+산악열차, 1시간 45분

❷ 리기 쿨름

관람 시간 1~4시간 (하이킹 여부에 따라 다름)

↓ 산악열차+유람선, 1시간 50분

❸ 루체른

↓ 도보 5분

❹ 예수회 교회

↓ 버스 3분+도보 10분 또는 도보 15분

❺ 빈사의 사자상

DAY 2

❶ 루체른

↓ 버스+곤돌라+케이블카, 1시간 5분

❷ 필라투스 쿨름

관람 시간 1시간 30분~4시간 (하이킹 여부에 따라 다름)

↓ 산악열차+유람선, 2시간

❸ 루체른

↓ 도보 4분

❹ 카펠교

↓ 도보 20분(일부 오르막길)

❺ 무제크 성벽

관람 시간 30분~1시간

↓ 도보 10분

❻ 바인마르크트 광장

DAY 3

❶ 루체른

↓ 기차+버스+곤돌라+케이블카, 1시간 10분~1시간 30분

❷ 티틀리스

관람 시간 2시간

↓ 케이블카+곤돌라, 11분

❸ 트륍제

나룻배 또는 호수 둘레길 산책, 1~2시간

↓ 곤돌라 10분

❹ 엥겔베르크

↓ 버스 2분+도보 6분

❺ 엥겔베르크 수도원

↓ 도보 10분+기차 50분

❻ 루체른

루체른 호수 유람선

★

루체른 호수 지역 하루 만에 둘러보기

루체른 호수 지역은 워낙 방대해서 하루 만에 모두 둘러보기 어렵다. 호수 자체도 거대하지만 산봉우리 하나를 올라갈 때도 교통수단을 여러 번 바꿔가며 타야 하기 때문. 따라서 보통 루체른을 베이스로 하루에 한 봉우리씩 다녀오고 오후엔 루체른의 도시 명소들을 구경하는 것이 일반적이다. 만약 유람선 이용과 하이킹을 최대한 배제하고 새벽부터 부지런히 움직인다면 하루에 두 봉우리를 다녀올 수는 있다.

케이블카 타고 리기 가는 길

세계에서 경사도가 가장 높은 산악열차 타고 필라투스 가는 길

세계 최초의 회전 케이블카 타고 티틀리스 가는 길

리기

유럽 최초의 산악열차, 산들의 여왕

'산들의 여왕'이란 아름다운 별명을 가진 리기산(1797m)을 오르다 보면 푸른 호수 저편의 알프스 봉우리들이 하나둘 고개를 들며 지금껏 상상해온 스위스의 풍경이 현실로 다가온다. 날씨가 맑은 날이면 만년설이 쌓인 알프스 고봉들과 13개의 호수, 그리고 저 멀리 독일의 검은 숲(Schwarzwald)까지 보이는 빼어난 전망 덕분에 1871년 유럽 최초의 산악열차가 놓이기도 했다. 여왕다운 관대함으로 스위스 트래블 패스가 있다면 추가 요금 없이 끝까지 오르내릴 수 있으며, 정상 높이가 주변 산보다 낮은 데다 가파르지 않아 초보자들이 하이킹하기에도 제격인 곳이니 산에서 내려올 땐 하이킹을 섞어 보자. 책에 소개한 추천 코스를 모두 걷지 않고 역과 역 사이의 한 구간만 걸어도 리기의 매력을 온몸으로 느낄 수 있다.

리기로 가는 3가지 방법

루체른에서 리기에 다녀오는 방법은 3가지가 있다. 그중 유람선, 케이블카, 산악열차를 골고루 이용하는 경로 ❶+❷ 조합 코스가 가장 인기 있다. 경로 ❶로 올라가서 경로 ❷로 내려오면 베기스에서 도보 구간의 오르막길을 피할 수 있어서 조금 더 편하게 다녀올 수 있다. 사람이 많은 여름 성수기에는 경로 ❷로 올라가서 경로 ❶로 내려오는 방법이 조금 더 여유롭게 케이블카와 산악열차를 즐길 수 있어서 좋다. 단, 베기스 선착장에서 베기스 케이블카역까지 가는 약 850m 길이 오르막이라는 점을 감안해야 한다. 반면 경로 ❶의 피츠나우 산악열차역은 유람선 선착장 바로 앞에 있다. 계절에 따라 유람선 운항 편수가 바뀌기 때문에 전체 소요 시간도 조금씩 달라질 수 있다.

경로 ❶ (편도 1시간 40분, 80CHF/왕복 131CHF)

루체른 → 유람선 1시간 → 피츠나우(Vitznau) → 산악열차 32분 → 리기 쿨름

경로 ❷ (편도 1시간 45분, 80CHF/왕복 131CHF)/3·4월 및 11월 셋째·넷째 주 휴무)

루체른 → 유람선 40분 → 베기스(Weggis) 선착장 → 509번 버스+도보 10분 또는 도보 15분 → 베기스 케이블카역 → 케이블카 10분 → 리기 칼트바트(Rigi Kaltbad) → 산악열차 12분 → 리기 쿨름

경로 ❸ (편도 1시간 30분, 62CHF/왕복 105.20CHF)

루체른 → 기차 27분 → 아트-골다우(Arth-Goldau) → 산악열차 39분 → 리기 쿨름

요금

왕복(경로 ❶+경로 ❷) 131CHF(3·4월 및 11월 셋째· 넷째 주 휴무)/

스위스 트래블 패스 소지자·텔 패스 소지자·성인 동반 16세 미만 무료

유레일 패스 소지자·리기 쿨름 호텔 투숙객 50% 할인

운행 시간

계절에 따라 배 편수와 케이블카 하행 막차 시간이 크게 다르다. 정확한 시간표는 홈페이지에서 확인 후 숙소로 돌아올 계획을 세워두자. 특히 베기스 케이블카는 3월 초~4월 말과 11월 셋째·넷째 주에 정비 기간을 갖는다.

WEB 유람선: lakelucerne.ch/en, 산악열차·케이블카: rigi.ch/en

노인의 길, 젊은이의 길 표지판

리기 로트슈톡에서 바라본 리기 쿨름

리기 쿨름 Rigi Kulm(1798m)

푸른 잔디밭 한가운데 그림같이 자리한 산악열차역에서 리기 정상까지는 도보로 5분 정도 걸린다. 올라가는 길은 양쪽으로 나뉘면서 한쪽은 노인이, 다른 한쪽은 젊은이가 가리키고 있는데, 노인이 가리키는 좀 더 완만한 길로 올라가서 젊은이가 가리키는 쪽으로 내려오는 것이 편하다. 정상에 오르면 앞쪽으로 루체른 호수, 십자가가 있는 뒤쪽으로 추크 호수(Zugersee), 그 오른쪽으로 라우어츠 호수(Lauerzersee)가 보인다. 날씨가 맑다면 멀리 있는 것까지 총 13개의 호수를 볼 수 있다.

Point 1 리기 쿨름 호텔
Rigi Kulm Hotel

리기 쿨름 정상에 있는 호텔. 생긴 지 200년이 넘었지만 리노베이션해 깔끔하다. 객실은 심플한 편이지만 눈부신 일출과 일몰을 감상할 수 있다. 탁 트인 1층 테라스 카페는 비투숙객도 이용 가능.

WEB rigikulm.ch/en

Point 2 리기 패러글라이딩
Paragliding

루체른 호수 중간에 자리 잡은 리기는 사방이 탁 트인 호수와 스위스 중부 알프스 봉우리들을 볼 수 있어서 패러글라이딩 출발지로도 인기다. 터치 앤 고(touch and go)라는 업체에서 사계절 운영한다.

PRICE 180~280CHF(비행 시간 및 출발 시각에 따라 다름, 사진 촬영 포함, 산악교통 불포함)
WEB paragliding.ch/en

#Hiking

쉽게 즐기는 중부 스위스 최고의 풍경

리기 클래식+빌트슈톡클리 트레일

Bildstöckli

완만한 내리막길이 죽 이어져 매우 쉽게 걸으면서 감동적인 전망을 볼 수 있는 코스다. 기찻길을 옆에 두고 걷는 코스라 원하는 구간만 걷고 다시 기차를 타도된다. 기차는 1시간에 1대씩 운행한다. 중간에 리기 로트슈톡이란 작은 언덕을 지나는데, 체력이 허락한다면 올라가보자. 리기 쿨름과는 또 다른 각도의 아름다운 전망이 펼쳐진다.

info.

코스	리기 쿨름 → 리기 슈타펠역 → 리기 로트슈톡(여름철만 가능) → 리기 슈타펠회에역 → 캔첼리 전망대 → 리기 칼트바트역
거리	편도 4km(선택 추가 시 5km)
소요 시간	2시간~2시간 30분
시기	사계절
난이도	하(비포장 산길)

하이킹 공식 웹사이트

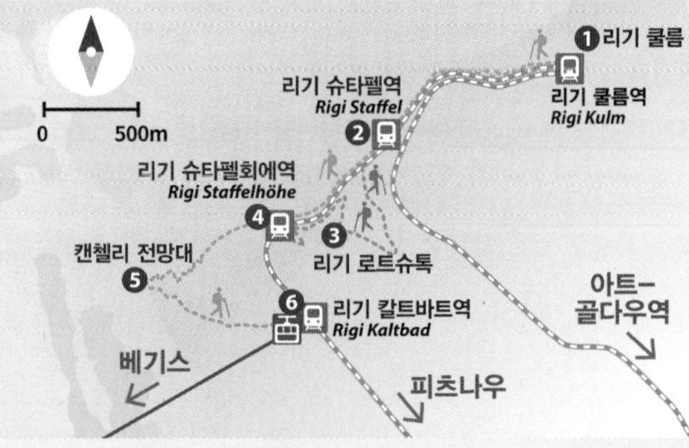

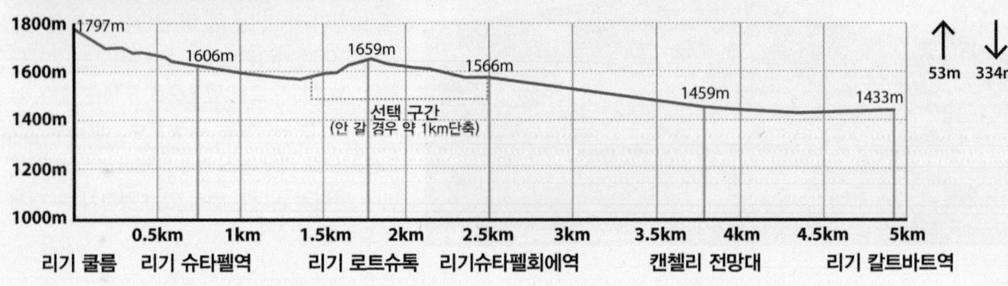

1 리기 쿨름 Rigi Kulm

산들의 여왕 정상을 구경하고 리기 쿨름 호텔을 지나 기차역으로 내려온다. 철도를 따라가는 코스라 길 잃을 염려도 없고 길도 잘 닦여 있다. 계속 내리막길이기 때문에 풍경을 구경하다 보면 금세 다음 역에 도착한다. 다음 역인 리기 슈타펠역까지 15~20분 소요.

2 리기 슈타펠역 Rigi Staffel

호텔과 레스토랑이 하나 있는 작은 역. 힘들면 이곳에서 기차를 타도 되지만 길이 워낙 아름답고 걷기 쉬워서 다음 역까지 계속 가고 싶어진다. 이곳에서 아트-골다우로 내려가는 파란 열차와 피츠나우로 내려가는 빨간 열차의 길이 갈라진다.

정상의 쉼터
리기산에서 보는 것과는 다른 각도로 루체른 호수를 볼 수 있다.

3 리기 로트슈톡 Rigi Rotstock(여름철만 가능)

여름철에만 오를 수 있는 언덕. 젖소들이 풀을 뜯는 한가로운 풍경과 360°로 펼쳐진 리기 쿨룸의 우아한 자태가 더없이 환상적이다. 리기 슈타펠역에서 5분 정도 내려오면 왼쪽에 언덕으로 올라가는 흙길이 보이는데, 이 길을 따라 오르면 리기 로트슈톡 정상이다. 이곳을 생략하고 리기 슈타펠역에서 다음 역으로 곧장 가려면 갈림길에서 오른쪽 숲길을 선택한다.

슈타펠회에에서 본 리기 칼트바트 스파 호텔

4 리기 슈타펠회에역 Rigi Staffelhöhe

리기 로트슈톡을 그냥 지나친다면 갈림길에서 15분 정도 걸어서 도착하는 기차역. 리기 로트슈톡에 올랐다면 정상에서 왔던 길의 10시 방향으로 난 산길을 타고 지그재그로 내려온다. 집들이 나타나기 시작하면 봉우리를 등지고 오른쪽 길을 따라간다(지도 참고). 에델바이스 호텔이 보이면 호텔의 오른쪽 길을 선택한다.

5 캔첼리 전망대 Känzeli

1868년 방문한 영국의 빅토리아 여왕도 찬사를 금치 못했던 전망대. 베기스 마을과 호수 안쪽으로 뾰족하게 튀어나와 독특한 지형을 조망할 수 있다. 오르막길 없이 도착할 수 있는 멋진 전망 포인트이니 전 구간을 걷기가 부담스럽다면 이곳만이라도 다녀오길 권한다. 리기 슈테펠회에역에서 출발해 리기 칼트바트역까지 돌아가는 데 40분쯤 걸린다.

6 리기 칼트바트역 Rigi Kaltbad

베기스행 케이블카와 피츠나우행 산악열차가 정차하는 역. 시간 여유가 있다면 전망 좋은 스파 호텔 1층 야외 테라스에서 잠시 쉬어가거나 하룻밤 머물러보자. 스위스 티치노 출신의 유명 건축가 마리오 보타가 설계한 매우 세련된 호텔로, 알프스 전망의 루프탑 스파도 즐길 수 있다.

WEB en.hotelrigikaltbad.ch

MOUNTAIN VIEWS
2
PILATUS

필라투스
용의 전설이 깃든 험준한 봉우리

'용의 산' 필라투스는 험준한 바위가 뾰족뾰족 솟은 웅장한 산이다. 판타지 영화의 배경지 같은 이 산엔 여러 전설이 깃들었는데, 예수를 십자가에 못 박은 본디오 빌라도(라틴어로 폰티우스 필라투스 Pontius Pilatus)의 시신이 산꼭대기 호수에 버려져 그의 망령이 홍수를 일으켰단 전설이 대표적이다. 하지만 필라투스는 그의 이름이 아닌 '구름 덮인 산'이란 뜻의 라틴어 필레아투스(Pileatus)에서 유래했다는 것이 정설. 크고 작은 동굴이 많다 보니 용에 얽힌 전설도 많다.
이처럼 무섭고 정복하기 어려워 보이는 산이지만 스위스인들은 특유의 개척 정신을 발휘해 1889년 세계에서 가장 가파른 산악열차(최고 경사도 48%, 약 27°)를 설치했다. 그 덕분에 지금은 망령이나 용의 비명 대신 경이로운 산세를 보고 관광객이 쏟아내는 탄성이 사시사철 울려 퍼진다.

WEB pilatus.ch/en

필라투스로 가는 3가지 방법

필라투스에 오르는 방법은 3가지가 있다. 5~10월이라면 한쪽으로 올라가서 다른 한쪽으로 내려오는 골든 라운드 트립(경로 ❶+경로 ❷)을 추천. 유람선, 산악열차, 버스 등 다양한 교통수단을 두루 이용할 수 있다. 11월 중순~4월엔 산악열차 휴무 기간이라 곤돌라와 케이블카로 이루어진 경로 ❶로만 오르내릴 수 있다.

경로 ❶ (편도 1시간 5분, 43.80CHF/왕복 87.60CHF)

루체른 → 1번 버스 12분 → 크리엔스(Kriens) → 곤돌라 30분 → 프래크뮌테그(Fräkmüntegg) → 케이블카 4분 → 필라투스 쿨름

경로 ❷ (편도 약 2시간, 70CHF/왕복 131CHF)/11월 중순~5월 중순 휴무)

루체른 → 유람선 50분~1시간 30분(배편에 따라 다름) → 알프나흐슈타트(Alpnachstad) → 산악열차 40분 → 필라투스 쿨름

경로 ❸ (편도 1시간 10분, 44.40CHF/왕복 88.80CHF)/11월 중순~4월 휴무)

루체른 → 기차 17분 → 알프나흐슈타트(Alpnachstad) → 산악열차 40분 → 필라투스 쿨름

세계에서 경사도가 가장 높은 산악열차

겨울에는 곤돌라와 케이블카로만 갈 수 있다.

요금

루체른 출발 골든 라운드 트립 패키지(경로 ❶+경로 ❷): 113.80CHF(5~10월),
루체른 출발 실버 라운드 트립 패키지(경로 ❶+경로 ❸): 88.20CHF(5~11월 중순)/
스위스 트래블 패스 소지자: 버스와 유람선 무료, 곤돌라·케이블카·산악열차 50% 할인(39CHF)
텔 패스 소지자 전 구간 무료 유레일 패스 소지자 30% 할인
6~16세 50% 할인

운행 시간

유람선은 5월 중순~11월 중순, 산악열차는 5~11월 중순만 운행한다. 케이블카나 산악열차 첫차는 보통 오전 8시 전후, 막차는 오후 5시 전후에 출발하는데, 매월 시간이 바뀐다. 정확한 시간표는 홈페이지에서 확인한다.

WEB 유람선: lakelucerne.ch/en
산악열차·케이블카: pilatus.ch/en

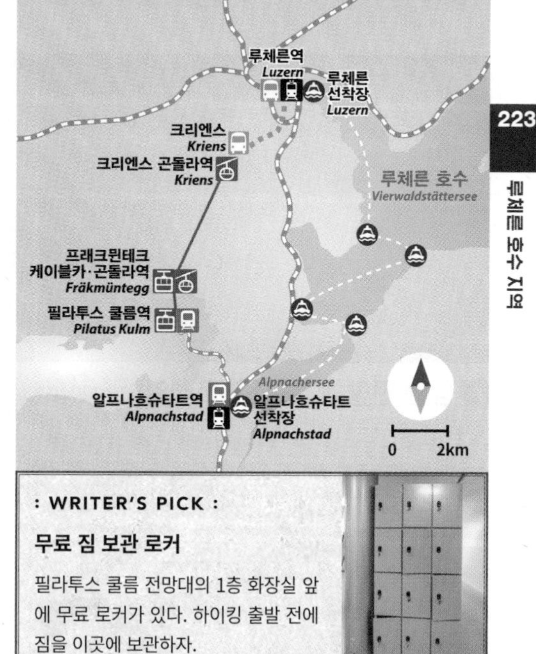

: WRITER'S PICK :

무료 짐 보관 로커

필라투스 쿨름 전망대의 1층 화장실 앞에 무료 로커가 있다. 하이킹 출발 전에 짐을 이곳에 보관하자.

Point 1 필라투스 쿨름
Pilatus Kulm(2073m)

곤돌라 또는 산악열차로 오르는 필라투스 정상 전망대. 전망대 건물 안에는 '드래곤 트레일'이라 불리는 인공 동굴 전망대와 야외 전망대 3곳, 호텔 2곳, 기념품점, 카페테리아가 있다. 야외 전망대는 산봉우리 위에 있는데, 눈이 완전히 녹은 여름철에만 오를 수 있다.

전망대 테라스

전망대 끝에서 본 풍경

멋진 풍경을 안주 삼아 마시는 시원한 로컬 맥주

밖에서 보면 바위 창문이 용 둥지의 숨구멍처럼 보인다.

A 동굴 전망대: 드래곤 트레일 Dragon Trail

크리지로흐 야외 전망대로 올라가기 전에 거쳐가는 곳. 용의 은밀한 둥지처럼 암벽 속에 만든 길로, 숨구멍처럼 바위에 창문이 뚫렸다. 창밖 왼쪽엔 절벽 위 작은 예배당이 그림같이 서 있고, 오른쪽엔 새파란 루체른 호수가 알프스 고봉들에 둘러싸여 있다. 계속 가면 야외로 나오고, 좁은 길은 봉우리까지 올라가는 계단으로 이어진다. 겨울철엔 동굴 안쪽까지만 접근할 수 있다. 동굴 전망대 전체를 걷는 데 약 5분 소요.

B 야외 전망대 1: 크리지로흐 Chriesiloch

여름철은 필라투스의 봉우리들에 올라 기암괴석이 만들어 낸 풍경에 감탄할 시기다. 드레곤 트레일을 계속 걸어 바깥쪽의 좁은 흙길과 계단을 따라 올라가면 크리지로흐 전망대가 나온다. 전망대 아래로 가파른 철로를 오르는 명물 산악열차의 모습이 보인다. 드레곤 트레일에서 크리지로흐 정상까지 10분 소요.

C 야외 전망대 2: 오버하웁트 Oberhaupt

전망대 건물 뒤쪽에 있는 봉우리(2106m). 동서남북 시원하게 트인 필라투스의 장엄한 풍경을 감상할 수 있다. 크리지로흐 전망대에서 열차가 보이는 방향의 내리막길로 가다 보면 왼쪽에 전망대로 올라가는 계단이 나타난다. 크리지로흐 전망대에서 오버하웁트 정상까지 10분 소요.

정상에서 보는 루체른 호수

D 야외 전망대 3: 에젤 Esel

필라투스에서 2번째로 높은 봉우리(2118m). 오버하웁트에서 내려와 전망대 건물 옥상 테라스를 지나쳐 원통형 외관이 독특한 벨뷰 호텔로 간 다음, 호텔 뒤 계단을 올라 봉우리에 도착한다. 계단이 조금 많아 힘들지만 멋진 전망이 기다리고 있다. 벨뷰 호텔에서 왕복 10분 소요.

삼각형의 구조물이 있는 곳이 에젤 봉우리 정상이다.

+ MORE +

구름 위의 하룻밤

필라투스에서 하룻밤 머문다면 낮에 항상 붐비는 필라투스를 고요한 시각에 독차지할 수 있다. 새벽 산책은 바위 사이를 뛰노는 아이벡스와 만날 기회. 전망대에 자리한 필라투스 쿨름 호텔은 1890년 지은 역사 깊은 호텔로, 현대적인 객실을 갖췄다. 19세기 벨 에포크 풍 레스토랑에선 로컬 재료를 사용한 계절 음식을 선보인다.

WEB pilatus.ch/entdecken/hotels/pilatus-kulm-hotels

전망대에 있는 필라투스 쿨름 호텔

프래크뮌테크

Fräkmüntegg(1469m)

크리엔스에서 4인승 곤돌라를 타고 올라가다가 대형 케이블카 드래곤 라이드로 갈아타는 중간 정거장. 여름엔 이곳에서 공중 사다리와 집라인을 타고 나무 사이를 돌아다니는 로프 파크(Rope Park)와 스위스에서 가장 긴 1350m 길이의 터보건 런(Toboggan Run)을 즐길 수 있다. 터보건은 어린이도 탈 만큼 쉽고 스릴 넘치니 꼭 한 번 타보자. 겨울엔 5km에 달하는 눈썰매 슬로프가 열리는데, 썰매 종류도 많고 초급부터 고급까지 다양한 슬로프가 있다.

■ **운영 시간 & 요금**

로프 파크 4월 말~10월 말 10:00~17:00, 28CHF, 8~15세 21CHF, 4~7세 12CHF

터보건 4~10월 10:00~17:30, 9CHF, 8~15세 7CHF, 6~7세 5CHF(성인 동반 탑승 필수)

눈썰매 패스(크리엔스-프래크뮌테크 곤돌라 무제한 탑승) 종일 35CHF, 반일 25CHF/6~15세 종일 17.50CHF, 반일 14CHF

스위스 트래블 패스 소지자 종일 25CHF, 반일 20CHF

*눈썰매 대여 09:30~16:00(겨울 적설량, 기상에 따라 개장 여부 결정), 종류에 따라 1일 13~20CHF/헬멧 대여 4CHF/신분증·신용카드 필요

로프 파크

프래크뮌테크 레스토랑
스위스에서 가장 긴 터보건 런
눈썰매장

#Hiking

알프스 야생화 사이로 걷는 탐스러운 길
꽃길 Flower Trail

가는 길마다 꽃이 많아 글자 그대로 꽃길이다. 필라투스에서 가장 높은 봉우리인 톰리스호른(Tomlishorn)까지 다녀오는 왕복 코스로, 운이 좋으면 아침 일찍이나 저녁 무렵에 아이벡스(야생 산양)도 볼 수 있다.

info.

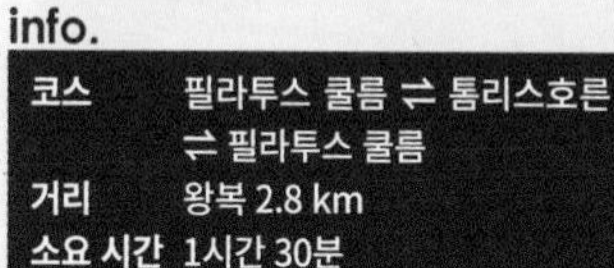

코스	필라투스 쿨름 ⇄ 톰리스호른 ⇄ 필라투스 쿨름
거리	왕복 2.8 km
소요 시간	1시간 30분
시기	6~10월
난이도	하(비포장 산길)

하이킹 공식 웹사이트

곳곳에 핀 알프스 야생화. 식물 보전 지역이라 꺾거나 밟지 않도록 주의한다.

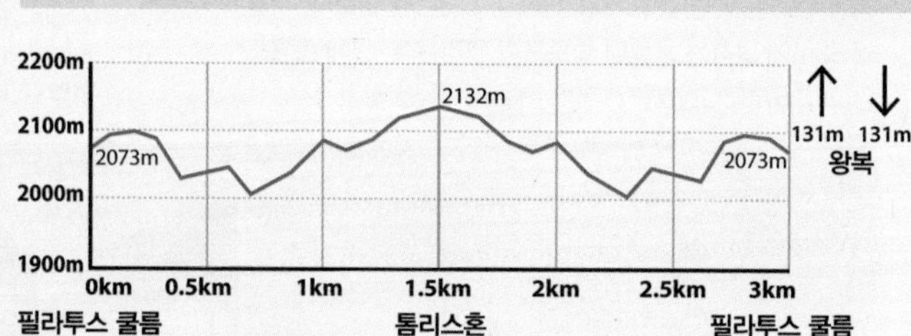

1 필라투스 쿨름 Pilatus Kulm

필라투스 쿨름 전망대 테라스에서 필라투스 쿨름 호텔 방향으로 걷기 시작한다. 길이 매우 잘 나 있고 중간에 갈림길도 없어서 헤맬 염려가 없다. 왼쪽 회색 절벽 아래 푸르른 잔디밭과 알프나흐슈타트 마을, 루체른 호수가 장관이다.

루체른 호수와 필라투스 산악열차

2 톰리스호른 Tomlishorn

오른편 첫 번째 오르막 갈림길이 톰리스호른으로 올라가는 길이다. 오르막인 데다 돌이 많고 좁은 흙길이라 조금 힘들 수 있으나, 구름 위를 산책하듯 후회 없는 경치를 감상할 수 있다. 노약자나 어린이와 함께 간다면 갈림길에서 되돌아오기만 해도 충분히 가치 있다. 근처에 아이벡스 서식지가 있어서 운이 좋다면 절벽 위에서 쉬고 있는 아이벡스를 볼 수도 있다.

톰리스호른 정상. 구름의 움직임이 변화무쌍하다.

필라투스를 완벽하게 감상하는 방법

크림젠카펠 Klimsenkapelle

케이블카로 필라투스 전망대에 도착할 무렵, 오른쪽 절벽 위로 보이는 비현실적인 풍경의 작은 예배당까지 다녀오는 코스다. 지그재그로 난 하이킹 길을 따라가면 생각보다 어렵지 않지만 도입부가 가파르고 좁은 돌길이라 고소공포증이 있는 사람이나 어린이, 노약자에겐 추천하지 않는다.

info.

코스	필라투스 쿨름 ⇄ 크림젠카펠 ⇄ 필라투스 쿨름
거리	왕복 2km
소요 시간	1시간 10분
시기	5월 중순~10월
난이도	중(비포장 산길)

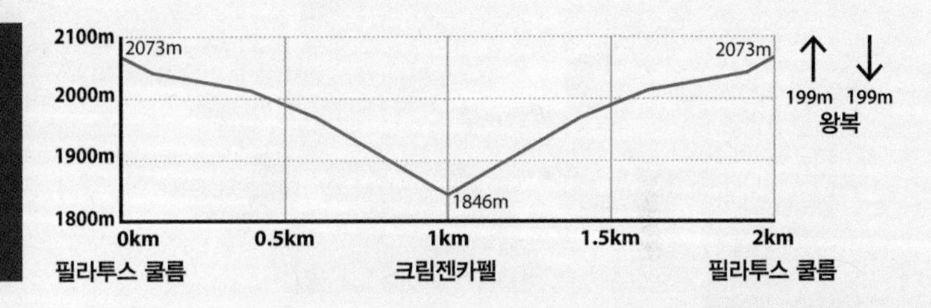

1 필라투스 쿨름 Pilatus Kulm

필라투스 쿨름 전망대에서 드래곤 트레일 동굴을 지나 야외로 나오면 오른쪽 나무 펜스 중간에 나무 문이 있다. 이 문 너머는 산길이라 위험하니 주의하라는 안내문이 쓰여 있는데, 언뜻 가팔라 보여도 많은 산악 경험이 필요하진 않은 길이다. 단, 겨우내 언 땅이 녹으면서 부서진 작은 돌이 많으니 제대로 된 등산화를 신고 가자.

하이킹 도입부가 가파른 편이다. 흰색, 빨간색, 흰색으로 된 표시는 비포장 하이킹 길을 의미한다.

저 아래 보이는 예배당까지 다녀오는 코스다.

웨스 앤더슨의 영화 속 한 장면처럼 케이블카를 정면으로 볼 수 있다.

코스를 연장해 예배당 뒤쪽 십자가까지 다녀올 수도 있다.

2 크림젠카펠 Klimsenkapelle

옛 호텔의 부속 건물로, 호텔은 모두 철거되고 예배당만 남았다. 파란 루체른 호수를 배경으로 빨간 케이블카가 오르는 모습이 마치 영화 속의 한 장면 같다. 예배당 앞에 앉으면 웅장한 필라투스산의 전체적인 모습을 조망할 수 있다. 체력이 된다면 예배당 뒤쪽 언덕 위 십자가에도 다녀오자.

예배당 앞에서 올려다본 필라투스산

예배당 앞은 패러글라이딩 활공장이기도 하다.

MOUNTAIN VIEWS 3

TITLIS

티틀리스

세계 최초의 회전 케이블카로 오르는 고봉

티틀리스는 스위스 중부에서 가장 높은 봉우리(3238m)로, 알프스 하면 떠오르는 모든 풍경을 담고 있다. 만년설이 쌓인 고봉들과 웅장한 빙하, 신비로운 빙하 동굴, 한여름의 눈썰매장, 설원의 하이킹, 빙하를 나는 리프트는 기본! 세계 최초의 360° 회전 케이블카와 유럽에서 가장 높은 곳에 있는 구름다리까지 몽땅 즐길 수 있다. 알프스에서 기대하는 모든 것을 볼 수 있음에도 정상까지 왕복 비용이 타지역 빙하가 있는 산들보다 저렴해서 가성비도 뛰어나다.

티틀리스에 오르려면 루체른에서 기차를 타고 엥겔베르크(Engelberg) 마을까지 간 후 이곳에서 곤돌라와 케이블카로 갈아타야 한다. 루체른과 연계한 당일 여행자가 많지만 '천사의 언덕'이란 이름과 꼭 어울리는 엥겔베르크에서 하룻밤 머무는 것도 추천한다.

경로 (편도 1시간 10~30분)

루체른 → 기차 43분 → 엥겔베르크(Engelberg) → 도보 10분 또는 버스 3분 → 티틀리스 엥겔베르크 곤돌라 승강장 → 곤돌라 15분(트륍제 경유) → 슈탄트(Stand) → 로테어 회전 케이블카 4분 → 티틀리스

GOOGLE MAPS 곤돌라역: R98W+C6 Engelberg/ 티틀리스 정상: QCCF+75 Engelberg
ACCESS 곤돌라역: 엥겔베르크역에서 도보 10분 또는 301·302·303·304·306번 버스 3분, 티틀리스반(Titlisbahn) 하차
OPEN 08:30~17:00(마지막 상행 16:00)/아이스 플라이어 09:15~16:00/11월 중순 약 10일간 휴무
PRICE 편도 69CHF, 왕복 96CHF/
엥겔베르크 게스트 카드 소지자 10% 할인
유레일 패스 소지자 25% 할인
스위스 트래블 패스 소지자 50% 할인
베르너 오버란트 패스 소지자 50% 할인
텔 패스 소지자 무료 /
아이스 플라이어 12CHF(할인 없음)
WEB titlis.ch/en

세계 최초의 회전 케이블카, 티틀리스 로테어 케이블카

Point 1

티틀리스 Titlis(3238m)

슈탄트(Stand)에서 티틀리스의 명물 회전 케이블카를 타고 도착하는 정상역. 도착할 때까지 5분간 바닥이 천천히 회전하며 주변 경관이 360° 파노라마로 펼쳐지는 모습이 장관이다. 승강장 건물에는 기념품점과 레스토랑, 바, 전통 의상 기념 촬영 스튜디오 등이 있으며, 무료 와이파이가 잡힌다. 주요 볼거리는 빙하 하이킹을 포함해 크게 5가지로 나뉜다.

A 빙하 동굴 Glacier Cave

약 5000년 전에 형성된 150m 길이의 빙하 동굴. 밖으로 나가기 전 승강장 건물 1층 입구를 통과하면 모습을 드러낸다. 반짝반짝 빛나는 얼음벽에 가만히 손을 얹고 빙하의 숨결을 느껴보자. 바닥이 미끄러우니 천천히 이동해야 하며, 기온은 연중 약 -1.5°C로 유지되니 한여름이어도 따뜻한 옷을 챙겨간다.

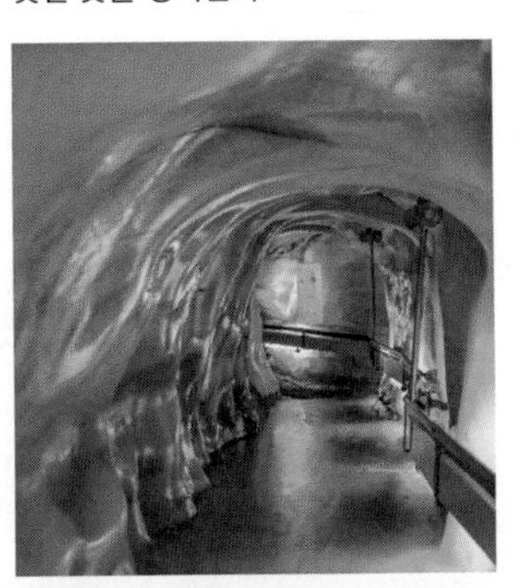

B 티틀리스 클리프 워크 구름다리 Titlis Cliff Walk(3041m)

계곡과 계곡을 잇는 구름다리. 건물 5층으로 올라가서 100m 정도 빙하 위를 걸어 대형 안테나 쪽으로 가면 보인다. 길이 100m, 폭 1m, 계곡 바닥과는 약 500m 떨어진 이 구름다리에 서면 빙하에서 불어오는 차가운 바람이 다리를 흔들어 스릴 넘친다. 마주 오는 사람과 비껴가야 할 때면 바닥과 500m가 아니라 5km쯤 떨어져 있는 기분. 저 멀리 융프라우, 아이거, 묀히를 비롯해 고봉들이 내다보인다.

C 아이스 플라이어 Ice Flyer

빙하 위를 날아 봉우리 사이를 연결하는 유료 리프트다. 빙하 위에서 눈썰매를 타고 싶다면 이 리프트를 타고 건너가야 한다. 사계절 이용할 수 있지만 바람이 많이 부는 날은 운행하지 않는다.

PRICE 왕복 12CHF(티틀리스 리프트권 구매 시 함께 구매 가능)/스위스 트래블 패스 할인 없음

D 빙하공원 눈썰매장 Titlis Glacier Park

아이스 플라이어를 타야만 도착할 수 있는 눈썰매장. 여름철에만 운영한다. 리프트에서 내리면 부처님 손바닥같이 생긴 봉우리, 로취퇴클리(Rotstöckli)가 눈앞에 보이고, 오른쪽에 눈썰매장이 있다. 스키 썰매, 미니 봅슬레이, 튜브 등 모든 눈썰매 종류를 무료로 무제한 이용 가능. 컨베이어 벨트가 설치돼 있어서 여러 번 타도 지치지 않는다.

OPEN 썰매 종류: 5~9월/스노 튜빙: 5~7월

E 슈토치히 에크 하이킹 Stotzig Egg

마지막 즐길거리인 눈길 하이킹. 매우 선명하고 안전하게 길을 내서 누구나 무난히 다녀올 수 있는 빙하 길이다. 케이블카 승강장 건물 5층에서 출발해 슈토치히 에크 봉우리에서 베르너 오버란트의 고봉들을 감상하고 돌아온다. 특별한 장비는 필요 없지만 눈길이니 스노슈즈나 아이젠, 각반 등이 있으면 편하다. 약 40분 소요.

★
크레바스 주의!

절대 표시된 하이킹 길을 벗어나지 않는다. 눈으로 뒤덮여 보이지 않는 크레바스(빙하가 갈라지면서 생겨난 끝없이 깊은 틈)가 있을 수 있다.

Point 2 트륍제
Trübsee(1764m)

곤돌라 중간역인 트륍제. 이곳에 자리한 트륍 호수(트륍제)는 티틀리스의 숨겨진 보석이다. 많은 이들이 그냥 지나쳐 가는 곳이지만 여름철 이 호수를 한 바퀴 돌아본 사람들은 스위스에서 가장 기억에 남는 장면이라 할 만큼 아름답다. 곤돌라역에 전망 좋은 레스토랑 겸 카페도 있다.

A 전망대 레스토랑

승강장에 전망 데크를 비롯해 전망 좋은 레스토랑 2곳이 있다. 이탈리아어로 트륍 호수란 뜻인 라고 토르비도(Lago Torbido)는 이탈리안 레스토랑이고, 다른 한 곳은 스위스 알프스 전통 음식을 주메뉴로 하는 카페테리아(셀프서비스 음식점)다. 2곳 모두 커다란 창문이 있어서 멋진 풍경을 감상하며 식사를 즐길 수 있다.

베지터블 슈패츨레

B 하이킹 & 바비큐

호수를 한 바퀴 도는 데 약 1~2시간 걸리지만 평지라 어린아이도 쉽게 걸을 수 있다. 중간중간 놓여 있는 해먹과 벤치에서 신선놀음하다 보면 훨씬 더 걸릴 수도 있다. 눈 덮인 산들이 오묘한 빛깔의 빙하 호수에 그대로 비치고, 알프스 야생화들로 가득한 곳. 숯을 챙겨 가면 무료 바비큐장도 이용할 수 있다. 여름철 엥겔베르크 마을의 슈퍼마켓에서 숯을 쉽게 구할 수 있다.

©Engelberg-Titlis Tourismus AG

C 나룻배

6~10월이면 호숫가에 놓인 5척의 나룻배를 자유롭게 이용할 수 있다. 이용료는 정해져 있지 않지만 유지비 명목으로 10CHF 정도 요금통에 넣어주면 고맙겠다고 쓰여 있으니 소신껏 넣으면 된다. 1척당 4명까지 탈 수 있다.

©Engelberg-Titlis Tourismus AG

D 플라이어 집라인

Flyer Zipline

트륍제 알파인 롯지에서부터 순식간에 500m를 날아가며 환상적인 풍경을 만끽할 수 있다. 양쪽에 2명이 동시 탑승 가능. 8세 이상부터 이용할 수 있지만 체중 30~125kg, 키 120~210cm만 이용 가능하다.

OPEN 6월~10월 말 13:00~16:30/ 악천후 시 휴장
PRICE 1회 12CHF

Point 3 게슈니알프

Gerschnialp(1262m)

엥겔베르크와 트륍제 사이에 있는 케이블카 중간역. 엥겔베르크에서 트륍제까지 곤돌라로 한 번에 가는 것이 아쉽다면 푸니쿨라를 타고 게슈니알프를 거쳐 케이블카로 갈 수도 있다. 게슈니알프에서 엥겔베르크로 내려올 땐 여름철엔 트로티 바이크(스쿠터 바이크), 겨울철엔 터보건(눈썰매)을 이용해 보자.

곤돌라에서 본 게슈니알프

A 트로티 바이크 Trotti Bike(여름철)

킥보드처럼 페달 없이 서서 타는 이동 수단. 킥보드보다 바퀴가 훨씬 더 크다. 내리막길에서 주로 이용하고, 조작법이 쉬워서 초보자도 금방 익숙해진다. 10세 이상, 키 130cm 이상, 체중 120kg 이하만 가능.

OPEN 4~10월 09:00~17:00/악천후 시 휴장
PRICE 1회 8CHF

B 터보건 Toboggan(겨울철)

길이 3.5km, 높이 250m의 눈썰매 슬로프를 따라 내려온다. 가파르지 않아서 남녀노소 즐길 수 있다. 금·토요일 19:30~21:30엔 야간 썰매도 개장한다.

OPEN 12월 말~3월 중순 09:00~16:30/악천후 시 휴장
PRICE 리프트 불포함 1회권: 7CHF/
리프트 포함 1회권: 17CHF, 16~19세 13CHF, 6~15세 7CHF/
트륍제까지 왕복 리프트권 포함 1일 패스: 38CHF, 16~19세 28CHF, 6~15세 18CHF/
*야간 개장 19:30~21:30/26CHF, 16~19세 19CHF, 6~15세 13CHF

곤돌라에서 본
엥겔베르크와 오이게니 호수

Point 4 엥겔베르크
Engelberg(1013m)

'천사의 언덕'이란 예쁜 이름을 가진 마을. 티틀리스로 올라가는 베이스캠프다. 12세기에 지은 엥겔베르크 수도원이 중심인 고요한 마을이었으나, 19세기 중반부터 관광지로 개발해 현재는 백팩커스부터 고급 스파 호텔까지 다양한 숙소와 식당이 모인 스위스 중부 최대의 산악 관광지로 발전했다. 마을 동쪽 끝엔 엥겔베르크 수도원이, 남쪽 빙하천을 따라 서쪽으로 가면 티틀리스행 곤돌라 승강장이, 그보다 더 서쪽으로 가면 신비로운 푸른빛의 오이게니 호수(Eugenisee)가 있다. 낚시 허가증이 있다면 4월 중순부터 10월까지 호수에서 낚시도 할 수 있다.

엥겔베르크 수도원 Kloster Engelberg

1120년에 지은 베네딕트 수도원. 18세기에 화재로 소실된 후 화려하고 아름다운 바로크 양식으로 재건됐다. 중세 시대부터 교육으로 유명했던 곳으로, 수도원 안엔 1850년대 문을 연 기숙형 중·고등학교(일반인 비공개)도 딸려 있다. 가장 큰 볼거리는 부속 성당에 있는 무려 9097개의 파이프로 된 스위스에서 가장 큰 파이프오르간이다.

정원 남쪽에 있는 치즈 공방에서는 치즈 제조 과정을 견학하거나 루체른 호수 지역의 특산 치즈들을 시식·구매할 수 있다. 치즈숍 앞 정원 테라스석에서 음료와 치즈를 음미하면서 마을 분위기를 즐기자.

GOOGLE MAPS RCC5+6M Engelberg
ACCESS 엥겔베르크역에서 티틀리스 케이블카 승강장 반대 방향으로 도보 10분
ADD Benediktinerkloster 1, 6390 Engelberg
OPEN 치즈숍 09:00~18:00/
치즈 제조 견학 09:30~15:30(약 9회 시연)
WEB kloster-engelberg.ch

스위스에서 가장 큰 파이프오르간

치즈 공방에서 판매하는 치즈와 함께 정원에서 피크닉!

치즈 제조 과정 견학

슈탄저호른

세계 최초의 오픈 케이블카를 타볼까?

슈탄저호른은 2012년 개통한 세계 최초의 오픈 케이블카 카브리오(CabriO)를 타고 올라가는 전망대다. 계단을 통해 카브리오의 2층 오픈 데크로 올라가면 유리창이나 기둥의 방해 없이 시원하게 뻥 뚫린 전망을 볼 수 있다. 1893년부터 운행한 빈티지한 푸니쿨라를 타고 산 중턱까지 올라간 뒤 중간역에서 최신 오픈 케이블카로 갈아탄다. 정상에 서면 푸른 들판 위 작은 마을들과 루체른 호수를 포함한 10개의 호수, 알프스 고봉들이 한눈에 들어온다. 5·11월 매주 토요일과 6~10월 목·금·토요일(정확한 시기는 홈페이지 참고)은 상행 22:15, 하행 23:00까지 운행하는 루체른의 야경 명소. 금·토요일 저녁에 오르면 촛불을 밝힌 회전 레스토랑에서 로맨틱한 저녁식사를 즐길 수 있다.

경로 (편도 44분/11월 말~4월 초 휴무)

루체른 → 기차 14~21분 → 슈탄스(Stans) → 도보 5분 → 슈탄스 푸니쿨라역(Stanserhorn Bahn) → 푸니쿨라 18분 → 캘티(Kälti) → 카브리오(오픈 케이블카) 6분 → 슈탄저호른

GOOGLE MAPS W8HR+W4 Ennetmoos
OPEN 4월 초~11월 말 08:15~16:30(마지막 하행 17:15)/30분(성수기 10분) 간격 운행/5월 초~11월 말 야간 연장 운행은 홈페이지 참고(30분 간격 운행)/ 11월 말~4월 초 휴무
PRICE 왕복(푸니쿨라+카브리오) 82CHF, 6~15세 20.50CHF/
스위스 트래블 패스 소지자 무료 | 텔 패스 소지자 무료
WEB stanserhorn.ch/en

1893년부터 운행한 빈티지 오픈 푸니쿨라

슈탄스 푸니쿨라역

카브리오 2층 오픈 데크. 구름 속을 뚫고 지나갈 때면 옷이 구름에 촉촉이 젖는다.

거침없는 전망

슈탄저호른 Stanserhorn(1898m)

카브리오 케이블카 상부역에서 정상까지는 10분 정도 걸어가야 하는데, 출발 전 공중에 떠 있는 듯한 전망 데크에서 바라본 푸른 호수와 새하얀 봉우리들에 순식간에 마음을 빼앗긴다. 케이블카역에서 정상까지 가는 길목엔 야생화들이 반갑게 피어있고, 구름이 걸려있는 날이 많아 구름 위 꽃밭을 걷는 듯하다. 야생화는 6~7월에 특히 많이 볼 수 있다.
정상 부근에는 휘파람 소리를 내는 귀염둥이 마르모트 사육장 하이디네 집(Heidi)과 무료 바비큐장이 있다. 장작은 마련돼 있지만 라이터나 소시지 등은 각자 가져와야 한다. 역으로 되돌아오면 회전 레스토랑(Rondorama)에서 루체른 호수 지역 전통 음식 앨플러마그로넨(Älplermagronen)을 맛보자. 치즈 마카로니에 사과를 갈아 만든 달콤한 소스를 곁들여 먹는다.

앨플러마그로넨
슈탄저호른 전망대
정상에서 바라본 전망
마르모트

+ MORE +

노란 부리 까마귀 알파인 초프 Alpine Chough

알프스 지역을 여행하다 보면 어디선가 삐악삐악 뾰로롱 하는 고음의 예쁜 새소리가 들린다. 까마귀의 친척뻘 되는 이 새들은 알파인 초프로, 작고 노란 부리에 주홍색 발을 가졌다. 까마귀보다 순하고 예쁘장하게 생겼지만 호시탐탐 관광객의 음식을 노리는 건 매한가지다.

베르너 오버란트 지역
Berner Oberland

Interlaken · Grindelwald · Lauterbrunnen
Jungfraujoch · First · Schilthorn · Männlichen
Schynige Platte · Niederhorn · Thun · Brienz

INTERLAKEN

• 인터라켄 •

'유럽의 지붕'이라 불리는 융프라우로 가는 거점 마을로, 오묘한 푸른빛을 띤 2개의 빙하 호수(툰 호수와 브리엔츠 호수) 사이에 자리 잡고 있다. 19세기부터 운행한 산악열차를 타고 융프라우를 필두로 한 거대한 알프스 봉우리들에 쉽게 올라갈 수 있는 덕분에 전 세계 관광객이 몰려들어 스위스 최고의 관광지가 됐다. 마을 북쪽으로는 아아레강이 흐르고, 강 서쪽은 툰 호수, 동쪽은 브리엔츠 호수와 만나며, 동쪽과 서쪽에 각각 역과 선착장이 하나씩 있다. 외식이나 쇼핑을 즐기려면 서쪽에 있는 베스트역(Interlaken West) 주변으로, 산악열차에 오르려면 동쪽에 있는 오스트역(Interlaken Ost)으로 간다.

- **칸톤** 베른 Bern
- **언어** 독일어
- **해발고도** 566m

베른 칸톤기

인터라켄 마을 문장기

Get in & Get out

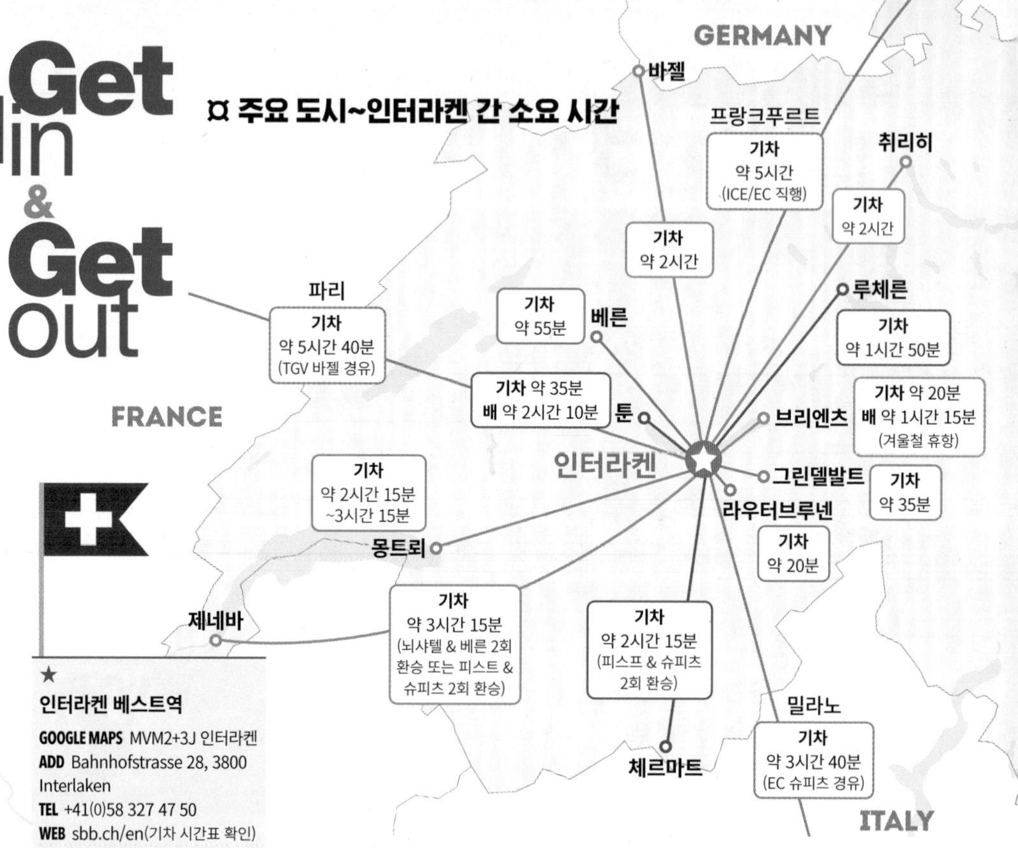

★

인터라켄 베스트역

GOOGLE MAPS MVM2+3J 인터라켄
ADD Bahnhofstrasse 28, 3800 Interlaken
TEL +41(0)58 327 47 50
WEB sbb.ch/en(기차 시간표 확인)

★

인터라켄 오스트역

GOOGLE MAPS MVR9+5J 인터라켄
ADD Untere Bönigstrasse 1, 3800 Interlaken
TEL 티켓: +41(0)33 828 73 19, 수하물:+41(0)33 828 73 20 분실물: +41(0)848 44 66 88
WEB sbb.ch/en(기차 시간표 확인)

★

관광안내소

GOOGLE MAPS MVM3+XC 인터라켄
ACCESS 인터라켄 베스트역에서 도보 3분, 우체국 건물 1층
ADD Marktgasse 1, 3800 Interlaken
OPEN 5~6월 08:00~18:00(토 09:00~16:00, 일요일 휴무)/7~8월 08:00~19:00(토 09:00~17:00, 일 10:00~16:00)/10~4월 08:00~12:00, 13:30~18:00(토 10:00~14:00, 일요일 휴무)
TEL +41(0)33 826 53 00
WEB interlaken.ch

기차

인터라켄 서쪽에는 인터라켄 베스트역(Interlaken West), 동쪽에는 인터라켄 오스트역(Interlaken Ost)이 있다. 레스토랑이나 상점들을 방문하려면 베스트역, 산악열차에 탑승하려면 오스트역에서 하차한다. 몽트뢰에서 출발하는 골든패스라인이 오스트역까지 온다. 두 역 간 이동 시간은 도보로 20분, 기차로 3분, 버스로 8분 정도다.

인터라켄 베스트역

[인터라켄 서역] Interlaken West

취리히국제공항으로 수하물 체크인 가능(09:00~17:00). 여권 사진 즉석 사진기, 환전소, 여행사, 편의점, ATM, 약국, 우체국 등이 있다. 24시간 대여 가능한 무인 코인 로커는 소형 5CHF, 대형 7CHF.

인터라켄 오스트역

[인터라켄 동역] Interlaken Ost

취리히국제공항으로 수하물 체크인 가능(07:30~16:30). 24시간 대여 가능한 무인 코인 로커는 소형 5CHF, 대형 7CHF.

인터라켄 베스트역

아아레강 건너에서 본 인터라켄 오스트역

차량

주요 도시들과 고속도로가 잘 연결돼 있다. 특히 루체른이나 몽트뢰, 제네바공항에서 올 때는 기차보다 자동차가 훨씬 빠르다.

• 주요 도시에서 인터라켄까지 소요 시간

취리히공항	약 1시간 45분(135km/4번, 8번 고속도로)
제네바공항	약 2시간 15분(215km/1번 고속도로)
루체른	약 1시간(70km/8번 고속도로)
몽트뢰	약 1시간 40분(147km/12번 고속도로) *11번 국도 이용 시 경치가 좋고 거리도 줄어들지만 시간은 늘어난다. 약 2시간 20분(129km)
바젤	약 2시간(153km/1번 고속도로)
베른	약 50분(63km/6번 고속도로)

★
공공 주차장

주차장이 곳곳에 있다. 주차장마다 요금이 조금씩 다른데, 대부분 1시간에 1CHF 정도. 실내 주차장은 최대 48~72시간, 무인 정산기에 동전을 넣는 노상 주차장은 대부분 3시간까지만 주차 가능. 노상 주차장은 선불이니 미리 정산기에 돈을 지불하고 영수증을 앞 유리 안쪽에 잘 보이게 올려둔다. 주차장마다 최대 주차 가능 시간을 반드시 확인하자.

WEB parking.ch/en/parkings/interlaken

배

여름에는 툰 호수(Thunersee)나 브리엔츠 호수(Brienzersee)를 통해 배를 타고 들어올 수 있다. 관광 유람선 개념이라서 속도는 느리지만 아름다운 풍경과 뱃놀이를 함께 즐길 수 있어서 매력적이다. 보통 5월~10월 셋째 주가 여름철인데, 시즌 시작과 종료 날짜가 매년 조금씩 바뀌기 때문에 5월이나 10월에 여행한다면 홈페이지에서 운항 여부를 확인한다. 스위스 트래블 패스, 베르너 오버란트 패스, 융프라우 VIP 패스 소지자는 무료.

WEB bls-schiff.ch/en

자전거

인터라켄은 자전거 타기에 안성맞춤인 곳이다. 산악지대 한가운데에 있는데도 스위스에서는 드물게 평지에 자리 잡고 있기 때문. 주변 들판을 누벼도 좋고, 인터라켄 양쪽으로 펼쳐져 있는 툰 호수와 브리엔츠 호수 주변을 달리기에도 좋다. 산악자전거 코스도 잘 마련돼 있으니 체력이 허락한다면 산악자전거를 빌려 라우터브루넨까지 가보자. 거리는 약 13km, 상승 고도는 260m이다.

플라잉 휠즈 Flying Wheels

인터라켄에서 가장 유명한 자전거 대여점. 인터라켄뿐만 아니라 인근 마을과 목장까지 둘러보는 자전거 투어도 운영한다. 융프라우 여름 VIP 패스 소지자는 일반 자전거 2시간권 20% 할인.

GOOGLE MAPS MVQ6+CR 인터라켄
ACCESS 회에마테 동쪽 끝/발머스 호스텔 안에 분점이 있다.
ADD Höheweg 133, 3800 Interlaken
OPEN 3월 말 금~일 맑은 날 10:00~13:00, 14:00~17:00/4~10월 말 매일 09:00~18:00(6~8월 ~19:00, 10월 ~17:00)/10월 말~3월 말 및 기상 악화 시 휴무
PRICE 2시간 기준: 일반 자전거/산악자전거 20CHF, 전기자전거 30CHF, 산악전기자전거 35CHF, 전동킥보드 25CHF, 2인용 자전거 40CHF, 어린이석 부착 자전거 45CHF
WEB en.flyingwheels.ch

Get around & Travel tips

★

렌트 어 바이크

GOOGLE MAPS MVM2+3J 인터라켄/MVR9+55 인터라켄
ACCESS 인터라켄 베스트역 앞/인터라켄 오스트역 앞(유스호스텔 앞)
ADD Bahnhofstrasse 28/Untere Bönigstrasse 3a
OPEN 09:00~17:00 (토 10:00~14:00)/일요일 휴무
PRICE 1일 기준: 일반 자전거 38CHF~, 산악자전거 69CHF~, 전기자전거 60CHF~, 헬멧 5CHF
WEB rentabike.ch

렌트 어 바이크 Rent a Bike

스위스 전국에서 서비스 중인 자전거 대여 시스템. 대부분 큰 역에 지점이 있으며, 자전거 상태가 좋은 편이다. 10CHF을 추가 지불하면 대여한 곳이 아닌 다른 지점에 반납할 수 있다. 스위스 트래블 패스 소지자는 약간 할인된다.

버스

인터라켄은 작은 마을이라 충분히 걸어서 다닐 수 있다. 볼거리와 상점, 음식점 등은 대부분 베스트역과 오스트역 사이에 있는데, 두 역 사이를 이동하는데 도보로 20분 정도 소요된다. 102·103·104·21번 버스가 시내 곳곳에 정차하며 두 역을 연결하니 체력을 아끼고 싶다면 적절히 이용하자. 스위스의 도시는 구간을 나누어 대중교통 요금을 적용하는데, 인터라켄의 모든 관광지는 750구역(Zone 750) 안에 있다. 티켓은 정류장에 있는 자동판매기나 운전기사에게 구매하고, 750구역 내 45분 이용권(4CHF)과 1일권(8CHF)이 있다.

: WRITER'S PICK :

인터라켄 게스트 카드
Interlaken Guest Card

인터라켄 지역에 숙박하면 호텔에서 무료로 발급해주는 카드. 체크인하는 날부터 체크아웃하는 날 자정까지 인터라켄의 대중교통(기차 2등석 포함)을 무료로 이용할 수 있다. 이젤트발트(Iseltwald), 빌더스빌(Wilderswil) 등 이웃 마을 대중교통도 무료이고, 산악열차도 할인받을 수 있으니 스위스 트래블 패스가 없다면 반드시 챙기자. 카드 발급 시 사용 가능한 지역 노선도를 함께 제공한다.

Tourist & Attractions

회에벡 거리

01 인터라켄의 거대한 사랑방
회에마테
Höhematte

인터라켄을 찾은 사람들의 만남의 장소이자 지역 주민들의 산책 명소인 잔디밭. 인터라켄의 주요 호텔과 상점, 레스토랑이 몰려 있는 회에벡 거리(Höheweg, 인터라켄 베스트역부터 인터라켄 오스트역까지 길게 이어지는 길) 중간에 자리한다. 이곳이 유명한 이유는 잔디밭 정중앙에 서서 하늘 위로 순백의 융프라우가 아름답게 솟아오른 모습을 감상할 수 있기 때문. 처녀(융프라우)라는 이름에 걸맞게 양옆 산 사이에 살짝 숨어 수줍게 미소 짓고 있는 융프라우의 모습을 보면 누구나 설렐 수밖에 없다. 잔디가 포근해서 패러글라이딩 착륙장으로도 사용한다. MAP ⑪

GOOGLE MAPS MVP6+C3 인터라켄
ACCESS 인터라켄 베스트역에서 도보 8분
ADD Höheweg, 3800 Interlaken

+ MORE +

인터라켄 무료 도보 투어
Free Walking Tour

약 2시간 동안 현지 가이드가 인터라켄 구석구석을 함께 걸으며 역사, 맛집, 골목길 등을 영어로 소개한다. 5인 이상은 이메일로 연락해 프라이빗 투어(유료)를 사전 문의한다. 풀밭도 걸으니 편안한 신발 필수.

ACCESS 발머스 호스텔(Balmers Hostel) 앞/조넨호프 빌라 백팩커스(Backpackers Villa Sonnenhof) 앞/티켓숍(Ticket-Shop) 앞
ADD 발머스 호스텔: Hauptstrasse 23, Matten/조넨호프 빌라 백팩커스: Alpenstrasse 16, Interlaken/티켓숍: Höheweg 95, Interlaken
OPEN 발머스 호스텔 앞: 10~4월(겨울철) 월·수·토 08:40 출발, 5~9월(여름철) 매일 17:40 출발/조넨호프 빌라 백팩커스 앞은 10분 뒤, 티켓숍 앞은 20분 뒤 출발
WEB interlaken-walkingtours.ch

Option
02 역사와 전통에 빛나는 카지노
카지노 인터라켄
Casino Interlaken

1859년에 문을 연 오래되고 우아한 카지노다. 전시장이나 예식장으로도 쓰이고, 민속 공연을 볼 수 있는 전통 음식점도 있다. 카지노 안에 들어가지 않더라도 정원 분수 너머로 보이는 융프라우의 모습이 아름다워서 잠시 쉬어 가기 좋은 곳. 카지노는 18세 이상(신분증 소지 필수)만 출입할 수 있지만 정원은 누구나 무료로 들어갈 수 있다. MAP ⑪

GOOGLE MAPS MVQ5+86 인터라켄
ACCESS 회에마테 중앙의 분수 건너편/카지노 입장료를 내면 무료 주차 가능
ADD Strandbadstrasse 44, 3800 Interlaken
OPEN 딜러 없는 게임: 12:00~03:00, 딜러 있는 게임: 20:00~03:00
PRICE 카지노 입장료 5CHF/ 인터라켄 게스트 카드 소지자 무료 /월~목 19:00 전 입장 시 셀프서비스 웰컴 드링크 포함
WEB casino-interlaken.ch

카지노 인터라켄 정원.
분수 너머로 융프라우가 보인다.

03 느긋하게 사진 찍기 좋은 곳
인터라켄 교회 & 인터라켄 성당
Reformierte Schlosskirche &
Römisch-Katholisches Kirche Interlaken

회에마테에서 인터라켄 오스트역 쪽으로 조금 걷다 보면 그림 같이 예쁜 성당과 교회가 보인다. 인터라켄은 너무나 유명한 관광지라 상업적인 느낌이 들지만 사실 한때는 매우 종교적인 마을이었다. 12세기부터 1525년 스위스 종교개혁 전까지 회에마테를 포함해 인근의 대부분 땅이 수도원 소유였을 정도. 하지만 모든 것엔 흥망성쇠가 있는 법. 종교개혁과 함께 베른 정부 소유로 넘어간 성과 수도원은 병원, 창고 등으로 사용되다가 현재는 관공서로 쓰인다. 수도원 부속 성당은 19세기 중반부터 개신교 교회로 사용됐는데, 바로 옆에 새로 지은 가톨릭 성당과 함께 나란히 서 있는 모습이 예뻐서 붐비는 장소를 피해 고즈넉하게 기념사진을 찍기에 좋다. **MAP ⑪**

GOOGLE MAPS MVP7+XP 인터라켄
ACCESS 회에마테에서 인터라켄 오스트역 쪽으로 도보 2분, 길 건너편
ADD Schloss 7, 3800 Interlaken
WEB schlosskirche.ch

인터라켄 성당(왼쪽 건물)과 인터라켄 교회(오른쪽 하얀 건물)
인터라켄 교회
성과 수도원의 뒤뜰

Option
04 인터라켄의 숨은 묘미!
운터젠 & 융프라우 관광 박물관
Unterseen &
Touristik-Museum der Jungfrau-Region

우리가 흔히 인터라켄이라 묶어 부르는 곳은 사실 운터젠, 인터라켄, 마텐(Matten) 3개의 작은 마을로 나뉘어 있다. 그중 북서쪽으로 아아레강 건너편, 툰 호수와 맞닿은 곳이 운터젠이다. '아래쪽 호수'라는 뜻의 지명은 브리엔츠 호수의 물이 아아레강을 지나 툰 호수로 흘러 들어가는 곳이기 때문에 붙은 것. 도시화한 인터라켄 중심가와 달리 차분한 옛 모습을 간직하고 있어서 여유롭게 산책하기 좋은 마을이다. 시계탑이 있는 광장에 자리한 조그마한 융프라우 관광 박물관에선 인터라켄 주변의 옛 모습과 인터라켄이 관광지로 발전하기까지의 역사를 살펴볼 수 있다. **MAP ⑪**

GOOGLE MAPS MRPX+QM Unterseen
ACCESS 인터라켄 베스트역에서 다리 건너 도보 6분, 총 10분
ADD Obere Gasse 26, 3800 Unterseen
OPEN 14:00~17:00/11월·5~10월 월·화요일, 12~4월 월~토요일 휴무
PRICE 8CHF, 5~15세 4CHF/ 인터라켄 게스트 카드 소지자 6CHF
WEB tourismuseum.ch

시계탑과 분수대가 있는 운터젠 구시가(관광 박물관 옆)

아아레 강 다리 위 운터젠과 인터라켄의 경계 표시
융프라우 관광 박물관

05 스위스에서 딱 한 번만 유람선을 탄다면
툰 & 브리엔츠 호수 유람선
Thunersee & Brienzersee Schifffahrt

유람선을 타면 신비로운 푸른빛 빙하 호수를 조금 더 가까이 느껴볼 수 있다. 시간이 여유로운 여행자라면 툰이나 브리엔츠로 이동할 때 기차 대신 유람선을 타보자. 니더호른을 방문할 계획이라면 베아텐부흐트(Beatenbucht)까지 유람선을 타고 가서 푸니쿨라로 니더호른 곤돌라역까지 갈 수도 있다. MAP ⑪

GOOGLE MAPS 툰 호수 선착장: MVJ2+V7 인터라켄/
브리엔츠 호수 선착장: MVR9+MM 인터라켄
ACCESS 툰 호수 선착장: 인터라켄 베스트역 뒤/
브리엔츠 호수 선착장: 인터라켄 오스트역 뒤
OPEN 툰 호수 유람선: 여름철 1일 5~7회 운행, 겨울철 1일 1회 운행/브리엔츠 호수 유람선: 여름철 1일 5~8회 운행, 겨울철 휴무/자세한 시간표는 홈페이지 참고
PRICE 구간 별로 다름/ 스위스 트래블 패스·베르너 오버란트 패스·융프라우 VIP 패스 소지자 무료
WEB bls-schiff.ch/en

툰 호수

브리엔츠 호수

Option 06 대규모 야외 연극
빌헬름 텔 야외극장
Tellspiele

190명의 배우와 소, 말, 염소 등 동물들이 대거 출연하는 야외 연극. 1912년 이곳에서 스위스 건국 설화 이야기인 <빌헬름 텔>을 처음 시연한 이래 100년 넘게 공연해 오다 2024년 처음으로 작품이 바뀌었다. 석궁의 명수 빌 헬름텔 이야기와 어딘지 닮은 영국의 영웅 설화 로빈 후드 이야기가 그 후속작. 석궁이 활로 바뀌었지만 말이 달릴 수 있는 규모의 대형 야외 공연이 주는 감동은 변함이 없다. 독일어로 진행되지만 우리에게도 익숙한 내용이다 보니 큰 어려움 없이 관람할 수 있다. 3코스 식사 패키지와 무료 백스테이지 투어도 있다. 예약 필수. 티켓은 홈페이지나 인터라켄 베스트역 티켓 창구에서 구매한다. 우천 시 중단될 수 있고, 4세 이하 동반 불가. 유모차 입장 불가. MAP ⑪

GOOGLE MAPS MVH6+Q9 Matten bei Interlaken
ACCESS 인터라켄 오스트역 또는 베스트역에서 104번 버스를 타고 조네 호텔(Hotel Sonne) 하차. 빌헬름 텔 동상이 있는 숲길 따라 도보 4분, 오스트역에서 총 12분, 베스트역에서 총 8분
ADD Tellweg 5, 3800 Matten bei Interlaken
OPEN 공연: 6~9월 14:30, 20:00(2시간 20분 공연)/ 백스테이지 투어: 12:00, 12:15, 12:45, 17:30, 17:45, 18:15(45분 소요)
PRICE 2등석 48CHF(+식사 98CHF), 1등석 68CHF(+식사 145CHF), 휠체어+동반 1인 48CHF, 5~15세 50% 할인, 가족권 140CHF(성인 2+15세 이하 자녀 2, 소시지·빵·생수 포함, 추가 자녀 25CHF)
WEB tellspiele.ch

두 호수 다리

하더쿨름 레스토랑 테라스

와일드 파크 미니 동물원

Option 07

가볍게 오르는 가성비 갑 전망대

하더쿨름

Harder Kulm

인터라켄 북쪽에 위치한 전망대(1322m). 그리 높은 곳은 아니지만 스위스에서 가장 유명한 3개의 산봉우리인 융프라우, 아이거, 묀히를 비롯해 신비로운 하늘빛의 툰 호수와 브리엔츠 호수까지 시원한 전망이 펼쳐진다. '두 호수 다리(Zweiseensteg: 츠바이젠슈테크)'라고 불리는 공중 전망 데크를 걸을 땐 마치 하늘을 나는 듯한 기분! 정상까지 푸니쿨라로 8분밖에 걸리지 않아 자투리 시간을 활용하기 좋은 곳이다.

귀족의 저택 같은 전망대 레스토랑에선 스위스 전통 음식이나 스테이크, 연어구이를 맛보며 석양을 감상하거나, 선데이 브런치 뷔페(08:30~11:00)를 즐길 수 있다. 푸니쿨라 왕복 티켓에 오늘의 메뉴와 수프가 포함된 런치 패키지도 추천(음료 제외). 인터라켄 오스트 푸니쿨라역 계단에서 산 쪽으로 3분 정도 걸어가면 마르모트나 산양 등이 있는 작은 무료 동물원 와일드 파크가 있다. MAP ⑪

GOOGLE MAPS 푸니쿨라 하부역: MVR8+C5 인터라켄
ACCESS 인터라켄 오스트역에서 도보 7분, 다리 건너편에 있는 인터라켄 오스트 푸니쿨라역에서 푸니쿨라를 타고 하더 쿨름(Harder Kulm) 하차, 8분
ADD Harderbahn, 3800 Interlaken
OPEN 09:10~21:40(3월 말~4월 중순 ~19:00, 4월 중순~5월 말·9월 말~10월 말 ~21:10, 10월 말~11월 초 ~18:10, 11월 초~말 ~17:10)/11월 말~3월 말 휴무
PRICE 왕복 38CHF, 융프라우 VIP 패스 소지자 무료 베르너 오버란트 패스 소지자 무료 스위스 트래블 패스 소지자 50% 할인 인터라켄 게스트 카드 소지자 34% 할인 / 런치 패키지: 식사 포함 왕복 47CHF, 스위스 트래블 패스 소지자 37CHF /
WEB 하더쿨름: jungfrau.ch/en-gb/harder-kulm/
하더쿨름 레스토랑: restaurantharderkulm.ch

+ MORE +

스위스 초콜릿의 비법을 탈탈! 펑키 초콜릿 클럽

Funky Chocolate Club

달콤한 향기가 발길을 멈추게 하는 초콜릿 상점 겸 카페. 원료별로 초콜릿 맛이 어떻게 달라지는지, 몰딩하기 위한 적정 온도는 몇 도인지 등 집에서 응용 가능한 초콜릿 제조 기술을 배울 수 있다. 강습받는 동안 초콜릿을 질리도록 먹을 수 있으니 식사 후 배가 꺼질 때까지 기다렸다 수업 듣기를 권한다. 강습에 관심이 없다면 초콜릿을 녹여 딸기나 과일에 듬뿍 뿌려주는 초콜릿 퐁뒤를 맛보자. 겨울이라면 핫초콜릿, 여름이라면 초콜릿 아이스크림도 꿀맛! 강습은 영어나 독일어로 75분간 진행되며, 온라인 또는 전화 예약 필수다. MAP ⑪

GOOGLE MAPS MVP3+9X 인터라켄
ACCESS 인터라켄 베스트역에서 도보 7분
ADD Postgasse 10, 3800 Interlaken
OPEN 10:00~20:00/초콜릿 강습: 11:00, 14:00, 16:00, 18:00
PRICE 디저트 3.50CHF~, 딸기 초콜릿 퐁뒤 1컵 9CHF/초콜릿 강습: 69CHF, 4~14세 59CHF
WEB funkychocolateclub.com

맥주와 립이라는 환상 궁합

$$ 브라스리 17 Brasserie 17

캐주얼한 분위기의 레스토랑 겸 펍. 여행자뿐 아니라 현지인들이 즐겨 찾는 곳으로, 립, 윙, 퐁뒤, 버거, 스테이크 등 맥주와 곁들이기 좋은 식사 메뉴가 있다. 특히 립 종류가 인기! 다양한 로컬 맥주도 취급해 맥주 마니아라면 한 번쯤 가볼 만하다. 저녁에는 요일에 따라 라이브 공연도 볼 수 있다. **MAP ⑪**

GOOGLE MAPS MVM4+F6 인터라켄
ACCESS 인터라켄 베스트역 버스 터미널 방향 출구로 나와 도보 5분
ADD Rosenstrasse 17, 3800 Interlaken
OPEN 08:30~24:30(일 16:30~)
PRICE 런치 14.50CHF, 식사 20CHF~
WEB brasserie17.ch

©El Azteca

멕시코 음식은 어디서든 옳다

$$ 엘 아즈테카 El Azteca

현지인과 여행자 모두에게 평이 좋은 멕시코 요리 전문점. 알프스에서 멕시코로 순간 이동한 듯 잘 꾸며진 인테리어와 음식 맛도 좋다. 파히타나 퀘사디아를 비롯한 다양한 멕시칸 스타일의 육류와 해산물 요리를 선보인다. 주말에는 멕시코 음악을 라이브로 연주하기도 한다. **MAP ⑪**

GOOGLE MAPS MVM4+VG 인터라켄
ACCESS 인터라켄 베스트역에서 도보 7분
ADD Jungfraustrasse 30, 3800 Interlaken
OPEN 17:00~23:30(금~일 12:00~)
PRICE 식사 23CHF~, 음료 4.50CHF

한식이 생각날 때 강.력.추.천!

$$ 아레 식당 Korean BBQ Restaurant Aare

한식당이 귀한 스위스에서 오아시스 같은 장소. 워낙 외식비가 비싼 스위스이다 보니 이곳 역시 가격대가 높지만 치즈와 빵 말고 얼큰한 한식을 맛보고 싶을 때 과감히 투자할 만하다. 스위스에 있는 한식당으로는 드물게 전골 메뉴도 있다. **MAP ⑪**

GOOGLE MAPS MVQ4+H7 인터라켄
ACCESS 인터라켄 베스트역에서 도보 12분/인터라켄 오스트역에서 도보 15분
ADD Strandbadstrasse 15, 3800 Interlaken
OPEN 11:30~15:00, 17:00~22:30
PRICE 분식 5CHF~, 식사 24CHF~, 소주 24CHF
WEB restaurantaare.ch

©Korean BBQ Restaurant Aare

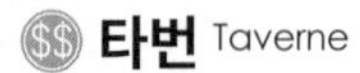

제대로 된 스위스 전통 음식은 여기!

$$ 타번 Taverne

©Taverne

모던한 스위스 음식을 선보이는 호텔 레스토랑. 통나무와 돌로 꾸며진 내부도 고급스럽고, 여름에는 일본 정원 쪽 테라스의 야외 테이블을 이용할 수 있어서 분위기가 더욱 좋다. 1491년부터 운영돼 온 고급 호텔임을 감안하면 가격대도 크게 부담스럽지 않은 편이다. MAP ⑪

GOOGLE MAPS MVQ7+C9 인터라켄
ACCESS 인터라켄 베스트역 버스 터미널에서 시내 방향으로 도보 15분(일본 정원 옆) 또는 103번 버스를 타고 드라이 타넨(Drei Tannen) 하차, 3분
ADD Höheweg 74, 3800 Interlaken
OPEN 16:00~22:00/수요일 휴무
PRICE 식사 34CHF~, 퐁뒤 29CHF~, 디저트 13CHF~, 음료 4.50CHF~
WEB restauranttaverne.ch/en

우리 입맛에도 제격인 태국식 쌀밥

$$ 리틀 타이 Little Thai

©Little Thai

쌀밥과 매콤한 음식이 당길 때 추천하는 태국 음식점. 김치찌개만큼 효과적이진 않지만 느끼한 속을 풀 때 꽤 도움이 된다. 여러 종류의 태국식 커리와 볶음국수, 고기볶음 등 정통 태국 음식이 준비돼 있고, 원한다면 맵기도 조절할 수도 있다. 규모는 매우 작은데, 괜찮은 맛과 편안한 분위기가 인기여서 저녁에는 예약하지 않으면 자리가 없는 때도 많다. 테이크아웃도 가능. MAP ⑪

GOOGLE MAPS MVJ7+G9 Matten bei Interlaken
ACCESS 인터라켄 베스트역에서 104·105번 버스를 타고 조네 호텔(Hotel Sonne) 하차, 4분
ADD Hauptstrasse 19, 3800 Matten bei Interlaken
OPEN 11:00~14:00, 17:00~22:00/월·화요일, 11월 중순~12월 초 휴무
PRICE 런치 16.50CHF~, 식사 23CHF~
WEB mylittlethai.ch

©Victoria-Jungfrau Grand Hotel und Spa

엘레강~스한 스위스 레스토랑

$$$ 라 테라스 브라스리 La Terrasse Brasserie

인근 지역에서 나는 식자재를 이용해 현대적으로 재해석한 스위스 요리와 프랑스, 이탈리아, 그리스, 인도 등의 다국적 요리를 선보이는 고급 레스토랑. 스테이크부터 샌드위치까지 다양한 메뉴가 있으며, 최근엔 양념통닭과 비슷한 메뉴(코리안 프라이드치킨)도 추가했다. 우아한 실내석도 좋지만 햇살 좋은 날엔 아름다운 정원의 야외석에서 애프터눈 티 세트로 잠시 여유를 즐겨보자. 남성은 긴바지와 발이 보이지 않는 신발 착용이 필수다. MAP ⑪

GOOGLE MAPS MVP4+HQ 인터라켄
ACCESS 인터라켄 베스트역에서 도보 8분, 빅토리아 융프라우 그랜드 호텔(Victoria-Jungfrau Grand Hotel) 내
ADD Höheweg 41, 3800 Interlaken
OPEN 14:00~22:00(화·수 ~18:00)
PRICE 식사 34CHF~, 디저트 14CHF~
WEB victoria-jungfrau.ch/en

아이스 커피와 따끈한 사과 케이크

벨로 카페
Velo Cafe

요즘 인터라켄에서 제일 잘나가는 비건 카페. 스위스에서 흔히 보는 카페 겸 레스토랑이 아닌 진짜 카페다운 카페로, 매우 드물게 아이스 아메리카노까지 있다. 프랑스어로 '자전거'란 뜻의 카페 이름처럼 실내도 자전거를 테마로 꾸몄다. 감각적인 분위기와 브런치 메뉴, 커피, 수제 케이크가 카페 마니아의 욕구를 200% 채워주는 곳. 추천 메뉴는 크럼블을 올려 따끈하게 맛보는 사과 케이크. 아보카도 토스트, 스무디 요거트 등 채식 메뉴가 다양하다. MAP ⑪

GOOGLE MAPS MVM4+V8 인터라켄
ACCESS 인터라켄 베스트역에서 도보 5분
ADD Unionsgasse 10, 3800 Interlaken
OPEN 09:00~17:00
PRICE 브런치 11.50CHF~, 음료 4CHF~, 샌드위치 13.50CHF~, 케이크 9.5CHF~
WEB velo-cafe.ch

©Velo Cafe

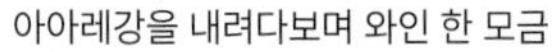

아아레강을 내려다보며 와인 한 모금

슈파츠-가스트로 & 조
Spatz-Gastro & So

아아레강의 푸른 물줄기가 힘차게 흐르는 강변에 자리 잡은 레스토랑 겸 바. 스위스 최고의 관광지 인터라켄에 있다는 사실이 믿기지 않게 조용한 분위기다. 작은 규모지만 느낌 있는 인테리어와 향긋한 커피, 소믈리에 주인장이 선별한 와인이 일품이다. 오전에는 간단한 브런치 메뉴를, 오후에는 커피와 함께 쿠키와 샌드위치 등을 곁들여 먹을 수 있다. MAP ⑪

GOOGLE MAPS MVP2+MQ Unterseen
ACCESS 인터라켄 베스트역에서 강을 왼쪽에 끼고 500m 걷다가 다리 건너 오른쪽, 도보 7분
ADD Spielmatte 49, 3800 Unterseen
OPEN 09:00~20:00(목~토 ~22:00, 일 ~13:00)
PRICE 음료 3.5CHF~, 와인 7CHF~, 브런치 12CHF~, 샌드위치 8CHF~
WEB spatzinterlaken.com

©Spatz - Gastro & So

학센 맛집으로 소문난 독일식 펍

휘지 비어하우스
Hüsi Bierhaus

활기 넘치는 분위기에서 수제 맥주를 마시며 소시지와 독일식 돼지 정강이 요리인 슈바인스학세(Schweinshaxe)를 먹을 수 있다. 세련된 인테리어와 친절한 서비스, 음식 맛으로 힙해진 펍. 립이나 오븐구이 삼겹살, 슈니첼, 햄버거 등이 인기 메뉴이며, 다양한 지역 맥주와 수제 맥주를 선보인다. 수제 맥주는 테이스팅도 가능. 대각선 맞은편에 있는 카페 더 베럴(The Barrel)과 주인도 메뉴 구성도 같으니 자리가 없을 땐 더 베럴로 가자. 주말 저녁에는 예약 권장. MAP ⑪

GOOGLE MAPS MVP3+CV 인터라켄
ACCESS 인터라켄 베스트역에서 도보 7분
ADD Postgasse 3, 3800 Interlaken
OPEN 15:00~23:30(토 12:30~24:00, 일 12:00~22:30)/화요일, 11월 중순~12월 초 휴무
PRICE 식사 20CHF~, 생맥주 5CHF~, 수제 맥주 테이스팅 39CHF~
WEB huesi-bierhaus.com

©Hüsi Bierhaus

Shopping & Walking

스위스 원산 인명구조견인
세인트버나드 목공예 장식품

목공예 공방에서 내 취향 발견!

우드페커 Woodpecker

스위스 가정집을 장식하는 유니크한 목공예품 판매점. 스위스 감성이 물씬 풍기는 작고 부담 없는 가격대의 기념품부터 집안을 비중 있게 장식할 대형 조각품까지 다양한 제품을 공방에서 직접 만든다. 2월에 인터라켄에서 열리는 축제에 쓰이는 나무 가면들이 인상적이다. MAP ⑪

GOOGLE MAPS MVP3+97 인터라켄
ACCESS 인터라켄 베스트역에서 도보 5분
ADD Marktgasse 30, 3800 Interlaken
OPEN 08:00~18:30(토 ~14:00)/월·일요일 휴무
PRICE 나무 공예품 4CHF~
WEB woodcarvings.ch

스위스에 여행 와서 시계 구경은 '국룰'

키르히호퍼 Kirchhofer

100개가 넘는 스위스 시계 브랜드가 한데 모인 상점. 시계 외에도 보석, 명품 잡화, 스위스 특산품 등 다양한 제품이 있어서 기념품 쇼핑하기에 좋고, 한국인 직원이 상주해 편리하다. 인터라켄 지역에는 카지노 갤러리점과 융프라우 전망대점이 있다. MAP ⑪

GOOGLE MAPS MVP5+WR 인터라켄
ACCESS 인터라켄 베스트역에서 102·103번 버스를 타고 쿠르잘(Kursaal) 하차, 카지노 인터라켄 입구
ADD Höheweg 73, 3800 Interlaken
OPEN 09:30~18:30 연중무휴
WEB kirchhofer.com

©Kirchhofer
인터라켄점
융프라우점

산, 하늘, 호수, 계곡을 거침없이!
온몸으로 즐기는 알프스

알프스는 상상 이상으로 스릴 넘치는 여행지다.
사계절 헬기·경비행기 투어, 번지 점프, 패러글라이딩, 스카이다이빙,
베이스점프 등 공중 액티비티가 넘쳐나고, 겨울엔 스키, 스노보드,
스노슈잉, 눈썰매 등 알파인 액티비티가, 여름엔 캐녀닝, 래프팅,
스피드보트, 웨이크보드, 카약 등 수상 액티비티가 기다린다.
초보자도 충분히 즐길 수 있도록 스태프가 도와주니 웅장한 대자연에
과감하게 몸을 맡겨보자.

패러글라이딩

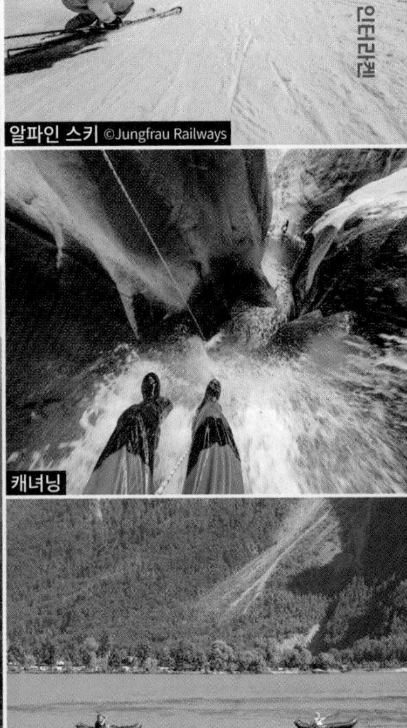
알파인 스키 ©Jungfrau Railways
캐녀닝
카약

아웃도어 인터라켄
Outdoor Interlaken

패러글라이딩, 래프팅, 캐녀닝, 스카이다이빙, 스키, 눈썰매, 어드벤쳐 파크 집라인 등 인터라켄 인근에서 가능한 모든 액티비티 예약 가능. 한국어 카톡(아이디: 아웃도어스위스) 상담 가능. **MAP ⑪**

GOOGLE MAPS 시내점: MVQ6+23 인터라켄/본점: MVJ7+H6 Matten bei Interlaken
ACCESS 시내점: 카지노 인터라켄을 마주 보고 오른쪽 건물/본점: 인터라켄 베스트역에서 104·105번 버스를 타고 호텔 레지나·융프라우브릭(Hotel Regina·Jungfraublick) 하차 후 도보 2분, 총 5분
OPEN 08:00~18:00
ADD Höheweg 95, 3800 Interlaken/Hauptstrasse 15, 3800 Matten
WEB outdoor.ch/ko

시닉 에어
Scenic Air

유명 알프스 지역을 하늘에서 두루 감상할 수 있는 관광 비행 서비스업체. 경비행기는 융프라우 지역부터 마터호른, 몽블랑까지, 헬리콥터는 융프라우 지역 곳곳을 돌아본다. 헬리콥는 원한다면 알레치 빙하 위에 착륙도 가능. **MAP ⑪**

GOOGLE MAPS MVJ7+8C Matten bei Interlaken
ACCESS 아웃도어 인터라켄 본점 맞은편
ADD Hauptstrasse 26, 3800 Matten
OPEN 08:00~17:00
PRICE 경비행기 1인당 220CHF~, 헬리콥터 3인 이하 710CHF~
WEB scenicair.ch

패러글라이딩 인터라켄
Paragliding Interlaken

패러글라이딩뿐 아니라 스카이다이빙과 행글라이더, 겨울 카약, 스노슈잉, 스키, 보드 등 사계절 다양한 액티비티를 예약할 수 있다. **MAP ⑪**

GOOGLE MAPS MVQ6+9P 인터라켄
ACCESS 카지노 인터라켄에서 인터라켄 오스트역 방향으로 도보 4분
ADD Höheweg 125, 3800 Interlaken
OPEN 08:00~18:00
PRICE 스카이다이빙 420CHF~, 행글라이더 230CHF~, 패러글라이딩 180CHF~, 겨울 카약 130CHF, 스키 및 보드 강습은 레벨에 따라 다름
WEB paragliding-interlaken.ch/ko

인터라켄에서 살짝 다녀오는

근교 나들이

인터라켄이 달리 스위스의 최고 관광지가 된 것이 아니다. 융프라우 외에도 인근 지역의 무궁무진한 볼거리와 즐길거리와 접근성이 좋기 때문이다. 호수, 동굴, 유람선, 야외 온천 등 다양한 여행지와 액티비티를 모두 즐기려면 일주일도 부족할 노릇. 그 때문에 기호에 맞는 여행지를 선별하는 것이 중요하다.

용이 살았다는 전설의 동굴

성 베아투스 종유굴

St. Beatus-Höhlen(1129m)

용의 전설이 깃든 기다란 종유굴. 사람이 탐험할 수 있는 14km 중 1km 정도를 일반인들에게 개방한다. 6세기쯤 이곳에는 무서운 용이 살고 있었는데, 아일랜드 수도사 베아투스가 용감하게 용을 무찌른 뒤 동굴을 본거지 삼아 기독교를 전파하고 마을 사람들의 병을 고쳤다는 이야기가 전해진다. 동굴 안에는 종유석이 아름답게 빛나고 빙하가 녹은 물이 시내가 되어 세차게 흐르는데, 물이 많아서 비가 많이 오는 날은 개방하지 않는다. 또한 사계절 내내 기온이 8~10°C로 유지되니 여름에도 겉옷이 필요하다. 삼각대 사용 금지, 유모차 또는 휠체어 접근 불가. 예상 관람 시간은 45분 정도다. 입구에는 동굴에서 발견한 생물과 수정 등을 전시한 작은 박물관과 전망 좋은 레스토랑이 있다.

성 베아투스의 동굴방 재현

GOOGLE MAPS MQMJ+XG Beatenberg
ACCESS 인터라켄 베스트역에서 툰 방향 21번 버스를 타고 베아투스회른(Beatushöhlen) 하차 후 도보 2분, 총 16분
ADD Staatsstrasse 30, 3800 Sundlauenen
OPEN 3월 말~10월 말 09:00~18:00(금·토 ~21:00)/ 11월~3월 중순 토 09:30~18:30, 일 09:30~17:00/ 폐장 45분 전까지 입장
PRICE 19CHF, 6~15세 11CHF, 가족(부모 2+자녀 2) 49CHF/ 인터라켄 또는 베아텐베르크 게스트 카드 소지자 17CHF 베르너 오버란트 패스 소지자 30% 할인
WEB beatushoehlen.swiss

동굴 입구에 있는 레스토랑

성 베아투스의 종유굴 입구

무료 나룻배

미네랄이 많이 함유된 지하수의 몽환적인 푸른빛과 호수 밑 인어 동상이 신비로운 분위기를 자아낸다.

파란 호수도 보고, 고소한 송어구이도 먹고

블라우 호수

Blausee(887m)

입장료가 있는 만큼 잘 정비된 호숫가 유원지. '파란 호수'란 이름처럼 신비로운 푸른빛을 띠는 호수는 그리 깊지 않아 바닥이 투명하게 보인다. 바비큐장에 놓여 있는 무료 장작으로 바비큐를 즐기거나(바비큐 재료와 도구는 각자 준비), 호수의 다인승 나룻배를 무료로 타볼 수 있다. 송어 요리 전문 레스토랑도 하나 있는데, 붐비는 시간대라면 예약하는 게 좋다. 레스토랑 뒤쪽엔 송어 양식장이 있으며, 작은 스파가 있는 호텔, 테이크아웃 카페, 훈제 송어를 판매하는 기념품점 등도 있다. 사계절 아름다운 곳이지만 단풍이 드는 가을철 푸른 호수와 노란 단풍의 조화가 특히 환상적이다.

GOOGLE MAPS GMM8+HW Kandergrund
ACCESS 인터라켄 베스트역에서 기차를 타고 슈피츠역(Spiez) 하차, 환승 후 프루티겐역(Frutigen) 하차 후 230번 버스를 타고 블라우 호수 하차, 총 1시간 10분
ADD Blausee Naturpark, 3717 Blausee
OPEN 09:00~21:00
PRICE 8CHF, 6~15세 5CHF(토·일 10CHF, 6~15세 6CHF)/ 16:00 이후 입장 2CHF 할인/
베르너 오버란트 패스 소지자 50% 할인
WEB blausee.ch

Point 3

알프스 배경의 온수풀로 인기몰이

아델보덴 캄브리안 호텔

The Cambrian Adelboden(1350m)

알프스산맥에 둘러싸인 아름다운 야외 온수풀 홍보 사진 한 장으로 현지인만 알음알음 찾아가던 작은 마을 아델보덴을 단숨에 꿈의 여행지로 만든 4성급 호텔. 리노베이션을 거쳐 캐주얼하고 모던한 분위기지만 기대와 다르게 수영장 크기가 작아서 실망할 수 있다. 자쿠지와 소형 수영장의 중간 정도 규모로, 소문을 듣고 온 사람이 많아서 수영장 인구 밀도도 꽤 높은 편. 야외 온수풀에 너무 큰 기대를 하지 않고 간다면 괜찮은 레스토랑과 깨끗한 객실, 그 앞으로 펼쳐지는 환상적인 알프스 전망으로 충분히 만족할 수 있다. 호텔을 제외하고 아델보덴 자체는 유명 관광지가 아니라서 한적하게 아름다운 알프스를 전세 낸 듯 즐길 수 있는 것도 장점이다.

GOOGLE MAPS FHV6+CC 아델보덴
ACCESS 인터라켄 베스트역에서 기차를 타고 슈피츠역(Spiez) 하차, 환승 후 프루티겐역(Frutigen) 하차, 230번 버스로 환승 후 아델보덴 하차, 총 1시간 30분
ADD Dorfstrasse 7, 3715 Adelboden
PRICE 더블룸 300CHF~
TEL +41(0)33 673 83 83
WEB thecambrianadelboden.com/en/

©The Cambrian Adelboden

강력 추천! 박력 넘치는 빙하 호수

외쉬넨 호수

Oeschinensee(1578m)

수직 절벽에 둘러싸여 늠름한 매력을 뽐내는 대형 호수. 산정호수라 곤돌라를 타고 올라간 후 1.6km(약 30분)를 더 걸어야 비로소 호숫가에 다다른다. 조금 멀긴 해도 눈 덮인 절벽과 초록빛 잔디밭, 짙푸른 호수가 어우러진 풍경이 숨 막히게 아름답다. 도보 구간에 유료 전기버스를 운행하니 호수로 내려갈 땐 도보로, 곤돌라역으로 되돌아올 때는 전기버스를 이용하면 편리하다. 곤돌라역 근처에 터보건(마운틴 롤러코스터)도 있다.

호숫가에 도착하면 2개의 전망 좋은 레스토랑에서 식사하거나, 돗자리를 준비해 피크닉을 즐겨보자. 호수 반대쪽은 빙하와 절벽이라 접근 불가. 호수 둘레의 1/4 정도(1.6km) 되는 하이킹 코스를 걸으면 왕복 1시간 정도 소요된다. 나룻배 대여는 30분당 18CHF. 저렴하지는 않지만 호수 위에 둥실둥실 떠서 바라보는 풍경이 감동적이어서 타볼 만하다.

GOOGLE MAPS FPXH+CR Kandersteg
ACCESS 인터라켄 베스트역에서 기차를 타고 슈피츠역(Spiez) 하차, 환승 후 칸더슈테크역(Kandersteg) 하차, 외쉬넨호수 곤돌라 하부역(Oeschinensee)까지 도보 10분, 곤돌라를 타고 외쉬넨호수 곤돌라 상부역(Oeschinensee) 하차, 호수까지 도보 30분, 총 2시간
ADD Oeschinensee, 3718 Kandersteg
OPEN 곤돌라: 5월 중순~6월 중순·9월 중순~10월 중순 08:30~17:00(6월 중순~9월 중순 1시간 연장)/전기버스(시간이 정해져 있지 않고, 버스 만석 시 출발): 11:00~16:30/ 그 외 기간 휴무(12~2월엔 스키장 운영)
PRICE 곤돌라: 편도 24CHF, 왕복 32CHF, 6~15세 무료, 베르너 오버란트 패스 소지자 무료 스위스 트래블 패스 소지자 50% / 전기버스: 편도 10CHF, 12세 미만 8CHF, 여행 가방 5CHF
WEB oeschinensee.ch

곤돌라 정거장에서 호수로 가는 길 풍경

곤돌라 안에서 본 풍경

전기버스

GRINDELWALD

• 그린델발트 •

3개의 거대한 알프스 봉우리 사이에 그림 같이 자리 잡은 마을. 비가 오면 더욱 선명한 초록빛을 띠는 산비탈과 예쁜 샬레, 창가의 빨간 제라늄이 지금껏 상상해온 스위스의 모습 그대로를 담고 있다. 융프라우로 올라가는 길목일 뿐 아니라 피르스트, 멘리헨, 융프라우 등 다양한 여행지로 접근성이 좋아서 숙박지로 주목받으며, 겨울철엔 인근 스키 슬로프와 연계하기 편리해서 스키 여행자가 즐겨 찾는다.

- **칸톤** 베른 Bern
- **언어** 독일어
- **해발고도** 1034m

베른 칸톤기

그린델발트 마을 문장기

Get in & Get out

★ 그린델발트역
GOOGLE MAPS J2FM+Q9 그린델발트
ADD Bahnhof, 3818 Grindelwald
WEB sbb.ch/en(기차 시간표 확인)

★ 그린델발트터미널역
GOOGLE MAPS J2F9+VH 그린델발트
ADD Grundstrasse 54, 3818 Grindelwald
TEL +41(0)33 828 72 33
WEB jungfrau.ch

★ 그린델발트그룬트역
GOOGLE MAPS J2FF+29 그린델발트
ADD Grindelwald Grund, 3818 Grindelwald
WEB jungfrau.ch

★ 관광안내소
GOOGLE MAPS J2FP+95 그린델발트
ACCESS 그린델발트역에서 직진 후 오른쪽, 도보 4분
ADD Dorfstrasse 110, 3818 Grindelwald
OPEN 08:00~18:00(토·일 09:00~)
TEL +41(0)33 854 12 12
WEB grindelwald.swiss

기차

인터라켄을 거쳐야만 갈 수 있기 때문에 타 도시에서 출발 시 소요 시간은 '인터라켄까지 걸리는 시간+36분'으로 계산한다. 인터라켄 오스트역에서 30분 간격 운행. 기차가 갈림길에서 분리돼 앞부분은 라우터브루넨으로, 뒷부분은 그린델발트로 가므로 탑승하기 전에 탑승 칸에 쓰여 있는 종착역을 잘 확인해야 한다. 그린델발트로 가려면 2B 승강장에서 기차 뒷부분에 탑승한다. 인터라켄에서 기차가 지그재그로 올라가서 방향이 잠깐씩 바뀌지만 오른쪽에 앉아야 멋진 풍경을 감상할 수 있다.

전광판에서 그린델발트행인지 확인하자.

그린델발트역 Grindelwald

그린델발트의 메인 역. 피르스트에 올라가거나 융프라우까지 기차로만 올라갈 때 이용한다. 융프라우행 산악열차역은 표지판을 잘 보고 이동하고, 피르스트행 곤돌라역은 그린델발트역에서 나와 큰길을 따라 약 800m 걸어가면 왼쪽에 있다(122·124번 버스 이용 가능). 1층에 관광안내소와 소형 코인 로커(5CHF), 매표소, 유료 화장실(2CHF)이 있다. 상점이나 레스토랑은 역을 중심으로 이어진 마을 중심가에 몰려 있다.

그린델발트터미널역 Grindelwald Terminal

© Jungfraubahnen Management AG

2020년 아이거 익스프레스 곤돌라 개통과 더불어 신설한 역. 인터라켄에서 올 경우 그린델발트역에서 1정거장 전이다. 융프라우까지 아이거 익스프레스 곤돌라를 타고 올라갈 예정이라면 이곳에서 내린다. 멘리헨행 곤돌라도 이곳에서 탑승한다.

그린델발트그룬트역 Grindelwald Grund

그린델발트에서 융프라우행 산악열차를 타면 맨 처음 도착하는 역. 예전엔 멘리헨행 곤돌라를 타거나 유스호스텔에 갈 때 이용했지만 그린델발트터미널역이 신설되면서 사용 빈도가 줄었다.

그린델발트 마을 중심 풍경

차량

자동차로 진입할 수 있는 마을이어서 노약자 동반 여행 시 편리하다. 인터라켄에서 20km, 약 30분 소요. 주차료는 1시간 2.50CHF, 1일 25CHF, 2일 40CHF, 3일 이상 1일 15CHF 정도다. 주차 후 선불인지 후불인지 반드시 확인한다.

버스

작은 마을이고 버스도 드문드문 다녀서 중심가 편의 시설은 도보로 이동하는 것이 편리하다. 그러나 피르스트행 곤돌라역과 핑슈텍 케이블카역, 글레처 협곡 입구는 중심에서 멀리 떨어져 있기 때문에 버스가 유용하다. 버스는 계절에 따라 운행 횟수가 다르므로 자세한 시간표는 홈페이지에서 확인하자. 요금은 1회권 3CHF, 스위스 트래블 패스 이용 불가, 융프라우 VIP 패스·디지털 게스트 카드 소지자 무료.

WEB grindelwaldbus.ch/en

: WRITER'S PICK :

여행 팁

❶ 디지털 게스트 카드 Digital Guest Card

그린델발트 내 정식 숙박업소에 투숙할 경우 제공되는 게스트 카드. 체크인하는 날 05:00부터 체크아웃하는 날 24:00까지 시내버스를 무료로 이용할 수 있고, 피르스트, 멘리헨, 쉴트호른, 핑슈텍 등의 산악교통과 글레처 협곡, 수영장 등 관광시설 이용료를 20~30% 할인받을 수 있다. 따로 신청하지 않아도 숙소를 예약할 때 등록한 이메일 주소로 체크인 2~3일 전에 파일을 자동 전송받게 된다.

❷ 월드 스노 페스티벌 World Snow Festival

관광안내소 앞 광장에서 매년 1월 중순경에 열리는 눈 조각상 만들기 대회. 5일간 여러 아티스트들이 3m 높이의 눈 조각상을 만들며, 심사위원의 심사와 대중의 인기투표를 거쳐 시상한다. 08:00~17:00에는 조각상을 만드는 모습도 구경할 수 있다.

WEB grindelwald.swiss/en/discover/events/detail/888.html

©World Snow Festival

+ MORE +

겁 없는 알프스의 여우들

대부분 야생 동물은 사람이 나타나면 멀리서도 눈치를 채고 몸을 숨기지만 관광객이 많은 융프라우 지역의 야생 여우들은 그야말로 '여우같이' 관광객이 먹을 것을 갖고 있다는 사실을 알아채고 근처에 다가와서 먹이를 구걸한다. 그러나 아무리 사람에 길들었다고 해도 여우는 야생성이 강한 동물이니 절대 만지지 말자. 살짝만 물려도 광견병 등의 위험이 있고, 스위스는 의료비나 약값도 무척 비싸기 때문에 여러모로 곤란해진다. 게다가 관광객에게 익숙해진 야생 동물들이 문제를 일으키면 결국엔 인간의 안전을 위해 제거 대상이 되기 마련. 그러니 그냥 보기만 하는 것이 서로의 안전을 지키는 길이다.

케이블카 안에서 보는 풍경

핑슈텍 케이블카

정상 레스토랑

Option 01

소담한 그린델발트 마을을 한눈에

핑슈텍

Pfingstegg

슈렉호른(Schrekhorn) 아래에 있는 전망대(1391m). 그린델발트에서 케이블카를 타고 7분 정도 걸린다. 근처 전망대들에 비해 높이가 낮지만 성수기에도 붐비지 않아 알프스 고봉들에 소담하게 둘러싸인 그린델발트의 아름다운 모습을 오롯이 감상할 수 있다. 정상 레스토랑 테라스에서 커피 한잔 마시다 보면 도무지 내려올 생각이 들지 않을 정도. 터보건과 집라인 파크, 작은 놀이터가 있어서 가족 여행지로도 좋다. **MAP ⑫**

GOOGLE MAPS J2FW+7Q 그린델발트

ACCESS 그린델발트역에서 케이블카역까지 도보 15분, 케이블카 탑승/그린델발트역 앞에서 122번 버스를 타고 핑슈텍반(Pfingsteggbahn) 하차, 12분(돌아오는 버스 막차 18:30), 케이블카 탑승

ADD Pfingsteggbahn, Rybigässli 25, 3818 Grindelwald

OPEN 5월 초~6월 셋째 주·9월 중순~10월 셋째 주 09:00~17:40(20분 간격)/6월 말~9월 초 08:30~18:45(15분 간격)/그 외 기간 휴무

PRICE 왕복 32CHF/ 스위스 트래블 패스 소지자, 6~15세 50% 할인 | 융프라우 VIP 패스·디지털 게스트 카드 소지자 25.60CHF | 베르너 오버란트 패스 소지자 무료 /집라인 파크 12CHF, 4~15세 8CHF/터보건 1회 8CHF, 8~15세 6CHF, 4~7세 2CHF, 다회권 할인 있음

WEB pfingstegg.ch

레스토랑 앞 테라스

핑슈텍 터보건

02 웅장한 빙하 협곡 사이로
글레처 협곡
Gletscherschlucht

수 세기 동안 그린델발트 하부 빙하와 그 아래로 녹은 물이 깎여 형성된 거대한 협곡이다. 16~18세기에는 소빙기의 영향으로 빙하 끝이 절벽 입구부터 마을까지 내려왔었다고. 20세기 초 빙하 관광 열풍이 불면서 산악 가이드를 동반한 빙하 위 관광이 시작됐고, 이때 빙하가 끝나는 지점부터 절벽 사이로 나무 데크(현재는 철골)를 설치해 계곡을 구경할 수 있게 했다. 요즘엔 지구온난화 때문에 통행로 끝까지 가도 빙하를 볼 수 없어 아쉽지만 엄청난 유속으로 흐르는 빙하수 위 7m 부근에 설치된 스파이더 웹에서 아찔한 계곡을 내려다볼 수 있다. 깊고 좁은 골짜기라 햇볕이 잘 들지 않고 빙하가 그리 멀지 않아 한여름에도 오싹할 정도로 추우니 긴바지와 바람막이 점퍼는 필수. 관람 시간 약 1시간 소요. MAP ⑫

GOOGLE MAPS J27W+9H 그린델발트
ACCESS 그린델발트역 앞에서 122번 버스 10분, 글레처슐루흐트(Gletscherschlucht) 하차(돌아오는 버스 막차 18:30)
ADD Gletscherschlucht 1, 3818 Grindelwald
OPEN 09:30~18:00(금요일 ~22:00)/ 11월 중순~4월 휴무
PRICE 19CHF, 6~15세 10CHF / 디지털 게스트 카드 소지자 17CHF
WEB outdoor.ch/en/outdoor-activities/glacier-canyon-grindelwald/

스파이더 웹 전망대

암벽에서 솟아 나오는 아이거 빙하수(음용 가능)

입구의 미니 박물관
글레처 협곡 입구

합리적인 가격의 크레프 맛집

$ 클럽하우스 그린델발트 Clubhaus Grindelwald

핫초코와 크레프가 맛있는 신상 카페. 조그만 통나무집 모양이 귀여워 멀리서도 눈에 띈다. 산행하러 가기 전에 간식으로 테이크아웃하기 좋은 파니니도 있다. 원목 인테리어가 아늑한 실내에서 핫초코 한잔과 다크 초콜릿과 바나나 또는 딸기가 들어간 크레프를 즐겨보자. **MAP ⑫**

GOOGLE MAPS J2FR+C2 그린델발트
ACCESS 그린델발트 곤돌라역에서 도보 4분
ADD Dorfstrasse 162a, 3818 Grindelwald
OPEN 09:00~22:00(수·목 12:00~20:00, 겨울철 ~19:00)
PRICE 크레프 6CHF~, 음료 3.5CHF~
WEB clubhausofficial.com

샬레 분위기의 스위스 전통 음식점

$$ 베리즈 Barry's

아이거 호텔 안에 있는 레스토랑. 샬레처럼 꾸민 목재 인테리어가 따뜻한 느낌을 주는 곳이다. 뢰스티, 퐁뒤, 부르기뇽 등 스위스 전통 음식과 스테이크, 버거 등을 맛볼 수 있다. 스위스산 송아지 고기로 만든 코르동 블루도 인기 메뉴. 늘 붐비는 곳이라 예약하지 않으면 자리가 없을 수 있다. **MAP ⑫**

©Eiger Selfness Hotel

GOOGLE MAPS J2FQ+96 그린델발트
ACCESS 그린델발트역에서 도보 5분, 아이거 호텔 1층
ADD Dorfstrasse 133, 3818 Grindelwald
OPEN 07:00~23:00(금·토 ~01:00)
PRICE 메인 22CHF~, 버거 28CHF~, 디저트 10CHF~, 음료 4.5CHF~
WEB barrysrestaurant.ch

귀여운 오두막에서 피자 냠냠

$$ 옹켈 톰스 Onkel Tom's

소설 <톰 아저씨의 오두막>을 떠올리게 하는 동화적인 외관이 눈길을 끄는 피제리아 겸 펍. 얇은 도우에 재료 본연의 맛을 잘 살린 피자와 신선한 샐러드가 인기 만점이다. 저녁엔 일찍 간다고 해도 빈 테이블에 1시간 이내의 예약이 잡혀 있으면 앉을 수 없으니 평일에도 예약은 필수다. **MAP ⑫**

GOOGLE MAPS J2FV+P8 그린델발트
ACCESS 그린델발트 곤돌라역에서 도보 3분
ADD Dorfstrasse 194, 3818 Grindelwald
OPEN 12:00~02:00, 16:30~23:00(화·토 16:30~23:00)/수·목요일 휴무
PRICE 피자 20CHF~, 음료 4.50CHF~
WEB onkel-toms.ch

©Golden India

밥 인심 푸짐한 버터 치킨 맛집

 골든 인디아
Golden India

모던한 인테리어와 깔끔한 맛에 인도인들도 인정한 인도 음식점. 쌀밥이 당기는 우리나라 여행자에게도 괜찮은 선택이다. 최근 인도 관광객이 급증함에 따라 스위스에 인도 요리 전문점이 많이 생겨났는데, 그중에서도 평이 아주 좋은 곳. 토마토소스와 생크림, 버터가 듬뿍 들어 부드러운 맛의 인도커리 버터 치킨(머그마크니)이 인기 메뉴다. MAP ⑫

GOOGLE MAPS J2FV+Q6 그린델발트
ACCESS 그린델발트 곤돌라역에서 도보 3분
ADD Dorfstrasse 193, 3818 Grindelwald
OPEN 12:00~22:00
PRICE 에피타이저 10CHF~, 메인 20CHF~, 음료 5CHF~
WEB goldenindia.ch

©BaseCamp Restaurant

맛과 풍경, 둘 다 포기할 순 없지!

$$ 베이스캠프 레스토랑
BaseCamp Restaurant

귀여운 인테리어가 돋보이는 샬레 스타일 바 겸 레스토랑. 음료, 주류와 함께 햄버거, 타코, 샌드위치 등을 판매하는데, 특히 햄버거가 인기 있다. 길 뒤편에 마련된 조용한 테라스는 단연 최고다. 환상적인 아이거 뷰가 펼쳐져 식사를 마치고 커피까지 마셔도 자리를 떠나기가 싫어진다. MAP ⑫

GOOGLE MAPS J2FR+C8 그린델발트
ACCESS 그린델발트 곤돌라역에서 도보 3분
ADD Almisgässli 1, 3818 Grindelwald
OPEN 11:30~22:00/수요일 휴무
PRICE 에피타이저 17CHF~, 식사 20CHF~, 음료 4.50CHF~
WEB basecamp.restaurant/en/

핀사-부팔리나

©Avocado Bar

라이브 음악과 수제 맥주 어때?

아보카도 바
Avocado Bar

수제 맥주 한잔과 함께 여행의 낭만을 곱씹기에 최적인 곳. 낮에 간다면 아이거 북벽을 마주 보고 있는 뒤쪽 테라스석을 선점하자. 샌드위치류로 간단한 식사도 할 수 있다. 저녁에는 라이브 공연과 흥이 있는 곳으로, 겨울에는 아프레 스키(스키 뒤풀이 파티) 장소로 인기다. MAP ⑫

GOOGLE MAPS J2FQ+9V 그린델발트
ACCESS 그린델발트 곤돌라역에서 도보 4분
ADD Dorfstrasse 158, 3818 Grindelwald
OPEN 16:00~24:30
PRICE 맥주 4CHF~, 샌드위치류 10CHF
WEB facebook.com/avocadobargrindelwald

알프스 액티비티의 천국

그린델발트

그린델발트는 진정한 알프스 액티비티의 천국이다. 패러글라이딩, 스키, 번지점프, 빙하 하이킹, 융프라우 정상 등반, 캐녀닝 등 다양한 액티비티를 두루 즐길 수 있다. 여름에는 하이킹을 빼놓을 수 없다.

초보부터 고수까지

그린델발트 하이킹

그린델발트 주변에는 다양한 난이도의 하이킹 코스가 있는데, 초보자도 환상적인 풍경을 감상하며 어렵지 않게 완주할 수 있는 코스도 많다. 그러나 융프라우 정상을 정복하고 싶다면 숙련된 산악 경험은 물론이고 전문 산악 가이드의 동행이 필요하다. 따라서 산악 경험은 별로 없지만 특별한 하이킹을 해 보고 싶다면 알레치 빙하 하이킹을 추천한다. 물론 가이드가 동행해야 하지만 잘 걸을 수만 있다면 초보자도 충분히 도전할 수 있다.

스릴 애호가라면 주목!

인기 액티비티

아드레날린 솟구치는 액티비티를 선호한다면 글레처 협곡에서의 캐년스윙도 빼놓을 수 없다. 피르스트에서 빙하를 마주 보며 날아오는 패러글라이딩은 또 어떻고? 겨울이면 이곳의 초록 언덕들이 전부 눈으로 뒤덮인 스키 천국으로 변신한다. 인근 지역의 스키 슬로프로 거의 다 연결이 되기 때문에 그린델발트는 스키 베이스로 다시 한번 성수기를 맞는다.

그린델발트 스포츠 Grindelwald SPORTS

GOOGLE MAPS J2FP+P6 그린델발트
ACCESS 그린델발트역 앞 코옵(Coop) 슈퍼마켓 뒤
ADD Dorfstrasse 103, 3818 Grindelwald
OPEN 08:30~18:30
PRICE 글레처 협곡 번지 스윙: 113CHF/스키 강습 4시간: 114CHF/
알레치 빙하 1박 2일 하이킹: 1~2인 그룹 1900CHF/
융프라우 정상 1박 2일 하이킹: 1인 1295CHF, 2인 그룹 1500CHF/
묀히 정상 1일 하이킹: 1인 850CHF, 2인 그룹 990CHF/
아이거 미텔리기 산장 1박 2일: 1인 1590CHF
WEB outdoor.ch

패러글라이딩 융프라우 Paragliding Jungfrau

GOOGLE MAPS J2FR+XJ 그린델발트
ACCESS 그린델발트 곤돌라역 앞
ADD Dorfstrasse 187, 3818 Grindelwald
OPEN 08:00~20:00
PRICE 피르스트: 210CHF~320CHF/뮈렌: 200CHF/
아이거글레처: 270CHF/
멘리헨: 250CHF/사진 및 비디오: 40CHF
WEB paragliding-jungfrau.ch/wp/?lang=ko

©Jungfrau Railway

LAUTERBRUNNEN

• 라우터브루넨 •

높이 300m에 이르는 거대한 골까기 사이에 자리 잡은 작은 마을. 융프라우나 쉴트호른으로 올라가는 환승역쯤으로 대수롭지 않게 생각하고 왔다가 압도적인 풍경을 맞닥뜨리고 어리둥절해지는 곳이다. 절벽 위에서부터 공중으로 흩뿌려지는 폭포의 새하얀 물보라가 신비로운 판타지 영화 속으로 빨려 들어간 기분! 시간 여유가 있다면 마을에서 골짜기를 따라 안쪽으로 잠깐이라도 걸어보기를 권한다. 총 6km 길이의 골짜기 양쪽으로 72개의 폭포가 쏟아져 내리는 신비로운 경관을 만날 수 있다. 라우터브루넨은 개인 차량으로 갈 수 있는 마지막 마을로, 이곳부터는 버스나 기차를 이용해 여행해야 한다. 역 뒤쪽에 대형 주차장이 있다.

- **칸톤** 베른 Bern
- **언어** 독일어
- **해발고도** 802m

베른 칸톤기

라우터브루넨 마을 문장기

Get in & Get out

★

라우터브루넨역

GOOGLE MAPS HWX5+96 라우터브루넨
ADD 3822 Lauterbrunnen
WEB sbb.ch/en(기차 시간표 조회 및 예약)

★

관광안내소

GOOGLE MAPS HWW4+RX 라우터브루넨
ACCESS 라우터브루넨역에서 마을 중심 방향으로 도보 3분
ADD Stutzli 460, 3822 Lauterbrunnen
OPEN 08:30~12:00, 13:15~17:00
TEL +41(0)33 856 85 68
WEB lauterbrunnen.swiss/en

기차

인터라켄을 거쳐야만 갈 수 있다. 타 도시에서 출발 시 소요 시간은 '인터라켄까지 걸리는 시간+20분'으로 계산하면 된다. 인터라켄 오스트역에서 30분마다 1대씩 운행. 기차가 갈림길에서 분리되어 앞부분은 라우터브루넨으로, 뒷부분은 그린델발트로 가므로 탑승 칸에 쓰여 있는 종착역을 잘 확인할 것. 라우터브루넨으로 가려면 2A 승강장에서 기차 앞부분에 탑승한다.

라우터브루넨역 Lauterbrunnen

1층에 소형 코인 로커(5CHF), 매표소, 유료 화장실(2CHF)이 있다. 융프라우행 산악열차를 타려면 표지판을 따라 승강장을 이동하며, 마을로 가려면 1번 출구로 나와 도로 쪽으로 올라간다.

차량

인터라켄에서 출발해 빌더스빌(Wilderswil)이나 츠바이뤼치넨(Zweilütschinen)에서 오른쪽 도로를 따라간다. 12.4km, 약 20분 소요.
호텔에 주차장이 없다면 라우터브루넨역 뒤 대형 주차장을 이용한다. 옆 마을인 벵엔(Wengen)부터는 차량을 통제하는 카프리(Car-free) 지역이니 대부분 이곳에 주차하고 대중교통을 이용한다. 주차료는 1일 18CHF, 사용일수에 따라 할인율이 높아진다. 아래의 홈페이지에서 자리를 예약·결제한 후 당일 빈자리에 주차할 수 있다. 나갈 땐 정산기에서 'Voucher' 버튼을 누르고 홈페이지에서 발급받은 코드를 입력한다. 예약한 시간 안에 여러 번 들락날락해도 되지만 예약 취소나 시간 변경은 할 수 없다.

WEB jungfrau.ch/shop/en/parkticket

Get around & Travel tips

버스

작은 마을이고 버스도 드문드문 운행해 시내 중심가까지는 걸어가는 편이 낫다. 버스를 이용할 일은 트뤼멜바흐 폭포 입구에 갈 때 정도다. 요금은 1회권 3.20CHF, 스위스 트래블 패스·융프라우 VIP 패스·디지털 게스트 카드 소지자 무료.

: WRITER'S PICK :

디지털 게스트 카드 Digital Guest Card

라우터브루넨 내 정식 숙박업소 투숙할 경우 체크인하는 날 05:00부터 체크아웃하는 날 24:00까지 시내버스를 무료로 이용할 수 있고, 피르스트, 멘리헨, 쉴트호른, 핑슈텍 등의 산악교통과 글레처 협곡, 헬리콥터 투어, 수영장 등 관광시설 이용료를 20~30% 할인받을 수 있는 카드. 예약할 때 등록한 이메일 주소로 체크인 2~3일 전에 자동 전송되며, 현지에서 이메일을 보여주고 이용한다.

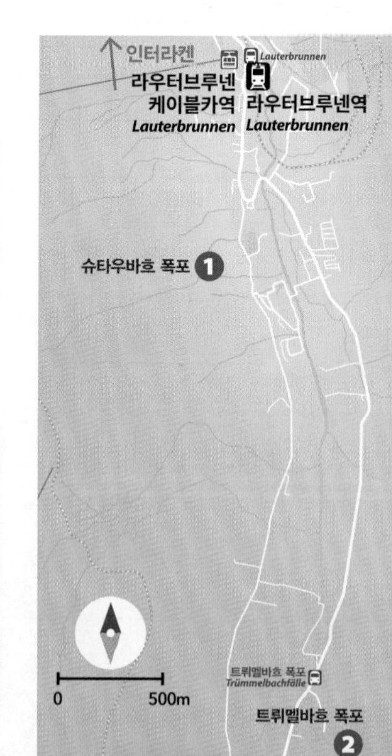

Option 01 라우터브루넨을 신비롭게 만든 주인공

슈타우바흐 폭포

Staubbachfälle

스위스에서 2번째로 높은 폭포(297m). 거대한 골짜기로 떨어지는 72개의 폭포 중 하나로, 햇살이 가득 비춰드는 오전에 특히 아름답다. 마을 뒤로 새하얀 물안개를 흩뿌리는 폭포가 환상적이어서 괴테는 이 모습을 보고 <물 위 정령들의 노래>라는 시를 썼다. 폭포 뒷길에 오르면 물줄기 너머로 무지개가 뜨는 마을 전경을 볼 수 있다. 단, 폭포 바로 아래는 바위 부스러기나 얼음조각이 떨어질 우려가 있어서 통제돼 있으니 주의한다. MAP ⑬

GOOGLE MAPS HWQ4+V3 라우터브루넨
ACCESS 라우터브루넨역에서 마을 쪽으로 도보 15분
OPEN 6~10월
PRICE 무료

폭포 뒤로 길이 있다.

+ MORE +

알프스에서 즐기는 영국식 미트파이 에어타임 카페 Airtime Cafe

영국인이 운영하는 파이 맛집. 커피 내음 가득한 카페에서 보내는 짧은 휴식은 알프스의 기억을 더욱 향기롭게 해준다. 꼭 먹어봐야 할 메뉴는 하나만 먹어도 든든한 미트파이. 생딸기가 올라간 팬케이크나 겉은 바삭하고 속은 촉촉한 브라우니, 고소한 스콘도 추천 메뉴다. 현금만 가능. MAP ⑬

GOOGLE MAPS HWW4+3W 라우터브루넨
ACCESS 라우터브루넨역에서 마을 방향으로 도보 6분
ADD Fuhren 452, 3822 Lauterbrunnen
OPEN 09:00~17:30/월~목요일 휴무
PRICE 브런치 10CHF~, 파이 8CHF~, 음료 5CHF~
WEB airtime.ch

암벽 내부로 들어가는 엘리베이터

트뤼멜바흐 폭포가 휘돌며 만든 동굴

탐방로에서 바라본 라우터브루넨 풍경

02 10단으로 떨어지는 암벽 속 빙하수 폭포 트뤼멜바흐 폭포

Trümmelbachfälle

전 세계에서 유일하게 접근 가능한 암벽 속 폭포. 엘리베이터를 타고 암벽 속으로 100m 정도 올라가면 10단으로 흐르는 거대한 폭포를 바로 옆에서 볼 수 있다. 특히 여름이면 융프라우, 아이거, 묀히 주변의 빙하들과 겨우내 쌓인 눈이 녹으며 초당 2만L의 물이 암벽 안으로 휘돌아 빠져나간다. 무섭게 흘러내리는 엄청난 물줄기 옆을 뚫어 암벽 속 엘리베이터를 만든 스위스인의 개척 정신이 놀라울 따름. 엘리베이터는 6·7번 폭포 사이에 도착하니 10번까지 올라갔다가 계단으로 내려오며 차례차례 구경한다. 계단이 많아 노약자에게는 추천하지 않고, 4세 미만은 입장 금지. 휠체어나 유모차는 접근할 수 없다. **MAP ⓭**

GOOGLE MAPS 폭포: HW97+QM 라우터브루넨/무료 바비큐장: HWF6+GG 라우터브루넨

ACCESS 라우터브루넨역에서 141번 버스를 타고 10분/뮈렌에서 케이블카 4분, 김멜발트(Gimmelwald) 환승 후 케이블카 5분, 슈테첼베르크(Stechelberg) 하차 후 도보 2분+버스 141번 4분, 트뤼멜바흐팔레 하차

ADD Trümmelbach, 3824 Stechelberg

OPEN 09:00~17:00(7·8월 08:30~18:00)/11~3월 휴무

PRICE 14CHF, 6~15세 6CHF/

라우터브루넨 디지털 게스트 카드 소지자 10% 할인

WEB truemmelbachfaelle.ch

+ MORE +

트뤼멜바흐 폭포 즐기는 꿀팁

❶ 한여름에도 내부가 매우 서늘하기 때문에 바람막이 점퍼가 필요하다. 폭포에서 튀는 물안개에 옷과 카메라 등도 전부 젖으니 주의한다.

❷ 라우터브루넨역에서 편도 3.6km (약 1시간)를 하이킹한 후 폭포를 관람하고 141번 버스로 되돌아오는 일정을 추천하지만 걷고 싶지 않다면 141번 버스로 왕복해도 된다. 6정거장, 편도 7분 소요.

❸ 폭포 앞에 레스토랑이 있어서 목을 축이거나 간단히 식사할 수 있다. 외부 음식은 반입 금지. 폭포에서 마을 쪽으로 계곡을 따라 약 200m 돌아가면 무료 바비큐장에서 피크닉을 즐길 수 있다.

#Hiking

누구든지 가볍게 도전!

트뤼멜바흐 폭포 하이킹 Trümmelbachfälle Hiking

라우터브루넨에서 하나뿐인 큰길을 따라 트뤼멜바흐 폭포가 나올 때까지 계곡 옆을 직선으로 걷는 코스다. 평지이고 포장된 길이라 유모차를 끌고 다녀오는 것도 가능할 정도로 편한 길을 걷게 된다. 300m 높이에서 떨어지는 슈타우바흐 폭포의 물안개를 지나 거대한 절벽 사이 초지에서 두 눈을 끔뻑이는 젖소들과 눈인사를 나누다 보면 1시간이 10분처럼 흘러간다. 모든 것이 정지한 듯 평화로운 풍경이지만 사실 이곳은 익스트림 스포츠인 베이스점프(Basejump)의 성지. 낙하산을 메고 절벽 위에서 뛰어내리는 이들의 즐거운 비명이 종종 정적을 깬다.

info.

코스	라우터브루넨역 → 슈타우바흐 폭포 → 트뤼멜바흐 폭포
거리	편도 3.6 km
소요 시간	편도 1시간
시기	사계절 가능
난이도	하(평지 포장도로, 유모차 및 휠체어 가능)

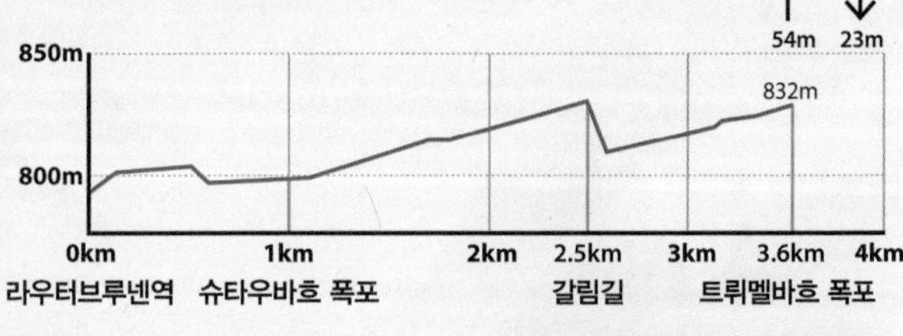

인터라켄
라우터브루넨역 Lauterbrunnen
① 라우터브루넨
② 슈타우바흐 폭포
캠핑 융프라우 홀리데이 파크 Camping Jungfrau Holiday Park
무료 바비큐장
③ 트뤼멜바흐 폭포
0 500m

① 라우터브루넨 Lauterbrunnen

라우터브루넨역 1번 출구로 나와 마을 쪽으로 방향을 잡는다. 하이킹 추천 시간대는 골짜기에 해가 드는 오전이다.

② 슈타우바흐 폭포 Staubbachfälle

약 1km 지점 오른쪽에 라우터브루넨의 상징 슈타우바흐 폭포가 있다. 폭포 뒤로 올라가 구경하고 내려와 가던 길을 따라 직진한다.

③ 트뤼멜바흐 폭포 Trümmelbachfälle

마을을 벗어나 두 번째 갈림길에서 왼쪽 흙길로 진입한다. 다리를 건넌 후 오른쪽으로 200m 정도 더 가면 왼쪽에 트뤼멜바흐 폭포 진입로가 있다. 폭포 앞 레스토랑에서 휴식하고, 141번 버스를 이용해 마을로 돌아간다.

① 하이킹 길, 계속 이런 포장도로를 걷는다.
② 슈타우바흐 폭포

③ 트뤼멜바흐 폭포

베이스점프

트뤼멜바흐 폭포에서 흘러 내려온 빙하수 시내

하늘에서 보는 융프라우

에어 글레이셔Air Glaciers 헬리콥터 투어

헬리콥터 투어를 이용하면 융프라우, 묀히, 아이거 3개의 봉우리를 하늘에서 멋지게 내려다볼 수 있다. 인명 구조 목적으로 1965년에 설립된 에어 글레이셔는 현재 스위스에 6개의 헬리콥터 이·착륙장을 가지고 있는데, 그중 하나가 이곳 라우터브루넨에 있다. 1972년 설립된 라우터브루넨 기지에서는 인명 구조뿐 아니라 화물 운반, 관광 비행, 헬리 스키 등 다양한 서비스를 제공한다.

GOOGLE MAPS HWP7+57 라우터브루넨
ADD In der Weid, Heliport 217E, 3822 Lauterbrunnen
OPEN 07:30~12:00, 13:00~18:00
WEB air-glaciers.ch/lauterbrunnen

○ 관광 비행

3~5명만 이용 가능. 요금은 1인 기준이며, 베르너 오버란트 패스 소지자는 10% 할인된다.

- **융프라우 코스**(Jungfrau) 13분 비행, 195CHF
  아이거, 묀히, 융프라우
- **빙하 투어 코스**(Glacier flight) 20분 비행, 260CHF
  아이거, 묀히, 융프라우, 에브네플루
- **알프스 투어 코스**(Great Alpine Tour) 30분 비행, 390CHF
  아이거, 묀히, 융프라우, 에브네플루, 알레치호른, 브라이트호른, 쉴트호른
- **마터호른 코스**(Matterhorn) 1시간 10분 비행, 630CHF
  아이거, 묀히, 융프라우, 알레치호른, 알프후벨, 마터호른, 당 블랑슈, 쉴트호른

○ 헬리 스키

4명 이상 이용 가능(산악 스키 가이드 동행). 미니 버스 또는 열차로 라우터브루넨역 복귀 비용이 포함된다(스키 장비는 불포함). 요금은 1인 기준이며, 베르너 오버란트 패스 소지자는 10% 할인된다.

- **에브네플루**(Ebnefluh) 300CHF
- **페테르스그라트**(Petersgrat) 300CHF
- **에브네플루+페테르스그라트** 410CHF
- **수스텐리미**(Sustenlimmi) 560CHF

캠핑 마니아라면 솔깃할 곳

캠핑 융프라우 홀리데이 파크

Camping Jungfrau Holiday Park

조금 더 특별한 알프스 여행을 꿈꾼다면 호텔 대신 캠핑장을 이용해보자. 텐트뿐 아니라 카라반이나 방갈로, 통나무집, 호스텔 다인실 등 다양한 형태의 숙소가 있다. 라우터브루넨 계곡 넓은 잔디밭에 자리 잡고 있어서 아이들이 뛰어놀 공간도 충분하고, 차량을 가지고 들어갈 수도 있다. 캠핑장엔 레스토랑(예약 권장)과 식재료를 판매하는 작은 상점이 있지만 되도록 마을에 있는 슈퍼마켓에서 필요한 것을 전부 미리 사 가는 것이 편리하다. 공용 주방에 무료 냉장고가 있으며, 조리대 사용은 유료(20분 2CHF). 그 외 무료 공용 샤워장과 코인 세탁실(1회 5CHF)이 있다. 반려동물 동반 가능(목줄 필수), 캠핑장 전체 무료 와이파이 사용 가능. **MAP ⑬**

GOOGLE MAPS HWQ5+FG 라우터브루넨
ACCESS 라우터브루넨역에서 도보 20분 또는 143번 버스 6분(30분마다 1대 운행)
PRICE 캠핑장 1일 이용료: 텐트 32CHF~, 캠핑카 43CHF~/호스텔 다인실 41CHF, 방갈로 또는 영구 카라반 더블룸 110CHF~
/최소 숙박일: 비수기 3일, 성수기 5일/7일 이상 숙박 시 주 할인 요금 적용
ADD Weid 406, 3822 Lauterbrunnen
TEL +41(0)33 856 20 10
WEB campingjungfrau.swiss

차량 없이 텐트 캠핑만 하면 슈타우바흐 폭포가 바로 보이는 장소에 텐트를 칠 수 있다.

통나무집 글램핑장

공용 주방

무료로 제공하는 장작과 바비큐장

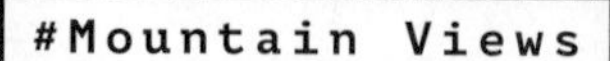

스위스의 여행의 로망

융프라우 지역

Jungfrau Region

스위스 알프스 여행의 하이라이트! 2001년 세계유산으로 지정될 만큼 빼어난 전망을 자랑한다. 이제는 너무 유명해 조금 식상하다는 여행자도 있지만 스위스가 처음인 여행자라면 그냥 지나치기에는 너무 아까운 곳이다. 보통 융프라우에 간다고들 말하지만 사실 우리가 기차를 타고 오르는 곳은 융프라우산 정상이 아니라 묀히와 융프라우 사이 골짜기에 자리 잡은 기차역인 융프라우요흐다. 만약 융프라우 정상에 오르고 싶다면 융프라우요흐에서 출발해 험난한 등산을 해야 하며, 전문 산악 장비와 방한복, 그리고 많은 산악 경험 및 동행할 산악 가이드가 필요하다.
참고로 융프라우 일대는 전부 베른주의 남쪽에 위치한 고산지대인 베르너 오버란트 지역에 속하는데, 이곳이 바로 '아름다운 베르네 산골(원제 : Das Berner Oberland)' 노래에 등장하는 '베르네 산골'이다. 브리엔츠 호수, 툰 호수 일대를 비롯해 베른주의 알프스가 모두 이 지역에 속한다.

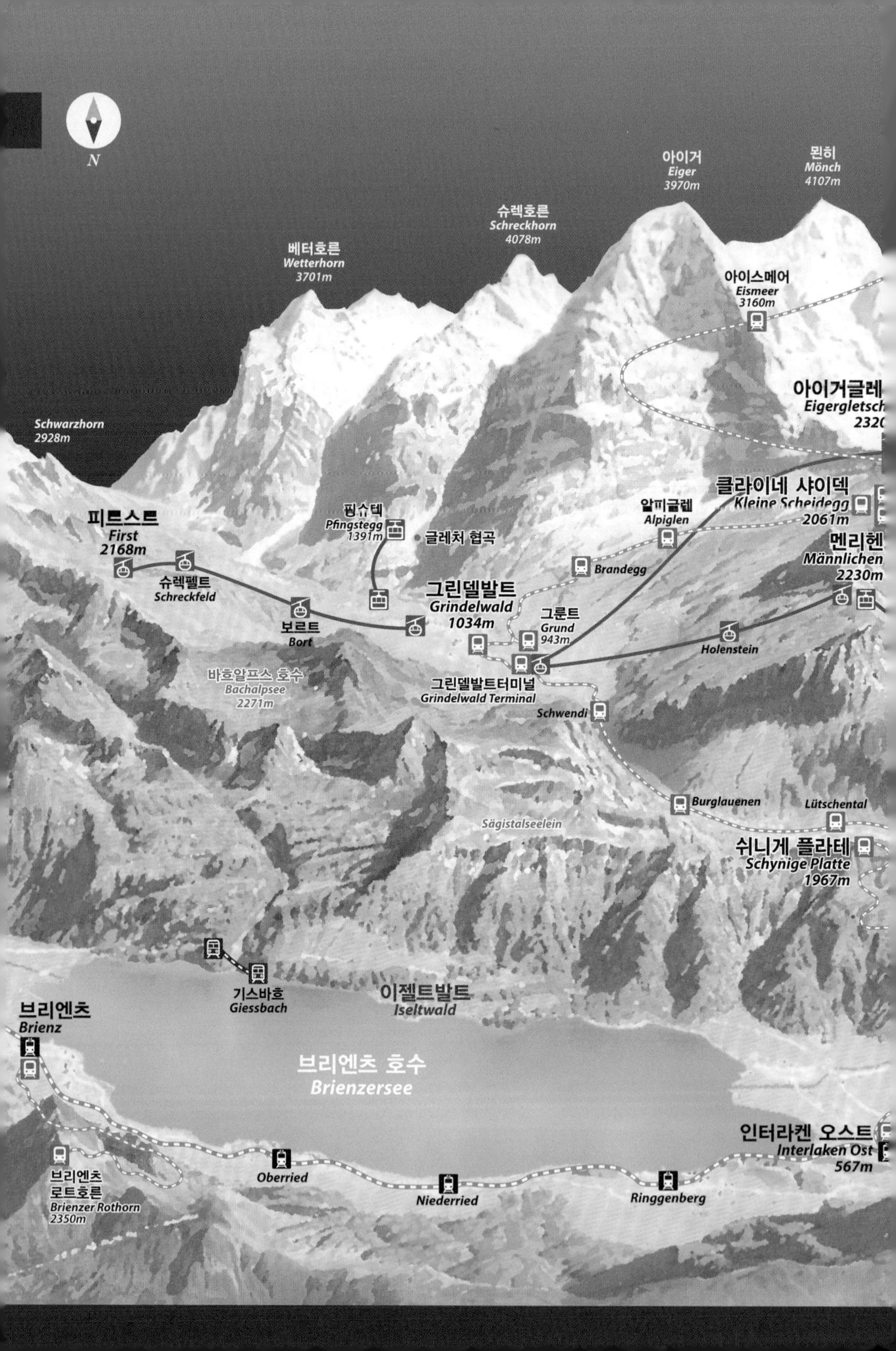
N
아이거
Eiger
3970m
묀히
Mönch
4107m
슈렉호른
Schreckhorn
4078m
베터호른
Wetterhorn
3701m
아이스메어
Eismeer
3160m
아이거글레
Eigergletsch
2320
Schwarzhorn
2928m
클라이네 샤이덱
Kleine Scheidegg
2061m
피르스트
First
2168m
핑슈텍
Pfingstegg
1391m
글레처 협곡
알피글렌
Alpiglen
멘리헨
Männlichen
2230m
Brandegg
슈렉펠트
Schreckfeld
그린델발트
Grindelwald
1034m
그룬트
Grund
943m
보르트
Bort
Holenstein
바흐알프스 호수
Bachalpsee
2271m
그린델발트터미널
Grindelwald Terminal
Schwendi
Burglauenen
Lütschental
Sägistalseelein
쉬니게 플라테
Schynige Platte
1967m
기스바흐
Giessbach
이젤트발트
Iseltwald
브리엔츠
Brienz
브리엔츠 호수
Brienzersee
인터라켄 오스트
Interlaken Ost
567m
브리엔츠
로트호른
Brienzer Rothorn
2350m
Oberried
Niederried
Ringgenberg

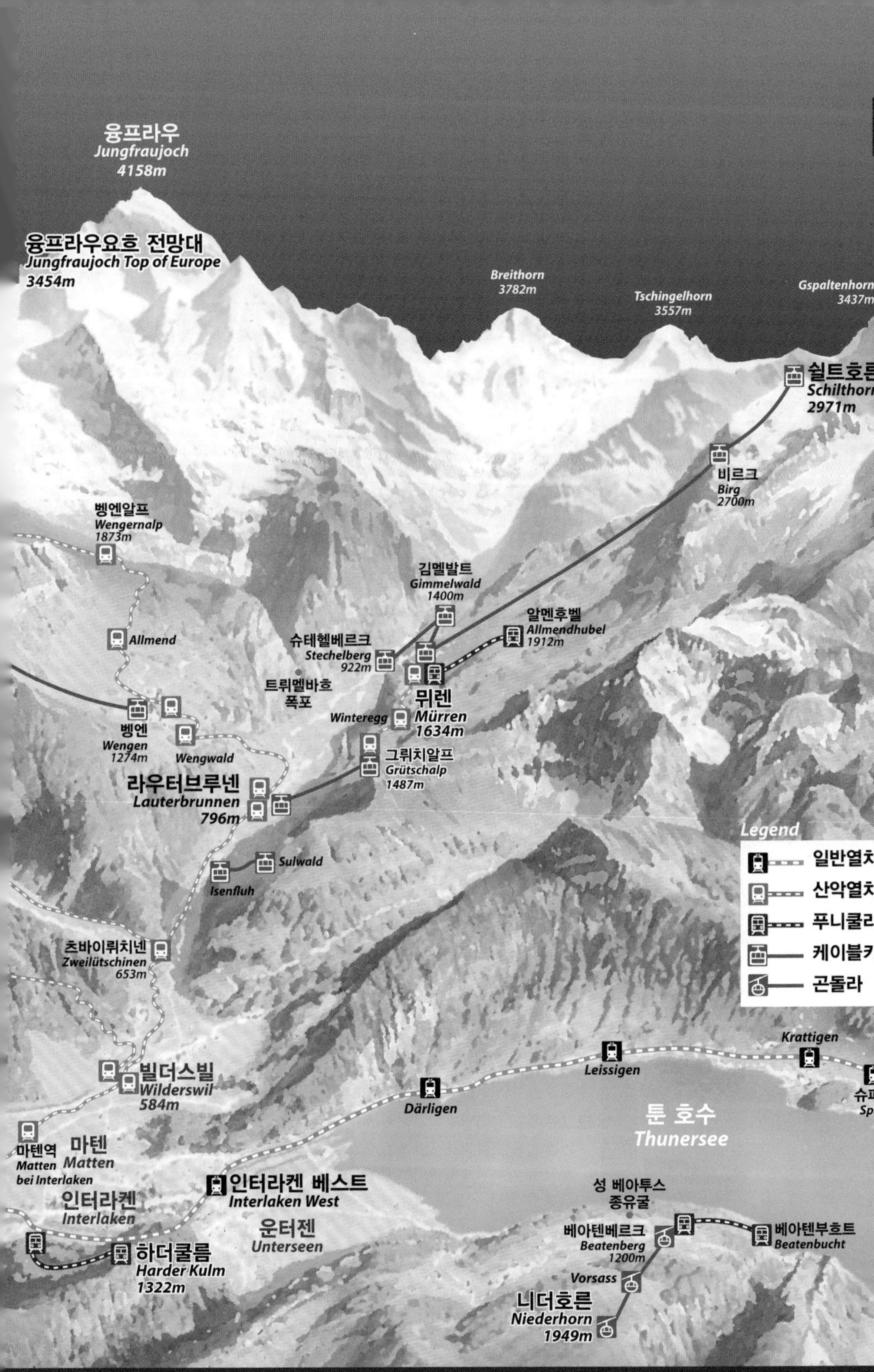

융프라우
Jungfraujoch
4158m

융프라우요흐 전망대
Jungfraujoch Top of Europe
3454m

Breithorn
3782m

Tschingelhorn
3557m

Gspaltenhorn
3437m

쉴트호른
Schilthorn
2971m

비르크
Birg
2700m

벵엔알프
Wengernalp
1873m

김멜발트
Gimmelwald
1400m

알멘후벨
Allmendhubel
1912m

Allmend

슈테헬베르크
Stechelberg
922m

트뤼멜바흐
폭포

뮈렌
Mürren
1634m

Winteregg

벵엔
Wengen
1274m

Wengwald

그뤼치알프
Grütschalp
1487m

라우터브루넨
Lauterbrunnen
796m

Sulwald

Isenfluh

Legend

일반열차
산악열차
푸니쿨라
케이블카
곤돌라

츠바이뤼치넨
Zweilütschinen
653m

Krattigen

Leissigen

빌더스빌
Wilderswil
584m

Därligen

슈피츠
Spiez

툰 호수
Thunersee

마텐역
Matten
bei Interlaken

마텐
Matten

인터라켄
Interlaken

인터라켄 베스트
Interlaken West

성 베아투스
종유굴

운터젠
Unterseen

베아텐베르크
Beatenberg
1200m

베아텐부흐트
Beatenbucht

하더쿨름
Harder Kulm
1322m

Vorsass

니더호른
Niederhorn
1949m

DAY PLANS

융프라우 지역은 워낙 방대해서 하루 만에 둘러보기 어렵다. 인터라켄에서 출발하면 전망대가 있는 융프라우요흐를 왕복하는 데만도 4시간이 걸리기 때문에 최소 이틀은 할애해야 융프라우를 비롯한 주변을 둘러볼 수 있다. 아래는 이 지역의 주요 포인트들을 큰 원형으로 돌며 대부분 볼 수 있도록 구성한 3박 4일 코스다. 2일째 일정이 핵심이고, 1·3·4일째 일정은 개인 취향에 맞춰 가감해보자.

*4일째 일정은 여름(5월 말~10월 중순)에만 가능(겨울철 쉬니케플라테, 하더쿨름 운휴)

DAY 1

❶ **인터라켄 오스트**

↓ 기차 36분

❷ **그린델발트**

↓ 도보 12분+곤돌라 25분

❸ **피르스트**

피르스트 클리프 워크 관람 30분

*바흐알프 호수 하이킹 시 왕복 2시간 + 호숫가 휴식 및 관람 30분

+점심식사 1시간(그린델발트로 내려가서 식사하는 것도 가능)

↓ 곤돌라 25분+도보 12분

❹ **그린델발트 곤돌라역**

↓ 도보 3분+버스 7분(30분에 1대 운행)

❺ **글레처슐루흐트**

관람 1시간(여름에만 가능)

↓ 버스10분(막차 18:30)

❻ **그린델발트 숙박**

★
알찬 일정을 위해 알아둘 점

그린델발트에 도착해서 피르스트에 오르기 전, 숙소 또는 기차역 코인 로커(7CHF)에 짐을 보관한다.

피르스트 바흐알프 호수

DAY 2

❶ **그린델발트터미널**

↓ 아이거 익스프레스 곤돌라 20분

❷ **아이거글레처**

↓ 기차 26분

❸ **융프라우요흐**

관람 2시간

↓ 기차 26분

❹ **아이거글레처**

↓ 옵션1: 하이킹 1시간(여름에만 가능)

↓ 옵션2: 기차 8분

❺ **클라이네 샤이덱**

+점심식사 1시간

↓ 옵션1: 멘리헨 하이킹 1시간 30분 + 멘리헨 정상 관람 40분 + 곤돌라 20분

↓ 옵션2: 기차 40~45분

❻ **그린델발트 또는 라우터브루넨 숙박**

★
알찬 일정을 위해 알아둘 점

❶ 그린델발트에 보관해둔 짐이 없다면 라우터브루넨 방향으로 내려가서 숙박하는 것이 다음 날 일정을 시작하기에 더 효율적이다.

❷ 오전에 그린델발트에서 스위스 연방 철도청 짐 배송 서비스를 이용하면 라우터브루넨으로 짐을 보낼 수 있다. 2일 전 예약 필수. 자세한 내용은 089p 참고.

DAY 3

❶ **그린델발트**

↓ 기차 39분(츠바이뤼치넨 Zweilütschinen 환승)+도보 2분

❷ **라우터브루넨**

↓ 케이블카 4분

❸ **그뤼취알프**

↓ 옵션1: 하이킹 1시간 20분

↓ 옵션2: 기차 14분+도보 15분

❹ **뮈렌**

↓ 케이블카 12분

❺ **비르크**

스릴 워크 관람 30분

↓ 케이블카 4분

❻ **쉴트호른 정상 관람 1시간**

+점심식사 1시간

↓ 케이블카 6분+비르크(Birg) 환승 후 케이블카 10분

❼ **뮈렌**

↓ 옵션1: 김멜발트를 거쳐 트뤼멜바흐 폭포까지 하이킹 2시간

↓ 옵션2: 케이블카 10분(김멜발트 Gimmelwald 환승, 슈테첼베르크 Stechelberg 하차)+도보 2분+버스 4분

❽ **트뤼멜바흐 폭포 관람 40분**
(여름에만 가능)

↓ 옵션1: 하이킹 1시간

↓ 옵션2: 버스 7분

❾ **라우터브루넨 숙박**

★
알찬 일정을 위해 알아둘 점

짐을 보관할 곳이 없다면 라우터브루넨역 코인 로커(7CHF)를 이용한다.

융프라우 정상

융프라우로 가는 산악열차

쉴트호른

DAY 4

❶ 라우터브루넨
↓ 기차 15분
❷ 빌더스빌
↓ 기차 52분
❸ 쉬니게 플라테
하이킹 코스에 따라 관람 1~4시간
+ 점심식사
↓ 기차 52분
❹ 빌더스빌
↓ 기차 6분
❺ 인터라켄 오스트
↓ 도보 6분+푸니쿨라 10분
❻ 하더쿨름 관람 1시간
↓ 푸니쿨라 10분+도보 6분
❼ 인터라켄 오스트

★
알찬 일정을 위해 알아둘 점
쉬니게 플라테엔 짐 보관소가 없으니 ❷ 빌더스빌역 코인 로커(7CHF)에 짐을 보관한다.

: WRITER'S PICK :

마텐역 개통!
Matten bei Interlaken

인터라켄 남쪽 마텐 마을에 2023년 12월 새로 개통한 역. 인터라켄 오스트역에서 기차로 1정거장 거리로, 인터라켄과 고속도로로 바로 연결돼 렌터카 여행자가 이용하기 편리하다. 인터라켄보다 덜 붐비는 이곳에 주차하고 융프라우까지 기차로 다녀오자.

+ MORE +

융프라우 방문 전 준비할 것

❶ 방한복과 미끄럼 방지 신발
스위스는 한여름에 산 아래와 산 위의 기온 차가 크다. 산 아래는 30°C를 웃돌아도 융프라우처럼 만년설이 있는 산에 올라가면 영하로 떨어진다. 따라서 사계절 방한복과 눈길을 걸을 수 있는 미끄럼 방지 신발을 준비한다.

❷ 고산병 예방하기
2500m 이상만 올라가도 산소 부족으로 고산병에 걸리는 사람들이 있다. 중간역인 클라이네 샤이덱이나 아이거글레처 등에 내려 몸을 조금 적응시킨 후 올라가는 것도 좋은 방법. 산 위에서 메스꺼움, 답답함, 호흡곤란 등의 약한 고산증이 오면 수분을 섭취하고, 움직임을 적게 하자. 그래도 효과가 없다면 현재 높이보다 500m 이상 산 아래로 내려가는 방법뿐. 대부분 증상이 사라진다.

크레바스 주의!

만년설을 실컷 즐길 수 있는 곳이지만 절대 정해진 루트를 벗어나지 말아야 한다. 산 위가 아닌 빙하 위라서 어느 곳에 크레바스(Crevasse: 빙하 사이에 깊게 갈라진 틈)가 있을지 모르기 때문이다. 크레바스는 바로 위에서 내려다볼 땐 보이지만 길 위에서는 눈 때문에 잘 보이지 않는다. 따라서 반드시 전문가가 지반을 확인한 하이킹 길만 걸어야 한다. 2024년 여름에 사진 속 크레바스 둘레에 조성하는 글레처 어드벤처 트레일(Gletscher Adventure Trail)이 오픈하면 서스펜션 브리지와 탐방로 위에서 유럽 최대의 빙하 위 크레바스를 구경할 수 있게 된다.

묀히스요흐 산장으로 가는 하이킹 길.
오른쪽에 거대한 크레바스가 있는데도 길 위에서는 보이지 않는다.

MOUNTAIN VIEWS

1

JUNGFRAU-JOCH

융프라우요흐

'탑 오브 유럽', 유럽의 지붕

융프라우(4158m)는 '유럽의 지붕(Top of Europe)'이라는 멋진 수식어 때문에 종종 유럽에서 가장 높은 산이라는 오해를 부른다. 사실 유럽에서 가장 높은 산은 러시아의 엘브러스(5642m), 알프스에서 가장 높은 봉우리는 프랑스와 이탈리아의 경계에 있는 몽블랑(4810m)이다. 그런데도 융프라우가 '유럽의 지붕'으로 불린 이유는 20세기 초 개통한 융프라우요흐역이 현재까지 유럽에서 가장 높은 기차역이고, 건설 당시 가장 높은 전망대였기 때문이다. 이제는 체르마트의 글레이셔 파라다이스 곤돌라 종착역이 가장 높은 전망대가 됐지만 융프라우요흐 전망대에서 바라보는 융프라우(처녀)와 묀히(성직자), 거대한 절벽 아이거가 만들어 내는 하모니만큼은 여전히 유럽 제일이 아니라 세계 제일이라 우겨도 반박할 수 없을 만큼 감동적이다.

융프라우요흐로 가는 3가지 방법

융프라우요흐 전망대로 가는 방법은 3가지가 있으니 1가지 루트로만 왕복하기보다는 오르내릴 때 경로를 달리하여 두루 구경하는 것이 더욱 재미있다. 어떻게 가도 교통비는 비슷하게 든다.

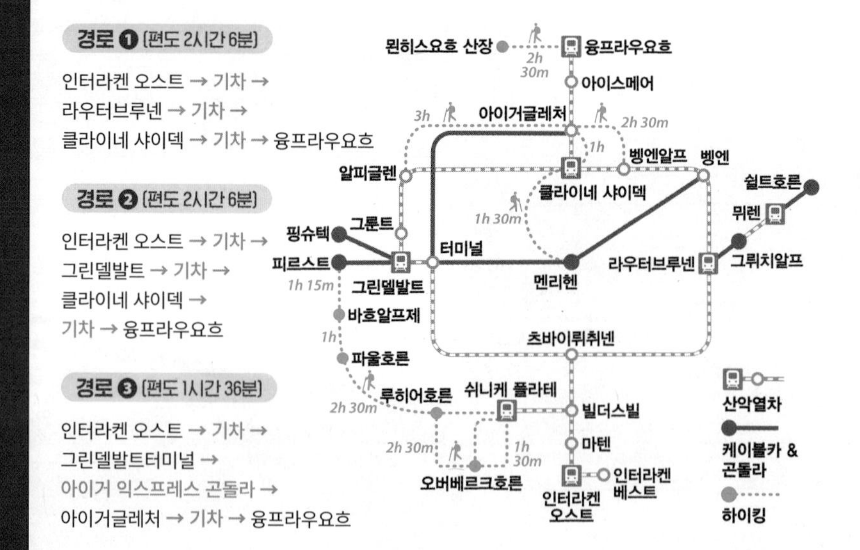

융프라우요흐까지 왕복 요금 (단위=CHF, 6~8월 성수기, 경로 ❶ 또는 ❷ 기준)

출발역	정가	동신항운 할인 쿠폰 소지자	스위스 트래블 패스 소지자	베르너 오버란트 패스 소지자	융프라우 VIP 패스 소지자	스위스 반액 할인 카드 소지자
인터라켄 오스트	250	160	145	99	0	125
라우터브루넨/그린델발트	245/234	155	145	99	0	122.5/117
할인 내역		고정 가격+컵라면 증정 (7.9CHF)	그린델발트 또는 벵엔까지 무제한 무료, 이후 25% 할인	아이거글레처까지 무제한 무료, 이후 고정 가격	아이거글레처까지 무제한 무료, 이후 1회 무료	전 구간 50% 할인

효율적인 기차 이용 방법

어느 쪽에 앉을까?

❶ **라우터브루넨 → 클라이네 샤이덱** 오른쪽에 앉아야 알프스 마을들과 빙하의 압도적인 풍경을 감상할 수 있다.

❷ **그린델발트 → 클라이네 샤이덱** 기차가 구불구불 올라가서 좌우가 종종 바뀌므로 어느 쪽 좌석이든 비슷하지만 굳이 고르자면 오른쪽이 조금 더 풍경을 길게 감상할 수 있다.

❸ **클라이네 샤이덱 → 융프라우요흐** 대부분 터널 구간이어서 어디에 앉아도 상관없다. 참고로 터널 바깥을 볼 수 있는 아이스메어역에 정차하면 재빨리 내려서 풍경을 감상할 것. 정차 시간이 단 5분이다.

성수기에는 좌석을 예약하자

스위스 기차표는 보통 날짜와 객실 등급만 정해져 있고, 시간과 좌석은 지정돼 있지 않다. 따라서 해당일 아무 때나 열차를 한 번 이용하면 되고, 좌석을 예약한 경우에만 지정된 시간에 탑승하면 된다. 단, 관광객이 몰리는 7~8월 성수기에는 아이거글레처-융프라우 구간 이동 시 좌석 예약이 필수다(예약비 왕복 10CHF). 이 외 기간에는 좌석을 예약하지 않아도 되지만 노약자 동반 시 아이거글레처-융프라우 구간은 예약하는 것이 좋다. 이 구간은 좌석을 예약했더라도 지정석이 따로 있는 것이 아니며, 비예약자보다 먼저 승차 대기 줄에 설 수 있는 우선권을 주는 개념이다.

예약자는 티켓팅 입구에 있는 녹색과 노란색 줄 중 녹색 줄에서 바코드를 스캔하고 들어가는데, 반드시 10분 전까지 줄을 서서 먼저 입장해야 한다. 그 후에는 비예약자들이 탑승해버리므로 자리가 없을 수 있다.

색깔로 구분된 융프라우 열차의 예약자 탑승구와 일반 탑승구

★ **동신항운 할인 쿠폰**

융프라우철도 한국총판 동신항운이 발행하는 쿠폰으로, 홈페이지에서 신청 후 우편(한국) 또는 이메일(출력)을 통해 무료로 받을 수 있다. 스위스 트래블 패스 연속권이 아닌 플렉스권(비연속권) 소지자이고 여행 당일 이미 융프라우 지역에 들어와 있다면 동신항운 할인 쿠폰을 활용해 패스 사용일 하루를 아낄 수 있다. 융프라우 1회 왕복 외에 다른 곳에 가지 않는다면 스위스 트래블 패스로 할인받는 것보다 동신항운 할인 쿠폰만으로 다녀오는 것이 이득이다.

인터라켄, 라우터브루넨, 그린델발트 등의 현지 기차역 창구에서 할인 쿠폰(한국 여권 소지자 1인당 1장 필요)을 제출한 후 구간권 또는 융프라우 VIP 패스를 구매한다. 자세한 사용 방법은 홈페이지 참고.

WEB jungfrau.co.kr

★ **인터라켄-융프라우요흐 당일치기 여행**

인터라켄에서 융프라우요흐까지 하루 만에 다녀오려면 기차 왕복 시간 4시간에 정상 관람 시간 2시간을 더해 총 6시간이 필요하다. 여름철 스노 펀 파크 눈썰매나 집라인을 이용한다면 1시간을 더한다.

: WRITER'S PICK :

무료 와이파이

첩첩산중 산꼭대기라서 통신이 가능할까 싶지만 휴대폰 안테나는 물론이고 무료 와이파이까지 잘 잡힌다. 코드를 받을 필요도 없이 접속만 하면 바로 연결된다.

융프라우 지역 교통 패스 철저 분석

철도 왕 아돌프 구이어-첼러의 스케치 한 장으로 융프라우 철도가 탄생했다. 그는 완공된 모습을 보지 못했지만 대대손손 스위스를 먹여 살리는 데 크게 공헌했다. '인간 승리'라고 할 수 있는 세기의 걸작 융프라우 철도 건설에는 엄청난 비용과 많은 인부의 희생이 요구됐는데, 이를 오늘날까지 유지하고 본전을 회수하기 위해 전 세계에 뿌리는 광고비 또한 상당하다. 그 덕분에 관광객에게 돌아오는 건 어마무시한 티켓값. 물가 비싼 스위스에서도 가장 비싼 열차로 악명 높다. 그러나 한 번 사는 인생, 융프라우는 꼭 한 번 가볼 가치가 있는 곳이다. 아래 소개한 패스들을 꼼꼼히 살펴보고 비교적 적은 타격으로 융프라우를 즐겨보자. 융프라우 지역에서 사용할 수 있는 패스는 스위스 트래블 패스, 베르너 오버란트 패스, 융프라우 VIP 패스 3가지가 있다.

결론부터 말하면, 스위스 트래블 패스는 도시 간 이동과 시내 여행(박물관, 미술관, 시내 대중교통 모두 무료)에서 엄청난 위력을 발휘하지만 산간 지역에선 반액 할인 정도의 혜택만 있다. 스위스 트래블 패스를 써야 할 경우는 인근 지역에서 꼭두새벽에 인터라켄으로 와서 융프라우 딱 한 곳만 보고 당일 다른 도시로 이동할 때뿐이다(이때도 동신항운 할인 쿠폰과 함께 사용해야 이득). 따라서 융프라우 지역에 1박 이상 머물며 2곳 이상 산에 오를 예정이라면 베르너 오버란트 패스와 융프라우 VIP 패스가 더 유용하다.

아돌프 구이어-첼러

> **: WRITER'S PICK :**
>
> **스위스 트래블 패스 플렉스는 아껴두자!**
>
> 지역 한정 패스인 베르너 오버란트 패스나 융프라우 VIP 패스 구매 시 구매하는 패스의 기간만큼 스위스 트래블 패스 플렉스의 이용일을 차감하면 할인받을 수 있다. 그러나 스위스 트래블 패스 하루치 가격은 31~93CHF인데, 이용일을 차감하고 할인받는 금액은 하루 3~27CHF에 불과하다. 따라서 지역 한정 패스를 살 땐 스위스 트래블 패스 플렉스 이용일을 아껴뒀다가 타 도시에서 사용하는 것이 낫다.

융프라우 지역 패스 요금 비교 (단위=CHF, 2024년 2등석 기준)

	스위스 트래블 패스/ 스위스 트래블 패스 플렉스	베르너 오버란트 패스/ 스위스 트래블 패스 소지자 할인가	융프라우 VIP 패스/ 스위스 트래블 패스 소지자 할인가
1일권	-	-	190/175
2일권	-	-	215/200
3일권	244/279	240/168	240/215
4일권	295/339	280/196	265/235
5일권	-	-	290/260
6일권	379/405	350/254	315/275
8일권	419/439	395/287	-
10일권	-	435/316	-
15일권	459/479	-	-

구매 방법

융프라우 VIP 패스

동신항운 홈페이지에서 할인 쿠폰 신청 후 인터라켄, 라우터브루넨, 그린델발트 등의 기차역 창구에서 할인 쿠폰 제출 및 패스 구매.

*예약 불필요, 당일(성수기에는 하루 전날) 구매 가능

WEB jungfrau.co.kr

베르너 오버란트 패스

스위스 주요 도시 기차역에서 4~10월에만 판매. 구매 시 사용일 지정 필수.

*성인권 소지 시 동반한 6~15세 또는 반려견은 각각 1일 30CHF 단일 가격으로 추가 구매 가능. 적용 구간은 홈페이지 참고

WEB berneseoberlandpass.ch

*패스마다 무료 노선과 할인 노선이 조금씩 다르니 가고자 하는 곳을 잘 따져보고 선택하자.

패스별 왕복 요금 비교 (단위=CHF, 2024년 2등석 기준)

	이동 노선	스위스 트래블 패스	베르너 오버란트 패스	융프라우 VIP 패스	요점
주변 도시	**베른-인터라켄**	0	0	0	융프라우 VIP 패스는 융프라우 지역을 벗어나면 할인이 없었으나, 최근 베른·스피츠·툰행 2등석 왕복 열차가 무료 내역에 포함됐다.
	루체른-인터라켄	0	0	34(편도)	
	툰-인터라켄	0	0	0	
	스피츠-인터라켄	0	0	0	
	브리엔츠-인터라켄	0	0	8.60(편도)	
융프라우 지역 핵심 여행지	**그린델발트-클라이네 샤이덱/아이거글레처**	38	0	0	융프라우 지역의 주요 여행지만 간다면 **융프라우 VIP 패스**를 추천. 쉴트호른에서 전혀 할인받지 못하는데도 1·2일권이 있어서 가장 저렴하다. **■ 융프라우 VIP 패스 추가 혜택** **사계절**: 융프라우 정상 신라면 무료 교환권 **여름**: 피르스트 플라이어·글라이더·마운틴 카트·트로티 바이크 50%, 융프라우 스노 펀 파크 40% 할인/벵엔 야외 수영장 무료 **겨울**: 클라이네 샤이덱·그린델발트·멘리헨 스키 리프트 및 곤돌라 무료/피르스트 플라이어·피르스트 글라이더 무료
	라우터브루넨-클라이네 샤이덱/아이거글레처	38.20/44.20	0	0	
	아이거글레처-융프라우	94.50	99	0	
	그린델발트-피르스트	32	0	0	
	벵엔-멘리헨	31	0	0	
	그린델발트-멘리헨	34			
	라우터브루넨-뮈렌	0	0	0(케이블카+기차로 그뤼취알프 경유 코스만 가능)	
	뮈렌-쉴트호른	42.80	54	85.60	
	빌더스빌-쉬니케플라테 (겨울철 휴장)	28	0	0	
	인터라켄-하더쿨름 (겨울철 휴장)	17	0	0	
융프라우 지역 + 베르너 오버란트 지역 전체	**인터라켄-이젤트발트**	0	0	0	이 여행지들이 목적지에 포함돼 있다면 **베르너 오버란트 패스**가 더 경제적이다. **■ 베르너 오버란트 패스 추가 혜택** 베르너 오버란트 지역의 모든 기차·시내버스·시외버스·40여 개 곤돌라 무료 이용/티틀리스 50% 할인/글레처 협곡 20% 할인/성 베아투스 동굴 30% 할인/텔슈피엘 극장 30% 할인/그슈타드(몽트뢰 가는 길)·브리크(체르마트 가는 길)까지 무료 이동
	인터라켄-지그리스빌 (다리 입장료 8CHF 별도)	0	0(입장료 1CHF할인)	20.80	
	인터라켄-룽언(룽게른)	0	0	27.20(브리엔츠까지 유람선 이용 시)	
	슈피츠-블라우제 (호수 입장료 8~10CHF 별도)	0	0(입장료 50% 할인)	29.60	
	슈피츠-외쉬넨 호수	35.40	0	70.80	
	슈피츠-아델보덴	0	0	42.40	
	그린델발트-핑슈텍	16	0	25.60	
	베아텐베르크-니더호른	21	0	42	
	툰/브리엔츠호수 유람선	0	0	0	
	브리엔츠-로트호른	48	0	96	

Point 1 융프라우요흐(기차역 & 전망대)

Jungfraujoch(3454m)

기차역에 도착하면 관람 순서가 번호와 화살표로 표시돼 있다. 암벽 속 터널이라 화살표를 안 보면 헷갈려서 볼거리를 놓칠 수도 있으니 잘 따라다니자. 전체 관람 시간은 약 2시간.

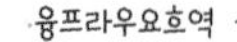
융프라우요흐역

번호가 쓰여 있는 표지판을 순서대로 따라간다.

베르크하우스 터널

A 베르크하우스 Berghaus

융프라우요흐역 건물에 있는 복합상업시설. 시계, 스위스 칼, 초콜릿 등을 판매하는 기념품점, 식당 3곳, 카페 등이 입점했다. 지하 1층의 인도 레스토랑은 단체 여행자 위주이고, 개별 여행자들은 1층 카페와 피칸투스 라운지, 2층의 셀프서비스 레스토랑인 알레치, 3층의 고급 레스토랑인 크리스털을 이용한다.

동신항운 할인 쿠폰을 사용해 1회 왕복권이나 VIP 패스를 구매할 때 받은 컵라면 교환권은 1층 카페에서 이용할 수 있다. 쿠폰 없이 컵라면을 사려면 무려 7.90CHF(나무젓가락+뜨거운 물 포함). 라면과 젓가락을 미리 준비해가도 뜨거운 물을 받으려면 3.50CHF를 내야 한다(나무젓가락 1개 1CHF). 무료 와이파이 사용 가능. 유럽에서 가장 높은 곳에 있는 우체국에서 엽서도 보낼 수 있다.

OPEN 08:30~18:00
WEB jungfrau.ch/en-gb

B 융프라우 파노라마 Jungfrau Panorama

정상에서 보는 주변 경관을 360°로 실감 나게 보여주는 영상관(상영 시간 약 4분). 날씨가 안 좋은 날 아쉬움을 달랠 있다. 참고로 융프라우 정상에 설치된 라이브 웹캠으로 날씨를 확인할 수 있으니 날씨가 좋지 않다면 일정을 변경해보자. 엄청난 비용을 들여 올라왔는데 구름에 가려 한 치 앞도 안 보인다면 너무나 애석한 일이다.

WEB 웹캠: jungfrau.ch/en-gb/live/webcams/

C 알파인 센세이션 Alpine Sensation

2012년 문을 연 융프라우 철도 100주년 기념관. 융프라우 철도의 역사를 무빙워크를 타고 천천히 관람할 수 있다. 동화 같은 에델바이스 조명 아래서 초대형 스노볼, 철도의 왕 아돌프 구이어-첼러 동상과 함께 찍는 기념사진도 빼놓을 수 없다.

D 스핑크스 전망대 Sphinx Aussichtsplattform

융프라우요흐역보다 117m 더 높은 곳에 있는 전망대(3571m). 융프라우 파노라마를 지나 알파인 센세이션으로 가기 전에 있는 전망대행 엘리베이터를 타고 올라간다. 전망대에서 알레치 빙하와 알프스 봉우리들이 펼쳐내는 웅장한 풍경을 보고 있노라면 값비싼 기차표와 인파에 시달린 수고가 전혀 아깝지 않을 것. 맑은 날엔 독일과 이탈리아까지 내다보인다. 유럽에서 가장 높은 곳에 있는 천체관측소와 기상관측소(2곳 모두 내부 비공개)도 이곳에 있다.

실내 전망대

실외 전망대

스핑크스 전망대에서 본 알레치 빙하

E 스노 펀 파크 Snow Fun Park

눈썰매와 스키, 스노보드는 물론이고 빙하 위를 나는 집라인까지 즐길 수 있는 곳. 만년설이 있는 알프스 꼭대기에서는 사계절 눈놀이를 즐길 수 있을 것 같지만 겨울에는 너무 춥고 칼바람이 불기 때문에 여름에만 운영한다.

OPEN 5월 중순~10월 중순 10:30~16:00/
10월 말~5월 초 및 기상 악화 시 휴무
PRICE 스키 또는 보드: 35CHF(6~15세 25CHF)/
집라인: 20CHF(6~15세 15CHF)/
눈썰매 또는 튜브: 20CHF(6~15세 15CHF)

맞은편에 보이는 봉우리 끝에 스핑크스 전망대가 보인다.

눈썰매

집라인

F 얼음 궁전 Eispalast

알파인 센세이션을 지나 얼음 궁전으로 가면 펼쳐지는 진정한 겨울 왕국. 1930년 톱과 정만 사용해 알레치 빙하 20m 아래에 얼음 동굴을 만든 후 정교하고 아름다운 얼음 조각품들을 추가했다. 빙하는 느리지만 매년 50~180m 정도 아래로 흐르며, 관광객의 체온이 내부를 조금씩 녹이기 때문에 꾸준히 보수공사를 하고 있다.

G 빙하 고원 전망대 Gletscherplateau

융프라우와 묀히가 듬직하게 양쪽을 지키는 고원 전망대. 만년설이 쌓여 있어서 미끄럽지 않은 신발을 신어야 하며, 바람이 많이 부니 방한복도 잘 챙겨야 한다. 하얀 설원에서 펄럭이는 빨간 스위스 국기가 강렬한 인상을 준다.

플라토 전망대와 융프라우

웅장하게 쏟아져 내리는 아이거 빙하

빙하를 마주 보고 있는 아이거글레처역

역 레스토랑 테라스에서 마시는 맥주 한잔!

여름에는 빙하 가까이 가서 구경할 수 있다.

Point 2 아이거글레처
Eigergletscher(2320m)

융프라우로 가는 중간에 자리한 역. 아이거 빙하가 손에 잡힐 듯 가깝고, 빙하가 녹은 자리에는 부서진 잿빛 돌만 남아 외계 행성 같은 분위기를 자아낸다. 역을 건설한 20세기 초만 해도 아이거 빙하가 이곳까지 내려와 있어서 지금의 역명이 붙였는데, 요즘엔 빙하가 많이 녹아서 거리가 좀 더 멀어졌다. 이곳에서 시작하는 하이킹을 강력 추천하지만 하이킹을 하지 않더라도 역 밖으로 꼭 나와서 구경하고 가자. 웅장한 빙하가 가까이 보이는 레스토랑 테라스석에서 평생 남을 만한 추억을 만들 수 있다.

Point 3 클라이네 샤이덱
Kleine Scheidegg(2061m)

융프라우로 가는 열차의 중간 환승역. 라우터브루넨이나 그린델발트에서 아이거 익스프레스 곤돌라 대신 기차를 타면 자연스럽게 거쳐 간다. 드라마 <사랑의 불시착>에서 남녀 주인공이 서로를 알기 전 우연히 옆에 서서 풍경에 넋을 잃었던 곳으로, 꽃으로 뒤덮인 초록빛 들판과 하얀 빙하의 조화가 아름답다. 레스토랑과 호텔 등이 여러 개 있는데, 낮 12시 전후로 엄청나게 붐빈다. 역 주변에서 벗어나 넓은 잔디밭 쪽으로 내려오면 잠시 여유를 만끽할 수 있다. 역 뒤편에 코인 로커가 있다.

#Hiking

딱 한 코스만 걷는다면 여기!

융프라우 아이거 워크 Jungfrau Eiger Walk

1시간짜리 짧은 하이킹 코스에 융프라우 지역의 모든 매력을 엑기스처럼 담아 놓았다. 하얀 설산과 거대한 빙하를 보며 시작해서 웅장한 절벽, 귀여운 산장, 노란 꽃이 점점이 핀 초록 들판, 느긋하게 앉아 피로를 풀 수 있는 족욕 벤치에 신비로운 물빛의 작은 호수까지. 이 지역에서 짧고 굵은 하이킹 딱 하나만 하겠다면 추천하는 코스다.

info.

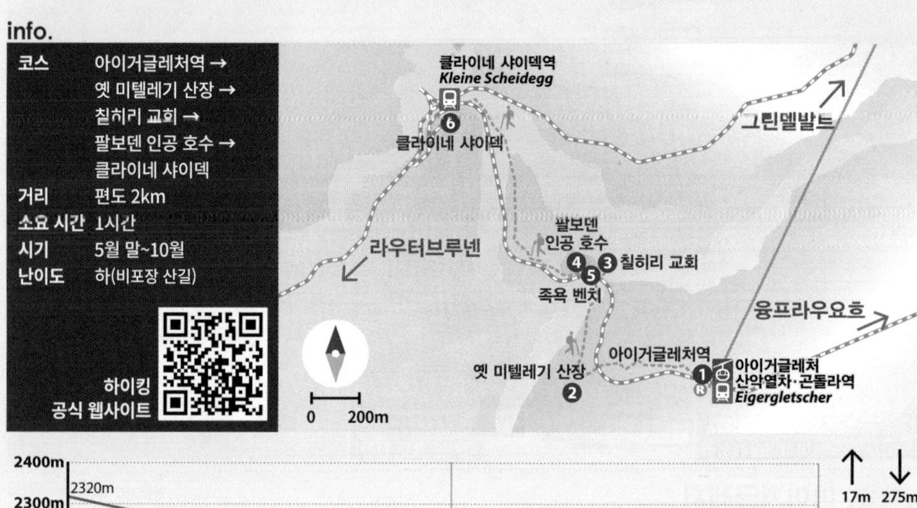

거리	0km	0.65km	1km	1.2km	2km
지점	아이거글레처역	옛 미텔리기 산장		팔보덴 인공 호수	클라이네 샤이덱
고도	2320m	2229m		2148m	2061m

↑ 17m ↓ 275m

1 아이거글레처역 Eigergletscher

아이거 빙하가 거대하게 보이는 아이거글레처역에서 시작한다. 여름엔 빙하가 녹으면서 바위와 얼음덩어리가 떨어질 수도 있으니 너무 빙하 가까이는 가지 말 것. 역에서 조금 내려가면 융프라우를 등지고 왼쪽에 하이킹 입구 표지판이 있다. 클라이네 샤이덱으로 가는 2가지 길 중 '1시간 10분'이라고 쓰여 있는 길을 따라간다. 중간에 아이거 빙하 아래쪽이 녹아 무너져 내리면서 천둥 치는 소리가 들릴 수 있지만 하이킹 루트는 안전하다.

하이킹 길 시작!

2 옛 미텔레기 산장 Alte Mittellegihütte

하이킹 초반부 언덕에 있는 작은 오두막. 아이거 북동쪽 능선에 있던 미텔레기 산장을 옮겨다 놓은 것으로, 내부 시설을 통해 옛 산악인들의 힘든 여정을 느낄 수 있다.

칠히리 교회 Chilchli ③

길을 따라가면 기찻길 아래로 난 작은 터널을 통과한다. 터널을 지나 왼쪽, 인공 호수와 함께 보이는 작고 귀여운 건물이 칠히리 교회다. 옛 융프라우 철도 변전소로, 아이거 북벽의 비극적인 역사를 전시한다.

©Jungfrau Railway

④ 팔보덴 인공 호수 Fallbodensee

칠히리 교회 앞에 있는 인공 호수. 근처 스키장들이 인공 눈을 만들기 위해 물을 저장해 놓는 곳으로, 물빛이 환상적이다.

족욕 벤치 ⑤

인공 호수 옆 얕은 연못에 있다. 등산으로 피로해진 발을 시원한 물에 담그고 잠시 쉬었다 가자.

⑥ 클라이네 샤이덱 Kleine Scheidegg

싱그러운 초록빛 들판이 펼쳐지는 곳. 늘 사람이 많지만 누구나 여유롭게 즐길 수 있을 만큼 널찍하다. 이곳에서 하이킹을 마무리하고 기차로 내려가도 좋고, 멘리헨까지 1시간 40분 정도 소요되는 하이킹을 이어가도 된다. 멘리헨 하이킹 정보는 298p.

#Hiking

여름에 즐기는 눈길 하이킹
묀히스요흐 산장 하이킹 Mönchsjochhütte

정상 부근의 날씨가 좋다면 묀히 산장(3629m)으로 가는 여름 눈길 하이킹에 도전해보자. 길 표시가 잘돼 있어서 특별한 장비 없이 다녀올 수 있지만 한여름에도 눈이 쌓여 있으니 방한복과 발목까지 올라오는 튼튼한 신발은 필수다. 눈이 녹아서 미끄러울 수 있기 때문에 스노슈즈나 아이젠이 있으면 더 좋다. 고산병에 대비해 평소보다 천천히 이동하고, 수분을 충분히 섭취할 것. 산장에서 간단한 식음료를 판매하지만 물은 충분히 준비해 간다.

info.

코스	융프라우요흐 전망대 ⇄ 묀히스요흐 산장
거리	왕복 3.7 km
소요 시간	2시간 30분
시기	5월 중순~10월 중순
난이도	중(비포장 눈길, 아이젠 착용 추천)

하이킹 공식 웹사이트

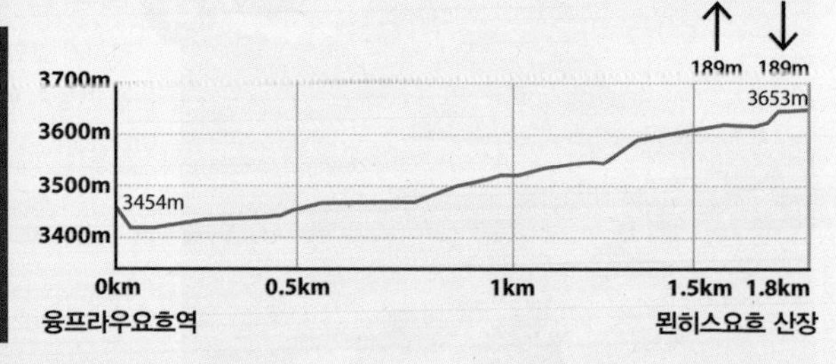

산장 가는 길 입구. 편도 45분이라고 쓰여 있지만 겨울 산행에 단련된 사람 기준이다. 초행자는 넉넉하게 1시간 10분 정도 예상해야 한다.

산 아래서 장비를 대여해오면 여름철에도 만년설과 빙하 위에서 크로스컨트리 스키를 즐길 수 있다.

+ MORE +

묀히스요흐 산장 하이킹 전 꼭 알아둘 것들

TIP 1. 하이킹을 시작하기 전에 융프라우에서 내려가는 막차 시간을 꼭 확인하자. 넉넉하게 3시간 이상 남은 경우에만 하이킹을 한다.

TIP 2. 융프라우요흐에 도착하면 하이킹 길 표지판 옆에 도로 통제 여부가 초록색/빨간색 불로 표시돼 있다.

TIP 3. 절대 정해진 길을 벗어나면 안 된다. 빙하 지대에서는 자나 깨나 크레바스 주의!

산장 가는 길에서 본 풍경

#Hiking

아이거 북벽을 감상하며 걷는 코스

아이거 트레일 Eiger Trail

수많은 산악가를 죽음으로 몰아넣은 악명 높은 절벽을 가까이서 보며 걸을 수 있는 길. 물론 그 어렵다는 북벽을 올라가는 것이 아니라 둘레를 따라 그린델발트 방향으로 내려간다. 중간에 보조 밧줄이 설치된 곳이 있는데, 하이킹 신발만 제대로 신었다면 크게 어렵지 않다.

info.

코스	아이거글레처역 → 아이거 북벽 → 알피글렌
거리	편도 6km
소요 시간	3시간
시기	7~10월
난이도	중(비포장 산길)

하이킹 공식 웹사이트

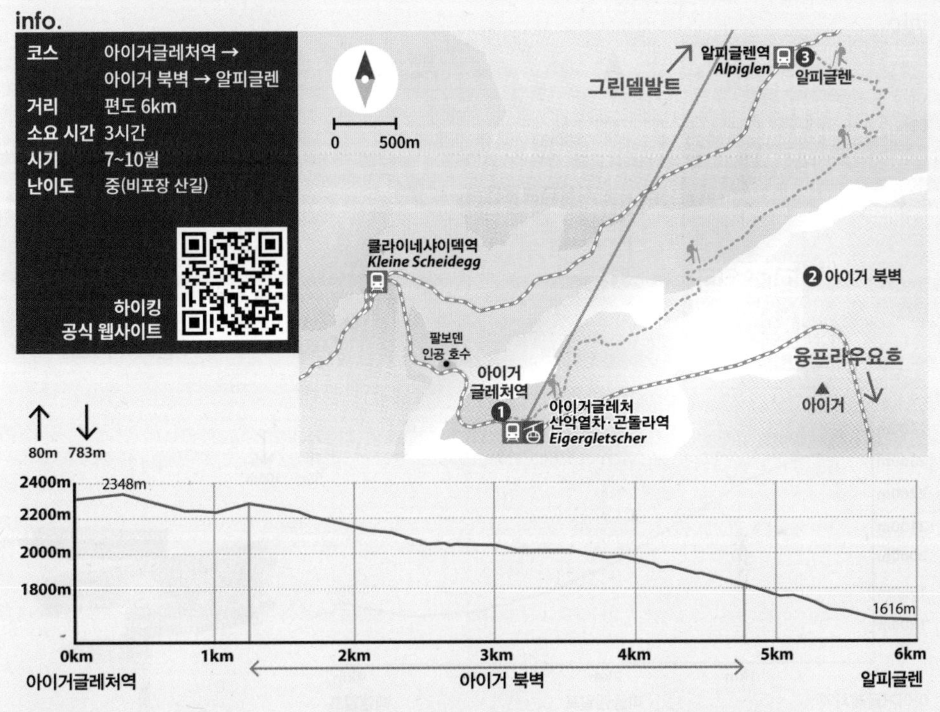

1 아이거글레처역 Eigergletscher

융프라우 아이거 워크와 마찬가지로 아이거글레처역에서 하이킹을 시작하는데, 트레일 입구가 반대편이다. 융프라우를 등지고 철로 오른쪽에 입구가 있다. 비포장 흙길이지만 길 표시가 매우 잘돼 있다.

레스토랑에서 내려가는 방향을 마주 보고 철로 오른쪽으로 건너면 트레일 입구가 있다.

2 아이거 북벽 Eiger North Face

높이가 1.6km에 달하는 아이거 북벽이 길 오른쪽으로 계속 이어진다. 험난한 아이거 북벽은 등산가들이 목숨을 걸고 오를 만큼 웅장하고 매혹적이다. 운이 좋다면 북벽을 오르는 등반가들을 볼 수 있다.

©Jungfrau Railway

3 알피글렌 Alpiglen

알프스의 들꽃이 한들거리는 평화로운 곳. 산장 겸 레스토랑인 베르크하우스 알피글렌에서 쉬었다가 간이역으로 이동해 기차를 타고 그린델발트 그룬트역까지 내려간다. 간이역은 역에 있는 'STOP' 버튼을 미리 눌러놔야 기차가 정차한다.

©Berghaus Alpiglen

#Hiking

심장이 쫄깃! 계곡 따라 보는 아찔한 풍경

아이거글레처-벵엔알프 트레일

Eigergletscher-Wengernalp Trail

아이거, 융프라우, 묀히 빙하가 만든 거대한 골짜기, 트뤼멜바흐 계곡을 따라가는 짜릿한 하이킹 코스. 높은 골짜기를 따라가는 길이지만 고소공포증만 없다면 보이는 것보다 길이 쉬운 편이다. 단, 어린이 동반은 권장하지 않는다.

info.

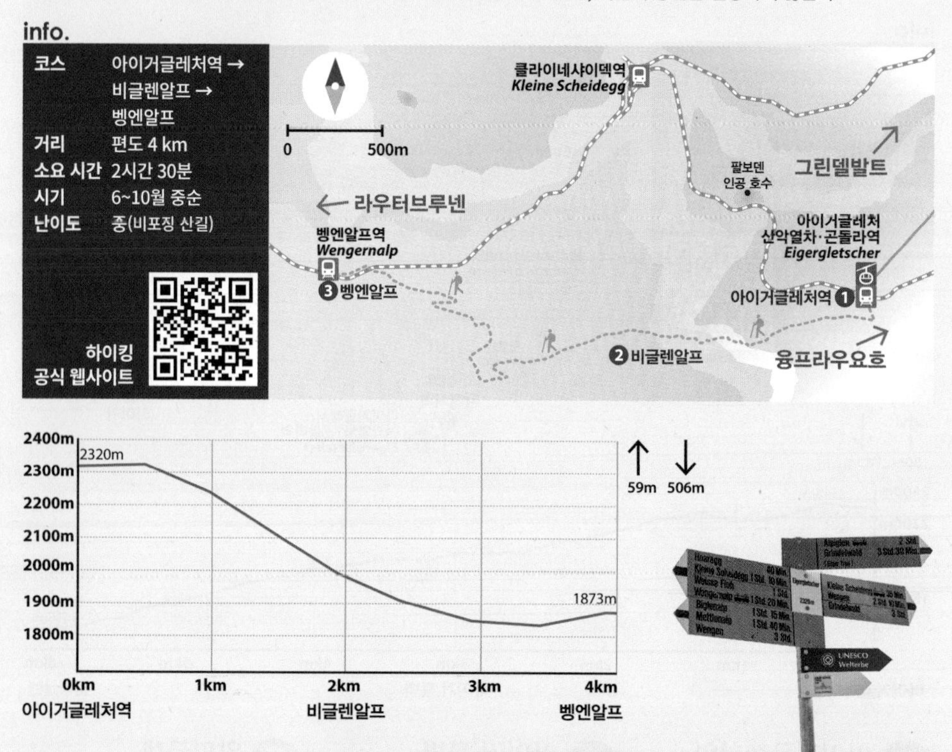

① 아이거글레처역

Eigergletscher

아이거 워크와 마찬가지로 아이거글레처역에서 조금 내려오다가 왼쪽이 하이킹 입구다. 2분 정도 집들을 지나 빙하가 손에 잡힐 듯 가깝게 보이는 들판이 나오면, 들판을 가로질러 골짜기 가장자리 능선 위로 올라간다. 융프라우를 등지고 왼쪽부터 트뤼멜바흐 계곡이 시작된다. 능선 윗길이 너무 아찔하다면 능선 바로 아래 잔디밭 쪽으로 난 길을 따라 내려가도 밑에서 이어진다.

트레일 시작 부근 풍경

② 비글렌알프
Biglenalp

능선을 따라 약 500m 내려가다가 오른쪽 풀밭 아래로 길이 이어진다. 갈림길이 나오면 '비글렌알프(Biglenalp)'라고 쓰여 있는 쪽으로 간다. 듬성듬성한 소나무 숲 아래로 거대한 계곡이 이어지고, 중간에 스키리프트 정거장과 갈림길 몇 번을 만나게 된다. 그때마다 '벵엔알프(Wengernalp)'라고 쓰여 있는 방향을 잘 확인한다.

©Hotel Jungfrau Wengernalp

③ 벵엔알프
Wengernalp

융프라우 벵엔알프 호텔과 간이역이 있는 곳. 호텔 테라스에서 음료 한잔으로 피로를 푼 다음 기차를 타고 라우터브루넨역 방향으로 내려간다. 간이역이라 역에서 'STOP' 버튼을 미리 눌러 놓아야 기차가 정차한다.

+ MORE +

유럽에서 가장 긴 빙하 위 걸어보기
알레치 빙하 하이킹 Aletsch Glacier Hike

유럽에서 가장 긴 빙하이자 유네스코 세계유산에 등재된 알레치 빙하를 조금 더 가까이서 볼 수 있는 빙하 하이킹이다. 걷는 도중 크레바스가 있거나 빙하 아래쪽에 계곡이 흘러 지반이 약한 곳이 있을 수 있으니 반드시 투어를 통해 전문가와 동행해야 하는 코스다. 장시간 걸어야 해서 힘은 좀 들어도 평생 기억에 남을 멋진 풍경이 끊임없이 이어진다. 튼튼한 체력과 발목을 감싸는 하이킹화만 있다면 하이킹 무경험자도 가능하다.

코스 융프라우요흐-산장(숙박)-피셔알프
거리 1일차 편도 약 8km, 2일차 편도 약 15km
소요 시간 1박 2일(1일차 약 4시간, 2일차 약 6시간)
시기 6~9월
난이도 중(눈길)

투어 예약

ADD grindelwald sports, Dorfstrasse 103, 3818 Grindelwald
OPEN 6월 중순~9월 중순 화~일요일, 9월 말 주말/10~6월 초 휴무
PRICE 인터라켄 왕복 교통 패키지 540CHF(6~16세, 반액 카드·스위스 트래블 패스 소지자 470CHF)/가이드만 이용 시 395CHF/1~2인 개인 투어 1900CHF(왕복 교통 불포함)
WEB outdoor.ch/ko/outdoor-activities/aletsch-glacier-hike

©Jungfrau Railway

MOUNTAIN VIEWS 2

FIRST

피르스트

탑 오브 어드벤처! 가장 신나는 알프스

천국이 있다면 바로 이런 모습이지 않을까? 4000m가 넘는 하얀 봉우리들이 천사의 날개처럼 둘러싼 초록 들판의 끝은 아이러니하게도 가슴 철렁한 수직 절벽. 그 아래로는 그린델발트 마을이 그림보다 더 그림 같은 모습으로 자리 잡고 있다. 공기가 워낙 좋아서 화창한 날엔 마을이 100m쯤 아래에 있는 듯 가깝게 보이는데, 실제로는 1km가 넘는 높낮이 차가 있다.

정상에는 절벽 위 허공에 설치된 클리프 워크가 있다. 발아래가 아득하게 느껴지는 높이에 한 번 아찔해지고, 압도적인 풍경에 또 한 번 아찔해지는 곳. 곤돌라로 올라가서 구경만 하고 내려오기는 너무나 아까운 곳이니 최소 반나절 정도 할애해서 짧은 하이킹이나 액티비티를 즐겨보자.

곤돌라 경로 (편도 25분)

그린델발트 → 보르트(Bort) → 슈렉펠트(Schreckfeld) → 피르스트

GOOGLE MAPS 그린델발트 곤돌라역: J2GR+2P 그린델발트/피르스트 정상: M363+6C 그린델발트

ACCESS 그린델발트역에서 마을 중앙 길을 따라 도보 약 15분 거리에 있는 그린델발트 곤돌라역 출발

ADD Dorfstrasse 187, 3818 Grindelwald

OPEN 1월 중순~3월 말 08:00~16:15, 3월 말~4월 말 10:00~16:00, 4월 말~6월 초·9월 초~11월 초 08:30~17:00, 6월 초~9월 초 08:00~17:30/ 11월 말~12월 초(정비 기간) 휴무

PRICE 왕복 68~72CHF, 6~15세 20CHF/

스위스 트래블 패스 소지자 50% 할인

동신항운 할인 쿠폰 소지자 52CHF

유레일 패스 소지자 25% 할인

베르너 오버란트 패스·융프라우 VIP 패스 소지자 무료

WEB jungfrau.ch/en-gb/grindelwaldfirst/

그린델발트 곤돌라역

피르스트 곤돌라역 레스토랑 테라스

피르스트 정상

클리프 워크

피르스트 First

다양한 액티비티의 명소인 피르스트는 '탑 오브 어드벤처(Top of Adventure)'라 불린다. 다른 산봉우리들처럼 역마다 내려 풍경을 구경하기보다는, 정상에서 가벼운 하이킹을 즐기고 내려오는 길에 패러글라이딩을 하거나 역마다 이것저것 종목을 바꿔가며 액티비티를 즐기는 것이 피르스트를 구경하는 가장 인기 있는 방법이기 때문이다. 액티브한 여행을 좋아하지 않는다면 하루 종일 바라봐도 질리지 않을 풍경을 감상하며 레스토랑에서 식사하거나 돗자리와 샌드위치를 준비해 알프스 잔디밭 피크닉을 즐겨도 된다. 피르스트의 최고 인기 액티비티는 클리프 워크와 패러글라이딩이다.

Point 1

클리프 워크
Cliff Walk(2168m)

피르스트 정상 곤돌라역과 이어진 전망대. 절벽을 빙 둘러 산책로가 조성돼 있다. 그린델발트 마을과 맞은편 빙하, 알프스 고봉들이 만들어 낸 하모니를 감상할 수 있다. 바닥을 밑이 훤히 내려다보이는 격자형 철재로 만들어서 얼마나 높은 곳에서 걷고 있는지 더욱 실감 난다. 천천히 사진을 찍으면서 걸으면 10~15분 정도 소요되고, 성수기엔 사람이 많아서 조금 더 지체될 수 있다.

GOOGLE MAPS M354+P3 그린델발트
ACCESS 피르스트 곤돌라역과 연결
ADD Bergstation First, 3818 Grindelwald
OPEN 곤돌라 운행 기간과 동일
PRICE 무료
WEB jungfrau.ch/en-gb/grindelwaldfirst/first-cliff-walk-by-tissot/

Point 2

패러글라이딩
Paragliding

피르스트 정상에서 걸어 내려오는 것도, 곤돌라 타는 것도 귀찮다면 패러글라이딩이 정답. 얼핏 매우 프로페셔널한 스포츠 같지만 가이드가 알아서 다 조정해주기 때문에 위성 지도 보듯 편하게 구경하면서 단숨에 내려올 수 있다. 하늘에서 보면 두 배로 멋진 빙하 풍경은 덤! 드라마 <사랑의 불시착>의 윤세리(손예진 분)가 패러글라이딩을 즐기다가 리정혁(현빈 분)과 재회했던 곳도 여기다. 곤돌라 티켓값과는 별도이니 미리 정상에서 즐길 것을 다 즐기고 내려갈 수 있도록 예약한다.

패러글라이딩 융프라우 Paragliding Jungfrau
GOOGLE MAPS J2FR+XJ 그린델발트
ACCESS 그린델발트 곤돌라역 앞
ADD Dorfstrasse 187, 3818 Grindelwald
PRICE 20분 비행: 210CHF/50분 비행: 320CHF/사진 촬영·영상: 40CHF
WEB paragliding-jungfrau.ch

피르스트에서 내려가는 4가지 방법

명색이 '탑 오브 어드벤처'인 피르스트인데, 달랑 곤돌라만 타고 내려가긴 섭섭하다. 피르스트에서는 곤돌라와 연계한 4가지 액티비티를 즐기면서 하산할 수 있다. 모두 조금만 용기를 낸다면 초보자도 어렵지 않게 할 수 있는 것들이다.

★

곤돌라+액티비티 패키지(5월~11월 초에만 구매 가능)

액티비티 이용권 구매 시 곤돌라에 무제한 탑승할 수 있다. 몇 가지 액티비티를 이용하는지에 따라 가격이 달라진다.

PRICE 5월·9월~11월 초 액티비티 1~4개 각 74·89·106·120CHF, 6~8월 액티비티 1~4개 각 78·93·110·124CHF/
동신항운 할인 쿠폰 소지자 2CHF 할인 스위스 트래블 패스 소지자 20~25% 할인 융프라우 여름 VIP 패스 소지자 50% 할인
융프라우 겨울 VIP 패스 소지자 피르스트 플라이어·피르스트 글라이더 무료

알프스에서 즐기는 집라인

피르스트 플라이어 First Flyer

피르스트 정상부터 그 아래 슈렉펠트역(Schreckfeld)까지 800m를 단숨에 날아간다. 시속 80km가 넘게 날다 보면 맞은편의 빙하까지 갈 수 있을 것만 같다. 동시에 4명까지 탑승할 수 있어서 가족, 친구들과 함께 즐기기 좋다. 소요 시간 1분, 10세 이상, 신장 130cm 이상, 체중 35~125kg만 가능.

ACCESS 피르스트 곤돌라역 옆
OPEN 10:00~15:00/11월 초~12월 중순 휴무
PRICE 31CHF, 6~15세 24CHF/
융프라우 겨울 VIP 패스 소지자·스키 패스 소지자 무료
융프라우 여름 VIP 패스 소지자 50% 할인
스위스 트래블 패스 소지자 25% 할인
WEB jungfrau.ch/en-gb/grindelwaldfirst/first-flyer

©Jungfrau Railway

Activity 2

나는야 알프스를 나는 독수리!

피르스트 글라이더 First Glider

거대한 독수리 모양 행글라이더에 매달려 피르스트 창공을 날아간다. 슈렉펠트에서 피르스트 정상으로 올라갔다가 다시 슈렉펠트로 내려오는데, 피르스트 플라이어보다 내려오는 속도가 조금 더 빠르고, 진짜 나는 듯한 기분을 느낄 수 있다. 4인까지 동시 탑승 가능. 10세 이상, 신장 130cm 이상, 체중 125kg 이내만 가능.

ACCESS 슈렉펠트 곤돌라역
OPEN 피르스트 플라이어와 동일
PRICE 31CHF, 6~15세 24CHF/
융프라우 겨울 VIP 패스 소지자·스키 패스 소지자 무료
융프라우 여름 VIP 패스 소지자 50% 할인
스위스 트래블 패스 소지자 25% 할인
WEB jungfrau.ch/en-gb/grindelwaldfirst/first-glider

스릴 넘치는 세발자전거

마운틴 카트 Mountain Cart

피르스트에서 슈렉펠트까지 순식간에 내려온 게 아쉬웠다면 슈렉펠트부터 보르트(Bort)까지 마운틴 카트를 이용해보자. 무동력이고 페달도 없어서 내리막에서만 탈 수 있으며, 브레이크로 속도를 조절한다. 총 3km를 쉬지 않고 내려오면 약 30분 걸리지만 구경 시간을 더하면 1시간은 잡아야 한다. 신장 135cm 이상 가능. 이용객이 많은 성수기엔 되도록 일찍 대여해야 하며, 헬멧(무료) 착용 필수. 일부 가파른 구간이 있으니 출발 전 브레이크 작동 여부를 꼭 확인하자.

ACCESS 슈렉펠트 곤돌라역
OPEN 5~11월 초
PRICE 21CHF, 6~15세 17CHF/
융프라우 여름 VIP 패스 소지자 50% 할인 스위스 트래블 패스 소지자 25% 할인
WEB jungfrau.ch/en-gb/grindelwaldfirst/first-mountain-cart

©Jungfrau Railway

킥보드와 산악자전거의 중간

트로티바이크 Trottibike

보르트부터 그린델발트까지는 자전거와 킥보드를 합친 듯한 트로티바이크가 준비돼 있다. 무동력에 페달이 없어서 내리막에서만 탈 수 있다. 목가적인 풍경에 포장도로가 대부분이어서 가족 여행자에게 인기다. 목장 울타리엔 소들이 넘지 않도록 약한 전류가 흐르니 만지지 말 것. 총 3.7km 구간에 구경 시간까지 더하면 1시간 30분 정도 소요된다. 신장 125cm 이상 가능. 이용객이 많은 성수기에는 되도록 일찍 가서 대여해야 하며(예약 불가), 헬멧(무료) 착용 필수. 일부 가파른 구간이 있으니 출발 전 브레이크가 잘 작동하는지 반드시 확인한다.

ACCESS 보르트 곤돌라역
OPEN 4월~11월 초
PRICE 21CHF, 6~15세 17CHF/
융프라우 여름 VIP 패스 소지자 50% 할인 스위스 트래블 패스 소지자 25% 할인
WEB jungfrau.ch/en-gb/grindelwaldfirst/trottibike-scooter/

★

산악자전거 타기

앞에 소개한 액티비티들은 곤돌라와 연계한 것들이다. 산악자전거를 즐긴다면 피르스트 상부역에 있는 렌탈숍에서 산악자전거를 대여하는 것도 좋다.

+ MORE +

세계에서 가장 긴 눈썰매 슬로프 빅 핀텐프리츠 Big Pintenfritz

겨울철 피르스트에서 파울호른까지 눈썰매를 끌고 올 체력이 된다면 세계에서 가장 긴 눈썰매 코스(15km)를 즐길 수 있다. 쉬지 않고 한 번에 내려가도 30분이나 걸리는 탓에 보통 쉬엄쉬엄 내려오다가 부스알프 레스토랑(Bergrestaurant Bussalp)에서 목을 축이는데, 이 경우 넉넉하게 2시간은 걸린다.

한 가지 유의할 점은 스위스 썰매 슬로프의 레벨 시스템이 우리나라와는 다르다는 것. 이곳은 중급으로 표시돼 있지만 커브도 많고 경사도 상당히 높아서 최상급 코스로 생각해야 한다. 따라서 타지역의 짧은 코스에서 연습을 조금 해본 뒤 도전하길 권한다. 헬멧 착용 필수. 공식 썰매 코스라지만 길이가 워낙 길어서 이용객이 많지 않으니 출발 전 날씨를 반드시 체크하고 누군가와 동행하는 등 개인 안전을 최우선으로 하자.

ACCESS 피르스트에서 파울호른까지 도보로만 접근 가능, 5.7km, 2시간 30분
OPEN 12월 중순~3월 말(슬로프 상태에 따라 다름)

#Hiking

한국인 여행자의 하이킹 0순위

바흐알프 호수 Bachalpsee

우리나라 여행자들이 융프라우 지역에 가면 꼭 가는 하이킹 코스다. 길동무가 많은 대신 안 가면 후회할 멋진 풍경이 가득하다. 널찍하게 잘 정비된 산길은 초반부의 오르막만 지나면 높낮이가 심하지 않아서 하이킹 초보자도 3시간이면 느긋하게 왕복할 수 있다. 피르스트에서 대여한 산악자전거로도 왕복 가능. 곤돌라 휴지기를 제외하고 항상 하이킹이 가능하지만 눈이 녹는 4~5월은 위험할 수 있어서 추천하지 않는다. 겨울엔 스노슈즈(설피)를 신고 눈길을 걸어도 재미있다. 피르스트 정상 레스토랑 화장실 앞에 10개의 무료 로커가 있으니 짐이 많다면 보관하고 출발하자.

info.

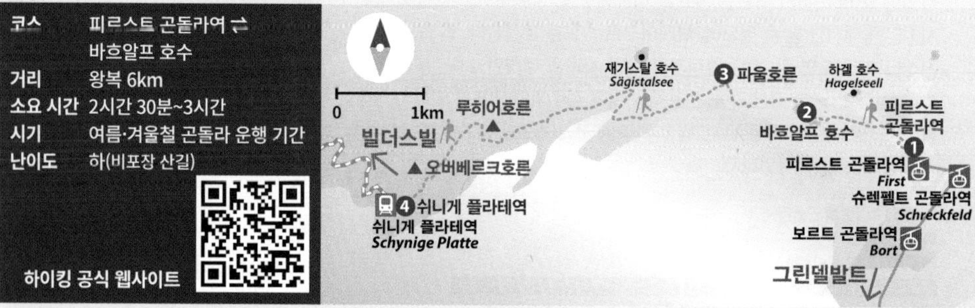

1 피르스트 곤돌라역 First

피르스트 곤돌라역 뒤쪽에서 시작한다. 하이킹 길 표지판이 커다랗게 붙어 있고, 통제 여부가 초록색/빨간색 불로 표시돼 있다. 하이킹을 시작하기 전에 곤돌라역 레스토랑과 이어지는 클리프 워크를 먼저 걸어보고, 피르스트에서 그린델발트로 내려가는 곤돌라 막차 시간도 반드시 확인한다. 보통 16:30~18:00 사이로, 계절에 따라 차이가 크다.

2 바흐알프 호수 Bachalpsee

하나뿐인 길을 따라 풍경에 취해 걷다 보면 저편에 기울처럼 맑은 2개의 호수가 보인다. 이것이 바흐알프 호수. 5~6월 초까지 얼었던 호수는 6월 중순부터 녹기 시작해 6월 말에는 슈렉호른을 비롯한 고봉들의 영롱한 반영을 볼 수 있다. 갑작스러운 눈비를 피할 수 있는 호숫가 대피소에는 장작도 마련돼 있으니 불자리에 자유롭게 불을 피워도 된다. 호수가 다시 얼기 시작하는 11월부터는 스노슈즈를 신고 갈 수 있지만 눈이 쌓여 호수가 보이지 않는다. 바흐알프 호수에서 피르스트 곤돌라역으로 되돌아오거나, 체력과 시간이 허락한다면 그 옆 파울호른까지 다녀오자.

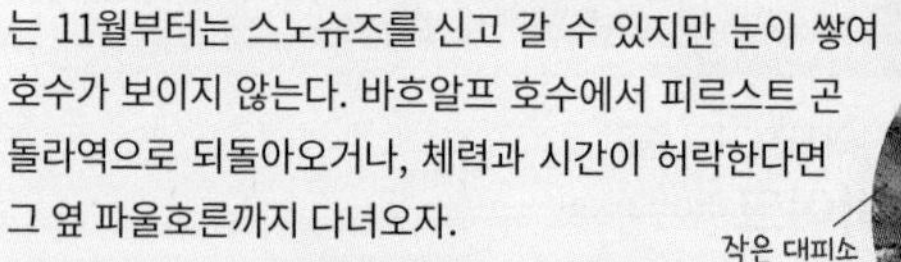

작은 대피소

#Hiking

마니아를 위한 16km 중거리 하이킹

피르스트-쉬니게 플라테 First-Schynige Platte

융프라우 지역 하이킹의 정수를 완벽하게 즐길 수 있는 풀 코스다. 융프라우, 아이거, 묀히를 바라보며 시작해 바흐알프 호수를 포함한 그림 같은 산정호수들과 야생화를 지나 브리엔츠 호수와 툰 호수가 만들어 내는 푸른빛을 감상하며 마무리한다. 무려 16km에 달하는 길이라 8시간은 예상해야 하지만 그만큼 후회 없는 볼거리가 기다린다. 코스 중간에 총 4개의 식당이 있으나, 산악 레스토랑은 예고 없이 문을 닫을 때도 많기 때문에 충분한 간식과 물을 챙겨간다.

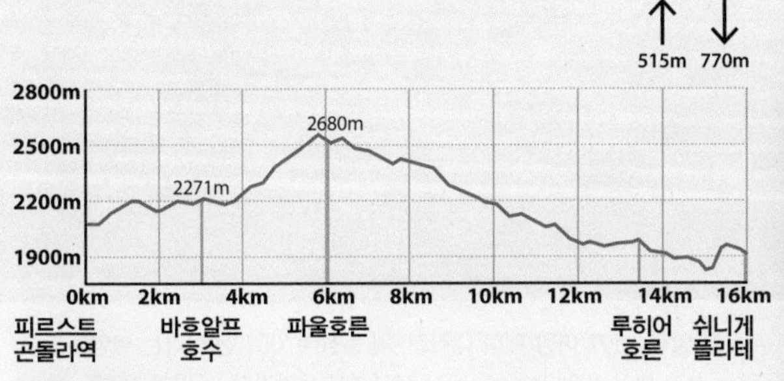

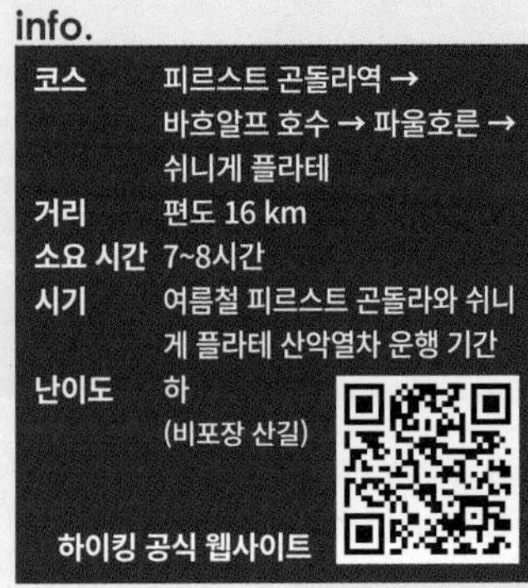

info.

코스	피르스트 곤돌라역 → 바흐알프 호수 → 파울호른 → 쉬니게 플라테
거리	편도 16 km
소요 시간	7~8시간
시기	여름철 피르스트 곤돌라와 쉬니게 플라테 산악열차 운행 기간
난이도	하 (비포장 산길)

하이킹 공식 웹사이트

①② 바흐알프 호수 코스와 동일

③ 파울호른 Faulhorn

바흐알프 호수 뒤쪽으로 난 둘레길을 따라가다 보면 점차 관광객들의 소음이 사라지면서 대자연을 전세낸 듯 즐길 수 있다. 파울호른은 전체 코스 중 가장 높은 포인트이지만 '레이디 산'이란 별명에서 알 수 있듯 능선이 아주 완만하다. 360°로 펼쳐지는 황홀한 뷰를 보면 그나마 오르막이었던 기억조차 희미해진다. 작은 레스토랑이 하나 있다.

④ 쉬니게 플라테 Schynige Platte

파울호른을 지나면 이제 '꽃길'만 남아 있다. 목적지까지 줄곧 내리막이라 걷기에도 좋고, 실제로 꽃이 엄청나게 많이 피어 있기 때문이기도 하다. 특히 6월엔 들판에 풀보다 꽃이 더 많을 정도. 길은 크게 어렵지 않지만 파울호른부터 목적지까지 10km나 되니 체력 안배를 잘하자. 중간에 맨들레넨(Männdlenen)이라는 레스토랑이 하나 있다. 쉬니게 플라테 산악열차역(302p)에 도착하면 산악열차를 타고 빌더스빌역으로 내려간다. 하이킹 시작 전에 쉬니게 플라테 산악열차 운행 여부와 막차 시간을 미리 확인한다. 충분한 물과 간식도 잊지 말고 챙겨가자.

바흐알프 호수에서 본 파울호른

쉴트호른

영원한 007의 산

쉴트호른은 1969년 개봉한 영화 <007 여왕 폐하 대작전>에 등장해 '007 산'이라는 별명을 얻었다. 자동차가 다니지 않는 청정 마을 뮈렌(Mürren)에서 정상까지 올라간다. 높이가 3000m를 넘지 않아 알프스에서는 그리 높지 않은 편이지만 사방이 뻥 뚫린 지형 한가운데 자리한 덕분에 아이거, 묀히, 융프라우는 물론, 맑은 날이면 몽블랑과 저 멀리 쥐라산맥까지 내다보인다. 전망대에 있는 회전 레스토랑을 이용하면 맛있는 음식을 먹으며 전망을 더욱 편안하게 감상할 수 있다.

GOOGLE MAPS HR4P+X4 라우터브루넨
OPEN 08:00~16:00/11월 중순~12월 초, 4월 셋째 주 휴무/2024년 10월 14일~2025년 03월 15일 비르크-쉴트호른 구간 새 케이블카 건설로 임시 폐쇄
WEB schilthorn.kr

쉴트호른으로 가는 2가지 방법

쉴트호른에 가는 경로는 2가지가 있다. 올라갈 때와 내려올 때 경로를 달리해 두루 구경해보자. 경로 ❷로 갈 경우 암벽 속 10단 폭포 트뤼멜바흐(Trümmelbachfälle) 앞을 지나게 되니 이와 연계해 코스를 짜는 것도 좋은 방법이다. 트뤼멜바흐 폭포 정보는 264p 참고.

경로 ❶ (편도 1시간)

라우터브루넨 → 케이블카 → 그뤼치알프(Grütschalp) → 기차 → 뮈렌(Mürren) → 도보 15분 → 케이블카 → 비르크(Birg) → 케이블카 → 쉴트호른

*뮈렌 산악열차역에서 케이블카역까지는 도보 900m 거리다. 차 없는 마을이기 때문에 걸어서 이동한다.

GOOGLE MAPS 라우터브루넨 케이블카역: HWX4+GV 라우터브루넨
ACCESS 라우터브루넨역에서 마을 쪽 출구로 나와 위로 40m 걸어가면 나오는 라우터브루넨 케이블카역
PRICE 라우터브루넨 출발 왕복 108CHF,
뮈렌 출발 왕복 85.60CHF/ 유레일 패스 소지자 25% 할인

+ MORE +

현명한 패스 사용법

스위스 트래블 패스나 베르너 오버란트 패스 소지자 또는 뮈렌에 숙박하는 사람은 뮈렌까지 추가금 없이 올라갈 수 있고, 뮈렌부터 쉴트호른 정상까지는 50% 할인된 가격에 이용할 수 있다. 융프라우 VIP 패스 소지자는 경로 ❶로 갈 경우 뮈렌까지 무료, 뮈렌부터 쉴트호른 정상까지는 할인이 없다. 패스 할인 관련 자세한 내용은 277p.

경로 ❷ (편도 52분)

라우터브루넨 → 버스 → 슈테헬베르크(Stechelberg) → 케이블카 → 김멜발트(Gimmelwald) → 케이블카 → 뮈렌(Mürren) → 케이블카 → 비르크(Birg) → 케이블카 → 쉴트호른

*김멜발트에서 뮈렌까지 케이블카로 가면 곧바로 뮈렌 케이블카역에 도착하기 때문에 도보 이동 구간이 없다.

*라우터브루넨에서 슈테헬베르크로 이동하는 중에 트뤼멜바흐 폭포 입구를 지난다. 경로 ❷ 이용 시 폭포도 방문해보자(폭포 관람은 여름철에만 가능).

GOOGLE MAPS 라우터브루넨 버스 정류장: HWX5+G4 라우터브루넨
ACCESS 라우터브루넨역에서 마을 쪽 출구로 나와 왼쪽으로 1분 정도 걸어가면 나오는 버스 정류장
PRICE 라우터브루넨 출발 왕복 116.80CHF, 뮈렌 출발 왕복 85.60CHF/ 유레일 패스 소지자 25% 할인

쉴트호른
Schilthorn(2971m)

야외 전망대와 실내 전망대 겸 레스토랑, 조그만 007 영화 박물관이 있는 역. 1969년에 만든 영화 세트장을 개조한 레스토랑 피츠 글로리아(Piz Gloria)에서 멋진 전망을 감상할 수 있다. 이 식당은 45분에 한 번씩 360° 회전하는데, 성수기에 창가 좌석을 이용하려면 예약 필수. 추천 메뉴는 빵 위에 007이 찍혀 있는 햄버거다. 그밖에 007 영화 박물관에 전시된 영화 자료나 야외 전망대로 이어지는 명예의 길도 볼만하다. 참고로 쉴트호른 정상에서 잡히는 무료 와이파이 신호도 '007'이다.

피츠 글로리아 007 버거

쉴트호른 전망대 뷰

360° 회전 레스토랑 피츠 글로리아

야외 전망대

제임스 본드 박물관

야외 전망대로 가는 명예의 길

Point 2 비르크 Birg(2700m)

쉴트호른으로 올라갈 때 이용하는 케이블카 환승역. 발아래가 훤히 내려다보여 아찔한 스카이라인 워크(Skyline Walk)와 스릴 워크(Thrill Walk)를 무료 체험할 수 있으니 꼭 승강장 밖으로 나와서 경험해 보자. 비르크역에서도 무료 와이파이 신호인 '007'이 잡힌다.

절벽 위의 스릴워크

비르크 케이블카역

스릴워크 어드벤처 구간

Point 3 뮈렌 Mürren(1634m)

절벽 위에 있어서 케이블카와 산악열차로만 접근 가능한 청정 마을이다. 쉴트호른으로 올라가는 케이블카 환승 길목이어서 그냥 지나치는 사람이 많지만 마을 전체가 전망대라 할 만큼 아름다우니 시간 여유가 있다면 꼭 들러보자. 스위스 트래블 패스나 베르너 오버란트 패스, 융프라우 VIP 패스 등이 있다면 뮈렌까지 교통비가 무료다. 차량 이용 시 라우터브루넨역 주차장에 주차하고 대중교통을 이용해 올라간다. 인터라켄의 번잡함을 피해 뮈렌에 숙소를 잡는 것도 추천. 호텔도 많고, 대부분 숙소에서 융프라우, 아이거, 묀히를 마주 볼 수 있다. 투숙객은 투숙 기간 이용 가능한 게스트 카드로 뮈렌 스포츠센터 수영장과 아이스링크를 무료로 이용할 수 있다. 뮈렌 케이블카역과 산악열차역 간 이동 시간은 도보 15분 정도다.

뮈렌에서 보는 융프라우의 밤 풍경과 은하수

★

뮈렌 관광안내소

GOOGLE MAPS HV6W+X4 라우터브루넨
ACCESS 뮈렌역에서 마을 방향으로 도보 3분, 오른쪽
ADD Höhematte 1074B, 3825 Mürren
OPEN 09:00~12:00, 13:00~16:00
TEL +41(0)33 856 86 86 **WEB** muerren.swiss/en

+ MORE +

아이들과 가기 좋은 가족 공원
알멘트후벨 Allmendhubel

뮈렌에서 푸니쿨라로 올라가는 가족 공원(1912m). 재미난 놀이터 플라워 파크와 전망 좋은 파노라마 레스토랑, 알프스 야생화를 배우며 걷는 플라워 트레일 산책로가 있다. 하이킹을 좋아한다면 이곳에서부터 김멜발트를 거쳐 슈테헬베르크까지 걸어 내려가 보자(약 6km, 2시간 30분). 김멜발트까지만 걷고 김멜발트-슈테헬베르크는 케이블카로 이동해도 된다. 슈테헬베르크에 도착하면 버스 시간부터 확인하자. 트뤼멜바흐 폭포를 거쳐 라우터브루넨까지 가는 버스가 1대 있는데, 자주 운행하지 않는다. 폭포까지 계속 걸으면 약 2.5km, 평지라 1시간 정도면 충분하다.

뮈렌-알멘트후벨 푸니쿨라
GOOGLE MAPS HV6V+65 라우터브루넨
ACCESS 뮈렌역에서 마을 방향으로 도보 8분, 오른쪽
ADD Lus 1050, 3825 Mürren
OPEN 6월 초~10월 중순·12월 초~4월 초 09:00~17:00(20분 간격)/그 외 기간 휴무
PRICE 36.40CHF, 6~15세 18.20CHF/ 스위스 트래블 패스 소지자 7CHF 베르너 오버란트 패스 소지자 무료
WEB schilthorn.ch/8/en/Allmendhubel

뮈렌에서 알멘트후벨로 올라가는 푸니쿨라

어린이 놀이터 플라워 파크

멘리헨

내가 바로 융프라우 지역의 중심!

그린델발트와 벵엔 사이에 있는 봉우리로, 융프라우 지역 중심에 있다. 사방으로 확 트인 시야 덕분에 융프라우, 아이거, 묀히 3개의 거대한 봉우리는 물론, 그린델발트와 벵엔, 라우터브루넨, 뮈렌 등 이 지역의 유명 마을들을 두루 조망할 수 있고, 맑은 날은 저 멀리 티틀리스까지 보인다. 겨울에는 매우 인기 있는 스키장으로 탈바꿈해 스키나 스노보드, 스노슈잉을 즐기는 사람들로 활기가 넘친다. 벵엔에서 케이블카를 타거나 그린델발트에서 곤돌라를 이용해 올라가는데, 이동 거리가 무려 6km에 이르는 그린델발트-멘리헨 곤돌라는 한때 세계에서 가장 긴 곤돌라로 이름을 떨쳤다. 2019년 10인승 신형 곤돌라로 교체해 19분 만에 주파한다.

GOOGLE MAPS JW9Q+76 그린델발트
OPEN 5월 말~10월 말 08:30~17:00, 12월 중순~4월 초 08:00~16:30/그 외 기간 휴무
WEB maennlichen.ch/en

멘리헨 가는 방법

곤돌라 경로 (편도 20분)

그린델발트터미널(Grindelwald Terminal) → 멘리헨

ACCESS 그린델발트역에서 도보 20분
ADD Grundstrasse 54, 3818 Grindelwald
PRICE 왕복 74CHF/ 스위스 트래블 패스 소지자 50% 할인 베르너 오버란트 패스·융프라우 VIP 패스 소지자 무료

케이블카 경로 (편도 6분)

벵엔 → 멘리헨

ACCESS 벵엔 산악열차역 앞 맞은편 골목길로 도보 3분, 관광안내소 옆
ADD Postfach 396, 3823 Wengen
PRICE 왕복 58CHF/ 스위스 트래블 패스 소지자 50% 할인 베르너 오버란트 패스·융프라우 VIP 패스 소지자 무료

벵엔 가는 방법

기차 경로 (편도 37분)

인터라켄 오스트 → 기차 → 라우터브루넨 → 기차 → 벵엔

그린델발트를 오가는 곤돌라역(왼쪽)과 벵엔과 연결하는 케이블카역(오른쪽)

멘리헨역 뒤로 융프라우와 아이거에서 내려오는 빙하가 보인다.

겨울이면 전 지역이 스키장으로 변신한다.

멘리헨 정상 전망대. 멘리헨역에서 700m 정도 떨어져 있다.

Point 1 멘리헨
Männlichen(2230m)

융프라우 지역 중앙에 자리해 접근성이 좋고 전망도 환상적인 산봉우리. 호텔 겸 레스토랑인 베르크하우스 멘리헨을 포함한 2개의 레스토랑이 있다. 어린이 놀이터와 실내외 피크닉 테이블이 있으며, 왕관 모양 전망대까지 왕복 1.4km밖에 안 되는 가벼운 하이킹 길도 있어서 가족 여행자에게 인기가 많다. 겨울철엔 다양한 슬로프를 갖춘 융프라우 지역의 스키 중심지로 활약한다.

베르크하우스 멘리헨 Berghaus Männlichen

GOOGLE MAPS JW6R+HW 그린델발트
ACCESS 멘리헨 케이블카역
ADD Männlichen, 3818 Grindelwald
OPEN 곤돌라 및 케이블카 운영 기간과 동일
PRICE 겨울철 더블룸 230CHF~, 여름철 더블룸 150CHF~/조식 12CHF~/식사 21CHF~
WEB berghaus-maennlichen.ch

Point 2 벵엔
Wengen(1274m)

융프라우로 올라갈 때 스위스 트래블 패스 소지자가 무료로 갈 수 있는 마지막 마을이다. 기차를 타고 라우터브루넨을 거쳐 융프라우로 갈 때 오른쪽 창밖을 보다가 포토존 팻말이 붙어 있는 곳을 지나면 아기자기한 벵엔 마을이 나타난다. 융프라우로 올라가거나 케이블카로 갈아타고 멘리헨까지 갈 수 있기 때문에 하이킹과 스키를 즐기러 온 사람들이 거점으로 선호한다. 차량이 통제된 청정 마을로, 자동차는 라우터브루넨역 주차장에 주차한 후 기차로 간다.

벵엔 관광안내소

GOOGLE MAPS JW4C+9P 라우터브루넨
ACCESS 벵엔 산악열차역 앞 맞은편 골목길로 도보 3분
ADD Wengiboden 1349B, 3823 Wengen
OPEN 09:00~18:00
TEL +41(0)33 856 85 85
WEB wengen.swiss

벵엔 마을에 기차가 들어설 때 볼 수 있는 유명한 풍경.
라우터브루넨과 융프라우, 아이거, 묀히 3개 봉우리를 함께 볼 수 있다.

#Hiking

남녀노소 가볍게 걸을 수 있는 코스
로열 워크 Royal Walk

'왕의 길'이란 이름에 어울리는 360° 파노라마 전망이 있는 코스다. 25분 정도면 정상까지 걸어갈 수 있고, 길이 가파르지 않아서 가볍게 알프스 지역 하이킹을 경험하고 싶은 사람에게 추천한다.

info.

코스	멘리헨 케이블카역 ⇄ 멘리헨 정상
거리	왕복 1.4km
소요 시간	40분
시기	여름·겨울철 케이블카 운행 시기
난이도	하(비포장 산길)

하이킹 공식 웹사이트

2 멘리헨 정상
로열 워크
멘리헨 케이블카역 *Männlichen*
1 멘리헨역
그린델발트
벵엔 산악열차·곤돌라역 *Wengen*
파노라마 트레일
멘리헨 곤돌라역 *Männlichen*
2 추겐
그린델발트
클라이네 샤이덱역 *Kleine Scheidegg*
인공 호수
라우터브루넨
3 클라이네 샤이덱
0 1km

로열 워크 길 풍경

↑ 111m ↓ 0m

2360m
2320m
2280m
2240m
2230m
2341m
0km 0.2km 0.4km 0.6km 0.7km
멘리헨 케이블카역 멘리헨 정상

1 멘리헨역 Männlichen

로열 워크는 벵엔 쪽으로 가는 케이블카역에서 출발해 융프라우 반대 방향으로 올라간다. 그린델발트 쪽으로 가는 곤돌라역에 레스토랑과 피크닉 장소, 화장실, 놀이터가 있다.

2 멘리헨 정상 Männlichen

동서남북으로 탁 트인 전망이 압도적인 곳. 서쪽에 라우터브루넨과 벵엔, 동쪽에 그린델발트 등 융프라우 지역 주요 마을들이 손에 잡힐 듯 또렷하게 보인다. 멀리서도 보이는 왕관 모양의 작은 전망대 덕분에 길을 잃을 염려가 절대 없다.

#Hiking

가족 하이킹으로 추천! 쉽고 예쁜 길

파노라마 트레일 Panorama Trail

평지와 다를 바 없는 얕은 내리막 코스라 남녀노소 즐길 수 있다. 소요 시간도 적당하고 출발지와 도착지 모두 그린델발트역이나 라우터브루넨역 양쪽에서 접근할 수 있어서 편리하다. 5~6월엔 길가에 진분홍색 알펜로제가 피고, 한여름에도 응달에는 채 녹지 않은 눈더미가 쌓여 있다. 새파란 인공 호수들과 그린델발트 마을 전경으로 걷는 내내 눈이 즐겁다.

info.

코스 멘리헨 케이블카역 → 추겐 → 클라이네 샤이덱역
거리 편도 4.8km
소요 시간 1시간 30분~2시간
시기 여름·겨울철 곤돌라 운행 시기
난이도 하(비포장 산길)

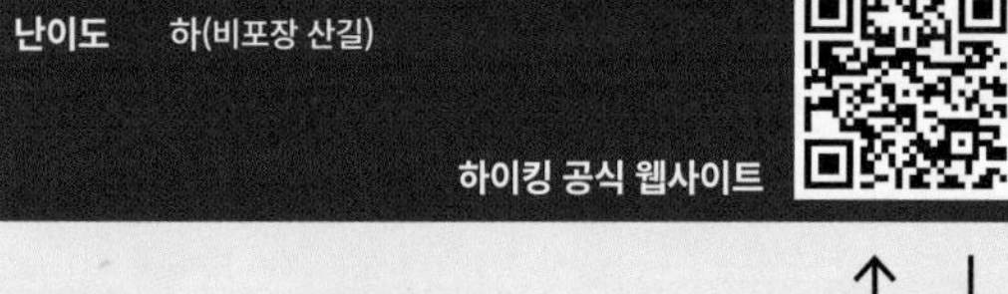

하이킹 공식 웹사이트

멘리헨 곤돌라역 뒤 약간 왼쪽으로 보이는 뾰족한 봉우리가 추겐이다.

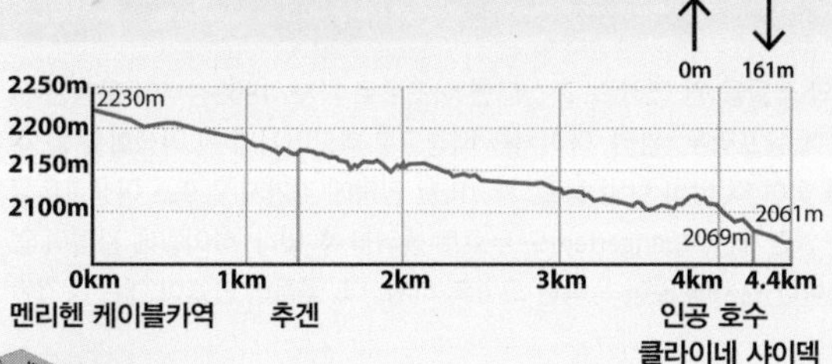

1 멘리헨역 Männlichen

멘리헨 케이블카역에서 융프라우를 마주 보고 방향을 잡는다. 앞쪽에 보이는 추겐(Tschuggen)이라는 작은 봉우리의 왼쪽 둘레길이 파노라마 트레일(Panoramaweg). 중간에 로맨틱 트레일(Romantikweg)로 길이 갈라지는데, 이 길을 따라가면 클라이네 샤이덱이 아니라 그린델발트로 내려가게 되니 표지판을 잘 보고 파노라마 트레일을 따라간다.

추겐 둘레길

중간에 거치는 인공 호수들

클라이네 샤이덱이 가까워지면 보이는 풍경

2 추겐 Tschuggen

멘리헨을 지나면 봉우리가 뾰족한 추겐산 둘레길을 걷는다. 6월 말~8월 초에는 산비탈에 핀 작은 진분홍색 꽃들을 볼 수 있는데, 이것이 바로 스위스 민요 '아름다운 베르네 산골'에 등장하는 알펜로제(Alpenrose)다. 이 밖에도 여름철에는 여기저기 다양한 야생화들이 만개한다.

알펜로제

3 클라이네 샤이덱 Kleine Scheidegg

몽환적인 물빛의 인공 호수를 지나면 클라이네 샤이덱에 거의 다 온 것이다. 클라이네 샤이덱은 벵엔역이나 그린델발트역에서 기차를 타고 융프라우로 올라갈 때 환승하는 곳이다. 레스토랑과 호텔 몇 개가 있으며, 거대한 아이거 빙벽이 손에 잡힐 듯 보인다. 이곳에서 숙소가 있는 방향으로 기차를 타고 내려간다.

MOUNTAIN VIEWS
5
SCHYNIGE PLATTE

쉬니게 플라테

꽃 속에 파묻혀 하이킹을 즐겨요

초여름에 알프스 고산지대의 꽃들을 원 없이 보고 싶다면 이곳으로 가자. 1893년부터 운행한 산악열차를 타고 오르는 길목에 융프라우, 묀히, 아이거를 배경으로 흐드러지게 핀 야생화를 볼 수 있다. 6~7월 초에는 풀보다 꽃이 더 많이 보일 정도. 자그마한 언덕에 갖가지 알프스 야생화들을 심어 놓고 이름을 표시해둔 알펜가텐(Alpengarten)도 무료로 둘러볼 수 있다. 하이킹에 관심이 없다면 느긋하게 꽃길을 산책하다 벤치에 앉아 독특한 모양의 바위산과 꽃들이 만들어 내는 풍경만 감상해도 좋다.

경로 (편도 1시간 10분)

인터라켄 오스트 → 기차 → 빌더스빌역 → 산악열차 → 쉬니게 플라테

GOOGLE MAPS MW26+WG Gündlischwand
OPEN 6월 중순~10월 중순 07:25~16:45(하행 막차 17:53)/
40분 간격 운행/그 외 기간 휴무
PRICE 왕복 71.60CHF(6~15세 20CHF)/
스위스 트래블 패스 소지자 50% 할인
인터라켄 게스트 카드 소지자 20% 할인
베르너 오버란트 패스·융프라우 VIP 패스 소지자 무료
WEB jungfrau.ch/en-gb/schynige-platte

★

꿀팁 ❶

올라갈 때 처음 절반은 왼쪽, 나머지 절반은 오른쪽 풍경이 좋다. 사람이 많아서 중간에 자리를 바꿀 수 없다면 처음부터 오른쪽에 앉자. 상부 풍경이 좀 더 멋지다.

꿀팁 ❷

정상에 짐을 보관할 곳이 없으니 짐이 무겁다면 올라가기 전 빌더스빌역 코인 로커를 이용하자.

: WRITER'S PICK :

쉬니게 플라테는 하이킹 명당!

기암괴석과 초록 들판, 야생화가 어우러진 쉬니게 플라테는 수많은 하이킹 코스의 시작 지점이다. 책에는 누구나 할 수 있는 짧은 코스 코스 2개를 소개했는데, 파울호른(Faulhorn)을 거쳐 그린델발트의 피르스트까지 이어지는 약 16km(7~10시간 소요)의 긴 코스도 유명하다. 단, 쉬니게 플라테에서 출발하면 오르막 구간이 더 많기 때문에 피르스트에서 쉬니게 플라테로 내려오는 방법(288p)을 추천한다.

알펜가텐 산책로에 있는 조형물.
소 목에 거는 종을 치면 산봉우리 저편으로 은은하게 울린다.

쉬니게 플라테 Schynige Platte(1967m)

52분간 벨 에포크 풍 오픈 산악열차를 타고 정상에 오르면 초록 들판이 동화처럼 펼쳐진다. 알펜가텐을 돌며 풍경을 감상한 후 1899년에 지은 산악 호텔 테라스석에서 맛있는 음식과 커피를 맛보자. 조금 더 자연을 만끽하고 싶다면 역에서 5분 거리에 있는 무료 바비큐장을 추천. 장작이 없을 수 있으니 기차 탑승 전 슈퍼마켓 코옵(Coop), 미그로스(Migros), 데네(Dener) 등에서 식재료와 숯을 함께 사 오길 권한다. 호텔에서 하룻밤 머물며 알프스 위로 쏟아질 듯한 별과 만년설이 쌓인 봉우리 위로 떠오르는 해를 바라보는 고즈넉한 시간을 가져도 좋다.

참고로 쉬니게 플라테역에는 짐 보관소가 없으니 짐을 더스빌역 코인 로커에 맡기고 올라오자. 단, 배낭 정도의 작은 짐만 들어 간다.

나무로 된 벨에포크 풍 산악열차.
창문이 뚫려 있는 오픈카다.

무료 바비큐장

+ MORE +

스위스의 벨 에포크
Belle Époque

프랑스어로 '아름다운 시절'이란 뜻의 벨 에포크는 19세기 말부터 제1차 세계대전 전까지 프랑스의 경제·문화가 번성했던 시기로, 비단 프랑스뿐 아니라 이 시기의 유럽 전체를 아울러 말하기도 한다. 스위스도 이 시절에 대한 향수가 있어서 곳곳에 벨 에포크 풍이라 불리는 앤티크한 호텔과 기차 등이 있으며, 도시 외관이나 벽화 등을 벨 에포크 풍으로 장식하기도 한다.

★
쉬니게 플라테 호텔 Hotel Schynige Platte

GOOGLE MAPS MW25+FR Wilderswil
ACCESS 쉬니게 플라테역에서 도보 2분
ADD Berghotel Schynige Platte, 3812 Wilderswil
OPEN 산악열차 운행 기간과 동일
PRICE 더블룸+조·석식+열차 패키지 144CHF(열차 제외 시 110CHF)
WEB hotelschynigeplatte.ch

#Hiking

쉬니게 플라테의 매력 맛보기

파노라마 길 오버베르크호른 Panoramaweg Oberberghorn

고산지대의 들꽃들이 가득한 길을 지나 기차역 위쪽에 있는 봉우리 둘레를 걷는 코스다. 풍경을 즐기는 가벼운 산책 같은 하이킹을 하고 싶다면 추천한다. 초반에는 융프라우와 아이거, 묀히를, 후반에는 푸르른 툰 호수와 브리엔츠 호수를 보며 걷게 된다.

info.

코스	쉬니게 플라테역 ⇄ 알펜가텐 ⇄ 오버베르크호른 ⇄ 호텔 쉬니게 플라테 ⇄ 쉬니게 플라테역
거리	왕복 2.7km
소요 시간	1시간 30분
시기	6월 중순~10월 중순
난이도	중(비포장 산길), 8세 이상 가능

하이킹 공식 웹사이트

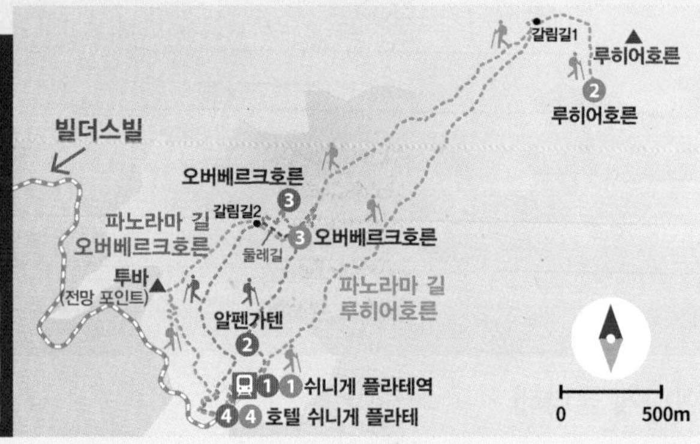

1 쉬니게 플라테역 Schynige Platte

쉬니게 플라테역을 마주 보고 오른쪽으로 간다. 언덕을 오르내려야하니 편안한 신발은 필수!

↑ 179m ↓ 179m

2100m / 2050m / 2000m / 1950m
2069m, 1967m, 1940m, 둘레길
0km 쉬니게 플라테역 · 알펜 가든 · 1km 오버베르크 호른 · 갈림길 2 · 2km 호텔 쉬니게 플라테 · 2.7km 쉬니게 플라테역

2 알펜가텐 Alpengarten

계단식 꽃밭에 다양한 알프스 야생화들을 심어 놓았다. 꽃을 구경하며 위로 올라가면 역 뒷산의 오른쪽 능선을 따라 평평하게 난 길이 보인다.

3 오버베르크호른 Oberberghorn

1km쯤 걸으면 다다르는 기묘한 모양의 돌산. 정상까지 지그재그로 길이 나 있어서 원한다면 봉우리 정상에 올랐다가 반대편으로 내려올 수 있다. 오르막길이 싫다면 봉우리 아래 둘레길로 가도 반대편 길과 만나게 된다. 봉우리를 지나서 나오는 두 갈래 길 중 왼쪽 길을 따라간다.

4 호텔 쉬니게 플라테 Hotel Schynige Platte

산등성이를 따라 걷다 보면 기차역 뒷산의 반대편 능선으로 이어지는데, 총 1km쯤 걸으면 쉬니게 플라테 호텔이 나온다. 전망 좋은 호텔 테라스에서 잠시 쉬었다 가는 것도 좋은 방법. 호텔을 마주 보고 오른쪽 길을 따라가면 기차역으로 돌아온다.

©Hotel Schynige Platte

#Hiking

본격적인 쉬니게 플라테 탐방

파노라마 길 루히어호른 Panoramaweg Loucherhorn

그림같이 아름다운 대자연에서 조금 더 길게 머무르고 싶다면 파노라마 길 풀 코스를 걸어보자. 루히어호른 코스라 부르지만 그 봉우리에 오르는 것은 아니고 루히어호른에 도착하기 조금 전, 갈림길에서 되돌아온다.

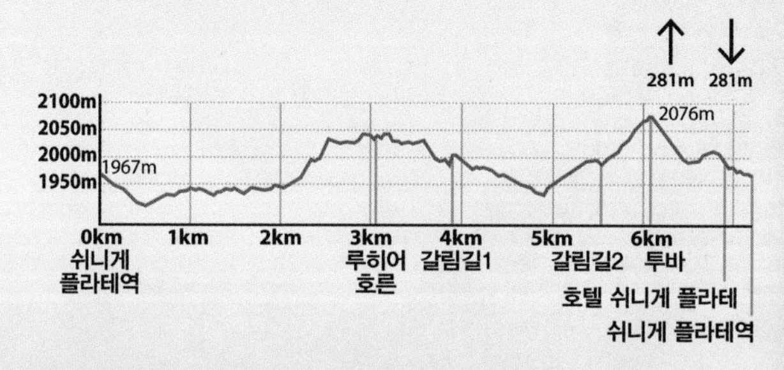

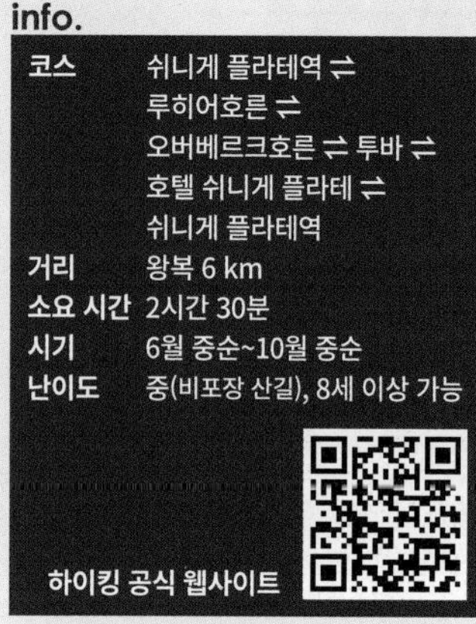

info.

코스	쉬니게 플라테역 ⇌ 루히어호른 ⇌ 오버베르크호른 ⇌ 투바 ⇌ 호텔 쉬니게 플라테 ⇌ 쉬니게 플라테역
거리	왕복 6 km
소요 시간	2시간 30분
시기	6월 중순~10월 중순
난이도	중(비포장 산길), 8세 이상 가능

하이킹 공식 웹사이트

쉬니게 플라테역에서 바라본 풍경.
왼쪽이 오버베르크호른, 오른쪽이 루히어호른이다.
집이 몇채 모여 있는 곳 앞에 난 길로 걷게 된다.

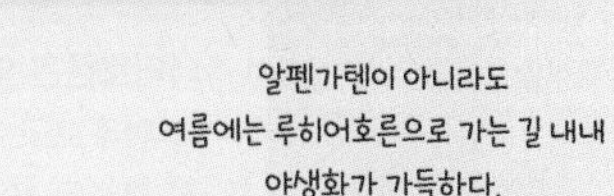

알펜가텐이 아니라도
여름에는 루히어호른으로 가는 길 내내
야생화가 가득하다.

1 쉬니게 플라테역 Schynige Platte

쉬니게 플라테역을 마주 보고 왼쪽으로 가면 철도 건널목이 보인다. 건널목을 건너 철로 아래쪽으로 난 길을 따라 3km 직진한다.

2 루히어호른 Loucherhorn

걷는 내내 앞쪽에 보이는 거대한 돌산. 전문 장비 없이 산꼭대기에 올라갈 순 없다. 봉우리 근처로 가는 길 위의 풍경을 감상하고 여기저기에서 풀을 뜯는 젖소나 야생화와 함께 사진을 찍은 후 위 갈림길1에서 되돌아온다. 걸어온 길과 거의 평행해 보이는 또 다른 길이 만나는 지점이다. 뒤돌아서 이 '또 다른 길'을 선택한다.

3 오버베르크호른 Oberberghorn

걸어온 길과 점점 사이를 벌리며 산등성이를 따라간다. 2km 정도 걸으면 독특하게 생긴 오버베르크호른에 도착한다. 이곳을 지나 다시 600m 정도 걸어가면 나오는 '갈림길2'에서 왼쪽으로 가면 알펜가텐이고, 오른쪽으로 가면 투바(Tuba, 2076m)라는 작은 봉우리를 거쳐 호텔 쉬니게 플라테에 도착한다. 오른쪽 길은 살짝 오르막인 대신 브리엔츠 호수 전망이 멋지다. 기차역은 호텔과 알펜가텐 사이에 있으니 어느 쪽으로 가도 무방하다.

4 호텔 쉬니게 플라테

(304p)

NIEDERHORN

니더호른

융프라우와 툰 호수, 산양을 함께 볼 수 있는 곳

니더호른은 야생 산양 아이벡스(Ibex)를 가까이에서 관찰할 수 있어서 더욱 특별한 곳이다. 호수를 마주보고 왼쪽으로 10~20분만 걸어가면 서식지가 있어서 산양들이 절벽 위를 오르내리는 멋진 모습을 볼 수 있다. 산양들은 새벽녘부터 이곳에 머물다가 낮이 되면 숲으로 들어가 버리므로 늦어도 오전 10시 전에는 도착할 것. 몽환적인 툰 호수와 융프라우를 포함한 알프스 고봉들, 색색의 패러글라이딩 낙하산이 만들어 낸 풍경도 장관이고, 겨울에는 이 일대가 스키장으로 변신한다. 니더호른행 곤돌라역이 있는 마을 베아텐베르크(Beatenberg)로 가는 방법은 2가지가 있다. 따라서 갈 때, 올 때 경로를 달리하면 버스, 곤돌라, 푸니쿨라, 유람선 등 여러 교통수단을 두루 즐길 수 있다.

GOOGLE MAPS 베아텐베르크 곤돌라역: MQR8+64 Beatenberg
니더호른 전망대: PQ6G+63 Beatenberg
ADD 베아텐베르크 곤돌라역: Schmockenstrasse 253, 3803 Beatenberg
OPEN 4월 중순~11월 초 08:40~17:40(7~9월 금·토 ~22:20), 12월 중순~3월 초 08:40~16:40/그 외 기간 휴무
PRICE 왕복 43CHF(6~15세 21.50CHF)/
스위스 트래블 패스 소지자 50% 할인 | 베르너 오버란트 패스 소지자 무료
WEB niederhorn.ch

니더호른 곤돌라

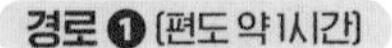

인터라켄 베스트 → 버스 → 베아텐베르크 → 곤돌라 → 니더호른

ACCESS 인터라켄 베스트역에서 101번 버스를 타고 21정거장 이동 후 베아텐베르크 스타치온(Beatenberg, Station) 정거장 하차. 약 30분(1시간에 1대 운행). 오른쪽에 베아텐베르크 곤돌라역이 있다.
PRICE 버스: 왕복 8CHF/
스위스 트래블 패스·베르너 오버란트 패스 소지자 무료

경로 ❷ (편도 약1시간)

인터라켄 서쪽 선착장 → 유람선 → 베아텐부흐트 → 푸니쿨라 → 베아텐베르크 → 곤돌라 → 니더호른

ACCESS 인터라켄 서쪽 선착장에서 유람선 47분, 베아텐베르크역 하차 후 푸니쿨라를 타고 베아텐베르크 곤돌라역까지 11분
PRICE 유람선: 왕복 48CHF/푸니쿨라: 16CHF/
스위스 트래블 패스·베르너 오버란트 패스 소지자 무료

Point 1 니더호른
Niederhorn(1949m)

아찔한 절벽 아래로 신비로운 푸른빛 툰 호수가 아름답게 보이는 곳. 특히 패러글라이딩 활공장에서 보는 풍경이 압도적이다. 테라스 전망이 멋진 레스토랑 겸 호텔 베르크하우스 니더호른도 있다. 산양들이 자주 출몰하는 곳은 니더호른 곤돌라역에서 툰 호수를 마주 보고 왼쪽으로 1~1.5km 지점. 산양 서식지로 가는 길의 오른쪽은 완만한 능선이고 왼쪽은 낭떠러지인데, 산양들은 대개 낭떠러지 쪽에서 시간을 보낸다. 길은 대체로 완만한 편이니 10~15분 정도 걸으면서 왼쪽을 잘 살펴보자. 여름철 인터라켄에서 패러글라이딩을 예약하면 대부분 이곳에서 출발한다. 미리 올라와서 산양 서식지를 구경하고 정상 풍경을 즐긴 후 하강하는 일정으로 예약하길 권한다.

절벽 중턱에서 여유롭게 놀고 있는 산양들

베아텐베르크에서 본 융프라우와 툰 호수

Point 2 베아텐베르크
Beatenberg(1200m)

인터라켄 북서쪽 산 중턱에 있는 보석 같은 마을. 맞은편엔 순백의 융프라우가, 발밑으론 파랗디파란 툰 호수가 찰랑거린다. 인터라켄에서 버스로 겨우 20분밖에 걸리지 않는데도, 세상의 모든 소음과 단절된 듯 고요한 분위기에 멋진 풍경의 숙소가 많아서 힐링 여행지로 안성맞춤이다. 겨울철 인터라켄에서 패러글라이딩을 신청하면 대부분 이곳에서 출발한다.

융프라우 전망이 예쁘고 작은 교회와 빵집, 호텔에 딸린 레스토랑 몇 개가 전부인 작은 마을로, 식재료는 모두 인터라켄에서 사 와야 한다. 또한 마을이 길을 따라 5km 정도 길게 이어지는 형태라 숙소에 따라 니더호른행 곤돌라역과 거리가 멀 수 있다. 인터라켄에서 올라오는 101번 버스가 30분 간격으로 운행하니 마을 내 이동 시 이용하면 편리하다.

베아텐베르크 마을 풍경

★
베아텐베르크 관광안내소

GOOGLE MAPS MQXW+WR Beatenberg
ACCESS 인터라켄 베스트역에서 101번 버스를 타고 14정거장 이동 후 베아텐베르크 투어리스트 센터 하차
ADD Spirenwaldstrasse 168, 3803 Beatenberg
OPEN 08:00~12:00, 13:30~17:30/토·일요일 휴무
TEL +41(0)33 841 18 18
WEB beatenberg.ch

알프스에서 기대하는 모든 풍경

니더호른 산양 하이킹

Niederhorn Ibex Trail

스위스에서 손가락에 꼽을 만한 멋진 하이킹 길이다. 산등성이를 따라가는 하이킹이라 아찔한 구간이 있지만 튼튼한 신발과 적당한 체력만 있다면 그다지 어렵지 않다. 푸른 빙하 호수와 만년설이 쌓인 산봉우리, 절벽, 숲, 푸른 초지, 야생화 그리고 산양까지. 알프스 하이킹 하면 떠올리는 모든 것을 볼 수 있다.

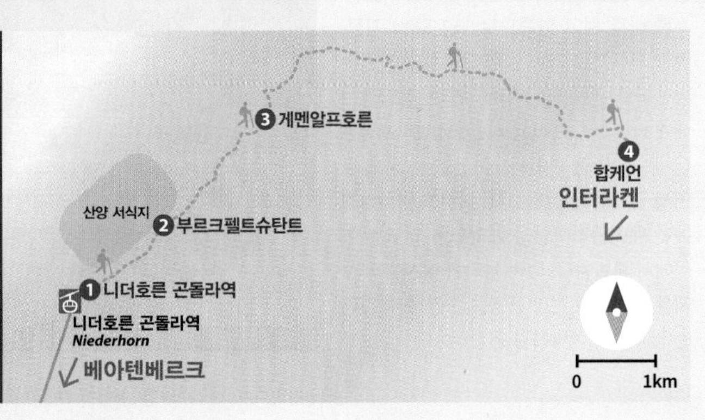

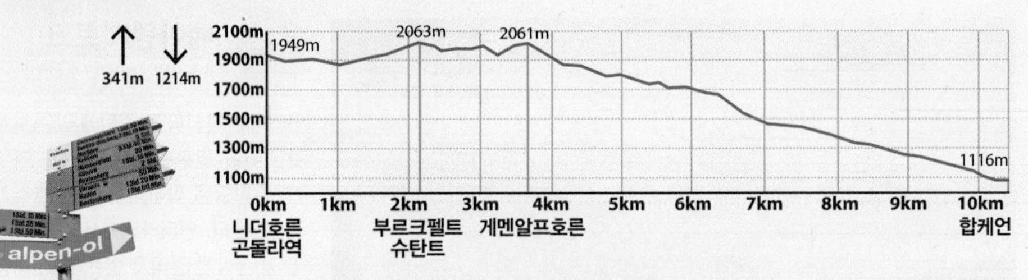

패러글라이딩 활공장

하이킹이 시작되는 지점. 미처 간식을 준비하지 못했다면 이곳 레스토랑에서 사야 한다. 목적지에 도착할 때까지 음식점이나 상점이 없다. 레스토랑을 마주 보고 오른쪽이 하이킹 진입로다.

② 부르크펠트슈탄트
Burgfeldstand

산양(아이벡스)들의 서식지가 있는 산등성이. 니더호른에서 이곳으로 오는 동안 발걸음 소리를 낮추고 절벽 부분을 잘 살피자. 산양들이 수직에 가까운 절벽 위를 뛰어다니는 모습을 볼 수 있다.

하이킹 길 오른쪽 전망

하이킹 길 왼쪽 전망

③ 게멘알프호른
Gemmenalphorn

하이킹의 하이라이트 구간이 있는 산등성이. 정상까지 은근히 경사진 오르막이 계속되지만 산등성이 양쪽으로 펼쳐지는 압도적인 파노라마 뷰 덕분에 힘든 줄 모르고 걷게 된다. 정상을 찍고 나면 표지판이 나오는지 눈여겨봤다가 오른쪽으로 갈라지는 길을 놓치지 말자. 합케언 마을까지 1000m 높이를 쭉쭉 내려간다.

게멘알프호른을 지나면 내리막길로들어선다.

돌 위에 칠한 하이킹 길 표시

④ 합케언
Habkern

게멘알프호른에서 울창한 숲과 초지를 번갈아 지나치면 도착하는 마을. 5~7월엔 풀밭을 가득 메운 야생화를 볼 수 있다. 중간에 오직 산길과 숲길로만 된 큰길과 몇 번이나 마주치는데, 편해 보이는 큰길에 혹해 따라가면 더 긴 코스를 걷게 되니 주의. 큰길을 수직으로 지나쳐 나 있는 하이킹 길이 숲에 가려 잘 안 보인다면 돌이나 나무, 쇠기둥에 칠해진 하이킹 길 표시(흰색, 빨간색, 흰색 줄)를 찾아보자.

마을에 도착하면 106번 버스를 타고 인터라켄으로 돌아간다. 버스는 1시간 간격으로 운행하며, 약 15분 소요된다.

#Plus Area

작지만 큰 감동!
중세 도시의 매력 속으로

툰
THUN

스위스에서도 예쁘기로 소문난 마을. 우리나라 시골 읍내 규모 정도의 작은 도시이지만 맑은 날 이곳에 올 행운이 주어진다면 깜찍한 중세 도시가 주는 감동은 상상 이상으로 크다. 언덕에 자리한 고성과 구시가 아케이드 사이사이 숨은 마법 상점 분위기의 부티크들을 둘러보고, 아아레강 위 목책교 주변 카페에서 휴식한 후 툰 호수 너머 알프스 고봉들을 감상하며 여행을 마무리하자.

- **칸톤** 베른 Bern
- **언어** 독일어
- **해발고도** 552m

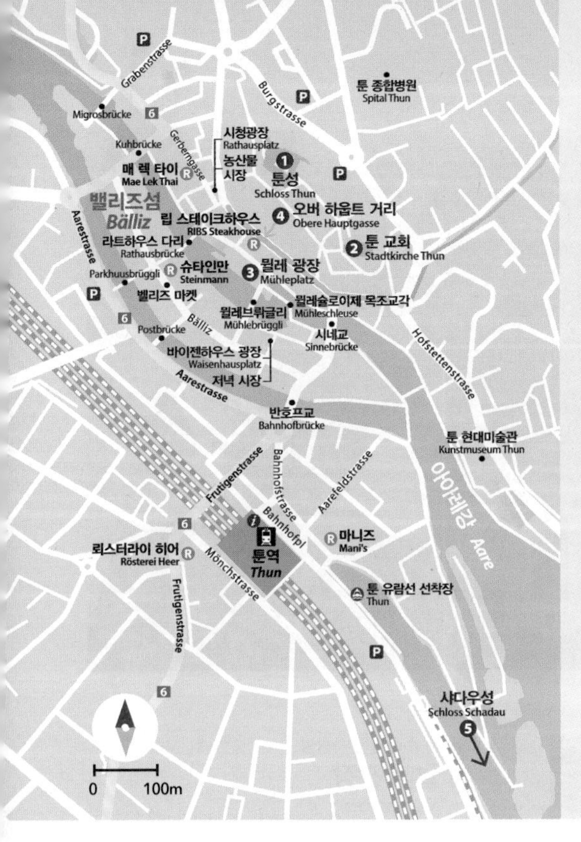

툰 가는 방법

기차

베른 → 18분 **인터라켄** → 27분

차량

베른 → 30분(29km/6번 고속도로)

인터라켄 → 30분(30km/11번, 6번 국도, 8번 고속도로)

배

인터라켄 → 2시간 10분(5월 말~10월 말 1일 3~8회 운행, 11~4월 토·일 1일 1~2회 운행/홈페이지 참고)

WEB bls.ch

★

관광안내소

GOOGLE MAPS QJ4H+2Q 툰
ACCESS 툰역 내
ADD Seestrasse 2, 3600 Thun
OPEN 09:00~12:30, 13:30~18:00(토 10:00~15:00)/일요일 휴무
TEL +41(0)33 225 90 00
WEB thunersee.ch

Tourist & Attractions

01 동화 속 풍경이 현실이 되는 곳 툰성 Schloss Thun

12세기 체링겐(Zähringen) 가문이 요새로 세운 성. 맑은 날 위풍당당한 성 입구에 버드나무가 흩날리는 모습이 동화 속 한 장면 같다. 마을과 툰 호수, 알프스의 웅장한 라인이 한눈에 내려다보이기 때문에 오르막길을 올라갈 만한 가치가 충분하다. 1층과 안뜰은 레스토랑, 2층은 툰의 900년 역사를 다룬 자료와 유물들을 전시한다. **MAP 311p**

GOOGLE MAPS QJ5H+WX 툰
ACCESS 툰역에서 아아레 강 다리를 2번 건너 맞은편 오르막길 끝, 도보 15분
ADD Schlossberg 1, 3600 Thun
OPEN 10:00~17:00(11~1월 일요일·12월 25일~1월 8일·2~3월 13:00~16:00)/11~1월 월~토요일 휴무
PRICE 10CHF, 학생 8CHF, 6~15세 3CHF/ 스위스 트래블 패스 소지자 무료
WEB schlossthun.ch

툰성에서 본 전망

02 툰 여행자의 인증샷 명소
툰 교회
Stadtkirche Thun

13세기에 지은 작은 교회로, 툰 호수와 알프스를 배경으로 사랑스럽게 자리 잡은 도시 풍광을 한눈에 담을 수 있다. 봄이면 교회 정원에 핀 꽃들과 사진을 찍기도 좋고, 여름엔 작은 정자에서 더위를 식히기에도 좋은 곳. 교회 예배당은 항상 열려 있으니 조용히 구경해보자. 2층엔 부정기적으로 오픈하는 작은 교회 박물관이 있다. 운 좋게 문이 열려 있다면 교회 탑에 올라 전망을 감상할 수 있다. **MAP 311p**

GOOGLE MAPS QJ5J+HG 툰
ACCESS 툰성 정문에서 도보 3분
ADD Schlossberg 14, 3600 Thun
OPEN 외부 항시 개방
PRICE 무료
WEB ref-kirche-thun.ch

교회 정원에서 본 풍경
교회 박물관

뮐레 광장부터 뮐레슐로이제(Mühleschleuse) 목조다리 주변으로 이어지는 레스토랑 거리

Option
03 툰 주민들의 사랑방
뮐레 광장
Mühleplatz

카페와 바가 모인 강가에 자리 잡은 광장. 햇살 좋은 날은 신비로운 물빛과 여유로운 분위기가 바닷가 휴양지를 떠올리게 한다. 유럽 노천카페의 매력을 듬뿍 느낄 수 있는 곳으로, 툰 여행 중 꼭 가봐야 할 장소다. **MAP 311p**

GOOGLE MAPS QJ5H+CP 툰
ACCESS 툰역에서 아아레강 다리를 2번 건너 왼쪽으로 도보 2분, 뮐레슐로이제(Mühleschleuse) 목조다리 주변

Option
04 아기자기한 상점가를 기웃기웃
오버 하웁트 거리
Obere Hauptgasse

베른에 있는 아케이드 상점가와 비슷한 곳. 2층 구조라는 점이 독특하다. 베른보다 규모가 작은 대신 아기자기하게 꾸며져 있는데, 구석구석 마법 지팡이를 팔 것 같은 작은 수공예품 가게를 발견하는 재미가 쏠쏠하다. 지하에 있는 카페나 상점들도 독특하고 매력적이니 입구가 어둡더라도 용기 내어 들어가 보자. 다행히 주걱으로 커다란 솥을 젓고 있는 마녀를 목격했다는 소문은 없다. **MAP 311p**

GOOGLE MAPS QJ5H+GW 툰
ACCESS 툰역에서 아아레강 다리를 2번 건너 나오는 길의 뒷길

©Schloss Schadau

강가 산책로

05 성 정원에서 즐기는 피크닉 샤다우성 Schloss Schadau

툰 호수가 좁아지며 아아레 강으로 이어지는 곳에 자리한 성. 19세기에 프랑스와 영국의 튜더 고딕양식을 혼합해 지은 우아한 성으로, 안팎이 모두 스위스 문화유산으로 등록돼 있다. 현재 레스토랑과 호텔로 운영 중. 바로크 스타일로 꾸며진 레스토랑 내부가 매우 아름다우니 음료와 케이크라도 맛보며 구경해보자. 성 레스토랑 대신 그 앞의 널찍한 무료 정원에만 머물러도 좋은데, 탁 트인 툰 호수 전망이 멋져서 날씨가 좋은 날이면 돗자리를 펴고 피크닉을 즐기는 사람이 많다. **MAP 311p**

GOOGLE MAPS PJWP+FW 툰
ACCESS 툰역에서 아아레강을 마주 보고 오른쪽 강변 따라 도보 15분/툰역에서 1번 버스를 타고 1정거장, 샤다우(Schadau) 하차 후 도보 2분, 총 5분
ADD Seestrasse 45, 3600 Thun
OPEN 08:30~23:00(일~22:00)
PRICE 레스토랑: 식사 45CHF~, 디저트 18CHF~, 음료 5CHF~, 선데이 브런치 68CHF, 애프터눈 티 세트 36CHF
WEB schloss-schadau.ch

+ MORE +

예쁜 수공예품과 신선한 식재료 툰 요일장 Thuner Innenstadt Markt

야생 마르모트의 지방으로 만든 마르모트 크림

쇼핑가가 발달한 툰에서는 요일장이 자주 열린다. 툰역과 뮐레 광장 사이, 아아레강 위에 떠 있는 작고 길쭉한 섬 밸리즈(Bälliz)에서는 매주 수요일과 토요일이면 수공예품을 비롯해 다양한 물건을 판매하는 요일장이 열린다. 남프랑스산 라벤더 제품, 알프스 야생 마르모트의 지방으로 만든 마르모트 크림 등 특이한 기념품을 고르기에 딱 좋은 곳. 물건보다 음식에 더 관심이 많다면 매주 토요일 아침 시청 광장(Rathausplatz)에서 열리는 농산물 시장으로 가보자. 인근에서 나는 신선한 식재료를 구할 수 있다. 매주 목요일 저녁 밸리즈 섬의 작은 광장인 바이젠하우스 광장(Waisenhausplatz)에서도 식재료나 여러 물품을 판매하는 소규모 장이 열린다.

GOOGLE MAPS 벨리즈 마켓: QJ5H+92 툰/농산물 시장: QJ5H+VC 툰/저녁 시장: QJ5H+2V 툰
ACCESS 벨리즈 마켓: 툰역에서 도보 7분, 밸리즈/농산물 시장: 뮐레 광장에서 도보 2분, 시청 광장/저녁 시장: 뮐레 광장에서 도보 2분, 바이젠하우스 광장
OPEN 벨리즈 마켓: 수·토 07:00~18:30/농산물 시장: 토 07:00~12:00/저녁 시장: 목 16:00~19:00

Eating & Drinking

팟타이

아아레강 풍경을 벗 삼은 팟타이 맛집

$ 매 렉 타이
Mae Lek Thai

아아레강가에 즐비한 음식점 중 특히 추천하는 태국 요리 전문점. 가격도 무난하고 맛도 괜찮아서 언제나 인기 있는 곳이다. 실내에서는 강이 보이지 않지만 날씨가 좋으면 강 바로 옆에 야외 테이블을 설치돼 경치를 음미할 수 있다. 매운 음식을 좋아하는 사람은 주문 시 요청하면 한국인 입맛에도 꽤 매울 정도로 만들어 준다. 주말에는 예약 권장. **MAP 311p**

GOOGLE MAPS QJ5H+W6 툰
ACCESS 뮐레 광장에서 직진 오른쪽, 도보 4분
ADD Gerberngasse 3, 3600 Thun
OPEN 11:30~14:00, 18:00~21:30/화·수요일 휴무
PRICE 런치 15CHF~, 메인 19CHF~
WEB mae-lek.ch

타이 캐슈넛 치킨 볶음, 까이팟멧마무앙

립과 햄버거의 절묘한 만남

$$ 립 스테이크하우스
RIBS Steakhouse

툰의 핫플레이스 뮐레 광장에 자리한 립 요리 전문점. 립의 부드러운 살코기만 넣어 만든 햄버거 패티는 도무지 맛이 없을 수가 없다. 기본 립 요리와 스테이크도 만족스럽고 분위기도 훌륭하다. 배가 고프지 않다면 스위스 초콜릿이 듬뿍 든 브라우니를 맛보자. **MAP 311p**

GOOGLE MAPS QJ5H+HQ 툰
ACCESS 뮐레 광장에서 도보 2분
ADD Obere Hauptgasse 20, 3600 Thun
OPEN 17:00~24:00/월요일 휴무
PRICE 버거 22CHF~, 립 31CHF~, 스테이크 36CHF~, 브라우니 9CHF
WEB ribs-steakhouse.ch

©RIBS Steakhouse

오버 하웁트 거리쪽 입구

베이글도 커피도 Good!

마니즈
Mani's

튠 사람들이 한결같이 추천하는 커피 맛집. 특히 더운 날 마시는 시원한 콜드브루 한 모금은 감탄이 절로 나는 맛. 요청하면 얼음을 넣어 우리에게 익숙한 아이스 아메리카노도 만들어준다. 로스트비프나 연어가 든 베이글도 매우 맛있으니 커피와 곁들여 간단하게 아침 식사를 해결해도 좋다. 모던하면서 아늑한 목조 인테리어도 예쁘다. **MAP 311p**

GOOGLE MAPS QJ3J+W9 튠
ACCESS 튠역에서 도보 1분
ADD Panoramastrasse 1A, 3600 Thun
OPEN 08:00~18:00/일요일 휴무
PRICE 베이글 10CHF~, 음료 4.20CHF~, 런치 15CHF~
WEB manis.ch

©Mani's Coffee & Bagels

커피 마시면 브라우니가 공짜

뢰스터라이 히어
Rösterei Heer

오픈하자마자 단번에 튠 시민들의 마음을 사로잡은 카페. 아늑한 인테리어에, 커피 한 잔만 주문해도 작은 브라우니 1조각이 딸려 나오는 인심 좋은 곳이다. 커피를 직접 로스팅하는 곳이라 원두 선택의 폭이 넓고, 아메리카노도 주문할 수 있다. 매장에서 갓 구운 수제 케이크도 인기. 간단한 브런치나 샌드위치, 샐러드, 수프도 있다. **MAP 311p**

GOOGLE MAPS QJ3H+V5 튠
ACCESS 튠역에서 도보 6분
ADD Frutigenstrasse 5, 3600 Thun
OPEN 09:00~18:00(토 ~17:00)/일요일 휴무
PRICE 음료 4CHF~, 샌드위치 8CHF~, 브런치 12CHF~, 케이크 5CHF~
WEB roestereiheer.ch

정감 가고 달콤한 디저트 가게

슈타인만
Steinmann

시골 할머니가 만들어주신 것처럼 투박한 모양새라 더욱 정감 가는 디저트 전문점. 대표 메뉴는 다양한 케이크와 초콜릿이지만 직접 구운 빵으로 만든 샌드위치도 꼭 맛봐야 한다. 남녀노소 다양한 연령대의 손님들이 테라스는 물론, 실내까지 잔뜩 점령한 명실공히 동네 사랑방이다.
MAP 311p

GOOGLE MAPS QJ5H+92 튠
ACCESS 튠역에서 도보 7분
ADD Bälliz 37, 3600 Thun
OPEN 06:45~18:30(월 07:30~, 토 ~17:00)/일요일 휴무
PRICE 음료 3.8 CHF~, 초콜릿 3 CHF~, 샌드위치 6 CHF~, 케이크 4.8 CHF~
WEB confiseriesteinmann.ch

#Plus Area

신비로운 밀키스색 호숫가의
작은 마을

브리엔츠
BRIENZ

베르너 오버란트 지역의 오른쪽 끝자락, 브리엔츠 호숫가에 자리 잡은 아름다운 마을이다. 사랑스러운 물빛과 쨍한 햇살 덕분에 지중해 휴양지와 알프스 휴양 마을이 섞인 듯한 독특한 분위기를 풍긴다. 닿는 순간 온몸에 푸른빛이 물들 것 같은 브리엔츠 호수에서 물놀이를 즐기고 섬세하고 익살스러운 나무 조각품들을 감상한 후 고소한 민물 생선으로 미식 여행을 떠나자. 칙칙폭폭 증기기관차의 경적에 귀까지 즐거운 오감 만족 여행지다.

- **칸톤** 베른레 Bern
- **언어** 독일어
- **해발고도** 564m

브리엔츠 가는 방법

기차

베른 → 1시간 17분(인터라켄 오스트 환승)
인터라켄 → 17분
루체른 → 1시간 30분

차량

베른 → 1시간(76km/6번, 8번 고속도로)
인터라켄 → 25분(23km/8번 고속도로)
루체른 → 50분(50km/8번 고속도로)

배

인터라켄(오스트 선착장) → 1시간 13분
*여름철 5~8회 운항/겨울철 휴항(홈페이지 참고)
WEB bls.ch

★
관광안내소
GOOGLE MAPS Q23Q+X6 브리엔츠
ACCESS 브리엔츠역 건너편 바이스 크로이츠 호텔(Hotel Weiss Kreuz) 1층
ADD Hauptstrasse 143, 3855 Brienz
OPEN 08:00~18:00(토 09:00~12:00, 13:00~18:00)/일요일 휴무
TEL +41(0)33 952 80 80
WEB brienz-tourismus.ch

Option 01
5대째 이어져 오는 목공예 브랜드
요빈(조뱅) 목공예 박물관 Jobin

1835년부터 명성을 쌓아 온 목공예 브랜드 요빈(조뱅)에서 운영하는 작은 박물관. 브리엔츠에서 만든 나무 조각품은 물론, 목공예와 오르골을 접목한 작품들을 다양하게 전시해 일반인들에게 목공예를 널리 알린다. 작은 조각품을 만들거나 조각품에 색칠을 해볼 수 있는 체험 교실도 운영한다. **MAP 317p**

GOOGLE MAPS Q23M+Q9 브리엔츠
ACCESS 브리엔츠역에서 도보 6분
ADD Hauptstrasse 111, 3855 Brienz
OPEN 10:30~17:00(5·10월 13:30~)/월·화 및 11~4월 휴무
PRICE 5CHF/ 스위스 트래블 패스 소지자 무료
WEB jobin.ch

Tourist & Attractions

+ MORE +

브리엔츠의 목공예품

오래전 일거리가 별로 없었던 브리엔츠 주민들은 나무로 조각품을 만들어 판매했는데, 1890년대 들어 인근의 융프라우 철도와 브리엔츠 로트호른 철도가 건설된 후 관광업이 발전하면서 인기 기념품으로 떠올랐다. 관광객들 사이에서 그 정교함과 예술성을 인정받은 브리엔츠산 목공예품들은 세계 여러 나라에 전시까지 하게 됐다. 현재도 브리엔츠는 스위스에서 손가락에 꼽히는 목공예 마을로 인정받는다.

★
브리엔츠 로트호른은 2024년 8월 12일 베르너 오버란트 지역에 내린 폭우로 선로의 상당 부분이 파괴되어 2025년 6월 초까지 운행을 전면 중단한다.

02 100년 된 증기 산악열차 타고 Go! 브리엔츠 로트호른 Brienzer Rothorn

브리엔츠 호수를 한눈에 조망할 수 있는 산봉우리(2350m). 1892년부터 운행해 온 증기기관차를 타고 올라가는데, 오픈형 객차 디자인이 놀이동산의 코끼리 열차와 닮았다. 속도가 느려서 정상까지 1시간이나 걸리지만 조금씩 이동할 때마다 펼쳐지는 절경에 탄성 몇 번 지르다보면 어느새 도착! 정상에 있는 2개의 파노라마 레스토랑에서 커피 한잔의 여유를 즐겨보자. 그냥 내려가는 것이 아쉽다면 하이킹을 하거나 정상 호텔에서 하룻밤 머무는 것도 좋다. 봉우리 뒤편은 유네스코 생물권 보전지역으로 지정된 엔틀레부흐(Entlebuch) 지역이다. 올라갈 때 왼쪽에 앉아야 브리엔츠 호수의 신비로운 풍경과 알프스 서쪽 산맥 에멘탈 알프스의 독특한 산세를 더욱 잘 감상할 수 있다. **MAP 217p**

GOOGLE MAPS 산악열차역: Q24Q+2G 브리엔츠/로트호른 정상: Q2PW+RR Schwanden bei Brienz
ACCESS 브리엔츠역 앞 길 건너 관광안내소 뒤
ADD Brienz Rothorn Bahn, Hauptstrasse 149, 3855 Brienz
OPEN 6월 초~10월 중순 08:36~16:36 (7~9월 토·일 07:36~)/그 외 기간 휴무
PRICE 왕복 96CHF, 6~15세 10CHF/ 베르너 오버란트 패스·텔 패스 소지자 무료 스위스 트래블 패스 소지자 50% 할인 / 좌석 예약 8CHF
WEB brienz-rothorn-bahn.ch

로트호른의 독특한 산세

로트호른 정상에서 본 브리엔츠 호수

새파란 물빛에 내 맘도 온통 파랑!
브리엔츠 호수 제대로 즐기는 법

이곳까지 와서 브리엔츠 호숫가 산책로를 걸어보지 않고 떠나는 것은 안동에 가서 찜닭 한번 먹지 않고 떠나는 것과 같다. 산책 외에도 수영이나 뱃놀이 등 브리엔츠 호수를 즐기는 방법은 다양하다.

O 산책 & 수영하기

브리엔츠 호숫가엔 산책로가 잘 정비돼 있다. 여름철이라면 수영복을 꼭 챙겨가서 푸른 물속에 풍덩 뛰어들어 보자. 곳곳에 물로 걸어 들어갈 수 있는 계단이 있다. 빙하수가 많이 섞여 있지만 생각보다 수온도 무난하다.

브리엔츠역 뒤쪽 선착장에서 호수를 마주 보고 오른쪽으로 600m 걸어가면 호숫물을 이용한 펌프 놀이터가 있어서 아이들과 함께 가볼 만하다. 호숫가를 걷다 보면 하얀 나무 상자에 파란 비치 의자가 들어 있는 것을 볼 수 있는데, 누구나 자유롭게 꺼내서 사용할 수 있다. 사용 후엔 상자 안에 다시 넣고 정리한다.

무료 대여 비치 의자

핫터브 보트©Pirate Bay

O 보트 & 나룻배 타기

수영복을 깜빡 잊고 챙겨오지 않았어도 호수를 가까이서 즐길 방법이 있다. 박진감 넘치는 모터보트나 느긋하게 신선놀음하기 좋은 페달보트 또는 나룻배를 대여하는 것이다. 특히 모터보트는 보트 자격증이 없어도 직접 운전할 수 있는 기종으로, 5·7인용이 있어서 가족 여행자에게 안성맞춤이다. 허니문이나 커플 여행으로 왔다면 모터보트 대여에 2인 피크닉 세트가 포함된 옵션을 이용해도 좋다.

겨울 여행자라면 온수풀에 앉아 뱃놀이를 즐길 수 있는 독특한 온천 보트를 즐겨보자. 장작불을 때서 보트 안에 차 있는 물을 데우는 것으로, 피크닉과 온천욕을 함께 즐길 수 있다. 이곳에선 이를 핫터브 보트라 부르는데, 역시 보트 운전면허가 필요 없다.

파이럿 베이 Pirate Bay

GOOGLE MAPS Q23Q+RJ 브리엔츠
ACCESS 브리엔츠역에서 도보 2분
ADD Hauptstrasse 143, 3855 Brienz
OPEN 4월 초~10월 말 수~일 10:00~19:00/10월 말~3월 말 수~일 11:00~19:00/월·화요일, 3월 말~4월 초, 날씨 안 좋은 날 휴무
PRICE 모터보트: 5인승 90CHF~, 7인승 120CHF~, 커플 피크닉 패키지 280CHF/
페달보트: 3인승 30CHF~, 5인승 40CHF~/
나룻배: 4인승 30CHF~/
핫터브 보트: 3인승 255CHF~, 6인승 399CHF~/
7세 이하 2명은 성인 1명, 11세 이하 3명은 성인 2명으로 간주/
1시간 기준 요금, 사용 시간이 길수록 할인폭 상승
WEB pirate-bay.ch

Eat ing & Drink ing

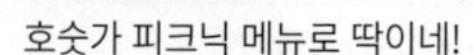

호숫가 피크닉 메뉴로 딱이네!

$ 브리엔츠 익스프레스 피자 Brienzer Express Pizza

‘사장이 직접 요리하고 서빙함’이라는 문구가 당당하게 붙어 있는 조그만 피자 가게. 부담 없는 가격과 맛 덕분에 대기 시간이 길 수 있으니 전화(영어)로 미리 주문하고 찾아가는 것이 좋다. 안에서 먹어도 되지만 따뜻한 날이라면 테이크아웃해 호숫가 피크닉을 즐기는 게 제맛이다. 다 먹고 난 후 종이 상자는 꼭 쓰레기통에 버리자. **MAP 317p**

GOOGLE MAPS Q23J+P8 브리엔츠
ACCESS 브리엔츠역에서 도보 10분
ADD Hauptstrasse 93, 3855 Brienz
OPEN 11:00~13:30, 17:00~22:00(금·토 11:00~23:30)/화·일요일 휴무
PRICE 피자 13CHF~, 버거 9CHF~, 케밥 11CHF~
WEB brienzerpizza.ch

+ MORE +

브리엔처 크라펜
Brienzer Krapfen

겨울에 베르너 오버란트 지역에서 먹는 파이. 겨울철 부족한 영양소 섭취를 고려해 말린 배 퓨레와 호두 등의 견과류를 넣어 만든다. 예전엔 주로 새해나 크리스마스 시즌에 판매했지만 지금은 브리엔츠 호숫가 마을들에서 사시사철 맛볼 수 있다. 현지인들이 하이킹할 때 배낭에 1~2개씩 챙겨가는 달콤한 에너지원이다.

갓 잡은 신선한 민물고기 맛보기

$$ 호텔 슈타인복 레스토랑 Hotel Steinbock

환상적인 호수 뷰를 가진 동네 맛집. 목제 인테리어가 아늑한 느낌을 주는 조그만 샬레 호텔 부속 레스토랑이다. 추천 메뉴는 크림소스를 얹은 치킨 또는 버섯과 라이스(서로 붙지 않는 밥), 인근 호수에서 잡은 민물고기 요리. 민물고기는 피시앤칩스처럼 튀기거나 프라이팬에 구워 크림소스 등을 곁들이는데, 수심이 깊은 스위스 호수에서 잡은 것이라 흙냄새 없이 깔끔한 맛을 낸다. 단, 가끔 수량이 부족하면 수입 생선을 쓰기도 하니 원산지를 꼭 확인하자. **MAP 317p**

GOOGLE MAPS Q23M+PX 브리엔츠
ACCESS 브리엔츠역에서 도보 5분
ADD Hauptstrasse 123, 3855 Brienz
OPEN 08:00~23:00(일 ~21:00)
PRICE 메인 25CHF~, 음료 4.50CHF~
WEB steinbock-brienz.ch

호수 전망과 커피, 그리고 케이크

발츠 호텔 티룸 레스토랑
Tea Room Restaurant Hotel Walz

브리엔츠 호수가 시원하게 내려다보이는 테라스 전망이 일품이다. 너무 깜찍하고 귀여운 모양이어서 차마 먹기 미안해지는 케이크는 매번 종류가 바뀌는데, 모두 가볍고 부드러운 식감을 지녔다. 실내 인테리어도 아기자기하게 잘 꾸며 놓았다. MAP 317p

GOOGLE MAPS Q23M+J3 브리엔츠
ACCESS 브리엔츠역에서 도보 7분
ADD Hauptstrasse 102, 3855 Brienz
OPEN 08:30~19:00/화요일 휴무
PRICE 음료 4.50CHF~, 케이크 6.50CHF~, 식사 19CHF~
WEB tearoom-walz.ch

Shopping & Walking

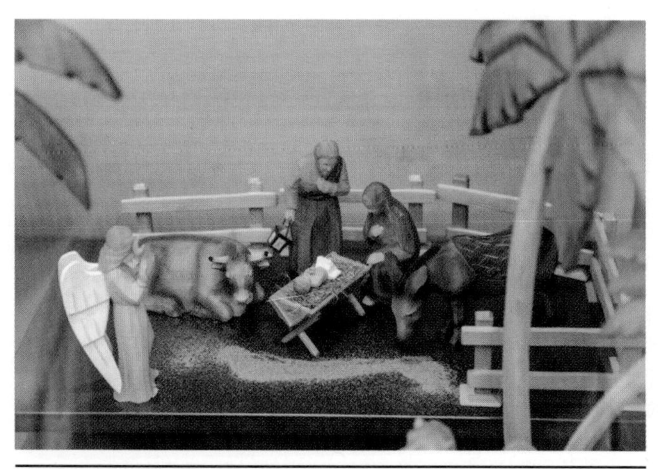

예수 탄생 인형이 유명한 목공방

후클러 목공예 공방 Huggler Holzbildhauerei

80여 년 전통의 목공예 브랜드 후클러의 공방. 부드러운 곡선과 단순한 모양이 특징으로, 요빈(조뱅)과는 또 다른 매력을 가졌다. 특히 유럽에서 크리스마스 장식으로 쓰는 크레슈(Crèche: 성탄 사절들 인형)로 유명하다. 비교적 부담 없는 가격의 작은 소품들은 기념품으로 추천. 호숫가를 따라 천천히 산책하듯 방문해보자. MAP 317p

GOOGLE MAPS Q23H+VG 브리엔츠
ACCESS 브리엔츠역에서 도보 10분
ADD Hauptstrasse 64, 3855 Brienz
OPEN 09:00~12:00, 13:30~18:00(토 ~16:00)/일요일 휴무
WEB huggler-holzbildhauerei.ch

#Hiking

공룡 능선 같은 산세가 아름다워라

브리엔츠 로트호른 플란알프 트레일

Brienzer Rothorn Planalp Trail

브리엔츠 로트호른은 잘 알려지지 않았지만 스위스에서도 손가락에 꼽히도록 아름다운 산세를 가졌다. 아래쪽 절반은 위에서 볼수록 점점 더 파란 하늘빛이 짙어지는 브리엔츠 호수가, 정상 쪽 절반은 공룡의 등같이 독특한 산의 형세가 감동을 전한다. 대부분의 스위스 하이킹이 그렇듯 정상까지 기차를 타고 올라가서 시작하는 코스로, 계속 내리막길이기 때문에 크게 힘들지 않다. 추천 코스는 중간역인 플란알프역까지 걸어 내려오는 것. 체력에 따라 그곳에서 다시 기차를 타고 내려오거나, 산 아래까지 죽 걸어 내려오면 된다. 기차표를 살 때 내려오는 전 구간을 하이킹하려면 편도 티켓(62CHF)을 구매하고, 플란알프역까지만 하이킹하려면 하이킹 티켓(81CHF)을 구매한다.

info.

코스	브리엔츠 로트호른 → 플란알프
거리	편도 5.6 km
소요 시간	3시간
시기	6~10월(기차 운행 기간)
난이도	중(비포장 산길)

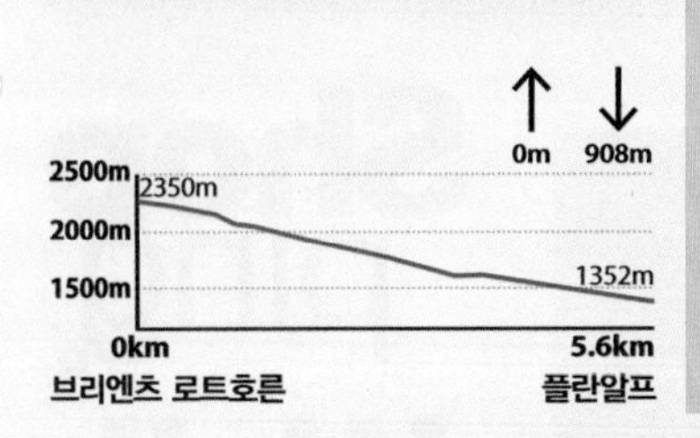

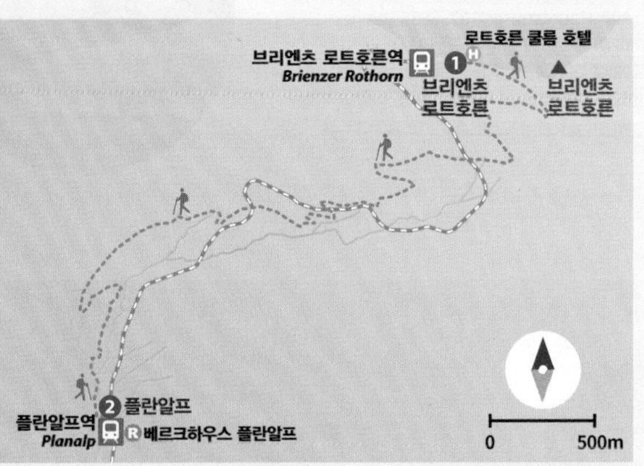

① 브리엔츠 로트호른 Brienzer Rothorn

플란알프로 내려가기 전, 브리엔츠 로트호른 정상까지 500m를 걸어 올라간다. 탁 트인 풍경을 감상하고 근처의 커다란 십자가에도 올라가 보자. 본격적인 하이킹을 시작하려면 다시 로트호른 쿨름 호텔(Hotel Rothorn Kulm)로 내려와 호텔을 등지고 왼쪽 아래로 내려갈 것. 흙길이지만 길이 매우 선명하게 나 있고 초지이기 때문에 길을 잃을 염려가 없다.

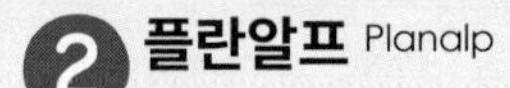

② 플란알프 Planalp

소들이 풀을 뜯는 초지를 따라 걷다 보면 플란알프에 도착한다. 플란알프역에서 호수를 마주 보고 왼쪽으로 조금 내려오면 레스토랑 베르크하우스 플란알프(Berghaus Planalp)가 있다. 이곳에서 목을 축인 후 기차를 타고 내려와도 좋고, 시간과 체력이 된다면 레스토랑으로 이어지는 길을 따라 계속해서 내려가도 된다. 마을까지 5.3km, 약 2시간 30분 소요된다. 여기서부터는 숲과 초지를 번갈아 가며 지난다.

브리엔츠에서 살짝 다녀오는

근교 나들이

브리엔츠의 평화로운 풍경에 반했다면 주변을 조금 더 즐겨보자.
서정적인 분위기가 일품인 스위스 민속촌은 워낙 넓어서 시간 여유를 갖고 방문해야 한다.

©Ballenberg Swiss Open-Air Museum

빨래하는 아낙네들

대장간

치즈 공방

옛 스위스 사람들은 어떻게 살았을까?

발렌베르크 민속촌

Ballenberg Swiss Open-Air Museum

스위스의 옛 가옥들이 옹기종기 모인 곳. 3개의 언어권이 연합한 스위스는 자연환경이 다채로워서 가옥 형태도 지역별로 매우 다른데, 이곳의 가옥들은 사라질 위기에 처한 각 지역의 집들을 해체해서 가져온 다음 재조립한 것이다. 집마다 배정된 관리인이 청소도 하고, 야채도 심고, 정원도 가꾸기 때문에 마치 옛날 사람들이 현실 세계로 와서 살고 있는 듯한 분위기다. 몇몇 집들은 치즈나 가죽 신발, 초콜릿, 목공예품을 만드는 공방으로 운영되고 있어서 체험 코스에 참여하거나 수공예품을 구매할 수도 있다. 부지가 방대해서 하루 만에 걸어서 다 둘러보긴 어려우니 입구에서 나눠주는 지도를 보고 추천 코스 정도만 돌아보자. 노약자 동반 여행이라면 마차를 빌려 돌아보는 것을 추천한다.

GOOGLE MAPS Q32H+94 Hofstetten bei Brienz
ACCESS 브리엔츠역에서 자동차 7분/브리엔츠역에서 151번 버스를 타고 발렌베르크 베스트 무제움(Ballenberg West, Museum) 하차, 15분
ADD Museumsstrasse 100, 3858 Hofstetten bei Brienz
OPEN 10:00~17:00/11월~4월 중순 휴무
PRICE 1일권 32CHF, 6~15세 16CHF, 가족(부모 2+자녀 2) 73CHF/
스위스 트래블 패스 소지자 무료
베르너 오버란트 패스 소지자 25% 할인
WEB ballenberg.ch

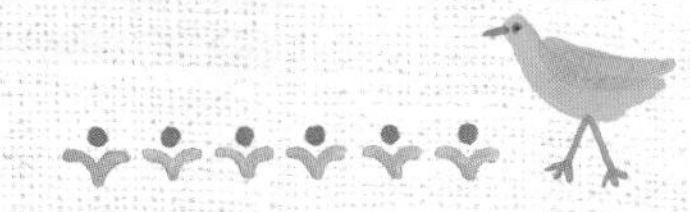

DAY TRIP

드라마 속 아름다운 풍경들

<사랑의 불시착> 촬영지 탐방

전 세계에서 인기를 끈 드라마 <사랑의 불시착>.
스위스가 배경지로 등장한 덕분에 작은 시골 마을 몇 곳이 핫플레이스로 등극했다.
예전엔 현지인들도 잘 모르던 곳이었는데, 요즘엔 각국의 K-드라마 팬이 방문해 줄을 서는 진풍경이 벌어진다.

Point 1

브리엔츠 호숫가의 휴양 마을

이젤트발트 Iseltwald

드라마에서 가장 유명한 장면, 남자 주인공 리정혁(현빈 분)이 호숫가에서 피아노를 친 장면에 등장한 마을이다. 브리엔츠 호수의 중간쯤에 있는 곳으로, 반도형의 지형 끝에 자리한 고성이 브리엔츠 호수의 신비로운 물빛과 어울려 근사한 풍경을 만들어 낸다. 호텔과 레스토랑 몇 개가 있고 접근성이 좋아서 인터라켄의 북적이는 분위기를 피하고 싶다면 숙소를 잡기에도 괜찮은 곳이다. 피아노가 있던 장소는 여객선 터미널 옆 작은 배를 대는 선착장이다. 유람선이 도착하면 사진을 찍으려는 사람들이 길게 줄을 서는데, 유람선 도착 시간만 피하면 한적하다. 사진 촬영은 유료(5CHF).

GOOGLE MAPS PX67+H2 Iseltwald
ACCESS 인터라켄 오스트역에서 103번 버스 20분/
인터라켄 동쪽 선착장에서 유람선(4~11월) 40분
ADD Schönbühl 30C, 3807 Iseltwald

+ MORE +

팩트 체크!

드라마에서는 리정혁이 선착장에 이삿짐을 쌓아 놓고 피아노를 치지만 바다가 없는 스위스에선 해외 이사 시 이삿짐 업체 트럭으로 네덜란드나 독일까지 이동한 후 대형 선박에 짐을 싣는다. 따라서 동네 호숫가 선착장에 이삿짐을 쌓아두는 일은 드라마 속 설정일 뿐이다.

유람선이 도착하면 사람들이 우르르 줄을 선다.

드라마에는 등장하지 않았지만 이젤트발트는
물 위의 성이 있는 풍경이 유명하다.

높이 182m! 아찔한 구름다리

지그리스빌 파노라마 브리지 Panoramabrücke Sigriswil

여자 주인공 윤세리(손예진 분)가 자살 기도를 할 때 리정혁과 그의 약혼녀가 사진을 부탁한 다리. 동네 주민 외에는 인적이 없던 장소였으나, 이제는 전 세계에서 몰려온 K-드라마 팬들이 가득해지고 다리 입구에 '사랑의 불시착 촬영지'라는 팻말까지 붙었다. 본래 절벽 계곡을 사이에 둔 두 마을을 연결하기 위해 2012년 만든 다리로, 주민은 무료이고 외부인은 무인 요금통에 기부(8CHF)하는 시스템이었는데, 드라마 방영 이후 관광객이 크게 늘면서 유인 티켓 부스가 생겼다. 다리 길이는 340m, 높이는 182m라서 실제로 드라마 주인공처럼 오금이 저릴 수도 있으니 고소공포증이 있다면 주의한다.

GOOGLE MAPS PP95+55 Sigriswil
ACCESS 인터라켄 베스트역에서 21번 버스를 타고 군텐 도르프(Gunten Dorf) 하차, 25번 버스로 환승해 지그리스빌 도르프(Sigriswil dorf) 하차, 총 45분
ADD Raftstrasse 31-33, 3655 Sigriswil
PRICE 16세 이상 8CHF/ 인터라켄 게스트 카드 소지자·베르너 오버란트 패스 소지자 7CHF
WEB brueckenweg.ch

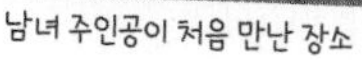

남녀 주인공이 처음 만난 장소

+ MORE +

팩트 체크!

여행지에서 타인에게 사진 촬영을 부탁할 땐 그 자리에서 바로 포즈를 취하는 것이 일반적인 상황. 하지만 드라마 속 리정혁 커플은 초면인 윤세리에게 카메라를 안겨주곤 다리 위가 아닌 다리 밖까지 되돌아 나가서 포즈를 취한다. 이에 윤세리도 고소공포증에 부들부들 떨며 340m의 긴 다리를 되돌아 나온 후 다리 밖에서 사진을 찍어 준다. 이 때 드라마 속에 등장한 다리 밖 배경지는 이곳 지그리스빌에서 약 53km 떨어진 피르스트(First)란 사실. 따라서 드라마에 등장한 다리 밖 풍경에 반해 하이킹을 계획한다면 피르스트로 가야 한다.

Point 3

웅장한 14단 폭포 바라보기

그랜드호텔 기스바흐

Grandhotel Giessbach

리정혁이 다니던 학교로 잠시 등장했던 곳. 친구들과 계단을 내려오다가 북한의 약혼자와 어색하게 만나는 장면에 등장한다. 실제론 학교가 아닌 호텔 겸 레스토랑으로, 현지에선 14단계로 떨어지는 기스바흐 폭포의 경관을 감상할 수 있는 명당이다. 레스토랑에서 맥주 한 잔과 햄버거, 스테이크, 뢰스티 등을 맛보며 폭포 뷰를 즐겨보자. 여름에 유람선으로 방문하면 선착장에서 푸니쿨라(10CHF)로 올라갈 수도 있다. 1879년 완공한, 유럽에서 가장 오래된 관광용 푸니쿨라다. 폭포를 따라 산책도 할 수 있는데, 다리를 건너거나 폭포 뒤로 갈 수 있어서 멋진 포토 스폿이 많다.

GOOGLE MAPS P2PF+49 브리엔츠
ACCESS 인터라켄에서 렌터카 20분, 주차장에서 폭포 산책로를 거쳐 레스토랑까지 도보 15분/인터라켄 동쪽 선착장에서 유람선(4~11월) 1시간 10분
ADD Giessbach, 3855 Brienz
OPEN 3월 말~10월 말 매일 점심, 10월 말~3월 말 수~일 점심
PRICE 레스토랑: 식사 30CHF~, 디저트 12CHF~, 음료 5CHF~/ 호텔: 더블룸 167CHF~
WEB giessbach.ch

+ MORE +

팩트 체크!

스위스는 남한과 북한 사람 모두 입국할 수 있는 중립국이다. 그래서 베른에서 택시를 타고 "코리아 대사관이요" 하면 "남한 대사관이요, 북한 대사관이요?" 하고 되묻기도 한다. 북한 대사관 앞에서 내려 당황하지 않으려면 '사우스 코리아(South Korea)'라고 콕 짚어 말해야 한다.

리정혁이 친구들과 계단을 내려오는 장면에 등장한다.

폭포 뒤 산책로에서 호텔과 호수 경치를 감상할 수 있다.

기찻길 위쪽 언덕으로 가면
드라마와 비슷한 풍경을 감상할 수 있다.

룽언섬의 피크닉

현지인이 꼭꼭 숨겨두고 싶어한 곳

룽언(룽게른) Lungern

드라마의 마지막 장면을 촬영한 장소. 리정혁과 윤세리가 가끔 스위스에서 만난다는 설정으로 피크닉을 갔던 곳이다. 푸른 호수와 잔디밭이 그림 같은 풍경을 연출하는데, 드라마에 등장한 집은 사유지라 들어갈 수 없고, 마을 언덕 길가에서 비슷한 풍경을 볼 수 있다. 룽언 호수는 현지인들이 꼭꼭 숨겨두고 싶은 여행지라고 불릴 만큼 사랑스러운 풍경을 가졌다. 마을 안에 예수회 교회(Pfarrkirche Herz-Jesu)와 호숫가의 피크닉 장소인 룽언섬(Inseli Lungern)이 가볼 만하다.

GOOGLE MAPS Q5P7+GC Lungern
ACCESS 인터라켄 오스트역에서 기차를 타고 룽언역 하차, 1시간
ADD 6078 Lungern

작은 마을의 규모와 상반되는
커다란 예수회 교회

베른 & 프리부르 지역
Bern & Fribourg Region

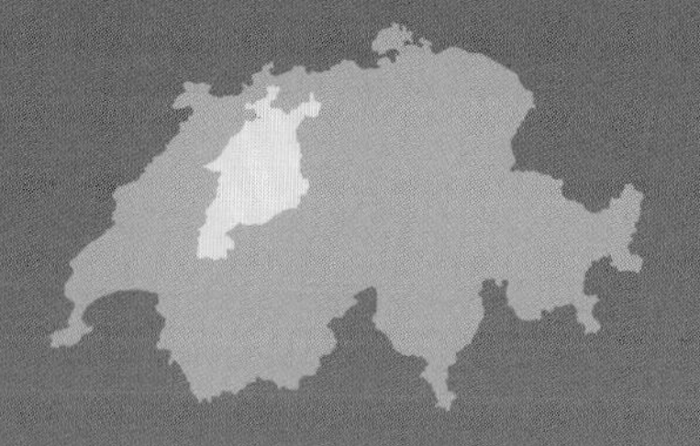

Bern · Fribourg
Solothurn

BERN

• 베른 •

스위스의 수도인 베른은 구시가 전체가 유네스코 세계유산인 예스럽고 자연 친화적인 도시다. 스위스에선 4번째로 큰 도시지만 주요 명소가 모두 버스로 몇 정거장 내에 있어서 도보로만 둘러볼 수 있는 아담한 규모다. 찬찬히 구경하다 보면 옛것의 가치를 최대한 살리면서 현대적인 요소를 가미해 개조한 도시 풍경에 감탄을 금치 못하게 되는 곳. 베른은 그야말로 스위스 특유의 '과장되지 않은 화려함'을 제대로 느낄 수 있는 명품 도시라 할 수 있다.

그렇다고 도시 전체가 마냥 차분한 분위기일 거라고 짐작하면 곤란하다. 베른엔 수도답게 활기 넘치고 유럽에서 가장 긴 아케이드 쇼핑가도 있다. 쇼핑가는 6km가량 지붕이 덮여 있어서 비가 오락가락하는 스위스의 날씨에도 구애받지 않고 쇼핑을 즐길 수 있다.

- **칸톤** 베른 Bern
- **언어** 독일어
- **해발고도** 540m

베른 칸톤기

베른 도시 문장기

Get in & Get out

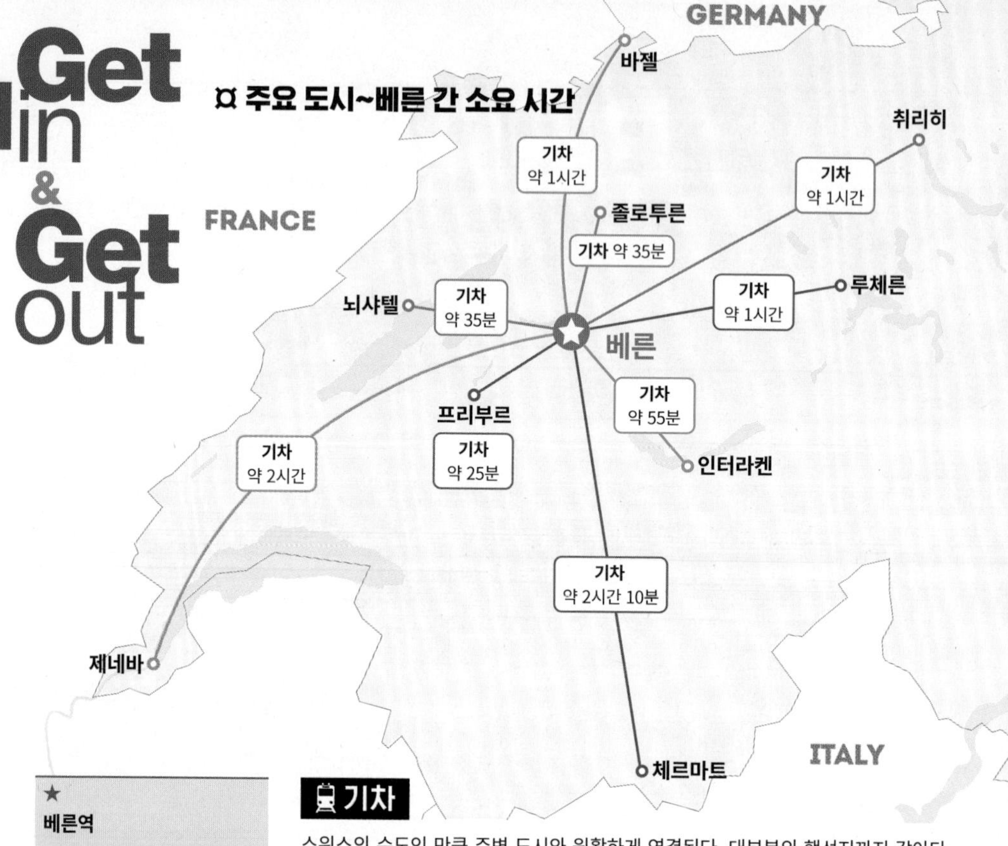

★
베른역
GOOGLE MAPS WCXQ+HX 베른
ADD Bahnhofplatz 10A, 3011 Bern
TEL +41 848 44 66 88
WEB sbb.ch/en(기차 시간표 확인)

★
관광안내소
GOOGLE MAPS WCXR+M3 베른
ACCESS 베른역 1층
ADD Bahnhofplatz 10A, 3011 Bern
OPEN 09:00~18:00(토·일 ~17:00)
TEL +41 (0)31 328 12 12
WEB bern.com

★
베른국제공항 Flughafen Bern
GOOGLE MAPS WF6X+VM Belp
ADD Flugplatzstrasse 31, 3123 Belp
TEL +41 (0)31 960 21 11
WEB flughafenbern.ch

기차

스위스의 수도인 만큼 주변 도시와 원활하게 연결된다. 대부분의 행선지까지 갈아타지 않고 갈 수 있다.

베른역 Bahnhof Bern

약 70개의 상점이 들어선 규모가 큰 역으로, 구시가 옆에 있어서 여행을 바로 시작할 수 있다. 구시가 중심가로 가려면 기차에서 내려 육교로 올라가지 말고 지하도로 내려간 뒤 1번 승강장을 지나면 나오는 큰 홀에서 오른쪽 에스컬레이터를 타고 반호프 광장(Bahnhofplatz)으로 나간다. 1층 티켓 창구 옆에 물품 보관소(04:00~02:00)가 있고, 지하 1층에 유료 화장실(2CHF)이 있다. 무료 와이파이(SBB-FREE) 사용 가능.

©Kristina D.C. Hoeppner

트램과 버스가 집결하는 반호프 광장 풍경

비행기

외곽에 베른국제공항이 있다. 파리, 런던, 니스 등 유럽 주요 공항과 연결된다.

공항에서 시내 가는 법

공항에서 공항버스 160번을 타고 벨프역(Belp) 하차 후 S-Bahn 열차로 환승해 베른역에 내린다. 총 35~45분 소요. 요금은 8CHF, 반액 할인 카드 소지 시 4.20CHF, 스위스 트래블 패스 소지자 무료. 베른 시내 숙소 예약 시 숙박 예약 확인서를 제시하면 소까지 무료로 이동할 수 있다(숙박 첫날 한정).

차량

베른은 자동차로 접근하기 편리한 도시지만 시내 안쪽은 차량 출입이 제한된다. 따라서 구시가를 구경할 땐 주차장이나 호텔에 차를 두고 도보나 트램, 무료 자전거 등을 이용한다. 주차료는 주차장에 따라 처음 30분은 1.10~2.20CHF, 이후 15분당 0.40~0.60CHF 정도다. 1일 단위로 이용할 경우 첫날은 36CHF, 둘째 날부터 20CHF가 과금된다.

★
공공 주차장
아래 홈페이지에서 베른 시내 모든 주차장의 위치와 빈자리 확인할 수 있다.
WEB parking-bern.ch/e

● 주요 도시에서 베른까지 소요 시간

취리히공항	약 1시간 20분(128km/1번 고속도로)
제네바공항	약 1시간 35분(155km/1번 고속도로)
인터라켄	약 50 분(62km/6번 고속도로)
루체른	약 1시간 10분(112km/2번, 1번 고속도로) *8번, 10번 고속도로 이용 시 시간이 더 걸리지만 경치가 좋다. 139km, 약 1시간 45분
바젤	약 1시간 10분(105km/2번, 1번 고속도로)

버스, 트램, 푸니쿨라

베른은 버스와 트램 노선이 오밀조밀하게 잘 발달했고, 운행 간격도 짧다. 주요 명소는 대부분 도보권에 있지만 생각보다 볼거리가 많기 때문에 버스와 트램을 활용하면 효율적으로 둘러볼 수 있다. 스위스의 도시는 구간을 나누어 대중교통 요금을 적용하는데, 베른의 주요 관광지는 100/101번 구역(zone100/101) 안에 있다. 티켓은 정류장에 있는 자동판매기에서 구매하며, 30분 내 3정거장 이용권(3CHF), 두 구역 내 1시간권(5.20CHF), 두 구역 내 1일권(10.40CHF) 등이 있다.
베른은 구시가를 아아레강(Aare)이 휘돌아 감싸는 물돌이 마을이라 강변 지대가 도심보다 낮다. 구시가 중심과 강변 저지대 사이를 이동할 때 마칠리반 푸니쿨라(Marzilibahn, 시내 교통권 사용), 마테리프트(Mattelift) 엘리베이터(편도 1.50CHF, 별도 요금), 곰 공원 엘리베이터(무료)를 이용하면 힘들게 계단을 오르지 않아도 된다.

Get around & Travel tips

버스

트램

★
공공 자전거
OPEN 24시간
WEB publibike.ch

공공 자전거

베른의 주요 볼거리가 몰려 있는 구시가의 중심은 평지라서 자전거로 돌아보기 좋다. 자전거 이용 인구가 워낙 많아 자전거 주차장에 가면 끝이 보이지 않을 정도로 많은 자전거가 주차된 진풍경을 볼 수 있다. 공공 자전거 대여 앱인 퍼블리바이크(Publibike)를 다운받고 신용카드를 등록한 후 지도에 표시된 무인 스테이션으로 이동, 블루투스로 자전거 잠금을 해제하고 이용한 후 가까운 스테이션에 셀프 반납한다.

무료 자전거 대여소

DAY PLANS

베른은 주요 명소를 전부 도보로 둘러볼 수 있을 만큼 아담한 도시다. 박물관과 미술관을 방문하지 않는다면 반나절이면 충분하다. 시간 여유가 있는 여행자는 박물관을 비롯해 오래된 건물을 개조한 카페나 레스토랑도 방문해보자. 아래 추천 코스는 여유롭게 구경할 경우 5~6시간이 소요된다.

추천 일정

★는 머스트 스팟

베른역

↓ 도보 6분

❶ 현대미술관

↓ 도보 6분

❷ 감옥탑

↓ 도보 3분

❸ 연방의사당 ★

↓ 도보 5분

❹ 시계탑 ★

↓ 도보 3분

❺ 아인슈타인의 집

↓ 도보 3분

❻ 베른 대성당 ★

↓ 도보 10

❼ 곰 공원 ★

↓ 도보 7분

❽ 장미 정원

↓ 버스 8분

베른역

: WRITER'S PICK :

베른 티켓 Bern Ticket

베른 시내 정식 숙박업소(호텔, 호스텔, 캠핑장, 민박 등)에 1박 이상 투숙하면 무료로 발급해주는 카드. 체크인하는 날부터 체크아웃하는 날까지 베른 시내와 주변(100/101 구역)의 모든 버스와 트램, 기차 2등석을 무료로 이용할 수 있다. 구어텐 정상으로 올라가는 푸니쿨라와 대성당 뒤쪽의 마테리프트 엘레베이터(강변으로 이동시 유용), 시내 남서쪽에 있는 마칠리반 푸니쿨라(유스호스텔 투숙 시 유용), 베른국제공항과 시내 구간 왕복 기차·버스도 모두 포함된다. 스마트폰에 베른 웰컴(Bern Welcome) 앱을 설치한 뒤 숙소에서 이메일로 보내주는 예약 번호를 등록하면 체크인하는 날 자동으로 베른 티켓이 활성화돼 대중교통을 무료로 이용할 수 있다.

베른역 반호프 광장 출구로 나와 스위스에서 가장 아름다운 개신교 교회로 꼽히는 바로크 양식의 하일가이스트 교회(Heiliggeistkirche, 사진 왼쪽)를 끼고 왼쪽으로 돌면 베른 구시가의 메인 스트리트가 시작되는 슈피탈 거리(Spitalgasse)가 나온다.

반 고흐 <2개의 자른 해바라기>(1887)

달리 <강박 현상>(1933)

01 세계의 거장들이 한자리에
현대미술관
Kunstmuseum Bern

1806년 창립해 1879년 대중에 처음 문을 연, 스위스에서 가장 오래된 미술관. 피카소, 파울 클레, 페르디난드 호들러, 메레 오펜하임, 반 고흐, 세잔, 모네, 칸딘스키, 달리, 코르뷔지에 등 거장의 숨은 걸작들을 다량 보유해 세계적으로 알려졌다. 고딕미술부터 현대미술에 이르기까지 4천여 점의 회화와 조각, 미술, 사진, 필름 등 다양한 장르의 예술품 약 4만8000점이 전시돼 있다. 전시량이 많아서 모두 둘러보려면 시간이 오래 걸리니 여유를 갖고 방문해야 한다. MAP ⑮

GOOGLE MAPS XC2V+F7 베른
ACCESS 베른역 스타빅스와 관광안내소 사이로 난 노이엔 거리(Neuengasse) 출구에서 도보 6분
ADD Hodlerstrasse 8, 3011 Bern
OPEN 10:00~17:00(화 ~21:00)/ 월요일, 8월 1일, 12월 25일 휴무
PRICE 10CHF, 경로 7CHF, 학생 5CHF/ 스위스 트래블 패스 소지자 무료
WEB kunstmuseumbern.ch/en

마르크트 거리에서 가장 우아하고 아름다운 여인상으로 이름 난 안나 자일러 분수와 감옥탑

02 베른에서 가장 활기찬 장소
감옥탑
Käfigturm

베른의 서쪽 관문. 13세기에 베른 성벽의 망루로 지어졌으나 도시가 확장함에 따라 기능을 잃고 15~19세기에 감옥으로 사용됐다. 지금은 정부 포럼이나 엑스포 등 정치 관련 이벤트 장소로 활용 중. 내부는 엑스포 등 이벤트가 있을 때만 개방한다. 현재의 건물은 17세기에 재건한 것이다. 주변 광장의 노천카페와 레스토랑 분위기가 좋아서 과거 이 건물이 감옥이었다는 것이 믿기지 않을 정도로 점심시간마다 인근의 직장인들로 활기 넘친다. 탑 아래의 통로를 통해 마르크트 거리(Marktgasse)로 들어서면 트렌디한 카페와 레스토랑, 개성 넘치는 부티크들이 늘어선 회랑형 석조 아케이드가 양쪽으로 쭉 펼쳐진다. MAP ⑮

GOOGLE MAPS WCXV+7H 베른
ACCESS 베른역 반호프 광장 출구에서 도보 4분
ADD Marktgasse 67, 3011 Bern

뒤뜰 테라스에서 바라본 베른 풍경

미디어 파사드

03 이곳이 바로 베른의 중심
연방의사당
Bundeshaus

19세기 말부터 시작해 20세기 초에 완공된 건물. 전국에서 온 스위스 예술가 38명이 장식을 도맡은 곳으로, 용도뿐만 아니라 예술적으로도 매우 가치 있다. 뒤뜰에서 바라보는 구시가의 풍경 또한 일품이다. 내부는 의회가 열리지 않는 기간에 가이드 투어로만 무료로 견학 가능(예약 필수, 신분증 지참). 의사당 앞 광장은 26개의 칸톤을 상징하는 분수가 유명하며, 10월 중순부터 11월 말까지 매일 저녁 미디어파사드 라이트쇼가 열린다(19:00, 20:30, 목~토 21:30 추가, 25분 공연). **MAP ⑮**

GOOGLE MAPS WCWV+JP 베른
ACCESS 감옥탑에서 도보 3분/베른역 반호프 광장 출구에서 도보 6분
ADD Bundesplatz 3, 3003 Bern

\+ MORE +

연방의사당 무료 가이드 투어

총 1시간 소요되며, 예약 필수, 여권 소지 필수다. 3일 이내의 일정만 예약 가능, 20분 전까지 집합.

OPEN 영어: 토 16:00, 독일어: 화~토 15:00, 프랑스어: 화~토 11:30/30명 인원 제한/의회 기간은 휴무(홈페이지 참고)
WEB parlament.ch(투어 예약)

일반시계
천문시계

04 인형이 움직이는 스위스 표준 시계
시계탑
Zytglogge

베른의 상징물. 탑 자체는 12세기에 서쪽 성문으로 지어졌으나, 그 위에 천문 시계와 자동인형 시계를 설치해 베른의 랜드마크로 자리 잡았다. 스위스에서 가장 오래된 시계로, 베른의 모든 시계의 기준이 되는 표준 시계이기도 하다. 13세기에 정교하게 만든 아래쪽 천문시계는 해와 달의 위치뿐만 아니라 계절, 요일, 절기까지 알려준다. 매시 정각 4분 전부터 닭, 곰, 시간의 신 인형들이 아름다운 종소리와 함께 움직이는데, 공연 시간이 가장 긴 낮 12시 무렵엔 시계 앞이 대기하는 인파로 가득 찬다. 내부는 유료 가이드 투어로 입장하며, 모든 것이 아날로그 방식으로 움직이는 옛 시계의 작동원리를 볼 수 있다. **MAP ⑮**

GOOGLE MAPS WCXX+64 베른
ACCESS 연방의사당에서 도보 5분, 감옥탑에서 도보 4분
ADD Bim Zytglogge 1, 3011 Bern
WEB bern.com/en/detail/clock-tower-zytglogge

시계 공연의 마지막을 장식하는 탑 꼭대기의 종치는 인형

\+ MORE +

시계탑 유료 가이드 투어

총 1시간 소요되며, 영어, 프랑스어, 독일어 중 선택한다(언어별 정원 20명). 전화·이메일·홈페이지를 통해 예약 권장.

OPEN 4~10월 매일, 11~3월 월·토·일 14:15(영어 투어)
PRICE 20CHF, 학생 15CHF, 6~15세 10CHF
TEL +41 (0)31 328 12 12 **E-MAIL** citytours@bern.com
WEB web4.deskline.net/berntour/en/addservices/list?limAdsServices=f78ffc9a-2867-4dbd-9668-39c7f1a7eb8a

©Einsteinhaus

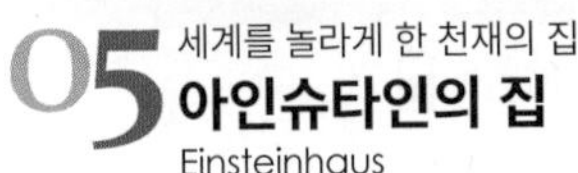

05 아인슈타인의 집

세계를 놀라게 한 천재의 집

Einsteinhaus

아인슈타인이 24살 때인 1903년부터 약 2년간 가족과 함께 살던 아파트다. 아인슈타인은 취리히를 비롯한 스위스의 타 도시에도 살았지만 그가 광전효과, 브라운 운동 설명, 특수 상대성 이론 등을 발표하며 물리학에 혁명을 일으킨 역사적인 때가 이곳에 거주하던 시절이라는 것에 의미가 깊다. 1층은 아인슈타인 카페이며, 2층 아파트 내부는 아인슈타인이 거주하던 당시 모습으로 복원했다. 원형 그대로 보존된 낡은 나선형 계단에 서면 이곳을 매일 오르내렸을 아인슈타인이 떠오른다. 3층 전시실에선 아인슈타인의 업적과 삶을 다룬 영상을 볼 수 있다. 입구가 작고 평범한 상점 같아서 놓치기 쉬우니 잘 살펴보자. **MAP ⑮**

GOOGLE MAPS WFX2+42 베른
ACCESS 시계탑에서 도보 3분
ADD Kramgasse 49, 3011 Bern 8
OPEN 10:00~17:00/공휴일, 1월, 12월 말 휴무
PRICE 7CHF, 학생 5CHF, 6~15세 4CHF/ 스위스 트래블 패스 소지자 5CHF
WEB einstein-bern.ch

<최후의 심판>
<최후의 심판> 아래 <정의의 여신>

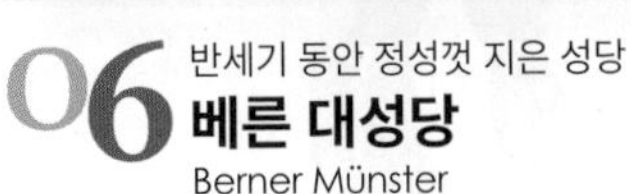

06 베른 대성당

반세기 동안 정성껏 지은 성당

Berner Münster

시계탑과 더불어 베른을 상징하는 또 다른 건축물. 344개의 계단을 밟고 스위스에서 가장 높은 첨탑(100m)에 오르면 베른 시가지가 거침없이 펼쳐진다. 무게가 10t에 이르는 종탑의 종도 스위스에서 가장 큰 것. 15세기부터 짓기 시작한 성당은 종탑까지 완공하는 데 무려 470년이 걸렸다. 성당 안팎은 여러 예술품으로 장식했는데, 그중 가장 유명한 것은 독일의 조각가이자 성당의 건축 감독관이었던 에르하르트 퀑이 1460년부터 1483년까지 23년간 작업한 <최후의 심판>이다. 정문 위 294개의 작은 조각상으로 이뤄진 이 작품은 성경에 등장하는 최후의 심판일을 섬세하게 표현했다. 단, 이 작품은 복제품으로, 진품은 베른 역사 박물관에 전시돼 있다. 성수기 낮에는 5400개 이상의 파이프로 된 대형 오르간 연주도 자유롭게 감상할 수 있다. **MAP ⑮**

GOOGLE MAPS WFW2+WH 베른
ACCESS 아인슈타인의 집에서 도보 3분
ADD Münsterplatz 1, 3000 Bern
OPEN 4월 초~10월 중순 10:00~17:00(일 11:30~), 10월 말~4월 중순 12:00~16:00(토 10:00~17:00, 일 11:30~)/종탑은 30분 일찍 종료
PRICE 성당: 무료입장/종탑: 5CHF, 7~16세 2CHF
WEB bernermuenster.ch/en

멀리서 본 베른 구시가. 가운데 우뚝 솟은 거대한 대성당 첨탑이 돋보인다.

베른에서 재미난 분수대 찾기

베른에는 무려 100개가 넘는 분수대가 있는데, 그중에서도 구시가에 있는 12개가 특히 아름답다. 뿐만 아니라 베르나 분수(19세기)를 제외한 11개의 분수가 16세기에 제작된 것으로, 중세 베른의 모습을 잘 간직하고 있어서 역사적으로도 매우 중요하게 취급되고 있다. 조각마다 각기 다른 이야기를 품은 분수대를 찾아보는 것도 베른 여행의 즐거움 중 하나. 구시가에서 볼 수 있는 12개의 분수대는 다음과 같다.

Point 1
명사수
리플리 분수
Ryfflibrunnen
GOOGLE MAPS WCXV+R2 베른

Point 2
가난한 악사
백파이프 연주자 분수
Pfeiferbrunnen
GOOGLE MAPS WCXR+6W 베른

Point 3
베른을 인격화한 여신
베르나 분수
Bernabrunnen
GOOGLE MAPS WCWV+J5 베른

Point 4
베른 병원 설립에 전 재산을 기부한
안나 자일러 분수
Anna-Seiler-Brunnen
GOOGLE MAPS WCXV+7P 베른

Point 5
베른의 상징, 곰이 사격 중인
사격수 분수
Schützenbrunnen
GOOGLE MAPS WCXW+5H 베른

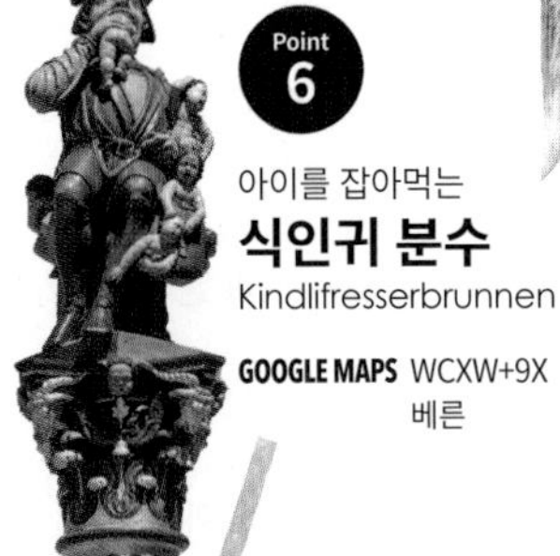

Point 6

아이를 잡아먹는

식인귀 분수

Kindlifresserbrunnen

GOOGLE MAPS WCXW+9X 베른

베른의 설립자

체링겐 분수

Zähringerbrunnen

GOOGLE MAPS WCXX+5M 베른

Point 7

소식을 전해주는

전령의 분수

Läuferbrunnen

Point 12

GOOGLE MAPS WFX5+R3 베른

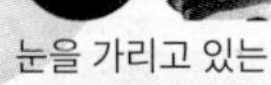

Point 11

눈을 가리고 있는

정의의 여신 분수

Gerechtigkeitsbrunnen

GOOGLE MAPS WFX3+8J 베른

용맹한

기사의 분수

Point 10

Vennerbrunnen

GOOGLE MAPS WFX2+9X 베른

Point 8

사자와 결투 중인

삼손 분수

Simsonbrunnen

GOOGLE MAPS WFX2+55 베른

Point 9

십계명을 들고 있는

모세 분수

Mosesbrunnen

GOOGLE MAPS WFW2+X6 베른

+ MORE +

스위스 분수대에서 물 마시기

물 좋은 나라 스위스는 어느 마을이든 곳곳에서 분수대가 설치돼 있다. 분수대들은 마을에 식수를 공급하기 위해 설치된 것들로, 지금도 수질 검사가 이뤄지기 때문에 특별한 표시가 없다면 그냥 마셔도 된다. 만약 독일어로 'Kein trinkwasser' 또는 프랑스어로 'Eau non potable'라고 쓰여 있다면 마실 수 없는 물이다.

좁고 삭막한
오리지널 곰 공원

겨울잠을 자지 않고
돌아다니는 곰

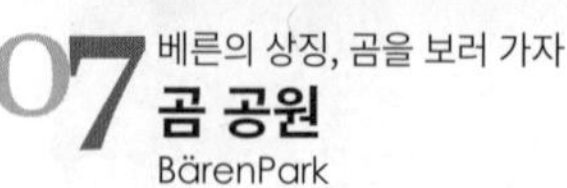

07 베른의 상징, 곰을 보러 가자
곰 공원
BärenPark

베른의 상징인 곰이 살고 있는 공원. 베른에선 15세기부터 곰을 길렀는데, 줄곧 검투사의 경기장을 닮은 작은 구덩이인 베어 핏(Bear Pit)에서 기르다가 2009년에 이르러서야 나무가 많고 시냇물이 흐르는 작은 공원으로 옮겨왔다. 엘리베이터를 타고 강의 위아래를 오르내리며 다양한 각도로 3마리의 갈색곰 가족을 관찰해보자. 곰들이 구석에 숨어 있거나 겨울잠을 잘 땐 볼 수 없지만 사육 곰이다 보니 가끔 겨울잠을 자지 않고 돌아다닐 때도 있다. 예전 사육장이었던 베어 핏도 바로 앞에 있다. **MAP ⑮**

GOOGLE MAPS WFW5+RJ 베른
ACCESS 베른 대성당에서 도보 10분/라트하우스(Rathaus) 정류장에서 12번 버스 2분, 베렌파크(Bärenpark) 하차/베른역 반호프 광장에서 12번 버스 8분
ADD Grosser Muristalden 4, 3006 Bern
OPEN 연중무휴 **PRICE** 무료
WEB tierpark-bern.ch/baerenpark

08 베른 시민들의 사랑방
장미 정원
Rosengarten

초여름이면 223종의 장미가 만발하는 공원. 고지대에 있어서 유네스코 세계유산에 등재된 베른 구시가와 이를 우아하게 감싼 아아레강(Aare)의 그림 같은 절경을 한눈에 담을 수 있다. 관광객뿐 아니라 현지인이 사랑하는 가족 나들이 명소이며, 전망 좋은 레스토랑은 점심식사 장소로 제격이다. 사계절 야경이 아름다워 밤에 가도 좋다. **MAP ⑮**

GOOGLE MAPS XF26+H2 베른
ACCESS 곰 공원에서 도보 7분/
베른역 반호프 광장에서 10번 버스 8분
ADD Alter Aargauerstalden 31B, 3006 Bern
OPEN 연중무휴
PRICE 무료

+ MORE +

곰이 베른의 상징이 된 이유

13세기 이전부터 곰을 도시의 상징으로 삼은 베른은 주 깃발과 도장, 거리 장식뿐 아니라 과자 모양까지 곰을 모티브로 한다. 중세 시대엔 베른의 기사들을 '무장한 곰'이라고 불렀다.

곰이 베른의 상징이 된 이유는 명확하지 않지만 2가지 설이 있다. 첫째는 12세기 베른을 설립한 체링겐 공작에서 유래했다는 설. 공작은 사냥에 나가 가장 처음 만난 동물의 이름을 따서 도시 이름을 짓겠다고 했는데, 그것이 곰이었다고. 이는 'Bern'이 독일어로 곰을 뜻하는 'Bär'에서 왔다는 민간 어원에 따른 것으로, 베른 지역에서는 독일어 사투리로 'Bern'을 아예 'Bärn'이라고 쓴다.

둘째는 1980년대에 발견된 동판에 적힌 기록에 따른 설이다. 옛날 이곳에 정착한 켈트 부족 브레노도르(Brenodor)의 발음과 철자가 세월이 흐르면서 'Bern(프랑스어 Berne, 이탈리아어 Berna)'으로 바뀌었다는 것. 'Berna'는 중세 켈트족 언어로 '틈', '사이'라는 뜻이다. 하지만 베른 시민들은 이 유래가 그다지 멋지지 않아서인지 곰 이야기를 믿는 경향이 강하다.

곰 얼굴 모양으로 장식한 케이크

곳곳에 있는 분수대 동상도
잘 보면 아래쪽에 곰이 한 마리씩
있는 곳이 많다.

Option 09

스위스 최대 규모 요일장

베렌 광장 아침 시장

Bärenplatz

화요일과 토요일 아침, 바이젠하우스 광장부터 베렌 광장, 연방의사당 광장으로 이어지는 거리에서 열리는 거대한 재래시장이다. 각종 제철 과일과 야채, 꽃, 꿀, 치즈, 고기, 생선, 지역 특산물은 물론, 화덕에서 구운 빵, 쿠키, 타르트 등 간단한 먹거리도 판매해 가볍게 요기하기에도 좋다. 바이젠하우스 광장 쪽에는 먹거리보다 수공예품, 장신구, 옷 등을 주로 판매한다. MAP ⑮

장이 없는 시간에도 붐비는 베렌광장

GOOGLE MAPS WCXV+3F 베른
ACCESS 베른 감옥탑 앞 바이젠하우스 광장(Waisenhausplatz), 베렌 광장(Bärenplatz), 연방의사당 광장(Bundesplatz)
OPEN 월·화 08:00~18:00, 토 08:00~17:00(4~10월 목 09:00~18:00 추가, 베렌 광장 마켓은 4~10월·12월 월~금 08:00~18:00, 토 08:00~16:00 추가)
WEB marktbern.ch

Option 10

한 곳에서 즐기는 1+1 박물관

베른 역사 박물관/아인슈타인 박물관

Bernisches Historisches Museum/Einstein Museum

성처럼 웅장한 건물에 자리한 2개의 박물관. 베른 역사 박물관에는 베른 대성당 정문 입구에 있는 '최후의 심판' 진품을 비롯한 베른시의 각종 유물과 고대부터 현대까지 인류사에 관한 내용이 전시돼 있다. 아인슈타인 박물관에는 아인슈타인이 베른의 특허청 직원으로 일하면서 발표한 연구 결과가 그 유명한 특수 상대성 이론이었다는 것을 기념한 각종 자료가 있다. 건물 꼭대기 성탑의 전망 또한 빼놓을 수 없는 볼거리다. MAP ⑮

GOOGLE MAPS WCVX+6P 베른
ACCESS 시계탑에서 도보 8분
ADD Helvetiaplatz 5, 3005 Bern
OPEN 10:00~17:00/월요일, 12월 25일 휴무
PRICE 역사 박물관: 16CHF, 6~15세 8CHF, 5인 가족권 35CHF(성인 최대 2명)/역사박물관+아인슈타인 박물관: 18CHF, 6~15세 9CHF, 5인 가족권 40CHF(성인 최대2명)/ 스위스 트래블 패스 소지자 무료
WEB bhm.ch/en

역사 박물관 파트

아인슈타인 박물관 파트

Option 11

베른이 낳은 세계적인 미술가

파울 클레 센터

Zentrum Paul Klee

베른 출신 화가 파울 클레의 작품을 가장 많이 소장한 곳. 그의 후손들이 설립하고 이탈리아의 유명 건축가 렌조 피아노가 설계를 맡았다. 파울 클레는 20세기 초에 활동한 초현실주의·표현주의·입체파 화가로, 평생 9000여 점의 작품을 남길 정도로 왕성하게 활동했다. 렌조 피아노는 자유분방한 그의 작품 세계를 일반 건물에 가둘 수 없다며 넘실거리는 3개의 파도 같은 독특한 건물을 디자인했다. 천정의 최고 높이 19m, 폭은 150m에 이를 정도로 엄청난 규모이며, 그중 2개의 전시실에서 작품을 공개한다. 전시실 1곳은 크기가 농구장 4개보다 넓은 1750㎡나 되지만 4000여 점에 달하는 작품을 한 번에 다 전시할 수 없어서 6개월 간격으로 120~150점씩 테마를 정해 공개한다. 아이들이 그림을 그리거나 만들기를 할 수 있는 체험 공간도 운영한다. MAP ⑮

GOOGLE MAPS WFXF+HJ 베른
ACCESS 곰 공원에서 12번 버스 6분, 젠트룸 파울 클레(Zentrum Paul Klee) 하차 후 도보 2분
ADD Monument im Fruchtland 3, 3000 Bern
OPEN 10:00~17:00/월요일 휴무
PRICE 20CHF, 학생 10CHF, 6~15세 7CHF/ 스위스 트래블 패스 소지자 무료
WEB zpk.org

착한 가격이 매력적인 다리 밑 보석!

$ 수르퐁 Sous le Pont

얼터너티브한 분위기의 캐주얼 음식점 겸 공연장. '다리 밑'이란 가게 이름도 친근하다. 공정거래를 통해 공수한 지역 농산물로 만든 저렴하고 맛있는 한 끼로 현지 젊은층에게 사랑받는 곳. 육류와 해산물 요리, 채식 요리 등으로 구성한 3~4가지 메뉴는 여러 나라의 음식을 매일 랜덤으로 선정한다. 공연장이기도 해서 입구가 어수선한 그라피티로 가득한데, 기죽지 말고 당당하게 들어가보자. 상냥한 직원이 반갑게 맞아준다. 주말에는 다양한 장르의 콘서트나 벼룩시장 등이 열린다. MAP ⑮

GOOGLE MAPS XC3R+55 베른
ACCESS 베른역에서 도보 8분
ADD Neubrückstrasse 8, 3012 Bern
OPEN 11:30~24:00(토 18:00~)/월·일요일 휴무
PRICE 메인 10CHF~, 세트 18CHF~
WEB souslepont-roessli.ch

©Sous le Pont

+ MORE +

베른 먹킷리스트

베르너 플라테 Berner Platte

두툼하게 썬 베이컨과 소시지류를 머스터드에 찍어 삶은 감자, 시큼하게 절인 양배추 볶음과 함께 먹는 요리. 18세기 베른 군대가 나폴레옹 휘하의 프랑스 군대와 벌인 노이에네크(Neuenegg) 전투에서 승리하며 탄생한 축하 파티 음식이다. 8번을 연패한 뒤 올린 귀중한 승리였던 것. 겨울이 끝날 무렵인 3월에 급히 준비한 축하 파티였기에 장기 저장한 식재료만 사용해 만들었다. 예전에는 겨울철에 주로 먹었지만 요즘에는 사계절 볼 수 있다.

베르너 하젤누스렙쿠헨 Berner Haselnusslebkuchen

베른의 크리스마스 전통 과자. 헤이즐넛과 아몬드를 으깨어 설탕이나 꿀, 계핏가루, 레몬즙, 얇게 저민 오렌지 껍질, 달걀흰자 등과 섞어 구운 것으로, 밀가루나 물이 들어가지 않는다. 네모난 과자 위에 아이싱 등을 이용해 베른의 상징인 곰 모양으로 장식한다. 크리스마스 시즌에 베른 시내 제과점이나 크리스마스 마켓에서 볼 수 있다.

베르너 호니히렙쿠헨 Berner Honiglebkuchen

모양이 하젤누스렙쿠헨과 거의 같지만 맛이 전혀 다르고 역사도 더 길다. 팔각, 아니스, 고수, 생강 등이 들어가는 꿀빵으로, 16세기 유럽에 이국적인 향신료들이 들어오기 시작하면서 생겨났다. 현재까지 이어지는 바젤의 랙컬리나 아펜첼의 배어리 비버 등과 맛이 비슷한데, 모두 아니스 향이 강해서 호불호가 갈린다. 사계절 제과점에서 쉽게 볼 수 있다.

하젤누스렙쿠헨

호니히렙쿠헨

다른 장식으로 만든 호니히렙쿠헨. 재료는 다르지만 모양이 비슷하다.

베른에서 한식이 생각날 때

$$ 아리랑식당 Arirang

모던하고 깔끔한 분위기의 한식집. 불고기와 비빔밥, 탕수육 등을 먹을 수 있다. 한국의 물가를 생각하면 손 떨리는 가격이지만 베른에서 이국적인 음식임을 감안할 때 무난한 수준이다. 계속된 치즈의 향연에 속이 조금 지쳤다면 이곳에서 지친 속을 한번 달래주자. MAP ⑮

GOOGLE MAPS WCWQ+H8 베른
ACCESS 베른역에서 도보 6분
ADD Hirschengraben 11, 3011 Bern
OPEN 11:30~14:00, 17:45~20:15/일·월요일 휴무
PRICE 식사 23CHF~, 음료 3.50CHF~
WEB restaurant-arirang.ch

©Arirang

맛과 분위기가 단연 TOP!

$$ 루프탑 브라스리 & 바 Rooftop Brasserie & Bar

베른에서 열 손가락에 꼽히는 인기 식당. 스테이크, 피자, 버거, 파스타, 샌드위치, 샐러드 등 양식이 주요 메뉴로, 재료의 질이 좋고 주방장의 솜씨도 좋다. 단, 식당 위치가 이름처럼 옥상에 있는 게 아니라 건물 꼭대기 층에 자리할 뿐이란 게 함정! 대신 식물로 둘러싼 산뜻하고 트렌디한 인테리어가 이를 만회한다. 맥주나 와인을 곁들여 식사하기 좋은 분위기다. MAP ⑮

GOOGLE MAPS WCXV+43 베른
ACCESS 베른역에서 도보 4분(글로부스 백화점 3층)/감옥탑에서 도보 1분
ADD Spitalgasse 17-21, 3011 Bern
OPEN 09:00~18:30(목 ~20:00, 토 ~17:00)/일요일 휴무
PRICE 브런치 13 CHF~, 식사 24CHF~, 디저트 6CHF~, 음료 5CHF~, 주류 8CHF~
WEB rooftopbrasserie.ch

©Rooftop Brasserie Bar

야외 테라스에서 맛보는 채식 요리

$$ 앨버트 & 프리다 Albert & Frida

곰 공원 근처에 있는 채식 레스토랑. 베른 시내 중심의 번잡한 분위기를 피해 잠시 휴식하고 싶다면 추천한다. 식물이 가득한 야외 테라스가 아늑하고, 키슈, 샐러드, 수프와 빵 등 가벼운 메뉴부터 파스타, 라클레트 등 식사 메뉴까지 준비돼 있다. MAP ⑮

GOOGLE MAPS WFX5+XG 베른
ACCESS 곰 공원에서 도보 3분
ADD Altenbergstrasse 4+6, 3013 Bern
OPEN 07:00~22:00(토 08:00~17:30, 일 08:00~11:30)
PRICE 샐러드 7.50CHF, 수프와 빵 10CHF~, 치즈 파이 11CHF
WEB albertfrida.ch

발밑으로 강물이 졸졸, 도심 속 휴양지

$$ 슈벨렌매텔리 레스토랑 테라스

Schwellenmätteli Restaurant Terrasse

베른 시내에서 가장 풍경 좋은 레스토랑이라고 해도 과언이 아닌 곳. 강 위로 확장된 테라스석에 앉으면 푸른빛의 아아레 강물이 발밑에 닿을 듯이 흘러 무릉도원에 온 기분이 든다. 식사를 비롯해 디저트나 커피, 칵테일도 주문 가능. 화창한 날엔 찾는 이가 많아 음식이 나오기까지 한참 걸리니 여유를 갖고 가자. MAP ⑮

GOOGLE MAPS WCWX+5R 베른
ACCESS 베른 역사 박물관 앞에서 강 아래로 도보 8분
ADD Dalmaziquai 11, 3005 Bern
OPEN 09:00~24:30(일 10:00~23:30)/겨울철 1시간 단축 운영
PRICE 식사 25CHF~, 커피 4.50CHF~, 칵테일 14CHF~
WEB schwellenmaetteli.ch

수제 맥주와 스위스 전통 식사

$$ 알테스 트람데포

Altes Tramdepot

오래된 트램 차고지를 개조한 브루어리 겸 레스토랑. 실내에 들어서면 커다란 맥주 양조 시설이 시선을 사로잡는다. 양질의 수제 맥주와 함께 슈니첼, 뢰스티, 소시지, 베르너 플라테 등 독일·스위스 전통 요리를 곁들일 수 있어서 식사 시간에는 매우 붐빈다. 아아레강 강변에 위치해 주변을 산책하다 방문하기 좋다. MAP ⑮

GOOGLE MAPS WFX5+2V 베른
ACCESS 곰 공원 바로 옆
ADD Grosser Muristalden 6, 3006 Bern
OPEN 11:00~24:30(금 17:00~)
PRICE 수제 맥주 4CHF~, 식사 20CHF~
WEB altestramdepot.ch

가장 베른다운 곳에서 우아한 한 끼

$$$ 곡물 창고

Kornhauskeller

옛 곡물 창고와 와인 보관소를 개조한 레스토랑. 프레스코화로 치장해 무도회장 분위기를 풍기는 인테리어는 베른 특유의 고전미를 현대적으로 기품 있게 재해석했다. 지하는 베르너 플라테를 비롯해 스위스 전통 레스토랑, 1층은 다양한 칵테일과 위스키를 갖춘 카페 겸 바로 운영한다. 저녁식사는 예약 권장. MAP ⑮

GOOGLE MAPS WCXW+FW 베른 **ACCESS** 시계탑에서 도보 1분
ADD Kornhausplatz 18, 3011 Bern
OPEN 레스토랑: 11:30~14:30, 17:30~23:30(일요일, 7월 중순~8월 중순 점심 휴무)/바: 17:00~23:30 (금·토 ~02:00, 월·일요일 휴무)
PRICE 식사 28CHF~, 디저트 10CHF~
WEB kornhaus-bern.ch

한 번쯤 최고의 스테이크를 맛보고 싶다면

$$$ 더 비프 스테이크 하우스 & 바

The BEEF Steakhouse & Bar

드라이에이징을 거친 최상급 스테이크를 맛볼 수 있는 곳. 스위스와 아일랜드 에메랄드섬에서 온 소고기, 캐나다산 바이슨(들소) 고기를 직화 방식으로 구워 풍미가 훌륭하다. 실내 분위기와 서비스도 좋아 더욱 인기 있는 곳. 립 마니아라면 무난한 가격으로 수비드 립 바비큐를 무제한 즐길 수 있는 화요일을 놓치지 말자. MAP ⑮

GOOGLE MAPS WCXX+7F 베른
ACCESS 시계탑에서 곰 공원 방향으로 도보 1분
ADD Kramgasse 74, 3011 Bern
OPEN 11:30~14:00, 17:30~22:00(토 09:00~23:00)/월·일요일 휴무
PRICE 스테이크 34CHF~, 런치 26.5CHF, 스위스 소고기 테이스팅 3코스 68CHF/5코스 99CHF
WEB beef-steakhouse.ch

©The BEEF Steakhouse & Bar

자타공인 베른의 뷰 맛집

아인스타인 오 자르댕 Einstein au Jardin

대성당 앞 공원에 있는 노천카페. 아아레강 위로 펼쳐지는 풍경이 일품이다. 커피도 맛있지만 여름이라면 시원한 홈메이드 아이스 티를 추천. 간단한 파이와 샐러드, 계절에 따라 그릴 소시지와 라클레트도 맛볼 수 있다. **MAP ⑮**

GOOGLE MAPS WFW2+JX 베른
ACCESS 대성당에서 호수 쪽으로 도보 2분
ADD Münsterplattform 5, 3011 Bern
OPEN 09:00~일몰(우천 시 12:00~17:00)
PRICE 음료 4CHF~, 디저트 6CHF~, 간단한 음식 15CHF~
WEB einstein-cafe.ch/au-jardin

둠칫둠칫 콘서트와 술 한잔

마르타 카페-뮤직-바 MARTA Cafe-Musik-Bar

오래된 건물의 지하 창고를 느낌 있게 개조한 공간. 낮에는 커피와 스콘의 고소한 향기가 어우러진 카페로, 저녁엔 맥주의 흰 거품 위로 라이브 음악의 선율이 진동하는 얼터너티브 바로 운영한다. 재즈, 포크, 록 등 다양한 장르의 지역 뮤지션들의 공연을 볼 수 있다. **MAP ⑮**

GOOGLE MAPS WFX2+6P 베른
ACCESS 아인슈타인의 집에서 곰 공원 방향으로 도보 도보 2분
ADD Kramgasse 8, 3011 Bern
OPEN 17:00~23:30(목~토요일 ~24:30)/
일·월요일 휴무
PRICE 음료 5CHF~, 베이커리 6CHF~
WEB cafemarta.ch

베른의 붉은 지붕들을 내려다보는 칵테일 바

아티카 루프탑 바 Attika Rooftop Bar

베른 구시가의 아름다운 풍경을 한눈에 담을 수 있는 칵테일 바. 낮과 밤이 모두 아름답지만 가능하면 일몰 시각을 선점하자. 주홍빛 노을이 교회의 종탑 뒤 붉은 지붕들 사이로 넘어가는 모습이 환상적이다. 주말 저녁엔 자리 맡기가 어려울 정도로 붐비지만 예약은 6~10인만 가능. 예술적으로 꾸민 칵테일류가 시그니처 메뉴로, 시즌별로 바뀐다. 플람쿠헨(Flammkuchen, 피자와 비슷한 알자스 지방 음식)나 샐러드, 스테이크 등의 식사 메뉴와 맥주, 와인도 있다. **MAP ⑮**

GOOGLE MAPS WCXW+FG 베른
ACCESS 시계탑에서 도보 2분
ADD Zeughausgasse 9, 3011 Bern
OPEN 15:00~23:30/일요일 휴무
PRICE 음료 4CHF~, 주류 8CHF~, 칵테일 12CHF~
WEB hotelbern.ch/en/attika-bar-hotel-bern/

베른에서 만난

테마 시장

베른 시민들의 시장 사랑은 남다르다. 타지역 도시들과 달리 아침 시장이 열리는 거리가 여러 곳 있고, 계절별로 개최되는 테마 시장도 다양하다. 다음은 베른을 대표하는 테마 시장 4곳이다.

©Graniummärit

샬레 창가를 장식하는 붉은 꽃

제라늄 시장

Graniummärit

베른의 봄을 알리는 작은 축제. 한 해 동안 창가를 장식할 붉은 제라늄을 파는 스탠드들로 거리가 가득 찬다. 붉은 제라늄 물결 사이를 걸으며 사람들은 봄을 느끼고, 소소하게 열리는 이벤트들을 즐기면서 스위스의 긴 겨울을 떠나보낸다. 이벤트는 거리 공연과 함께 지난해 가장 아름답게 창가를 장식한 제라늄 킹과 퀸을 뽑는 것. **MAP ⑮**

GOOGLE MAPS WCWV+RH 베른
ACCESS 연방의사당 광장(Bundesplatz)
OPEN 4월 말 또는 5월 초 2일간(매년 다름, 홈페이지 참고)
WEB bernergraniummaerit.ch

+ MORE +

스위스인의 제라늄 사랑

스위스의 국화는 에델바이스지만 스위스 사람들이 가장 즐겨 심는 꽃은 제라늄이다. 남아프리카가 원산지인 제라늄은 17세기에 유럽에 전파됐고 18세기 스위스에 들어오면서 전성기를 맞았는데, 스위스 하면 떠오르는 풍경인 '창가에 빨간 꽃이 놓인 샬레'에 등장하는 꽃이 전부 제라늄이다. 스위스 국기가 빨간색이다 보니 창밖을 국기를 상징하는 붉은 꽃으로 장식한 것. 이것이 널리 퍼져 명실공히 스위스 대표 꽃으로 자리 잡았다.

빵 냄새 솔솔 풍기는 5월의 수요일

빵 시장

Brotmärit Bern

구수한 빵 냄새가 스위스의 수도를 점령하는 날. 지역의 빵 만드는 장인들이 대거 출동하고, 가져온 장작 오븐으로 즉석 빵을 굽기도 한다. 빵이 주인공이지만 빵과 함께 먹는 에멘탈 치즈나 스위스의 질 좋은 야생화 꿀도 판매한다. **MAP ⑮**

GOOGLE MAPS WCXV+FG 베른
ACCESS 바이젠하우스 광장(Waisenhausplatz)
OPEN 5월 넷째 수요일
WEB baernerbeck.ch/brotmaerit

찾았다! 양파의 재발견

양파 시장

Zibelemärit

매년 가을 열리는 양파 시장. 200여 개의 스탠드에서 50t의 양파를 판매한다. 드라이플라워와 섞어 예쁘게 꼬아놓은 양파가 온 도시를 장식하는데, 시장 오픈 전에 가면 양파를 부지런히 꼬고 있는 상인들을 볼 수 있다. 싱싱한 양파뿐 아니라 양파 파이, 양파 수프, 양파 피자, 양파 소시지 등 양파의 다양한 맛을 재발견할 수 있는 날. 유럽의 가을·겨울철 재래시장에서 빠질 수 없는 뱅쇼(Vin Chaud, 향신료와 함께 따뜻하게 데운 와인)는 양파 파이와 꿀조합이다.

MAP ⑮

GOOGLE MAPS WCWV+RH 베른
ACCESS 연방의사당 광장(Bundesplatz)
OPEN 11월 넷째 월요일 06:00~18:00
WEB bern.ch/themen/freizeit-und-sport/markte/zibelemaerit

+ MORE +

예뻐서 대박 난 양파 시장

양파 시장은 품질 좋은 양파를 재배했던 몽 뷔이(Mont Vully) 지역 사람들이 베른의 마티니 시장(겨울맞이 시장)에 양파를 가져와 팔기 시작한 것이 그 기원이다. 뇌샤텔과 무어텐/모라 인근에서는 몽 뷔이의 양파가 18세기부터 이미 유명했지만 베른에는 1850년에 들어서야 몽 뷔이의 야채상들이 들어오기 시작했다. 양파는 판매하자마자 선풍적인 인기를 끌었는데, 그 비결은 다름 아닌 양파 장식 때문이었다고. 백양파, 적양파를 말린 꽃과 함께 교차로 땋아 놓은 모습은 감탄을 자아낼 만큼 예뻤기 때문에 사람들은 식용뿐 아니라 가을철 장식용으로도 양파를 구매했다. 현재는 마티니 시장은 열리지 않고 양파 시장만 열린다.

오늘은 기념품 쇼핑하기 좋은 날

수공예품 시장

Handwerkermarkt

100여 개의 스탠드에서 아기자기한 수공예품을 판매한다. 도자기, 목재, 금속, 가죽, 유리 등 다양한 재료를 이용한 소품 및 장신구 등을 판매하니 특별한 기념품이나 선물을 찾는다면 눈여겨보자. 특히 12월 첫째 주에 가면 독특한 크리스마스 장식이나 카드를 발견할 수 있다. **MAP ⑮**

GOOGLE MAPS WFW2+X6 베른
ACCESS 베른 대성당 광장(Münsterplatz)
OPEN 3~12월 매달 첫째 토요일, 12월 셋째 토·일요일 09:00~17:00
WEB handwerkermaerit.ch

©Handwerkermarkt

귀여운 곰돌이 빵과 만나요

벡 글라츠 콩피즈리

Beck Glatz Confiseur

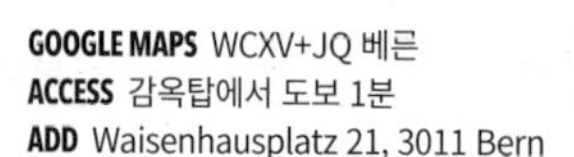

귀여운 곰 모양 아몬드 빵 베르너 만델배어리(Berner Mandelbärli)를 맛볼 수 있는 베이커리 가페. 오리지널, 소골릿, 카푸치노 능 종 12가지 맛의 아몬드 빵이 있다. 베른을 상징하는 모양에 맛도 고소하고 포장도 예뻐서 기념품으로 인기 있다. **MAP ⑮**

GOOGLE MAPS WCXV+JQ 베른
ACCESS 감옥탑에서 도보 1분
ADD Waisenhausplatz 21, 3011 Bern
OPEN 07:00~18:00(토 07:30~16:00)/일요일 휴무
PRICE 베르너 만델배어리 2.50CHF~
WEB mandelbaerli.ch

특별한 기념품은 여기서 득템

야마투티 Yamatuti

감각 있는 디자인의 인테리어 소품, 주방용품, 욕실용품, 여행용품, 문구류 등이 모여 있는 편집숍이다. 세계 여러 나라에서 온 제품을 판매하는데, 공통점은 하나 같이 톡톡 튀는 디자인이라는 것. 구경하다 보면 시간 가는 줄 모른다. 흔치 않은 기념품을 찾는다면 추천. **MAP ⑮**

GOOGLE MAPS WCXV+R8 베른
ACCESS 감옥탑에서 도보 3분/현대미술관에서 도보 4분
ADD Aarbergergasse 16, 3011 Bern
OPEN 10:00~18:30(토 ~17:00)/일요일 휴무
WEB yamatuti.ch

©Yamatuti

어디에 놔도 잘 어울리는 나무 공예품

홀츠아트, 엥겔 & 조

Holzart, Engel & So

스위스는 나무 공예가 발달했는데, 이곳 홀츠아트의 작품들은 둥글둥글한 디자인이 독특하다. 부드러운 색감과 아기자기한 나무 조각들은 실내 인테리어는 물론, 정원 장식으로도 잘 어울린다. 특히 천사 모양이 많아서 크리스마스 장식으로 인기 있다. **MAP ⑮**

GOOGLE MAPS WFX2+25 베른
ACCESS 대성당에서 도보 1분
ADD Münstergasse 36, 3011 Bern
OPEN 1~10월 12:00~18:00(토 10:00~16:00), 11·12월 10:00~12:30, 13:00~18:30(토 10:00~17:00)/ 1~10월 월요일, 12월 일요일 휴무
WEB holz-art-bern.ch

베른에서 살짝 다녀오는
근교 나들이

Point 1

산 위에 펼쳐진 끝없는 잔디밭

구어텐 Gurten

베른 구시가와 코발트빛 아아레강을 한눈에 담을 수 있는 명소. 푸니쿨라를 타고 정상(864m)에 오르면 축구 경기장 몇 개를 붙여 놓은 듯 드넓은 잔디밭이 펼쳐지고, 저 멀리 만년설로 뒤덮인 베르너 오버란트의 알프스 봉우리들이 진주처럼 반짝인다. 유모차를 가져갈 수 있고, 불자리와 장작이 준비된 무료 바비큐장, 놀이터, 미니 기차, 터보건도 갖췄다. 전망 좋은 레스토랑과 카페까지 있어서 남녀노소 누구나 행복해지는 전천후 공원이다.

GOOGLE MAPS WC8V+WG 쾨니츠
ACCESS 베른역에서 9번 트램을 타고 바베른(Wabern) 하차, 맞은편 구어텐역(Gurtenbahn)까지 도보 2분, 구어텐역에서 푸니쿨라를 타고 구어텐 쿨름(Gurten Kulm) 하차, 총 30분
ADD Gurtenkulm, 3084 Köniz
OPEN 푸니쿨라: 07:00~23:30(일·공휴일 ~20:00)/15분 간격 운행
PRICE 왕복 12.60CHF/6~15세 50% 할인/ 스위스 트래블 패스 소지자 50% 할인
WEB gurtenpark.ch

구어텐으로 가는 푸니쿨라

구어텐 정상에서 바라본 베른 구시가와 아아레강

숙성 중인 에멘탈 치즈

Point 2

원산지에서 맛보는 스위스 치즈

에멘탈 치즈 농장 Emmentaler Schaukäserei

스위스 치즈의 대명사인 에멘탈 치즈를 제조하는 농장. 베른의 북동쪽 에멘탈 산간 지역에서 만들어지는 에멘탈 치즈의 제조 공정을 견학하며 시식할 수 있다. 한쪽엔 가족 여행자를 위한 놀이터, 염소와 교감할 수 있는 동물 체험장도 마련돼 있다. 부르크도르프역(Burgdorf)에서 전기 자전거를 빌려 산길을 올라 에멘탈 치즈 농장을 방문한 후 하슬레-뤼그자우역을 거쳐 다시 부르크도르프로 돌아오는 산악자전거 여행 코스로도 인기 있다.

GOOGLE MAPS 3P7J+CJ affoltern im emmental
ACCESS 베른역에서 기차를 타고 하슬레-뤼그자우역(Hasle-Rüegsau) 하차, 역 앞에서 471번 포스트 버스로 환승해 아폴턴(Affoltern) 하차, 총 1시간
ADD Schaukäsereistrasse 6, 3416 Affoltern im Emmental
OPEN 09:00~17:00
WEB emmentaler-schaukaeserei.ch/en, 자전거 대여: rentabike.ch

베른 카니발
Bärner Fasnacht

스위스에서 3번째로 규모가 큰 축제. 사순절 전 목요일, 감옥탑에서 겨울잠을 자던 곰이 드럼 소리에 깨어나면 축제가 시작된다. 3일간 마스크를 쓴 사람들이 거리를 누비고, 금관악기와 드럼으로 무장한 마칭밴드가 전통 음악을 연주하는 구겐무직이 신나게 울려 퍼지는 퍼레이드가 열린다. 각종 먹거리와 거리 공연이 가득한 축제다.

WHERE 베른 구시가 일대
OPEN 2월 중순~3월 초(매년 변동, 홈페이지 확인)
WEB fasnacht.be

©Bärner Fasnacht

구어텐 페스티벌
Gurten Festival

여름에 4~5일간 열리는 대형 야외 음악 축제. 스위스의 자유로운 분위기를 한껏 느껴볼 기회로, 알프스 고봉들이 시원하게 보이는 구어텐 정상 잔디밭에서 캠핑도 즐길 수 있다. 록, 힙합, 일렉트로닉 뮤직 등 다양한 장르의 세계적인 유명 밴드들이 두루 초대된다. 역대 참여 가수로는 이매진 드래곤스, 케미컬 브라더스, 블랙 아이드 피즈, 21 파일럿, 고릴라즈, 프로디지 등이 있다.

WHERE 구어텐 정상
OPEN 7월 중순(매년 변동, 홈페이지 확인)
PRICE 1일권 약 121CHF, 2일권 약 218CHF, 3일권 약 290CHF, 4일권 약 339CHF(매년 조금씩 인상)
WEB gurtenfestival.ch/en

©Gurten Festival

부스커스 베른 스트리트 뮤직 페스티벌
Buskers Bern Street Music Festival

베른 시내가 인파로 발 디딜 틈 없이 꽉 차는 거리 공연 축제. 어쿠스틱 음악 공연은 물론, 댄스, 연극, 인형극, 서커스 등을 모두 무료로 관람할 수 있다. 공연이 마음에 들었다면 공연이 끝난 후 관객석을 돌아다니는 모자에 감사 표시를 한다.

WHERE 베른 구시가 일대
OPEN 8월 10일 전후 3일
PRICE 자율
WEB buskersbern.ch/en

©Buskers Bern

FRIBOURG (FREIBURG)

• 프리부르(프라이부르크) •

자유의 도시 프리(Fri=Free) 부르(Bourg=Town)는 스위스 프랑스어권과 독일어권 경계에 있다. 주민 대부분이 프랑스어를 사용하지만 사린강 동쪽으로 갈수록 독일어도 많이 들린다. 베른과 더불어 체링겐 가문이 세운 곳으로, 스위스 연합에 첫 번째로 가입한 프랑스어권 도시이자 프리부르주의 주도다. 유럽에서도 손에 꼽힐 정도로 12~17세기 중세 도시의 모습이 잘 보존돼 있어서 거리를 걷다 보면 시간여행을 하는 기분이 든다.

기차역 주변의 현대적인 모습은 구시가 쪽으로 내려갈수록 중세풍으로 바뀌고, 강가 성곽이 있는 저지대에 도착하면 완전히 다른 시대를 경험할 수 있다. 가톨릭이 우세한 지역으로, 스위스 국제 가톨릭 대학교가 이곳에 있다. 프리부르 출신 예술가 장 팅겔리의 작품을 전시한 미술관도 놓치지 말자.

- **칸톤** 프리부르 Fribourg / 프라이부르크 Freiburg
- **언어** 프랑스어, 독일어
- **해발고도** 610m

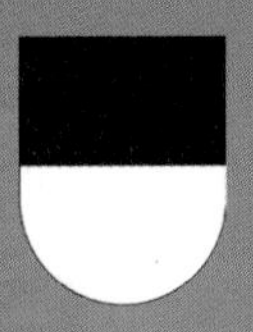

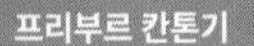
프리부르 칸톤기

프리부르 도시 문장기

Get in & Get out

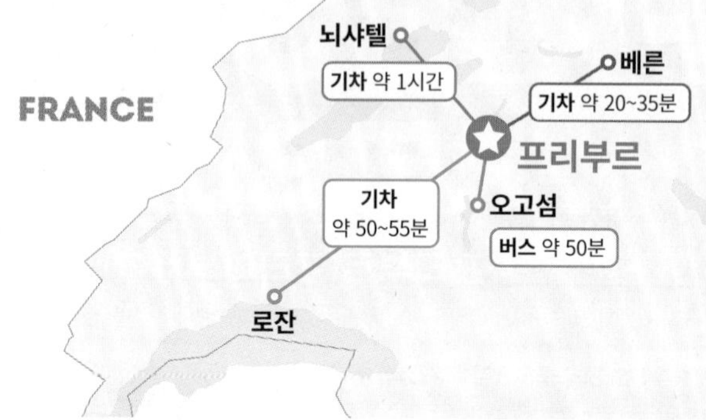

★
프리부르역 Gare de Fribourg/Bahnhof Freiburg

GOOGLE MAPS R532+7F 프리부르
ADD Place de la Gare 1, 1700 Fribourg
TEL +41 848 44 66 88(스위스 연방 철도 통합번호)
WEB sbb.ch/en(기차 시간표 조회 및 예약)

★
관광안내소

GOOGLE MAPS R533+9C 프리부르
ACCESS 프리부르역에서 도보 2분
ADD Place Jean Tinguely 1, 1700 Fribourg
OPEN 09:00~18:00(토 ~16:00, 일 09:30~13:30)/10~4월 일요일 휴무
TEL +41 (0)26 350 11 11
WEB fribourg.ch/en/fribourg

기차

프리부르역까지는 베른역에서 출발하는 것이 가장 무난하다. 베른에서 출발할 때 기차 진행 방향의 왼쪽 좌석에 앉으면 프레알프(Pré-Alpes)의 아름다운 풍광을 감상할 수 있다. 역에서 무료 와이파이(SBB-FREE) 사용 가능.

프리부르역

차량

타도시에서 프리부르까지 고속도로로 연결돼 있어서 접근성이 좋다. 그러나 시내는 도로가 좁고 골목이 복잡하므로 차량 이용이 쉽지 않다. 차는 역 근처에 주차하고, 시내는 도보 또는 버스로 여행한다. 주차 요금은 1시간당 2~4CHF 정도. 아래 홈페이지에서 주차장의 빈자리(Places libres)를 확인할 수 있다.

WEB ville-fribourg.ch/transport-mobilite/stationnement

• 주요 도시에서 프리부르까지 소요 시간

베른	약 35분(32.7km/12번 고속도로)
로잔	약 1시간(65km/1번, 12번 고속도로)
뇌샤텔	약 45분(42km/5번 고속도로)

Get around & Travel tips

버스, 트롤리 버스

프리부르는 도시 규모가 작아서 도보로 대부분 명소를 볼 수 있다. 그러나 구시가가 도시의 아래쪽에 있는 탓에 기차역으로 돌아올 땐 오르막길을 걸어야 하니 편하게 이동하고 싶다면 버스를 타자. 정류장의 자동판매기나 운전기사에게 구매한 티켓으로 프리부르 내 모든 대중교통 이용 가능. 20분 내 5정거장 이용권(2CHF), 한 구역내 1시간 이용권(3CHF), 한 구역내 1일권(9CHF) 등이 있으며, 프리부르의 대부분의 관광지는 모두 10구역(Zone 10)에 속한다.

메인 버스 터미널

🚲 공공 자전거

공공 자전거 대여 앱인 퍼블리바이크(Publibike)를 다운받고 신용카드를 등록한 후 지도에 표시된 무인 스테이션으로 이동, 블루투스로 자전거 잠금을 해제하고 이용한 후 가까운 스테이션에 셀프 반납한다. 24시간 이용 가능. 단, 주요 관광지인 구시가에서 기차역으로 돌아오는 길이 오르막이기 때문에 자전거 관광은 추천하지 않는다.

★
공공 자전거
WEB publibike.ch

🚋 미니 기차

프리부르 구시가를 포함해 도시의 남쪽을 지난다. 5개 정거장에서 자유롭게 승하차할 수 있고, 일반 버스보다 느긋하게 앉아서 바깥을 구경할 수 있다. 노약자와 함께하는 여행이라면 이용해 볼 만하다. 티켓은 관광안내소 또는 기차 운전사에게 구매하며, 관광안내소 앞에서 출발한다.

★
미니 기차
COURSE 관광안내소(Equilibre)-대성당(Cathédrale)-로레트(Lorette)-오주(Auge, 프티 생 장 광장 Place Petit St. Jean)-뇌브빌(Neuveville)
OPEN 10:00~17:00
PRICE 15CHF, 6~15세 10CHF

DAY PLANS

프리부르는 반나절 일정으로 천천히 둘러보기 좋은 곳이다. 시간 여유가 있다면 중간에 카페를 방문해 아름다운 전망을 감상해보자.

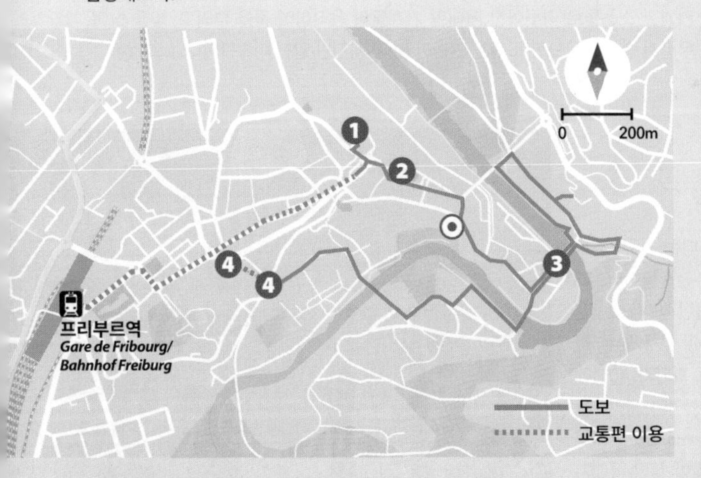

추천 일정

★는 머스트 스팟

프리부르역
↓ 1·2·6번 버스 3분+도보 2분 또는 도보 13분
❶ 장 팅겔리-니키 드 생 팔 미술관 ★
↓ 도보 2분
❷ 생 니콜라 대성당 ★
↓ 도보 3분
⊙ 벨베데르(카페)
↓ 도보 4분
❸ 바스-빌과 다리들 ★
↓ 4번 버스 4분 또는 도보 16분
❹ 폐수 시스템 푸니쿨라
↓ 푸니쿨라 2분+도보 7분
프리부르역

환상적인 뷰를 가진 카페 레스토랑 벨베데르의 뒤쪽 테라스

: WRITER'S PICK :

프리부르 시티 카드 Fribourg City Card

카드 한 장으로 10구역 내 대중교통과 미니 기차, 푸니쿨라, 10개의 박물관 및 미술관, 대성당 첨탑 등을 모두 이용할 수 있다. 스위스 트래블 패스가 없다면 추천한다.

PRICE 1일권 20CHF, 2일권 30CHF(6~15세 1일권 10CHF, 2일권 12CHF)/ 1~3월 5CHF 할인

Tourist & Attractions

팅겔리의 작품. 직접 스위치를 눌러 작동을 관람할 수 있다.

니키 드 생 팔의 작품

01 기괴한 기계 아트의 세계
장 팅겔리-니키 드 생 팔 미술관
Espace Jean Tinguely-Niki de Saint Phalle

프리부르가 낳은 세계적인 키네틱 아트(움직이는 조각 & 설치 예술)의 대가 장 팅겔리와 그의 아내이자 역시 독특한 작품 세계를 선보였던 예술가 니키 드 생 팔의 작품들을 볼 수 있다. 바젤의 랜드마크인 움직이는 분수(카니발 분수)가 바로 장 팅겔리의 작품. 팅겔리가 버려진 전차 차고를 개조해서 만든 이 전시장에서는 기괴한 소품들로 이루어진 거대한 기계들이 움직이며 물을 뿌리고, 빛을 쏘며, 무질서 속에서 오묘한 조화를 만들어 낸다. 작지만 알찬 미술관이다. MAP ⑰

GOOGLE MAPS R546+RG 프리부르
ACCESS 프리부르역에서 1·2·6번 버스 3분, 디욀(Tilleul) 하차 후 도보 2분 또는 역에서 도보 13분
ADD Rue de Morat 2, 1700 Fribourg
OPEN 11:00~18:00(목 ~20:00)/월·화요일 휴무
PRICE 17세 이상 7CHF, 학생·경로 5CHF/미술 역사 박물관 통합 관람권: 15CHF, 학생·경로 11CHF/
스위스 트래블 패스 소지자 무료
WEB fr.ch/mahf/espace-jean-tinguely-niki-de-saint-phalle

02 아름다운 고딕 스타일 성당
생 니콜라 대성당
Cathédrale Saint-Nicolas

프리부르에 도착하면 가장 먼저 눈에 띄는 건물. 높이 74m의 거대한 첨탑을 가진 고딕 양식 건축물이다. 13세기에 시작해 15세기에 들어서야 완공한 대작으로, 섬세하게 세공된 <최후의 심판> 조각상들이 입구에서부터 보는 이를 압도한다. 19세기 말 폴란드 화가가 40년에 걸쳐 만들고, 1970년대에 다시 프랑스 화가가 시리즈를 완성한 아르누보 스타일의 스테인드글라스도 눈여겨보자. 368개에 달하는 계단을 차곡차곡 밟아 첨탑 꼭대기까지 오르면 프레알프(Pré-Alpes)를 배경으로 한 프리부르 시가의 환상적인 풍경이 기다리고 있다. MAP ⑰

<최후의 심판>

GOOGLE MAPS R547+F3 프리부르
ACCESS 장 팅겔리-니키 드 생 팔 미술관에서 도보 2분
ADD Rue du Pont-Suspendu, 1700 Fribourg
OPEN 성당: 09:30~18:00(토 09:00~16:00, 일 13:00~17:00)/첨탑: 10:00~18:00(일·공휴일 12:00~17:00)/오르간 연주: 7·8월 수 12:30~13:00
PRICE 첨탑 5CHF, 학생·경로 4CHF, 6~15세 2CHF
WEB stnicolas.ch

03 동화 속으로 순간 이동!
바스-빌과 다리들
La Basse-Ville et les Ponts

밀리유교 위에서 사린강과 함께 아름다운 바스 빌 풍경을 감상할 수 있다.

'아랫마을'이란 뜻의 바스-빌은 프리부르의 참모습을 볼 수 있는 구시가다. 오래전부터 프랑스어권과 독일어권이 만나는 지점으로, 두 문화가 섞여 볼체(Bolze)라는 독특한 문화와 언어가 생겨났다. 볼제 문화에 대한 자부심이 강한 이곳에선 연초에 기독교 국가들에서 열리는 카니발도 '볼체 카니발'이라 부르며, 음식점에서도 '볼체'가 붙은 메뉴를 종종 볼 수 있다. 구시가에서 눈여겨봐야 할 것은 성탑과 성벽, 그리고 아름다운 다리들이다. **MAP ⑰**

GOOGLE MAPS R539+94 프리부르
ACCESS 프티 생 장 광장: 생 니콜라 대성당에서 내리막길로 도보 8분
ADD Place du Petit-Saint-Jean 21-29, 1700 Fribourg

프티 생 장 광장 주변의 음식점. 독특하게 메뉴를 돌판에 적어 놓았다.

푸니쿨라 안에서 본 풍경

Option
04 도심의 가장 더러운 부분을 에너지로
폐수 시스템 푸니쿨라
Funiculaire Neuveville/Motta

도시의 하수를 이용한 친환경 푸니쿨라. 1899년 절벽 위의 고지대와 그 아래 저지대를 연결하기 위해 만들었는데, 온전히 하수의 무게를 추로 이용해 운행한다. 현재 유럽에 남아 있는 유일한 폐수 시스템 푸니쿨라로, 스위스 국가재산으로도 등록돼 있다. 푸니쿨라에서 바라보는 프리부르의 풍경이 동화 속 같이 아름다운데, 그 모든 것이 도시의 가장 더러운 부분의 힘으로 움직인다니 아이러니하다. **MAP ⑰**

GOOGLE MAPS 상부역: R534+JQ 프리부르/ 하부역: R535+F6 프리부르
ACCESS 상부역: 프리부르역에서 도보 8분/ 하부역: 밀리유교에서 4번 버스 4분, 뇌브빌/모타(Neuveville/Motta) 하차 또는 도보 16분
ADD 상부역: 생 피에르역(St-Pierre), Route des Alps/ 하부역: 모타역(Motta), Rue de la Neuveville
OPEN 07:00~19:00(6~8월 ~20:00, 일·공휴일 09:30~)/6분 간격 운행, 2분 소요/9월 18~30일 휴무
PRICE 편도 2.90CHF/ 스위스 트래블 패스 소지자 무료

구시가 야무지게 돌아보기

프티 생 장 광장
Place du Petit-Saint-Jean

구시가의 중심인 삼각형의 작은 광장. 주변에 노천 카페와 음식점 몇 개가 모여 있다.

GOOGLE MAPS R539+94 프리부르

베른교

체링겐교

고테롱교

Point 2 베른교, 체링겐교, 고테롱교
Pont de Berne, Pont de Zähringen, Pont du Gottéron

작은 강을 끼고 있는 프리부르엔 다리가 많다. 그중 가장 오래된 것은 목조 교각인 베른교. 1250년 절벽 위에 있던 마을이 강 오른쪽 저지대로 확장되면서 생겨났다. 프티 생 장 광장으로 내려왔을 때 진행 방향의 왼쪽에 자리한다. 베른교에서 봤을 때 구시가의 풍경을 비현실적으로 느끼게 해주는 높다란 석조교는 체링겐교, 현대적인 다리는 고테롱교다.

GOOGLE MAPS 베른교: R539+PH 프리부르 / 체링겐교: R548+FC 프리부르 / 고테롱교: R53C+PP 프리부르

Point 3 베른 성문탑, 고테롱 성문탑
La Porte-tour de Berne, La Porte-tour du Gottéron

베른교를 건너면 남아 있는 성벽과 성문탑에 올라갈 수 있다. 다리를 등지고 왼쪽으로 베른 성문탑과 캣타워(Katzenturm)가, 오른쪽으로 고테롱 성문탑이 있다. 성탑으로 올라가면 성벽 사잇길로 걸으며 창문으로 중세 마을 풍경을 감상할 수 있다.

GOOGLE MAPS 베른 성문탑: R549+5C 프리부르 / 캣타워: R549+6M 프리부르 / 고테롱 성문탑: R53C+R7 프리부르

밀리유교
Pont du Milieu

다시 프티 생 장 광장으로 돌아와 계속 직진하면 건널 수 있다.

GOOGLE MAPS R538+2WW 프리부르

생장교
Pont de St-Jean

밀리유교를 건너 직진하거나 강을 오른쪽으로 끼고 걷다 보면 나온다. 다리를 건너 뇌브빌 길(Rue de la Neuveville)을 따라가면 폐수 시스템 푸니쿨라를 타고 다시 신시가 중심으로 돌아갈 수 있다.

GOOGLE MAPS R536+9R 프리부르

Option

05 프리부르의 아름다움
미술 역사 박물관
Musée d'Art et d'Histoire

프리부르주의 중세 시대부터 현재까지의 다양한 조각과 회화 작품을 보유한 박물관. 그중 한스 프리가 그린 제단 패널과 후기 고딕 양식의 조각 컬렉션, 마르첼로의 그림 및 조각 등은 국제적으로 가치를 인정받는다. 장 팅겔리와 그의 아내 니키 드 생 팔의 작품도 일부 전시돼 있다. 아름다운 정원은 니키 드 생 팔의 <커다란 달(La Grand Lune)>을 감상하며 잠시 쉬어가기 좋다. **MAP ⑰**

GOOGLE MAPS R555+3V 프리부르
ACCESS 장 팅겔리-니키 드 생 팔 미술관에서 도보 3분
ADD Route de Morat 12, 1700 Freiburg
OPEN 11:00~18:00(목 ~20:00)/월요일 휴무
PRICE 17세 이상 10CHF, 학생·경로 8CHF/
장 팅겔리-니키 드 생 팔 미술관 통합 관람권 15CHF,
학생·경로 11CHF/ 스위스 트래블 패스 소지자 무료
WEB mahf.ch

니키 드 생 팔의 <커다란 달>

Option

06 낭만이 담긴 재래시장
재래시장 & 벼룩시장
Marchés de Fribourg

유럽 소도시 여행의 기쁨을 한껏 누릴 수 있는 곳. 매주 수요일과 토요일 오전, 목요일 저녁에 재래시장에 방문하면 신선한 과일과 야채, 갓 구운 빵, 음식은 물론, 싱그러운 계절 꽃과 다양한 수공예 소품을 구경할 수 있다. 매달 첫째 토요일 구시가에서 열리는 벼룩시장은 숨은 보석 같은 빈티지 아이템을 발견할 기회다. **MAP ⑰**

GOOGLE MAPS 로몽 거리: R533+RQ 프리부르/플랑슈-쉬페리어르: R537+53 프리부르/시청 광장: R546+69 프리부르/프티 생장 광장: R539+94 프리부르
ACCESS 수요일 아침 시장: 로몽 거리(La Rue de Romont)/목요일 저녁 시장: 플랑슈-쉬페리어르(Planche-Supérieure)/토요일 아침 시장: 시청 광장(Place de l'Hôtel-de-Ville)부터 우체국길(Rue de la Poste)까지/벼룩시장: 프티 생 장 광장(Place du Petit-Saint-Jean)
OPEN 아침 시장: 수·토요일 06:30~12:00/저녁 시장: 목요일 16:00~19:30/벼룩시장: 4~11월 매달 첫째 토요일 08:00~16:00

Option

07 장 팅겔리의 숨은 작품 하나
조 시페 분수
La Fontaine Jo Siffert

바젤에서 장 팅겔리의 움직이는 분수(카니발 분수)를 보지 못했다면 이곳에서 아쉬움을 달래보자. 장 팅겔리가 그의 친구이자 프리부르 출신의 유명 포뮬러 1 선수였던 조제프 시페를 추모하며 만든 분수로, 스위스 문화유산에 등록돼 있다. 주변에 분수 외 볼거리가 없어서 일부러 찾아갈 만한 곳은 아니니 근처에 있다면 가볍게 들러보자.
MAP ⑰

GOOGLE MAPS R523+WJ 프리부르
ACCESS 프리부르역에서 도보 5분/관광안내소 뒤 공원 안쪽
ADD Allée des Grand-Places 1, 1700 Fribourg

Eating & Drinking

프리부르 최고의 전망 카페 겸 레스토랑

$$ 벨베데르 Belvédère

입구에서 보면 그냥 평범한 작은 카페 같지만 홀을 지나 반대편 테라스로 가면 사린 강(Sarine)과 아래쪽 구시가까지 엄청난 전망이 펼쳐지는 카페 겸 레스토랑. 프리부르에서 커피나 맥주 한잔을 하며 전망을 즐기기에 최고의 장소여서 현지인들도 여가를 보내기 위해 많이 찾는다. 저녁에는 고급 레스토랑으로 운영하며, 주말에는 브런치 뷔페(10:00~14:00)를 제공한다. MAP ⑰

GOOGLE MAPS R548+22 프리부르
ACCESS 생 니콜라 대성당에서 도보 3분
ADD Grand-Rue 36, 1700 Fribourg
OPEN 카페: 월·화 13:00~23:00, 수~금 13:00~24:00, 토 10:00~14:00, 18:00~24:00, 일 10:00~15:00/레스토랑: 수 18:00~23:30, 목·금 11:00~14:30, 18:00~23:30, 토 10:00~14:30, 18:00~23:30, 일 10:00~14:30, 월·화요일 휴무
PRICE 음료 4.50CHF~, 메인 36CHF~, 디저트 9.50CHF~, 브런치 36CHF
WEB restaurantdubelvedere.ch

100년 역사의 프리부르주 전통 음식점

$$ 레스토랑 뒤 고트하르트 Restaurant du Gothard

오픈한 지 100여 년 된 작은 레스토랑. 돼지족발 요리와 퐁뒤, 말고기 등 지역 전통 음식을 맛볼 수 있다. 장 팅겔리의 작품을 떠올리게 하는 인테리어가 인상적인 곳. 가을에 이곳을 찾는다면 가을철 주말에만 먹을 수 있는 베니숑(Bénichon) 코스 메뉴를 주문해보자. 베니숑 머스터드를 곁들인 퀴솔르 빵과 양고기를 주재료로 한 프리부르주의 전통 요리가 서빙된다. 양고기 조리법은 수프나 스튜, 구이 등으로 자주 바뀐다. MAP ⑰

GOOGLE MAPS R546+CM 프리부르
ACCESS 장 팅겔리-니키 드 생 팔 미술관에서 도보 3분
ADD Rue du Pont-Muré 16, 1700 Fribourg
OPEN 10:30~23:00(토·일 09:30~)/화·수요일 휴무
PRICE 식사 25CHF~, 베니숑 코스 66CHF~
WEB le-gothard.ch

맥주 한잔하기 딱 좋은 동네 버거 맛집

레 트랑트네르 Les Trentenaires

캐주얼한 분위기의 비스트로. 노천 테라스석에 앉아도 좋지만 고급스럽고 빈티지한 실내 분위기도 매우 훌륭하다. 브런치나 커피를 즐기며 시간을 보내기 좋은 곳. 프리부르주의 대표 맥주 간터(Ganter)를 비롯해 여러 종류의 맥주와 수제 버거가 인기 메뉴다. MAP ⑰

GOOGLE MAPS R544+4P 프리부르
ACCESS 폐수 시스템 푸니쿨라 상부역에서 도보 4분
ADD Rue de Lausanne 87, 1700 Fribourg
OPEN 10:00~24:00(수 09:00~, 목·금 ~02:00, 토 09:00~02:00)
PRICE 식사 23CHF~, 디저트 9.50CHF~, 음료 5CHF~
WEB lestrentenaires.ch

+ MORE +

프리부르 먹킷리스트

베니숑 머스터드
Moutarde de Bénichon

졸인 와인과 흑설탕, 팔각, 아니스 등이 들어간 새콤달콤한 겨자 소스. 잼과 비슷해서 빵에 발라 먹는다. 퀴숄르와 찰떡궁합.

퀴숄르 Cuchole

밀크 브리오슈의 한 종류. 사프란이 들어가서 향이 나고, 속이 노란색이다. 프리부르산 베니숑 머스터드를 발라서 먹는다. 예전엔 프리부르에서 가을에 열리는 베니숑 축제기간에만 먹었지만 지금은 사계절 내내 빵집에서 볼 수 있다.

식사와 공연이 있는 복합 문화 공간

르 튀넬 Le Tunnel

오래된 건물을 독특한 인테리어로 개조한 복합 문화 공간. 클래식부터 록, DJ까지 다양한 장르의 콘서트가 열리며, 연극이나 전시회를 할 때도 있다. 얼터너티브한 분위기를 즐기며 그저 식사만 하기에도 좋은 곳. 특히 겨울에 퐁뒤를 먹거나 뱅쇼를 홀짝이며 추위를 녹이기에 최고의 장소다. MAP ⑰

GOOGLE MAPS R546+7P 프리부르
ACCESS 생 니콜라 대성당에서 도보 2분
ADD Grand-Rue 68, 1700 Fribourg
OPEN 10:00~23:00(토 08:00~24:00)/일·월요일 휴무
PRICE 식사 22CHF~, 디저트 9CHF~, 음료 4.5CHF~
WEB le-tunnel.ch

DAY TRIP

프리부르에서 살짝 다녀오는
근교 나들이

프리부르주는 본격적인 알프스산맥이 시작되기 전에 자리한 프레알프(Pre-Alps) 지역을 포함한다. 알프스산맥보다 비교적 낮은 해발 2500m 이하의 산들로 이뤄진 프레알프는 목가적인 풍경인 데다 봄이 빨리 찾아오기 때문에 고산지대의 산악교통이 운행하지 않는 봄·가을의 대체 여행지로 삼기 좋다. 그중에 아름다운 호수 오고섬이 원픽이다.

섬이 돼버린 호수 위 성
오고섬 Île d'Ogoz

일 년에 한 달 정도만 물길이 열리는 섬. 원래 중세 시대부터 마을이 있었던 육지였으나, 1948년 하류에 댐이 건설되자 계곡 수위가 높아져 주변이 물에 잠기면서 섬이 돼버렸다. 현재는 보트로만 들어갈 수 있는데, 매년 3월 중순~5월 초에 길이 생긴다. 초여름 산 위의 눈과 빙하가 녹을 것을 대비해 수문을 열어 호수의 수위가 낮아지기 때문. 수위가 668m 이하로 내려갈 때만 길이 드러나니 수위 정보를 확인하고 마침 수위가 낮은 때라면 방문해보자. 들판을 샛노랗게 뒤덮은 민들레, 빙하수가 섞여 파랗게 빛나는 호수, 반쯤 허물어져 심드렁하게 호수를 내려다보는 오고성과 작은 교회 등 가슴 설레게 아름다운 봄날의 스위스를 만날 수 있다.

민들레가 들판을 뒤덮는 계절에만 물길이 열린다.

GOOGLE MAPS P32Q+RX Pont-en-Ogoz
ACCESS 프리부르역 버스 터미널에서 336번 버스 40분, 르 브리 빌라주(Le Bry, Village) 정류장 하차
ADD Pont-en-Ogoz, 1645 Le Bry
OPEN 3월 중순~5월 초 중 수위가 668m 이하일 때(매년 변동, 홈페이지 참고)
WEB ogoz.ch
수위 정보: kayakaventure.ch/index.php/kayakaventure/niveau-du-lac

섬 위의 성 유적

#Plus Area

고급스럽고 아름다운
미니 바로크 도시

졸로투른
SOLOTHURN

스위스에서 가장 아름다운 바로크 도시. 스위스 독일어권 특유의 정갈한 분위기 속에 화려한 바로크풍 건물들이 아아레강 강가에 즐비하다. 16~18세기 프랑스 대사들은 스위스 용병 모집을 위해 이곳에 머물며 그들의 귀족적인 취향을 들여왔는데, 그 덕분에 졸로투른은 로마 시대의 흔적과 우아한 이탈리아 바로크 스타일, 화려한 프랑스 스타일이 만난 아름다운 도시가 됐다.
졸로투른에선 곳곳에 숨겨진 숫자 11을 찾는 재미도 쏠쏠하다. 이곳은 1481년에 11번째로 스위스 연방에 가입한 졸로투른 칸톤의 주도로, 숫자 11에 특별한 의미를 부여한다. 교회도 11개, 분수도 11개, 성탑과 성문, 망루, 심지어 성당 안 제단과 종까지 모든 게 11개! 예전엔 마을 조합도 11개가 있었다고. 11의 전통은 지금도 현재진행형으로, 법원 건물 뒤편엔 11시까지만 나타낸 대형 벽시계가 있다.

- **칸톤** 졸로투른 Solothurn
- **언어** 독일어
- **해발고도** 432m

졸로투른 가는 방법

기차

베른 → 35~52분
비엔 → 16~28분
취리히 → 52~54분

차량

베른 → 45분(5km/6번 국도, 6, 1, 5번 고속도로)
빌/비엔 → 25분(30km, 5번 고속도로)
취리히 → 1시간(95km, 1번 고속도로)

★
관광안내소

GOOGLE MAPS 6G5Q+7C 졸로투른
ADD Hauptgasse 69, 4500 Solothurn
OPEN 09:00~17:30(토 ~13:00)/일요일 휴무
TEL +41 (0)32 626 46 46
WEB solothurn-city.ch

★
졸로투른역

졸로투른이라는 지명이 붙은 기차역이 3개 있다. 졸로투른(Solothurn), 졸로투른 베스트(Solothurn West), 졸로투른 알멘트(Solothurn Allmend). 그중 졸로투른 구시가 여행을 위해 찾아가야 할 곳은 그냥 졸로투른(Solothurn)이다. 무료 와이파이(SBB-FREE) 사용 가능.

Tourist & Attractions

: WRITER'S PICK :

역 앞 버스 활용하기

졸로투른 중심가는 도보로 충분 둘러볼 수 있지만 졸로투른역에서 시내까지는 거리가 조금 멀다. 역에서 나오자마자 대기 중인 2·3·9·12번 버스 중 하나를 타고 졸로투른 바젤토르(Solothurn, Baseltor)에서 내리자. 1정거장뿐이긴 해도 체력을 아끼는 데 도움이 된다. 버스는 기차 도착 시각에 맞춰서만 운행하니 눈에 띄면 바로 탈 것. 구시가 내 차량 진입은 불가능하다.

01 11의 미스터리를 간직한 대성당 장크트 우르젠 대성당

St. Ursen-Kathedrale

졸로투른에서 성스럽게 여겨지는 숫자 11을 반영한 최고의 걸작품. 18세기 스위스 이탈리아어권 아스코나 출신의 건축가 가에타노 마테오 피조니가 지은 것으로, 입구부터 이어지는 계단 수가 11의 3배, 종탑 높이는 11의 6배, 종 11개, 제단 11개, 신도들이 앉는 벤치도 11줄씩 놓여 있다. 파이프 오르간의 파이프 수도 11로 나눠질 정도. 심지어 공사 기간도 11년 걸렸다. 바로크풍의 화려한 성당 내부를 감상하고 종탑에 올라 가슴이 탁 트이는 풍경에 취해보자. 종탑 지하에는 10~20세기의 유물들이 보관돼 있다. **MAP 360p**

GOOGLE MAPS 6G5Q+7H 졸로투른
ACCESS 졸로투른역에서 도보 10분/관광안내소 맞은편
ADD Seilergasse 4, 4500 Solothurn
OPEN 성당: 08:00~18:30/
종탑: 4~10월 09:30~12:00, 13:30~17:30
(일·공휴일 12:00~17:30)
PRICE 종탑: 3CHF, 학생 2CHF, 6~15세 1CHF
WEB solothurn-city.ch/en/attractions/st.-ursus-cathedral

대성당 종탑에서 바라본 졸로투른 풍경

02 바로크 교회의 아름다움 찾기 예수회 교회
Jesuitenkirche

스위스에서 손꼽히게 아름다운 바로크 양식 교회. 장크트 우르젠 대성당보다 약 100년 빠른 17세기에 건축했다. 이탈리아 스타일의 스투코 기법(회반죽)으로 내부 벽을 장식해 섬세하고 화려하기 이를 데 없다. 제단 위쪽의 <성모승천>이 유명하며, 11월 말~1월 초엔 '성탄 사절들'이라 불리는 왁스 인형 전시가 볼거리다. MAP 360p

GOOGLE MAPS 6G5Q+45 졸로투른
ACCESS 장크트 우르젠 대성당에서 도보 1분
ADD Hauptgasse 75, 4500 Solothurn
OPEN 08:00~18:20
WEB solothurn-city.ch/en/attractions/church-of-the-jesuits

03 무적 스위스 용병의 무기 관람
옛 무기고 박물관
Museum Altes Zeughaus

17세기 초에 지은 무기고를 개조한 박물관. 창, 라이플, 검 등 수백 개의 옛 무기들과 400여 벌의 갑옷 등 유럽에서도 손가락에 꼽힐 규모의 컬렉션을 자랑한다. 특히 스위스 용병들의 상징인 핼버드를 눈여겨보자. 끝이 뾰족하고 창처럼 긴 무기인 핼버드는 도끼를 장착해 적을 찌르고, 당기고, 밀어내는데 효과적이었는데, 이것이 스위스 용병들을 더욱 유명하게 만들었다. 지금도 바티칸의 스위스 용병들은 상징적으로 이 핼버드를 들고 있다. **MAP 360p**

GOOGLE MAPS 6G5Q+HC 졸로투른
ACCESS 상크트 우르젠 대성당에서 도보 1분
ADD Zeughausplatz 1, 4500 Solothurn
OPEN 13:00~17:00(일 10:00~)/월요일 휴무
PRICE 13세 이상 8CHF, 학생·경로 6CHF, 가족(부모 2+6~15세 자녀 무제한) 10CHF/ 스위스 트래블 패스 소지자 무료
WEB museum-alteszeughaus.ch

Option
04 이 모든 거장의 작품 감상이 무료!
졸로투른 현대미술관
Kunstmuseum Solothurn

1850년대 이후 스위스 미술을 중심으로 중세부터 현대에 이르기까지 다양한 예술 작품을 전시한다. 홀바인의 <졸로투른의 성모(Solothurner Madonna)>(1522)를 비롯해 페르디낭 호들러, 쿠노 아미에, 장 팅겔리, 반 고흐, 세잔, 클림트 등 세계적인 거장의 작품을 볼 수 있다. 미술관 앞 정원 가운데 놓인 이상한 신발 분수도 놓치지 말 것. 일정 시간이 지나 신발에 물이 차면 돌아가면서 물을 쏘아낸다.
MAP 360p

GOOGLE MAPS 6G6P+4X 졸로투른
ACCESS 옛 무기고 박물관에서 도보 6분
ADD Werkhofstrasse 30, 4500 Solothurn
OPEN 11:00~17:00 (토·일 10:00~)/월요일 휴무
PRICE 무료
WEB kunstmuseum-so.ch

<졸로투른의 성모>

Option
05 매시간 펼쳐지는 작은 인형극
시계탑
Zeitglockenturm Solothurn

13세기에 건축한, 졸로투른에서 가장 오래된 건물. 일반 시계와는 반대로 긴 바늘이 시간을 가리키고 짧은 바늘이 분을 알려주는 독특한 시계가 있다. 시계 아래엔 정각마다 움직이는 기사와 죽음의 신, 바보를 상징하는 왕 인형이 있고, 맨 아래에는 16세기에 추가한 천문시계가 있다. 천문시계의 긴 바늘은 날짜, 달 모양의 짧은 바늘은 월, 해 모양은 연도를 알려준다. 해와 달 바늘은 시계 반대 방향으로 도는 것이 특이하다. **MAP 360p**

GOOGLE MAPS 6G5P+2Q 졸로투른
ACCESS 장크트 우르젠 대성당에서 도보 3분
ADD Marktplatz 46, 4500 Solothurn

왕(바보)과 죽음의 신, 기사
천문시계

Option

06 졸로투른의 시간은 다르게 흐른다
졸로투른 11시간 시계
11 i Uhr Glockenspiel

숫자 11의 도시 졸로투른엔 11시까지만 표시한 졸로투른 시계가 있다. 정각마다 시계 위의 할리퀸이 종을 쳐서 시간을 알리고, 매일 11:00·12:00·17:00·18:00엔 11개의 종이 울리면서 졸로투른을 상징하는 곡인 졸로투른 송(Solothurn Song)을 연주한다. 판타지 영화에 등장할 법한 이 금속 시계는 폴 구겔만이라는 지역 아티스트의 작품이다. **MAP 360p**

GOOGLE MAPS 6G5M+3M 졸로투른
ACCESS 동쪽 성문(Bieltor Solothurn) 밖 길 건너 왼쪽, 법원 건물 뒷골목 왼쪽 벽
ADD Schanzenstrasse 8, 4500 Solothurn

Option

07 배 타고 강 따라 호수까지!
아아레강 유람선
Aare Cruise

기다란 아아레강 위를 떠다니는 유람선. 아아레강은 인터라켄 남동쪽 알프스에서 시작해 브리엔츠 호수, 툰 호수, 베른, 비엔 호수를 거쳐 북쪽의 라인강까지 이어지는데, 시간이 여유로운 여행자라면 졸로투른에서 기차 대신 배를 타고 빌/비엔으로 들어가보자. 소도시와 시골길, 작은 마을들을 지나며 스위스의 다양한 풍경을 만끽할 수 있다. 크루즈 마니아라면 졸로투른에서 비엔 호수를 거쳐 뇌샤텔 호수, 무어텐 호수까지 배를 타고 가는 방법도 추천. 3개의 호수가 수로로 연결돼 있다. 계절에 따라 운영시간과 편수가 다르니 홈페이지 또는 관광안내소에 문의하자. **MAP 360p**

GOOGLE MAPS 6G3M+CJ 졸로투른
ACCESS 졸로투른역을 등지고 강 따라 왼쪽으로 도보 15분
ADD Schifflände Solothurn, Dreibeinskreuzstrasse 11, 4500 Solothurn
OPEN 1일 2~3회 운항, 편도 2시간 45분 소요/11~4월 휴항
PRICE 졸로투른-빌/비엔: 편도 63CHF, 6~15세 31.50CHF/ 스위스 트래블 패스 소지자 무료
WEB bielersee.ch

아아레강 유람선에서 보는 풍경
장크트 우르젠 대성당 첨탑에서 내려다본 아아레강
©Bielersee Schifffahrt

분위기가 다 한 강변 라운지

$$ 솔러르 레스토랑 라운지 Solheure Restaurant Lounge

아늑하고 감각적인 인테리어가 돋보이는 강가의 카페 겸 레스토랑이다. 차가 다니지 않는 쪽에 살짝 숨겨져 있어서 한결 한적하고 운치 있게 쉬어갈 수 있다. 커피부터 맥주, 와인, 위스키, 칵테일까지 다양한 음료가 있으며, 수제 버거, 샌드위치, 파스타, 샐러드 등 식사류도 있다. 솔러르란 이름은 졸로투른의 프랑스어명인 솔러르(Soleure)를 살짝 변형해 '태양의 시간'이란 뜻으로 재치있게 바꾼 것이다. **MAP 360p**

GOOGLE MAPS 6G4R+R2 졸로투른
ACCESS 장크트 우르젠 대성당 뒤쪽 강변
ADD Ritterquai 10, 4500 Solothurn
OPEN 11:30~24:00(월 17:00~23:00, 금·토 ~01:00, 일 ~23:00)
PRICE 버거 15CHF~, 식사 20CHF~, 음료 5CHF~
WEB solheure.ch

강변에서 부담 없이 커피 한잔

카페 바 란트하우스 Café Bar Landhaus

활기찬 분위기의 강변 카페. 부담 없는 가격의 샌드위치와 커피 등을 판매한다. 강가 테라스석은 스위스에서 드문 셀프서비스 방식으로, 안에서 커피와 샌드위치를 주문해 테라스로 들고 나와야 한다. 현금만 가능. **MAP 360p**

GOOGLE MAPS 6G4P+FG 졸로투른
ACCESS 솔러르 레스토랑 라운지에서 도보 4분
ADD Landhausquai 11, 4500 Solothurn
OPEN 07:00~22:00(목 ~24:00, 금 ~02:00, 토 08:00~02:00, 일 09:00~18:00)
PRICE 음료 4CHF~, 베이커리 4CHF~
WEB kreuz-solothurn.ch/category/cafebar/

졸로투른 토르테 원조 맛집

콩피즈리 슈터리아 Confiserie Suteria

이 지역 대표 디저트인 졸로투른 토르테의 최초 레시피를 전수해 1915년부터 만들어온 졸로투른 토르테 원조집. 2010년에 졸로투른 토르테로 스위스 제빵 대회에서 금상을 받았고, 2014년엔 하얼빈에 지점을 냈다. 위풍당당한 대성당이 보이는 테라스석에 앉아 졸로투른 토르테 한 조각과 커피를 즐기자.

MAP 360p

GOOGLE MAPS 6G5Q+67 졸로투른
ACCESS 장크트 우르젠 대성당 맞은편
ADD Hauptgasse 65, 4500 Solothurn
OPEN 07:00~18:30(토 ~17:00, 일 09:00~17:00)
PRICE 졸로투른 토르테 7CHF~, 베이커리 5CHF~, 음료 4.50CHF~, 오늘의 메뉴 20CHF
WEB suteria.ch

+ MORE +

졸로투른 토르테
Solothurner Torte

100여 년의 전통을 지닌 헤이즐넛 케이크. 오직 졸로투른에서만 맛볼 수 있다. 하얀 머랭이 헤이즐넛 버터크림과 헤이즐넛 가루를 넣어 만든 스펀지케이크를 감싸고 있는데, 달콤하고 고소해서 커피와 잘 어울린다.

스위스 최초의 합법적인 압생트 바

압생트 바, 디 그뤼느 페 Absinthe Bar, Die Grüne Fee

옆 동네 발 드 트라베르(Val-de-Travers)에서 생산한 40여 종의 압생트를 맛볼 수 있는 곳. 100년 가까이 금지됐던 압생트를 합법적으로 마시게 된 최초의 바로 유명한데, 바의 주소 또한 공교롭게도 졸로투른에서 신성하게 여기는 11번지여서 더욱 그 의미가 크다. 금단의 초록빛 술 압생트의 신비로운 이미지를 담은 아르누보 스타일의 바는 스위스에서 아름다운 바 중 한 곳으로 손꼽힌다. 예약은 10~25명 사이의 단체 방문 시에만 가능. MAP 360p

GOOGLE MAPS 6G4Q+XG 졸로투른
ACCESS 장크트 우르젠 대성당에서 도보 1분
ADD Kronengasse 11, 4500 Solothurn
OPEN 목·금 17:00~, 토 14:00~(폐점 시간은 유동적, 보통 23:00경)/일~수요일 휴무
PRICE 압생트 5CHF~, 기타 주류 5CHF~
WEB diegruenefee.ch

발레 지역

Valais

Zermatt

Gornergrat · Rothorn · Matterhorn Glacier Paradise

Saas-Fee · Leukerbad · Aletsch Arena

ZERMATT

• 체르마트 •

스위스 남서쪽에 이탈리아와 경계를 이루고 있는 곳에 위치한 작은 산골마을. 해발 4478m를 자랑하며 만년설로 덮여 있는 마터호른을 비롯해 4000m급 고봉들이 병풍처럼 마을을 둘러싸고 있어서 '멋있다'는 표현을 넘어 신비한 분위기마저 느껴지는 곳이다. 1865년 등산가 윔퍼 일행의 첫 마터호른 등정 후 일어난 비극적인 사고로 세계적으로 유명해지면서 각국의 등산가들이 몰려와 마터호른 등정을 위한 베이스캠프로 사용하기 시작했고, 오늘날 스위스에서 가장 아름답고 고급스러운 스키 리조트로 이름을 날리고 있다. 또한 '세상에서 가장 느린 특급열차'라는 애칭을 가지며 스위스의 특급관광열차 중에서 가장 인기가 많은 빙하특급의 출발점이자 종착역이며, 세계에서 몇 남지 않은, 사계절 내내 스키가 가능한 장소 중 하다. 물가가 비싸다고 소문나 있지만 가격대별 숙소나 식당의 선택지가 다양하기 때문에 예산에 맞는 곳을 찾기 어렵지 않다.

- **칸톤** 발레 Valais
- **언어** 프랑스어, 독일어
- **해발고도** 1620m

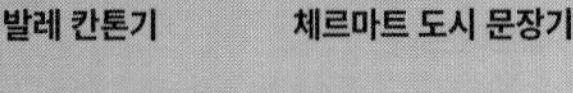

발레 칸톤기 **체르마트 도시 문장기**

Get in & Get out

★
체르마트역
GOOGLE MAPS 2PFX+H4 체르마트
ADD Bahnhofplatz 9, 3920 Zermatt
TEL +41 (0)84 864 24 42
WEB sbb.ch/en(기차 시간표 확인)

★
관광안내소
GOOGLE MAPS 2PFX+G4 체르마트
ACCESS 체르마트역에서 도보 1분
ADD Bahnhofplatz 5, 3920 Zermatt
OPEN 08:00~20:00
TEL +41 (0)27 966 81 00
WEB zermatt.ch/ko

기차

마터호른 관광의 베이스캠프인 체르마트는 환경오염을 방지하기 위해 개인용 차량을 전면 금지한 카프리(Car-free) 마을이라 렌터카보다는 기차여행을 추천한다. 타 도시에서 체르마트로 이어진 철도는 오직 마터호른 관광을 위해 놓인 것으로, 철로가 단 1개뿐이다. 따라서 어디서 오든 피스프(Visp)나 브리크(Brig)에서 마터호른 고트하르트 반(Matterhorn Gotthard Bahn)으로 갈아타고 체르마트까지 해발고도 약 1000m를 올라가야 한다.

체르마트역 Bahnhof Zermatt

1층에 인포메이션 센터와 코인 로커, 매표소, 유료 화장실(2CHF)이 있다. 고르너그라트로 올라가는 기차를 타려면 기차역에서 나와 맞은편 건물 안 승강장으로 간다. 역에서 나와 바로 보이는 길이 체르마트의 중심가이고, 그 길을 따라 숙소와 레스토랑, 상점이 늘어서 있다.
체르마트는 워낙 작은 마을이라서 걸어 다닐 수 있지만 노약자 동반 여행이라면 전기버스나 전기택시가 유용하다. 역에서 숙소까지 대부분의 호텔에서 셔틀 서비스(유료 또는 무료)를 제공하니 미리 연락해보자.

스위스는 일반 열차도 창문이 커서 풍경을 시원하게 감상할 수 있다.

마터호른 고트하르트 반

체르마트역

차량

체르마트는 개인용 차량을 통제하기 때문에 자동차로 왔다면 아랫마을인 태쉬(Täsch)에 주차한다. 태쉬 터미널에는 2100대까지 수용할 수 있는 실내 주차장이 있다. 태쉬에서 체르마트까지는 셔틀 열차로 올라가고, 체르마트 마을 안에서는 전기버스나 전기택시를 이용한다. 고급 호텔 예약 시 말이 끌어주는 마차 픽업 서비스를 제공하기도 한다.

• 주요 도시에서 태쉬까지 소요 시간

취리히공항	3시간 50분(252km/1번, 6번 고속도로, 25번 국도, 뢰취베르크 터널)
제네바공항	2시간 50분(228km/9번 고속도로)
인터라켄	2시간 20분(112km/6번 고속도로, 뢰취베르크 터널)
루가노	4시간(217km/2번 고속도로, 19번 국도, 푸르카 터널)
베른	2시간 30분(130km/6번 고속도로, 뢰취베르크 터널)

*취리히, 인터라켄, 루가노, 베른 출발 시 터널 구간은 열차에 차량 탑재 후 통과(통행료 별도)

픽업 나온 마차

호텔 전용 전기차량

★
태쉬-체르마트 셔틀 열차
Zermatt Shuttle

OPEN 05:55~21:40, 20분 간격 운행, 12분 소요(목~토 02:00~05:00 매시 정각 1대씩 추가 운행)
PRICE 편도 8.20CHF, 6~15세 50% 할인/ 스위스 트래블 패스 소지자·반액 카드 소지자 50% 할인 세이버 데이 패스 소지자 무료 / 수하물 카트 보증금 5CHF

태쉬 주차장

PRICE 1일 16CHF(8일째부터 1일 15CHF)
WEB matterhorngotthardbahn.ch/en/stories/parking-matterhorn-terminal-taesch

전기버스 e-Bus

무료 운행하며, 기차역과 연결된 레드 라인, 마터호른 글레이셔 파라다이스 승강장과 연결된 그린 라인 2개 노선이 있다. 자주 운행하진 않으니 홈페이지에서 시간표를 확인하자.

WEB e-bus.ch

전기택시 e-Taxi

체르마트 내에서의 이동은 약 20CHF로, 역 앞에 대기한 택시를 타거나 호텔 또는 전화로 요청한다.

• 주요 택시 회사 정보

택시 회사	전화번호	홈페이지
Taxi Christophe	+41 27 967 23 23	3535.ch
Bolero Taxi	+41 27 967 60 60	taxi-bolero.ch
Taxi Schaller	+41 27 967 12 12	garage-schaller.ch
Taxi24 Lombardo	+41 27 967 15 15	taxi24.name

Tour ist & Attract ions

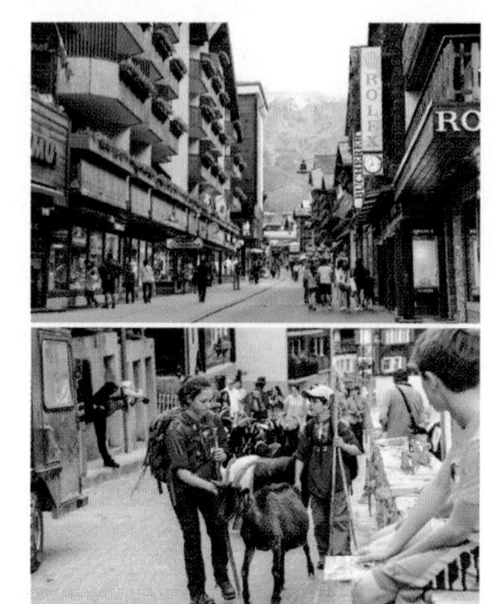

01 럭셔리한 샬레 거리
반호프 거리
Bahnhofstrasse

기차역부터 마을 중심까지 이어지는 대로. 이 길에 대부분의 상점과 레스토랑, 카페, 바 등이 모여 있다. 알프스 산간지방의 전통가옥인 샬레 스타일로 만든 건물들이 아기자기한 풍경을 완성하고, 최고급 호텔과 레스토랑, 명품숍이 근사하고 고급스러운 분위기를 더한다. 체르마트에 숙박한다면 누구나 지나갈 수밖에 없는 길이지만 숙박이나 쇼핑 계획이 없더라도 한 번쯤 가볼 만한 곳이다. MAP 8

GOOGLE MAPS 2PFX+86 체르마트
ACCESS 체르마트역을 등지고 오른쪽 큰길

+ MORE +

염소 몰이 Geissenkehr

반호프 거리에서는 매년 7월부터 8월 중순까지 약 6주간(09:00, 16:30/약 30분) 어린 목동들이 염소를 몰고 초지로 향하거나 집으로 돌아가는 모습을 볼 수 있다. 흰색과 검은색의 털이 긴 염소들은 빙하염소(Gletschergeissen)라는 종으로, 열심히 사진 찍느라 바쁜 관광객들을 곁눈질하는 모습이 매우 귀엽다.

02 체르마트에서 가장 예쁜 길
힌터도르프 거리
Hinterdorfstrasse

작은 민속촌 같은 샬레 거리. 힌터도르프는 '뒷마을'이란 뜻으로, 16~18세기에 지어진 알프스 전통 가옥과 창고가 모여 있다. 송진이 풍부해 해충에 강한 낙엽송으로 기둥을 만든 가옥들은 돌을 얇게 깎아 쌓은 기와가 집 전체에 하중을 가해 틈이 생기는 것까지 방지해 무척 견고하다. 추운 알프스 산간지대에서는 햇빛이 그 어떤 것보다 소중한데, 오랜 시간이 흐르며 가옥의 돌과 나무가 검게 변해 햇볕을 최대한 흡수하는 것도 장점이다. 현재는 내부를 개조해 레스토랑이나 바 등으로 사용하거나 렌트하우스로 운영한다. 시간여행을 하는 듯한 풍경이 기념사진을 남기기에도 완벽한 곳. MAP 8

GOOGLE MAPS 2PCW+8X 체르마트
ACCESS 몽 세르뱅 팔라스(Mont Cervin Palace) 호텔 옆길/체르마트역에서 도보 5분
WEB zermattholidays.com(숙박 예약)

03 마터호른의 이모저모
마터호른 박물관 Matterhorn Museum

반호프 거리를 걷다 보면 마터호른을 본뜬 유리 돔 건물이 눈에 띈다. 조그마한 박물관 안에 19세기의 인근 지역 생활 모습과 마터호른 주변의 동식물 등이 실감나게 전시돼 있다. 체르마트가 산악리조트로 발전하기까지의 과정과 1865년 처음 마터호른 등반에 성공한 영국인 등산가 윔퍼 일행에 대한 이야기, 그들이 내려오는 도중 끊어져 비극적인 사고가 났고 결과적으로 마터호른을 더욱 유명하게 만든 로프 등도 눈여겨보자. MAP ⑧

GOOGLE MAPS 2P9W+WH 체르마트
ACCESS 체르마트역에서 도보 7분 **ADD** Kirchplatz 11, 3920 Zermatt
OPEN 15:00~18:00(7~9월 14:00~)/11월 1~21일 및 11월 22일~12월 22일 월~목 휴무
PRICE 12CHF, 학생·경로 10CHF, 10~16세 7CHF/
스위스 트래블 패스 소지자 무료
WEB zermatt.ch/en/museum

04 모험가들의 영원한 쉼터
장크트 마우리티우스 교회
Pfarrkirche St. Mauritius

체르마트 번화가 한가운데 있는 소담한 교회. 마터호른을 등반하다가 실종돼 유해조차 찾지 못한 이들을 위로하는 묘지가 뒤뜰에 있어서 유명하다. 마터호른은 1865년 처음 정복된 이후 500여 명의 사상자를 낸 험준한 산. 위로비는 2015년 마터호른 첫 등반 150주년을 기념해 세워졌다. 그 외에도 첫 정복자인 윔퍼의 기념비를 비롯해 마터호른을 수백 번 오른 산악 가이드 등 유명한 마터호른 등반가들의 기념비와 묘가 있다. MAP ⑧

GOOGLE MAPS 2P9W+RG 체르마트 **ACCESS** 마터호른 박물관 옆
ADD Kirchplatz, 3920 Zermatt **OPEN** 24시간
WEB pfarrei.zermatt.net

05 빙하기가 남긴 절경
고르너 협곡 Gornerschlucht

마을에서 도보로 20분이면 다다를 수 있는 계곡. 마터호른의 명성에 묻혀 많은 이들이 그냥 지나쳐 가거나 존재 자체도 모르는데, 막상 가보면 압도적인 풍경에 입을 다물지 못한다. 약 2억 2천만 년 전 마지막 빙하기 때 생겨난 것으로, 이 계곡의 아름다움을 보기 위해 무려 1886년부터 관광 데크가 조성됐다. 일 년 중 가장 아름다운 때는 10월 중순 오후 3~4시경. 계곡 안으로 스며드는 햇살의 각도가 빙하수 특유의 파란색을 더욱 신비롭게 빛내준다.
MAP ⑦

GOOGLE MAPS 2P5Q+HP 체르마트
ACCESS 마터호른 글레이셔 파라다이스행 케이블카역에서 도보 17분
ADD Aroleit 27, 3920 Zermatt
OPEN 6~10월 둘째 주 09:15~17:45/그 외 기간 휴무
PRICE 5.5CHF, 6~15세·학생 3CHF
WEB zermatt.ch/en/Media/Attractions/Gorner-gorge

마터호른 뷰 포인트 BEST 3

체르마트에선 어느 곳에서든 마터호른을
아름답게 담을 수 있지만
그중 가장 인기 있는 뷰 포인트 3곳을 소개한다.

Point 1

장크트 마우리티우스 교회 뒤뜰 공동 묘지 옆

키르히교 Kirchbrücke 위와 아래

GOOGLE MAPS 2P9X+H6 체르마트

Point 2

로린 하우스 펜션(Haus Laurin Zermatt) 앞

리트 거리 Riedstrasse

GOOGLE MAPS 2Q92+QC 체르마트

Point 3

네포묵 샬레(Chalet Nepomuk) 뒤편

AHV 산책로 AHV Weg

특히 8월 1일 건국기념일과 12월 31일 밤
새해맞이 불꽃놀이가 있는 날에 인기가 많다.

GOOGLE MAPS 2Q72+X3X 체르마트

마터호른 잡학 사전

스위스를 대표하는 산이자 세상에서 사진이 가장 많이 찍힌 산봉우리라 알려진 마터호른.
왜 이 봉우리는 그렇게 사람들을 열광시키는 것일까? 마터호른에 얽힌 비밀을 풀어보자.

널리 알려진 잘못된 상식

파라마운트 영화사의 로고가 마터호른이다?

우리나라에선 영화사 파라마운트의 로고가 마터호른이라고 알고 있는 사람이 많다. 그러나 스위스인에게 이 이야기를 꺼내면 다들 알프스의 송아지처럼 커다란 눈을 끔뻑이며 금시초문이라고 말한다. 이는 오래전 모 신문사에서 낸 오보가 인터넷에 퍼지면서 국내 TV에까지 잘못 방영됐기 때문이다. 파라마운트사의 오리지널 로고는 창립자가 어린 시절 살았던 미국 유타주의 벤 로몬산(Ben Lomond)을 상상하며 그린 것이어서 언뜻 봐도 마터호른과 다르다. 논쟁의 대상이 된 것은 그 후 다시 만든 라이브 액션 로고. 이 그림은 화가 다리오 캄파닐레가 파라마운트 창립 75주년을 기념하며 그린 것인데, 화가가 어떤 산에서 영감을 얻었는지 밝히지 않아 세간에 추측이 난무하기 시작했다. 그러자 모 신문사는 마터호른과 이탈리아의 몬테비소(Monteviso) 등을 포함해 4~5개의 산이 모델 후보로 추정된다는 기사를 내보냈고, 현재 그중 가장 일치하는 것은 페루 안데스산맥에 있는 아르테손라후산(Artesonraju)라고 알려져 있다.

파라마운트 초창기 로고

마터호른의 특징은 봉우리 끝이 살짝 꺾어진 것이다.

페루의 아르테손라후산. 봉우리 끝과 산등성이 부분이 로고와 거의 일치한다.

파라마운트 라이브 액션 로고

비운이 부른 명성

마터호른이 세계적으로 유명해진 이유

마터호른은 워낙 가팔라서 19세기 산악 등반의 황금시대에도 정상 등반에 성공하는 이가 없는 난공불락의 산이었다. 그러다가 드디어 1865년, 에드워드 윔퍼를 포함한 5명의 영국 등반가와 체르마트 산악 가이드, 타우크발더 부자 등 총 7명이 첫 등반에 성공한다. 그러나 하산 도중 윔퍼를 제외한 4명의 등반가가 밧줄이 끊어져 사망하는 사건이 발생했고, 그중 한 명은 유해조차 찾지 못했다. 당시 이 사고를 접한 이들 중 일부는 윔퍼와 산악 가이드, 타우크발더 부자가 일부러 밧줄을 끊은 것이라고 의심했지만 증거 불충분으로 기소되지 않았다.

아이러니하게도 이 비극적인 사고는 마터호른을 더욱 오르고 싶은 산으로 만들었다. 사건 후에도 무려 500여 명의 사상자가 발생할 정도로 험준한 산이지만 지금도 매년 4000여 명의 산악인들이 마터호른 등반에 도전한다. 기술과 장비가 월등히 좋아진 최근엔 비교적 성공률이 높아지고 있지만 그래도 절반가량은 등반 도중 포기한다고. 마터호른은 여전히 정복하기 어렵고 매혹적인 산임이 틀림없다.

<마터호른 암벽등반>, 1865, 폴 구스타브 도레

체르마트에 있는 윔퍼 기념비

Eating & Drinking

스테파니즈 크레프리. 실내가 좁아서 대부분 테이크아웃해 간다.

레스토랑 셰퍼슈투베

가볍게 요기하기 좋은 크레프 맛집

$ 스테파니즈 크레프리
Stefanie's Crêperie

시내 중심에 있는 작은 크레프 맛집. 식사용 크레프인 짠 메뉴와 디지드용 단 크레프를 모두 맛볼 수 있다. 짠 메뉴로는 햄 치즈와 훈제 연어 크레프가, 단 메뉴로는 계피 설탕과 레몬 설탕, 바나나럼 크레프가 인기. 메뉴에 없는 재료를 추가해서 주문하는 것도 가능하다. 주인장 혼자 운영해 평일에도 대기 시간이 긴 편이다. MAP ⑧

GOOGLE MAPS 2PCW+CM 체르마트
ACCESS 체르마트역에서 도보 5분
ADD Bahnhofstrasse 60, 3920 Zermatt
OPEN 13:00~20:00
PRICE 단 메뉴 6CHF~(과일 추가 3CHF), 짠 메뉴 12CHF~(토핑 추가 1CHF, 달걀 추가 2CHF), 음료 5CHF~

©Restaurant Schäferstube

발레주 전통 음식과 어린 양고기 전문점

$$ 레스토랑 셰퍼슈투베
Restaurant Schäferstube

발레주 전통 음식과 어린 양고기가 시그니처 메뉴인 샬레 스타일의 깜찍한 레스토랑. 직화구이 스테이크, 어린 양고기를 곁들인 퐁뒤 셰퍼슈투블리, 샤부샤부와 비슷한 퐁뒤 쉬누아즈 등 고기 마니아라면 솔깃해질 독특한 메뉴들이 준비돼 있다. 스위스 청정 소고기는 물론이고 가을철엔 인근에서 사냥한 사슴이나 산양으로 만든 요리도 맛볼 수 있다. MAP ⑧

GOOGLE MAPS 2P9X+9G 체르마트
ACCESS 마터호른 박물관에서 도보 3분
ADD Riedstrasse 2, 3920 Zermatt
OPEN 18:00~22:00
PRICE 애피타이저 22CHF~, 메인 33CHF~
WEB julen.ch

+ MORE +

발레주 먹킷리스트

크루트 오 프로마주
Croûte au Fromage

화이트 와인에 적신 빵 위에 치즈를 녹여 바삭하게 구워낸 것. 케제슈니테(Käseschnitte)라고도 부른다. 스위스 알프스 지역 곳곳에서 다양하게 변형된 버전을 볼 수 있는데, 특히 체르마트가 속한 발레주에서 가장 많이 먹는다. 햄이나 달걀프라이를 얹어 먹으면 생각 이상으로 든든하기 때문에 주로 스키나 하이킹 등 체력 소모가 많은 스포츠를 즐기고 나서 먹는다.

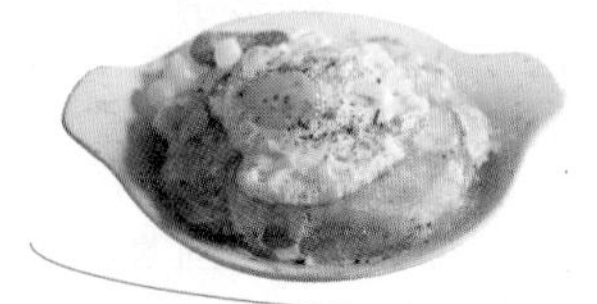

체르마트 비어
Zermatt Bier

석양 아래 맥주 한잔의 낭만을 즐기는 여행가라면 저녁 무렵 마터호른이 보이는 테라스에서 체르마트 비어를 마셔보자. 청정 빙하수로 만든 이 훌륭한 맥주는 약간 과일 향이 나는 마터호른과 라거 맥주인 몬테로사 2가지가 있다. 체르마트의 펍에서 주문할 수 있으며, 아프레 스키(Après-Ski: 스키 뒤풀이)의 단골 메뉴다.

요하니스베르크 와인
Johannisberg Wine

실배너(Sylvaner) 품종으로 만든 와인. 가벼우면서 섬세한 맛이어서 여성들의 아프레 스키 메뉴로 인기다. 여러 도메인(Domaine: '필드'라는 뜻. 보통 와인 생산자를 일컫는다)에서 만들어지는데, 원료의 산지와 생산 공정 등 까다로운 기준에 부합한 농수산물에 부여하는 인증마크인 스위스 원산지 통제 인증(AOC)을 확인하고 주문하는 것이 팁.

음식도 풍경도 체르마트 No.1

$$ 셰 브로니 Chez Vrony

해발 2100m의 산 위에 자리 잡은 체르마트 최고의 인기 레스토랑. 수네가 푸니쿨라역에서 20분이나 걸어 내려가야 하는데도 자리 맡기가 하늘의 별 따기처럼 어렵다. 예쁜 알프스 산골 마을을 걷다가 100년이 넘은 샬레 앞마당에 양털이 깔린 의자들이 길게 늘어선 모습을 보는 순간 발의 피로가 싹 풀리는 곳. 의자에 누워 발레주 특산 화이트 와인 한잔을 손에 든 채 웅장한 마터호른을 감상하고, 주인장이 직접 만든 소시지와 감칠맛 나는 시골 음식으로 행복을 누려보자. 예약 권장. 당일 전화 예약도 가능하지만 취소 시 당일 오전 9시까지 통보하지 않으면 노쇼 벌금(50CHF)을 내야 한다. MAP 391p

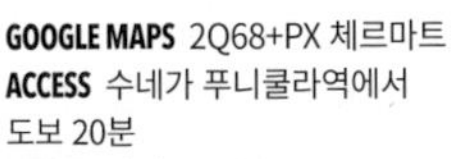

GOOGLE MAPS 2Q68+PX 체르마트
ACCESS 수네가 푸니쿨라역에서 도보 20분
ADD Findeln, 3920 Zermatt
OPEN 11:30~16:00/4월 말~6월 중순, 10월 중순~12월 초 휴무
PRICE 메인 28CHF~, 음료 6CHF~
WEB chezvrony.ch

체르마트의 또 다른 전망 맛집

$$ 핀들러호프 Findlerhof

셰 브로니와 함께 체르마트 맛집 순위 1, 2위를 다투는 산악 레스토랑. 이곳 역시 수네가 푸니쿨라역에서 25분 정도 걸어야 갈 수 있다. 환상적인 전망과 투박하지만 푸짐한 전통 음식, 친절한 서비스로 평이 좋다. 하이킹 끝에 들러도 좋고, 햇살 좋은 날 점심식사 장소로도 더없이 훌륭하다.

GOOGLE MAPS 2Q67+9P 체르마트
ACCESS 셰 브로니에서 도보 5분/수네가 푸니쿨라역에서 도보 25분
ADD Findeln, 3920 Zermatt
OPEN 6월 중순~10월 중순 10:00~17:00, 11월 셋째 주~4월 셋째 주 11:30~16:00/그 외 기간 휴무

PRICE 메인 21CHF~, 디저트 7CHF~
WEB findlerhof.ch

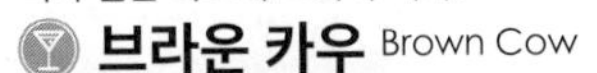

역사 깊은 아프레 스키의 메카!

브라운 카우 Brown Cow

하루 종일 사람들이 끊이지 않는 바 겸 레스토랑으로, 시내 중심에 있다. 오전 11시까지는 콘티넨털 조식을, 낮에는 샌드위치, 햄버거, 핫도그 등을 주문할 수 있으며, 저녁에는 바로 운영된다. 이곳 지하에 있는 브로큰 디스코 클럽은 스키 뒤풀이 파티인 아프레 스키의 메카. 50년이 훌쩍 넘은 곳임에도 여전히 체르마트에서 제일가는 핫플레이스다. MAP ⑧

GOOGLE MAPS 2PCW+8J 체르마트
ACCESS 체르마트역에서 도보 6분, 유니크 포스트 호텔(Unique Post Hotel) 1층
ADD Bahnhofstrasse 41, 3920 Zermatt
OPEN 09:00~02:00
PRICE 조식 25CHF, 핫도그 9CHF~, 버거 16CHF~, 주류 6CHF~
WEB hotelpost.ch

체르마트를 더욱 특별하게 만드는
알프스 액티비티

스키를 빼놓고는 알프스 산악 전망대를 이야기할 수 없다. 체르마트는 스위스에서 다섯 손가락에 꼽힐 정도로 규모가 큰 스키 지역이기도 하다. 만년설이 쌓인 봉우리에서는 여름에도 스키를 즐길 수 있으며, 땅과 하늘을 넘나들며 다양한 액티비티를 즐길 수 있다. 취향에 맞는 액티비티를 곁들여 아름다운 마터호른을 조금 더 특별하게 즐겨보자.

스키타고 이탈리아 국경 넘기

스키 & 스노보드

사계절 스키를 즐길 수 있는 곳. 총 길이 360km가량의 슬로프를 갖춘 세계적인 규모로, 겨울엔 전 지역이 스키장이 되어 이탈리아 국경을 넘나들며 활강할 수 있다. 초보자용 블루 코스, 길고 전망 좋은 중·상급자용 레드 코스, 최상급자용 블랙 코스로 나뉘며, 눈이 많이 왔을 때 최상급자는 정규 피스트 외에 오프 피스트도 즐길 수 있다. 단, 눈에 덮인 크레바스(Crevasse: 빙하 아래로 깊게 생긴 틈)가 있을 수 있으니 주의. 최상급자를 위해 길을 안내해주는 스키 가이드를 고용하는 것도 좋은 방법이다.

여름에는 마터호른 글레이셔 파라다이스 전망대에서 여름 스키를 즐길 수 있다. 빙하 위에서 타는 스키라 설질이 훌륭하지는 않지만 여름에 스키를 즐길 수 있다는 자체만으로 세계의 스키어들을 열광시킨다. 스키 패스는 홈페이지에서 미리 구매할 수 있다.

ACCESS 겨울철: 이탈리아 지역 포함 체르마트와 연결된 모든 케이블카 및 리프트/
여름철: 마터호른 글레이셔 파라다이스 전망대
OPEN 겨울철: 11~4월/여름철: 5~10월
PRICE 겨울철(이탈리아 지역 포함): 1일 97CHF~/여름철(빙하 스키): 1일 92CHF~/16~19세 15% 할인, 9~15세 50% 할인, 8세 이하 무료, 15세 이하 겨울철 토요일 무료/
장비 대여: 스키·부츠 70CHF~, 보드·부츠 80CHF~/숍마다 다름
WEB matterhornparadise.ch

하늘에서 바라보는 마터호른

헬리콥터 투어

웅장한 마터호른을 조금 더 가까이서 바라볼 수 있다. 산 아래가 아닌 산 옆에서 마터호른을 비롯해 스위스에서 가장 높은 봉우리인 몬테로사(Monte Rosa, 독일어 명칭은 Dufourspitze) 등 수많은 4000m급 고봉들을 거침없는 시야로 감상할 수 있다. 최소 4인(4세 이상) 충족 시 비행하며, 날씨에 따라 코스가 변경되거나 취소될 수 있다. 3인 이상의 그룹일 경우 원하는 코스를 선택할 수 있다. 예약 필수.

에어 체르마트 Air Zermatt AG

GOOGLE MAPS 2QH3+M7 체르마트
ACCESS 체르마트역에서 도보 10분
ADD Spissstrasse 107, 3920 Zermatt
OPEN 08:00~17:00
PRICE 1인 20분 220CHF, 30분 320CHF
WEB air-zermatt.ch

헬리콥터에서 보는 알프스 산맥

바람 타고 만끽하는 마터호른
패러글라이딩

스위스 알프스 여행에서 패러글라이딩은 단연 최고의 인기 액티비티다. 강사와 함께 비행하니 탑승자는 그저 편안하게 앉아 풍경만 구경하면 된다. 날씨가 허락하는 한 사계절 즐길 수 있고, 착륙지를 마을이 아니라 원하는 산악 레스토랑으로 지정할 수 있다. 체르마트에는 3개의 업체가 있으며, 가격은 모두 같다.

PRICE 3개의 전망대 중 출발지와 고도에 따라 190CHF, 240CHF, 420CHF

플라이 체르마트 FlyZermatt

GOOGLE MAPS 2PFX+FC 체르마트
ADD Bahnhofplatz 2, 3920 Zermatt
OPEN 08:00~19:00
WEB flyzermatt.com

체르마트 패러글라이딩 Zermatt Paragliding

GOOGLE MAPS 2PFX+72 체르마트
ADD Bodmenstrasse 3, 3920 Zermatt
OPEN 08:00~19:00
WEB zermattparagliding.com

패러글라이딩 에어 택시 Paragliding Air Taxi

GOOGLE MAPS 2PCX+5G 체르마트
ADD Bachstrasse 8, 3920 Zermatt
OPEN 08:00~19:00
WEB airtaxi-zermatt.ch

모처럼의 가족 여행을 더욱 즐겁게!
포레스트 펀 파크 Forest Fun Park

어른과 아이가 다 함께 즐길 수 있는 놀이터. 31개의 집라인과 95개의 다양한 공중 장애물이 있는 짜릿한 어드벤처 파크다. 4세 이상을 위한 코스부터 군대 다녀온 아빠도 심장이 떨릴 코스까지 다양한 레벨이 있다. 마터호른을 배경으로 그 누구보다 독특하게 남기는 기념사진은 덤. 음료나 스낵, 아이스크림을 먹을 수 있는 야외 테라스와 의자, 무료 와이파이, 무료 짐 보관소 등이 있다.

GOOGLE MAPS 2P6R+W6 체르마트
ACCESS 마터호른 글레이셔 파라다이스행 케이블카역에서 도보 10분
ADD Zen Steckenstrasse 121, 3920 Zermatt
OPEN 10:00~18:00/월·화, 부활절 연휴, 10월 말~4월 중순 휴무
PRICE 어린이 트레일 21CHF~, 빅트레일 37CHF~
WEB zermatt-fun.ch

+ MORE +

눈썰매 Sledding

겨울엔 로텐보덴역(고르너그라트로 오르는 산악열차 중간역, 382p)에서 시작하는 눈썰매장이 생긴다. 리펠베르크역까지 1km가 넘는 거리를 눈썰매로 내려갈 수 있는데, 난이도가 '쉬움'인 것과 달리 우리나라의 눈썰매장보다 경사와 커브길이 상당해서 성인들도 컨트롤하기가 어렵다. 스릴을 즐긴다면 스눅(Snook)이라는 발레주 전통 외발 썰매에 도전해 보자. 속도가 엄청 빨라서 운동신경이 좋더라도 넘어질 마음의 준비는 필수! 어린이에게는 권장하지 않는다.

#Mountain Views

알프스의 여왕

마터호른 지역

Matterhorn Region

스위스인에게 알프스에서 꼭 가야 할 한 군데만 추천해달라고 하면 하나 같이 융프라우가 아닌 마터호른을 꼽는다. 해발 4478m로 유럽에서 가장 높은 산인 몽블랑(4810m, 프랑스 소재)보다는 낮지만 스위스 쪽에서 보이는 뾰족한 삼각뿔 모양의 설산이 사람들의 이목을 끌어 스위스를 대표하는 산봉우리가 됐다. "마터호른을 보지 않고 스위스에 다녀갔다 하지 말라!"고 할 정도인 스위스인의 마터호른 사랑은 유명 초콜릿 브랜드 토블론(Toblerone) 디자인을 비롯해 수많은 여행 기념품에 새겨진 그림과 사진만 봐도 알 수 있다.

뾰족한 산꼭대기의 모양이 독특하고 아름다워 '세상에서 사진이 가장 많이 찍힌 산'이라고 불리는 마터호른은 전문 산악인도 오르기 힘든 험준한 산이다. 따라서 일반인은 등반 대신 체르마트에서 올라가는 3개의 전망대에서 그 모습을 감상하는 것으로 만족해야 한다.

체르마트와 수네가를 연결하는 푸니쿨라

고르너그라트 전망대 옥상 카페에서 보는 마터호른

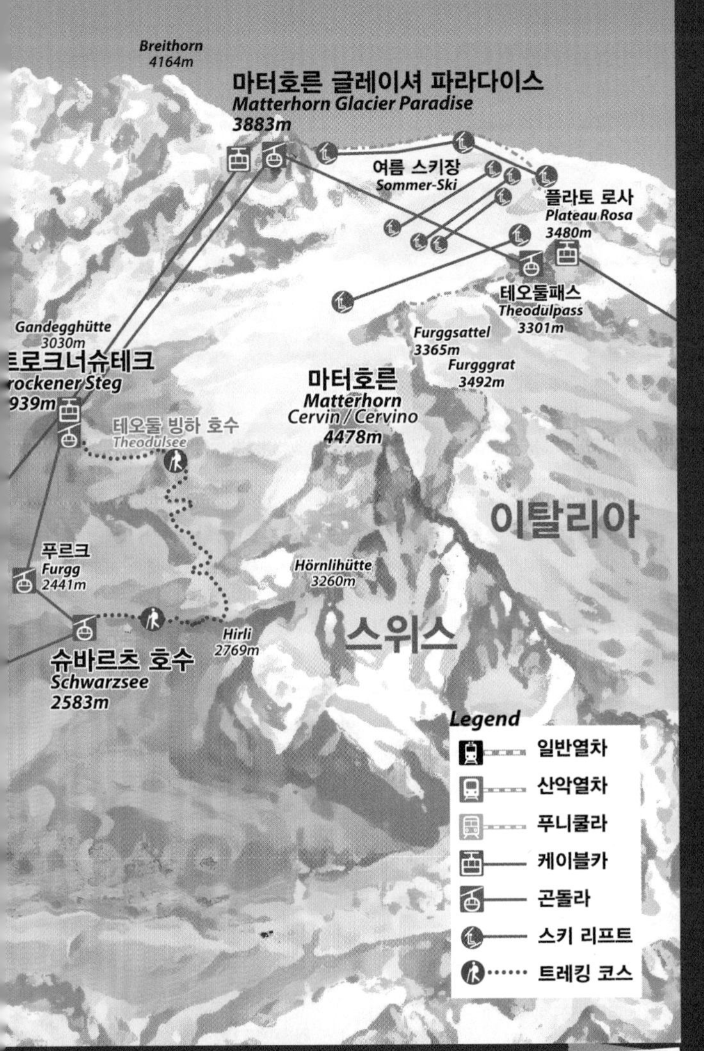

얼굴이 까만색인 발레주의 마스코트, 발레 블랙노즈. '얼굴 없는 양', '세상에서 가장 귀여운 양', '국민양'이라는 애칭으로 불리는 알프스 토종양이다.

추천 코스

마터호른의 3개 전망대(고르너그라트, 로트호른, 마터호른 글레이셔 파라다이스)는 분위기가 서로 전혀 다르다. 3곳을 모두 돌아보고 그와 연계한 하이킹 코스를 1개씩 걸어보려면 3일 정도 필요하지만 여기서는 시간이 부족한 여행자들을 위해 빠듯한 하루 코스만 소개한다. 일정에 여유가 있다면 최소 이틀은 할애해 전망대 2개와 하이킹 코스 1개씩은 꼭 걸어볼 것. 인생 최고의 알프스 풍경을 만날 수 있다.

❶ 체르마트 푸니쿨라역
↓ 푸니쿨라+곤돌라+케이블카, 총 22분
❷ 로트호른 전망대
↓ 케이블카 7분
❸ 블라우히에트(Blauherd)
↓ 곤돌라 7분
❹ 수네가(Sunnegga)
↓ 도보 25분(1.1km 내리막길)
❺ 레스토랑 셰 브로니에서 점심식사
*시간이 늦었다면 수네가 전망대 레스토랑으로 대체
↓ 도보+푸니쿨라, 총 40분 (1.1km 오르막길)
❻ 체르마트 푸니쿨라역
↓ 도보 7분
❼ 체르마트 산악열차역
↓ 산악열차 30~45분
❽ 고르너그라트 전망대
↓ 산악열차 45분
❾ 체르마트 힌터도르프 거리 산책

★
봄·가을 휴지기에 방문한다면?

고르너그라트행 산악열차를 제외한 산악교통은 봄과 가을에 휴지기가 있다. 휴지기에 방문한다면 고르너그라트 전망대와 그와 연계된 하이킹으로 대체하자.

GORNERGRAT

고르너그라트

거대한 빙하와 마터호른을 보러 가자

체르마트 남동쪽에 위치한 바위 능선, 고르너그라트(고르너 능선)는 1898년 운행을 시작한 세계 최초의 톱니바퀴형 산악열차를 타고 쉽게 오를 수 있다. 완만한 능선 속에 날카롭게 솟은 마터호른을 바라보며 정상(3135m)에 오르면 스위스 최고봉인 몬테로사(4634m)에서 마터호른으로 이어지는 4000m급 고봉 29개와 알프스에서 2번째로 긴 빙하인 고르너 빙하(Gornergletscher, 길이 약 12.4km)가 손에 잡힐 듯 가깝게 보인다.

고르너그라트 산악열차는 연중무휴로 운행하며, 종점인 고르너그라트역은 유럽에서 고도가 가장 높은 지상역(지하역을 포함하면 융프라우요흐역에 이어 2번째)이다. 스위스의 일반 열차와 마찬가지로 승차권에 시간과 자리가 정해져 있지 않으므로 중간역에서 내려 구경하고 다음 열차를 타고 가는 것은 가능하지만 왔던 길을 되돌아가려면 추가 요금을 내야 한다.

산악열차 경로 (편도 30~45분)

체르마트 → 핀델바흐(Findelbach) → 리펠알프(Riffelalp) → 리펠베르크(Riffelberg) → 로텐보덴(Rotenboden) → 고르너그라트

★

체르마트 산악열차역 Zermatt Gornergrat Bahn

GOOGLE MAPS 2PFX+H9 체르마트
ACCESS 체르마트역 앞에서 길 건너 왼쪽 코너
OPEN 07:00경~21:00경(계절마다 다름, 홈페이지 참고)/연중무휴
PRICE 왕복 11~4월 92CHF, 5·9·10월 114CHF, 6~8월 132CHF/6~15세 50% 할인/여름철 5세 이하, 겨울철 8세 이하 무료/ 스위스 트래블 패스 소지자 50% 할인 /애견 무료 동반 가능/티켓 제시 시 체르마트 전기버스 무료 탑승
WEB gornergrat.ch/en/

고르너그라트 전망대와 산악열차

: WRITER'S PICK :

컵라면 교환권 받기

발레주 블로그에서 쿠폰을 다운받아 열차 왕복 티켓 구매 시 제시하면 정상에서 사용할 수 있는 컵라면 교환권을 준다. 컵라면은 정가가 무려 7.80CHF이나 하니 반드시 쿠폰을 챙겨서 혜택을 누리자.

WEB blog.naver.com/gornergrat-2016

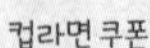
컵라면 쿠폰

고르너그라트 정상에서 본 스위스 최고봉 몬테로사와 고르너 빙하

고르너그라트
Gornergrat(3089m)

고르너그라트역에 도착하면 바로 앞에 보이는 호텔 겸 전망대 건물로 향한다. 엘리베이터를 타고 한층 올라간 뒤 건물 밖 야외 전망 데크로 나가면 마터호른의 늠름한 모습과 거대한 고르너 빙하가 선명하게 보인다. 여름에는 빙하가 녹은 물이 푸른 빛의 작은 호수를 이루어 더욱 아름답다. 전망 데크 바로 뒤로 이어지는 500m 길이의 원형 산책로는 관광객들의 방해를 받지 않고 호젓하게 빙하를 구경할 수 있는 또 다른 전망 포인트. 단, 펜스 같은 안전장치가 전혀 없으므로 각별히 주의한다.

전망대 건물 안에는 스위스에서 가장 높은 곳에 있는 호텔인 3100 쿨름호텔 고르너그라트(3100 Kulmhotel Gornergrat)와 레스토랑, 기념품 가게가 있다. 여름에는 고르너그라트역에서 로텐보덴역까지 일반 하이킹화로 쉽게 걸어 내려갈 수 있지만 겨울에는 눈이 많이 쌓여서 스노 슈즈 착용 필수다. 고르너그라트역에서 스노 슈즈를 대여(10CHF)한 후 로텐보덴역에서 반납할 수 있다.

+ MORE +

줌 더 마터호른
ZOOOM the Matterhorn

전망대 건물 앞에 있는 작은 예배당 옆에 2021년 문을 연 실내 멀티미디어 체험관. 마터호른을 구석구석 살펴볼 수 있는 망원경과 3D 영상 시설, 가상 패러글라이딩을 체험할 수 있는 VR 시설을 갖췄다.

PRICE 12CHF, 5~15세 6CHF/ 고르너그라트역이 포함된 산악열차 티켓 소지자 무료

고르너그라트 정상의 야외 전망대 로텐보텐역으로 가는 하이킹 길의 겨울 풍경

Point 2 로텐보덴
Rotenboden(2815m)

로텐보덴역에서 내려 앞으로 조금 걸어가면 토블론 초콜릿 팻말과 마터호른을 함께 담을 수 있는 인증샷 포인트가 나온다. 이곳에서 350m 정도 왼쪽으로 내려가면 3개의 작은 호수가 있고, 운 좋으면 수면 위에 마터호른이 비친 멋진 반영 사진도 얻을 수 있다.

사진 속에는 B가 실종됐다!

Point 3 리펠알프
Riffelalp(2211m)

리펠알프역에서 나와 오솔길을 따라가면 트램 길이 나온다. 길 끝에 있는 5성급 호텔인 리펠알프 리조트 2222m(Riffelalp Resort 2222m)의 투숙객 전용 셔틀 트램(미니 기차) 노선이다. 리펠알프 리조트는 숲속에 드넓은 잔디 정원을 가진 호텔로, 주변에 아무것도 없어서 힐링 여행을 꿈꾼다면 안성맞춤! 특히 유럽 최고 높이의 야외 온수 풀(Spa 2222m)에서 보는 마터호른 뷰가 대단하다. 투숙하지 않더라도 정원 테라스에서 햇빛의 각도에 따라 시시각각 달라지는 마터호른을 감상하며 커피나 맥주를 한잔하기에 그만이다.

+ MORE +

이글루에서의 하룻밤, 이글루 도르프 Iglu-Dorf

겨울에는 로텐보덴역과 리펠베르크역 사이에 있는 이글루 호텔에서 특별한 경험을 할 수 있다. 진짜 얼음 침대 위에 깔려 있는 보온 침낭 속에 들어가 자게 되는데, 이글루 안은 외부 온도와 상관없이 영하 5~10°C로 유지되기 때문에 가능한 일. 눈 조각가들이 꾸민 객실도 아름답고, 어둠이 깔리면 이글루 위로 쏟아지는 수많은 별과 그 너머로 고고하게 서 있는 마터호른의 모습도 감동적이다. 객실 수가 많지 않으니 최소 2~3달 전까지 예약할 것. 이글루 레스토랑은 투숙객이 아니어도 이용할 수 있다.

GOOGLE MAPS XQQ7+F8 체르마트
ACCESS 로텐보덴역에서 호텔 직원과 만나 약 700m를 함께 걸어서 도착
ADD Rotenboden, Gornergrat Skigebiet, Zermatt, 3920 Zermatt
OPEN 12월 중순~4월 중순
PRICE 더블룸 CHF 538~(가이드와 함께하는 야간 눈길 하이킹 포함)
WEB iglu-dorf.com/en

투숙객이 아니어도 점심에는 이글루 안에서 퐁뒤를 먹거나 음료를 즐길 수 있다.

이글루 스위트 룸의 마터호른 전망 창. 숙박객이 없는 낮에는 요청하면 창문에서 사진을 찍을 수 있다.

#Hiking

마터호른을 가장 멋지게 보는 방법

리펠 호수 길 Riffelseeweg

고산지대 특유의 황량한 듯한 풍경이 매력적인 길. 걷는 내내 눈앞에서 마터호른의 웅장한 자태를 감상할 수 있다. 길이 쉬워서 누구나 도전할 수 있으며, 바람이 잔잔한 날이면 호수 위로 영롱하게 빛나는 마터호른의 반영과 함께 인증 사진도 찍을 수 있는 인기 만점 코스다.

info.

코스	로텐보덴역 → 리펠 호수 → 리펠베르크역
거리	총 3km
소요 시간	1시간 30분
시기	6월 말~10월
난이도	하(비포장 산길)

하이킹 공식 웹사이트

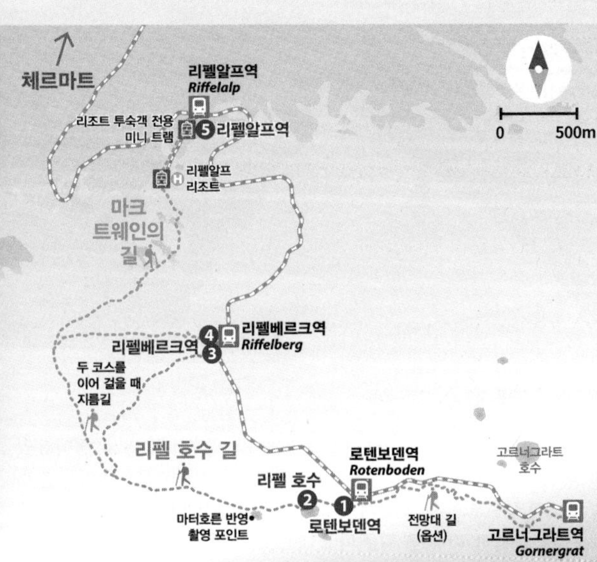

로텐보덴역 앞에서 본 풍경

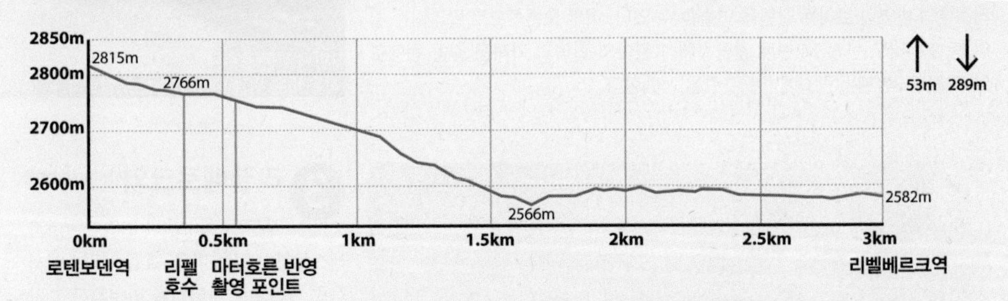

1 로텐보덴역 Rotenboden

고르너그라트 전망대에서 29개 고봉과 빙하의 향연을 감상하고 기차로 1정거장 이동해 로텐보덴역에서 하차한다. 시간이 여유롭다면 전망대 길이라 불리는 구간(1.9km)을 걸어 내려오자. 멀리서 로텐보덴역이 보이기 시작할 때 3개의 호수와 빨간색 고르너 열차, 마터호른의 멋진 삼박자 조합을 감상할 수 있다. 역 왼쪽으로 약 350m 아래에 있는 리펠 호수로 향한다.

로텐보덴에서 걷다 보면 보이는 풍경. 각기 다른 색을 띤 3개의 호수가 보인다.

❷ 리펠 호수 Riffelsee

3개의 호수 가운데 가장 큰 호수. 로텐보덴역에서 약 450m 떨어져 있다. 바람이 잔잔한 날엔 호수 위로 우아하게 서 있는 마터호른의 반영을 볼 수 있고, 송어 같은 물고기가 있어서 낚시도 할 수 있다(허가증 필요).
호수를 왼쪽에 끼고 하이킹 길을 따라 내려가면 SNS 명소인 2번째 작은 호수가 보인다. 이곳에서 마터호른을 배경으로 사람이 바위에 서고, 호수 위로 마터호른의 반영이 보이는 장면을 연출할 수 있다. 이후 오른쪽으로 갈라지는 길이 총 3번 나오는데, 1·2번째 갈림길에선 왼쪽의 협곡과 가까운 길을 선택하고, 마지막 3번째 갈림길에선 오른쪽을 선택한다.

2번째 작은 호수.
작은 바위 위가 SNS 인증샷 포인트다.

레스토랑 테라스에서 마터호른 뷰를 감상하며 식사도 가능

❸ 리펠베르크역 Riffelberg

작은 호텔(Hotel Riffelberg)과 레스토랑이 있는 마을. 호텔 테라스에서 음료 한잔으로 하이킹을 마무리하고 기차를 타고 내려간다. 호텔은 작지만 마터호른을 감상할 수 있는 통유리창 사우나와 야외 자쿠지 등 시설이 좋다. 특별한 숙소를 원한다면 추천.

#Hiking

마크 트웨인이 한눈에 반한 길
마크 트웨인의 길 Mark Twain Weg

<톰 소여의 모험>을 쓴 미국인 작가 마크 트웨인의 <리펠베르크 등반(Climbing the Riffelberg)>(1881)으로 유명해진 길. 대체로 완만하지만 절벽 위쪽의 아찔한 길을 지나게 된다. 운이 좋으면 절벽을 기어오르는 알프스 산양 아이벡스도 볼 수 있다. 더욱 흥미로운 하이킹을 위해 책을 먼저 읽고 가는 것도 좋은 방법이다.

info.

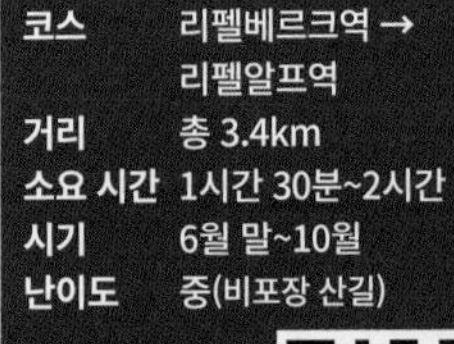

코스	리펠베르크역 → 리펠알프역
거리	총 3.4km
소요 시간	1시간 30분~2시간
시기	6월 말~10월
난이도	중(비포장 산길)

하이킹 공식 웹사이트

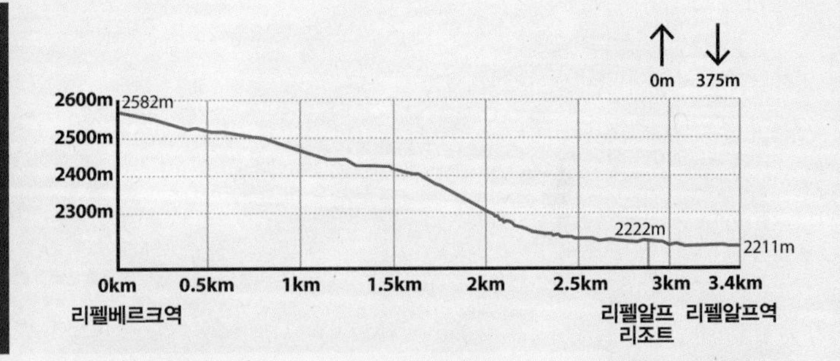

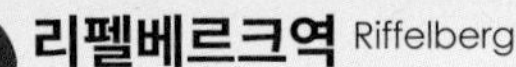

④ 리펠베르크역 Riffelberg

리펠베르크 호텔에서 협곡 방향으로 난 오른쪽 하이킹 길을 따라 내려간다. 시작점에 있는 리펠베르크 호텔은 1855년에 지어진, 체르마트 지역에서 가장 오래된 호텔이다. ❷번 리펠 호수 길과 이어서 걷는다면 리펠 호수의 3번째 갈림길에서 왼쪽을 선택해 따라가면 호텔을 건너뛰고 이 길과 이어서 걸을 수 있다. 걷기엔 어렵지 않지만 코스의 절반 정도가 한쪽 면이 낭떠러지여서 아이들과 함께 걷기는 추천하지 않는다.

⑤ 리펠알프역 Riffelalp

리펠알프는 체르마트 마을과 고르너그라트 정상 사이의 대략 중간 지점인 삼림한계선(고산에서 나무가 자랄 수 없는 한계선)에 위치한 목초지대여서 숲과 마터호른의 경관을 동시에 즐길 수 있다. 고르너 빙하가 녹아 협곡 아래로 흐르는 모습과 가끔 절벽을 뛰어다니는 아이벡스도 볼 수 있다. 대부분 완만하지만 소나무 숲 사이로 계곡 물줄기를 건너야 하는 마지막 구간의 길이 지그재그로 가파른 편이며, 땅이 젖어 있을 수 있다. 숲이 끝나고 예쁜 교회가 모습을 드러내면 하이킹이 거의 끝난 것. 숲속 성처럼 생긴 호텔 리펠알프 리조트 2222m의 테라스에서 목을 축이며 일정을 마무리한다. 호텔 전용 트램 길을 따라 약 500m 더 가면 리펠알프역이다.

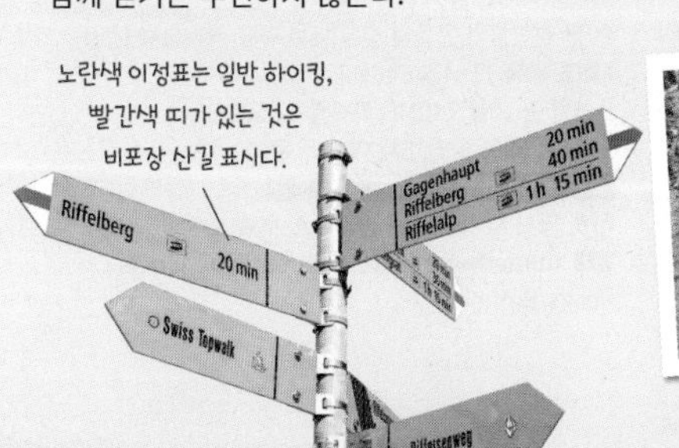

노란색 이정표는 일반 하이킹, 빨간색 띠가 있는 것은 비포장 산길 표시다.

길목에서 만난 아이벡스

로트호른

38개의 고봉이 파노라마로 펼쳐진다!

체르마트 마을의 동쪽에 있는 3103m 높이의 알프스 산봉우리. 정상에서 체르마트 너머로 바라보는 마터호른은 시야가 탁 트여서 더욱 높고 웅장해 보인다. 로트호른 정상까지 가기 위해서는 푸니쿨라와 곤돌라, 케이블카를 번갈아 타야 하는데, 봄·가을엔 휴지기이니 여행 전 홈페이지에서 운행 여부를 확인하자.

로트호른 전망대는 스위스에서 가장 유명하다고 해도 과언이 아닌 5개 호수의 하이킹 길과 연계돼 있다. 꼭 걸어보기를 추천한다. 많이 걷고 싶지 않다면 내려오는 길에 블라우히에트에서 하차해 슈텔리 호수(Stellisee)까지 왕복 2km 정도만이라도 걸어보자. 여기까지 와서 호수 위로 비치는 마터호른의 신비로운 모습을 보지 않는 건 너무 아쉬운 일이다.

*로트호른은 브리엔츠에 있는 동명의 봉우리와 구분하기 위해 체르마트 로트호른(Zermatt Rothorn)이라 부르기도 한다. 참고로 구글맵에서 체르마트 푸니쿨라역은 'Zermatt(Matterhorn Talstat.)', 로트호른 케이블카역은 '(Zermatt) Rothorn Bergstation'로 표기돼 있다.

푸니쿨라·곤돌라·케이블카 경로 (편도 27분)

체르마트 → 푸니쿨라 → 수네가(Sunnegga) → 곤돌라 → 블라우히에트(Blauherd) → 케이블카 → 로트호른

알프스의 고봉들을 닮은 돌을 전시한 로트호른 정상 산책로

★

체르마트 푸니쿨라역 Zermatt(Talstation Sunnegga)

GOOGLE MAPS 2QF2+2M 체르마트
ACCESS 체르마트역에서 길 건너 직진, 개천을 건너 왼쪽으로 도보 3분, 총 도보 8분
OPEN 08:30~16:30(구간·계절마다 다름, 홈페이지 참고)/ 4월 말~5월 중순·11월~12월 말 전 구간 휴무, 5월 중순~6월 말 케이블카 휴무, 10월 케이블카·곤돌라 휴무(매년 다름, 홈페이지 참고)
PRICE 왕복 11~4월 64CHF, 5~6월·9~10월 74CHF, 7~8월 81.50CHF/ 9~15세 50% 할인, 8세 이하 무료/ 스위스 트래블 패스 소지자 50% 할인 / 티켓 제시 시 체르마트 전기버스 무료
WEB matterhornparadise.ch/en/Experience/Peaks/Rothorn

❶ 로트호른 정상 전망

❷ 슈텔리 호수

❸ 라이 호수

❸ 줄을 잡고 이동할 수 있는 뗏목이 있다.

❸ 수네가 푸니쿨라역 레스토랑 테라스

Point 1 로트호른
Rothorn(3103m)

마터호른과 바이스호른(Weisshorn, 4506m)을 비롯한 38개 고봉이 체르마트를 병풍처럼 둘러싼 모습이 장관이다. 특히 분홍빛 일출은 오래 기억에 남을 감동적인 풍경. 정상에 오르면 사방이 확 트인 시야에 마음이 후련해지는 동시에 맨땅을 드러낸 모습에 황량한 느낌도 든다. 겨울이면 온통 흰 눈으로 뒤덮인 진정한 겨울왕국을 경험할 수 있는 곳. 정상 레스토랑 주변으로는 발레주의 18개 고봉을 닮은 조각들을 감상하며 걷는 산책로(약 1시간 소요)가 있다.

Point 2 슈텔리 호수
Stellisee

체르마트의 손꼽히는 풍경 중 하나인 호수에 비친 마터호른 반영을 볼 수 있는 곳이다. 블라우히에트역에서 내려 약 1km를 걸어 내려가야 하지만 절대 수고가 아깝지 않을 풍경을 선사한다. 블라우히에트역은유명한 하이킹 코스인 5개 호수의 길(5-Seenweg)의 시작점이기도 하다.

Point 3 수네가역
Sunnegga(2288m)

여름이면 수영과 바비큐를 즐기는 가족 여행자가 많아 '체르마트 비치'라고도 불리는 곳. 푸니쿨라로 암벽 속을 3분 정도 오른 후 역 아래의 라이 호수(Leisee)까지 야외 엘리베이터로 내려간다. 호수에는 뗏목과 무료 바비큐장이 있어서 아이와 함께 가기 좋다. 여기서 핀들러 마을 쪽으로 20분 정도 하이킹하면 체르마트 최고의 레스토랑인 셰 브로니(375p)에 닿는다.

#Hiking

스위스를 대표하는 하이킹 코스

5개 호수의 길 5-Seenweg

마터호른에 머무는 시간이 단 하루뿐이라면 이곳을 추천한다. 쉬운 코스에 평생 기억할 만한 가장 스위스다운 풍경을 즐길 수 있다. 발밑에는 알프스의 야생화들이 흐드러지게 폈고, 저편으로는 새하얀 만년설이 빛나며, 그 가운데로 비현실적으로 웅장한 마터호른이 늠름하게 솟았다. 분위기와 물빛이 전혀 다른 5개 호수를 거치는데, 그중 3개 호수 위로 마터호른이 영롱하게 비치는 모습을 볼 수 있다. 제주 올레 6코스와 우정의 길이기도 하다.

info.

코스	블라우히에트역 → 슈텔리 호수 → 그린지 호수 → 그륀 호수 → 모스지 호수 → 라이 호수 → 수네가역
거리	총 9.8km
소요 시간	3~4시간
시기	6월 중순~9월
난이도	중(비포장 산길), 8세 이상 어린이 동반 가능

하이킹 공식 웹사이트

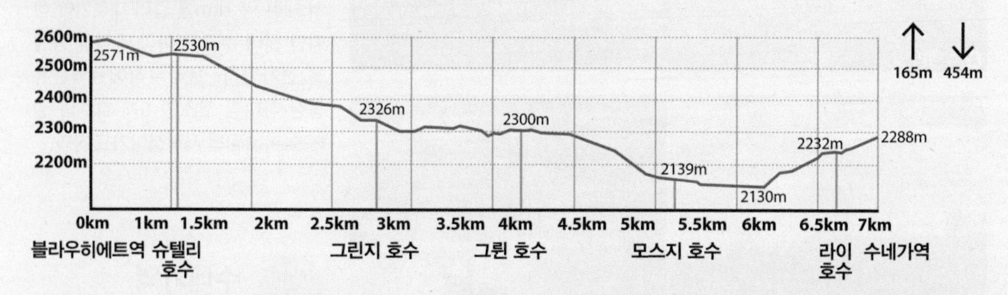

1 블라우히에트역 Blauherd

로트호른 전망대를 감상한 다음 케이블카로 블라우히에트까지 내려온다. 승강장에 '5개 호수 길(5-Seenweg)'이라고 쓰여 있어서 방향 잡기가 쉽다. 이 지역에는 귀여운 마르모트가 많이 살아서 운이 좋다면 하이킹 도중 만나볼 수 있다.

케이블카역 근처에 있는 마르모트 조각상

마르모트를 못봤다고 슬퍼할 것 없다. 귀엽고 얼굴이 까만 발레 블랙노즈들이 반겨줄 테니

❷ 슈텔리 호수 Stellisee

바람이 잔잔한 날이면 아름다운 마터호른의 반영이 생기는 산정호수. 전 세계의 사진가들을 불러 모으는 대표 주자로, 일출이나 일몰 땐 온통 분홍빛으로 물든 마터호른을 볼 수 있다. 낚시 허가를 받으면 플라잉 낚시도 가능. 호수를 감상한 후엔 왔던 길로 약간 되돌아가 갈림길에서 표지판을 보고 케이블카역 반대쪽인 그린지 호수로 이어가자. 빙하가 녹은 실개천을 지날 땐 신발이 젖을 수 있으니 맨발로 건너는 게 편하다.

❸ 그린지 호수 Grindjisee

마터호른을 가장 싱그럽게 감상할 수 있는 호수. 초록 소나무들과 다양한 알프스 야생화가 호숫가에 가득해서 하얀 봉우리와 파란 하늘과 함께 환상적인 하모니를 자랑한다. 호수가 작고 계곡 아래 있어서 바람을 막아주기 때문에 거울 같은 반영을 볼 확률도 높다. 계곡 가장자리를 따라 걷다가 호수가 보이면 내려갔다 온다.

마터호른은 잘 보이지 않지만
가장 청순하고 예쁜 호수다.

❹ 그륀 호수 Grünsee

'초록 호수'라는 뜻이지만 실제로는 시리도록 파란빛을 띠는 호수. 물빛도 아름답고 분위기도 평화로운 최적의 피크닉 장소다. 수영도 가능하지만 탈의실이 없고 빙하수가 섞여 있어서 물이 차가운 편. 덕분에 물속엔 사람을 별로 두려워하지 않는 물고기들이 가득하다. 여기서부터는 점차 계곡 아래로 내려가야 해서 길이 가팔라지기 시작한다.

❺ 모스지 호수 Moosjisee

5개의 호수 중 유일한 인공 호수. 스키 시즌 낮은 지대의 슬로프에 인공 눈을 공급하는 전력을 생산하기 위해 만들었다. 엄청난 유속의 계곡물이 흘러들어오기 때문에 수영은 절대 금지. 빙하수를 끌어와 빙하수 특유의 밀키 블루를 띠는 물빛은 5개의 호수 중 가장 예쁘다. 코스 중 제일 낮은 지대여서 다음 호수까지는 조금씩 오르막길이다.

❻ 라이 호수 Leisee

수네가 푸니쿨라역 근처에 있는 호수. 마지막으로 한 번 더 물위에 반영된 마터호른의 모습을 감상하고, 여유롭게 수영을 즐기거나 잔디에 누워 지친 다리를 풀어주자. 푸니쿨라역까지 걸어 올라가도 되지만 체력이 달린다면 엘리베이터를 이용한다.

❼ 수네가역 Sunnegga

푸니쿨라역 테라스 앞으로 거대한 마터호른이 보이는 카페테리아가 있다. 맛있는 음식으로 하이킹의 피로를 풀기에 그만이다.

MOUNTAIN VIEWS 3

MATTERHORN GLACIER PARADISE

마터호른 글레이셔 파라다이스

유럽에서 가장 높은 케이블카역

3개의 전망대 중 마터호른을 가장 가까이 볼 수 있는 곳이다. 빙하 위를 가로질러 '작은 마터호른'이란 뜻을 가진 클라인 마터호른(Klein Matterhorn) 봉우리에 올라 마터호른의 뒷면을 감상할 수 있다. 38개의 4000m급 봉우리와 14개의 거대한 빙하가 보이는 정상 풍경도 신비롭다. 올라가는 길에 지나는 테오둘 빙하(Theodul Glacier)는 빙하 위를 직접 걷지 않고도 그 기괴함을 디테일하게 감상할 수 있어서 인상적이다. 사방이 빙하로 뒤덮인 덕분에 365일 스키를 즐길 수 있다.
체르마트에서 정상까지는 곤돌라 및 케이블카로 40분 정도 걸린다(환승 시간 포함). 탑승 시각이 지정돼 있지 않기 때문에 오르내리는 길 중간역에서 자유롭게 승하차할 수 있다.

곤돌라·케이블카 경로

2가지 코스가 있으니 오르내릴 때 코스를 달리해보자. 어떤 것을 타도 요금은 같다.

- **코스 1**(편도 30분/11~4월 휴무)
체르마트 → 곤돌라 또는 케이블카 → 푸리(Furi) → 케이블카 → 트로크너 슈테크(Trockener Steg) → 곤돌라 또는 케이블카 → 마터호른 글레이셔 파라다이스

- **코스 2**(편도 44분/5·10월 각 2~3주간 휴무)
체르마트 → 곤돌라 또는 케이블카 → 푸리(Furi) → 곤돌라 → 슈바르츠제(Schwarzsee, 슈바르츠 호수) → 곤돌라 → 트로크너 슈테크(Trockener Steg) → 곤돌라 또는 케이블카 → 마터호른 글레이셔 파라다이스

★
체르마트 곤돌라역 Zermatt Talstation

GOOGLE MAPS 2P7V+V3 체르마트(Zermatt Bergbahnen AG)
ACCESS 장크트 마우리티우스 교회에서 도보 8분/전기버스 그린라인으로 마터호른 글레이셔 파라다이스 하차
OPEN 체르마트-푸리: 08:30~16:50, 그 외 구간: 08:40~16:30 (구간·계절마다 다름, 홈페이지 참고)/푸리-트로크너 슈테크 11~4월 휴무, 푸리-슈바르츠제·슈바르츠제-트로크너 슈테크 5·10월 각 2~3주간 휴무(매년 변동, 홈페이지 참고)
PRICE 왕복 11~4월 95CHF, 5~6월·9~10월 109CHF, 7~8월 120CHF/9~15세 50% 할인, 8세 이하 무료/ 스위스 트래블 패스 소지자 50% 할인 /티켓 제시 시 체르마트 전기버스 무료 탑승
WEB www.matterhornparadise.ch/en

: WRITER'S PICK :

마터호른 글레이셔 라이드 1 Matterhorn Glacier Ride I

트로크너 슈테크에서 마터호른 글레이셔 파라다이스로 올라가는 구간에 2018년 추가된 곤돌라. 28인승 대형 곤돌라로 시간당 최대 2000명을 수송하면서 정상까지 올라가는 대기시간이 단축됐다. 총 25대 중 4대는 스와로브스키 크리스털로 바닥을 투명하게 만든 캐빈이라 풍경을 더욱 실감 나게 감상할 수 있다.

정상 전망대

정상에서 보이는 빙하

빙하동굴의 얼음 조각

Point 1 마터호른 글레이셔 파라다이스
Matterhorn Glacier Paradise(3883m)

유럽에서 가장 높은 곳에 있는 케이블카역으로, 맑은 날이면 알프스 최고봉인 몽블랑은 물론, 지중해까지 바라보인다. 단, 산소 부족으로 고산병 증세가 올 수 있으니 천천히 움직여야 한다. 정상에 오르면 체르마트에서 보던 것과 마터호른이 조금 달라 보이는데, 그 이유는 전망대가 마터호른 남쪽에 있어서 봉우리의 뒷면을 보게 되기 때문. 전망대 외에도 빙하 15m 아래에 다양한 얼음 조각이 있는 얼음 궁전, 빙하 위에서 스키를 즐기는 여름 스키장과 스노 튜빙장, 전망 좋은 레스토랑 등이 있다. 겨울엔 유럽 최대 규모 스키장으로 변신, 스키를 탄 채 이탈리아 국경을 넘나들 수 있다.

+ MORE +

마터호른 글레이셔 라이드 2
Matterhorn Glacier Ride II

2023년 여름에 신설한 곤돌라. 마터호른 글레이셔 파라다이스와 이탈리아 산봉우리 테스타 그리자(Testa Grigia, 3458m)를 잇는다. 덕분에 스키 장비 없이 체르마트에서 이탈리아로 넘어갈 수 있게 됐다. 국경을 넘어가므로 여권을 꼭 소지해야 하며, 스위스 트래블 패스 할인 혜택을 받을 수 없다. 마터호른 알파인 크로싱(Matterhorn Alpine Crossing)라고도 부르며, 총 10대 중 2대는 바닥이 투명한 크리스탈 캐빈이다.

PRICE 왕복 11~4월 95CHF, 5~6월·9~10월 109CHF, 7~8월 120CHF/9~15세 50%할인, 8세 이하 무료

Point 2 트로크너 슈테크
Trockener Steg(2939m)

마터호른과 가장 가까이에 있는 전망대. 짙은 회색빛의 커다란 테오둘 빙하 호수를 감상할 수 있는데, 바람이 잔잔한 날이면 호수 위로 마터호른의 반영을 볼 수 있다. 회색 땅 위에 흐르는 빙하수가 마치 달에 물이 차 있는 듯하다. 전망 좋은 피자 가게와 조그만 기념품숍이 있다.

Point 3 슈바르츠 호수
Schwarzsee(1046m)

'검은 호수'라는 뜻의 이름과 달리 실제로는 초록빛을 띠는 호수. 마터호른은 나지막한 봉우리에 막혀 머리밖에 보이지 않지만 그 대신 푸리 방향으로 굽이굽이 펼쳐진 초록 언덕이 마음을 한없이 편안하게 만든다. 호숫가에는 인자한 얼굴로 아기 예수를 안고 있는 성모마리아 상과 작은 예배당, 테라스가 있는 레스토랑이 있다.

#Hiking

외계행성 같은 마터호른의 진짜 모습

마터호른 글레이셔 트레일

Matterhorn Glacier Trail

등반에 익숙지 않은 일반인이 마터호른을 가장 가까이에 두고 걸어볼 수 있는 코스. 여태껏 푸른 호수와 초록 잔디, 알프스의 야생화 또는 하얀 눈옷을 입은 마터호른만 봤다면 이곳에선 그 무엇으로도 치장하지 않은 마터호른의 민낯을 엿볼 수 있다. 고도가 높은 데다 빙하가 있어서 마터호른 주변은 아무것도 자라지 못한 채 회색 바위들만 부서져 있고, 빙하가 녹은 물이 고여 군데군데 크고 작은 푸른빛의 호수들이 생성돼 있다. 여름에도 녹지 않은 눈더미가 심드렁하게 쌓인 모습이 외계 행성에 떨어진 듯 신비로운 곳. 이름은 마터호른 빙하 길이지만 마터호른 빙하는 봉우리 반대편이고, 테오둘 빙하와 푸르크 빙하의 끝자락을 걷게 된다.

info.

코스 트로크너 슈테크 → 푸르크 호수 → 힐리 → 슈바르츠 호수
거리 총 6.6km
소요 시간 2~3시간
시기 7~9월
난이도 중(비포장 산길)

*출발 전 슈바르츠 호수에서 체르마트로 내려가는 마지막 케이블카 탑승 시각을 재확인하자. 계절에 따라 바뀌는데, 보통 16:30~17:00 사이에 마감한다.

하이킹 공식 웹사이트

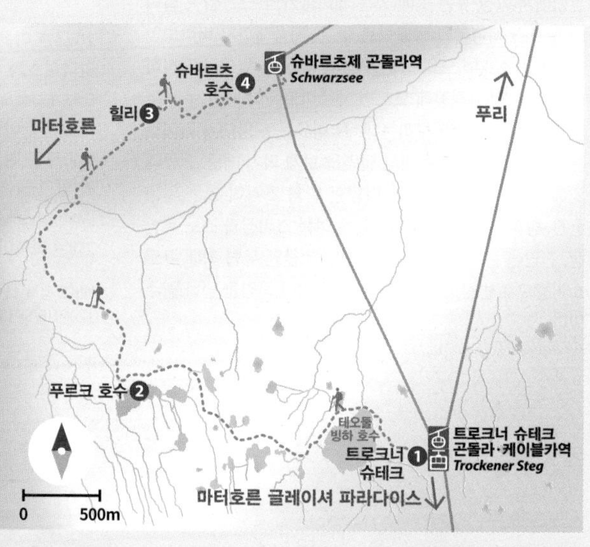

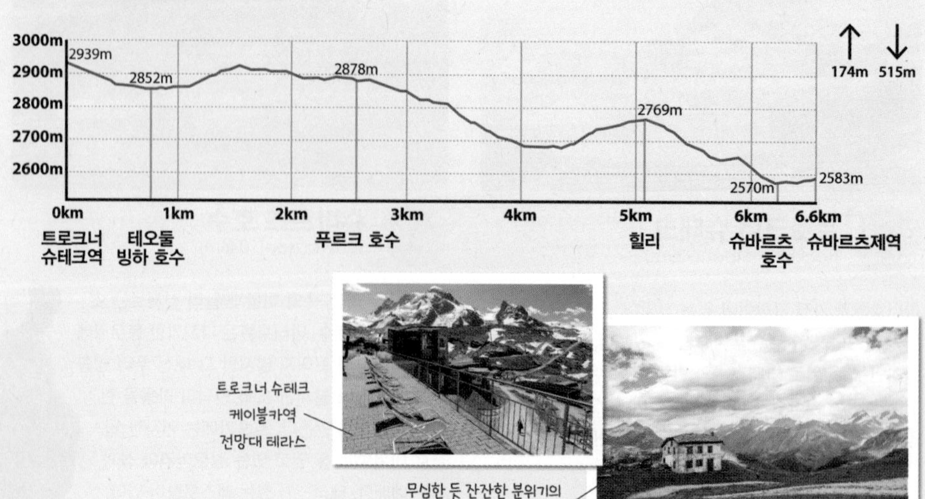

트로크너 슈테크 케이블카역 전망대 테라스

무심한 듯 잔잔한 분위기의 슈바르츠 호수 근처 풍경

1 트로크너 슈테크 Trockener Steg

역 옆으로 커다랗게 보이는 테오둘 빙하 호수(Theodulgletschersee)로 내려간다. 겨우내 쌓였던 눈과 빙하가 녹아 고인 물이라 석회질이 많은 짙은 회색이다. 멀리서 보면 아무것도 살지 않는 듯하지만 군데군데 수줍게 야생화들이 숨어 있다. 호수를 왼쪽에 끼고 반 바퀴 돌아 오르막길로 간다.

2 푸르크 호수 Furggsee

빙하수가 녹아 고인 호수. 언덕을 오르는 순간 다른 세계로 소환된 듯한 풍경이 펼쳐진다. 여기저기 크고 작은 웅덩이에 마터호른의 반영이 고고하게 빛나고, 철분이 섞인 바위들이 붉은빛을 띠어 외계 행성이 따로 없다. 무엇보다도 빙하가 당장이라도 쏟아질 듯 가깝다. 길은 안전하지만 만약에 대비해 하이킹 길을 벗어나지 않도록 한다. 가끔 바위에 흰색, 빨간색, 흰색 줄이 그어진 마크가 보이면 잘 가고 있는 것이다.

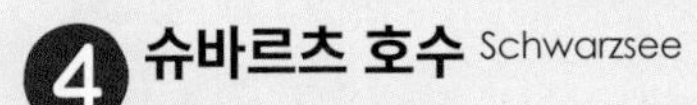

3 힐리 Hirli

푸르크 호수를 지나면 마터호른이 점점 가까워지고 위쪽에 마터호른 등반가들의 베이스캠프인 회언리 산장이 보인다. 빙하수가 흐르는 시내를 건너고 나면 오르막길이 되면서 겨울 스키 리프트 승강장인 힐리에 도착한다. 여기서부터는 계속 내리막길이다.

4 슈바르츠 호수 Schwarzsee

목가적인 분위기의 슈바르츠 호수에 도착해 슈바르츠 호텔의 레스토랑 테라스에서 시원한 음료를 마시며 하이킹을 마무리한다.

슈바르츠 호수 근처 레스토랑

#Plus Area

빙하가 쏟아질 듯 가까운 마을

사스 페

SAAS-FEE

'알프스의 진주'라 불리는 사스 페는 체르마트의 반대편 골짜기인 사스 계곡에 있는 아기자기한 마을이다. 9개의 커다란 빙하에 둘러싸여 한여름에도 하얗게 빛나는 모습이 눈부시게 아름다운 곳. 특히 마을을 들어서는 순간 당장이라도 쏟아져 내릴 것만 같은 페 빙하(Feegletscher)의 압도적인 모습은 말을 잃게 만든다. 현지인들에겐 겨울철 고급 스키 휴양지로 인기 있지만 외국인 여행자에겐 여름에도 즐길 거리가 가득하다. 세계에서 가장 높은 곳에 있는 푸니쿨라를 타고 회전 레스토랑에서 식사한 후 세계 최대 규모의 빙하 동굴에도 들어가 보고, 내려오는 길엔 손에 잡힐 듯 가까운 빙하를 구경하고, 애완견처럼 살갑게 다가오는 야생 마르모트들과도 놀아주자. 숙박객은 거의 모든 교통수단을 무료 이용할 수 있으니 도무지 안 갈 이유가 없는 곳이다.

- **칸톤** 발레 Valais
- **언어** 독일어
- **해발고도** 1800m

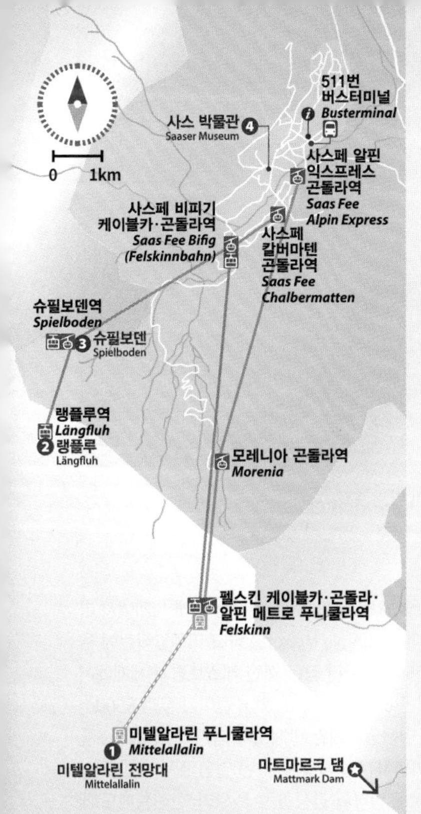

사스 페 가는 방법

기차+포스트 버스 (시외버스)

사스 계곡에는 철도가 연결돼 있지 않아서 피스프역(Visp)이나 슈탈덴 사스역(Stalden-Saas)에서 511번 포스트 버스로 갈아타고 간다. 슈탈덴 사스 정류장을 찾기가 조금 어려운데, 역 건물 뒷길에서 돌 지붕 집 사잇길 계단을 통해 위쪽 도로로 올라가야 한다. 역 건물 뒤에서 위쪽 도로는 보이지만 계단 입구는 잘 보이지 않으니 어딘지 모를 땐 역무원에게 문의하자.

포스트 버스 정류장

체르마트 → 2시간(슈탈덴 사스에서 버스 환승)
몽트뢰 → 2시간 20분(피스프에서 버스 환승)
인터라켄 → 2시간 10분(피스프에서 버스 환승)

차량

도로가 절벽 위에 있으므로 운전에 주의하고, 덩치 큰 포스트 버스가 커브 길에서 울리는 경적 소리에 귀를 기울였다 마주 오는 차량에 주의한다. 마을은 체르마트와 마찬가지로 카 프리(Car-free) 구역으로, 사스 페 마을 입구의 유료 주차장(1일 13CHF)에 주차해야 한다. 마을 내에서는 전기택시나 투숙할 호텔의 픽업 서비스를 이용한다. 주차장의 무료 전화를 이용해 호텔에 전화하면 대부분 무료로 픽업해 준다.

체르마트 → 50분(39km/산악도로, 슈탈덴 사스에서 버스 환승)
몽트뢰 → 1시간 45분(135km/9번 고속도로, 피스프에서 버스 환승)
인터라켄 → 2시간 15분(107km/8번 고속도로, 11번 국도, 뢰취베르크 터널)
*열차에 따라 터널 구간은 차량 탑재 후 통과(통행료 별도)

★
관광안내소

GOOGLE MAPS 4W5H+MM Saas-Fee
ADD Obere Dorfstrasse 2, 3906 Saas-Fee
OPEN 08:30~12:00, 14:00~18:00(토 08:30~18:00)
TEL +41 (0)27 958 18 58
WEB saas-fee.ch/en/services-information/tourist-offices

: WRITER'S PICK :
여행 팁

❶ 자스탈카드 SaastalCard

사스 페 내 정식 숙박업소 투숙객에게 발급해주는 카드. 마을과 사스 계곡 내를 이동하는 포스트 버스를 무료 이용할 수 있다(단, 타지역에서 사스 계곡 내로 들어오고 나가는 버스는 해당 없음). 여름에는 알라린 전망대를 가는 알핀 메트로를 제외한 모든 케이블카(9개)도 무료로 이용할 수 있다.

❷ 무료 장갑 받기

발레주 블로그에서 쿠폰을 다운받아 사스 페 관광안내소에서 케이블카 영수증이나 숙박 영수증을 함께 보여주면 털장갑을 받을 수 있다(변동 가능).

❸ 봄·가을은 비수기

케이블카가 운행하지 않는 5월과 11월은 호텔도 대부분 휴업하니 미리 확인하자.

Tourist & Attractions

01 아찔한 높이의 회전 레스토랑이 있는 곳
미텔알라린 전망대
Mittelallalin

'세계 최고'란 타이틀을 3개나 거머쥐고 있는 곳. 1984년에 건설된 이래 세계에서 가장 높은 곳에 있는 지하 푸니쿨라 알핀 메트로(Alpin Metro)를 타고 미텔알라린에 올라가면 역시 세계에서 가장 높은 곳(3456m)에 자리 잡은 회전 레스토랑과 세계에서 가장 큰 규모의 빙하 동굴 아이스파빌리온(Eispavillion)이 있다. 길이가 무려 5500m에 이르는 동굴에서 수천 년 전 형성된 얼음덩어리를 만져보며 과거의 지구와 소통하는 신비로운 시간을 갖자. 한쪽에는 기념사진을 남길 수 있는 얼음 조각의 방도 있다. 빙하 한가운데 있는 전망대여서 360°로 빙하를 감상할 수 있으며, 한여름에도 페빙하(Feegletscher)에서 스키와 보드를 즐기는 사람들로 북적인다. MAP 397p

아이스파빌리온

©Saastal Tourismus

경로 1 (편도 25분)

사스페 알핀 익스프레스 곤돌라역
Alpin Express

사스 페 → 곤돌라 → 모레니아(Morenia) → 곤돌라 → 펠스킨(Felskinn) → 알핀 메트로 푸니쿨라 → 미텔알라린

GOOGLE MAPS 4W4H+86 Saas-Fee
ACCESS 관광안내소에서 웰니스 4000 호스텔 방향으로 도보 6분
OPEN 12월 중순~4월 중순·7월 중순~10월 08:30~15:45(매달 변동, 홈페이지 확인)/그 외 기간 휴무

경로 2 (편도 35분)

사스페 칼버마텐 곤돌라역
Saas Fee Chalbermatten

사스 페 → 곤돌라 → 비피히(Bifig) → 펠스킨반 케이블카 → 펠스킨(Felskinn) → 알핀 메트로 푸니쿨라 → 미텔알라린

GOOGLE MAPS 4W2G+XF Saas-Fee
ACCESS 알핀 익스프레스 탑승장에서 곤돌라 진행 방향으로 도보 7분
OPEN 6월 말~7월 중순·11월 중순~4월 말 08:15~16:00(매달 변동, 홈페이지 확인)/그 외 기간 휴무

경로 1·2 공통

PRICE 왕복 75CHF, 자스탈카드 소지자 45CHF(숙박 기간 무제한 탑승)/6~15세 50% 할인/스위스 트래블 패스 소지자 50% 할인/아이스파빌리온: 20CHF, 6~15세 12CHF, 자스탈카드 소지자 알핀 메트로 티켓 구매 시 여름철 무료입장
WEB saas-fee.ch/en

알핀 메트로

Option
02 빙하 한가운데 전망대라니!
랭플루
Längfluh(2869m)

페 빙하 중간에 툭 튀어나온 바위 절벽. 절벽 위에는 곤돌라역과 전망대, 카페 2곳과 레스토랑 1곳이 있다. 이 거대한 바위 지형 때문에 양쪽으로 갈라지며 마을로 향하는 페 빙하가 전망대 뒤쪽을 덮치듯 두르고 있는데, 여름철엔 사방에서 빙하가 녹아 무너지는 소리가 천둥처럼 들린다. 눈과 빙하가 녹으면 곳곳에 푸른 연못이 형성돼 신비로움을 더한다. 겨울에 빙하 위로 눈이 두껍게 쌓이면 전 세계 스키어와 보더들을 유혹하는 최고의 스키장이 된다. MAP 397p

전망대 근처 작은 빙하 호수와 페 빙하

경로 (편도 16분)

사스페 알핀 익스프레스 곤돌라역 Alpin Express

사스 페 → 곤돌라 → 슈필보덴(Spielboden) → 케이블카 → 랭플루

GOOGLE MAPS 사스페 칼버마텐 곤돌라역: 4W2G+XF Saas-Fee/
랭플루: 3VMW+44 Saas-Fee
ACCESS 알핀 익스프레스 탑승장에서 곤돌라 진행 방향으로 도보 7분, 사스페 칼버마텐 곤돌라역(Saas Fee Chalbermatten)
OPEN 09:00~16:00(매달 변동, 홈페이지 확인)/11~12월 중순, 4월 말~5월 휴무
PRICE 왕복 58CHF, 6~15세 50% 할인/ 스위스 트래블 패스 소지자 50% 할인
WEB saas-fee.ch/en

저 멀리 사스 페 마을이 보인다.

03 귀염둥이 야생 마르모트에게 먹이 주기
슈필보덴
Spielboden(2448m)

멋진 하이킹 길 대신 이곳으로 가는 이유! 오동통하고 깜찍한 외모로 휘파람을 불며 SNS를 뜨겁게 달군 마르모트 때문이다. 토끼와 다람쥐의 중간쯤 되는 마르모트는 휘파람을 통해 의사소통한다. 보통은 사람을 두려워해 가까이서 보기 힘들지만 슈필보덴은 알프스에서 유일하게 마르모트에게 먹이 주는 것이 허용돼 있어서 녀석들이 강아지처럼 잘 따른다. 마르모트가 겨울잠에서 깨어나는 봄부터 눈이 내리기 전 가을까지 전망대 레스토랑에서 마르모트의 먹이를 구매할 수 있다(6.50CHF). 마르모트를 구경한 후 다시 곤돌라로 내려가도 되지만 이곳에서 사스 페까지는 1시간~1시간 30분(약 2.5km)이면 걸어갈 수 있으니 레스토랑 글래처그로테(Gletschergrotte)에서 커피 한잔하거나 신비로운 푸른빛의 빙하 호수들을 구경하며 내려가는 것도 좋다. MAP 397p

GOOGLE MAPS 사스페 칼버마텐 곤돌라역: 4W2G+XF Saas-Fee/
슈필보덴: 3VRX+QV Saas-Fee
ACCESS 랭플루에서 1정거장 전
OPEN 09:00~16:00(매달 변동, 홈페이지 확인)/11월~12월 중순, 4월 말~5월 휴무
PRICE 왕복 48CHF/6~15세 50% 할인/ 스위스 트래블 패스 소지자 50% 할인
WEB saas-fee.ch/en

+ MORE +

마르모트 먹이 주기

아무 음식이나 주면 절대 안 되고, 생땅콩이나 당근(1kg당 1~2CHF) 등을 사서 잘라 오면 훨씬 저렴하다. 개중에는 용감하게 손 위에서 직접 받아먹거나 다리를 꼭 끌어안고 먹이를 줄 때까지 놔주지 않는 녀석들도 있다. 순한 동물이지만 이빨이 강하니 손가락이 물리지 않도록 절대 조심한다. 암벽 수준의 땅도 쉽게 파고 사는 동물인 만큼 발톱도 날카롭기 때문에 긴 바지를 입고 가야 한다. 마지막으로 마르모트가 귀엽다고 들어 올리지 말 것! 야생 동물이어서 할퀴면 광견병 등의 위험이 있다.

Option

04 스위스 동부 알프스 사람들은 어떻게 살았을까?
사스 박물관
Saaser Museum

1732년에 지은 사제의 사택을 개조한 박물관. 옛 사스 페의 한 가정집에 들어온 듯 실감나게 꾸며 놓았다. 전통 공예품과 의상, 가구, 종교를 비롯해 사스 페가 관광 마을로 발전한 과정, 빙하의 변화에 관한 연구 등 사스 계곡 마을의 전반적인 내용을 전시한다. MAP 397p

GOOGLE MAPS 4W4F+MV Saas-Fee
ACCESS 관광안내소에서 도보 7분
ADD Dorfstrasse 6, 3906 Saas-Fee
OPEN 08:00~19:00
PRICE 12세 이상 8CHF
WEB saas-fee.ch/en/culture-customs/saas-museum

옛날 스키

+ MORE +

성수기에도 한적한, 남들이 잘 안 가는 여행지를 찾고 있다면
마트마르크 댐 Mattmark Dam

유럽 최대 규모의 수력 발전용 댐(2200m). 사스 페를 비롯한 4개 마을이 있는 사스 계곡의 가장 안쪽에 있다. 발레주의 모든 집에 전기를 공급할 만큼 엄청난 전기를 생산하는 동시에 빙하수 특유의 신비로운 물빛으로 하이킹과 야생 동물 관찰을 좋아하는 사람들에게도 인기 만점. 유모차도 들어갈 수 있을 만큼 잘 정비된 산책로를 걸으며 댐을 한 바퀴 돌 수 있는데, 운이 따른다면 산양 등의 야생동물도 볼 수 있다. 여름철 아름다운 야생화들이 가득한 길 전체를 다 돌면 2시간 30분 정도 소요된다. 레스토랑 등 편의 시설도 있다.

GOOGLE MAPS 2XX5+HV Saas-Almagell
ACCESS 포스트 버스: 사스 페 정류장에서 642/511번 탑승, 자스 그룬트 정류장에서 513번 환승, 마트마르크 댐 정류장 하차, 환승 포함 약 45분/
차량: 사스 페에서 자스 그룬트(Saas-Grund)를 거쳐 14km, 20분
OPEN 6월 중순~10월 중순 08:00~18:30/약 11회 운행
(정확한 운행 시간은 홈페이지 확인)
WEB postauto.ch/en

#Plus Area

알프스산맥에 둘러싸여 즐기는 노천 온천

로이커바트
LEUKERBAD

해발 1411m에 위치한, 알프스에서 가장 큰 온천 지역. 약 1000년 전 로마 시대부터 이 지역에서 치료의 수단으로 온천을 이용했던 흔적이 발견됐다. 마을 곳곳에서 51°C 정도의 온천수가 1일 390만L씩 샘솟는다. 2개의 대형 온천과 30여 개의 소형 호텔 온천이 있으며, 분수대 물마저도 온천수. 음용 가능한 스위스 대부분의 분수와는 달리 광물질을 함유한 온천수라 마실 순 없지만 한겨울 분수에 손을 적시면 추위가 싹 가신다. 오전엔 중세 시대 알프스를 넘는 주요 고개였던 겜미 고개(Gemmipass)에 올라 하이킹(겨울엔 스키 또는 눈썰매)을 즐기고, 오후엔 눈 쌓인 알프스산에 둘러싸여 노천 온천의 로망을 실현해보자. 스위스 최고의 와인 산지인 발레주의 화이트와인을 곁들인 저녁식사까지 마치면 로맨틱한 알프스 힐링 여행 완성!

- **칸톤** 발레 Valais
- **언어** 독일어
- **해발고도** 1411m

로이커바트 가는 방법

로이커바트에는 기차역이 없다. 인근의 로이크역(Leuk)에서 포스트 버스 471번 또는 LLB 버스로 약 30분간 이동한다.

기차+버스

몽트뢰 → 약 2시간 30분 / **체르마트** → 약 2시간 30분
인터라켄 → 약 2시간 15분

차량

몽트뢰 → 약 1시간 20분(103km/9번 고속도로)
체르마트 → 약 1시간 10분(63km/9번 국도, 9번 고속도로)
인터라켄 → 2시간(94km/8·9번 고속도로, 뢰취베르크 터널)

*열차에 따라 터널 구간은 차량 탑재 후 통과(통행료 별도)

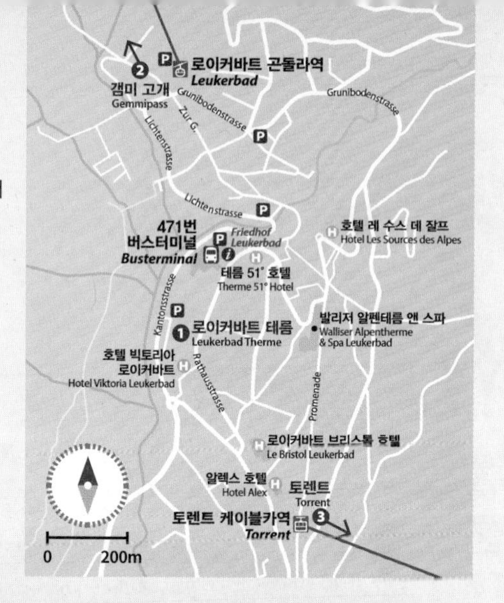

★
관광안내소

GOOGLE MAPS 9JHG+RQ Leukerbad
ADD Rathausstrasse 8, 3954 Leukerbad
OPEN 08:30~12:00, 13:30~17:00
TEL +41 (0)27 472 71 71
WEB leukerbad.ch

: WRITER'S PICK :

로이커바트 게스트 카드
Leukerbad Guest Card

로이커바트 내 정식 숙박업체 투숙객에게 발급한다. 대중온천장인 로이커바트 테름(Leukerbad Therme)과 발리저 알펜테름 앤 스파(Walliser Alpentherme & Spa), 갬미 고개 케이블카 이용료를 10% 할인받을 수 있고, 지역 노선인 LLB 버스를 무료 이용할 수 있다. 겨울에는 눈썰매장인 스노파크 이용도 무료.

01 온가족이 함께 즐기는 알프스 온천 수영장
로이커바트 테름 Leukerbad Therme

알프스 최대 규모 온천으로, 28~44°C 사이의 10여 개 온천풀과 월풀, 스포츠마사지, 워터 튜브 슬라이드 등을 갖추고 있어서 가족 여행으로 제격이다. 추가 요금을 내면 동굴 사우나, 터키식 사우나 등 여러 사우나 스파시설도 이용할 수 있다. 특이한 패키지도 운영하는데, 저녁시간에 온천에서 은은한 조명과 음악, 스낵 및 음료를 즐기는 아쿠아 미스티카 패키지(55CHF)와 온천과 브런치를 즐기는 브런치&스파 패키지(49CHF) 등이 있다. 수영복 착용 필수, 수건·수영복 대여 가능. 부르거바트 테름(Burgerbad therm)이라고도 한다. **MAP 402p**

워터 슬라이드

이벤트 프로그램

©MyLeukerbadAG

GOOGLE MAPS 9JHG+55 Leukerbad
ACCESS 관광안내소 뒷길로 도보 5분
ADD Rathausstrasse 32, 3954 Leukerbad
OPEN 온천: 08:00~20:00/ 사우나: 10:00~19:00
PRICE 온천풀: 3시간권 30CHF, 6~15세 18CHF(사우나만 이용 시 25CHF)/ 전일권 37CHF, 6~15세 22CHF/
로이커바트 게스트 카드 소지자 10 % 할인
WEB leukerbad.ch/therme

02 온천욕 전 하이킹 장소로 완벽한 곳 갬미 고개 Gemmipass

마터호른과 몬테로사를 비롯해 발레주의 아름다운 알프스 라인을 한눈에 볼 수 있는 전망대(2350m). 로이커바트 마을 북쪽에서 케이블카를 타면 거대한 절벽 위 전망대까지 6분 만에 도착한다. 전망이 근사한 레스토랑도 있어서 풍경을 감상하며 식사나 음료를 즐기기에 그만이다. 근처의 푸른 산정호수 다우벤(Daubensee)까지 조성된 하이킹 코스(1.8km, 30분 소요)가 인기 있는데, 6~10월에는 케이블카가 다우벤 호수까지 이어지기 때문에 편도 한 번은 하이킹, 다른 한 번은 케이블카를 이용하는 방법을 추천. 호수까지 가는 길도 평탄하지만 호수를 한 바퀴 도는 것(약 4.7km, 1시간 30분 소요)도 매우 쉬워서 온 가족이 함께하기 좋다. MAP 402p

다우벤 호수

GOOGLE MAPS 케이블카역: 9JMG+C5 Leukerbad, 갬미 고개: 9JX7+9Q Leukerbad
ACCESS 관광안내소에서 마을 안쪽 케이블카역까지 도보 10분
ADD Gemmistrasse 12, 3954 Leukerbad
OPEN 08:30~17:00(12월 셋째 주~4월 말 09:00~)/30분(성수기 10분) 간격 운행/4월 셋째 주~5월 말·11월 초~12월 셋째 주, 다우벤 호수 구간 11~5월 휴무
PRICE 편도 28CHF, 왕복 38CHF/갬미 고개-다우벤 호수 구간 편도 6CHF, 왕복 9CHF/16세 미만 50% 할인/
스위스 트래블 패스 소지자 50% 할인
로이커바트 게스트 카드 소지자 10% 할인
WEB gemmi.ch

전망대 아래서 올려다본 풍경

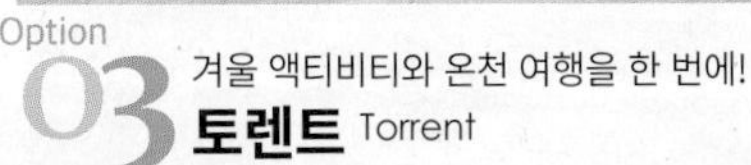

Option 03 겨울 액티비티와 온천 여행을 한 번에! 토렌트 Torrent

겨울철에 추천하는 지역. 마을 남쪽에서 케이블카로 올라가는 이곳은 다양한 레벨의 스키 슬로프와 눈썰매, 스노슈잉을 할 수 있는 코스들로 가득하다. 온천욕을 즐기기 전, 아름다운 발레주의 알프스를 감상하며 겨울 스포츠를 즐겨보자. MAP 402p

GOOGLE MAPS 9JFH+HM Leukerbad **ACCESS** 관광안내소에서 도보 15분
ADD Bergstation Rinderhütte, 3954 Leukerbad
OPEN 08:30~12:00, 13:00~17:00(12월 중순~4월 말 08:30~16:30)/30분 간격 운행/4월 말~6월 휴무
PRICE 여름: 편도 27CHF, 1일권 42CHF/16세 미만 50% 할인/ 스위스 트래블 패스 소지자 50% 할인 로이커바트 게스트 카드 소지자 10% 할인 / 겨울(스키 패스) 종일권: 62CHF, 16세 미만 37CHF, 하이커(스키리프트 제외한 1일권): 42CHF, 16세 미만 25CHF
WEB leukerbad.ch/en/torrent

#Plus Area

유럽에서 가장 긴
알레치 빙하와 맞닿은 마을들

알레치 아레나
ALETSCH ARENA

유럽에서 가장 긴 빙하(23km)로 유네스코 세계유산에 등재된 알레치 빙하. 융프라우요흐 전망대에서 멀찌감치 바라보는 게 아쉬웠다면 알레치 빙하를 아주 가까이에서 감상할 수 있는 명당인 알레치 아레나 지역으로 가보자. 리더알프, 베트머알프, 피에셔알프 등 총 3개 마을로 이뤄진 이 지역은 차량이 통제돼 있어서 기차역에서 마을까지 케이블카나 곤돌라로 올라간다. 이후 마을마다 1개씩 있는 전망대까지 다시 케이블카로 갈아타는데, 무스플루, 베트머호른, 에기스호른 전망대에 도착하면 아랫마을에선 상상도 하지 못한 압도적인 알레치 빙하를 볼 수 있다. 여름엔 빙하 가장자리를 따라 걷는 하이킹 코스가 유명하고, 겨울엔 지역 전체가 스키장이 된다.

- **칸톤** 발레 Valais
- **언어** 독일어
- **해발고도** 1060~2869m

알레치 아레나 가는 방법

케이블카로만 접근할 수 있는데, 여행용 캐리어를 가지고 가면 운반비가 부과된다. 편도 CHF 10CHF, 왕복 18CHF, 배낭은 직접 메고 갈 경우 무료.

기차

어느 곳에서 출발하든 브리크(Brig)나 피스프(Visp)에서 환승한다. 무스플루 전망대로 가려면 리더알프(Riederalp) 마을의 뫼렐역(Mörel), 베트머호른 전망대는 베트머알프(Bettmeralp) 마을의 베텐역(Betten Talstation), 에기스호른 전망대는 피에셔알프(Fiescheralp) 마을의 피에쉬역(Fiesch)에 하차한다. 3개 마을 모두 기차역에서 케이블카나 곤돌라로 환승해야 갈 수 있다.

체르마트 → 약 1시간 50분 / **몽트뢰 →** 약 1시간 30분
인터라켄 → 약 1시간 40분

차량

차량 통제 구역이라 각각 케이블카로 환승하는 아랫마을에 주차한다.

체르마트 → 1시간(53km) / **몽트뢰 →** 1시간 50분(132km)
인터라켄 → 2시간 15분(105km)

: WRITER'S PICK :

알레치 익스프레스(전기버스)

6월 초부터 10월 셋째 주까지 리더알프~베트머알프 구간을 운행한다. 요금은 6CHF(스위스 트래블 패스 적용 불가). 배낭은 소지할 수 있지만 여행용 캐리어는 탑재 불가. 캐리어가 있을 경우 호텔 셔틀버스나 전기택시를 이용한다.

★
관광안내소

GOOGLE MAPS 93Q6+R9 Bettmeralp
ADD Hauptstrasse 87, 3992 Bettmeralp
OPEN 08:30~12:00, 13:30~17:30/일요일 휴무
TEL +41 (0)27 928 58 58
WEB aletscharena.ch

케이블카로만 접근 가능한 알레치 아레나의 마을들

알레치 아레나 완전 정복 코스

조금 부지런한 여행자이라면 여름철 하이킹으로 알레치 빙하의 끝자락, 중간, 상부를 모두 감상하며 3개 마을을 모두 둘러볼 수 있다. 다음 코스를 따라 움직여보자.

뫼렐(Mörel) **오전 일찍 출발**
↓ 케이블카 12분
리더알프 미테 곤돌라역(Riederalp Mitte)
↓ 하이킹 40분
빌라 카셀
↓ 관람 & 빙하 하부 관람 30분
↓ 하이킹 25분
리더알프 베스트 곤돌라역
↓ 전기버스 15분 또는 도보 1시간
베트머알프(Bettmeralp)
↓ 도보 15분
베트머알프 마을
↓ 구경 및 점심식사
↓ 도보 10분
베트머호른행 곤돌라역
↓ 곤돌라 10분
베트머호른 전망대
↓ 관람 10분
알레치 빙하 파노라마길 하이킹
↓ 도보 4시간
피에셔알프(Fiescheralp) **숙박 또는 피에쉬역 이동**
*피에쉬행 마지막 곤돌라는 21:30경

Tourist & Attractions

Option 01

언덕 위 고풍스러운 저택에서 커피 한잔

빌라 카셀

Villa Cassel

리더알프 초원 위에 우뚝 선 그림 같은 집. 한때 영국인 재력가 어니스트 카셀의 여름 별장이었지만 현재는 알레치 빙하와 주변 숲에 서식하는 고산 지역 동식물을 보호·연구하는 프로 나투라(Pro Natura) 자연보호센터 겸 카페로 쓰인다. 지역 생태계에 대해 살펴보고 디저트 마니아의 마음을 사로잡는 수제 타르트와 커피, 말린 고기와 맥주를 맛보자. 고풍스러운 실내도 좋지만 테라스에 앉으면 그림보다 아름다운 풍경을 감상할 수 있다. 몇 개의 방은 게스트하우스로 운영 중. 하룻밤 머물다 보면 저녁이나 새벽 무렵 산책 나온 노루와 산양을 만날 수도 있다. MAP 405p

GOOGLE MAPS 92G8+JF Bettmeralp
ACCESS 리더알프 마을 서쪽 언덕, 리더알프 베스트 곤돌라역에서 오르막길로 도보 40분(하산 시 도보 25분, 흙길이라 바퀴 달린 가방은 운반 불가)
ADD Pro Natura Centre Aletsch, Villa Cassel, 3987 Riederalp
OPEN 10:30~17:30/10월 말~6월 중순 휴무
PRICE 입장료: 8CHF/ 스위스 트래블 패스 소지자 무료 /게스트하우스: 다인실 55CHF, 더블룸 180CHF
WEB pronatura-aletsch.ch

Option 02

알레치 빙하 커브의 환상적인 아름다움

베트머호른

Bettmerhorn

빙하의 커브 아래쪽에 자리한 전망대(2647m). 융프라우는 보이지 않지만 주변의 거대한 봉우리들과 알레치 빙하의 커브를 멋지게 담을 수 있다. 3개 마을 중 중간에 있는 베트머알프에서 올라가는데, 절벽을 오르는 길부터 매우 웅장하다. 전망대 멀티미디어 전시실에서는 알레치 빙하 영상이 나오고, 레스토랑 테라스에서는 마터호른을 비롯한 발레주의 4000m급 봉우리들과 몽블랑이 파노라마로 펼쳐진다. 하이라이트는 나무 데크를 따라 도착하는 야외 전망대! 거대한 알레치 빙하가 비현실적인 모습을 드러낸다. 스위스 최고의 하이킹 루트 중 하나인 알레치 파노라마길의 시작점이기도 하다. MAP 405p

GOOGLE MAPS C37J+M2 Bettmeralp
ACCESS 베텐역에서 케이블카를 타고 베트머알프 하차, 15분(약 1km) 정도 걸어가 베트머그라트(Bettmergrat)행 곤돌라로 환승, 상부역에서 하차. 총 40분
OPEN 6월 초~10월 말 08:30~16:30, 12월 말~4월 말 09:30~15:50(변동 가능, 홈페이지 참고)/그 외 기간 휴무
PRICE 왕복 전 구간 45.60CHF, 베텐~베트머알프 13.60CHF, 베트머알프~베트머그라트 32CHF/ 스위스 트래블 패스 소지자 50% 할인 원데이 트래블 패스·세이버 데이 패스 소지자 베텐~베트머알프 구간 무료, 나머지 구간 50% 할인
WEB aletscharena.ch/en/aletsch-arena/poi/view-point-bettmerhorn

정상 레스토랑의 뷰, 중간에서 약간 오른쪽이 마터호른이다.

멀티미디어 전시실과 방목 중인 양무리

03 융프라우부터 알레치 빙하까지 섭렵!
에기스호른
Eggishorn

3개의 전망대 중 제일 높은 곳에 있는 전망대(2926m). 하이킹 대신 전망대 1곳만 느긋하게 다녀오고 싶다면 추천한다. 빙하의 커브 구간에 있어서 저 멀리 융프라우의 늠름한 모습부터 알레치 빙하의 끝까지 한눈에 담을 수 있다. 알레치 아레나의 3개 마을 중 가장 규모가 작은 피에셔알프에서 올라가며, 전망대에 2개의 레스토랑이 있다. 빙하를 마주 보고 오른쪽으로 400m 정도 올라가는 에기스호른 정상에선 더 넓은 시야로 융프라우, 아이거, 묀히, 그리고 뒤쪽으로 마터호른까지 볼 수 있다. 단, 정상은 가파른 능선을 따라 부서지는 돌길을 가야 해서 난이도가 높은 편. 산길에 익숙한 사람이라도 안전에 주의한다. MAP 405p

GOOGLE MAPS C3JV+HP Fieschertal
ACCESS 피에쉬역에서 곤돌라를 타고 피에셔알프 하차, 전망대행 케이블카로 환승해 에기스호른 하차, 총 40분
OPEN 6월 초~10월 말 08:55~16:25, 12월 말~4월 말 09:30~15:50(변동 가능, 홈페이지 참고)/그 외 기간 휴무
PRICE 왕복 전 구간 49CHF, 피에쉬~피에셔알프 27CHF, 피에셔알프~에기스호른 32CHF/ 스위스 트래블 패스 소지자 50% 할인
원데이 트래블 패스·세이버 데이 패스 소지자 피에쉬~피에셔알프 구간 무료, 나머지 구간 50% 할인
WEB aletscharena.ch/en/aletsch-arena/poi/view-point-eggishorn

정상에 있는 십자가

정상 레스토랑

겨울에는 눈이 쌓여 빙하가 잘 보이지 않는다.

Option
04 기괴한 풍경을 한 빙하 끝자락
무스플루
Moosfluh

목가적인 분위기의 산악 휴양지인 리더알프(Riederalp) 마을에서 올라가는 전망대(2333m). 이곳에서 알레치 빙하의 끝자락을 볼 수 있다. 거대한 얼음덩이가 녹아 형성한 계곡과 얼음이 긁고 지나가 코끼리 가죽처럼 맨살을 드러낸 땅이 기괴하면서도 웅장한 분위기다. 전망대에서부터 빌라 카셀 자연보호센터까지 산등성이를 따라 걸어가는 하이킹은 가족 여행자에게 추천하는 인기 코스다. 다른 2개 전망대와 달리 레스토랑이나 카페는 없다.
MAP 405p

GOOGLE MAPS 92WX+C7 Riederalp
ACCESS 뫼렐역에서 케이블카를 타고 리더알프 미테 하차, 산 위쪽을 바라보고 오른쪽으로 약 600m 이동 후 리더알프에서 무스플루행 곤돌라로 환승해 무스플루 하차, 총 35분
*뫼렐역에서 리더알프로 가는 노선은 2가지다. 이 중 무스플루로 가려면 리더알프 미테행(Riederalp Mitte)을 탄다.
OPEN 6월 초~10월 말 8:30~16:30, 12월 말~4월 말 09:30~15:50(변동 가능, 홈페이지 참고)/그 외 기간 휴무
PRICE 왕복 전 구간 49CHF, 뫼렐~리더알프 19.60CHF, 리더알프~무스플루 32CHF/
스위스 트래블 패스 소지자 50% 할인
원데이 트래블 패스·세이버 데이 패스 소지자 뫼렐~ 리더알프 구간 무료, 나머지 구간 50% 할인
WEB aletscharena.ch/en/aletsch-arena/poi/view-point-moosfluh

무스플루 정상 풍경
알레치 빙하의 끝 풍경

+ MORE +

컵라면 쿠폰 받기

발레주 블로그에서 쿠폰을 다운받아 무스플루 케이블카 왕복 티켓을 구매할 때 제시하면 정상 전망대에서 컵라면을 무료로 받을 수 있다.

무료 바비큐장

05 거울 같은 호수에서 페달보트를!
베트머 호수
Bettmersee

베트머호른행 곤돌라역 옆에 있는 산정호수. 한 바퀴 도는데 20~30분이면 충분한데, 중간에 무료 바비큐장과 벤치가 있고 여름엔 수영도 할 수 있다. 낚시를 즐긴다면 플라잉 낚시로 송어도 잡을 수 있는 작은 파라다이스. 아이스크림이나 커피, 맥주와 간단한 음식을 판매하는 작은 레스토랑에서는 페달보트나 스탠드 패들보드도 빌릴 수 있다. 거울 같은 호수 위로 만년설이 소복이 쌓인 맞은편 알프스 고봉들의 반영을 감상하며 여유로운 시간을 만끽해 보자. MAP 405p

GOOGLE MAPS 93V6+8W4 Bettmeralp
ACCESS 베트머알프 마을 북쪽, 베트머호른행 곤돌라역 옆

#Hiking

알레치 빙하를 가까이에서 보는 방법

알레치 빙하 파노라마길

Aletschgletscher Panoramaweg

알레치 빙하의 가장자리를 따라 걷는 코스. 빙하 위를 걷지 않고도 빙하를 매우 가까이서 볼 수 있는데, 경사가 심하지 않아서 보기보다 쉬운 코스다. 베트머호른에서 시작해 에기스호른 둘레를 돌아 피에셔알프에서 끝나며, 피에셔알프에서 숙박하거나 곤돌라를 타고 기차역이 있는 피에쉬 마을까지 내려온다. 홈페이지에 고지 없이 케이블카 및 곤돌라 시간이 변경될 수 있으니 하이킹 시작 전에 마지막 운행 시각을 꼭 체크할 것. 보통 17:00~18:00 사이로, 매달 바뀐다.

info.

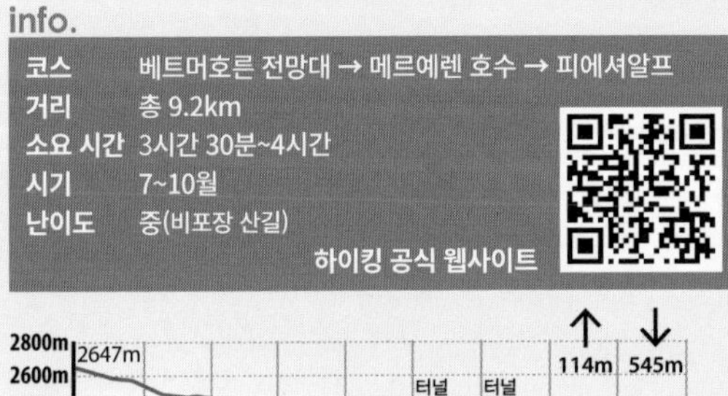

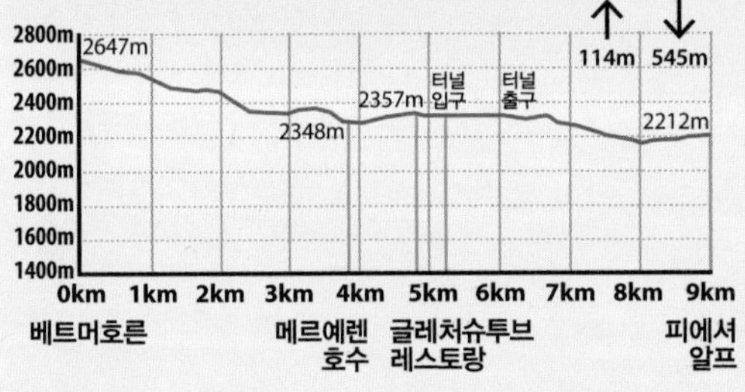

1 베트머호른 전망대
Bettmerhorn

전망대에서 알레치 빙하가 보이는 야외 뷰포인트로 가면 오른쪽에 안전 경고 표지판이 있는데, 이 뒤가 출발점이다. 초반부가 돌길이라 난이도가 높아 보이지만 금세 흙길로 바뀐다. 바위가 굴러 떨어질 수 있으니 튼튼한 등산화는 필수.

2 메르예렌 호수
Märjelensee

4km 정도 걸으면 빙하수가 고여 푸른빛을 띠는 메르예렌 호수가 나타난다. 외길이라 잘못 들 염려가 없다. 작은 연못 몇 개를 더 지나면 커다란 메르야렌 슈타우 호수(Märjalen-Stausee)가 나오는데, 이 앞에 제대로 된 발레주의 시골 음식을 맛볼 수 있는 산장 레스토랑 글레처슈투브(Gletscherstube)가 있다. 마을 방향은 언덕이 막고 있지만 보행자 터널이 뚫려 있어서 등산하지 않아도 된다.

3 피에셔알프
Fiescheralp

약 1km 길이의 보행자 터널을 지나 터널 입구를 등지고 오른쪽으로 3km 정도 가면 피에셔알프 마을에 도착한다. 조그만 마을이라 상점은 없고 호텔과 음식점도 몇 개 없으니 여기서 숙박 예정이라면 미리 식사 계획을 세워두는 것이 좋다. 17:00 이후에는 피에쉬행 곤돌라가 1~2시간 간격으로 뜸해지니 주의한다. 막차는 21:30경에 있다.

이 뷰포인트의 오른쪽이 출발점!

레만 호수 지역
Région du Léman

Genève · Lausanne

Montreux · Vevey · Gruyères · Château-d'Œx

GENÈVE

• **제네바**(주네브) [영어명 Geneva] •

취리히와 함께 스위스를 이끄는 중심 도시인 제네바를 말할 땐 '평화의 수도', '국제도시'라는 수식어가 따라붙는다. UN 유럽본부, 세계보건기구(WHO), 적십자 등 국제기구들이 밀집했고 복지와 자연환경이 뛰어나며, 소득 수준도 세계 1~2위를 다투는 제네바는 항상 세상에서 가장 살기 좋은 도시로 손꼽힌다. 제네바는 종교개혁가 칼뱅이 활동했던 개신교의 성지이자 유명한 계몽주의 철학가 장 자크 루소의 고향이며, 스위스 시계 산업의 중심지이기도 하다.
여기에 기후가 온화한 레만 호숫가는 전 세계 관광객이 찾아와 여유를 즐기는 인기 휴양지. 제네바의 풍부한 문화유산을 감상하고 분위기 좋은 호숫가 레스토랑에 앉아 질 좋은 특산 와인을 음미하며, 평화의 수도를 온몸으로 느껴보자.

- **칸톤 제네바** Genève(독일어로 겐프 Genf)
- **언어** 프랑스어
- **해발고도** 375m

제네바 칸톤기 제네바 도시 문장기

Get in & Get out

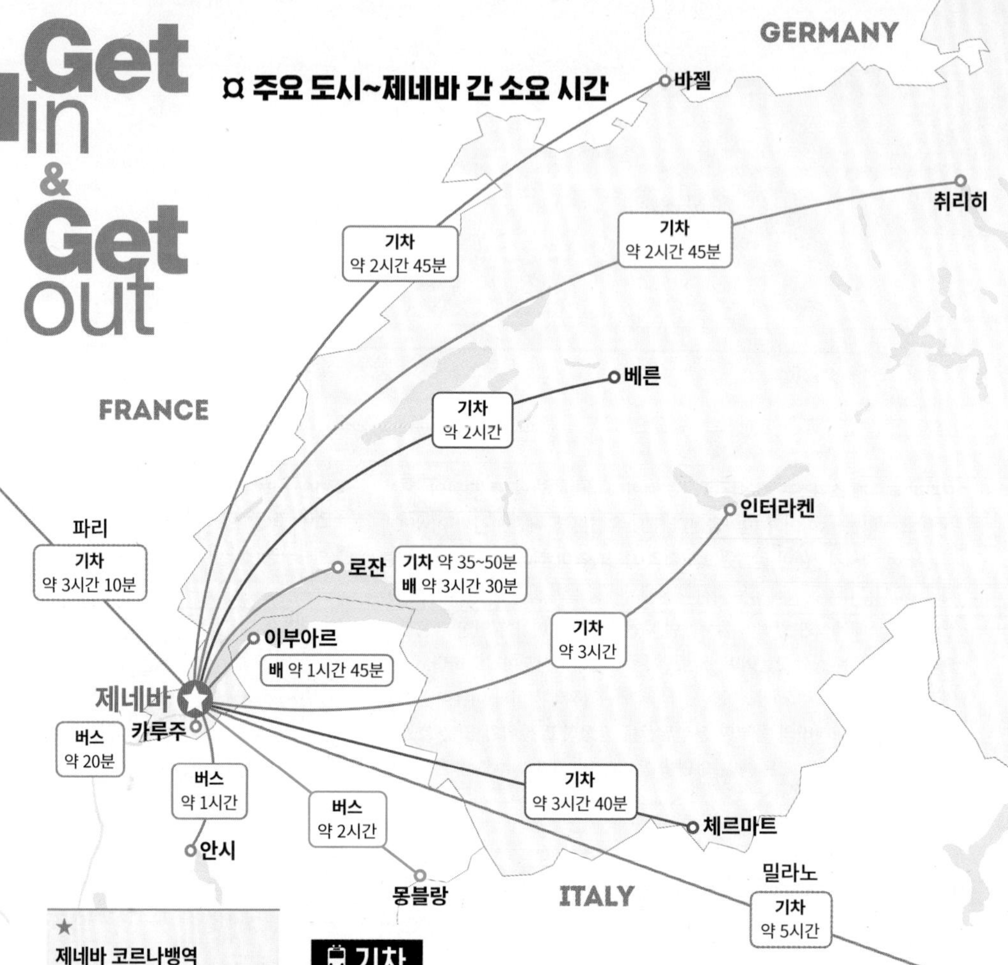

★

제네바 코르나뱅역

GOOGLE MAPS 645R+VX 제네바
ADD Place de Cornavin 7, 1201 Genève
TEL +41 848 44 66 88 (스위스 연방 철도 통합번호)
WEB sbb.ch/en(기차 시간표 조회 및 예약)

★

관광안내소

GOOGLE MAPS 646V+55 제네바
ACCESS 제네바 코르나뱅역 1층
ADD Cornavin Train Station, Place de Cornavin 7, 1201 Genève
OPEN 09:15~17:45(목 10:00~, 일요일 및 공휴일 10:00~16:00)/ 12월 25일, 1월 1일 휴무
TEL +41 (0)22 909 70 00
WEB geneve.com/en/

기차

제네바에는 제네바공항역(Genève-Aéroport)과 코르나뱅역(Cornavin) 2개의 기차역이 있는데, 그중 코르나뱅역이 관광지가 모여 있는 시내에 있다. 그러나 코르나뱅역은 외국인에게 익숙지 않은 이름이기 때문에 스위스 연방 철도 온라인 예약 페이지 등에는 여행자의 이해를 돕기 위해 제네바 코르나뱅역(Genève, Gare Cornavin)이라 표기한다. 따라서 이 책에서도 코르나뱅역을 제네바 코르나뱅역이라고 표기한다.

제네바 코르나뱅역 Genève, Gare Cornavin

50여 개의 상점이 입점한 작은 쇼핑몰이 자리 잡고 있다. 분실물 센터와 물품 보관소(04:30~ 24:45)는 관광안내소에서 정문을 마주 보고 왼쪽 끝에 있으며, 지하 1층엔 샤워실과 화장실이 있다. 화장실 이용료는 2CHF. 그 외 환전소, 여행 가방 배송 서비스, 자전거 대여소가 있고, 무료 와이파이(SBB-FREE)도 사용 가능. 역에서 관광명소가 모여 있는 론강 건너편까지 도보로 약 15분 소요된다.

제네바 코르나뱅역

무인 물품 보관소

비행기

스위스 제2의 국제공항인 제네바국제공항은 프랑스 국경과 접하고 있어서 스위스 또는 프랑스로 입국할 수 있다. 우리나라에서 제네바까지는 직항편이 없고, 취리히나 유럽의 다른 도시를 경유해 들어간다. 유럽 내 대부분의 도시에서 직항편이 운항하며, 이지젯 등 유럽 저비용 항공 노선도 다양하다.

공항에서 시내 가는 법

공항에서 약 4km 떨어진 제네바 시내까지 이동할 때 가장 좋은 방법은 기차로, 약 7분 소요된다. 요금은 3CHF(반액 할인 카드 소지자 2CHF, 스위스 트래블 패스 소지자 무료). 늦은 시각에는 녹탐뷔스(Noctambus)라는 야간버스(33번/10번)가 03:15까지 운행하며, 약 15분 소요된다. 요금은 기차와 같다. 대부분의 호텔에서 셔틀 서비스를 제공하니 호텔에 문의해보자. 택시 이용 시 시내 중심부까지 요금이 45~55CHF로 비싸다.

제네바국제공항

공항기차역 티켓 자동판매기

국제 고속버스

제네바는 국제적인 도시이기 때문에 영국, 프랑스, 스페인, 이탈리아, 폴란드, 러시아, 크로아티아 등 유럽 여러 나라에서 고속버스를 이용해 들어올 수 있다.

차량

유럽 다른 국가에서 차량을 렌트하면 육로로 국경을 넘을 수 있다. 렌터카는 도시 간 이동에 유용하지만 제네바 시내에서는 통제 구간이 많아 대중교통을 이용하거나 걸어 다니는 것이 편하다. 공공 주차장 이용 요금+2인 1일 대중교통 패스 패키지인 파크 앤 라이드(Park and Ride)를 이용하면 저렴하다.

• 주요 도시에서 제네바까지 소요 시간

파리	약 5시간(540km/프랑스 고속도로 6번, 40번)
샤모니(프랑스 몽블랑)	약 1시간 15분(82km/프랑스 고속도로 40번)
취리히	약 2시간 50분(275km/ 62번 국도, 1번 고속도로)
베른	약 1시간 50분(157km/62번 국도, 1번 고속도로)
체르마트	약 2시간 40분(231km/62번 국도, 9번 고속도로)

: WRITER'S PICK : 고속도로 이용료

국경을 넘을 땐 국가마다 고속도로 이용료를 지불해야 하지만 톨게이트가 없기 때문에 국경 사무소에서 미리 구매해야 한다. 스위스는 단일 옵션으로 1년 이용료 40CHF. 스위스 내에서 렌트할 경우 스위스 고속도로 티켓은 빌릴 때 이미 렌터카에 부착돼 있다.

★
제네바국제공항 Aéroport International de Genève
GOOGLE MAPS 64P5+QJ 제네바
WEB gva.ch

교통 표지판을 확인하고 따라간다.

★
제네바 트랜스포트 카드
Geneva Transport Card

제네바 내 정식 숙박업소(호텔, 호스텔, 캠핑장, 민박 등) 투숙객이 체크인하는 날부터 체크아웃하는 날까지 무료로 대중교통을 이용할 수 있는 게스트 카드. 제네바 시내 기차(2등석), 버스, 트램, 수상택시를 모두 이용할 수 있다. 체크인 3일 전에 이메일로 디지털 카드를 전송받거나, 체크인 시 데스크에서 수령한다.

★
국제 버스 터미널
Gare Routière
GOOGLE MAPS 645W+8M 제네바
ADD Place Dorcière, 1201 Geneva
TEL +41 (0)22 732 02 30
WEB helvecie.ch/gare-routiere

★
공공 주차장

아래 홈페이지에서 주차장의 빈자리(Places Libres)를 확인할 수 있다.
WEB geneve-parking.ch, parkgest.ch

배

레만 호숫가의 도시들과 프랑스의 귀여운 마을 이부아르 등에서 제네바까지 배를 타고 들어올 수 있다. 단, 대중교통이라기보다는 관광 유람선 개념이라서 속도가 느리다. 대부분의 노선이 겨울에는 운행하지 않거나 횟수가 줄어들며, 매년 운항 시간이 조금씩 바뀌니 자세한 시간표는 홈페이지에서 확인한다. 여름철엔 19세기 실내를 벨 에포크(Belle Epoque) 풍으로 꾸민 고풍스러운 증기선도 운영한다. 스위스 트래블 패스 소지자는 무료. 국경을 넘어가므로 여권 소지 필수.

WEB cgn.ch/en

Get around & Travel tips

버스, 트롤리 버스, 트램, 수상택시

제네바 시내의 주요 관광지는 전부 걸어서 갈 수 있고, 구시가는 차량 통제 구간이 많아서 대중교통을 이용할 일이 별로 없다. 대중교통이 필요한 경우는 조금 멀리 떨어진 파텍 필립 박물관이나 북쪽의 UN 유럽본부 근처로 갈 때 정도다.

스위스의 도시는 구간을 나누어 대중교통 요금을 적용하는데, 제네바국제공항과 시내 주요 관광지는 10구역(Zone10) 안에 있다. 티켓은 정류장의 자동판매기나 운전기사에게 구매하며, 30분 내 3정거장 이용권(2CHF), 한 구역 내 1시간권(3CHF), 한 구역 내 1일권(10CHF, 09:00 이후 8CHF) 등이 있다. 무에트(Mouettes)라는 노란색 수상택시도 이 티켓으로 탈 수 있다.

★
무에트 수상택시
WEB mouettesgenevoises.ch/?lang=en

수상택시 무에트

트램

트롤리버스. 트램처럼 차체 윗면이 전기선과 연결돼 있지만, 일반 버스처럼 바퀴로 달린다.

: WRITER'S PICK :

제네바 시티 패스 Geneva City Pass

스위스 트래블 패스가 없고, 제네바에서 박물관을 2곳 이상 방문할 예정일 때 필수인 패스. 제네바의 대중교통을 모두 이용할 수 있고, 주요 박물관에도 무료입장할 수 있다. 그 외 유람선 1시간 구간과 페달보트, 몽살레브 푸니쿨라, 도시 가이드 투어, 미니 기차 등도 추가 요금 없이 이용 가능. 시즌별 각종 액티비티도 약 20% 할인된다. 제네바 관광안내소에서 구매할 수 있지만 온라인 이벤트 기간을 노리면 더욱 저렴하게 예매할 수 있다.

PRICE 24·48·72시간 각 30·40·50CHF
WEB geneve.com/en/plan-a-trip/geneva-city-pass

무료 자전거

복잡한 시내에서 매우 저렴하고 효율적인 이동 수단이다. 여름철(4월 말~10월 초)에 4시간 동안 무료로 이용할 수 있고, 그 이상은 1시간당 5CHF. 여권 제시 후 보증금(현금 20CHF)을 맡기면 반납 시 돌려받는다. 카트가 딸린 자전거도 대여(유료)할 수 있다. 총 4곳의 대여소가 있다.

공공 자전거

무료 자전거 대여 기간 외 시기에는 동키 리퍼블릭(Donkey Republic)이라는 유료 자전거 대여 시스템을 통해 공공 자전거를 저렴하게 이용할 수 있다. 앱을 다운받고 신용카드를 등록한 후 지도에 표시된 무인 스테이션으로 이동, 블루투스로 자전거 잠금을 해제하고 이용 후 가까운 무인 스테이션에 셀프 반납한다.

미니 기차·버스·보트

시내의 주요 명소들을 편안하게 훑어볼 수 있는 교통수단이다. 특히 어르신이나 어린이를 동반한 여행자에게도 유용하다. 총 5개의 코스 중 취향에 따라 선택한다.

★
무료 자전거
•Arcade Montbrillant
ADD Place Montbrillant 17, 1201 Genève(제네바 코르나뱅역 북쪽 출구 건너편)
OPEN 08:00~19:00(4월 말~10월 초 무료 대여, 그 외의 기간은 유료)
WEB geneveroule.lokki.rent
*여름철 임시 대여소 3곳은 맵북 참고

★
공공 자전거
OPEN 24시간
PRICE 24시간 10CHF, 48시간 14CHF
WEB donkey.bike/cities/bike-rental-geneva/

종류	투어 내용	출발지	운행 시간 & 소요 시간	요금 & 홈페이지
미니 기차 라인 1	구시가	몽블랑 선착장	3~12월/45분 간격, 35분 소요	11.90CHF, 4~12세 7.90CHF geneva-sightseeing-tour.ch
미니 기차 라인 2	론강 북부 강변(우안)과 정원	몽블랑 선착장	3~10월/45분 간격, 35분 소요	9.90CHF, 4~12세 6.90CHF geneva-sightseeing-tour.ch
파노라믹 미니 버스	UN 유럽본부 및 여러 국제기구, 론강 남북부 강변	론 광장	3~12월(3·11·12월은 주말만 운행)/45분 간격/75분 소요	26CHF, 4~12세 14CHF geneva-sightseeing-tour.ch
태양광 미니 보트	제네바 인근 호숫가	파키 선착장	7~8월 월·수 16:30, 18:30 (목~일 12:30 추가)/화요일 휴무, 1시간 소요	29CHF, 4~12세 15CHF, 3세 이하 8CHF geneva-sightseeing-tour.ch
태양광 미니 기차	론강 남부 강변(좌안)과 제 도	영국 정원	2~11월(시간표는 홈페이지 참고), 30분 소요	왕복 9CHF(6~15세 5CHF), 편도 5CHF(6~15세 3CHF) petit-train.ch/en

태양광 미니 기차

미니 기차

DAY PLANS

제네바는 흥미로운 박물관이 많아서 소요 시간에 개인차가 큰 도시다. 구시가를 중심으로 한 주요 명소를 꽉 차게 돌아보는 하루 추천 코스를 취향에 따라 가감해 가며 일정을 계획해보자. 예약제 가이드 투어만 가능한 UN 유럽본부까지 방문하려면 최소 이틀은 필요하다.

추천 일정 ★는 머스트 스팟

제네바 코르나뱅역

↓ 도보 10분+무에트 수상택시 4분

❶ 제 도 ★

↓ 도보 10분

❷ 영국 정원과 꽃시계

↓ 도보 10분

❸ 성 베드로 대성당 ★

↓ 같은 건물 지하

❹ 고고학 박물관

↓ 바로 옆 건물

❺ 종교개혁 박물관

↓ 도보 1분

❻ 타벨 저택 ★

↓ 도보 1분

❼ 옛 무기고

↓ 바로 맞은편 건물

❽ 옛 시청사

↓ 도보 1분

❾ 장 자크 루소 생가

↓ 도보 4분

❿ 부르 드 푸르 광장

↓ 도보 6분

⓫ 바스티옹 공원 & 종교개혁 기념비 ★

↓ 도보 3분

⓬ 뇌브 광장

↓ 도보 10분

⓭ 파텍 필립 시계 박물관

↓ 버스 8분+도보 2분

제네바 코르나뱅역

제네바 코르나뱅역 앞 트램 및 버스 정류장

12월 31일 거리 (Rue de 31 Décembre)에서 제 도가 정면으로 보인다.

01 제네바를 상징하는 거대한 물줄기
제 도
Jet d'Eau

1891년부터 제네바의 랜드마크 역할을 한 분수. 현재는 이보다 더 높은 분수들이 세계 각국에 만들어졌지만 이런 형태의 분수로는 단연 가장 유명하다. 제 도는 '물을 쏘다'라는 뜻으로, 초당 500L의 물을 약 140m 높이까지 쏘아 올린다. 약 7t의 물이 늘 상공에 떠 있는 셈. 상당히 가까이서 구경하기 때문에 바람의 방향에 따라 옷이 흠뻑 젖고 핸드폰 침수에 유의해야 하지만 거대한 물줄기 아래 무지개가 뜨는 풍경이 무척 아름다워 한 번쯤 볼만한 가치가 있다. 분수를 가장 멋지게 구경할 수 있는 곳은 호수 건너편 파키 수영장 근처와 무에트 수상택시 위이며, 분수 뒤로 솟은 알프스 최고봉 몽블랑과의 하모니가 환상적이다. 봄과 가을이면 저녁마다 조명을 켜서 한층 독특한 풍경을 자아낸다. MAP ⑲

GOOGLE MAPS 6544+X9 제네바
ACCESS 파키(Pâquis) 선착장에서 무에트 수상택시 4분/제네바 코르나뱅에서 버스 7분+도보 10분
ADD Quai Gustave-Ador, 1207 Genève
OPEN 10:00~22:30/11월 점검 기간(날짜는 매년 다름), 기온 2°C 이하, 바람 센 날 휴무

영국 정원

영국 정원에 있는 꽃시계.
시즌에 따라 꽃이 바뀐다.

02 제네바의 또 다른 상징
영국 정원과 꽃시계
Jardin Anglais & L'Horloge Fleurie

스위스에서는 <이상한 나라의 앨리스>에 등장하는 것처럼 풀과 나무를 깎은 듯이 잘 다듬은 공원을 '영국 정원'이라 부른다. 스위스의 크고 작은 도시들 곳곳에 같은 이름을 가진 공원이 자리하는데, 제네바 론 강가에 있는 영국 정원에서는 제네바의 또 다른 랜드마크인 초대형 꽃시계를 볼 수 있다. 스위스의 세계적인 시계 산업을 상징해 1855년에 만든 것으로, 계절마다 6500송이 이상의 생화를 이용해 장식한다. 시계의 지름은 5m. 무려 2.5m에 달하는 초침은 제작 당시 세계에서 가장 긴 초침이었다. MAP ⑲

GOOGLE MAPS 6532+M9 제네바
ACCESS 제 도에서 도보 10분
ADD Quai du Général-Guisan 28, 1204 Genève

03 칼뱅파 종교개혁의 중심
성 베드로 대성당
Cathédrale Saint-Pierre Genève

스위스를 대표하는 개신교 교회. 1536년 제네바가 종교개혁을 채택하기로 한 투표가 이루어진 곳이다. 12세기에 로마네스크 양식으로 지어졌으나 오랜 세월 역사적 사건들을 겪으며 고딕 양식, 네오 클래식 양식 등 다양한 특징이 뒤섞였다. 실내는 스테인드글라스를 제외하고는 매우 심플한데, 본래 가톨릭 성당이었다가 16세기 종교개혁 이후 개신교 교회로 바뀌는 과정에서 화려했던 장식이 대부분 제거됐기 때문. 내부에는 칼뱅이 앉았던 의자가 보존돼 있다.

교회 안을 둘러본 뒤엔 157개의 계단을 올라 남부나 북부 종탑으로 가보자. 계단을 오르느라 힘들었던 기억을 몽땅 잊을 만큼 아름다운 도시와 호수의 풍경이 기다리고 있다. 여름에는 6t이 넘는 거대한 종 라 클레망스(La Clémence)를 비롯해 28개의 종이 울리는 소리와 웅장한 파이프 오르간 연주도 들을 수 있다. 참고로 교회는 차량 통제 구간이어서 도보로만 접근할 수 있다. MAP ⑲

GOOGLE MAPS 642X+FC 제네바
ACCESS 꽃시계 앞에서 도보 10분
ADD Cour de St-Pierre 6, 1204 Genève
OPEN 대성당: 6~9월 09:30~18:30(토 ~16:30, 일 12:00~18:30, 종 연주 17:00, 파이프 오르간 연주 18:00), 10~5월 10:00~17:30(일 12:00~ 17:30)/종탑: 대성당보다 30분 일찍 종료
PRICE 대성당: 무료
종탑: 7CHF, 학생·경로 5CHF, 7~15세 4CHF, 가족(성인 2+어린이 3) 20CHF
대성당 종탑+고고학 박물관: 12CHF, 학생·경로 8CHF, 7~15세 7CHF
대성당 종탑+고고학 박물관+종교개혁 박물관: 18CHF, 학생·경로 12CHF, 7~15세 10CHF
WEB cathedrale-geneve.ch

종탑에서 내려다본 제네바 풍경

성 베드로 대성당 남부 종탑

04 교회 지하의 숨겨진 공간
고고학 박물관
Site Archéologique de la Cathédrale Saint-Pierre

성 베드로 대성당 지하에서 발굴된 유물들을 전시해둔 곳. 4세기에 이미 이 자리에 있었던 옛 성소의 흔적과 모자이크 장식 등이 남아 있다. 그밖에 2000년 전 무덤과 각종 유물도 볼 수 있다. MAP ⑲

GOOGLE MAPS 642X+FC 제네바
ACCESS 대성당 지하
OPEN 10:00~17:00(폐장 30분 전까지 입장)
PRICE 8CHF, 7~15세·학생·경로 4CHF/ 스위스 트래블 패스 소지자 무료
WEB site-archeologique.ch

지하에서 발견한 성소의 골격

성당 아래서 발굴된 말의 유골

05 개신교의 역사를 한 곳에!
종교개혁 박물관
Musée International de la Réforme

대성당의 옛 회랑부지에 지은 말레가문 저택(Maison Mallet)을 개조한 박물관. 1517년 마틴 루터가 시작해 츠빙글리, 장 칼뱅 등을 통해 발전한 종교개혁의 역사와 오늘날 세계의 개신교 모습을 전시한다. 우리나라의 여의도 순복음 교회도 소개돼 있다. 옛날에 사용했던 금속활자판을 이용해 성경의 한 페이지를 직접 인쇄해볼 수 있는 체험장을 놓치지 말자. MAP ⑲

GOOGLE MAPS 642X+J7 제네바
ACCESS 대성당 정문에서 왼쪽 건물
ADD Cour St-Pierre 10, 1204 Genève
OPEN 10:00~17:00/ 월요일, 12월 24·25·31일, 1월 1일 휴무
PRICE 13CHF, 학생·경로 8CHF, 6~15세 6CHF/ 스위스 트래블 패스 소지자 무료
WEB musee-reforme.ch/en

옛 프레스기를 이용해 성경 인쇄 체험도 할 수 있다.

장 칼뱅 조각상

옛 귀족의 거실 옛 제네바 도심 미니어처

06 제네바의 옛 귀족은 어떻게 살았을까?
타벨 저택
Maison Tavel

제네바의 귀족이었던 타벨 가문이 13~16세기에 소유했던 저택. 제네바에 현존하는 가장 오래된 일반 주택이다. 1963년 제네바시가 인수해 중세 시대부터 19세기까지의 제네바 사람들의 생활상을 전시한다. 예술품 외에도 은수저, 동전, 문고리, 벽지 등 여러 가지 옛 생활잡화들을 볼 수 있어서 흥미롭다. MAP ⑲

GOOGLE MAPS 642W+HR 제네바
ACCESS 대성당에서 도보 2분
ADD Rue du Puits-Saint-Pierre 6, 1204 Genève
OPEN 11:00~18:00/월요일 휴무
PRICE 상설전 무료, 특별전 5CHF(매달 첫째 일요일 무료)
WEB mahmah.ch

07 기념사진 찍기 딱 좋은 곳
옛 무기고
L'Ancien Arsenal

15세기에 곡물 창고로 지어졌다가 카바레, 무기고, 무기 박물관 등 다양한 용도로 사용된 건물. 지금은 제네바 기록 보관소로 사용 중이다. 외부에 제네바시를 지켰던 대포 5대와 역사적 사건을 묘사한 3개의 모자이크 벽화가 있어서 기념사진을 찍기에 제격이다. 내부는 입장 불가. MAP ⑲

GOOGLE MAPS 642W+FR 제네바
ACCESS 타벨 저택에서 도보 1분
ADD Grand-Rue 39, 1204 Genève

미국 정부에서 보낸 앨라배마 기념비

자유롭게 둘러볼 수 있는 안뜰 아케이트(내부는 비공개)

08 굵직한 역사적 회의가 열린 장소
옛 시청사
Hotel de Ville Ancienne

역사적으로 의미 깊은 회의들이 열렸던 장소. 적십자와 국제연맹(UN 전신)이 이곳에서 시작됐고, 미국 남북전쟁 당시 남군을 지원한 영국이 북군에 손해배상을 합의한 회의도 이곳에서 열렸다. 당시 영국이 남군에 제공한 사략선 중 악명 높았던 앨라배마호의 모형도 보관돼 있다. 마차가 오르기 쉽도록 고안한 나선형 경사로를 눈여겨 보자. MAP ⑲

GOOGLE MAPS 642W+CP5 제네바
ACCESS 옛 무기고 맞은편
ADD Rue de l'Hôtel-de-Ville 1, 1204 Genève

마차로 오를 수 있게 건축한 나선형 경사로

루소가 집필한 책

09 제네바가 낳은 계몽주의 사상가
장 자크 루소 생가
Maison de Rousseau

스위스의 계몽주의 사상가이자 음악가였던 장 자크 루소가 태어난 곳. 루소의 <사회 계약론> 사상은 당대 프랑스 및 유럽에 엄청난 파장을 일으키면서 프랑스 혁명 정신의 근본이 됐다. 하지만 루소는 여러 나라를 떠도는 불행한 어린 시절을 보냈고, 그의 저서가 로마 가톨릭과 충돌하며 금서로 지정된 후엔 험난한 도피 생활까지 해야 했다. 이에 제네바시는 그의 생가에서 루소의 생애와 업적에 대한 각종 시청각 자료를 전시하며 루소를 기념하고 있다. MAP ⑲

GOOGLE MAPS 642W+GJ 제네바
ACCESS 옛 시청사에서 도보 1분
ADD Grand-Rue 40, 1204 Genève
OPEN 08:00~18:00(토·일 11:00~)/ 월요일 휴무
PRICE 7CHF, 12~15세·학생·경로 5CHF/ 11세 이하 무료/ 스위스 트래블 패스 소지자 무료
WEB m-r-l.ch

10 현지인의 일상과 여유 한 조각
부르 드 푸르 광장
Place du Bourg-de-Four

제네바에서 가장 오래된 광장이자 상권의 중심이었던 곳. 9세기 로마 시대부터 장이 섰고 우시장도 열렸다. 현재는 분수대 주변으로 레스토랑과 노천카페들이 모여 있는데, 작지만 여전히 활기가 넘친다. 유럽 특유의 여유로운 분위기를 느끼며 점심을 먹거나 커피 한잔하며 쉬어가기에 좋은 곳이다. MAP ⑲

GOOGLE MAPS 642X+4M 제네바
ACCESS 루소 생가에서 도보 4분
ADD Place du Bourg-de-Four, 1204 Genève

11 제네바에서 가장 평화로운 풍경
바스티옹 공원 & 종교개혁 기념비
Parc des Bastions & Le Mur des Réformateurs

제네바를 대표하는 대형 공원. 저녁이면 퇴근한 직장인들이 옹기종기 모여 요가를 하거나 동네 할아버지들이 바닥에 새겨진 거대한 체스판에서 체스를 두며 옥신각신하는 모습을 엿볼 수 있다. 공원 안 옛 성벽에는 1909년에 칼뱅 탄생 400주년을 기념해 만든 가로 100m, 세로 5m의 거대한 종교개혁 기념 부조 석상이 있다. 석상의 주인공들은 제네바에서 활동한 종교개혁가들로, 왼쪽부터 기욤 파렐, 장 칼뱅, 테오도르 드 베즈, 존 녹스다. 벽에는 칼뱅파의 모토인 '어둠이 지나고 빛이 있을지니(Post Tenebras Lux)'라는 문구가 새겨져 있다. 벽 한쪽에는 사보이 공국(후날 사르데나 왕국)의 침략을 막아낸 제네바 시민의 위상을 기리는 성벽 방어의 날 기념비도 있다. MAP ⑲

GOOGLE MAPS 642W+49 제네바
ACCESS 부르 드 푸르 광장에서 도보 6분
ADD Promenades des Bastions 1, 1204 Genève

종교개혁 기념비
대형 체스판
성벽 방어의 날 기념비

뒤프르 장군 동상

12 제네바 문화의 중심지
뇌브 광장
Place de Neuve

스위스의 영웅 뒤프르 장군(1787~1875)이 늠름하게 지키고 있는 광장. 뒤프르 장군은 종교개혁에 반대해 들고 일어난 스위스 가톨릭 주들의 분리 운동을 잠재웠고, 적십자 공동위원이기도 했으며, 최초로 스위스 지도를 그렸다. 제네바의 문화 허브인 이 광장에는 스위스에서 가장 큰 대극장과 음악원, 라트 미술관 등이 자리하고 있다. MAP ⑲

GOOGLE MAPS 642V+C7 제네바
ACCESS 종교개혁 기념비에서 도보 3분
ADD Place de Neuve, 1204 Genève

제네바 음악원

©Patek Philippe

13 고급 시계를 맘껏 구경하고 싶을 때
파텍 필립 시계 박물관
Patek Philippe Museum

명품 시계 브랜드 파텍 필립의 박물관. 1839년 창업 이래 만들어진 자사 제품은 물론, 16세기부터 현재까지 스위스 시계 역사를 대표하는 수집품을 전시하고 있다. 자동화 연주 기계나 에나멜 공예와 접목된 시계들은 예술품을 방불케 한다. 1층에서는 장인들의 시계 제조 모습을 견학할 수 있다. 내부 촬영은 금지. MAP ⑲

GOOGLE MAPS 54XQ+87 제네바
ACCESS 뇌브 광장에서 도보 10분
ADD Rue des Vieux-Grenadiers 7, 1205 Genève
OPEN 14:00~18:00(토 10:00~)/월·일요일 휴무
PRICE 10CHF, 18~25세 7CHF/ 스위스 트래블 패스 소지자 무료
WEB patek.com

유럽의 성경 인물상

건물 내부가 매우 아름답다.

스위스 목장 소들에게 메어주는 종

중세 시대 귀족의 방과 벽난로

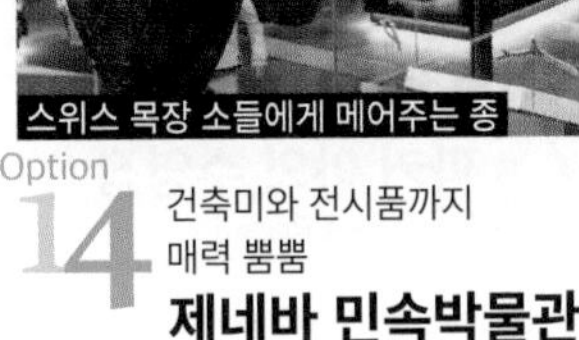

Option 14
건축미와 전시품까지
매력 뿜뿜

제네바 민속박물관

Musée d'Ethnographie de Genève

방대한 양의 전시물을 무료로 볼 수 있는 민속박물관. 스위스의 복식, 화폐, 예술, 무기, 시계, 도구 등 다양한 분야를 두루 전시하고 있을 뿐만 아니라 이집트, 중국, 멕시코, 아프리카 등 해외 수집품도 많아서 전 세계를 여행하는 기분이 든다. 새로 지은 초현대적인 디자인의 박물관 건물 자체도 볼만하다. MAP ⑲

GOOGLE MAPS 54XP+3P 제네바
ACCESS 파텍 필립 시계 박물관에서 도보 3분
ADD Boulevard Carl-Vogt 67, 1205 Genève
OPEN 11:00~18:00/월요일 휴무
PRICE 상설전시 무료, 특별전시 12CHF, 7~15세 8CHF
WEB meg.ch

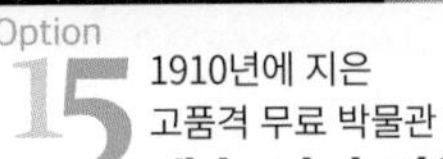

Option 15
1910년에 지은
고품격 무료 박물관

예술 역사 박물관

Musée d'Art et d'Histoire

선사 시대 유물부터 근현대 미술품까지 골고루 전시해 제네바의 박물관 중 가장 규모가 크다. 건물 자체도 볼만하고, 수많은 미술품을 모두 무료로 공개하는 자애로움까지 갖춘 곳. 박물관 앞은 도심 공원으로, 점심 피크닉을 즐기기에도 좋다. 11월이면 매일 저녁(18:30, 19:30, 20:30) 건물 벽면에 프로젝션 맵핑 쇼 '빛과 소리의 공연'이 20분간 펼쳐진다. 짐은 입구 왼쪽에 있는 로커(1CHF, 사용 후 반환)에 보관한다. MAP ⑲

GOOGLE MAPS 55X2+PJ 제네바
ACCESS 부르 드 푸르 광장에서 도보 3분
ADD Rue Charles-Galland 2, 1206 Genève
OPEN 11:00~18:00(목 12:00~21:00)/월요일 휴무
PRICE 무료
WEB institutions.ville-geneve.ch/fr/mah/

Option 16
한 번쯤 가볼 만한
아름다운 성당

제네바 노트르담 성당

Basilique of Notre-dame de Genève

종교개혁을 이뤄내 '개신교의 로마'로 불리는 제네바에선 가톨릭 성당이 크게 유명하지 않지만 이 성당만큼은 건물이 웅장하고 스테인드글라스가 아름다워서 가볼 만하다. 19세기 중반에 지어졌다가 교권이 득세하는 것을 반대하는 정부에 의해 한때 폐쇄됐으나, 20세기 초 가톨릭에서 다시 사들여 지금에 이르렀다. 이러한 수난사 때문에 스페인의 산티아고로 가는 순례자들의 성지순례 코스이기도 하다. MAP ⑲

GOOGLE MAPS 645R+FW 제네바
ACCESS 제네바 코르나뱅역에서 도보 4분
ADD Place de Cornavin, 1201 Genève
OPEN 06:30~19:30(월 08:30~, 토 07:30~20:00, 일 07:00~20:30)
WEB basiliquenotredamegeneve.ch

©Bains des Pâquis

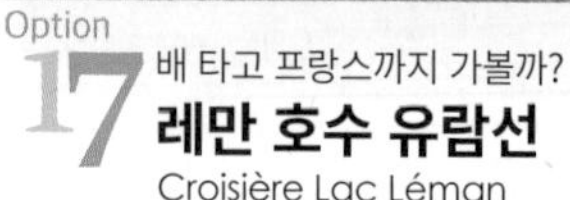

Option 17

배 타고 프랑스까지 가볼까?

레만 호수 유람선

Croisière Lac Léman

레만 호수의 낭만을 제대로 즐기려면 유람선을 놓치지 말자. 제네바 주변을 도는 1시간짜리 관광 코스와 벨뷰(Bellevue, 35분 소요), 코페(Coppet, 45분 소요), 니옹(Nyon, 1시간 15분 소요) 등 인근 도시로 이동하는 정기선도 있다. 국경을 넘어 하루 여행 코스로 프랑스의 아름다운 호반 마을 이부아르(Yvoire, 왕복 3시간 30분 소요, 여권 소지 필수)에도 다녀올 수도 있다. 이 밖에도 조식·런치·디너 크루즈나 비어·라클레트·퐁뒤 크루즈 등 다양한 옵션이 있는 테마 크루즈를 운항하니 홈페이지를 참고하자. 스위스 트래블 패스 소지자는 정기선에 무료 탑승할 수 있으며, 테마 크루즈를 할인받을 수 있다.

MAP ⑲

GOOGLE MAPS 몽블랑교 옆: 644X+X9 제네바/영국 정원 앞: 6542+26 제네바/파키 수영장 옆: 6544+42 제네바
OPEN 시즌에 따라 다르므로 홈페이지 확인
ACCESS 몽블랑교 옆, 영국 정원 앞, 파키 수영장 옆 등 총 3곳
WEB cgn.ch/en

Option 18

현지인처럼 시원하게 여름나기

파키 야외 수영장

Bains des Pâqui

여름날 제네바를 여행할 때 들르면 좋은 수영장. 대부분의 도시와 마을들이 크고 작은 호수에 접한 스위스에서는 호숫가에서 일광욕과 물놀이를 즐기는 게 일상이다. 호수의 얕은 부분을 안전하게 막아 놓은 야외 수영장에서 현지인처럼 물속에 몸을 담근 채, 제 도 분수가 시원하게 물을 뿜고 그 뒤로 몽블랑이 하얀 진주처럼 빛나는 모습을 감상해보자. 실내에는 탈의실과 마사지실, 터키식 사우나인 하맘이 있다. 겨울철엔 퐁뒤를 먹을 수 있는 레스토랑과 카페도 운영한다.

MAP ⑲

GOOGLE MAPS 6563+4M 제네바
ACCESS 제네바 코르나뱅역에서 도보 15분
ADD Quai du Mont-Blanc 30, 1201 Genève
OPEN 수영장: 09:00~21:30(9~5월 ~20:30)/하맘: 09:00~21:30(화요일은 여성 전용, 5~9월 09:00~13:00)/마사지: 08:00~21:00/카페: 07:00~23:00(9~5월 08:00~)
PRICE 수영장: 2CHF, 6~15세 1CHF/하맘: 22CHF(월 15CHF)/마사지: 50분 80CHF
WEB bains-des-paquis.ch

Option
19 세계 평화와 복지 수도의 위엄
UN 유럽본부(팔레 데 나시옹)
Le Palais des Nations

옛 국제연맹을 위해 세워진 건물에 1946년 들어선 UN 유럽본부. 거대한 아리아나 공원 안에 자리 잡고 있다. UN 유럽본부는 일반인에게도 개방하고 있지만 보안상의 이유로 1시간 정도 소요되는 가이드 투어로만 둘러볼 수 있다. 투어는 방문 인원 제한이 있기 때문에 최소 3개월 전에 예약하는 것이 좋다. 건물 앞에는 지뢰로 목숨을 잃은 희생자들을 추모하는 거대 조형물 <부러진 의자>가 있다. 호숫가에 자리한 보태닉 가든까지 이어지는 공원 곳곳에서는 비둘기처럼 유유자적 활보하는 공작새들을 볼 수 있다. MAP ⑱

GOOGLE MAPS 64GR+J5 제네바
ACCESS 제네바 코르나뱅역 앞에서 15번 트램 5정거장, 나시옹(Nations) 하차 후 도보 8분. 가이드 투어는 <부러진 의자> 반대편 프레니 문(Pregny Gate)으로 입장
ADD Palais des Nations, Avenue de la Paix 14
OPEN 08:00~17:00/토·일요일 휴무/온라인 예약 및 여권 소지 필수, 예약 시간 45분 전 도착
PRICE 22CHF, 대학생·경로 18CHF, 6~17세 11~12CHF
WEB ungeneva.org/en

<부러진 의자>

Option
20 아이들과 함께 들르기 좋은
국제 적십자 적신월 박물관
Musée International de la Croix-Rouge et du Croissant-Rouge

영상과 사진 등을 통해 인도주의 메시지를 전달하는 박물관. 인간의 존엄성을 지키고, 가족의 유대를 돈독히 하며, 자연재해를 줄이는 방법에 대해서도 다룬다. 의미 있는 주제들을 인터렉티브 체험시설을 통해 게임처럼 재미있게 전달해 아이들과 함께 가기 좋은 곳이다. MAP ⑱

GOOGLE MAPS 64GP+QW 제네바
ACCESS UN 정문에서 도보 3분
ADD Avenue de la Paix 17, 1202 Genèves
OPEN 10:00~18:00(11~3월 ~17:00)/월요일, 12월 24·25·31일, 1월 1일 휴무
PRICE 15CHF, 12~22세·65세 이상 10CHF, 가족(부모 2+6~15세 4) 25% 할인/ 스위스 트래블 패스 소지자 무료
WEB redcrossmuseum.ch

©Musée Ariana

Option
21 세계 각국의 예쁜 도자기 구경하기
아리아나 박물관
Musée Ariana

신고전과 신바로크 양식이 혼합된 아름다운 건축물을 보기 위해서도 방문할 가치가 충분한 박물관. 내부에는 2만 점이 넘는 각국의 도자기와 유리 공예품이 전시돼 있는데, 유럽에서도 손꼽힐 정도로 방대한 규모다. 박물관 명칭은 설립자 귀스타브 레비요가 자신의 어머니에게 헌정하면서 어머니의 이름을 딴 것으로, 박물관과 인근 부지를 제네바시에 기증하며 노블레스 오블리주를 실천했다. MAP ⑱

GOOGLE MAPS 64GQ+5G 제네바
ACCESS 적십자 박물관에서 도보 4분
ADD Avenue de la Paix 10, 1202 Genève
OPEN 10:00~17:00/월요일 휴무
PRICE 상설전 무료, 특별전 15CHF, 학생·경로 10CHF/ 스위스 트래블 패스 소지자 무료
WEB musee-ariana.ch

+ MORE +

적신월이란?

종교적인 이유로 인도주의 기구가 무슬림 국가에서 인정받지 못하는 일이 없도록 기독교의 십자가 대신 이슬람교의 신월(초승달)을 사용한 것을 말한다. 1929년 제네바 협약 이후 국제적인 공인을 받았고, 비슷한 이유로 붉은 다윗의 별(유대교)과 적수정(종교적 중립)을 사용하는 나라도 있다.

제네바에서 보기 드문 착한 가격

$ 르 라다 드 포쉬 Le Radar de Poche

물가 비싼 제네바에서 저렴하고 푸짐하게 파스타를 먹을 수 있는 맛집. 레스토랑 이름도 여행자의 가벼운 주머니 사정을 눈치챈 듯 '주머니 레이더'라는 뜻이다. 스위스 기준으로 살짝 매콤한 크림 토마토 파스타가 시그니처 메뉴. 홈메이드 아이스티도 많이 달지 않고 맛있다. 실내가 그리 넓지 않고 점심시간에는 인근 학생들이 많이 오기 때문에 조금 일찍 방문하는 것이 좋다. 맥주와 지역 와인, 칵테일도 판매한다. MAP ⑲

GOOGLE MAPS 642X+3V 제네바
ACCESS 부르 드 푸르 광장에서 노보 1분
ADD Rue des Chaudronniers 8, 1204 Genève
OPEN 08:30~15:00(토 ~16:00), 17:00~24:00 (금·토 ~02:00)/일요일 휴무
PRICE 파스타 14CHF~, 음료 및 주류 5CHF~
WEB radardepoche.ch

+ MORE +

제네바 먹킷리스트

르 무 드 레쟁 Le Moût de Raisin

무(Moût)는 포도주를 만들기 위해 짜낸 신선한 포도즙으로, 포도 수확 시기가 되면 제네바의 카페와 레스토랑을 비롯해 스위스 전역에서 판매한다. 특히 제네바 서쪽의 뤼생(Russin)에서 많이 마시는데, 축제 시작일 아침이면 갓 짜낸 무를 맛볼 수 있다. 참고로 포도즙은 발효 속도가 매우 빠르기 때문에 약간의 알코올 맛이 느껴질 수 있다. 독일어권에서는 자우저(Sauser)라고 부른다.

타르티플렛 Tartiflette

스위스 프랑스어권 지역과 프랑스 국경지대에서 많이 먹는 음식. 감자와 베이컨, 양파 등을 레브로숑(Reblochon) 치즈와 섞어 볶은 것인데, 치즈가 엄청나게 많이 들어가서 상당히 든든하다. 원래 1700년대부터 먹던 음식이었지만 치즈 회사의 뛰어난 마케팅으로 1980년대부터 큰 인기를 끌게 됐다. 지금은 프랑스어권 지역에서 빠지지 않는 축제 음식이다.

취향대로 골라 먹는 닭요리

$ 셰 마 쿠진 Chez Ma Cousine

'친척네 집'이라는 이름이 친근한 느낌을 주는 닭요리 맛집. 로스트 치킨부터 태국식 커리, 닭가슴살 스테이크 등 다양하고 맛있는 닭요리를 선보인다. 인테리어도 아늑하고 가격도 제네바치고는 저렴한 편. 제네바에 있는 지점 4곳 중 여행자들은 구시가에 있는 지점과 제네바 코르나뱅역 근처 지점이 찾아가기 쉽다. 식사 시간 외에는 카페나 바로 운영한다. MAP ⑲

GOOGLE MAPS 구시가: 642X+8Q 제네바/
역근처: 645V+2J 제네바
ACCESS 구시가: 부르 드 푸르 광장에서 도보 1분/
역 근처: 제네바 코르나뱅역에서 도보 5분
ADD 구시가: Place du Bourg-de-Four 6, 1204 Genève/
역 근처: Rue Lissignol 5, 1201 Genève
OPEN 구시가: 11:00~22:30(월 ~15:00)/
역 근처: 11:00~15:00, 18:00~21:30(목~토 브레이크 타임 없음, 일요일 휴무)
PRICE 닭요리 16CHF~, 음료 3.70CHF~
WEB chezmacousine.ch

코코넛이 들어간 태국식 치킨 커리
역 근처 지점
구시가점. 4개 지점 모두 비슷한 분위기다.

트렌디한 수제 버거 맛집

$ 잉글우드 Inglewood

20대 초반의 형제가 의기투합해 오픈한 수제 버거집. 신선한 로컬 식재료를 사용해 열정을 쏟아 만든 두툼한 패티가 입소문을 제대로 탔다. 플랭팔래 광장 근처에도 지점이 있으며, 로잔에도 2곳의 지점이 있다. 매달 색다른 버거 메뉴를 선보인다. MAP ⑲

GOOGLE MAPS 6524+QQ 제네바
ACCESS 제 도에서 도보 10분
ADD Avenue de Frontenex 5, 1207 Genève
OPEN 11:30~14:00, 19:00~22:00(토 12:00~14:30, 19:00~22:00, 일 12:00~14:30, 18:30~21:30)
PRICE 버거 17CHF~, 음료 3CHF~
WEB inglewood.ch

©Inglewood

한식이 그리운 날엔

$$ 케이 펍 K-Pub

한국인에게도 외국인에게도 인기 만점인 한식 레스토랑. 가격은 만만치 않지만 여행 중 외국 음식으로 불편해진 속을 한 번쯤 달래주고 싶을 때 가기 좋은 곳이다. 아늑한 분위기에서 한국의 맛을 느낄 수 있는 곳. 돌솥비빔밥부터 짜장면까지 메뉴도 다채롭다. MAP ⑲

©K-Pub

GOOGLE MAPS 646X+QG 제네바
ACCESS 제네바 코르나뱅역에서 도보 9분
ADD Rue de la Navigation 8, 1201 Genève
OPEN 12:00~14:30, 18:30~22:30/
토·일요일 휴무
PRICE 식사 29CHF~
WEB k-pub.ch

스테이크 위에 원산지와 굽기를 깃발로 꽂아 준다.

양갈비

그릴 스테이크로 소문난 미슐랭 맛집

$$$ 셰 필립
Chez Philippe

스위스산 소고기, 와규, 돼지고기, 양고기, 닭고기, 시푸드 등 갖가지 종류의 고기를 구워주는 스테이크 맛집. 알프스에서 뛰놀던 소의 맛이 궁금했다면 이곳으로 가보자. 세련된 인테리어가 돋보이는 2층짜리 레스토랑의 1층은 햄버거(테이크아웃 가능) 등 가벼운 음식과 맥주, 칵테일 등을 즐길 수 있는 바, 2층은 방대한 와인 리스트를 갖춘 그릴 하우스다. 여름이라면 분위기 좋은 테라스석을 추천. 스테이크를 주문하면 고기 위에 원산지와 굽기 정도를 깃발로 센스 있게 꽂아 내온다. MAP ⑲

GOOGLE MAPS 643V+JW 제네바
ACCESS 제네바 코르나뱅역에서 도보 9분
ADD Rue du Rhône 8, 1204 Genève
OPEN 11:00~15:00, 18:30~23:00
PRICE 그릴 38CHF~, 디저트 12CHF~
WEB chezphilippe.ch

©Osteria della Bottega

아주 특별한 날의 이탈리안 레스토랑

$$$ 오스테리아 델라 보테가
Osteria della Bottega

이곳 역시 언제 가도 붐비는 미슐랭 맛집. 미니멀리즘을 지향하는 이탈리안 레스토랑이어서 메뉴도 심플하다. 애피타이저 5가지, 메인 요리 6가지, 디저트 3가지 중 1가지씩 고르면 된다. 뭘 주문해도 후회하지 않을 맛! 평일에도 테이블이 꽉 차니 예약을 권장한다. MAP ⑲

GOOGLE MAPS 642V+XW 제네바
ACCESS 루소 생가에서 도보 1분
ADD Grand-Rue 3, 1204 Genève
OPEN 12:00~14:00(토 12:30~), 19:00~22:00/월·일요일 휴무
PRICE 애피타이저 16CHF~, 메인 36CHF~, 디저트 13CHF~
WEB osteriadellabottega.com

스몰 사이즈 버블티

오렌지색 인테리어가 톡톡 튀는 매장. 늘 줄이 긴 편이다.

알프스의 우유가 듬뿍 든 버블티

몽 티 Mon Tea

제네바에서 가장 맛있는 버블티를 맛볼 수 있는 테이크아웃 전문점. 밀크티를 베이스로 한 버블티와 과일차 버블티, 정통 차를 베이스로 한 버블티 등이 있으며, 가장 인기 있는 메뉴는 '몽테오레(Mon thé au lait)'라는 이름의 기본 밀크티다. 이곳의 밀크티가 맛있는 이유는 알프스에서 바로 짠 신선한 우유가 한몫했을 것임은 두말하면 잔소리. 첫 번째 매장의 성공으로 멀지 않은 곳에 지점도 생겼다. MAP ⑲

GOOGLE MAPS 콩페데라시옹 상트르점: 643V+CQ 제네바
ACCESS 플랭팔래점: 플랭팔래 광장에서 도보 5분/콩페데라시옹 상트르점: 콩페데라시옹 상트르 쇼핑몰 G층(우리나라의 1층)
ADD 플랭필래점: Place du Cirque 4, 1204 Plainpalais/콩페데라시옹 상트르점: Rue de la Confédération 8, 1204 Genève
OPEN 플랭팔래점: 11:00~19:00(일요일 휴무)/콩페데라시옹 상트르점: 09:30~19:00(목 09:00~20:00, 금 09:00~19:30, 토 ~18:00, 일 12:00~18:00)
PRICE 음료 6CHF~
WEB mon-tea.com

커피와 타르트에 진심인 감성 카페

페르디난드 Ferdinand

로컬들의 사랑을 독차지하는 작은 카페. 감성 여행자의 욕구를 200% 채워줄 매력적인 장소다. 원목을 이용한 인테리어가 아늑하며, 벽면에 이끼가 있는 것이 독특하다. 커피가 정말 맛있어서 커피 애호가라면 놓치지 말아야 할 곳. 디저트 종류도 다양하다. 카페 앞 테라스석의 인기가 높다. MAP ⑲

GOOGLE MAPS 54XX+WH **ACCESS** 부르 드 푸르 광장
ADD Place du Bourg-de-Four 19, 1204 Genève
OPEN 07:00~19:00(토·일 08:00~)
PRICE 음료 3.80CHF~, 디저트 4.20CHF~
WEB ferdinandcafe.ch

작지만 커피도 브런치도 다 맛있어

버디 Birdie

제네바 외곽의 숨은 보석 같은 브런치 카페. 파텍 필립 박물관 근처에 있어서 함께 들르기 좋다. 커피에 누구보다 정성을 쏟으며, 계절별로 메뉴가 바뀌는 샌드위치 등으로 구성된 브런치도 맛있다. 규모는 작지만 입소문을 탄 탓에 점심시간이나 주말이면 도로변 테이블까지 꽉 찬다. 참고로 이때는 노트북을 사용할 수 없다. MAP ⑲

GOOGLE MAPS 54XQ+X3 **ACCESS** 파텍 필립 박물관에서 도보 2분
ADD Rue des Bains 40, 1205 Genève
OPEN 08:00~15:00(토·일 10:00~17:00)
PRICE 음료 4CHF~, 브런치 14.90CHF~
WEB birdiefoodandcoffee.com

프랑스에서 온 최고급 마카롱 카페

라뒤레 Ladurée

귀족의 저택에 방문한 듯 우아한 파스텔톤 인테리어에 둘러싸여 달콤한 마카롱을 대접받을 수 있는 카페. 가격대가 높은 편이지만 한 번쯤 나를 위한 작은 사치를 부리고 싶다면 이만한 곳이 없다. 1862년 파리에서 오픈한 이래 스위스, 미국, 일본 등 전 세계에 지점이 있고, 각종 빵과 브런치도 판매한다. 제네바에는 2개의 지점이 있다. MAP ⑲

GOOGLE MAPS 역 근처: 644W+RR 제네바/ 꽃시계 근처: 6523+R6 제네바
ACCESS 역 근처: 제네바 코르나뱅역에서 도보 10분/ 꽃시계 근처: 꽃시계에서 도보 5분
ADD 역 근처: Quai des Bergues 33, 1201 Genève/ 꽃시계 근처: Cr de Rive 7, 1204 Genève
OPEN 09:00~19:00
PRICE 마카롱 1개 3CHF, 음료 7CHF~, 브런치 25CHF~
WEB laduree.ch

커피 맛은 여기가 제일!

보레알 커피숍 Boréal Coffee Shop

제네바 최고의 인기 카페. 직거래 농장에서 공수한 양질의 원두로 로스팅한 커피 맛이 일품이어서 2009년 문을 열자마자 단숨에 인기를 얻었다. 제네바에는 제네바 코르나뱅역 앞과 제 도 근처 등 4곳의 지점이 있고, 취리히에도 지점이 있다. 어디서든 동일한 커피 맛을 내기 위해 카루주에 로스팅 센터를 오픈, 전 지점에 같은 원두를 공급한다. 채식주의자는 우유 대신 3~4가지의 두유도 선택 가능. 촉촉하고 진한 수제 브라우니도 커피 못지않게 훌륭하니 꼭 먹어보자. 각 지점의 위치는 지도 참고. MAP ⑲

GOOGLE MAPS 645V+GF 제네바
ACCESS 제네바 코르나뱅역 앞
ADD Rue du Mont-Blanc 17, 1201 Genève
OPEN 07:00~19:00(토·일 08:00~)
PRICE 음료 4.60CHF~, 디저트 4.20CHF~
WEB borealcoffee.ch

Shopping & Walking

제네바 쇼핑의 중심

콩페데라시옹 거리 Rue de la Confederation

길에 들어서는 순간 고급스러움이 느껴지는 거리. 세계적인 명품 브랜드 매장은 물론, 스위스의 대표 시계 브랜드 매장, 편집숍, 쇼핑몰 등이 자리 잡고 있다. 기념품을 구매해도 좋고, 그저 걸으면서 구경하기에 손색없는 곳이다. MAP ⑲

GOOGLE MAPS 643V+9R 제네바
ACCESS 꽃시계에서 도보 7분

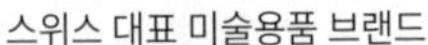

스위스 대표 미술용품 브랜드

까렌다쉬 Caran d'Ache

최고급 미술용품을 만드는 스위스 브랜드. 1915년 제네바에서 시작됐다. 우리나라의 미술학도 사이에서도 고급 브랜드로 알려져 선물용으로 추천. 특히 그림에 관심이 있다면 초콜릿이나 칼보다 반가워할 기념품이 될 것이다. 단, 가격대는 조금 높은 편이다. MAP ⑲

GOOGLE MAPS 642X+7P 제네바
ACCESS 부르 드 푸르 광장 북쪽
ADD Place du Bourg-de-Four 8, 1204 Genève
OPEN 10:00~18:00(목 13:00~14:00 브레이크타임)/일요일 휴무
WEB carandache.co.kr

고급스러운 자연주의 장난감

르 카루젤 Le Carrousel

유럽 브랜드의 유아용품과 장난감으로 가득한 곳. 자연주의를 표방한 친환경 제품이 많아서 아이들이 사용하기 좋고, 대부분 제품이 북유럽 감성의 예쁜 디자인이어서 어른들도 반기는 곳이다. MAP ⑲

GOOGLE MAPS 643V+57 제네바
ACCESS 콩페데라시옹 거리에서 도보 3분
ADD Rue de la Corraterie 16, 1204 Genève
OPEN 09:30~18:30(월 13:00~, 토 10:00~ 17:30)/일요일 휴무
WEB lecarrousel.ch

내가 바로 원조 스위스 군용 칼!

빅토리녹스 플래그십 스토어
Victorinox Flagship Store Geneve

일명 '맥가이버 칼'로 통하는 스위스 군용칼의 원조 브랜드. 제조 공장은 슈비츠주에 있지만 플래그십 매장은 스위스와 취리히에 1곳씩 있다. 칼에 이름을 새기거나 예약을 통해 직접 조립해 볼 수 있다. 현재는 칼 외에 시계, 여행용품, 향수 등도 판매한다. MAP ⑲

GOOGLE MAPS 643W+86 제네바
ACCESS 콩페데라시옹 거리
ADD Rue du Marché 2, 1204 Genève
OPEN 10:00~19:00(토 ~18:00)
WEB victorinox.com

이런 올리브 제품 어때요?

올리비에 앤 코
Oliviers & Co.

스위스 특산품은 아니지만 올리브를 활용한 건강식이나 뷰티 제품을 좋아한다면 가볼 만한 곳이다. 남프랑스에서 재배한 올리브로 만든 오일과 페이스트, 과자 등 각종 식재료뿐 아니라 화장품, 비누 등 다양한 올리브 관련 제품이 있다. MAP ⑲

GOOGLE MAPS 642X+7M 제네바
ACCESS 까렌다쉬 옆
ADD Place du Bourg-de-Four 8, 1204 Genève
OPEN 10:00~19:00(월 12:00~, 토 ~18:30)/일요일 휴무
WEB oliviersandco.ch

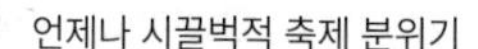

언제나 시끌벅적 축제 분위기

플랭팔래 벼룩시장 & 농산물시장
Marché de Plainpalais

스위스의 다채로운 로컬 식재료를 구경하면서 가볍게 요기하기 좋은 시장. 온갖 잡동사니를 판매하는 벼룩시장도 규모가 커서 볼만하다. 장이 열리는 동안 당나귀들이 돌아다니며, 아이들을 위한 놀이 공간도 마련돼 있어서 가족 단위 방문객이 즐겨 찾는다. MAP ⑲

GOOGLE MAPS 54WR+XJ 제네바
ACCESS 플랭팔래 광장
ADD Plaine de Plainpalais, 1204 Genève
OPEN 벼룩시장: 수·토·일 08:00~17:15/
농산물시장: 화·금 08:00~14:00(일 ~17:00)

달콤함이 퍼지는

제네바의 초콜릿 가게 BEST 3

밀크 초콜릿의 탄생지답게 스위스에는 수제 초콜릿 가게가 곳곳에 자리한다.
제네바의 많고 많은 수제 초콜릿 가게 중 가장 잘나가는 3곳을 소개한다.

5대째 이어진 초콜릿 & 디저트 카페

오에 쇼콜라티에

Auer Chocolatier

1939년에 문을 열어 5대째 내려오고 있는 곳. 가게 앞이 늘 손님들로 북적거리고, 금빛으로 번쩍이는 간판 덕분에 쉽게 찾을 수 있다. 초콜릿 종류도 많고, 포장도 고급스러워서 기념품으로 제격이다. MAP ⑲

GOOGLE MAPS 6522+V3 제네바
ACCESS 꽃시계에서 도보 3분
ADD Rue de Rive 4, 1204 Genève
OPEN 09:00~18:45(월 10:00~, 토 ~17:30)/일요일 휴무
PRICE 음료 4CHF~, 초콜릿 10CHF~
WEB chocolat-auer.ch

포레누아르

©Chocolaterie Stettler

초콜릿은 물론, 포레누아르까지 굿!

슈테틀러 & 카스트리셰

Stettler & Castrischer

1947년에 문을 연 고급 초콜릿 가게. 특히 다양한 맛의 작은 수제 초콜릿인 파베 초콜릿류가 진하고 부드럽다. 1964년 파티시에 카스트리셰가 합류하며 이 가게에 또 하나의 시그니처 메뉴인 포레누아르(Forêt-noire)가 탄생했다. 포레누아르는 초콜릿케이크에 체리가 들어있는 케이크 종류인데, 다른 곳과 달리 크림이 듬뿍 들어 맛이 더욱 부드럽다. MAP ⑱

GOOGLE MAPS 64CX+F4 제네바
ACCESS UN유럽본부에서 도보 13분
ADD Rue Av. Blanc 49, 1202 Genève
OPEN 07:00~17:00/토·일요일 휴무
PRICE 음료 4CHF~, 포레누아르 8CHF~, 초콜릿 8CHF~
WEB stettler-castrischer.com

남다른 작명 센스로 인기몰이

스윗철랜드 쇼콜라티에

Sweetzerland Chocolatier

제네바의 수많은 초콜릿 가게 중 이곳이 유난히 유명해진 이유는 작명 센스가 한몫했다. 스위스의 영문 이름인 'Switzerland'의 앞부분 스펠링을 'Sweet'로 바꿔서 '달콤한 영토'란 재미난 이름을 붙인 것. 유기농 인증을 받은 맛있는 초콜릿도 이름만큼 특별하고, 여기에 고급스러운 포장까지 더해지니 선물용으로 손색이 없다. 가격은 비싼 편이니 마음의 준비가 필요하다. MAP ⑲

GOOGLE MAPS 645W+2G 제네바
ACCESS 코르나뱅역에서 도보 7분
ADD Rue du Mont-Blanc 5, 1201 Genève
OPEN 10:00~19:00(토 ~18:00)/일요일 휴무
PRICE 초콜릿 10CHF~
WEB sweetzerland.net

DAY TRIP

제네바의 작은 이탈리아
카루주 Carouge

제네바에서 버스를 타고 20분이면 도착하는 작은 마을. 갑자기 이탈리아에 여행 온 것처럼 도시 분위기가 확 달라진다. 카루주는 옛 이탈리아 북부부터 이 근처까지 걸쳐 있던 사보이 공국의 영토로, 제네바를 견제하기 위한 상업 도시로 건설됐다. 19세기 초 제네바에 넘어간 이후에도 여전히 도시의 건축 스타일뿐만 아니라 생활 모습도 라틴 스타일을 간직하고 있다. 이탈리아풍의 아기자기한 노천카페들과 활기찬 요일장, 골목 구석구석의 유니크한 부티크와 공방들을 들러보며 소도시 골목 여행을 즐겨보자.

카루주 요일장

생트 크루아 성당

앙시엔느 거리

생트 크루아 성당과 시장 광장

카루주 요일장
Marchés de Carouge

일주일에 2~3번 열리는 지역 농산물 장터. 세계 여러 나라의 음식을 판매하는 푸드트럭들도 들어선다. 활기찬 카루주의 매력을 제대로 느낄 수 있는 곳.

ACCESS 제네바 코르나뱅역에서 18번 트램 9정거장, 카루주 마르셰(Carouge Marché) 하차, 16분
ADD Place du Marché 14, 1227 Carouge
OPEN 수·토 06:00~14:00(3~11월은 목 14:00~21:00 추가 운영)
GOOGLE MAPS 54MR+MG 카루주

생트 크루아 성당
Église Sainte-Croix

1780년에 지어진 이탈리아풍의 작은 성당. 스위스 문화재로 지정돼 있다.

ACCESS 마르셰 버스 정류장 앞
ADD Case postale 1632, 1227 Carouge
OPEN 07:30~19:30
GOOGLE MAPS 54MQ+JX 카루주

앙시엔느 거리
Rue Ancienne

작은 부티크와 공방이 400m가량 이어지는 거리. 생트 크루아 성당에서 시장 광장을 마주 보고 오른쪽으로 돌면 보인다. 거리 구경을 마치면 카루주 앙시엔느(Carouge Ancienne) 정류장에서 18번 트램을 타고 제네바 코르나뱅역으로 돌아온다.

GOOGLE MAPS 54JR+F8 카루주

DAY TRIP

제네바에서 살짝 다녀오는

프랑스 나들이

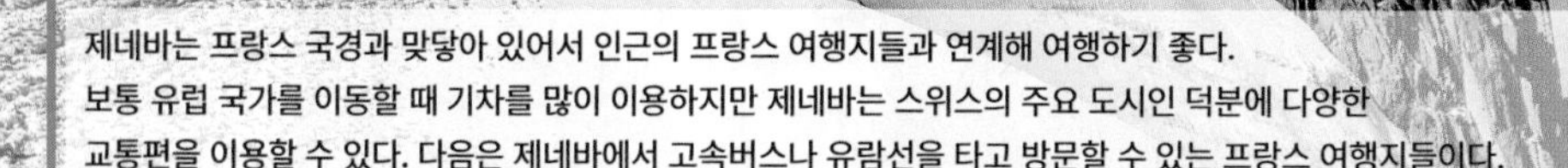
제네바는 프랑스 국경과 맞닿아 있어서 인근의 프랑스 여행지들과 연계해 여행하기 좋다.
보통 유럽 국가를 이동할 때 기차를 많이 이용하지만 제네바는 스위스의 주요 도시인 덕분에 다양한 교통편을 이용할 수 있다. 다음은 제네바에서 고속버스나 유람선을 타고 방문할 수 있는 프랑스 여행지들이다.

에귀 뒤 미디. '첨오의 바늘'이란 뜻인데, 정말 그렇게 생겼다.

Point 1

알프스에서 가장 높은 봉우리

몽블랑 Mont Blanc

우리에겐 케이크의 한 종류로 익숙한 몽블랑(4808m)은 알프스산맥의 가장 높은 봉우리 이름이다. 프랑스와 이탈리아의 국경에 있지만 제네바에서 버스나 렌터카를 타고 1시간 30분~2시간이면 갈 수 있어서 스위스 여행 중에 당일 여행으로 많이 다녀온다. 샤모니에서 산악열차와 곤돌라를 타고 거대한 빙하, 메르 드 글라스(Mer de Glace: 얼음 바다)의 빙하 동굴을 구경하자. 그 후 샤모니로 되돌아가 케이블카를 타고 에귀 뒤 미디(Aiguille du Midi)에 올라 허공에 있는 유리 박스 전망대에서 몽블랑의 우아한 자태를 감상하는 것이 일반적인 코스. 여름이라면 아침 일찍 도착해서 하이킹 코스와 조합해 보는 것도 좋다.

알찬 일정을 위해 미리 준비하세요

- 점심 도시락을 준비한다. 프랑스 국경을 넘어가므로 여권 소지 필수
- 하루 만에 하이킹까지 하려면 반드시 제네바에서 첫차로 출발해야 하고, 샤모니로 내려오는 케이블카 막차 시간을 확인해서 시간을 잘 배분해야 한다.

GOOGLE MAPS 에귀 뒤 미디 곤돌라역: WV9C+82 샤모니/메르 드 글라스 산악열차역: WVFG+24샤모니
ACCESS 샤모니까지 제네바공항 또는 가르 루티에(Gare Routière) 국제 고속버스 정류장에서 플릭스 버스(FlixBus) 또는 스위스 투어즈(Swiss tours) 버스 이용
OPEN 곤돌라: 여름철 07:10~17:30, 겨울철 08:10~16:30(11월 초~12월 중순 휴무)/ 산악열차: 여름철 08:30~17:00, 겨울철 10:00~ 16:30(10월 첫째·셋째 주 휴무)
PRICE 곤돌라 왕복: 73€, 5~14세 62.10€, 가족(부모+미성년 자녀 2) 226.40€/ 산악열차 왕복: 37€, 5~14세 31.50€, 가족 114.80€
WEB chamonix.com
국제 고속버스 정보: gare-routiere.ch

에귀 뒤 미디의 유리 박스 전망대

메르 드 글라스 빙하 동굴

'얼음 바다'라는 뜻의 메르 드 글라스 빙하

안시 수로와 마을 풍경

몽블랑 당일 여행 추천 코스

제네바
↓ 국제 고속버스 1시간 10분
샤모니
↓ 산악열차 20분
몽탕베르 Le Montenvers
↓ 전망대 빙하 관람 30분
↓ 곤돌라 5분
메르 드 글라스 빙하 동굴
↓ 빙하 동굴 관람 1시간
↓ 곤돌라 5분
몽탕베르
↓ 하이킹 2시간 30분
플랑 드 레귀 Plan de l'Aiguille
↓ 케이블카 10분
에귀 뒤 미디
↓ 전망대 관람 1시간
↓ 케이블카 20분
샤모니
↓ 국제 고속버스 2시간
제네바

*하이킹을 하지 않는다면 몽탕베르에서 다시 샤모니로 내려와 에귀 뒤 미디로 가는 케이블카를 탄다.

알프스의 푸른 베네치아

안시 Annecy

프랑스의 동화 같은 호숫가 마을. 돌로 된 건물 사이사이로 운하가 있어서 '알프스의 베네치아'라고 불린다. 프랑스 특유의 파스텔톤 색감을 가진 건물들, 빙하수가 섞여 유난히 푸른 안시 호수의 풍경이 마치 수채화 한 폭을 펼쳐 놓은 것만 같다. 제네바에서 플릭스버스로 약 1시간이면 도착한다.

ACCESS 가르 루티에(Gare Routière) 국제 고속버스 정류장에서 버스 이용
WEB en.lac-annecy.com, 국제 고속버스 정보: global.flixbus.com

이부아르 마을 풍경

이부아르성

꿈꾸던 프랑스 마을을 보러 가요

이부아르 Yvoire

레만 호숫가에 자리 잡은 작은 중세 마을. 프랑스의 예쁜 마을을 손꼽을 때면 항상 열 손가락 안에 드는 곳이다. 700년 역사를 간직한 이 마을엔 14세기의 성이 남아 있으며, '꽃의 마을'이라고 불릴 정도로 많은 꽃을 볼 수 있다. 규모가 작아서 둘러보는 데 1~2시간이면 충분하지만 구석구석 포토 포인트가 많아서 정신없이 셔터를 누르다 보면 어느덧 하루가 훌쩍 간다.

ACCESS 제네바에서 유람선 1시간 45분(여름철)/니옹(Nyon)에서 유람선 20분
WEB yvoire-france.com

제네바 바티 페스티벌
La Bâtie-Festival de Genève

세계 여러 나라의 댄스, 연극, 콘서트, 퍼포먼스 등 다양한 작품을 볼 수 있는 제네바 최고의 문화 예술 축제. 8월 말부터 9월 초까지 18일 동안 60여 개 팀이 여름의 마지막을 화려하게 장식한다. 제네바의 50여 곳의 장소에서 열리며, 티켓 가격은 공연에 따라 다르다.

WHERE 프로그램에 따라 다르니 홈페이지 참고
OPEN 8월 말~9월 초(매년 조금씩 변동)
PRICE 15CHF~
WEB batie.ch

©La Bâtie-Festival de Genève

성벽 방어 축제
Fête de l'Escalade

제네바에서 가장 인기 있는 축제. '기어오른다'는 뜻을 가진 축제 이름 레스칼라드(L'Escalade)에는 재미난 사연이 담겨 있다. 사보이 공국은 늘 제네바를 점령해 수도로 삼고 개신교 세력을 꺾어 알프스 북쪽으로 진출하고 싶었다. 1602년 12월 11일에도 한밤중에 제네바 성벽을 몰래 기어 올라가 기습할 계획을 세웠는데, 마침 야채수프를 끓이던 여인이 이를 눈치채고 성벽을 오르는 군인 위로 수프를 잽싸게 부었다고 한다. 뜨거운 수프에 덴 군인은 비명을 질렀고, 보초들은 적의 침략을 알게 되어 무사히 제네바를 지킬 수 있었다고. 오랜 두통거리였던 사보이가 이 사건 이후로 평화조약을 맺은 덕분에 제네바에서는 이날이 가장 중요한 축제날이 됐다. 지금도 해마다 12월 11일에 가까운 주말이면 거리 퍼레이드가 열리고, 야채 모양의 마지팬(Marzipan: 아몬드 반죽과 설탕 등을 넣어 만든 과자)이 든 마르미트(Marmites: 수프를 끓이던 손잡이가 달린 전통 솥) 모양의 초콜릿을 먹으며 이날을 기념한다.

WHERE 구시가 일대
OPEN 12월 12일에 가장 가까운 주말
WEB 1602.ch

©Compagnie de 1602

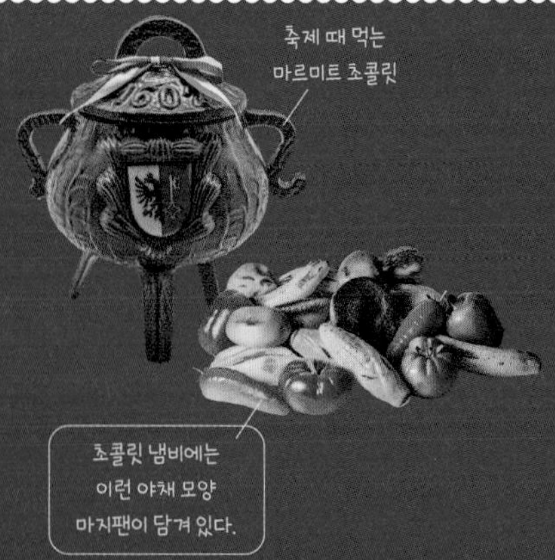

축제 때 먹는 마르미트 초콜릿

초콜릿 냄비에는 이런 야채 모양 마지팬이 담겨 있다.

LAUSANNE

• 로잔 •

로잔은 국제 올림픽 위원회 IOC가 자리 잡고 있어서 '올림픽의 수도'라는 진지한 수식어가 따라붙지만 사실은 미식과 문화, 파티의 도시다. 유럽에서 매우 드물게 아직도 밤이면 시간을 알려주는 야경꾼의 전통이 살아 있으면서도 쇼핑과 공연, 나이트 라이프 등 현대적인 요소들이 골고루 발전했고, 알프스와도 가까워서 언제나 활기가 넘쳐흐른다. 제네바와 더불어 스위스의 살기 좋은 도시로 손꼽히는데, 제네바보다 생활비가 적게 들어서 스위스 프랑스어권의 젊은 연령층이 거주지로 선호하는 도시이기도 하다. 언덕 위 대성당 주변의 중세 시대 풍경, 공장지대를 트렌디하게 바꾼 플롱 지구, 시간이 멈춘 듯 평화로운 우시 호반까지 모두 봐야 비로소 로잔을 둘러봤다고 할 수 있으니 시간 여유를 갖고 천천히 이 도시의 매력을 음미하자.

- **칸톤** 보 Vaud
- **언어** 프랑스어
- **해발고도** 526m

보 칸톤기

로잔 도시 문장기

Get in & Get out

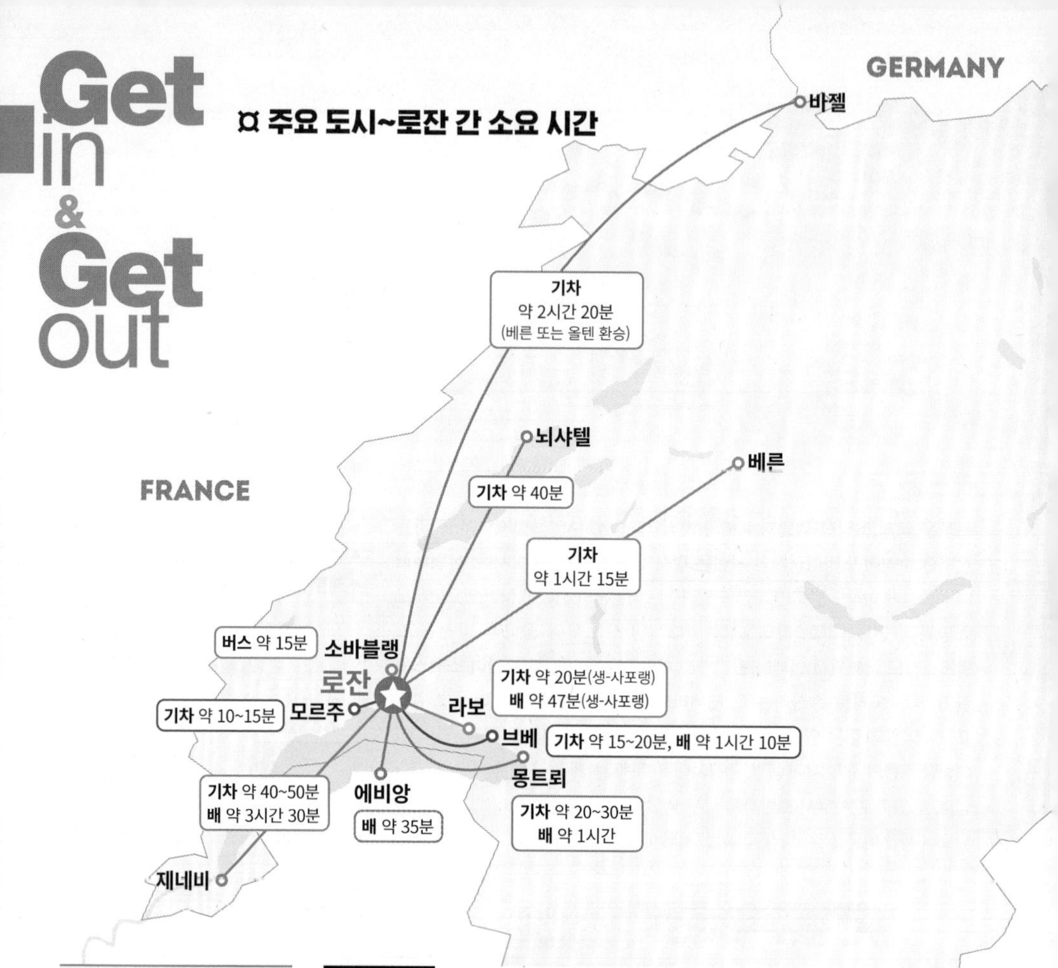

★
로잔역

GOOGLE MAPS GJ8H+RM 로잔
ADD Place de la Gare 5A, 1003 Lausanne
TEL +41 848 44 66 88(스위스 연방 철도 통합번호)
WEB sbb.ch/en(기차 시간표 조회 및 예약)

★
관광안내소

GOOGLE MAPS GJ8H+RH 로잔
ACCESS 로잔역 정문에서 도보 2분
ADD Avenue Louis-Ruchonnet 1, 1003 Lausanne
OPEN 09:00~18:00
TEL +41 (0)21 613 73 73
WEB lausanne-tourisme.ch/en

기차

로잔은 스위스 서부와 남쪽의 발레(Valais) 지역을 이어주는 교통의 요지다. 로잔과 몽트뢰 사이에 있는 라보 지구의 포도밭을 지나갈 땐 창가 자리를 선점할 것. 평생 기억에 남을 만큼 아름다운 풍경이 눈앞에 펼쳐진다.

로잔역 Gare de Lausanne

1층과 지하에 코인 로커가 있다. 이용료는 24시간 기준 소형 6CHF, 대형 9CHF. 그 외 여행 가방 배송 서비스, 환전소, 자전거 대여소가 있다. 지하 화장실 이용료는 2CHF. 무료 와이파이(SBB-FREE) 사용 가능. 정문으로 나오면 대성당을 포함한 구시가 쪽으로 이어지고, 후문으로 나오면 우시 호반 쪽으로 내려갈 수 있다.

로잔역.
'올림픽의 수도'라고 쓰여 있다.

로잔에서 라보로 가는 기차 밖 풍경

차량

도시 간 이동에는 차가 편리하지만 시내에는 차량 통제 구간이 많아 차로 관광하는 것은 거의 불가능하다. 따라서 시내는 메트로를 타거나 걸어 다녀야 한다.

• 주요 도시에서 로잔까지 소요 시간

베른	약 1시간 10분(100km/12번 고속도로, 27번 국도, 9번 고속도로)
바젤	약 2시간 20분(200km/18번, 16번, 5번, 1번, 9번 고속도로)
제네바	약 55분(63km/1번 고속도로)
뇌샤텔	약 55분(73km/5번, 1번, 9번 고속도로)
몽트뢰	약 35분(28km/9번 고속도로)

★
로잔 공공 주차장 정보
WEB lausanne.ch/parking-stationnement

★
레만호 종합 항운 CGN
WEB cgn.ch/en

배

레만 호숫가에 있는 스위스 도시들과 생수로 유명한 프랑스 에비앙 등에서 로잔까지 배를 타고 들어갈 수 있다. 단, 대중교통이라기보다는 관광 유람선 개념이라서 속도가 느리다. 대부분 노선이 겨울에는 운항하지 않거나 횟수가 줄어들며, 매년 운항 시간이 조금씩 바뀌니 자세한 시간표는 홈페이지에서 확인한다. 스위스 트래블 패스 소지자 무료. 여름철엔 벨 에포크(Belle Epoque) 풍으로 꾸민 증기선도 운영한다.

로잔 유람선

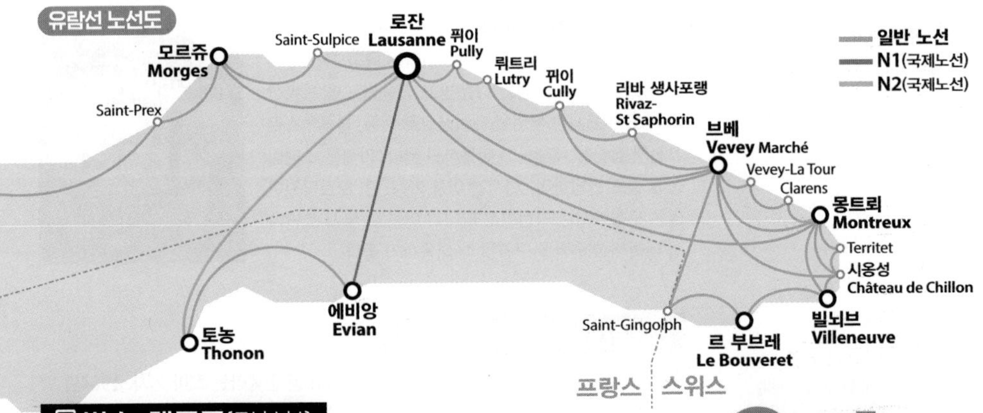

버스, 메트로(지하철)

로잔 구시가 주변의 볼거리들은 거리상으로는 가깝지만 대부분 가파른 오르막길에 자리하기 때문에 체력 안배를 위해 버스와 메트로를 적절히 활용해 동선을 짜는 것이 중요하다. 구역에 따라 요금이 다른데, 로잔의 주요 관광지는 11, 12구역(zone 11, 12) 안에 있다. 정류장에 있는 자동판매기나 운전기사에게 구매한 티켓으로 로잔 내 모든 대중교통을 이용할 수 있으며, 30분 내 3정거장 이용권(2.30CHF), 두 구역 내 1시간권(3.90CHF), 두 구역 내 1일권(9.80CHF) 티켓이 있다.

Get around & Travel tips

로잔은 스위스에서 유일하게 지하철이 있는 도시다.

지하철 승강장. 지형에 따라 경사진 모습이 독특하다.

: WRITER'S PICK :

로잔 트랜스포트 카드
Lausanne Transport Card

로잔의 숙박업소에서 머물면 메트로, 버스, 기차 등 로잔 시내 대중교통에 무제한 탑승할 수 있고 보트도 할인받을 수 있는 교통 패스를 발급해준다. 숙소 체크인 시 숙박일 수만큼 받을 수 있고, 최대 15일까지 발급 가능.

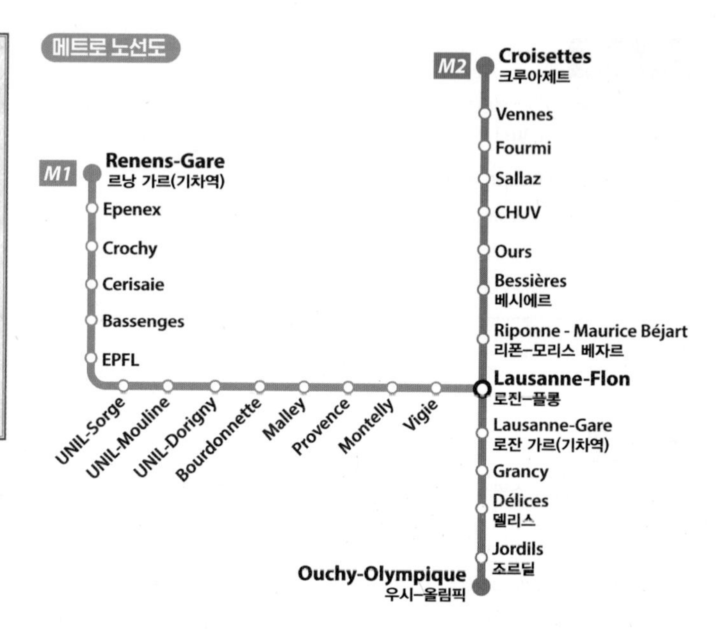

★
공공 자전거
WEB publibike.ch

공공 자전거

로잔에는 퍼블리바이크(Publibike)라는 공공 자전거 대여 시스템이 있다. 앱을 다운받고 신용카드를 등록한 후 지도에 표시된 무인 스테이션으로 이동, 블루투스로 자전거 잠금을 해제하고 이용하면 된다. 가까운 스테이션에 셀프 반납하며, 24시간 이용 가능. 단, 오르막길이 많은 도심에서는 자전거로 다니기 어렵고, 우시 호반에서 대여해 호숫가를 구경할 때 이용하기 좋다.

★
로잔-비디 미니 기차
P'tit Train de Lausanne-Vidy

ACCESS 메트로 M2 라인 우시-올림픽역(Ouchy-Olympique)에서 24번 버스로 비디 포르(Vidy Port) 하차 후 도보 1분, 총 8분
ADD 출발: Avenue Emile-Henri-Jaques-Dalcroze, 1007 Lausanne
HOUR 수·토 14:00~18:00, 일 10:00~12:00·14:00~18:00(학교 방학 기간엔 금요일을 제외하고 매일 운행)/11~2월 휴무
PRICE 생후 19개월 이상 1회권 3CHF, 5회권 13CHF, 10회권 24CHF/현금만 가능
WEB petittrainlausanne.ch

로잔-비디 미니 기차

로잔의 우시 호숫가에서 비디 호숫가까지 약 2km를 왕복하는 꼬마 기차. 1964년 박람회 때 전시를 편하게 둘러볼 수 있도록 운행을 시작했다. 가족 단위 여행자에게 유용하다.

DAY PLANS

로잔에는 박물관과 미술관이 많아서 시간 여유를 두고 둘러보면 좋다. 하루를 온전히 로잔에서 보낼 예정이라면 도시에서 가장 높은 곳에 있는 에르미타주 재단 미술관부터 시작할 것. 반나절 여행을 계획한다면 2~5번 코스까지가 적당하다.

도보
교통편 이용
0 200m
로잔역
Gare de Lausanne

추천 일정

★는 머스트 스팟

로잔역

↓ 메트로 M2+16번 버스+도보, 총 20분

❶ 에르미타주 재단 미술관

↓ 도보 13분

❷ 로잔 대성당 ★

↓ 도보 1분

❸ 마르셰 계단

↓ 도보 2분

❹ 팔뤼 광장

↓ 도보 3분

❺ 뤼민 궁전 주립박물관 ★

↓ 메트로 M2+도보, 총 25분

❻ 올림픽 박물관 ★

↓ 도보 12분

❼ 우시

↓ 메트로 M2 7분

❽ 플롱 지구 ★

↓ 메트로 M2 2분

로잔역

Tourist & Attractions

01 유럽 귀족처럼 거니는 미술관
에르미타주 재단 미술관
Fondation de l'Hermitage

19세기 저택에 설립된 미술관. 도시의 가장 위쪽에 자리 잡고 있어 로잔 대성당의 첨탑이 레만 호수와 알프스를 배경으로 멋지게 솟은 모습을 감상할 수 있다. 근사한 저택에서 예술 작품을 감상하고 드넓은 잔디 정원을 산책하다 보면 19세기 유럽 귀족이 된 듯한 기분. 늘 분주해서 종업원을 부르는 것이 하늘의 별 따기지만 기다릴 여유가 있다면 미술관 뒤뜰의 사랑스러운 레스토랑 테라스에서 마시는 커피 한잔도 놓치지 말자. MAP ⑳

GOOGLE MAPS GJHP+7V 로잔
ACCESS 메트로 M2 라인 리폰-모리스베자르역(Riponne-M. Béjart)에서 16번 버스를 타고 에르미타주(Hermitage) 하차 후 도보 5분, 총 20분
ADD Route du Signal 2, 1018 Lausanne
OPEN 10:00~18:00(목 ~21:00)/월요일 휴무
PRICE 22CHF(목 18:00~21:00 11CHF), 경로 18CHF, 10~17세·학생 10CHF/ 스위스 트래블 패스 소지자 무료
WEB fondation-hermitage.ch

02 웅장한 파이프 오르간 보러 가기
로잔 대성당
La Cathédrale de Lausanne

스위스에서 가장 큰 고딕 양식 성당. 로잔 노트르담 대성당이라고도 불린다. 12~13세기에 걸쳐 약 100년간 지어졌는데, 건축 당시에는 가톨릭 성당이었다가 종교개혁을 거치며 개신교 교회로 바뀌었다. 눈여겨볼 것은 7000개의 파이프로 이루어진 오르간. 세상에서 가장 값비싼 악기 중 하나로, 여름 성수기 한낮이면 영롱하게 울려 퍼지는 오르간 연주를 감상할 수도 있다. 그 외 13세기에 만들어진 장미창도 빼놓을 수 없는 볼거리. 화창한 날 장미창을 투과해 들어오는 햇빛이 바닥에 떨어지며 만들어 내는 모습이 신비롭기 그지없다. 225개의 계단으로 이어지는 첨탑(유료)에 오르면 알프스를 병풍처럼 두른 레만 호수와 멋진 도시 풍경을 감상할 수 있다. MAP ⑳

GOOGLE MAPS GJFM+2X 로잔
ACCESS 에르미타주 미술관에서 도보 13분/메트로 M2 라인 리폰-모리스베자르역(Riponne-M. Béjart)에서 도보 5분
ADD Place de la Cathédrale 1, 1005 Lausanne
OPEN 09:00~19:00(10~3월 ~17:30)
PRICE 무료
WEB cathedrale-lausanne.ch

+ MORE +

로잔 대성당 야경꾼 Le Guet de la Cathédrale de Lausanne

밤 10시, 로잔 대성당 근처에 가면 누군가가 탑에서 도시를 향해 "C'est le guet. Il a sonne dix!(야경꾼이다. 10시다!)"라고 소리치는 것을 들을 수 있다. 이는 바로 1405년부터 공식적으로 기록된 로잔 대성당 야경꾼의 외침이다. 야간에 화재나 위험을 살피고 시간을 일러주던 중세 시대의 야경꾼들은 20세기 들어 대부분의 종탑과 알람 시스템이 자동화되면서 사라졌지만 로잔에서는 500년간 이 전통이 한 번도 끊기지 않았다. 2021년엔 최초로 여성이 야경꾼을 맡으면서 남녀평등의 상징적인 역할까지 하게 됐다. 야경꾼의 외침은 매일 밤 10시부터 새벽 2시까지 정각마다 들을 수 있다.

03 로잔 대성당 포토 스폿
마르셰 계단
Escaliers du Marché

로잔 대성당에서 내려오는 길목에 있는 지붕 덮인 목조 계단. 13세기에 조성된 것으로, 시간을 거슬러 중세 시대로 돌아간 느낌이 든다. 특히 이곳에서 바라보는 대성당의 모습이 인상적이라 사진 촬영 명소로 인기 만점. 계단 이름은 14세기까지 이 계단 오른쪽에서 마르셰(장터)가 열렸다는 데서 유래했다. 지금은 건물이 빼곡히 들어서 버려 장터가 없어졌지만 성당을 마주 보고 계단 오른쪽으로 흥미로운 부티크들이 주욱 늘어선 모습을 볼 수 있다. MAP ⑳

GOOGLE MAPS GJCM+WJ 로잔
ACCESS 팔뤼 광장과 대성당을 연결하는 계단
ADD Escaliers du Marché, 1003 Lausanne

대성당 야경꾼이 머무는 대성당 탑

04 재래시장이 열리는 활기찬 광장
팔뤼 광장
Place de la Palud

대성당과 뤼민 궁전에서 가까운 구시가의 중심 광장. 시청과 여러 상점이 모여 있고, 수요일과 토요일이면 지역 농부들이 신선한 야채와 과일, 갓 구운 빵 등을 판매하는 재래시장이 들어선다. 정의의 여신상 복제품(진품은 역사 박물관 소장)이 늠름하게 서 있는 분수대와 매시 정각에 움직이는 인형들이 시간을 알려주는 태양 벽시계가 있다. 지금의 화려한 모습과는 다르게 팔뤼라는 광장 이름은 프랑스어로 팔뤼디즘(paludisme), 즉 말라리아라는 병명에서 따온 것. 중세 시대에는 이곳이 플롱강과 루브 늪지대 사이에 있었던 탓에 말라리아가 심하게 퍼졌다는 데서 유래한 이름이다. MAP ⑳

GOOGLE MAPS GJCM+P6 로잔
ACCESS 로잔 대성당에서 도보 4분
ADD Place de la Palud 1, 1003 Lausanne

로잔 시청사

05 압도적인 규모의 무료 박물관
뤼민 궁전 주립박물관
Palais de Rumine

구시가의 중심부인 리폰 광장 앞에 자리한 거대한 궁전. 오스만 제국의 해체를 결정한 로잔조약(1923년)이 이곳에서 이뤄졌다. 19세기 말 로잔에 살던 러시아 귀족 가브리엘 드 뤼민이 시에 기부한 유산으로 건축한 것으로, 현재 5개의 박물관이 이곳에 자리 잡고 있다. 세계 각국의 예술품을 소장한 미술관, 유럽뿐 아니라 이집트의 문명까지 전시한 고고학 박물관, 눈부신 보석 결정을 원 없이 볼 수 있는 지질학 박물관, 스위스를 포함한 전 세계 화폐 역사를 담은 화폐 박물관, 거대한 곰과 상어 등 박제 동물을 실감나게 전시한 자연사 박물관이 그것이다. 소장품이 많고 화려한 내부와 현대적인 시설 또한 압도적인데, 무료 관람까지 가능해서 안 갈 이유가 없는 곳이다. MAP ⑳

GOOGLE MAPS GJFM+CF 로잔
ACCESS 팔뤼 광장에서 도보 3분
ADD Place de la Riponne 6, 1005 Lausanne
OPEN 10:00~17:00/월요일 휴무
PRICE 상설전 무료, 특별전 25세 이상 8CHF/매달 첫째 토요일 무료
WEB palaisderumine.ch

화려한 궁전 내부
지질학 박물관
자연사 박물관

평창 동계올림픽 마스코트, 수호

박물관 내 레스토랑

06 호돌이와 수호 찾아 고고!
올림픽 박물관 Le Musée Olympique

스위스의 가볼 만한 박물관 리스트에서 빠지지 않는 곳. 2014년 대대적인 보수공사 후 넓은 전시 공간을 추가했고, 양방향 멀티미디어 전시를 통해 올림픽의 탄생부터 현대에 이르기까지의 역사를 근사하게 보여준다. 1988년 서울올림픽의 기념주화 및 2018년 평창동계올림픽 자료도 볼 수 있다. 부속 레스토랑에서는 레만 호수와 알프스의 환상적인 전망이 펼쳐지며, 주말에는 브런치 뷔페도 운영한다. MAP ⑳

GOOGLE MAPS GJ5M+FJ 로잔
ACCESS 메트로 M2 라인 조르딜익(Jordıls)에서 노보 8분
ADD Quai d'Ouchy 1, 1006 Lausanne
OPEN 09:00~18:00/
월요일, 12월 24·25·31일, 1월 1일 휴무
PRICE 20CHF, 학생·경로 14CHF/ 스위스 트래블 패스 소지자 무료
WEB olympics.com/museum

07 평화로운 호숫가 산책
우시 Ouchy

로잔에서 가장 평화롭고 아름다운 곳. 호화 요트와 럭셔리 호텔, 넓은 테라스를 뽐내는 레스토랑들이 늘어선 선착장을 기준으로 호수를 마주 보고 왼쪽으로 가면 올림픽 박물관이, 오른쪽으로 가면 긴 모래사장을 지닌 비디 호반이 나온다. 제1차 세계대전을 종식한 조약들이 체결됐던 보-리바주(Beau-Rivage Palace)나 샤토 두시(Château d'Ouchy) 등의 고급 호텔 테라스에서 커피 한 모금의 여유를 부려 보자. 샤토 두시 호텔 앞 호반에서 페달 보트를 빌리면 호수 위에서 우시의 그림 같은 풍경을 더욱 제대로 만끽할 수 있다. 공공 자전거를 대여해 호숫가를 달리는 것도 잊지 못할 경험이다. MAP ⑳

GOOGLE MAPS GJ4G+RH 로잔
ACCESS 메트로 M2 라인 우시-올림픽역(Ouchy-Olympique) 하차 후 바로

우시 호반에서 본 레만 호수

08 스위스에서 제일 핫한 거리
플롱 지구 Quartier du Flon

19세기에 형성된 공장지대를 현대적으로 탈바꿈한 장소. 과거 플롱강을 오염시키던 산업이 쇠퇴한 후 슬럼가까지 형성되면서 로잔 사람들이 가장 기피하는 지역이 됐는데, 1990년대 들어 로잔-우시 그룹이 이 문제를 해결하기 위해 당시로서는 매우 획기적인 도시계획을 세웠다. 이곳에 메트로 역을 세우고 낡은 창고를 개조해 멀티플렉스 영화관과 쇼핑센터, 부티크, 클럽, 펍, 레스토랑 등을 대거 투입한 것. 덕분에 오늘날 이 일대는 로잔에서 가장 젊은 에너지가 넘쳐 흐르는 핫플레이스가 됐다. 트렌디한 쇼핑 스폿과 레스토랑이 유혹하는 낮에 가도 좋지만 플롱이 빛을 발하는 때는 단연 밤! 서정적인 스위스를 여행하는 동안 화려한 밤 문화가 그리웠다면 플롱으로 가보자. MAP ⑳

GOOGLE MAPS GJCJ+84 로잔
ACCESS 메트로 M1·M2 라인 로잔-플롱역(Lausanne-Flon) 하차 후 바로
WEB flon.ch

성 프랑수아 교회

크리스마스 마켓 풍경

로잔 구시가 미니어처

Option 09
로잔 시민들의 만남의 광장
성 프랑수아 광장
Place Saint-François

13세기에 지어진 성 프랑수아 교회 앞 광장. 교회 자체가 유명하다기보다는 로잔 시내 교통의 요지이자 핫플레이스인 플롱과 가까워서 로잔 시민들의 만남의 광장 같은 곳이다. 교회를 오른쪽에 두고 오르막을 따라 쇼핑가가 있고, 12월에는 크리스마스 마켓이 열린다. MAP ⑳

GOOGLE MAPS GJ9M+W8 로잔
ACCESS 로잔역에서 도보 10분
ADD Place Saint-François, 1003 Lausanne

Option 10
로잔의 옛 모습이 궁금해?
로잔 역사 박물관
Musée Historique Lausanne

1918년 설립된 역사 박물관. 예술·산업·경제·정치·사회·문화 등 다양한 분야에 걸쳐 선사 시대부터 현대에 이르기까지 로잔의 역사를 다룬다. 특히 17세기의 도시 모습을 세세하게 재현한 미니어처가 볼만하다. 15세기까지 주교들이 거주했던 아름다운 건물을 둘러보는 것만으로도 방문해 볼 가치가 있다. MAP ⑳

GOOGLE MAPS GJCM+VX 로잔
ACCESS 로잔 대성당 앞
ADD Place de la Cathédrale 4, 1005 Lausanne
OPEN 11:00~18:00/월요일(7·8월은 오픈), 12월 25일, 1월 1일 휴무
PRICE 16세 이상 12CHF(학생증 소지자 무료), 경로 6CHF/매달 첫째 토요일 무료/ 스위스 트래블 패스 소지자 무료
WEB lausanne.ch/mhl

Option 11
신선한 영감이 필요한 날
아르 브뤼 미술관
Collection de l'Art Brut

관람객들의 호불호가 분명하게 갈리는 미술관. 브뤼(Brut)는 거칠다는 뜻으로, 정식 미술 교육을 받지 않은 부랑자나 죄수 등 소외계층의 작품을 전시하고 있다. 소장품은 주로 이들의 내적 세계를 표출한 예술품의 가치를 발견한 프랑스 작가 장 뒤뷔페가 수집하고 기증한 것들이다. 관람객들은 대체 무엇을 말하고 싶은 건지 어리둥절하기도 하고, 틀을 깨는 기발한 아이디어에 깜짝 놀라기도 한다. 허를 찌르는 새로운 영감을 받고 싶은 이들에게 추천. MAP ⑳

GOOGLE MAPS GJGF+WV 로잔
ACCESS 로잔역에서 3·14·20·21번 버스를 타고 보류-조미니(Beaulieu-Jomini) 또는 보류(Beaulieu) 하차, 10분
ADD Avenue Bergières 11, 1004 Lausanne
OPEN 11:00~18:00/월요일(7·8월은 오픈), 12월 25일, 1월 1일 휴무
PRICE 16세 이상 12CHF(학생증 소지자 무료), 경로 6CHF/매달 첫째 토요일 무료/ 스위스 트래블 패스 소지자 무료
WEB artbrut.ch

스위스에서 탄생한 버거 체인

$ 홀리 카우 Holy Cow!

스위스 패스트푸드의 격을 올려놓은 햄버거집. 입구에 들어서는 순간 세련된 인테리어에 기분이 좋아지고, 양질의 두툼한 패티가 들어있는 햄버거를 한입 베어 물면 "홀리 카우!(영어권에서 사용하는 "세상에나!"라는 뜻의 감탄사)라는 나지막한 외침이 절로 나온다. 로잔에서 작은 레스토랑으로 시작해 지금은 취리히공항을 포함해 스위스에 13개 지점을 보유한 버거 체인이 됐다. 가격이 여타 패스트푸드 체인과 비슷하면서도 국산 재료만 사용하고, 수제 버거집과 맞먹을 만큼 패티의 질이 좋다. 로잔에는 2곳의 지점이 있다. MAP 20

GOOGLE MAPS 플롱점: GJFH+47 로잔/
베시에르점: GJCP+3G 로잔
ACCESS 메트로 M2 라인 플롱역(Flon)에서 도보 5분/
메트로 M2 라인 베시에르역(Bessières)에서 도보 2분
ADD 플롱점: Rue des Terreaux 10/베시에르점: Rue Cheneau-de-Bourg 17, 1003 Lausanne
OPEN 11:00~23:00
PRICE 단품 11.90CHF~, 세트 16.90CHF~
WEB holycow.ch

+ MORE +

로잔 먹킷리스트

파페 보두아
Papet Vaudois

스위스 프랑스어권 사람들이 가정에서 흔히 먹는 보주(Vaud, 로잔이 속한 주)의 전통 음식. 파페는 으깨져 반죽같이 된 음식을 말한다. 프랑스식 건조 소시지인 소시송 보두아(Saucisson Vaudois)와 대파, 감자를 썰어 넣고 약간의 물을 부어 흐물흐물해질 때까지 푹 익혀낸다. 보통은 으깨진 감자와 대파를 밥처럼, 소시송을 반찬처럼 먹지만 음식점에 따라 절인 양배추 볶음을 함께 내기도 한다. 스위스의 소시송은 반건조로 프랑스 것보다 훨씬 부드러운 데다, 보주의 소시송은 야채가 많이 섞여 있어서 우리나라의 아바이 순대와 식감이 비슷하다.

퐁뒤 부기뇬
Fondue Bourguignonne

1948년경 로잔에서 탄생한 음식. 테이블 가운데 끓는 기름을 놓고 퐁뒤처럼 긴 포크에 고기 조각을 꽂아 직접 튀겨 먹는 요리다. 원래는 오리고기, 말고기, 사슴고기를 많이 먹었는데, 요즘 레스토랑에서는 대부분 닭고기, 소고기, 돼지고기를 제공한다. 마요네즈, 마늘 마요네즈, 아일랜드 드레싱, 커리 마요네즈 등의 소스가 함께 제공된다. 퐁뒤는 원래 '녹은'이라는 형용사로 치즈 퐁뒤만을 의미했으나, 요즘엔 테이블 가운데 냄비 하나를 놓고 긴 포크로 식재료를 찍어 익히거나 찍어 먹는 것을 모두 퐁뒤라고 통칭한다.

필레 드 페르슈(민물 농어)
Filets de Perche

레만 호수나 뇌샤텔 호수 등 스위스의 호숫가 마을에서 맛볼 수 있는 특별 요리다. 주로 구이나 튀김으로 많이 먹는데, 수심이 깊은 곳에서 잡은 자연산 페르슈는 우리 입맛에도 아주 잘 맞는다. 단, 자연산은 가격이 비싸서 일부 레스토랑에선 수입산 양식 페르슈를 판매하니 원산지를 잘 확인할 것. 수입산 양식 페르슈는 민물고기 특유의 흙냄새가 살짝 나서 호불호가 갈린다. 자연산 페르슈를 맛보고 싶다면 현지 생선가게에 가서 산지를 확인하고 구매하는 것도 좋은 방법이다.

호숫가에서 즐기는 쌀밥 피크닉

$ 사버르 다이여르 Saveurs d'Ailleurs

우시 호반 근처에 있는 태국 음식 전문점. 맛있고 푸짐한 데다 가격도 합리적이어서 저녁에는 자리가 없을 정도로 인기다. 테이크아웃도 가능하니 날씨가 따뜻할 때면 평화로운 우시 호반 공원에서 피크닉을 즐겨보자. MAP ⑳

GOOGLE MAPS GJ5H+23 로잔
ACCESS 메트로 M2 라인 우시-올림픽역(Ouchy-Olympique)에서 도보 3분
ADD Avenue d'Ouchy 67, 1006 Lausanne
OPEN 11:00~14:00, 17:30~20:00(토요일 브레이크타임 없음)/일요일 휴무
PRICE 애피타이저 8CHF~, 식사 11CHF~, 음료 3.50CHF~
WEB saveursdailleurs.ch

로잔 최고의 전망 맛집

$$ 브라스리 드 몽베농 Brasserie de Montbenon

언덕 위 공원 안에 있어서 환상적인 전망을 자랑하는 캐주얼 식당. 초록빛 숲과 그 앞의 알프스산맥이 손에 잡힐 듯 가까이 보여서 식사 대신 커피나 맥주 한 잔만 놓고 분위기를 만끽해도 좋다. 낮에는 아이들과 함께 가기 좋은 캐주얼 식당이자 카페, 밤에는 친구들과 함께 주류를 즐길 수 있는 타파스 바로 변신한다. MAP ⑳

GOOGLE MAPS GJCF+6W 로잔
ACCESS 로잔역에서 도보 9분/메트로 M2 라인 플롱역(Flon)에서 도보 6분
ADD Allée Ernest-Ansermet 3, 1003 Lausanne
OPEN 09:00~24:00
PRICE 식사 18CHF~, 디저트 9CHF~, 음료 4CHF~
WEB brasseriedemontbenon.ch

수제 맥주와 카망베르 치즈

샹트렐 버섯 소스를 얹은 돼지목살구이

전통 음식을 본격적으로 맛보고 싶다면

$$ 팡트 베송 Pinte Besson

1780년경 문을 연 와인 판매소를 개조한 레스토랑. 팡트(Pinte)는 옛날에 와인 양을 측정하던 단위를 뜻한다. 동굴처럼 생긴 와인 저장고 등 옛 건물을 그대로 살린 인테리어 덕분에 레스토랑에 들어서는 순간 18세기 스위스로 소환된 듯하다. 보주의 전통 음식 파페 보두아를 비롯해 퐁뒤, 뢰스티, 크루트 같은 스위스의 전통음식을 맛볼 수 있다. 뜨거운 돌판 위에 직접 고기를 익혀 먹는 스테이크 요리인 아르두아즈(Ardoise)도 있다. MAP ⑳

GOOGLE MAPS GJFH+8R 로잔
ACCESS 메트로 M2 라인 리폰-모리스베자르역(Riponne-M. Béjart)에서 도보 3분
ADD Rue de l'Ale 4, 1003 Lausanne
OPEN 09:30~24:00/일요일 휴무
PRICE 식사 24CHF~
WEB pinte-besson.com

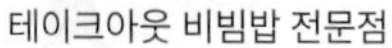

두부 비빔밥(채식 메뉴)

테이크아웃 비빔밥 전문점

$$ 비비볼
Bibibowl

한국인은 물론 현지인들에게도 인기 만점인 한식당. 이름에서 느껴지듯이 비빔밥을 전문으로 한다. 매장 내 식사도 가능하나 테이블이 많지 않아서 테이크아웃을 추천한다. 인근 공원이나 호숫가에서 피크닉을 즐기기에 딱 좋은 메뉴. 합리적인 가격에 맛있는 음식, 눈부시게 청결한 매장 덕분에 기분이 좋아지는 곳. 점심에만 운영한다. MAP 20

GOOGLE MAPS GJCJ+PG 로잔
ACCESS 메트로 M2 라인 플롱역(Flon)에서 도보 5분/메트로 M2 라인 리폰-모리스베자르역(Riponne-M. Béjart)에서 도보 5분
ADD Place Grand-Saint-Jean 2, 1003 Lausanne
OPEN 11:00~15:00/일요일 휴무
PRICE 비빔밥 15CHF~, 김치 3CHF
WEB bibibowl.ch

©Bibibowl

넓은 정원에서 맛보는 버거 & 맥주

$$ 주버거
Zooburger

최상급 수제 버거와 인근 양조장에서 빚은 수제 맥주가 환상 조합을 이루는 곳. 스위스산 소고기가 듬뿍 든 패티는 스테이크가 부럽지 않게 맛있고, 매일 아침 직접 구운 빵, 스위스 대표 치즈 그뤼에르와 인근 농장에서 재배한 신선한 야채까지 푸짐하게 들었다. 아티스트들의 그림으로 장식된 인테리어도 감각적이지만 이 레스토랑의 보석은 단연 넓은 야외 테라스! 은은한 조명이 켜지는 저녁 무렵에 가면 더 낭만적이다. 메트로 우르스역 근처에 있는 지점도 맛은 똑같지만 테라스가 없다. MAP 20

GOOGLE MAPS GJ6J+G9 로잔
ACCESS 메트로 M2 라인 델리스역(Délices)에서 도보 4분
ADD Avenue Mon-Loisir 16, 1006 Lausanne
OPEN 11:30~13:30(목·금 ~14:00, 토·일 ~15:00), 18:00~21:30(월·화 ~21:00)
PRICE 버거 단품 13CHF~, 세트 19.5CHF~
WEB zooburger.ch

붉은 숭어 요리, 루젯(Rouget)
©Croix d'Ouchy

기승전 맛! 현지인 추천 동네 맛집

$$$ 라 크루아 두시
La Croix d'Ouchy

현지인들에게 로잔 맛집을 추천받을 때마다 항상 1~2위를 차지하는 레스토랑. 이탈리아와 프랑스 요리를 선보인다. 19세기에 지어진 유럽 귀족 가정집을 개조한 작고 클래식한 내부도 분위기 있지만 따뜻한 날이라면 조용한 정원 테라스석을 추천. 워낙 인기가 높아서 저녁에는 예약 후 방문하는 것이 좋다. MAP 20

GOOGLE MAPS GJ6H+MV 로잔
ACCESS 메트로 M2 라인 델리스역(Délices)에서 도보 3분
ADD Avenue d'Ouchy 43, 1006 Lausanne
OPEN 11:00~24:00(토 18:00~)/월·일요일 휴무
PRICE 파스타 28CHF~, 육류 및 해산물 요리 40CHF~
WEB restaurant-croix-d-ouchy.ch

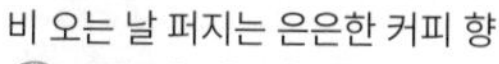

베터 댄 버터(Better than Butter)

베이비 텍스-멕스 버거 (Baby Tex-Mex Burgers)

세계적인 스타 셰프를 찾아서

$$$ 안느-소피 픽
Anne-Sophie Pic

로잔 최고의 고급 레스토랑. 세계에서 가장 유명한 여성 셰프 중 한 명인 안느 소피 픽이 감독하는 곳으로, 그녀가 프랑스에서 운영하는 레스토랑은 미슐랭 별 셋을, 이곳 로잔의 레스토랑은 별 둘을 받았다. 우시 호반의 5성급 럭셔리 호텔 보-리바주 팔라스(Beau-Rivage Palace) 내에 있어서 분위기가 우아하고, 시즌마다 바뀌는 훌륭한 제철 퓨전 요리와 섬세한 서비스 등 모든 것이 완벽하다. 무려 3000종 이상의 와인 리스트도 유럽에서 손꼽힐 정도다. MAP ⑳

GOOGLE MAPS GJ5J+92 로잔
ACCESS 메트로 M2 라인 우시-올림픽역(Ouchy-Olympique)에서 도보 5분, 보-리바주 호텔 내
ADD Chemin de Beau-Rivage 21, 1006 Lausanne
OPEN 12:00~13:30, 18:30~21:30/월·일요일 휴무
PRICE 단품 메인 115CHF~, 코스 290CHF·340CHF
WEB brp.ch

비 오는 날 퍼지는 은은한 커피 향

콕시넬 카페
Coccinelle Café

콕시넬(무당벌레)이란 이름처럼 톡톡 튀는 색감의 인테리어가 아기자기한 카페. 브런치나 점심식사도 가능하고, 부드러운 브라우니나 달콤한 크레프(Crêpe)를 맛보며 여행 중 잠시 쉬어가기에도 좋다. 단, 저녁에는 일찍 닫으니 헛걸음하지 않도록 주의해야 한다. 현지에서는 크레페나 크레이프가 아니라 '크레프'로 발음해야 알아듣는다. MAP ⑳

GOOGLE MAPS GJCJ+M8 로잔
ACCESS 메트로 M2 라인 플롱역(Flon)에서 도보 3분/메트로 M2 라인 리폰-모리스베자르역(Riponne-M. Béjart)에서 도보 5분
ADD Rue Pichard 18, 1003 Lausanne
OPEN 07:00~19:00(토 ~18:00)/일요일 휴무
PRICE 음료 4.60CHF~, 디저트 6.50CHF~, 조식 세트 13.50CHF~, 런치 19CHF~
WEB coccinelle-cafe.ch

타파스로 만나는 세계 요리

잇 미 레스토랑 & 칵테일 라운지
Eat Me Restaurant & Cocktail Lounge

길거리 음식부터 고급 레스토랑 요리까지 세계 각국의 음식을 제공하는 타파스 바. 모든 요리가 접시마다 앙증맞게 담겨 나와 다양한 종류를 조금씩 맛볼 수 있다. 센스 만점인 예쁜 칵테일과 스위스 와인을 곁들이면 금상첨화다. 맛과 분위기 모든 것이 훌륭하지만 타파스의 특성상 양이 적은 편이라서 배불리 먹으려면 예산을 넉넉히 잡아야 한다. MAP ⑳

GOOGLE MAPS GJCJ+4X 로잔
ACCESS 메트로 M2 라인 플롱역(Flon)에서 도보 3분
ADD Rue Pépinet 3, 1003 Lausanne
OPEN 화·수 17:00~23:00, 목 11:45~14:00, 17:00~01:00, 금 17:00~01:00, 토 12:30~14:30, 17:00~01:00/월·일요일 휴무
PRICE 타파스 14CHF~, 칵테일 19CHF~, 와인 7CHF~
WEB eat-me.ch

플롱 파티의 원조, 세계 100대 클럽

 매드 클럽
MAD Club

파티 피플이라면 놓치지 말아야 할 플롱의 인기 클럽. 플롱이 핫플레이스가 되기 전인 1985년부터 번성한 곳으로, '세계에서 가장 잘나가는 100대 클럽'에도 이름을 올렸다. 지하 1층과 지상 1층은 DJ 파티나 레게, 록, 하드코어 등 다양한 장르의 콘서트장, 3층은 하우스 뮤직 클럽, 4층은 라틴 음악이 주를 이루는 클럽이다. 2층에는 스위스 햄버거 체인점 홀리 카우가 있다. 모든 클럽은 18세 이상 입장 가능하고, 신분증 제시가 필수. 캐주얼한 복장은 상관없지만 남성은 슬리퍼나 샌들 착용 시 입장이 제한된다. MAP ⑳

GOOGLE MAPS GJCG+PV 로잔
ACCESS 메트로 M2 라인 플롱역(Flon)에서 도보 3분
ADD Rue de Genève 23, 1003 Lausanne
OPEN 23:00~05:00/월~수요일 휴무
PRICE 입장료 15~25CHF
WEB mad.club

©MAD

+ MORE +

로잔의 여름철 야외 팝업 바

스위스의 여름은 곳곳에 문을 연 야외 펍들로 활기를 띤다. 로잔 시내의 펍들도 여름이 되면 아치형 다리 밑에 별도의 야외 팝업 바를 연다. 빈티지한 조명 아래에서 로잔의 예술적인 감각과 흥을 느껴보자.

● 테라스 데 그랑드 로슈 Terrasse des Grandes Roches

커다란 아치형 다리 밑에 자리한 야외 바 겸 카페. 공간이 넓어서 쾌적하고 안전하다. 낮에는 아이들과 함께 가기 좋고, 밤에는 친구들과 맥주 한잔하기에도 딱 좋은 곳이다. MAP ⑳

GOOGLE MAPS GJCP+H9 로잔
ACCESS 로잔 대성당에서 도보 4분
ADD Escaliers des Grandes-Roches, 1003 Lausanne
OPEN 12:00~24:00/10~2월 휴무
WEB lesgrandesroches.ch

● 레 자르슈 Les Arches

플롱 근처의 디 클럽(D! Club)에서 운영하는 야외 카페 겸 바. 메트로 M2 라인 플롱역(Flon) 뒤에 있는 아치형 다리 밑에 자리한다. 젊은층이 많아 항상 파티 분위기를 즐길 수 있는 곳. 커피보다는 주류가 메인이며, 인기가 워낙 많아서 사계절 문을 연다. MAP ⑳

GOOGLE MAPS GJCJ+98 로잔
ACCESS 메트로 M2 라인 플롱역(Flon) 뒤 고가도로 밑
ADD Place de l'Europe, 1003 Lausanne
OPEN 14:00~23:45(목 ~24:45, 금 ~01:45, 토 11:00~01:45)/일요일 휴무
WEB lesarches.ch

로잔을 대표하는 쇼핑몰

상트르 메트로폴 로잔 쇼핑몰 Centre Métropole Lausanne

스위스의 중저가 패션 브랜드 매장이 대부분 입점한 쇼핑몰. 의류 외에도 화장품, 전자제품 등 다양한 제품을 판매하며, 카페와 레스토랑, 푸드코트, 대형 슈퍼마켓 등이 들어서 있다. MAP ⑳

GOOGLE MAPS GJCG+XX 로잔
ACCESS 메트로 M2 라인 플롱역(Flon)에서 도보 5분, MAD 클럽 뒤
ADD Rue des Terreaux 25, 1003 Lausanne
OPEN 08:30~19:00(월 09:00~, 토 08:00~18:00)/일요일 휴무
WEB mymetropole.ch

탐나는 장난감이 가득한 알리바바의 동굴

다비드선 장난감 가게 Jouets Davidson

1985년에 오픈한 장난감 가게. 3층이나 되는 상점 안에 스위스는 물론, 세계 여러 나라의 재미난 장난감들이 잔뜩 쌓여 있어서 '알리바바의 동굴'이란 별명을 가지고 있다. 퍼즐, 마술, 실내외 전용 장난감, 과학놀이 장난감 등 테마도 가지각색. 보드게임 종류도 매우 다양해서 어른들의 호기심을 사로잡기에도 충분하다. MAP ⑳

GOOGLE MAPS GJCJ+MF 로잔
ACCESS 메트로 M2 라인 플롱역(Flon)에서 도보 5분/메트로 M2 라인 리폰-모리스베자르역(Riponne-M. Béjart)에서 도보 5분
ADD Rue Grand-Saint-Jean 20, 1003 Lausanne
OPEN 09:00~18:30(토 09:00~17:00)/일요일 휴무
WEB jouetsdavidson.ch

독특한 디자인의 선물 가게

파르티큘 앙 쉬스팡시옹 Particules en Suspension

독특한 기념품이나 선물을 찾는다면 이곳이 정답이다. 아이디어가 돋보이거나 디자인이 예쁜 주방용품, 액세서리, 사탕, 문구, 장난감, 인테리어 소품, 음료수 등 서로 연관이 없어 보이는 다양한 제품이 작은 공간에 한데 모였다. 세계 여러 나라에서 온 물건들이 가득한, 남녀노소 누구나 관심 있는 물건을 한 가지는 찾을 법한 곳. MAP ⑳

GOOGLE MAPS GJCJ+MC 로잔
ACCESS 다비드선 장난감 가게 옆
ADD Place Grand-Saint-Jean 2, 1003 Lausanne
OPEN 10:00~18:30(목·금 09:30~19:00, 토 09:00~18:00)/일요일 휴무
WEB particulesensuspension.ch

170년 역사의 초콜릿 가게

블론델 쇼콜라트리 Blondel Chocolaterie

1850년 문을 연 초콜릿 가게. 대를 이어 전수해온 블론델 가족의 초콜릿 제조 비법이 그대로 담긴 수제 초콜릿의 매력을 듬뿍 느낄 수 있다. 창업 당시에는 현재의 건물에서 교회를 사이에 두고 맞은편에 가게가 있었지만 1915년 현재의 건물로 이전했다. MAP ⑳

GOOGLE MAPS GJCM+4M 로잔
ACCESS 성 프랑수아 광장에서 도보 1분
ADD Rue de Bourg 5, 1003 Lausanne
OPEN 09:30~18:30(토 ~18:00)/일요일 휴무
WEB blondel.ch

싱싱한 식재료와 벼룩시장 구경

아침 요일장 Marchés du Centre-ville

스위스는 어딜 가든 크고 작은 요일장이 열린다. 로잔에서도 요일장은 빼놓을 수 없는 볼거리. 인근에서 재배한 농산물, 과일, 치즈, 갓 구운 빵 등 각종 식재료와 의류, 생활잡화를 판매하고, 벼룩시장도 함께 열려 더욱 다채롭다. 프랑스나 이탈리아에서 온 상인도 있으며, 간혹 한국 밑반찬을 판매하기도 한다.

GOOGLE MAPS GJFM+C6 로잔
ACCESS 뤼민 궁전 앞 리폰 광장/성 프랑수아 광장/시내 중심 곳곳
ADD Place de la Riponne/Place Saint-François, 1005 Lausanne
OPEN 수·토 08:00~13:00

DAY TRIP

로잔에서 살짝 다녀오는

근교 나들이

잔잔하고 아름다운 자연으로 둘러싸인 로잔 주변에는 반나절 정도 할애해 가볍게 다녀올 만한 여행지가 많다. 그중 현지인처럼 여유를 즐길 수 있는 여행지 2곳을 소개한다.

소바블랭 타워에서 바라본 로잔

Point 1

로잔과 레만 호수, 알프스를 한눈에

소바블랭 호수와 타워

Tour et Lac de Sauvabelin

로잔 시내에서 버스로 약 20분이면 도착하는 나들이 명소. 거울같이 투명하고 잔잔한 인공호수에는 거위와 오리들이 유유자적 떠다니고, 작은 동물원에서는 사슴과 당나귀들이 햇살 아래 한가로이 풀을 뜯는 풍경이 펼쳐진다. 호수와 동물원을 둘러보고 호반 레스토랑에서 커피 한잔을 즐긴 다음엔 요정이 나올 듯한 숲속 오솔길을 걸어보자. 10분 정도 산책하다 보면 길 끝에서 높이가 35m나 되는 목조 타워와 맞닥뜨리게 된다. 다빈치의 작품으로 추정되는 프랑스 샹보르성의 이중 나선 계단에서 영감을 얻은 계단을 따라 탑 위로 올라가면 로잔은 물론 인근 도시들까지 한눈에 담을 수 있고, 아름다운 레만 호수와 건너편 알프스산맥이 손에 잡힐 듯 가까이 보인다.

소바블랭 타워

소바블랭 타워에서 호수 가는 길

GOOGLE MAPS GJPQ+49 로잔
ACCESS 메트로 M2 라인 리폰-모리스베자르역(Riponne-M. Béjart)에서 16번 버스 9정거장, 락 소바블랭(Lac Sauvabelin) 하차 후 도보 5분, 총 16분
ADD Sauvabelin, 1018 Lausanne
OPEN 08:00~20:00
WEB tour-de-sauvabelin-lausanne.ch

모르주 튤립 축제가 열리는 랭데팡당스 공원

모르주성

Point 2

오드리 헵번이 사랑한 호숫가 마을

모르주

Morges

로잔의 옆 동네인 모르주는 4~5월만 되면 활짝 핀 튤립으로 가득하다. 영화배우 오드리 헵번이 사랑한 호숫가의 작은 도시로, 말년에 그녀는 이곳에서 생을 마쳤다. 4~5월쯤 스위스를 방문한다면 모르주성 뒤 랭데팡당스 공원의 튤립 사이를 거닐며 오드리 헵번의 발자취를 느껴보자. 공원에서 버스로 10분 정도 떨어져 있는 톨로체나즈(Tolochenaz) 공동묘지에 그녀의 묘지가 있다.

GOOGLE MAPS GF4W+74 모르주
ACCESS 로잔역에서 기차를 타고 모르주역 하차 후 도보 10분, 모르주성 뒤, 총 20분
ADD Parc de l'Indépendance, Allée Henry Opienski, 1110 Morges

DAY TRIP

로잔에서 살짝 다녀오는

프랑스 당일 여행

로잔에서 유람선을 타고 35분만 가면 우리에게
생수 브랜드로 친숙한 에비앙에 도착한다.
한적한 프랑스 마을을 거닐며 정원도 구경하고,
곳곳에 마련된 샘터에 들러 깨끗한 샘물을 마셔보자.

깨끗한 에비앙 샘물이 퐁퐁!

에비앙 레 뱅 Évian-les-Bains

그 유명한 에비앙 생수가 곳곳에서 샘솟는 마을. 스위스는 어딜 가도 깨끗한 물을 공짜로 마실 수 있지만 한국에서 돈 주고 사 먹던 에비앙을 맘껏 마실 수 있는 이곳의 물맛은 유난히 달콤하게 느껴진다. 에비앙 샘물이 유명해진 이유는 18세기 말 신장병과 방광질환을 앓던 사람이 이곳에서 매일 물을 마신 후 낫기 시작하면서부터였다고. 현재는 마을 곳곳에서 원천을 마실 수 있지만 처음 유명해진 곳은 카샤의 원천(Buvette Cachat)이란 작은 정원이다. 특별한 볼거리는 없지만 무료로 개방하고 있으니 궁금하면 가보자. 그 외에도 아름다운 옛 스파 건물을 리노베이션해 전시장으로 쓰고 있는 빛의 궁전(Palais Lumière), 작지만 알찬 갤러리 메종 그리발디(Maison Gribaldi), 노트르담 성당(Eglise Notre Dame de l'Assomption) 등이 볼만하다.

GOOGLE MAPS CH2V+MW 에비앙
ACCESS 로잔 우시 선착장에서 유람선으로 35분(국경을 넘으므로 여권 소지 필수)
PRICE 1등석 편도 53CHF, 2등석 편도 38CHF, 6~15세 50% 할인/ 스위스 트래블 패스 소지자 무료
WEB 유람선: cgn.ch/en/
에비앙 관광청: tourism.evian-tourisme.com

에비앙 샘물이 솟는 펌프하우스, 카샤의 원천

에비앙 풍경

시즌별 관광 포인트

에비앙은 사계절 아름다운 곳이지만 5~9월에 방문한다면 빛의 궁전 뒤에서 출발하는 무료 푸니쿨라를 타고 로열 리조트로 가보자. 환상적인 전망을 감상할 수 있다. 12월 중순~1월 초에는 물에 떠다니던 나무를 모아 만든 대형 조각품들로 마을 전체를 장식하고, 크리스마스 장터가 화려하게 열린다.

에비앙 시청

©Tourisme d'Évian

• Festivals : 로잔 대표 축제 •

페스티벌 드 라 시테 로잔

Festival de la Cité Lausanne

일 년 내내 활기찬 로잔을 더욱 폭발적인 에너지로 들끓게 만드는 여름 축제. 약 일주일간 거리 곳곳에 무대가 세워지고, 콘서트, 연극, 무용, 댄스, 서커스 등 다양한 장르의 퍼포먼스가 펼쳐진다. 수준 높은 각종 공연이 모두 무료라서 더욱 신나는 축제!

WHERE 로잔 대성당을 중심으로 구시가 주변
OPEN 7월 초~중순(날짜는 매년 변동, 홈페이지에서 확인)
PRICE 무료
WEB festivalcite.ch

©Lausanne Tourisme

로잔 라이트 쇼

Festival Lausanne Lumières

11월 말부터 12월까지, 겨울이 되면 로잔은 더욱 빛을 발한다. 지역 아티스트들의 작품이 해 진 후 도시 구석구석을 화려하게 빛내는데, 시청과 뤼민 궁전 등 주요 건축물에서 펼쳐지는 프로젝션 맵핑이 특히 볼만하다.

WHERE 뤼민궁전 앞(Palais de Rumine), 성 프랑수아 광장(Place Saint-François), 벨래르 탑 앞(Tour Bel-Air), 루브 광장 앞(Place de la Louve)
OPEN 11월 말~12월 24일(18:30~23:00)/
시청 프로젝션 맵핑 17:30, 18:30, 19:30, 20:30
PRICE 무료
WEB lausannelumieres.ch

#Plus Area

수많은 유명 인사가 찾은
평화의 마을

몽트뢰
MONTREUX

레만 호숫가에 고즈넉하게 자리 잡은 몽트뢰는 지중해를 닮은 온화한 기후와 분위기로 18세기 유럽 왕족과 상류층들이 즐겨 찾은 인기 휴양지였다. 헤밍웨이, 빅토르 위고, 도스토옙스키 등 수많은 문호가 다녀간 곳이자, 세계 최대 규모의 재즈 페스티벌이 열리는 문화와 예술의 도시. 몽트뢰를 사랑한 전설적인 록 그룹 퀸의 보컬 프레디 머큐리는 이곳을 '제2의 고향'이라 칭했다. 몽트뢰는 산타클로스가 하늘을 나는 크리스마스 마켓과 물 위에 뜬 시옹성, 스위스 하면 떠오르는 아름다운 풍경이 파노라마로 펼쳐지는 특급열차 골든패스라인의 출발지이기도 해서 사계절 관광객들로 활기가 넘친다. 알프스의 만년설을 감상하고 레만 호숫가 종려나무 아래서 재즈 선율에 취하다 보면 프레디 머큐리의 말처럼 마음의 평화를 찾게 될 것이다.

- **칸톤** 보 Vaud
- **언어** 프랑스어
- **해발고도** 396m

몽트뢰 가는 방법

기차

로잔 → 20~30분 / **브베** → 5~8분
제네바 → 1시간
인터라켄(골든패스라인) → 3시간 12분
체르마트 → 2시간 39분

차량

로잔 → 40분(26km/9번 국도)
브베 → 15분(7km/9번 국도)
인터라켄 → 2시간(118km/슈피츠, 뷜을 거쳐 6번 국도, 8번 고속도로, 11번 국도, 27번 도로)
체르마트 → 2시간(139km/9번 고속도로)

배

로잔 → 1시간 30분
브베 → 30분

★
관광안내소
GOOGLE MAPS CWP5+8W 몽트뢰
ADD Avenue des Alpes 45, 1820 Montreux
OPEN 09:00~18:00(토·일 09:00~17:00)
TEL +41 (0)84 886 84 84
WEB montreuxriviera.com

몽트뢰 곳곳에서 볼 수 있는 음악가의 동상. 몽트뢰는 세계 최대 규모의 재즈 페스티벌이 열리는 음악의 도시다.

몽트뢰 유람선 선착장

: WRITER'S PICK :
여행 팁

❶ 미니 기차 Petit Train

호숫가를 따라 작은 전기 열차가 왕복 운행한다. 몽트뢰는 평지인 데다 길이 잘 닦여 있어서 걸어 다니기 좋지만 노약자를 동반한 여행이라면 미니 기차가 유용하다. 출발지를 기준으로 좌측 코스와 우측 코스 2개 노선이 있으며, 각각 25분 정도 소요된다.

GOOGLE MAPS CWJ5+WV 몽트뢰
ACCESS 몽트뢰 선착장에서 호수를 마주 보고 왼쪽으로 도보 5분
OPEN 13:00~18:00(11~12월은 크리스마스 마켓 기간 중 토·일만 운영)/우천 시, 추운 날, 11~3월 휴무
PRICE 5CHF, 7~12세·학생·경로 4CHF, 2~6세 3CHF
WEB montreux-petit-train.ch

❷ 몽트뢰 리비에라 카드 Montreux Riviera Card

몽트뢰의 정식 숙박업소에 투숙하면 발급받을 수 있는 게스트 카드. 투숙 기간 중 브베와 몽트뢰 근처의 버스와 기차 무제한 이용, 유람선과 박물관 등 관광시설 이용료 50% 할인 혜택이 있다.

Tourist & Attractions

시옹성 위에서 내려다본 풍경

실내 벽화

회의실

01 물 위에 뜬 그림 같은 성
시옹성
Château de Chillon

스위스의 성 중 방문객이 가장 많은 성. 요정이 튀어나올 듯한 레만 호수와 그 위에 우뚝 선 성 풍경이 마치 판타지 영화의 한 장면처럼 신비롭다. 본래 로마 시대 요새로 지어졌다가 현재의 모습을 갖춘 건 12세기 이 일대를 장악했던 사보이 가문이 성을 사들이면서부터다. 성안에는 사보이 공작의 방과 홀, 화려한 예배당, 각종 예술품이 남아 있다.

그러나 성에서 가장 유명한 곳은 바로 비극적인 사연이 깃든 지하 감옥이다. 가톨릭과 개신교의 대립이 극심했던 16세기, 가톨릭이었던 사보이 가문은 제네바 수도원의 종교개혁가 프랑수아 보니바르를 이곳 지하 감옥에 가뒀다. 보니바르는 개신교였던 베른 세력이 이곳을 점령하며 사보이 가를 몰아낼 때까지 무려 5년이나 5번째 기둥에 쇠사슬로 묶여있었다고 한다. 이 사연은 19세기 영국의 시인 바이런이 <시옹의 죄수(The Prisoner of Chillon)>라는 시로 옮기고, 자신의 이름을 기둥에 새기면서 널리 알려졌다. 성까지는 몽트뢰에서 버스나 기차로 왕복할 수 있지만 근사한 풍경을 제대로 음미하려면 유람선을 타고 들어가서 하이킹으로 돌아오는 방법을 추천한다. MAP 457p

GOOGLE MAPS CW7G+MX 몽트뢰
ACCESS 몽트뢰역에서 기차 2정거장, 4분/201번 버스 10정거장, 15분/유람선 15분/도보 45분
ADD Avenue de Chillon 21, 1820 Veytaux
OPEN 09:00~18:00(6~8월 ~19:00, 11~3월 10:00~17:00)/폐장 1시간 전까지 입장/1월 1일, 12월 25일 휴무
PRICE 15CHF, 학생·경로 12.50CHF, 6~15세 7CHF, 가족(부모+미성년 자녀 5) 35CHF/ 몽트뢰 리비에라 카드 소지자 50% 할인 스위스 트래블 패스 소지자 무료
WEB chillon.ch/en

+ MORE +

바이런의 이름이 새겨진 기둥

바이런은 보니바르가 묶였던 기둥에 자신의 이름을 새기려고 했으나, 기둥의 위치를 착각한 바람에 3번째 기둥에 이름을 새겼다. 3번째 기둥을 보면 바이런의 이름이 액자로 감싸져 잘 보존된 것을 볼 수 있다.

지하 감옥. 바이런의 이름이 새겨신 기둥을 살아보자.

02 몽트뢰를 사랑한 불멸의 음악가
프레디 머큐리 동상
La Statue de Freddie Mercury

역동적인 포즈의 프레디 머큐리 동상은 브베 호반에 있는 거대한 포크와 찰리 채플린 동상과 함께 레만 호수의 대표적인 기념 촬영지로 손꼽힌다. 동상 주변이 노을로 물들 때 더 환상적인데, 이 때문에 해 질 무렵이면 각지에서 몰려온 사진가들이 동상 뒤에 삼각대를 세운 채 대기하는 진풍경이 펼쳐진다. MAP 457p

GOOGLE MAPS CWJ5+RM 몽트뢰
ACCESS 몽트뢰 선착장에서 호수를 마주 보고 왼쪽으로 도보 7분

Option
03 딥 퍼플의 명곡이 탄생한 곳
카지노 바리에르
Casino Barrière

1881년에 세워진 유서 깊은 카지노. 1967~1993년에 세계적인 음악 축제인 몽트뢰 재즈 페스티벌이 이곳에서 개최됐다. 최초의 건물은 1971년 콘서트 도중 관객이 쏘아 올린 조명탄 때문에 발생한 대형 화재로 전소했고, 1975년 재건했다. 화재 당시 같은 건물 안 스튜디오에서 앨범 작업을 하다 대피한 영국의 록 밴드 딥 퍼플은 레만 호수가 연기에 뒤덮인 모습을 보면서 유명한 추모곡인 <Smoke on the Water>를 만들기도 했다. 현재는 레스토랑과 바, 수영장 등을 갖춘 대형 카지노와 소규모 공연장이 있다. 영국의 록 밴드 퀸이 앨범 작업을 했던 스튜디오와 알프스의 전망이 바라보이는 넓은 정원도 볼만하다. MAP 457p

GOOGLE MAPS CWH6+VM 몽트뢰
ACCESS 몽트뢰 선착장에서 호수를 마주 보고 왼쪽으로 도보 10분
ADD Rue du Théâtre 9, 1820 Montreux
OPEN 09:00~03:00(목 ~04:00, 금·토~05:00)
PRICE 무료(18세 이상 입장 가능, 신분증 소지 필수)
WEB casinosbarriere.com

Option
04 퀸이 7장의 앨범을 녹음한 스튜디오
퀸 스튜디오 익스피리언스
Queen Studio Experience

한 시대를 풍미했던 영국 최고의 록 밴드 퀸, 그중에서도 마성의 카리스마로 대중을 압도한 보컬 프레디 머큐리의 흔적이 남아 있는 스튜디오. 1978년 7번째 앨범 <Jazz>를 이곳에서 녹음한 퀸은 그 결과물이 매우 만족스러워서 스튜디오를 아예 사버렸고, 이후 1993년까지 이 스튜디오에서 마지막 앨범인 <Made in Heaven>을 포함한 총 7장의 앨범을 작업했다고 알려졌다. MAP 457p

프레디 머큐리의 친필 노트

GOOGLE MAPS CWH6+VM
ADD 카지노 바리에르 안
OPEN 09:00~21:00
PRICE 무료
WEB mercuryphoenixtrust.org

Eating & Drinking

분위기에 먼저 취하는 곳

$$ 라 브라스리 J5

La Brasserie J5

트렌디한 캐주얼 레스토랑 겸 바. 불빛이 은은하게 반짝이는 초저녁이 되면 발걸음이 자연스럽게 이곳으로 향한다. 몽트뢰 중심부에서 살짝 벗어난 곳에 자리 잡고 있음에도 불구하고 늘 테이블이 꽉 찰 만큼 인기가 많다. 합리적인 가격의 파스타와 버거부터 육류나 생선 요리 등 다양한 메뉴가 있으며, 주류 선택의 폭도 넓다. 헬베티 호텔(Hotels Helvetie) 1층에 있다. MAP 457p

GOOGLE MAPS CWJ6+5V 몽트뢰
ACCESS 몽트뢰역에서 도보 10분
ADD Avenue du Casino 32, 1820 Montreux
OPEN 11:00~23:00
PRICE 식사 25CHF~, 디저트 14CHF~, 런치 24CHF
WEB brasseriej5.ch

©La Brasserie J5

몽트뢰의 낭만 그 자체!

$$ 45 그릴 & 헬스 레스토랑 Restaurant 45 Grill & Health

몽트뢰역 앞 호텔 2층에 자리한 레스토랑 겸 바. 새파란 호수와 잘 어울리는 벨에포크 스타일의 노란색 건물과 훌륭한 전망의 테라스, 미식가를 불러 모으는 음식들까지 어느 것 하나 흠잡을 데가 없다. 식사하지 않더라도 몽트뢰의 여유로운 분위기를 만끽하며 라보 지구의 와인을 음미하거나 커피를 마시기에 완벽한 곳이다. MAP 457p

GOOGLE MAPS CWP5+8W 몽트뢰
ACCESS 몽트뢰역 앞 호숫가, 그랑 호텔 스위스-마제스틱(Grand Hôtel Suisse-Majestic) 2층
ADD Avenue des Alpes 45, 1820 Montreux
OPEN 레스토랑: 12:00~14:00, 18:00~22:00/바 11:00~24:00
PRICE 식사 30CHF~, 디저트 17CHF~, 음료 5CHF~
WEB brhhh.com/suisse-majestic

몽트뢰 재즈 페스티벌 사계절 즐기기

$$ 몽트뢰 재즈 카페 Montreux Jazz Café

페어몬트 팔라스 호텔에 있는 우아한 레스토랑. 재즈 공연이 수시로 열려 몽트뢰 재즈 페스티벌의 분위기를 사계절 느낄 수 있다. 스테이크나 해산물 구이 같은 고급 식사류는 물론, 수제 버거처럼 캐주얼한 메뉴와 맥주, 칵테일까지 즐길 수 있다. 제네바, 로잔, 취리히를 비롯해 아부다비와 파리에도 지점이 있다. MAP 457p

GOOGLE MAPS CWQ4+CM 몽트뢰
ACCESS 몽트뢰역에서 도보 7분
ADD Avenue Claude-Nobs 2, 1820 Montreux
OPEN 11:30~22:30
PRICE 에피타이저 23CHF~, 샐러드 27CHF~, 식사 40CHF~, 음료 5.50CHF~, 맥주 7CHF~, 칵테일 16CHF~, 오늘의 메뉴 32CHF(미니 샐러드, 오늘의 수프 포함)
WEB montreuxjazzcafe.com/en/locations/montreux/

몽트뢰 재즈 페스티벌

Montreux Jazz Festival

©Montreux Jazz Festival

1967년 시작해 50년 넘게 개최되고 있는 세계적인 재즈 페스티벌. 처음엔 순수 재즈 뮤지션들과 함께 시작했으나, 이제는 장르를 넘나드는 초대형 축제로 발전했다. 캐나다 몬트리올 재즈 페스티벌과 함께 세계에서 가장 큰 음악 축제로 알려졌으며, 무려 16일간 열린다. 비비킹, 산타나, 에릭 클랩튼, 딥 퍼플, 이기팝, 자미로 콰이, 데이비드 보위, 뮤즈 등 열거하면 끝도 없을 다양한 장르의 스타 뮤지션들이 다녀갔다. 다양한 무료 공연이나 풀파티 등 여러 가지 이벤트가 추가되니 방문 전 홈페이지에서 프로그램을 미리 체크하자.

WHERE 오디토리엄 스트라빈스키(Auditorium Stravinski), 몽트뢰 재즈 클럽(Montreux Jazz Club), 몽트뢰 재즈 랩(Montreux Jazz Lab) 등 몽트뢰 내 공연장
OPEN 7월 첫째·둘째 주
PRICE 60CHF~(공연마다 다름)
WEB montreuxjazzfestival.com

• 몽트뢰의 특별한 크리스마스 •

스위스는 겨울에 또 한 번의 성수기를 맞이한다. 눈의 왕국으로 변한 알프스에서 국경을 넘나들며 스키를 즐길 수 있는 데다, 화려한 불빛으로 단장된 도시에 동화적인 풍경의 크리스마스 마켓이 열리기 때문. 대부분의 도시와 마을에 마켓이 들어서는데, 그중에서도 몽트뢰의 크리스마스 마켓은 더욱 특별하다.

몽트뢰 크리스마스 마켓

Le marché de Noël à Montreux

스위스에서 열리는 수많은 크리스마스 마켓 중 딱 한 곳만 추천한다면 단연 몽트뢰다. 바젤, 취리히, 베른과 더불어 스위스에서 가장 규모가 큰 크리스마스 마켓으로, 약 160개의 스탠드에서 아기자기한 기념품과 다양한 먹거리를 판매한다. 가장 큰 볼거리는 매시간 썰매를 타고 하늘을 나는 산타클로스. 그밖에 마을 풍경을 느긋하게 내려다볼 수 있는 대관람차가 설치되고 근처에 있는 시옹성에서 어린이들을 위한 행사가 열리며, 뒷산인 로셰드 네에는 산타의 집이 설치되는 등 타 도시보다 볼거리와 즐길 거리가 많다.

GOOGLE MAPS CWM5+RR 몽트뢰
WHERE 몽트뢰 선착장 주변 호숫가
OPEN 11월 24일~12월 24일 월·화·일 11:00~20:00(음식점 ~22:00), 수·목 11:00~21:00(음식점 ~23:00), 금 11:00~22:00(음식점 ~23:00), 토 10:00~22:00(음식점 ~23:00), 12월 24일 11:00~17:00
WEB montreuxnoel.com

로셰 드 네 산타의 집

La Maison du Père Noël

아이에게 크리스마스 선물을 주고 싶다면 북극 대신 스위스에 있는 산타클로스의 집으로 찾아가자. 산악열차를 타고 갈 수 있는 몽트뢰의 뒷산 로셰 드 네에는 11월 24일부터 12월 24일까지 산타클로스의 집이 생긴다. 동화 속 한 장면 같은 산타의 집무실을 구경하고 푸근한 산타클로스와 함께 기념사진을 찍어볼 기회. 15세 이하라면 깜짝 선물까지 받을 수 있으니 아이와 함께라면 방문해보자. 예약 필수이며, 내부가 좁아서 한 번에 들어갈 수 있는 입장 인원을 제한한다. 입장은 선착순. 유모차는 가지고 들어갈 수 없다.

GOOGLE MAPS CXJH+P8 베이토
WHERE 몽트뢰역 외부 승강장에서 출발
OPEN 11월 24일~12월 24일 상행 09:17~16:17, 하행 11:11~18:11/1시간 간격 운행
PRICE 39CHF, 6~15세 19CHF/ 스위스 트래블 패스 소지자 20CHF (왕복 교통비+산타클로스의 집 입장료+사탕+어린이 페이스 페인팅 포함)
WEB journey.mob.ch/fr/products/noel

DAY TRIP

몽트뢰에서 살짝 다녀오는

근교 나들이

본격적인 알프스가 시작되기 전에 위치한, 해발고도 2500m 이하의 비교적 낮은 높이의 산들을 프레알프(Pre-Alps)라고 부른다. 몽트뢰는 이 프레알프의 초입에 있어서 대자연을 만끽할 수 있는 아름다운 여행지가 가득하다.

귀여운 마르모트와 산타클로스 만나기

로셰 드 네 Rochers-de-Naye

몽트뢰의 뒷동산(2042m). 산악열차로 50분 정도 올라가야 정상에 다다를 수 있다. 가파른 산길을 지그재그로 운행하는 기차는 터널을 한 번 지날 때마다 방향이 바뀌기 때문에 어느 쪽에 앉아도 레만 호수와 신기한 산봉우리들이 빚어낸 환상적인 전망을 넋 놓고 바라볼 수 있다.

산 정상에는 1000여 종의 알프스 꽃과 식물이 자라는 정원 라 람베르시아(La Rambertia)와 귀여운 마르모트들이 모여 사는 마르모트 파라다이스, 알프스 전통음식 레스토랑, 다양한 난이도의 하이킹 루트가 기다리고 있다. 조금 더 제대로 즐기고 싶다면 정상 호텔에서 운영하는 몽골리안 텐트에서 글램핑을 추천. 겨울에는 이곳에 산타의 집이 생겨서 진짜(?) 산타클로스와 만날 수 있다.

GOOGLE MAPS CXJG+PC 베이토
ACCESS 몽트뢰역 외부 승강장에서 출발, 48분
OPEN 08:00~17:00(1월 초~4월 초 수~일만 운행)
PRICE 72.80CHF, 6~15세 50% 할인/
스위스 트래블 패스 소지자 50% 할인
몽트뢰 리비에라 카드 소지자 20% 할인
WEB journey.mob.ch/en/stories/rochers-de-naye

몽골리안 텐트 글램핑장

레스토랑에서 맛볼 수 있는 전통음식

전망대 겨울 풍경

초여름 전망대에서 바라본 레만 호수

로셰 드 네 정상에 사는 귀여운 마르모트

DAY TRIP

칙칙폭폭~

테마가 있는 스위스 기차 여행

스위스처럼 기차를 잘 활용하는 나라가 또 있을까? 나라 구석구석을 기차로 오밀조밀 잘 연결했을 뿐만 아니라 다양한 테마 열차도 운행한다. 그중 가장 인기 있는 테마 열차 2가지가 몽트뢰에서 출발한다.

초콜릿 열차 ©MOB
까이에 초콜릿 공장 시식 코너
치즈 열차 ©MOB

장작불에 우유를 끓여 만드는 전통 치즈

부드러운 치즈와 초콜릿이 있는 여행

초콜릿과 치즈 열차

Le Train du Chocolat et Fromage

몽트뢰에서 출발하는 초콜릿+치즈 열차는 남녀노소 모두가 반기는 코스다. 스위스의 대표 치즈인 그뤼에르의 원산지 그뤼에르(Gruyères)와 옆 마을 브록(Broc)에 있는 까이에(Cailler) 초콜릿 공장을 한 번에 즐길 수 있기 때문. 물론 각 지역을 개별적으로 찾아갈 수도 있지만 테마 열차를 이용하면 레트로한 분위기의 벨 에포크 풍 객차에 몸을 싣고 창밖 풍경을 시원하게 즐기며 한 번에 갈 수 있다. 치즈 공장과 초콜릿 공장에서 제조 과정을 견학하며 시식의 기쁨을 누려보자. 기차 안에서는 팽 오 쇼콜라와 따뜻한 음료가 제공된다. 티켓은 홈페이지 또는 기차역에서 예약 필수. 투어는 약 7시간 소요되고, 몽트뢰(Montreux)-몽보봉(Montbovon) 구간은 기차, 몽보봉-그뤼에르-브록-몽트뢰 구간은 버스로 이동한다.

ACCESS 몽트뢰역 외부 승강장에서 출발
OPEN 5·6월 화·목·금·일, 7·8월 화·목~일, 9월 화·목·일 09:50 출발/10~4월 휴무
PRICE **1등석**: 99CHF, 6~15세 79CHF, 5세 이하 49CHF, 스위스 패스 소지자 59CHF /
2등석: 89 CHF, 6~15세 69CHF, 5세 이하 49 CHF, 스위스 패스 소지자 59CHF(예약 수수료, 왕복 교통비, 치즈 공장·초콜릿 공장 입장료 포함)
WEB journey.mob.ch/en/products/chocolate-train

Point 2

전통 치즈 제조법도 보고, 퐁뒤도 먹고

치즈 열차

Train du Fromage

19세기 벨 에포크 풍 열차 1등석을 타고 열기구 축제와 알파인 치즈 에티바(Etivaz)의 본고장으로 유명한 샤토-데(Château-d'Oex)에 도착, 장작불을 때는 전통 방식으로 치즈를 만드는 과정을 견학하고 퐁뒤로 점심을 먹는 코스다. 그림 같은 숲길을 달려 샤토-데에 도착하면 르 샬레(Le Chalet) 레스토랑에서 치즈 제조 공정을 견학하고, 시식을 마치면 퐁뒤로 점심을 먹는다(음료, 디저트 미포함, 5세 이하 어린이는 파스타와 퐁뒤 중 선택 가능). 마을에는 지역 예술품을 감상할 수 있는 샤토-데 박물관과 열기구 박물관이 있는데, 돌아오는 열차는 시간 및 좌석이 지정돼 있지 않으므로 자유롭게 박물관과 마을을 둘러본 후 돌아오면 된다.

ACCESS 몽트뢰역 외부 승강장에서 출발
OPEN 수·토·일 08:50, 09:50, 10:50 출발/11·12월 휴무
PRICE **1등석**: 99CHF, 6~15세 65CHF, 5세 이하 29CHF, 스위스 패스 소지자 49CHF /
2등석: 79CHF, 6~15세 55CHF, 5세 이하 29CHF, 스위스 패스 소지자 49CHF(왕복 교통비, 가는 차량 좌석 예약비, 치즈 제조 견학, 퐁뒤, 기념품 가방, 페이 당 오(Pays d'En Haut) 박물관 또는 열기구 박물관 중 택1 입장료 포함)
WEB journey.mob.ch/en/products/cheese-train

#Plus Area

초콜릿의 역사를 바꾼 도시

브베
VEVEY

밀크초콜릿 탄생지로, 초콜릿을 좋아한다면 절대 놓칠 수 없는 곳이다. 1875년 브베의 쇼콜라티에 다니엘 피터가 수분을 제거한 우유를 초콜릿에 섞는 방법을 개발하기 전까지 세상에 초콜릿은 오직 다크만 존재했다는 사실. 그는 평소 가깝게 지내던 이웃인 앙리 네슬레와 함께 밀크초콜릿을 대량 생산해 수출했고, 유아식과 연유가 주 종목이었던 네슬레사를 세계적인 초콜릿 기업으로 이끄는 데 기여했다. 브베에는 볼거리도 은근히 많다. 레만 호수 위의 거대한 포크 조형물이나 브베에서 노후를 보냈던 찰리 채플린의 동상과 박물관, 네슬레사의 음식 박물관, 라보 지구의 와인을 맛볼 수 있는 호반 레스토랑 등 한적한 분위기에서 미식과 문화, 자연을 함께 즐기고 싶다면 브베가 정답이다.

- **칸톤** 보 Vaud
- **언어** 프랑스어
- **해발고도** 383m

브베 가는 방법

기차

로잔 → 13~21분

몽트뢰 → 4~9분

배

로잔 → 45분

몽트뢰 → 20분

차량

로잔 → 35분(18.8km/9번 도로)

몽트뢰 → 20분(7.2km/9번 도로)

: WRITER'S PICK :

몽트뢰 리비에라 카드
Montreux Riviera Card

브베의 정식 숙박업소에 투숙하면 방문자용 교통카드인 몽트뢰 리비에라 카드를 발급받을 수 있다. 이 카드로 투숙 기간에 브베와 몽트뢰 지역의 버스와 기차를 무제한 탑승할 수 있고, 유람선과 박물관 등 관광시설 이용료를 50% 할인받을 수 있다.

★

관광안내소

GOOGLE MAPS FR6V+54 브베
ADD Grande Place 29, 1800 Vevey
OPEN 09:00~18:00(토·일 09:00~12:45, 13:30~17:00)
TEL +41 (0)84 886 84 84
WEB montreuxriviera.com

Tourist & Attractions

01 건강한 음식, 건강한 삶
알리망타리움 Alimentarium

어른과 아이 모두 재미있게 즐길 수 있는 음식 박물관. 건강한 식재료와 영양학 정보, 요리의 역사를 다룬 멀티미디어 전시를 흥미롭게 선보인다. 주말에는 현지 식재료를 이용한 요리 강습도 진행한다(홈페이지에서 신청, 참가비 1인 60~80CHF선, 요리에 따라 12세 또는 16세 이상의 연령 제한 있음). 레만 호수의 거대한 포크 조형물이 바로 앞에 있으며, 호반에 피크닉 장소도 잘 마련돼 있어서 산책하기에도 좋다. 성수기와 주말, 공휴일엔 매표소가 매우 붐비므로 홈페이지에서 예약하고 가는 것이 좋다. MAP 465p

인간의 장 속을 재현한 전시관

GOOGLE MAPS FR5W+8H 브베
ACCESS 브베역에서 도보 10분
ADD Quai Perdonnet 25, 1800 Vevey
OPEN 10:00~18:00(10~3월 ~17:00)/ 월요일, 12월 25일, 1월 1일 휴무
PRICE 15CHF, 6~15세 12CHF, 가족(부모 2+미성년 자녀 9) 35CHF/ 몽트뢰 리비에라 카드 소지자 50% 할인 스위스 트래블 패스 소지자 무료
WEB alimentarium.org

물 위의 포크. 찰리 채플린 동상과 함께 브베를 상징하는 조형물이다.

Option

02 브베를 사랑한 할리우드 스타
찰리 채플린 동상
Charlie Chaplin Statue

브베 호반 산책로에 있는 찰리 채플린의 동상. 거대한 포크와 함께 브베 호수의 대표 풍경에 빠지지 않는다. 찰리 채플린이 트레이드 마크였던 모자와 지팡이, 커다란 바지를 입은 채 호수를 바라보고 있다. 말년을 브베 근교에서 보낸 그의 유해는 아내와 함께 브베 공동묘지에 안장됐다.
MAP 465p

GOOGLE MAPS FR5W+5F 브베
ACCESS 알리망타리움 앞 호반
ADD Quai Perdonnet 25, 1800 Vevey

찰리 채플린과 아내의 묘

03 찰리 채플린이 여생을 보낸 집
마누아 드 방, 찰리 채플린 박물관
Manoir de Ban, Chaplin's World

찰리 채플린은 대중들에게 흑백 무성 영화 속 코믹한 모습으로 잘 알려졌지만 분장을 지우면 알아보지 못할 만큼 출중한 외모를 지닌 배우이자 시대를 풍미했던 감독이었다. 영국 출신이지만 미국에서 주로 활동하며 <모던 타임즈>, <위대한 독재자> 등 20세기에 한 획을 그은 영화들을 만들었다. 하지만 영화의 내용이 주로 자본주의를 풍자한 것이었기 때문에 냉전 시대에 공산주의자로 몰려 미국 시민권을 박탈당하기도 했다. 이후 그는 자신이 좋아했던 브베에 머물며 1977년 지병으로 타계할 때까지 영국에서 작품 활동을 했다.
이 박물관은 찰리 채플린이 25년간 가족과 함께 살았던 집으로, 채플린의 삶과 작품 세계, 원본 영화들을 엿볼 수 있다. 그림 같은 풍경을 가진 언덕 위의 저택이라 전시 내용과 넓은 정원을 모두 둘러보려면 2~3시간은 걸린다. **MAP 465p**

GOOGLE MAPS FVG2+5H 브베
ACCESS 브베역에서 212번 버스 7정거장, 채플린(Chaplin) 하차, 9분
ADD Route de Fenil 2, 1804 Corsier-sur-Vevey
OPEN 10:00~17:00(7·8월 ~19:00, 10월 ~18:00)/1월 휴무
PRICE 30CHF, 6~15세 21CHF, 가족(부모+미성년 자녀 최대 4인) 84CHF/
몽트뢰 리비에라 카드 소지자 50% 할인
(현장 할인만 가능)
WEB chaplinsworld.com

분장을 지운 찰리 채플린의 모습

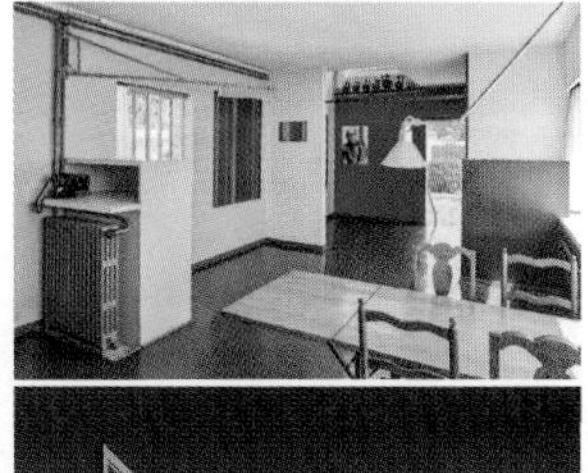

©Villa le Lac

©Musée Suisse de l'Appareil Photographique

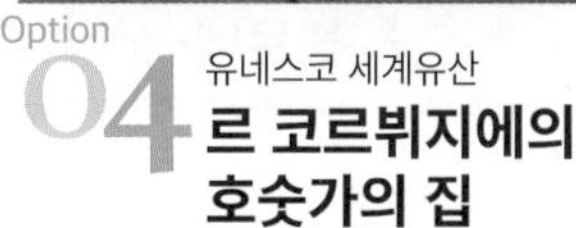

찰리 채플린이 생활했던 공간

Option 04
유네스코 세계유산
르 코르뷔지에의 호숫가의 집
Villa 'Le Lac' Le Corbusier

스위스 출신의 세계적인 건축가 르 코르뷔지에가 설계한 집. 스위스, 프랑스, 벨기에, 독일, 일본, 인도, 아르헨티나 등 7개국에 산재한 르 코르뷔지에의 건축물 17개는 2016년 유네스코 세계유산에 한꺼번에 등재되는 이례적인 기록을 세웠는데, 레만 호숫가에 있는 2개의 건축물도 여기에 속한다. 이 집은 그의 고향 라 쇼드퐁에 있는 메종 블랑슈(하얀 집)와 더불어 부모님을 위해 지은 것으로, 현재는 그의 업적을 기리는 전시관으로 사용되고 있다. MAP 465p

GOOGLE MAPS FR9H+9P 꼬르소
ACCESS 브베역에서 도보 20분 또는 버스 201·212·213·216번으로 브베 베르제르(Vevey, Bergère) 하차 후 도보 8분, 총 13분
ADD Route de Lavaux 21, 1802 Corseaux
OPEN 6월 말~9월 말 금~일 11:00~17:00, 10월 토·일 14:00~17:00(그 외 날짜는 12명 이상 단체 관람 신청 시 가능)
PRICE 14CHF, 학생 12CHF, 6~10세 9CHF
WEB villalelac.ch

Option 05
사진기 덕후를 위한 공간
사진기 박물관
Musée Suisse de l'Appareil Photographique

사진에 관심 있는 사람이라면 매우 흥미로워할 박물관이다. 1800년에 만들어진 거대한 사진기부터 초소형 최신 제품에 이르기까지 다양한 기종과 촬영작품, 사진의 역사 등을 두루 살펴볼 수 있다. 생각보다 볼거리가 많아서 하나하나 관람하다 보면 반나절이 훌쩍 넘어간다. MAP 465p

GOOGLE MAPS FR5V+P5 브베
ACCESS 브베역에서 도보 6분
ADD Grande Place 99, 1800 Vevey
OPEN 11:00~17:30/월요일, 12월 25일 휴무
PRICE 18세 이상 9CHF, 학생 7CHF/
몽트뢰 리비에라 카드 소지자 50% 할인
스위스 트래블 패스 소지자 무료
WEB cameramuseum.ch

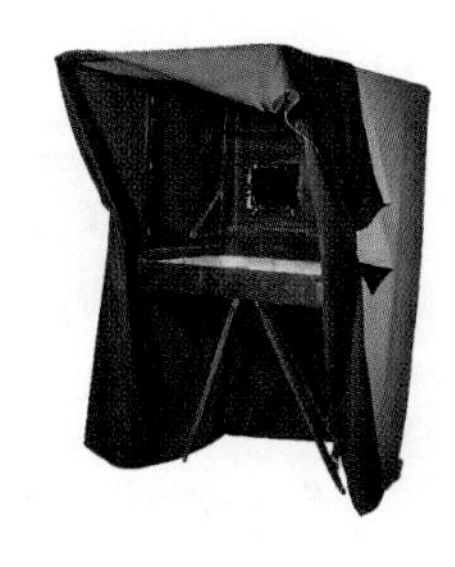

©Blonay-Chamby

Option

06 브베 역사 이모저모
브베 역사 박물관
Musée Historique de Vevey

켈트 시대부터 근대에 이르기까지 브베의 역사와 문화, 예술 등에 대해 다룬 박물관. 계단식 포도밭으로 유네스코 세계유산에 등재된 라보 지구의 마을답게 와인 이야기도 살펴볼 수 있다. 16세기 베른의 영주가 살던 성을 개조해 1897년 개관했으며, 아름다운 저택이란 뜻의 '라 벨-메종(la Belle-Maison)'이라고도 불린다. MAP 465p

GOOGLE MAPS FR5X+7H 브베
ACCESS 알리망타리움에서 도보 3분
ADD Rue du Château 2, 1800 Vevey
OPEN 11:00~17:00/
월요일, 12월 25일 휴무
PRICE 18세 이상 5CHF,
학생 4CHF/ 몽트뢰 리비에라 카드 소지자 50% 할인
스위스 트래블 패스 소지자 무료
WEB museehistoriquevevey.ch

07 칙칙폭폭! 증기기관차를 타볼 기회
블로네-샹비 열차 박물관
Chemin de Fer-Musée Blonay-Chamby

산골마을 블로네(Blonay)에 자리 잡은 대규모 야외 철도 박물관. 브베역에서 산 위로 올라가는 레 플레이아드(Les Pléiade)행 열차를 타면 포도밭과 작은 마을들을 지나 이곳에 도착할 수 있다. 박물관에선 1870~1940년 만들어진 증기기차와 푸니쿨라, 최초의 전동열차 등 80여 대의 기차를 볼 수 있으며, 증기기관차를 타고 옆 마을에 다녀올 수도 있다. 참고로 박물관은 주말에만 운영하고, 기차로만 갈 수 있다. 증기기관차 또한 하루에 운행 횟수가 정해져 있고, 때때로 시간표가 달라지니 방문 직전 홈페이지에서 미리 확인한다. 벨 에포크(제1차 세계대전 발발 전까지 40여 년간 유럽이 가장 아름다웠던 시기) 분위기를 제대로 즐겨보고 싶다면 브베-블로네 구간은 내부가 나무로 된 옛 전동열차를, 블로네-샹비(Chamby) 구간은 증기기관차를 이용해보자. 이 주변은 하얀 야생 수선화가 많이 피는 지역으로, 5월 말에 특히 아름답다. MAP 465p

GOOGLE MAPS FV8W+3F Blonay-Saint-Légier
ACCESS 블로네역 내
ADD Place de la Gare 3, 1807 Blonay
OPEN 토·일 10:00~17:00/11~5월 초 휴무
PRICE 박물관+증기기차 왕복: 24CHF, 6~15세 10CHF/브베-블로네 구간 전동열차 왕복: 24CHF, 6~15세 12CHF(현금만 가능)/블로네-샹비 구간 증기기관차 왕복: 10CHF, 6~15세 5CHF/박물관 입장료: 몽트뢰 리비에라 카드 소지자 50% 할인,
스위스 트래블 패스 소지자 무료
WEB blonay chamby.ch

©Veveybien

호숫가 피크닉은 이 집 샌드위치죠!

$ 브베비앙 Veveybien

터프하게 생긴 남자 주방장 둘이 운영하는 캐주얼한 샌드위치 가게. 규모는 작지만 이 일대에선 꽤 유명해서 잡지에도 자주 등장한다. 스위스 물가를 감안하면 가격도 비교적 합리적이다. 정직한 재료로 즉석에서 샌드위치를 만들고, 따뜻한 샌드위치, 차가운 샌드위치, 홈메이드 디저트와 음료가 준비돼 있다. 감각적인 인테리어의 테이블에 앉아 먹어도 좋지만 화창한 날 테이크아웃해 호숫가 피크닉을 즐긴다면 금상첨화다. MAP 465p

GOOGLE MAPS FR5W+QG 브베
ACCESS 알리망타리움에서 도보 3분
ADD Rue du Simplon 16, 1800 Vevey
OPEN 08:00~16:00/토·일요일 휴무
PRICE 샌드위치 10.50CHF~, 음료 3.60CHF~
WEB veveybien.com

브라우니

©Ze Fork

물 위의 포크 뷰가 있는 레스토랑

$$ 저 포크 Ze Fork

알리망타리움 옆 호숫가에 있는 카페 겸 레스토랑. 테라스에서 물 위의 거대한 포크가 바라보인다. 보행자 전용 산책로에 있어서 한적하게 식사나 음료를 즐기며 호숫가를 감상할 수 있다. 세계의 다양한 음식이 준비돼 있는데, 애피타이저 중에는 한국식 갈비 양념을 사용한 꼬치와 김치도 있다. 물론 라보 지구의 맛 좋은 와인도 갖추고 있다. 식당 이름은 프랑스어권 사람들이 영어의 더(The)를 저(Ze)에 가깝게 발음한다는 점을 꼬집어 장난스럽게 지은 것이다. MAP 465p

GOOGLE MAPS FR5W+6R 브베
ACCESS 알리망타리움에서 호수를 마주 보고 왼쪽
ADD Rue du Léman 2, 1800 Vevey
OPEN 09:00~24:00/월요일 휴무
PRICE 식사 29CHF~, 디저트 14CHF~, 음료 4CHF~, 와인 6.5CHF~
WEB zefork.ch

DAY TRIP

유네스코 세계유산에 등재된 알프스 포도밭

라보 테라스 Terrasses de Lavaux

로마 시대부터 포도를 기르기 시작해 11세기 들어 본격적인 와인 산지가 된 라보 와인 루트, 라보 테라스는 여러 개의 작은 마을을 아우르는 방대한 포도밭 지역이다. 호숫가를 따라 끝없이 펼쳐지는 계단식 포도밭은 가파른 지형을 잘 극복한 사례로 더욱 특별하게 여겨진다. 30km 이상 이어지는 포도밭과 푸른 레만 호수, 새하얀 알프스가 만들어 낸 매혹적인 풍경에 저절로 입이 떡 벌어지는 곳. 2006년 유네스코 세계유산에 등재됐고, 2016년엔 화학 농약 사용이 전면 금지되기도 했다. 도보로 여행할 예정이라면 라보 테라스의 마을 중 가장 귀엽고 예쁜 생-사포랭(St-Saphorin)에서 시작해보자.

라보 테라스 가는 방법(생-사포랭 기준)

• 기차	• 차량	• 배
로잔 → 17분	**로잔** → 25분(15km/9번 도로)	**로잔** → 47분
몽트뢰 → 13분	**몽트뢰** → 20분(11km/9번 도로)	**몽트뢰** → 45분
브베 → 3분	**브베** → 6분(4km/9번 도로)	**브베** → 23분

라보 테라스 여행 법 ①

미니 기차

라보 테라스 지역은 일조량이 중요한 포도밭의 특성상 그늘이 전혀 없다. 노약자와 함께한 여행이라면 하이킹 대신 미니 기차를 추천. 차로 갈 수 없는 좁은 포도밭 사잇길로 다녀서 걷지 않고도 편안하게 둘러볼 수 있다. 두 회사에서 서비스를 제공하는데, 코스별로 출발하는 마을이 다르다.

숙소가 몽트뢰일 때 가까운 코스

라보 파노라믹 미니 기차

Lavaux Panoramic

귀여운 모양의 미니 기차로, 4개의 코스가 있다. 동화에 나올 법한 중세 마을 생-사포랭 코스와 언덕 위 포도밭 한가운데 있어서 평화롭기 그지없는 마을 샤르돈 코스가 핵심. 투어에는 와인 생산자들이 직접 제공하는 웰컴 드링크가 제공되며, 포인트마다 내려서 주변을 둘러볼 수 있다. 시즌별로 운영하는 요일이 다르고 특별 운영도 하니 여행 전 홈페이지를 체크해 일정을 계획해보자. 성수기의 생-사포랭 코스에는 라보 와인 센터인 비노라마(Vinorama) 방문도 포함돼 있다.

셰브르-빌라주역 앞 탑승장

샤르돈 마을 와인 바

GOOGLE MAPS 셰브르: FQJH+F9/브베: FR6V+54
ACCESS 셰브르-빌라주역 앞: Place de la Gare, Chexbres-Village/브베 관광안내소 앞: Grande Place 29, 1800 Vevey
OPEN 4월 중순~6월 초/코스마다 일정이 다르므로 홈페이지 참고
PRICE 옆 페이지 표 참조/현장 구매 또는 몽트뢰 관광안내소와 홈페이지에서 예약 가능/성수기에는 예약 권장
WEB lavaux-panoramic.ch/en/accueil-english/

숙소가 로잔일 때 가까운 코스

라보 익스프레스 미니 기차 Lavaux Express

작은 와인 마을들을 거점으로 포도밭을 도는 미니 기차. 뤼트리 선착장에서 출발하면 아랑, 그랑보를 거쳐 되돌아오고, 퀴이 선착장에서 출발하면 리에, 에페스, 데잘레를 거쳐 되돌아온다. 포인트마다 내려서 잠시 구경할 시간이 주어지며, 출발지에서 와인 한 병을 사면 기차 안에서 마실 수 있다(일회용 와인잔 제공).

GOOGLE MAPS 뤼트리 선착장 앞: GM2M+MJ/퀴이 선착장 앞: FPPJ+XJ
ACCESS 뤼트리 선착장 앞: Quai Gustave Doret 1, 1095 Lutry/
퀴이 선착장 앞: Place d'Armes 16, 1096 Cully
OPEN 아래 표 참조
PRICE 16CHF, 13~18세·학생·경로 12CHF, 4~12세 6CHF/현장 지불 또는 온라인 예약 가능/성수기에는 예약 권장
WEB lavauxexpress.ch/en

기차에서 보는 포도밭과 레만 호수

• 라보 파노라믹 미니 기차 코스

코스	소요 시간	요금	출발 장소
생-사포랭(St-Saphorin)	약 1시간 30분	16CHF, 6~15세 8CHF	셰브르(Chexbres)
샤르돈(Chardonne)	약 1시간 30분	19CHF, 6~15세 8CHF	
코르조(Corseaux) & 샤르돈	약 2시간 15분	22CHF, 6~15세 11CHF	
브베-코르조	약 1시간 15분	16CHF, 6~15세 8CHF	브베

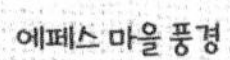
에페스 마을 풍경

• 라보 익스프레스 미니 기차 코스

출발 장소	경유지	소요 시간	운행
뤼트리(Lutry)	이랑(Aran), 그랑보(Grandvaux)	약 1시간	4~10월 수·일 1일 3회(일요일 1회, 7~9월 금요일 추가 운행)
퀴이(Cully)	리에(Riex), 에페스(Epesses), 데잘레(Dézaley)	약 1시간 15분	4~10월 토 1일 3회(7~9월 화·목요일 2회 추가 운행)

라보 테라스 여행 법 ❷ 푸니쿨라

라보 지구를 둘러보는 쉬운 방법 중 또 한 가지는 브베에서 푸니쿨라를 타는 것이다. 브베역에서 도보 약 15분 거리에 있는 브베-퓌니역에서 빨간 푸니쿨라를 타면 단번에 샤르돈(샤르돈-종니 하차)까지 데려다준다. 이후 샤르돈의 와인 농장에서 운영하는 레스토랑에서 샤슬라(Chasselas) 와인으로 목을 축이거나 위에 소개한 라보 파노라믹 미니 기차를 타면 된다. 시간 여유가 있다면 푸니쿨라를 타고 몽-펠르랭까지 올라가 보자. 방대한 포도밭과 레만 호수, 알프스가 펼쳐낸 장대한 파노라마를 감상할 수 있다.

푸니쿨라 운행 정보

명칭 브베-몽-펠르랭 푸니쿨라(Funiculaire Vevey-Mont-Pèlerin)
노선 브베-퓌니(Vevey-Funi) ⇄ 코르조(Corseaux) ⇄ 보 시트(Beau Site) ⇄ 샤르돈-종니(Chardonne-Jongny) ⇄ 라 보므(La Baume) ⇄ 몽-펠르랭(Mont-Pèlerin)
운행 시간 05:32~24:06/20분 간격 운행
요금 편도 5.60CHF, 몽트뢰 리비에라 카드 소지자 무료 스위스 트래블 패스 소지자 무료
WEB mob.ch/line/funiculaire-vevey-mont-pelerin

푸니쿨라에서 내려다본 포도밭 풍경

라보 테라스 여행 법 ❸ 하이킹

라보 포도밭 길은 걷기 쉬우면서도 경치가 아름다워서 스위스에서 가장 유명한 하이킹 코스 중 하나로 손꼽힌다. 여러 마을과 들판이 이어진 지역이라 다양한 코스가 있는데, 생 사포랭에서 뤼트리까지 걷는 약 12km의 코스는 제주도의 올레길 10코스와 자매결연한 길로 유명하다. 여기서는 약 6.5km를 걸으면서 포도밭과 레만 호수를 함께 즐기는 코스를 소개한다. 전체 코스가 부담된다면 체력에 맞춰 중간중간 만나는 마을 기차역까지로 거리를 단축할 수도 있다. 자신의 리듬에 맞춰 천천히 풍경을 감상하고 중간중간 만나는 마을의 작은 레스토랑이나 와인 농장에서 시음도 해보자.

하이킹 코스 정보

코스 생-사포랭 → 리바 → 에페스 → 퀴이
거리 6.8km
소요 시간 3시간
시기 3~11월
난이도 하

하이킹 공식 웹사이트

+ MORE +

알찬 하이킹을 위해 알아둘 점

길은 대부분 평지여서 걷기 쉽지만 산비탈 전체가 남쪽을 향해 있고 그늘이 전혀 없어 모자와 선글라스, 선크림은 필수다. 다행히 레만 호수의 영향을 받은 건조한 지중해성 기후이니 햇볕만 잘 가리면 그리 덥게 느껴지지 않아 쾌적하게 하이킹을 즐길 수 있다.

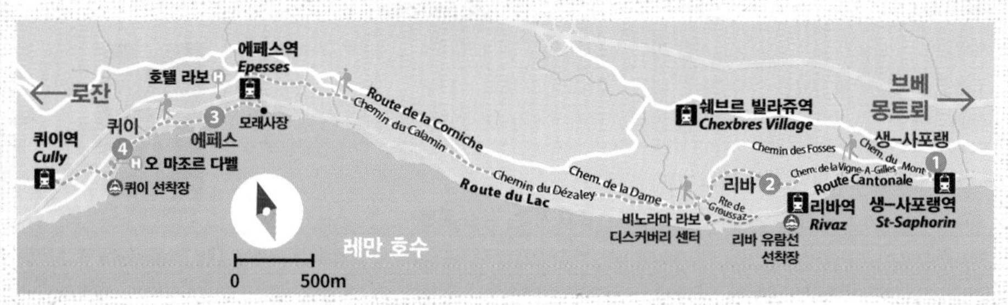

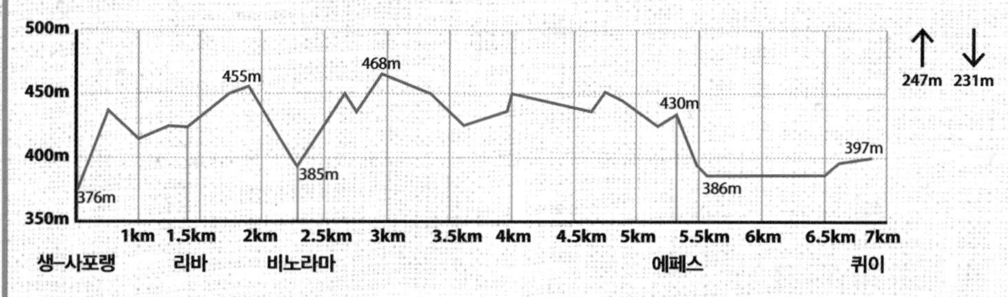

생-사포랭
St-Saphorin

중세 시대의 모습을 그대로 간직한 작고 예쁜 마을. 생-사포랭역에 내려서 교회와 그 주변을 구경한 다음 호수를 등지고 교회를 마주 봤을 때 나타나는 왼쪽 오르막길인 셔맹 뒤 몽(Chemin du Mont)부터 본격적인 하이킹을 시작한다. 조금 걷다 보면 갈림길이 나오는데, 왼쪽 길을 선택한다. 다음 갈림길까지 약 800m(약 12분) 정도 직진한다.

리바 마을
에페스 마을
마을 곳곳에 있는 와인 판매장과 와인 바
포도밭 사이사이를 가까이서 찬찬히 볼 수 있는 하이킹 길

Point 2 리바 Rivaz

사거리가 나오면 마주 보이는 길로 직진해 리바 마을로 들어선다. 마을 안에서는 갈림길이 3번 나오는데, 순서대로 왼쪽, 오른쪽, 오른쪽을 선택할 것. 단, 비노라마 라보 디스커버리 센터를 방문하거나 여기서 기차를 타고 싶다면 세 번째 갈림길에서 왼쪽으로 300m 정도 내려간다. 호숫가에 도착하면 호수를 마주 보고 오른쪽 300m 거리에 비노라마가, 왼쪽 300m 거리에 리바역이 있다.

비노라마에서 다시 하이킹 길로 돌아오려면 마을 안의 3번째 갈림길까지 되돌아와야 한다. 비노라마 앞 도로를 계속 따라갈 수도 있지만 1.4km 정도 재미없는 찻길만 이어지니 풍경을 즐기려면 마을 안으로 되돌아가는 게 좋다. 3번째 갈림길에서 포도밭에 진입하면 왼쪽 길을 따라 다음 마을까지 약 3km 직진. 직진하는 동안 갈림길을 만나면 길 이름인 라 담(La Dame), 데잘레(Dézaley), 칼라맹(Calamin)을 따라간다.

Point 3 에페스 Epesses

에페스 마을에 도착하면 갈림길에서 왼쪽을 따라 호수까지 내려간다. 여기서 하이킹을 마치려면 도로 건너 호숫가의 에페스역으로 간다. 가기 전에 커피나 와인 한잔을 즐기고 싶다면 도로 건너기 전 호수를 마주 봤을 때 오른쪽으로 230m에 있는 호텔 라보(Hôtel Lavaux)를 추천. 3층의 루프탑 전망이 환상적이다(여름에만 운영).

하이킹을 계속하려거든 기차역에서 지하도로 철로를 건너 호숫가 산책길로 간다. 여기서부터는 포도밭이 아닌 호숫가를 산책하게 된다. 호수를 마주 보고 오른쪽이 다음 마을로 가는 진행 방향이고, 왼쪽에는 수영을 할 수 있는 모래사장이 있다.

Point 4 퀴이 Cully

1km가량 호숫가를 따라가면 나오는 마을. 호숫가에 자리한 호텔 오 마조르 다벨(Au Major Davel)의 넓은 잔디밭 테라스석에서 와인 한잔이나 음료수로 목을 축이고 하이킹을 마무리한다. 4월에는 호반에서 열리는 재즈 페스티벌도 즐길 수 있다. 퀴이역은 호텔에서 호수를 등지고 마을 안쪽으로 400m 정도 거리에 있다.

라보 테라스 여행 법 ❹
와인 테이스팅

스위스 와인은 워낙 자국 소비량이 많아 수출을 별로 하지 않기 때문에 다른 나라에서는 맛보기 힘든 와인이 많다. 마을마다 그 지역의 와인을 한 곳에서 판매하고 시음할 수 있는 와인 창고(Caveau des Vignerons: 카보 데 비뉴롱)가 있으며, 테이스팅 신청 가능한 최소 인원은 보통 15명. 미리 전화할 경우 적은 인원에게도 열어줄 때가 있지만 개별 여행자들에게는 미리 전화하는 것도, 15명을 모으는 것도 다소 부담되는 일이다. 개인적으로 방문할 수 있는 개별 와인 생산자의 창고 3곳을 소개한다.

리바: 비노라마
Vinorama

라보 지구의 디스커버리 센터로, 인근에서 생산되는 약 290종의 와인을 구매할 수 있다. 샤슬라 품종으로 만든 수많은 와인 중에 어떤 카브의 제품을 골라야 할지 모르겠다면 매장의 와인 매니저에게 자문을 구하자. 우아한 와인바에서 테이스팅도 할 수 있고 상영실에서는 라보 지구를 소개하는 짧은 영화를 볼 수 있다. 주차장도 넉넉해서 차량으로 진입하기도 좋다. 단, 음주 운전 절대 금지!

GOOGLE MAPS FQFG+XX Puidoux
ACCESS 리바역에서 도보 10분
ADD Route du Lac 2, 1071 Rivaz
OPEN 11~4월 10:30~19:30 (일 ~19:00)/5~10월 10:30~20:00 (일 ~19:00)/11~4월 월·화요일 휴무
PRICE 와인 테이스팅 1인 16~26CHF(종류와 가짓수에 따라 다름, 안주로 약간의 과자류 제공)/ 라보 방문자 카드 소지자 20% 할인
WEB lavaux-vinorama.ch

+ MORE +

어떤 와인을 고를까?

라보 지구의 포도는 최고급 화이트 와인을 만드는 품종인 샤슬라(Chasselas)가 대부분을 차지한다. 어떤 카브(Cave: 와인 저장고란 뜻. 보통 농장, 즉 브랜드를 말함)에 가든지 샤슬라는 기본으로 맛보자. 그 외에 소비뇽 블랑(Sauvignon Blanc)이나 샤르도네(Chardonnay)도 소량 생산된다. 레드 와인도 약간 생산되는데, 피노 누아(Pinot Noir)가 가장 대표적이다.

©Terres de Lavaux

©Domaine du Daley

Point 2 뤼트리: 테르 드 라보
Terres de Lavaux

1906년 설립된 와인 농장으로, 스위스 전통 방식을 따라 와인을 제조한다. 라보를 대표하는 샤슬라뿐 아니라 다양한 화이트 와인과 레드, 로제, 스파클링 와인을 갖췄다. 전망이 아름다운 와인 테이스팅 바는 아무 때나 이용할 수 있지만 와인 저장고를 방문하고 싶다면 하루 전까지 예약 필수. 10명 이상이 단체로 방문하면 테이스팅 시 예약을 통해 얇게 저민 말린 고기와 빵, 과일, 치즈 등을 곁들일 수 있다.

GOOGLE MAPS GM3Q+6C 류뜨히
ACCESS 뤼트리역에서 도보 5분
ADD Chemin de la Culturaz 21, 1095 Lutry
OPEN 화·금 09:00~12:00, 13:30~18:30, 수·목 13:30~18:30, 토 09:00~12:00/일·월요일 휴무
PRICE 와인 테이스팅 20~28CHF
WEB terresdelavaux.ch

Point 3 뤼트리: 도맨 뒤 달레
Domaine du Daley

스위스에서 가장 오래된 상업 와인 농장. 1392년에 설립되어 라보의 역사와 함께했다. 포도밭 한가운데의 그림 같은 테라스에서 테이스팅을 하는데, 가격대는 조금 높아도 깊은 맛을 제대로 느낄 수 있는 빈티지 와인 세트를 추천한다. 4인 이상 방문 시 말린 고기와 치즈 등의 안주를 예약할 수 있으며, 와인 저장고를 방문해 나무 통에서 직접 따라주는 테이스팅도 가능하다. 후회 없는 전망과 맛을 자랑하지만 포도밭 한가운데 있어서 대중교통으로 가려면 25분 정도 걸리는 하이킹과 조합해야 한다. 보시에르역(Bossière)에서 출발해 테이스팅 후 뤼트리역(Lutry)으로 이동하면 오르막길을 피할 수 있고 풍광도 매우 아름답다.

GOOGLE MAPS GP23+QC 류뜨히
ACCESS 보시에르역에서 도보 25분/뤼트리역에서 도보 35분
ADD Chemin Des Moines 8, 1095 Lutry
OPEN 08:00~19:00(토 11:00~12:15)/일요일 휴무/예약 필수
PRICE 와인 테이스팅 1인 20~40CHF, 말린 고기+치즈 안주(4인 이상 주문 가능) 14CHF
WEB daley.ch

+ MORE +

카브 우베르트 보두아즈 Caves Ouvertes Vaudoises

와인 마니아라면 1년에 한 번, 보 칸톤 내의 모든 와인 창고를 개방하는 기간에 방문해보자. 첫 번째 와인 창고에서 20CHF를 내고 와인잔을 구매하면 창고를 개방하는 2~3일 동안 보 칸톤 내의 어떤 와인 창고에 가도 그 잔으로 무료 시음할 수 있다. 이 기간엔 와인 창고들을 순회하는 무료 셔틀버스도 운행하는데, 아름다운 포도밭도 구경하면서 술도 깰 겸 다음 창고까지 산책하듯 걸어가는 것이 일반적이다. 창고 개방은 보통 5월이나 6월 주말에 하며, 정확한 날짜와 창고 리스트는 홈페이지에서 확인할 수 있다.

WEB ovv.ch/en

#Plus Area

그뤼에르 치즈가 탄생한
알프스 마을

그뤼에르
GRUYÈRES

에멘탈과 함께 스위스를 대표하는 치즈인 그뤼에르의 탄생지이자 스위스 최초의 초콜릿 공장 까이에(Callier)가 있는 곳이다. 우리에겐 만화영화에서 자주 봤던 구멍이 숭숭 뚫린 에멘탈 치즈가 더 익숙하지만 스위스 내에서는 그뤼에르의 소비량이 에멘탈의 두 배가 넘을 정도로 사랑받는다는 사실. 대도시에서는 미처 볼 수 없었던 목가적인 중세 스위스의 풍경, 영화 <에일리언>의 아버지 기거 박물관의 기괴함, 목장에서 갓 만든 고소한 생크림을 듬뿍 얹은 머랭 등 작은 시골 마을 그뤼에르는 굵직한 즐길 거리가 많다. 한층 편안하게 여행하고 싶다면 일명 '초콜릿 열차'라고 불리는 골든패스 열차 왕복 패키지를 이용해보자. 우아한 벨 에포크 풍의 파노라마 열차를 타고 초콜릿 공장과 치즈 공장 등을 다녀올 수 있다.

- **칸톤** 프리부르 Fribourg
- **언어** 프랑스어
- **해발고도** 810m

그뤼에르 가는 방법

기차

몽트뢰 → 1시간 8분
(몽보봉(Montbovon) 환승)

차량

몽트뢰 → 35분(42km/9번 고속도로, 27번 국도, 12번 고속도로)

버스

샤르메 → 24분
브록 → 9분

★
관광안내소

GOOGLE MAPS H3MJ+75 그뤼에르
ADD Rue du Bourg 1, 1663 Gruyères
OPEN 1·2월 13:00~16:30(토·일 10:30~12:00 추가)/ 3~4월·11~12월 10:30~12:00, 13:00~16:30(4월 ~17:30)/ 5~10월 09:30~12:00, 13:00~17:30(7·8월은 브레이크 타임 없음)
TEL +41 (0)26 919 85 00
WEB fribourgregion.ch/en/la-gruyere/tourist-offices/tourist-office-in-gruyeres/

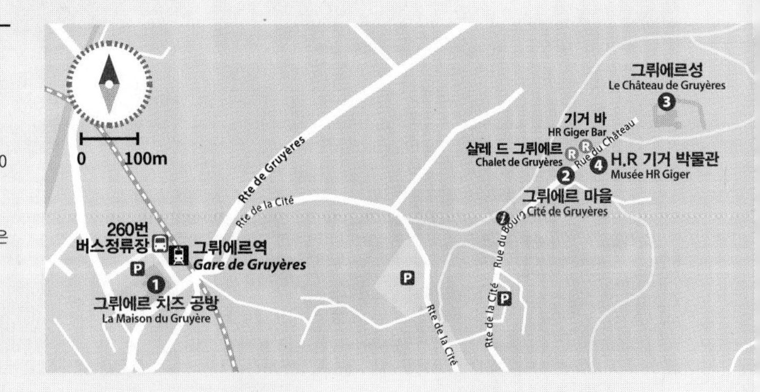

치즈 보관실

전통 치즈를 만들 때 우유를 끓이는 냄비
레스토랑

Tourist & Attractions

01 그뤼에르 치즈의 모든 것 그뤼에르 치즈 공방
La Maison du Gruyère

스위스 국민 치즈 그뤼에르의 제조 과정을 견학할 수 있는 곳. 스위스에는 치즈 제조 과정을 견학할 수 있는 곳이 많지만 딱 한 곳만 고르라면 단연 이곳이다. 대중교통으로 가기 편리하고, 여러 가지 볼거리가 있어서 효율적이기 때문. 숙성 정도에 따라 식감과 향, 맛이 달라지는 온갖 그뤼에르를 몽땅 만날 수 있으며, 머랭이나 뱅 퀴(Vin Cuit) 같은 지역 특산물도 판매한다. 레스토랑에서는 그뤼에르를 베이스로 한 퐁뒤와 라클레트 등 다양한 스위스 전통음식을 맛볼 수 있다. MAP 477p

GOOGLE MAPS H3JF+V6 그뤼에르
ACCESS 그뤼에르역 앞
ADD Place de la Gare 3, 1663 Pringy-Gruyères
OPEN 07:30~18:30(치즈 제조: 09:00~11:00, 12:30~14:30 사이 2~4회)
PRICE 7CHF, 12세 이상 학생·경로 6CHF, 가족(부모 2+11세 이하 자녀 무제한) 12CHF, 그뤼에르성 통합권 16CHF/ 스위스 트래블 패스 소지자 무료
WEB lamaisondugruyere.ch/homepage-en/

벽화가 아름다운 다이닝룸

02 동화 같은 중세 유럽 마을
그뤼에르 마을
Cité de Gruyères

언덕 위 늠름한 성과 소박한 일상이 깃든 마을 풍경, 초록빛 들판을 뛰노는 소들까지. 모든 것이 상상했던 중세 유럽의 모습 그대로인 곳. 청동기 시대부터 사람이 살았던 흔적이 발견됐고, 로마 시대에는 로만 정착민들이 머물던 이 지역이 그뤼에르라는 이름으로 불리기 시작한 것은 약 12세기경 그뤼에르 백작의 성을 중심으로 마을이 발달하면서부터다. 15분이면 다 둘러볼 수 있을 정도로 작은 마을이지만 바닥이 돌로 된 길을 따라 아기자기한 레스토랑과 예쁜 부티크들이 잔뜩 늘어서 있어서 구석구석 구경하다 보면 몇 시간이 걸릴 수도 있다. MAP 477p

GOOGLE MAPS H3MJ+CH 그뤼예르
ACCESS 그뤼에르역에서 도보 15분 또는 260번 버스 3분
ADD Rue du Bourg 2-40, 1663 Gruyères
WEB fribourgregion.ch/en/la-gruyere/gruyeres/

마을 곳곳에서 볼 수 있는 재미난 간판과 장식

03 위풍당당! 스위스의 대표 성
그뤼에르성
Le Château de Gruyères

13세기부터 위풍당당하게 이곳을 지켜온 요새. 시옹성과 함께 꼭 가봐야 할 스위스의 성으로 손꼽힌다. 변함없는 위용과 아름다움은 보는 이로 하여금 8세기의 시간을 거슬러 중세 스위스까지 데려가 준다. 오랜 세월 그뤼에르 백작들이 소유해 왔으나 20세기 초 시로 소유권이 넘어가면서 현재는 박물관으로 운영 중. 현대 초현실주의 작가들의 작품을 비롯한 다양한 예술품과 보물을 볼 수 있고, 높은 지대에서 바라보는 풍경도 일품이다. 이곳에 살던 3명의 여장부가 자신들이 키우던 염소를 무기로 사용했다는 재미난 전설이 있어서인지, 성 주변을 산책하다 보면 들판을 뛰노는 염소들을 종종 볼 수 있다. MAP 477p

GOOGLE MAPS H3MM+VJ 그뤼예르
ACCESS 마을 입구에서 안쪽으로 도보 5분
ADD Rue du Château 8, 1663 Gruyères
OPEN 09:00~18:00(11~3월 10:00~17:00)
PRICE 13CHF, 학생 9CHF, 6~15세 5CHF, 가족(부모 2+미성년 자녀 3) 29CHF, 기거 박물관 통합권 20CHF/ 스위스 트래블 패스 소지자 무료
WEB chateau-gruyeres.ch

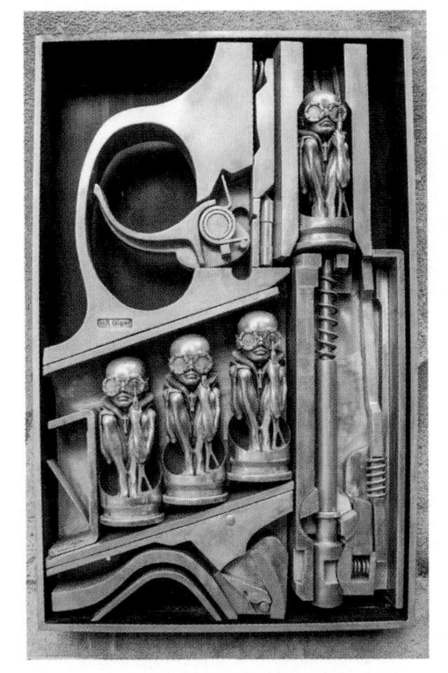

04 에일리언 창시자의 세계관이 궁금해
H.R 기거 박물관
Museum HR Giger

영화 <에일리언>의 기괴한 모습과 행성 등을 디자인한 화가이자 조각가 H.R 기거(1940-2014)의 세계관을 엿볼 수 있는 전시관. 스위스 쿠어(Chur) 출신인 기거는 생전에 프리부르 지역을 매우 사랑했다고 알려졌으며, 프리부르주에 있는 그뤼에르에 그의 전시관과 카페를 오픈했다. 생명체와 기계가 혼합된 예술 장르인 바이오 메카니컬 아트(Biomechanical Art)을 살펴보며 그의 상상력과 어두운 내면에 흠칫 놀라게 되는 곳. 성적인 표현이 들어간 작품이 많아서 19세 금지 구역이 있으니 아이들과 함께라면 주의가 필요하다. MAP 477p

GOOGLE MAPS H3MJ+MW 그뤼예르
ACCESS 그뤼에르성 앞에서 오른쪽
ADD Château St-Germain, Rue du Château 2, 1663 Gruyères
OPEN 10:00~18:00(11~3월 화~금 13:00~17:00, 토·일 10:00~18:00)/폐장 45분 전까지 입장/11~3월 휴무
PRICE 12.50CHF, 학생 8.50CHF, 6~15세 4CHF, 그뤼에르성 패키지 19CHF/ 스위스 트래블 패스 소지자 무료
WEB hrgigermuseum.com

\+ MORE +

그뤼에르 먹킷리스트

그뤼에르 치즈 Le Gruyère

12세기가 넘도록 이 지역에서 만들어진 치즈. 짭짤하면서 견과류처럼 고소한 맛을 지닌 경성 치즈로, 명실공히 스위스에서 가장 사랑받는다. 최장 18개월까지 숙성하기도 하는데, 기간이 길수록 단단해지고 모래알 같은 알갱이가 생긴다. 스위스 전역에서 만들어지지만 농장마다 비법이 약간씩 다르니 이곳에서 오리지널 그뤼에르의 맛을 음미해보자. 담백한 빵을 식빵처럼 잘라 그 위에 치즈를 얹어 먹으면 치즈 본연의 맛을 제대로 느낄 수 있다.

퐁뒤 무아티에-무아티에 Fondue Moitié-Moitié

스위스 대표 음식 퐁뒤는 치즈에 화이트 와인을 섞어 열로 녹인 것에 빵을 찍어 먹는 음식이다. 다양한 변형 레시피가 있는데, 퐁뒤 무아티에-무아티에는 그뤼에르 치즈와 부드럽고 진한 맛의 바슈랭-프리부르주아(Vacherin Fribourgeois) 치즈를 반반씩 섞어 만들어 깊은 풍미를 한껏 느낄 수 있다. 무아티에는 '절반'이라는 뜻이다.

더블 크림 머랭 Meringues et Crème Double

거품 낸 달걀 흰자에 설탕을 섞어 구운 머랭은 재료의 완벽한 비율과 굽기가 중요한데, 그뤼에르의 머랭은 스위스에서 손꼽히는 고급 머랭이다. 보통 생크림과 과일, 아이스크림 등을 얹어 먹는데, 질 좋기로 소문난 그뤼에르산 생크림을 얹은 더블 크림 머랭은 머랭의 격을 한 차원 높였다.

뱅 퀴 Vin Cuit

포도즙이나 서양배즙, 사과즙 등을 장작불에 오래 졸인 것. 과일 향이 나는 물엿이라고 보면 된다. 그뤼에르에서는 보통 서양배즙을 이용해 타르트를 만들어 먹으며, 가정에서는 바닐라 아이스크림이나 크레프 등에 끼얹어 먹기도 한다. 프리부르주의 달콤한 겨자 소스인 베니숑 머스터드(Moutarde de Bénichon)를 만들 때도 뱅 퀴가 들어간다. 초심자라면 크레프 위에 올려 먹을 때 그 맛을 가장 잘 느낄 수 있다.

©Le Chalet de Gruyère

치즈의 본고장에서 먹는 정통 퐁뒤

$$ 샬레 드 그뤼에르 Chalet de Gruyères

이름에서도 알 수 있듯이 샬레(통나무집)처럼 꾸며진 레스토랑이다. 외관과 실내 인테리어가 예쁜 데다 음식 맛도 꽤 괜찮은 곳. 퐁뒤와 라클레트, 말린 고기, 치즈타르트 등 다양한 스위스 알프스 지역의 전통 음식을 맛볼 수 있다. MAP 477p

GOOGLE MAPS H3MJ+JR 그뤼예르
ACCESS 기거 박물관 왼쪽 대각선 맞은편
ADD Rue du Bourg 53, 1663 Gruyeres(2024년 9월 현재 리노베이션 공사로 기거 박물관에서 도보 4분 거리에 있는 그뤼에르 호텔 1층에서 임시운영 중이다.)
OPEN 12:00~21:00
PRICE 치즈 테이스팅 13CHF~, 퐁뒤·라클레트 30CHF, 말린 고기 23CHF~, 디저트 12CHF~
WEB gruyereshotels.ch

영화 <에일리언> 속으로 떠나는 여행

기거 바 HR Giger Bar

그뤼에르에 왔다면 절대 놓치지 말아야 할 카페 겸 바. 에일리언을 창조한 기거를 내세운 가게 이름에서도 눈치챘겠지만 당연히 영화 <에일리언>을 테마로 한다. 옛 성의 내부를 살려 그 위에 공룡 뼈 같은 구조물을 덧대어 붙인 모습이 매우 기괴하면서도 멋있다. 내부는 벽과 천장은 물론, 의자, 테이블, 바 모양까지 전부 에일리언의 뼈대를 형상화했다. MAP 477p

GOOGLE MAPS H3MJ+MV 그뤼예르
ACCESS 기거 박물관 맞은편
ADD Rue du Château 3, 1663 Gruyères
OPEN 10:00~20:30/11~3월 월요일 휴무
PRICE 음료 5CHF~
WEB hrgigermuseum.com

DAY TRIP

그뤼에르에서 살짝 다녀오는

근교 나들이

그뤼에르 주변에서는 우리가 상상하는 스위스의 모든 것을 누릴 수 있다.
동화 같은 중세 유럽 마을에서 스위스 대표 치즈 그뤼에르를 맛보고 인근의 까이에 초콜릿 공장을 견학한 다음,
아름다운 프레알프(Pre-Alps)에 둘러싸여 온천욕을 즐겨보자.

원 없이 흡입하는 스위스 초콜릿

까이에 초콜릿 공장

La Maison Cailler

1819년 프랑수아-루이 까이에가 세운 세계 최초의 자동화 초콜릿 생산 공장. 값비싼 스위스 초콜릿을 질리도록 먹고 싶다면 이곳으로 가보자. 1929년 밀크초콜릿을 대량 생산하며 승승가도를 달리던 네슬레 사에게 합병되기 전까지 이곳은 스위스에서 매우 비중 있는 초콜릿 회사였는데, 현재는 네슬레의 서브 브랜드인 까이에 초콜릿을 생산하고 있다. 2010년 공장 한쪽에 문을 연 메종 까이에에서는 초콜릿 제작 공정을 직접 보면서 카카오와 카카오버터, 헤이즐넛 등 초콜릿에 들어가는 재료들을 만져볼 수 있다. 견학 마지막엔 다양한 종류의 고급 초콜릿들을 무제한 시식할 수 있는 절호의 찬스가 주어진다. 종류가 너무 많아서 한 종류에 1개씩만 맛봐도 배가 부를 정도다.

상품별 원료 전시
무제한 시식!

GOOGLE MAPS J445+QF 브록
ACCESS 그뤼에르역에서 260번 버스 5정거장, 브록 르 옴(Broc, Le Home) 하차 후 도보 10분, 총 25분
ADD Rue Jules Bellet 7, 1636 Broc
OPEN 10:00~18:00(11~3월 ~17:00)/폐장 1시간 전까지 입장/1월 1일, 12월 25일 휴무
PRICE 17CHF, 학생 14CHF, 6~15세 7CHF/
몽트뢰 리비에라 카드 소지자 20% 할인 스위스 트래블 패스 소지자 무료
WEB cailler.ch

©Les Bains de la Gruyère

Point 2

알프스 노천 온천의 로망 실현

그뤼에르 온천(레 뱅 드 라 그뤼에르)

Les Bains de la Gruyère

보기만 해도 두근두근 설레는 프레알프의 전망에 둘러싸여 온천욕을 즐길 수 있는 곳이다. 탁 트인 고급 온천 수영장에는 2개의 커다란 실내 풀과 1개의 야외 풀이 있으며, 수온은 34°C 정도로 유지된다. 버블 제트와 마사지 분수, 핀란드식 사우나, 터키식 목욕탕인 하맘, 족욕장 등 다양한 시설을 갖췄다. 4세부터 입장 가능.

GOOGLE MAPS J5C6+GQ 발-드-샤흐메
ACCESS 그뤼에르역에서 260번 버스 20분, 샤르메 코르베타(Charmey, Corbettaz) 하차 후 도보 6분, 총 25분/까이에 초콜릿 공장이 있는 브록 마을에서 260번 버스 6정거장, 샤르메 코르베타 하차 후 도보 6분, 총 14분
ADD Gros-Plan 30, 1637 Charmey
OPEN 09:00~21:00(금·토 ~22:00)/폐장 1시간 전까지 입장
PRICE 3시간권 30CHF(주말 32CHF), 학생 27CHF, 4~16세 16CHF
WEB bainsdelagruyere.ch

#Hiking

그뤼에르 지역을 즐기는 완벽한 방법

초콜릿과 치즈 트레일(조뉴 계곡 그뤼에르 길)

HIKING Best

Chemin du Gruyère(Les Gorges de la Jogne)

거리는 긴 편이지만 경사가 완만해서 인근 학교의 소풍 코스로도 애용된다. 웅장한 프레알프의 절경은 물론, 귀여운 산골 마을부터 푸르른 산정호수와 심장이 덜컥할 정도로 높다란 댐, 절벽 아래 뛰노는 소들과 달콤한 초콜릿, 웅장한 성, 고소한 치즈까지. 스위스 하이킹의 모든 재미가 포함된 전천후 코스다. 프리부르 관광청에서 소개하는 코스를 보완해 초원에 있는 샬레 레스토랑에서 식사도 하고, 유유자적 풀을 뜯는 젖소 떼도 함께 감상할 수 있는 일정을 소개한다.

info.

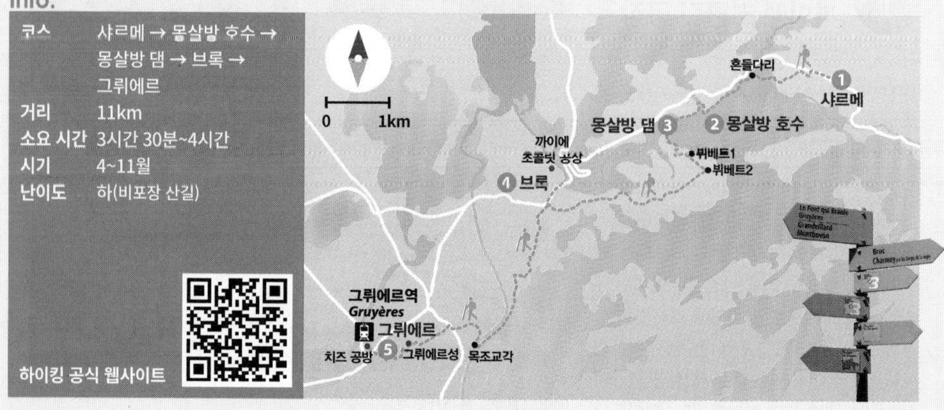

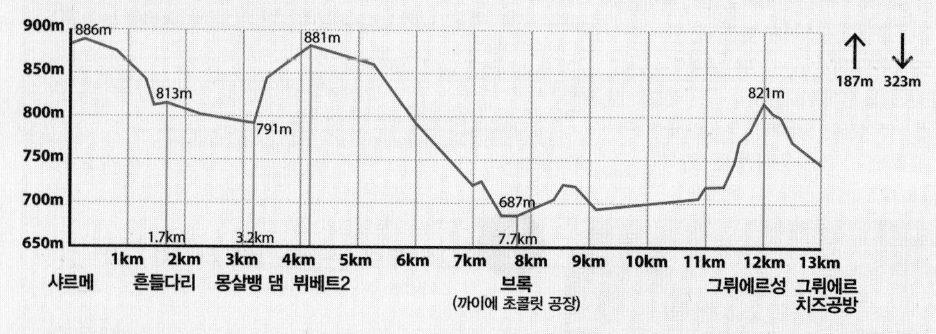

1 샤르메 Charmey

온천(레 뱅 드 라 그뤼에르)으로 유명한 프레알프의 작은 산골 마을. 그뤼에르역 앞에서 260번 버스를 타고 30분쯤 이동하여 샤르메 빌라주(Charmey, Village)에서 하차한다. 먼저 마을 안에 있는 레 뱅 드 라 그뤼에르에서 온천욕을 즐긴 다음 하이킹을 시작하거나, 반대로 그뤼에르부터 하이킹을 시작해 온천으로 마무리한다. 마을 안의 작은 교회와 박물관도 볼만하다. 마을 중심 도로를 따라 그뤼에르 방향으로 걷다가 왼쪽의 작은 길로 진입해 산길로 들어선다. 표지판에 'Broc par les Gorges de la Jogne(조뉴 계곡을 지나 브록으로)'라고 쓰인 방향으로 쭉 따라가면 된다.

2 몽살방 호수 Lac de Montsalvens

몽살방 댐과 연결된 호수. 하이킹의 절반은 이 호숫가를 걷게 된다. 산길을 조금 걷다가 조뉴 계곡의 흔들다리(구글맵: J49X+QC Crésuz)를 건너면 본격적인 하이킹이 시작된다. 다리 이후로 물줄기를 항상 왼쪽에 끼고 걷게 되기 때문에 물이 오른쪽에 보인다면 길을 잘못 든 것이다. 호수와 잔잔한 산세를 감상하며 걷다 보면 호숫가 잔디밭에 군데군데 불자리도 눈에 띄니 미리 소시지를 준비했다가 여기서 근처의 나뭇가지 등을 주워 불을 피우고 점심 바비큐를 해도 된다. 단, 물을 잔뜩 부어서 불을 완벽하게 끄고 갈 것. 자갈이 깔린 호숫가에서 수영하는 사람들도 종종 볼 수 있다.

❷ 조뉴 계곡가 잔디밭. 군데군데 바비큐 자리가 있다.

❷

❸ 댐을 지나면 물줄기가 가늘어져 폭이 좁은 계곡이 된다.

3 몽살방 댐 Barrage de Montsalvens

호수는 하류로 갈수록 점점 넓고 깊어지며, 깊을수록 알프스 호수 특유의 아름다운 빛깔을 띤다. 호수 부근 하이킹은 높이 55m, 넓이 115m의 몽살방 댐 위를 걸으며 마무리한다. 댐을 지나 '뷔베트(Buvette)'라 쓰인 표지판을 따라 300m 정도 가면 브록 전 마지막 레스토랑(카페 & 바 겸용)인 뷔베트 달파주 셰 붓지(Buvette d'alpage Chez Boudji)와 오 크류 뒤 프(Au Creux du Feu)가 나온다. 레스토랑을 지나면 양쪽으로 웅장한 산에 둘러싸인 초록 들판에서 소들이 풀을 뜯는 길이 이어진다. 스위스의 소들은 매우 온순하지만 어린 소는 호기심이 많아서 한 마리를 부르면 가끔 주변에 있는 수십 마리의 소가 궁금해하며 우르르 달려오기도 하니 주의한다.

4 브록 Broc

까이에 초콜릿 공장이 있는 마을. 브록으로 가지 않을 경우 노트르담 데 마르슈(Notre-Dame des Marches)라는 작은 교회를 지나 목조교각(Le Pont qui Branle: 르 퐁 키 브랑르)을 건너면 그뤼에르 마을로 갈 수 있다.

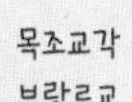
목조교각
브랑르교

❹

❺

5 그뤼에르 Gruyères

브록부터 그뤼에르까지는 거의 평지가 이어진다. 5~6월에 가면 청보리의 푸른 물결이 매우 아름답고 들판 너머로 그뤼에르성이 늠름하게 보여서 길을 찾기 쉽다. 성은 언덕 위에 있어서 마지막은 오르막이다. 성을 구경하고 마을로 내려가서 저녁식사로 퐁뒤를 먹으며 하이킹을 마무리한다.

#Plus Area

열기구 타고 동네 한 바퀴

샤토-데

CHÂTEAU-D-ŒX

프레알프의 작은 산골 마을 샤토-데. 스위스의 여느 시골과 다를 바 없이 소들이 여유롭게 풀을 뜯고 겨울이면 현지인들이 조용히 스키를 즐기러 오는 마을이었던 이곳의 운명을 1999년 두 모험가가 바꾸어 놓았다.

스위스의 버트란트 피카르트와 영국의 브라이언 존스가 첫 논스톱 열기구 세계 여행을 계획하며 출발지를 샤토-데로 정한 것. 그들은 19일 21시간 47분 동안 연료를 재충전하지 않고 4만 813km를 날아 이집트에 착륙하면서 세계 최장거리 논스톱 열기구 비행 기록을 달성했다. 바람이 잔잔하고 풍경이 아름다운 샤토-데는 1979년부터 매년 세계 열기구 축제가 열려 왔는데, 이 일을 계기로 세계적인 관광지로 발돋움했다. 열기구 외에 장작을 지펴 전통 방식으로 제조하는 에티바 치즈, 종이를 잘라 그림을 만드는 페이퍼 컷 공예로도 유명하다.

- **칸톤** 보 Vaud
- **언어** 프랑스어
- **해발고도** 958m

샤토-데 가는 방법

기차

몽트뢰 → 1시간 5분(골든패스라인)
인터라켄 → 2시간 9분(골든패스라인)

차량

몽트뢰 → 1시간(50km/9번, 11번 국도)
인터라켄 → 1시간 20분
(78km/8번 고속도로, 11번 국도)

★
관광안내소

GOOGLE MAPS F4FJ+96 Château-d'Oex
ADD Place du Village 6, 1660 Château-d'Œx
OPEN 09:00~12:00, 13:30~17:30(토·일 10:00~12:30, 13:00~17:00)
TEL +41 (0)26 924 25 25
WEB chateau-doex.ch

Tour ist & Attract ions

01 샤토-데 열기구 Ballons Château-d'Œx

하늘에서 내려다본 가슴 벅찬 알프스

샤토-데는 지형 특성상 바람이 잔잔한 날이 많아서 열기구 체험을 하기에 완벽한 곳이다. 예전에는 열기구 축제 때만 일반인이 이곳에서 열기구를 체험할 수 있었지만 2000년에 열기구 체험 업체가 생기고부터 일반인도 연중 아무 때나 열기구를 탈 수 있게 됐다. 열기구를 타고 하늘에 오르면 주변이 더없이 고요해서 오직 알프스와 나만 존재하는 것 같은 기분이 든다. 비행기보다 가까운 거리, 360°로 뻥 뚫린 시야, 패러글라이딩보다 느린 속도로 차분하게 알프스를 감상해보자. MAP 485p

GOOGLE MAPS F4CH+73 Château-d'Oex(미팅 장소)
ACCESS 샤토-데역에서 도보 10분(미팅 장소)
ADD Rte de Saanen 2, 1660 Château-d'Œ
OPEN 여름철 05:45경, 겨울철 08:30경/출발 시간은 매달 다름/여름철은 저녁 비행 있음/기상 상황에 따라 휴무
PRICE 1·2·3·4인 각 390·760·1110·1440CHF, 1~3인 단독 비행 1600CHF, 15세 이하 210CHF
WEB ballonschateaudoex.ch/en

위성지도처럼 보이는 샤토-데 마을

고도를 높이면 융프라우, 아이거, 묀히 3개의 봉우리를 볼 수 있다.

+ MORE +

열기구 체험 시 주의 사항

❶ 48시간 이전 예약 필수다.
❷ 좌석은 따로 없고 전원 입석이다.
❸ 125cm 이상 탑승 가능, 임산부 탑승 불가, 80세 이상 3000m 이상 올라갈 수 있다는 의사 확인서 필수.
❹ 날씨의 영향을 많이 받기 때문에 하루 전날 업체에서 비행 가능 여부를 알려준다. 따라서 취소될 경우를 대비한 대체 일정을 계획해둔다.
❺ 탑승 위치는 샤토-데지만 하선 위치는 바람에 따라 매번 다르다. 하선 후 업체에서 픽업하러 온다.
❻ 바람에 따라 1시간~1시간 30분 정도 비행하며, 전체 소요 시간은 3시간 정도다.
❼ 멀미에 민감한 사람도 무난하게 탑승할 수 있을 정도로 흔들림 없이 안정적이지만 만약을 위해 멀미약을 미리 복용하는 것도 좋은 방법이다.

©l'Espace Ballon

피카르트와 존스가 실제 사용했던 열기구 탑승 캡슐

Option 02

열기구의 역사가 펼쳐지는 곳

열기구 박물관

Fondation de l'Espace Ballon

모험가 피카르트와 존스의 열기구 세계 여행, 샤토-데 열기구 축제를 비롯한 열기구 역사 전반을 다룬 작은 박물관. 3D 상영관에서 이 지역을 드론 뷰로 감상할 수 있다. 박물관 앞에 1999년 피카르트와 존스가 탑승한 열기구 몸체가 전시돼 있으며, 1층엔 기념품점이 있다. MAP 485p

GOOGLE MAPS F4FJ+64 Château-d'Oex
ACCESS 샤토-데역에서 도보 4분
ADD Chemin des Ballons 2, 1660 Château-d'OEx
OPEN 09:00~12:00, 13:30~17:30(토·일 10:00~12:30, 13:00~17:00)
PRICE 8CHF, 24세 이하 5CHF
WEB ballonschateaudoex.ch/en/

03

장작불 때서 만든 전통 치즈의 맛

르 샬레 레스토랑 전통 치즈 제조 견학

Le Chalet Fromagerie de Démonstration

장작불을 때서 우유를 끓여 에티바(L'Etivaz) 치즈를 만드는 과정을 볼 수 있는 레스토랑. 에티바 치즈는 그뤼에르와 비슷한 경성 치즈로, 견과류 같은 고소한 향과 짭짤한 맛이 난다. 치즈 제조 과정을 견학하는 동안 알프스 전통 음식으로 식사할 수 있고, 이곳에서 만든 치즈를 구매할 수도 있다. 몽트뢰에서 출발하는 테마 열차인 치즈 열차의 코스 중 하나이기도 한 곳이다. MAP 485p

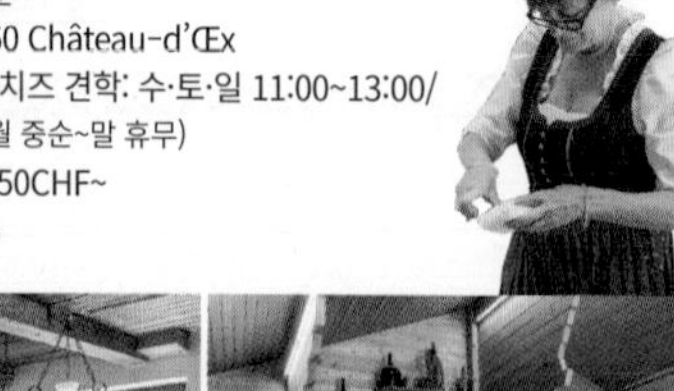

GOOGLE MAPS F4FM+FC Château-d'Oex
ACCESS 샤토-데역에서 도보 3분
ADD Route de la Gare 2, 1660 Château-d'Œx
OPEN 레스토랑: 09:00~22:00/치즈 견학: 수·토·일 11:00~13:00/상점: 09:00~18:00(화요일, 11월 중순~말 휴무)
PRICE 치즈 견학 무료/식사 15.50CHF~
WEB lechalet-fromagerie.ch

레스토랑

상점

©Musée du Pays-d'Enhaut

04 페이퍼 컷 아트란 이런 것
페이-당오 박물관 & 페이퍼 컷 센터
Musée du Pays-d'Enhaut &
Centre Suisse du Papier Découpé

스위스 전통 미술인 페이퍼 컷 아트에 대해 전시한 박물관. 페이퍼 컷 아트란 종이에 스케치하고 칼로 세세하게 잘라내서 다른 종이에 덧붙여 그림을 만드는 것이다. 샤토-데를 포함한 주변의 페이 당 오(Pays d'Enhaut) 지역에서 생겨난 미술의 한 장르로, 한지 공예에서 전통 문양을 붙이는 방법과 비슷하다. 이 박물관에서는 페이 당 오 지역의 삶을 엿볼 수 있는 민속품과 페이퍼 컷 미술품을 감상할 수 있으며, 직접 종이를 잘라 공예품을 만들어 보는 수업도 있다. MAP 485p

샤토-데 곳곳에서 볼 수 있는 전통 페이퍼 컷 아트

GOOGLE MAPS F4GP+F4 Château d'Oex
ACCESS 샤토-데역에서 도보 3분
ADD Grand Rue 107, 1660 Château-d'Œx
OPEN 13:30~17:30/월요일, 11월 휴무
PRICE 12CHF, 6~15세 5CHF, 페이퍼 컷 수강 132CHF~
WEB musee-chateau-doex.ch

Option 05 샤토-데 최고의 전망대
샤토-데 교회
Eglise de Château-d'Œx

샤토-데의 마을 풍경을 가장 아름답게 볼 수 있는 곳. 언덕 위에 있어서 샤토-데에 도착하면 가장 먼저 눈에 띈다. 그림 같은 모습을 한 교회 건물 자체도 예쁘지만 그 앞에서 마을과 산봉우리들을 바라보고 있노라면 세상의 모든 근심 걱정이 사라질 것만 같다. 소박하지만 아늑한 기분이 들게 하는 교회 내부도 살짝 들러보자. MAP 485p

GOOGLE MAPS F4FH+3Q Château-d'Oex
ACCESS 샤토-데역에서 도보 5분
ADD Ch. des Ballons 4, 1660 Château-d'Œx
WEB paysdenhaut.eerv.ch

+ MORE +

샤토-데 열기구 축제
Château-d'Œx International Hot Air Balloon Festival

1979년부터 매년 샤토-데에서 개최하는 국제 페스티벌. 20여 개국에서 온 조종사들이 100여 개의 열기구를 띄워 푸른 하늘을 장식한다. 하얀 알프스 봉우리 사이로 알록달록한 열기구들이 날아오르는 모습은 평생 기억에 남을 만큼 아름답다. 특히 7일째 밤에 열리는 나이트 글로우(Night Glow) 쇼에서 열기구가 불꽃과 함께 조명을 켠 듯 빛나는 모습은 그 어디서도 보기 힘든 특별한 풍경이다.

OPEN 1월 말 또는 2월 초, 9일간
PRICE 입장료(열기구 박물관·우표 박물관 포함): 토·일 10CHF, 수 오후 5CHF/9일권 25CHF/
열기구 탑승: 350CHF, 15세 이하 210CHF(최소 신장 125cm이상), 1~3인 단독비행 1600CHF/
헬리콥터 투어: 65CHF, 11세 이하 55CHF
WEB festivaldeballons.ch

©Château-d'Œx

쥐라산맥과 3개의 호수 지역
Jura & Trois Lacs

Neuchâtel
Biel/Bienne · La Chaux-de-Fonds
Murten/Morat · Môtiers

NEUCHÂTEL

• 뇌샤텔 •

천 년 역사를 간직한 뇌샤텔은 쥐라산맥의 부드러운 곡선과 잔잔한 에메랄드빛 호수로 첫눈에 마음을 사로잡는 서부 도시다. 뇌샤텔은 '뉴 캐슬(New Castle: 새로운 성)'이라는 뜻. 17세기부터 시계 산업이 발달해 스위스 시계 산업의 중심지가 됐으며, 연보라색 패키지의 슈샤드 초콜릿, 반 고흐가 즐겨 마신 술인 압생트 등이 이곳에서 탄생했다. 쥐라기 시대의 '쥐라기'란 이름이 스위스와 프랑스 국경지대에 위치한 쥐라산맥(Jara)에서 유래했다는 사실도 흥미롭다. 이 산맥에서 세계 최초로 발견된 지층의 생성시기를 산맥 이름을 따라 쥐라기라고 명명하게 된 것. 프랑스와 국경을 맞대고 프랑스어를 사용하기 때문에 프랑스 특유의 여유로움과 스위스의 깔끔함이 어우러진 독특한 분위기가 있다. 외국인 관광객보다는 여름휴가를 보내기 위한 현지인들이 즐겨 찾는 도시다.

- **칸톤** 뇌샤텔 Neuchâtel
  (독일어로 노이엔부르크 Neuenburg)
- **언어** 프랑스어
- **해발고도** 430m

뇌샤텔 칸톤기

뇌샤텔 도시 문장기

Get in & Get out

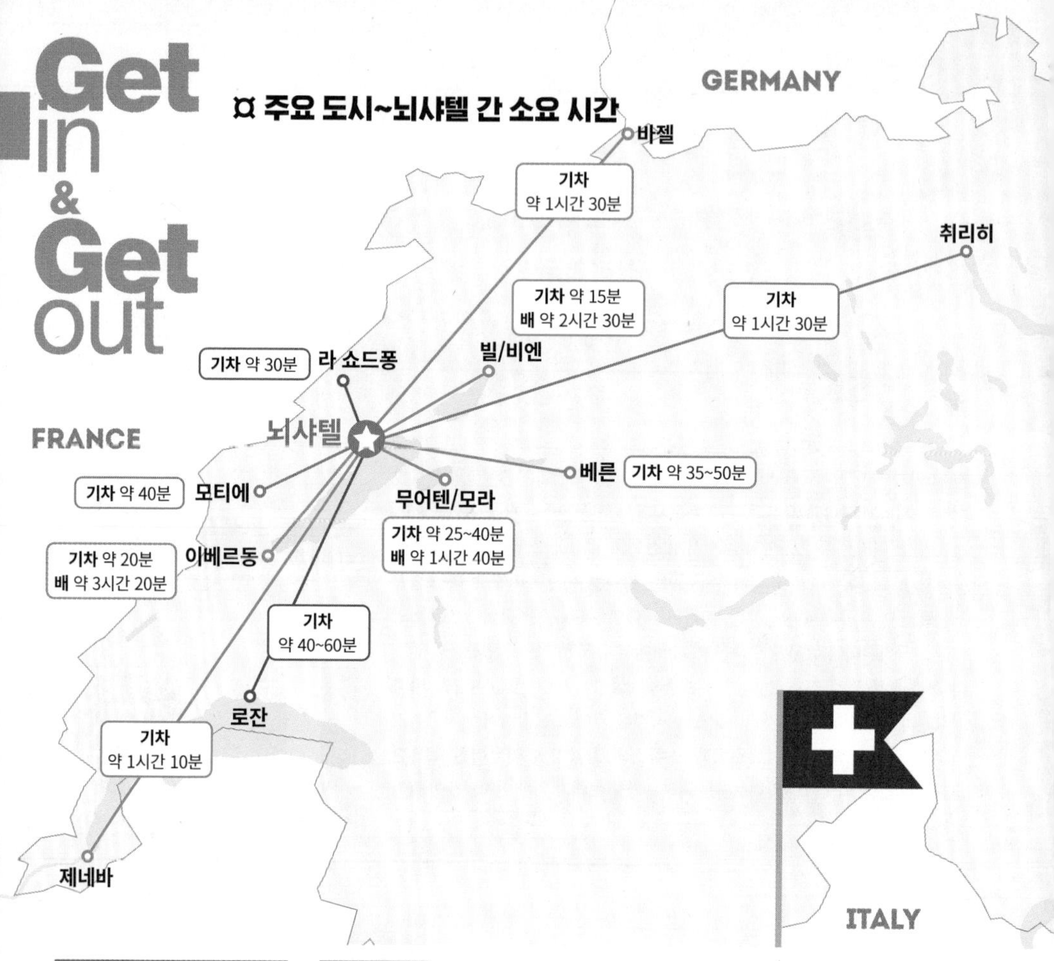

★
뇌샤텔역
GOOGLE MAPS XWWP+J8 뇌샤텔
ADD Place de La Gare 1, 2000 Neuchâtel
WEB sbb.ch/en(기차 시간표 검색)

★
관광안내소
GOOGLE MAPS XWRM+G2 뇌샤텔
ACCESS 유림신 신칙징 뒤편, 중앙 우체국 건물 1층
ADD Place du Port 2, 2000 Neuchâtel
OPEN 7·8월 09:00~18:30(토 ~16:00, 일 10:00~14:00)/9~6월 09:00~12:00, 13:30~17:30(토 09:00~12:00)/9~6월 일요일 휴무
TEL +41 (0)32 889 68 90
WEB neuchateltourisme.ch/en

기차

1857년부터 기차역이 있었던 뇌샤텔은 스위스 서부 교통의 요지로, 여러 도시를 오가기 좋다. 스위스 주요 도시 중에서는 베른과 가장 가까워서 함께 연계해 여행하기 편리하다.

뇌샤텔역 Neuchâtel-Gare

1층엔 상점, 지하 1층엔 유료 화장실(1CHF)과 무인 짐보관소(24시간 소형 5CHF, 대형 9CHF), 관광명소가 모여 있는 호숫가로 내려가는 푸니쿨라 퓌님뷜 승깅징이 있다. 무료 와이파이(SBB-FREE) 사용 가능. 시내로 가는 버스를 타려면 지하 1층에서 퓌남뷜 반대편 출구로 나간다.

차량

크뢰 뒤 방, 테트 드 랑 등 쥐라산맥의 명소를 방문하려면 자동차가 필수다.

● 주요 도시에서 뇌샤텔까지 소요 시간

취리히공항	약 1시간 40분(153km/1번, 5번 고속도로)
제네바공항	약 1시간 10분(121km/1번, 5번 고속도로)
로잔	약 50분(73km/1번, 5번 고속도로)
베른	약 45분(52km/1번 고속도로)
바젤	약 1시간 30분(130km/5번 고속도로)

주차요금 정산기

★
공공 주차장
아래 홈페이지에서 주차장의 빈자리(Places Libres)를 확인할 수 있다.
WEB parkingsdeneuchatel.ch

배

뇌샤텔 근처에는 뇌샤텔, 빌/비엔, 무어텐/모라 3개의 호수가 있으며, 모두 수로로 연결돼 있다. 따라서 이베르동레뱅, 빌/비엔, 무어텐/모라에서 페리를 이용해 뇌샤텔로 들어갈 수 있다. 그러나 일반적인 교통수단이라기보다는 관광 유람선의 개념이라 속도가 매우 느린 편이다. 스위스 트래블 패스가 있다면 무료 탑승 가능. 근사한 경치를 감상할 수 있으니 시간이 여유로운 여행자라면 이용해보자. 가끔 증기선을 운영할 때도 있어서 경쾌한 경적을 들을 수 있다.

★
뇌샤텔 유람선 선착장
GOOGLE MAPS XWRM+98 뇌샤텔
OPEN 5~10월 중순/10월 중순~4월 휴무
WEB lnm.ch

버스, 트롤리 버스

뇌샤텔 시내의 주요 관광지는 전부 걸어 다닐 수 있다. 버스는 역에서 시내 중심가로 갈 때나 조금 멀리 떨어진 라테니움 박물관, 말라디에르 상트르 쇼핑몰에 갈 때 유용하다. 정류장에 있는 자동판매기나 운전기사에게 구매한 티켓으로 뇌샤텔 내 모든 대중교통에서 사용 가능. 30분 내 5정거장 이용권(2.40CHF), 두 구역 내 1시간권(4.40CHF), 두 구역 내 1일권(11CHF) 티켓이 있다. 뉴샤텔의 주요 관광지는 10구역(zone 10)안에 있다.

Get around & Travel tips

푸니쿨라 퓌남뷜 Fun'Ambule

뇌샤텔역에서 붉은 교회(노트르담 드 라솜시옹)가 있는 호숫가로 한 번에 내려갈 수 있다. 버스와 같은 티켓을 사용하는데, 단거리 구간(30분 내 5정거장까지 이용)을 구매하면 된다. 스위스 트래블 패스 소지 시 무료.

푸니쿨라 퓌남뷜 탑승장

시내교통 티켓 자동판매기

트램

시내 중심에서 호숫가를 따라 옆 마을로 이동하는 소형 기차. 계속해서 호수를 따라가기 때문에 환상적인 전망을 감상할 수 있다. 버스와 같은 티켓을 사용하고, 스위스 트래블 패스 소지 시 무료.

공공 자전거

유인 스테이션의 무료 자전거 대여 기간 외 시기에 방문한다면 동키 리퍼블릭(Donkey Republic)이라는 저렴한 유료 공공 자전거 대여 시스템을 이용해보자. 앱을 다운받고 신용카드를 등록한 후 지도에 표시된 무인 스테이션으로 이동, 블루투스로 자전거 잠금을 해제하고 이용한다. 사용 후 가까운 스테이션에 셀프 반납한다.

★
공공 자전거
OPEN 24시간
WEB donkey.bike

미니 기차 Train Touristique

관광객을 위해 운행하는 전동 꼬마 열차. 가는 길이 오르막인 뇌샤텔성에도 정차하므로 노약자를 동반하거나 오르막을 걷고 싶지 않은 여행자에게 추천한다. 요금은 운전기사에게 지불. 기차당 휠체어 1대 이용 가능. 소요 시간은 성에서 정차 포함 왕복 45분.

★
미니 기차
GOOGLE MAPS XWRM+98 뇌샤텔
ACCESS 유람선 선착장(Place du PORT) 근처 패스트푸드점 라 프리트 바가봉드(La Frite Vagabonde) 옆
OPEN 6~8월·5월 일요일, 9월 토·일 13:30·14:30·15:30·16:30 출발/그외 기간 및 기상 상황에 따라 휴무(탑승장에서 운행 여부 확인)
PRICE 9CHF, 3~15세·학생·경로 6CHF, 가족(부모 2+미성년 자녀 무제한) 25CHF

: WRITER'S PICK :

뇌샤텔 투어리스트 카드 Neuchatel Tourist Card

뇌샤텔 내 정식 숙박업소(호텔, 호스텔, 캠핑장, 숙박업으로 등록한 민박 등) 투숙객은 체크인하는 날부터 체크아웃하는 날까지 이용 가능한 무료 대중교통 카드를 발급받을 수 있다. 뇌샤텔 시내의 기차 2등석, 버스, 트램, 푸니쿨라까지 이용할 수 있고, 일부 박물관과 짧은 코스의 유람선까지 전부 무료. 체크인 시 데스크에서 전달받는다.

DAY PLANS

뇌샤텔 시내의 주요 명소는 도보로 충분히 둘러볼 수 있다. 호숫가 주변은 자전거를 이용해 이동한다면 시간을 조금 더 절약할 수 있다. 당일치기 여행이라면 짐은 기차역 1층에 있는 코인 로커에 보관하자.

추천 일정 ★는 머스트 스팟

뇌샤텔역
↓ 푸니쿨라 퓌남뷜 3분+도보 5분(내리막길)
❶ 노트르 담 드 라솜시옹
↓ 도보 3분
❷ 죄느 리브 ★
↓ 도보 8분
❸ 미술 & 역사 박물관
↓ 도보 7분
❹ 초대형 벤치
↓ 도보 5분
❺ 플라스 데 알(알 광장) ★
↓ 도보+엘리베이터, 총 5분(오르막길)
❻ 감옥 탑
↓ 도보 3분(오르막길+계단)
❼ 뇌샤텔 교회 ★
↓ 뇌샤텔 교회 옆
❽ 뇌샤텔성 ★
↓ 도보+계단, 총 3분(내리막길)
❾ 구시가 샤토 거리
↓ 버스 5분
뇌샤텔역

01 온화한 느낌의 붉은 교회 노트르담 드 라솜시옹 Basilique Notre-Dame de l'Assomption

19세기 말 네오고딕 양식으로 지은 교회. 원래 이름은 노트르담 드 라솜시옹이지만 다들 교회의 벽돌이 붉은색이라는 이유로 '에글리즈 루주(Eglise Rouge: 붉은 교회)'라 부른다. 외부는 물론 내부까지 전부 붉은색 벽돌로 만들었는데, 교회를 짓던 100여 년 전에는 최첨단 기술이었던 시멘트 제조 방법을 이용해 인공 벽돌을 제조했다. 시멘트 자체에 붉은빛이 도는 염료를 섞어 반죽하고 원하는 모양을 정확하게 만들어 낼 수 있었기 때문에 정교함이 돋보이며, 심플한 외관과 달리 내부는 매우 섬세하고 웅장한 작품들로 채웠다. 스위스의 교회나 성당들은 대부분 항상 문이 열려있으니 조용히 들어가서 감상해보자. MAP ㉑

GOOGLE MAPS XWVR+VJ 뇌샤텔
ACCESS 뇌샤텔역 지하 1층에서 푸니쿨라 퓌남뷜 탑승, 푸니쿨라 하부역(Neuchâtel-Université) 하차 후 도보 5분
ADD Rue Abram-Louis-Breguet 5-11, 2000 Neuchâtel
OPEN 08:00~18:00(일 ~19:00)
WEB cath-ne.ch

글 쓰는 자동 인형

화가 안드로이드가 그린 그림

02 뇌샤텔의 진정한 매력을 품은 곳
죄느 리브
Jeunes Rives

뇌샤텔 호숫가의 일부인 죄느 리브는 잔디밭과 모래사장, 자갈밭 등으로 다채롭게 꾸며진 휴식 공간이다. 여유롭게 누워서 태닝을 즐기는 현지인들 틈에서 아이스크림 하나 물고 산책도 하고 잔디밭에 앉아 눈처럼 하얀 백조가 둥둥 떠다니는 모습을 구경하다 보면 시간이 멈춘 듯한 뇌샤텔의 평화로움을 만끽할 수 있다. 교회를 구경한 뒤 호숫가를 따라 시내 쪽으로 걸으며 뇌샤텔의 진정한 매력을 느껴보자. 여름엔 수영도 가능. 뇌샤텔 호수는 스위스에 온전히 속한 호수 중 가장 규모가 큰 호수로, 둘레 길이가 약 107km나 되기 때문에 자전거로 한 바퀴 돌면서 구경하려면 최소 1박 2일은 걸린다. **MAP ㉑**

GOOGLE MAPS XWRR+R5 뇌샤텔
ACCESS 붉은 교회 근처 호숫가부터 뇌샤텔 보-리바주(Beau-Rivage Neuchâtel) 호텔까지 호숫가를 따라 약 1.5km

03 안드로이드 로봇의 조상이 이곳에
미술 & 역사 박물관
Musée d'Art et d'Histoire

18세기에 활동한 유명 시계 제작자이자 자동화 기계 연구의 선구자였던 피에르 자케드로의 자동 인형과 지역 예술가들의 작품 등을 전시한 박물관. 시계와 정밀기계, 자동화 산업의 발달에 힘입어 자케드로의 고향 라쇼드퐁에서 만든 3개의 자동 인형(작가, 음악가, 화가)은 총 1만여 개의 부품으로 구성되었으며, 유럽 전역을 돌며 전시할 정도로 매우 획기적인 발명품이었다. 매달 첫째 일요일이면 인형들이 연주하고 글을 쓰는 모습을 볼 수 있다. 자케드로가 운영했던 시계 공장은 현재 스와치 그룹에 속해 있다. **MAP ㉑**

GOOGLE MAPS XWRP+J5 뇌샤텔
ACCESS 푸니쿨라 하부역에서 도보 5분
ADD Esplanade Léopold-Robert 1, 2000 Neuchâtel
OPEN 11:00~18:00(인형 작동 시간: 매달 첫째 일 14:00, 15:00, 16:00)/월요일 휴무
PRICE 12CHF(화요일 4CHF), 학생 4CHF/ 스위스 트래블 패스 소지자 무료
WEB mahn.ch

04 호숫가 최고의 포토 스폿 초대형 벤치 Banc Géant

뇌샤텔 호숫가에 설치된 거대한 벤치 조형물. 이 조형물에 올라앉아 사진을 찍으면 누구나 거인국에 떨어진 난쟁이로 변신한다. 항구 옆에 아름다운 산책로에 있어서 햇살 좋은 날이면 샌드위치를 하나 사 들고 와서 근처의 일반 벤치에 앉아 피크닉을 하기에도 좋은 곳이다. MAP ㉑

GOOGLE MAPS XWQJ+VM 뇌샤텔
ACCESS 유람선 선착장에서 호수를 마주 보고 오른쪽으로 도보 5분
ADD Quai Ostervald, 2000 Neuchâtel

05 뇌샤텔에서 가장 활기찬 장소 플라스 데 알(알 광장) Place des Halles

뇌샤텔 시내의 분위기를 가장 잘 느낄 수 있는 곳. 화·목·토요일 오전에는 요일장이 열리고, 그 외 시간에는 대규모 노천카페로 이용된다. 7~8월에 방문한다면 요일장에 나오는 탱글탱글하고 새콤달콤한 베리류를 추천. 노천카페에 오전에 들렀다면 커피와 크루아상, 오후엔 시원한 맥주를 주문해 이곳의 활기찬 낭만을 즐겨보자. MAP ㉑

GOOGLE MAPS XWRH+8C 뇌샤텔
ACCESS 초대형 벤치에서 도보 5분
ADD Place des Halles, 2000 Neuchâtel
OPEN 요일장 화·목·토(11~3월 화·토) 06:30~13:00

감옥탑 입구까지 올라가는 엘리베이터로 가는 터널

06 으스스한 19세기 감옥 투어 감옥탑
Tour des Prisons

뇌샤텔에서 가장 오래된 건물. 아래쪽은 10세기에 지었고, 위쪽은 13~14세기에 증축했다. 1848년까지 실제로 사용되던 수감실은 천장 높이가 사람 허리까지 밖에 오지 않을 정도로 매우 작다. 원래는 2CHF을 지불하고 꼭대기에 올라 뇌샤텔 시가와 호수 수평선을 따라 펼쳐진 알프스산맥을 한눈에 담을 수 있었지만 2015년 발생한 화재로 옥상이 소실된 탓에 현재 17:00 성 가이드 투어(1시간 소요)를 통해 수감실 내부만 볼 수 있다. 엘리베이터가 있는 지름길을 활용하지 않으면 오르막길로 가야하니 아래 정보를 참고해 찾아가자. MAP ㉑

GOOGLE MAPS XWRG+F8 뇌샤텔
ACCESS 지름길: 플라스 데 알에서 호수를 마주 보고 오른쪽으로 170m, 오리에트(Oriette) 정류장 옆 터널 안쪽 엘리베이터 탑승, 'Sortie(출구)'층 버튼을 누른 뒤 엘리베이터에서 내려 왼쪽으로 약 30m/
도보: 플라스 데 알에서 도보 8분(오르막길)
ADD Rue Jehanne-de-Hochberg 3, 2000 Neuchâtel
OPEN 외부: 24시간/내부: 성 가이드 투어 신청 시 입장 가능(4~5월 토·일, 6~9월 화~일 17:00)
WEB notrehistoire.ch/medias/47550

07 밤하늘처럼 영롱한 천장이 볼거리 뇌샤텔 교회
Collégiale de Neuchâtel

후기 로마네스크 양식이 유행하는 가운데 고딕 양식이 새로 출현한 12~13세기에 지어져 두 양식이 복합된 독특한 아름다움을 가진 교회다. 외관은 노란 사암 벽돌과 동화에 나올 법한 화려한 지붕 덕분에 경쾌한 느낌을 주는 한편, 내부는 진지하고 어두운 분위기다. 특히 밤하늘 같은 천장이 인상적. 단상 옆 정교한 조각상들은 14세기 초 뇌샤텔의 백작이었던 루이 드 뇌샤텔의 가족이다. 원래는 가톨릭 교회였다가 종교개혁 활동으로 제네바에서 추방당한 기욤 파렐이 이곳에서 수석목사로 여생을 보낼 당시 개신교 교회가 됐다. MAP ㉑

GOOGLE MAPS XWRG+RG 뇌샤텔
ACCESS 감옥탑을 등지고 왼쪽에 있는 주차장 안쪽 돌계단으로 도보 3분
ADD Rue de la Collégiale 3, 2000 Neuchâtel
OPEN 08:00~20:00(일 09:00~)/일요일 10:00 예배 시간에는 관람 제한
WEB collegiale.ch

기욤 파렐 석상

성 앞뜰에서 바라본 뇌샤텔 구시가와 호수 전망

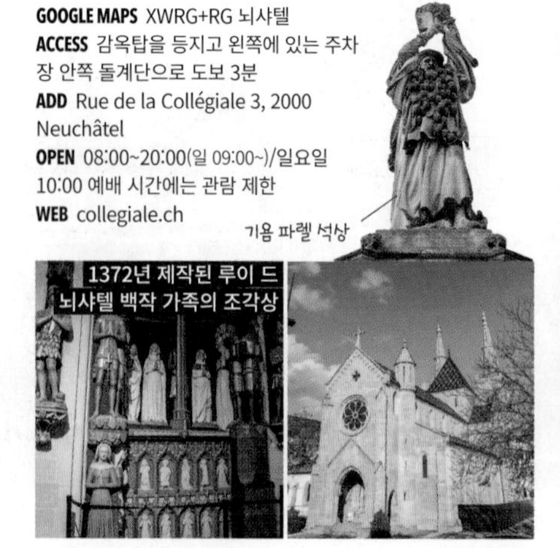
1372년 제작된 루이 드 뇌샤텔 백작 가족의 조각상

감옥탑에서 성으로 가는 길

마을에서 바라본 성 측면

08 시내가 한눈에 보이는 뇌샤텔의 심장부
뇌샤텔성
Château de Neuchâtel

뇌샤텔의 아름다움을 표현한 수많은 그림엽서에 등장한 장본인. 구시가의 붉은 지붕 사이로 웅장하게 솟아 있는 콜레지알의 첨탑과 알록달록 화려한 성 지붕은 시간을 거슬러 중세 시대로 되돌아간 느낌을 준다. 12세기부터 짓기 시작해 15세기에 완공한 영주들의 성으로, 현재는 관공서로 사용되고 있다. 4~9월엔 가이드 투어로 내부를 공개한다. 교회를 비롯해 성의 외부도 아름다우니 내부 가이드 투어가 열리지 않는 10~3월에도 방문해볼 만하다. **MAP ㉑**

GOOGLE MAPS XWRG+WJ 뇌샤텔
ACCESS 뇌샤텔 교회 옆
ADD Rue du Château 1, 2000 Neuchâtel
OPEN 외부: 연중무휴/내부 가이드 투어: 4~5월 토·일, 6~9월 화~일 14:00~17:00(매시 정각 입장, 45분 소요)
PRICE 5CHF(현금만 가능)
WEB ne.ch/autorites/chan/chan/pages/guided-tours-of-the-castle.aspx

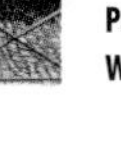

09 중세 도시의 골목에서 사뿐사뿐
구시가
Rue du Château

성과 시내를 연결하는 샤토 거리(Rue du Château)에는 16~19세기에 지은 옛 건물이 늘어서 있다. 대부분 리모델링해 상점이나 레스토랑, 가정집으로 쓰는데, 마법 서적을 발견할 것 같은 헌책방도 있고 작은 갤러리도 있으니 부담 없이 들어가 구경해보자. 구시가 곳곳에 화려한 금박으로 장식된 분수대도 찾아보자. 16세기에 설치된 정의의 여신상 분수(Fontaine de la Justice)와 기사의 분수(Fontaine du Banneret)가 가장 눈에 띈다. 이 분수의 물은 수질 검사를 마친 것으로, 그대로 마셔도 무방하다. **MAP ㉑**

GOOGLE MAPS XWRH+M5 뇌샤텔
ACCESS 성 앞 카페 드 라 콜레지알(Café Restaurant de la Collégiale) 옆 계단으로 도보 3분

기사의 분수

마을 위쪽에서 바라본 성 뒷면

성 안뜰

라테니움 앞 호수 밑에서 발견된 로만 유적을 재현한 야외 전시

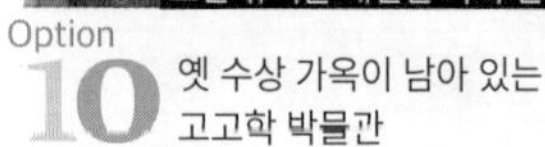

Option

10 옛 수상 가옥이 남아 있는 고고학 박물관 라테니움

Laténium

스위스에서 가장 큰 고고학 박물관. 호수 아래에 긴 세월 잠들어 있던 라테느(La Tène) 부족의 수상가옥 흔적과 유물을 발굴해 낸 자리에 들어섰다. 박물관 이름도 라 테느 부족에서 유래한 것. 철기 시대에 융성했던 라테느 부족은 켈트족을 비롯한 유럽 전체에 큰 영향을 끼쳤다. 아름다운 건축물 안에는 라 테느 부족의 유물을 중심으로 5만여 년을 넘나드는 유럽 문명이 체계적으로 전시돼 있다. 박물관 외부는 전통과 현대, 호수의 아름다움이 완벽하게 조화를 이룬 공원이어서 가족 여행지로도 좋다. **MAP ㉑**

GOOGLE MAPS 2X4C+W9 오뜨히브
ACCESS 퓌리 광장(Pl. Pury)에서 101번 버스 11분/뇌샤텔 선착장에서 유람선 10분(5~10월)/퓌리 광장에서 자전거 20분(4.7km)
ADD Espace Paul Vouga, 2068 Hauterive
OPEN 10:00~17:00/월요일, 12월 25일, 1월 1일 휴무
PRICE 공원: 무료/실내: 12CHF, 학생·경로 4CHF, 6~15세 무료, 매달 첫째 일요일 무료/ 스위스 트래블 패스 소지자 무료
WEB latenium.ch

박물관이 있는 지역은 유네스코 세계유산으로 지정되었다.

Option

11 3개의 호수를 유유히 돌아보는 법 뇌샤텔 호수 유람선

Croisière Lac Neuchâtel

뇌샤텔이 속한 지역은 3개의 큰 호수가 있어서 '3개의 호수 지역(Trois Lacs)'이라 부른다. 뇌샤텔 호수(Lac de Neuchâtel), 무어텐/모라 호수(Murtensee), 빌/비엔 호수(Bielersee)가 그것인데, 이 호수들은 전부 수로로 연결돼 있어서 유람선을 타고 다른 도시로 건너갈 수 있다. 시간 여유가 있다면 기차 대신 유람선으로 여행하며 또 다른 낭만을 즐겨보자. 스위스 트래블 패스 소지자는 정기선 무료, 테마 크루즈 할인. 단, 겨울철에는 대부분 운항이 없거나 횟수가 줄어든다. 정확한 시간표는 홈페이지 참고. **MAP ㉑**

GOOGLE MAPS XWRM+97 뇌샤텔
ADD Quai du Port 10, 2000 Neuchâtel
ACCESS 퓌리 광장(Pl. Pury)에서 선착장까지 도보 5분
WEB lnm.ch

Option

12 트램 타고 떠나는 호숫가 바비큐 피크닉 플라주 도베르니에

Plage d'Auvernier

물빛이 유난히 신비로운 에메랄드빛으로 반짝이는 호숫가. 넓은 잔디밭과 자갈로 돼 있어서 여름철이면 물놀이와 피크닉을 즐기는 현지인들로 가득 찬다. 숯과 고기만 들고 가면 곳곳에 있는 무료 바비큐 시설에서 누구나 바비큐를 즐길 수 있는 것도 장점. 스위스에서는 봄부터 가을까지 호숫가나 산에서 바비큐를 하는 것이 일반적인 일이라 슈퍼마켓에서 쉽게 숯과 바비큐용 고기를 구매할 수 있다. 단, 오베르니에 근처에는 슈퍼마켓이 없으니 미리 시내에서 준비할 것. 경치가 가장 예쁜 포인트는 오베르니에 트램 정거장에서 호수를 마주 보고 왼쪽으로 300m 정도 이동한 곳이다. **MAP ㉑**

GOOGLE MAPS XVGJ+8W Milvignes
ACCESS 보-리바주(Beau-Rivage Neuchâtel) 호텔 앞 트램 정거장 플라스 퓌리 리토라이(Place Pury Littorail)에서 트램 8분

가성비 끝판왕! 초밥 & 중식 뷔페

$ 브라스리 웍 루아얄 Brasserie Wok Royal

스위스에서 보기 드물게 가성비가 훌륭한 중식 뷔페. 초밥 등 한국인의 입맛에 맞는 음식도 많아서 더욱 만족스럽다. 가끔 김치도 나오는데, 100g에 5CHF 정도인 값비싼 스위스 김치 물가를 생각하면 엄청나게 파격적인 곳. 한국에서 14년 살았다는 중국인 주인아저씨의 한국어 실력도 수준급이다. 저녁 뷔페는 육류와 해산물 철판구이가 추가된다. 음료 별도. **MAP ㉑**

GOOGLE MAPS XWRJ+5Q 뇌샤텔
ACCESS 유람선 선착장에서 도보 2분
ADD Place Numa-Droz 1, 2000 Neuchâtel
OPEN 11:00~14:30, 18:30~23:30
PRICE 평일 런치 22CHF, 주말 런치 32CHF, 월~목·일 디너 39CHF, 금·토·공휴일 디너 42CHF/7세 이하는 할인됨
WEB brasserie.wokroyal.ch

+ MORE +

뇌샤텔 먹킷리스트

트립 아 라 뇌샤텔루아즈 Tripes à la Neuchâteloise

트립(Tripes)은 소의 첫 번째 위인 양에 소스를 넣고 스튜처럼 끓인 담백한 음식이다. 내장 요리는 스위스에서 자주 볼 수 있는 메뉴가 아니다. 뇌샤텔 전통 음식임에도 시내에서는 르 쥐라(Le Jura)와 라 브라스리 뒤 세클(La Brasserie du Cercle) 단 2곳의 레스토랑에서만 맛볼 수 있다.

토레 뇌샤텔루아즈 Torrée Neuchâteloise

살라미와 비슷한 건조 소시지인 소시송을 여러 겹의 양배추잎 또는 물에 적신 종이에 싸서 군고구마처럼 뜨거운 재에 파묻어 익혀 먹는 요리다. 음식점에 가기보다는 호숫가에서 바비큐 피크닉을 할 때 직접 해 먹는다. 이때 포일에 싼 감자도 함께 익혀 먹는다. 스위스의 소시송은 프랑스의 그것과 달리 반건조로 훨씬 부드럽다. 뇌샤텔 내의 슈퍼마켓에서 구매할 수 있다.

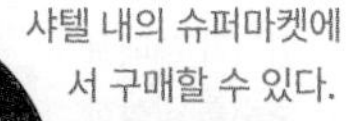

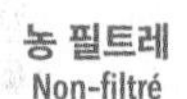

농 필트레 Non-filtré

오로지 뇌샤텔에서만 생산·판매하는 화이트와인의 한 종류. 색이 탁하고 향이 풍부하다. 일반적인 화이트와인은 포도를 발효한 후 과육 찌꺼기를 걸러내는 작업을 반복하는데, 농 필트레는 말 그대로 이 찌꺼기를 걸러내지 않는 것. 병에 담아 상품화하는 화이트와인의 10%만 농 필트레로 만든다. 1~2월경에만 뇌샤텔 내의 음식점이나 카페 등에서 맛볼 수 있다.

팟타이와 솜땀이 맛있는 태국 음식점

$ 이자나 Isaana

부담 없는 가격에 맛도 좋은 타이 레스토랑. 뇌샤텔엔 이민자가 많아서 아프리카, 아시아, 남미 등 다양한 나라의 음식을 맛볼 수 있는데, 그중 인기가 꽤 높은 레스토랑이다. 커리류가 맛있고, 대표 메뉴는 푸짐한 양의 맵지 않은 쏨땀(파파야 샐러드)이다. 전 메뉴 테이크아웃 가능. 현금만 가능. MAP ㉑

GOOGLE MAPS XWVH+4P 뇌샤텔
ACCESS 퓌리 광장(Pl. Pury)에서 도보 5분(오르막길)
ADD Rue des Chavannes 25, 2000 Neuchâtel
OPEN 11:00~15:00, 17:30~22:30(일 12:00~15:00, 17:30~21:00)
PRICE 애피타이저 6CHF~, 메인 16.50CHF~

뇌샤텔의 전통 음식을 맛보고 싶다면

$$ 라 브라스리 뒤 세클 La Brasserie du Cercle

오랫동안 주민들의 사랑을 받았던 맞은편 쥐라 음식점에서 주방장부터 스태프까지 모두 옮겨와 새로 문을 연 곳. 산뜻한 인테리어와 식재료 본연의 맛을 잘 살린 담백한 레시피로 인기다. 주로 스위스 전통 요리를 선보이는데, 다른 곳에서 먹기 어려운 뇌샤텔 향토 음식 트립(Tripes)도 먹을 수 있다. MAP ㉑

GOOGLE MAPS XWRH+4J 뇌샤텔
ACCESS 퓌리 광장(Pl. Pury) 내
ADD Rue de Flandres 1, 2000 Neuchâtel
OPEN 09:00~23:00(목~토 ~24:00)/일요일 휴무
PRICE 오늘의 메뉴(Menu du Jour) 19.50CHF, 메인 30CHF~
WEB labrasserieducercle.ch

목욕탕을 개조한 지중해 스타일 맛집

$$ 레 뱅 데 담 Les Bains des Dames

19세기 중반 '여자 목욕탕'이란 이름의 여성 전용 야외 목욕탕을 호숫가에 만들어 20세기 초까지 운영하다 2006년 레스토랑으로 재탄생시킨 곳. 옛 노천탕 자리였던 테라스에선 나무 데크 아래로 호숫물이 찰랑이며 휴양지 분위기가 제대로 난다. 식사하지 않더라도 와인과 함께 푸르른 호수를 감상하며 낭만을 즐기기 완벽한 곳. MAP ㉑

GOOGLE MAPS XWQC+87 뇌샤텔
ACCESS 보-리바주 호텔 앞 트램 정거장(Place-Pury Littorail)에서 도보 10분
ADD Quai Louis Perrier 1, 2000 Neuchâtel
OPEN 3~10월 10:00~22:00, 11~4월 17:00~23:00(일 10:00~22:00)/겨울철 휴무일은 홈페이지 참고
PRICE 메인 21.50CHF~, 디저트 11CHF~, 음료 5.50CHF~
WEB bainsdesdames.ch

그림 같은 정원을 품은 고품격 레스토랑

$$$ 오텔 뒤페루 Hôtel DuPeyrou

모두가 손꼽는 뇌샤텔 최고의 음식점. 베르사유 궁전 정원을 축소한 듯한 멋진 정원을 가진 18세기 저택은 장 자크 루소가 한동안 은신했던 곳이기도 하다. 실내외도 무척 아름답지만 고급 식재료의 맛과 풍미를 완벽하게 살려낸 요리로 현지인들이 기념일에 즐겨 찾는 인기 레스토랑. 우리 입맛에도 짜지 않고 잘 맞아서 더욱 반가운 곳이다. 여름엔 그림 같은 테라스에서 점심식사를 추천. 메뉴는 1년에 5번 정도 바뀐다. 정원은 항상 개방돼 있어서 구경만 해도 된다. 이름이 호텔이지만 식당만 운영한다. MAP ㉑

GOOGLE MAPS XWVM+HC 뇌샤텔
ACCESS 뇌샤텔역에서 도보 7분/퓌리 광장(Pl. Pury)에서 도보 10분
ADD Avenue DuPeyrou 1, 2000 Neuchâtel
OPEN 11:00~23:00/월·일요일 휴무
PRICE 오늘의 메뉴 27.50CHF, 점심 3코스 50CHF, 저녁 코스 95CHF~, 메인 54CHF~
WEB dupeyrou.ch

뇌샤텔에서 가장 예쁜 중세 분위기 카페

로비에 L'Aubier

2층 테라스에 앉아 중세 분위기의 뇌샤텔을 감상하기에 완벽한 장소. 하우스 로스팅 커피를 비롯해 다양한 차와 매일 직접 구운 케이크, 타르트, 홈메이드 아이스크림을 맛볼 수 있다. 특히 헤이즐넛 타르트(Tarte aux Noisettes)는 놓치면 두고두고 후회할 디저트. 점심시간에는 샐러드나 포카치아로 가볍게 식사하기에도 좋은 곳이다. 모든 유제품과 몇몇 차 종류는 근처의 직영 농장에서 생산한 것들이다. MAP ㉑

GOOGLE MAPS XWRH+J7 뇌샤텔
ACCESS 퓌리 광장(Pl. Pury)에서 도보 5분
ADD Rue du Château 1, 2000 Neuchâtel
OPEN 07:30~19:00(월 12:00~, 토 08:00~18:00, 런치 11:00~14:00)/일요일 휴무
PRICE 음료 3.50CHF~, 디저트 3CHF~, 런치 15CHF~
WEB aubier.ch

연보라색 슈샤드 초콜릿의 원조 카페

메종 보데 쉬샤르 Maison Wodey Suchard

오래전 우리나라에서도 판매했던 슈샤드 초콜릿의 창시자 필립 쉬샤르가 1825년 처음 설립한 디저트 카페. 뇌샤텔에서 가장 오래된 가게 중 하나로, 다양한 수제 초콜릿과 예쁜 디저트의 천국이다. 앤티크한 외관과 달리 실내는 꽤 넓고 모던한 분위기. 여름에는 가게 앞 골목에서 노천카페도 운영한다. 우리는 슈샤드라 부르지만 프랑스어로는 쉬샤르라고 읽는다. MAP ㉑

GOOGLE MAPS XWRH+GH 뇌샤텔
ACCESS 퓌리 광장(Pl. Pury)에서 도보 2분
ADD Rue du Seyon 5, 2000 Neuchâtel
OPEN 06:30~18:30 (월 07:30~, 토 ~17:00)/일요일 휴무
PRICE 음료 3.5CHF~, 디저트 4.5CHF~
WEB wodey-suchard.ch

LE 17 NOVEMBRE 1825
PHILIPPE SUCHARD

필립 슈샤드가 처음 문을 연 가게라는 기념 석판

카페의 상징 피우 피우

요즘 뇌샤텔에서 가장 핫한 카페

카페 빌라 카스텔란

Café Villa Castellane

1814년에 건축된 저택을 개조한 아름다운 카페. 한동안 고객만 드나들 수 있는 개인 은행으로 사용되다가, 몇 년 전 여러 회사가 이 건물에 입주하면서 1층에 카페가 들어섰다. 스위스에선 흔치 않은 단풍나무와 은행나무, 초대형 오리 조형물이 있는 정원, 고풍스러운 실내, 예술적인 인테리어, 친절한 서비스, 환상적인 커피 맛, 다양한 칵테일 메뉴와 토요일 브런치까지, 무엇 하나 흠잡을 수 없는 매력을 지녔다. 최고의 인기를 누리면서도 동네 카페와 다를 바 없는 가격도 장점이다. **MAP ㉑**

GOOGLE MAPS XWVM+65 뇌샤텔
ACCESS 유람선 선착장에서 도보 5분
ADD Faubourg de l'Hôpital 21, 2000 Neuchâtel
OPEN 08:30~22:00(목·금 ~24:00, 토 10:00~24:00, 브런치 토·일 10:00~16:00)/월요일 휴무
PRICE 음료 3.90CHF~, 디저트 4CHF~, 브런치 29CHF(6~12세 14.50CHF)
WEB cafevillacastellane.ch

주말엔 클럽에서 신나는 파티 타임

카 자 쇽

Case à Chocs

차분한 느낌의 뇌샤텔에서 젊음의 열기가 폭발하는 문화 공간. 카 자 쇽은 '초콜릿 상자'라는 뜻인데, 옛 슈샤드 초콜릿 공장에서 처음 문을 열었기 때문이다. 현재는 시내에서 더 가까운 옛 뮐러 맥주 양조장 건물로 옮겨 각종 음악 장르의 콘서트가 열리는 공연장이자 클럽, 바, 레스토랑으로 운영되고 있다. 콘서트는 16세 이상, 클럽은 18세 이상 입장 가능. **MAP ㉑**

GOOGLE MAPS XWQC+MP 뇌샤텔
ACCESS 퓌리 광장(Pl. Pury)에서 도보 10분
ADD Quai Philippe-Godet 20, 2000 Neuchâtel
OPEN 금·토 22:00~
PRICE 무료~20CHF(프로그램에 따라 다름)
WEB case-a-chocs.ch

수제 맥주 파라다이스

레 브라쇠르

Les Brasseurs

제네바에서 친구 4명이 모여 만든 수제 맥줏집. 지금은 스위스 프랑스어권 지역에 5개 매장을 가진 수제 맥주 전문점으로 성장했다. 브라쇠르는 프랑스어로 '맥주 만드는 사람'이란 뜻. 각 지점에서 직접 만든 맥주만 판매하며, 따뜻한 분위기의 양조장 인테리어가 인상적이다. 매장에서 직접 구운 빵으로 만든 수제 버거와 씬 피자처럼 얇은 도우에 양파와 베이컨을 잔뜩 올려 화로에 구운 플렁베(Flambée)도 맛있다. **MAP ㉑**

GOOGLE MAPS XWRJ+HG 뇌샤텔
ACCESS 퓌리 광장(Pl. Pury)에서 도보 3분
ADD Faubourg du Lac 1, 2000 Neuchâtel
OPEN 11:15~24:00(목 ~01:00, 금·토 ~02:00, 일 ~23:00)
PRICE 수제 맥주 7CHF~, 식사 21.50CHF~, 디저트 5.20CHF~
WEB les-brasseurs.ch

시원한 물에 발 담그고 칵테일 한잔?

르 바생 블뢰 Le Bassin Bleu

여름에만 호숫가에 등장하는 야외 바 겸 레스토랑. 르 바생 블뢰는 파란 수영장이란 뜻이다. 원래 어린이를 위한 작은 오리배가 있던 자리였는데, 지금은 오리배 대신 테이블을 놓았다. 시그니처 메뉴는 칵테일과 햄버거. 찰랑이는 물에 발을 담그고 칵테일을 마시고 있으면 몰디브의 리조트가 부럽지 않다. 금요일과 토요일 저녁엔 콘서트와 DJ 파티가 열린다. MAP ㉑

GOOGLE MAPS XWRJ+5V 뇌샤텔
ACCESS 유람선 선착장에서 도보 2분
ADD Quai du Port 5, 2000 Neuchâtel
OPEN 5~10월: 12:30~22:00(목 ~23:00, 금·토 12:00~01:00)/11~4월: 수~일 12:00~17:00/ 11~4월 악천후·월·화요일 휴무
PRICE 버거 18CHF~, 디저트 7CHF~, 음료 5CHF~

360°로 탁 트인 테라스 전망

환상적인 전망을 자랑하는 라운지 바

웨이브 스카이 라운지 바 Waves Sky Lounge Bar

뇌샤텔 시내에서 가장 높은 곳에 있는 라운지 바. 7층밖에 안 되는 높이지만 워낙 고층 건물이 없는 뇌샤텔에서는 높은 축에 속한다. 호숫가에 있는 베스트 웨스턴 프리미어 볼락 호텔(Best Western Premier Hôtel Beaulac) 루프탑에 자리 잡고 있어서 뇌샤텔 시내와 호수 위로 거침없는 전망이 펼쳐진다. 넓은 야외 테라스석과 통유리창으로 이루어진 실내석이 있으며, 주류 외 커피나 차, 간단한 식사도 할 수 있다. 16세 이상부터 입장 가능. MAP ㉑

GOOGLE MAPS XWRP+82 뇌샤텔
ACCESS 유람선 선착장에서 도보 3분
ADD Esplanade Léopold-Robert 2, 2000 Neuchâte
OPEN 14:00~01:00(토·일 11:00~)
PRICE 주류 4CHF~, 안주 12CHF~, 버거 22CHF~, 오늘의 세트 35CHF
WEB beaulac.ch/fr/nos-restaurants/waves

시그니처 판 초콜릿

줄 서서 먹는 수제 초콜릿

쇼콜라트리 발데르 Chocolaterie Walder

뇌샤텔에서 3대째 이어 오고 있는 수제 초콜릿 가게. 초콜릿 가게로는 드물게 저녁이나 주말에는 입구부터 줄을 설 정도로 인기가 높다. 다양한 원산지의 카카오로 만든 최고급 초콜릿부터 고춧가루, 후춧가루가 든 독특한 맛의 초콜릿까지 선택의 폭이 넓다. 입안에서 사르르 녹는 무스 오 쇼콜라(Mousse au Chocolat)는 꼭 먹어야 할 메뉴. MAP ㉑

GOOGLE MAPS XWRH+PH 뇌샤텔
ACCESS 퓌리 광장(Pl. Pury)에서 도보 2분
ADD Grand-Rue 1, 2000 Neuchâtel
OPEN 09:00~13:00, 14:00~18:00(토 08:00~17:00)/일·월요일 휴무
PRICE 초콜릿 3.5CHF~, 케이크 18CHF~
WEB chocolateriewalder.ch

스위스산 술을 모두 모았다!

오 그랭 도르주 Au Grain d'Orge

뇌샤텔과 쥐라의 특산 술은 물론, 스위스 전역의 다양한 수제 맥주를 취급하는 주류 판매점. 라보 지구를 포함해 온통 포도밭인 스위스 서쪽은 질 좋은 와인이 많이 생산되는데, 자국의 높은 소비율로 해외에는 수출하지 않는 특산 와인을 이곳에서 만나볼 수 있다. '초록 요정'이라 불리는 압생트가 탄생한 지역인만큼 압생트의 수준도 단연 높다. MAP ㉑

GOOGLE MAPS XWRH+R7 뇌샤텔
ADD Rue des Moulins 11, 2000 Neuchâtel
OPEN 16:00~18:30(금 11:00~12:00, 16:00~18:00, 토 10:00~17:00)/월·일요일 휴무
PRICE 수제 맥주 4CHF~, 와인 12CHF~, 압생트 16CHF~
WEB augraindorgeneuchatel.ch

실용적인 친환경 콘셉트의 만물상

오 파니에 구르망
Aux Paniers Gourmands

인근 지역에서 생산된 양질의 가공식품을 판매하는 상점 겸 레스토랑. 유기농 겨자, 파스타, 오일, 피클, 테린, 소스 등 식재료는 물론 뇌샤텔 지역의 특산물인 압생트, 와인, 수제 맥주, 허브티, 수제 과자 등도 판매한다. 선물하기 좋게 바구니에 담아 놓은 다양한 세트 상품은 실용적인 선물을 찾는 여행자에게 추천할 만하다. 점심에는 상점에서 판매하는 재료를 이용한 메뉴를 노천 테라스에서 먹을 수 있다. MAP ㉑

GOOGLE MAPS XWRH+GW 뇌샤텔
ACCESS 퓌리 광장(Pl. Pury)에서 도보 3분
ADD Place Coquillon 2, 2000 Neuchâtel
OPEN 09:00~18:00(토 ~17:00)/일요일 휴무
PRICE 식재료 5CHF~, 선물 세트 30CHF~, 런치메뉴 20CHF~
WEB ateliersphenix.ch/aux-paniers-gourmands-2/

스위스산 샴페인
각종 식재료

한 개쯤은 갖고 싶은 스위스 칼

쿠텔르리 데 알
Coutellerie des Halles

스위스 기념품의 대명사인 군용 주머니칼을 비롯해 스위스, 독일의 유명 브랜드 칼을 다양하게 갖춘 칼 전문점. 주방용 칼, 캠핑용 칼, 면도칼 등 여러 가지 용도의 칼을 판매한다. 유명 관광지보다 약간 저렴한 편이며, 요청 시 군용 주머니칼에 이름도 새겨 준다. MAP ㉑

GOOGLE MAPS XWRH+59 뇌샤텔
ACCESS 플라스 데 알
ADD Place des Halles 13, 2000 Neuchâtel
OPEN 10:00~13:00, 14:00~18:00(월 13:30~18:00, 토 ~17:00)/일요일 휴무
PRICE 스위스 칼 10CHF~, 이름 각인 5CHF
WEB bit.ly/cdh13

현지인의 생필품을 책임지는 쇼핑몰

말라디에르 상트르 쇼핑몰
La Maladière Centre

뇌샤텔 시내에서 가장 가까운 쇼핑몰. 대형 슈퍼마켓 코옵(Coop)과 코옵 레스토랑, 피제리아, 카페를 비롯해 각종 브랜드 의류와 신발, 가전제품, 스포츠용품, 인테리어용품, 장난감 등을 판매하는 40여 개 상점이 입점했다. 현지인 틈에 섞어 중저가 의류를 구매하거나 부담스럽지 않은 가격대로 식사하고 싶다면 가볼 만한 곳. 호숫가에 있기 때문에 시간 여유가 있다면 뇌샤텔 시내에서 호숫가를 따라 천천히 걸어가도 좋다. MAP ㉑

GOOGLE MAPS XWWV+3M 뇌사텔
ACCESS 퓌리 광장(Pl. Pury)에서 101·121번 버스 3분 또는 도보 20분
ADD Rue de la Pierre-à-Mazel 10, 2000 Neuchâtel
OPEN 08:00~19:00(목 ~20:00, 토 ~18:00)/일요일 휴무
WEB maladierecentre.ch

뇌샤텔에서 살짝 다녀오는

근교 나들이

뇌샤텔 지역은 앞쪽으로는 바다처럼 커다란 뇌샤텔 호수를,
뒤쪽으로는 쥐라산맥을 끼고 있다.
쥐라산맥은 알프스산맥과는 또 다른 매력이 있는 곳.
대중교통으로는 핵심 포인트를 방문하기 어려우니
렌터카 여행을 추천한다.

산양이 뛰노는 거대한 절벽

크뢰 뒤 방 & 야생 산양 관찰

Creux du Van & Ibex Watching

목가적인 서부 지역에서 유일하게 박력 넘치는 곳. 쥐라산맥 중턱에 있는 높이 160m, 지름 1km의 반원형 절벽으로, 압도적인 규모에 보는 이의 입을 다물지 못하게 한다. 근처에 산양 서식지도 있어서 천 길 낭떠러지 위를 평지인 양 가볍게 오르내리는 산양도 구경할 수 있다. 산양은 절벽 위 초원보다 절벽 면에 있는 경우가 많으니 안 보일 땐 조심스럽게 내려다보자. 단, 안전장치가 전혀 없으므로 절벽 끝에 너무 가까이 가지 않도록 주의해야 한다. 산양은 낮이면 숲속으로 들어가 마주치기가 어려우니 오전 10시 전에 정상에 도착해야 볼 수 있다.

겨울이면 온통 눈으로 뒤덮여 새하얀 눈꽃이 핀 나무들과 멋진 기념사진을 남길 수 있는 포인트이기도 하다. 뇌샤텔 호수에서 이곳의 정상을 봤을 때 눈이 다 녹으면 바야흐로 여름, 호숫물이 수영할 수 있을 만큼 따뜻해졌다는 신호다. 차량으로만 접근할 수 있으며, 구불구불한 산길과 비포장도로가 포함돼 있다. 겨울철 폭설 시 통행을 제한한다.

GOOGLE MAPS WPP8+97 발-드-뜨하베흐
ACCESS 뇌샤텔에서 자동차로 약 40분(내비게이션에서 'Restaurant Le Soliat' 검색)
ADD La Baronne, 2108 Provence
OPEN 연중무휴

+ MORE +

레스토랑 르 솔리아
Ferme Restaurant le Soliat

크뢰 뒤 방 정상 부근에 있는 낡은 음식점. 차량은 여기까지만 진입할 수 있다. 간단한 음료와 샌드위치부터 퐁뒤, 부르기뇬 등 스위스 전통 음식도 판매한다. 애주가라면 이 지역 특산물인 압생트를 놓치지 말자. 단, 알코올 도수가 높으니 마시자마자 운전하거나 절벽가에 가지 않도록 주의한다. 주말에는 자리가 없는 경우가 많고, 주문도 오래 기다려야 한다.

GOOGLE MAPS WPP8+C6 발-드-뜨하베흐
ADD Le Soliat, Creux-du-Van, 2108 Val-de-Travers
OPEN 07:45~23:00/11월 중순~4월 중순 휴무
PRICE 음료 3.80CHF~, 퐁뒤 27CHF~, 말린 고기 28CHF~, 디저트 5CHF~/현금만 가능
WEB lesoliat.ch

야생 수선화가 빚어낸 샛노란 물결

테트 드 랑 수선화 자생지

Tête de Ran

쥐라산맥의 봉우리 중 하나로, 뇌샤텔과 라 쇼드퐁 사이에 있다. 4월이면 이곳을 중심으로 주변의 방대한 지역이 야생 수선화로 뒤덮여 장관을 이룬다. 울타리가 쳐진 것이 아니라 누구나 자유롭게 구경할 수 있지만 보호구역이니 꽃을 밟거나 꺾으면 안 된다. 우리나라에서 보는 수선화와 달리 키가 작은 앉은뱅이 수선화다. 차량으로만 접근 가능하고, 마지막 일부는 비포장도로다.

GOOGLE MAPS 3V44+7G Val-de-Ruz
ACCESS 뇌샤텔에서 자동차 약 20분(내비게이션에서 'Tête de Ran' 검색)
ADD Tête-de-Ran 2, 2052 Les Hauts-Geneveys
OPEN 연중무휴

3월 1일 걷기 대회

1er Mars

뇌샤텔의 독립을 기념하는 날. 매년 3월 1일이면 르 로클(Le Locle) 마을 앞부터 뇌샤텔성까지 28km를 함께 걷는 행사를 진행한다. 걷는 중간에 빵과 초콜릿, 수프 등을 나눠주며, 성에 도착하면 기사들이 축포를 쏘고 초콜릿이나 소시지 등의 무료 간식을 나눠준다. 28km를 다 걷는 것이 부담된다면 중간부터 참여하거나 오후 3시쯤 성으로 바로 가서 축포 쏘는 것만 구경해도 된다. 무료 간식의 준비량을 가늠하기 위해 홈페이지에 참가(무료)신청서 작성을 권장. 단, 신청하지 않아도 누구나 참가할 수 있다.

WHERE 르 로클 시청 앞부터 뇌샤텔성까지
OPEN 3월 1일 08:00 르 로클 출발, 15:30 도착(행렬이 지나는 여러 마을에서 합류 가능. 집결 시간은 출발지에 따라 다르니 홈페이지 참고)
WEB marchedupremiermars.ch

길 중간중간 무료로 나눠주는 간식과 차

최종 집결지인 뇌샤텔성에 도착하면 축하포로 진짜 대포를 쏘고 팡파르를 울린다.

+ MORE +

뇌샤텔의 독립 배경

18세기 초 이래 프러시아의 공국이었던 뇌샤텔은 1815년 스위스 연방에 가입한 마지막 주가 됐지만 빈 회의에서는 프러시아의 왕을 뇌샤텔의 대공으로 인정하는 이중 지배가 용인되었다. 이에 뇌샤텔의 혁명가들은 1848년 3월 1일 르 로클에서 프러시안 영주가 차지하고 있던 뇌샤텔성까지 약 28km를 행진하며 저항했고, 이 사건을 계기로 뇌샤텔은 유혈사태 없이 프러시아 세력에서 벗어나 온전히 독립을 이룬 스위스의 한 주가 됐다.

뇌샤텔 인터내셔널 판타스틱 필름 페스티벌
NIFFF

우리나라의 부천 판타스틱 영화제와 맥락을 같이 하는 국제 영화제. SF, 판타지, 공포, 스릴러 장르 위주의 영화를 상영하며, 평소 보기 드문 스위스, 북유럽, 남미, 아시아 국가의 다양한 영화를 소개한다. 우리나라에선 봉준호, 박찬욱, 류승완 감독 등이 초대됐다. 페스티벌 패스를 구매하면 편수 제한 없이 무제한 관람할 수 있다. 단, 온라인 예약 필수. 예약 후 미관람이 3회 누적되면 패스가 취소되니 주의한다.

WHERE 뇌샤텔 시내 3~4개 영화관(매년 변동, 홈페이지 참고)
OPEN 7월 첫째 주 약 10일간
PRICE 편당 약 16CHF, 페스티벌 패스 약 185CHF(매년 인상)
WEB nifff.ch

야외 상영관

8월 1일 건국 기념일 불꽃놀이
1er Août La Fête Nationale

스위스 연방 결성을 기념하며 호숫가에서 열리는 화려한 불꽃놀이. 이날은 뇌샤텔뿐만 아니라 스위스 전국의 크고 작은 도시와 마을에서 불꽃놀이를 해서 뇌샤텔 호숫가에 있으면 건넛마을의 불꽃쇼까지 함께 감상할 수 있다. 불꽃놀이 전에는 푸드트럭이 들어서 저녁식사도 할 수 있으며, 이후엔 DJ 파티가 이어진다.

WHERE 죄느 리브, 붉은 교회 근처 호숫가~뇌샤텔 보-리바주 호텔
OPEN 8월 1일(푸트트럭 18:00~, 불꽃놀이 22:00~22:30, DJ 파티 22:30~01:00)
PRICE 무료
WEB neuchatelville.ch

호숫가는 해지기 전부터 피크닉을 하거나 수영하며 불꽃놀이를 기다리는 사람들로 가득하다.

포도 수확 축제
Fête des Vendanges

뇌샤텔 & 쥐라 지역에서 열리는 가장 큰 축제. 포도 수확을 기념하기 위해서 1902년부터 시작됐다. 거리 곳곳에서 다양한 장르의 대형 무료 콘서트가 열리고, 음식과 각종 주류를 판매하는 수백 개의 스탠드가 도시를 가득 메운다. 그중 불꽃놀이와 매일 진행되는 다양한 거리 퍼레이드가 볼만한데, 100년 전통의 꽃차 행진인 코르소 플뢰리(Corso Fleuri)가 특히 화려하다. 생화로 장식한 55대의 꽃차가 스위스 카니발 전통 음악인 구겐무직(Guggenmusik) 팡파르에 맞춰 90분가량 행진한다. 코르소 플뢰리 행렬은 공식적으로 일요일 오후에 열리고 지나는 행진하는 길은 해마다 약간씩 변동되는데, 관광안내소 앞은 항상 코스에 포함된다. 자세한 시간과 경로는 홈페이지 참고.

WHERE 뇌샤텔 도시 중심가 전체
OPEN 9월 마지막 금~일
PRICE 코르소 플뢰리(Corso Fleuri) 좌석 40CHF, 입석 20CHF(바리케이트 바깥 쪽에서 무료 관람 가능), 그 외 모든 공연 및 퍼레이드 무료
WEB fete-des-vendanges.ch

축제의 메인 행사 코르소 플뢰리

각종 세계 음식 스탠드가 도시를 가득 메운다.

#Plus Area

스와치 본사가 자리한 시계의 도시

빌/비엔

BIEL/BIENNE

빌/비엔 호숫가에 자리한 작지만 활기찬 도시. 프랑스어와 독일어를 쓰는 인구가 섞여 있는 도시로, 독일어로는 빌(Biel), 프랑스어로는 비엔(Bienne)이라고 부른다. 특히 톡톡 튀는 디자인의 스와치 시계나 고급스러운 디자인의 오메가 시계에 관심이 많다면 이곳을 방문해보자. 2019년 스와치 그룹 본사 신사옥이 완공되면서 빌/비엔은 명실공히 시계의 수도로 자리 잡았다.
'시간의 도시'란 뜻의 시테 뒤 텅(Cité du Temps) 스와치·오메가 박물관을 구경하고, 드라이브스루 스와치 매장에서 시계를 구매하며 시계의 나라에 와 있음을 실감할 시간. 시계뿐만 아니라 호숫가의 모던한 신시가와 중세 모습을 간직한 구시가의 오묘한 조화가 매력적인 이 도시엔 다양한 상점과 국적의 레스토랑이 많아 쇼핑과 외식을 즐기기 좋다.

- **칸톤** 베른 Bern
- **언어** 독일어
- **해발고도** 437m

빌/비엔 가는 방법

기차

뇌샤텔 → 17분
베른 → 26분

배

뇌샤텔 → 2시간 30분
무어텐/모라 → 4시간 15분

차량

뇌샤텔 → 30분(31.3km/5번 고속도로, 5번 국도)
베른 → 40분(39.6km/6번 고속도로)

★
관광안내소

GOOGLE MAPS 46MV+7F Biel
ADD Bahnhofplatz 12, 2502 Biel
OPEN 08:30~18:00(토 09:00~12:15, 13:00~16:00)/일요일 휴무
TEL +41 (0)32 329 84 84
WEB biel-seeland.ch

Tourist & Attractions

01 시간의 도시, 스와치·오메가 박물관
시테 뒤 텅 Cité du Temps

스와치 본사와 오메가 본사 사이에 자리 잡은 2층 규모의 시계 박물관. 1층의 오메가 박물관(오메가관) 내부는 아폴로 달착륙 때 탑승했던 우주인들의 시계가 오메가였다는 것을 기념하기 위해 우주선처럼 꾸며 놓은 것이 특징이며, 고급스러운 이미지의 오메가 시계의 역사에 대해 알아볼 수 있다. 2층의 플라넷 스와치(스와치관)에는 톡톡 튀는 디자인의 역대 모든 스와치 시계가 전시돼 있다. 시계를 구매할 예정이라면 스와치 본사 앞 스와치 시계 전문 드라이브스루 매장에 들러보자. 들어가서 구경하며 구매해도 된다. MAP 510p

GOOGLE MAPS 47V6+J8 Biel
ACCESS 빌/비엔역에서 2·3·4·72번 버스 4~8분
ADD Nicolas George Hayek Strasse 2, 2502 Biel
OPEN 10:00~17:00/월요일 휴무
PRICE 무료
WEB citedutemps.com
*무료 와이파이(SBB-FREE) 사용 가능

최초의 달 착륙 우주인이 차고 있었던 오메가 시계 전시실

초대형 스와치 손목시계

목조 건축계의 대가로 알려진 일본의 건축가 반 시게루가 초현대적으로 설계한 스와치 본사 건물. 용의 비닐을 형상화한 듯한 외관이 인상적이다.

스와치 드라이브스루 매장과 오메가 본사

구시가 중심에 있는 교회의 소박한 내부

02 중세 유럽 마을의 아기자기한 풍경
빌/비엔 구시가
Biel Altstadt

중세 시대 구시가지로 시간여행을 떠나볼 수 있는 곳. 호숫가에서 조금 떨어져 있는데, 아름다운 교회와 동상이 멋진 분수대, 좁은 골목, 광장에 펼쳐진 노천카페들이 옛 모습 그대로의 매력을 뽐낸다. 기사의 분수대(Venner-Brunnen)와 정의의 여신 분수대(Gerechtigkeitsbrunnen) 2곳을 중심으로 둘러본다. MAP 510p

GOOGLE MAPS 정의의 여신 분수대: 46RW+G6 Biel/기사의 분수대: 46RW+MJ Biel
ACCESS 빌/비엔역에서 도보 15분 또는 1·5·6·8·70·71번 버스 3~5분
ADD 정의의 여신 분수대: Burggasse, 2502 Biel/
기사의 분수대: Ring, 2502 Biel
WEB bieler-altstadt.ch

Option
03 빌/비엔을 낱낱이 살펴보자
노이에스 뮈제움 빌
Neues Museum Biel

빌/비엔의 역사, 예술, 산업, 사회 등 여러 분야의 다양한 수집품을 한데 모아둔 곳. 옛 귀족들의 생활상과 더불어 시계 산업의 발달 과정, 옛 지역 미술가들의 작품까지 둘러볼 수 있다. 천천히 관람하면 2시간가량 예상해야 한다. 평화로운 분위기의 정원과 수제 아이스크림을 판매하는 작은 카페가 딸려 있다. MAP 510p

GOOGLE MAPS 46QR+MV Biel
ACCESS 빌/비엔역에서 도보 12분
ADD Seevorstadt 52, 2501 Biel
OPEN 11:00~17:00/월요일 휴무
PRICE 11CHF, 경로 9CHF, 학생 6CHF, 15세 이하 무료/ 스위스 트래블 패스 소지자 무료
WEB nmbiel.ch

Option

04 파스콰르트 현대미술관

색다른 영감이 떠오를 아트 스페이스

Kunsthaus Pasquart

©Kunsthaus Pasquart

간단히 정의하기 어려운 현대미술의 집합장. 그림, 조각, 설치미술 등 다양한 장르의 스위스 현대 예술가들의 작품이 궁금하다면 발길을 옮겨보자. 매번 다양한 콘셉트로 열리는 기획전은 지루했다는 평과 매우 신선했다는 평이 엇갈리니 직접 가보지 않고는 알 수 없는 곳이다. MAP 510p

GOOGLE MAPS 46QR+H2 Biel
ACCESS 빌/비엔역에서 도보 10분
ADD Seevorstadt 71, 2502 Biel
OPEN 12:00~18:00(목 ~20:00, 토·일 11:00~)/월·화요일 휴무
PRICE 11CHF, 경로·학생·당일 노이 뮤지엄 티켓 소지자 9CHF, 15세 이하 및 매주 목 18:00 이후 무료/ 스위스 트래블 패스 소지자 무료
WEB pasquart.ch

Option

05 엘프나우 공원

공작새가 돌아다니는 동네 쉼터

Elfenaupark

평화로운 풍경을 지닌 자그마한 공원. 공원 한가운데 자리 잡은 연못에는 커다란 잉어가 헤엄치고 주변으로 뜬금없이 공작새가 돌아다닌다. 봄에는 겹벚꽃이 흐드러지게 피며, 닭들이 가족 단위로 정겹게 돌아다니는 곳. 일부러 찾아갈 정도는 아니지만 날씨가 화창하고 가까이에 있다면 한 번쯤 가볼 만하다. MAP 510p

GOOGLE MAPS 46PR+3F Biel
ACCESS 빌/비엔역에서 도보 6분
ADD Unterer Quai 7, 2502 Biel
OPEN 08:00~17:00(토·일 ~18:30)
PRICE 무료

Option

06 슈바넨콜로니 비엘

검은 백조가 있는 새 보호소

Schwanenkolonie Biel

탈출했거나 버려진 앵무새와 잉꼬들이 잔뜩 모인 새 보호소. 개울에는 날지 않는 검은 백조 한 쌍도 살고 있다. 본래 1897년 검은 백조 한 쌍과 물새들을 키울 목적으로 만들어졌으나, 1980년대부터 다친 야생 새나 버림받은 외래종을 보호하는 비영리단체로 용도를 변경해 운영 중이다. 엘프나우 공원과 마찬가지로 일부러 찾아갈 곳은 아니지만 근처에 있다면 살짝 들를 만하다. MAP 510p

GOOGLE MAPS 46QR+2J Biel
ACCESS 빌/비엔역에서 도보 8분
ADD Spitalstrasse 11A, 2502 Biel
OPEN 08:30~17:00(일 09:00~16:00)
PRICE 무료
WEB schwanenkolonie-biel.ch

튀긴 삼겹살과 볶음밥

파티 플래터

스위스에서 맛보는 도미니칸 음식

$$ 트로피컬 바 레스토랑
Tropical Bar Restaurant

우리 입맛에도 잘 맞는 고추절임

우리나라에선 맛보기 어려운 도미니칸 크레올 요리 전문점. 스위스는 인구의 22%가 이민자일 정도로 다양한 인종이 뒤섞여 사는 덕분에 전 세계 음식을 골고루 맛볼 수 있는데, 이곳은 볶음밥에 튀긴 삼겹살을 올린 요리나 마늘이 듬뿍 든 양념을 사용한 요리, 닭튀김 등 우리 입맛에 꽤 잘 맞는 음식이 많은 편이다. 여러 명이 함께 방문한다면 다양한 튀김요리가 푸짐하게 나오는 파티 플래터를 추천. 밤에는 클럽으로 운영된다. **MAP 510p**

GOOGLE MAPS 46RW+39 Biel
ACCESS 구시가 정의의 여신 분수대에서 도보 2분
ADD Kanalgasse 4, 2502 Biel
OPEN 12:00~24:30/월·화요일 휴무
PRICE 메인 25CHF~, 음료 7CHF~
WEB tropicalbarrestaurant.negocio.site

+ MORE +

크레올(Créole)이란?

의사소통이 잘되지 않는 사람들 사이에서 서로의 언어와 문화가 섞이며 자연스럽게 탄생한 언어와 문화. 보통 식민지를 겪었던 국가에서 많이 볼 수 있으며, 현재는 프랑스의 지배를 받았던 곳에 남아있는 프랑스어가 섞인 언어와 문화, 음식 등을 통칭해 크레올이라고 한다. 도미니카공화국의 경우 스페인어가 공용어지만 크레올(프랑스어에 기반한 현지어)을 쓰는 인구가 10% 정도 된다.

©Restaurant du Bourg

나에게 선물하는 럭셔리한 한 끼

$$$ 레스토랑 뒤 부르 Restaurant du Bourg

제철 지역 농산물만을 이용해 조리하는 프렌치 레스토랑. 구시가의 중심에 있는 이곳은 빌/비엔 시민들의 자랑이라고 할 만큼 인기 있는 맛집이다. 예술적인 플레이팅이 돋보이는 코스 메뉴를 제공하며, 6주마다 메뉴가 바뀐다. 여행 중 한 번쯤 우아하게 식사하고 싶다면 찾아가보자. 평일도 예약 필수. **MAP 510p**

GOOGLE MAPS 46RW+G8 Biel
ACCESS 정의의 여신 분수대 앞
ADD Burggasse 12, 2502 Biel
OPEN 18:30~24:00(토 09:00~12:30, 18:30~24:00)/월·일요일 휴무
PRICE 5코스 135CHF, 6코스 150CHF, 7코스 165CHF
WEB du-bourg.ch

트렌디한 카페 겸 편집숍

에듀즈 커피 앤 클로즈
Edu's Coffee and Clothes

빌/비엔에서 가장 매력적인 카페 한 곳만 꼽으라면 여기다. 커피 맛이 좋은 것은 기본이고, 차이라테도 훌륭하다. 커피에 곁들여 크루아상, 스콘 등을 맛보자. 아늑하고 따뜻한 인테리어와 구시가를 바라볼 수 있는 테라스까지 있어서 유럽 여행의 낭만을 한껏 만끽할 수 있다. 트렌디한 의류나 액세서리, 장식품 등을 구경하는 재미도 쏠쏠하다.
MAP 510p

GOOGLE MAPS 46RW+79 Biel
ACCESS 정의의 여신 분수대에서 도보 1분
ADD Schmiedengasse 8, 2502 Biel
OPEN 10:00~18:30(월 12:00~, 토 09:00~16:00)/일요일 휴무
PRICE 음료 4CHF~, 베이커리 4CHF~
WEB edus-clothing.ch

스위스 우유의 뜻밖의 변신

카페 상토르
Cafe Centaure

시그니처 메뉴인 콜드브루 커피와 함께 다양한 우유음료를 맛볼 수 있는 카페. 알프스 목장에서 신나게 뛰놀며 자란 젖소에서 얻은 스위스 우유는 단연 최고의 품질! 이곳에선 다양한 향의 시럽을 첨가한 우유를 제공해 커피나 차를 즐기지 않는 사람이 가기 좋다. 매장에서 직접 만든 만두 모양의 애플파이 턴오버나 타르트가 있는 날이라면 곁들여 먹어보자. **MAP 510p**

GOOGLE MAPS 46QW+PR Biel
ACCESS 빌/비엔역에서 도보 12분
ADD General-Dufour-Strasse 12, 2502 Biel
OPEN 07:30~18:30(토 ~17:00)/일·월요일 휴무
PRICE 음료 4CHF~, 디저트 5CHF~
WEB centauregroup.ch/centaure-cafe.html

Shopping & Walking

스위스 서쪽 지역의 치즈들이 궁금하다면

슈피엘호퍼 치즈 가게
Fromagerie Spielhofer

스위스의 서쪽 지역에서 생산된 치즈를 맛볼 수 있는 곳. 전국 어디에서나 살 수 있는 그뤼에르 치즈나 에멘탈 치즈 말고, 서쪽 지역에서만 맛볼 수 있는 치즈들이 궁금하다면 방문해보자. 목가적인 스위스의 서쪽 지역에서도 매우 다채로운 치즈를 만든다. 치즈와 어울리는 식사용 유기농 빵도 함께 판매한다. **MAP 510p**

GOOGLE MAPS 46RW+77 Biel
ACCESS 정의의 여신 분수대에서 도보 2분
ADD Schmiedengasse 3, 2502 Biel
OPEN 09:00~12:30, 15:00~18:30(토 08:00~16:00)/월·일요일 휴무
WEB fromagesspielhofer.ch

DAY TRIP

빌/비엔에서 살짝 다녀오는

근교 나들이

빌/비엔 지역은 관광객이 몰리는 곳이 아니다 보니 현지인처럼 한적하게 호수와 산을 즐길 수 있다는 장점이 있다. 또 버스나 기차를 이용해 쉽게 갈 수 있는 인근의 작은 마을들은 16~17세기에 만든 건물들을 그대로 유지하고 있어서 동화 속을 여행하는 듯한 판타스틱한 풍경을 선사한다.

라 뇌빌

유람선 타고 호수 위의 섬으로!

생-피에르섬

Île St-Pierre

빌/비엔 호수 가운데에 놓인 작은 섬. 오랜 세월 수도원이 소유한 곳으로, 장 자크 루소가 도피 생활 중 머문 곳이자 괴테가 방문하기도 한 섬이다. 섬 안에는 옛 수도원 건물을 개조한 호텔과 수영을 즐길 수 있는 호숫가와 식사할 수 있는 레스토랑이 있다. 시내에서 섬까지는 방죽처럼 길이 나 있어서 도보나 자전거로도 갈 수 있지만 빌/비엔에서 유람선을 타고 들어가면 더욱 쉽게 갈 수 있다.

GOOGLE MAPS 349P+6Q Twann-Tüscherz
ACCESS 빌/비엔 유람선 선착장에서 유람선 50분, 일 생-피에르 노르/장크트 피터진젤 노르트(Île Saint-Pierre Nord/St. Petersinsel Nord) 하선
ADD St. Petersinsel Nord, 3235 Twann-Tüscherz
OPEN 연중무휴/유람선: 5~9월 09:45~19:00(4·10월 ~15:15)/운항 날짜 및 시간은 계절별로 다름/1일 6~10회 운행/자세한 내용은 홈페이지 시간표(Horaire) 참고
PRICE 편도 29CHF, 학생 20% 할인, 6~15세 50% 할인/스위스 트래블 패스 소지자 무료
WEB lacdebienne.ch

귀여운 중세 마을에서 인생샷 찰칵!

라 뇌빌과 르 렁드롱

La Neuveville & Le Landeron

동화책에서 튀어나온 것처럼 귀여운 중세 마을을 보고 싶다면 이곳이 정답. 뇌샤텔과 빌/비엔 사이에 있는 작은 마을들로, 옛 모습을 그대로 간직한 매력적인 구시가 구석구석을 산책하면서 인생샷을 남길 수 있다. 라 뇌빌은 호숫가에 있는 마을로 뇌샤텔을 아기자기하게 축소해 놓은 것 같이 생겼고, 르 렁드롱은 구시가 규모가 훨씬 작은데, 기차역에서 약 300미터 떨어진 들판 가운데 있어서 들판쪽에서 마을을 바라보면 약간 신비로운 느낌이 든다. 여유가 있다면 모두 가보면 좋겠지만 한 곳만 고른다면 포토 스폿이 조금 더 많은 라 뇌빌이다.

GOOGLE MAPS 라 뇌빌: 337V+35 라 뇌브빌르/르 렁드롱: 3327+GH 르 렁드홍
ACCESS 라 뇌빌: 빌/비엔역에서 기차 14분, 라뇌빌역 하차 후 도보 4분//르 렁드롱: 빌/비엔역에서 기차 17분, 르렁드롱역 하차 후 도보 10분

섬을 오가는 유람선

르 렁드롱

#Plus Area

유네스코에 등재된
시계 산업의 수도

라 쇼드퐁

LA CHAUX-DE-FONDS

해발 1038m에 자리 잡은 라 쇼드퐁은 스위스에서 가장 높은 곳에 있는 도시다. 연중 기온이 낮고 변덕스러운 날씨로 5월에도 눈발이 흩날리고, 아름답고 웅장한 자연을 갖고 있지도 않으며, 19세기 화재로 도시 전체가 불타 체스판처럼 밋밋하게 재건된 모습 때문에 스위스 사람들은 이곳을 '스위스에서 가장 못생긴 도시'라 부르기도 한다.
하지만 라 쇼드퐁에는 의외의 반전 매력이 숨어 있다. 첫 번째는 도시 전체가 유네스코 세계유산에 등재된 스위스 시계 산업의 수도라는 점이고, 두 번째는 세기의 건축가 르 코르뷔지에가 탄생한 도시라는 점이다. 세기의 건축가이자 도시 계획가가 태어난 곳이 스위스에서 제일 못생긴 도시라 불리다니 조금 아이러니하다.

- **칸톤** 뇌샤텔 Neuchâtel
- **언어** 프랑스어
- **해발고도** 992m

라 쇼드퐁 가는 방법

기차

뇌샤텔 → 27분

차량

뇌샤텔 → 25분
(19.6km/20번 국도)

★
관광안내소

GOOGLE MAPS 4R2H+WF 라쇼드퐁
ADD Espacité 1, 2302 La Chaux-de-Fonds
OPEN 09:00~12:00, 13:30~17:30(토~16:30, 일 10:00~12:00, 13:00~16:30)
TEL +41 (0)32 889 68 95
WEB neuchateltourisme.ch

Option
01 시계 도시 여행의 출발점
시계 도시 기획 전시장
Espace de l'Urbanisme Horloger

라 쇼드퐁이 시계 산업의 중심 도시가 된 이유를 살펴볼 수 있는 전시장. 커다란 홀 하나로 구성된 전시장이라 많은 볼거리가 있는 것은 아니지만 스위스 시계의 역사와 왜 이 지역이 유네스코 세계유산에 지정됐는지에 대한 프로젝션 영상을 관람할 수 있다. 시계 박물관에 가기 전에 배경지식을 습득하기 좋다.

MAP 517p

GOOGLE MAPS 4R2H+HX 라쇼드퐁
ACCESS 라 쇼드퐁역에서 도보 8분
ADD Rue Jaquet-Droz 23, 2302 La Chaux-de-Fonds
OPEN 10:00~12:00, 13:00~16:30(11~4월 13:00~16:00)
PRICE 무료

Tourist & Attractions

+ MORE +

도시 가이드 투어

시계 도시 기획 전시장 앞은 시계 제조에 관련된 명소들을 둘러보는 가이드 투어의 출발 장소다. 2시간 동안 영어·프랑스어·독일어·이탈리아어로 안내한다.

OPEN 5~10월 일요일 14:00
PRICE 13CHF, 학생·경로 10CHF
WEB j3l.ch/en/P34068/things-to-do/culture-museums/guided-city-tour/watchmaking-town-planning

02 시계에 관한 모든 것
국제 시계 박물관
Musée International d'Horlogerie

스위스 시계 산업의 역사뿐만 아니라 인간과 시간에 대한 역사 전반을 다룬다. 2700여 개에 달하는 다양한 종류의 시계와 예술작품 같은 벽시계 700여 개가 전시돼 있고, 실제 작업장에서 시계를 만드는 모습도 볼 수 있다. 입장권에 3CHF(학생 2.50CHF)를 추가한 통합 입장권(2일간 유효)을 구매하면 바로 옆에 있는 라 쇼드퐁 역사 박물관(Le Musée d'Histoire)과 순수미술관(Le Musée des Beaux-Arts), 도보 12분 거리에 있는 보아 뒤 프티-샤토 내 유료 온실도 입장할 수 있다.

MAP 517p

GOOGLE MAPS 4R2J+75 라쇼드퐁
ACCESS 라 쇼드퐁역에서 도보 7분
ADD Rue des Musées 29, 2300 La Chaux-de-Fonds
OPEN 10:00~17:00/월요일, 1월 1일, 12월 24·25·31일 휴무
PRICE 15CHF, 학생·경로 12.50CHF, 12~15세 7.50CHF, 가족(부모 2+15세 이하 자녀 무제한) 30CHF, 10~3월 일요일 10:00~12:00 무료, 11세 이하 무료/ 스위스 트래블 패스 소지자 무료 뇌샤텔 투어리스트 카드 소지자 무료
WEB mih.ch

'인간과 시간'이라고 쓰여 있는 박물관 입구

Option
03 작고 소중한 무료 쉼터
부아 뒤 프티-샤토
Bois du Petit-Château

보태닉 정원에 있는 무료 동물원. 가족 나들이 장소로 인기 있는 곳이다. 곰과 아이벡스를 비롯해 알프스에 사는 야생 동물들과 온순한 농장 동물들이 있는데, 염소나 토끼, 당나귀 등이 있는 곳에는 아이들과 함께 자유롭게 들어갈 수 있다. 파충류와 양서류가 있는 온실은 유료. 르 코르뷔지에의 초기작인 메종 블랑슈로 가는 길목에 있어서 잠시 들렀다 가기에 좋다.

MAP 517p

GOOGLE MAPS 4R4F+57 라쇼드퐁
ACCESS 라 쇼드퐁역에서 352번 버스 4정거장, 2분
ADD Replat du Dahu 1, 2300 La Chaux-de-Fonds
OPEN 08:00~17:00(온실 10:00~17:00/월요일 휴무)
PRICE 동물원 무료/온실 10CHF, 학생·경로 7CHF, 12~15세 5CHF
WEB muzoo.ch

04 25살 르 코르뷔지에의 초기작 메종 블랑슈 Maison Blanche

현대 건축의 선구자 르 코르뷔지에가 부모님을 위해 지은 건축물. 25살에 설계한 초기작이어서 모던한 느낌은 덜하지만 그의 천재적인 재능을 충분히 엿볼 수 있다. 라 쇼드퐁에서 태어난 그의 본명은 샤를-에두아르 쟈느레-그리(Charles-Édouard Jeanneret-Gris)로, 르 코르뷔지에는 필명이다. **MAP 517p**

GOOGLE MAPS 4R48+G7 라쇼드퐁
ACCESS 부아 뒤 프티-샤토에서 도보 15분(오르막길)
ADD Chemin de Pouillerel 12, 2300 La Chaux-de-Fonds
OPEN 10:00~17:00/6~9월 화~목, 10~5월 월~목요일 휴무
PRICE 16세 이상 10CHF, 학생·경로 7CHF(20CHF 미만 결제 시 신용카드 사용 불가)
WEB maisonblanche.ch

Option

05 르 코르뷔지에의 터키식 집 빌라 슈보브 Villa Schwob

젊은 르 코르뷔지에가 고향에 지은 마지막 작품. 이 집을 지으면서 벌어진 소유주와의 논쟁이 르 코르뷔지에가 파리로 본거지를 옮기게 한 결정타였다고 한다. 네오 그리스식 처마와 테라코타 벽돌 등 특별한 외관 덕에 '터키식 집'이라는 별명을 가진 곳. 르 코르뷔지에가 1914년에 특허 신청한 도미노(Dom-Ino) 철근 콘크리트 구조를 적용했다. 현재 개인 소유로 외관만 관람할 수 있다. **MAP 517p**

©Schwizgebel

GOOGLE MAPS 3RX8+RR 라쇼드퐁
ACCESS 라 쇼드퐁역에서 도보 14분
ADD Rue du Doubs 167, 2300 La Chaux-de-Fonds

Option

06 작아도 있을 건 다 있는 전통시장 알티튜드 마켓 Hall'titude Market

라 쇼드퐁 중심에 있는 실내 시장. 빵, 과일, 야채, 치즈, 소시지, 살라미, 생선, 고기 등 인근 지역에서 생산한 질 좋은 식료품이 깨끗하게 잘 진열돼 있어서 구매욕을 불러일으킨다. 스위스의 슈퍼마켓이나 시장 물가는 그리 높지 않으니 가끔은 직접 조리해서 먹는 것도 여행 경비를 아끼는 방법이다. **MAP 517p**

©Hall'titude Market

GOOGLE MAPS 4R3H+6G 라쇼드퐁
ACCESS 라 쇼드퐁역에서 도보 10분
ADD Rue de la Serre 19, 2300 La Chaux-de-Fonds
OPEN 08:00~18:30(토 07:00~16:00)/월·일요일 휴무
WEB halltitude.market

당일 공수한 제철 식재료는 못 참지

$$ 라 알 데 상스 La Halle des Sens

알티튜드 마켓 안에 자리한 레스토랑. 시장에서 판매하는 질 좋은 식재료를 사용해 매일 바뀌는 메뉴 1가지를 제공하는데, 제철 식재료의 신선함은 물론이고 주방장 솜씨 또한 일품이다. 완전히 오픈된 키친과 DJ가 있어서 이색적이다. 저녁식사는 예약 권장. **MAP 517p**

GOOGLE MAPS 4R3H+6F 라쇼드퐁
ACCESS 알티튜드 마켓 내
ADD Rue de la Serre 19, 2300 La Chaux-de-Fonds
OPEN 09:00~14:30(목·금 09:00~14:30, 17:00~23:00, 토 08:00)/월·일요일 휴무
PRICE 에피다이지 7CHF~, 식사 25CHF~
WEB halltitude.market

시장에서 그날 공수한 신선한 제철 식재료

©La Halle des Sens

라 쇼드퐁의 전망 맛집

$$ 레스토랑 시테라마 Restaurant Citérama

라 쇼드퐁에서 가장 높은 건물 꼭대기 층에 있는 레스토랑. 야외 테라스도 있고 시야가 확 트여 도시 중심부와 산 위의 집들까지 한 눈에 담을 수 있다. 추천 메뉴는 레어 상태의 고기를 뜨거운 돌판 위에 원하는 굽기 정도로 구워 먹는 비앙드 쉬르 아르두아즈(Viandes sur Ardoise)와 샤부샤부와 비슷한 요리를 무제한 제공하는 퐁뒤 쉬누아즈(Fondue Chinoise)다. 식사 대신 가벼운 음료 한 잔과 함께 전망만 즐기고 가도 좋다. **MAP 517p**

GOOGLE MAPS 4R2H+XF 라쇼드퐁
ACCESS 관광안내소 건물 14층
ADD Espacité, 1, 2300 La Chaux-de-Fonds
OPEN 08:00~01:00(월 ~15:00, 금·토 ~02:00, 일 09:00~24:00)
PRICE 식사 19CHF~, 음료 4.5CHF~
WEB j3l.ch/fr/P47901/cafe-restaurant-citerama

레스토랑에서 바라본 시내 풍경

라 쇼드퐁에서 살짝 다녀오는

근교 나들이

초콜릿의 나라 스위스엔 동서남북으로 유서 깊은 초콜릿 공장이 하나씩 있다.
서쪽 지역은 본래 슈샤드 사가 가장 유명했지만 지금은 없어졌고, 후발주자였던 카미유 블록이 초콜릿 왕좌의 자리를 차지했다. 이곳에서 스위스 국민 초콜릿 토리노(Torino)와 라귀자(Ragusa)를 원 없이 시식해보자.

공장 견학 / 초콜릿 카페 / 메시지를 새겨주는 서비스 / 카미유 블록 본사

스위스에서만 먹을 수 있는 국민 초콜릿

카미유 블록 초콜릿 공장 Camille Bloch

해외에선 맛보기 어려운 스위스 국민 초콜릿, 토리노와 라귀자를 시식할 수 있는 카미유 블록사의 초콜릿 공장. 쥐라산맥의 작은 마을 쿠틀라리(Courtelary)에 자리 잡고 있다. 스위스인이라면 누구나 어린 시절 토리노 1개가 콕 박힌 작은 롤빵을 즐겨 먹은 기억이 있을 정도이니 초콜릿 제조 과정을 견학하며 시식도 하고 나만의 초콜릿(추가 비용 있음)도 만들어 보자. 공장 내 카페에서도 맛있는 디저트와 브런치 뷔페(일요일 한정)를 즐길 수 있다.

GOOGLE MAPS 53G7+8P Courtelary
ACCESS 라 쇼드퐁역에서 기차 18분 또는 빌/비엔역에서 기차 19분, 쿠틀라리역(Courtelary) 하차, 도보 4분
ADD Grand-Rue 21, 2608 Courtelary
OPEN 09:30~18:00(16:30까지 입장)/선데이 브런치 뷔페 10:00~12:00, 12:30~14:30/월·화요일 휴무
PRICE 15CHF, 학생 13CHF, 6~15세 9CHF, 장애인 7CHF, 가족(부모 2+자녀 2) 40CHF/가이드 투어: 150CHF/ 선데이 브런치 뷔페: 34CHF, 11~17세 24CHF, 6~10세 14CHF
WEB camillebloch.ch

카미유 블록 초콜릿 가게

쿠킹 클래스에서 만드는 다양한 모양의 초콜릿

#Plus Area

동화 속으로 뚜벅뚜벅

무어텐/모라

MURTEN/MORAT

동화 속처럼 사랑스러운 풍경을 간직한 12세기 마을이다. 뇌샤텔에서 유람선을 타고 무어텐/모라에 도착할 무렵이면 꿈인가 싶어서 볼을 꼬집어 볼 정도로 아름답다. 구시가를 둘러싼 17세기 성벽은 스위스에서 유일하게 모두 보존돼 있고, 화재로 소실된 후 15세기에 석조로 재건한 마을은 800년 역사의 시계탑을 중심으로 카페와 공방, 상점이 옹기종기 들어섰다. 마을과 성벽 사이를 2~3시간 정도 느긋하게 걷다 보면 어디선가 중세 시대 대장장이의 망치 소리가 들리는 듯한 착각에 빠지는 곳.

베른에서 기차를 타면 금방이지만 여름철이라면 뇌샤텔에서 배를 타고 들어가기를 권한다. 무어텐/모라 호수는 뇌샤텔 호수와 아름다운 수로로 연결돼 있고, 특히 호수 위에서 보는 마을 풍경이 말을 잃을 정도로 예쁘다.

- **칸톤** 프리부르 Fribourg
- **언어** 독일어
- **해발고도** 453m

무어텐/모라 가는 방법

기차

뇌샤텔 → 21분 / **베른** → 35분
프리부르 → 31분

차량

뇌샤텔 → 30분(29km/5번 고속도로)
베른 → 30분(30km/1번 고속도로)
프리부르 → 30분(26km/12번 고속도로)

배

뇌샤텔 → 1시간 40분

★
관광안내소

GOOGLE MAPS W4H8+9R 무르텐
ADD Hauptgasse 27, 3280 Murten
OPEN 09:00~12:00, 13:00~17:00
TEL +41 (0)26 670 51 12
WEB regionmurtensee.ch

Tourist & Attractions

01 구시가를 한눈에 담을 수 있는 곳
구시가 성벽 전망대 Stadtmauer

무어텐/모라 구시가는 온전히 보존된 성벽으로 완벽하게 둘러싸여 있는데, 이 성벽 위에서 바라보는 마을 풍경이 압권이다. 시간 여유가 된다면 마을과 호수 너머로 붉게 타오르는 일몰도 놓치지 말자. 올라가는 입구는 마을 동쪽에 있는 독일 교회(Deutsche Kirche) 옆에 있다. 나무 계단을 오르면 지붕으로 덮인 성벽 위 통로로 연결된다. **MAP 523p**

GOOGLE MAPS W4H9+6C 무르텐
ACCESS 무어텐/모라역 또는 유람선 선착장에서 도보 10분
ADD Deutsche Kirchgasse 20, 3280 Murten **PRICE** 무료

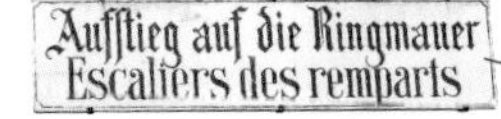

성벽 위로 올라갈 수 있는 계단 표시를 따라가자

성벽 밖, 물레방앗간을 개조한 박물관

02 성 안뜰에서 즐기는 피크닉 무어텐성 Schloss Murten

동화 속 마을 분위기를 완성해 줄 멋진 성. 적의 침략 등에 대비해 시야가 넓은 곳에 짓다 보니 성에서 바라보는 호수와 반대편 마을 전망이 매우 환상적이다. 13세기 피에르 사보이 2세 백작이 처음 지은 성을 여러 번 재건했는데, 1516년 재건된 성문과 13세기 때 우물의 흔적 등이 남아 있다. 베른 또는 프리부르에서 온 집행관의 거처, 병원, 감옥, 막사 등으로 쓰이다가 현재 프리부르 칸톤의 관공서로 사용되고 있다. 내부는 들어갈 수 없지만 안뜰은 개방돼 있어서 점심시간이면 도시락을 가져온 회사원들에게 피크닉 장소로 인기 있다. 8~9월에는 성 안뜰에서 무어텐/모라 클래식 축제가 열린다. MAP 523p

GOOGLE MAPS W4H8+52 무르텐
ACCESS 무어텐/모라역에서 도보 5분//유람선 선착장에서 도보 8분
ADD Schlossgasse, 3280 Murten

무어텐성에서 바라본 호수쪽 풍경

03 마을 요모조모 살펴보기 무어텐 박물관 Museum Murten

베른과 프리부르에 번갈아 통치받았던 무어텐/모라의 역사와 전투에 관한 자료, 예술품, 유물 등 6000여 년에 이르는 무어텐/모라 호수 주변 역사를 멀티미디어를 통해 소개한다. 15세기 이 지역은 치열했던 무어텐/모라 전투(스위스 남부 동맹군이 부르고뉴 공작 샤를 1세에 대항해 싸워 대승을 거두고 8000명에 가까운 샤를 1세의 군사가 전사한 전투)가 벌어졌던 곳. 도시 이름이 '호수 위의 요새'라는 뜻을 지닌 것도 그 때문이다. MAP 523p

GOOGLE MAPS W4H7+[illegible] 무르텐
ACCESS 무어텐/모라성에서 도보 2분
ADD Ryf 4, 3280 Murten
OPEN 14:00~17:00(일 10:00~)/월요일 휴무
PRICE 6CHF, 6~15세 2CHF/스위스 트래블 패스 소지자 무료
WEB museummurten.ch

Option 04 스테인드글라스가 멋진 교회 카톨릭 교회 Katholische Kirche

마을 동남쪽 성문으로 나가면 바로 보이는 조그마한 교회. 19세기에 지어진 네오고딕 양식의 건물이 소박하지만 아름답다. 햇살 좋은 날, 성당 바닥을 알록달록하게 물들이는 모던한 스테인드글라스의 색감이 신비롭다. MAP 523p

GOOGLE MAPS W4G9+WF 무르텐
ACCESS 무어텐/모라성에서 도보 5분
ADD Meylandstrasse 17, 3280 Murten
OPEN 08:00~20:00
WEB pfarrei-murten.ch

+ MORE +

무어텐/모라 라이트 페스티벌 Murten Licht-Festival

매년 1월 열리는 빛의 축제. 삭막한 겨울에도 무어텐/모라의 곳곳엔 반짝이는 조명으로 중세 도시의 아기자기한 아름다움을 잃지 않는다. 오래된 건물에 프로젝션 맵핑은 기본, 거리마다 오묘한 빛을 내는 다양한 조형물이 설치돼 마법 세계로 들어온 듯한 착각을 부른다. 호수 위에는 소원이 담긴 수많은 촛불이 둥둥 떠다니며 스위스의 겨울밤을 따뜻하게 밝힌다.

GOOGLE MAPS W4H8+9R 무르텐
WHERE 무어텐/모라 구시가 곳곳
TIME 1월 말부터 10일간 18:00~21:15(금·토·일 ~22:00)
PRICE 무료
WEB murtenlichtfestival.ch

©Freiburger Falle

입맛대로 익혀 먹는 돌판구이 스테이크

$$ 프라이부르거 팔 Freiburger Falle

중세 시대 건물 창고를 개조한 돌판구이 스테이크집. 독특한 인테리어와 드라이 에이징을 거친 스테이크의 훌륭한 맛으로 큰 호응을 얻고 있다. 퐁뒤도 먹을 수 있고, 디저트로는 수제 머랭이 나온다. MAP 523p

GOOGLE MAPS W4H9+G4 무르텐
ACCESS 선착장에서 호수 반대 방향으로 직진 후 올드 타운 안쪽, 도보 5분
ADD Hauptgasse 43, 3280 Murten
OPEN 11:00~15:00, 17:00~23:30/월요일 휴무
PRICE 메인 19.5CHF~, 돌판 스테이크 44CHF~, 퐁뒤 27CHF~
WEB ff-murten.ch

타르타르 스테이크

©Meat & View

이름 그대로, 멋진 뷰와 고기가 있는 곳

$$ 미트 & 뷰 Meat & View

무어텐/모라 호수와 구시가의 예쁜 지붕들을 감상하며 고기를 먹는 곳. 각자의 식성에 맞춰 매우 디테일하게 주문할 수 있는 타르타르 스테이크(Steak Tartare, 프랑스식 육회)와 입에서 살살 녹는 앙트르코트(Entrecôte, 꽃등심) 스테이크가 시그니처 메뉴. 바이슨(Bison, 들소) 고기로 만든 햄버거도 인기다. MAP 523p

GOOGLE MAPS W4H8+FC 무르텐
ACCESS 무어텐/모라성에서 도보 2분
ADD Rathausgasse 9, 3280 Murten
OPEN 11:15~14:00, 18:00~23:00 /일·월요일 휴무
PRICE 메인 18CHF~, 음료 4.8CHF~
WEB meatandview.ch

+ MORE +

무어텐/모라 먹킷리스트

가토 뒤 뷔이 Gâteau du Vully

스위스 서부권의 카페나 빵집에서 종종 볼 수 있는 크림 타르트. 무어텐/모라 호수 건넛마을 뷔이(Vully)에서 시작됐다. 크림과 버터, 설탕을 듬뿍 넣는데, 간혹 베이컨이나 큐민을 넣어 짭짤하게 만들기도 한다. 뇌샤텔에서 배를 타고 무어텐/모라로 들어오면 뷔이에도 정박하니 그곳에서 타르트를 먹고 다음 배를 타는 일정도 추천. 무어텐/모라의 카페나 빵집에서도 어렵지 않게 맛볼 수 있다.

→ 지역마다 명칭이 다르니 주의!
뷔이: 가토 뒤 뷔이(Gâteau du Vully, 뷔이 케이크)
뇌샤텔: 가토 아 라 크렘(Gâteau à la Crème, 크림 케이크)
프리부르, 빌/비엔: 라 살레 오 쉬크르(La Salée au Sucre, 달콤 짭짤한 맛)
무어텐/모라: 니델쿠헨(Nidelkuchen, 크림 케이크)

무어텐/모라 최고의 뷰 맛집

$$$ 호텔 무어텐호프 & 크로네
Hotel Murtenhof & Krone

무어텐/모라에 왔다면 꼭 와봐야 할 뷰 맛집. 음식 맛도 나쁘지 않지만 테라스석에 앉아 전망을 감상하고 있노라면 무엇인들 다 맛있게 느껴질 것이다. 식사를 한다면 호수에서 잡은 페르슈(Perche, 민물 농어의 한 종류) 요리를 추천. 커피나 맥주 한 잔 정도만 가볍게 즐겨도 좋다. MAP 523p

GOOGLE MAPS W4H8+87 무르텐
ACCESS 무어텐/모라성에서 도보 1분
ADD Rathausgasse 3, 3280 Murten
OPEN 12:00~14:30, 18:00~23:00(토·일 11:00~23:00)/4~10월 월요일, 11~3월 월·화·일요일 휴무
PRICE 메인 37CHF~, 음료 4.5CHF~
WEB murtenhof.ch

©Hotel Murtenhof & Krone

호수 뷰를 가진 허벌 가든 레스토랑

$$$ 라 팽트 뒤 비외 마누아르
La Pinte du Vieux Manoir

무어텐/모라 호숫가의 오래된 저택을 개조한 아름다운 5성급 호텔 내 레스토랑. 호수 뷰를 즐기며 아시안-유러피안 퓨전 메뉴를 맛볼 수 있다. 통유리창으로 된 트리하우스나 호숫가 통나무집 등 독특한 객실 콘셉트를 가진 호텔에 머물며 이용하는 것도 추천. 무어텐/모라 호수의 로맨틱한 풍경에 취해 걷다 보면 순식간에 도착한다. MAP 523p

GOOGLE MAPS W4F4+XW Meyriez
ACCESS 선착장에서 호수를 등지고 오른쪽으로 도보 20분
ADD Lausannestrasse 16, 3280 Meyriez
OPEN 11:30~14:30, 18:00~22:30/월·화요일 휴무
PRICE 메인 38CHF~, 디저트 14CHF~
WEB vieuxmanoir.ch

©La Pinte du Vieux Manoir

호박 수프

치즈 파이

중고잡화점 겸 카페에서 보물찾기

체서리 레스토랑 & 브로캉트
Chesery Restaurant & Brocante

빈티지한 인테리어 소품을 구경하면서 식사나 커피를 즐길 수 있는 곳. 가게가 온통 중고 물건으로 가득하다 보니 동화 속 마녀의 집이라도 들어온 듯 매우 독특한 분위기를 풍긴다. 추천 메뉴는 달걀과 베이컨을 넣은 파이인 키슈와 매일 바뀌는 수프. 촉촉하고 부드러운 브라우니도 빼놓지 말자. MAP 523p

GOOGLE MAPS W4H8+HV 무르텐
ACCESS 무어텐/모라성에서 도보 3분
ADD Rathausgasse 28, 3280 Murten
OPEN 11:00~22:00(일 10:00~18:00)/선데이 브런치 10:00~12:30/화·수요일 휴무, 6~9월 브런치 주문 불가
PRICE 음료 4CHF~, 주류 11CHF~, 수프 11 CHF~, 파이류 20CHF~, 메인 25CHF~, 선데이 브런치 45CHF(5~12세 20CHF)
WEB chesery-murten.ch

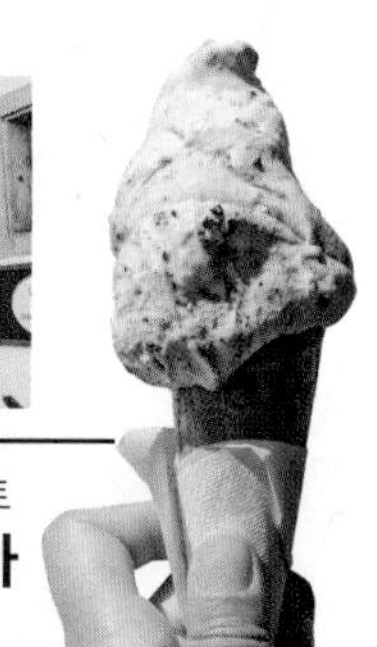

사계절 언제 가도 맛있는 수제 젤라토

젤라테리아 에밀리아
Gelateria Emilia

무어텐/모라를 대표하는 젤라토 가게. 인구가 적은 스위스에선 식당 앞에 줄 서는 일이 매우 드문데, 이 작은 마을에 여름이면 줄이 길게 늘어서는 가게가 바로 이곳이다. 향신료를 사용하지 않고 100% 천연 재료를 아낌없이 넣어 만든 젤라토는 한 입만 먹어도 고개가 끄덕여진다. 총 26가지 맛 중에서 고를 수 있다. MAP 523p

GOOGLE MAPS W4J9+22 무르텐
ACCESS 선착장에서 호수를 등지고 직진 후 오른쪽, 도보 1분
ADD Ryf 64, 3280 Murten
OPEN 12:00~21:00(11~2월 ~18:00/변동될 수 있음)
PRICE 1스쿱 4CHF, 2스쿱 6 CHF, 3스쿱 9CHF
WEB gelateriaemilia.ch

악마의 술, 압생트 탄생지

모티에
MÔTIERS

녹색 요정 압생트의 본고장 발 드 트라베르(Val de Travers) 지역에 있는 작은 산골 마을이다. 뇌샤텔에서 모티에로 가는 길은 들판에 젖소들이 풀을 뜯고 굽이굽이 야트막한 언덕 위에 노란 들꽃들이 끝없이 이어지는 스위스 서쪽 시골의 진풍경이 펼쳐진다.
고요하던 이 일대에 관광객들이 몰려오기 시작한 이유는 2005년에 100년 가까이 금지했었던 압생트를 합법화했기 때문. 현재는 압생트 박물관이 있는 모티에를 포함한 이 지역 모든 마을의 수많은 양조장에서 압생트를 활발하게 생산하며, 다양한 분위기의 압생트 바를 운영한다.

- **칸톤** 뇌샤텔 Neuchâtel
- **언어** 프랑스어
- **해발고도** 737m

모티에 가는 방법

기차

뇌샤텔 → 36분

차량

뇌샤텔 → 40분(28km/10번 국도)

매우 작은 마을인데도
압생트 바가 여러 곳 있다.

Tourist & Attractions

01 압생트를 금지했던 법원의 대변신
압생트 박물관 Maison de L'Absinthe

압생트의 험난한 역사와 제조 방법 등을 볼 수 있는 곳. 과거 스위스 내 압생트 제조와 판매를 불법으로 규정했던 법원 부지에 들어섰다는 것이 재미있다. 요즘 압생트는 기본 허브 3가지 외에도 다양한 약초들을 배합해 만드는데, 이곳에선 압생트에 들어간 허브들의 생김새를 관찰하고 향을 맡아보고, 바에서 유료 시음도 할 수 있다. 1층 상점에서는 압생트 마카롱과 사탕, 초콜릿 등 압생트 관련 기념품을 판매한다. MAP 528p

GOOGLE MAPS WJ56+XM Motiers
ACCESS 모티에역에서 도보 3분
ADD Grande Rue 10, 2112 Môtiers
OPEN 10:00~18:00(일 ~17:00)/월요일, 1월 1일, 1월 9~22일, 12월 24·25·31일 휴무
PRICE 10CHF, 학생·경로 8CHF, 6~15세 4CHF/ 스위스 트래블 패스 소지자 무료 /
시음: 1종류 1CHF, 3종류 6CHF(시음권은 입장권과 함께 구매)
WEB maison-absinthe.ch

옛 압생트 분수.
압생트에 떨어뜨릴
얼음물을 담는다.

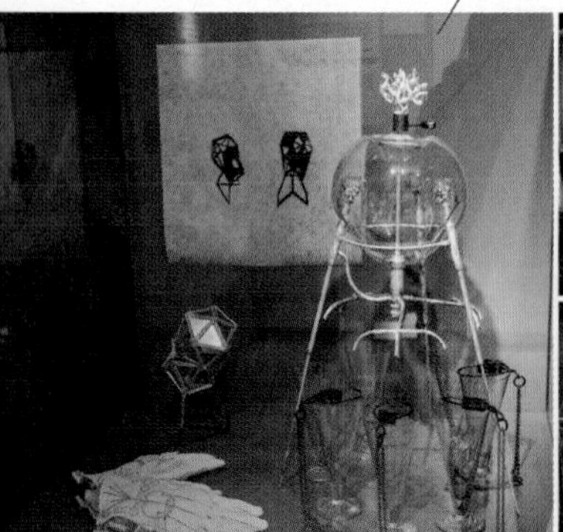

압생트 맛 마카롱

압생트 시음대

Option
02 작은 시골 교회의 서정적인 분위기
모티에 교회 Temple de Môtier

16세기에 지은 작고 소박한 마을 교회. 압생트를 마시러 왔다가 교회에 들른다는 것이 조금 아이러니하지만 스위스 진짜 시골의 정적인 분위기를 느껴보고 싶다면 방문해보자. 십자가에 매달리신 예수의 모습을 닮은 자연 그대로의 나무 조각이 특히 인상적이다. **MAP 528p**

GOOGLE MAPS WJ66+QM Motiers
ACCESS 모티에역 왼쪽 주차장 근처
ADD Rle du Temple, 2112 Val-de-Travers

+ MORE +

악마의 술, 압생트 Absinthe

압생트는 인간의 예술성을 일깨운다고 하여 많은 예술가로부터 사랑받은 술인 동시에, 환각을 일으킨다고 알려져 19세기 말부터 20세기 후반까지 각국에서 금지 조처가 내려졌던 술이다. 화가 반 고흐도 이 술에 한참 심취해 있었는데, 귀를 자르기 전 이것을 마셨다고 하여 더욱 유명해졌다.

그런데 이 악명 높은 술이 평화의 상징처럼 여겨지는 스위스에서, 그것도 근심 걱정이 하나도 없어 보이는 스위스 서부의 발 드 트라베르(Val-de-Travers)에서 탄생했다는 것은 꽤 의외다. 사실 19세기 초 압생트가 최초로 만들어진 당시에는 약용이 목적이었다.

압생트는 기원전부터 약으로 쓰여왔던 허브인 아니스와 회향, 쓴쑥을 원료로 한다. 술에 든 유해 성분은 워낙 미미한 양이기 때문에 과거 이 술이 환각을 일으켰다는 근거는 없는데, 알코올도수가 40~70에 이르는 독한 술인데도 가격이 저렴해 널리 애용되다 보니 각종 알코올중독 증세로 여러 가지 부작용을 일으켰으리란 추측이 있다. 압생트는 20세기 말에 들어서면서 쓴쑥에 들어있던 유해 요소들을 완전히 제거하고 생산이 합법화됐다.

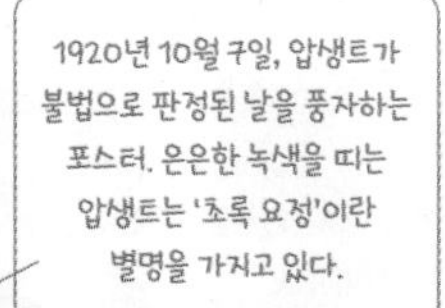

1920년 10월 7일, 압생트가 불법으로 판정된 날을 풍자하는 포스터. 은은한 녹색을 띠는 압생트는 '초록 요정'이란 별명을 가지고 있다.

압생트의 원료 중 하나인 쓴쑥

압생트 마시는 방법

레오나르도 디카프리오 주연의 영화 <토탈 이클립스>를 보면 초록빛 압생트가 든 술잔 위에 각설탕이 올라간 티스푼 같은 것을 포개 놓고 물을 부어 마시는 장면이 나온다. 압생트는 매우 독한 술이지만 보통 차가운 물에 희석해서 마시기 때문에 그렇게 독하게 느껴지지 않는다.

물을 붓기 전에는 투명한 녹색 또는 갈색을 띠다가 물을 부으면 불투명한 하얀색으로 변한다. 간혹 스푼 위 각설탕에 진한 초록색의 압생트를 부어 불을 붙이는 것도 볼 수 있는데, 이것은 스위스에서 전통적으로 압생트를 마시는 방법은 아니다. 설탕도 보통은 넣지 않으며, '압생트 분수'라 불리는 작은 밸브가 달린 아름다운 유리병에 얼음물을 담은 뒤 밸브를 열어 소량의 얼음물이 컵으로 떨어지도록 해서 마신다. 아니스 향이 강해서 그리스의 우조(Ouzo)나 스위스의 파스티스(Pastis), 터키의 라키(Raki) 등과 비슷한 맛이 난다.

구멍이 뚫린 스푼에 각설탕을 얹고, 얼음물을 그 위로 방울방울 떨어뜨린다.

물이 섞이면 투명한 녹색 또는 갈색이었던 압생트가 하얗고 불투명하게 변한다.

Eat
ing
&
Drink
ing

맛있는 음식과 함께 맛보는 압생트

$$ 레 시 코뮌 Les Six Communes

15세기 건물을 개조한 레스토랑 겸 압생트 바. 유럽의 옛 가정집 같은 인테리어가 아늑한 곳으로, 감칠맛 나는 시골 가정식 메뉴를 세련되게 서빙한다. 지역에서 생산한 다양한 종류의 압생트는 맛있는 음식과 곁들이니 더 꿀맛이다. MAP 528p

압생트 분수

GOOGLE MAPS WJ66+FF Motiers
ACCESS 모티에역에서 보이는 보베 라 발로트 양조장(Absinthe Bovet La Valote)을 지나 사거리에서 좌회전 후 50m 직진, 도보 3분
ADD Rue Centrale 1, 2112 Môtiers
OPEN 09:00-15:30, 18:00~23:00(일·월요일은 오전만)/화·수요일 휴무
PRICE 메인 34CHF~, 압생트 5CHF~
WEB sixcommunes.ch

Shop
ping
&
Walk
ing

압생트 기념품의 다채로움

발 드 트라베르 증류소
Distillerie du Val-de-Travers

압생트의 본고장 발 드 트라베르에서 생산되는 대부분의 압생트를 구매할 수 있다. 압생트 분수라 불리는 아름다운 얼음물 병을 비롯해 술잔과 스푼 등 다양한 압생트 관련 제품이 있다. 특히 예술품에 가까운 압생트용 스푼은 여행 기념품으로도 좋다. 술을 못 마셔도 압생트 맛이 궁금한 사람을 위해 압생트 맛 초콜릿이나 사탕 등도 판매한다. MAP 528p

GOOGLE MAPS WJ66+9C Motiers
ACCESS 모티에역에서 도보 2분
ADD Grande Rue 2, 2112 Môtiers
OPEN 수~금 10:00~12:00, 14:00~18:00, 토 10:00~12:00, 13:30~17:00, 일 10:00~12:00, 13:30~16:00/월·화요일 휴무
WEB absinthemotiers.com

아이스크림으로 맛보는 압생트

농장 아이스크림
Glaces de la Ferme

압생트가 들어간 홈메이드 아이스크림과 수제 젤리, 잼 등을 취급하는 곳. 서로에 대한 신뢰를 바탕으로 한 자율 판매 상점이다. 필요한 물건을 담은 후 안쪽에 있는 영수증에 살 품목을 적고, 영수증과 해당 금액을 요금함 옆에 마련된 봉투에 넣어 요금함에 투입하면 구매 완료. 근처 농장에서 생산한 생크림으로 만든 머랭이나 꿀, 수제 햄, 소시지, 달걀 등도 판매한다. MAP 528p

GOOGLE MAPS WJ67+PX Motiers
ACCESS 모티에역에서 도보 5분
ADD Rue du Château 8, 2112 Môtiers
OPEN 24시간
PRICE 아이스크림 소 4CHF, 중 9CHF, 대 17CHF/꿀, 잼, 시럽 등 추가 3CHF~

#Hiking

비밀의 압생트 샘물 하이킹
폼텐 아 루이 Fontaine à Louis

싱그러운 숲속을 걷다가 약수터에 놓인 압생트 한 잔까지 맛볼 수 있는 코스다. 압생트가 불법이었던 시절, 사람들은 집에서 몰래 압생트를 만든 후 수색을 피해 산속 나무 둥지 밑이나 바위틈에 술병을 숨겨두고 마셨는데, 압생트는 시원한 물에 타서 마시는 술이기 때문에 주로 수질 좋은 약수터 근처에 숨겼다고 한다. 그래서 지금도 이때의 추억을 살려 이 일대의 산속 약수터 3곳에는 압생트 병이 놓여 있다. 미리 준비한 개인 컵에 압생트와 약수를 타서 한 잔씩 마신 다음, 옆에 있는 통에 돈을 넣는 무인 판매 시스템. 간혹 압생트 병이 없거나 비어 있을 때가 있으니 산책 겸 시원한 약수를 가득 담아온다는 가벼운 기분으로 떠나보자. 책에서는 마을에서 가장 가까운 하이킹 코스를 골라 소개했다.

info.

코스	압생트 박물관 ⇌ 퐁텐 아 루이
거리	왕복 3.6km
소요 시간	1시간
시기	연중 가능
난이도	하(비포장 산길)

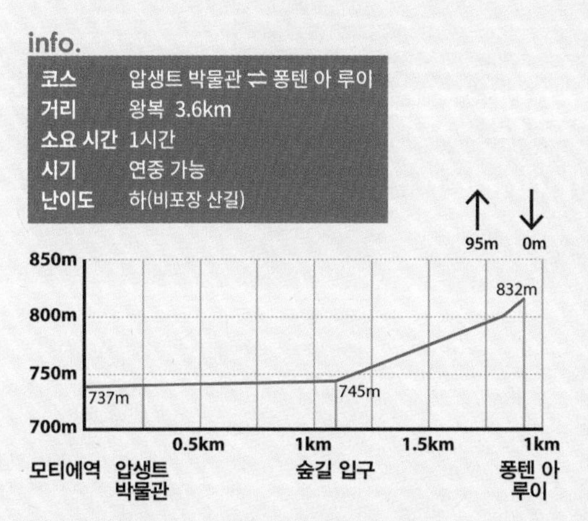

1 압생트 박물관 Maison de L'Absinthe

하이킹은 압생트 박물관 앞에서 시작한다. 모티에는 프랑스 국경과 멀지 않아서 프랑스 시골 분위기가 더 많이 나는 아주 작은 마을이다. 평화로운 초지에서 말들이 풀을 뜯는 시골길을 1km 정도 걷다 보면 숲 입구가 나온다. 숲속 오솔길을 따라 500m 정도 가면 커다란 나무 아래 약수가 졸졸 흐르는 소리가 들린다.

2 퐁텐 아 루이 Fontaine à Louis

알프스와 거리가 매우 먼데도 약수의 수원을 따라가 보면 알프스에 이른다고 한다. 사계절 물이 마르지 않고 항상 4°C 정도의 수온을 유지해 여름에 마시면 특히 시원하다. 눈과 빙하가 녹는 5~6월에는 수량이 엄청나서 소방 호스처럼 물이 분사될 정도다. 압생트 병은 약수터 위 나무 상자에 들어 있다. 상자 옆 요금함에 2~3CHF 정도 넣고, 가져간 컵에 압생트:물=1:5 비율로 섞어 마신다.

압생트 박물관

숲속 약수터로 가는 길 입구

약수터 앞에 놓인 압생트 병

그라우뷘덴 지역
Graubünden

St. Moritz

Chur · Scuol · Sils Maria · Soglio

ST. MORITZ

• 생 모리츠(장크트 모리츠) •

면적이 큰 그라우뷘덴주는 동부와 서부가 나뉘고, 동부는 다시 엥가딘 고지대(Oberengadin)와 저지대(Unterengadin)로 나뉜다. 그중 엥가딘 고지대에 있는 생 모리츠는 19세기부터 전 세계 부호와 영국 왕족, 할리우드 스타들이 찾은 인기 스키 휴양지다. 해발 1822m라는 높은 고도에 넓은 호수까지 자리해 한라산 꼭대기(1947m)에 온 듯 맑고 서늘한데, 뜨끈한 약수로 온천까지 즐길 수 있다.

생 모리츠는 스위스에서 유일하게 동계 올림픽을 2번(1928년, 1948년)이나 개최했고, 세계 최초로 스키 학교를 설립했으며, 스켈레톤과 봅슬레이를 스포츠 종목으로 처음 채택한 곳이기도 하다. 겨울철이 성수기지만 여름철에도 액티비티와 힐링을 즐기러 많은 관광객이 방문한다. 봄·가을은 비수기여서 마을이 텅 비며, 케이블카도 운행하지 않는다.

- **칸톤** 그라우뷘덴 Graubünden
- **언어** 로만슈어, 독일어, 이탈리아어
- **해발고도** 1822m

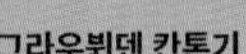

그라우뷘덴 칸톤기

생 모리츠 도시 문장기

Get in & Get out

GERMANY

¤ 주요 도시~생 모리츠 간 소요 시간

취리히

기차
약 3시간

LIECHTENSTEIN

AUSTRIA

기차 약 2시간
빙하특급열차 약 2시간 10분
(겨울철 1일 2회, 여름 1일 3회. 예약제)

쿠어

슈쿠올

기차
약 1시간 30분
(사메단 환승)

생 모리츠

빙하특급열차
약 7시간 50분
(겨울철 1일 2회,
여름철 1일 3회 운행/예약제)

버스
약 1시간
(프로몽토뇨 환승)

솔리오

실스 마리아

버스 약 20분

디아볼레차

기차+케이블카
약 1시간

기차+버스+기차 약 4시간
벨린초나(버스 환승) → 투지스(기차 환승)
버스(팜 익스프레스) 약 4시간
버스+기차(베르니나 익스프레스/여름에만 운행) 약 5시간 50분
베르니나 특급버스 → 이탈리아 티라노(베르니나 특급열차 환승)

루가노

체르마트

ITALIA

★

생 모리츠역

GOOGLE MAPS FRXW+58 생모리츠
ADD Plazza da la Staziun, 7500 St. Moritz
TEL +41 (0)81 288 56 40
WEB sbb.ch/en(기차 시간표 확인)

★

관광안내소

GOOGLE MAPS FRXQ+4R 생모리츠
ACCESS 생 모리츠 마을 광장
ADD Via Maistra 12, 7500 St. Moritz
OPEN 09:00~18:00(토 10:00~16:00) /일요일 휴무
TEL +41 (0)81 837 33 33
WEB stmoritz.ch/en

기차, 버스

생 모리츠는 스위스 동부 끝자락, 알프스 산맥 중턱에 있어서 어디에서 출발하든 창밖으로 환상적인 전망을 감상할 수 있다. 스위스가 자랑하는 파노라마 특급열차인 빙하특급열차와 베르니나 익스프레스의 발착지이기도 하다.

생 모리츠역 Bahnhof St. Moritz

규모가 매우 작아서 상점은 따로 없다. 물품 보관소 이용 시간은 08:15~18:15, 24시간 코인 로커는 1일 대여료 소·중·대 각 5CHF·6CHF·8CHF. 웨스턴 유니온 뱅크, 환전소, 여행 가방 배송 서비스, 여행사, 유료 화장실(2CHF)이 있다.

: WRITER'S PICK :

생 모리츠의 4가지 이름

스위스는 독일어, 이탈리아어, 프랑스어, 로만슈어 4개의 공용어를 사용하고, 그라우뷘덴주는 프랑스어를 제외한 3개 공용어를 사용한다. 따라서 생 모리츠는 독일어로 장크트 모리츠(Sankt Moritz), 이탈리아어로 산 마우리치오(San Maurizio), 로만슈어로 삼 무레촌(San Murezzan)이라고도 부른다. 우리에게 익숙한 표기인 생 모리츠(Saint Moritz)는 프랑스어로, 그라우뷘덴주에서 사용하지 않는 언어임에도 해외에선 프랑스어 표기로 알려져 있다.

차량

카 셔틀 트레인(Furka Car Train)

루가노에서 출발해 이탈리아 국경을 넘나들며 다양한 기후를 체험하는 코스가 인기 있다. 체르마트에서 출발해 안데르마트를 거쳐 가면 차를 열차에 싣고 가는 카 셔틀 트레인을 이용한다. 고속도로 통행권 설명은 033p 참고.

• 주요 도시에서 생 모리츠까지 소요 시간

취리히	약 2시간 40분(200km/3W번, 13번 고속도로, 3번, 27번 국도)
루체른	약 3시간 50분(231km/2번, 13번 고속도로, 19번 국도, 안데르마트 경유)
체르마트	약 5시간(265km/19번 국도, 13번 고속도로, 안데르마트 경유) *오버발트(Oberwald)~레알프(Realp) 구간은 차량을 푸르카 카 트레인(Furka Car Train)에 싣고 이동. 통행료 여름철 27CHF, 겨울철 33CHF
루가노	약 2시간 50분(180km/2번, 13번 고속도로, 27번 국도)
	약 2시간 35분(125km/이탈리아 메나지오Menaggio 경유)
쿠어	약 2시간 15분(87km/13번 고속도로, 3번 국도)

버스

생 모리츠역에서 마을 중심까지는 도보로 5분밖에 걸리지 않지만 오르막길이기 때문에 짐이 무겁다면 버스를 이용하는 게 좋다. 호수 끝에 있는 생 모리츠 바트(온천) 지역은 역에서 2.5km 정도 떨어져 있어서 버스를 타고 간다. 생 모리츠의 모든 관광지는 10구역(Zone 10)에 속하며 티켓은 한 구역 내 1시간권(3CHF), 1일권(6CHF) 등이 있다.

Get around & Travel tips

: WRITER'S PICK :

유네스코 세계유산 위를 달린다, 래티셰 반 Rhätische Bahn

그라우뷘덴주 전역을 운행하는 래티셰 철도는 스위스에서 가장 큰 사철 회사다. 열차로 스위스 동부와 서부를 연결할 뿐 아니라 이탈리아 국경까지 넘나들면서 동부 알프스 산골 마을의 삶의 질을 향상했다. 특급열차와 일반 열차 노선 모두 풍경이 빼어나기로 유명한데, 2008년엔 알불라 구간(1904년 개통)과 베르니나 구간(1910년 개통)이 유네스코 세계유산에 등재됐다. 수많은 계곡과 첩첩산중을 흐르는 빙하, 3000m가 넘는 봉우리들이 번갈아 나타나는 동부의 험난한 지형을 극복해 자연과 인간이 하나 되게 한 공로를 인정받았기 때문이다.

알불라 구간은 투지스(Thusis)와 생 모리츠를 연결하는 일반 열차나 빙하특급열차, 베르니나 구간은 생 모리츠와 이탈리아의 티라노를 연결하는 일반 열차나 베르니나 익스프레스를 타면 볼 수 있다. 경관도 빼어나지만 철도 건축 기술의 명작인 어마어마한 높이의 비아둑트(고가다리) 위를 지날 때면 자연을 향한 인간의 도전 정신에 숙연한 기분마저 든다.

베르니나 구간의 브루시오 원형 비아둑트 (Brusio Circular Viaduct)

알불라 구간의 랜드바서 비아둑트 (Landwasser Viaduct)

DAY PLANS

생 모리츠의 지역은 생 모리츠 도르프(Dorf: 마을)와 생 모리츠 바트(Bad: 온천)로 나뉜다. 대부분의 호텔과 상점은 언덕 위 도르프 지역에 있으니 기차로 도착 시 호텔 무료 픽업 서비스나 버스를 이용한다. 단, 버스 운행 간격이 긴 편이다. 걸어갈 경우 역 앞 디자인 갤러리의 에스컬레이터를 이용하면 오르막길을 약간 줄일 수 있지만 마을 중심까지의 거리가 1km 정도라 짐이 많다면 힘들 수 있다.

추천 일정

★는 머스트 스팟

생 모리츠역

↓ 버스+푸니쿨라+케이블카, 총 50분

❶ 피츠 나이르 ★

↓ 케이블카+푸니쿨라+도보, 총 45분

❷ 기울어진 탑

↓ 버스 7분 또는 도보 15분

❸ 세간티니 미술관

↓ 도보 15분

❹ 엥가딘 박물관 ★

↓ 도보 7분

❺ 생 모리츠 호수

↓ 버스 3분+도보 5분

❻ 약수터 포럼 파라첼수스 ★

↓ 도보 2분

❼ 오바베르바 스파 & 수영장 ★

↓ 버스 4분

생 모리츠역

생 모리츠를 오가는 빙하특급

빙하특급열차 내부

: WRITER'S PICK :

엥가딘 인클루시브 카드
ENGADIN Inclusive Card

생 모리츠 내 호텔 또는 펜션에 머물면 숙박 기간 엥가딘 고지대의 케이블카나 산악열차를 무료로 이용할 수 있는 게스트 카드를 발급해준다. 숙소마다 최소 숙박 일수 및 발급 여부가 다르니 예약 시 확인한다.

WEB booking.engadin.ch/en/experiences

Tourist & Attractions

피츠 나이르의 상징인 산양 동상

01 웅장한 알프스, 구름 속 산책 피츠 나이르
Piz Nair

해발 3056m에 달하는 높다란 산봉우리. 여름엔 2개의 빙하 호수가 사파이어처럼 빛나는 모습을 볼 수 있고, 겨울엔 그림 같은 설경과 동계 올림픽 선수권 대회가 열린 스키 코스를 볼 수 있다. 생 모리츠 시내에서 푸니쿨라를 타고 샨타렐라(Chantarella)와 코르빌리아(Corviglia)를 거쳐 케이블카로 갈아타면 정상 전망대까지 오를 수 있다. 환승 대기 시간을 포함해 1시간 가까이 걸리지만 오르는 동안 지나가는 풍경이 환상적이어서 1시간이 10분처럼 지나간다. 알프스의 귀염둥이 마르모트나 커다란 뿔이 달린 늠름한 아이벡스들이 들판을 뛰노는 모습도 놓치지 말자. 중간역인 코르빌리아에는 도시에서나 볼 법한 세련되고 멋진 콰트로(Quattro) 바가 있으니 시간 여유가 있다면 들러보자.

GOOGLE MAPS 푸니쿨라 승강장: FRXQ+G3 생모리츠/피츠나이르 정상: GQ4Q+G3 Celerina
ACCESS 생 모리츠역에서 1·9번 버스 2정거장(3~4분), 슐하우스플라츠(Schulhausplatz) 하차, 푸니쿨라 환승 3분, 샨타렐라(Chantarella) 하차, 푸니쿨라 환승 6분, 코르빌리아(Corviglia) 하차, 케이블카 환승 16분, 총 50분
ADD Via Stredas 14, 7500 St. Moritz
OPEN 6월 말~10월 말 08:20~16:45, 12월 말~4월 초 07:45~16:50/그 외 기간 휴무
PRICE 여름철: 왕복 79.20CHF, 13~17세 52.80CHF, 6~12세 26.40CHF/ 엥가딘 인클루시브 카드 소지자 무료 /
겨울철(엥가딘 고지대 전체가 스키장이 돼 지역 통합권으로 판매): 1일 패스 87.50CHF, 13~17세 56CHF, 6~12세 28CHF
WEB engadin.ch/en

코르빌리아로 올라가는 푸니쿨라

중간역 코르빌리아에 있는 콰트로 바

푸니쿨라에서 본 생 모리츠

정상에서 본 풍경

02 스위스판 피사의 사탑
기울어진 탑
Schiefer Turm

이탈리아 피사의 사탑에 도전장을 내민 탑. 1570년 성 모리셔스 교회의 종탑으로 지었으나 계속 기울어지는 바람에 1890년 상부 무게를 줄이고자 종을 제거했다. 1893년 본당이 사라진 후 높이 33m의 탑만 5차례의 보수공사를 통해 바로 세웠지만 여전히 5.5°나 기울어진 상태. 이는 피사의 사탑의 기울기인 3.99°보다도 큰 각도다. 탑 아래 잔디밭에 앉아 평화롭게 사색을 즐기거나, 탑을 받친 자세로 기념사진을 남겨보자. 주변에 탑 말고 다른 볼거리는 없다. MAP 22

GOOGLE MAPS FRXR+WG 생모리츠
ACCESS 피츠 니이르 푸니쿨라 승강장에서 도보 5분, 쿨름 호텔 위쪽
ADD Via Maistra 1, 7500 St Moritz
OPEN 10:00~18:00
PRICE 무료

03 빛의 화가 세간티니의 유작이 있는 곳
세간티니 미술관
Segantini Museum

북부 이탈리아 출신 화가 조반니 세간티니(1858~1899)의 유작을 볼 수 있는 미술관. 불우한 어린 시절을 보냈던 세간티니는 무국적자로 떠돌다가 애인과 함께 엥가딘 지역으로 이주 후 알프스 풍경을 묘사한 작품을 많이 그렸다. 3명의 자녀를 키우며 생활고에 시달리면서도 차츰 주목받기 시작해 파리 만국 박람회에 작품을 전시하는 쾌거를 이뤘으나, 무국적자인 탓에 결국 자신의 전시회에 가보지 못했다. 세간티니의 가장 유명한 작품은 <인생>, <자연>, <죽음> 3부작으로, 1899년 해발 3000m가 넘는 산 위에서 마지막 작품 <자연>을 그리던 중 과로로 세상을 떠났다. 이곳에서는 그가 남긴 3편의 유작을 볼 수 있다. 내부는 사진 촬영 금지. MAP 22

GOOGLE MAPS FRVM+38 생모리츠
ACCESS 푸니쿨라 승강장 앞에서 2번 버스 2정거장, 7분, 세간티니 미술관(Segantini Museum) 하차 또는 도보 15분
ADD Via Somplaz 30, 7500 St. Moritz
OPEN 5월 20일~10월 20일·12월 10일~4월 20일 11:00~17:00/월요일, 1월 1일, 부활절 금·일요일, 오순절 일요일, 4월 21일~5월 19일, 10월 21일~12월 9일, 12월 25일 휴무
PRICE 15CHF, 16~25세 10CHF, 6~15세 3CHF
WEB segantini-museum.ch

<인생>

<자연>

<죽음>

조반니 세간티니 동상

04 정감 있는 민속 박물관
엥가딘 박물관
Engadiner Museum

하얀색 벽을 긁어 회색빛 패턴을 장식한 엥가딘 지방의 전통 건축물. 1906년 박물관으로 개관해 21개의 방에 엥가딘 지역의 생활상을 담은 여러 수집품을 전시한다. 내부의 자연 친화적인 목재 인테리어가 따뜻한 느낌을 주는데, 가구, 상자, 예술품 등도 색을 덧입히는 대신 나무 본연의 색을 그대로 유지한 채 패턴 장식을 더한 모습이 기품 있다. 여름철에만 운영한다. MAP ㉒

GOOGLE MAPS FRVP+H4 생모리츠
ACCESS 푸니쿨라역 앞에서 도보 10분/세간티니 미술관에서 도보 15분
ADD Via dal Bagn 39, 7500 St. Moritz
OPEN 11:00~17:00/월~수요일, 12~4월 말 휴무
PRICE 15CHF, 학생 10CHF, 17세 이하 무료/ 스위스 트래블 패스 소지자 무료
WEB museum-engiadinais.ch

엥가딘 전통 종이 컷팅
전통가옥 주방

+ MORE +

생 모리츠의 랜드마크
바드루트 팔라스 Badrutt's Palace

쿨름 호텔 창업자 바드루트의 둘째 아들이 세운 5성급 호텔. 1896년 오픈 이래 여전히 바드루트의 가족이 대를 이어 운영하고 있다. 17~19세기 유럽의 귀족 자제들이 사회로 나가기 전 견문을 넓히기 위해 프랑스와 이탈리아를 중심으로 유럽 여러 나라를 여행하던 문화인 그랜드 투어가 유행했던 로맨틱한 시대를 반영해 우아한 성을 테마로 설계한 건물은 현재 생 모리츠의 랜드마크가 되었다. 통유리를 통해 비치는 자연 채광을 그대로 즐길 수 있는 실내 수영장과 온수 야외 수영장, 사우나, 스파, 아이스 스케이트장, 6개의 레스토랑 등의 시설이 있다. 이 중 스파와 레스토랑은 투숙객이 아니어도 이용 가능하다. MAP ㉒

GOOGLE MAPS FRXR+3F 생모리츠
ACCESS 생 모리츠 역에서 도보 10분(호텔 투숙객은 생 모리츠역에서 무료 셔틀 리무진 이용 가능)
ADD Via Serlas 27, 7500 St. Moritz
WEB badruttspalace.com

05 사계절 OK! 호수 스포츠의 성지
생 모리츠 호수
St. Moritzersee

생 모리츠를 대표하는 호수이자 모험가들의 성지. 겨울이면 꽁꽁 얼어붙은 호수가 스케이트와 눈썰매, 하이킹, 스노타이어를 장착한 팻 바이크(Fat Bike: 바퀴가 두꺼운 겨울용 자전거) 등을 즐길 수 있는 놀이터로 변하고 패러글라이딩 랜딩 포인트로도 활약한다.
여름엔 물놀이는 물론 호수 둘레길을 한 바퀴 도는 트레킹이 인기인데, 유모차도 끌 수 있도록 길이 잘 정비돼 있다. 빨리 돌아보고 싶다면 자전거 대여를 추천. 액티비티를 즐긴다면 세일링이나 가이트시핑에 도전해보자. 보드는 1일 단위로 대여 가능하고 카이트서핑은 1일 강습도 받을 수 있다(어린이 포함). MAP ㉒

ACCESS 생 모리츠역에서 도보 4분/엥가딘 박물관에서 도보 7분

호숫가 산책로에 있는
화이트 터프의 상징, 초대형 말 조형물

화이트 터프(겨울 승마대회)

+ MORE +

생 모리츠 호수에서 스포츠 즐기기

■호수 하이킹
아래의 엥가딘 홈페이지에서 다양한 하이킹 루트 지도를 살펴볼 수 있다. 취향과 체력에 맞는 루트를 찾아 하이킹을 즐겨보자.

WEB engadin.ch/en/winter-hiking

■패러글라이딩, 행글라이더
꽁꽁 언 생 모리츠 호수에 착륙하거나, 스키 또는 보드를 장착한 채 비행 후 인근 스키 슬로프에 착륙하는 방법 중 1가지를 선택한다.

에어 택시(Air Taxi)
GOOGLE MAPS GR59+2H 생모리츠
ACCESS 코르빌리아(Corviglia) 출발
OPEN 12월 말~3월 10:00~16:00(탑승 시간 10~15분)/4~12월 중순 휴무
PRICE 250CHF~/사진: 30CHF
WEB airtaxistmoritz.ch/en-home

■말 눈썰매
말이 끄는 사륜마차형 눈썰매다.

지오바놀리(Giovanoli), **모티**(Motti)
ACCESS 생 모리츠 바트 성당 옆 호숫가
(요청 시 호텔 앞 가능)
OPEN 12월 말~3월/4~12월 중순 휴무
PRICE 1시간 150CHF~
TEL 지오바놀리: +41 (0)79 634 30 74/모티: +41 81 833 37 68

■카이트서핑
겨울철엔 얼음 위를, 여름철엔 호수 위를 달리는 카이트서핑 강습을 받을 수 있다.

스위스 카이트서프(Swiss Kitesurf)
OPEN 6~9월, 12월 중순~2월/그 외 기간 휴무
PRICE 초급 150CHF~
WEB kitesailing.ch/en

꽁꽁 언 호수 위에서 타는
카이트 스키 & 스노보드

■수상 스포츠
세일링, 윈드서핑, SUB, 카약 강습 및 대여 서비스를 받을 수 있다.

생 모리츠 세일링 클럽(Segelclub St. Moritz)
GOOGLE MAPS FRVQ+VW 생모리츠
ADD Via Grevas 34, 7500 St. Moritz
OPEN 6~10월/11~5월 휴무
PRICE 요트 5인승: 170CHF, 스탠드업 패들보드: 20CHF,
카누 2인승: 30CHF, 나룻배 5인승: 30CHF/시간당 요금
WEB scstm.ch/en

■자전거
사계절 대여 가능. 겨울철 호수가 얼면 팻 바이크 이용 가능.

엥가딘 바이크(Engadin Bikes)
GOOGLE MAPS FRQP+87 생모리츠
ADD Via dal Bagn 1, 7500 St. Moritz
OPEN 09:00~12:30, 14:30~17:30/일요일 휴무(사전 요청 시 임시 오픈)
PRICE 1일 일반 45CHF, 전기 59CHF, 팻 바이크 63CHF
WEB engadinbikes.com

06 치유의 샘물, 그 톡 쏘는 맛
약수터 포럼 파라첼수스
Forum Paracelsus

3400년 전 청동기 시대부터 이용한 흔적이 남아 있는 치유의 샘물. 중세 시대엔 교황과 의사들에게 칭송받으며 유명해졌고 현재도 근처 호텔 스파들의 원천으로 쓰인다. 1866년 지은 펌프 시설을 개조한 작은 무료 박물관에서 샘물을 마셔볼 수 있는데, 미네랄과 철분이 다량 함유돼 혀에 닿는 순간 톡 쏘는 맛과 피 맛이 느껴진다. MAP ㉒

GOOGLE MAPS FRMP+8F 생모리츠
ACCESS 엥가딘 박물관에서 도보 20분/푸니쿨라 승강장에서 1·6·9번 버스를 타고 생 모리츠 바트 할렌바트(St. Moritz Bad, Hallenbad) 하차, 5~10분
ADD Plazza Paracelsus 10, 7500 St. Moritz
OPEN 07:00~20:00
WEB ovaverva.ch

약수 펌프

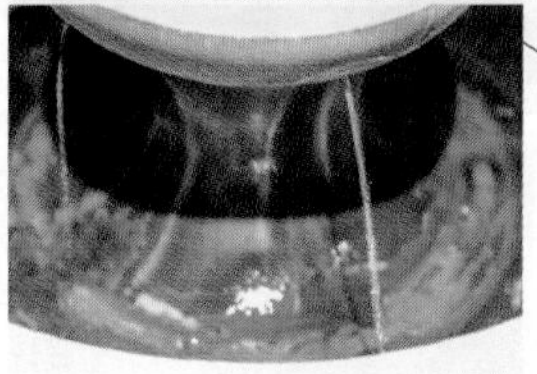

포럼 파라첼수스 약수.
철분이 많아서
주변이 붉게 물든다.

공용 스파

실내 휴식 공간
실내 수영장

07 활력의 탄산수로 즐기는 사우나
오바베르바 스파 & 수영장
Ovaverva Hallenbad

생 모리츠의 약수를 이용한 스파와 공공 수영장. 인근 호텔들보다 저렴한 가격으로 온천을 즐길 수 있다. 오바베르바라는 이름은 로만슈어로 '활력의 탄산수'란 뜻. 슬라이드 몇 개와 제트 마사지 풀, 크나이프 풀, 핀란드식 사우나 등의 시설이 있으며, 마사지와 트리트먼트 등 다양한 서비스를 제공한다. 수영장 바에 앉아 음료를 곁들이면서 스키나 하이킹을 마친 후 피로를 풀 수 있다. MAP ㉒

GOOGLE MAPS FRMP+PH 생모리츠
ACCESS 약수터 포럼 파라첼수스 옆 건물/생 모리츠역에서 9번 버스 4분, 생 모리츠 바트(St. Moritx Bad, Post) 하차
ADD Via Mezdi 17, 7500 St. Moritz
OPEN 10:00~22:00(화 08:00~)/11월 중순~말, 4월 말~5월 중순 휴무
PRICE 수영장: 16CHF, 6~15세 8CHF/스파: 32CHF, 6~15세 15CHF/스파+수영장: 40CHF/수건 대여 5CHF(+보증금 30CHF)
WEB ovaverva.ch

베리의 자화상 베리가 그린 알프스

Option 08 생 모리츠의 인상파 화가

베리 미술관
Berry Museum

19세기 생 모리츠 출신 화가 베리(1864~1942)의 작품을 전시한 작은 갤러리. 본업이 치유의 샘물을 활용한 스파 물리치료사였던 베리는 미술, 음악 등 예술 분야에 조예가 깊어서 조반니 세간티니와 인상파의 영향을 받은 회화를 많이 남겼다. 시내에 있으니 지나는 길에 가볍게 들러보자. MAP ㉒

GOOGLE MAPS FRWQ+H5 생모리츠
ACCESS 푸니쿨라 승강장에서 도보 5분, 슈바이처 호프 호텔 뒤
ADD Via Arona 32, 7500 St. Moritz
OPEN 14:00~18:00/토·일요일 휴무
PRICE 13세 이상 15CHF
WEB berrymuseum.com

: WRITER'S PICK :

부드럽고 경쾌한 언어, 로만슈어Romansh

• 7개의 방언이 공존하는 곳

그라우뷘덴주는 스위스 동부의 넓은 지역으로, 프랑스에서 시작해 스위스를 지나 오스트리아로 이어지는 알프스산맥 한가운데 있다. 도시와 마을 간 거리가 한참 떨어진 산중인 탓에 무려 7개의 방언을 사용하는데, 독일과 이탈리아 본토 사람들은 잘 알아듣지 못하는 독일어 방언과 이탈리아어 방언, 로만슈어가 이에 속한다.

• 사랑스러운 언어, 로만슈어

로만슈어는 스위스 전체 인구의 0.5% 정도만 사용하는 언어임에도 공용어로 지정돼 있다. 그라우뷘덴주를 여행하다가 기차나 버스 안내 방송이 이탈리아어와 비슷하면서도 좀 더 부드럽고 경쾌한 느낌이 든다면, 그것이 바로 로만슈어다. 기원전 15년 로마군이 이곳을 점령했을 때 토착어와 결합해 생긴 언어로, 프랑스어, 스페인어, 이탈리아어 등과 마찬가지로 라틴어 계열이다. 1900년대 초반엔 스위스 인구의 1% 정도가 사용했으나, 최근엔 아쉽게도 점점 사라져가는 추세다. 엥가딘 지역에서 종종 듣게 되는 알레그라(Allegra)는 로만슈어로 '안녕하세요'란 뜻이다.

• 실전! 로만슈어

빠르크 나지우날 스비체르(Parc Naziunal Svizzer)는 '스위스 국립공원'이란 뜻의 로만슈어다. 'Entrada'는 '입구'라는 뜻. 아래 사진의 위에서부터 차례로 로만슈어, 독일어, 프랑스어, 이탈리아어, 영어가 표기돼 있다. 이 중 외국인을 위한 영어를 제외한 나머지는 스위스 공용어로, 스위스에선 표지판이나 상품명에 2~3가지 이상의 언어를 표기하는 경우가 대부분이다. 그라우뷘덴주의 버스 안내 방송은 로만슈어부터 나온다.

겨울 스포츠 왕국

생 모리츠 200% 활용법

생 모리츠는 전 세계 스포츠 선수와 마니아를 불러 모으는 동계 스포츠의 성지다. 스키 월드컵과 동계 올림픽 개최지이자 스켈레톤과 봅슬레이 경기가 탄생한 장소. 세계적인 수준의 슬로프에서 스키를 즐기고 봅슬레이에도 도전해보자.

스키 & 스노보드

Ski & Snowboard

스키를 빼고 생 모리츠를 이야기할 순 없다. 밝은 햇살 아래 보석 같이 흩날리는 눈 위를 거침없이 질주할 기회. 스키 고급자라면 생 모리츠에서 케이블카를 타고 코르빌리아(Corviglia, 2486m) 정상에 올라 알파인 스키 월드컵 수준의 코스를 즐겨보자. 스키 중급자들에겐 이웃 마을 실스의 코르바치(Corvatsch, 3451m)도 인기가 높다. 특히 폰트레지나의 디아볼레차(Diavolezza, 2973m)는 무려 60여 대의 리프트와 다양한 수준별 코스를 보유한 이 지역 최대 규모의 스키장. 대부분 호텔이 숙박 기간 동안 쓸 수 있는 스키 패스를 제공해 더욱 편리하다. 셀럽이 많이 찾다 보니 가끔 할리우드 스타와 마주치는 재미도 쏠쏠하다.

WEB 스키 대여 및 스키 패스 예약 booking.engadin.ch/en

셀레리나 봅슬레이 트랙

Olympia Bob Run St. Moritz-Celerina

1902년 만든 세계 최초의 봅슬레이 트랙. 1928년과 1948년 생 모리츠 동계 올림픽 경기가 이곳에서 열렸다. 현재도 스켈레톤이나 루지 세계 선수권 대회 등이 활발히 열리며, 2016년 생 모리츠 월드컵 땐 한국의 윤성빈 선수가 스켈레톤으로 금메달을 따기도 했다. 일반인도 길이 약 1.7km의 트랙에서 4인용 봅슬레이를 체험할 수 있는데, 숙련된 운전자가 맨 앞에서 조종하고 썰매를 밀어주는 사람이 맨 뒤에 타기 때문에 중간에 탄 2명의 탑승객은 가만히 앉아 스피드만 즐기면 된다.

GOOGLE MAPS GR2W+GW 생모리츠
ACCESS 푸니쿨라 승강장 앞에서 2·6번 버스를 타고 배렌(Bären) 하차, 베렌 호텔 아래
ADD Via Maistra 54, 7500 St Moritz
OPEN 12월 넷째 주~3월 첫째 주(예약 필수)/그 외 기간 휴무
PRICE 1인 269CHF(16세 이상만 가능/안전 장비, 도착점과 출발점 셔틀 서비스, 기념품, 축하주 1잔, 체험 증명서 발급 포함)
WEB olympia-bobrun.ch

+ MORE +

봅슬레이의 탄생 배경

봅슬레이는 생 모리츠의 쿨름 호텔 설립자 카스파르 바드루트 덕분에 생겨난 스포츠다. 영국인 단골들이 여름에만 호텔에 오는 것이 아쉬웠던 바드루트는 겨울 손님을 위한 각종 이벤트를 열고 식음료를 제공하며 인기를 끌기 시작했는데, 이에 영국 빅토리안 시대엔 생 모리츠로 떠나는 겨울 스포츠 여행이 대유행하게 됐다. 하지만 철제 스켈레톤(골격)으로 된 썰매 속도가 너무 빨라 현지 주민들과 접촉 사고가 발생하자 마을 내 썰매 타기가 금지돼 버렸고, 이 때문에 또다시 고심한 바드루트는 마을 외곽에 자연 얼음을 이용한 썰매 트랙을 만들었다. 그것이 현재의 셀레리나 봅슬레이 트랙의 시초이며, 최초의 봅슬레이 경기도 이 트랙에서 열렸다.

이참에 사슴고기 한 번 맛볼까?

$$ 엔지아디나 레스토랑 Restaurant Engiadina

로만슈어로 '엥가딘 지역'을 뜻하는 식당 이름처럼 향토 요리를 전문으로 한다. 시그니처 메뉴는 엥가딘 지역에서 흔히 먹는 사슴고기 요리. 그 외 다양한 육류의 바비큐와 퐁뒤 등이 준비돼 있다. 내부는 따뜻한 나무색을 그대로 드러낸 엥가딘 지역 특유의 샬레 스타일로 꾸며졌다. MAP 22

GOOGLE MAPS FRXX+5M 생모리츠
ACCESS 생 모리츠역에서 마을 반대 방향으로 다리 건너 위치, 도보 8분
ADD Via Dimlej 1, 7500 St. Moritz
OPEN 10:00~14:00, 18:00~22:00
PRICE 육류 35CHF~, 파스타 22CHF~, 퐁뒤 33CHF~, 디저트 13CHF~
WEB restaurant-engiadina.ch

+ MORE +

생 모리츠 먹킷리스트

피초케리
Pizzoccheri

메밀 80%, 밀가루 20%를 섞어 만든 납작 파스타(탈랴텔레 Tagliatelle)의 한 종류. 양배추와 여러 가지 야채, 치즈 등을 넣어 조리한다.

카푼스
Capuns

그라우뷘덴주의 대표 음식. 스위스 전통 파스타 종류인 슈패츨(Spätzle)을 근대 잎에 싸서 우유 소스에 담근 후, 치즈를 뿌려 오븐에 구워낸다.

마룬스
Maluns

중세 시대 농부들이 주로 먹던 음식. 찐 감자를 으깨어 밀가루, 버터와 섞어 천천히 볶는다. 사과 소스, 치즈와 함께 먹는다.

뷘트너 게르스텐주페
Bündner Gerstensuppe

야채를 넣은 보리 수프. 베이컨이나 쇠고기, 우족 등을 넣기도 한다.

뷘드너 비른브로트 운드 뢰텔리
Bündner Birnbrot und Röteli

견과류와 과일 앙금을 얇은 도우에 싸서 구운 디저트.

누스토르테
Nusstorte

캐러멜과 호두가 가득 든 파이. 1960년대부터 지역 특산물로 자리 잡았다.

엥가디너 토르테
Engadiner Torte

2~3겹으로 카스텔라와 바닐라 버터크림을 쌓아 견과류로 토핑한 케이크.

©Dal Mulin

분위기, 맛, 친절함까지 꿀조합!

$$$ 달 물린 Dal Mulin

문을 연 순간, 포근하고 아늑한 분위기로 점수를 따고 시작하는 곳. 예쁜 플레이팅에 또 한 번 감탄하고 음식 맛에 더욱 황홀해진다. 현지 주민들도 특별한 날 찾아올 정도로 인기 있는 곳이니 예약은 선택이 아니라 필수. 주메뉴는 스위스 전통 요리와 프랑스, 이탈리아 요리다. MAP ㉒

GOOGLE MAPS FRXQ+JW 생모리츠
ACCESS 생모리츠 푸니쿨라역에서 도보 3분
ADD Plazza dal Mulin 4, 7500 St. Moritz
OPEN 18:30~23:30(금·토 12:00~14:00, 18:30~23:30)/일·월요일 휴무
PRICE 파스타 28CHF~, 육류 및 해산물 요리 49CHF~
WEB dalmulin.ch/en/

셀럽들이 인정한 맛집 클래스

$$$ 케사 벨리아 Chesa Veglia

시내 중심부의 산장 스타일 레스토랑. 바드루트 팔라스 호텔에서 운영한다. 로만슈어로 '낡은 집'이란 뜻의 이름과 달리 매우 고급스러운 분위기로, 테라스 전망, 음식, 서비스 모든 것이 일품이다. 1896년 문을 연 이래 전 세계 유명 인사들이 심심찮게 드나든다. 바비큐, 스테이크, 정통 화덕 피자 등을 비롯해 그라우뷘덴주의 전통 음식인 사슴고기 요리, 보리 수프, 카푼스 등도 제공한다. MAP ㉒

GOOGLE MAPS FRXR+64 생모리츠
ACCESS 마을 관광안내소 뒤
ADD Via Veglia 2, 7500 St. Moritz
OPEN 18:30~23:00
PRICE 바비큐 55CHF~, 피자 25CHF~, 파스타 28CHF~
WEB badruttspalace.com

©Chesa Veglia

+ MORE +

생 모리츠의 레스토랑 사정

생 모리츠는 저렴한 음식점이 드물고 패스트푸드점도 없기 때문에 예산을 넉넉히 잡아야 한다. 4~6월 중순경은 여행하기 무척 좋은 계절이지만 대부분 레스토랑이 특별한 공지 없이 문을 닫는 때가 많다. 따라서 호텔의 하프보드(점심·저녁이 포함된 옵션)를 선택하거나, 슈퍼마켓, 빵집 등에서 식사를 해결해야 한다.

©Hauser

뵌드너 비른브로트

누스토르테

매일 먹고 싶은 디저트랑 샌드위치

하우저 베이커리 카페
Hauser Confectionery

1892년 문을 연 베이커리. 하우저 호텔에서 운영한다. 보기만 해도 달콤해지는 예쁘고 수준 높은 디저트들이 가득한데, 뵌드너 비른브로트 운드 뢰텔리, 누스토르테, 엥가디너 토르테 등 전통 디저트도 많다. 브런치와 샌드위치도 맛있으니 하이킹 떠나기 전 샌드위치를 챙긴다면 이곳을 추천한다. MAP 22

GOOGLE MAPS FRWQ+X5 생모리츠
ACCESS 시내 중심 원형교차로에 위치, 하우저 호텔 1층
ADD Via Traunter plazzas 7, 7500 St. Moritz
OPEN 08:00~21:00
PRICE 디저트 5CHF~, 샌드위치 8CHF~, 음료 4.50CHF~
WEB hotelhauser.ch/en/confiserie/

호두 파이 중독 주의보

한젤만 베이커리 카페
Conditorei Hanselmann

아름다운 건물 외관으로 시선을 모으는 곳. 1894년 문을 연 이래 가족이 대를 이어 지켜온 만큼 빵과 과자에 대한 자부심이 대단하다. 대표 메뉴는 각종 매체에 종종 등장하는 호두 파이, 누스토르테. 채광 좋은 티룸에서 차 한 잔과 함께 맛보자. 꼼꼼하게 포장해주기 때문에 기념품용으로 구매해도 좋다. MAP 22

GOOGLE MAPS FRXQ+3M 생모리츠
ACCESS 마을 관광안내소 앞
ADD Via Maistra 8, 7500 St Moritz
OPEN 07:30~19:00
PRICE 디저트 5CHF~, 샌드위치 8CHF~, 음료 4.50CHF~
WEB hanselmann.ch

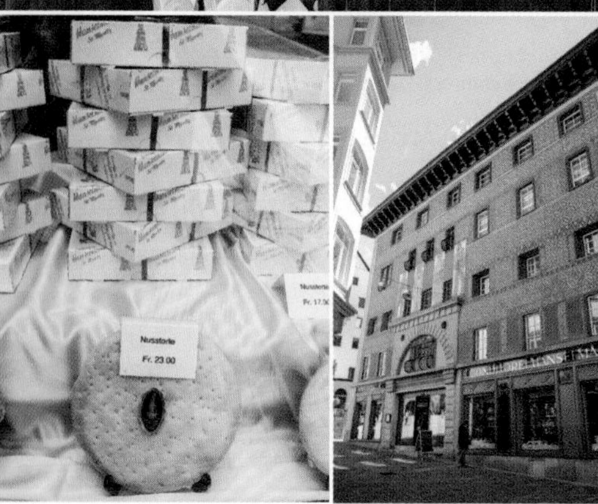

누스토르테

©Hotel Waldhaus am See

세계 최대 규모 위스키 바

데빌즈 플레이스 위스키 바
Devil's Place

2500여 종에 달하는 어마어마한 위스키 컬렉션으로 기네스북에 오른 바. 일부 빈티지를 제외하고 모두 테이스팅할 수 있으며, 그중 약 1300종의 위스키는 구매도 할 수 있다. 위스키 외에도 20여 개국에서 만든 1000종의 와인까지 창고에 보관하고 있어서 이곳에선 메뉴를 고르는 일도 보통 일이 아니다. 우아하고 느긋하게 아프레 스키를 즐기기 좋은 곳이다. MAP ㉒

GOOGLE MAPS FRWX+VH 생모리츠
ACCESS 생 모리츠역에서 마을 반대편으로 다리 건너 정면, 발트하우스 암 제(Waldhaus-am-see) 호텔 내, 도보 8분
ADD Via Dimlej 6, 7500 St. Moritz
PRICE 위스키 테이스팅 4종 45CHF, 5종 65CHF, 6종 90CHF /시그니처 테이스팅 5종 68CHF/세계 여행 테이스팅 4종 50CHF/스위스 테이스팅 3종 35CHF/빈티지 위스키 테이스팅 165CHF
WEB waldhaus-am-see.ch/en/whiskey-wine/

+ MORE +

아프레 스키 Après-Ski

유럽에서 스키를 즐긴 후 가족, 친구들과 즐기는 뒤풀이를 의미한다. 아프레는 '~후에(after)'란 뜻의 프랑스어. 아프레 스키 외에도 아프레-다이빙, 아프레-OOO 등으로 응용할 수 있다.

산양, 염소 뿔 장식품. 작은 것도 15만 원가량 하며, 웬만한 뿔은 길에서 바구니에 담아 판다.

명품으로 홀리는 쇼핑 거리

다 스쿨라 광장
Plazza da Scoula

스키 휴양을 온 전 세계 부호들이 쇼핑을 즐기는 거리. 명품 시계와 고가의 의류 브랜드, 스포츠용품점, 기념품점 등이 거리를 가득 메운다. 대부분 상점은 시내 중심인 스쿨라 거리를 중심으로 모여 있는데, 소소한 기념품은 관광안내소에서 구매할 수 있다. 참고로 비수기인 봄(4~5월), 가을(11~12월)엔 마을 전체가 텅 비고 상점과 레스토랑도 문을 닫으니 여행 계획 시 유의한다. MAP ㉒

GOOGLE MAPS FRXQ+CF 생모리츠
ACCESS 생 모리츠역에서 버스 1·9번을 타고 슐하우스플라츠(Schulhausplatz) 하차

DAY TRIP

생 모리츠에서 살짝 다녀오는

근교 나들이

생 모리츠 인근엔 수려한 풍경을 자랑하는 디아볼레차 봉우리가 있다.
봉우리 이름의 뜻은 이탈리아어로 '악마 같은 여자'. 산속에 사는 요정이 사람들을 홀려 사라지게 했다는 전설에서 유래했는데, 그만큼 산세가 사람을 홀릴 정도로 아름다워서 생긴 이야기다.

디아볼레차 모르테라취 빙하

스키 마니아를 열광하게 하는 곳

디아볼레차 Diavolezza

생 모리츠 지역 최고의 스키 리조트. 전망과 트레킹을 즐기려는 사람들도 많이 찾는다. 정상(해발고도 2973m)의 호텔 레스토랑에서 차 한잔만 해도 좋지만 기왕이면 자쿠지까지 즐겨보자. 하얀 융단처럼 흘러내린 거대한 빙하와 병풍처럼 둘러싼 베르니나 봉우리들을 감상하며 뜨끈한 물속에 있다 보면 여독이 말끔히 풀린다. 엥가딘 인클루시브 카드 소지 시 무료로 올라갈 수 있어서 더욱 좋은 곳. 자쿠지는 베르그하우스(Berghaus Diavolezza)로 예약 후 이용 가능하고 1인 29CHF(비치 타월, 가운, 얼음물, 과일 포함)이다. 수영복 개인 지참, 남자는 수영 팬츠 대여(5CHF) 가능.

GOOGLE MAPS 케이블카 승강장: CXRM+CC Pontresina/디아볼레차 정상: CX68+V6 Pontresina
ACCESS 생 모리츠역에서 기차를 타고 베르니나 디아볼레차역(Bernina Diavolezza) 하차, 케이블카 약 12분, 총 1시간
ADD Bernina Suot 6, 7504 Pontresina(케이블카 승강장)
OPEN 08:40~16:20/10월 중순~12월 말 휴무
PRICE 여름철: 왕복 44CHF, 13~17세 29CHF, 6~12세 14.50CHF/겨울철: 데이 패스 37CHF, 13~17세 31CHF, 6~12세 23CHF/
스위스 트래블 패스 소지자 50% 할인 엥가딘 인클루시브 카드 소지자 무료
WEB corvatsch-diavolezza.ch

기차에서 바라보는 풍경

디아볼레차 전망대로 가는 케이블카

디아볼레차 전망대 레스토랑

레스토랑 창문에 반사되는 풍경

디아볼레차 베르그하우스 자쿠지
©Berghaus Diavolezza

• Festivals : 생 모리츠 대표 축제 •

생 모리츠 구르메 페스티벌
St.Moritz Gourmet Festival

겨울철 9일간 열리는 수준 높은 음식 축제. 생 모리츠내 여러 호텔 레스토랑에서 세계 각국의 스타 셰프들이 만든 다양한 요리를 맛볼 수 있다.

WHERE 생 모리츠 내 여러 호텔
OPEN 1월 중순
PRICE 40~550CHF
WEB stmoritz-gourmetfestival.ch/en

©David Hubacher

화이트 터프 승마 경기
The White Turf

1907년부터 열린 유서 깊은 승마 경기. 한겨울 꽁꽁 언 호수 위에서 열리는 경기라서 이색적이다. 전 세계의 내로라하는 선수들이 말을 타고 하얀 눈가루를 흩날리며 설원을 달린다.

WHERE 생 모리츠 호수 위
OPEN 2월 둘째·셋째·넷째 일요일
PRICE 스탠딩석 26.20CHF, 자유석 51.80CHF, 지정석 87.50CHF(베팅 카드 포함), VIP석 990CHF
WEB whiteturf.ch/en

#Hiking

다정하게 걷는 스위스 동화 트레킹

하이디의 꽃길+우슬리의 종소리 길

Heidis Blumenweg+Schellen Ursli-weg

생 모리츠의 무궁무진한 트레킹 코스 중 동화를 테마로 한 2가지 트레킹을 조합한 코스다. 하이디의 꽃길만 걸으면 시작점으로 되돌아오지만 우슬리의 종소리 길과 조합하면 시작점이 아닌 생 모리츠 마을로 내려올 수 있어서 코스가 다채로워진다. 하이디의 꽃길엔 <알프스의 소녀 하이디>의 TV 드라마 판에 등장한 하이디의 오두막을 옮겨 놓았으며, 6~7월에 야생화가 만발하고 8월엔 에델바이스도 가끔 눈에 띈다. 어린이도 걷기 쉬운 길을 내려오면서 아름다운 호수와 마을을 감상하는 코스로, 겨울엔 스노슈잉도 즐길 수 있다.

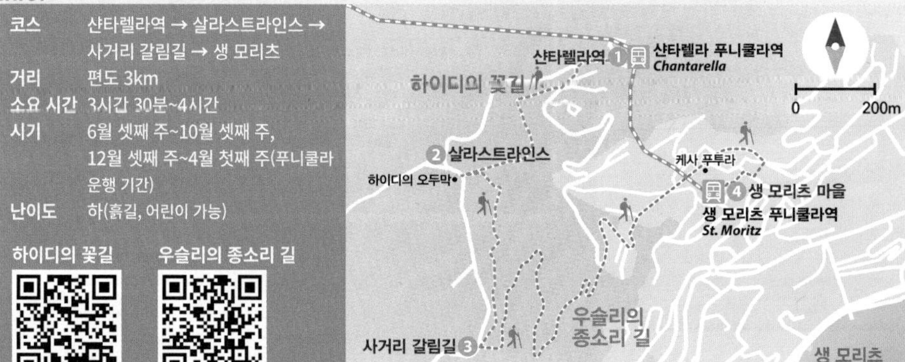

코스	샤타렐라역 → 살라스트라인스 → 사거리 갈림길 → 생 모리츠
거리	편도 3km
소요 시간	3시간 30분~4시간
시기	6월 셋째 주~10월 셋째 주, 12월 셋째 주~4월 첫째 주(푸니쿨라 운행 기간)
난이도	하(흙길, 어린이 가능)

하이디의 꽃길 　 우슬리의 종소리 길

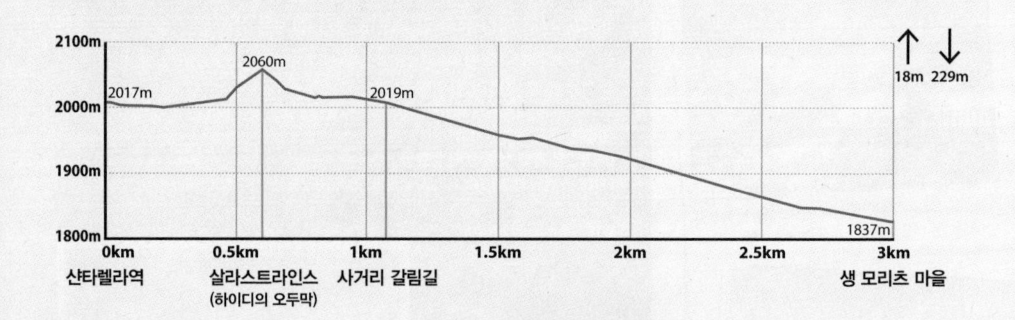

1 샤타렐라역 Chantarella

생 모리츠 마을에서 푸니쿨라를 타고 도착하는 역. 이곳에서 호수를 마주 보고 오른쪽으로 출발해 주차장을 지나면 두 갈래 길이 나오고, 여기서 왼쪽길을 따라 1분(50m)쯤 가면 오른쪽에 숲으로 향하는 샛길이 나온다. 이곳이 트레킹 시작점이다.

2 살라스트라인스
Salastrains

샨타렐라역에서 동남쪽으로 도보 15분 거리에 있는 스키 리프트 스테이션. 호텔과 레스토랑이 있다. 호텔에 도착하기 전에 놀이터와 하이디의 오두막(Heidi Hütte)이 보인다. 오두막은 옛 목동의 집을 재현한 작은 통나무집으로, 바닥엔 동물들을 키워 온기를 유지하고 위쪽엔 사람들이 자는 구조다. 오두막에서 리프트 스테이션이 보이는 아래쪽으로 내려가면 계속해서 하이디의 꽃길을 따라가게 된다. 반대로 우슬리의 종소리 길과 연계하려면 숲길로 약 50m 되돌아 가야 한다.

하이디의 오두막

갈림길에 있는 우슬리 나무 조각상

3 사거리 갈림길

하이디의 오두막에서 왔던 숲길을 1분 정도(50m) 되돌아가면 내리막길이 나온다. 이 길을 따라 걷다가 도로와 만나는 사거리가 나오면 왼쪽으로 향한다. 다음 도로와 만날 때까지 구불구불한 숲길을 걷게 되며, 도로가 나오면 오른쪽으로 따라간다. 여기부터 생 모리츠 마을이다.

4 생 모리츠 마을
St. Moritz

소나무 숲과 초원이 교차하는 구불구불한 길을 따라 1km 정도 가면 생 모리츠 마을이 나오며, 마을 길을 따라 400m 정도 더 가면 오른쪽에 독특하고 커다란 목조 건물이 나온다. 영국을 대표하는 건축가 노먼 포스터가 설계한 케사 푸투라(Chesa Futura: 미래의 집)로, 10세대만 거주하는 초호화 홀리데이 아파트다. 여기서 계속해서 길을 따라가면 처음에 출발했던 샨타렐라역이 나온다.

위에서 본 케사 푸투라

+ MORE +

스위스 국민 동화, <우슬리의 종소리>

Schellen-Ursli

엥가딘 출신 작가 알로아 카리지엣이 1945년 쓴 <우슬리의 종소리>는 엥가딘 저지대의 구아르다(Guarda) 마을을 배경으로 한 동화다. 소년 우슬리가 겨울을 몰아내고 봄을 부르기 위해 소 목에 거는 특별한 종을 찾아 떠나는 모험 이야기. 우리에겐 생소하지만 엥가딘 지역 어린이를 비롯해 스위스 어린이라면 누구나 들으며 자라는 국민 동화다.

#Plus Area

하이디 마을로 가는 관문

쿠어

CHUR

3개의 봉우리에 둘러싸인 중세 도시 쿠어는 스위스 동부의 관문이자 그라우뷘덴주의 주도다. 타지에서 생 모리츠나 다보스로 갈 땐 무조건 쿠어를 거쳐 가며, 베르니나 익스프레스와 빙하 특급열차도 이곳을 지난다. 작은 면적과 적은 인구에 비해 5000년 전 인류의 흔적이 남아 있을 만큼 스위스에서 가장 오래된 도시. 15세기 화재로 소실된 후 당시 유행했던 북부 이탈리아 고딕 양식으로 재건한 구시가지는 이탈리아 풍경인데, 언어는 독일어를 쓰는 독특한 도시 분위기는 아래쪽의 라틴 문화와 위쪽의 게르만 문화가 합쳐진 결과다. 스키 휴양지로 이름을 떨치는 동부의 타 도시와 달리 <알프스의 소녀 하이디>의 배경지인 마이엔펠트와 바트 라가츠를 찾는 관광객이 머무는 베이스캠프 격으로, 여름엔 작지만 에너지 넘치는 공연들로 활기를 띤다.

- **칸톤** 그라우뷘덴 Graubünden
- **언어** 독일어, 로만슈어, 이탈리아어
- **해발고도** 592m

바트 라가츠역 Bad Ragaz
하이디도르프 Heididorf
바트 라가츠 Bad Ragaz
마이엔펠트역 Maienfeld
Landquart 란트콰르트
패션 아웃렛 Landquart Fashion Outlet
0 2km
쿠어역 Chur
브람브뤼에슈 곤돌라역 Chur
Känzeli
브람브뤼에슈 곤돌라역 Brambrüesch
브람브뤼에슈 Brambrüesch 7

쿠어 가는 방법

기차

취리히 → 1시간 15~30분
장크트 갈렌 → 1시간 22분
생 모리츠 → 2시간

차량

취리히 → 1시간 20분(120km/3·13번 고속도로, 43번 국도)
장크트 갈렌 → 1시간(100km/1·13번 고속도로, 43번 국도)
생 모리츠 → 1시간 30분(90km/13번 고속도로, 3번 국도)

★
관광안내소

GOOGLE MAPS VG2J+GM 쿠어
OPEN 09:00~18:30(토 ~17:00)/일요일 휴무
WEB churtourismus.ch
ADD Bahnhofplatz 32, 7000 Chur
TEL +41 (0)81 252 18 18

Tour ist & Attract ions

01 그라우뷘덴주의 예술품 집합소
그라우뷘덴 미술관 Bündner Kunstmuseum

18세기부터 근대, 현대에 이르는 그라우뷘덴주 작가들의 작품 8000여 점을 소장한 미술관. 구시가의 중세풍 건물들 사이에서 눈에 확 띄는 현대적인 건물은 2016년 완공한 신관으로, 1874년 지은 구관 빌라 플란타(Villa Planta)와 대조를 이루면서 독특한 도시 분위기에 한몫한다. 상설전은 물론 다양한 현대미술 기획전이 열리고, 주말엔 브런치, 주중엔 커피를 판매하는 조용한 갤러리 카페가 있다. MAP 553p

GOOGLE MAPS VG2J+GW 쿠어
ACCESS 쿠어역에서 도보 5분
ADD Bahnhofstrasse 35, 7000 Chur
OPEN 10:00~17:00(목 ~20:00)/월요일 휴무
PRICE 16세 이상 15CHF, 학생 12CHF/ 스위스 트래블 패스 소지자 무료
WEB buendner-kunstmuseum.ch

©Bündner Kunstmuseum

구관은 신관 왼쪽에 있다.

광장 근처 벽화가 있는 골목

광장 뒤편의 빙하수가 흐르는 개천

02 구시가의 으뜸 명소 아르카스 광장 Arcas Square

보존 상태가 좋은 구시가 중심에 자리 잡은 예쁘장한 광장. 주요 볼거리들로 가는 길목에 노천카페가 있어서 휴식 장소로 끼워 넣기 좋다. 도로 쪽으로 건너가면 빙하수가 흐르는 실개천이 있어서 햇살 좋은 날이면 신비로운 푸른색을 볼 수 있다. 광장 주변 건물들에 남아 있는 벽화는 건물의 옛 쓰임이나 그라우뷘덴주의 상징인 산양 등을 묘사한다. 토요일 오전엔 지역 농산물을 판매하는 장터가 들어선다. MAP 553p

GOOGLE MAPS RGXJ+5M 쿠어
ACCESS 그라우뷘덴 미술관에서 길 건너 구시가 방향으로 도보 5분, 실개천 바로 전 오른쪽 광장

03 쟈코메티의 반짝이는 스테인드글라스 성 마틴 교회 St. Martin Kirche

아름다운 시계탑이 멀리서도 눈에 띄는 교회. 8세기에 로마네스크 양식의 성당으로 지었다가 15세기 화제 때 대부분 소실됐고 후기 고딕 양식으로 재건했다. 16세기엔 주교가 재건 계획에 냉담한 반응을 보이자 실망한 신도들이 종교개혁에 적극 가담했으며, 이후 개신교 교회로 바뀌었다. 시계탑은 20세기 들어 세워진 것으로, 근처의 천주교 대성당보다 일부러 더 높게 지었다고 한다. 교회 안엔 1919년 아우구스토 쟈코메티가 예수 탄생을 묘사한 스테인드글라스 작품이 있다. MAP 553p

GOOGLE MAPS RGXM+74 쿠어
ACCESS 아르카스 광장에서 동쪽으로 시계탑이 보이는 교회
ADD Kirchgasse 12, 7000 Chur,
WEB chur-reformiert.ch

<죽음의 댄스> 시리즈

대성당 보물 전시관

<죽음의 댄스> 시리즈

Option

04 그라우뷘덴주 역사 탐험 래티셰 박물관 Rätisches Museum

로마 시대부터 현대에 이르기까지 이 일대의 역사와 예술, 생활사 전반을 아우르는 박물관. 허브를 이용한 지역 민간요법, 지구 온난화로 빙하가 녹아내리자 발견된 물건 등 다양한 주제로 열리는 특별전도 흥미롭다. MAP 553p

GOOGLE MAPS RGXM+7C 쿠어
ACCESS 성 마틴 교회 옆 건물
ADD Hofstrasse 1, 7000 Chur
OPEN 10:00~17:00/월요일 휴무
PRICE 16세 이상 6CHF, 학생 4CHF/
스위스 트래블 패스 소지자 무료
WEB raetischesmuseum.gr.ch

: WRITER'S PICK :

래티셰란?

그라우뷘덴주에선 래티셰 박물관, 래티셰 열차, 래티셰 알프스 등 래티셰(Rätisches)란 글자를 많이 볼 수 있다. 로마 시대 때 이 일대의 지명이 라에치아(Raetia)였고 이곳에 살던 사람들은 래티셰(Rätisches)라 불렸기 때문이다. 그라우뷘덴주의 대부분이 라에치아에 속했다.

05 쿠어에 꼭꼭 숨겨둔 보물찾기 돔샤츠 박물관 Domschatzmuseum Chur

5세기부터 천주교 교구였던 쿠어의 대성당 보물을 전시한 박물관. 마을 가장 안쪽 언덕 위, 성벽으로 둘러싸인 거대한 주교의 성(Bischöfliche Schloss)에 있다. 소박한 외관에 비해 내부에 화려한 예술품이 많은데, 그 중 40년 만에 대중에게 공개한 벽화 시리즈 <죽음의 댄스>에 주목하자. 중세 시대 단골 그림 소재였던 <죽음의 댄스>는 해골로 묘사된 죽음이 각기 나른 신분, 성별, 나이의 사람들 앞에서 춤추거나 연주하는 모습을 그린 그림이다. MAP 553p

GOOGLE MAPS RGXP+72 쿠어
ACCESS 래티셰 박물관에서 도보 4분, 주교의 성 내
ADD Hof 19, 7000 Chur
OPEN 11:00~17:00(11~4월 14:00~)/월요일 휴무
PRICE 16세 이상 8CHF, 래티셰 박물관 통합권 10CHF/
스위스 트래블 패스 소지자 무료
WEB domschatzmuseum-chur.ch

+ MORE +

쿠어의 '죽음의 댄스'가 특별한 이유

쿠어의 <죽음의 댄스>는 일반적인 죽음의 댄스 작품들과 달리 죽음이 춤을 추지 않고 사람들의 생명을 예상치 못한 순간에 앗아가며 놀라게 하는 모습을 묘사하고 있어 특별하게 여겨지며 <죽음의 그림>이라고도 불린다. 1543년에 흰색, 회색, 검은색만으로 그려진 25점의 시리즈물로, 1520~1530년에 그려진 로이크(Leuk) 납골당의 그림 2점을 제외하고 스위스에 현존하는 가장 오래된 <죽음의 댄스> 시리즈다.

06 수백 년 전 예술품들을 간직한 대성당
성모 마리아 승천 대성당
Kathedrale St. Mariä Himmelfahrt

약 120년에 걸쳐 1270년 완공한 로마네스크 양식의 가톨릭 성당으로, 1272년 성모 마리아에게 봉헌되었다. 외관은 소박하지만 내부는 제이콥 루스가 1492년 만든 높다란 나무 제단, 프레스코화 등 14세기부터 간직한 예술품들로 우아하게 장식돼 있다. 1514년 막시밀란 황제는 대성당과 주변 땅을 주교의 사유지로 인정하여 도시와 분리했는데, 1524년 종교개혁이 이뤄졌을 때도 이 부지만큼은 주교 영토로 독립적인 권한을 유지할 수 있었기 때문에 약탈당하지 않고 옛 모습 그대로 남을 수 있었다. 대성당뿐 아니라 성벽과 탑, 고대 건물들까지 자리한 넓은 부지를 보고 있으면 옛 주교의 영향력이 얼마나 컸을지 짐작할 수 있다. MAP 553p

GOOGLE MAPS RGXP+32 쿠어
ACCESS 주교의 성 맞은편
ADD Hof 18, 7000 Chur
OPEN 07:00~19:00(화 09:00~)
WEB kathkgchur.ch

브람브뤼에슈 겨울 풍경

Option
07 해발 1600m! 스위스의 흔한 뒷동산
브람브뤼에슈
Brambrüesch

쿠어가 한눈에 내려다보이는 전망대. 마을에서 15분 정도만 곤돌라를 타고 오르면 알프스 산봉우리들이 감싸 안은 쿠어의 아름다움을 감상할 수 있다. 여름엔 들판을 가득 덮은 이름 모를 꽃, 겨울엔 산 정상은 물론 마을까지 소복이 쌓인 눈꽃을 볼 수 있는 곳. 하이킹 길과 산악자전거 길도 잘 닦여 있고 겨울엔 스키장으로 이용된다.
MAP 553p

GOOGLE MAPS 브람브뤼에슈 승강장: RGWG+W7 쿠어/브람브뤼에슈 정상: RGH8+JG Churwalden
ACCESS 아르카스 광장에서 하천을 건너 도보 8분
ADD 브람브뤼에슈 승강장 Kasernenstrasse 15, 7007 Chur
OPEN 08:30~16:30(토 ~17:00/6월 초~8월 말 토 ~20:00)/6월 초~10월 말·12월 중순~3월 중순: 매일 운행/그 외 기간: 토·일만 운행/10월 말~12월 초·4월 초~6월 초 휴무
PRICE 왕복: 30CHF, 6~15세 9CHF/점심 콤보: 50CHF, 6~15세 27CHF/ 스위스 트래블 패스 소지자 50% 할인
WEB churbergbahnen.ch

브람브뤼에슈에서 바라본 쿠어

편안한 분위기에 착한 가격까지

카페 찰러 Café Zschaler

작지만 아기자기한 인테리어, 아늑한 정원 테라스가 돋보이는 카페. 부담 없는 가격대의 다양한 디저트와 음료를 판매하며, 파스타처럼 간단한 식사와 채식주의자 식단도 준비돼 있다. 일요일 11:00~14:00엔 선데이 브런치를 운영한다. MAP 553p

GOOGLE MAPS RGXJ+57 쿠어
ACCESS 아르카스 광장에서 성 반대 방향으로 도보 1분
ADD Obere Gasse 31, 7000 Chur
OPEN 08:00~18:00(일 09:00~)/수·목요일 휴무
PRICE 음료 4.50CHF~, 케이크 5CHF~, 파르페 12CHF~, 오늘의 메뉴 18CHF
WEB facebook.com/cafezschaler

기거의 세계관을 담은 바

기거 바 Giger-Bar Kalchbühl

영화 <에일리언>을 디자인한 쿠어 출신 초현실주의 작가 기거(1940~2014)의 바. 원래 뉴욕에 오픈하려고 했으나, 재정적인 문제로 결렬되자 고향에서 꿈을 이뤘다. 의자와 천장, 바닥, 문 등 모든 것을 기거가 직접 디자인했는데, 마치 에일리언의 우주선에 들어온 기분이다. 치즈 마을 그뤼에르에 있는 기거 바보다 메탈 재질이 강조돼 느낌이 또 다르다. MAP 553p

GOOGLE MAPS RGW6+R4 쿠어
ACCESS 쿠어역에서 1번 버스를 타고 쿠어 칼히뷜(Chur, Kalchbühl) 하차 또는 6번 버스를 타고 쿠어 시티 베스트(Chur, City West) 하차, 도보 2분, 총 15분
ADD Comercialstrasse 19, 7000 Chur
OPEN 08:15~19:00(목·금 ~20:00, 토 ~17:00)/일요일 휴무
PRICE 음료 4.50CHF~, 주류 10CHF~, 칵테일 16.50CHF~
WEB hrgiger.com/barchur.htm

취리히공항 출국 전 발 도장 찍기

란트콰르트 패션 아웃렛 Landquart Fashion Outlet

160여 개 패션 브랜드 매장이 입점한 아웃렛. 물가 높은 스위스에서 쇼핑에 목말랐다면 이곳에서 한을 풀어보자. 세일 기간에는 더욱 저렴하게 쇼핑할 수 있으며, 300CHF 이상 구매 시 면세도 받을 수 있다. 생 모리츠 쪽 동부 여행을 마치고 취리히공항을 통해 출국할 경우 방문하기 좋은 위치다. MAP 553p

GOOGLE MAPS XH73+CC Landquart
ACCESS 취리히: 기차 1시간 20분/쿠어: 기차 8분/바트 라가츠: 기차 14분
ADD Tardisstrasse 20a, 7302 Landquart
OPEN 10:00~19:00/12월 25일, 1월 1일 휴무
WEB landquartfashionoutlet.ch

DAY TRIP

발걸음도 사뿐사뿐
하이디 마을 여행

스위스 작가 요한나 슈퓌리는 1880~1881년에 그라우뷘덴주 마이엔펠트에 머물며 그곳을 배경으로 한 <알프스의 소녀 하이디>를 썼다. 포도밭과 소를 방목하는 들판이 전부인 작디작은 마을 마이엔펠트는 그야말로 두메산골. 그리고 거기서 좀 더 떨어진 언덕 위엔 마이엔펠트보다 더 소박한 하이디 마을이 있다.

추천 코스

쿠어역 → 기차 11분 → 마이엔펠트역 → 버스 7분 또는 도보 35분, 일부 오르막길 → 하이디 마을 → 버스 7분 또는 도보 30분 → 마이엔펠트역 → 기차 3분 또는 버스 13분 → 바트 라가츠 → 기차 15분 → 쿠어역

*쇼핑에 관심이 있다면 쿠어로 돌아가기 전 바트 라가츠에서 기차로 5분 거리인 란트 콰르트 패션 아웃렛(557p)에 들러보자.

마이엔펠트역

하이디 마을로 가는 길목

마이엔펠트 Maienfeld

하이디 마을로 가려면 일단 기차를 타고 마이엔펠트역으로 가야 한다. 역에 짐 보관소가 없기 때문에 하이킹을 계획했다면 숙소에 짐을 두고 올 것. 역 앞에 관광안내소와 기념품점이 있고 하이디 마을 입구에 호텔 식당이 하나 있는데, 저렴하게 피크닉을 즐기고 싶다면 미리 마이엔펠트 베이커리나 슈퍼마켓에서 먹거리를 준비해 간다.

ACCESS 쿠어역에서 기차 11분, 마이엔펠트역 하차

Point 마이엔펠트성 Schloss Maienfeld

하이디 마을로 가는 길에 있는 멋진 성(구 브란디스성). 1247년 지었고 현재 레스토랑으로 운영 중이다. 스위스산 소고기 스테이크부터 해산물 요리까지 다채로운 메뉴가 있으며, 질 좋은 마이엔펠트산 와인도 마실 수 있다.

GOOGLE MAPS 2G4J+HC 마이엔펠트
ADD Schloss Brandis 2, 7304 Maienfeld
OPEN 11:30~14:00, 17:30~22:00/월·화요일 휴무
PRICE 식사 40CHF~, 디저트 16CHF~
WEB schlossmaienfeld.ch

하이디 이야기가 펼쳐진 곳
하이디 마을
Heididorf

<알프스의 소녀 하이디>를 읽으며 상상했던 마을이 현실이 되는 곳. 그저 느긋하게 그늘에 앉아 산과 들판, 마당을 평화롭게 돌아다니는 닭과 염소를 바라만 봐도 좋은 곳이다. 미리 샌드위치를 준비해 왔다면 잔디밭에 앉아 하이디처럼 피크닉을 즐겨보자.

GOOGLE MAPS 2G8V+WC 마이엔펠트
ACCESS 마이엔펠트역에서 도보 36분/22번 포스트 버스 7분
(5~10월, 토·일·공휴일 10:15~16:15, 30분 간격 운행, 11~4월 휴무)
OPEN 10:00~17:00/
11월 중순~3월 중순 개관일은 홈페이지에 공지
PRICE 13.90CHF, 5~14세 5.90CHF
WEB heididorf.ch/en

포스트 버스

Point 1 하이디의 집
Heidihaus

하이디가 목장에서 마을로 내려와 겨울을 났던 집. 하이디가 방금 놀다가 나간 듯 가구와 소품들이 실감 나게 놓여 있다.

부엌

거실에 있는 클라라의 휠체어

하이디의 오두막
Heidis Alphütte

하이디의 여름 목장 오두막. 원래 초원 위에 있는 오두막(하이디알프) 하나뿐이었지만 사람들의 요청으로 마을에도 만들었다. 마을 안 오두막은 알프스 목동들의 생활상을 반영해 꾸몄고 초원 위 오두막은 카페 겸 레스토랑으로 운영한다.

피터의 염소우리
Peters Ziegenstall

우리가 개방돼 있어서 염소들과 기념사진을 찍을 수 있다.

슈퓌리 박물관
Museum Johanna Spyris Heidiwelt

작가 요한나 슈퓌리를 소개하고 만화, 드라마, 영화 등 다양한 버전으로 만들어졌던 각국의 하이디 작품을 전시한 박물관. 1층 기념품점 겸 우체국에서 하이디 우표가 붙은 엽서를 부칠 수 있다.

호텔 레스토랑 하이디호프
Hotel Restaurant Heidihof

하이디 마을 입구에 있는 레스토랑 겸 호텔. 전망 좋은 테라스가 있는 레스토랑에선 스위스 전통 음식을 선보이고, 호텔(더블룸 150CHF~)은 깔끔하고 모던하다.

PRICE 레스토랑: 식사 18CHF~, 음료 4.5CHF~
WEB heidihof.ch

하이디 하이킹 Heidi Trails

총 2가지 코스가 있다. 홈페이지에서 PDF 지도를 다운받을 수 있으며, 역 앞 기념품점 근처에 있는 하이킹 길 지도 안내판을 참고해도 된다.

WEB heididorf.ch/en/experience/heidi-trail/

표지판 지도의 빨간 선이 하이디의 겨울길, 산 위로 올라가 하이디알프로 가는 것이 하이디의 모험길이다.

하이디의 겨울길

마이엔펠트역에서 출발해 마을과 포도밭을 구경하면서 하이디 마을까지 다녀오는 코스. 돌아올 때 하이디와 피터가 물장구쳤던 샘터를 묘사한 분수대도 거쳐 올 수 있다.

코스 마이엔펠트역 → 하이디 마을 → 하이디 분수 → 마이엔펠트역
거리 총 6.5 km
소요 시간 왕복 2시간
시기 사계절
난이도 하(마을 포장도로, 어린이 동반 가능)

마을 포도밭

하이디 분수

하이디알프 오두막

하이디의 모험길

하이디 마을에서 출발해 하이디가 여름을 보냈던 하이디알프(Heidialp, 1112m) 오두막까지 다녀오는 코스. 왕복 4시간이나 걸리지만 오두막이 있는 드넓은 초원에 도착하면 고생한 보람이 느껴지는 멋진 풍경을 볼 수 있다. 중간중간 동화 속에 나왔던 12개 장소가 설명과 함께 표시돼 있어서 걷는 재미를 더한다.

코스 하이디 마을 ⇌ 하이디의 오두막(하이디알프)
거리 총 8.8 km
소요 시간 왕복 3~4시간
시기 5~10월
난이도 하(비포장 산길, 어린이 동반 가능)

● **하이디의 오두막 Heidihütte**(하이디알프 Heidialp)
GOOGLE MAPS 2HF2+VW 마이엔펠트
OPEN 5월~11월 초 금~월요일 11:00~17:00/5월~11월 초 화·수·목요일 및 11월 초~4월 휴무/상황에 따라 다름, 홈페이지 확인 필수
PRICE 음료 3CHF~, 디저트 6CHF~, 소시지 8CHF~, 말린 고기 18CHF~/현금만 가능
WEB heidialp-ochsenberg.ch/en

클라라를 치유한 온천수

바트 라가츠
Bad Ragaz

하이디를 따라 알프스로 온 클라라가 요양했던 마을. 효험이 있기로 소문난 온천 지역으로, 고급 온천 호텔이 있다. 13세기 무렵 마을에서 4km가량 떨어진 타미나 계곡에서 온천이 발견된 후, 1840년 마을까지 온천수를 끌어와 공급하면서 스파 리조트 마을로 유명해졌다. 온천 말고 아무것도 없는 작은 마을이지만 눈 쌓인 알프스의 웅장한 풍경에 취해 온천욕을 즐기려는 사람이 많이 찾는다. 취리히까지 환승 없이 1시간 정도면 갈 수 있으니 취리히에서 여행을 마무리하는 일정이라면 마지막 여독을 온천에서 풀어도 좋겠다.

ACCESS 취리히: 기차 1시간 14분/
마이엔펠트: 기차 3분 또는 버스 13분/
쿠어: 기차 14분

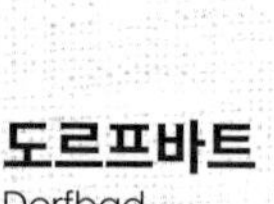

바트 라가츠역

Point 1 도르프바트
Dorfbad

'마을 목욕탕'이란 뜻의 옛 공중목욕탕. 당시 인테리어를 최대한 살려서 관광안내소로 개조했다.

GOOGLE MAPS 2G22+X7 Bad Ragaz
ACCESS 바트 라가츠역에서 22·451·456번 버스를 타고 바트 라가츠 포스트(Bad Ragaz, Post) 하차
OPEN 08:30~12:00, 13:00~17:00(토 09:00~13:00)/
일요일 휴무
ADD Am Platz 1, 7310 Bad Ragaz

도르프바트 앞에 흐르는 온천수

©Tamina Therme

Point 2 타미나 온천
Tamina Therme

1872년 만든 유럽 최초의 실내 온천. 카지노와 골프장을 갖춘 대형 리조트인 그랜드 호텔에서 운영한다. 인간의 체온과 동일한 36.5°C의 온천수는 각종 미네랄이 풍부해 니체, 빅토르 위고 등 유명 인사들도 이곳에서 온천을 즐겼다. 실내외 온천 수영장 외 월풀, 마사지, 스파, 사우나 등 다양한 시설이 있는데, 투숙객은 건강 관리 서비스와 자전거, 타미나 온천, 투숙객 전용 온천 등을 무료로 이용할 수 있다.

GOOGLE MAPS XGX3+PP Bad Ragaz
ACCESS 바트 라가츠역에서 456번 버스를 타고 바트 라가츠 타미나 테름(Bad Ragaz, Tamina Therme) 하차
ADD Hans Albrecht-Strasse, 7310 Bad Ragaz
OPEN 08:00~22:00(금 ~23:00)/
사우나: 10:00~22:00(금 ~23:00)
PRICE 월~금: 2시간 33CHF(이후 1시간 4CHF),
1일권 47CHF, 11:00 이전 입장 23CHF/
토·일: 2시간 40CHF(이후 1시간 4CHF), 1일권 54CHF,
11:00 이전 입장 30CHF/사우나 추가 요금 18CHF
WEB taminatherme.ch

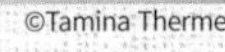

Point 3 옛날 온천장과 원천
Altes Bad Pfäfers

마을에서 4km 떨어진 곳에 옛 온천장과 온천 박물관, 레스토랑 등이 있다. 입장료를 지불하면 원천이 흐르는 타미나 계곡에도 갈 수 있다.

GOOGLE MAPS XFFQ+F5 Pfäfers
ACCESS 바트 라가츠역에서 453번 버스를 타고 패퍼스 알테스 바트(Pfäfers, Altes Bad) 하차, 20분
OPEN 10:35~17:35/10월 넷째 주~4월 중순 휴무
PRICE 5CHF
WEB altes-bad-pfaefers.ch

온천 박물관

타미나 계곡

©Altes Bad Pfäfers

#Plus Area

알프스 온천의 여왕

슈쿠올

SCUOL

탄산 광천수 온천과 동화 속 요정 마을 같은 남부 구시가, 스위스 유일의 국립 공원을 품은 마을. 미네랄이 풍부하고 효험이 뛰어난 광천수는 마을 주변 20여 개 원천에서 솟아나는데, 원천마다 성분과 맛이 조금씩 다르니 무료로 마셔보며 치료 효과를 체험해보자. 마을에 있는 로마식 온천욕과 아일랜드식 온천욕을 접목한 독특한 스파는 유럽 각국의 사람들이 일부러 찾아올 정도로 인기가 높다.

마을 건물들은 뾰족한 도구로 회칠한 벽을 긁어내 문양을 그리는 스그라피토(Sgraffito) 기법을 사용해 아름다우며, 계곡 쪽 남부 구시가지는 엘프 마을처럼 신비로운 분위기를 자아낸다. 마을 근처 체르네츠 국립공원 탐방소로 가면 스위스에서 유일한 국립공원의 위엄도 느껴볼 수 있다.

- **칸톤** 그라우뷘덴 Graubünden
- **언어** 로만슈어, 독일어
- **해발고도** 1290m

슈쿠올 가는 방법

기차

취리히 → 2시간 40분
생 모리츠 → 1시간 20분
란트콰르트 → 1시간 25분

차량

취리히 → 2시간 40분(178km/3번 고속도로, 28번 국도)
생 모리츠 → 1시간(60km/27번 국도)
란트콰르트 → 1시간 30분(73km/28번 국도)

관광안내소

GOOGLE MAPS Q7WV+3X Scuol
ACCESS 슈쿠올역에서 921·923번 버스를 타고 슈쿠올 포슈타(Scuol Posta) 하차(기차 도착 시각에 맞춰 운행하니 기차에서 내리자마자 바로 탑승). 또는 슈쿠올역에서 도보 15분
ADD Stradun 403/A, 7550 Scuol
OPEN 08:00~18:00(토 09:00~12:00·13:30~17:00, 일 09:00~12:00)
TEL +41 (0)81 861 88 00
WEB scuol-zernez.com

슈쿠올 게스트 카드 Scuol Guest Card

슈쿠올 내 숙박업소에 투숙하면 체크인 날부터 체크아웃 날 자정까지 슈쿠올의 대중교통 무제한 이용, 푸니쿨라 왕복 1회 이용, 엥가딘 스파 20% 할인 혜택이 있는 게스트 카드를 발급해준다. 카드 발급은 체크인 시 가능.

슈쿠올을 오가는 빨간색 래티셰 기차

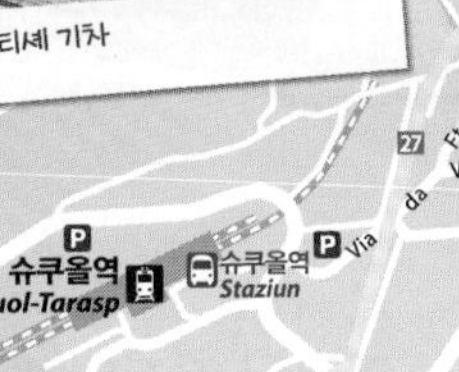

Option 01
건강에 좋은 약수가 콸콸~

광천수 분수대 Mineral Fountain

슈쿠올의 천연 약수를 마실 수 있는 분수대. 원천은 대부분 마을 외곽의 산과 계곡에 있지만 몇몇은 마을 안 분수대와 연결돼 있다. 일반 지하수 꼭지와 광천수 꼭지가 나란히 있어서 2가지 다 마실 수 있다. 분수대마다 광천수의 맛이 약간씩 다른데, 철분이 많이 함유돼 톡쏘는 느낌과 함께 피 냄새 비슷한 향이 나는 게 공통점이다. MAP 565p

ACCESS 엥가딘 저지대 박물관 앞, 엥가딘 스파 앞, 엥가딘 구시가 남부·북부 등(지도 참고)

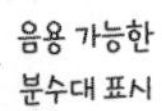
음용 가능한 분수대 표시

02 알프스 봉우리에 둘러싸여 온천욕을
엥가딘 스파
Bogn Engiadina

슈쿠올을 인기 관광지로 만든 장본인. 국립공원 최고봉인 피츠 피소크(Piz Pisoc)가 바라보이는 노천탕과 다양한 광천수로 채워진 6개의 실내풀, 자쿠지를 즐길 수 있다. 특히 고대 로마식 습식 사우나와 아일랜드식 건식 사우나의 장점을 접목한 로만-아이리시(Roman-Irish) 스파로 잘 알려졌는데, 총 16개의 코스로 이루어진 스파, 사우나, 마사지로 심신의 안정과 혈액순환을 돕고 그 외 다양한 치료 효과를 경험할 수 있다. 코스를 다 돌려면 약 3시간 30분 정도 걸리기 때문에 여유롭게 일정을 잡아야 하며, 홈페이지 또는 전화를 통한 예약이 필수다. 센터 내 광천수 펌프가 있어서 건강에 좋다는 광천수도 마셔볼 수 있다. MAP 565p

GOOGLE MAPS Q8X2+3H Scuol
ACCESS 슈쿠올역에서 923번 버스를 타고 보뉴 엔지아디나(Bogn Engiadina) 하차(기차 도착 시각에만 운행하니 기차에서 내리자마자 바로 탑승)
ADD Via dals Bogns 323, 7550 Scuol
OPEN 수영장: 성인 08:00~21:45, 15세 이하 10:30~21:45/
남녀 공용 사우나: 09:00~21:45(목 12:00~)/
여성 전용 사우나: 목 09:00~12:00/로만-아이리시 코스: 사우나 운영 시간과 동일, 홈페이지 또는 전화 예약 필수
*사우나 구역: 성인 전용, 15세 이하는 수·일 10:30~16:30 부모 동반 시에만 입장 가능, 실외를 거쳐서 입장하므로 수영복 착용 필수/사우나에서 사용할 토가 스타일 수건과 슬리퍼 제공(일부 품목은 유료 대여)
PRICE 수영장+사우나: 3시간권·1일권·19:30 이후 입장권 34·48·24CHF, 12~15세 20·28·14CHF, 6~11세 13·18·9CHF/로만-아이리시 코스 3시간 30분권 72CHF/로만-아이리시 코스 3시간 30분권+수영장+사우나 96CHF
WEB bognengiadina.ch

©Bogn Engiadina

Option
03 전기가 없던 시절, 알프스 농가 엿보기
엥가딘 저지대 박물관
Museum d'Engadina Bassa

18세기에 지은 엥가딘 전통 양식 건물. 전기가 없던 시절에 엥가딘 지역 주민들의 자급자족 생활을 고스란히 담은 박물관으로, 농기구, 가구, 침구, 신발 등 과거에 실제로 사용했던 소품을 사용해 옛 가정집처럼 꾸몄다. 매주 월요일 실시하는 가이드 투어는 박물관이 문을 닫는 기간에도 운영한다. 당일 11:00까지 관광안내소에서 예약하고 콰드라스 수영장(Hallenbad Quadras) 앞에서 출발한다. MAP 565p

GOOGLE MAPS Q8V2+W3 Scuol
ACCESS 슈쿠올역에서 901번 버스를 타고 슈쿠올 플라츠(Scuol, Plaz) 하차/관광안내소에서 도보 10분
ADD Plaz 66 B, 7550 Scuol
OPEN 6월 말~10월 말 화~금·일 16:00~18:00(가이드 투어 연중무휴 월 14:30, 약 1시간 소요)/토요일 및 그 외 기간 휴무
PRICE 7CHF, 7~16세 3CHF, 슈쿠올 카드 소지자 4CHF /
가이드 투어: 25CHF, 7~16세 5CHF, 슈쿠올 카드 소지자 15CHF
WEB museumscuol.ch

슈쿠올 뷰 포인트 TOP 2

스위스 동부의 웅장한 산세와 계곡에 둘러싸인 슈쿠올은 가슴 시리게 아름답다.
그중 슈쿠올의 풍경을 제대로 감상할 수 있는 2곳의 뷰 포인트를 소개한다.

구어라이나교에서 본
마을 남쪽과
절벽 위의 개신교 교회

Point 1

마을 풍경을 한눈에 담을 수 있는 곳

개신교 교회 Reformierte Kirche

슈쿠올에 온다면 꼭 한 번 올라야 할 절벽 위 교회. 교회 자체는 평범하지만 이곳에서 바라보는 풍경은 황홀하기 그지없다. 특히 교회 뒤편 묘지에서 바라보는 계곡과 2개의 다리가 인상적이다.

GOOGLE MAPS Q7VX+VP Scuol
ACCESS 엥가딘 저지대 박물관에서 도보 3분
ADD Munt, 7550 Scuol

개신교 교회에서 본
철제 다리와 빙하 계곡

Point 2

마을 최고의 포토 스폿

구어라이나교 Gurlainabrücke

다리 위에 서면 예쁜 마을과 에메랄드색 빙하 계곡, 절벽 위 우뚝 솟은 교회를 한눈에 담을 수 있다. 개신교 교회와 더불어 슈쿠올에 왔다면 놓치지 말아야 할 전망 명소다.

GOOGLE MAPS Q7VW+JM Scuol
ACCESS 개신교 교회에서 도보 7분
ADD Gurlainabrücke, 7550 Scuol

슈쿠올에서 살짝 다녀오는

근교 나들이

수려한 자연경관을 자랑하는 스위스는 전 국토를 국립공원으로 지정해도 좋을 것 같지만
의외로 스위스가 인정한 국립공원은 단 1곳뿐이다.
그리고 그 주인공은 스위스의 상징인 마테호른도, 융프라우도 아닌 바로 이곳 그라우뷘덴주에 있다.

스위스에서 딱 하나뿐인 국립공원

스위스 국립공원
Parc Naziunal Svizzer

1914년 지정된 스위스 국립공원은 관리 당국의 철저한 보호 아래 개발과 훼손이 금지돼 있어서 알프스 본연의 모습 그대로를 감상할 수 있다. 잘 닦인 21개의 하이킹 코스 외 모든 곳이 보호 구역이기 때문에 하이킹 시 절대 경로를 벗어나지 말아야 하며, 풀 한 포기도 꺾어선 안 된다. 정상에 오르면 매우 환상적인 풍경이 기다리고 있는데, 케이블카나 산악열차가 운행하지 않는 탓에 오로지 도보만으로 오갈 수 있다는 점을 감안해야 한다.
하이킹은 암사슴에게 구애하는 수사슴의 애절한 외침이 울려 퍼지는 9월이 가장 인기 시즌이다. 운이 좋다면 멋진 뿔을 가진 수사슴을 볼 수도 있다. 단, 스위스 동부 지역엔 곰도 살고 있으니 주의하자. 지금까지 크게 문제를 일으킨 적은 없지만 기왕이면 곰 방지 종 같은 것을 달고 가기를 권장한다.

하이킹 전 체크 사항

■코스 정보 챙기기

국립공원센터나 슈쿠올, 란트콰르트 관광안내소에 가면 21개 하이킹 코스 정보가 담긴 안내서를 받을 수 있다. 좀 더 큰 지도를 원한다면 안내소에서 별도 판매하는 길 표시가 정확한 대형 지도를 추천. 21개 코스는 국립공원 홈페이지에도 나와 있는데, 당일 날씨와 코스 상황까지 자세히 나와 있으니 가기 전에 꼭 확인하자.

WEB nationalpark.ch/en/visit/trails-routes

■국립공원 앱 다운받기

스마트폰에 국립공원 앱 스위스 내셔널 파크(Swiss National Park)를 다운받으면 GPS 정보를 이용해 공원 내 나의 위치를 알 수 있고 하이킹 코스 지도를 비롯한 여러 정보를 얻을 수 있다.

+ MORE +

계곡을 달린다! 스릴 만점 버스

정상까지 등반하는 게 무리라면, 체르네츠(Zernez)에서 출발해 계곡을 따라 동부 끝자락의 뮈스테어(Müstair)까지 가는 포스트 버스만이라도 꼭 타보길 권한다. 계곡 위를 달리는 버스에서 바라보는 풍경도 압권이다.

국립공원 입구, 체르네츠
Zernez

슈쿠올에서 국립공원으로 가는 가장 일반적인 방법은 체르네츠로 이동한 다음 출발하는 것이다. 체르네츠의 국립공원센터에 가면 자세한 국립공원 정보와 하이킹 코스를 안내받을 수 있다.

ACCESS
기차 슈쿠올: 32분/생 모리츠: 42분/란트콰르트: 1시간 6분
차량 슈쿠올: 30분(27km/27번 국도)/생 모리츠: 35분(34km/27번 국도)/란트콰르트: 1시간 15분(73km/28번 국도)

*하이킹 전 짐을 보관하려면 체르네츠역 코인 로커를 이용하자. 24시간 3CHF

국립공원센터
Center dal Parc Naziunal

국립공원 초입에 자리한 안내소. 1층에서 하이킹 코스 등 각종 공원 정보를 안내하고 2층 시청각실에선 공원의 사계를 담은 영상 상영과 자료를 전시한다. 하이킹은 표지판이 잘 돼 있어서 혼자서도 충분히 할 수 있지만 7~10월 중순에는 국립공원센터에서 진행하는 가이드 동행 서비스를 이용할 수도 있다. 독일어로 진행하지만 간단한 영어는 가능하니 혼자 가는 것이 부담된다면 신청해보자. 현장 방문 또는 전화로 하이킹 전날 17:00까지 예약하면 된다.

GOOGLE MAPS M3XW+P5 Zernez
ACCESS 체르네츠역에서 마을 안쪽으로 도보 10분
ADD Urtatsch 2, 7530 Zernez
OPEN 3월 중순~5월 초·10월 말~12월 중순 월~금 09:00~12:00, 14:00~17:00(토·일요일 휴무)/5월 초~6월 초 09:00~17:00/6월 초~10월 말 08:30~18:00/
12월 중순~3월 초 월~토 09:00~17:00(일요일, 12월 24·25일, 1월 1일 휴무)/
3월 초~3월 중순 휴무
PRICE 무료입장/
가이드 1일 투어: 35CHF, 6~15세 15CHF, 가족(성인 2+15세 이하 자녀 2) 70CHF/
가이드 반일 투어: 15CHF, 6~15세 10CHF, 가족(성인 2+15세 이하 자녀 2) 30CHF/
국립공원센터 박물관: 9CHF, 6~15세 5CHF, 가족(성인 2+15세 이하 자녀 2) 20CHF/
스위스 트래블 패스 소지자 무료
WEB nationalparkzentrum.ch

Eating & Drinking

전망 좋고, 가성비는 더 좋고

$$ 피체리아 알레그라

Pizzeria Allegra

아랫마을로 내려가는 길목에 있어서 앞이 확 트인 전망이 일품인 레스토랑. 피자와 리조토, 파스타 등 이탈리안 음식을 서비스한다. 추천 메뉴는 치즈가 잔뜩 들어간 버섯 리조토. 식사 대신 가볍게 커피 한잔하기에도 좋은 곳. 주류도 판매한다. MAP 565p

GOOGLE MAPS Q7WX+P4 Scuol
ACCESS 관광안내소에서 역 반대 방향으로 도보 4분
ADD Stradun 404, 7550 Scuol
OPEN 09:00~22:00(일 11:00~)
PRICE 피자 18CHF~, 식사 22CHF~, 음료 4.50CHF~

지글지글 군침 도는 고기 요리

$$$ 트라이스 포르타스 스테이크하우스

Trais Portas Steakhouse

오붓한 분위기를 즐길 수 있는 스테이크 전문점 겸 와인바. 실내 테이블은 딱 3개밖에 없어서 반드시 예약해야 하는데, 여름이라면 뒤뜰에 있는 깜찍한 테라스석도 만족스럽다. 직화구이 스테이크와 버거류가 훌륭하며, 와인, 위스키, 칵테일 등 주류도 다양하다. MAP 565p

GOOGLE MAPS Q7XX+7P Scuol
ACCESS 관광안내소 맞은편 오르막길을 따라 직진 후 왼쪽 건물 1층, 도보 7분
ADD Vi 356, 7550 Scuol
OPEN 레스토랑 17:30~22:00, 바 19:00~24:00/월·일요일 휴무
PRICE 스테이크 40CHF~, 버거 22CHF~, 디저트 12CHF
WEB traisportas-scuol.ch

#Plus Area

<클라우즈 오브 실스 마리아>의 촬영지

실스 마리아
SILS MARIA

해발 1800m, 2개의 푸른 빙하 호수 사이에 작은 시골 마을 실스 마리아가 있다. 인위적인 느낌 없이 마냥 평화롭고 사랑스러운 특유의 매력 덕분에 쥘리에트 비노슈와 크리스틴 스튜어트, 클로이 모레츠가 주연한 영화 <클라우즈 오브 실스 마리아>(2014)의 배경지로도 등장했다. 부자들의 알프스 휴양지 생 모리츠가 너무 현대적으로 느껴졌다면 이곳을 추천! 특히 분홍빛 야생화가 들판을 끝없이 뒤덮는 6월에 가면 남녀노소 누구라도 그 매력에 푹 빠져버릴 것이다. 어디서부터 어디까지가 하늘이고 호수인지 분간되지 않는 빙하 호수를 바라보며, 진정한 힐링이 무엇인지를 경험해보자.

- **칸톤** 그라우뷘덴 Graubünden
- **언어** 독일어, 로만슈어, 이탈리아어
- **해발고도** 1809m

실스 마리아 가는 방법

버스

생 모리츠역 → 20분(4번 포스트 버스)

차량

생 모리츠 → 13분(11km/27번, 3번 도로)

★

관광안내소

GOOGLE MAPS CQJ7+5X Sils im Engadin
ADD Via da Marias 38, 7514 Sils im Engadin/Segl
OPEN 09:00~12:00, 13:00~18:00
(토 09:00~12:00, 14:00~18:00,
일 15:00~18:00)
TEL +41 (0)81 838 50 50
WEB engadin.ch/sils

기차가 닿지 않는 외곽 지역은 노란색 포스트 버스가 연결한다.

Tourist & Attractions

01 실스 마리아 풍경의 정점
산 로렌초 성당
La chiesa di San Lorenzo

14세기 후기 고딕 양식으로 지은 성당. 규모가 매우 작고 내부에 특별한 볼거리는 없지만 넓은 들판에 홀로 선 성당과 주변 풍경이 눈물 날 만큼 예쁘다. MAP 572p

GOOGLE MAPS CQM4+V2 Sils im Engadin
ACCESS 관광안내소 앞에서 2·4번 버스 3분, 실스 바셀지아 산 루렌치(Sils/Segl Baselgia,San Lurench) 하차
ADD Via da Baselgia 1, 7515 Sils im Engadin/Segl
WEB engadin.ch/de/sehenswuerdigkeiten/kirche-st-lorenz-sils-baselgia/

성당 뒤에서 바라본 풍경

02 <차라투스트라는 이렇게 말했다>의 탄생지

니체의 집

Nietzsche-Haus

독일의 철학자 니체가 1883년부터 7년간 거주했던 집을 개조한 박물관. 실스 마리아에서 은둔하며 <차라투스트라는 이렇게 말했다>를 집필한 니체의 자필 원고와 편지, 생애와 업적 관련 자료를 볼 수 있다. 박물관 2층엔 니체의 방을 재현했는데, 초록색 벽지와 테이블보는 니체가 직접 선택한 것이라고 한다. 작은 서재엔 그의 작품을 처음 영어로 번역한 번역가 등이 기증한 여러 나라의 번역서가 전시돼 있다. 일부 공간은 객실로 단장해 철학과 문학에 관심 있는 사람들에게 숙소로 대여한다. MAP 572p

GOOGLE MAPS CQH7+GW Sils im Engadin
ACCESS 관광안내소에서 물길 따라 남쪽으로 도보 3분
ADD Via da Marias 67, 7514 Sils im Engadin/Segl
OPEN 15:00~18:00/월요일, 4월 중순~6월 중순, 10월 말~12월 중순 휴무
PRICE 10CHF, 12~16세 5CHF/
객실: 더블룸 110CHF~
WEB nietzschehaus.ch

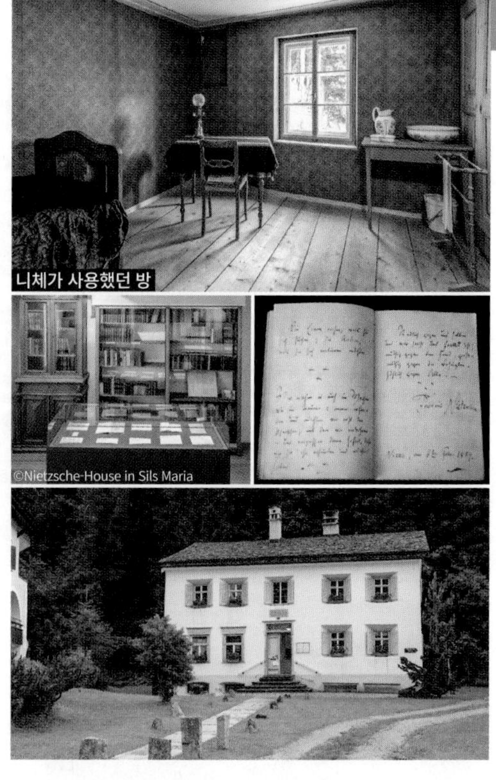
니체가 사용했던 방
©Nietzsche-House in Sils Maria

+ MORE +

영화 속 바로 그곳, 호텔 발트하우스 Hotel Waldhaus

<클라우즈 오브 실스 마리아> 영화에 등장했던 5성급 호텔. 5대째 가족이 운영하는 곳으로, 우아하고 전통적인 분위기에 스파와 실내 수영장 등 현대적인 시설까지 갖췄다. 조식과 석식 평도 좋다. 생 모리츠역까지 무료 셔틀 운영. MAP 572p

GOOGLE MAPS CQH6+8G Sils im Engadin
ADD Fexerstrasse 3, 7514 Sils im Engadin/Segl
OPEN 12월 중순~4월 중순, 6월 중순~10월 말/그 외 기간 휴무
PRICE 더블룸 385CHF~
TEL +41 (0)81 838 52 00 **WEB** waldhaus-sils.ch

©Hotel Waldhaus

Option

03 유럽 최고 높이에서 유람선 타기
실스 호수 유람선
Lej da Segl Chastè Boat

해발 1800m에 자리한 실스 호수를 항해하는 유람선. 유럽에서 가장 높은 곳에 있는 유람선이다. 1907년부터 대를 이어온 가족 기업이 운행하며, 여름철 30인승 스피드 보트를 타고 호수 반대편 말로야(Maloja)까지 다녀올 수 있다(1일 3~4회 운항, 왕복 40분). 예약 없이 승선장에서 곧바로 탈 수도 있지만 좌석이 30석뿐이기 때문에 여름 성수기엔 전화 또는 이메일(silsersee.schifffahrt@gmail.com) 예약을 권한다. MAP 572p

GOOGLE MAPS CPHX+9Q Sils im Engadin
ACCESS 산 로렌초 성당에서 마을 방향으로 160m, 오른쪽 첫 번째 골목으로 약 1km 거리에 승선장 위치, 도보 20분
ADD 7515 Sils im Engadin/Segl
OPEN 6월 중순~10월 초 10:40, 14:10, 15:40(7월 15일~8월 15일 17:10 추가 운행)/그 외 기간 휴무
PRICE 편도 18CHF, 왕복 27CHF, 15세 이하 50% 할인, 대형견 5CHF(소형견 무료)/현금만 가능(승선 시 지불)
TEL +41 (0)79 424 32 27

실스 호수 선착장
호숫가에서 여유롭게 풀 뜯는 말들

Option

04 실스 호수를 즐기는 가장 완벽한 방법
실스 호수 둘레길
Lej da Segl

호수 남쪽을 따라 난 풍경 좋은 오솔길. 인적이 드물어 누구의 방해도 받지 않고 오롯이 사색의 시간을 가질 수 있다. 선착장에서 호수를 오른쪽에 두고 호숫가를 따라 남쪽으로 걷는다(호수 북쪽은 도로). 흙길이지만 길 표시가 잘돼 있고 완만해서 걷기 쉽다. 중간에 호수와 조금 멀어지는 구간이 있어도 걱정하지 말고 계속 직진하자. 말로야(Maloja)까지 총 6.5km로, 2시간 정도 소요된다. 말로야에서 노란색 4번 포스트 버스를 타고 실스 마리아나 생 모리츠로 돌아온다. MAP 572p

둘레길에서 본 실스 호수

드디어 만난 인생 애플파이

그론드 카페
Grond Café

한 번 맛보면 모두가 '엄지척' 하는 애플파이를 맛볼 수 있는 카페. 과하게 달지 않으면서 고소한 맛의 만두 모양 애플파이가 초콜릿과 은은하게 조화를 이룬다. 애플파이뿐 아니라 이 지역 전통 디저트인 누스토르테(호두 파이)와 초콜릿도 스위스 어느 곳과 견주어도 뒤지지 않을 맛. 가을에만 나오는 실서 볼(밤송이만 한 크기에 초콜릿과 아몬드가 든 빵)도 인기다. MAP 572p

GOOGLE MAPS CQH6+WX Sils im Engadin
ACCESS 산 로렌초 성당에서 마을 방향으로 도보 10분
ADD Via da Marias 134, 7514 Sils-Segl Maria
OPEN 07:00~18:30
PRICE 디저트 4CHF~, 음료 4.50CHF~, 버거 23CHF~
WEB grond-engadin.ch

애플파이

동화 속 오두막에서 맥주 한잔?

바 체토
Bar Cetto

깜찍한 2층차리 오두막집으로 시선을 사로잡는 바. 확 트인 테라스에서 아름다운 엥가딘 알프스 풍경을 감상하며 맥주 한잔하기 완벽한 곳으로, 실내 또한 기대를 저버리지 않고 아늑하다. 단, 워낙 규모가 작아서(실내석 5~6개, 테라스석 4~5개) 여름 성수기나 겨울 스키 시즌에는 자리 맡기가 어려울 수 있다. 요리는 따로 제공하지 않고 말린 고기나 견과류 등 간단한 안줏거리만 있다. MAP 572p

GOOGLE MAPS CQJ8+83 Sils im Engadin
ACCESS 관광안내소에서 물길 따라 북쪽으로 도보 1분
ADD Via da Marias 37, 7514 Sils im Engadin/Segl
OPEN 12월 중순~4월 중순 16:00~01:00, 6월 중순~10월 말 16:00~01:00/일·월요일 및 그 외 기간 휴무
WEB hotel-seraina.ch/en/barcetto

#Plus Area

시간을 잊어버린 마을

솔리오
SOGLIO

수백 년 전에 그랬듯, 먼 미래에도 변함없을 것 같은 작은 산골 마을. 기원전에도 사람이 살았던 흔적이 있고 13세기 문서에 언급됐을 정도로 그 역사가 오래됐다. 스위스와 이탈리아의 경계 지역 특유의 돌집들이 절벽 위에 옹기종기 모인 모습이 정신이 아득해지도록 몽환적인데, 19세기 화가 조반니 세간티니는 솔리오를 '천국으로 가는 계단'이라며 칭송했다. 여름철에만 렌트 하우스로 이용되는 집이 대부분이지만 잘 알려지지 않은 곳에서 힐링 여행을 꿈꾸는 사람에겐 이보다 완벽한 곳이 없을 것이다.

- **칸톤** 그라우뷘덴 Graubünden
- **언어** 이탈리아어
- **해발고도** 1090m

솔리오 가는 방법

버스

생 모리츠역 → 1시간 35분(4번 포스트 버스 → 프로몬토뇨 포슈타(Promontogno, Posta) → 632번 포스트 버스 환승 → 솔리오 빌라지오(Soglio, Villaggio) 하차)

차량

생 모리츠 → 50분(40km/3번 국도)

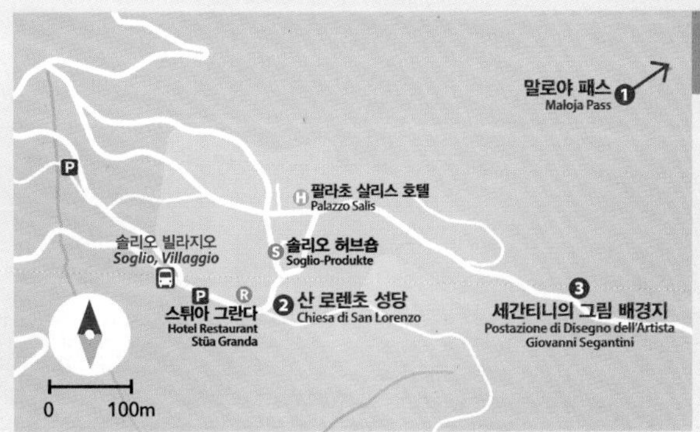

01 롤러코스터보다 스릴 있네!
말로야 패스
Maloja Pass

생 모리츠(1822m) 근처부터 실스 마리아를 지나 이탈리아의 키아벤나(Chiavenna, 333m)까지 굽이굽이 이어지는 도로. 생 모리츠에서 솔리오로 갈 때 자연스럽게 지나는 길로, 44km를 이동하는 동안 총 1500m의 높이를 쭈욱 내려온다. 특히 실스 호수 끝에 있는 말로야 마을을 지나면서부터가 압권. 구불구불 휘어진 길을 따라 가파른 산비탈을 쉬지 않고 내려오기 때문에 버스 손잡이를 부서져라 잡게 된다. 멋진 풍경에 더해 롤러코스터 이상의 스릴까지 즐기고 싶다면 추천한다(멀미 주의!). 생 모리츠에서 출발 시 왼쪽에 앉아야 호숫가 풍경을 제대로 감상할 수 있는데, 말로야 마을 근처에선 오른쪽에 앉아야 구불구불한 길이 더 잘 보인다.

세간티니 전망 포인트에서 본 산 로렌초 성당

02 사랑스러운 솔리오 풍경 하나
산 로렌초 성당
Chiesa di San Lorenzo

솔리오의 빼어난 경관을 결정짓는 일등 공신. 버스 정류장에 내리면 제일 먼저 눈에 띄는 성당이다. 마을을 가로질러 반대편 언덕에서 볼 때 전체 모습이 가장 아름다운데, 14세기에 지은 후 오랜 세월 조금씩 보수·증축해 부분별 건축 양식이 다르다. 마을로 들어가기 전, 성당 안뜰에서 마을 전경을 먼저 감상하고 가자.
MAP 577p

GOOGLE MAPS 8GRQ+9M Bregaglia
ACCESS 마을 입구
ADD Sott-Pare 77-177, 7610 Soglio

성당 뒤뜰에서 본 마을 풍경

03 내면의 산책을 떠날 시간
세간티니의 그림 배경지
Postazione di Disegno dell'Artista Giovanni Segantini

이탈리아 화가 조반니 세간티니가 그림을 그렸던 장소. 성당 뒤뜰에서 마을을 마주 보고 왼쪽 산자락에 있는데, 이곳에서 바라본 교회와 마을 풍경이 가장 아름답다. 그림을 그렸던 곳의 오른쪽 초지엔 벤치가 있어서 샌드위치를 먹거나 풍경을 감상하며 앉아 있기 좋다. 단, 마을에 슈퍼마켓이 없기 때문에 먹거리를 미리 사 가야 한다. 마을 레스토랑도 여름철 점심에만 잠깐 운영한다. MAP 577p

GOOGLE MAPS 8GRV+CH Bregaglia
ACCESS 성당 앞 오르막길로 도보 3분, 골목 끝에 도착하면 오른쪽으로 도보 5분

풍경과 함께 즐기는 계절 메뉴

$$$ 스튀아 그란다 Hotel Restaurant Stüa Granda

마을 안에 달랑 3개뿐인 레스토랑 중 하나. '맛있는 음식을 위해서라면 먼 걸음을 할 가치가 있다'란 음식점의 모토처럼 일부러 시간 내서 가볼 만한 호텔 부속 레스토랑이다. 제철 지역 식재료를 이용한 창의적인 이탈리아 요리를 계절별로 선보이며, 스테이크, 파스타, 라비올리, 뇨끼 등 기본 메뉴는 항상 준비돼 있다. 버스 정류장 바로 앞에 있고 전망 좋은 넓은 테라스를 갖춰서 버스를 기다리며 쉬어가기 좋은 곳. 단, 호텔이 문을 닫는 가을·겨울철엔 영업하지 않는다. MAP 577p

GOOGLE MAPS 8GRQ+FG Bregaglia
ACCESS 마을 입구 버스 정류장 앞
ADD 7610 Bregaglia
OPEN 11:45~21:30(월·화 ~19:00)/11월~3월 중순
PRICE 파스타 27CHF~, 메인 38CHF~, 디저트 12CHF~, 와인 7.50CHF~, 맥주 4CHF~, 음료 4.50CHF~
WEB stuagranda.ch

알프스 청정 허브의 싱그러움

솔리오 허브숍 Soglio-Produkte

솔리오산 허브로 만든 헤어·바디용품을 판매한다. 알프스 산골 마을 중에서도 인적이 드물어 더욱 깨끗한 솔리오의 상쾌함을 피부로 느껴보자. 추천 기념품은 에델바이스 오일이 들어 있는 핸드크림이다. MAP 577p

GOOGLE MAPS 8GRQ+JM Bregaglia
ACCESS 산 로렌초 성당에서 마을 방향 왼쪽 두 번째 골목, 도보 1분
ADD Sott-Pare, 7610 Soglio
OPEN 11:00~17:00/월·화·일요일 휴무
WEB soglio-produkte.com

에델바이스

장크트 갈렌-보덴 호수 지역
St. Gallen-Bodensee

St. Gallen · Appenzell

ST. GALLEN

• 장크트 갈렌 •

문화, 예술, 교육의 중심지로 발전해온 지적인 도시. 세상에서 가장 아름다운 지식 창고로 불리는 수도원 도서관과 마을 곳곳에서 고고함을 뽐내는 출창들은 예전부터 이곳이 부유했음을 말해준다. 장크트 갈렌의 번영을 가져온 직물과 레이스는 도시의 직물 박물관에서 확인해보자.

가까운 곳에 자리한 스위스에서 2번째로 큰 보덴 호수(콘스탄스 호수)는 독일, 오스트리아와 맞닿아 있어서 독일 호수 마을들로 반나절 유람선 여행을 다녀올 수 있다. <반지의 제왕>의 호빗 마을을 떠올리게 하는 초록 동산 아펜첼 근처로 하이킹을 떠나거나, 가로 7km, 세로 10.7km밖에 안 되는 알프스 산기슭의 조그만 나라 리히텐슈타인(Liechtenstein)으로 당일 여행을 다녀오기에도 좋은 위치다.

- **칸톤** 장크트 갈렌 St. Gallen
- **언어** 독일어
- **해발고도** 669m

장크트 갈렌 칸톤기

장크트 갈렌 도시 문장기

Get in & Get out

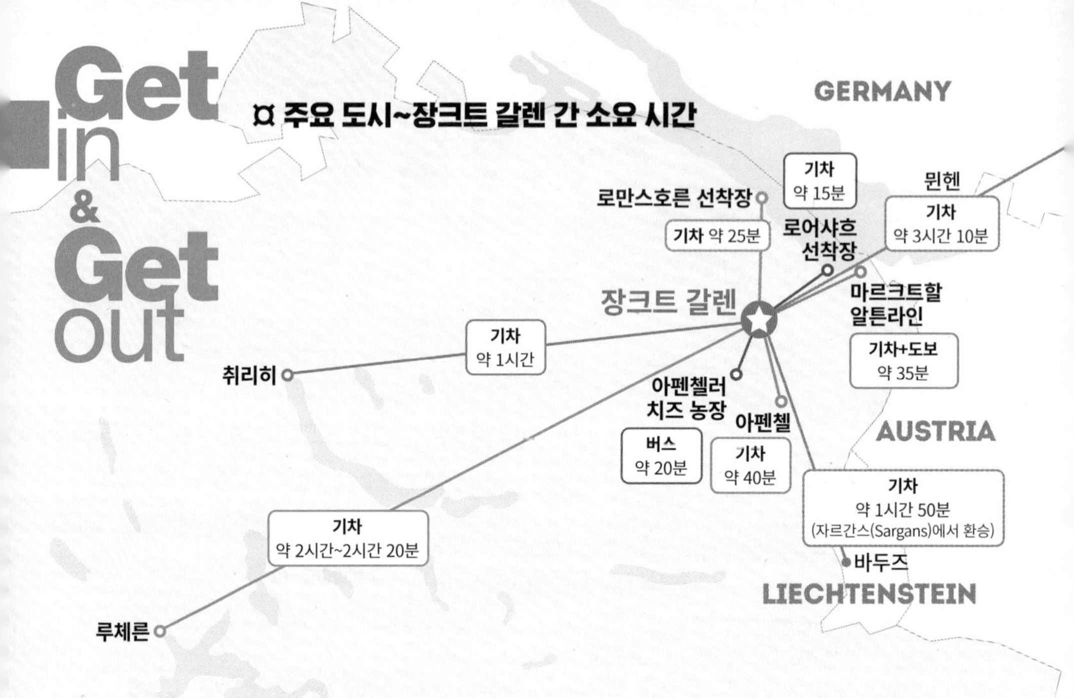

★
장크트 갈렌역
GOOGLE MAPS C9F9+6Q 장크트갈렌
ADD Bahnhofplatz 8b, 9000 St. Gallen
TEL +41 848 44 66 88
WEB sbb.ch/en

★
관광안내소
GOOGLE MAPS C9FG+78 장크트갈렌
ACCESS 장크트 갈렌 대성당 정문을 등지고 우측 코너
ADD Bankgasse 9, 9000 St. Gallen
OPEN 09:00~18:00(토·일 10:00~15:00)
TEL +41 71 227 37 37
WEB st.gallen-bodensee.ch/en

★
공공 주차장
WEB pls-sg.ch/parkraeume

기차

스위스 북동부 교통 허브로, 독일, 오스트리아, 리히텐슈테인에서 기차로 들어올 수 있다. 취리히, 루체른에서도 환승 없이 올 수 있어 편리하다.

장크트 갈렌역 Bahnhof St. Gallen

약국, 슈퍼마켓, 편의점, 스타벅스, 편의점, 키오스크, 레스토랑 등 20여 개 점포가 입점했다. 1층에 환전소와 코인 로커, 자전거 대여소 등이 있다. 무료 와이파이(SBB-FREE) 사용 가능.

차량

국경에서 멀지 않다 보니 독일, 오스트리아, 리히텐슈타인 등에서 렌터카로 들어갈 수 있다. 시내 중심부 규모가 그리 크지 않으니 역 근처에 주차하고 도보로 여행하자. 역에서 수도원이 있는 중심가까지는 도보로 7분 정도 걸린다.

• 주요 도시에서 장크트 갈렌까지 소요 시간

취리히	약 1시간 10분(85km/1번 고속도로, 7번 국도)
샤프하우젠	약 1시간(82km/4번, 1번 고속도로, 7번 국도)
루체른	약 1시간 50분(142km/14번, 3번, 1번 고속도로)
뮌헨(독일)	약 2시간 40분(235km/독일 96번 고속도로, 오스트리아 14번 고속도로(통행료 필수), 스위스 1번 고속도로)
바두즈(리히텐슈타인)	약 50분(70km/13번, 1번 고속도로)

버스, 트롤리 버스, 트램

장크트 갈렌의 주요 명소는 전부 걸어서 둘러볼 수 있고 구시가는 차량 통제 구간이 많기 때문에 여행자가 시내에서 대중교통을 이용할 일은 거의 없다. 티켓은 정류장의 자동판매기나 운전기사에게 구매하며, 모든 시내교통에 공통으로 사용한다. 장크트 갈렌의 관광지는 모두 210구역(Zone 210)에 속하며, 30분간 5정거장 내 단거리권 2.50CHF, 한 구역 내 1시간권 3.30CHF, 1일권 6.60CHF 등이 있다. 스위스 트래블 패스 소지자 무료.

시장 광장 트롤리 버스 및 트램 정류장

DAY PLANS

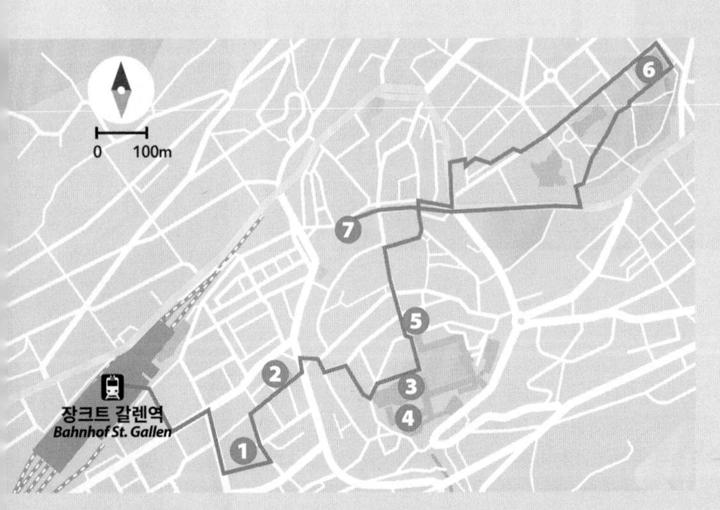

추천 일정 ★는 머스트 스팟 ★는 옵션

장크트 갈렌역
↓ 도보 6분
❶ 로터 광장 시티 라운지
↓ 도보 3분
❷ 직물 박물관
↓ 도보 5분
❸ 장크트 갈렌 대성당 ★
↓ 도보 1분
❹ 장크트 갈렌 수도원 도서관 ★
↓ 도보 3분
❺ 장크트 라우렌첸 교회
↓ 도보 15분
❻ 장크트 갈렌 역사 민속 박물관 ★
↓ 도보 9분
❺ → ❼ 바로 갈 경우 도보 4분
❼ 장크트 갈렌 마르크트플라츠
↓ 도보 10분
장크트 갈렌역

: WRITER'S PICK :

장크트 갈렌-콘스탄스 호수 모빌리티 티켓
St. Gallen-Lake Constance Mobility Ticket

장크트 갈렌 내 호텔에 숙박할 경우 체크인하는 날부터 체크아웃하는 날까지 시내 대중교통을 무료로 이용할 수 있는 카드. 장크트 갈렌과 콘스탄스 호숫가 마을 내 기차, 버스, 트램까지 이용할 수 있다. 카드는 체크인 시 실물로 받거나, 미리 신청해 이전에 머물 호텔 등으로 배송받을 수도 있다.

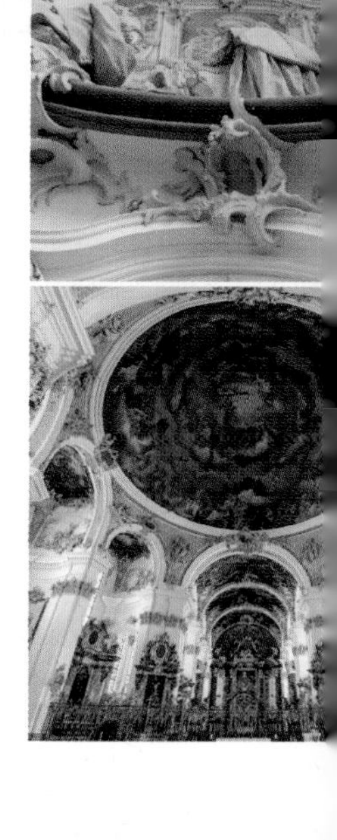

01 온통 빨강 빨강해

로터 광장 시티 라운지

Roter Platz-Stadtlounge

장크트 갈렌의 비즈니스 구역에 설치된 스위스 최초의 공공 라운지. 멀티미디어 예술가 피필로티 리스트와 건축가 카를로스 마르티네스의 작품으로, 거리 바닥과 조형물들이 온통 빨간 고무로 덮여 있다. 스위스 사람들은 국기의 빨간색을 온갖 디자인에 많이 활용하는데, 이곳은 아예 온 동네를 빨간색으로 덮어 버린 것. 말랑말랑한 빨간 고무로 덮인 벤치, 소파, 테이블에 앉아 샌드위치를 먹는 직장인들과 삼삼오오 모여 앉아 여유를 즐기는 동네 주민들을 밤낮으로 볼 수 있다. MAP ㉓

GOOGLE MAPS C9CF+R82 장크트갈렌
ACCESS 장크트 갈렌역에서 도보 6분
ADD Roter Platz, Raiffeisenplatz 2, 9000 St. Gallen

레이스 샘플

직물 도서관

02 유럽 패션 역사를 한눈에

직물 박물관

Textilmuseum St. Gallen

과거 장크트 갈렌 지역을 번창하게 한 레이스를 중심으로 한 각종 직물, 유럽 패션 역사까지 두루 다룬 박물관. 19세기 말 유럽 여러 나라의 드레스를 장식했던 아름다운 레이스 컬렉션과 19세기 말부터 21세기에 걸쳐 수집한 5만6000여 개의 복식과 머플러, 모자 등 의류 액세서리 컬렉션이 있다. 세계 각국에서 수집한 직물 도서관도 대중에 공개 중. 스위스 동부의 복장 변천사는 물론 유럽 패션의 역사를 한눈에 볼 수 있기 때문에 패션에 관심 있는 사람에게 추천한다. MAP ㉓

GOOGLE MAPS C9FF+8C 장크트갈렌
ACCESS 장크트 갈렌역에서 도보 6분/로터 광장 시티 라운지에서 도보 3분
ADD Vadianstrasse 2, 9000 St. Gallen
OPEN 직물 박물관: 10:00~17:00(1월 1일, 부활절, 8월 1일, 12월 24·25·31일 휴무)/
직물 도서관: 10:00~12:00, 13:00~17:00(토 10:00~12:00, 월·화·일요일 휴무)
PRICE 12 CHF, 학생 5CHF/ 스위스 트래블 패스 소지자 무료
WEB textilmuseum.ch/en/

장크트 갈렌 수도원 안뜰(Klosterplatz)에서 본 대성당

03 도시의 랜드마크, 우아한 바로크 건축물
장크트 갈렌 대성당
Kathedrale St. Gallen

도시의 랜드마크인 수도원 성당. 612년 아일랜드 수도사 성 갈루스(Gallus)가 이곳에 정착한 것이 수도원의 기원이자 도시의 시초가 됐다. 장크트 갈렌이라는 도시명도 그의 이름(장크트=성자, 갈루스=갈렌)에서 유래한 것. 대성당 건물은 천장의 프레스코화가 인상적인 후기 바로크 양식으로, 흰색과 분홍색이 조합된 일반적인 바로크 양식과 달리 민트색 계열로 꾸며져 차분하면서도 우아한 느낌을 준다. 벽에 새겨진 장식들이 놀랍도록 디테일하니 자세히 들여다보자. 정면이 아니라 옆(북쪽)에 있는 작은 문이 입구다. MAP ㉓

GOOGLE MAPS C9FG+7J 장크트갈렌
ACCESS 직물 박물관에서 도보 5분
ADD Klosterhof, 9000 St. Gallen
OPEN 07:00~18:00/미사 시간 입장 불가
WEB sg.kath.ch/kultur/post-1

©Stiftsbibliothek St. Gallen

GOOGLE MAPS C9FG+3P 장크트갈렌
ACCESS 장크트 갈렌 수도원 부속 건물
ADD Klosterhof 6D, 9004 St. Gallen
OPEN 10:00~17:00
PRICE 18CHF, 학생 12CHF
WEB stiftsbezirk.ch/en/

04 영혼을 치유하는 약국
장크트 갈렌 수도원 도서관
Stiftsbibliothek St. Gallen

화려한 로코코 양식으로 치장한 수도원 부속 도서관. 스위스에서 가장 아름다운 건축물이라 불리며 1983년 도서관을 포함해 수도원 부지 전체가 유네스코 세계유산에 등재됐다. 9~11세기 독일 문화와 예술의 중심지였던 이곳 수도원의 이름난 수도사들이 2000여 권의 책을 필사하며 금욕 생활을 했다.

도서관에는 수도사들의 삶의 일부였던 라틴어 성경 필사본을 비롯해 약 17만 권의 고서가 보관돼 있다. 이곳에 있는 헌장과 방대한 기록물, 인쿠나불라(Incunabula: 인쇄술이 발달한 15세기 후반 간행된 인쇄본), 1805년 이전의 인쇄물 등은 수도원이 중세 초기부터 1800년경에 이르기까지 서유럽의 종교, 문화, 사회, 정치, 경제 발전에 어떻게 기여했는지 보여주는 자료로, 유럽에서 이곳보다 더 오래됐거나 더 중요한 컬렉션을 보유한 수도원 기록관이나 도서관은 없다. 이 중엔 '그레고리오 성가'의 악보를 비롯해 스위스의 국보급 문서들도 있다.

도서관에는 특이하게 2700년 전 이집트 제사장의 딸 셰피니스의 미라도 보관돼 있다. 도서관 입구에 쓰여 있는 '영혼을 치유하는 약국'이란 뜻의 제레나포테케(Seelenapotheke)처럼, 이곳은 분명 모든 이에게 영혼의 안식을 주는 곳임이 틀림없다. MAP ㉓

05 모자이크가 예쁜 네오 고딕 양식 교회
장크트 라우렌첸 교회
Kirche St. Laurenzen

대성당의 명성에 가려졌지만 도시에서 가장 중요한 역할을 해 온 개신교 교회. 현재의 건물은 15세기에 지은 네오 고딕 양식의 건축물로, 내부의 모자이크 타일이 정돈된 아름다움을 뽐낸다. 여름철에는 하루에 2회(10:00, 15:00) 탑을 개방해 고풍스러운 장크트 갈렌 도시 풍경을 한눈에 담을 수 있다. MAP ㉓

GOOGLE MAPS C9FG+QR 장크트갈렌
ACCESS 대성당 정문에서 도보 3분
ADD Marktgasse 25, 9000 St. Gallen
OPEN 09:30~16:00(여름철 화~금 ~18:00)/여름철 탑 개방 09:30~11:30, 14:00~16:00/일요일 휴무
WEB ref-sgc.ch

옛 유럽 이발소
옛 유럽 귀족 저택의 벽 장식

작가나 장군의 정확한 이름은 없이 '18세기 고위 장군/관료의 초상화'라고 쓰여 있다.

06 지식의 보고, 장크트 갈렌의 위엄
장크트 갈렌 역사 민속 박물관
Kulturmuseum St. Gallen

1917년에 설립한 박물관. 중세 시대 지식의 보고였던 도시답게 엄청난 양의 수집품을 자랑한다. 중세부터 근대, 현대에 이르는 유럽의 수집품을 민속, 패션, 공예, 고고학 등으로 나누어 전시하는데, 7만여 점에 달하는 소장품을 전시할 공간이 부족해 박물관에선 약 2만 점만 공개하고 나머지는 온라인 전시한다. 아메리칸 인디언이나 이누이트 관련 수집품 500여 점과 중국, 인도네시아, 인도, 일본 등 아시아 컬렉션도 다채롭다. 조선 시대 장군(미상) 초상화와 경대, 청동 밥그릇 등 우리나라 유물도 몇 점 있다. 옛 이발소나 귀족의 방 등 영화 세트장처럼 전시실이 꾸며져 있어 더욱 흥미로운 곳이다. MAP ㉓

GOOGLE MAPS C9HM+C5 장크트갈렌
ACCESS 장크트 라우렌첸 교회에서 도보 15분/장크트 갈렌역 또는 마르크트 광장(Marktplatz)에서 11·201번 버스 3정거장, 아틀레틱 첸트룸(Athletik Zentrum) 하차 후 도보 3분, 총 8분
ADD Museumstrasse 50, 9000 St. Gallen
OPEN 10:00~17:00(수 ~19:00)/월요일 휴무
PRICE 12CHF, 학생 6CHF/
스위스 트래블 패스 소지자 무료
WEB kulturmuseumsg.ch

07 장크트 갈렌 시민들의 만남의 광장
장크트 갈렌 마르크트플라츠
St. Gallen Marktplatz

하루 종일 북적이며 활기 넘치는 광장. 봄부터 가을까지 저녁이면 근처 정육점에서 굽는 지역 명물, 올마 브라트부어스트 냄새로 가득 찬다. 매주 금요일 오전에는 지역 농산물을 판매하는 시장도 들어서고, 11월 말부터 크리스마스이브까지는 크리스마스 마켓이 열린다. MAP ㉓

GOOGLE MAPS C9HM+C5 장크트갈렌
ACCESS 장크트 갈렌 역사 민속 박물관에서 도보 9분/장크트 갈렌역에서 도보 10분
ADD St. Gallen Marktplatz, 9000 St Gallen

+ MORE +

부유함의 상징, 화려한 출창의 도시

장크트 갈렌의 럭셔리한 도시 풍경에 크게 한몫하는 것은 출창(出窓)이다. 벽면보다 돌출한 창문인 출창은 16~18세기 귀족들 사이에서 유행했는데, 저마다 부를 과시하기 위해 출창에 백조, 펠리컨, 낙타 같은 동물부터 용이나 괴수 모양까지 다양한 모양의 화려한 조각을 새겼다. 출창이 있는 집을 말하는 '뷔르게르하우스(Bürgerhaus)'는 독일어로 '부르주아의 집'란 뜻. 수도원의 북쪽에 있는 슈미트 거리(Schmiedgasse), 슈피저 거리(Spisergasse), 마르크트 거리(Marktgasse) 등에서 많이 볼 수 있다.

: WRITER'S PICK :

장크트 갈렌은 왜 '중세 시대 지식의 보고'로 불릴까?

장크트 갈렌은 8세기에 설립한 장크트 갈렌 수도원을 중심으로 발달했다. 아일랜드와 앵글로색슨의 이름난 수도사들이 찾아와 라틴어 성경, 성가 악보 등을 필사했으며, 수도원은 수많은 책을 수집하고 소장하는 데 힘썼다. 또한 중세 시대 유일한 교육 기관으로서 귀족 자제들을 가르쳤고, 9~11세기 최고의 번영을 누리면서 장크트 갈렌은 독일 문화와 예술의 중심지가 됐다. 17세기엔 스위스 최고의 필사 및 인쇄 센터를 보유했다. 그러나 종교개혁의 물결과 함께 1798년 수도원장이 물러나고 1805년 수도원이 폐지된 후 장크트 갈렌은 지식의 도시에서 직물 산업의 도시로 변모했다. 현재는 유럽에서 손꼽히는 경영대학인 장크트 갈렌 대학 덕분에 교육의 도시라는 위상을 되찾게 됐다.

수도사와 곰에 얽힌 도시 전설

7세기부터 수도원을 중심으로 발전한 장크트 갈렌에는 재미있는 전설이 내려온다. 아일랜드 수도사였던 성 갈루스(=장크트 갈렌)가 이 근처를 지나다가 모닥불을 피우고 있을 때 숲속에서 곰이 나타났다. 성 갈루스는 자신을 위협하는 곰을 용감하게 꾸짖었다. 곰은 놀라서 숲으로 도망쳤다가 성 갈루스에게 나무 장작을 더 갖다주러 되돌아왔다고 한다. 그 후 곰은 성 갈루스를 따라다니면서 대성당을 짓는 일까지 도왔다고 한다. 그래서 지금도 장크트 갈렌의 성당 깃발에는 곰이 그려져 있으며, 예전 장크트 갈렌의 영향권에 있던 아펜첼주 깃발에도 곰이 상징으로 남아 있다.

이런 시계는 처음!

장크트 갈렌역의 이진수 시계

장크트 갈렌역은 2018년 구역사 옆에 사각형의 유리 건물을 지어 승강장 입구를 이동하며 확장했는데, 이 건물은 독특한 디지털 벽시계로 화제가 됐다. 숫자 대신 동그라미, 세모, 네모로 표시한 이진수 시계가 그것으로, 시간을 계산하기 어렵다는 항의가 빗발치는 바람에 더 유명해졌다.
시계는 위부터 시, 분, 초를 가리키며, 불이 켜진 곳은 1, 불이 꺼진 곳은 0이다. 자세한 계산법은 다음과 같다.

구분	역사 전광판						이진수	십진수 변환
시		O(0)	O(1)	O(0)	O(0)	O(1)	01001	8+1 = 9
분	X (0)	X (1)	X (1)	X (0)	X (0)	X (1)	011001	16+8+1=25
초	□(1)	□(0)	□(1)	□(1)	□(1)	□(0)	101110	32+8+4+2=46
각 자리 수의 십진수 변환	$2^5 = 32$	$2^4 = 16$	$2^3 = 8$	$2^2 = 4$	$2^1 = 2$	$2^0=1$		

즉 사진 속 시간은 01001 = 9시, 011001 = 25분, 101110 = 46초다.

단, 역 안에서 볼 땐 숫자가 역순으로 보인다는 함정에 주의해야 한다. 재미있는 발상이긴 하지만 이진수를 이해하고 덧셈도 빨라야 필요할 때 재빨리 읽을 수 있다. 계산이 늦어서 기차를 놓쳐도 환불은 되지 않으니 기차 시간을 맞춰야 한다면 핸드폰을 이용하자.

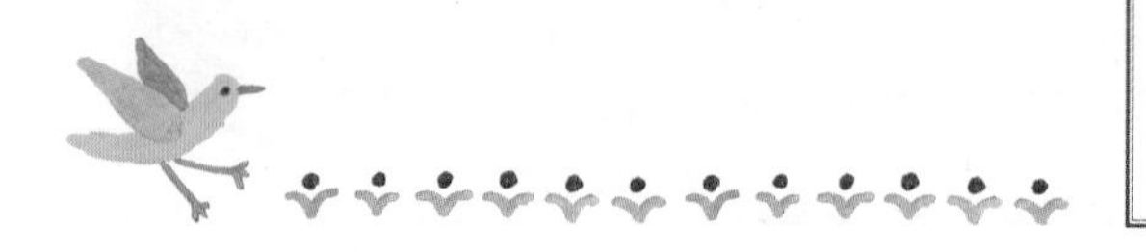

: WRITER'S PICK :

알고 보면 익숙한 이진수?!

이진수는 사실 우리 생활 깊숙이 들어와 있다. 컴퓨터 프로그래밍이 이진수를 사용하기 때문. 우리가 매일 들여다보는 스마트 기기도 저 밑바닥엔 이진수를 기본으로 한다. 장크트 갈렌역의 시계 디자이너는 이진수 시계도 일반 시계처럼 읽는 법만 익히면 쉽다(?!)고 주장하는데, 동의하기는 어렵지만 이 기회에 익혀두는 것도 나쁘지 않겠다.

©Restaurant Stickerei

로컬 재료만 넣어 만든 수제 버거

$$ 레스토랑 스티커라이 Restaurant Stickerei

신선한 지역 농산물로 만드는 수제 버거 레스토랑 겸 바. 아늑하고 힙한 실내 분위기 속에서 맥주 한잔과 버거를 먹으려는 사람들로 늘 붐빈다. 재료 소진 시 일찍 문을 닫기도 하니 조금 서둘러 방문하자. 테이블에 놓인 종이에 연필로 체크해서 주문한다. MAP ㉓

GOOGLE MAPS C9CF+QV 장크트갈렌
ACCESS 관광안내소에서 도보 4분
ADD Oberer Graben 44, 9000 St. Gallen
OPEN 런치: 평일 11:30~14:00(월 ~13:30), 디너: 17:30~23:00(금 ~01:00, 토 11:30~01:00)/일요일 휴무
PRICE 버거 25CHF~, 사이드 7CHF~, 음료 5CHF~
WEB stickerei.sg

사슴고기 찹스테이크
(가을 사냥 시즌 메뉴)

표고버섯 수프.
빵을 부수면
안에 수프가 있다.

©Am Gallusplatz

별 5개를 줘도 모자란 전통 음식점

$$$ 암 갈루스플라츠 Am Gallusplatz

수도사의 마구간을 개조한 고급 레스토랑. 스위스 전통 음식이 주메뉴이고, 독일, 오스트리아식 요리가 섞여 있다. 양질의 스위스산 소고기로 만든 스테이크와 볶음 요리, 스튜, 소시지, 파스타 등 어떤 메뉴를 주문해도 별 5개가 부족할 정도로 맛있다는 게 현지인들의 평가. 고급스러운 인테리어와 친절한 서비스도 인기 비결이다. MAP ㉓

GOOGLE MAPS C9FG+58 장크트갈렌
ACCESS 대성당 정문 앞, 도보 1분
ADD Gallusstrasse 24, 9000 St. Gallen
OPEN 10:00~14:00, 17:00~23:00/일·월요일 휴무
PRICE 뢰스티를 곁들인 브라트부어스트 23CHF~, 식사 34CHF~, 디저트 9CHF~
WEB amgallusplatz-sg.ch

정통 스위스 동부 음식 열전

$$$ 버차프트 추어 알텐 포스트
Wirtschaft zur alten Post

아늑한 분위기의 전통 음식점. 올마 브라트부어스트를 비롯해 뢰스티, 송아지 간, 수도원에서 만든 치즈 등 지역 음식이 준비돼 있다. 와인 리스트도 매우 잘 갖추고 있어서 스위스 밖에서는 구하기 힘든 다양한 스위스 와인을 맛볼 수 있다. MAP ㉓

GOOGLE MAPS C9FG+MM 장크트갈렌
ACCESS 장크트 라우렌첸 교회 맞은편
ADD Gallusstrasse 4, 9000 St. Gallen
OPEN 11:30~14:00, 17:30~24:00(일 11:30~14:00, 16:30~21:00)/ 월·화요일 휴무
PRICE 소시지와 뢰스티 26CHF, 식사 36CHF~
WEB apost.ch

달콤 향긋한 생강빵 베어 물기

로그빌러 제과점
Confiserie Roggwiller

스위스 시골 할머니네 놀러 온 듯 향수를 자극하는 분위기의 제과점. 질 좋은 커피와 로컬 재료로 만든 빵, 케이크, 샌드위치, 수제 초콜릿 등을 판매한다. 특히 장크트 갈렌에서 유명한 생강빵 비버(Biber)는 따뜻한 차 한잔과 찰떡궁합이니 꼭 맛보자. 장크트 갈렌역 안에도 있다. MAP ㉓

GOOGLE MAPS 시내점: C9FG+P6 장크트갈렌/ 역점: C9FC+G5 장크트갈렌
ACCESS 시내점: 장크트 라우렌첸 교회에서 도보 3분/ 역점: 장크트 갈렌역 안
ADD 시내점: Multergasse 17, 9000 St. Gallen/ 역점: Poststrasse 25, 9000 St. Gallen
OPEN 시내점: 09:00~18:00(월 09:30~, 토 ~17:00)/일요일 휴무 역점: 07:00~21:00(토 08:00~20:00, 일 09:00~20:00)
PRICE 음료 4.50CHF~, 베이커리 4CHF~, 비버 4.60CHF~, 초콜릿 4CHF~
WEB roggwiller.ch

루체른 비버 (생강빵)

대성당 앞에서 도시 분위기 즐기기

대성당 광장 초콜릿 가게
Chocolaterie am Klosterplatz

장크트 갈렌의 구시가 분위기를 즐기며 커피 한잔하기 좋은 초콜릿숍 겸 카페. 실내에도 좌석이 있지만 날씨가 좋다면 대성당이 아름답게 보이는 야외 테이블을 추천한다. 다양한 수제 초콜릿과 더불어 샌드위치, 타르트, 케이크 등도 판매한다. 투박하면서도 귀여운 라테아트도 이곳의 매력 포인트다. MAP ㉓

GOOGLE MAPS C9FG+89 장크트갈렌
ACCESS 대성당 앞
ADD Gallusstrasse 20, 9000 St. Gallen
OPEN 08:00~18:00(토·일 08:30~17:00)
PRICE 음료 4.70CHF~, 베이커리 4CHF~
WEB chocolaterie-koelbener.ch

미니 케이크

반질반질! 크리스마스 유리공예품

뤼힝어 갈러리
Lüchinger Galerie

직접 불어서 만든 크리스마스 유리 장식품 수백 가지를 전시한 갤러리 겸 상점. 사계절 크리스마스 분위기가 나는 곳으로, 추천 기념품은 손으로 예쁘게 색칠한 스위스 전통 의상 인형이다. MAP 23

GOOGLE MAPS C9FG+25 장크트갈렌
ACCESS 대성당을 등지고 왼쪽 광장 분수대 뒤편
ADD Webergasse 26, 9000 St. Gallen
OPEN 12:00~18:00(토 ~16:00)/월·일 휴무
WEB weihnachts-deko.ch

골동품 가게에서 보물찾기

안틱슈튀블리
Antikstübli

벽시계부터 은수저, 회중시계, 열쇠나 문고리까지 다양한 골동품이 빼곡히 들어찬 곳. 어딘가 알라딘의 램프가 있을 듯한 '찐' 골동품 가게다. 저렴한 일상용품부터 초고가 공예품까지 가격대도 다양하다. 일주일에 3일만 문 연다.
MAP 23

GOOGLE MAPS C9CG+R8 장크트갈렌
ACCESS 관광안내소에서 도보 3분
ADD Gallusstrasse 37, 9000 St. Gallen
OPEN 목·금 14:00~18:00, 토 11:00~16:00/일~수요일 휴무
WEB antik-sammeln.ch

퇴근 후엔 역시 소시지!
올마 브라트부어스트 Olma Bratwurst

스위스 사람들은 독일 사람들에 뒤지지 않을 만큼 소시지를 즐겨 먹는데, 그중 으뜸은 장크트 갈렌의 소시지다. '소시지의 수도'라는 귀여운 별명을 가진 이 도시에선 저녁 무렵 정육점에서 송아지 고기와 돼지고기, 신선한 우유를 섞어 부드럽고 탱글탱글한 올마 브라트부어스트를 굽는 냄새가 솔솔 풍긴다. 보통 빵과 함께 주는데, 이 바삭한 소시지를 사 들고 가게 앞이나 분수대에서 먹고 퇴근하는 직장인이 많다. 레스토랑에서 맛볼 수도 있지만 역시 가게 앞에서 바로 먹는 직화구이 소시지의 맛을 따라갈 순 없다. 소스를 바르지 않고 먹는 것이 포인트다.

● 소시지 굽는 정육점 BEST 3

메츠게라이 겜펄리
Metzgerei Gemperli

1949년 문을 연 정육점. 현지인들에게 가장 인기 있는 곳으로, 구시가 한가운데 있어서 테이크아웃해 수도원 잔디밭에 앉아 먹기 좋다. 대기가 있는 편이어서 식사 시간보다 약간 일찍 가는 게 좋다. MAP ㉓

GOOGLE MAPS C9FF+CW 장크트갈렌
ACCESS 관광안내소에서 도보 2분, 글로뷔스(Globus) 백화점 앞
ADD Schmiedgasse 34, 9000 St. Gallen
OPEN 11:00~18:30/일요일 휴무
PRICE 소시지 7.50CHF~

메츠게라이 리트만
Metzgerei Rietmann

200년 역사를 지닌 정육점. 겜퍼리와 양대 산맥을 이루며 전통 방식의 소시지를 제조한다. 시장 광장 앞에 있어서 장크트 갈렌 역사 민속 박물관 방향 버스를 기다리면서 먹기 좋다. MAP ㉓

GOOGLE MAPS C9GG+CG 장크트갈렌
ACCESS 시장 광장(마르크플라츠)
ADD Marktgasse 3, 9000 St. Gallen
OPEN 07:30~18:30(목 ~21:00, 토 07:00~17:00)/일요일 휴무
PRICE 소시지 7.50CHF~

메츠게라이 슈미트
Metzgerei Schmid

이곳 역시 100여 년의 역사를 지닌 곳으로, 위에 소개한 2곳보다 규모가 크다. 스위스 전국 곳곳에 지점이 있고 배송 서비스도 하는 등 운영이 체계적이다. 장크트 갈렌역 안에도 분점이 있다. MAP ㉓

GOOGLE MAPS C9FC+C2 장크트갈렌
ACCESS 장크트 갈렌역 안
ADD Hauptbahnhof, Bahnhofplatz 2, 9000 St. Gallen
OPEN 07:00~21:00(토·일 09:00~18:00)
PRICE 소시지 7.50CHF~
WEB metzgereischmid.ch

©Metzgerei Schmid

장크트 갈렌 페스티벌
St. Gallen Fest

봄부터 가을까지 열리는 다양한 축제 중 여행자가 가장 참여하기 쉬운 시내 페스티벌. 6월 말부터 7월 초까지는 대성당 앞 잔디밭이 거대한 야외 클래식 공연장으로 바뀌고(일부 유료), 8월 중순엔 구시가 일대에서 캐주얼한 분위기의 거리 공연이 펼쳐지면서 도시 전체가 흥겨운 축제장이 된다.

ACCESS 시내 곳곳과 장크트 갈렌 대성당 앞 잔디밭
OPEN 클래식: 6월 말~7월 초/록·거리 공연: 8월 중순
WEB sgfest.ch

©St.Galler FEST

올마 농업 박람회
Olma Messen St. Gallen

스위스 동부 최대 행사인 농업 박람회. 단풍이 노랗게 물든 가을 하늘 아래, 600여 개 참여 업체의 다양한 농산물과 귀여운 농장 동물들을 구경할 수 있다. 맥주 테이스팅에 참여하거나 임시 푸드코트에서 먹거리를 즐겨보자. 가장 인기 있는 음식은 단연 올마 부어스트 소시지다. 여러 가축들이 참여하기 때문에 반려견은 동반할 수 없다.

GOOGLE MAPS C9JM+RQ 장크트갈렌
ACCESS 올마 전시관 및 무역센터
ADD Schellenweg, 9000 St. Gallen
OPEN 10월 중순
PRICE 17CHF, 학생·경로 14CHF, 6~15세 11CHF, 가족(부모 2+15세 이하 자녀 4)
WEB olma-messen.ch

©Olma Messen St. Gallen

장크트 갈렌에서 살짝 다녀오는

근교 나들이

스위스 동부는 타지역보다 덜 알려졌지만 알고 보면 어디에도 뒤지지 않는 보석 같은 장소들이 숨어 있다. 스위스 3대 치즈 중 하나인 아펜첼을 만드는 농장과 아름다운 보덴 호숫가의 작은 마을들, 호숫가에 무심한 듯 서 있는 색채의 마술사 훈데르트바서의 건축물을 감상하러 떠나보자.

스위스 3대 치즈는 어떤 맛?

아펜첼러 치즈 농장

Appenzeller Schaukäserei

초록 들판 사이 작은 마을에 있는 치즈 농장. 에멘탈이나 그뤼에르보다 조금 더 강렬하고 독특한 풍미를 지닌 아펜첼 치즈 제조 과정을 볼 수 있다. 작은 놀이터가 딸린 레스토랑도 운영해 가족 나들이 장소로 좋은 곳. 이름이 아펜첼러라서 아펜첼 마을에서 가는 게 빠를 것 같지만 대도시인 장크트 갈렌에서 대중교통으로 가는 것이 더욱 편리하다.

GOOGLE MAPS 98FV+8W Stein
ACCESS 장크트 갈렌역에서 180번 포스트 버스를 타고 슈타인 포스트(Stein Post) 하차, 14분/아펜첼역에서 예약제 버스 퍼블리카를 타고 20분(06:00~19:00, 금·토 ~23:30, 일 07:00~)
ADD Dorf 711, 9063 Stein
OPEN 치즈 제조 견학 09:00~18:30/12월 25일 휴무
PRICE 12CHF, 6~15세 7CHF, 가족(성인 2+어린이 4) 28CHF
WEB schaukaeserei.ch/en/

: WRITER'S PICK :

퍼블리카 PubliCar

콜택시처럼 주소지에서 주소지까지 데려다주는 예약제 버스. 포스트 버스 정규 노선이 이어지지 않은 일부 마을에서 운영하며, 마을이나 인가가 있는 곳으로만 이동 가능하다. 'PubliCar' 앱 또는 전화(+41 848 55 30 60)로 출발 1시간 전까지 예약, 30분 전까지 취소할 수 있다.

PRICE 일반 버스 요금+퍼블리카 추가 요금 5CHF/ 스위스 트래블 패스 소지자 5CHF(퍼블리카 추가 요금)

치즈 제조 과정을 견학할 수 있다.
예약은 필요 없으나, 오전 방문 필수!

농장 주변 풍경

훈데르트바서의 동화 같은 건축물

마르크트할 알튼라인

Markthalle Altenrhein

‘건축치료사’, ‘색채의 마술사’라 불리는 오스트리아 화가이사 건축가인 훈데르트바서의 건축물. 1998~2001년 지은 후 그의 작품을 전시하는 갤러리 겸 레스토랑으로 운영한다. 훈데르트바서란 이름은 ‘백 개의 물줄기’란 뜻으로, 그가 추구하는 자연주의 사상을 담아 개명한 것. 본명은 프리드리히 슈터바서다. 에곤 쉴레, 구스타프 클림트와 함께 오스트리아를 대표하는 예술가로 손꼽히며, 주요 건축물로는 오스트리아 빈에 있는 훈데르트바서 하우스, 쿤스트하우스 빈 등이 있다. 2022년에는 제주 우도에 훈데르트바서 재단과 협업으로 그의 철학을 담은 훈데르트바서파크가 개관하기도 했다. 그의 사상이 담긴 작품들은 자연과 조화를 이루면서 동화같이 알록달록한 색채를 띠는 것이 특징이다.

GOOGLE MAPS FGPX+26 탈
ACCESS 장크트 갈렌역에서 기차로 20분, 슈타트역(Staad) 하차 후 도보 15분, 총 35분
ADD Knotternstrasse 2, 9422 Staad SG
OPEN 08:00~17:00
WEB markthalle-altenrhein.ch

배 타고 스위스, 독일, 오스트리아 3국 여행

보덴 호수 유람선

Bodensee Cruise

영어 명칭인 콘스탄스 호수(Lake Constance)로 더 잘 알려진 보덴 호수(Bodensee)는 스위스 호수 중 레만 호수(제네바 호수)에 이어 2번째로 큰 호수다. 라인강으로 이어지는 이 호수에서 유람선을 타면 슈타인 암 라인 등 부유한 분위기를 내는 강변 마을들로 갈 수 있으며, 반나절 만에 스위스, 독일, 오스트리아 3개국을 방문할 수도 있다. 장크트 갈렌에서 기차로 로어샤흐(Rorschach)나 로만스호른(Romanshorn) 선착장으로 이동해 배를 타고 독일 호숫가 마을인 린다우(Lindau)나 프리드리히샤펜(Friedrichshafen)에 다녀오자. 린다우에서 오스트리아의 브레겐츠(Bregenz)로도 갈 수 있다. 추천 코스는 로어샤흐-린다우-로어샤흐(왕복 2시간+α). 스위스 호숫가 마을들만 유람선으로 다닌다면 스위스 트래블 패스 소지자는 무료이며, 타국 방문 시 마을에 따라 요금이 다르다(홈페이지 참고).

GOOGLE MAPS 로어샤흐 선착장: FFHV+H9 Rorschach/
로만스호른 선착장: H97J+VC Romanshorn
ACCESS 장크트 갈렌-로어샤흐 선착장: 기차 15분/
장크트 갈렌-로만스호른 선착장: 기차 25분
OPEN 4~10월(개별 시간표는 홈페이지 참고)/11~3월 휴무
WEB bodensee-schiffe.ch

유람선에서 보는 풍경들

#Plus Area

초록 물결이 넘실대는
귀여운 호빗 마을

아펜첼
APPENZELL

아펜첼은 완만한 초록 언덕이 굽이굽이 펼쳐지는 곳으로, 영화 <반지의 제왕>의 호빗 마을을 떠올리게 하는 곳이다. 프레스코화로 귀엽고 아기자기하게 꾸며진 마을 광장에서는 주민이 전부 모여 의사를 결정하는 직접 민주주의 의회가 열리며, 음식, 음악, 의복, 생활풍습 등 여러 가지 전통이 살아 숨 쉰다. 도보 30분이면 돌아볼 수 있는 작은 마을이지만 은근히 볼거리가 많은 곳. 수공예 상점이나 박물관을 둘러보고 기념품 가게들을 둘러보고 아름다운 하이킹 길까지 걷다 보면 하루가 훌쩍 지나간다.

- **칸톤** 아펜첼 이너로덴 Appenzell Innerrhoden
- **언어** 독일어
- **해발고도** 777m

아펜첼 가는 방법

🚊 기차

장크트 갈렌 → 42분

🚗 차량

장크트 갈렌 → 25분(19km/지방도로)

★
관광안내소

GOOGLE MAPS 8CJ4+JV 아펜첼
ADD Hauptgasse 38, 9050 Appenzell
OPEN 09:00~12:00, 13:30~18:00/
시즌마다 다름/토·일요일은 단축 운영
TEL +41 (0)71 788 96 41
WEB appenzell.ch/en

가을 축제, 소 품평회 풍경

: WRITER'S PICK :
여행 팁

❶ 아펜첼 무료 왕복 교통권

아펜첼주의 한 숙소에서 3박 이상 예약 후 아펜첼주 홈페이지나 아펜첼 관광안내소에 연락하면 스위스 어디에 있든지 아펜첼까지 무료로 왕복할 수 있는 2등석 대중교통권을 이메일로 보내준다. 아펜첼로 출발하기 최소 4일 전까지 온라인으로 신청해야 한다.

WEB appenzell.ch/en/service/formulare/formulare-bestellungen/free-arrival-and-departure.html
TEL +41 (0)71 788 96 41

❷ 아펜첼 카드 Appenzeller Card

아펜첼의 한 숙소에 3박 이상 숙박 시 제공하는 게스트 카드. 숙박 기간 동안 아펜첼 주변 지역(Zone 15) 2등석 대중교통을 무제한 이용할 수 있고, 에벤알프(Ebenalp), 호어 카슈텐(Hoher Kasten), 크론베르크(Kronberg) 봉우리를 왕복하는 케이블카를 1회씩 탈 수 있다. 그 외 아펜첼 대부분의 박물관, 실내 수영장, 아펜첼러 치즈 농장 무료입장, 아펜첼 식료품점 플라우데라이(Flauderei Appenzell)에서 500ml 음료 1병 증정, 아펜첼 알펜비터 상점에서 무료 기념품 제공, 코-워킹 스페이스인 프리슈로프트(Frischloft) 1일 무료 이용 등의 혜택이 있다.

WEB appenzell.ch/en/accommodation/appenzeller-holiday-card.html

01 가정집 분위기의 민속 박물관
아펜첼 박물관
Museum Appenzell

아펜첼의 전통 가구들과 의류, 미술품들을 실제 가정집 같은 분위기의 아늑한 목조 건물 안에 전시했다. 그림뿐만 아니라 가구들도 알록달록 칠해 놓은 것이 인상적. 장인들이 수를 놓는 시연도 종종 열린다. MAP 597p

GOOGLE MAPS 8CJ5+8W 아펜첼
ACCESS 관광안내소 건물 위층
ADD Hauptgasse 4, 9050 Appenzell
OPEN 4~10월: 10:00~12:00, 13:30~17:00 (토·일 11:00~17:00)/11~3월: 14:00~17:00/ 11~3월 월요일, 1월 1일·12월 15일 휴무
PRICE 7CHF, 학생 4CHF/ 스위스 트래블 패스 소지자 무료
WEB museum.ai.ch

02 마을 기념물로 지정된 화려한 성당
장크트 마우리티우스 성당
Katholische Pfarrkirche St. Mauritius

아펜첼주의 수호성인인 마우리티우스의 이름을 붙인 성당. 그래서인지 소박한 마을 규모에 비해 매우 커다란 성당이다. 1071년에 지었지만 오랜 세월 여러 차례 개보수해 외관이 초기 건물 형태와 많이 다르다. 1825년경 신고전주의 양식의 본관을 새로 지었고 후기 고딕 양식을 따랐던 성단과 탑을 보수해 현재의 모습을 갖추게 됐다. 내부는 최근까지 더 잦은 리노베이션을 거쳤는데, 네오 로코코 양식의 장식들은 최대한 보존했다. 금박으로 화려하게 장식된 내부를 감상하고 건물 뒤 묘지에서 바라보는 아펜첼 마을과 주변 산 풍경도 놓치지 말자. MAP 597p

GOOGLE MAPS 8CJ6+93 아펜첼
ACCESS 아펜첼 박물관 오른쪽
ADD Hauptgasse 2, 9050 Appenzell
WEB kath-appenzell.ch

성당 뒤편 묘지에서 보는 풍경

03 목가적 풍경과 현대미술의 조화
아펜첼 현대미술관
Kunstmuseum Appenzell

아펜첼에 있는 거의 유일한 현대 건축물. 취리히 건축가 아네트 기곤과 마이크 가이어가 설계했다. 은색 바탕의 독특한 건물 모양이 주변 자연경관과 묘하게 잘 어울린다. 채광 좋은 실내에는 20세기 이후 지역 아티스트들의 근현대 미술품을 전시한다. MAP 597p

GOOGLE MAPS 8CH6+7H 아펜첼
ACCESS 아펜첼역에서 마을 방향 반대편 출구로 나와 역을 등지고 왼쪽으로 도보 2분
ADD Unterrainstrasse 5, 9050 Appenzell
OPEN 4~10월 12:00~17:00(토·일 11:00~)/
11~3월 14:00~17:00(일 11:00~)/월요일, 전시 교체 기간 휴무
PRICE 15CHF, 학생 10CHF/ 스위스 트래블 패스 소지자 무료
WEB kunstmuseum-kunsthalle.ch/en/

04 동부 스위스 대표 맥주 맛보기
로허 맥주 양조장
Brauerei Locher

아펜첼의 맑고 깨끗한 물로 맥주를 만드는 양조장. 1810년 맥주 도매상으로 시작했던 양조장을 1886년 로허 가문이 매입해 5대째 운영해오고 있다. 라거, 스타우트, 화이트 비어에 무알코올 맥주까지 수십 가지 맥주를 생산하는데, 일단 가장 대표 맥주인 쿠욀프리슈(Quöllfrisch: 신선한 것)와 폴몬트(Vollmond: 보름달)부터 맛보자. 양조장 방문자 센터에서 이곳에서 생산한 모든 맥주와 맥주 통에 숙성한 잰티스 몰트(Säntis Malt) 위스키를 구매할 수 있다. MAP 597p

GOOGLE MAPS 8CJ6+9X 아펜첼
ACCESS 관광안내소에서 다리 건너 우회전, 90m 직진 후 왼쪽, 도보 4분
ADD Brauereiplatz 1, 9050 Appenzell
OPEN 09:00~18:30(월 13:00~, 토 10:00~17:00, 일 10:00~17:00)/공휴일 휴무/
맥주 시음: 목 10:15(당일 접수, 60분 소요, 16세 이상)
PRICE 무료/맥주 시음 12CHF
WEB appenzellerbier.ch/en/

©Appenzeller Alpenbitter

05 가족 대대로 내려오는 비법 약술
아펜첼러 알펜비터 공장 견학
Appenzeller Alpenbitter

42가지 허브를 넣고 발효한 약술 아펜첼러 알펜비터를 만드는 공장. 쌉싸래한 맛의 아펜첼러 알펜비터는 칵테일로 섞어 마시거나, 식후 소화를 돕기 위해 한 잔 정도 마신다. 창립자 에밀 엡네터가 1902년 오픈한 주류 가게가 그 시작으로, 허브 배합 비법은 가족 중 단 2명에게만 전수한다고 한다. 허브의 효능을 배우고 시음하는 공장 견학은 26명 이상 참여 시 영어 그룹 투어 신청이 가능하며, 개인 여행자를 위한 투어는 독일어로만 진행한다. **MAP 597p**

GOOGLE MAPS 8CH7+H9 Schwende-Rüte
ACCESS 아펜첼역에서 도보 5분
ADD Weissbadstrasse 27, 9050 Appenzell
OPEN 상점: 08:00~11:30, 13:30~17:00/
무료 가이드 투어: 수 10:00(4~10월은 월 16:00 추가)/토·일요일 휴무
WEB appenzeller.com/en

Option
06 스위스 동부의 지붕
잰티스
Säntis

스위스 북동부에서 가장 높은 산(2502m)이다. 알프스치고는 낮은 산이지만 산 아래와 정상과의 고도 차가 무려 2021m나 나기 때문에 아래서 바라보면 거대한 하얀 봉우리가 천국에 있는 듯 느껴진다. 같은 이유로 정상에 오르면 전망이 엄청난데, 스위스, 독일, 오스트리아, 리히텐슈타인, 이탈리아, 프랑스까지 6개국이 한눈에 들어온다. 여름철 일출, 일몰과 정상 레스토랑의 선데이 브런치가 유명하다. **MAP 597p**

GOOGLE MAPS 7849+H3 Hundwil
ACCESS 아펜첼역에서 기차 4정거장, 우르내슈(Urnäsch) 하차 후 791번 버스 환승, 11정거장 이동 후 슈베그알프(Schwägalp) 하차, 케이블카 환승, 10분, 총 1시간 10분
ADD Säntis-Schwebebahn, 9107 Schwägalp
OPEN 케이블카: 5월 중순~10월 말 07:30~18:00(토·일 ~18:30)/10월 말~1월 중순·2월 초~5월 중순 08:30~17:00/정상까지 10분 소요, 30분 간격 운행/ 1월 중순~2월 초 휴무
PRICE 왕복 58CHF, 학생 34CHF/편도 38CHF, 학생 21CHF/
6~16세 50% 할인/ 스위스 트래블 패스 소지자 50% 할인
WEB saentisbahn.ch/en

전망대에서 바라본 풍경

정원 테라스가 내 맘에 쏙!

$$ 레스토랑 조네 Restaurant Sonne

란츠게마인데 광장에 있는 레스토랑. 알록달록하게 칠한 벽도 예쁘고 다른 곳보다 넓고 아름다운 테라스석엔 나무와 파라솔로 그늘도 만들어 놓았다. 사과 소스를 곁들인 치즈 마카로니, 앨플러마그로넨(Älplermagronen) 같은 아펜첼 전통 음식과 퐁뒤가 주메뉴다. MAP 597p

GOOGLE MAPS 8CJ5+H6 아펜첼
ACCESS 란츠게마인데 광장 입구
ADD Landsgemeindeplatz 1, 9050 Appenzell
OPEN 10:00~21:00
PRICE 식사 18CHF~, 퐁뒤 23CHF~
WEB sonneappenzell.ch

+ MORE +

아펜첼 먹킷리스트

아펜첼 치즈 Appenzeller Käse

에멘탈, 그뤼에르와 함께 스위스를 대표하는 3대 치즈 중 하나. 허브를 문질러가며 숙성하기 때문에 다른 두 치즈보다 맛이 좀 더 강하다.

©Appenzeller

판틀리 Appenzeller Pantli

소고기나 돼지고기를 하루 정도 훈제한 후 말린 건조 소세지. 살라미와 비슷한데 모양이 사각형이다. 얇게 저며 빵과 함께 먹는다.

아펜첼 맥주 Appenzeller Bier

아펜첼의 질 좋은 샘물로 만든 맥주. 19세기부터 대를 이어 만들었다. 타 지역의 주류 전문점에서도 몇 종류 구할 수 있다.

비버 생강빵 Appenzeller Biber

아몬드 등의 견과류와 생강을 꿀과 버무려 만든 생강빵. 전통 문양이 있는 틀에 구워 선물용으로 좋다.

지트부어스트 Appenzeller Siedwurst

소고기나 돼지고기로 만든 소시지. 70°C 정도의 물에 25분간 삶고 치즈를 녹여 버무린 마카로니와 사과 소스를 곁들여 먹는다.

아펜첼러 알펜비터 Appenzeller Alpenbitter

1902년부터 허브를 넣어 만든 약술. 알코올 도수가 29도나 되고, 맛은 '비터'라는 이름에서 알 수 있듯이 쌉싸래하다.

지트부어스트와 앨플러마그로넨

샬레에서 맛보는 진짜배기 전통 음식

$$ 가스트호프 호텔 호프
Gasthof Hotel Hof

샬레 스타일의 호텔 겸 레스토랑. 전통 음식점 중 음식 맛이 가장 좋기로 소문 났다. 아펜첼을 대표하는 소시지 요리 지트부어스트를 비롯해 생선 요리, 스테이크, 뢰스티, 스파게티 등 다양한 메뉴가 있다. MAP 597p

GOOGLE MAPS 8CJ5+C2 아펜첼
ACCESS 관광안내소에서 도보 2분
ADD Engelgasse 4, 9050 Appenzell
OPEN 08:00~23:00
PRICE 식사 18CHF~
WEB gasthaus-hof.ch

수제 초콜릿 vs 생강빵

아펜첼 초콜릿 공장
Chocolat Manufacture Appenzell

아펜첼 전통 생강빵인 비버 전문 제과점이었다가, 수제 초콜릿으로 한층 인기를 끄는 카페 겸 베이커리. 시그니처 메뉴는 비버 생강빵 빵틀에서 모티브를 딴, 아펜첼 전통 문양이 찍힌 수제 판 초콜릿. 오랫동안 사랑받은 정통 생강빵도 꼭 맛보자. 생강빵과 초콜릿 외에도 다양한 디저트류가 있다. MAP 597p

GOOGLE MAPS 8CJ5+CM 아펜첼
ACCESS 관광안내소에서 도보 1분
ADD Hauptgasse 14, 9050 Appenzell
OPEN 08:00~18:30(토 ~17:30, 일 09:00~17:00)/월요일 휴무
PRICE 초콜릿 상자 4.20CHF~, 비버 10CHF~
WEB chocolat-appenzell.ch

놓칠 수 없는 아펜첼 치즈 직영 매장

아펜첼 치즈
Appenzeller Käse

아펜첼의 우유 생산 농가와 치즈 생산 농가들이 모인 협회에서 운영하는 직영 매상. 아펜첼에 오면 꼭 방문해야 할 곳이다. 슈퍼마켓에서 흔히 볼 수 있는 기본 치즈부터 맛의 강도를 달리하거나 여러 가지 풍미를 곁들인 다양한 종류가 있다. 아펜첼 치즈로 만든 퐁뒤 믹스도 있다. MAP 597p

GOOGLE MAPS 8CH5+XG 아펜첼
ACCESS 아펜첼역에서 도보 4분
ADD Poststrasse 12, 9050 Appenzell
OPEN 10:00~12:00, 13:30~18:00 (토 09:00~16:00, 일 11:00~17:00)/ 월요일 휴무
WEB appenzeller.ch

아펜첼 전통 금속공예 공방

쿤스트게베르베 되리히
Kunstgewerbe Dörig

4대째 내려오는 전통 금속공예 공방. 허리를 장식하는 버클을 필두로 소 목에 거는 종부터 열쇠고리, 고급스러운 귀걸이, 와이셔츠 핀까지 만든다. 아쉬운 점은 작가가 너무 바쁜 나머지 가게 문을 일주일에 2번 밖에 열지 않는다는 것. 운 좋게 가게가 열렸을 때 아펜첼에 방문한다면 다른 곳에서 볼 수 없는 고급 기념품을 득템할 수 있다. MAP 597p

GOOGLE MAPS 8CH5+V9 아펜첼
ACCESS 아펜첼역에서 도보 4분
ADD Poststrasse 6, 9050 Appenzell
OPEN 목 13:30~18:00, 토 09:00~12:00, 13:30~16:00/그 외 요일 휴무
PRICE 열쇠고리 7CHF~, 반지 75CHF~, 워낭 15.50CHF~, 시가 파이프 76CHF~, 버클 330CHF~
WEB myappenzell.com

©Flauderei Goba AG

지역 특산품을 찾고 있다면 이곳

플라우데라이
Flauderei

아펜첼산 특산품을 구매할 수 있는 식료품점. 동화책을 찢고 나온 듯 아기자기하게 꾸며져 있다. 주인이 매우 친절해 이것저것 시식하거나 만져 보고 살 수 있다. 아펜첼 게스트 카드 소지자에겐 500ml 음료 1병을 무료로 제공한다. MAP 597p

GOOGLE MAPS 8CJ5+7P 아펜첼
ACCESS 아펜첼역에서 도보 3분
ADD Hauptgasse 21, 9050 Appenzell
OPEN 09:00~18:30(월 13:30~, 토 ~17:00, 일 11:00~17:00)
WEB flauderei.ch

• Festivals : 아펜첼 대표 축제 •

랜들러페스트
Ländlerfest

8월 초 주말에 3일간 열리는 전통 음악 페스티벌. 알펜호른을 비롯해 알프스 지역의 다양한 전통 악기가 등장한다. 요들송과 전통춤이 어우러진 흥겨운 축제로, 마을 곳곳에 유·무료 공연이 펼쳐진다.

WHERE 아펜첼 내 교회, 성당, 레스토랑, 광장 등
OPEN 8월 첫째 또는 둘째 토·일(홈페이지 참고)
PRICE 16세 이상 금 10CHF, 토 18CHF, 일 15CHF, 토·일권 30CHF
WEB laendlerfest.ch

©Ländlerfest

소 품평회
Viehschauen

가을을 맞아 목동이 산에서 방목한 소들을 데리고 아랫마을로 내려오는 것을 기념하는 축제. 스위스 산악 마을 전역에서 열리는 데잘프(Désalpe) 축제 중 하나다. 그간 산 위에서 건강하게 키운 소들을 멋지게 꾸며 아침 일찍 광장으로 데리고 나오면 전문가들에게 최고점을 받은 소에게 화관을 씌워 시상한다. 저녁에는 마을 주민들이 펍에 모여 춤추고 요들송을 부르며 뒤풀이를 즐긴다. 특이한 건 이날만 축제장에서 6세 이상에 흡연을 허용하는 전통이 있어서 시가를 문 아이들을 종종 볼 수 있다는 점. 스위스 보건부에서는 전통을 따르지 않을 것을 조언하지만, 타지역보다 전통을 중시하는 아펜첼 부모들은 하루뿐이라며 개의치 않아 하는 분위기다. 이 전통이 왜 시작된 것인지는 알려지지 않았다.

WHERE 브라우어라이 광장(Brauereiplatz), 로허 양조장 앞 등 마을 여러 장소
OPEN 9월 중순~10월 중순 중 한 주말(매년 변동) 09:00~16:00
WEB appenzellerland.ch/en/inform/typical/cattle-shows.html

상 받는 소들을 위한 종과 치즈

\+ MORE +

직접 민주주의, 란츠게마인데 Landsgemeinde

스위스 글라루스주와 아펜첼에서는 지금도 직접 민주주의 의회가 열린다. 유권자들이 광장에 모여 거수투표로 의사 결정을 하는 매우 뜻깊은 행사다. 1294년부터 이어온 이 전통은 매년 4월 마지막 일요일에 란츠게마인데 광장(Landsgemeindeplatz)에서 열리며, 검은색 전통 의상을 입은 유권자 약 3000명이 참여한다. 과거엔 남성만 참여해 각자 가문에서 물려받은 단검을 들어 투표했지만 1991년부터는 여성도 참여할 뿐 아니라 단검 대신 투표 카드로 대신한다. **MAP 597p**

ACCESS 관광안내소를 마주 보고 왼쪽으로 도보 2분

©Appenzellerland
투표 집회 중인 광장

#Hiking

맨발의 청춘 다 모여!

맨발 하이킹 Barfussweg

부드러운 잔디와 천연 머드를 밟으며 들판을 걷는 맨발 하이킹 길. 거의 평지에 가까워 남녀노소 쉽게 걸을 수 있고, 하이킹화를 벗지 않아도 괜찮다. 허리까지 푹 빠져 걷는 진흙탕 구간이 있는데, 원치 않는다면 그 옆 잔디밭으로 지나가면 된다. 짧은 하이킹을 원한다면 중간 지점인 곤텐에서 시작하자. 전 구간 초원이라 그늘이 전혀 없으니 한여름엔 오전 일찍 또는 오후 느지막이 걷는 게 좋다. 고도차 41m의 완만한 길이다.

info.

코스	야콥스바트역 → 곤텐역 → 곤텐바트역
거리	편도 5km
소요 시간	1시간 30분
시기	사계절
난이도	하(잔디밭길)

하이킹 공식 웹사이트

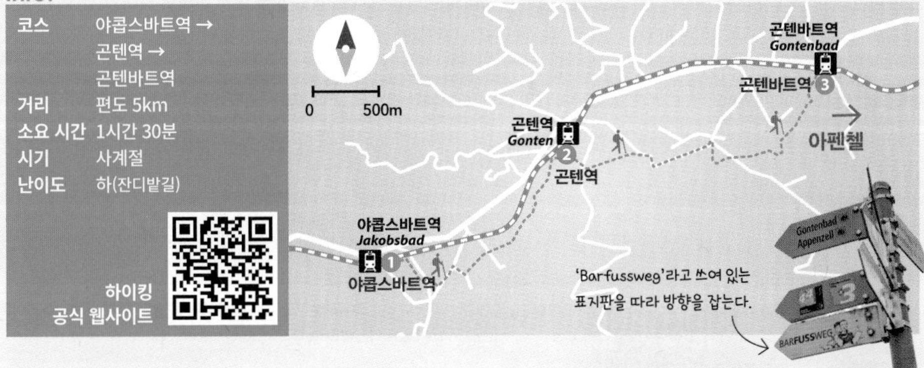

'Barfussweg'라고 쓰여 있는 표지판을 따라 방향을 잡는다.

1 야콥스바트역 Jakobsbad(871m)

아펜첼에서 기차로 3정거장 떨어져 있는 작은 마을의 역. 하이킹 전구간에 표지판이 잘돼 있지만 한눈팔다 놓치면 실수로 남의 농장에 들어갈 수 있기 때문에 잔디가 밟힌 자국이 난 길을 눈여겨봐야 한다. 길이 두 갈래로 나뉘는 곳엔 반드시 표지판이 있으니 주변을 두리번거려 찾아보자. 시작과 끝을 제외하고 거의 90%가 잔디밭이라 자갈길을 따라가고 있다면 길을 잘못 든 것이다. 지하수가 솟는 약수터에 다다르면 손부터 팔꿈치까지 물에 담그는 크나이프 요법(냉수욕 치료법)으로 피로를 풀 수 있다.

크나이프 요법 스테이션

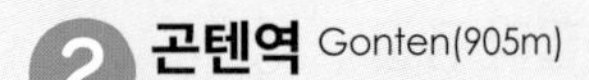

2 곤텐역 Gonten(905m)

하이킹 중간 지점인 마을에 있는 역. 전 구간을 걷기가 부담된다면 여기서부터 하이킹을 시작해도 상관없다. 시간 여유가 있다면 로투스(Roothuus)라는 민속 음악 박물관을 들렀다 가도 좋다. 여기서 곤텐바트역으로 가는 길에 다시 한번 크나이프 요법을 체험할 수 있는 지하수 족욕 스테이션이 있다.

3 곤텐바트역 Gontenbad(884m)

정차 요청 버튼을 미리 눌러 놓아야 기차가 정차하는 간이역. 가고자 하는 마을 방향을 선택하여 누른다. 이곳에서 기차를 타고 아펜첼로 돌아온다.

걷기 여행자를 위한 화장실

기차역 정차 요청 버튼

#Hiking

죽기 전에 꼭 가봐야 할 절벽 위 산장

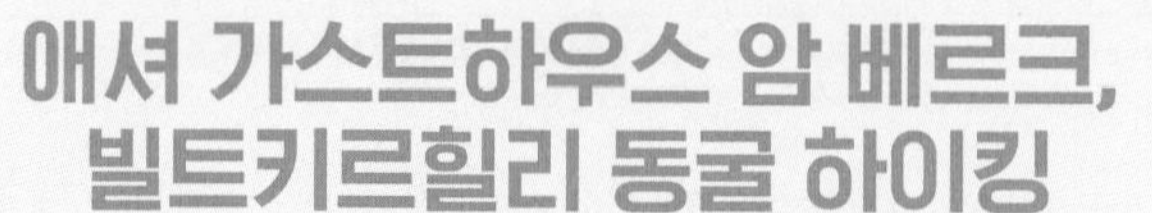

애셔 가스트하우스 암 베르크, 빌트키르힐리 동굴 하이킹

절벽 중턱에 있는 애셔 가스트하우스 암 베르크 산장과 동굴 하이킹이 포함된 코스. 절벽 가장자리에 나 있는 산길을 따라 15분 정도 걸어 내려가야 해서 바퀴 달린 여행 가방은 가져갈 수 없지만 가는 길이 전혀 어렵지 않아 도전해볼 만하다. 숙박하지 않아도 레스토랑 테라스에서 전망을 감상하며 목을 축일 수 있다. 산장과 절벽이 어우러진 풍경이 매우 멋지며, 이곳부터 아랫마을 바서라우엔까지 내려오는 길은 아펜첼 지역의 전망을 제대로 감상할 수 있는 최적의 하이킹 코스다.

info.

코스	에벤알프 → 빌트키르힐리 동굴 → 애셔 가스트하우스 암 베르크 → 보멘알프 → 바서라우엔
거리	편도 4.4 km
소요 시간	2시간
시기	5~10월
난이도	중(비포장 산길)

하이킹 공식 웹사이트

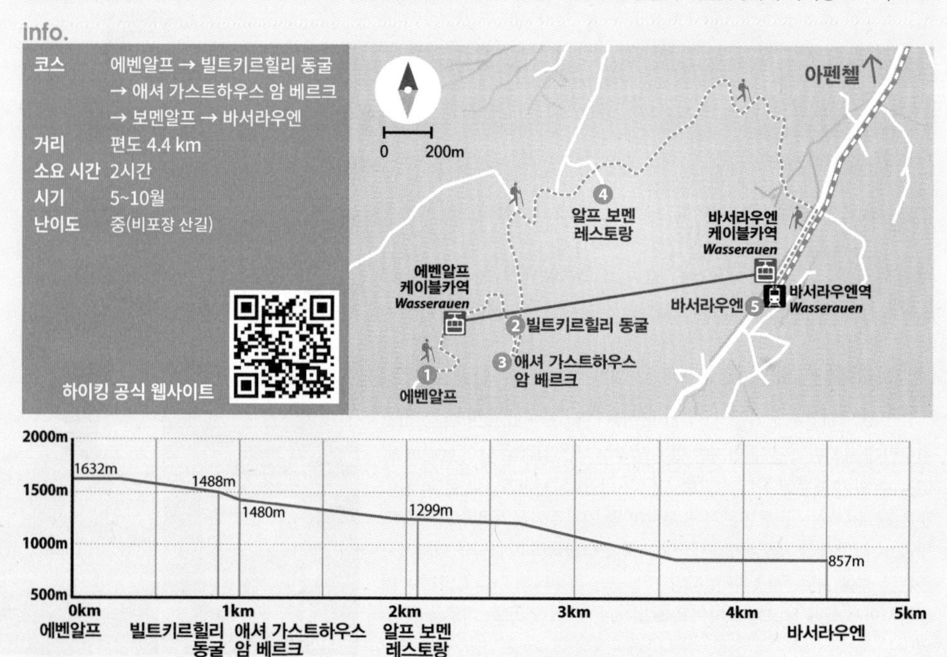

① 에벤알프 Ebenalp

하이킹 시작점인 고원. 아펜첼에서 기차를 타고 바서라우엔(Wasserauen)에 내린 후 케이블카(편도 22CHF, 스위스 트래블 패스 11CHF, 아펜첼 게스트 카드 소지자 편도 2회 무료)로 갈아탄다. 정상 승강장에서 아래로 내려가는 하이킹 길로 들어서기 전, 에벤알프 정상으로 가서 골짜기와 저편으로 보이는 제알프제(Seealpsee) 산정 호수의 풍경을 감상한다.

② 빌트키르힐리 동굴 Wildkirchli Caves

에벤알프 케이블카 승강장에서 아래로 10분쯤 걸으면 보이는 동굴. 석기 시대 유물이 출토된 곳으로 유명하다. 곰 뼈와 석기들이 발견된 것으로 보아 선사 시대 사냥꾼들이 살았을 것으로 추정한다. 동굴을 나오면 오래 전 수도사가 염소 2마리를 키우며 살았던 작은 종탑과 제단이 있는 작은 동굴을 볼 수 있다.

③ 애셔 가스트하우스 암 베르크
Aescher Gasthaus am Berg

동굴에서 절벽 길을 따라 3분쯤 걸으면 나타나는 산장. 1805년 지은 것으로, 해발 1454m 절벽 중턱에 놓인 아슬아슬한 위치 때문에 SNS에서 '죽기 전에 한 번 가봐야 할 이색 호텔'로 유명하다. 하지만 직접 가서 보면 건물 주변이 생각보다 평평해서 안정감 있어 보인다. 레스토랑은 늘 북적여서 자리 맡기가 하늘의 별 따기. 10명 이상 단체 손님만 예약을 받는다. 야외 테라스를 가로질러 가면 산장에서 키우는 당나귀와 염소들이 반겨준다. 산장 숙박 정보는 665p 참고.

산장 앞 레스토랑 테라스

④ 알프 보멘 레스토랑
Alp Bommen

코스 중간 지점에 있는 작은 레스토랑. 애셔 가스트하우스 암 베르크 산장 마당 아랫길에서 산장을 등지고 왼쪽으로 향한다. 15분가량 걷다가 나온 갈림길에서 오른쪽으로 가서 한 번 더 갈림길이 나오면 다시 오른쪽으로 5분 정도 내려간다. 오른쪽에 보이는 작은 레스토랑에서 간단히 식사(18CHF~)할 수 있는데, 5~10월에만 문 열고 영업시간이 일정치 않으니 주의. 날씨가 좋은 낮엔 대부분 열려 있다. 산장 이후부터는 아펜첼 특유의 목가적인 풍경이 펼쳐진다. 길이 간혹 소 울타리 안으로 연결된 곳도 있는데, 고리로 연결된 줄을 풀고 들어간 뒤 고리를 다시 잘 잠그는 것을 잊지 말자.

GOOGLE MAPS 7CQ9+MJ Schwende
ADD Mittlere Bommen, 9057 Wasserauen
WEB alpbommen.ch

⑤ 바서라우엔
Wasserauen

에벤알프행 케이블카 승강장이 있는 작은 마을. 여기서 하이킹을 마치고 아펜첼로 돌아가는 기차를 탄다.

티치노 지역

Ticino

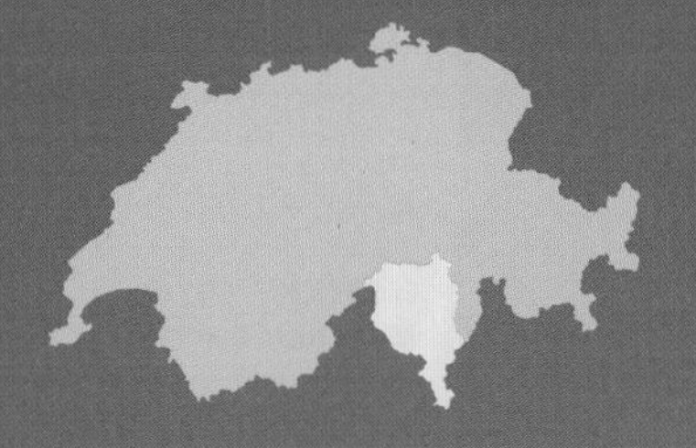

Lugano

Bellinzona · Locarno · Ascona

LUGANO

• 루가노 •

루가노는 알프스 이남, 이탈리아와 국경을 맞댄 티치노(Ticino) 지역에서 가장 큰 도시다. 기차에서 안내 방송이 갑자기 이탈리아어로 바뀌면 루가노 여행의 시작. 역 밖으로 나오면 쨍한 햇살 아래 건강미 넘치는 구릿빛 피부의 사람들이 이탈리아 인사말인 "본조르노!"를 건네며 활기차게 맞아준다.

루가노는 문화와 예술부터 음식, 사람들의 성격까지 이탈리아를 쏙 빼닮은 한편 스위스의 깨끗함과 정갈함까지 갖췄다. 알프스산맥이 북쪽에서 오는 찬 바람을 막아주고, 스위스에서 일조량이 가장 많아 '스위스의 양지'란 별명이 있다. 예술의 도시이기도 하니 티치노 출신 건축가 마리오 보타의 건축물과 이탈리아 유명 작가들의 작품들을 감상해보자. 정통 이탈리아 요리와 와인을 맛보는 것도 루가노를 즐기는 방법. 대형 아웃렛 폭스 타운이 있어서 쇼핑의 재미까지 놓치지 않는 유럽의 인기 휴양지다.

- **칸톤** 티치노 Ticino
- **언어** 이탈리아어
- **해발고도** 273m

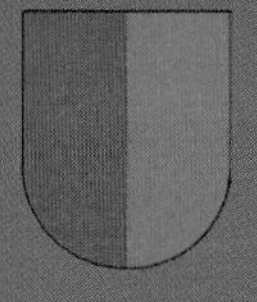

티치노 칸톤기

루가노 도시 문장기

Get in & Get out

¤ 주요 도시~루가노 간 소요 시간

GERMANY

FRANCE

AUSTRIA

ITALIA

바젤
기차
약 3시간 45분

취리히(공항)
기차
약 2시간 45분

루체른
기차 약 1시간 40분
유람선+기차
(플뤼엘렌 → 고트하르트 파노라마 익스프레스)
약 4시간 45분

기차+버스+기차 약 4시간
(투지스 → 버스 → 벨린초나 → 기차)
버스(팜 익스프레스) 약 4시간
기차(베르니나 익스프레스)+버스 약 5시간 50분
(이탈리아 티라노 → 베르니나 특급버스)

생 모리츠

루가노

기차
약 1시간 15분

밀라노

벨린초나
기차
약 15~20분

아스코나 로카르노
아스코나 → 로카르노
버스 약 15분
기차
약 35분

간드리아
버스 약 25분
유람선 15~25분

멜리데
기차 약 10분
버스 약 25분
유람선 약 35분

모르코테
버스 약 20분
유람선 약 1시간

기차, 버스, 유람선

루가노는 티치노 지역 교통의 중심이자 스위스에서 이탈리아로 넘어가는 관문이다. 알프스산맥 아래에 있어서 제네바공항 출발 시 알프스 사잇길을 지나야 하기 때문에 시간이 오래 걸린다. 가장 편리한 방법은 취리히 또는 바젤로 입국해서 내려오거나 이탈리아 밀라노에서 들어오는 것. 특급버스인 팜 익스프레스 또는 베르니나 익스프레스나 고트하르트 파노라마 익스프레스 같은 특급열차와 연계하면 기차뿐 아니라 시외버스, 유람선 등도 함께 이용할 수 있다. 기차역에서 무료 와이파이(SBB-FREE) 사용 가능.

★
루가노역
GOOGLE MAPS 2W4W+2R 루가노
ADD Piazzale Stazione, 6900 Lugano
WEB sbb.ch/en(기차 시간표 확인)

➲ 팜 익스프레스 Palm Express & 베르니나 익스프레스 Bernina Express

생 모리츠에서 루가노로 갈 땐 특급버스인 팜 익스프레스를 이용해보자. 일반 열차와 소요 시간은 비슷하지만 환승 없이 갈 수 있어서 편리하다. 일반 열차나 팜 익스프레스 대신 특급열차인 베르니나 익스프레스를 타면 이탈리아 티라노에서 베르니나 특급버스로 갈아타고 루가노에 갈 수 있다. 베르니나 익스프레스는 바깥이 시원하게 보이는 통창 객실을 갖춘 파노라마 열차로, 알프스 최고의 풍경들을 거쳐 간다. 팜 익스프레스와 베르니나 익스프레스는 스위스 트래블 패스로 무료 이용 가능하지만 좌석 예약이 필수(예약비 추가)다. 국경을 넘기 때문에 여권도 꼭 소지해야 한다.

WEB 팜 익스프레스: postauto.ch/en/leisure-offers/excursion-tips/palm-express
베르니나 익스프레스: tickets.rhb.ch/en/pages/bernina-express

루가노역

고트하르트 파노라마 익스프레스 Gotthard Panorama Express

루체른에서 출발한다면 유람선+기차 조합으로 플뤼엘렌에서 환승해 루가노까지 갈 수 있다. 시간은 오래 걸리지만 호수와 파노라마 열차 여행을 함께 즐길 수 있어서 인기가 많다. 스위스 트래블 패스가 있다면 무료지만 좌석 예약이 필수(예약비 추가)다.

WEB gotthard-panorama-express.ch/en

차량

• 주요 도시에서 루가노까지 소요 시간

취리히공항	약 2시간 50분(217km/1번, 2번, 4번 고속도로)
제네바공항	약 4시간 50분(366km/1번, 2번, 9번 고속도로, 25번, 35번, 62번 국도)
생 모리츠	약 2시간 50분(180km/2번, 13번 고속도로 및 27번 국도)
루체른	약 2시간(168km/2번 고속도로)
밀라노	약 1시간 30분(78km/2번 고속도로, 35번 국도)

*고속도로 통행권 설명은 033p

버스, 푸니쿨라

루가노 구시가의 볼거리들은 대부분 도보로 둘러볼 수 있다. 루가노역은 언덕 위쪽에, 구시가는 언덕 아래 호숫가에 있으므로 경치를 감상하며 걸어 내려가자. 역으로 돌아올 땐 푸니쿨라가 편리하다. 정류장의 자동판매기나 운전기사에게 구매한 티켓으로 루가노 내 모든 대중교통을 탈 수 있다. 루가노의 모든 관광지는 100구역(Zone 100)에 속하며 티켓은 한 구역 내 1시간권(2.60CHF), 한 구역 내 1일권(5.20CHF) 등이 있다.

공공 자전거

루가노는 호숫가를 따라 자전거로 구경하기 좋은 곳이다. 공공 자전거 대여 앱인 퍼블리바이크(Publibike)를 다운받고 신용카드를 등록한 후 지도에 표시된 무인 스테이션에서 블루투스로 자전거 잠금을 해제하고 이용하면 된다. 반납은 가까운 스테이션에 셀프로 한다.

미니 기차

호반을 따라서 산악 전망대 몬테 브레 푸니쿨라 승강장과 몬테 산 살바토레 푸니쿨라 승강장 사이를 운행한다. 산악 전망대 중 하나에 오를 예정이라면 버스나 유람선 대신 이용하기 좋다. 30분 간격으로 운행(11~2월 1시간 간격). 코스 전체 소요 시간 40분.

★

관광안내소

WEB luganoregion.com/en

• 기차역 지점

GOOGLE MAPS 2W4W+6P 루가노
ADD Piazzale Stazione, 6900 Lugano
OPEN 09:00~13:00, 14:00~18:00 (토 09:00~13:00)/일요일 휴무
TEL +41 (0)58 220 65 01

• 리포르마 광장 지점

GOOGLE MAPS 2X32+CF 루가노
ACCESS 리포르마 광장
ADD Piazza Riforma 1, 6900 Lugano
OPEN 09:00~17:30(토 ~17:00, 일 10:00~16:00)
TEL +41 (0)58 866 66 00

Get around & Travel tips

★

공공 자전거

OPEN 24시간
WEB publibike.ch

★

미니 기차

GOOGLE MAPS 2X32+8R 루가노
OPEN 4~6월·9~10월 10:00~17:00(토·일·공휴일 ~19:00)/ 7~8월 10:00~20:30 (7월 중순~8월 중순 ~22:00)/ 11~2월 주말·3월 10:30~16:30
PRICE 10CHF, 10세 이하 5CHF, 반려견·유모차·여행 가방 5CHF
WEB trenino-turistico-lugano.business.site

DAY PLANS

루가노는 도심뿐 아니라 주변 마을인 멜리데와 간드리아, 모르코테 등 볼거리가 많다. 여기서는 구시가와 산악 전망대 1곳을 포함한 1일 코스를 소개하지만 인근 유명 여행지까지 가려면 1박은 해야 한다.

: WRITER'S PICK :

티치노 티켓 Ticino Ticket

루가노 시내 숙소에 머물면 숙박 기간 사용할 수 있는 게스트 카드를 발급해 준다. 버스와 기차를 무료로 이용할 수 있고, 스위스 미니어처, 몬테 브레, 몬테 산 살바도르, 로비에이, 유람선 등 여러 산악교통과 관광시설을 할인받을 수 있다. 카드는 체크인할 때 받아도 되지만 미리 온라인으로 발급받으면 체크인 당일 아침부터 사용할 수 있다. 숙소 예약 시 이메일로 전송받은 코드를 티치노 티켓 웹 앱(ticino.ch/webapp)에 입력해 사용한다.

추천 일정

★는 머스트 스팟

루가노역

↓ 도보 5분

❶ 산 로렌초 성당 ★

↓ 도보+유람선+푸니쿨라, 30분

❷ 몬테 산 살바토레 전망대 ★

↓ 푸니쿨라+버스+도보, 30분

❸ 산타 마리아 델리 안졸리 교회 ★

↓ 도보 1분

❹ 루가노 문화 예술 센터 ★

↓ 도보 3분

❺ 나사 거리

↓ 도보 3분

❻ 리포르마 광장

↓ 도보 10분

❼ 치아니 공원 ★

↓ 도보+버스, 10분

루가노역

몬테 산 살바토레 전망대에서 내려다본 루가노 호수와 미니어처 공원이 있는 멜리데

몬테 산 살바토레 전망대행 푸니쿨라

몬테 산 살바토레 테라스 레스토랑

채플 옥상이 포토 포인트!

Tourist & Attractions

성모 마리아 제단

종탑

장미창

01 수백 년의 시간이 차곡차곡
산 로렌초 성당
Cattedrale di San Lorenzo

루가노에서 가장 오래된 성당. 역에서 구시가로 내려가는 길목, 푸른 호수와 성당 종탑이 그려낸 아름다운 풍경이 말문을 막히게 한다. 9세기경 지었다고 알려졌으며, 13·15·16·20세기에 한 번씩 증축·보수해 기본 건축 양식은 로마네스크, 정면 파사드는 르네상스, 실내 장식은 바로크로 다양한 건축 양식이 뒤섞였다. 4개의 가짜 기둥이 지지하는 정면 파사드가 유명하며, 파사드 한가운데의 커다란 장미창과 선명한 색감의 프레스코화, 섬세한 대리석 조각품들이 볼 만하다. MAP ㉔

GOOGLE MAPS 2W3X+VG 루가노
ACCESS 루가노역에서 도보 5분
ADD Via Borghetto 1, 6900 Lugano
OPEN 06:30~18:00
PRICE 무료
WEB ticino.ch/en/commons/details/Cathedral-of-S-Lorenzo/2681.html

02 루가노의 우백호, 탑 오브 루가노
몬테 산 살바토레 전망대
Monte San Salvatore

예배당 옥상에서 바라본 풍경

루가노 시내 남쪽, 벌집 모양의 산 몬테 산 살바토레 위에 있는 전망 명소(912m). 루가노 남쪽 파라디소 지구에서 푸니쿨라로 10분가량 올라가면 푸른 루가노 호수와 알프스산맥 끝자락, 도시가 그림같이 어우러진 풍경을 즐길 수 있다. 정상에는 점심식사하기 좋은 테라스 레스토랑과 조그만 산 살바토레 박물관, 옥상에서 십자가 너머로 아름다운 풍경이 엿보이는 예배당이 있다. 시간이 여유롭다면 아침 일찍 출발해 하이킹도 즐겨보자. 정상에서 모르코테 방향으로 걸어 내려와 루가노까지 유람선으로 돌아오는 '푸니쿨라+하이킹(12km, 3시간 30분 소요, 난이도 산길 하)+유람선'을 조합한 코스가 일반적이다. MAP ㉕

GOOGLE MAPS XWGW+QW 루가노
ACCESS 루가노역: 2번 버스 7분 또는 기차 2~3분, 파라디소역(Paradiso) 하차/루가노 시내: 1번 버스, 파라디소역 하차/루가노 선착장: 유람선 7분, 파라디소 선착장 하차/파라디소역: 푸니쿨라 10분, 정상 하차
ADD 푸니쿨라역: Via delle Scuole 7, 6902 Paradiso
OPEN 푸니쿨라: 3월 중순~11월 초 09:00~18:00(5월 중순~6월 말 금·토 & 7월 초~8월 매일 & 9월 초~9월 말 금·토 ~23:00), 12월 초~중순 토·일 & 12월 중순~1월 초 매일 10:00~17:00/30분 간격 운행/1월 초~3월 중순·11월 초~11월 말·12월 초~중순 월~금요일 휴무
박물관: 3월 중순~11월 초 10:00~12:00·13:00~15:00, 12월 초~중순 토·일 & 12월 중순~1월 초 10:15~12:00·13:00~15:00/그 외 기간 휴무
PRICE 왕복 32CHF, 6~15세 14CHF/ 티치노 티켓 소지자·학생 25.50CHF 스위스 트래블 패스 소지자 50% 할인
WEB montesansalvatore.ch/en, 유람선: lakelugano.ch/en

03 베르나르디노 루이니의 ‘최후의 만찬’
산타 마리아 델리 안졸리 교회
Chiesa Santa Maria degli Angioli

루가노 호반에서 가장 활기찬 장소에 있는 작은 성당. 주변의 화려한 풍경에 비해 외관이 수수해 잘 드러나지 않지만 스위스에서 가장 유명한 르네상스 벽화를 볼 수 있는 곳이다. 레오나르도 다빈치의 영향을 직접적으로 받았다고 알려진 밀라노의 프레스코 화가 베르나르디노 루이니(Bernardino Luini)의 후기 작품이 그것으로, <예수의 고난>과 <최후의 만찬>을 정교하고 강렬한 색감으로 표현했다. 이상하리만큼 소박한 재단과 상반된 느낌을 주어 더 인상적이다. **MAP ㉔**

GOOGLE MAPS 2W2X+2P 루가노
ACCESS 루가노 선착장에서 도보 6분
ADD Piazza Bernardino Luini 6, 6900 Lugano
OPEN 08:30~18:00
PRICE 무료
WEB santamariadegliangioli.ch

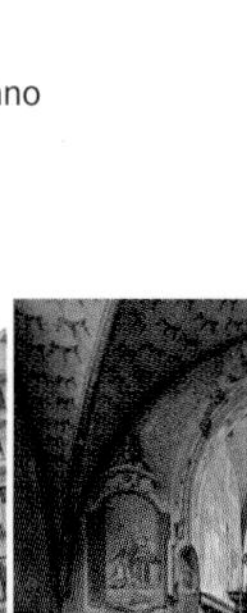

<예수의 고난>

<최후의 만찬>

안뜰 회랑

04 루가노의 풍부한 문화 예술 세계
루가노 문화 예술 센터
Lugano Arte e Cultura

티치노 출신 건축가 이바노 자놀라가 설계한 독특한 디자인의 복합문화공간. 전시, 콘서트, 뮤지컬, 댄스 퍼포먼스 등 여러 문화 행사가 열린다. 티치노 주립 미술관과 루가노 시립 미술관이 이곳으로 이전한 후 드가, 르누아르, 피사로 등 거장들의 작품부터 티치노주의 유명 아티스트들의 작품까지 전시해 볼거리가 더욱 풍성해졌다. 전시장 2층에서 바라보는 루가노 호수 전망이 훌륭하다. **MAP ㉔**

GOOGLE MAPS XWXX+P7 루가노
ACCESS 산타 마리아 델리 안졸리 교회 옆 건물
ADD Piazza Bernardino Luini 6, 6900 Lugano
OPEN 11:00~18:00(목 ~20:00, 토·일 10:00~)/월요일 휴무
PRICE 미술관: 20CHF, 17~25세 학생·경로 16CHF/
매달 첫째 목요일 18:00 이후·16세 이하 무료/
티치노 티켓 소지자 14CHF 스위스 트래블 패스 소지자 무료
WEB luganolac.ch

©LAC ©MASI - LAC

05 루가노의 메인 쇼핑 거리
나사 거리
Via Nassa

루가노는 스위스 제3의 금융 도시로 부를 쌓은 데다 패션의 도시 밀라노와도 멀지 않아서 쇼핑이 발달했다. 나사 거리는 명품 브랜드 매장이 모인 메인 쇼핑가다. 대부분 상점이 오후 6시 전에 문을 닫고, 일요일엔 영업하지 않는다. **MAP ㉔**

GOOGLE MAPS 2W2X+QV 루가노
ACCESS 산타 마리아 델리 안졸리 교회에서부터 리포르마 광장(Piazza Riforma)까지, 호반 길보다 한 골목 안쪽/루가노 문화 예술 센터에서 도보 3분
ADD Via Nassa, 6900 Lugano

06 루가노 시민이 만든 풍경
리포르마 광장
Piazza Riforma

18~19세기 보수와 진보의 대립과 굵직한 정치적 사건들이 있었던 중심 광장. 평화와 안정의 시대에 이른 현재는 레스토랑과 노천카페들이 늘어선 루가노 시민들의 쉼터로 사랑받는다. 주말이나 공휴일엔 요일장과 벼룩시장이 열리고, 여름부터 가을까지는 재즈 페스티벌, 블루스 음악축제, 가을 축제 등이 열리는 축제장으로 변신한다. 겨울에는 크리스마켓이 이곳에서 열린다. **MAP ㉔**

GOOGLE MAPS 2X32+GG 루가노
ACCESS 나사 거리에서 도보 3분/루가노 유람선 선착장을 등지고 마주 본 건물 뒤
ADD Piazza Riforma, 6900 Lugano

+ MORE +

혼돈의 중심이었던 리포르마 광장

18세기 리포르마 광장(구 그란데 광장 Piazza Grande)에서 진보주의 치살피니(Cisalpini)파와 보수주의 볼론타리 루가네시(Volontari Luganesi)파의 전쟁이 발발했다. 여기에 루가노의 빨치산들이 이들과 대립하며 광장은 분란의 주 무대가 됐으며, 진보 성향 신문사였던 가체타 디 루가노(Gazzetta di Lugano)의 편집장이 이곳에서 살해당하기도 했다. 오랜 세월 지배 세력과 파벌에 시달렸던 루가노 시민들은 19세기 초 취리히 회의에서 스위스 연방의 12개 칸톤이 루가노를 독립주로 인정하자, 이를 기념해 광장 한가운데 자유의 나무를 심었다. 그러나 이후 보수당의 주 모임 장소였던 페데랄레 카페(Caffè Federale)가 광장에 들어서 진보자유당의 불만을 사는 등 20세기 초까지 끊임없는 정치적 대립의 주 무대가 됐다.

오른쪽에 보이는 산이
몬테 산 살바토레다.

07 여름철 필수 방문! 도심 속 휴양지
치아니 공원
Parco Ciani

루가노의 휴양지 분위기가 가장 잘 느껴지는 커다란 공원. 시의회(Palazzo dei Congressi)와 주립 자연사 박물관(Museo Cantonale di Storia Naturale), 미술관(Villa Ciani), 카페, 음식점 등이 모여 있다. 타지역보다 습도가 높은 루가노는 여름이면 호숫가에서 물놀이와 일광욕을 즐기는 사람들로 가득 차는데, 이곳 공원 동쪽 끝에 자리한 모래사장의 인기가 높다. 모래사장을 지나 계속 걸어가면 루가노 야외 수영장이 있으니 시간 여유가 있다면 물속에 풍덩 뛰어들어 현지인처럼 여유를 만끽해보자. **MAP ㉔**

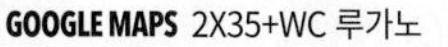

GOOGLE MAPS 2X35+WC 루가노
ACCESS 리포르마 광장 또는 루가노 유람선 선착장에서 도보 10분
ADD Via Foce 11, 6900 Lugano
OPEN 06:00~23:00
PRICE 무료

Option

08 의외의 명소 발견! 산 로코 성당

Chiesa di San Rocco

구시가 중심에 있는 가톨릭 성당. 치아니 공원으로 가는 길목에 있다. 네오 고딕 양식의 파사드와 17세기에 그려진 화려한 프레스코화, 18세기에 비엔나의 벨베데레 궁전 천장에 작품을 남긴 카를로 카를로네가 그린 화려한 천장화가 볼 만하다. **MAP ㉔**

GOOGLE MAPS 2X33+VF 루기노
ACCESS 루가노 선착장에서 도보 4분
ADD Piazza San Rocco, 6900 Lugano
WEB oratoriolugano.ch

Option

09 여기가 바로 루가노의 좌청룡 몬테 브레 전망대

Monte Brè

루가노 호수를 마주 보고 왼쪽에 있는 몬테 브레산 정상 전망대(925m). 루가노에서 버스로 10분 거리에 있는 푸니쿨라로 30분가량 올라가면 정상에 다다르는데, 주변 지형이 낮아 푸른 루가노 호수를 따라 굽이굽이 펼쳐진 산과 마을을 감상할 수 있다. 정상엔 작은 성당과 레스토랑이 있고, 호수를 바라보고 왼쪽으로 약 1km(도보 20분) 거리에 있는 귀여운 산골 마을까지 완만한 길이 이어져 가볍게 하이킹하기에도 좋다. 마을에 도착하면 12번 버스를 타고 루가노역으로 돌아온다. **MAP ㉕**

GOOGLE MAPS 2X5P+JW 루가노
ACCESS 루가노역에서 2번 버스 또는 루가노 선착장에서 유람선 탑승, 카사라테(Cassarate) 하차. 하부 푸니쿨라 5분+상부 푸니쿨라 10분, 대기 시간 포함 총 30분
ADD 푸니쿨라역: Via Pico 8, 6900 Lugano
OPEN 하부 푸니쿨라 07:00~21:00(7·8월 금·토 ~23:15)/ 15분 간격 운행/12월 25일·1월~2월 중순 휴무
PRICE 왕복 26CHF, 6~16세 13CHF/
스위스 트래블 패스 소지자 2.20CHF 할인
(하부 탑승 시 무료. 상부 탑승 시 매표소에서 현금 구매)
WEB montebre.ch/en

전망대 레스토랑

푸니쿨라에서 보는 풍경

레스토랑 테라스에서 보는 풍경

몬테 브레 채플

루가노 먹킷리스트

폴렌타 Polenta

옥수숫가루로 만든 북부 이탈리아 요리. 오래 삶아 죽처럼 먹거나, 되직하게 삶아 둥글게 빚어 버터에 구워내기도 한다. 단독 메뉴는 드물고 사이드 디시로 취급된다. 그레이비소스를 곁들인 로스트비프와 찰떡궁합.

포르치니 리조토 Porcini Risotto

표고버섯과 레드와인이 들어간 담백한 맛의 리조토. 보통 파르마산 치즈와 함께 먹는다. 우리 입맛에 조금 짤 수 있으니 식당에서 주문 시엔 짜지 않게 해달라고 미리 부탁하는 게 좋다.

카추올라 Cazzuola

북부 이탈리아에서 즐겨 먹는 겨울철 음식. 양배추와 돼지 잡고기(갈비, 머리, 귀, 코, 꼬리 등), 소시지 또는 닭고기나 오리고기를 섞어 양념과 푹 끓이는 것이 전통 방식이지만 요즘엔 돼지고기 살코기를 많이 이용한다.

카솔라(Cassoeula) 또는
카촐라(Cazzola)라고도 부른다.

브라사토 Brasato

소고기와 토마토 등 각종 채소에 레드와인, 발사믹 식초 같은 새콤한 소스를 넣고 뭉근하게 끓인 요리. 부드러운 장조림 같은 식감이며, 으깬 감자나 폴렌타와 함께 먹는다.

치치트 Cicitt

염소고기로 만든 가늘고 기다란 소시지 요리. 로카르노 계곡 지역의 향토 요리로, 보통 프라이팬이나 숯불에 구워 먹는다.

친카를린 Zincarlin

우유 또는 염소젖과 섞은 우유로 만든 원뿔 모양의 연성 치즈. 흑후춧가루를 섞어 두 달 정도 숙성해 향이 독특하다. 무지오 계곡 지역의 향토 요리.

마로니(밤) Marroni

밤이 많이 나는 티치노 지역답게 다양한 밤 요리가 있다. 길에서 군밤을 팔기도 하고 으깬 밤을 설탕과 섞어 스파게티 면처럼 뽑아 타르트 위에 얹어 먹기도 한다. 가을 축제 기간엔 밤으로 만든 빵, 파스타, 초콜릿, 스프레드 등 갖가지 먹거리를 맛볼 수 있다.

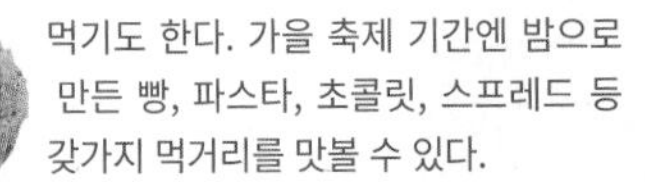

가초사 Gazosa

알코올 성분 없이 무색투명하고 달콤한 탄산수. 더운 여름날 노천카페에서 사랑받는 메뉴로, 레몬 맛을 비롯해 7가지 과일 맛이 있다. 1921년 티치노주에서 탄생한 음료라서 티치노주의 카페나 레스토랑에서 외국인이 주문하면 종업원이 매우 반가워한다.

아마레티 Amaretti

아몬드 가루에 설탕, 달걀 흰자를 섞어 구운 것. 바삭하고 공기가 많이 들어 있어서 식감이 가볍다. 아몬드 맛 마카롱과 비슷하다.

메를로 와인 Merlot

티치노주 사람들은 유난히 메를로 품종의 레드와인을 즐기는데, 막걸리처럼 사발에 마신다는 점이 독특하다. 하얀 바탕에 빨강, 파랑 줄이 있는 사발은 티치노주 기념품으로도 인기다.

파스타 코너

합리적인 셀프서비스 푸드코트

$ 마노라 레스토랑
Manora Ristorante

스위스 전역에 있는 마노르(Manor) 백화점 내 셀프서비스 푸드코트. 비교적 저렴한 가격에 양질의 음식을 먹을 수 있어서 인기가 높다. 특히 루가노점은 메뉴 선택의 폭이 넓고 여느 레스토랑 부럽지 않은 파스타와 훌륭한 화덕 피자를 맛볼 수 있다는 게 장점이다. MAP ㉔

GOOGLE MAPS 2X42+43 루가노
ACCESS 루가노역에서 도보 7분
ADD Salita M. e A. Chiattone 10, 6900 Lugano
OPEN 07:30~22:00/일요일 휴무
PRICE 피자 13CHF~, 파스타 16CHF~
WEB manor.ch

유기농 채식 테이크아웃 전문점

$ 내추럴 푸드
Natural Food

싱싱한 유기농 채식 요리를 선보이는 테이크아웃 전문점이다. 피자, 포카치아, 버거 등 간단한 식사류부터 과일 아이스크림, 과일이 듬뿍 든 요거트, 조각 케이크 등 디저트류, 생과일주스와 커피까지 다양하게 판매한다. 글루텐 프리 음식도 있다. MAP ㉔

GOOGLE MAPS 2X43+45 루가노
ACCESS 루가노 유람선 선착장을 등지고 광장에서 제일 오른쪽 골목으로 250m 이동, 이륜차 주차장에서 오른쪽, 도보 5분
ADD Via al Forte 2, 6900 Lugano
OPEN 11:00~17:00/일요일 휴무
PRICE 버거 12.50CHF~, 피자 30CHF~, 샌드위치 13.50CHF~
WEB naturalfood.ch

루가노 시내가 내려다보이는 전망 맛집

$$ 아나카프리

AnaCapri

고지대인 루가노역 맞은편에 자리 잡고 있어서 붉은 지붕의 중세 도시 루가노가 한눈에 내려다보인다. 늘 사람이 많은데도 친절하고 맛있으며, 가격대도 스위스치고 부담이 적다. 음식이 조금 짠 편이니 소금을 적게 넣어달라고 부탁하자. 6월엔 호박꽃을 재료로 한 파스타와 리조토를 선보이는 등 다양한 시즌 메뉴가 있다. 식사 대신 디저트와 음료만 시켜놓고 전망을 감상해도 좋은 장소다. MAP ㉔

GOOGLE MAPS 2W3X+Q3 루가노
ACCESS 루가노역 맞은편
ADD Via Clemente Maraini, 6900 Lugano
OPEN 10:00~24:00
PRICE 파스타 21CHF~, 피자 12.50CHF~, 생선 28CHF~, 육류 49CHF~, 음료 4.50CHF~
WEB anacapri.ch

채소 리조토

©Trattoria Galleria

푸짐한 양, 편안한 분위기

$$ 트라토리아 갈레리아

Ristorante Trattoria Galleria

적당히 고급스러운 분위기의 이탈리안 음식점. 파스타는 물론이고 육류와 해산물을 이용한 각종 요리가 준비돼 있다. 음식 맛도 좋을뿐더러 양도 푸짐해서 기분이 한층 좋아지는 곳. 식사와 함께 티치노주의 와인도 곁들여보자. MAP ㉔

GOOGLE MAPS 2X33+W8 루가노
ACCESS 루가노 유람선 선착장에서 도보 5분
ADD Via Giosuè Carducci 4, 6900 Lugano
OPEN 11:00~15:00, 18:00~23:00
PRICE 파스타 22CHF~, 피자 15CHF~, 육류·해산물 요리 38CHF~
WEB trattoriagalleria.ch

고급 재료로 만든 수준급 젤라토

-9° 이탈리아 젤라토

-9° Gelato Italiano

2009년 몇 명의 친구들이 의기투합해 차린 수제 젤라토 가게. 엄선한 고급 재료로 만든 젤라토는 바닐라, 초콜릿, 딸기 등 기본 맛부터 감각 있게 조합한 독특한 맛의 아이스크림까지 여러 가지다. 더운 여름날 루가노에 방문했다면 놓치지 말아야 할 곳. **MAP ㉔**

GOOGLE MAPS 2X43+48 루가노
ACCESS 루가노 유람선 선착장에서 도보 6분
ADD Via al Forte 4, 6900 Lugano
OPEN 11:00~19:00(일 09:00~)
PRICE 4CHF~
WEB gelato-9.com

120년 전통의 이유 있는 카페

그랜드 카페 알 포르토

Grand Café al Porto

1803년 구시가에 문을 연 오래된 카페. 옛 루가노 예술가와 정치인들의 토론 장소였으며, 현재는 현지인들의 사랑방 겸 여행자의 포근한 쉼터로 애용된다. 이탈리아 스타일의 진한 커피가 매우 맛있는데, 묽게 마시려면 얼음물 한 잔을 함께 주문해 직접 아메리카노를 제조해도 된다. 지중해 스타일의 조식과 브런치, 예쁜 디저트도 있어서 어느 시간대에 방문해도 만족스럽다. **MAP ㉔**

GOOGLE MAPS 2X32+H3 루가노
ACCESS 유람선 선착장에서 도보 3분
ADD Via Pessina 3, 6900 Lugano
OPEN 08:00~18:30/일요일 휴무
PRICE 브런치 22CHF~, 식사 26CHF~, 디저트 7CHF~, 음료 5CHF~
WEB grand-cafe-lugano.ch

전망과 식사, 클럽 파티까지 척척

세븐 루가노, 더 클럽

Seven Lugano, The Club

루가노에서 가장 핫한 클럽이자 고급 라운지 겸 레스토랑이다. 라운지와 레스토랑은 매일, 클럽은 금·토요일만 오픈한다. 트렌디한 인테리어와 아름다운 뷰가 어우러진 곳으로, 예술의 도시 아스코나에도 지점이 있다. 레스토랑에서는 리조토와 스테이크는 물론 초밥과 회(화~일요일)도 맛볼 수 있다. **MAP ㉔**

GOOGLE MAPS 2X34+J2 루가노
ACCESS 루가노 선착장에서 도보 5분
ADD Via Stauffacher 1, 6900 Lugano
OPEN 라운지: 12:00~21:00(금·토 ~02:00)/레스토랑: 12:00~14:00, 19:30~22:00/클럽: 금·토·일 23:00~05:00(월~목요일 휴무)
WEB seven.ch

자연을 담은 음식 문화
그로토 Grotto

그로토는 바쁜 삶 속에서도 정성 들여 요리한 식사를 즐기고 자연과의 어울림을 중시하는 티치노 사람들의 가치관을 가장 잘 보여주는 문화다. 그로토란 '산속 동굴의 와인 창고'를 뜻하며, 와인 농장주가 조리한 요리를 와인과 곁들여 먹도록 판매한 데서 시작됐다. 현재는 자연이 어우러진 한적한 곳에서 지역 농산물 요리를 선보이는 레스토랑을 모두 그로토라고 한다.

계곡가 그로토 풍경

티치노주 전통 음식

● 대중교통으로 가기 좋은 그로토 맛집 BEST 3

그로토 레스토랑은 시내에서 동떨어진 전망 좋은 산, 호숫가, 숲속, 절벽 등에 자리해 대중교통으로 가기 어렵다. 아래 소개하는 3곳은 루가노 시내와 가까워서 버스로 갈 수 있는 그로토 맛집이다. 그로토마다 메뉴는 가지각색이지만 티치노 전통 음식인 폴렌타와 로스트비프, 포르치니 리조토는 꼭 맛보자. 평일 저녁이나 주말엔 예약을 권장한다.

그로토 델라 살루테
Grotto della Salute

전통과 현대의 분위기가 조화를 이루는 우아한 레스토랑. 수준 높은 티치노주 전통 음식을 선보인다.

GOOGLE MAPS 2W6V+GF Massagno
ACCESS 루가노역에서 도보 15분
ADD Via Madonna della Salute 2A, 6900 Massagno
OPEN 12:00~14:00, 19:00~22:00/ 일요일, 8월 15일, 12월 말~1월 초 휴무
PRICE 육류·해산물 요리 32CHF~, 파스타 26CHF~
WEB grottodellasalute.ch

©Grotto della Salute

그로토 모르키노
Grotto Morchino

손맛이 듬뿍 담긴 티치노주의 전통 음식과 바비큐를 함께 즐길 수 있는 곳. 투박한 시골집 분위기로, 야외 테라스가 특히 매력적이다.

GOOGLE MAPS XWPV+4F 루가노
ACCESS 루가노 시내에서 434번 버스를 타고 파찰로 모르키노(Pazzallo, Morchino) 하차
ADD Via Carona 1, 6912 Lugano
OPEN 11:30~14:00, 18:30~22:00/ 수·목요일 휴무
PRICE 애피타이저 9CHF~, 바비큐 26CHF~, 폴렌타 13CHF~, 디저트 8CHF~
WEB grottomorchino.ch

©Grotto Morchino

그로토 델 페프
Grotto del Pep

캐주얼한 분위기의 립 바비큐 전문 야외 레스토랑. 시골 친척 집에 놀러 와 시끌벅적하게 바비큐 파티를 하는 분위기다.

GOOGLE MAPS XWGP+6Q 루가노
ACCESS 파라디소역(Paradiso)에서 434번 버스를 타고 카라비아, 알 칸베토(Carabbia, Al Canvetto) 하차 후 바로
ADD Via Arbostora 18, 6913 Lugano
OPEN 12:00~14:00, 18:30~21:30/ 월·화요일 휴무
PRICE 바비큐·식사 24CHF~, 디저트 6CHF~
WEB grottodelpep.ch

©Grotto del Pep

시장 놀이는 못 참지

파머스 마켓과 골동품 시장 Mercati e Mercatini

화·금요일에 산 로코 광장에서 열리는 파머스 마켓. 치즈와 살라미, 생파스타 등 근처 농장에서 만든 식재료와 갓 구운 빵을 일반 식료품점보다 값싸게 구매할 수 있다. 골동품과 수공예품을 좋아한다면 토요일 오전 광장에 방문해보자. 은이나 크리스털 제품, 고서 등을 진열한 골동품 시장이 열린다. **MAP ㉔**

GOOGLE MAPS 2X33+RF 루가노
ACCESS 산 로코 성당 바로 옆 산 로코 광장(Piazza San Rocco)
OPEN 파머스 마켓: 화·금 07:30~14:30/골동품 시장: 토 08:00~17:00

©Lugano Eventi

이탈리아 명품 쇼핑 절호의 찬스!

폭스 타운 아웃렛 Fox Town

루가노역에서 기차로 약 15분 거리의 멘드리시오(Mendrisio) 마을에 있는 대형 아웃렛. 이탈리아 명품 브랜드를 비롯한 200여 개 매장이 입점했다. 300CHF 이상 구매 시 세금 환급 가능. 레스토랑과 카페, 카지노도 있으니 여유롭게 쇼핑을 즐겨보자. **MAP ㉕**

GOOGLE MAPS VXFH+XV Mendrisio
ACCESS 루가노역에서 기차 18분, 멘드리시오역(Mendrisio) 하차 후 도보 4분
ADD Via Angelo Maspoli 18, 6850 Mendrisio
OPEN 11:00~19:00(12월 24·31일 ~17:00)/
1월 1일, 부활절 일요일, 8월 1일, 12월 25·26일 휴무
WEB foxtown.com

©Fox Town

롱 레이크 축제
Long Lake Festival

7월 중순에 2주간 이어지는 여름 축제. 콘서트, 연극, 거리 공연, 각종 문화 행사 등 장르를 넘나드는 250여 개의 이벤트가 루가노 곳곳에서 펼쳐진다. 몇몇 콘서트를 제외하고 대부분 무료로 진행하니 여행 기간이 겹친다면 홈페이지 프로그램을 체크해보자.

WHERE 루가노 시내 곳곳
OPEN 7월 중순 2주간
PRICE 대부분 무료/야외 뮤직 페스티벌 4일간 유료(1일 15~25CHF)
WEB longlake.ch/en

©Long Lake Festival

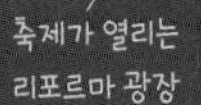
축제가 열리는 리포르마 광장

©Lugano Eventi

블루스 투 밥 축제
Blues to Bop Festival

여름 행사의 대미를 장식하는 재즈, 블루스 음악 축제. 3일간 루가노에서 열리고 마지막 하루는 모르코테에서 진행된다. 온몸을 들썩이게 하는 공연이 전부 무료.

WHERE 루가노 리포르마 광장, 산 로코 광장, 치오카로 광장, 모르코테 그란다 광장
OPEN 8월 말 3일간
PRICE 무료
WEB luganoeventi.ch/en/blues-to-bop

가을 축제
Autumn Festival

음식 문화가 발달한 루가노의 가을 축제는 그 어느 곳보다 푸짐하다. 향토 음식점 그로토를 비롯해 일반 음식점과 거리 음식점, 파머스 마켓 등이 참여해 로컬 식재료를 이용한 먹거리를 맛볼 수 있고, 전통 음악 밴드들이 합세해 분위기를 돋운다. 식사할 땐 사발에 마시는 티치노주의 진한 와인 한잔을 곁들이는 걸 잊지 말자.

WHERE 루가노 시내 곳곳
OPEN 9월 말 또는 10월 초 금~일
WEB luganoeventi.ch/en/festa-autunno-lugano

가을 축제에 빠질 수 없는 군밤

©Lugano Eventi

유람선 타고

루가노 호수 마을 여행

루가노의 매력은 유람선을 타고 인근 작은 마을들을 방문해야 제대로 알 수 있다.
마을은 저마다 특색이 다르지만 그중 가장 아름다운 3곳을 소개한다. 버스로도 갈 수 있으나,
전부 호숫가 산비탈에 있는 마을이다 보니 유람선을 타고 호수 쪽에서 마을을 바라봤을 때의 모습이 더욱 환상적이다.

WEB 루가노 유람선 lakelugano.ch/en

남부 이탈리아풍의 작은 어촌 마을

간드리아 Gandria

루가노 호숫가 절벽 위에 소담하게 자리 잡은 옛 어촌 마을. 알록달록한 벽과 돌산, 녹음이 어우러져 이탈리아 남부 분위기를 한껏 풍긴다. 골목 사이사이가 미로처럼 얽혀있지만 워낙 작은 마을이라 길을 잃은 염려는 없으니 마음 놓고 헤매보자.

ACCESS 루가노역: C12번 버스 25분/
중앙 우체국 앞: 490번 버스 15분/
루가노 선착장: 유람선 25~30분

루가노 호수 유람선

레 부체 디 간드리아 레스토랑
Ristorante le bucce di Gandria

마을 가장 위쪽에 자리한 전망 좋은 레스토랑. 푸른 호수, 붉은 지붕들의 절묘한 조화를 감상하며 점심을 먹거나 커피, 맥주, 와인 등을 마시기에 좋다. 코스로만 운영하고 메뉴는 계절별로 바뀐다. 예약 권장.

GOOGLE MAPS 2242+9V 루가노
ACCESS 루가노역에서 C12번 버스로 20분, 간드리아 리스토란테(Gandria-ristorante) 하차, 정류장 앞/유람선 선착장에서 도보 10분(오르막길)
ADD Via Cantonale, 6978 Gandria
OPEN 19:00~22:00(토·일 12:00~14:00)/월·화요일 휴무
PRICE 5 코스 메뉴 70CHF, 맥주 7CHF~
WEB lebucce.com

라 부간빌
La Bouganville

지중해식 구운 채소 샐러드나 파이, 샌드위치, 과일이 듬뿍 든 요거트, 예쁜 디저트를 파는 작은 베지터리안 카페. 테이크아웃 전문점이어서 웨이팅용 간이 좌석만 있다. 현금만 가능.

GOOGLE MAPS 2242+3W 루가노
ACCESS 선착장을 등지고 왼쪽으로 도보 2분
ADD Piazza Nisciör 11, 6978 Lugano
OPEN 11:00~17:00/월~수요일 휴무
PRICE 파이 4CHF~

산 비질리오 성당
Chiesa di San Vigilio

마을 중간에 있는 작은 성당. 외관은 소박하지만 내부 장식과 천장화가 은근히 화려하다.

GOOGLE MAPS 2243+53 루가노
ACCESS 마을 중앙 주차장 앞/간드리아 선착장에서 도보 5분(오르막길)
ADD Piazza A. Giambonini 1, 6978 Gandria

모르코테 호수 쪽에서 본 전경. 종탑이 있는 곳이 산타 마리아 델 사소 성당이다.

Point 2

스위스의 예쁜 마을 하면 이곳!

모르코테 Morcote

스위스에서 가장 예쁜 마을 리스트에 빠지지 않는 곳. 절벽 위에서 굽어보는 성당과 영화 세트장 같은 중세 마을을 구경한 후 젤라토를 손에 들고 호숫가를 거닐어 보자.

ACCESS 루가노 시내: 431번 버스 20분/루가노 선착장: 유람선 약 1시간

산타 마리아 델 사소 성당 Chiesa Santa Maria del Sasso

모르코테에서 가장 높은 곳에 자리한 성당. 미로 같은 마을을 지나 언덕과 계단을 오를 만한 가치가 충분하다. 멋진 성당 자체도 큰 볼거리이지만 길목에서 마주치는 풍경 하나하나가 예술이어서 아슬아슬한 절벽 위라는 사실을 잊게 한다.

GOOGLE MAPS WWF7+6M Morcote
ACCESS 모르코테 선착장에서 도보 10분(오르막길)
ADD Sentee da la Gesa, 6922 Morcote

오스테리아 라 테라차 술 라고 Osteria la Terrazza sul Lago

등나무로 덮인 호숫가 레스토랑. 화창한 날 테라스석 전망도 훌륭하지만 동굴 스타일의 감각 있는 실내 인테리어도 그에 못지않다. 맛도 플레이팅도 예술적인 이탈리안 음식을 선보인다.

GOOGLE MAPS WWF9+C8 Morcote
ACCESS 모르코테 선착장을 등지고 오른쪽으로 도보 2분
ADD Riveta DA la Tor 6, 6922 Morcote
OPEN 10:00~22:00(겨울철 ~18:00)/여름철 월요일 휴무, 겨울철 월~목요일 휴무
PRICE 메인 28CHF~, 음료 5CHF~ **TEL** +41 (0)77 911 81 71

치즈에 범벅해주는 바르카이올리 리조토

©Ristorante Battello

©Angolo dei Golosi

바텔로 레스토랑 Ristorante Battello

제대로 된 티치노주 전통 음식을 맛볼 수 있다. 그레이비 소스를 얹은 스테이크에 이탈리아식 옥수수죽인 폴렌타를 곁들여 먹거나, 파르마산 치즈를 듬뿍 얹어주는 포르치니(표고버섯) 리조토를 추천.

GOOGLE MAPS WWF8+5Q Morcote
ACCESS 모르코테 선착장 앞
ADD Riva dal Drèra 10, 6922 Morcote
OPEN 08:30~21:00/월요일 휴무
PRICE 메인 22CHF~, 음료 3CHF~
WEB albattello.com

앙골로 데이 골로시 Angolo dei Golosi

호숫가 가까이에 있는 달콤한 젤라토 가게. 실내 좌석은 스탠드 테이블 2개뿐이니 테이크아웃해 호숫가를 산책하며 맛보자.

GOOGLE MAPS WWF9+GF Morcote
ACCESS 모르코테 선착장에서 도보 3분
ADD Riva dal Garavéll 18, 6922 Morcote
OPEN 3~10월 11:00~17:00(금~일 ~18:00)/그 외 기간 휴무
PRICE 1스쿱 3CHF, 2스쿱 5CHF, 3스쿱 7CHF

스위스 미니어처 공원으로 유명한 마을

멜리데 Melide

루가노 호수의 동쪽과 서쪽을 연결하는 다리가 지나가는 길목에 있다. 사계절 기차로 갈 수 있고, 여름엔 유람선으로도 갈 수 있다.

ACCESS 루가노역: 기차 10분/루가노 시내: 439번 버스 25분/
루가노 선착장: 유람선 30분

몬테 산 살바토레 전망대에서 바라본 멜리데

스위스 미니어처

Swissminiatur

1959년에 문을 연 미니어처 공원. 스위스의 주요 볼거리 120여 개를 25분의 1로 축소한 모형을 볼 수 있다. 지형은 물론 케이블카와 기차까지 매우 정교해서 아이뿐 아니라 어른들도 걸리버 여행기의 소인국에 놀러 온 기분으로 즐길 수 있다. 사계절 공원을 가득 메우는 꽃들은 덤. 1시간 정도면 모두 돌아볼 수 있지만 식당과 상점에 들르는 시간과 왕복 이동 시간까지 포함하면 반나절은 소요된다.

GOOGLE MAPS XX32+C7 Melide
ADD Via Cantonale 13, 6815 Melide
OPEN 09:00~18:00/11~3월 중순 휴무
PRICE 21CHF, 6~15세 14CHF, 가족 60CHF(부모 2인+6~15세 자녀 무제한)/온라인 구매 시 10% 할인 / 티치노 티켓 소지자 20% 할인
스위스 트래블 패스 소지자 30% 할인
WEB swissminiatur.ch

#Plus Area

3개의 요새가 늠름히 굽어보는
티치노주의 주도

벨린초나

BELLINZONA

3개의 요새가 지키고 선 아름다운 도시 벨린초나는 타치노주 여행에서 빠질 수 없는 곳이다. 로마 시대부터 이탈리아에서 알프스로 들어가는 관문이자 방어선 역할을 한 도시로, 오늘날에도 티치노주의 주도로서 행정의 중심에 있다. 3개의 요새는 그 역사적 가치와 보존 상태를 인정받아 2000년 유네스코 세계유산에 등재됐다. 중세 시대 모습을 간직한 도시는 워낙 작아서 1~2시간이면 둘러볼 수 있지만 산 위에 드문드문 자리 잡은 3개의 요새를 대중교통으로 모두 가보려면 반나절 이상 걸린다. 버스나 기차로도 어렵지 않게 다닐 수 있지만 티치노주는 골짜기 사이사이 대중교통이 닿지 않는 곳에 작고 예쁜 마을이 많으니 렌터카로 여행 시 더욱 효율적으로 이 지역을 즐길 수 있다.

- **칸톤** 티치노 Ticino
- **언어** 이탈리아어
- **해발고도** 241m

벨린초나 가는 방법

기차

루가노 → 15~20분
로카르노 → 25분
바젤 → 3시간 30분

차량

루가노 → 35분(30km/2번 고속도로)
로카르노 → 25분(23km/13번 고속도로, 13번 국도)

★

관광안내소

GOOGLE MAPS 52RF+R9 벨린초나
ADD Piazza Collegiata 12, 6500 Bellinzona
OPEN 09:00~18:00(토 ~16:00, 일 10:00~16:00)
TEL +41 (0)91 825 21 31
WEB bellinzonaevalli.ch/en

인디펜덴차 광장

시청사

01 벨린초나 구시가의 중심
성당 광장
Piazza Collegiata

중세 시대 분위기의 아담한 구시가 광장. 높은 파사드가 인상적인 성당(Collegiata)을 중심으로 상점과 노천 카페가 들어선 르네상스 양식 건물들이 둘러싸고 있다. 조금 더 남쪽으로 내려가면 노제토 광장(Piazza Nosetto)과 우아한 시청사(Palazzo Civico)가 있으며, 시청사를 오른쪽에 끼고 다시 남쪽으로 내려가면 성벽을 멋지게 감상할 수 있는 인디펜덴차 광장(Piazza Indipendenza)이 나온다. **MAP 629p**

GOOGLE MAPS 52RF+J8 벨린초나
ACCESS 벨린초나역에서 카스텔그란데가 보이는 방향으로 도보 8분

+ MORE +

미니 기차 아르투 Artù

산 위에 있는 2개의 요새를 모두 거쳐 가서 유용하다. 성마다 10분만 정차해 성을 구석구석 둘러볼 순 없지만 일정이 짧아 가볍게 다녀오고 싶다면 괜찮은 방법이다. 총 1시간 소요. 티켓은 탑승장에서 구매한다.

GOOGLE MAPS 성당 광장: 52RF+M9 벨린초나, 고베르노 광장: 52RC+9G 벨린초나
ACCESS 성당 광장/토요일 오전에는 고베르노 광장(Piazza Governo)에서 출발
OPEN 10:00, 11:20, 13:30, 15:00, 16:30 /토요일 10:00·11월 초~4월 초 휴무
PRICE 13CHF, 학생 10CHF, 6~15세 5CHF, 가족(성인 2+6~15세 자녀 2) 30CHF/ 티치노 티켓 소지자 30% 할인

태양의 광장에서 본 카스텔그란데

탑 위에서 본 카스텔그란데와 마을 풍경

광장 구석 암벽을 뚫은 엘리베이터 입구

걸어서 요새로 올라가는 길 성벽

02 벨린초나에서 가장 오래된 요새
카스텔그란데
Castelgrande

2개의 탑과 성벽이 도시를 빛내주는 랜드마크. 3개의 요새 중 가장 크고 오래된 것으로, 접근성도 뛰어나다. 4세기경 고대 로마인들이 알프스 이남 지역을 방어하고자 지었으며, 이 지역이 아직 밀라노 공국의 영향 아래 있던 13세기경 영토를 확고히 하려는 공작들이 증축했다. 16세기 들어 티치노 지역이 스위스에 편입되면서 요새의 기능은 상실했지만 역사적 가치와 보존 상태가 뛰어나 2000년 유네스코 세계유산에 등재됐다. 현재 2개의 탑과 성벽은 고고학 박물관(내부 전시 촬영 불가)과 레스토랑으로 운영 중. 드넓은 안뜰은 휴식처 겸 축제장, 야외 영화 상영장(8월) 등으로 사용하며, 축제 기간 성벽에 미디어 파사드 쇼가 펼쳐진다. 마을에서 걸어 올라가도 되지만 미그로스(Migros) 슈퍼마켓 앞 태양의 광장(Piazza del Sole) 암벽 안쪽에 설치된 엘리베이터를 타면 오르막길을 피할 수 있다. **MAP 629p**

GOOGLE MAPS 52VF+72 벨린초나
ACCESS 벨린초나역에서 도보 7분, 솔 광장(Piazza del Sole) 바위에 입구 위치
ADD Salita Castelgrande 18, 6500 Bellinzona
OPEN 10:00~18:00(11~4월 10:30~16:00)
PRICE 15CHF, 6~15세·학생·경로 8CHF, 가족(성인 2+6~15세 자녀 3) 35CHF/ 티치노 티켓 소지자 30% 할인 스위스 트래블 패스 소지자 무료
WEB fortezzabellinzona.ch

+ MORE +

통합 입장권, 벨린초나 패스 Bellinzona Pass

3개의 성과 박물관 입장권을 통합한 패스를 구매하면 좀 더 저렴하게 돌아볼 수 있다.

PRICE 28CHF, 6~16세·학생·경로·18CHF, 가족(부모 2+16세 이하 자녀 3) 70CHF/ 티치노 티켓 소지자 30% 할인 스위스 트래블 패스 소지자 무료

요새 안뜰

03 걸어서 판타지 영화 속으로
카스텔로 몬테벨로
Castello Montebello

13~14세기경 이곳을 통치했던 코모(Como: 인근 이탈리아 도시)의 루스코니(Rusconi) 가문에서 세웠다고 추정되는 성. 20세기 들어 완벽하게 복원한 성체가 무척 듬직하다. 물 위 다리로 연결된 성 입구까지 걷다 보면 마치 영화 속 한 장면으로 걸어 들어가는 기분. 성벽에 오르면 벨린초나 마을과 저 멀리 마조레 호수가 한눈에 내려다보인다. 현대적인 박물관으로 개조한 내부엔 네크로폴리스(Necropolis: 고대 공동묘지)에서 출토한 유물과 기원전 4세기경의 도자기류가 전시돼 있다. 내부 전시 촬영 불가. **MAP 629p**

GOOGLE MAPS 52RG+GG 벨린초나
ACCESS 관광안내소가 있는 성당 광장에서 성당 오른쪽 골목을 지나 포도밭 사잇길 언덕을 따라 도보 8분, 몬테벨로 언덕 위
ADD Via Artore 4, 6500 Bellinzona
OPEN 10:00~18:00/11~4월 박물관 휴무(외부 및 안뜰은 무료입장)
PRICE 10CHF, 6~16세·학생·경로 5CHF, 가족(부모 2+6~15세 자녀 3) 20CHF/ 티치노 티켓 소지자 30% 할인 스위스 트래블 패스 소지자 무료
WEB fortezzabellinzona.ch

카스텔로 몬테벨로에서 바라본 구시가와 카스텔그란데

+ MORE +

위에서부터 차례차례, 벨린초나 요새 하이킹

대중교통으로 여행한다면 4번 버스를 타고 제일 꼭대기에 있는 카스텔로 사소 코르바로에서 하차해 걸어 내려오면서 나머지 2개 성을 차례로 구경하는 것이 가장 좋은 방법이다. 시간 여행하는 기분을 느끼며 느긋하게 포도밭을 지나 오래된 성벽과 성당, 구시가 골목길을 구경해 보자. 총 2.5km, 관람 시간 제외 약 40분 소요.

카스텔로 사소 코르바로 성벽 위

04 벨린초나 최고의 전망 포인트
카스텔로 사소 코르바로
Castello di Sasso Corbaro

3개의 요새 중 가장 높은 곳에 자리 잡은 성. 남부연합군이 밀라노에 도달하는 것을 막기 위해 밀라노의 군주 루도비코 모로가 1479년 만들었고, 벽 두께가 무려 4.7m나 된다. 운행 간격이 긴 버스를 타고 내려서도 또다시 오르막길을 올라야 하지만 요새 전체가 완벽하게 보존된 데다 이곳에서 내려다본 2개의 요새와 마을 풍경이 아름다워서 가볼 만하다. 성안은 기획 전시장(촬영 불가)으로 운영하며, 안뜰에 제철 요리를 선보이는 레스토랑이 있다. **MAP 629p**

GOOGLE MAPS 52QJ+72 벨린초나
ACCESS 벨린초나역에서 4번 버스(봉고차 크기의 마을버스로, 1~2시간에 1대 운행)를 타고 종점인 벨린초나 카스텔로 사소 코르바로(Bellinzona, Cast.Sasso Corbaro) 하차, 오르막길 도보 10분, 총 20분
ADD Via Sasso Corbaro 44, 6500 Bellinzona
OPEN 10:00~18:00/11월 초~4월 초 내부 휴무
PRICE 15CHF, 6~16세·학생·경로 8CHF, 가족(부모 2+16세 이하 자녀 3) 35CHF/ 티치노 티켓 소지자 30% 할인 스위스 트래블 패스 소지자 무료
WEB fortezzabellinzona.ch

카스텔로 사소 코르바로 성 위에서 본 카스텔그란데와 몬테벨로성

Option
05
작자 미상의 프레스코화가 볼거리
산타마리아 델레 그라치에 교회
Chiesa Santa Maria delle Grazie

예수의 생애와 십자가의 고난 등 15가지 장면을 섬세하게 묘사한 프레스코화로 유명한 교회. 선명한 색감이 돋보이는 프레스코화는 티치노에서 손꼽는 명작으로, 15세기 말 롬바르디아 출신의 한 화가가 그렸을 것으로 추정한다. 1996년 화재로 교회 일부가 소실됐으나, 복원 후 2005년 재개관했다. **MAP 629p**

GOOGLE MAPS 52P9+6F 벨린초나
ACCESS 벨린초나역에서 3번 버스를 타고 벨린초나 치미테로(Bellinzona, Cimitero) 하차, 15분/인디펜덴차 광장에서 역 반대 방향으로 도보 8분
ADD Via Convento 5, 6500 Bellinzona
OPEN 09:00~18:00
WEB ticino.ch

Option
06
느릿느릿 유럽 소도시 여행
체드리 빌라 박물관
Museo Villa dei Cedri

19세기 별장으로 지었다가 1970년대 '노블레스 오블리주(Noblesse Oblige)' 붐을 타고 박물관으로 기증됐다. 현재는 19~20세기 스위스-이탈리아의 예술품을 소장한 시립 미술관으로 운영 중. 아름답고 한적하지만 구시가에서 조금 많이 떨어져 있기 때문에 시간이 여유롭고 스위스 트래블 패스가 있다면 가볼 만하다. 내부 촬영 불가. **MAP 629p**

GOOGLE MAPS 52MC+R6 벨린초나
ACCESS 산타마리아 델레 그라치에 교회에서 도보 7분
ADD Via San Biagio 9, 6500 Bellinzona
OPEN 금~일·공휴일 10:00~18:00(수·목 14:00~)/월·화요일 휴무
PRICE 12CHF, 학생 8CHF/ 스위스 트래블 패스 소지자 무료
WEB villacedri.ch

+ MORE +

라바단 Rabadan

스위스에선 드문 유료 축제지만 인구가 5만명도 안 되는 이 작은 도시에 이렇게나 많은 사람이 몰려들 거라곤 상상할 수 없을 만큼 성대하게 개최한다. 2023년에는 15만명의 관광객이 모여들었다. 150년 이상의 역사를 지닌 축제로, 6일간 거리 행진 및 다양한 콘서트와 공연이 열리고 리조토와 소시지도 무료로 나눠준다.

WHERE 역 앞부터 구시가 중심까지
OPEN 2월 말~3월 초
PRICE 6일 패스: 75CHF, 1일권: 월·화 30CHF, 수·토 35CHF
WEB rabadan.ch
티켓 rabadan-tickets.ch

성에서 즐기는 티치노주 전통 음식

$$ 그로토 산 미켈레
Grotto San Michele

3개의 요새 중 가장 큰 카스텔그란데 안 레스토랑. 지역 농산물을 이용한 티치노 전통 요리를 메뉴로 낸다. 성벽과 마을, 포도밭 위 몬테벨로성 전망이 탁월해서 벨린초나의 매력을 확실하게 느낄 수 있는 곳. 느긋한 분위기라 서빙이 그리 빠르지 않으니 일정에 여유를 두고 방문하자.

MAP 629p

GOOGLE MAPS 52VC+6R 벨린초나
ACCESS 카스텔그란데 안 테라스
ADD Salita Castelgrande 18, 6500 Bellinzona
OPEN 10:30~24:00
PRICE 식사 23CHF~
WEB castelgrande.ch

포르치니(표고버섯) 리조토

분위기도 맛도 역시 미슐랭

$$$ 오스테리아 카스텔로 사소 코르바로
Osteria Castello Sasso Corbaro

마을 제일 꼭대기에 있는 사소 코르바로성 안 레스토랑. 평화롭고 아름다운 테라스를 보는 순간 차 한잔만 마시더라도 잠시 머물고 싶어진다. 미슐랭에서 언급할 정도로 훌륭한 요리는 계절마다 메뉴가 바뀌는데, 티치노주의 향토 음식인 포르치니 리조토가 있다면 주문해보자. 태양의 향기를 담은 티치노주 와인도 추천. **MAP 629p**

GOOGLE MAPS 52QJ+72 벨린초나
ACCESS 사소 코르바로 성 안뜰
ADD Via Sasso Corbaro 44, 6500 Bellinzona
OPEN 10:00~24:00(일 ~18:00)/월요일 휴무
PRICE 단품 40CHF~, 디저트 14CHF~, 코스 97CHF~
WEB osteriasassocorbaro.ch

그로토 산 미켈레

오스테리아 카스텔로 사소 코르바로

Shopping & Walking

중세 거리에 신선한 식재료가 가득!

요일장 Il Mercato

싱싱한 제철 과일과 저렴한 먹거리가 있는 요일장. 기분 좋은 덕담 몇 마디와 미소면 구매한 물품보다 많은 덤이 딸려 오기도 한다. 지역 농산물과 티치노주의 치즈들, 수제 파스타, 수제 과자, 이동식 화덕으로 갓 구운 빵에 핸드메이드 소품까지, 온통 여행자의 눈을 바쁘게 하는 것 투성이다. **MAP 629p**

GOOGLE MAPS 52RF+PF 벨린초나
ACCESS 성당 광장(Piazza Collegiata)부터 노제토 광장(Piazza Nosetto)까지
OPEN 토 07:30~13:00(4월 초~6월 중순, 9월 초~11월 말 수 10:00~17:00 소규모 장 추가 오픈)

#Plus Area

느긋하게 먹고, 마시고, 즐기라!

로카르노
LOCARNO

우리에겐 로카르노 조약과 로카르노 영화제로 잘 알려진 이 도시는 여유로운 지중해 휴양지 분위기를 지녔다. 호숫가를 산책하다가 뛰어들어 물장구를 치고, 맛있는 이탈리아 음식을 맛보고, 곤돌라를 타고 산 위에 올라가 아름다운 마조레(Maggiore) 호수와 작은 마을들을 감상해보자. 조금 더 시간 여유가 있다면 알프스에서 내려온 초록 물과 기암절벽이 멋들어진 베르차스카 계곡(Valle Verzasca) 물에 발을 담가도 좋겠다. 여기가 스위스인지, 남부 유럽의 어느 휴양지인지 도무지 분간되지 않는 여유로움을 만끽할 수 있다.

- **칸톤** 티치노 Ticino
- **언어** 이탈리아어
- **해발고도** 200m

로카르노 가는 방법

기차

루가노 → 33분 **벨린초나** → 23분
베른 → 3시간 50분~4시간 15분
브리그 → 2시간 40분

차량

루가노 → 50분(43km/2,13 번 고속도로)
벨린초나 → 25분(23km/13번 고속도로, 13번 국도)

★
관광안내소

GOOGLE MAPS 5RC2+WJ Muralto
ACCESS 로카르노역
ADD Piazza Stazione FFS, 6600 Locarno-Muralto
OPEN 09:00~18:00
(토 ~17:00, 일 10:00~13:00, 14:00~17:00)
TEL +41 (0)848 091 091
WEB ascona-locarno.com/en

카르다다 & 치메타
오르셀리나 마돈나 델 사소 푸니쿨라역 Orselina Madonne del Sasso
오르셀리나 케이블카역 Orselina
푸니쿨라 레스토랑 Ristorante Funicolare
③ 마돈나 델 사소 성당 Santuario della Madonna del Sasso
로카르노-무랄토벨베데레 푸니쿨라역 Locarno-Muralto Belvedere
라 폰타나 레스토랑 & 바 La Fontana Ristorante & Bar
로카르노역 Locarno Stazione
Locarno, Stazione
Piazza Stazione
로카르노-마돈나델사소 푸니쿨라역 Locarno-Madonna del Sasso
미니 기차
로카르노 유람선 선착장 Locarno
마노르 백화점 MANOR
루스카 정원 Giardini Rusca
① 그란데 광장 Piazza Grande
로카르노 카지노 Casinò Locarno
마조레 호수 Lago Maggiore
② 비스콘테오성 고고학 박물관 Castello Visconteo
Via alla Basilica
Via ai Monti
Via al Sasso
Via Cappuccini
Via Borghese
Viale Verbano
Largo Franco Zorzi
Via Franchino Rusca
Via Giovanni Antonio Orelli
Via Rinaldo Simen
Lungolago Giuseppe Motta
0 200m

미니 기차 타고 로카르노 한 바퀴~

Tourist & Attractions

Option 01
로카르노 영화제 현장
그란데 광장
Piazza Grande

노천카페와 레스토랑, 상점 등이 둘러싼 마을 중심의 거대한 광장. 여름이면 이곳에 대형 스크린이 설치되고 로카르노 영화제가 열린다. 매주 목요일(09:00~17:00, 겨울철 2주에 한 번)엔 지역 농산물과 토속 음식, 수제 치즈, 화덕빵, 절임류를 판매하는 시장이 서며, 타임머신을 타고 온 듯 고풍스러운 골동품 상점 구경도 재미있다. 오랜 세월 이탈리아에 속해 있었다 보니 북부 이탈리아의 롬바르드 양식으로 지어진 건물들이 활기차고 멋스럽다. **MAP 635p**

GOOGLE MAPS 5Q9W+RC 로카르노
ACCESS 로카르노역에서 도보 10분
ADD Piazza Grande, 6600 Locarno

+ MORE +

미니 기차

호숫가를 따라 로카르노 구시가, 광장, 성벽 등 주요 관광지를 30분간 순회한다. 평지여서 걷기 쉬운 구간이지만 더운 여름 노약자를 동반한 여행 시 편리하다.

GOOGLE MAPS 5RC2+CV 로카르노
ACCESS 로카르노 유람선 선착장 근처
OPEN 11:00~17:00(1시간 간격 운행)/10월 말~3월 중순 휴무
PRICE 8CHF, 3~12세 4CHF
WEB trenino.ch

Option

02 수려한 로마 시대 유리공예 박물관

비스콘테오성 고고학 박물관

Castello Visconteo

©Castello Visconteo

1925년 로카르노 조약이 체결됐던 역사적인 장소. 10세기에 요새로 지었고 14세기부터 이탈리아 비스콘티 가문이 소유했다. 본래 규모가 매우 컸으나, 스위스 연방과의 전쟁에서 로카르노가 함락되면서 성의 많은 부분이 파괴됐다. 16세기 이후 로카르노가 스위스에 편입되면서 방치됐다가 현재는 이 지역의 청동기 시대부터 로마 시대의 섬세한 유리공예품 등을 전시하는 고고학 박물관으로 운영하고 있다. **MAP 635p**

GOOGLE MAPS 5Q9V+98 로카르노
ACCESS 그란데 광장에서 도보 5분
ADD Via Bartolomeo Rusca 5, 6600 Locarno
OPEN 10:00~16:30/월요일, 11~3월 휴무
PRICE 15CHF, 학생 8CHF/ 티시노 티켓 소지자 20% 할인 스위스 트래블 패스 소지자 무료
WEB castellolocarno.ch/en/

안토니오 치세리,
<그리스도를 무덤으로 옮기는 장면>

+ MORE +

로카르노 조약

1925년 영국, 벨기에, 폴란드, 프랑스, 독일, 이탈리아 등의 국가들이 맺은 상호 불가침 평화 조약. 그러나 히틀러가 비무장지대로 남기기로 한 라인란트에 군대를 주둔시키고 폴란드를 비롯한 주변국을 침공하면서 조약은 10년 만에 유명무실해지고 말았다.

03 바위산 중턱의 고아한 성당

마돈나 델 사소 성당

Santuario della Madonna del Sasso

언덕에서 로카르노를 굽어보는 이 지역의 상징. 푸른 마조레 호수와의 조화가 빼어난 성당으로, 산 위의 마을 오르셀리나에 있다. '바위 위의 성모 마리아'란 뜻의 성당 이름은 1480년 바위에서 발현한 성모 마리아가 로카르노의 수도사 바르톨로메오에게 계시를 내려 성당을 지었다는 전설에서 비롯했다. 1487년 짓기 시작해 1650년에야 완공할 정도로 오랫동안 짓다 보니 구역마다 스타일이 제각각이고 크고 작은 방이 많다. 프레스코화를 비롯해 예술품도 많은데, 16세기에 브라만티노가 그린 <출애굽기>와 19세기에 안토니오 치세리가 그린 <그리스도를 무덤으로 옮기는 장면>이 가장 유명하다. 도보와 버스로도 갈 수 있지만 보통 푸니쿨라를 타고 전망을 감상하며 느긋하게 올라간다. **MAP 635p**

GOOGLE MAPS 5QGV+3H Orselina
ACCESS 로카르노역에서 남쪽 푸니쿨라역으로 도보 4분, 푸니쿨라로 오르셀리나 마돈나 델 사소(Orselina Madonne del Sasso) 하차 후 도보 3분
ADD Via Santuario 2, 6644 Orselina
OPEN 성당: 07:30~18:00/푸니쿨라: 4·10월 08:05~20:55, 5·6·9월 08:05~22:05, 7·8월 08:05~24:05, 11~3월 08:55~18:25/15분 간격 운행(11~3월은 30분 간격),
PRICE 성당 무료/푸니쿨라 왕복 8CHF, 6~15세 4CHF/ 티치노 티켓 소지자 20% 할인 스위스 트래블 패스 소지자 25% 할인
WEB madonnadelsasso.org
푸니쿨라: funicolarelocarno.ch

성당에 로카르노 시내 풍경 더하기

$$ 푸니쿨라 레스토랑 Ristorante Funicolare

마돈나 델 사소 성당과 로카르노 시내를 가장 멋지게 바라볼 수 있는 레스토랑. 티치노주 전통 음식과 지중해 식단을 선보인다. 음식 맛은 무난한 편이니 식사 대신 테라스에서 음료 한잔하며 전망을 감상하기 좋은 곳이다. **MAP 635p**

GOOGLE MAPS 5QGV+73 Orselina
ACCESS 마돈나 델 사소 성당 가는 오르셀리나 푸니쿨라 상부역 승강장 맞은편
ADD Via Santuario 4, 6644 Orselina
OPEN 09:00~21:30(수 ~17:00)/1·2·7·8월을 제외한 목요일 휴무
PRICE 식사 20CHF~, 음료 4CHF~
WEB ristorantefunicolare.ch

©La Fontana

미식가를 위한 소중한 한 끼

$$$ 라 폰타나 레스토랑 & 바 La Fontana Ristorante & Bar

벨베데레 로카르노 호텔의 부속 레스토랑. 정원이 딸린 테라스와 실내 인테리어가 근사하다. 계절마다 바뀌는 제철 음식이 맛있기로 소문났는데, 여름부터 가을까지는 금요일마다 가든 바비큐 파티도 연다. 시내에서 출발할 경우 걸어서 갈 수도 있는 거리이지만 오르막길이라 푸니쿨라로 가는 게 더 편리하다. 주말엔 예약 권장. **MAP 635p**

GOOGLE MAPS 5QFW+69 로카르노
ACCESS 로카르노역 남쪽에서 푸니쿨라를 타고 1정거장 이동 후 로카르노-무랄토벨베데레역(Locarno-Muralto Belvedere) 하차, 벨베데레 로카르노 호텔 1층
ADD Via ai Monti della Trinità 44, 6600 Locarno
OPEN 12:30~21:30
PRICE 식사 30CHF~, 육류·해산물 요리 45CHF~, 디저트 16CHF~, 5코스 120CHF
WEB lafontana-locarno.com

+ MORE +

로카르노 영화제 Locarno Festival

매년 8월 초, 인구 1만6000명의 소도시 로카르노를 15만에 가까운 관광객들로 발 디딜 틈 없게 만드는 국제 영화제. 1948년부터 개최한 권위 있는 영화제로, 세계 유명 감독들과 배우들이 참석하고 500여 편의 영화를 상영한다. 우리나라에선 배용균 감독과 홍상수 감독이 최우수상인 황금표범상을 받고 배우 송강호가 엑설런스 어워드를 수상하는 등 한국 감독과 배우의 수상 이력도 다채롭다. 하이라이트는 그란데 광장에서 열리는 야외 상영으로, 약 8000명의 관객이 함께한다.

ACCESS 그란데 광장을 비롯한 로카르노 내 여러 상영관
TIME 8월 초 약 10일간
WEB locarnofestival.ch

©Ticino Turismo

로카르노에서 살짝 다녀오는

근교 나들이

알프스 이남 이탈리아 국경 지대에 자리한
티치노주는 스위스와 이탈리아의 매력을 몽땅 가졌다.
고지대에선 스위스 알프스 특유의 초록빛 목가적인 풍경이,
저지대에선 노란 햇살을 담은 이탈리아 마을의
경쾌한 풍경이 기다리고 있다.

카르다다 정상 전망대

로카르노에서 오르는 산악 전망대

카르다다 & 치메타

Cardada & Cimetta

산악 전망대 카르다다(1340m)는 마돈나 델 사소 성당 앞, 티치노 출신의 세계적인 건축가 마리오 보타가 설계한 오르셀리나 승강장(395m)에서 케이블카를 타고 6분이면 올라갈 수 있다. 지중해 휴양지를 닮은 마조레 호수와 로카르노 풍경이 펼쳐지는 전망대 카페 테라스에서 커피 향에 잠시 취해보자. 여름엔 하이킹이나 패러글라이딩을, 겨울에는 스키와 스노슈잉도 즐길 수 있다. 이곳에서 체어리프트를 타면 좀 더 높은 봉우리인 치메타(1670m)에 올라 스위스에서 가장 저지대에 있는 마조레 호수와 가장 높은 봉우리인 몬테로사를 함께 볼 수 있다.

GOOGLE MAPS 5QQJ+R5 로카르노
ACCESS 마돈나 델 사소 성당 앞에 케이블카 승강장 위치
ADD Orselina CIT, 6644 Orselina
OPEN 카르다다: 12~5월: 09:15~18:15(토·일 08:15~19:15), 6~8월: 07:45~19:45, 9~11월: 09:15~19:15(토·일 08:15~19:15)/치메타: 3월 중순~5월·9~11월: 09:30~12:15, 13:15~16:45, 6~8월: 09:00~12:15, 13:15~17:10
PRICE 카르다다: 편도 24CHF, 왕복 28CHF, 6~15세 편도 12CHF, 왕복 14CHF/ 카르다다+치메타: 편도 30CHF, 왕복 36CHF, 6~15세 편도 15CHF, 왕복 18CHF/
스위스 트래블 패스 소지자 50% 할인
WEB cardada.ch/en

+ MORE +

마리오 보타

Mario Botta(1943~)

다양한 벽돌 재료와 빛의 각도를 이용한 기하학적 대칭 건축물로 유명한 스위스 멘드리시오 출신 건축가. 16세에 첫 건축물을 설계하며 천재적인 재능을 빛냈던 그는 1969년 루가노에 건축사무소를 오픈한 후 전 세계의 수많은 건축상을 수상했으며, 유럽, 아메리카, 아시아 대륙 곳곳에 작품을 남겼다. 우리나라에는 총 4개의 작품이 있는데, 교보타워(2003), 삼성미술관 리움(2004), 휘닉스 아고라 클럽하우스(2009), 남양성모성지 대성당(2020)이 그것이다.

WEB botta.ch/en/home

카르다다 곤돌라 승강장. 마리오 보타의 작품이다.

카르다다 정상에서 보는 마조레 호수

©Cardada

첸토발리

100개의 골짜기로! 이탈리아 기차 여행

첸토발리 & 도모도솔라

Centovalli & Domodossola

'100개의 골짜기'란 뜻의 첸토발리는 알프스 남쪽 끝자락, 스위스와 이탈리아 국경에 있는 예쁜 산골 지역이다. 작은 마을 몇 개와 계곡, 봉우리들이 포함된 이 지역은 보통 특급열차 첸토발리 익스프레스를 타고 이탈리아의 도모도솔라까지 이동하며 구경하는데, 철로가 놓이기 전까진 외부에 거의 알려지지 않았다. 도모도솔라는 롬바르드 스타일의 작은 도시로, 스위스보다 물가가 훨씬 저렴해 기분 좋게 이탈리아 요리를 즐길 수 있다. 구시가가 아름다워서 소소하게 구경하기 좋은 곳. 도모도솔라 여행을 마친 후엔 로카르노로 돌아오거나 체르마트로 가는 길목인 브리그 또는 수도 베른으로 갈 수 있다.

도모도솔라 구시가 ©Vigezzina Centovalli

ACCESS 로카르노역에서 첸토발리 익스프레스 탑승, 도모도솔라 하차, 2시간
PRICE 편도 44CHF/
스위스 트래블 패스 소지자 무료(좌석 예약비 5CHF, 이탈리안 구간 추가 요금 1.50CHF은 열차 내 결제)
WEB vigezzinacentovalli.com

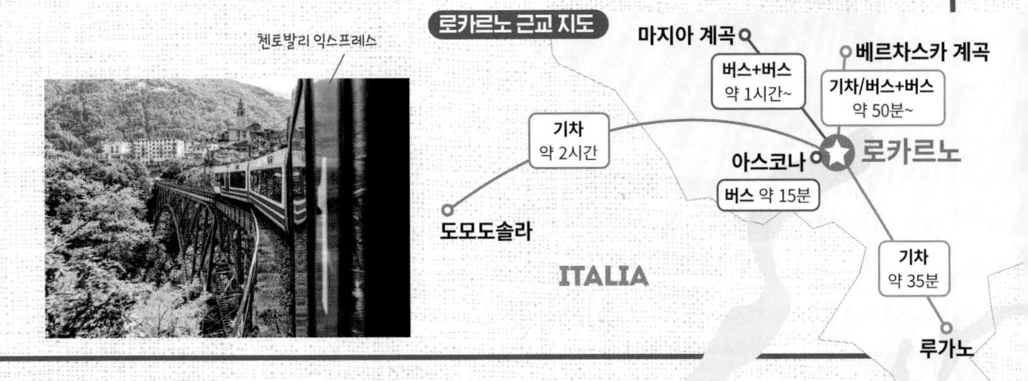

알프스 계곡 따라

중세 산골 마을 여행

로카르노는 앞쪽으로 커다란 마조레 호수를 끼고 뒤쪽엔 알프스산맥이 이어진다.
산맥 양쪽으론 길고 아름다운 2개의 계곡인 베르차스카 계곡과 마지아 계곡이 있는데,
이 덕분에 로카르노는 지중해풍 호수와 알프스 계곡을 함께 즐길 수 있는 여름 여행지로 주목받는다.
계곡물은 수원이 빙하인 덕분에 엄청나게 맑고 깨끗하며, 한여름에도 10분 이상 버티기가 힘들 정도도 차갑다.
계곡을 따라 수백 년 전 모습을 그대로 간직한 산골 마을들이 자리한다.

라베르테초 마을과
산타 마리아 델리 안젤리 성당

Point 1 스위스에서 가장 투명한 계곡

베르차스카 계곡 Valle Verzasca

기암절벽과 초록빛 물이 신비로운 풍경을 만드는 계곡. 스위스 남부 최고의 여름 피서지다. 단, 버스가 2시간에 1대 정도만 운행하니 대중교통을 이용해 당일로 여행한다면 시간을 잘 맞춰야 한다. 렌터카를 이용할 경우 주차 공간이 협소하므로 성수기엔 일찍 갈 것을 권한다.

살티교

마을의 돌집들

라베르테초 Lavertezzo

댐을 지나 상류로 가다 보면 군데군데 보이는 회색 돌집 마을 중 하나. 인구 1200명 남짓의 작은 마을이지만 초록빛 계곡 위 높이 10m의 석조 교각 살티교(Ponte dei Salti)가 베르차스카 계곡의 명물이다. 여름이면 이 다리에서 다이빙하는 사람들을 많이 볼 수 있으며, 넓고 부드럽게 깎인 바위들이 있는 마을 아래 물가는 물놀이 장소다. 마을에 있는 산타 마리아 델리 안젤리 성당(Chiesa di Santa Maria degli Angeli)도 간 김에 들러보자. 몇몇 돌집은 에어비앤비 등 숙박 예약 사이트를 통해 빌릴 수 있다.

ACCESS 로카르노역에서 1·311번 버스 또는 기차를 타고 테네로역(Tenero)에서 321번 노란색 포스트 버스로 환승, 라베르테초 파에제(Lavertezzo Paese) 하차, 총 50분

프로다 폭포

소노뇨 Sonogno

베르차스카 계곡 상류 끝, 옛 이탈리아 알프스 마을의 정취를 품은 곳. 100년이 훌쩍 넘은 돌 지붕 집들이 인상적이다. 마을엔 오래된 물레방앗간을 개조한 베르차스카 계곡 박물관과 카페, 레스토랑, 수제 잼과 쿠키를 파는 상점, 민박집 몇 개가 있으며, 25분 정도 걸어가면 수영을 즐길 수 있는 프로다 폭포가 있다. 폭포수에 차가운 빙하수가 많이 섞여 있어서 수영 중 저체온증이 올 수 있으니 안전에 각별히 주의해야 한다.

ACCESS 로카르노역에서 1·311번 버스 또는 기차를 타고 테네로역(Tenero) 하차, 321번 노란색 포스트 버스로 환승해 소노뇨(Sonogno) 하차, 총 1시간 20분

베르차스카 계곡 박물관 Museo di Val Verzasca

GOOGLE MAPS 9Q2P+3J Sonogno
ADD Er Piazza 4, 6637 Sonogno
OPEN 11:00~16:00/월요일, 11월~4월 초 휴무
PRICE 7CHF, 6~15세 4CHF, 가족(부모 2+6~15세 자녀 2) 15CHF/ 스위스 트래블 패스 소지자 무료
WEB museovalverzasca.ch

프로다 폭포 Cascata La Froda

GOOGLE MAPS 8QWC+R7
ACCESS 마을 공용 주차장 또는 버스 정류장에서 서쪽으로 도보 25분

©Ticino Turismo

베르차스카 댐 번지 점프 Verzasca Dam Bungee Jump

유럽에서 가장 길고 큰 베르차스카 댐(220m)엔 영화 <007 골든 아이>에 나왔던 번지 점프 장소가 있다. 영화 개봉 이후 일반인도 이용 가능한 점프대가 마련됐는데, 바라만 봐도 오금이 저리는 댐 아래로 뛰어내리는 모습이 스릴 만점이다. 댐이 워낙 커서 번지 점프를 하지 않아도 한 번쯤 구경해볼 만한 곳이다.

ACCESS 로카르노역에서 1·311번 버스 또는 기차를 타고 테네로역(Tenero) 하차, 321번 노란색 포스트 버스로 환승 후 디가 베르차스카(Diga Verzasca) 하차, 총 40분

007 번지 007 Bungy

GOOGLE MAPS 5RWX+MC Gordola
OPEN 부활절 토요일~4월 토·일 오후/5~10월 금~일 오후/ 7월 중순~8월 중순 수~일 오후/11월~부활절 금요일 휴무
PRICE 255CHF, 학생 195CHF, 고프로 대여 39CHF(개인 장비 이용 금지)/ 예약 권장
WEB 007bungy.ch/en

베르차스카 계곡 스쿠버 다이빙 Valle Verzasca Scuba Diving

투명한 계곡물 속을 누비며 탁 트인 시야로 지형을 감상하는 스쿠버다이빙. 계곡물의 수온이 연중 8~10°C 정도로 낮아서 드라이수트를 입는 게 유리하며, 유속이 매우 빠른 구간이 있기 때문에 반드시 전문 가이드와 동행해야 한다. 오픈 워터 이상의 다이빙 자격증 소지자만 가능.

스쿠바 플래닛 Scuba Planet

GOOGLE MAPS 5Q68+WH Losone
ADD Via S. Materno 32, 6616 Losone
OPEN 13:30~18:30(토 08:30~12:00)/일요일 휴무 **WEB** scubaplanet.ch

티치노주의 매력을 몽땅 압축한 풍경

마지아 계곡 Valle Maggia

베르차스카 계곡보다 훨씬 길이가 긴 계곡. 상류 끝까지 올라가서 케이블카를 타면 수원인 빙하와 빙하 호수들을 볼 수 있다. 역시 계곡을 따라 중간중간 작은 돌집 마을들이 있으며, 마을에서 민박을 하거나 전망 좋은 그로토에서 티치노주 전통 음식을 맛볼 수 있다.

마지아 계곡에 있는 작은 마을, 아베뇨

마지아 계곡에서 규모가 큰 마을 중 하나, 체비오

내부 정면

교회 천장

그로토

모뇨 Mogno

마지아 계곡 마을 중 가장 최상류에 있다. 티치노가 낳은 건축계의 거장 마리오 보타가 지은 산 조반니 바티스타 교회(Chiesa di San Giovanni Battista)로 잘 알려졌다. 건설 당시엔 어디서도 본 적 없는 독특한 스타일로 비평가들의 비난을 샀으나, 지금은 세계적으로 유명한 채플이 됐다. 마을 규모는 매우 작아서 가축을 방목하는 여름철에만 임시 거주하거나, 에어비앤비 등 숙박 예약 사이트를 통해 관광객들에게 빌려준다.

ACCESS 로카르노역에서 315번 버스를 타고 비냐스코 포스타(Bignasco, Posta) 하차, 334번 노란색 포스트 버스로 환승 후 모뇨(Mogno) 하차, 총 1시간 45분

산 조반니 바티스타 교회 Chiesa di San Giovanni Battista

GOOGLE MAPS CMJ7+68 Lavizzara
ADD 6696 Mogno
WEB chiesadimogno.ch/en

산 조반니 바티스타 교회

체비오 Cevio

마지아 계곡 마을 중 규모가 꽤 크다. 한때 귀족들이 거주했던 곳이지만 현재는 조그마한 마지아 벨리 박물관과 숙박시설 몇 개, 슈퍼마켓, 음식점 등이 있다. 이곳이 흥미로운 이유는 몇백 년 전 그로토들이 고스란히 남아 있기 때문. 7개 코스로 이루어진 그로토 탐방로를 따라가면 암벽 속 와인 창고와 포도 짜던 기구들, 돌로 만든 테이블과 의자들을 볼 수 있다. 7코스까지 전부 돌면 1시간 정도 소요. 산길과 숲길로 이루어져 있으니 편한 신발이 필수다.

ACCESS 로카르노역에서 315번 버스를 타고 체비오 센트로(Cevio, Centro) 하차, 50분

마지아 계곡 박물관 Museo di Valmaggia

GOOGLE MAPS 8JC2+9J Cevio
ADD Cevio Vecchio 6/12, 6675 Cevio
OPEN 14:00~18:00(토·일 10:00~12:00)/월요일 휴무
PRICE 8CHF, 6~16세 3CHF, 가족권(성인 2+어린이 2) 15CHF/ 스위스 트래블 패스 소지자 무료
WEB museovalmaggia.ch

그로토 탐방로 Il Sentiero dei Grotti

ACCESS 박물관 건물 뒤부터 시작해 화살표 따라 자율 탐방

로비에이 알베르토 호텔

호수 안으로 쏟아질 듯 보이는 바소디노 빙하

로비에이 Robiei

푸른빛의 로비에이 호수가 있는 산 정상. 마지아 계곡은 상류로 올라가며 체비오에서 한 번, 비냐스코(Bignasco)에서 한 번 물줄기가 갈라지는데, 그중 비냐스코에서 왼쪽으로 갈라지는 바보나(Bavona) 계곡 끝으로 올라가 케이블카를 타면 정상에 다다른다(스위스 트래블 패스 할인 없음). 빙하수가 많이 섞여 신비로운 색감의 로비에이 호수는 물론 거대한 바소디노 빙하 (Basodino Glacier)까지 볼 수 있다. 호수(둘레 2km)를 한 바퀴 돌면 30~40분이 소요되고, 여름철 빙하 쪽에 생겨나는 조트 호수(Lago del Zott)까지는 편도 1.4km, 30분 정도면 올라갈 수 있다. 케이블카역 호텔에 머물면 산양과 마르모트, 저녁 무렵 축사로 돌아가는 소 떼, 쏟아지는 별들을 감상할 수 있다.

호텔에 요청하면 댐 내부 시설을 탐방할 수 있는 열쇠를 빌려준다(신분증 필수).

저녁 무렵 축사로 돌아가는 소 떼

산 카를로-로비에이 케이블카 Funivia San Carlo-Robiei

GOOGLE MAPS 케이블카역: CG6H+2V Cevio/로비에이 호수 CGW7+2P Cevio
ACCESS 로카르노역에서 315번 버스를 타고 카베르뇨 파에제(Cavergno, Paese) 하차, 333번 노란색 포스트 버스로 환승 후 산 카를로 푸니비아(S. Carlo, Funivia) 하차, 총 1시간 30분
ADD Funivia San Carlo-Robiei, 6690 Cevio
OPEN 08:00~16:45/10월 초~6월 초 휴무
PRICE 왕복 24CHF, 6~16세 12CHF/레스토랑 패키지: 왕복 39CHF, 6~16세 27CHF
WEB robiei.ch

폴렌타와 수제 전통 소시지

그로토 포차슈 Grotto Pozzasc

마지아 계곡가에 있는 물레방앗간을 개조한 그로토 레스토랑. 바위를 깎아 만든 테라스에 놓인 테이블 밑으로 초록빛 계곡물이 흐른다. 티치노주 전통 음식인 폴렌타를 매일 아침 화덕에서 조리하고, 수제 소시지와 로스트비프, 염소고기볶음, 송어 요리 등 푸짐한 음식이 준비돼 있다. 레스토랑 앞 계곡에선 수영도 할 수 있어서 여름철에 특히 인기다. 성수기 주말은 예약 권장.

GOOGLE MAPS CJ5R+JF Peccia
ACCESS 로카르노역에서 315번 버스를 타고 비냐스코 포스타(Bignasco, Posta) 하차, 334번 노란색 포스트 버스로 환승 후 페치아 파에제(Peccia, Paese) 하차, 계곡 아래로 도보 15분, 총 1시간 40분
ADD Al fiume, 6695 Peccia
OPEN 11:00~17:30(7·8월 ~22:00)/월요일, 11월~4월 말 휴무
PRICE 식사 24CHF~
WEB grottopozzasc.ch

#Plus Area

알록달록 색감에 반해버릴
재즈 마을

아스코나
ASCONA

따뜻한 햇살과 평화로운 풍경을 뽐내는 아스코나는 16세기부터 예술가들의 사랑을 듬뿍 받아왔다. 20세기 초엔 히피의 영향을 받은 자연주의자들까지 가세해 아스코나 위쪽 진실의 산(Monte Verità)에 공동체를 만들면서 유토피아를 꿈꾼 곳이다. 미로 같은 골목 구석구석 경쾌한 색감의 수공예품점과 맛집들의 향연이 펼쳐지고 호숫가엔 재즈 선율이 흐르는 아스코나는 마조레 호수에서 가장 반짝반짝 빛나는 도시임이 분명하다. 특히 재즈 페스티벌이 열리는 6월 말~7월 초는 수준 높은 무료 공연들을 관람할 수 있어서 일부러 시간을 내서라도 가볼 만한 기간이다.

- **칸톤** 티치노 Ticino
- **언어** 이탈리아어
- **해발고도** 196m

아스코나 가는 방법

아스코나는 로카르노와 붙어 있는 쌍둥이 마을로, 기차나 버스 등 대중교통 이용 시 항상 로카르노를 거쳐서 들어가야 한다.

버스

로카르노 → 15분

차량

로카르노 → 2분(1.9km/13번 고속도로)
벨린초나 → 30분(23km/13번 고속도로)
루가노 → 1시간(42.5km/2번 고속도로)

배

로카르노 → 15~25분

WEB lakelocarno.ch

★
관광안내소

GOOGLE MAPS 5Q4C+G4 아스코나
ADD Viale Bartolomeo Papio 5, 6612 Ascona
OPEN 09:00~18:00(토 ~17:00, 일 ~13:00)
TEL +41 848 091 091
WEB ascona-locarno.com/en

: WRITER'S PICK :
아스코나의 축제

❶ 아스코나 재즈 패스티벌 Ascona Jazz Festival

예술가의 도시 아스코나에선 매년 6월 말부터 7월 소까지 재즈 신율이 온 도시를 휘감는다. 호숫가 야외 공연은 물론이고 레스토랑 등에서 열리는 공연도 대부분 무료다.

WHERE 아스코나 시내 곳곳
OPEN 6월 말~7월 초 약 10일간
WEB jazzascona.ch/en

©JazzAscona

❷ 밤 축제 Festa delle Castagne

밤나무가 많은 티치노주에선 밤 관련 축제가 많이 열리는데, 그중 아스코나의 밤 축제가 가장 유명하다. 군밤을 비롯해 밤 아이스크림, 밤 케이크 등 갖가지 밤 디저트를 맛볼 수 있으며, 악사들이 무료 공연으로 축제 분위기를 더한다.

WHERE 아스코나 시내 곳곳
OPEN 10월 둘째 토요일

©ATT SA

01 아스코나 풍경의 완성
산티 피에트로 & 파올로 성당
Chiesa dei Santi Pietro e Paolo

구시가 중심에 있는 아주 작은 성당. 1264년부터 기록이 남아 있는데, 현재의 건물은 16세기에 증축했고 종탑은 18세기에 재건했다. 16세기 말부터 18세기에 이르기까지 여러 명의 지역 예술가들이 꾸민 내부 장식 중 아스코나 출신 화가 지오반니 세로디네가 그린 중앙 아치형 천장의 프레스코화가 감탄을 부른다. 그는 이 작품을 그린 후 로마에서 활동하다가 30살의 젊은 나이에 세상을 떠났다. **MAP 645p**

GOOGLE MAPS 5Q39+X2 아스코나
ACCESS 유람선 선착장에서 도보 2분
ADD Piazza San Pietro 4, 6612 Ascona
OPEN 08:00~19:00
WEB parrocchiaascona.ch

Option
02 아스코나 호감도 200% 상승
보르고 거리
Via Borgo

아스코나의 매력을 한껏 느낄 수 있는 쇼핑 거리. 메인 스트리트를 중심으로, 동쪽에 수직으로 난 좁은 골목들이 이어진다. 수공예품점, 패션 잡화점, 재즈 관련 악기 전문점, 인테리어 상점 등 구경거리가 많고 카페와 레스토랑도 밀집해 있다. **MAP 645p**

GOOGLE MAPS 5Q48+6V 아스코나
ACCESS 아스코나 선착장에서 봤을 때 호수가 ㄱ자로 꺾이는 곳과 수평으로 연결되는 길
ADD Via Borgo, 6612 Ascona

Option 03

호수 위 이국적인 열대 섬으로

브리사고 제도

Isole di Brissago

마조레 호수 위에 떠 있는 2개의 섬, 산 판크라치오(San Pancrazio)와 산타폴리나레(Sant'Apollinare)를 아우르는 제도. 이 중 큰 섬인 산 판크라치오에 아열대 식물로 가득한 보태닉 가든과 지중해 요리 전문 레스토랑이 있어서 푸른 호수와 함께 남국의 정취를 즐길 수 있다. 호수 전망이 아름다운 호텔에서 아열대 섬 분위기를 즐기며 특별한 하룻밤을 보내는 것도 추천. **MAP 645p**

GOOGLE MAPS 4PJP+X7 Brissago
ACCESS 아스코나: 유람선 15분/로카르노: 유람선 30분
ADD 6614 Brissago
OPEN 09:00~17:30/11월 초~3월 말 휴무
PRICE 보태닉 가든: 16세 이상 10CHF/ 티치노 티켓 소지자 7CHF /레스토랑: 식사 30CHF~/ 호텔: 더블룸 290CHF~
WEB www.isoledibrissago.ti.ch/en/

산 판크라치오섬

브리사고 제도 호텔 레스토랑

+ MORE +

미니 기차

호숫가를 따라 로카르노에 가기 전, 선착장 근처에서 약 25분에 걸쳐 쌀 재배지까지 왕복하는 작은 전기 기차. 평지여서 걸어 다녀도 좋은 코스지만 더운 여름이나 노약자를 동반한 여행에는 이 기차를 타는 게 편리하다.

GOOGLE MAPS 5Q38+VR 아스코나
ACCESS 유람선 선착장 근처 주세페 모타 광장(Piazza Giuseppe Motta)의 엘베치아(Elvezia) 호텔 앞
OPEN 11:00~17:00(매 시각 1대 운행)/10월 말~3월 중순 휴무
PRICE 8CHF, 3~12세 4CHF
WEB trenino.ch

Option 04

스위스 최초의 쌀 재배지

테레니 알라 마지아

Terreni alla Maggia

1997년 스위스 최초로 쌀을 재배하기 시작한 곳. 스위스산 쌀은 찰기가 없어 서로 달라붙지 않는 품종으로, 한국의 논과 달리 물이 거의 없고 고랑도 없는 들판에 벼와 잡초가 잔뜩 섞여 자라는 모습을 볼 수 있다. 농장 직영점에 방문해 스위스산 쌀과 와인, 폴렌타 등을 구매하거나 레스토랑에서 와인 테이스팅과 식사를 할 수 있다. 대중교통이 없으니 미니 기차를 타고 가다가 근처에서 내려달라고 부탁한다. 1~2시간 후 열차가 돌아올 때 다시 타고 시내로 돌아가면 된다. **MAP 645p**

GOOGLE MAPS 5Q3Q+8W 아스코나
ACCESS 아스코나 관광안내소에서 도보 25분
ADD Via Muraccio 111, 6612 Ascona
OPEN 농장 직영점 09:00~12:30, 13:30~18:00(토·일 10:00~15:00)
WEB 농장 직영점 terreniallamaggia.ch

쌀 재배지

농장 직영점

소포장(500g)으로 판매하는 쌀

Eating & Drinking

모두가 아끼는 티치노주 전통 음식점

$$ 그로토 발도리아 Grotto Baldoria

현지인과 외국인 관광객의 사랑을 한몸에 받는 레스토랑. 시내에서 도보 2분 거리로 가깝고 인테리어가 아기자기하게 예쁘다. 메뉴는 따로 없고 맛있는 티치노주 전통 요리로 구성한 그날의 코스(보통 4~5코스)만 제공. 가격도 매우 합리적이라 물가 비싼 스위스에선 오아시스와 같은 존재다. 긴 테이블에 주욱 붙어 앉을 수도 있기 때문에 친구를 사귀기에도 좋다. **MAP 645p**

GOOGLE MAPS 5Q39+PQ 아스코나
ADD Vicolo Sant'Omobono 9, 6612 Ascona
OPEN 12:00~14:30, 18:00~23:00/10월 중순~부활절 전 휴무
PRICE 4~5코스+음료 기준 대략 19~25CHF
WEB grottobaldoria.ch

식후 커피나 식후주는 따로 계산한다.

Shopping & Walking

달콤한 아몬드 과자, 아마레티 천국

피노티 파네테리아 Pinotti Panetteria

티치노주 전통 과자 전문점. 아몬드로 만든 이탈리아 과자인 아마레티가 대표 상품이다. 아마레티는 티치노주의 다른 카페나 제과점에서도 팔지만 이 집 것이 유난히 크기도 크고 입에서 살살 녹는 맛이 일품이다. 플로렌티네, 파네토네, 만돌라토, 칸투치 등 다양한 이탈리아 과자와 빵도 판매한다. **MAP 645p**

GOOGLE MAPS 5Q39+PF 아스코나
ADD Via Beato P. Berno 2, 6612 Ascona
OPEN 08:30~12:00, 13:30~18:00
PRICE 아마레티 5CHF~, 파네토네 14CHF~
WEB pinotti.ch

아마레티

마조레 호숫가의 식당가와 호수에서 본 아스코나 풍경

스위스의 숙소

Accommodations in Switzerland

세계적인 호텔 학교를 운영하는 관광 국가 스위스는 호텔 시스템이 매우 체계적이어서 이용하기 편리하다. 특히 청결에 각별히 신경을 쓰기 때문에 아무리 저렴한 곳이어도 깨끗하다는 것이 장점이다. 스위스의 숙소 유형과 예약 방법 등에 대해 알아보고 내게 맞는 숙소를 예약해보자.

스위스의 숙소 유형

✚ 호텔

대형 체인 호텔보다 가족 경영 호텔이 많은 편이다. 수백 년 된 건물과 오래된 가구에 대한 자부심이 높아서 4~5성급 호텔이라 할지라도 현대적이기보다는 클래식한 느낌이 많이 묻어 있는 편. 우아한 중세풍 객실이나 산장 같은 호텔에서 머무는 즐거움도 크지만 모던한 시설을 선호한다면 객실이 클래식 타입인지 현대적으로 리노베이션한 곳인지 확인할 필요가 있다.

✚ 호스텔/백패커스

스위스는 숙박시설 관리가 엄격해서 호스텔이나 백패커스 다인실도 상당히 쾌적하고 깨끗하다. 현지 가족 여행객들도 호스텔을 즐겨 이용하기 때문에 가족적이고 조용한 분위기인 곳도 많다.

✚ B&B Bed and Breakfast

방이 여러 개인 일반 주택에서 방 하나를 빌려주고 조식을 제공한다. 욕실, 거실 등은 공용으로 이용하며, 주방은 사용할 수 없다. 스위스에선 보통 게스트 하우스라고 부른다.

✚ 홀리데이 아파트, 샬레

우리나라의 독채 펜션 같은 숙소. 샬레(Chalet)는 알프스 전통 목조 건물을 지칭하는 것으로, 산에 있는 작은 산장일 수도 있고, 마을의 커다란 건물일 수도 있다. 조리가 가능하고, 방이 여러 개인 경우가 많다.

✚ 민박

숙박 공유 서비스인 에어비앤비 등을 통하면 정식 숙박업소로 등록된 B&B나 홀리데이 아파트, 샬레뿐 아니라 일반 가정집의 방 하나만 빌릴 수도 있다. 현지인과 함께 지내는 경험을 쌓을 기회지만 전문 숙박업소가 아니기 때문에 신중히 선택해야 한다. 특히 사전 연락을 확실히 해서 도착 당일에 당황스러운 일이 생기지 않도록 주의한다.

예약 방법

부킹닷컴, 아고다, 익스피디아, 트립어드바이저, 호텔스닷컴 등 호텔 예약 대행 업체의 프로모션이나 통신사 및 신용카드 제휴 할인 쿠폰 등을 이용하면 호텔 홈페이지를 통하는 것보다 7~10% 저렴하게 예약할 수 있다. 에어비앤비, 부킹닷컴, 아고다 등에서는 펜션, 홀리데이 아파트, 샬레(산장), B&B, 민박도 쉽게 검색할 수 있다.

숙소 예약 시 고려할 점

✚ 하프보드 Half Board vs 풀보드 Full Board

하프보드는 조식·석식이 포함된 옵션이고, 풀보드는 조식·중식·석식이 모두 포함된 옵션이다. 일반 호텔에서도 식사를 포함해 운영하는 경우가 있지만 대부분 알프스 산골 마을 호텔에서 이런 방식으로 운영한다. 작은 마을은 식당이 거의 없거나 일찍 문을 닫고, 비수기엔 아예 영업하지 않기 때문에 하프보드가 유용하다.

✚ 공용 욕실

과거 스위스의 호텔은 객실에 욕실이 없어서 복도에 있는 공용 욕실을 사용했다. 요즘엔 대부분 리노베이션을 해 개별 욕실이 딸려있지만 아직도 공용 욕실을 사용하는 호텔이 종종 있다. 고급 호텔에 요금이 저렴한 객실이 있다면 개별 욕실이 딸려있는지 확인해보자.

: WRITER'S PICK :

갸르릉~ 민박집의 냥냥이들

스위스엔 반려묘를 기르는 인구가 압도적으로 많다. 낮엔 바깥을 자유롭게 돌아다니게 놔두기 때문에 길에서 마주치는 고양이들도 대개 주인이 있다. 따라서 집주인과 한집에서 머무는 민박을 이용한다면 집주인보다 반려묘가 먼저 나와 반길 때가 많다. 반려묘들은 대부분 살갑지만 동물 알레르기가 있거나 동물이 있는 민박집을 원치 않는다면 미리 꼭 확인하자. 안내 문구가 없어도 스위스 민박집에는 고양이가 있는 경우가 다반사다.

스위스 알프스 샬레

호텔 테라스에서 풍경을 보며 즐기는 식사

$ 실속형 $$ 중급 $$$ 고급 산장

취리히 Zürich

$$ 몽마르트르 호텔
Montmartre

작고 귀여운 부티크 호텔. 여러 관광지와 가까운 구시가 골목 안에 있어서 편리하다. 프랑스 아르누보 스타일의 고급스러운 인테리어에 친절한 서비스, 깨끗한 객실을 자랑한다. 같이 운영하는 레스토랑도 평이 좋다.

GOOGLE MAPS 9GCR+JF 취리히
ADD Weggengasse 4, 8001 Zürich
PRICE 더블룸 270CHF~
TEL +41(044 211 19 20
WEB lemontmartre.ch

$$ 25시 호텔 취리히 웨스트
25hours Hotel Zürich West

취리히 웨스트와 랑 거리에 하나씩 있는 4성급 부티크 호텔. 밤 문화를 즐기기 좋은 위치다. 새로 지어 깨끗하고 인테리어 디자인도 독특하며, 사우나 시설도 있다. 객실에 블루투스 스피커가 있다.

GOOGLE MAPS 9GR5+9R 취리히
ADD Pfingstweidstrasse 102, 8005 Zürich
PRICE 더블룸 165CHF~
TEL +41 (0)44 577 25 25
WEB 25hours-hotels.com

$$ 베스트 웨스턴 플러스 호텔
Best Western Plus Hotel Zürcherhof

구시가와 가까워 관광하기 편리하다. 깨끗하고 아늑한 객실은 동급의 취리히 호텔에 비해 공간도 넓은 편. 미니바 음료를 무료 제공하고 시즌에 따라 아이스크림도 맛볼 수 있다. 조식 평도 좋다.

GOOGLE MAPS 9GFV+XQ 취리히
ADD Zähringerstrasse 21, 8001 Zürich
PRICE 더블룸 235CHF~
TEL +41 (0)44 269 44 44
WEB zurcherhof.ch

$$$ 조렐 호텔 장크트 피터
Sorell Hotel St. Peter

구시가에 자리해 접근성이 좋은 부티크 호텔. 직원들이 친절하고 조식 및 청결도에 대한 평도 좋다. 객실 크기는 등급에 따라 차이나지만 취리히 호텔 중 큰 편에 속하며, 객실 내 스마트 조명 등을 갖춰 현대적이다.

GOOGLE MAPS 9GCR+75 취리히
ADD In Gassen 10, 8001 Zürich
PRICE 더블룸 390CHF~
TEL +41 (0)44 521 03 03
WEB sorellhotels.com/de/st-peter/zuerich

$$$ 취리히 비투 호텔
B2 Hotel Zürich

옛 양조장을 개조한 부티크 호텔로, 현대적이고 감각있는 인테리어가 돋보인다. 중심에서 약간 떨어져 있지만 투숙객은 옆 건물인 위르리만바트 & 스파(Hürlimannbad & Spa Zürich)에서 취리히 시내가 한눈에 내다보이는 루프탑 수영장과 다양한 스파, 사우나 시설을 이용할 수 있다. 3만3000권의 책을 비치한 서재도 있다.

GOOGLE MAPS 9G7F+QP 취리히
ADD Brandschenkestrasse 152, 8002 Zürich
PRICE 더블룸 430CHF~, 스파 및 수영장 36CHF
TEL +41 (0)44 567 67 67
WEB b2hotel.ch

바젤 Basel

$ 바젤 백팩
Basel Backpack

옛 공장 건물을 개조한 곳. 얼터너티브한 분위기가 기분을 들뜨게 하고 깨끗한 공용 주방과 라운지가 있다. 스낵과 음료를 판매하는 작은 카페도 운영 중. 조식 불포함. 바젤역 뒤편으로 도보 10분 거리에 있다.

GOOGLE MAPS GHRR+6W 바젤
ADD Dornacherstrasse 192, 4053 Basel
PRICE 다인실 35CHF~, 더블룸(공용욕실) 85CHF~
TEL +41 (0)61 333 00 37
WEB baselbackpack.com

$ 하이프 호텔 & 라운지 바젤
Hyve Hotel & Lounge Basel

현대적인 시설을 갖춘 호텔. 공용 욕실을 이용하는 객실부터 1~3베드룸 아파트까지 다양한 옵션이 있다. 심플한 팝아트 스타일의 객실은 크기가 크고 에스프레소머신도 있다. 조식 포함. 공용 주방, 유료 코워킹 스페이스 보유. 역 뒤편으로 도보 5분 거리에 있다.

GOOGLE MAPS GHVP+97 바젤
ADD Gempenstrasse 64, 4053 Basel
PRICE 더블룸 공용욕실 140CHF~, 더블룸 160 CHF~, 1~3베드룸 아파트 180CHF~
TEL +41 (0)61 539 18 77
WEB hyve.ch

$$ 오 비올롱
Au Violon

구시가의 옛 감옥을 개조해 중세 유럽풍 가정집처럼 꾸며 놓은 곳. 바르퓌서 광장에 있어서 교통이 편리하고 조식이 푸짐해서 평이 좋다. 함께 운영하는 레스토랑도 인기 있다.

GOOGLE MAPS HH3Q+W9 바젤

ADD Im Lohnhof 4, 4051 Basel
PRICE 더블룸 153CHF~
TEL +41 (0)61 269 87 11
WEB au-violon.com

$$ 데르 토이펠호프
Der Teufelhof Basel

바르퓌서 광장 근처에 있는 작은 부티크 호텔. 예술의 도시 다운 분위기의 호텔로, 일반 객실과 각기 다른 예술가가 꾸민 아트 객실이 있다. 친절한 서비스로도 평이 좋다. 에스프레소머신, 조식 포함.

GOOGLE MAPS HH4P+9H 바젤
ADD Leonhardsgraben 47-49, 4051 Basel
PRICE 더블룸 170CHF~
TEL +41 (0)61 261 10 10
WEB teufelhof.com

인터라켄 Interlaken

$ 인터라켄 유스호스텔
Jugendherberge Interlaken

깔끔한 시설에 위치까지 완벽한 유스호스텔. 모든 산악열차가 출발하는 인터라켄 오스트역 바로 옆에 있어서 배낭여행자들과 가족 여행자들에게 인기가 높다.

GOOGLE MAPS MVR9+55 인터라켄
ADD Untere Bönigstrasse 3a, 3800 Interlaken
PRICE 다인실 55CHF~, 더블룸 190CHF~/
호스텔 회원권이 없으면 1인 1박당 7CHF 추가
TEL +41 (0)33 826 10 90
WEB youthhostel.ch/en/hostels/interlaken

$ 백패커스 빌라 조넨호프
Backpackers Villa Sonnenhof

결벽에 가까울 만큼 깨끗하게 청소한 객실과 조용한 분위기가 강점인 백패커스. 호스텔이나 백팩커스에 머물렀다가 야간 파티 소음과 침대 밑 먼지에 기분 상한 적이 있다면 이곳을 추천한다. 주로 가족 여행자들이 머물기 때문에 파티 대신 보드게임을 즐기다가 잠드는 건전한 분위기다. 인터라켄 정중앙에 자리한 것도 장점.

GOOGLE MAPS MVM6+QM 인터라켄
ADD Alpenstrasse 16, 3800 Interlaken
PRICE 다인실 50CHF~, 더블룸 150CHF~/2박 이상부터 숙박 가능
TEL +41 (0)33 826 71 71
WEB villa.ch

$ 발머스 호스텔
Balmer's Herberge

1907년 오픈해 3대째 이어져 오는 호스텔. 전통 샬레 스타일의 메인 건물에 다인실과 개인실, 저렴한 해먹실(여름에만 이용 가능)이 있다. 여름엔 메인 건물에서 도보 15분 정도 떨어진 구역에 영구 텐트가 설치된 캠핑장을 운영한다. 침대가 있는 개인실 또는 다인실 텐트가 있으며, 메인 건물보다 가격이 저렴하고 알프스 시골 마을 캠핑을 장비 없이 경험할 수 있어서 인기가 높다.

GOOGLE MAPS MVJ7+GH Matten bei Interlaken
ADD Hauptstrasse 23, 3800 Matten bei Interlaken
PRICE 해먹 13CHF, 텐트 30CHF, 다인실 40CHF,
더블룸 200CHF~
TEL +41 (0)33 822 19 61
WEB balmers.com

$ 뢰슬리 호텔
Hotel Rössli

19세기 이전에 지어진 전망 좋고 가성비 훌륭한 호텔. 운터젠에 위치해 조용하며, 심플하고 아늑한 편의시설이 잘 갖춰져 있어서 인기 있다. 특히 2대째 호텔을 운영하는 오너 가족의 친절함과 섬세한 서비스로 호평받는다.

GOOGLE MAPS MRPX+8H Unterseen
ADD Hauptstrasse 10, 3800 Interlaken
PRICE 더블룸 140CHF~
TEL +41 (0)33 822 78 16
WEB roessli-interlaken.ch

$$ 히르셴
Hirschen

16세기 건물을 개조한 정통 샬레 호텔. 짙은 밤색 목조 외관에 빨간 제라늄과 사슴뿔로 입구를 장식한 알프스 산장에서의 하룻밤을 상상했다면 제대로 찾아왔다. 사계절 크리스마스를 떠올리게 하는 은은하고 노란 불빛이 밤을 밝히고, 낮엔 정원에서 융프라우가 보인다.

GOOGLE MAPS MVJ6+MW Matten bei Interlaken
ADD Hauptstrasse 11, 3800 Matten bei Interlaken
PRICE 더블룸 170CHF~
TEL +41 (0)33 822 15 45
WEB hirschen-interlaken.ch

$$ 호텔 샬레 스위스
Hotel Chalet Swiss

1862년에 지은 운터젠의 샬레 호텔. 겨울에는 은은한 나무 향이 퍼지는 사우나를 이용할 수 있으며, 스키 버스 정류장이 가까워서 편리하다. 비슷한 가격대의 호텔보다 객실 크기가 큰 편이고 복층으로 된 패밀리룸도 있다.

GOOGLE MAPS MRMW+M8 Unterseen
ADD Seestrasse 22, 3800 Unterseen
PRICE 더블룸 150CHF~
TEL +41 (0)33 826 78 78
WEB chalet-swiss.ch

$$ 호텔 보시트
Hotel Beausite

하얀색과 빨간색이 조화를 이룬 산뜻한 객실이 인상적이다. 일부 객실에서는 융프라우 조망 가능. 깨끗한 시설과 서비스, 전망, 위치 등이 좋아서 성수기에는 무조건 빨리 예약해야 한다.

GOOGLE MAPS MRMW+RJ Unterseen
ADD Seestrasse 16, 3800 Unterseen
PRICE 더블룸 145CHF~
TEL +41 (0)33 826 75 75
WEB beausite.ch

$$ 호텔 인터라켄
Hotel Interlaken

인터라켄 최중심가에 있는 4성급 호텔. 무려 14세기에 지은 건물로, 인터라켄에 호텔이 거의 없던 시절부터 각종 행사를 도맡아 치러왔다. 리노베이션으로 인테리어가 한층 고급스러워졌고 일본 정원 옆에 있어서 분위기가 평화롭다.

GOOGLE MAPS MVQ7+99 인터라켄
ADD Höheweg 74, 3800 Interlaken
PRICE 더블룸 195CHF~
TEL +41 (0)33 826 68 68
WEB hotelinterlaken.ch

$$$ 인터라켄 벨뷰 호텔
Hotel Bellevue Interlaken

아아래강의 푸른 물결과 맞닿아 있어서 호텔 이름처럼 아름다운(Belle) 전망(Vue)을 자랑한다. 19세기 초에 지은 건물로, 로비의 연꽃무늬 바닥은 옛 모습 그대로다. 객실이 넓은 편이고 아르누보 스타일로 꾸몄다.

GOOGLE MAPS MVP2+FW 인터라켄
ADD Marktgasse 59, 3800 Interlaken
PRICE 더블룸 270CHF~
TEL +41 (0)33 822 44 31
WEB hotel-bellevue-interlaken.ch

$$$ 린트너 그랜드 호텔 보 리바주
Lindner Grand Hotel Beau Rivage

인터라켄에 2개뿐인 5성급 호텔 중 한 곳. 101개의 객실이 있는 대형 호텔로, 멋진 정원과 실내 수영장, 스파 시설을 갖췄다. 아아레강이 보이는 객실과 레스토랑이 매력적. 인터라켄 오스트역 근처여서 하더쿨름 푸니쿨라와 산악열차를 타기에도 편리하다.

GOOGLE MAPS MVQ7+VR 인터라켄
ADD Höheweg 211, 3800 Interlaken
PRICE 더블룸 350CHF~
TEL +41 (0)33 826 70 07
WEB beau-rivage-interlaken.ch

$$$ 빅토리아 융프라우 그랜드 호텔 & 스파
Victoria-Jungfrau Grand Hotel und Spa

5성급 이상의 만족도를 경험할 수 있는 최고급 호텔. 객실, 전망, 레스토랑, 서비스 모두 흠잡을 데 없다. 특히 스파와 수영장이 하이라이트다.

GOOGLE MAPS MVP4+MX 인터라켄
ADD Höheweg 41, 3800 Interlaken
PRICE 더블룸 650CHF~
TEL +41 (0)33 828 28 28
WEB victoria-jungfrau.ch

그린델발트 Grindelwald

$ 마운틴 호스텔(아이거 롯지)
Mountain Hostel(Eiger lodge)

깨끗한 시설로 만족도가 높은 곳. 예약하면 개별 바비큐도 가능하고 고기와 샐러드(유료)를 준비해준다. 캐녀닝, 패러글라이딩 등 다양한 액티비티와 묶인 숙박 할인 패키지가 있다. 그룬트역 옆이라 융프라우 또는 멘리헨 산행에 유리하지만 중심에서 조금 먼 편. 다행히 자체 바와 레스토랑을 운영한다.

GOOGLE MAPS J2FC+CQ 그린델발트
ACCESS 그린델발트 그룬트역과 그린델발트 터미널역 중간
ADD Grundstrasse 58, 3818 Grindelwald
PRICE 다인실 40CHF~, 더블룸 170CHF~
TEL +41 (0)33 854 38 38
WEB eigerlodge.ch

$ 그린델발트 유스호스텔
Jugendherberge Grindelwald

20세기 초에 지어 1939년부터 유스호스텔로 이용하기 시작한 샬레. 깨끗하고 넓은 객실에서 멋진 아이거 북벽을 바라볼 수 있다. 역에서 걸어가기는 조금 머니 버스를 이용하는 게 좋다.

GOOGLE MAPS J2HG+HX 그린델발트
ACCESS 그린델발트역에서 시내 반대편 윗길로 도보 15분/122·125번 버스 클루지(Klusi)행을 타고 가키 재게(Gaggi Säge) 하차, 왔던 길로 100m 되돌아와 왼쪽
ADD Geissstutzstrasse 12, 3818 Grindelwald
OPEN 5월 말~10월 셋째 주, 12월 셋째 주~4월 초
PRICE 다인실 50CHF~, 더블룸 150CHF~/국제유스호스텔 회원이 아닌 경우 1일 회원 요금 1인 7CHF
TEL +41 (0)33 853 10 09
WEB youthhostel.ch/en/hostels/grindelwald-youth-hostel

$ 융프라우 롯지 Jungfrau Lodge

최소한의 시설만 갖춘 낡은 건물이지만 대부분 방이 매우 멋진 전망을 가지고 있고 청소 상태도 깨끗하다. 인터콘티넨털 조식에는 쌀밥도 준비돼 있다. 컵라면을 가져오면 따뜻한 물을 무료로 제공한다.

GOOGLE MAPS J2GH+4J 그린델발트
ACCESS 그린델발트역에서 시내 반대편 아랫길로 도보 10분
ADD Dorfstrasse 49, 3818 Grindelwald
OPEN 1~10월, 12월 중순~말/11~12월 초 휴무
PRICE 싱글룸 85CHF~, 더블룸 160CHF~
TEL +41 (0)33 854 41 41
WEB jungfraulodge.ch

$$ 호텔 카바나
Hotel Cabana

가족이 운영하는 작은 샬레 호텔. 알프스 가정집 분위기의 남향 객실에는 아이거를 볼 수 있는 멋진 테라스가 있다. 정원에는 선베드와 탁구 테이블, 주방 가전이 딸린 야외 주방이 있고 실내 목조 사우나도 있다. 보드게임도 빌릴 수 있어서 가족 여행자에게 추천. 최소 숙박일 수는 2일이다.

GOOGLE MAPS J2GH+45 그린델발트
ACCESS 그린델발트역에서 시내 반대편 아랫길로 도보 10분
ADD Dorfstrasse 46, 3818 Grindelwald
PRICE 싱글룸 170CHF~, 더블룸 275CHF~
TEL +41 (0)33 854 50 70
WEB cabana-grindelwald.ch

$$ 호텔 베르너호프
Hotel Bernerhof Grindelwald

호텔 선택 시 위치를 최우선으로 여긴다면 이곳이 정답. 역 바로 앞에 있어서 상점이나 식당에 가기 좋고 대중교통을 이용하기도 편리하다. 객실과 조식 레스토랑, 공용 테라스 등에서 아이거 북벽을 볼 수 있다. 투숙객에게는 셀프 커피와 차를 상시 무료 제공한다.

GOOGLE MAPS J2FM+RQ 그린델발트
ACCESS 그린델발트역 앞
ADD Dorfstrasse 89, 3818 Grindelwald
PRICE 더블룸 200CHF~
TEL +41 (0)33 853 10 21
WEB hotel-bernerhof-grindelwald.ch

$$$ 아이거 마운틴 & 소울 리조트
Eiger Mountain & Soul Resort

시내 중심에 있어서 편리한 데다 고급스러운 서비스로 인기가 높다. 대부분 객실이 넓은 편이고 시원한 아이거 뷰를 자랑한다. 오래된 건물을 모던한 인테리어와 매치해 독특하고 아늑한 느낌을 주는 곳. 매일 오후 커피와 케이크, 빵 등이 뷔페식으로 무료 제공되며, 미니바도 무료다.

GOOGLE MAPS J2FQ+96 그린델발트
ACCESS 그린델발트역에서 시내 방향으로 도보 8분
ADD Dorfstrasse 133, 3818 Grindelwald
PRICE 더블룸 290CHF~
TEL +41 (0)33 854 31 31
WEB eiger-grindelwald.ch

$$$ 샬레 호텔 글레처가텐
Chalet Hotel Gletschergarten

그린델발트 시내 끝에 자리해 조용한 호텔. 120여 년 동안 가족이 대를 이어 운영해왔다. 깨끗하고 고전적인 실내 분위기가 오래된 무성 영화 속 한 장면 같다. 편안한 서비스와 아늑한 객실, 발코니의 멋진 뷰로 단골이 매우 많은 호텔. 사우나 시설도 있다.

GOOGLE MAPS J2GW+6F 그린델발트
ACCESS 그린델발트역에서 시내 방향으로 도보 30분/그린델발트역에서 121·123·128번 버스를 타고 그린델발트, 키르히(Grindelwald, Kirche) 하차/호텔 무료 픽업 서비스 있음
ADD Obere Gletscherstrasse 1, 3818 Grindelwald
OPEN 5월 중순~10월 초, 12월 중순~4월 초
PRICE 더블룸 225CHF~
TEL +41 (0)33 853 17 21
WEB hotel-gletschergarten.ch

$$$ 로맨틱 호텔 슈바이처호프
Romantik Hotel Schweizerhof Grindelwald

이름처럼 로맨틱한 분위기의 5성급 호텔. 가격대는 높지만 130여 년간 흠잡을 데 없는 멋진 객실과 시설, 서비스를 제공해왔다. 핀란드식 사우나와 스파, 실내 수영장도 있어서 신혼여행 숙소로 추천. 다양한 액티비티나 산악열차와 묶인 패키지 상품과 땡처리 할인이 있으니 홈페이지를 잘 살펴보자.

GOOGLE MAPS J2GJ+6P 그린델발트
ACCESS 그린델발트역에서 시내 반대쪽 윗길로 도보 4분
ADD Swiss Alp Resort 1, 3818 Grindelwald
PRICE 싱글룸 240CHF~, 더블룸 410CHF~
TEL +41 (0)33 854 58 58
WEB hotel-schweizerhof.com

루체른 Luzern

$ 루체른 유스호스텔
Jugendherberge Luzern

깨끗하고 시설 좋은 유스호스텔. 무료 와이파이와 조식을 제공한다. 가성비가 좋은 곳이다 보니 여름 성수기엔 일찍 예약해야 한다. 시내에서 2km가량 떨어져 있으며, 역 앞에서 18·19번 버스를 타고 7정거장 이동한다.

GOOGLE MAPS 3862+MH 루체른
ADD Sedelstrasse 12, 6004 Luzern
PRICE 다인실 50CHF~, 더블룸(공용욕실) 115CHF~
TEL +41 (0)41 420 88 00
WEB youthhostel.ch/en/hostels/lucerne-youth-hostel

$ 백팩커스 루체른
Backpackers Lucerne

역에서 1.2 km가량 떨어져 있지만 호반길 풍경이 좋다 보니 걸어가는 길이 그리 멀게 느껴지지 않는다. 시설이 매우 깔끔하고 객실 몇 개는 호수 전망이 매우 좋다. 조식은 불포함인 대신 공용 주방을 사용할 수 있다. 겨울철엔 무료 텔 패스를 제공하지 않으니 주의.

GOOGLE MAPS 28VC+JC 루체른
ADD Alpenquai 42, 6005 Luzern
CLOSE 12월 중순~2월 말
PRICE 다인실 40CHF~, 더블룸(공용욕실) 100CHF~
TEL +41 (0)41 511 82 41
WEB backpackerslucerne.ch

$$ 호텔 줌 레브슈톡
Hotel zum Rebstock

14세기에 지은 건물에 현대 미술품들로 장식한 호텔. 객실마다 인테리어가 다르다. 1층 레스토랑도 인기 있는데, 특히 조식에 대한 평이 좋다. 호프 교회 근처에 있어서 조용한 편이고, 시내까지 도보 7분, 호수까지 3분 거리다.

GOOGLE MAPS 3847+32 루체른
ADD St. Leodegarstrasse 3, 6006 Luzern
PRICE 더블 200CHF~
TEL +41 (0)41 417 18 19
WEB rebstock-luzern.ch

$$ 호텔 데 발랑스
Hotel des Balances

로이스강 강가에 있어서 카펠교와 예수회 교회가 내다보인다. 13세기에 길드 회의 장소로 지었다가 19세기 초 호텔로 재단장한 유서 깊은 호텔. 고급스러운 서비스와 우아한 분위기로 만족도가 높아서 수많은 유명 인사와 왕족들이 다녀갔다.

GOOGLE MAPS 3823+JR 루체른
ADD Weinmarkt, 6004 Luzern
PRICE 더블 260CHF~
TEL +41 (0)41 418 28 28
WEB balances.ch

$$$ 호텔 슈바이처호프 루체른
Hotel Schweizerhof Luzern

19세기 초에 지은 5성급 호텔. 로비에 들어서면 마치 오래된 성에 온 느낌이 든다. 모던하게 리노베이션한 객실은 이곳에 머물렀던 유명인들을 테마로 꾸몄다. 훌륭한 호수 전망이 있고 사우나와 스파 등 부대시설도 특급 호텔답게 훌륭하다. 역에서 선착장 쪽으로
오면 강 건너편에 호텔이 보인다.

GOOGLE MAPS 3836+M7 루체른
ADD Schweizerhofquai 3, 6002 Luzern
PRICE 더블룸 365CHF~
TEL +41 (0)41 410 04 10
WEB schweizerhof-luzern.ch

$$$ 그랜드 호텔 내셔널 루체른
Grand Hotel National Luzern

루체른 카지노 옆에 있는 5성급 호텔로, 19세기에 지었다. 탁월한 호수 전망을 자랑하는 객실은 중세 귀족의 방처럼 꾸며 놓았고 수영장, 스파 시설 등을 갖췄다. 유럽 귀족의 고성에서 머무는 기분을 느낄 수 있어서 허니문 호텔로도 안성맞춤이다.

GOOGLE MAPS 3838+X8 루체른
ADD Haldenstrasse 4, 6006 Luzern
PRICE 더블룸 330CHF~
TEL +41 (0)41 419 09 09
WEB grandhotel-national.com

$$$ 파크 호텔 피츠나우
Park Hotel Vitznau

루체른에서 26km 떨어진 피츠나우에 있지만 훌륭한 스파와 알프스 뷰 수영장으로 인기를 누린다. 전 객실이 스위트룸이고 매우 프라이빗한 서비스를 제공하기 때문에 가격대는 높은 편. 사우나, 한증탕, 얼음 동굴, 실내외 수영장, 2개의 전용 호숫가가 있다. 피츠나우는 리기산으로 올라가는 길목이라 케이블카 승강장까지 무료 셔틀도 운영한다.

GOOGLE MAPS 2F7H+X7 Vitznau
ADD Seestrasse 18, 6354 Vitznau
PRICE 더블룸 1100CHF~
TEL +41 (0)41 399 60 60
WEB parkhotel-vitznau.ch

베른 Bern

$ 베른 유스호스텔
Bern Youth Hostel

2018년 리노베이션을 거쳐 모던하고 깨끗하게 재탄생했다. 아아레강 강변에 있어서 푸른 강과 넓은 정원을 함께 즐길 수 있다. 투숙객에게 주는 무료 교통 패스로 근처의 마칠리 푸니쿨라를 이용하면 시내 중심으로 쉽게 이동할 수 있다.

GOOGLE MAPS WCWW+62 베른
ACCESS 마칠리(Marzili) 푸니쿨라 하부역에서 도보 3분
ADD Weihergasse 4, 3005 Bern
PRICE 다인실 55CHF~, 더블룸 160CHF~
TEL +41 (0)31 326 11 11
WEB youthhostel.ch/de/hostels/bern

$ 베른 백패커스 호텔 글로케
Bern Backpackers Hotel Glocke

시계탑 근처, 구시가를 여행하기에 최적의 장소에 있다. 합리적인 가격과 아늑하고 깨끗한 객실, 욕실 덕분에 이용객

들의 만족도가 높은 곳이다.

GOOGLE MAPS WCXX+C7 베른
ACCESS 시계탑에서 도보 2분
ADD Rathausgasse 75, 3011 Bern
PRICE 다인실 40CHF~, 더블룸 100CHF~
TEL +41 (0)31 311 37 71
WEB bernbackpackers.ch

$$ 호텔 브리스톨
The Bristol

세련된 인테리어의 4성급 비즈니스호텔. 역 근처에 있어서 관광지로의 접근성이 매우 좋다. 투숙객은 무료로 자전거를 빌릴 수 있다.

GOOGLE MAPS WCXV+22 베른
ACCESS 베른역에서 도보 3분
ADD Schauplatzgasse 10, 3011 Bern
PRICE 더블 230CHF~
TEL +41 (0)31 311 01 01
WEB nh-hotels.com/hotel/nh-bern-the-bristol

$$ 베렌 암 분데스플라츠 호텔
Hotel Bären am Bundesplatz

구시가 중심, 베른의 상징인 곰 조각으로 입구를 장식한 건물. 객실은 작지만 아늑하고 무료로 이용 가능한 네스프레소 머신이 있다.

GOOGLE MAPS WCWV+X6 베른
ACCESS 베른역에서 도보 4분
ADD Schauplatzgasse 4, 3011 Bern
PRICE 더블 220CHF~
TEL +41 (0)31 311 33 67
WEB baerenbern.ch

$$$ 호텔 사보이
Hotel Savoy

2017년에 오픈한 4성급 호텔. 모던하고 깨끗한 시설이며, 시내에 있음에도 객실 크기가 주변 호텔보다 큰 편이다. 네스프레소 머신을 비롯해 USB 충전 콘센트 등 객실 시설이 좋다.

GOOGLE MAPS WCXR+JV 베른
ACCESS 관광안내소에서 도보 3분
ADD Neuengasse 26, 3011 Bern
PRICE 더블룸 250CHF~
TEL +41 (0)31 328 66 66
WEB hotelsavoybern.ch

$$$ 슈바이처호프 호텔 & 스파
Schweizerhof Hotel & Spa

베른역 앞에 자리 잡은 5성급 호텔. 구시가 여행에 유리한 위치에 높은 수준의 서비스를 제공하며, 시티뷰가 멋진 루프탑 바로 유명하다. 객실마다 소프트 드링크류와 맥주, 네스프레소 캡슐이 무료 제공된다.

GOOGLE MAPS WCXR+F9 베른
ACCESS 관광안내소 맞은편, 도보 1분
ADD Bahnhofplatz 11, 3001 Bern
PRICE 더블룸 410CHF~
TEL +41 (0)31 326 80 80
WEB schweizerhofbern.com

졸로투른 Solothurn

$ 졸로투른 유스호스텔
Solothurn Youth Hostel

오래된 세관 건물을 개조한 유스호스텔. 아아레강 강가의 카페 겸 바 란트하우스 뒤편에 있다. 다인실과 더블룸, 싱글룸 등으로 구성된 단출한 객실은 깨끗하게 잘 관리돼 있다. 옥상 테라스에서 펼쳐지는 마을 경치가 좋다. 무료 와이파이 제공. 조식 포함.

GOOGLE MAPS 6G4P+JR 졸로투른
ACCESS 졸로투른역에서 도보 8분(카페 겸 바 란트하우스 옆)
ADD Landhausquai 23, 4500 Solothurn
PRICE 다인실 45CHF~, 싱글룸 90CHF~, 더블룸 110CHF~
TEL +41 (0)32 623 17 06
WEB youthhostel.ch/solothurn

체르마트 Zermatt

$ 체르마트 유스호스텔
Youth Hostel Zermatt

저렴하고 시설이 좋아서 배낭여행자뿐 아니라 가족 여행자에게도 인기가 높은 유스호스텔. 단, 역에서 멀고 오르막길이어서 짐이 많다면 전기버스나 택시를 이용해야 한다. 조식 포함. 공용 공간에서 와이파이 사용 가능.

GOOGLE MAPS 2P8X+9C 체르마트
ADD Am Stalden 5, 3920 Zermatt
PRICE 다인실 50CHF~, 더블룸 130CHF~
TEL +41 (0)27 967 23 20
WEB youthhostel.ch/en/hostels/zermatt

$$ 알펜롯지
Alpenlodge

따뜻한 느낌의 고급 부티크 호텔. 역에서 마을 중심가 반대 방향 끝자락에 있어서 마터호른과 마을 전체를 조망할 수 있다. 매일 커피와 케이크 1조각이 제공되고 투숙객은 무료로 스파와 사우나를 이용할 수 있다. 2박 이상 숙박 시 무료 픽업 서비스 제공.

GOOGLE MAPS 2QG4+P7 체르마트
ADD Zer Bännu 22, 3920 Zermatt
PRICE 더블룸 260CHF~
TEL +41 (0)27 966 97 97
WEB alpenlodge.com

$$ 베이스캠프 호텔
Hotel BaseCamp

중심부에서 조금 떨어져 있어서 전기버스를 타야 하지만 마터호른이 내다보이는 창밖의 전망이 아름답다. 작고 아담한 샬레 스타일 호텔로, 아늑한 객실과 일부 객실은 욕조에서 하늘을 볼 수 있게 창이 나 있다.

GOOGLE MAPS 2Q92+C6 체르마트
ADD Riedstrasse 80, 3920 Zermatt
PRICE 더블룸 220CHF~
TEL +41 (0)27 966 28 80
WEB hotel-basecamp.ch

$$$ 체르보 마운틴 리조트
CERVO Mountain Resort

무엇 하나 흠잡을 데 없는 리조트 호텔. 환상적인 마터호른 뷰를 가진 객실, 알프스 전망이 아름다운 온수 수영장, 다양한 메뉴로 구성된 조식, 감각적인 인테리어, 무료 전기 자전거 대여 서비스 등이 돋보인다. 체크인 시 역에서 픽업 서비스도 제공한다. 수네가 푸니쿨라 승강장 안에 있는 엘리베이터로 이동해도 편리하다.

GOOGLE MAPS 2QC3+QP 체르마트
ADD Riedweg 156, 3920 Zermatt
PRICE 더블룸 340CHF ~
TEL +41 (0)27 968 12 12
WEB cervo.swiss

$$$ 디 옴니아
The Omnia

체르마트에 있는 최고급 5성급 호텔. 절벽 위에 있어서 마을에서부터 전용 엘리베이터를 타고 올라간다. 실내외 수영장과 스파 센터 등이 있으며 마을을 감상할 수 있는 넓은 테라스가 있다. 웰컴 드링크가 제공되고, 역으로 전기차 픽업을 나온다.

GOOGLE MAPS 2PCW+55 체르마트
ADD Auf dem Fels, 3920 Zermatt
PRICE 더블룸 600CHF ~
TEL +41 (0)27 966 71 71
WEB the-omnia.com

$$$ 리펠알프 리조트 2222m
Riffelalp Resort 2222m

산 중턱에 있어서 평화롭기 그지없는 5성급 호텔. 객실에서 마터호른 위로 떠오르는 금빛 일출을 볼 수 있고 야외 스파 수영장에서도 하염없이 마터호른을 감상할 수 있다. 리펠알프역에서 투숙객 전용 트램을 타고 호텔로 들어가는 경험부터 특별하다. 겨울에는 스키를 탄 채 호텔로 출입할 수 있다.

GOOGLE MAPS 2Q22+JF 체르마트
ADD Riffelalp, 3920 Zermatt
PRICE 더블룸 480CHF ~
OPEN 6월 중순~9월 중순, 12월 초~4월 중순
TEL +41 (0)27 966 05 55
WEB riffelalp.com

$$$ 3100 쿨름호텔 고르너그라트
3100 Kulmhotel Gornergrat

산장 스타일의 깨끗한 객실에서 고르너그라트의 환상적인 마터호른 뷰를 한적하게 감상할 수 있다. 조식과 석식이 포함돼 있으며, 석식은 2인 3코스 메뉴로 나온다. 스위스의 물가를 감안하면 합리적인 숙박비도 장점. 단, 해발 3100m에 있으므로 고산병이 올 수 있다.

GOOGLE MAPS XQMM+CC 체르마트
ADD Gornergrat 3100 m, 3920 Zermatt
PRICE 더블룸 600CHF ~
TEL +41 (0)27 966 64 00
WEB gornergrat-kulm.ch

사스 페 Saas-Fee

$$ 웰니스 호스텔 4000
Wellness Hostel 4000

사스 계곡이 시원하게 보이는 사우나와 히노키탕을 갖춘 고급 스파, 워터 슬라이드가 있는 수영장과 헬스클럽이 결합한 독특한 콘셉트의 호스텔 겸 호텔. 다인실부터 더블룸, 패밀리룸까지 다양한 가격대의 객실이 있다. 투숙객은 수영장은 무료, 스파와 사우나는 할인가로 이용할 수 있다. 조식 포함, 무료 와이파이 제공.

GOOGLE MAPS 4W5H+9P Saas-Fee
ACCESS 관광안내소 맞은편
ADD Panoramastrasse 1, 3906 Saas-Fee
PRICE 다인실 50CHF~, 더블룸 150CHF~, 패밀리룸(4인) 240CHF~
TEL +41 (0)27 958 50 50
WEB youthhostel.ch/en/hostels/saas-fee-wellness-hostel-4000/

로이커바트 Leukerbad

$$ 알렉스 호텔
Hotel Alex

산장 오두막 같은 분위기의 샬레 호텔. 조그만 스파와 핀란드 사우나 등 자체 시설이 있다. 로이커바트 테름과 450m 거리이고, 토렌트 케이블카 승강장 근처에 있어서 액티비티와 함께 즐기기에 편리하다. 스키 패스와 케이블카 탑승권도 호텔에서 할인 구매할 수 있다. 조식 포함.

GOOGLE MAPS 9JFH+V9 Leukerbad
ADD Goppenstrasse 27, 3954 Leukerbad
PRICE 더블룸 175CHF~
TEL +41 (0)27 472 22 22
WEB hotel-alex.ch

$$ 호텔 빅토리아 로이커바트
Hotel Viktoria Leukerbad

로이커바트 테르메과 연결돼 매우 편리한 호텔. 투숙객은 온천과 갬미고개로 올라가는 케이블카 및 18홀 로이커 골프클럽의 그린피 1회를 무료로 이용할 수 있어서 경제적이다. 친절한 서비스와 아늑한 객실, 멋진 뷰, 풍성한 조식으로 인기 만점. 단, 3박 이상 투숙만 가능하다.

GOOGLE MAPS 9JGG+V6 Leukerbad
ADD Pfolongstutz 2, 3954 Leukerbad
PRICE 싱글룸 120CHF, 더블룸 225CHF~
TEL +41 (0)27 470 16 12
WEB viktoria-leukerbad.ch

$$ 로이커바트 브리스톨 호텔
Le Bristol Leukerbad

로이커바트 테르메 못지않게 커다란 온천풀(32°C)과 사우나, 스팀 바스 시설을 보유한 4성급 호텔. 투숙객만 이용할 수 있어서 한적하다. 크고 모던한 객실과 갬미고개 전망이 아름다운 레스토랑, 피아노 바 등 부대시설이 훌륭하며, 토렌트 케이블카 승강장과 가까워 겨울 스포츠와 온천을 함께 즐기기에 편리하다.

GOOGLE MAPS 9JGH+55 Leukerbad
ADD Thermenstrasse 95, 3954 Leukerbad
PRICE 더블룸 240CHF~
TEL +41 (0)27 472 75 00
WEB lebristol.ch

$$ 테르메 51° 호텔
Therme 51° Hotel

마을 중심에 자리 잡고 있어서 접근성이 좋다. 객실이 넓고 시설이 현대적이며, 고급스러운 서비스로 만족도가 높은 곳. 투숙객은 무료로 이용할 수 있는 작은 야외 자쿠지와 소형 실내외 스파, 사우나 시설도 갖췄다. 야외 스파 이용은 예약이 필요할 수 있다. 홈페이지 참고.

GOOGLE MAPS 9JHH+V4 Leukerbad
ADD Kurparkstrasse 24, 3954 Leukerbad
PRICE 더블룸 260CHF~
TEL +41 (0)27 472 21 00
WEB therme51.ch

$$$ 호텔 레 수스 데 잘프
Hotel Les Sources des Alpes

1800년대 건물을 멋지게 개조한 호텔. 커다란 온천 수영과 사우나, 스팀 바스 등이 있으며, 고풍스럽고 넓은 객실을 갖췄다. 목욕가운을 따뜻하게 보관해주는 객실 옷장에서 섬세함이 엿보인다.

GOOGLE MAPS 9JJJ+33 Leukerbad
ADD Tuftstrasse 17, 3954 Leukerbad
PRICE 더블룸 290CHF~
TEL +41 (0)27 472 20 00 **WEB** sourcesdesalpes.ch

제네바 Genève

$ 시티 호스텔 제네바
City Hostel Geneva

역에서 도보 10분 거리. 호텔 느낌의 깨끗한 객실과 편리한 시설로 젊은 여행자들 사이에서 인기가 높다. 조식은 제공하지 않는 대신 공용 주방이 있다.

GOOGLE MAPS 647W+WC 제네바
ADD Rue Ferrier 2, 1202 Genève
PRICE 다인실 35CHF~, 더블룸 85CHF~
TEL +41 (0)22 901 15 00
WEB cityhostel.ch

$ 제네바 호스텔
Geneva Hostel

나무 바닥과 원목 침대가 아늑한 호스텔. 쾌적하고 깨끗한 시설, 조용한 주변 환경으로 평이 좋다. 중심가에서 버스나 트램으로 2~3정거장 이동해야 한다. 다인실도 조식 포함.

GOOGLE MAPS 647X+XM 제네바
ADD Rue Rothschild 28-30, 1202 Genève
PRICE 다인실 36CHF~, 더블룸 100CHF~
TEL +41 (0)22 732 62 60
WEB genevahostel.ch/en

$$ 키플링 마노텔 호텔
Kipling Manotel Hotel

작은 규모의 3성급 호텔이지만 그 이상의 서비스를 제공한다. 산뜻한 인테리어, 청결함, 친절함 등으로 높은 호응을 얻고 있다. 약간 외곽에 있지만 트램과 버스 정류장이 바로 옆이라 교통이 편리하다.

GOOGLE MAPS 647W+29 제네바
ADD Rue de la Navigation 27, 1201 Genève
PRICE 더블룸 145CHF~
TEL +41 (0)22 544 40 40
WEB hotelkiplinggeneva.com

$$ 호텔 달레브
Hotel d'Allèves

18세기 중반에 지어진 건물을 개조한 4성급 호텔. 클래식한 분위기의 객실과 모던한 분위기의 객실 등 방마다 콘셉트가 다르다. 역에서 5분, 호숫가에서 2분 거리여서 위치도 좋다.

GOOGLE MAPS 644W+V2 제네바
ADD Rue du Cendrier 16, 1201 Genève
PRICE 더블룸 225CHF~
TEL +41 (0)22 732 15 30
WEB hoteldalleves.ch

$$ 디 앰배서더
The Ambassador

구시가로 넘어가는 강변에 있어서 강의 북쪽과 남쪽을 두루 여행하기에 좋은 위치다. 객실은 심플한 편이고, 몇몇 고급 객실은 호수 전망이다.

GOOGLE MAPS 644V+HQ 제네바
ADD Quai des Bergues 21, 1201 Genève
PRICE 더블룸 195CHF~
TEL +41 (0)22 908 05 30
WEB the-ambassador.ch

$$$ 페어몬트 그랜드 호텔
Fairmont Grand Hotel

5성급에 걸맞은 서비스를 제공하는 초호화 호텔. 잔디가 깔린 넓은 공용 테라스와 스파, 실내 수영장을 갖췄다. 객실에서 제도 분수와 몽블랑을 조망할 수 있고 아이패드도 제공한다.

GOOGLE MAPS 6562+38 제네바
ADD Quai du Mont-Blanc 19, 1201 Genève
PRICE 더블룸 440CHF~
TEL +41 (0)22 908 90 81
WEB fairmont.com

$$$ 라 시고뉴
La Cigogne

구시가와 영국 정원의 중간쯤에 있어서 시내 관광과 쇼핑을 하기에 최적의 위치다. 역사적인 건물에 자리한 5성급 호텔로, 기품 있는 유럽 귀족의 방에서 하룻밤을 꿈꾼다면 제격인 곳이다.

GOOGLE MAPS 6532+43 제네바
ADD Place de Longemalle 17, 1204 Genève
PRICE 더블룸 330CHF~
TEL +41 (0)22 818 40 40
WEB longemallecollection.com/fr/la-cigogne.html

로잔 Lausanne

$ 호텔 뒤 마르셰
Hôtel du Marché

시내에 있는 숙소 중 저렴한 편에 속한다. 소박하지만 아늑한 객실에는 작은 키친이 딸려 있어서 간단한 조리도 가능하다. 전반적으로 깨끗하고 무난한데, 일부 객실은 공용 욕실을 사용해야 한다.

GOOGLE MAPS GJFH+XV 로잔
ADD Rue Pré-du-Marché 42, 1004 Lausanne
PRICE 더블룸 95CHF~
TEL +41 (0)21 647 99 00
WEB hoteldumarche-lausanne.ch

$$ 아고라 스위스 나이트 호텔
Agora Swiss Night Hotel

스위스를 테마로 한 호텔. 건물 외관부터 내부 인테리어까지 온통 스위스 스타일로 꾸며져 있다. 현대적이고 깔끔한 시설에 역과 가깝다는 것도 장점. 무료 사우나가 있다.

GOOGLE MAPS GJ8H+34 로잔
ADD Avenue du Rond-Point 9, 1006 Lausanne
PRICE 더블룸 140CHF~
TEL +41 (0)21 555 59 55
WEB byfassbind.com

$$ 스위스 와인 호텔
Swiss Wine Hotel

스위스 와인을 테마로 한 부티크 호텔. 시내에 있어서 명소로의 접근성이 좋다. 객실은 작지만 스위스에서 드물게 냉장고가 있고 무료 사우나도 있는 등 시설이 뛰어나다. 호텔 내 와인숍에서 와인 테이스팅(유료)도 할 수 있다.

GOOGLE MAPS GJCP+5P 로잔
ADD Rue Caroline 5, 1003 Lausanne
PRICE 더블룸 160CHF~
TEL +41 (0)21 320 21 41
WEB byfassbind.com

$$ 데 보야저 부티크 호텔
Hôtel des Voyageurs Boutique

오래된 목조 프레임을 살려서 모던하게 개조한 부티크 호텔. 감각적인 인테리어와 깨끗한 시설, 훌륭한 조식으로 인기가 높다.

GOOGLE MAPS GJCJ+HF 로잔
ADD Rue Grand-Saint-Jean 19, 1003 Lausanne
PRICE 더블룸 200CHF~
TEL +41 (0)21 319 91 11
WEB voyageurs.ch

$$$ 앙글르테르 에 레지당스
Angleterre & Résidence

기품 있는 영국 귀족의 저택 같은 호텔. 6동의 건물들은 18·19·21세기에 각각 지어져 객실 스타일도 다채롭다. 아담한 정원과 작지만 고급스러운 수영장이 있으며, 호수 바로 앞에 자리 잡고 있어서 전망이 훌륭하다.

GOOGLE MAPS GJ4H+V8 로잔
ADD Place du Port 11, 1006 Lausanne
PRICE 더블룸 220CHF~
TEL +41 (0)21 613 34 34
WEB angleterre-residence.ch

$$$ 보-리바주 팔라스 Beau-Rivage Palace

1861년 우시 호반에 세워진 유서 깊은 5성급 호텔. 아름다운 야외 수영장과 스파 센터가 있다. 탁 트인 레만 호수 뷰를 자랑하며, 이름처럼 유럽 궁전에 온 듯 우아한 인테리어가 포인트다.

GOOGLE MAPS GJ5J+63 로잔
ADD Chemin de Beau-Rivage 21, 1006 Lausanne
PRICE 더블룸 520CHF~
TEL +41 (0)21 613 33 33
WEB brp.ch

몽트뢰 Montreux

$ 몽트뢰 유스호스텔
Youth Hostel Montreux

몽트뢰와 시옹성의 중간에 있는 유스호스텔. 저렴한 숙박비에 조식이 제공되며, 시설도 깨끗하다. 중심부에서 다소 떨어져 있지만 숙박 기간에 무료 교통 패스를 제공하고 선착장과 버스 정류장이 가까워서 크게 불편하지 않다. 여름 성수기, 특히 재즈 페스티벌 기간에는 인기가 높으니 서둘러 예약해야 한다.

GOOGLE MAPS CWFF+MM 몽트뢰
ADD Passage de l'Auberge 8, 1820 Montreux
PRICE 다인실 50CHF~, 더블룸 120CHF~
TEL +41 (0)21 963 49 34
WEB youthhostel.ch/montreux

$$ 호텔 스플렌디드 몽트뢰
Hôtel Splendid Montreux

19세기 건물을 리노베이션한 호텔. 클래식한 매력을 잘 살린 인테리어에 현대적인 편리함을 가미했다. 몽트뢰 한복판에 자리 잡고 있어서 여러 명소로 이동하기에 좋으며, 동급 호텔보다 넓고 깨끗한 객실은 대부분 호수 전망이다.

GOOGLE MAPS CWM6+Q3 몽트뢰
ADD Grand' Rue 52, 1820 Montreux
PRICE 더블룸 150CHF~
TEL +41 (0)21 966 79 79
WEB hotel-splendid.ch

$$ 라 루베나즈
La Rouvenaz

역에서 5분 거리에 있는 작은 부티크 호텔. 일반 더블룸은 물론, 키친이 딸린 스위트 룸과 방 3개짜리 펜션형 객실 등 다양한 종류의 객실이 있다. 50여년 역사를 가지고 있지만 시설과 인테리어가 현대적이고 깨끗하며, 일부 객실에서는 호수를 조망할 수 있다. 1층의 이탈리아 레스토랑도 유명하다. 지하 주차장은 유료.

GOOGLE MAPS CWM6+95 몽트뢰
ADD Rue du Marché 1, 1820 Montreux
PRICE 더블룸 145CHF~
TEL +41 (0)21 963 27 36
WEB rouvenaz.ch

$$$ 페어몬트 르 몽트뢰 팔라스
Fairmont Le Montreux Palace

아름다운 야외 수영장과 카지노, 스파 센터, 3개의 레스토랑과 실내외 바 등이 있는 5성급 럭셔리 호텔이다. 고풍스러운 객실은 호수 전망이 있는 테라스까지 갖췄다. 일요일마다 홀에서 선보이는 브런치도 맛있다.

GOOGLE MAPS CWQ4+CP 몽트뢰
ADD Avenue Claude-Nobs 2, 1820 Montreux
PRICE 더블룸 415CHF~
TEL +41 (0)21 962 12 12
WEB fairmont.com

브베 Vevey

$$ 아스트라 호텔 브베
Astra Hotel Vevey

브베역에서 가깝고 루프탑 스파가 있다. 조식 뷔페 메뉴도 다양해서 평이 좋은 편. 깨끗한 객실과 괜찮은 전망, 친절한 서비스, 편리한 주차 등도 장점이다. 스위트 룸에는 소파베드가 딸려 있고 작은 주방이 있는 원룸형 객실도 있다.

GOOGLE MAPS FR7V+26 브베
ACCESS 브베역에서 도보 1분
ADD Place de la Gare 4, 1800 Vevey
PRICE 더블룸 250CHF~
TEL +41 (0)21 925 04 04
WEB astra-hotel.ch

$$ 베이스 브베
Base Vevey

신축 원룸형 호텔로 시설이 매우 깨끗하며 객실에 조리 가능한 주방이 있다. 네스프레소 머신, 식기세척기, 오븐까지 완비된 주방이 있어서 며칠 머물기에도 편리하다. 위치도 역과 호수의 중간에 있어서 모든 편의시설과 가깝다.

GOOGLE MAPS FR6R+Q6 브베
ACCESS 브베역에서 도보 4분
ADD Quai de la Veveyse 8, 1800 Vevey
PRICE 더블룸 240CHF~
TEL +41 (0)21 552 30 20
WEB basevevey.com

$$$ 르 미라도르 리조트 & 스파
Le Mirador Resort & Spa

브베 위쪽의 샤르돈(Chardonne)이라는 작은 마을의 포도밭 사이에 있는 5성급 스파 리조트. 아름다운 포도밭과 호수 전망을 자랑하며, 주변에 와인 생산자들이 운영하는 와인 시음장 겸 레스토랑들이 있다. 객실과 레스토랑뿐 아니라 수영장과 피트니스센터에서도 전망이 환상적이다. 신혼 여행자에게 특히 추천.

GOOGLE MAPS FRJH+J2 샤흐돈느

ACCESS 브베퓌니역(Vevey-Funi)에서 푸니쿨라를 타고 종점까지 이동, 호수를 등지고 왼쪽으로 도보 5분
ADD Chemin de l'Hôtel Mirador 5, 1801 Chardonne
PRICE 더블룸 300CHF~
TEL +41 (0) 21 925 11 11
WEB mirador.ch

샤토-데 Château-d'Œx

$$$ 에르미타주 메종 도트
Ermitage Maison d'Hôtes

열기구 체험 미팅 포인트 앞에 있는 아름다운 샬레 스타일 호텔. 깨끗하고 아기자기한 나무 장식으로 꾸며졌으며, 야외에는 잘 꾸며진 정원과 텃밭, 모닥불 피우는 장소 등이 있다. 객실에서 열기구가 떠오르는 장면을 볼 수 있어서 축제 기간이라면 선점해야 할 호텔. 조식이 포함돼 있는데, 조식 시작 전에 출발하는 열기구 체험 손님에게는 간단한 샌드위치와 케이크 1조각을 제공한다.

GOOGLE MAPS F4CG+FQ Château-d'Oex
ADD Grand Rue 4, 1660 Château-d'Œx
PRICE 더블룸 290CHF~
TEL +41 (0)26 924 25 01
WEB ermitage-chateaudoex.ch

라보 테라스 Terrasses de Lavaux

$$ 호텔 라보
Hôtel Lavaux

평범한 외관과 달리 내부가 매우 현대적이고 고급스러운 4성 호텔. 싱글룸, 더블룸, 패밀리룸을 비롯해 주방이 딸린 콘도형 객실도 있다. 남쪽 객실들은 탁 트인 호수 전망을 즐길 수 있으며, 누구나 이용 가능한 4층 루프탑 테라스가 매력적이다. 와인과 잘 어울리는 음식을 선보이는 1층의 이탈리안 레스토랑도 유명하다.

GOOGLE MAPS FPQR+XX 퀴리 스위스 부흑-엉-라보
ADD Route Cantonale 1, 1096 Cully
PRICE 더블룸 150CHF~
TEL +41 (0)21 799 93 93
WEB hotellavaux.ch

$$ 바론 타베르니에 호텔 레스토랑 & 스파
Le Baron Tavernier Hôtel Restaurants & Spa

라보 지구에서 드물게 스파와 실내외 수영장을 갖췄다. 넓은 테라스가 있는 고풍스러운 객실에서는 호수나 포도밭을 내려다볼 수 있다. 마을과도 그리 멀지 않아 대중교통으로 여행 시에도 접근성이 좋은 편.

GOOGLE MAPS FQJF+38 Chexbres
ACCESS 셰브르-빌라주역(Chexbres-Village)에서 도보 8분
ADD Route de la Corniche 4, 1070 Chexbres
PRICE 더블룸 180CHF~
TEL +41 (0)21 926 60 00
WEB barontavernier.ch

$$ 호텔 리바주 뤼트리
Hotel Rivage Lutry

뤼트리 호숫가에 자리한 호텔. 전망도 뛰어나고 위치가 좋아서 로잔, 몽트뢰, 라보 지구를 관광하기 편리하다. 레스토랑 평점도 높은 편.

GOOGLE MAPS GM2P+V6 류뜨히
ADD Grand-Rue 36, 1095 Lutry
PRICE 더블룸 180CHF~
TEL +41 (0)21 796 72 72
WEB hotelrivagelutry.ch

뇌샤텔 Neuchâtel

$$ 호텔 데 자르
Hôtel des Arts

톡톡 튀는 컬러풀 인테리어가 인상적인 3성급 부티크 호텔. 싱글룸부터 6인용 아파트형 객실까지 다양하게 보유했다. 한적한 주느 리브 호숫가에 있고 시내까지는 도보로 약 10분 거리.

GOOGLE MAPS XWVP+6R 뇌샤텔
ADD Rue J.-L.-Pourtalès 3, 2000 Neuchâtel
PRICE 더블룸 160CHF~
TEL +41 (0)32 727 61 61
WEB hoteldesarts.ch

$$ 호텔 알프 에 락
Hôtel Alpes et Lac

지대가 높은 뇌샤텔역 앞에 자리해 탁 트인 호수 뷰를 자랑한다. 1800년대 건물 안에 있는 3성급 호텔로, 따뜻한 느낌의 나무 바닥과 단아한 인테리어가 스위스 가정집 분위기다.

GOOGLE MAPS XWWP+FC 뇌샤텔
ADD Place de la Gare 2, 2000 Neuchâtel
PRICE 더블룸 190CHF~
TEL +41 (0)32 723 19 19
WEB alpesetlac.ch

$$ 로비에
L'Aubier

뇌샤텔에서 가장 예쁜 구시가 한가운데서 아침을 맞이할 수 있다. 감각적인 객실을 갖춘 작은 원룸형 게스트하우스로, 개별 욕실이 딸린 3개의 객실과 공용 욕실을 사용하는 6개의 객실이 있다. 유럽 소도시 여행의 매력을 듬뿍 느낄 수 있는 곳.

GOOGLE MAPS XWRH+J7 뇌샤텔
ADD Rue du Château 1, 2000 Neuchâtel

PRICE 공용 욕실 더블룸 130CHF, 개별 욕실 더블룸 180CHF
TEL +41 (0)32 710 18 58
WEB aubier.ch

$$$ 베스트 웨스턴 프리미어 호텔 볼락
Best Weatern Premier Hotel Beaulac

18~19세기형 앤티크 호텔이 많은 뇌샤텔에선 보기 드물게 모던한 분위기의 호텔. 호수 전망이 아름다우며, 발밑에서 호숫물이 찰랑이는 레스토랑 테라스가 특히 매력적이다. 밝은 분위기의 레스토랑은 퓨전 일식을 전문으로 한다.

GOOGLE MAPS XWRP+95 뇌샤텔
ADD Esplanade Léopold-Robert 2, 2000 Neuchâtel
PRICE 더블룸 270CHF~
TEL +41 (0)32 723 11 11
WEB bestwestern.ch

$$$ 호텔 팔라피트
Hôtel Palafitte

스위스에서 손에 꼽힐 정도로 아름답고 독특한 수상 방갈로 호텔. 이곳에서 유물이 발견된 철기 시대 라 테느 부족의 수상 가옥을 현대적으로 재해석했다. 유럽 유일의 수상 호텔로, 팔라피트는 '수상 가옥'이라는 뜻이다.

GOOGLE MAPS 2X37+RV 뇌샤텔
ADD Route des Gouttes-d'Or 2, 2000 Neuchâtel
PRICE 수상 방갈로 500CHF~
TEL +41 (0)32 723 02 02
WEB palafitte.ch

$$$ 보-리바주
Beau-Rivage

시내 호수권의 유일한 5성급 호텔. 뇌샤텔을 여행하기에 최적의 위치에 자리 잡았다. 약 150년의 역사를 가진 우아한 건물에 호수 뷰를 가진 다양한 스타일의 객실을 보유했다. 투숙객이 시계 수업을 받고 나만의 시계를 만들 수 있는 프로그램도 운영한다.

GOOGLE MAPS XWQH+MH 뇌샤텔
ADD Esplanade du Mont-Blanc 1, 2000 Neuchâtel
PRICE 더블룸 295CHF~
TEL +41 (0)32 723 15 15
WEB beau-rivage-hotel.ch

생 모리츠(장크트 모리츠) St. Moritz

$ 생 모리츠 유스호스텔
Jugendherberge St. Moritz

매우 깨끗하게 잘 관리하는 유스호스텔. 마을 기준으로 호수 반대편에 있어서 주변에 편의시설이 없지만 버스로 쉽게 오갈 수 있다. 하이킹 또는 바트(온천) 지역의 스파를 즐기기엔 최적의 위치. 함께 운영하는 레스토랑도 가성비가 좋다.

GOOGLE MAPS FRQW+MC 생모리츠
ADD Via Surpunt 60, 7500 St Moritz
PRICE 다인실 58CHF, 더블룸 120CHF~
TEL +41 (0)81 836 61 11
WEB youthhostel.ch/en/hostels/st-moritz-youth-hostel

$$ 호텔 스테파니
Hotel Steffani

마을 중심에 있는 샬레 스타일의 4성급 호텔. 고급스러운 목재 인테리어에 넓은 객실, 실내 수영장과 스파 시설을 갖췄다. 생 모리츠 유일의 중식당을 포함한 3개의 레스토랑과 바가 있다. 역까지 픽업 서비스 제공.

GOOGLE MAPS FRWQ+W2 생모리츠
ADD Via Traunter plazzas 6, 7500 St. Moritz
PRICE 더블룸 250CHF~
TEL +41 (0)81 836 96 96
WEB steffani.ch

$$ 클럽메드
ClubMed St. Moritz

글로벌 리조트 기업 클럽메드의 생 모리츠 지점. 주류를 비롯한 식음료, 스키 패스가 포함된 올 인클루시브 옵션이다. 식사는 뷔페 레스토랑과 이탈리안 레스토랑, 스위스 전통 음식 레스토랑 중 고른다. 최소 숙박일 수 3일 이상. 실내 수영장 있음.

GOOGLE MAPS FRMQ+RG 생모리츠
ADD Via Tegiatscha 21, 7500 St. Moritz
OPEN 12월 24일~3월/그 외 기간 휴무
PRICE 3일 500CHF~
TEL +41 (0)81 833 23 23
WEB clubmed.com

$$ 켐핀스키 그랜드 호텔 & 스파
Kempinski Grand Hotel Des Bains St. Moritz

100여 년 역사의 5성급 호텔 체인. 바트, 즉 온천 지역에 있다. 생 모리츠의 탄산 샘물을 이용한 수준 높은 스파 서비스를 제공한다. 마을까지 셔틀 서비스(유료) 제공. 실내 수영장 있음.

GOOGLE MAPS FRMM+3G 생모리츠
ADD Via Mezdi 27, 7500 St. Moritz
PRICE 더블룸 685CHF~
TEL +41 (0)81 838 38 38
WEB kempinski.com

$$$ 쿨름 호텔 생 모리츠
Kulm Hotel St. Moritz

1856년 바드루트가 세운 5성급 리조트. 생 모리츠를 겨울 휴양지로 만드는 데 공헌했다. 실내외 스파, 9홀 골프 코스, 테니스장, 스케이트장, 컬링장뿐 아니라 전설적인 셀레니나 봅슬레이 트랙을 갖췄다. 스위스 최초로 전깃불을 밝힌 호텔이기도 하다.

GOOGLE MAPS FRXR+JG 생모리츠
ADD Via Veglia 18, 7500 St. Moritz
PRICE 더블룸 겨울철 1000CHF~, 여름철 700CHF~
TEL +41 (0)81 836 80 00
WEB kulm.com

$$$ 바드루트 팰리스
Badrutt's Palace

우아한 성처럼 생긴 생 모리츠의 랜드마크. 실내 수영장과 스파, 스케이트장, 6개의 레스토랑이 있으며, 무료 셔틀 서비스를 제공한다.

GOOGLE MAPS FRXR+2F 생모리츠
ADD Via Serlas 27, 7500 St. Moritz
PRICE 더블룸 겨울철 1000CHF~, 여름철 800CHF~
TEL +41 (0)81 837 10 00
WEB badruttspalace.com

솔리오 Soglio

$$$ 팔라초 살리스 호텔
Palazzo Salis

스위스에서도 손꼽을 정도로 실내 장식이 멋진 최고급 부티크 호텔. 솔리오의 감동적인 일출과 일몰, 밤하늘 가득 수놓는 별을 보고 싶다면 이곳에서 숙박해보자. 식사는 조식과 석식을 제공하는 하프보드로 운영한다.

GOOGLE MAPS 8GRQ+RV Soglio
ACCESS 성당 앞 오르막길로 약 150m 이동, 골목 끝에 마주 보이는 건물, 도보 3분
ADD Piazza 2, 7610 Soglio
PRICE 더블룸 276CHF, 하프보드 추가 65CHF, 반려견 15CHF
TEL +41 (0)81 822 12 08
WEB palazzosalis.ch

장크트 갈렌 St. Gallen

$ 장크트 갈렌 유스호스텔
Jugendherberge St. Gallen

시내 중심과 거리가 멀지만 숲 속에 있어서 주변 환경이 쾌적하고 시설이 매우 훌륭하다. 장크트갈렌역 밖으로 나와 작은 산악열차로 갈아타고 4정거장 이동 후 100m가량 걸어가면 보인다.

GOOGLE MAPS C9GR+GV 장크트갈렌
ADD Jüchstrasse 25, 9000 St. Gallen
PRICE 다인실 55CHF~, 트윈룸 110CHF~
TEL +41 (0)71 245 47 77
WEB youthhostel.ch/en/hostels/st-gallen-youth-hostel

$$ 호텔 돔
Hotel Dom

현대적으로 리노베이션해 깨끗한 소규모 호텔. 조금은 낡은 듯한 중세풍 호텔들이 마음에 들지 않았다면 이곳을 추천한다. 시내 중심에 있어서 가성비가 뛰어나다.

GOOGLE MAPS C9FG+42 장크트갈렌
ADD Webergasse 22, 9000 St. Gallen
PRICE 더블룸 175CHF~
TEL +41 (0)71 227 71 71
WEB hoteldom.ch

$$$ 아인슈타인 호텔
Einstein Hotel

구시가 가장자리에 있어서 조용하고 시내 중심까지 도보 3분이면 갈 수 있는 4성급 호텔. 수영장과 스파도 갖췄다. 고급스러운 인테리어와 편안한 서비스로 인기 있으며, 호텔 레스토랑도 맛집으로 유명하다. 여성 전용층이 따로 있다.

GOOGLE MAPS C9CG+H4 장크트갈렌
ADD Berneggstrasse 2, 9000 St. Gallen
PRICE 더블룸 275CHF~(조식 불포함)
TEL +41 (0)71 227 55 55
WEB einstein.ch

아펜첼 Appenzell

$$ 호텔 뢰벤
Hotel Löwen

알록달록 그림이 그려진 아펜첼 전통 스타일의 인테리어가 인상적인 호텔. 아늑한 분위기와 좋은 위치 덕분에 인기가 많아서 늘 만실이니 서둘러 예약하자.

GOOGLE MAPS 8CJ5+7H 아펜첼
ADD Hauptgasse 25, 9050 Appenzell
PRICE 더블룸 200CHF~
TEL +41 (0)71 788 87 87
WEB loewen-appenzell.ch

$$ 헤흐트 아펜첼
Hecht Appenzell

시내 중심에 있어서 여행하기 편리하다. 투숙객은 파트너 호텔인 로맨티카 호텔 사우나를 무료로 이용할 수 있다.

GOOGLE MAPS 8CJ6+73 아펜첼
ADD Hauptgasse 9, 9050 Appenzell
PRICE 더블룸 220CHF~
TEL +41 (0)71 788 22 22
WEB hecht-appenzell.ch

$$ 호텔 아펜첼
Hotel Appenzell

창밖으로 활기찬 란츠게마인데 광장을 볼 수 있는 호텔. 최

적의 위치가 장점이며, 객실도 고풍스럽고 깨끗하다.

GOOGLE MAPS 8CJ4+FX 아펜첼
ADD Hauptgasse 37, 9050 Appenzell
PRICE 더블룸 240CHF~
TEL +41 (0)71 788 15 15
WEB hotel-appenzell.ch/en/

$$$ 바이스바트 스파 호텔
Hotel Hof Weissbad

아펜첼에서 에벤알프로 가는 길목, 바이스바트라는 작은 마을에 자리한 호텔. 근처에서 유일한 현대적인 건물로, 스파와 아름다운 실내 수영장이 있다. 투숙객에게 자전거를 무료로 빌려준다.

GOOGLE MAPS 8C5M+R7 Weissbad
ADD Im Park 1, 9057 Weissbad
PRICE 더블룸 415CHF~
TEL +41 (0)71 798 80 80
WEB hofweissbad.ch

애셔 가스트하우스 암 베르크
Aescher Gasthaus am Berg

SNS에서 '죽기 전에 한 번 가봐야 할 이색 호텔'로 유명해진 산장. 해발 1454m 절벽 위에 놓인 아슬아슬한 위치 때문인데, 실제로 가보면 생각보다 부지가 넓어서 안정감 있다. 단, 호텔이 아닌 산장이기에 객실 밖 공용 화장실을 이용해야 하고, 와이파이와 샤워 시설이 없다는 점을 감안해야 한다. 난방 시설도 없어서 5~11월에만 운영하는데, 한여름에도 아침저녁으로 추울 수 있으니 옷을 든든히 가져가자. 여러 가지 불편함이 있지만 머리 위로 쏟아질 듯한 별과 저녁 무렵 근처를 노니는 야생 동물들을 실컷 구경할 수 있다. 웰컴드링크와 조식 포함. 체크아웃 시간은 아침 9시다.

GOOGLE MAPS 7CM7+9P Schwende
ADD Äscher 1, 9057 Schwende
PRICE 더블룸 276CHF~
TEL +41 (0)71 799 11 42
WEB aescher.ch/en

루가노 Lugano

$ 호텔 & 호스텔 몬타리나
Hotel & Hostel Montarina

루가노역에서 도보 5분 거리에 있는 호텔 겸 호스텔. 가격이 저렴하고 시설도 깨끗한데, 커다란 야외 수영장과 넓은 테라스 그리고 정원까지 갖춰서 주머니 가벼운 여행자들의 성지다. 성수기에는 서둘러 예약해야 한다.

GOOGLE MAPS 2W3W+9G 루가노
ADD Via Montarina 1, 6900 Lugano
PRICE 다인실 42CHF~, 더블룸 140CHF~
TEL +41 (0)91 966 72 72 **WEB** montarina.ch

$$ 호텔 아콰렐로
Hotel Acquarello

최근 리노베이션해 깨끗한 객실에 에스프레소 머신, 에어컨, 냉장고까지 갖췄다. 기차역에서 푸니쿨라를 타고 시내로 내려오면 승강장 바로 옆에 있는 편리한 위치라서 짐이 많은 여행객에서 추천한다.

GOOGLE MAPS 2W3X+RP 루가노
ADD Piazza Cioccaro 9, 6900 Lugano
PRICE 더블룸 200CHF~
TEL +41 (0)91 911 68 68
WEB acquarello.ch

$$ 호텔 리도 제가르텐
Hotel Lido Seegarten

객실에서 바라본 호숫가 전망이 환상적인 4성급 호텔. 야외 수영장이 호수와 연결돼 있어서 호수 물놀이도 즐길 수 있다. 유람선 선착장 앞에 있어서 시내 관광에도 최적의 위치다.

GOOGLE MAPS 2X49+62 루가노
ADD Viale Castagnola 22, 6900 Lugano
PRICE 더블룸 260CHF~
TEL +41 (0)91 973 63 63
WEB hotellido-lugano.com

$$$ 그랜드 호텔 빌라 카스타뇰라
Grand Hotel Villa Castagnola

러시아 귀족의 저택을 개조해 1885년 문을 연 5성급 호텔. 3개의 레스토랑, 수영장, 테니스 코트를 갖췄다. 시내 중심부에서 조금 동떨어진 호수 앞이라 고요하면서도 버스 정류장과 몬테 브레산행 케이블카 정류장이 앞에 있어서 여행하기에 편리하다.

GOOGLE MAPS 2X49+JR 루가노
ADD Viale Castagnola 31, 6900 Lugano
PRICE 더블룸 460CHF~
TEL +41 (0) 91 973 25 55
WEB villacastagnola.com

$$$ 매직 간드리아
Magic Gandria

간드리아 마을에 있는 초호화 펜션. 오래된 건물 2채를 리노베이션해 각각 6인용 3룸, 8인용 4룸으로 이루어진 독채로 운영한다. 스타일리시한 인테리어가 신비로운 마을 분위기와 절묘하게 어우러진다. 커피 머신을 비롯한 주방 기구도 최고급. 대가족 여행에 추천한다. 최소 숙박일 수는 2일.

GOOGLE MAPS 2242+5H 루가노
ADD Via alle Casine 3, 6978 Gandria
PRICE 독채형 410CHF~
TEL +41 (0)20 7099 0868
WEB magicgandria.inn.fan

가

가스트호프 호텔 호프 602
가초사 617
가토 뒤 뷔이 525
간드리아 624
감옥탑(뇌샤텔) 496
감옥탑(베른) 333
갬미 고개 403
게멘알프호른 309
게슈네첼테스 158
게슈니알프 232
게스트 카드 027
고고학 박물관 419
고르너 협곡 371
고르너그라트 382
고테롱 성문탑 354
고트하르트 파노라마 익스프레스 110
곡물 창고 342
곤텐바트역 605
곤텐역 605
골든 인디아 259
골든패스 구르메 열차 104
골든패스라인 102
곰 공원 338
광천수 분수대 565
구시가 성벽 전망대(무어텐/모라) 523
구시가(뇌샤텔) 497
구어라이나교 567
구어텐 347
국제 시계 박물관 518
국제 적십자 적신월 박물관 425
그라우뷘덴 미술관 553
그란데 광장 635
그랜드 카페 알 포르토 620
그랜드호텔 기스바흐 326
그로토 621
그로토 발도리아 648
그로토 산 미켈레 633
그로토 탐방로 642
그로토 포차슈 643
그론드 카페 575
그뤼에르 476
그뤼에르 마을 478
그뤼에르 온천 481
그뤼에르 치즈 479
그뤼에르 치즈 공방 477
그뤼에르성 478
그륀 호수 391
그린델발트 253
그린지 호수 391
글레처 협곡 257
기거 바(그뤼에르) 480
기거 바(쿠어) 557
기사의 분수 337
기울어진 탑 538
까렌다쉬 129,430
까이에 126
까이에 초콜릿 공장 481
꽃길 226

나

나마멘 177
나사 거리 615
내추럴 푸드 618
노이에스 뮈제움 빌 511
노트르담 드 라솜시옹 493
농 필트레 125,499
뇌브 광장 422
뇌샤텔 489
뇌샤텔 교회 496
뇌샤텔 호수 유람선 498
뇌샤텔성 497
누스토르테 544
니더도르프 거리 161
니더호른 306
니더호른 산양 하이킹 308
니체의 집 573

다

다 스쿨라 광장 547
다비드선 장난감 가게 451
달 물린 545
더 비프 스테이크 하우스 & 바 342
더블 크림 머랭 479
데빌즈 플레이스 위스키 바 547
도르프바트 562
도맨 뒤 달레 475
돔샤츠 박물관 555
드래곤 트레일 224
디아볼레차 548
똠 123

라

라 뇌빌 515
라 부간빌 625
라 브라스리 J5 460
라 브라스리 뒤 세클 500
라 쇼드퐁 516
라 알 데 상스 520
라 크루아 두시 448
라 테라스 브라스리 246
라 팽트 뒤 비외 마누아르 526
라 폰타나 레스토랑 & 바 637
라귀자 127
라뒤레 429
라바단 632
라베르테츠 640
라보 테라스 470
라우터브루넨 263
라우펜성 163
라이 호수 391
라인 폭포 162
라인 폭포 유람선 163
라클레트 120
라테니움 498
라트하우스 브라우어라이 205
란츠게마인데 604
란트콰르트 패션 아웃렛 557
래티셰 박물관 555
래티셰 반 535
랙컬리 후스 178
랭플루 399
레 뱅 데 담 500
레 부체 디 간드리아 레스토랑 625
레 브라쇠르 502
레 시 코뮌 530
레 자르슈 450
레 트랑트네르 357
레만 호수 유람선 424
레스토랑 뒤 고트하르트 356
레스토랑 뒤 부르 513
레스토랑 르 솔리아 506
레스토랑 마시다 201
레스토랑 셰퍼슈투베 374
레스토랑 슈바넨 204
레스토랑 스티커라이 589
레스토랑 시테라마 520
레스토랑 조네 601
로그빌러 제과점 590
로만슈어 542
로비에 501
로비에이 643
로셰 드 네 462
로열 워크 300
로이커 바트 401
로이커바트 테름 402
로잔 437
로잔 대성당 442
로잔 역사 박물관 445
로젠가르트 미술관 196
로채르너 래게트뢰플리 201
로카르노 634
로카르노 영화제 637
로카르노 조약 636
로터 광장 시티 라운지 584
로텐보덴 384
로트호른(체르마트) 388
로허 맥주 양조장 599
뢰스터라이 히어 315

루가노 609
루가노 문화 예술 센터 614
루가노 호수 624
루체르너 취겔리파스테테 201
루체른 189
루체른 구시가 197
루체른 역사 박물관 199
루체른 자연사 박물관 199
루체른 호수 214
루체른역 190
루프탑 브라스리 & 바 341
루히어호른 305
룽언(룽게른) 327
뤼민 궁전 주립박물관 443
뤼틀리 209
뤼힝어 갈러리 591
르 라다 드 포쉬 426
르 렁드롱 515
르 무 드 레쟁 426
르 바생 블뢰 503
르 샬레 레스토랑 전통 치즈 제조 견학 486
르 카루젤 430
르 코르뷔지에 파빌리온 152
르 코르뷔지에의 호숫가의 집 467
르 튀넬 357
리기 218
리기 로트슈톡 221
리기 슈타펠역 220
리기 슈타펠회에역 221
리기 칼트바트역 221
리기 쿨름 219
리기 쿨름 호텔 219
리기 클래식+빌트슈톡클리 트레일 220
리기 패러글라이딩 219
리마트강 유람선 149
리바 473
리틀 타이 246
리펠 호수 386
리펠 호수 길 385
리펠베르크역 386
리펠알프 384
리펠알프역 387
리포르마 광장 615
리플리 분수 336
린덴호프 151
린트 초콜릿 본사 153
린트부름 민속 박물관 186
립 스테이크하우스 314

마

마노라 레스토랑 618
마누아 드 방 466
마니즈 315
마돈나 델 사소 성당 636
마로니(밤) 617
마룬스 544
마르셰 계단 442
마르크트 광장 170
마르크트 할 176
마르크트할 알트라인 595
마르타 카페-뮤직-바 343
마리오 보타 638
마무트 129
마운틴 카트 291
마이엔펠트 558
마지아 계곡 642
마지아 계곡 박물관 642
마크 트웨인의 길 387
마터호른 글레이셔 라이드 1 392
마터호른 글레이셔 트레일 394
마터호른 글레이셔 파라다이스 392
마터호른 박물관 371
마터호른 알파인 크로싱 393
마터호른 지역 378
마텐역 273
마트마르크 댐 400
막스 쇼콜라티에 207
말라디에르 상트르 쇼핑몰 505
말로야 패스 577
매 렉 타이 314
매드 클럽 450
맨발 하이킹 605
메르예렌 호수 409
메를로 와인 617
메종 보데 쉬샤르 501
메종 블랑슈 519
멘리헨 298
멜리데 627
모뇨 642
모르주 453
모르코테 626
모세 분수 337
모스지 호수 391
모티에 527
모티에 교회 529
몬테 브레 전망대 616
몬테 산 살바토레 전망대 613
몽 티 428
몽블랑 434
몽살방 댐 483
몽살방 호수 483
몽트뢰 456
몽트뢰 재즈 카페 460
뫼히스요흐 산장 하이킹 284
무 드 레쟁 125
무스플루 408
무어텐 박물관 524
무어텐/모라 522
무어텐성 524
무제크 성벽 195
문화 컨벤션 센터 199
뮈렌 296
뮐레 광장 312
뮐루즈 181
미술 & 역사 박물관(뇌샤텔) 494
미술 역사 박물관(프리부르) 355
미텔알라린 전망대 398
미트 & 뷰 525
미틀러 다리 169
밀리유 다리 354

바

바 루주 179
바 체토 575
바그너 박물관 198
바드루트 팔라스 539
바르퓌서 광장 172
바르퓌서 교회 바젤 역사 박물관 171
바서라우엔 607
바슈랭 몽도르 123
바슈랭 프리부르주아 123
바스-빌과 다리들 353
바스티옹 공원 & 종교개혁 기념비 422
바이엘러 재단 미술관 175
바젤 165
바젤 대성당 171
바젤 시립 현대미술관 173
바젤 시청사 170
바젤 종이 박물관 174
바텔로 레스토랑 627
바트 라가츠 562
바흐알프 호수 292
반호프 거리(체르마트) 370
반호프 거리(취리히) 161
발 드 트라베르 증류소 530
발렌베르크 민속촌 323
발츠 호텔 티룸 레스토랑 321
백파이프 연주자 분수 336
뱅 퀴 479
뱅쇼 183
버디 429
버차프트 추어 알텐 포스트 590
버츠하우스 갈리커 203
베니숑 머스터드 357
베렌 광장 아침 시장 339
베르나 분수 336
베르너 오버란트 지역 236
베르너 플라테 340
베르너 하젤누스렙쿠헨 340

베르너 호니히렙쿠헨 340
베르니나 익스프레스 108
베르차스카 계곡 640
베르차스카 계곡 박물관 641
베르차스카 계곡 스쿠버 다이빙 641
베르차스카 댐 번지 점프 641
베르크하우스 278
베른 329
베른 대성당 335
베른 성문탑 354
베른 역사 박물관 339
베리 미술관 542
베리즈 258
베아텐베르크 307
베이스캠프 레스토랑 259
베트머 호수 408
베트머호른 406
베트머호른 전망대 409
벡 글라츠 콩피즈리 346
벨로 카페 247
벨린초나 628
벨린초나 요새 하이킹 631
벨베데르 356
벵엔 299
벵엔알프 287
보덴 호수 유람선 595
보레알 커피숍 429
보르고 거리 646
본 마망 바젤점 178
봅슬레이 543
뵈르트성 163
부르 드 푸르 광장 421
부르바키 파노라마 200
부르크펠트슈탄트 309
부아 뒤 프티-샤토 518
뷔르글렌 210
뷔르클리 광장 149
뷘드너 비른브로트 운드 뢰텔리 544
뷘트너 게르스텐주페 544
브라사토 617
브라스리 17 245
브라스리 드 몽베농 447
브라스리 웍 루아얄 499
브라운 카우 375
브람브뤼에슈 556
브록 483
브루넨 211
브리사고 제도 647
브리엔처 크라펜 320
브리엔츠 316
브리엔츠 로트호른 318,322
브리엔츠 로트호른 플란알프 트레일 322
브리엔츠 익스프레스 피자 320
브베 464
브베 역사 박물관 468
브베비앙 469
블라우 호수 251
블라우히에트역 390
블로네-샹비 열차 박물관 468
블론델 쇼콜라트리 452
비글렌알프 287
비노라마 474
비르넨베겐 201
비르크 296
비버 생강빵 601
비비불 448
비스콘테오성 고고학 박물관 636
비아둑트 마켓 155
비트라 디자인 박물관 175
빅 핀텐프리츠 291
빅토리녹스 206
빅토리녹스 팩토리 스토어 212
빅토리녹스 플래그십 스토어(제네바) 431
빅토리녹스 플래그십 스토어(취리히) 161
빈사의 사자상 194
빌/비엔 509
빌라 슈보브 519
빌라 카셀 406
빌트키르힐리 동굴 606
빌헬름 텔 야외극장 243
빙하 공원 194
빙하특급열차 106

사

사격수 분수 336
사랑의 불시착 324
사버르 다이여르 447
사스 박물관 400
사스 페 396
산 로렌초 성당(루가노) 613
산 로렌초 성당(솔리오) 578
산 로렌초 성당(실스 마리아) 572
산 로코 성당 616
산 비질리오 성당 625
산 조반니 바티스타 교회 642
산 카를로-로비에이 케이블카 643
산타 마리아 델 사소 성당 626
산타 마리아 델리 안졸리 교회 614
산타마리아 델레 그라치에 교회 632
산티 피에트로 & 파올로 성당 646
살라스트라인스 551
삼손 분수 337
상트르 메트로폴 로잔 쇼핑몰 451
생 니콜라 대성당 352
생 모리츠 마을 551
생 모리츠 호수 540
생 모리츠(장크트 모리츠) 533
생-사포랭 472
생장 다리 354
생트 크루아 성당 433
생-피에르섬 515
샤다우성 313
샤르메 482
샤토-데 484
샤토-데 교회 487
샤토-데 열기구 485
샨타렐라역 550
샬레 드 그뤼에르 480
성 마틴 교회 554
성 베드로 교회(장크트 페터 교회) 151
성 베드로 대성당 418
성 베아투스 종유굴 250
성 프랑수아 광장 445
성모 교회(프라우뮌스터) 150
성모 마리아 승천 대성당 556
성탄 인형 박물관 186
세간티니 미술관 538
세금 환급 027
세븐 루가노, 더 클럽 620
세이버 데이 패스 094
셰 마 쿠진 427
셰 브로니 375
셰 필립 428
솅겐 조약 036
소노뇨 641
소바블랭 호수와 타워 453
솔러르 레스토랑 라운지 364
솔리오 576
솔리오 허브숍 579
쇼콜라트리 발데르 504
수 르 퐁 340
수네가역 389
쉬니게 플라테 293,303
쉬프바우 156
쉴트호른 294
슈바넨콜로니 비엘 512
슈바르츠 호수 393,395
슈바이처 하이마트베르크 161
슈발 블랑 177
슈벨렌매텔리 레스토랑 테라스 342
슈비츠 211
슈쿠올 564
슈크루트 180
슈타우바흐 폭포 263
슈타인 암 라인 184
슈타인만 315
슈타트켈러 204
슈탄저호른 234
슈테틀러 & 카스트리셰 432

슈텔리 호수	389,391
슈토치히 에크 하이킹	230
슈퉁기스	201
슈파츠-가스트로 & 조	247
슈팔렌 문	174
슈퍼 세이버 티켓	098
슈퓌리 박물관	560
슈프로이어교	196
슈피엘호퍼 치즈 가게	514
슈필보덴	399
스노 펀 파크	280
스브린츠 치즈	201
스위스 교통 박물관	198
스위스 국립공원	568
스위스 국립박물관	148
스위스 군용칼	128
스위스 디자인 박물관	153
스위스 미니어처	627
스위스 반액 할인 카드	093
스위스 시계	129
스위스 트래블 패스 플렉스(비연속권)	093
스위스 트래블 패스(연속권)	091
스위트 스몰 플레이트 & 칵테일	205
스윗철랜드 쇼콜라티에	432
스쿠바 플래닛	641
스테파니즈 크레프리	374
스튀아 그란다	579
스트라스부르	181
스핑크스 전망대	279
시계 도시 기획 전시장	517
시계탑(베른)	334
시계탑(졸로투른)	362
시옹성	458
시테 뒤 텅	510
식인귀 분수	337
실스 마리아	571
실스 호수 둘레길	574
실스 호수 유람선	574

아

아나카프리	619
아델보덴 캄브리안 호텔	251
아들러 레스토랑	187
아레 식당	245
아르 브뤼 미술관	445
아르카스 광장	554
아리랑식당	341
아리아나 박물관	425
아마레티	617
아보카도 바	259
아스코나	644
아스코나 재즈 패스티벌	645
아아레강 유람선	363
아이거 북벽	285
아이거 트레일	285
아이거글레처	281
아이거글레처-벵엔알프 트레일	286
아인슈타인 박물관	339
아인슈타인의 집(베른)	335
아인스타인 오 자르댕	343
아침 요일장	452
아티카 루프탑 바	343
아펜첼	596
아펜첼 맥주	601
아펜첼 박물관	598
아펜첼 초콜릿 공장	602
아펜첼 치즈	601,603
아펜첼 현대미술관	599
아펜첼러 알펜비터	601
아펜첼러 알펜비터 공장 견학	600
아펜첼러 치즈 농장	594
아프레 스키	547
안나 자일러 분수	336
안느-소피 픽	449
안시	435
안틱슈튀블리	591
알레치 빙하 파노라마길	409
알레치 빙하 하이킹	287
알레치 아레나	404
알리망타리움	465
알멘트후벨	297
알테스 트람데포	342
알트도르프	210
알티튜드 마켓	519
알파인 초프	235
알펜가텐	304
알프 보멘 레스토랑	607
알피글렌	285
암 갈루스플라츠	589
압생트 바, 디 그뤼느 페	365
압생트 박물관	528
앙골로 데이 골로시	627
앙시엔느 거리	433
애셔 가스트하우스 암 베르크	607
앨버트 & 프리다	341
앨플러마그로넨	201
야마투티	346
야콥스바트역	605
약수터 포럼 파라첼수스	541
양파 시장	345
얼음 궁전	280
에기스호른	407
에듀즈 커피 앤 클로즈	514
에르미타주 재단 미술관	441
에멘탈 치즈 농장	347
에벤알프	606
에비앙 레 뱅	454
에어 글레이셔 헬리콥터 투어	266
에어타임 카페	263
에페스	473
엔지아디나 레스토랑	544
엘 아즈테카	245
엘프나우 공원	512
엥가디너 토르테	544
엥가딘 박물관	539
엥가딘 스파	566
엥가딘 저지대 박물관	566
엥겔베르크	233
엥겔베르크 수도원	233
연방 고문서 박물관	211
연방의사당	334
연방의사당	334
열기구 박물관	486
염소 몰이	370
영국 정원과 꽃시계	418
예수회 교회(루체른)	196
예수회 교회(졸로투른)	361
예술 역사 박물관	423
옛 무기고	420
옛 무기고 박물관	362
옛 미텔레기 산장	282
옛 시청사	421
오 그랭 도르주	504
오 자르 뒤 푸	207
오 파니에 구르망	505
오고섬	358
오바베르바 스파 & 수영장	541
오버 하웁트 거리	312
오버베르크호른	304
오스테리아 델라 보테가	428
오스테리아 라 테라차 술 라고	626
오스테리아 카스텔로 사소 코르바로	633
오에 쇼콜라티에	432
오텔 뒤페루	501
올드 스위스 하우스	204
올리비에 앤 코	431
올림픽 박물관	444
올마 브라트부어스트	592
옹켈 톰스	258
외쉬넨 호수	252
요빈(조뱅) 목공예 박물관	317
요하니스베르크 와인	374
요한 바너 크리스마스 하우스	179
우드페커	248
우슬리의 종소리 길	550
우시	444
운터젠 & 융프라우 관광 박물관	242
웨이브 스카이 라운지 바	503
유로파 파크	182

융프라우 아이거 워크 282
융프라우 지역 268
융프라우요흐 274
이글루 도르프 384
이부아르 435
이자나 500
이젤트발트 324
이진수 시계 588
이탈 레딩 박물관 212
인터라켄 237
인터라켄 교회 242
인터라켄 성당 242
잇 미 레스토링 & 칵테일 라운지 449
잉글우드 427

자

장 자크 루소 생가 421
장 팅겔리-니키 드 생 팔 미술관 352
장난감 박물관(바젤) 172
장미 정원 338
장크트 갈렌 581
장크트 갈렌 대성당 585
장크트 갈렌 마르크트플라츠 587
장크트 갈렌 수도원 도서관 585
장크트 갈렌 역사 민속 박물관 586
장크트 게오르겐 수도원 박물관 186
장크트 라우렌첸 교회 586
장크트 레오데가르 성당 195
장크트 마우리티우스 교회(체르마트) 371
장크트 마우리티우스 성당(아펜첼) 598
장크트 마틴 교회 212
장크트 우르젠 대성당 360
잰티스 600
저 포크 469
적신월 425
전령의 분수 337
정의의 여신 분수 337
제 도 417
제나 렉스 감자 칼 129
제네바 노트르담 성당 423
제네바 민속박물관 423
제네바 코르나뱅역 412
제네바(주네브) 411
제라늄 시장 344
제비스트로 루츠 205
젤라테리아 에밀리아 526
조 시페 분수 355
조뉴 계곡 그뤼에르 길 482
졸로투른 359
졸로투른 토르테 365
졸로투른 현대미술관 362
종교개혁 박물관 419
죄느 리브 494
주버거 448
지그 129
지그리스빌 파노라마 브리지 325
지트부어스트 601
직물 박물관 584
집라인 290

차

차체슈트랙컬리 201
찰리 채플린 동상 466
찰리 채플린 박물관 466
체드리 빌라 박물관 632
세르네스 569
체르마트 367
체르마트 비어 374
체링겐 분수 337
체비오 642
체서리 레스토랑 & 브로캉트 526
첸토발리 & 도모도솔라 639
초대형 벤치 495
초이크하우스켈러 158
초콜릿 치즈 열차 104,463
초콜릿 카페 슈프륑글리 159
초콜릿 퐁뒤 117
초콜릿과 치즈 트레일 482
추겐 301
출창 587
춤 가울 156
취리히 143
취리히 대성당(그로스뮌스터) 151
취리히 웨스트 154
취리히 중앙역 144
취리히 현대미술관 152
치아니 공원 615
치즈 열차 104,463
치치트 617
친카를린 617
칠히리 교회 283

카

카 자 숔 502
카루주 433
카르다다 & 치메타 638
카미유 블록 초콜릿 공장 521
카바레 볼테르 160
카브 우베르트 보두아즈 475
카사그란데 기념품 206
카스텔그란데 630
카스텔로 몬테벨로 631
카스텔로 사소 코르바로 631
카우플로이텐 160
카지노 바리에르 459
카지노 인터라켄 241
카추올라 617
카톨릭 교회 524
카페 라 스위스 202
카페 바 란트하우스 364
카페 빌라 카스텔란 502
카페 상토르 514
카페 오데온 159
카페 찰러 557
카페-바 엘리자베스 178
카펠교 197
카푼스 544
칼리다 129
칼브스리벌리 158
캔첼리 전망대 221
캠핑 융프라우 홀리데이 파크 267
케사 벨리아 545
케이 펍 427
코리아 타운 203
콕시넬 카페 449
콜마르 180
콩페데라시옹 거리 430
콩피즈리 슈터리아 365
쿠니 & 군데 179
쿠어 552
쿠텔르리 데 알 505
쿤스트게베르베 되리히 603
퀴숄르 357
퀴이 473
퀸 스튜디오 익스피리언스 459
크레올 513
크로넨할레 160
크뢰 뒤 방 & 야생 산양 관찰 506
크루트 오 프로마주 374
크림젠카펠 227
클라우즈 오브 실스 마리아 571
클라이네 샤이덱 281,301
클럽하우스 그린델발트 258
클리프 워크 289
키르슈토르테 158
키르히호퍼 248

타

타르티플렛 426
타미나 온천 563
타번 246
타벨 저택 420
테라스 데 그랑드 로슈 450
테레니 알라 마지아 647
테르 드 라보 475
테트 드 랑 수선화 자생지 507
테트 드 무안 123
텔 맥주 201
텔 패스 192

토레 뇌샤텔루아즈 499
토렌트 403
톰리스호른 226
툰 310
툰 & 브리엔츠 호수 유람선 243
툰 교회 312
툰 요일장 313
툰성 311
트라이스 포르타스 스테이크하우스 570
트라토리아 갈레리아 619
트로크너 슈테크 393,395
트로티 바이크 232,291
트로피컬 바 레스토랑 513
트뤼멜바흐 폭포 264
트뤼제 230
트립 아 라 뇌샤텔루아즈 499
티비츠 177
티틀리스 228
팅겔리 박물관 169
팅겔리 분수 172

파

파노라마 트레일 301
파노라마 특급열차 & 특급버스 100
파르티큘 앙 쉬스팡시옹 451
파머스 마켓과 골동품 시장(루가노) 622
파스콰르트 현대미술관 512
파스타라치 202
파울 클레 센터 339
파울호른 293
파키 야외 수영장 424
파텍 필립 시계 박물관 422
파페 보두아 446
판틀리 601
팔뤼 광장 443
팔보덴 인공 호수 283
팜 익스프레스 111
팡트 베송 447
패러글라이딩 289
퍼블리카 594
펄스 5 157
펑키 초콜릿 클럽 244
페르디난드 429
페이-당오 박물관 & 페이퍼 컷 센터 487
폐수 시스템 푸니쿨라 353
포르치니 리조토 617
폭스 타운 아웃렛 622
폴렌타 617
퐁뒤 116
퐁뒤 무아티에-무아티에 479
퐁뒤 부기뇬 117,446
퐁뒤 쉬누아즈 117
퐁텐 아 루이 531
푸니쿨라 레스토랑 637
푸니쿨라 퓌남뷜 491
푸르크 호수 395
프라우 게롤츠 가텐 155
프라이부르거 팔 525
프라이부르크 182
프라이탁 128
프라이탁 플래그십 스토어 154
프라임 타워 클라우즈 157
프란체스코회 성당 200
프래크뮌테크 225
프레디 머큐리 동상 459
프렌즈 데이 패스 유스 097
프로다 폭포 641
프리부르(프라이부르크) 349
프릭 타이 202
프티 생 장 광장 354
플라스 데 알(알 광장) 495
플라우데라이 603
플라이어 집라인 231
플라잉 휠즈 239
플라주 도베르니에 498
플란알프 322
플람퀴슈 180
플랭팔래 벼룩시장 & 농산물시장 431
플롱 지구 444
플뤼엘렌 210
피노티 파네테리아 648
피르스트 288
피르스트 글라이더 290
피르스트 플라이어 290
피스턴 203
피에셔알프 409
피체리아 알레그라 570
피초케리 544
피츠 나이르 537
피터의 염소우리 560
핀들러호프 375
필라투스 222
필라투스 숍 206
필라투스 쿨름 223
필레 드 페르슈(민물 농어) 446
핑슈텍 256

하

하더쿨름 244
하우스 힐틀 159
하우저 베이커리 카페 546
하이디 마을(하이디도르프) 558
하이디 하이킹 561
하이디의 꽃길 550
하이디의 오두막 560
하이디의 집 559
하이브 157
하픈샤비스 201
한스 임 글뤽 176
한젤만 베이커리 카페 546
합케언 309
핫 파스타 158
현대미술관(베른) 333
호텔 레스토랑 라인펠즈 187
호텔 레스토랑 하이디호프 560
호텔 무어텐호프 & 크로네 526
호텔 발트하우스 573
호텔 쉬니게 플라테 304
호텔 슈타인복 레스토랑 320
홀리 카우 446
홀츠아트, 엥겔 & 조 346
회에마테 241
후클러 목공예 공방 321
휘지 비어하우스 247
힌터도르프 거리 370
힐리 395

숫자, 기호, 알파벳

007 번지 641
45 그릴 & 헬스 레스토랑 460
5개 호수의 길 390
-9 이탈리아 젤라토 620
FIFA 세계 축구 박물관 152
H.R 기거 박물관 479
UN 유럽본부(팔레 데 나시옹) 425

THIS IS
디스이즈스위스
SWITZER-
LAND

여행 중 사고 대비하기

여행 도중 발생할지 모를 크고 작은 사고의 대처법은 다음과 같다. 병원, 경찰서 등에서 언어가 통하지 않는다면 영사콜센터로 전화해보자. 3자 통화 방식으로 영어 또는 프랑스어 통역을 지원받을 수 있다.

병원 및 약국

경미한 상해는 약국을 이용하고, 의사가 필요하다면 종합병원 응급실로 간다. 작은 클리닉은 예약제라 불쑥 찾아가면 치료받을 수 없다. 종합병원은 비용이 상당히 비싸니 여행자보험에 가입했다면 추후 청구할 수 있도록 진단서, 치료비 영수증 등을 보관해두자. 구급차(144)도 이용할 수 있지만 이 역시 적지 않은 비용이 청구된다.

교통사고

경찰서(117)로 연락한다. 의사소통이 어렵다면 영사콜센터에서 3자 통화 통역 서비스를 받는다. 도로에 갇히거나 이동이 불가능할 땐 도로 구조(140)로 연락한다. 여행자보험을 들었다면 보험사에도 연락해둔다. 필요하다면 소방서(118)에도 연락한다.

도난

현지 경찰서에 신고한다. 'Stolen(도난)' 또는 'Thief(도둑)' 라고 쓰여 있는 확인서(Police Report)를 받아야 추후 여행자보험에서 보상받을 수 있다. 확인서에 'Lost(분실)'라고 쓰여 있으면 보험 수령에 해당하지 않으니 주의한다.

산악구조

산에서 조난했거나 일반 차량이 진입할 수 없는 곳에서 사고가 나면 사립 헬기 구조 서비스인 'Rega 1414/1415'를 이용할 수 있다. 단, 비용이 거리에 비례하기 때문에 수백만 원에서 천만 원 이상까지도 청구될 수 있다.

+ MORE +

그 외의 중요 전화번호

국제 긴급전화 112　소방서 118　독극물 145
스위스 외교부 +41 800 24 73 65
경찰청 +41 58 463 11 23
제네바 경찰청 +41 22 427 81 11
베른 경찰청 +41 31 634 41 11
바젤 경찰청 +41 61 267 71 11
취리히 경찰청 +41 44 247 22 11

신속해외송금 지원

예상치 못한 상황으로 금전적 도움이 필요할 때 국내에 있는 지인이 외교부 계좌로 입금(US$3000 이하, 1회 한정)하면 현지 대사관 및 총영사관에서 신속히 해당 금액을 현지 통화로 전달하는 제도다. 소지품을 도난당해 돈이 없거나 재해로 체류 기간이 길어진 경우, 사고를 당해 병원비가 필요한 경우 등 피치 못할 사정에만 해당한다. 영사콜센터로 24시간 신청 가능.

✚ 주스위스 대한민국 대사관

ADD Kalcheggweg 38, 3006 Bern
TEL +41-31-356-2444(근무 시간에만 통화 가능)
WEB overseas.mofa.go.kr/ch-ko/index.do

✚ 영사콜센터

무료 통화는 현지 유선 전화 또는 공중전화만 가능(휴대전화 이용 불가).

TEL 유료: 82-2-3210-0404(24시간 통화 가능)
무료: 00-800-2100-0404/00-800-2100-1304
무료 국제 자동 콜렉트콜: 0800-561-345
무료 통화: 080-055-7667+5

✚ 영사콜센터 무료 전화 앱

스마트폰 앱을 설치하면 와이파이나 로밍 데이터를 이용해 별도의 전화 요금 없이 영사콜센터에 전화할 수 있다.

✚ 영사콜센터 카카오톡, 라인 채팅 상담 지원

영사콜센터 채널을 검색해 친구 추가한 후 '채팅하기'를 선택해 상담한다.

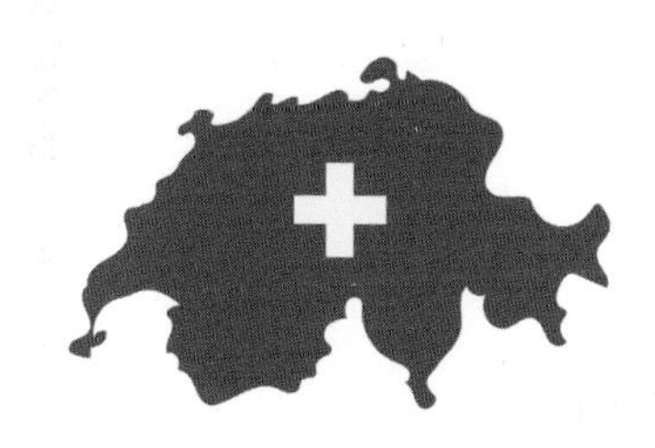

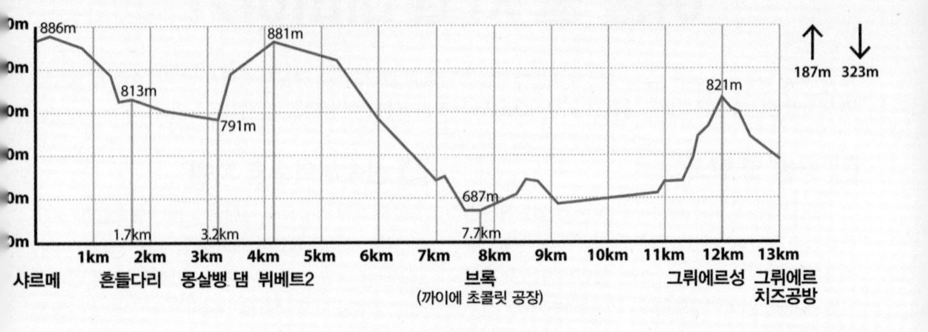

아펜첼 맨발 하이킹

*거의 평지이므로 고도차 그래프는 생략함

아펜첼 애셔 가스트하우스 암 베르크, 빌트키르힐리 동굴 하이킹

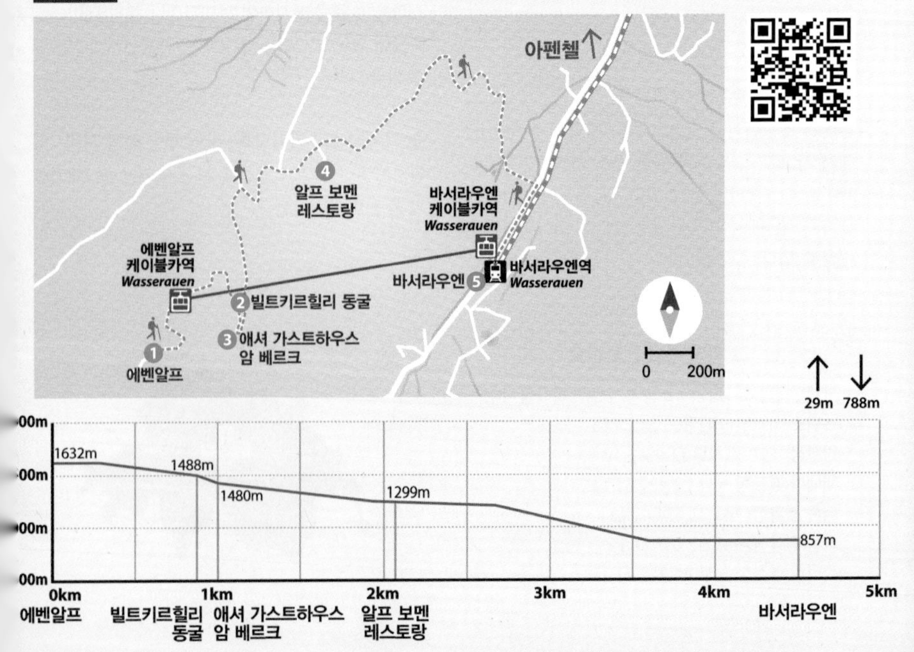

그뤼에르 초콜릿과 치즈 트레일(조뉴 계곡 그뤼에르 길)

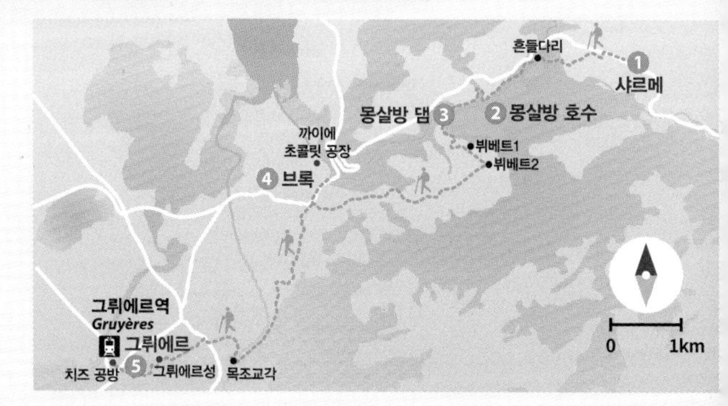

모티에 퐁텐 아 루이

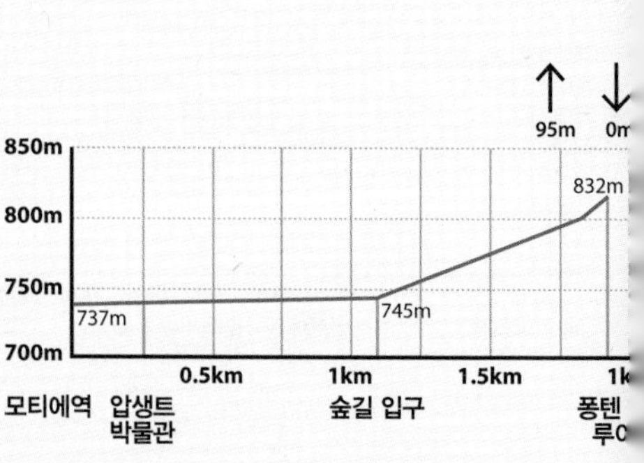

생 모리츠 하이디의 꽃길+우슬리의 종소리 길

하이디의 꽃길

우슬리의 종소리 길

알레치 아레나 알레치 빙하 파노라마길

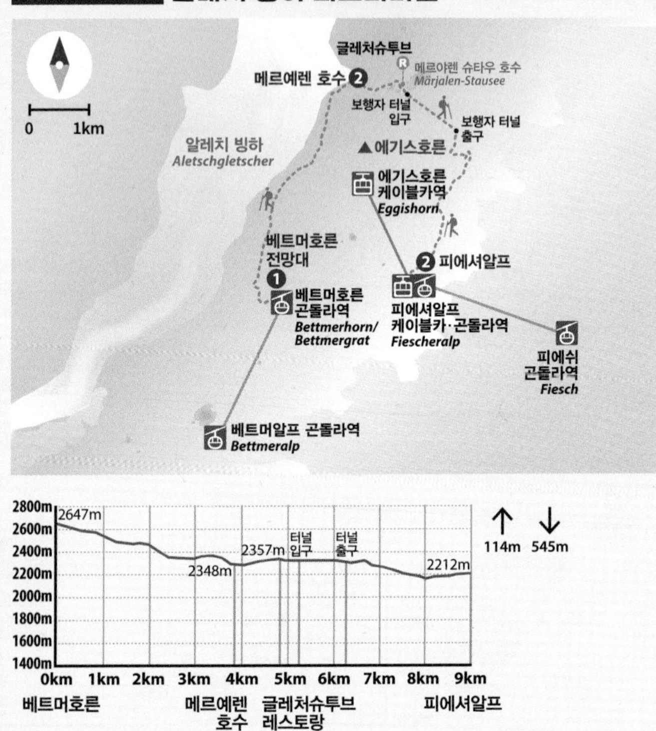

브베 라보 테라스

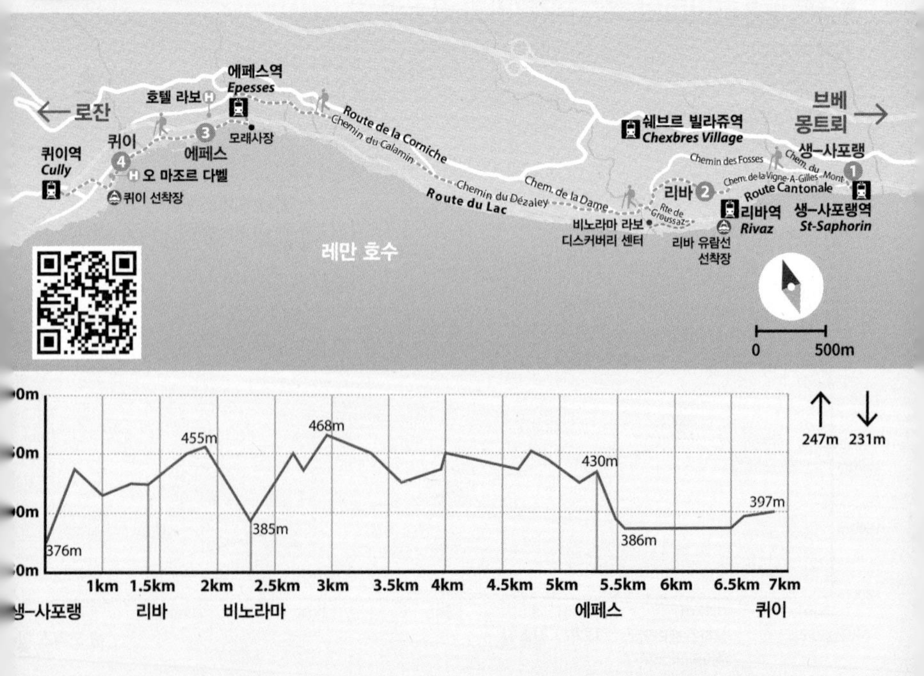

체르마트 로트호른 5개 호수의 길

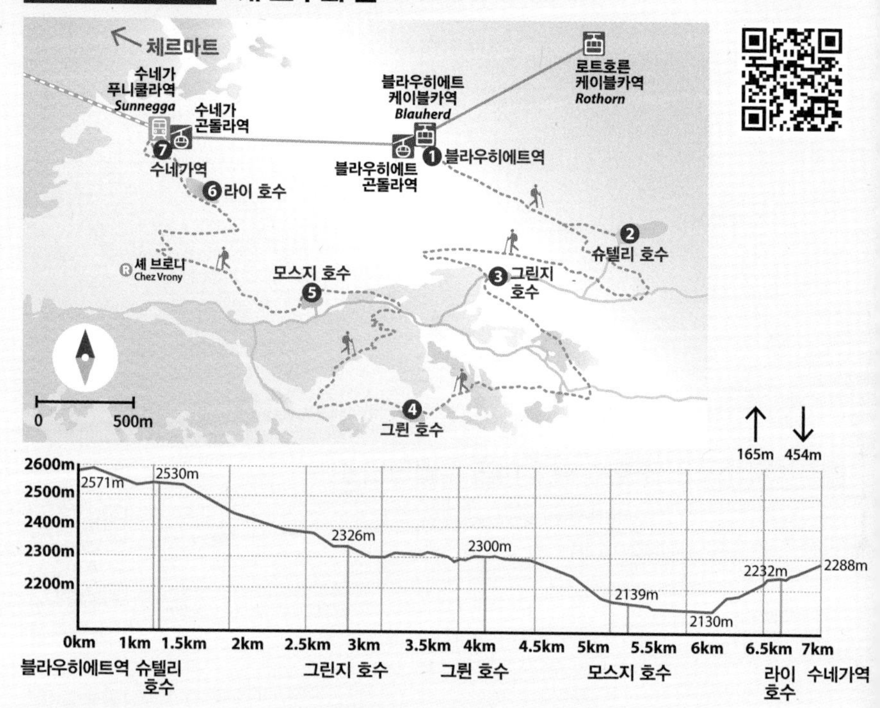

마터호른 글레이셔 파라다이스 마터호른 글레이셔 트레일

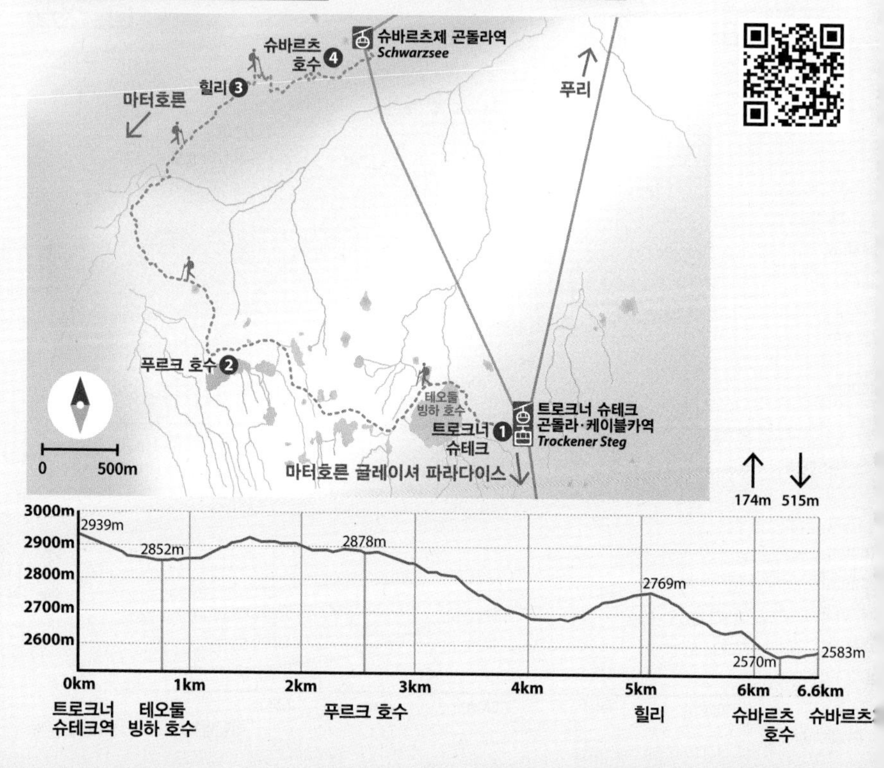

브리엔츠 브리엔츠 로트호른 플란알프 트레일

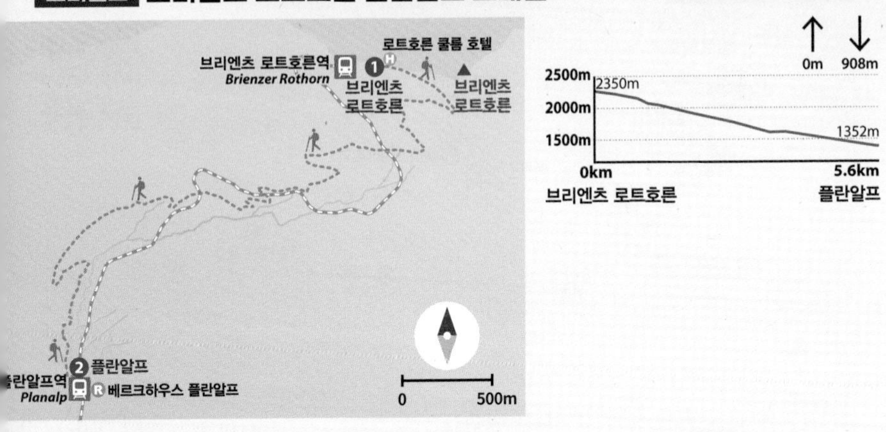

고르너그라트 리펠 호수 길 & 마크 트웨인의 길

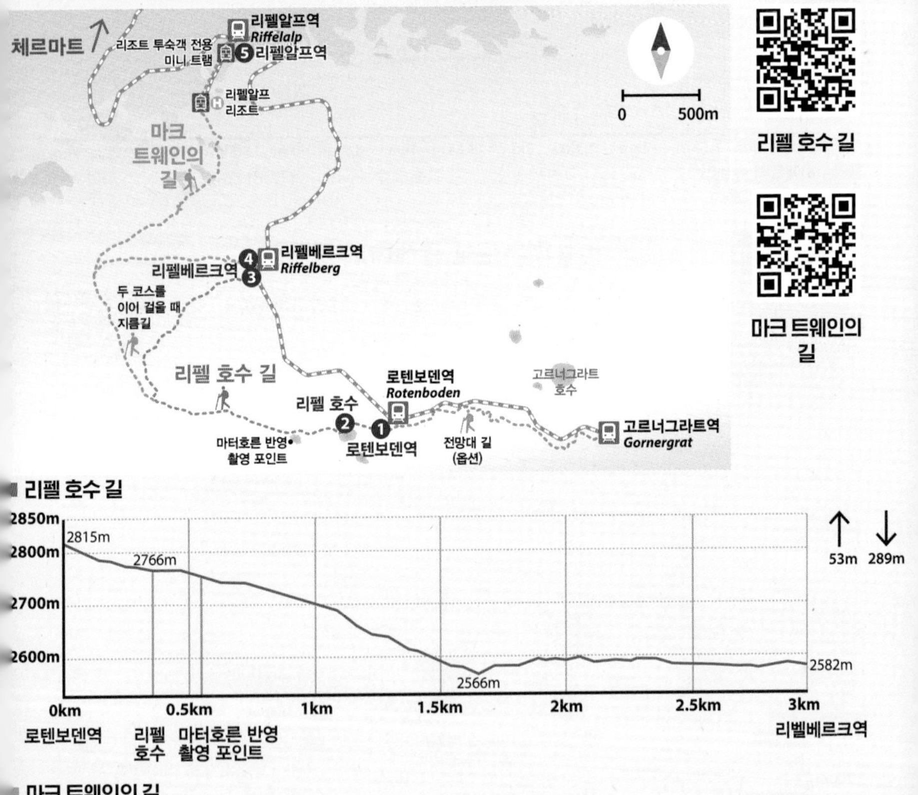

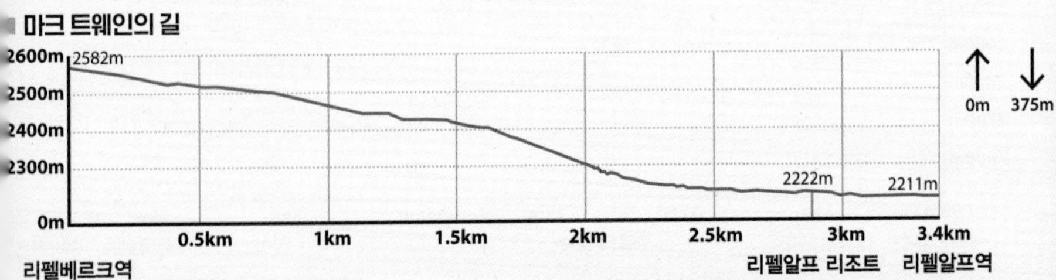

쉬니게 플라테 파노라마 길 오버베르크호른 & 파노라마 길 루히어호른

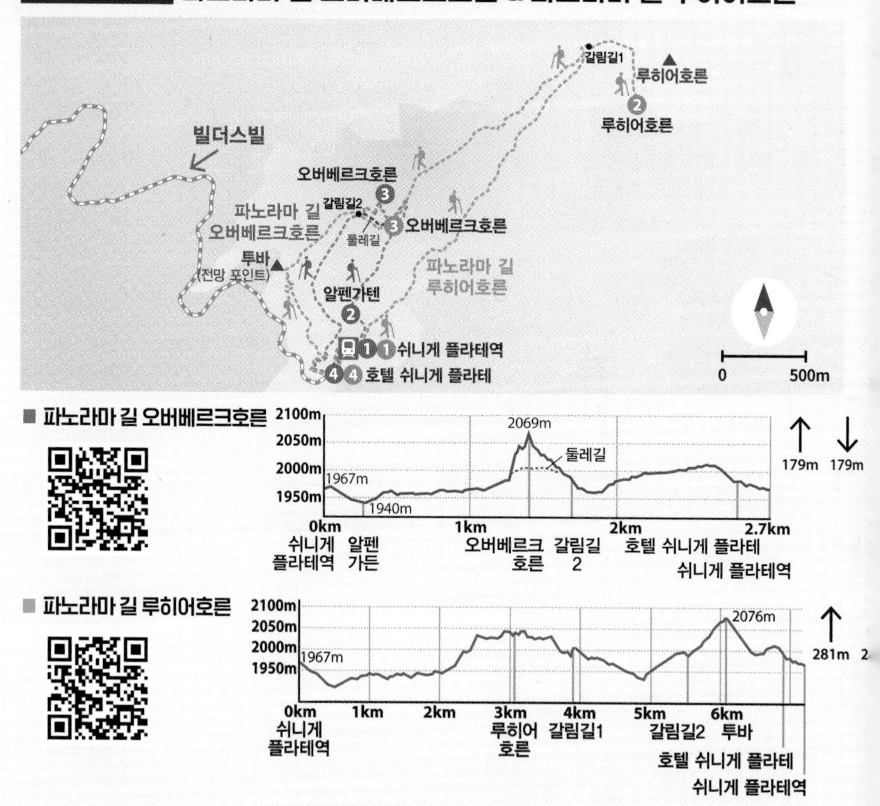

니더호른 니더호른 산양 하이킹

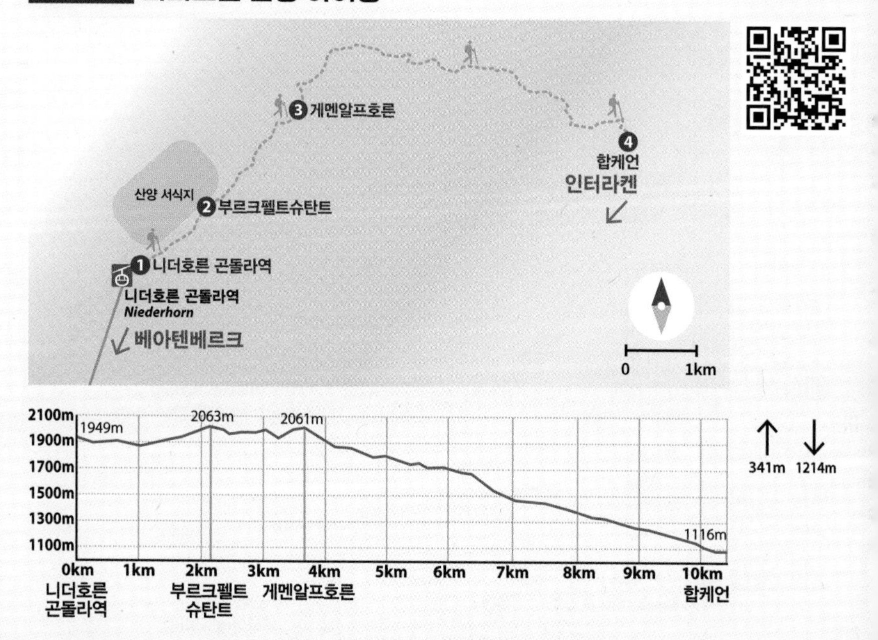

피르스트 바흐알프 호수 & 피르스트-쉬니게 플라테

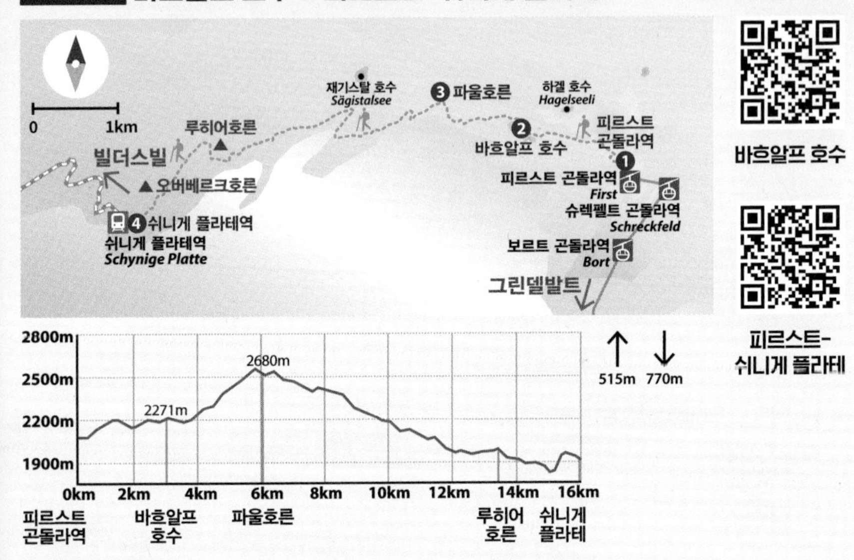

멘리헨 로열 워크 & 파노라마 트레일

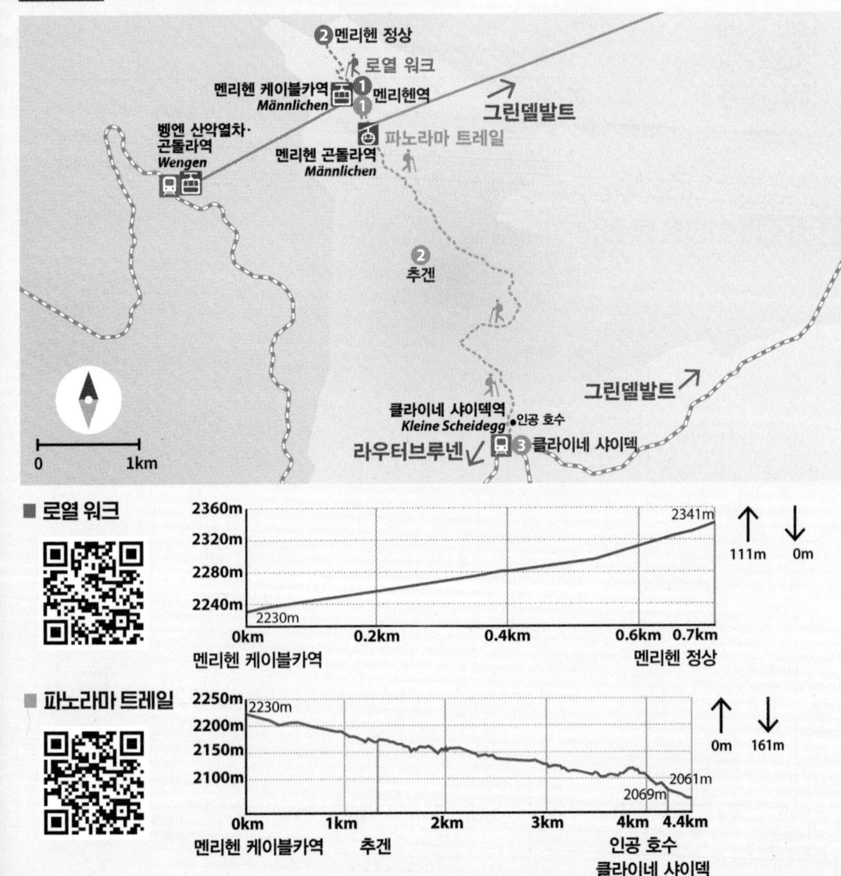

융프라우요흐 아이거 트레일

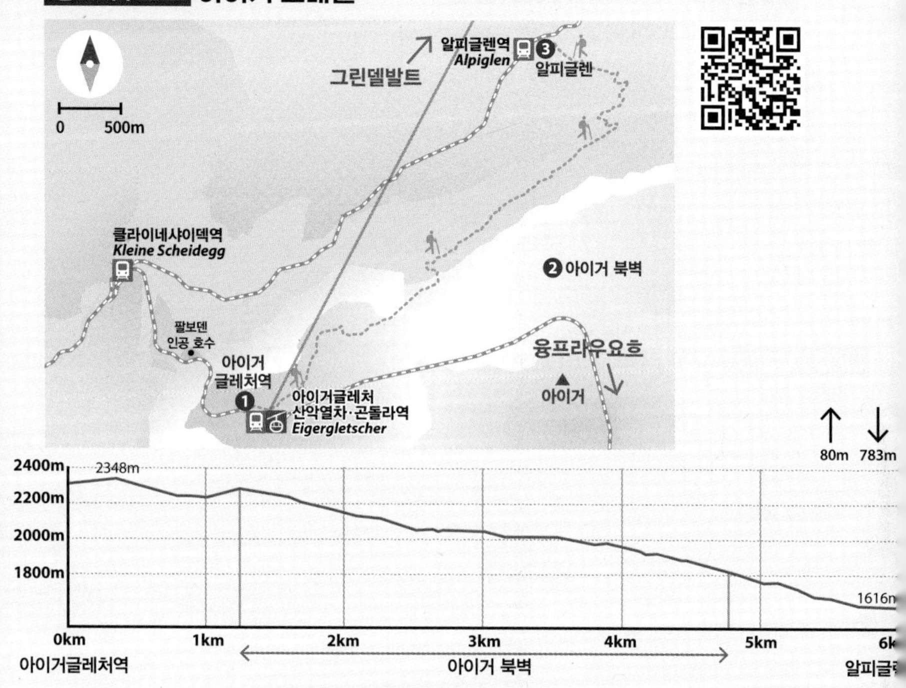

융프라우요흐 아이거글레처-벵엔알프 트레일

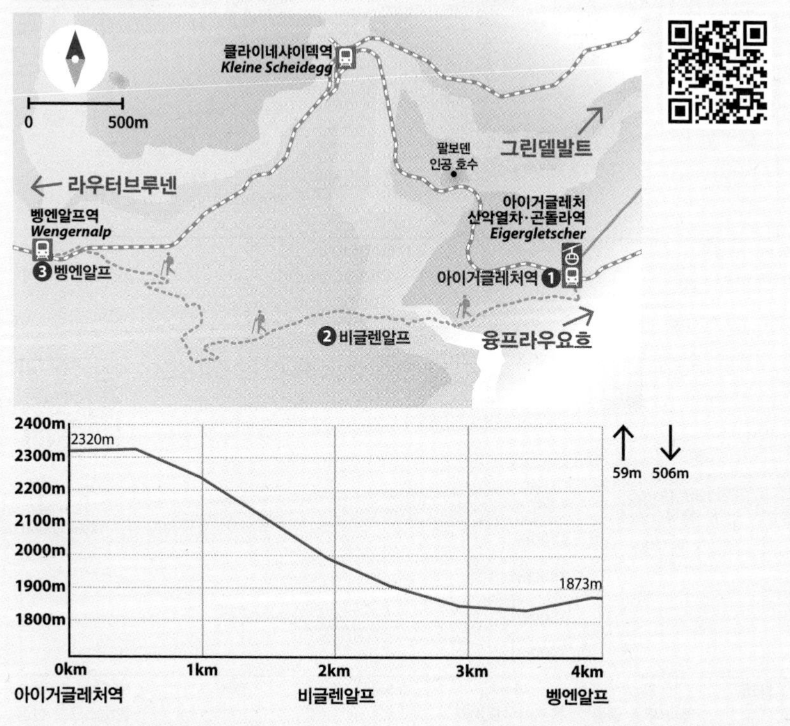

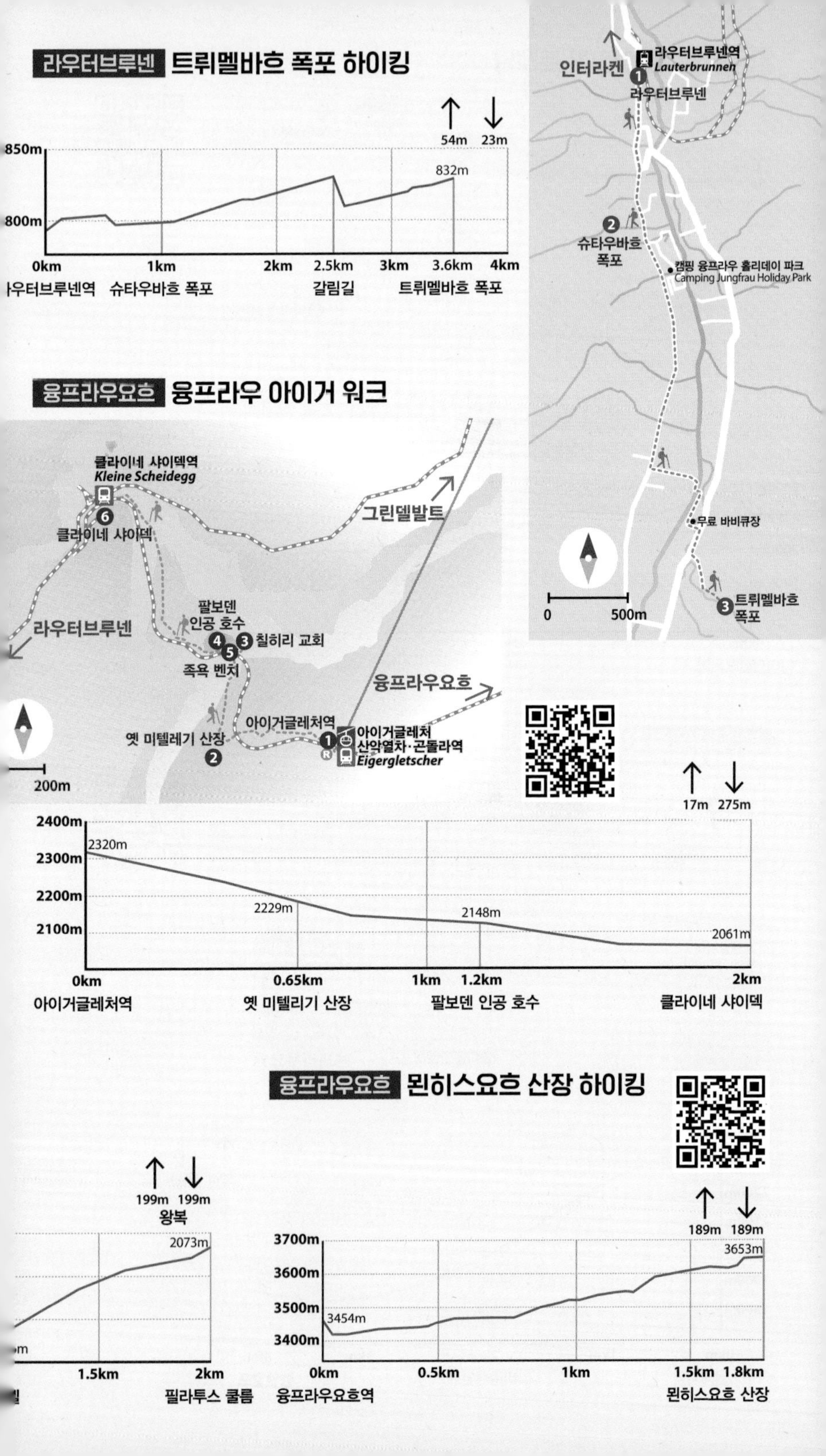
라우터브루넨 트뤼멜바흐 폭포 하이킹
54m 23m
850m
800m
832m
0km 1km 2km 2.5km 3km 3.6km 4km
우터브루넨역 슈타우바흐 폭포 갈림길 트뤼멜바흐 폭포
인터라켄
라우터브루넨역
Lauterbrunnen
라우터브루넨
슈타우바흐 폭포
캠핑 융프라우 홀리데이 파크
Camping Jungfrau Holiday Park
무료 바비큐장
트뤼멜바흐 폭포
0 500m
융프라우요흐 융프라우 아이거 워크
클라이네 샤이덱역
Kleine Scheidegg
클라이네 샤이덱
그린델발트
라우터브루넨
팔보덴 인공 호수
칠히리 교회
족욕 벤치
융프라우요흐
아이거글레처역
옛 미텔레기 산장
아이거글레처 산악열차·곤돌라역
Eigergletscher
200m
17m 275m
2400m
2300m
2200m
2100m
2320m
2229m
2148m
2061m
0km 0.65km 1km 1.2km 2km
아이거글레처역 옛 미텔리기 산장 팔보덴 인공 호수 클라이네 샤이덱
융프라우요흐 묀히스요흐 산장 하이킹
199m 199m
왕복
2073m
1.5km 2km
필라투스 쿨름
189m 189m
3700m
3600m
3500m
3400m
3454m
3653m
0km 0.5km 1km 1.5km 1.8km
융프라우요흐역 묀히스요흐 산장

하이킹 코스 MAP

*QR코드를 스캔하면 하이킹 공식 웹사이트로 연결됩니다.

리기 리기 클래식+빌트슈톡클리 트레일

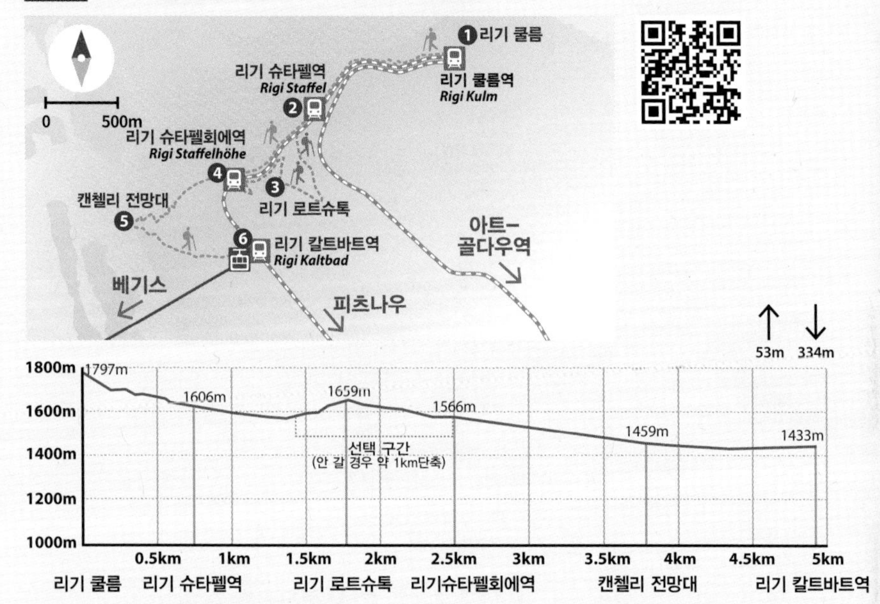

필라투스 꽃길 & 크림젠카펠

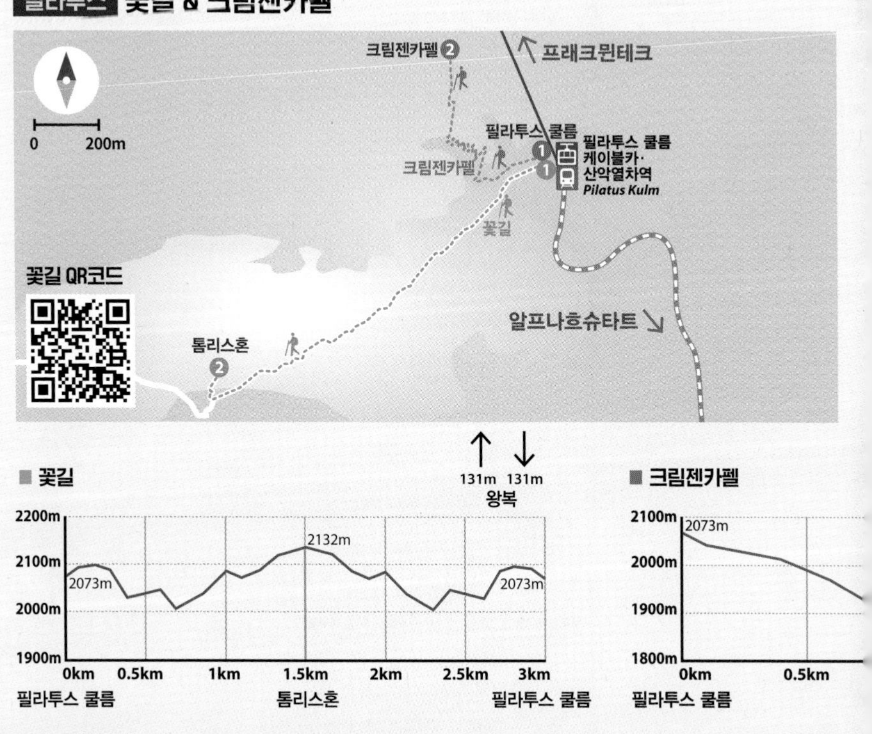

MAP 23 장크트 갈렌
0 100m
메츠게라이 슈미트
Metzgerei Schmid
아틀레틱 첸트룸
Athletik Zentrum
장크트 갈렌 역사 민속 박물관
Kulturmuseum St. Gallen
St. Jakob-Strasse
Museumstrasse
Steinachstrasse
장크트 갈렌 현대미술관
Kunstmuseum St.Gallen
시립공원
Stadt Park
Unterer Graben
Torstrasse
Konzert und Theater St. Gallen
St. Gallen Marktplatz
Rorschacher Str.
장크트 갈렌 마르크트플라츠
St. Gallen Marktplatz
메츠게라이 리트만
Metzgerei Rietmann
칸티공원
Kantipark
Burggraben
Lämmlisbrunnenstrasse
마르크트 거리
Marktgasse
Neugasse
Oberer Graben
슈피저 거리
Spisergasse
장크트 갈렌 유스호스텔
Jugendherberge St. Gallen
마노르 백화점
MANOR
로그빌러 제과점
Confiserie Roggwiller
장크트 라우렌첸 교회
Kirche St. Laurenzen
Speicherstrasse
로그빌러 제과점
Confiserie Roggwiller
메츠게라이 슈미트
Metzgerei Schmid
메츠게라이 겜펄리
Metzgerei Gemperli
버차프트 추어 알텐 포스트
Wirtschaft zur alten Post
슈미트 거리
Schmiedgasse
대성당 광장 초콜릿 가게
Chocolaterie am Klosterplatz
장크트 갈렌 수도원
Fürstabtei St. Gallen
이진수 시계
Kornhausstrasse
직물 박물관
Textilmuseum St. Gallen
암 갈루스플라츠
Am Gallusplatz
장크트 갈렌 대성당
Kathedrale St. Gallen
장크트 갈렌역
Bahnhof St. Gallen
St. Gallen
Vadianstrasse
호텔 돔
Hotel Dom
장크트 갈렌 수도원 도서관
Stiftsbibliothek St. Gallen
로터 광장 시티 라운지
Roter Platz-Stadtlounge
뤼힝어 갈러리
Lüchinger Galerie
레스토랑 스티커라이
Restaurant Stickerei
안틱슈튀블리
Antikstübli
Berneggstrasse
아인슈타인 호텔
Einstein Hotel
MAP 24 루가노 시내 중심
그랜드 호텔 빌라 카스타뇰라
Grand Hotel Villa Castagnola
내추럴 푸드
Natural Food
루가노 스타지오네 푸니쿨라역
Lugano Stazione
마노라 레스토랑
Manora Ristorante
트라토리아 갈레리아
Ristorante Trattoria Galleria
Viale Castagnola
카사라테 푸니쿨라역
Cassarate
마노르 백화점
MANOR
-9° 이탈리아 젤리토
-9° Gelato Italiano
Viale Carlo Cattaneo
호텔 리도 제가르텐
Hotel Lido Seegarten
카사라테
Cassarate
루가노 스타지오네
Lugano, Stazione
산 로코 성당
Chiesa di San Rocco
시의회
Palazzo dei Congressi
치아니 공원
Parco Ciani
카사라테 유람선 선착장
Cassarate
호텔 아콰렐로
Hotel Acquarello
미술관
Villa Ciani
루가노 시타역
Lugano Città
산 로렌초 성당
Cattedrale di San Lorenzo
산 로코 광장
Piazza San Rocco
세븐 루가노, 더 클럽
Seven Lugano, The Club
주립 자연사 박물관
Museo Cantonale di Storia Naturale
리포르마 광장
Piazza Riforma
Nassa
파머스 마켓과 골동품 시장
Mercati e Mercatini
아나카프리
AnaCapri
미니 기차
Via
그랜드 카페 알 포르토
Grand Café al Porto
루가노 유람선 선착장
Lugano-Centrale
루가노 피아차 레초니코
Lugano, Piazza Rezzonico
Via Nassa
나사 거리
Via Nassa
루가노 예술 문화 센터
산타 마리아 델리 안졸리 교회
Chiesa Santa Maria degli Angioli
벨베데레 공원
Parco Belvedere
루가노 호수
Lago di Lugano
0 200m
MAP 25 루가노
그로토 델라 살루테
Grotto della Salute
몬테 브레 푸니쿨라역
Monte Brè
매직 간드리아
Magic Gandria
카사라테 푸니쿨라역
Cassarate
몬테 브레 전망대
Monte Brè
루가노역
Lugano
카사라테
Cassarate
카사라테 유람선 선착장
Cassarate
루가노 유람선 선착장
Lugano-Centrale
루가노 호수
Lago di Lugano
파라디소 유람선 선착장
Paradiso
산 살바토레 푸니쿨라역
Funicolare San Salvatore
파라디소
Paradiso, Stazione/Scuole
SWITZERLAND
파라디소역
Paradiso
그로토 모르키노
Grotto Morchino
Pazzallo
폭스 타운 아웃렛
Fox Town
0 1km
ITALY
그로토 델 페프
Grotto del Pep
몬테 산 살바토레 전망대
Monte San Salvatore
몬테 산 살바토레 푸니쿨라역
Monte San Salvatore
ITALY

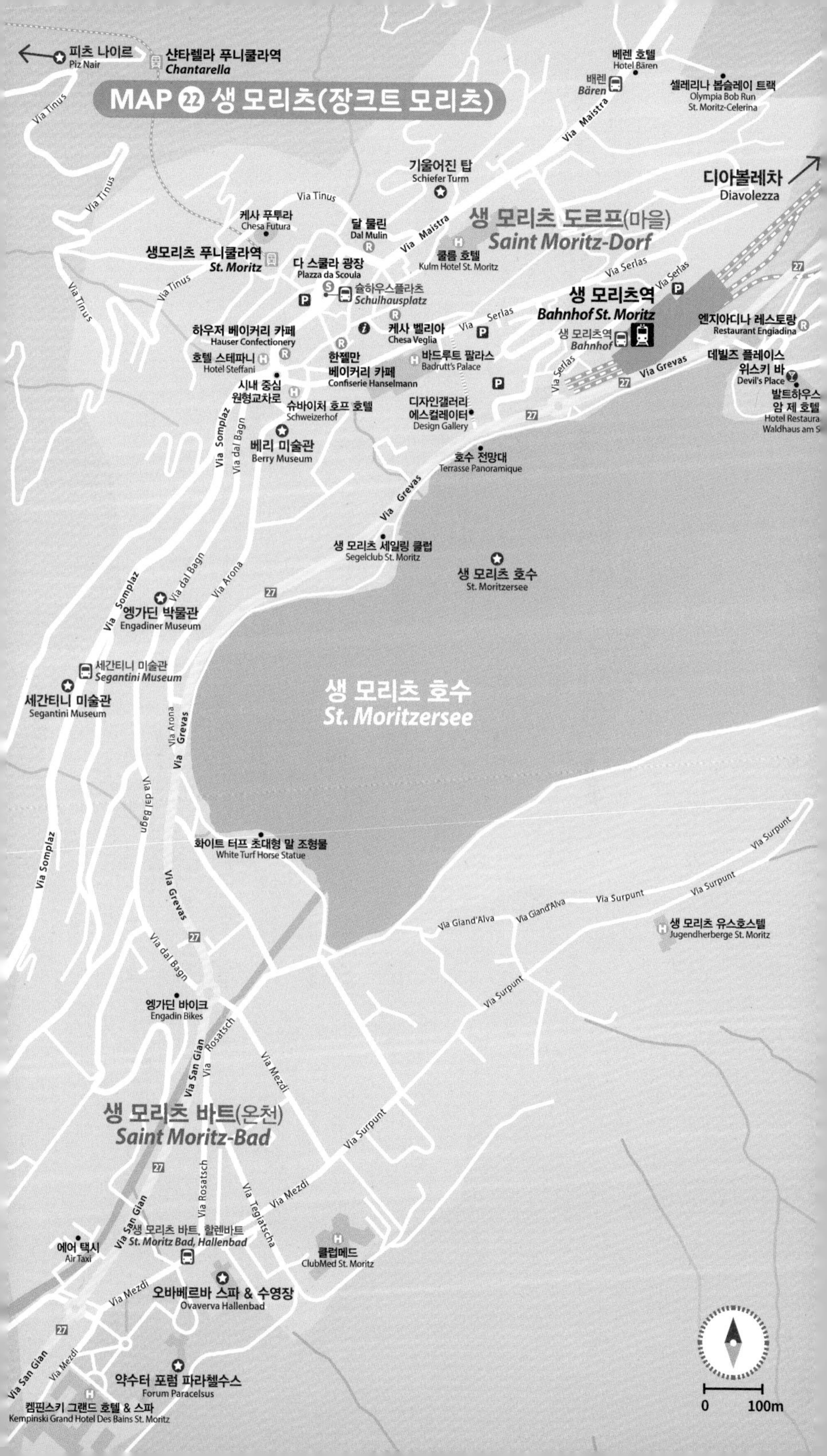
MAP 22 생 모리츠(장크트 모리츠)
피츠 나이르
Piz Nair
샨타렐라 푸니쿨라역
Chantarella
베렌 호텔
Hotel Bären
배렌
Bären
셀레리나 봅슬레이 트랙
Olympia Bob Run
St. Moritz-Celerina
Via Maistra
기울어진 탑
Schiefer Turm
디아볼레차
Diavolezza
생 모리츠 도르프(마을)
Saint Moritz-Dorf
케사 푸투라
Chesa Futura
달 물린
Dal Mulin
쿨름 호텔
Kulm Hotel St. Moritz
생모리츠 푸니쿨라역
St. Moritz
다 스쿨라 광장
Plazza da Scoula
슐하우스플라츠
Schulhausplatz
생 모리츠역
Bahnhof St. Moritz
생 모리츠역
Bahnhof
엔지아디나 레스토랑
Restaurant Engiadina
하우저 베이커리 카페
Hauser Confectionery
케사 벨리아
Chesa Veglia
호텔 스테파니
Hotel Steffani
한젤만 베이커리 카페
Confiserie Hanselmann
바드루트 팔라스
Badrutt's Palace
데빌즈 플레이스 위스키 바
Devil's Place
발트하우스 암 제 호텔
Hotel Restaura
Waldhaus am S
시내 중심 원형교차로
슈바이처 호프 호텔
Schweizerhof
디자인갤러리 에스컬레이터
Design Gallery
베리 미술관
Berry Museum
호수 전망대
Terrasse Panoramique
생 모리츠 세일링 클럽
Segelclub St. Moritz
생 모리츠 호수
St. Moritzersee
엥가딘 박물관
Engadiner Museum
세간티니 미술관
Segantini Museum
세간티니 미술관
Segantini Museum
생 모리츠 호수
St. Moritzersee
화이트 터프 초대형 말 조형물
White Turf Horse Statue
생 모리츠 유스호스텔
Jugendherberge St. Moritz
엥가딘 바이크
Engadin Bikes
생 모리츠 바트(온천)
Saint Moritz-Bad
에어 택시
Air Taxi
생 모리츠 바트, 할렌바트
St. Moritz Bad, Hallenbad
클럽메드
ClubMed St. Moritz
오바베르바 스파 & 수영장
Ovaverva Hallenbad
약수터 포럼 파라첼수스
Forum Paracelsus
켐핀스키 그랜드 호텔 & 스파
Kempinski Grand Hotel Des Bains St. Moritz
Via Tinus
Via Serlas
Via Grevas
Via Somplaz
Via dal Bagn
Via Arona
Via Surpunt
Via Giand'Alva
Via Rosatsch
Via San Gian
Via Mezdi
Via Teglatscha
0
100m

MAP 21 뇌샤텔
뇌샤텔 호수
Lac de Neuchâtel
0 100m
Jardin Botanique
Rue des Fahys
뇌샤텔역
Neuchâtel-Gare
푸니쿨라 상부역
Neuchâtel-Gare(FUNI)
호텔 알프 에 락
Alpes Et Lac
Rue du Crêt-Taconnet
Rue des Sablons
Rue des Parcs
Av. de la Gare
Rle Vaucher
Rue de Vieux-Châtel
라테니움
Laténium
호텔 팔라피트
Hôtel Palafitte
뇌샤텔 종합병원
Hospital Neuchâtel
Rue de la Pierre-à-Mazel
말라디에르 상트르 쇼핑몰
La Maladière Centre
노트르담 드 라솜시옹
Basilique Notre-Dame de l'Assomption
아이스링크
Patinoires du Littoral
푸니쿨라 하부역
Neuchâtel-Université(FUNI)
Fbg de l'Hôpital
뇌샤텔 카지노
Casino de Neuchâtel
영국 정원
Jardin Anglais
뇌샤텔 대학교
Université de Neuchâtel
오텔 뒤페루
l'Hôtel DuPeyrou
호텔 데자르
Hôtel des Arts
Chau. de la Boine
Rue du Seyon
이자나
Isaana
카페 빌라 카스텔란
Café Villa Castellane
Av. du Premier-Mars
Rue des Beaux-Arts
Rue de l'Ecluse
Rue des Terreaux
뇌샤텔성
Château de Neuchâtel
쇼콜라트리 발데르
Chocolaterie Walder
오 그랭 도르주
Au Grain d'Orge
뇌샤텔 교회
Collégiale de Neuchâtel
오 파니에 구르망
Aux Paniers Gourmands
구시가
Rue du Château
Parc du Château
카페 드 라 콜레지알
Café de la Collégiale
감옥탑
Tour des Prisons
로비에
L'Aubier
메종 보데 쉬샤르
Maison Wodey Suchard
레 브라쇠르
Les Brasseurs
라 프리트 바가봉드
La Frite Vagabondel
미니 기차
Train Touristique
미술 & 역사 박물관
Musée d'Art et d'Histoire
죄느 리브
Jeunes Rives
9월 12일 공원
Place du Douze Septembre
베스트 웨스턴 프리미어
Best Western Premier Hotel Beaulac
웨이브 스카이 라운지 바
Waves Sky Lounge Bar
뇌샤텔 호수 유람선
Croisière Lac Neuchâtel
르 바생 블뢰
Le Bassin Bleu
Rue de l'Evole
라 브라스리 뒤 세클
La Brasserie du Cercle
브라스리 웍 루아얄
Brasserie Wok Royal
플라스 데 알(알 광장)
Place des Halles
쿠텔르리 데 알
Coutellerie des Halles
퓌리 광장
Place Pury
코옵 시티 쇼핑몰
Coop City
초대형 벤치
Banc Géant
플라스 퓌리 리토라이
Place Pury Littorail
보-리바주
Beau-Rivage
몽블랑 공원
Esplanade du Mont Blanc
Evole
카 자 쇽
La Case à Chocs
플라주 도베르니에
Plage d'Auvernier
레 뱅 데 담
Les Bains des Dames

MAP 20 로잔
소바블랭 호수
Lac de Sauvabelin
소바블랭 타워
Tour de Sauvabelin
에르미타주 공원
Parc de l'Hermitage
에르미타주 재단 미술관
Fondation de l'Hermitage
아르 브뤼 미술관
Collection de l'Art Brut
CHUV
호텔 뒤 마르셰
Hôtel du Marché
로잔 대학병원
CHUV
리폰 광장
Pl. de la Riponne
Rue Saint-Martin
팡트 베송
Pinte Besson
뤼민 궁전 주립박물관
Palais de Rumine
홀리 카우
Holy Cow!
Riponne M. Béjart
코옵 시티 쇼핑몰
Coop City
상트르 메트로폴 로잔 쇼핑몰
Centre Métropole Lausanne
마노르 백화점
Manor
마르셰 계단
Escaliers du Marché
로잔 대성당
La Cathédrale de Lausanne
다비드선 장난감 가게
Jouets Davidson
로잔 역사 박물관
Musée Historique Lausanne
비비볼
Bibibowl
파르티큘 앙 쉬스팡시옹
Particules en Suspension
팔뤼 광장
Place de la Palud
주버거
Zooburger
매드 클럽
MAD Club
로잔 시청
Hôtel de Ville
테라스 데 그랑드 로슈
Terrasse des Grandes Roches
Vigie
콕시넬 카페
Coccinelle Café
글로뷔스 백화점
Globus
Ours
플롱 지구
Quartier du Flon
Av. Jules Gonin
레 자르슈
Les Arches
Pl. de l'Europe
데 보야저 부티크 호텔
Hôtel des Voyageurs Boutique
Rue Centrale
Bessières
블론델 쇼콜라트리
Blondel Chocolaterie
스위스 와인 호텔
Swiss Wine Hotel
브라스리 드 몽베농
Brasserie de Montbenon
Lausanne-Flon
잇 미 레스토랑 & 칵테일 라운지
Eat Me Restaurant & Cocktail Lounge
성 프랑수아 광장
Place Saint-François
홀리 카우
Holy Cow!
에스플라나드 드 몽베농
Esplanade de Montbenon
성 프랑수아 교회
Église réformée Saint-François
Av. Louis-Ruchonnet
Chemin. de Mornex
Promenade Derrière-Bourg
Rue du Midi
코옵 시티 쇼핑몰
Coop City
Rue Beau-Séjour
Lausanne-Gare
Av. de la Gare
Av. de la Gare
Av. du Mont-d'Or
Av. William-Fraisse
로잔역
Gare de Lausanne
Bd de Grancy
Av. d'Ouchy
Bd de Grancy
밀란(밀라노) 공원
Parc de Milan
아고라 스위스 나이트 호텔
Agora Swiss Night Hotel
Grancy
Av. Edouard Dapples
Av. Frédéric-César-de-la-Harpe
보태닉 가든
Jardin botanique
Av. d'Ouchy
Délices
라 크루아 두시
La Croix d'Ouchy
주버거
Zooburger
로잔-비디 미니 기차
P'tit Train de Lausanne-Vidy
Jordils
Parc de Rhodanie
엘리제 공원
Parc de l'Elysée
Av. de Rhodanie
Av. Frédéric-César-de-la-Harpe
Av. d'Ouchy
올림픽 박물관
Le Musée Olympique
안느-소피 픽
Anne-Sophie Pic
보-리바주 팔라스
Beau-Rivage Palace
사버르 다이여르
Saveurs d'Ailleurs
올림픽 공원
Parc Olympique
Pl. du Port
앙글르테르 에 레지당스
Angleterre & Résidence
Ouchy-Olympique
Quai d'Ouchy
샤토 두시
Château d'Ouchy
우시
Ouchy
비디 선착장
Port de Vidy
로잔 유람선 선착장
Lausanne Ouchy
레만 호수
Lac Léman
Quai d'Ouchy
0
100m

MAP 19 제네바 시내 중심
샤토브리앙 선착장
Genève De Châteaubriand
Parc du Château Banquet
무에트 Line 4
시티 호스텔 제네바
City Hostel Geneva
제네바 호스텔
Geneva Hostel
Rue de la Navigation
Rue des Pâquis
키플링 마노텔 호텔
Kipling Manotel Hotel
케이 펍
K-Pub
레만 호수
Lac Léman
무료자전거
(본점)
제네바 코르나뱅역
Genève, Gare Cornavin
Pl. de Cornavin
Rue de la Servette
페어몬트 그랜드 호텔
Fairmont Grand Hotel
Quai du Mont-Blanc
무료자전거
(여름철 임시 대여소)
파키 야외 수영장
Bains des Pâquis
무에트 선착장
Port des Mouettes
무에트 Line 3
보레알 커피숍
Boréal Coffee Shop
Rue du Mont-Blanc
국제 버스 터미널
Gare Routière
제네바 노트르담 성당
Basilica Notre-Dame
Rue de Chantepoulet
스윗철랜드 쇼콜라티에
Sweetzerland Chocolatier
Brunswick Monument
태양광 미니 보트
레만 호수 유람선 선착장
Croisière Lac Léman
파키 선착장
Genève Pâquis
셰 마 쿠진
Chez ma Cousine
마노르 백화점
Manor
호텔 달레브
Hotel d'Allèves
라뒤레
Ladurée
레만 호수 유람선 선착장
(몽블랑교 옆)
Croisière Lac Léman
미니 기차 라인 1, 2
무에트 Line 1
무에트 Line 2
제 도
Jet d'Eau
디 앰배서더
The Ambassador
베르그교
Pont des Bergues
루소섬
Île Rousseau
몽블랑교
Pont du Mont-Blanc
마쉰교
Pont de la Machine
론강
Le Rhône
레만 호수 유람선 선착장
Croisière Lac Léman
오 비브 선착장
Jetée des Eaux-Vives
강 Le Rhône
쿨루브르니에르교
Pont de la Coulouvrenière
코옵 시티 쇼핑몰
Coop City
파노라믹 미니 버스
몰라르 선착장
Genève Molard
태양광 미니 기차
꽃시계
L'Horloge Fleurie
Rue du Rhône
무료자전거
(여름철 임시 대여소)
셰 필립
Chez Philippe
영국 정원
Jardin Anglais
Quai Gustave-Ador
콩페데라시옹 거리
Rue de la Confederation
몽 티
Mon Tea
글로뷔스 백화점
Globus
Quai du Général-Guisan
보레알 커피숍
Boréal Coffee Shop
빅토리녹스 플래그십 스토어
Victorinox Flagship Store Geneve
콩페데라시옹 상트르 쇼핑몰
Confédération Centre
르 카루젤
Le Carrousel
Rue de la Croix-d'Or
라 시고뉴
La Cigogne
Bd Georges-Favon
오스테리아 델라 보테가
Osteria della Bottega
타벨 저택
Maison Tavel
옛 무기고
L'Ancien Arsenal
오에 쇼콜라티에
Auer Chocolatier
라뒤레
Ladurée
잉글우드
Inglewood
묘지(플랭팔레 공동묘지)
장 자크 루소 생가
Maison de Rousseau
종교개혁 박물관
Musée International de la Réforme
Bd Helvétique
옛 시청사
Hotel de Ville Ancienne
성 베드로 대성당
Cathédrale Saint-Pierre Genève
Bd de Saint-Georges
뇌브 광장
Place de Neuve Square
몽 티
Mon Tea
Rue de la Croix-Rouge
고고학 박물관
Site Archéologique
셰 마 쿠진 Chez ma Cousine
까렌다쉬 Caran d'Ache
올리비에 앤 코
Oliviers & Co.
바스티옹 공원
Parc des Bastions
부르 드 푸르 광장
Place du Bourg-de-Four
Rue des Bains
Av. du Mail
버디
Birdie
종교개혁 기념비
Le Mur des Réformateurs
르 라다 드 포쉬
Le Radar de Poche
Promenade Saint-Antoine Park
무료자전거
(여름철 임시 대여소)
페르디난드
Ferdinand
파텍 필립 시계 박물관
Patek Philippe Museum
Plaine de Plainpalais
제네바 대학교
Université de Genève
예술 역사 박물관
Musée d'Art et d'Histoire
플랭팔래 벼룩시장 & 농산물시장
Marché de Plainpalais
Rdpt de Plainpalais
Bd Helvétique
보레알 커피숍
Boréal Coffee Shop
코옵 시티 쇼핑몰
Coop City
Bd Carl-Vogt
Av. du Mail
Av. Henri-Dunant
셰 마 쿠진
Chez ma Cousine
잉글우드
Inglewood
0
100m